한계상태설계법

콘크리트구조설계

제2판

박홍용

씨아이알

제2판을 내면서

제1판을 내기까지 충분히 준비를 하지 못하고 2016년 2월에 1학기 개강에 맞추어 다소 서두르다 보니 교재에 많은 오류가 있음이 드러났다. 강의 준비 중이거나 강의 중에 사소한 오자 탈자뿐만 아니라 내용의 중복, 문맥 이상 등과 같은 상당히 많은 오류가 발견되었다. 솔직히 이 교재를 구입한 독자들에게 죄송한 마음 금할 길 없다. 또한 같은 의미를 갖는 용어가 따로따로 쓰임에 따라 독자에게 혼란을 주지 않았나 염려되었다. 한 해 동안 잘못된 부분을 고치고 필요한 부분은 더하고 그다지 중요하지 않은 내용은 덜어내었다. 특히 6장과 7장에서 상당한 부분을 수정하였다.

재료역학이나 구조역학에서 오래전부터 사용해서 잘 알고 있는 단면에 관한 용어 중 단면 1차 모멘트나 단면 2차 모멘트는 균열 단면 또는 비균열 단면에 이어서 쓰는 경우에 단면이라는 단어가 겹치게 되어 거북스럽게 느껴져 의미를 좀 더 뚜렷이 전달하고자 면적 1차 모멘트(first moment of area), 면적 2차 모멘트(second moment of area 또는 moment of inertia of area)로 고쳐 썼다.

사용성과 관련하여 철근콘크리트 부재에서만 언급되는 단면의 상태를 구분하는 용어가 필요하다. 흔히 비균열 단면 상태 및 균열 단면 상태로 쓰고 있지만 유럽에서는 오래전부터 이들을 각각 상태 1 및 상태 2로 또는 상태 I 및 상태 II로 구분하여 쓰고 있다. 아울러 이와 관련된 재료의 응력을 표기할 때도 첨자에 1 또는 2를 붙여 단면의 상태를 알 수 있게 쓰고 있다. 이 교재에서는 주로 상태 1 및 상태 2로 쓰기로 하였으니 독자들은 이 점에 주의하기 바란다.

제1판에서 소개가 되지 않았던 수치적분기법에 의한 처짐 계산 방법을 소개하고 예제도 곁들였다. 관련 예제들은 마이크로소프트의 엑셀 스프레드시트를 이용해서 계산된 것이다.

휨-압축 부재인 기둥에서 휨-축력 관계를 나타내는 관계도를 많은 교재나 문헌에서 상관도로 쓰고 있음에 다소 불편한 심정이었다. 이에 이 교재에서는 휨-축력 관계도로 쓰기로 하였으니 읽는 이들은 착오 없기를 바란다. 단주 설계에서는 많은 경우에 지금까지 휨-압축 관계도를 기반으로 한 설계도표를 이용하여 부재 단면을 설계하고 있는데 현재의 설계기준에 맞추어 이번에 새로이 수정 휘트니 근사공식을 제시하여 직사각형 단면 설계에 도움이 되도록 하였다.

제2판을 준비하면서 명지대학교 토목환경공학과 콘크리트 연구실의 채정현 조교는 많은 도움을 주었다. 특히 엑셀 작업에 능숙하여 복잡한 계산과정을 스프레드시트를 이용하여 완성하였다. 또한 본문 내용에 적합한 그림들을 잘 그려서 이해에 도움이 되도록 하였다. 이에 채정현 조교에게 깊은 고마움을 전하고 싶다. 아울러 까다로운 요구를 잘 들어주고 교재를 잘 만들어주신 도서출판 씨아이알의 서보경 님께도 고마움을 전한다.

아직도 드러나지 않은 오류가 있을 것이라고 생각하며 읽는 이들의 지적과 질책이 있기를 기대한다. 앞으로도 더 나은 교재가 되도록 끊임없이 힘을 쏟을 것을 여러분들께 다짐한다.

2017년 2월 입춘
박홍용

책을 내면서

이 책은 필자가 지난 30여 년 동안 강의를 하면서 익힌 것들과 새로이 개정된 설계기준에 관련된 이론적 지식을 정리한 것이다. 이는 필자가 특별히 새로운 이론이나 공법을 개발한 적도 없이 토목기술자들에게 꼭 필요한 콘크리트에 관련된 지식들이라고 여겨 학생들에게 가르쳐 왔던 것들이다. 콘크리트구조설계는 구조역학과 재료역학 지식이 그 바탕이 된다. 콘크리트구조설계에 이용되는 많은 설계식들이 어떠한 이론적 배경과 실험을 통해서 만들어졌는지 안다는 것은 매우 중요하다. 관련 지식의 발전 속도가 매우 빨라서 설계기준도 자주 개정되어 규정 적용에 혼란스러울 수도 있겠지만 발전 배경을 이루는 기본 지식들을 알고 있다면 쉽게 대처할 수 있으리라고 믿는다.

2012년에 우리나라 도로교설계기준이 개정되었다. 직접적으로 설계기준 개정에 참여하지 않아 개정작업 과정이 어떻게 이루어졌는지 전혀 아는 바 없었다. 개정 전 우리는 미국의 콘크리트구조설계기준이라 할 수 있는 ACI 318 Building Code를 기반으로 하는 콘크리트구조설계기준을 따라 설계, 시공, 감리 등 현장의 업무와 학교 교육을 시행해왔다. 개정된 도로교설계기준 중 '콘크리트교'편은 과감하게 미국의 기준을 벗어나 전 세계적으로 많이 채택되고 있는 한계상태설계법을 기초로 한 것이었다. 이 한계상태설계법을 뒷받침하는 이론적 배경은 주로 유럽을 중심으로 해서 발전된 연구 성과들이다. 미국의 강도설계법이나 유럽의 한계상태설계법이 근본적으로 전혀 다른 설계법은 아니지만 그동안 익숙해져 있던 강도설계법에서 한계상태설계법으로 설계법을 바꾼다는 것은 현장 실무자나 학교에서 큰 변화임에 틀림없다. 우리의 학문적 배경이나 성향이 해방 이후 북미 쪽으로 상당히 기울어져 있음을 부정할 수 없고, 상대적으로 유럽의 이론이나 연구 성과가 그다지 우리에게 가까이 있질 못했다.

필자가 콘크리트를 공부하기 시작한 것은 명지대학교에서 콘크리트 강좌를 시작할 때부터이다. 물론 1970년대 후반 짧은 기간이나마 설계회사에 근무하면서 콘크리트구조설계에 대해 약간의 지식을 아는 정도이었다. 그 당시 설계법은 허용응력설계법이었다. 어렵지 않게 단면 가정을 하고 철근량을 산정하고 응력을 검토해서 허용값보다 작은 값이 계산되면 만족하게 되는 간편한 설계법으로 대다수의 콘크리트 구조물이 설계되고 건조되었다. 1980년대 중반에 들어서 (극한)강도설계법이 우리나라에 도입되고 본격적으로 시행되기 시작했다. 그 당시만 해도 어렵지 않다고 생각해서 별 어려움 없이 학부강의를 해왔던 강도설계법이 실제 실무에서는 쉽게 적응되지 않았다. 부재 또는 단면의 강도가 만족되면 안전하게 설계된 것으로 인식하여 약간은 귀찮은 일이었던 처짐이나 균열 등 사용성 검토를 소홀히 했었다. 대다수 설계기술자들이 강도설계법에 익숙하지 않아 반드시 수행해야 할 사용성 검토를 간과했었다. 그로 인한 드러나지 않은 부실설계 사례는 상당히 있었던 걸로 알고 있다. 학교에서 강도설계법을 제대로 교육을 받은 기술자들이 많이 설계업무에 참여하고 컴퓨터를 이용한 설계기술이 향상됨에 따라 강도설계법을 따른 콘크리트구조설계는 꾸준히 발전하여 오늘에 이르게 되었다.

1980년대 중반은 필자에게 콘크리트 공부의 큰 전환기였다. 학위과정을 준비하면서 보게 된 책은 지도교수이셨던 서울대 장승필 교수님께서 전해주신 다섯 권으로 이루어진 것으로서 독일의 쉬투트가르트 ^{Stuttgart} 대학교의 프리츠 레오나르트 $^{Fritz\ Leonhardt}$ 교수의 저서인 『Vorlesungen über Massivbau Teil I~Teil V』이었다. 모든 외래 지식을 영어로만 된 문헌으로 익혔던 필자에게 독일어 문헌은 막막함과 답답함을 주기에 충분했으나 새로이 공부한다는 각오로 읽기 시작했던 그 저서들은 필자에게 콘크리트와 콘크리트구조설계에 새롭게 눈을 뜨게 해주었다.

아마도 지금의 한계상태설계법이 본격적으로 확산되기 시기는 1990년대에 발간된 CEB-FIP 시범코드 MC 90일 것이다. 이 시범코드를 모태로 하여 유로코드 2 *Eurocode 2*가 생기게 되었다. 이 설계기준들은 확률을 기반으로 한 한계상태설계법을 설계법으로 채택한 것들이다. 미국의 도로교설계기준인 AASHTO Bridge Design Specification도 2004년에 하중저항계수설계법 LRFD

를 반영하였다. 우리나라의 도로교설계기준도 최근의 세계 추세에 맞춰 한계상태설계법을 채택하였으나 강교는 주로 AASHTO에서 채택하고 있는 하중저항계수설계법을, 콘크리트교는 주로 유럽의 유로코드 EC2에서 채택하고 있는 한계상태설계법을 쓰기로 하고 개정되었다. 우리 스스로의 경험과 연구 성과를 바탕으로 개정된 것이 아니어서 외국의 설계기준에 대한 배경이론을 충분히 이해하지 않으면 사용자들은 다소 어려움을 겪을 수밖에 없다. 이 교재를 집필하면서 개정된 설계기준을 꼼꼼히 살펴보았는데, 안타깝게도 미흡하거나 제대로 뜻이 전달되지 못하는 부분들이 더러 눈에 띄었다. 그래서 유로코드 EC2와 시범코드 MC 2010을 도로교설계기준과 일일이 대조해가면서 정확한 내용을 확인하려 했다. 개정된 설계기준에 새로이 도입된 이론에 대해서 필자가 따로 공부해가면서 기술자나 학생들이 될 수 있으면 쉽게 이해할 수 있도록 애를 썼으나 검토 과정에서 일부 드러난 대로 미흡한 부분이 있다.

이 책을 간략히 소개하자면, 재료의 특성을 알기 위한 재료실험과 철근콘크리트 부재의 거동을 알기 위한 부재실험에 관련하여 상세하게 다루고자 하였다. 체제상으로 1장과 2장으로 정해졌지만 필요에 따라서는 2장을 먼저 강의하고 다음에 1장을 들어가는 것도 좋을 듯하다. 한계상태설계법의 기본 개념은 2장에서 알 수 있을 것으로 생각한다. 4장은 전단설계와 관한 것으로서 기존의 강도설계법에서 적용된 것과는 상당히 다른 방식으로 전단보강설계법이 소개되었다. 관련 예제를 충분히 넣어 이해를 도우려 했으나 그렇지 못한 점을 독자들은 양해해주시기 바란다. 5장은 부착, 정착, 이음 등 배근 상세에 관한 것으로서, 콘크리트 구조기준의 관련 규정보다 조금은 적용하기기 쉬울 것으로 생각한다. 6장은 사용성에 관한 것으로서 이전의 어느 때보다 사용성이 중요하게 여겨져서 기존의 어떤 교재보다도 많은 내용이 수록되어 약간은 지루한 감도 있을 것이다. 7장에서는 지금까지 기둥 설계에 많이 이용되었던 도표를 준비하지 못한 대신 설계도표를 만들 수 있도록 1축 편심에 관한 절차뿐만 아니라 2축 편심을 갖는 기둥에 대해서도 검토가 가능한 절차를 소개하였다. 8장에서는 1방향 슬래브와 2방향 슬래브의 해석과 설계를 다루었는데, 특히 2방향 슬래브의 뚫림전단에 대해서 자세히 소개하고 9장의 확대기초 설계에서 뚫림전단에 관한 예제를 다루었다. 11장에서는 연속 보를 다루면서 기술자들에게 다소 낯선 휨모멘트 재분배를 다루었다. 끝으로 12장에서는 콘크리트 구조물의 소성설계법의 하나라고 볼 수 있는 스트럿-타이 설계법을 소개하고 예제를 통하여 이해를 돕고자 하였다. 많은 내용을 담고자 하였으나 필자의 능력이 다소 미진한 듯하여 원하는 대로 이루지 못하였다.

이 교재를 만드는 데 여러 분들의 도움이 있었다. 이 분들의 도움이 없었다면 아마도 이 교재를 볼 수 없었을지도 모른다. 부산대 재직 중인 정진환 교수는 교재 원고를 아주 세밀하게 검토하여 내용, 문장, 수식, 그림, 표 등에서 많은 오류를 지적하고 의견을 제시하였다. 목포해양대 최익창 교수, 명지대 권승희 교수도 교재 원고의 일부를 검토하여 역시 잘못된 부분을 지적하고 의견을 제시하였다. 특히 명지대 김병일 교수는 지반공학에 관련된 부분을 정성껏 검토하여 필자가 부족한 부분을 채워주었다. 설계 실무를 직접 맡고 있으면서 설계자의 관점에서 원고를 검토하고 오류를 지적하고 제언을 아끼지 않았던 서영기술단의 이상희 전무, 천마기술단의 김상대 부사장에게도 고마움을 전하고 싶다. 물론 명지대 콘크리트 연구실의 장경필, 이정수, 송은석 연구생들에게 고마움을 전한다. 이들은 교재에 들어갈 도표나 그림 작성에 많은 도움을 주었고 예제 검토에도 많은 노력을 아끼지 않았다. 2014년에 한계상태설계법을 적용한 교재를 우리나라에서 처음으로 저술한 전남대 김우 교수에게도 깊은 고마움을 전하고 싶다. 이 교재를 만드는 데 김우 교수의 저서를 여러모로 참조할 수 있어 큰 도움이 되었다.

끝으로 『콘크리트와 문화』로 인연을 맺어 이 책이 나올 수 있도록 힘써준 씨아이알의 이일석 씨, 원고를 잘 정리에서 보기 좋은 책으로 만들어준 서보경 씨에게도 고마움을 전한다.

이 책을 통해서 한계상태설계법을 따른 콘크리트구조설계의 배경 이론의 이해에 많은 도움이 되기를 바란다. 부족한 내용도 많고 미비한 부분도 있으리라 생각하며, 지속적으로 수정하고 보완하여 완성도 높은 교재를 만들어나갈 생각이다. 이를 위해 독자 여러분들의 아낌없는 충고와 지적을 바란다.

2016년 입춘

함박산을 내다보며

●●● 목 차

제2판을 내면서 iii

책을 내면서 v

01 콘크리트와 구성재료

1.1 철근콘크리트의 발전   5
  1.1.1 시멘트와 콘크리트 ·······································5
  1.1.2 철근콘크리트의 유래 ·····································7
  1.1.3 프리스트레스트 콘크리트 ································11

1.2 콘크리트 만들기   12
  1.2.1 용 어 ··12
  1.2.2 콘크리트 구성재료 ·······································13
  1.2.3 갓 비빈 콘크리트 ··22
  1.2.4 굳은 콘크리트 ··25

1.3 콘크리트 배합설계   29
  1.3.1 배합설계에서 각 구성재료량 결정방법 ···················29
  1.3.2 기준압축강도와 배합강도 ································34

1.4 콘크리트의 물리적 특성   54
  1.4.1 콘크리트 압축강도 ·······································55
  1.4.2 압축강도와 영향인자 ·····································55
  1.4.3 콘크리트 응력-변형률 곡선과 탄성계수 ··················66
  1.4.4 크리잎 ··71
  1.4.5 건조수축 ··74
  1.4.6 인장강도 ··79
  1.4.7 2축 강도 ···83
  1.4.8 전단강도 ··84
  1.4.9 피로강도 ··84

1.5 보강재, 철근   85
  1.5.1 철근의 응력-변형률 곡선 ·······························86

1.5.2 강재의 강도 특성과 철근의 연성 ··91

1.5.3 철근종류와 등급 ··94

■ 참고문헌   96

02 콘크리트 구조물의 한계상태와 한계상태설계법

2.1 한계상태   99

2.2 설계 기본 변수   102

2.2.1 하중과 하중의 변동성 ··102

2.2.2 재료강도 및 강도 변동성 ···108

2.2.3 구조물 치수 ··111

2.3 안전율의 확률적 계산   112

2.3.1 확률밀도함수와 확률분포함수 ··112

2.3.2 파괴확률과 신뢰도지수 ··114

2.3.3 신뢰도지수와 안전율 간의 관계 ··116

2.3.4 부분안전계수 ··119

2.3.5 설계강도 ··127

2.4 한계상태설계 검증   128

2.4.1 극한한계상태 검증 ···128

2.4.2 사용한계상태 검증 ···133

2.5 설계과정   138

2.5.1 예비 설계 ··139

2.5.2 기본 설계 ··142

2.5.3 실시 설계 ··143

2.5.4 해석모델 구성 ··145

2.5.5 경제성을 고려한 설계 ···147

2.5.6 관용 치수 및 시공오차한계 ···148

2.5.7 계산의 정밀도 ···149

■ 참고문헌   150

03 철근콘크리트 보의 휨

3.1 개 요   153

3.2 주요 기호 및 약어   154

3.3 철근콘크리트 보의 해석   155

    3.3.1 개 요 ·······························155

    3.3.2 응력-변형률 적합조건, 평형조건 ·······156

    3.3.3 휨 해석 및 설계를 위한 기본 가정 ·······159

    3.3.4 4점 휨 실험 ·······················164

    3.3.5 휨 단면 해석 ·······················176

    3.3.6 단면의 파괴 ·······················182

    3.3.7 콘크리트구조기준에서 콘크리트 압축응력 분포 ·······192

3.4 휨 단면 설계   194

    3.4.1 단철근 직사각형 단면 설계 ···········194

    3.4.2 배근 상세 ·························201

    3.4.3 압축철근이 있는 단면(복철근 단면) ·······203

    3.4.4 복철근 단면 보의 해석 ···············206

    3.4.5 T-단면 보 ·······················214

    ■ 참고문헌 227

04 철근콘크리트 부재의 전단과 비틀림

4.1 개 요   231

4.2 전단보강이 안 된 철근콘크리트 보의 전단거동   233

    4.2.1 전단응력과 주응력 ·················233

    4.2.2 전단보강 안 된 철근콘크리트 보의 전단파괴 ·······237

    4.2.3 전단보강 안 된 철근콘크리트 보의 전단강도 ·······241

4.3 전단보강이 된 철근콘크리트 보의 전단거동   246

    4.3.1 개 요 ·······························246

    4.3.2 트러스 모델에 의한 세장한 보의 전단파괴 거동 ·······247

    4.3.3 전단보강 필요 단면에서 변각 경사 스트럿 설계법 ·······249

    4.3.4 수직 스터럽을 사용하는 전단보강 설계 절차 ·······255

콘크리트구조설계 한계상태설계법

4.4 철근콘크리트 부재의 비틀림   **272**

4.4.1 비틀림 발생 및 해석 ································· 272

4.4.2 콘크리트 단면의 비틀림 전단응력 ··············· 274

4.4.3 비틀림 설계 ································· 277

4.4.4 전단과 비틀림의 조합 ························· 281

■ 참고문헌 286

05 철근의 부착, 정착 및 이음

5.1 철근과 콘크리트의 부착   **291**

5.1.1 부착응력 ································· 292

5.1.2 철근콘크리트 보에서 평균 부착응력 ··············· 293

5.1.3 축방향 인장을 받는 부재에서 부착응력 ··············· 294

5.1.4 보에서 진 부착응력 ························· 295

5.1.5 뽑힘 시험에서 부착응력 ······················· 296

5.1.6 부착강도 ································· 297

5.1.7 부착 전달 기구 ························· 298

5.2 철근 정착   **300**

5.2.1 개 요 ································· 300

5.2.2 정착길이 ································· 301

5.2.3 표준갈고리 ································· 307

5.2.4 횡방향 철근에 의한 정착 ··············· 309

5.3 철근 절단점 및 철근 정착   **310**

5.3.1 철근 절단 이유 ························· 310

5.3.2 휨철근 절단점 위치 ························· 311

5.3.3 철근 절단점 위치와 철근응력에 관한 전단력의 영향 ·········· 314

5.3.4 철근의 절단점과 굽힘점 ···················· 315

5.4 철근이음   **327**

5.4.1 개 요 ································· 327

5.4.2 인장철근의 겹침이음 ························· 329

5.4.3 다발철근의 겹침이음 ························· 333

5.4.4 압축철근 이음 ························· 333

5.4.5 기둥철근의 이음 ……………………………………………………334

■ 참고문헌 338

06 사용성과 사용한계상태

6.1 사용한계상태 원칙   343

6.1.1 균열 폭 제어에 대한 원칙 ……………………………………………344

6.1.2 처짐 제어에 대한 원칙 …………………………………………………345

6.1.3 응력 제한에 대한 원칙 …………………………………………………346

6.1.4 사용성 검토를 위한 재하 ………………………………………………347

6.1.5 재료 강도 기준값 …………………………………………………………348

6.2 균열 형성과 인장강화효과   349

6.2.1 균열 형성 …………………………………………………………………349

6.2.2 인장강화효과 ………………………………………………………………352

6.3 균열과 균열 제어   362

6.3.1 개 요 ………………………………………………………………………362

6.3.2 균열의 원인 및 종류 ……………………………………………………363

6.3.3 균열 제어 이유 ……………………………………………………………364

6.3.4 균열 폭 제한 ………………………………………………………………366

6.3.5 균열 폭 예측 공식 ………………………………………………………369

6.4 처짐과 처짐 제어   377

6.4.1 개 요 ………………………………………………………………………377

6.4.2 처짐 제어에 대한 기준 …………………………………………………378

6.4.3 모멘트-곡률 관계 …………………………………………………………383

6.4.4 거동 모델 …………………………………………………………………389

6.4.5 처짐 산정 기본 식 ………………………………………………………393

6.4.6 수치적분을 이용한 처짐 계산 …………………………………………397

6.4.7 장기 처짐 …………………………………………………………………404

6.4.8 처짐 계산의 정확성 ………………………………………………………409

6.4.9 간편 처짐 계산법 …………………………………………………………410

6.4.10 경간장/유효 깊이 비율 …………………………………………………415

6.4.11 직접 처짐 계산을 생략하는 경우 ………………………………………418

■ 참고문헌 420

콘크리트구조설계 한계상태설계법

07 휨과 축력을 받는 철근콘크리트 부재

7.1 개 요   425

7.2 철근콘크리트 부재의 휨-축력 관계   427

   7.2.1 휨-축력 관계도 ··427

   7.2.2 휨과 축력을 받는 부재의 극한한계상태 ·····················430

   7.2.3 변형률 적합조건에 의한 해석 ·····································434

   7.2.4 편심량 e값에 따른 단면 저항강도 ·····························444

   7.2.5 원형 단면 기둥의 휨-축력 관계도 ·····························450

   7.2.6 철근콘크리트 기둥의 휨-축력 관계도 특성 ················452

7.3 휨과 축력을 받는 단주 설계   455

   7.3.1 개 요 ··455

   7.3.2 설계도표와 휨-축력 관계도 ···455

   7.3.3 압축지배를 받는 띠철근 기둥의 근사해석 ···················464

   7.3.4 수정 휘트니 근사공식을 이용한 압축지배인 경우의
       기둥 단면 설계 ··469

7.4 세장한 기둥 또는 장주   472

   7.4.1 장주의 정의 ··472

   7.4.2 축력을 받는 탄성 기둥의 좌굴 ·····································474

   7.4.3 양단 핀지지 기둥의 거동과 해석 ·································477

7.5 2축 편심 축력을 받는 부재   486

   7.5.1 개 요 ··486

   7.5.2 모멘트 및 축력에 대한 콘크리트 저항강도 ················487

   7.5.3 도로교설계기준에 제시된 근사법 ·································496

   ■ 참고문헌 503

08 슬래브

8.1 개 요   507

   8.1.1 콘크리트 슬래브의 유형 ··508

   8.1.2 슬래브 구조계의 거동 ··510

8.2 1방향 슬래브   511

8.2.1 개 요 ·· 511

8.2.2 설계 편의를 위한 가정 ···································· 512

8.2.3 유효 경간장, 재하 및 해석 ···························· 513

8.2.4 단면 설계, 슬래브 철근 절단 및 피복두께 ············ 517

8.3 2방향 슬래브   531

8.3.1 슬래브 거동, 해석 및 설계 ···························· 531

8.3.2 4변 단순지지 직사각형 슬래브 : 모서리 들림 ········ 532

8.3.3 모서리 들림이 구속된 슬래브 ·························· 541

8.3.4 연속 2방향 슬래브의 내부 패널 ······················ 551

8.4 플랫 슬래브   554

8.4.1 플랫 슬래브의 해석 ······································ 554

8.4.2 도로교설계기준 일반 규정 ······························ 558

8.4.3 등가 골조 해석법 ·· 559

8.4.4 뚫림전단 ··· 560

  ■ 참고문헌   580

09   확대기초

9.1 개 요   583

9.1.1 설계 일반 ··· 583

9.1.2 확대기초의 종류 ·· 588

9.2 하중, 지반반력, 기초의 크기   590

9.2.1 지반반력 ··· 590

9.2.2 하중과 기초 면적 크기 결정 ···························· 592

9.2.3 총 지반반력과 순 지반반력 ···························· 594

9.3 줄기초 및 확대기초의 구조적 거동   596

9.3.1 휨 ··· 596

9.3.2 전 단 ·· 598

9.4 독립 확대기초   599

9.4.1 개 요 ·· 599

9.4.2 중심축 하중을 받는 확대기초 ·························· 600

9.5 편심하중을 받는 기초판   608

9.5.1 기초판 바닥에서 지반반력 ················608

9.5.2 수평하중에 대한 저항 ················610

9.5.3 구조 설계 ················611

9.6 벽체, 줄기초 및 복합 기초   621

9.6.1 벽체 기초 ················621

9.6.2 전단 벽체 기초 ················622

9.6.3 연결 기초 ················623

9.6.4 복합 확대기초 ················624

■ 참고문헌   646

10   옹 벽

10.1 개 요   649

10.1.1 옹벽의 종류 ················649

10.1.2 옹벽에 작용하는 토압 ················651

10.2 옹벽의 안정   652

10.3 캔틸레버식 옹벽 설계   656

10.3.1 벽체 초기 제원 결정 ················656

10.3.2 캔틸레버식 옹벽 설계 절차 ················658

10.4 배수 및 기타 상세   672

10.5 부벽식 옹벽   673

■ 참고문헌   676

11   부정정 구조물

11.1 개 요   679

11.2 부정정 보의 소성해석 및 설계   682

11.2.1 소성해석 ················682

11.2.2 휨모멘트 재분배 ················686

11.2.3 지지된 외팔보 설계 ················687

11.2.4 양단 고정인 보 설계 ···690

11.2.5 설계에서 탄성해석 결과 외에 다른 값을 사용하는 이유 ·······692

11.2.6 재분배된 탄성해석 결과를 적용할 때 사용성 검토 ···············692

11.3 연속 보   694

11.3.1 현장 타설 콘크리트 바닥구조에서 연속 보 ·····················694

11.3.2 연속 보 재하방법 ···695

11.3.3 연속 보 탄성해석 예 ··696

11.3.4 연속 보 모멘트 재분배 예 ···699

11.3.5 연속 보 외측 경간 설계 예 ···701

  ■ 참고문헌 708

12 불연속 영역과 깊은 보

12.1 불연속 영역   711

12.1.1 개 요 ···711

12.1.2 상 배낭의 원리와 D-영역의 범위 ·································713

12.1.3 D-영역 설계에 관한 개요 ···714

12.1.4 유한요소법을 이용한 D-영역의 설계 ·····························715

12.2 스트럿-타이 모델   717

12.2.1 개 요 ···717

12.2.2 스트럿-타이 모델 구성 원칙 ·······································718

12.2.3 모델 구성을 위한 일반 규칙과 기법 ·······························721

12.2.4 하중경로법을 이용한 D-영역의 모델 구성 ·······················724

12.2.5 스트럿-타이 모델의 정확도와 최적화 ·····························727

12.3 스트럿, 타이, 절점   729

12.3.1 길이방향 균열에 의한 스트럿 파괴 ·······························729

12.3.2 스트럿의 압축파괴 ···732

12.3.3 타이의 형성 ···734

12.3.4 타이의 인장강도 ···735

12.3.5 절점과 절점영역 ···736

12.3.6 지압부 설계 ···743

12.4 깊은 보   **749**

12.4.1 깊은 보의 해석과 거동 ···749

12.4.2 깊은 보의 배근 설계 ··752

12.5 내민 받침   **763**

12.5.1 구조적 거동 ···763

12.5.2 내민 받침의 설계 ···764

12.6 ㄱ–형 단부   **770**

12.6.1 모델의 구성 ···770

■ 참고문헌 777

□ 찾아보기 779

01 콘크리트와 구성재료
Concrete and Concrete-Producing Materials

한 자루의 시멘트는 오늘도 세상을 바꾼다.

－리즈 팰리 Reese Palley －

콘크리트구조설계 – 한계상태설계법

콘크리트와 구성재료
Concrete and Concrete – Producing Materials

콘크리트는 세상만사 모든 역사 속에 가득 넘쳐나고 있다. 그것은 아주 먼 과거와 우주 속에 희미한 미래를 이어주고 있다. 고대 원시적 사막 문화의 텅 빈 언저리에서 생겨 나오면서, 콘크리트 사용이 충격적이면서 중요하게 부침을 거듭하고 있다. 때로는 불가사의한 이유로 콘크리트 사용이 신비스럽게 사라져버렸다. 사람의 손으로 돌을 만들 수 있고 그것을 이용할 수 있다는 자만심이 종교적이며 문화적이고 경제적인 운동에 힘을 실어주었다. 콘크리트를 사용했던 초기에 콘크리트는 이집트 사제들과 로마 기술자들의 비밀스럽고 폐쇄적인 단체의 은밀하고 권위 있는 영역이었다. 콘크리트는 처음부터 과학 이상의 연금술 같은 것이었다. 후대 왕국이 약해지고 위대한 기자 피라미드를 건설했던 사제들이 비밀리에 간직했던 제조 지식도 사라지면서 이집트에서 콘크리트는 더 이상 사용되지 않았다.

19세기 중반에 영국의 산업혁명이 일어나자 콘크리트가 다시 나타나기 시작했다. 20세기에 들어서 산업, 건설, 인구가 폭발적으로 성장하면서 인공 석재 제조 비법이 다시 빛을 보게 되었다. 오늘날 콘크리트 이전에 있던 모든 것을 쓸어가버릴 만큼 엄청나게 콘크리트가 사용되고 있다. 세상은 콘크리트로 포장되고 있는 중이다. 이제 21세기에 들어서, 우리는 인공 석재의 홍수 속에 꼼짝 못 하고 있다. 산업화된 세상에서 댐, 도로, 교량을 비롯하여 본질적으로 프리캐스트 인공 석재로 된 슬래브를 층층이 쌓아 올리는 초고층 건물에 대한 수요는 콘크리트 사용법이 더욱 개발되고 공학기술로 콘크리트의 무한한 잠재력을 열어주면서 해마다 증가하고 있다. 현대의 콘크리트 용도는 일상적인 것으로부터 상상할 수 없는 것까지, 보도 슬래브에서 반투명으로 채광창을 대체하는 건물의 벽체와 우리가 숨 쉬는 공기에서 오염물질을 흡수하는 콘크리트에 이르기까지 확장되고 있다.

개발 중인 나라들은 시민들의 주택 건설에 콘크리트를 사용하는 것이 개발된 나라보다 오래전에 앞섰다. 이오시프 스탈린 J. Stalin이 계획했던 노동자 계급의 주택 사업이 그다지 매끄럽지 않았을지라도 콘크리트는 전 세계 하늘을 빽빽하게 수놓으며 급속히 번창한 아파트 건설의 진정한 창시자였다. 1926년 선견지명이 있던 토마스 에디슨 Thomas Edison이 콘크리트 축음기를 만들어냈을 때 세상을 변화시키고 있는 콘크리트의 이용이 난해하다는 관문을 열었다. 빛이 통과하는 콘크리트, 소리를 흡수하는 콘크리트, 말랑한 콘크리트, 예술가의 구미에 당기는 콘크리트는 에디슨 축음기의 유산이다. 천 년된 시골의 오두막 바닥에서 화성 착륙을 달성할 때까지 눈 깜빡할 사이의 역사이지만 우리는 콘크리트의 오래된 시작과 새로운 시작을 보고 있는 시대의 중간에 있다. 콘크리트의 원시적 형태로 우연히 바닥을 진흙으로 다졌던 농부가 화성에 최초로 콘크리트를 만들려는 우주인의 조상이었다.

우주는 콘크리트의 미래이다. 오늘날 우주선은 겨우 탑승자의 생필품만 실을 수 있을 뿐 화성 같은 환경에서 인간이 생존하는 데 필요한 재료들을 실을 엄두도 못 낸다. 하지만 콘크리트를 만들 재료가 화성 탐사자들의 바로 발밑에 있을 것이다. 바위와 모래, 미량의 화학물질과 석회석은 지구에서 볼 수 있는 재료인 것처럼 화성에서도 찾아낼 수 있는 것들이다. 가장 중요한 화성의 극지방 빙산을 발견함으로써 태양계의 식민지화를 시작하는 데 필요한 거의 모든 것들을 결정지을 수 있을 것이다[1.11].

돌을 만들 거리가 없는 곳은 갈 만한 곳이 아니기 때문에 콘크리트는 우리가 어디를 가든 함께할 것이다. 사람의 발길이 닿는 곳이라면 어디에도 콘크리트가 있다. 도시문명은 잿빛의 콘크리트를 떠올린다. 잿빛이 주는 이미지가 그다지 밝은 것이 아니기 때문에 도시의 어둡고 차가운 면을 강조할 때 떠올리는 것이 콘크리트이다. 돌에서 느낄 수 있는 투박하지만 있는 그대로의 순박함, 정감, 따스함을 콘크리트에서는 느낄 수 없기 때문이다. 콘크리트는 자연에서 얻어진 돌, 자갈, 모래, 물로 이루어진 것이지만 사람의 손길은 자신만의 편리를 위해서 그것들로부터 자연스러움을 앗아가버리고 말았고, 그 때문에 인간 스스로 자연과 멀어지고 우리의 둘레를 점점 더 거칠게만 만들어 온 것이다. 조각가는 자연의 거친 모습으로부터 따스한 정감이 넘치는 조각물을 만들어낸다. 콘크리트는 과학이며 예술이다. 콘크리트에 닿는 손길이 도자기를 굽는 도공의 손길처럼 혼을 불어넣는다면 복잡해진 세상이, 거칠어진 인간이 어둡고 차갑게만 만들어놓은 콘크리트를 우리와 함께 숨을 쉬며 살아 있는 것으로 만들 수 있을 것이다. 인간이 20세기에 이루어놓은 대표적인 문명 중의 하나가 콘크리트라고 하지만 반면에 콘크리트는 최악의 발명품이라고 한다. 콘크리트가 생겨나서 한 세기도 넘게 지나온 이즈음에 콘크리트를 바람직한 방향으로 다시 태어나도록 생각해보는 것은 매우 중요한 일이다.

1.1 철근콘크리트의 발전 Historical Developments of Concrete

1.1.1 시멘트와 콘크리트

토목공학이 발전하게 된 여러 이유 중의 하나는 인간이 목표로 하는 구조물을 완성시킬 수 있도록 재료를 개발해왔다는 점이다. 가장 흔하게 사용할 수 있었고 지금도 사용하고 있는 재료는 돌이다. 피라미드와 같은 구조물도 돌로 만들어진 것이지만 이것에 대해서는 아직도 어떻게 만들어졌는가는 불가사의이다. 지금의 인간과 같은 신체적 조건을 갖춘 고대의 인간들이 이루어 놓은 석조물 중에는 기원전 2000년경에 크레타 섬의 미노아 문명시절에 처음으로 구조물에 석회 모르타르를 사용한 적이 있다고 한다. 기원전 3세기쯤에 로마사람들은 알맹이가 고운 모래 같은 화산재를 찾아내어 석회 모르타르과 섞어서 물속에서도 단단해지는 강한 모르타르를 만들어 내었다. 로마사람들이 만든 가장 주목할 만한 구조물은 126년에 완공된 로마의 판테온 돔이었다. 이 돔은 지간이 43 m인데 19세기까지만 해도 이 지간을 넘는 구조물이 없었다. 아직도 이 돔의 안쪽에서는 부순 돌을 골재로 하였고 거푸집의 흔적을 볼 수 있는 것으로 미루어 볼 때 지금의 콘크리트의 시초가 아닌가 짐작된다[1.11, 1.15, 1.19].

콘크리트가 본격적으로 개발된 시기는 1800년 이후이다. 개발 동기를 추측해보면 콘크리트의 개발은 시대적인 요구로 볼 수 있다. 서양 역사에서 르네상스 시대의 문명이 꽃피우고 이어서 영국에서 시작된 산업혁명으로 산업시설의 확충과 사회기반시설의 건설을 새로이 필요하게 되었고, 1789년의 프랑스 대혁명으로 왕정이 붕괴되고 시민이 주도하는 사회로 변하게 됨에 따라, 산업혁명과 프랑스 대혁명은 유럽 전체에 산업화와 민주화를 촉진시키는 계기가 되었다. 왕족과 귀족이 사회를 지배하던 시절에 궁전, 교회, 성당을 짓는다거나 성을 쌓는 일과 같이 돌의 사용은 군사용이거나 지배계층의 주거용, 종교시설로 제한되어 있었다. 또한 구조물에 돌을 사용하려면 장비가 지금처럼 발달되지 않은 시절에 많은 인력을 필요로 했을 것이다. 따라서 일반 시민들이 자신들을 위하여 돌을 사용한다는 것은 엄두도 내지 못했을 것이고, 바위와 같은 큰 돌을 사람들이 혼자 다룰 수는 없기 때문에 작은 돌을 뭉쳐서 사용하거나 흙을 구워 벽돌을 만드는 방법을 생각해냈을 것이다. 거기에 필요한 것이 바로 돌을 서로 붙게 하는 풀이다. 이 풀이 시멘트라고 하는 것인데 앞서 말한 바와 같이 진흙과 석회석이 이 풀의 주원료가 된다.

우리나라에서도 오래전부터 석회석과 점토를 사용해서 돌담을 쌓는 데 모르타르처럼 사용해 왔다. 전통 한옥의 벽체는 주로 진흙으로 하고 석회를 바른 것이다. 바로 오늘날 콘크리트가 건설재료로서 널리 쓰이게 된 결정적인 계기는 석회석을 주원료로 하는 시멘트의 발명이라고 단언할 수 있다. 1800년 바로 전에 영국의 기술자인 존 스미어톤 John Smeaton 은 영국의 남쪽 해안에 에디스톤 Eddystone 등대를 설계하는 중에, 그는 물속에서 굳어져서 물에 녹지도 않는 시멘트를 만드는 데에 구운 석회석과 점토를 섞은 것을 이용할 수 있음을 알아냈지만 그는 과거 로마시대의 방식대로 모르타르를 바른 돌을 쌓는 것으로 하였다. 그 이듬해에 많은 사람들이 스미어톤이 사용한 재료를 이용하였지만, 똑같은 채석장에서 석회석과 점토를 구하기가 어려워서 그것을 사용하는 데에는 지극히 제한적일 수밖에 없었다. 1824년 조지프 애스프딘 Joseph Aspdin 이 다른 곳에서 구한 점토와 석회석을 갈아낸 것을 섞어서 그것들을 가마에서 구워서 시멘트를 만들어냈는데 이것이 영국의 남부에 있는 포틀랜드 Portland 섬에서 나는 고품질의 석회석인 포틀랜드 돌과 닮았기 때문에 그 제품을 포틀랜드 시멘트라고 이름을 지었다. 시멘트를 생산하는 중에 때로는 혼합물이 과열되어서 단단한 덩어리가 되어 쓸모없다고 생각해서 그냥 버리는 수도 있었다. 1845년 존슨 I.C.Johnson 은 가장 좋은 시멘트는 이 단단한 덩어리를 갈아서 만들어진다는 것을 알아내었다. 이것이 바로 지금의 포틀랜드 시멘트이다. 이러한 풀(시멘트)의 개발이 콘크리트가 본격적으로 발전을 시작하게 된 결정적인 동기였다. 기껏해야 사람주먹만 한 돌로 필요에 따라 커다란 돌덩어리를 만들어냈다는 것은 대단한 일이었을 것이다[1.15, 1.19].

1.1.2 철근콘크리트의 유래

돌은 압축재이다. 경간이 길어지면 휨이 커지고 인장도 생기게 되는데 시멘트도 돌로 만들어진 것이므로 모두 돌로만 이루어진 콘크리트가 인장에 제대로 견디기는 어렵다. 필요는 방법을 낳게 마련이다. 무엇으로 콘크리트의 약점을 보완할 것인가는 그 당시로도 해결하기 어려운 문제는 아니었을 것이다. 콘크리트와 가장 잘 어울리는 재료가 철이라는 것도 경험적으로 알게 되었고 영국 뉴 캐슬Newcastle의 윌킨슨W.B.Wilkinson이라는 사람이 1854년에 철근콘크리트 바닥 구조에 관한 특허를 얻게 되었다. 그는 거푸집으로 움푹한 석고 돔 모양 틀을 사용하였다. 거푸집 사이의 돌기의 중심부에 광산에서 쓰다 버린 도르레 쇠줄을 넣고 나서 돌기를 콘크리트로 채웠다. 이러한 콘크리트의 이름이 **철로 보강한 콘크리트**_iron-reinforced concrete_이다. 그후에 철 대신에 구조용으로 적합한 강철_steel_로 보강되어 **강철보강 콘크리트**_steel reinforced concrete_가 되었다. 프랑스에서는 랭보Lambot가 1848년에 강선을 넣은 콘크리트 배를 만들어서 1855년에 특허를 내었다. 그의 특허는 철근콘크리트 보의 도면과 4개의 원형 철봉으로 보강한 콘크리트 기둥의 도면도 포함되어 있었다. 1861년에 또 다른 프랑스 사람인 크와네Coignet가 철근콘크리트의 사용법을 설명한 책을 발간하였다. 이 시기는 재료역학과 구조역학의 기본적인 체계가 거의 완성된 시기이다. 철근콘크리트의 과학적 이론을 발전시키는 데 큰 공헌을 한 또 다른 사람은 조지프 모니에Joseph Monier이다. 1850년쯤에 그는 나무를 심기 위해서 주철로 보강한 콘크리트 화분으로 실험을 하였다. 1867년에 그는 자기 아이디어를 특허 내었다. 그 후에도 철근콘크리트 파이프와 수조(1868), 플랫 슬래브(1869), 교량(1873), 그리고 계단(1875)을 특허 내는 일이 계속되었다. 1880년부터 1881년에 모니에는 같은 종류의 많은 독일 특허를 얻어내었다. 이 특허는 시공회사인 봐이스 운트 프라이탁Wayss & Freytag에게 사용이 허가되었고 이 회사는 쉬투트가르트Stuttgart 대학교의 뫼르쉬Mörsch 교수와 바흐Bach 교수에게 **철근콘크리트** _Eisen-armierter Beton_의 강도를 시험하도록 의뢰하였고, 프러시아Prussia의 건설 주감독인 쾨넨Könen에게는 철근콘크리트의 강도를 계산하는 법을 개발하도록 의뢰하여 철근콘크리트 이용에 기여하였다[1.19]. 그림 1.1-1은 건설재료의 발전 과정을 나타낸 모식도로서 철근콘크리트가 구조용으로 활용될 수 있도록 콘크리트와 구조용 강재, 철근이 각각 어떤 역할을 하고 있는지를 보인 것이다.

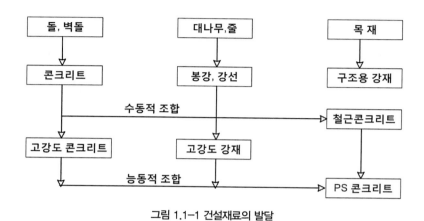

그림 1.1-1 건설재료의 발달

콘크리트는 압축에는 강하지만 인장에는 약하기 때문에, 많은 경우에, 인장에 강한 강재와 함께 어우러져 쓰이고 있다. 그 대표적인 것으로서 콘크리트와 막대 모양의 강재를 함께 어울려 쓰고 있는 것이 철근콘크리트이다. 기둥이나 보 등은 구조물의 한 부분으로서 부재라고 하는데, 철근콘크리트 부재는 철근을 엮어서 틀을 만들어 거푸집 안에 설치하고, 거푸집에 콘크리트를 쳐서 만들어진다. 이러한 철근콘크리트 부재는 건축물이나 교량 등, 일반적인 구조물에 흔히 쓰이고 있다. 철근콘크리트가 탄생한 지 100년도 더 되었지만 그때와는 달리, 현재에는 고분자계 재료나 유리섬유, 알미늄 합금 등 인장강도가 큰 재료는 이 외에도 여러 가지가 있다. 그럼에도 왜 콘크리트의 보강재로서 철근이 지금까지 사용되고 있을까. 그 이유로서 강재는 인장강도가 크다는 것 말고도 콘크리트와 비교적 부착이 잘 된다는 점, 탄성계수가 콘크리트보다 훨씬 더 크다는 점, 열팽창계수가 콘크리트와 거의 같다는 점, 파단될 때까지 변형률이 크다는 점, 강도의 분산이 작다는 점, 비교적 싼값으로 많이 공급할 수 있다는 점 등을 들 수 있다. 이 중에서 열팽창계수, 탄성계수에 대해서 좀 더 설명해보기로 한다. 온도가 변화할 때 재료의 팽창 수축 비율을 열팽창계수라고 하는데, 함께 어우러진 재료의 열팽창계수가 크게 다르다면, 온도변화가 생길 때, 서로가 변형량을 같이하려고 하는 응력이 생겨서 파단에 이르는 일도 있다. 따라서 합성재료에서는 열팽창계수가 같은 정도로 있는 것이 중요하다. 또한 탄성계수가 훨씬 크다는 것은 응력은 탄성계수와 변형률의 곱이기 때문에 콘크리트와 철근에 같은 크기의 변형률이 생기는 경우, 철근쪽이 훨씬 더 큰 응력을 받게 되므로 콘크리트를 보강하기 위해서는 확실히 유리하다. 게다가 콘크리트가 부담하는 힘을 콘크리트에 균열이 생겨도 철근이 견디어준다. 강재가 아니라면, 콘크리트는 강한 알칼리성이므로 유리섬유나 알루미늄은 표면에 화학반응을 일으켜 콘크리트와 부착력이 떨어져서, 일체성에 문제가 생긴다. 고분자재료는 여러 가지가 있지만 일반적으로 탄성계수가 콘크리트보다 그다지 크지 않으므로 콘크리트에 생기는 균열이 커지게 되면, 보강재로서 효과는 나타나지 않는다. 그러면 콘크리트와 어울리는 강재에는 철근 말고도 먼저 H형강과 같은 강재를 들 수 있다. 형강을 보강재로서 철근과 같이 쓰는 철골철근콘크리트는 고층건물이나 대형 교각 등에 사용되고 있다. 경간이 긴 교량, 저수조, 원자로 격납용기 등에도 사용되고 있는 **프리스트레스트 콘크리트**에 쓰이는 긴장강재 등이 있다. 또한 짧은 섬유 모양의 **강재**(단면적 $0.1 \sim 1\ mm^2$, 길이 $20 \sim 60\ mm$ 정도) *steel fiber*나 **강선망** *wire fabrics*도 있다. 섬유 모양의 강재를 콘크리트 속에 고루 퍼뜨린 것을 **강섬유보강 콘크리트**라고 한다. 여러 단으로 배치한 강선망에 모르타르를 채워서 얇은 판 모양으로 만든 것이 **철분시멘트** *ferro cement*이다[1.14, 1.15, 1.19].

콘크리트와 강재는 서로 약점을 보완해주는 좋은 관계에 있다. 생물계로 말하자면, 공생관계라고 할 수 있을 것이다. 여기서는 철근콘크리트를 예로 들어, 강재와 콘크리트 간의 협력관계에 대해서 살펴보기로 한다. 먼저 철근은 콘크리트에 균열이 생긴 후에, 콘크리트가 견디고 있던 인장력을 대신 부담하여 균열 폭이 커지는 것을 막아준다. 그 밖에도 철근콘크리트 부재의 크리잎 변형을 줄여주며, 파괴될 때 연성을 높여주고, 콘크리트 조각이 떨어져 나가는 것을 막아주는 구실을 한다. 연성이 강하다는 것은 파괴에 이를 때까지 큰 변형이 있다는 것을 말하는데, 구조물의 안전성이라는 면에서 절대적으로 중요한 요소이다.

한편 철근을 품은 채로 시공되는 철근콘크리트에서 콘크리트는 철근을 정해진 자리에 고정시켜 철근이 녹스는 것을 막아주고, 불이 날 때에도, 열 때문에 철근의 강도가 떨어지는 것을 늦춰주기도 한다[1.14, 1.16, 1.19].

그러면 콘크리트 속에 묻혀 있는 철근은 왜 녹이 슬지 않을까. 콘크리트 속의 공극을 채우고 있는 물은 수소 이온지수(pH)가 12~13의 강한 알칼리성이다. 이렇게 강한 알칼리의 환경에서 철근은 표면에 부동태의 피막이라고 하는 아주 얇고 치밀한 산화피막이 생겨서 녹이 생기기 어려운 상태가 된다. 따라서 철근콘크리트 부재는 철근 바깥쪽의 콘크리트가 어느 정도 이상의 두께가 되도록 만들어야 한다. 이때 내부의 철근 표면에서 콘크리트 표면까지의 거리를 덮개(콘크리트 피복두께)라고 한다. 실제 구조물의 콘크리트 덮개는 여러 가지 조건이나 경험으로부터 정해지지만 일반적으로 건물이나 교량 등에는 25~50 mm 이상 확보되도록 해야 한다. 콘크리트 덮개는 불이 났을 때도, 높은 온도 때문에 철근 강도가 떨어지는 것을 막아주는 효과가 있다. 일반적으로 콘크리트나 철근도 500 ℃ 이상의 열을 받게 되면 강도가 급격히 떨어지지만 콘크리트는 철근에 비해서 단계적으로 열이 전달되기 어렵기 때문에 화재로 짧은 시간에 가열되면, 표면만 상하고 내부 철근의 내화 피복재로서 충분히 구실을 한다. 이와 같이 철근은 콘크리트와 더없이 서로 잘 어울리고 마치 훌륭한 반려자 *better half*와 같다. 그렇지만 콘크리트에 한계 이상의 균열이 생기고 콘크리트의 부식방지 기능이 사라지게 되면, 철근은 녹슬 뿐만 아니라 녹이 슬 때 체적이 팽창해서 철근에 가까이 있는 콘크리트에 철근과 나란한 방향으로 균열이 생기고 산소와 물이 더욱 쉽게 스며들게 되어 그 결과로 녹스는 것이 더욱 빨라지고 심한 경우에는 철근이 가늘어져서(철근 단면의 감소) 부재의 강도가 떨어지기도 하며 콘크리트 덮개가 떨어져 나가기도 한다. 이렇게 되면 *better half*가 아니라 *bitter half*가 되버리고 만다.

철근콘크리트를 흔히 다른 나라 말로 어떻게 쓰고 있는가를 살펴보면 왜 철근콘크리트라는 이름이 붙여지게 되었는가를 알 수 있다. 먼저 콘크리트 *concrete*는 영어 단어이다. 영어 사전을 찾아보면 첫 번째로는 형용사 용법으로 '실제의, 구체적인, 굳은, 고체화한' 등으로 뜻을 나타내고 있고, 명사 용법으로 지금 우리가 쓰고 있는 '콘크리트'라는 뜻이 나와 있다. 동사로는 '콘크리트를 치다. 굳어지다' 등으로 풀이되어 있다. 영어 단어 중의 상당수는 라틴어를 그 낱말의 뿌리를 두고 있는데, '콘크리트'라는 단어도 그 하나이다. 라틴어 '*con-cresere*'의 과거분사형인 '*concretus*'가 그 뿌리라고 한다. '*con-cresere*'는 영어로는 '*grow together*'라고 풀이되어 있다. 우리말로 곧바로 옮기면 '함께 자란 것, 함께 커가는 것'이라고 할 수 있을 것이다. 영어를 쓰지 않는 유럽에서는 대체로 '베톤 *Beton*'이라고 부른다[1.15, 1.16]. 콘크리트에 인장이 생기면

바로 금이 가고 쪼개지고 만다. 그래서 인장을 견딜 수 있도록 보강하려는 생각을 갖게 되었는데 인장에 강한 재료는 철이다. 조지프 모니에가 특허를 내어 큰돈을 벌게 된 것도 바로 이러한 생각을 해냈기 때문이다. 앞에서 언급한 바와 같이 철로 보강했다는 의미로 독일어로는 *'Eisen armierter Beton'*이라고 부르게 되었다. 영어로는 *'Iron-reinforced concrete'*이다. 1920년쯤부터 철 *iron* 대신에 구조용으로 적합한 강재 *steel*로 보강되어서 각각 *'Stahl-armierter Beton'*과 *'Steel reinforced Concrete'*로 불리게 되었는데 독일어 사용권에서는 보강하다는 단어가 생략된 채로 *'Stahlbeton'*으로 쓰이게 되었고 영어권에서는 보강재로 거의 강재가 쓰이게 되어 *Steel*이라는 단어를 빼고 *Reinforced Concrete(RC)*로 쓰이게 되었다. 우리나라에 철근콘크리트를 들여온 사람들은 일본 기술자들이다. 1903년 일본인 학자 히라이平井라는 사람이 처음으로 그의 논문에서 철근콘크리트라는 말을 쓰기 시작했다고 한다. 일본에서는 독일식 어법을 채택해서 철근콘크리트라는 용어를 쓰게 되었고 이 용어가 그대로 우리에게도 전해진 것이다. 이제는 영어권에서 사용하는 *Reinforced Concrete(RC)*가 전 세계적으로 통용되고 있다. 이웃 중국에서는 콘크리트를 '混凝土(혼응토)'라고 쓰고 있다. 직역하면 '섞어서 굳힌 흙'인데 상당히 재미있는 표현이라고 할 수 있다. 최근에는 사람이 만든 돌이라는 '石人工' 세 글자를 혼합한 글자로 콘크리트를 나타내기도 한다는데 '混凝土'를 주로 쓴다고 한다. 잔골재, 굵은 골재, 시멘트, 물을 비벼서 만든 돌이라는 뜻으로 우리말로는 '비빔돌'이라고 하는 것도 좋을 듯하다.

1.1.3 프리스트레스트 콘크리트

콘크리트는 인장에 약한 재료이므로 균열이 쉽게 생긴다. 콘크리트를 철근으로 보강해도 균열은 하중뿐만 아니라 여러 다른 요인으로 콘크리트에 생기게 된다. 대부분의 균열은 머리카락보다 가늘고 잘 보이지도 않아서 철근이 적절하게 보강되어 있다면 크게 문제되지는 않는다. 그러나 머리카락보다 굵은 균열은 보기에도 안 좋을 뿐더러 콘크리트의 내구성에도 나쁜 영향을 준다. 이러한 단점을 없애는 노력의 결과로서 생긴 것이 프리스트레스트 콘크리트이다. 인장이 생길 곳에 미리 압축응력 *prestress*을 발생시켜서 나중에 발생하는 인장응력과 그 압축응력이 상쇄되어 콘크리트에 인장응력이 생기지 않도록 한다는 것이다. 이런 생각은 초기의 콘크리트 기술자들에게도 있었으나 제대로 이 생각을 실현시켜 성공한 사람은 프랑스의 외진 프레시네 E.Freysinnet이다. 1928년에 보통의 철근으로 프리스트레스 힘을 주면 콘크리트의 크리잎이 프리스트레스 힘의 대부분을 소멸시키기 때문에 프리스트레싱에는 고강도 강선을 사용해야 한다고 결론지었다. 프레시네는 긴장재 정착구를 개발하였고 몇 개의 선도적인 교량과 구조물을 설계하고 시공하였다. 그가 죽기 전에도 프리스트레스트 콘크리트는 보통의 철근콘크리트와는 달리 전혀 균열이 발생되지 않아야 된다고 고집하였다. 이러한 생각을 깨뜨린 사람은 영국의 폴 아벨 P.Abeles이다. 그는 철근콘크리트와 완전 프리스트레스트 콘크리트의 단점을 보완할 수 있을 것으로 생각하여 프레시네가 고집한 프리스트레스트 콘크리트를 완전 프리스트레스트 콘크리트라고 정의하고 보통의 철근콘크리트는 프리스트레스가 없는 콘크리트로 생각하여 그 중간 정도의 프리스트레스를 준 콘크리트를 부분 프리스트레스트 콘크리트로 정의하였다. 부분 프리스트레스트 콘크리트는 2차 세계대전 이후 지금까지 많은 연구가 이루어지고 있다.

1.2 콘크리트 만들기 Design and Control of Concrete Mixtures

1.2.1 용 어

앞서 콘크리트가 어떻게, 왜 생겨났는가를 살펴보았다. 근본적으로 작은 돌들을 풀로 붙여 뭉치게 한 것이 콘크리트이다. 오늘날까지 콘크리트는 작은 돌과 모래를 시멘트 풀로 붙여서 만든 것이다. 생각의 폭을 좀 넓혀서 작은 돌이나 모래를 각각 큰 알맹이, 작은 알맹이라고 생각해보고 **시멘트 풀** *cement paste*도 그냥 풀이라고 생각해보자. 알맹이로 쓰이는 재료를 한자로 나타낸 것이 바로 **골재** 骨材이고 영어로는 *aggregates*로 쓰고 있다. 그리고 풀은 이러한 알맹이들을 붙여서 뭉치게 한다. 붙여서 뭉치다를 한자로 쓰면 결합 結合이다. 이런 쓰임새로 쓰이는 재료를 **결합재** *binder*라고 한다. 결합재는 **포틀랜드 시멘트**, 물, 그리고 갇힌 공기 또는 일부러 발생시킨 **연행공기** *entrained air*로 이루어진다. **시멘트 풀**은 대개 콘크리트 전체 부피의 25~40 % 정도를 차지한다. 그림 1.2-2에서 보듯이 시멘트의 순수한 부피는 7 %에서 15 %에 이르며, 물은 14 %에서 21 %에 이른다. 콘크리트 속의 연행공기량은 콘크리트 부피의 최대 8 %이며, 이는 굵은 골재의 최대 크기에 따라 좌우된다. 많이 쓰이는 결합재가 풀이다. 물에 풀어서 쓰는 것이 풀이다. 시멘트 풀이란 시멘트를 물에 풀어서 쓰기 때문에 그런 이름이 붙게 되었다. 풀을 쓰지 않는 결합재를 쓴다면 그 결합재의 이름을 붙여서 쓰기도 한다. 또한 '시멘트'란 모든 결합재에 쓰일 수 있는 일반적인 용어. 따라서 특정 재료에 대해서 언급할 때 분류 기준을 사용하여 이러한 용어의 뜻을 제한하도록 해야 한다. 예를 들면 폴리머라는 고분자 화학재를 결합재로 사용해서 만든 콘크리트를 **폴리머 콘크리트**라고 부른다. 일반적으로 우리가 많이 쓰고 있는 결합재는 포틀랜드 시멘트 풀이다. 그래서 **포틀랜드 시멘트 콘크리트**라고 부르기도 하지만 콘크리트 공사의 95 %는 포틀랜드 시멘트 콘크리트이다. 편하게 포틀랜드라는 낱말을 빼고 다른 종류의 시멘트나 콘크리트와 구분이 필요할 때만 쓰고 있다. 아예 포틀랜드 시멘트라는 말을 떼고 그냥 콘크리트라고도 한다. 콘크리트는 골재 입자 간의 빈틈을 메우고 그 골재들을 덩어리로 뭉치게 하는 재료(시멘트 또는 결합재) 속에 입자가 굵은 재료(골재 또는 채움재)가 채워져 이루어진 복합재료이다(표 1.2-1). 골재란 여러 가지 많은 종류의 재료로부터 구할 수 있는 것이지만 거의 다 천연 재료—암석—를 이용한 것이다. 이러한 골재는 본질적으로 불활성 不活性 채움재인데 흔히, 잔골재와 굵은 골재로 구분된다. 마찬가지로 시멘트도 다양한 화학성분으로 구성된다[1.14, 1.15, 1.17].

표 1.2-1 콘크리트의 정의

콘크리트	=	채움재(또는 골재)	+	결합재
포틀랜드 시멘트 콘크리트	=	잔골재와 굵은 골재	+	포틀랜드 시멘트 풀
모르타르	=	잔골재	+	시멘트 풀
시멘트 풀	=	시멘트	+	물

1.2.2 콘크리트 구성재료

(1) 시멘트 풀, 결합재

현재 우리나라 공업 규격 Korean Standards(KS)에 규정되어 있는 시멘트는 표 1.2-2에 보인 바와 같이 포틀랜드 시멘트로서 5종류가 있고, 혼합시멘트로서는 고로슬래그, 플라이 애쉬 fly ash 및 포졸란 pozzolan 시멘트 등이 있다. 구조물의 종류, 단면 치수, 위치, 기상조건, 공사시기와 공사기간 및 시공방법에 따라 소요품질의 콘크리트를 경제적이고 안정적으로 얻을 수 있는 시멘트를 선정할 필요가 있다. 일반적으로 콘크리트 공사의 95 %에는 보통 포틀랜드 시멘트가 사용되고 있다. 중용열 및 저열 포틀랜드 시멘트는 시멘트가 물과 반응할 때 발생하는 열(수화열)을 낮추기 위해 부피가 큰 콘크리트 공사에 사용된다. 조강시멘트는 급속한 공사가 필요한 경우에 사용된다. 특수한 성능을 갖는 시멘트로서 긴급 공사에 필요한 초속경시멘트, 암반이나 지반에 주입되는 초미분말 시멘트 등이 있다[1.5, 1.14, 1.15].

표 1.2-2 포틀랜드 시멘트 종류

종류 및 이름	특징	적용
1종 보통 포틀랜드 시멘트	보통 시멘트	일반적인 목적에 사용
2종 중용열 포틀랜드 시멘트	C_3A의 함량이 낮음	보통의 내황산 및 중정도의 저발열이 요구되는 구조물에 사용
3종 조강 포틀랜드 시멘트	클링커를 미세 분쇄하고 C_3S의 함량을 증가시킴	초기에 급속하게 강도를 발현 : 거푸집을 조기에 제거하여 빠른 시공이 요구되는 경우, 동절기에 양생시간을 단축하기 위해 사용
4종 저열 포틀랜드 시멘트	C_3S와 C_3A의 함량이 낮음	수화열의 발생이 낮아 댐과 같은 매스콘크리트에 사용
5종 내황산 포틀랜드 시멘트	C_3A의 함량이 낮음	콘크리트가 강한 황산에 노출되는 경우

표 1.2-2에서 C는 CaO, A는 Al_2O_3, S는 SiO_2를 나타낸다. 그래서 C_3A는 $3CaOAl_2O_3$를 뜻한다. 시멘트의 주원료는 석회석과 점토이다. 여기에 규사, 산화철을 더하고 다시 석고를 섞어 시멘트를 만든다. 시멘트에 적당량의 물을 부어 비비면 처음에는 시멘트 풀이 되고 시간이 지나면 화학작용을 일으켜 새로운 화합물을 만들면서 굳어진다. 이 작용을 시멘트의 **수화작용** 水和作用 *hydration*이라 한다. 이 수화작용 중에 열이 발생하는데 이를 **수화열** *heat of hydration*이라고 하며 경우에 따라서는 이 열 때문에 콘크리트의 품질이 나빠질 수 있다. 시멘트와 물이 혼합하여 서서히 굳어지는 과정을 **응결** *setting*과 **경화** *hardening*라고 한다. 시멘트가 어느 정도의 압력에 견딜 수 있을 만큼의 강성을 보였을 때 응결되었다고 하고, 그 후 시멘트 풀은 계속해서 강도가 발현되며 시간이 지나면서 더욱 단단해지는데, 이 과정을 경화라 한다. 수분은 시멘트 입자 표면의 물질을 용해시켜 **겔** *gel*을 형성하며, 이 겔은 부피와 강성이 점점 커진다. 이러한 작용으로 물이 부어진 후 2~4시간까지 시멘트 입자는 급격히 강성이 커진다. **수화**는 시멘트 입자 속으로 더 깊게 지속적으로 일어나며 강성도 커지나 그 속도는 서서히 떨어지며 보통의 콘크리트에서 시멘트는 완전히 수화되지 않는다. 그리고 이렇게 형성된 시멘트 풀의 겔 구조는 건

조수축과 같은 수분 변화에 따른 부피 변화의 주요 원인이 된다. 뤼쉬H. Rüsch의 연구에 의하면 시멘트가 완전히 수화되려면 시멘트 중량의 약 25 % 정도의 물(W/C=0.25)이 필요하다. 수화 과정 중에 시멘트 풀에서 수분의 이동과 비빌 때 필요한 **작업성**workability을 확보하기 위해서는 추가의 수분이 필요하다. 보통강도 콘크리트인 경우, W/C(물-시멘트) 비는 일반적으로 0.35에서 0.60 정도이며, 고강도 콘크리트에서는 0.25 정도까지 감소되지만 이 경우 작업성을 확보하기 위해서는 유동화제와 같은 적절한 혼화제를 사용할 필요가 있다. 시멘트가 수화반응을 일으켜 완전히 굳어지려면 대체로 시멘트 중량의 35 % 정도의 물이 필요하다. 화학작용—수화작용—에 사용된 25 %를 초과한 물은 시멘트 풀 속에서 공극을 생성한다. 굳어진 풀의 강도는 공극의 체적에 대한 비율이 커질수록 떨어진다. 바로 고체만이 응력에 저항할 수 있으므로 고체가 차지하는 체적비가 커질수록 강도는 증가한다. 이것이 시멘트 풀의 강도가 주로 W/C 비에 영향을 받는 이유이며, W/C 비가 증가할수록 강도는 감소하게 된다. 응결과 경화와 같은 화학적 작용은 **수화열**을 발생시킨다. 댐과 같은 매스콘크리트에서는 이 열이 매우 느리게 방출된다. 수화되는 중에 온도가 올라가면 부피가 팽창하고 이어서 식어지면 수축이 일어난다. 이 과정에서 일어나는 굵은 균열과 재료 특성의 약화를 방지하려면 수화열에 대한 특별한 조치가 필요하다[1.5, 1.14, 1.15].

(2) 콘크리트의 알맹이, 골재

콘크리트 체적의 적어도 70 %는 골재가 차지하고 있다. 그러므로 골재의 질이 상당히 중요하다는 것은 당연하다. 약한 골재를 쓴다면 절대로 강한 콘크리트를 만들 수 없으므로 골재가 콘크리트의 강도를 결정한다고 할 수도 있고, 골재의 성질이 콘크리트의 수명, 내구성, 그리고 성능에도 크게 영향을 끼친다. 골재는 주로 경제적인 이유로 원래부터 시멘트 풀 속에 골고루 퍼지는 불활성 재료라고 생각했다. 그러나 거꾸로 뒤집어보면 골재는 벽돌 공사에서 시멘트 풀이 사용되듯이 시멘트 풀로 한 덩어리가 된 건설재료라고 볼 수 있다. 엄밀히 말하자면 골재는 불활성이 아니고 물리적·열역학적·화학적으로 콘크리트의 성능에도 영향을 끼치기도 한다. 골재는 충분한 강도와 노출 저항성을 가진 입자들로 구성되어야 하며, 콘크리트의 품질을 떨어뜨리는 재료들은 포함되지 않아야 한다. 입자 크기가 연속적·점진적으로 분포되어야 시멘트 풀을 효과적으로 사용할 수 있다. 골재는 시멘트보다 싸다. 그래서 될 수 있으면 콘크리트 비빔에 시멘트는 적게, 골재는 많이 넣는 것이 경제적이다. 그러나 골재를 사용하는 것이 반드시 경제적인 이유만은 아니다. 골재는 콘크리트에 기술적인 장점을 지니게 하여, 시멘트 풀로만 된 것보다 훨씬 더 높은 체적 안정성과 내구성을 유지하도록 한다.

표 1.2-3 골재의 분류

분류 구분	골재 종류
생산 방법	천연 골재, 인공 골재, 재생 골재, 슬래그 골재
채취 장소	강자갈(강모래), 육지자갈(육지모래), 산자갈(산모래), 바다자갈(바닷모래)
치수	굵은 골재, 잔골재
비중	보통 골재, 경량 골재, 초경량 골재
용도	구조용 골재, 비구조용 골재, 콘크리트용 골재 또는 도로용 골재 (사용목적별)

표 1.2-3에서 생산 방법에 따라 천연 골재는 자연 상태 그대로 가공하지 않고 쓸 수 있는 모래나 자갈이다. 천연의 암석을 깨고 부수어 만든 부순 자갈, 부순 모래는 인공 골재로 본다. 재생 골재는 굳어진 콘크리트를 깨뜨려 만든 골재이다. 슬래그 골재는 용광로에서 선철을 제조할 때 생기는 부산물이다. 이 슬래그가 식으면서 단단한 덩어리가 되는데 이것을 부수어 굵은 골재로 쓰기도 한다. 크기에 따라 골재는 보통 잔골재와 굵은 골재의 두 가지로 나눠진다. 잔골재는 입자 크기가 5 mm 이하의 자연 모래나 인공 모래이며, 굵은 골재는 입자 크기가 150 mm 이하이다. 가장 일반적으로 사용되는 굵은 골재의 최대 크기는 19 mm 또는 25 mm이다. 잔골재로 많이 쓰이고 있는 것이 모래이다. 보통 골재의 비중은 2.6 정도이다. 비중이 2.0 이하이면 경량 골재로 취급한다. 2.6 이상이면 중량 골재에 속한다. 골재 중에서 육지자갈, 산모래, 바닷모래 등은 콘크리트에 나쁜 영향을 끼칠 우려가 있는 해로운 물질 등이 포함되어 있을 수도 있다. 유기물질, 진흙, 염분 등이 특히 해로운데 콘크리트를 만들기 전에 이들 해로운 물질을 깨끗이 씻어내야 한다. 그림 1.2-1에서 보듯이 잘 만들어진 콘크리트는 골재의 각 입자들이 결합재에 완전히 덮여 있고 골재들 사이의 모든 간격은 결합재로 채워져 있다[1.5, 1.14, 1.15].

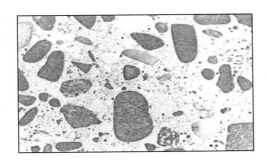

그림 1.2-1 콘크리트 단면

(3) 배합수, 물

물은 콘크리트의 품질을 나쁘게 하거나 강재를 녹슬게 하는 해로운 물질이 제한량 이상으로 들어 있어서는 안 된다. 쉽게 말하면 사람이 마실 정도의 물이어야 한다. 재료와 양생조건이 특정하게 정해져 있다면, 굳은 콘크리트의 품질은 시멘트 량에 대한 물 사용량(물-시멘트 비, W/C)에 따라 결정된다. 물 사용량을 줄임으로써 얻을 수 있는 장점들로서, 압축강도와 휨강도의 증가, 낮은 침투성과 그에 따른 방수성의 증가와 낮은 흡수성, 풍화작용에 대한 저항성 증가, 이어지는 콘크리트층 간의 결합력 및 콘크리트와 보강재 간의 부착력 향상, 젖어 있을 때와 말라 있을 때 더 작은 체적변화, 건조수축 균열의 감소 등이다. 물을 적게 사용할수록 더 좋은 콘크리트를 만들 수 있다. 물의 양이 적을수록 콘크리트 반죽은 뻑뻑하게 된다. 진동기를 이용하여 다진다면, 더욱더 된 반죽도 사용할 수 있다. 콘크리트강도가 정해진 경우에는, 더 된 반죽을 사용하는 것이 경제적이다. 따라서 진동다짐을 할 수 있다면 콘크리트의 품질이나 경제성을 더 좋게 할 수 있다.

(4) 혼화재료

혼화재료 混和材料 *admixtures*는 콘크리트의 체질을 개선시키는 데 사용된다. 콘크리트가 타설되는 환경, 사용되는 환경은 아주 다양하기 때문에 콘크리트에는 조건에 따라 여러 가지 성질이 요구된다. 그와 같은 어느 특정 성질을 지니게 하려는 경우에, 콘크리트에는 시멘트, 골재, 물, 그 밖에도 특별한 재료를 첨가한다. 이와 같은 재료를 혼화재료라고 한다. 다시 말하면, 혼화재료는 사람에게 예를 들면 여러 가지 비타민제나 영양제와 같은 약에 해당하는 것이며, 콘크리트의 체질 개선을 꾀한 것이라고 생각할 수 있다.

혼화재료는 콘크리트 전체에 대해 그 사용량의 비율이 크고 작음에 따라 혼화재와 혼화제로 구분된다. 혼화재와 혼화제의 큰 차이점으로서 전자는 사용량이 비교적 많아 그 자체의 부피가 콘크리트배합 계산에 고려되고 후자는 비교적 사용량이 적어 그 자체의 부피가 콘크리트배합 계산에서 무시된다는 점이다. 혼화재로서는 주로 플라이 애쉬, 고로슬래그 분말, 팽창재 등이 있으며 혼화제로서는 AE제, 감수제, AE 감수제, 유동화제, 고성능 감수제, 지연제, 경화촉진제, 철근방청제, 발포제 등이 있다. 이것들 중 주로 많이 쓰이는 것은 AE제인데 콘크리트에 아주 작고 많은 기포를 발생시켜 콘크리트의 품질을 개선시킨다. 유동화제는 콘크리트의 유동성을 좋게 한다. 갓 비빈(유동상태) 콘크리트나 굳은 콘크리트의 특성은 비비는 동안에 주로 사용되는 액체상태의 혼화제에 따라 변할 수 있다. 혼화제는 보통 타설 시간이나 경화시간의 조정, 사용 수량의 감소, 작업성의 증진, 인위적인 연행공기, 콘크리트 특성의 조정 등을 위해 사용된다[1.5, 1.14, 1.15].

가. 혼화재

혼화재 混和材 *additives*로서는 먼저 플라이 애쉬가 있다.

① **플라이 애쉬**는 화력발전소의 집진장치에 쌓인 재로 미분탄이 보일러 안의 고온의 장소를 지날 때에 찌꺼기가 녹아서 표면장력으로 방울 모양이 되고 밖으로 나와서 굳어진 것이다. 주요 성분은 이산화규소(SiO_2, 45 % 이상), 산화알미늄(Al_2O_3)으로 KS(한국공업규격)에 혼화재로서 품질이 규정되어 있다.

② **고로슬래그** 미분말은 용광로에서 선철을 만들 때에 발생하는 부산물인 슬래그를 급랭해서 적절한 크기로 부순 것으로서 주성분은 산화칼슘(CaO, 40~43 %), 이산화규소(SiO_2, 32~35 %), 산화 알미늄(Al_2O_3, 14~16 %)이다. 혼화재로서 플라이 애쉬나 고로슬래그 미분말을 잘 이용하면 아래와 같은 이점이 있다.

1) 유려한 콘크리트를 얻기 위해 필요한 물을 줄일 수 있으며 따라서 콘크리트의 내구성을 향상시킬 수 있다.

2) 콘크리트가 굳어질 때 발생하는 수화열을 낮출 수 있고 수화열 때문에 생기는 균열

을 막는 데에 효과적이다.

3) 오랜 시간에 걸쳐서 강도를 증진시킬 수 있다.

4) 시멘트의 알칼리 성분과 특정 골재와 반응해서 이상팽창을 일으키는 현상(이것을 알칼리 골재 반응이라고 한다)을 억제할 수 있다.

③ **실리카 흄** *silica fume*은 페로 실리콘 *ferro silicon* 및 금속 실리콘 등을 제조할 때 생기는 부산물로서 주성분은 비결정질의 이산화규소(90 % 이상), 알맹이 평균 지름 0.1미크론 정도이고, 비 표면적이 1그램당 약 20 ㎡인 방울 모양의 아주 작은 입자이다. 그 때문에 시멘트 수화물의 사이에 끼어 들어가서 콘크리트 조직을 치밀하게 하는 효과(마이크로 필러 *micro filler* 효과)를 얻게 되고 시멘트 수화물과 실리카 흄이 반응해서 안정된 무기질을 생성하는 반응(포졸란 반응)을 기대할 수 있다. 그래서 실리카 흄을 시멘트의 일부로 치환한 콘크리트는 보통 콘크리트에 비해서 강도가 뚜렷하게 증가함과 동시에 수밀성이나 화학저항성도 향상된다.

④ **팽창재**는 굳어가고 있는 콘크리트를 적당히 팽창시키는 효과가 있는 혼화재로서 팽창재를 사용한 콘크리트를 팽창콘크리트라고 한다. 일반적으로 콘크리트는 굳어지고 있는 중에도 약간 수축하고 굳어진 다음, 바깥 공기에 닿으면 마르면서 수축하며 그 수축 때문에 균열이 생긴다. 이러한 균열을 수축균열이라고 한다. 팽창재는 이 수축 때문에 생기는 균열의 발생을 줄여주기 때문에 결국 수축을 보상하는 목적으로 사용된다. 팽창 콘크리트의 팽창수축 거동을 살펴보면 알 수 있는 바와 같이 팽창재 혼입량을 증가시키면 콘크리트 팽창량도 증가한다. 수축을 보상하는 정도 이상으로 팽창이 생기면 그것이 철근으로 구속된다. 그래서 철근에는 인장력이 작용하고 콘크리트에는 철근의 구속에 의해 압축응력이 발생한다. 이와 같이 구조물에 미리 응력을 주는 것을 프리스트레스 *prestress*라 하고 이 압축응력은 화학적으로 발생시킨 것이기 때문에 이것을 특별히 화학적 프리스트레스라고 한다.

나. 혼화제

혼화제 混和劑 *chemical agent*는 혼화재 이상으로 증상에 따른 치료법의 약제적인 구실을 하는 것이다. 여러 가지 종류가 있는데 여기서는 중요한 혼화제에 대해서만 알아보기로 한다.

① **AE제** *Air-Entraining agent*는 매우 작고 독립된 무수히 많은 기포를 콘크리트 속에 균일하게 분산시키기 위해 사용하는 혼화제로서, AE제에 의하여 만들어진 기포(지름 0.025∼0.25 mm)를 **연행공기** *entrained air*라 하며 이와 같은 콘크리트를 AE콘크리트라 한다. AE제를 사용하지 않는 보통 콘크리트에서도 내부에 기포가 발생하는데 이를 갇힌 공기라고 한다. AE제는 여러 가지 특징이 있지만 특히 **워커빌리티** *workability*의 개선과 동결융해*凍結融解 freeze-thaw*에 대한 저항성이 큰 두 가지 특징이 있다. 공기방울이 적당히 있으면 콘크리트 속의 물이 얼어버릴 때 생기는 큰 팽창압력을 완화시켜주고 물기가 자유롭게 이동할 수 있게 하여 콘크리트의 동결−융해의 반복 작용에 대한 저항성을 뚜렷하게 증대시킨다. 결국 AE제는 동해 저항성을 향상시키는 효과적인 혼화제이다.

② **감수제** *減水劑 water reducing agent*는 시멘트 입자를 분산시킴으로써 모르타르이나 콘크리트의 단위 수량을 감소시킬 수 있고 또한 워커빌리티를 개선시킬 수 있는 혼화제이다. 콘크리트를 칠 때 감수제는 시멘트 입자 표면에 붙어서 정전기적 *靜電氣的*으로 시멘트 입자를 반발시켜 서로를 분산하게 하며, 입자 간에 물이 스며들어감으로써 시멘트 풀을 부드럽게 해준다. 이렇게 해서 시멘트 입자에 물의 접촉을 쉽게 해주고, 수화작용을 촉진시키며 강도발현을 좋게 해준다. 물에 닿으면 응집하려고 하는 시멘트 입자에 달라붙어 정전기적인 반발력에 의해 그것들을 분산시킨다. 이 때문에 콘크리트의 유동성이 개선되어 정해진 강도나 작업성을 얻기 위한 필요 시멘트량이나 물을 줄일 수 있으며 콘크리트의 품질이 좋아진다.

③ **AE 감수제**는 글자 그대로 AE제와 감수제의 효과를 겸비한 혼화제이다.

④ **고성능 감수제**는 그 이름대로 감수제의 효과를 높인 것이다. 물과 시멘트의 중량비인 W/C 비가 작아지면 콘크리트의 강도는 높아진다. 고성능 감수제는 큰 감수효과를 갖기 때문에 W/C 비가 30 % 이하의 고강도 콘크리트의 시공이 가능하게 된다. 고성능 감수제는 분산작용이 탁월하고 블리딩이 거의 없는 계면 활성제로서 보통의 감수제보다 감수율이 아주 높다. 또한 많이 첨가해도 콘크리트의 응결지연성이나 공기연행성 및 강도가 떨어지는 등의 나쁜 영향을 주지 않는다. 그러나 고성능 감수제를 다량 사용하면 비빈 후의 경과시간에 따른 슬럼프의 저하가 일어나기 때문에 주의해야 한다.

⑤ **유동화제** *流動化劑*는 미리 비벼 놓은 콘크리트에 첨가함으로써 배합수를 증가시키지 않

고 콘크리트의 유동성을 크게 하여 현장에서 타설하기 쉬운 콘크리트가 되도록 한다.

⑥ **고성능 AE 감수제**는 AE 감수제의 감수효과를 크게 함과 동시에 비빈 후의 콘크리트의 유연성의 시간적 변화를 작게 하는 효과를 지닌 혼화제이다.

⑦ **수중 불분리성 혼화제**는 콘크리트의 점성을 크게 증대시킴으로써 콘크리트를 물속에 직접 낙하시켜도 거의 재료분리가 생기지 않는 성질을 지니게 한 혼화제이다. 이 혼화제를 섞은 콘크리트는 수중 불분리성 콘크리트라고 한다. 또한 고성능 감수제와 함께 사용하여 자중으로 평평하게 되는 성질이 있는 **자체 평탄성** *self levelling*을 지닌 콘크리트를 얻을 수 있다.

품질이 좋은 콘크리트를 얻기 위해서 콘크리트 타설 장소의 조건이나 기온 등에 의해 콘크리트의 응결시간을 제어할 필요가 있다.

⑧ **촉진제**는 콘크리트의 응결시간을 빨리 하기 위한 혼화제로 추울 때 초기 동해 방지 등의 목적으로 사용된다. 여러 가지가 있지만 최근에는 주로 무염화물계의 것이 사용되고 있다.

⑨ **급결제** 急結劑는 시멘트의 응결을 촉진시키는 혼화제로서 주로 터널라이닝이나 보수를 위한 콘크리트 뿜어치기 *shotcreting* 공사, 긴급공사 및 방수공사 등에 이용된다. 최근에 고성능 급결제가 개발되어 터널공사에 많이 사용되고 있으며, 공장설비, 도로, 철도 등의 보수공사에서 보수기간을 단축시키기 위하여 초조강 시멘트나 급결제의 이용이 활발하다. 주성분은 알루미늄산염이나 탄산염 등이다.

⑩ **지연제** 遲延劑는 시멘트의 응결을 지연시킬 목적으로 쓰는 혼화제이다. 지연제를 사용하면 서중콘크리트의 시공이나 **레디 믹스트 콘크리트** *ready mixed concrete; remicon*에서 장시간 운반이 가능하고 또 사일로 *silo*나 수조 등에서 콘크리트를 치는 경우 시공이음 *cold joint*을 방지할 수 있다. 콘크리트의 경화시간을 늦추는 성질을 지닌 것을 지연제라고 한다. 지연 효과가 있는 물질 중의 하나로 당류가 있다. 콘크리트에 설탕을 섞어 넣으면 그 양에 따라서는 좀처럼 굳어지지 않는다. 그러나 보통 콘크리트의 지연제로서는 황산염, 옥시 탄산염 및 황화물계 등의 염을 주성분으로 한 것이 많이 사용된다. 어떠한 것이든 시멘트 입자의 표면에 달라붙어서 물과 시멘트의 접촉을 일시적으로 차단함으로써 초기의 수화반응을 늦추는 기능이 있다.

⑪ **발포제** 發泡劑는 프리팩트 콘크리트용 그라우트, PS콘크리트 그라우트 등에 쓰이며 발포에 의해 충전시킨 그라우트를 팽창시켜 골재나 PS강재 간의 공극이 꽉 차도록 한다.

⑫ **방청제**는 철근콘크리트에 해사를 사용하든지 또는 염분을 함유한 물이나 흙과 접촉하면 염분이 콘크리트 속에 흡수되어 철근에 녹이 슬게 된다. 이럴 때 철근이 녹슬지 않게 콘크리트에 첨가하는 혼화제이다.

이상과 같이, 중요한 혼화재료에 대해서 간단히 언급하였지만 어떠한 것이든 콘크리트의 성능을 향상시키기 위해서 사용된 것이다. 특히 특수한 용도로 사용된 콘크리트에는 반드시 그것에 따르는 혼화재료가 이용되고 있다고 생각해도 틀림없다. 최근에는 콘크리트도 다양화의 시대를 맞이하여 초고강도, 초저발열, 초고내구성 등 보통 콘크리트의 성능을 어느 면에서 몇 배나 향상시킨 성능을 지닌 콘크리트가 출현되기 시작하였다. 높은 유동성과 적당한 정도의 재료분리 저항성을 지니면서, 다짐을 하지 않고도 좋은 충진성을 보이는 콘크리트도 출현하였다 (**자기충진 콘크리트** *self-compacting concrete*). 이러한 콘크리트의 개발은 각종 혼화제나 혼화재를 조합해서 사용함으로써 비로소 가능하게 되었다. 콘크리트의 고성능화에 따른 혼화재료의 이용은 앞으로도 더욱 증가할 것이다.

1.2.3 갓 비빈 콘크리트

갓 비빈 콘크리트는 밀가루 반죽처럼 소성체이거나 반유동체이며 손으로 모양을 만들어낼 수 있다. 콘크리트 반죽이 질퍽하면 어느 정도까지 거푸집 안에서 성형할 수 있지만, 이것을 '소성'상태라고 하지는 않는다. 아직은 물렁하고 성형 가능하거나 또는 모형용 점토 덩어리 같은 모양을 하고 있다. 반죽상태의 콘크리트 비빔(반죽)에서는 모든 모래 입자와 자갈 또는 돌 조각들이 들떠 있는 상태에 있다. 그 재료들은 운반하는 동안 잘 분리되지 않으며, 콘크리트가 굳어질 때 모든 구성 재료들이 균질한 혼합물을 이룬다. 반죽상태의 콘크리트는 부서지지 않고 재료가 분리되지 않고 완만한 유동성을 갖는다. 반죽질기를 시험하는 방법으로서 슬럼프 시험법이 있다. 반죽이 질면—슬럼프값이 크다—물이 많아 잘 퍼질 것이고 반죽이 되면—슬럼프값이 작다—잘 퍼지지 않을 것이다. 슬럼프값이 클수록 콘크리트 작업에는 유리하나 콘크리트강도를 떨어뜨릴 수 있다[1.5, 1.14, 1.15].

(1) 갓 비빈 콘크리트의 구성 비율

그림 1.2-2는 콘크리트의 다섯 가지 기본적인 구성요소를 따로따로 보인 것이다. 이것들이 고르게 섞이려면 세심하게 주의를 기울이고 다루어야 한다. 재료들을 믹서 *mixer*에 투입하는 순서는 결과물의 균질성을 위해서 중요하다. 그 밖의 중요한 점은 믹서의 용량과 관련해서 한 배치 *batch*의 용량, 배치와 배합 간의 시간차, 배합설계, 구성, 믹서와 믹서 날의 상태 등이다.

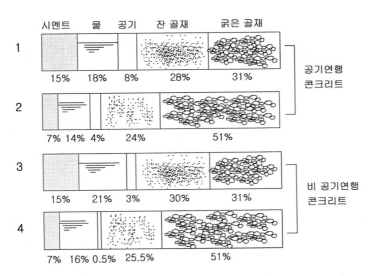

그림 1.2-2 절대용적에 대한 각 재료들의 비율. 1, 3번은 부배합 rich mix, 2, 4번은 빈배합 lean mix

(2) 워커빌리티

갓 비빈 콘크리트의 타설, 다짐, 끝손질의 용이성 정도를 **워커빌리티** 作業性 *workability*라고 한다. 콘크리트는 작업성이 좋아야 하지만 분리되거나 과도하게 물이 빠져나가서는 안 된다. 갓 타설된 콘크리트에서 고체 재료들-시멘트, 모래, 자갈-이 자중 때문에 가라앉아 이 때문에 물이 표면으로 이동하는 현상을 **블리딩** *bleeding*이라고 한다. 블리딩이 지나치면 상층부의 물-시멘트 비를 증가시키게 된다. 마무리 작업 중에 블리딩 현상이 발생한다면 결과적으로 약한 상층부가 형성되며, 침투저항성이 떨어지게 된다. 갓 비빈 콘크리트의 재료분리와 블리딩을 주의해야 하므로 최종 위치에 가능한 가깝게 운반하고 타설하는 것이 중요하다. 연행공기는 워커빌리티를 증가시키고 갓 비빈 콘크리트의 재료분리와 블리딩을 줄여준다.

(3) 다짐

거푸집 안에 콘크리트를 붓고 그냥 두면 굵은 골재만 따로 가라앉아 질 나쁜 콘크리트가 될 수 있다. 그래서 콘크리트를 친 후 골재가 골고루 시멘트 풀과 잘 섞이도록 다져야 한다. 굵은 골재의 비율이 잔골재의 비율보다 커서 반죽이 된 비빔에는 진동 다짐기를 이용하는 것이 좋다. 좋은 등급의 골재를 사용한 콘크리트에서 골재의 최대 크기가 커질수록, 더 적은 부피의 시멘트 풀로 채울 수 있고, 더 적은 골재의 표면을 시멘트 풀로 덮을 수 있다. 따라서 적은 물과 시멘트가 필요하다. 거친 비빔이나 된 비빔에서 품질과 경제성을 향상시키기 위해서 사용될 수 있다. 콘크리트 반죽을 손막대로 쉽게 충분히 다질 수 있다면, 굳이 진동 다짐을 할 필요는 없다. 실제로 그와 같은 반죽은 진동시킬 때 재료분리가 일어날 수도 있다. 반죽이 된 경우에 진동 다짐이 큰 효과를 보일 수도 있다.

(4) 양생

콘크리트를 만들 때 시멘트가 풀이 되려면 물이 필요하다. 이 물은 콘크리트가 완전하게 굳을 때까지 필요하다. 바로 콘크리트는 물을 먹고 자란다고 말할 수 있다. 좋은 품질의 콘크리트를 만들려면 우선 좋은 재료를 선정하는 것이 결정적이기는 하지만 이에 못지않게 중요한 것이 콘크리트를 친 후 어떻게 관리하느냐가 상당히 중요하다. 콘크리트 타설 후 관리작업을 **양생** **養生** *curing*이라고 한다. 시멘트가 물과 화학적 반응을 일으키면 열이 발생한다. 이 열은 물을 증발시킬 수도 있다. 또 다질 때 반죽에서 물이 빠져나가거나 표면으로 떠오르기도 한다. 그래서 콘크리트를 축축하게 유지하거나 또는 상대습도가 대략 80 % 이상이고 콘크리트를 적정 온도로 유지시키면 계속 수화반응이 일어나면서 시멘트의 강도는 계속해서 증가한다. 그렇지 않으면, 즉 콘크리트의 상대습도가 80 % 이하로 떨어지거나 콘크리트의 온도가 동결 온도 이하로 내려간다면, 수화작용이 멈추고 원하는 강도를 사실상 얻을 수 없다. 콘크리트가 건조되는 중에도 다시 물을 충분히 공급하면, 수화작용이 다시 시작되고 강도는 다시 증가한다. 그렇더라도 원하는 품질을 얻을 때까지 타설된 후부터 계속해서 **습윤 양생** *wet curing*시키는 것이 가장 좋다. 왜냐하면 시멘트를 다시 수화시키는 것이 어렵기 때문이다.

1.2.4 굳은 콘크리트

(1) 강도

콘크리트강도는 콘크리트의 품질을 나타내는 척도이다. 재료의 물리적인 특성으로서 외부에서 가해지는 힘에 콘크리트가 얼마나 견디는가를 재는 것이 재료강도 시험이다. 이 시험에 사용되는 특정 형태—원통형 또는 정육면체 형—의 콘크리트 물체를 **공시체 供試体 *specimen***라고 한다. 우리나라에서는 원통형 *cylinder*의 콘크리트 공시체를 만들고 높이 방향으로 누르는 힘(압축력)을 가하여 콘크리트가 견디는 정도를 재었을 때 그 값을 압축강도라 하며 그 값의 크기에 따라 콘크리트의 등급을 정한다. 일반적으로 28일간 양생된 공시체를 쓰며, MPa단위로 나타내고 기호는 f_{28}로 표시한다. 다른 조건이 없는 한 모르타르와 콘크리트 공시체에 대한 압축강도 시험에서, 모르타르에 대한 압축강도 시험은 한 변이 50 mm인 정육면체로 시험하고(KS F 2401), 콘크리트에 대한 압축강도 시험은 그림 1.2-3과 같이 지름이 150 mm이고 높이가 300 mm인(또는 지름 100 mm, 높이 200 mm) 공시체를 만들어서 시험한다(KS F 2405). 콘크리트의 압축강도는 주요한 물리적 특성이며 교량, 건물 등, 구조물의 설계 계산에서 반드시 사용된다. 흔히 사용되는 콘크리트의 압축강도는 25~35 MPa 사이이다. 고강도 콘크리트는 강도가 50 MPa 이상인 콘크리트이다. 압축강도가 100 MPa인 초고강도 콘크리트는 고층건물 건설에 주로 사용된다. 콘크리트의 인장강도는 압축강도의 8~12 % 정도이다. 강도에 영향을 미치는 가장 중요한 요인은 W/C 비와 양생일수, 또는 수화작용의 진행정도이다. 좀 더 상세한 물리적 성질은 1.4절에서 다룬다[1.2, 1.5, 1.14].

그림 1.2-3 콘크리트 압축강도 시험

(2) 단위 질량

도로 포장, 건물이나 구조물에 일반적으로 사용되는 콘크리트의 단위 질량의 범위는 $2,100 \sim 2,300\,\text{kg/m}^3$ 이다. 콘크리트의 단위 질량은 골재의 양과 상대밀도, 갇힌 공기와 연행공기, 물과 시멘트, 골재의 최대 크기에 따라 달라진다. 철근콘크리트 구조물을 설계할 때, 보통의 콘크리트와 철근을 함께 고려하여 일반적으로 $2,500\,\text{kg/m}^3$로 가정한다.

(3) 동결 – 융해 저항성

콘크리트 구조물은 대체로 대기에 노출되어 있다. 우리나라처럼 사계절이 뚜렷하고 여름과 겨울의 온도차가 큰 곳에서는 콘크리트 내의 수분이 얼거나 녹으며 또 온도에 따라 콘크리트가 수축하거나 팽창하는데, 수년 동안 이러한 현상이 되풀이되면서 일어나고 여러 가지 힘에 견디다보면 콘크리트도 병이 들 수 있다. 직접적으로 대기 중에 노출된 구조물과 도로포장에 쓰이는 콘크리트는 수명도 길고 유지보수비용이 덜 들어가도록 해야 한다. 다시 말하면 예상되는 노출상태에 저항하는 내구성이 우수해야 한다. 가장 파괴적인 풍화요인은 콘크리트가 젖어 있을 때의 동결과 융해이며, 특히 결빙을 막는 화공약품이 콘크리트 표면에 남아 있을 때이다. 시멘트 풀 상태에서 물의 동결, 골재 입자에서 물의 동결 또는 두 가지 한꺼번에 일어날 때 파괴가 일어날 수 있다. 공기연행 콘크리트는 이러한 파괴에 대해서 저항성이 좋다. 얼어 있는 동안, 시멘트 풀 상태에서 얼음 조직을 형성하는 물은 파괴를 유발하지 않는다. 풀 안에 작은 빈틈이 있으면 물이 침투할 수 있고, 따라서 발생된 수압을 제거한다. 포화된 골재를 사용한 콘크리트에서 수분이 얼어버리면, 팽창으로 인하여 콘크리트를 파괴시킬 만큼의 압력이 골재 안에서 발생할 수 있다. 물이 골재 입자들 사이에서 얼음조직으로 바뀌면, 주위의 시멘트 풀들이 이 압력을 줄여줄 만큼 빠르게 빠져나갈 수 없다. 그러나 거의 모든 노출 상황에서, 좋은 품질의 풀(낮은 W/C 비)은 대부분의 골재 입자들이 포화되는 것을 막아준다. 또한 공기를 연행시킨 시멘트 풀이라면, 적은 양의 물을 첨가함으로써 골재들을 구제할 수 있고, **동결 – 융해凍結融解 *freeze-thaw***의 손상으로부터 콘크리트를 보호할 수 있다[1.5, 1.14, 1.15].

(4) 침투성과 방수성

물을 저장하는 구조물이나, 거친 날씨에 노출되거나 극심한 주위 환경에서 사용되는 콘크리트는 반드시 침투성 또는 방수성을 지녀야 한다. 방수성은 흔히 눈에 띌 만큼 물이 새는 일이 없이 물을 막거나 저장하는 콘크리트의 능력을 말하는 것이고, 침투성은 물이 압력을 받을 때 콘크리트를 통하여 물이 이동하는 양 또는 물이나 다른 물질(액체, 가스, 이온 등)들의 침투에 대해 저항하는 콘크리트의 능력을 말한다. 침투성은 또한 포화상태에서 동결에 의한 파괴에 영향을 미친다. 시멘트 풀은 콘크리트의 모든 구성 성분들을 둘러싸고 있기 때문에 침투성이 특히 중요시된다. 시멘트 풀의 침투성은 W/C 비와 시멘트의 수화정도 또는 습윤 양생 기간과 관계가 있다. 침투성이 낮은 콘크리트를 만들려면 W/C 비를 낮추고 습윤 양생을 해야 한다. 연행공기는 방수성을 증대시키지만 침투성에는 거의 영향을 미치지 않는다. W/C 비를 낮추면 골재분리 현상과 블리딩 현상이 적어지고, 게다가 방수성에도 효과가 있다. 방수성이 있는 콘크리트는 또한 균열과 공극들이 덜 생긴다. 다공성(투수성) 콘크리트는 테니스 코트, 포장, 주차장, 온실, 배수 구조물에 사용된다.

(5) 침식 저항성

바다, 도로 포장면, 수리 구조물들은 침식작용을 받는다. 그러므로 이런 것들에 사용된 콘크리트는 침식에 대해 높은 저항성을 지녀야 한다. 실험 결과에 따르면, 침식 저항성은 콘크리트의 압축강도와 밀접한 관계가 있다고 하며, 강한 콘크리트는 약한 콘크리트보다 침식 저항성이 더 좋다. 압축강도는 W/C 비 그리고 양생과 관계가 있기 때문에, W/C 비가 낮고 적당하게 양생하면 침식 저항성이 좋아진다. 또한 골재의 종류와 표면 상태에 따라 침식 저항성이 나아질 수 있다. 강한 골재가 약한 골재보다 침식 저항성이 더 좋고 미장된 표면이 그렇지 않은 표면보다 침식 저항성이 더 낫다.

(6) 체적 안정성, 건조수축과 크리잎

굳은 콘크리트의 체적은 주변의 온도, 습도, 가해지는 힘에 따라 조금씩 변한다. 이러한 체적 또는 길이의 변화율은 대략 0.01~0.08 % 정도이다. 경화된 콘크리트의 단열 체적변화는 철근의 경우와 비슷하다. 늘 촉촉한 콘크리트는 약간 팽창할 것이다. 마르기 시작하면, 콘크리트는 수축한다. 이러한 현상을 **건조수축** *shrinkage*라고 한다. 건조수축량에 영향을 미치는 주 요소는 갓 비빈 콘크리트에서 물의 함유량인데, 물의 함유량이 증가함에 따라 건조수축량도 증가한다. 또한 수축량은 사용된 골재량, 골재의 특성과 크기, 콘크리트 덩어리의 모양, 상대습도와 주위의 온도, 양생방법, 수화정도, 시간과 같은 다른 여러 요인들에 따라서 좌우된다. 이와 비슷하게 힘을 오랫동안 받고 있는 콘크리트는 서서히 체적이 변한다. 이러한 현상을 **크리잎** *creep*이라고 한다. 크리잎량은 시간이 지남에 따라 증가하지만 증가속도는 감소한다[1.4, 1.14, 1.15].

(7) 균열 제어

콘크리트에 균열이 생기는 기본적인 원인으로 첫째로 가해진 하중에 의한 응력과 둘째로 구속된 상태에서 건조수축 또는 온도변화 때문에 발생하는 응력이 있다. 건조수축은 콘크리트만의 피할 수 없는 특징이다. 그러므로 보강 철근을 적절히 배치하여 균열의 폭을 감소시키고, 줄눈을 두어 균열의 위치를 미리 정하거나 제어하도록 한다. 보통 초기에 기온의 변동에 의해 발생하는 온도응력 때문에 균열이 생길 수 있다. 콘크리트가 수축하려 할 때 방해를 받으면 균열이 생기고 그렇지 않다면 균열이 생기지 않는다. 이러한 방해 작용을 구속이라고 하는데 여러 원인들이 있다. 건조수축은 늘 콘크리트의 가장 가까운 표면에서 먼저 일어난다. 아직 덜 마른 내부의 일부분은 표면 근처의 콘크리트를 구속하며, 균열의 원인이 된다. 구속의 다른 원인은 콘크리트 안에 보강 철근을 배치할 때, 콘크리트 구조물의 일부를 연결할 때, 그리고 콘크리트를 타설할 때 노상의 마찰력 등이 있다. 줄눈은 무시할 수 없는 균열을 제어하는 가장 효과적인 방법이다. 콘크리트로 된 벽체, 슬래브 또는 포장에 건조수축이나 온도수축을 조절할 수 있는 적절한 폭의 줄눈이 없다면, 콘크리트는 제멋대로 거동하며 균열을 발생시킬 것이다.

(8) 레미콘

콘크리트 구조물이 커지고 높아짐에 따라 공사 현장에서 일일이 수작업으로 콘크리트 재료인 골재, 시멘트를 계량하고 비빈다는 것은 대단히 번거로운 일이 되었다. 공사 현장에 골재나 시멘트를 오랫동안 쌓아두려면 넓은 공간이 필요할 것이며 작업 현장에 불편함을 주고 따라서 재료의 관리도 쉽지가 않다. 또한 현장에서 직접 콘크리트를 만들려면 물이 필요한데 급수가 어려운 곳이라면 콘크리트 만드는 일은 거의 불가능하다. 이런 까닭에 대규모로 콘크리트를 일관성 있게 생산할 수 있는 시설이 필요하게 되었다. 재료의 계량, 공급, 비비기 등을 자동적으로 제어하면서 소비자가 원하는 좋은 품질의 콘크리트를 생산할 수 있게 되었다. 오늘날의 대다수의 콘크리트 공사에는 바로 이러한 공장에서 **미리 비벼놓은 콘크리트** *ready mixed concrete* 가 전용 트럭으로 공급되고 있다. 레미콘 공장에서는 현장에서 원하는 품질, 타설 시간, 이동 시간, 기상 조건 등에 맞춰 레미콘을 준비한다. 이러한 조건에 맞추지 못할 경우, 현장에 이르기 전에 굳어져서 이 레미콘은 아무런 쓸모가 없게 될 수도 있다.

1.3 콘크리트 배합설계 Proportioning Normal Concrete Mixtures

콘크리트의 배합은 소요의 강도, 내구성, 수밀성, 균열저항성, 철근 또는 강재를 보호하는 성능 및 작업에 적합한 워커빌리티를 갖도록 해야 한다. 이러한 것을 만족하기 위해서는 단위 수량은 될 수 있는 대로 적어야 한다. 일반적인 배합설계 순서는 다음과 같다[1.3, 1.5].

① 시멘트 및 골재의 품질 시험을 실시한다.

② 굵은 골재의 최대 치수와 굳지 않은 콘크리트의 슬럼프 및 공기량을 결정한다.

③ 구조물의 종류와 용도를 고려하여 W/C 비를 결정한다.

④ 단위 수량 및 단위 시멘트량, 혼화제량을 결정한다.

⑤ 잔골재율은 콘크리트가 소요의 워커빌리티를 얻는 범위에서 최소가 되도록 결정한다.

⑥ 잔골재량 및 굵은 골재량을 결정한다.

1.3.1 배합설계에서 각 구성재료량 결정방법

(1) 골재의 조립률

골재의 입도분포를 나타낼 때에는 조립률이란 계수를 쓰고 있으며, 그물눈의 크기가 각각 75 mm, 40 mm, 20 mm, 10 mm, 5 mm, 2.5 mm, 1.2 mm, 0.6 mm, 0.3 mm, 0.15 mm 등 10개의 체를 1조로 하여 체가름시험을 하였을 때, 각 체에 남는 누계량을 전 시료에 대한 중량 백분율의 합을 100으로 나눈 값이다. 표 1.3-1은 골재의 체가름시험 결과를 나타낸 예이다.

조립률은 *가 있는 곳에서 계산한다.

$$* \text{굵은 골재 조립률} = \frac{2+45+89+100\times6}{100} = 7.36$$

$$* \text{잔골재 조립률} = \frac{5+12+26+68+92+99}{100} = 3.02$$

표 1.3-1 골재 체가름시험

체의 호칭 (mm)	굵은 골재				체의 호칭 (mm)	잔골재			
	남은 양의 누계		각 체에 남은 양			남은 양의 누계		각 체에 남은 양	
	g	%	g	%		g	%	g	%
*75	0	0	0	0	*75				
50	0	0	0	0	50				
*40	270	2	270	2	*40				
30	2,025	14	1,755	12	30				
25	4,480	30	2,455	16	25				
*20	6,750	45	2,270	15	*20				
15	10,980	73	4,230	28	15				
*10	13,350	89	2,370	16	*10	0	0	0	0
*5.0	15,000	100	1,650	11	*5.0	25	5	25	5
*2.5		100			*2.5	62	12	37	7
*1.2		100			*1.2	130	26	68	14
*0.6		100			*0.6	343	68	213	42
*0.3		100			*0.3	461	92	118	24
*0.15		100			*0.15	496	99	35	7
접시					접시	500	100	4	1
합계				100	합계				100

(2) 배합강도

구조물에 사용되는 콘크리트의 압축강도가 기준압축강도 f_{ck}보다 작아지지 않도록 현장 콘크리트의 품질변동을 고려하여 콘크리트를 배합하여야 한다. 이때 기준값을 배합강도 f_{cr} 라고 하며 기준압축강도보다 충분히 크게 정해야 한다. 현장 콘크리트의 압축강도 시험값이 기준압축강도의 85 % 이하로 되는 확률은 0.13 % 이하여야 한다[1.14]. 여기서 콘크리트의 압축강도 시험값이란 굳지 않은 콘크리트에서 채취하여 제작한 공시체를 표준 조건에 따라 양생하여 얻는 압축강도의 평균값을 말한다. 배합강도의 결정은 위의 조건을 충족시키도록 다음의 두 식에 의한 값 중 큰 값을 적용한다.

$$f_{cr} \geq f_{ck} + 1.34s \tag{1.3-1}$$

$$f_{cr} \geq (f_{ck} - 3.5) + 2.33s \tag{1.3-2}$$
$$s : \text{압축강도의 표준편차 (MPa)}$$

콘크리트 압축강도의 표준편차는 실제 사용한 콘크리트의 실적으로부터 결정한다. 다만 공사 초기에 그 값을 추정하기가 불가능하거나 중요하지 않은 소규모의 공사에서는 압축강도의 표준편차로 $0.15f_{ck}$을 적용한다.

(3) 굵은 골재의 최대 치수

콘크리트를 경제적으로 제조한다는 관점에서 가능한 한 직경이 큰 굵은 골재를 사용하는 것이 일반적으로 유리하다. 그러나 철근콘크리트 부재에서는 철근이 매우 복잡하게 조립되고 있고, 부재의 치수가 크지 않은 경우가 많으며, 또한 부재의 모양이 복잡한 경우도 있으므로, 콘크리트가 거푸집 내에 골고루 퍼지게 하려면 너무 큰 굵은 골재를 사용하는 것은 적당하지 않다. 따라서 굵은 골재의 최대 크기는 철근콘크리트 부재에서 부재의 최소 치수의 1/5 및 철근의 최소 수평 순간격의 3/4을 넘어서도 안 되며, 일반적인 구조물에서는 25 mm, 단면이 큰 구조물에서는 40 mm를 표준으로 하며, 50 mm를 넘어서도 안 된다. 또한 무근콘크리트 부재에서는 부재의 최소 치수의 1/4을 넘어서는 안 되며, 40 mm를 표준으로 하며, 100 mm를 넘어서도 안 된다. 표 1.3-2는 굵은 골재의 최대 치수의 표준을 나타낸 것이다.

표 1.3-2 굵은 골재 최대 치수의 표준

구조물의 종류		굵은 골재의 최대 치수(mm)
무근콘크리트	일반적인 경우	40
철근콘크리트	일반적인 경우	20 또는 25
	단면이 큰 경우	40
포장콘크리트	일반적인 경우	40 이하
댐 콘크리트	일반적인 경우	150 이하

(4) 슬럼프 범위

작업에 알맞은 워커빌리티를 얻을 수 있는 슬럼프값은 콘크리트 부재의 크기, 형상 및 다지기 방법 등에 따라 다르다. 슬럼프가 큰 콘크리트를 사용하면 콘크리트 작업은 쉽지만, 블리딩이 많아지고, 재료분리 현상이 발생할 수 있다. 그러므로 작업에 알맞은 범위에서 가능하면 작은 슬럼프의 콘크리트를 사용해야 한다. 표 1.3-3은 슬럼프의 표준값을 나타낸 것이고, 그림 1.3-1은 슬럼프 시험에서 슬럼프 측정방법을 보인 것이다.

그림 1.3-1 슬럼프 시험

표 1.3-3 슬럼프 표준값

구조물의 종류		슬럼프(mm)
무근콘크리트	일반적인 경우	50~120
	단면이 큰 경우	30~80
철근콘크리트	일반적인 경우	50~120
	단면이 큰 경우	30~100
포장콘크리트	일반적인 경우	25 이하
댐 콘크리트	일반적인 경우	30~50

(5) 물 – 시멘트 비 W/C

압축강도와 W/C 비와의 관계는 시험에 의하여 정하는 것을 원칙으로 한다. 이때의 공시체는 재령 28일을 표준으로 한다. 단, 구조물이 소규모이거나 높은 강도를 필요로 하지 않는 공사 등에서 시험을 하지 않을 경우에는 혼화제를 쓰지 않고 포틀랜드 시멘트로 만드는 콘크리트에서 시멘트 – 물비 C/W와 압축강도 간의 관계는 다음 식을 이용해도 좋다.

$$f_{28} = -21 + 21.5\,C/W$$

(1.3-3)

(6) 잔골재율 s/a

잔골재율은 콘크리트 속의 골재 전체용적에 대한 잔골재의 백분율이다. 일반적으로 잔골재율을 작게 하면 소요의 워커빌리티를 얻기 위하여 필요한 단위 수량은 적게 되어 단위 시멘트량이 적어지므로 경제적으로 되지만, 잔골재율이 어느 정도보다 작게 되면 콘크리트는 거칠어지고 재료분리가 일어난다. 따라서 잔골재율은 소요의 워커빌리티를 얻을 수 있는 범위에서 단위 수량이 최소가 되도록 시험에 의해 정하는 것을 원칙으로 한다. 표 1.3-4는 콘크리트의 굵은 골재 단위용적, 잔골재율 및 단위 수량의 표준값을 나타낸 것이다.

표 1.3-4 단위 굵은 골재용적, 잔골재율 및 단위 수량의 표준값

굵은 골재 최대 치수 (mm)	단위 굵은 골재 용적 (%)	AE제를 사용하지 않은 콘크리트			AE콘크리트				
		갇힌 공기 (%)	잔골재율 s/a (%)	단위 수량 W (kg)	공기량 (%)	양질의 AE제를 사용한 경우		양질의 AE 감수제를 사용한 경우	
						잔골재율 s/a (%)	단위 수량 W (kg)	잔골재율 s/a (%)	단위 수량 W (kg)
15	58	2.5	49	190	7.0	47	180	48	170
20	62	2.0	45	185	6.0	44	175	45	165
25	67	1.5	41	175	5.0	42	170	43	160
40	72	1.2	36	165	4.5	39	165	40	155

※ 이 표의 값은 골재로서 보통 입도의 모래(조립률 2.80 정도) 및 자갈을 사용한 W/C 비 55 % 정도, 슬럼프 약 80 mm의 콘크리트에 대한 것이다.

(7) 보정

사용재료 또는 콘크리트의 품질이 표준값과 다를 경우에는 표 1.3-4의 값을 표 1.3-5와 같이 보정해야 한다.

표 1.3-5 배합 보정

구분	s/a의 보정(%)	W의 보정(kg)
모래 조립률이 0.1만큼 클(작을) 때마다	0.5만큼 크게(작게) 한다.	보정하지 않는다.
슬럼프값이 10 mm만큼 클(작을) 때마다	보정하지 않는다.	1.2 %만큼 크게(작게) 한다.
공기량이 1 %만큼 클(작을) 때마다	0.5~1.0만큼 작게(크게) 한다.	3 %만큼 작게(크게) 한다.
W/C 비가 0.05클(작을) 때마다	1만큼 크게(작게) 한다.	보정하지 않는다.
s/a가 1 %클(작을) 때마다	보정하지 않는다.	1.5 kg만큼 크게(작게) 한다.
부순 돌을 사용할 경우	3~5만큼 크게 한다.	9~15만큼 크게 한다.
부순 모래를 사용할 경우	2~3만큼 크게 한다.	6~9만큼 크게 한다.

(8) 배합표시법

표 1.3-6은 배합표시법을 나타낸 것이다. 이 표는 각 재료의 비율뿐만 아니라, 굵은 골재의 최대 치수나 슬럼프의 범위 등을 기입하기로 한 것은 이것들이 배합을 정할 때 중요한 요소가 되기 때문이다. 플라이 애쉬나 기타의 혼화재를 사용할 경우에는 그 양도 적어야 한다. 배합은 중량으로 표시하는 것을 원칙으로 하지만, 소규모의 공사나 중요하지 않은 공사 등에서는 골재의 양을 용적으로 표시해도 좋다.

표 1.3-6 배합표시법

굵은 골재 최대 치수 (mm)	슬럼프 범위 (cm)	공기량 범위 (%)	물-시멘트 비 W/C (%)	잔골재율 s/a (%)	단위량(kg/m³)						
					물 W	시멘트 C	잔골재 S	굵은 골재 G		혼화재료	
								mm ~ mm	mm ~ mm	혼화재	혼화제

1.3.2 기준압축강도와 배합강도

콘크리트 부재를 설계할 때 기준으로 하는 압축강도를 **기준압축강도***specified compressive strength*라고 하며, 콘크리트의 배합을 정할 때 목표로 하는 압축강도를 **배합강도***required average strength, target mean strength*라고 한다. 그리고 이들 강도는 일반적으로 재령 28일의 압축강도를 기준으로 한다[1.14, 1.15].

(1) 기준압축강도와 배합강도 관계

철근이나 구조용 강재는 시설이 갖추어진 제철공장에서 KS 규격에 맞도록 조직적인 품질 관리하에 생산된다. 그러므로 강재는 소요의 품질을 가지며 품질의 변동이 거의 없다. 그러나 콘크리트는 동일한 재료를 사용하여 동일한 배합과 방법으로 제조하더라도 여러 가지 요인에 의하여 그 품질이 어느 정도 변동한다. 그러므로 콘크리트는 공사기간 중 그 품질이 어느 정도 변동하는 것을 피할 수 없다.

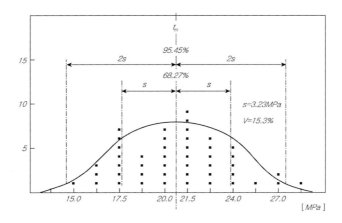

그림 1.3-2 콘크리트 압축강도의 도수분포의 예

그림 1.3-2는 동일한 재료를 사용하여 동일한 방법으로 제조한 콘크리트를 동일한 재령에서 압축강도 시험 결과를 보인 것이다. 시험값의 수는 46개로 가로축에 압축강도를, 세로축에 시험값의 수, 즉 도수度數를 나타낸 것이다. 물론 하나의 시험값은 같은 배치batch에서 취한 3개의 공시체의 압축강도의 평균값이다. 이 그림에서 알 수 있듯이 콘크리트의 압축강도와 도수는 일반적으로 정규분포를 나타낸다. 이 콘크리트의 압축강도의 평균값은 $f_m = 21\,\text{MPa}$이고, 표준편차는 $s = 3.23\,\text{MPa}$이며, 변동계수는 $V = 15.3\,\%$이다. 또한 이 정규분포 곡선은 평균강도 f_m을 중심으로 $\pm s$ 되는 위치의 점이 변곡점이고, 그 사이에 포함되는 분포곡선의 면적은 분포곡선 전체 면적의 68.28 %이며, $\pm 2s$ 사이에서의 분포곡선의 면적은 95.45 %이다. 그리고 46개의 시험값 가운데 22개의 시험값은 평균값보다 낮은 강도임을 알 수 있다. 다시 말해서 시험값의 총수의 절반 정도의 시험값은 평균값보다 낮은 강도를 나타내고 있다. 기준압축강도가 21 MPa인 경우, 처음부터 21 MPa의 압축강도를 목표로 콘크리트를 제조한다면, 그림 1.3-2로부터 알 수 있는 바와 같이 그 시험값의 수의 절반 정도는 21 MPa보다 낮은 강도를 나타낼 것이다. 이것은 구조물의 안전을 위하여 바람직하지 못하다. 그렇다고 모든 시험값이 21 MPa 이상 되도록 콘크리트를 만든다는 것은 비경제적일 뿐 아니라 실제로 거의 불가능하다. 따라서 압축강도가 21 MPa 이하인 콘크리트가 다소 만들어지더라도 구조물의 안전을 위협하는 일이 없도록 하기 위해서는 기준압축강도 21 MPa를 얼마간 웃도는 강도의 콘크리트를 만들 필요가 있다. 다시 말해서 기준압축강도를 확보하기 위해서 미리 압축강도의 변동을 고려하여 기준압축강도를 적절한 수준으로 웃도는 강도를 얻도록 배합을 정하여 콘크리트를 제조해야 한다. 이것이 배합강도이며 배합강도를 기준압축강도보다 충분히 크게 정해야 하는 이유이다. 그것은 구조물의 어느 부분에 사용된 콘크리트의 압축강도도 구조물 설계에서 기준으로 하는 압축강도보다 작지 않도록 보증하기 위함이다. 그림 1.3-3은 기준압축강도 f_{ck}와 배합강도 f_{cr}의 관계를 알기 쉽게 보인 것이다. 이 그림은 기준압축강도가 21 MPa일 때 압축강도의 변동계수를 10 %로 예상하면 배합강도를 24.1 MPa로 해야 한다는 것을 보인 것이다. 변동계수를 15 %로 예상한다면 배합강도는 26 MPa로 해야 하고, 변동계수를 20 %로 예상한다면 배합강도를 28.2 MPa로 해야 한다. 이것은 콘크리트강도 시험값이 기준압축강도 이하로 되는 일이 1/10의 확률로 일어나도록 했을 때의 배합강도이다. 이들 배합강도 24.1 MPa, 26 MPa, 28.2 MPa는 각

각 변동계수가 다른 세 종류의 콘크리트 분포곡선에서 압축강도의 평균값을 나타내고 있다는 것에 주의해야 한다. 즉, 배합강도 f_{cr}는 이와 동일한 배합으로 된 현장 콘크리트의 압축강도가 나타내는 모집단 분포(母集團分布)의 평균값과 같다고 생각해도 좋다.

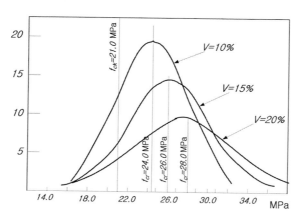

그림 1.3-3 기준압축강도와 배합강도의 관계

그림 1.3-3에서 변동계수가 크면 배합강도를 크게 해야 함을 알 수 있다. 또 품질관리가 잘된 콘크리트는 압축강도의 시험값이 평균값에 가깝게 집중하여 분포곡선이 높고 좁으며, 품질관리가 잘 안 된 콘크리트는 압축강도의 변동이 커서 분포곡선이 낮고 넓게 됨을 이 그림에서 알 수 있다. 이상에서 설명한 바와 같이 배합강도는 기준압축강도에 비하여 충분히 커야 한다. 그러면 실제로 어느 정도 큰 값이여야 하는가라는 것이 문제가 된다. 예상되는 변동계수를 알면 식 (1.3-4) 또는 그림 1.3-4로 배합강도를 구하고, 표준편차를 알고 있는 경우에는 식 (1.3-5)로 배합강도를 계산할 수도 있다.

$$f_{cr} = \frac{f_{ck}}{1 - k\,V} \tag{1.3-4}$$

$$f_{cr} = f_{ck} + ks \tag{1.3-5}$$

여기서, f_{cr} : 배합강도

f_{ck} : 기준압축강도

$k : f_{ck}$ 이하로 되는 확률에 따라 정해지는 계수(표 1.3-7)

V : 예상 변동계수

s : 예상 표준편차

위의 식 (1.3-5)는 압축강도 시험값이 평균강도 f_m $(= f_{cr})$이고, 표준편차 s 일 때, 그림 1.3-4(가)와 같이 정규분포를 한다고 보았을 때 얻어지는 식이고, 식 (1.3-4)는 식 (1.3-5)에 변동계수 V를 적용함으로써 얻어진 식이다. 시험횟수가 n 일 때, 식 (1.3-4)를 수정한 다음 식들을 사용하여 배합강도를 구해도 좋다.

$$f_{cr} = \frac{f_{ck}}{1 - \dfrac{k\,V}{\sqrt{n}}} \tag{1.3-6}$$

$$f_{cr} = f_{ck} + \frac{ks}{\sqrt{n}} \tag{1.3-7}$$

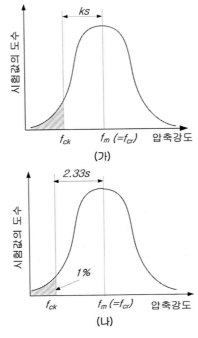

그림 1.3-4 압축강도 시험값 분포

표 1.3-7 k값

시험값이 $f_m \pm ks$의 범위에 드는 백분율(%)	f_{ck} 이하로 되는 확률	k
40.0	1.3/10	0.52
50.0	2.5/10	0.67
60.0	2.0/10	0.84
68.3	1.0/6.3	1.00
70.0	1.5/10	1.04
80.0	1.0/10	1.28
90.0	1.0/20	1.65
95.0	1.0/40	1.96
95.5	1.0/44	2.00
98.0	1.0/100	2.33
99.0	1.0/200	2.58
99.7	1.0/741	3.00

표준편차 s는 다음 두 식 가운데 하나로 계산한다.

$$s = \sqrt{\frac{(x_1 - \overline{x})^2 + (x_2 - \overline{x})^2 + \cdots + (x_n - \overline{x})^2}{n-1}} \tag{1.3-8}$$

또는

$$s = \sqrt{\frac{\sum x_i^2 - (\sum x_i)^2}{n-1}} \tag{1.3-9}$$

변동계수는 다음 식으로 계산한다.

$$V(\%) = \frac{s}{x} \times 100 \tag{1.3-10}$$

여기서, $x_i(i = 1,2,3,\ldots,n)$: 개별 공시체의 시험값

$\overline{x}$: 시험값의 평균 $= (x_1 + x_2 + \cdots + x_n)/n$

n : 시험횟수

(2) 콘크리트 표준시방서에 따른 배합강도

① 30회 이상의 시험기록이 있는 경우

2009년 개정된 콘크리트 표준시방서에서는 표준편차를 이용하여, 다음 두 식으로 계산되는 값 가운데 큰 값을 배합강도로 하도록 규정하고 있다[1.5].

$$f_{cr} = f_{ck} + 1.34s \qquad\qquad (1.3\text{-}11)$$

$$f_{cr} = (f_{ck} - 3.5) + 2.33s \qquad\qquad (1.3\text{-}12)$$

여기서, f_{cr} : 배합강도(MPa)

f_{ck} : 기준압축강도(MPa)

s : 표준편차(MPa)

식 (1.3-11)은 연속 3회 시험의 평균값이 기준압축강도 f_{ck} 이하로 되는 확률을 1/100로 되게 하는 조건이고, 식 (1.3-12)는 개개의 시험값이 기준압축강도 f_{ck}를 3.5 MPa 이상 밑도는 확률을 1/100로 되게 하는 조건이다. 그림 1.3-4(나)는 이상과 같은 경우의 강도분포를 보인 것이다.

확률 1/100에 해당되는 k값은 표 1.3-7에서 $k = 2.33$ 이다. 따라서 연속 3회의 시험 평균값이 f_{ck} 이하로 되는 확률을 1/100로 제한하려는 조건인 식 (1.3-11)은 식 (1.3-7)에 $n = 3$을 대입함으로써 얻어진다. 즉,

$$f_{cr} = f_{ck} + \frac{2.33s}{\sqrt{3}} = f_{ck} + 1.34s \qquad\qquad (1.3\text{-}13)$$

한편 설계기준에 규정된 식 (1.3-11), 식 (1.3-12)에 사용할 표준편차 s는 30회 이상의 시험에서 얻어진 값이라야 하고, 또 기준압축강도 f_{ck}와의 차이가 7 MPa 이내의 강도를 갖는 콘크리트에 의해 구해진 값이라야 한다.

② 시험횟수가 30회 미만이거나 시험기록이 없는 경우

설계기준에는 시험횟수가 30회 미만이거나, 시험기록이 없는 경우에는 다음에 따라 배

합강도를 정해도 좋다고 기술하고 있다.

가) 15회 이상 29회 미만이거나 시험기록이 없는 경우

15회 이상 29회 이하의 시험기록이 있는 경우에는, 그 시험기록(45일 이상 실시된 연속시험의 기록)으로부터 구한 표준편차에 표 1.3-8의 보정계수를 곱한 값을 표준편차로 하여 배합강도를 계산할 수 있다.

표 1.3-8 시험횟수가 29회 이하일 때 표준편차의 보정계수

시험횟수	15	20	25	30 이상
보정계수	1.16	1.08	1.03	1.00

나) 시험횟수가 14회 이하이거나 또는 시험기록이 없는 경우

설계기준에서 요구하는 요건에 맞는 표준편차 계산을 위한 현장강도기록이 없거나, 또는 시험횟수가 14회 이하인 경우에는 표 1.3-9에 의하여 배합강도를 결정할 수 있다.

표 1.3-9 기록이 없거나 시험횟수가 14회 이하인 경우의 배합강도

기준압축강도 f_{ck}(MPa)	배합강도 f_{cr}(MPa)
21 미만	$f_{ck}+7$
21~35	$f_{ck}+8.5$
35 이상	$f_{ck}+10$

예제 1.1 배합설계

(1) 설계조건

주어진 재료를 사용하고 콘크리트 표준시방서의 규정에 따라 배합설계를 한다. 기준압축강도는 재령 28일에서 24 MPa이며 ($f_{ck}=24$ MPa), 목표 슬럼프는 120±15 mm이고, 공기량은 4.5±0.5 % 이다. 또 굵은 골재로는 최대 치수 25 mm의 부순 돌을 사용한다. 구조물은 보통의 노출상태에 있으며, 혼화제 제조자가 추천한 AE제 사용량은 시멘트 질량의 0.03 %이다(30회 이상의 시험 결과가 있는 경우).

(2) 재료시험

주어진 재료를 시험한 결과는 다음과 같다.

- 시멘트 밀도 : 3.15 g/cm³(보통 포틀랜드 시멘트)
- 잔골재의 표건밀도 : 2.60 g/cm³
- 굵은 골재의 표건밀도 : 2.65 g/cm³
- 잔골재의 조립률 : 2.86(5 mm체 잔류분 제거 후 시험)

(3) 배합강도 계산

구조물 설계에서 고려한 안전도를 확보하기 위해서는 콘크리트의 품질이 변동하는 경우에도 압축강도 조건을 만족하도록 하여야 한다. 이 때문에 배합강도 f_{cr} 은 기준압축강도 f_{ck} 를 변동의 크기에 따라 증가시켜 정하여야 한다. 이때 예상되는 표준편차 s 를 3.6 MPa이라 하면, 콘크리트 표준시방서에 따라 배합강도를 다음과 같이 계산할 수 있다.

$$f_{cr} = f_{ck} + 1.34s = 24 + 1.34 \times 3.6 = 28.8 \text{ MPa}$$

$$f_{cr} = f_{ck} + 2.33s - 3.5 = 24 + 2.33 \times 3.6 - 3.5 = 28.9 \text{ MPa}$$

따라서 배합강도 f_{cr} 은 큰 값인 28.9 MPa로 정한다.

(4) W/C 비 추정

지금까지의 실험에서 C/W 비와 재령 28일 압축강도 f_{28} 의 관계는 다음과 같이 얻어졌다고 하고, 이를 참고하여 W/C 를 추정한다.

$$f_{28} = -13.8 + 21.6\,C/W(\text{MPa}) \quad \therefore 28.9 = -13.8 + 21.6\,C/W(\text{MPa})$$

위의 식으로부터 $C/W = 1.98$, 따라서 $W/C = 0.505$이므로, 안전 측으로 보아 $W/C = 0.50$으로 일단 가정한다. 콘크리트의 동해 저항성을 기준으로 한 최대 W/C 비는, 기상작용이 심하고 단면의 크기가 보통인 경우로서 물로 포화되지 않는 보통의 노출상태에 있을 때 55 %이기 때문에 압축강도로 정해지는 $W/C = 0.50$를 사용한다. 이때 수밀성, 황산염에 대한 내구성, 중성화 저항성을 기준으로 하여 W/C 비를 정하는 경우 또는 제빙화학제가 사용되는 경우나

해양구조물의 콘크리트에 대해서는 콘크리트 표준시방서의 최대 W/C 비에 대한 규정을 고려하여 가장 작은 값을 W/C 비로 정하여야 한다.

(5) 잔골재율 및 단위 수량 가정

표 1.3-10을 참고로 하여 굵은 골재 최대 치수 25 mm에 대한 단위 수량 및 잔골재율의 대략의 값을 정한다. 이때 사용재료와 콘크리트의 품질이 표 1.3-4의 조건과 다르기 때문에 보정을 하면 다음과 같은 값을 얻는다.

표 1.3-10 s/a 및 W의 보정

보정 항목	조건	배합 조건	$s/a=42\%$	$W=170.0$ kg
			s/a 보정량	W 보정량
잔골재의 조립률	2.8	2.86	$\dfrac{2.86-2.8}{0.1}\times0.5=0.3\%$	
슬럼프	8.0	12.0		$(12-8)\times1.2=4.8\%$
W/C 비	0.55	0.5	$\dfrac{0.5-0.55}{0.05}\times1=-1.0\%$	
공기량	5.0	4.5	$\dfrac{5.0-4.5}{1}\times0.75=0.4\%$	$(5.0-4.5)\times3=1.5\%$
합계			-0.3%	6.3%
보정한 설계치			$s/a=42-0.3=41.7\%$	$W=170\times1.063=181$ kg

(6) 단위량 계산

- 단위 시멘트량: $C=181/0.5=362.0$ kg
- 시멘트 절대용적: $V_c=362/3.15=115.0\,\ell$
- 공기량: $1000\times4.5\%=45.0\ell$
- 골재 절대용적: $a=1000-(115+181+45)=659.0\,\ell$
- 잔골재 절대용적: $s=659\times0.417=275.0\,\ell$
- 단위 잔골재량: $S=275\times2.60=715.0$ kg
- 굵은 골재 절대용적: $V_g=659-275=384.0\,\ell$
- 단위 굵은 골재량: $G=384\times2.65=1018.0$ kg
- 단위 AE제량: $362\times0.0003=0.1086$ kg$=108.6$ g

(7) 시험비비기

① 1차 배치

앞에서 계산한 단위량과 1배치를 30ℓ로 하였을 때의 양을 나타내면 표 1.3-11과 같다. 시험비비기를 할 때 잔골재는 5 mm체를 통과한 것, 굵은 골재는 5 mm체에 잔류한 것, 또 함수상태를 표면건조포화상태로 조정하여 저장해두면 계량할 때 보정을 하지 않아도 되므로 편리하다. 1차 배치에 의해 시험비비기를 한 결과 슬럼프는 140 mm, 공기량 5.5 %가 얻어졌다고 하면, 목표로 하는 슬럼프와 공기량과는 차이가 발생하였으므로 배합을 조정하여 2차 배치를 구한다.

표 1.3-11 단위량 및 30 ℓ 배합량

	전체 굵은 골재 최대 치수 (mm)	슬럼프 범위 (cm)	공기량 범위 (%)	물-시멘트 비 W/C (%)	잔골재율 s/a (%)	단위량(kg/m³)				
						물 W	시멘트 C	잔골재 S	굵은 골재 G	혼화제 (g/m³)
단위량	25	12±1.5	4.5±0.5	50	41.7	181	362	715	1018	108.6
30 ℓ	25	12±1.5	4.5±0.5	50	41.7	5.43	10.86	21.45	30.54	3.258

② 2차 배치

슬럼프 20 mm의 차에 대하여 보정을 한다. 슬럼프 10 mm의 보정을 위해 수량은 1.2 %의 증감이 필요하기 때문에 1.2×2＝2.4 %만큼 수량을 감소시킨다. 또, 공기량을 4.5 %로 하기 위해서 AE제량을 조정하면, 단위 시멘트량에 대하여 0.03 %×4.5/5.5＝0.025 %가 된다. 공기량의 1 %의 증감에 대하여 수량은 3 %의 증감이 필요하기 때문에 (5.5－4.5)/1×3＝3.0 %만큼 수량을 증가시킨다. 따라서 단위 수량을 3.0－2.4＝0.6 %만큼 증가시키면 181×(1＋0.006)＝182.0이 된다. 단위량 계산은 W＝182.0 kg, W/C＝50 %, s/a＝41.7 %를 기준으로 한다.

- 단위 시멘트량 : C＝182/0.5＝364.0 kg
- 시멘트 절대용적 : V_c＝364/3.15＝116.0 ℓ
- 공기량 : 1000×4.5 %＝45.0 ℓ
- 골재 절대용적 : a＝1000－(116＋182＋45)＝657.0 ℓ
- 잔골재 절대용적 : s＝657×0.417＝274.0 ℓ
- 단위 잔골재량 : S＝274×2.60＝712.0 kg

- 굵은 골재 절대용적 : $V_g = 657 - 274 = 383.0\ \ell$

- 단위 굵은 골재량 : $G = 383 \times 2.65 = 1015.0\ \text{kg}$

- 단위 AE제량 : $364 \times 0.00025 = 0.0910\ \text{kg} = 91.0\ \text{g}$

앞에서와 같은 방법으로 위의 단위량을 1배치 30 ℓ의 양으로 환산하여 시험비비기를 하고, 설계조건대로 슬럼프 120 mm, 공기량 4.5 %가 얻어졌다고 하자. 그러나 콘크리트가 다소 거칠게 보이기 때문에 작업에 적합한 워커빌리티를 얻기 위해서는 잔골재율 s/a를 2 % 정도 증가시키는 것이 좋을 것으로 보고 다시 설계해보기로 한다.

③ 3차 배치

s/a를 2 %만큼 증가시켜 43.7 %로 정한다. s/a를 1 % 증감하는 데 따라 수량을 1.5 kg 증감시킨다. 따라서 s/a를 2 % 증가시키면 단위 수량은 185.0 kg이 된다. 단위량의 계산은 $W = 185.0\ \text{kg}$, $W/C = 50\ \%$, $S/a = 43.7\ \%$를 기준으로 한다.

- 단위 시멘트량 : $C = 185/0.5 = 370.0\ \text{kg}$

- 시멘트 절대용적 : $V_c = 370/3.15 = 117.0\ \ell$

- 공기량 : $1000 \times 4.5\ \% = 45.0\ \ell$

- 골재 절대용적 : $a = 1000 - (117 + 185 + 45) = 653.0\ \ell$

- 잔골재 절대용적 : $s = 653 \times 0.437 = 285.0\ \ell$

- 단위 잔골재량 : $S = 285 \times 2.60 = 741.0\ \text{kg}$

- 굵은 골재 절대용적 : $V_g = 653 - 285 = 368.0\ \ell$

- 단위 굵은 골재량 : $G = 368 \times 2.65 = 975.0\ \text{kg}$

- 단위 AE제량 : $370 \times 0.00025 = 0.0925\ \text{kg} = 92.5\ \text{g}$

위의 재료량으로 시험비비기를 한 결과, 슬럼프 120 mm, 공기량은 4.5 %가 얻어졌고 워커빌리티도 적당하였다고 하자. 시험비비기를 하였을 때 지정된 슬럼프와 공기량이 얻어지지 않았거나 적당한 워커빌리티가 얻어지지 않은 경우는 1차 배치로부터 3차 배치까지의 실험을 다시 반복하여야 한다.

(8) $W/C - f_{28}$ **관계식을 구하기 위한 공시체 제작**

$W/C - f_{28}$ 관계식을 구하기 위해서는 적당하다고 생각되는 범위에서 3종류 이상의 다른 W/C를 사용한 콘크리트에 대하여 시험을 한다. 그래서 공시체를 제작할 때 W/C는 50 %와 그 전후인 45 %와 55 %의 3종류를 대상으로 한다.

① $W/C = 50$ %인 경우의 단위량 계산

    $W = 185\,kg$, $s/a = 43.7$ %로 계산하는데 이것은 앞에서 시험비비기를 할 때 이미 계산한 것과 같다.

② $W/C = 45$ %인 경우의 단위량 계산

    s/a는 W/C의 5 % 증감에 대하여 1 %의 증감이 필요하다. W/C가 50 %에서 45 %로 변화하면 s/a를 다음과 같이 수정한다.

        (0.45−0.5)/0.05×1 = 1.0 % 감하면 되어, $s/a = 43.7 − 1 = 42.7$ %가 된다.

또한 $W = 185\,kg$으로 계산한다.

- 단위 시멘트량: $C = 185/0.45 = 411.0\,kg$
- 시멘트 절대용적: $V_c = 411/3.15 = 130.0\,\ell$
- 공기량: $1000 × 4.5$ % $= 45.0\,\ell$
- 골재 절대용적: $a = 1000 − (130 + 185 + 45) = 640.0\,\ell$
- 잔골재 절대용적: $s = 640 × 0.427 = 273.0\,\ell$
- 단위 잔골재량: $S = 273 × 2.60 = 710.0\,kg$
- 굵은 골재 절대용적: $V_g = 640 − 273 = 367.0\,\ell$
- 단위 굵은 골재량: $G = 367 × 2.65 = 973.0\,kg$
- 단위 AE제량: $410 × 0.00025 = 0.1028\,kg = 102.8g$

③ $W/C = 55$ %인 경우의 단위량 계산

    W/C 가 50 %에서 55 %로 변화하면 s/a는 다음과 같이 수정한다.

        (0.55−0.5)/0.05×1 = 1 % 증가시키면 되어, $s/a = 43.7 + 1 = 44.7$ %가 된다.

$W=185\,\mathrm{kg}$으로 계산한다.

- 단위 시멘트량: $C=185/0.55=336.0\,\mathrm{kg}$
- 시멘트 절대용적: $V_c=336/3.15=107.0\,\ell$
- 공기량: $1000\times4.5\,\%=45.0\,\ell$
- 골재 절대용적: $a=1000-(107+185+45)=663.0\,\ell$
- 잔골재 절대용적: $s=663\times0.447=296.0\,\ell$
- 단위 잔골재량: $S=296\times2.60=770.0\,\mathrm{kg}$
- 굵은 골재 절대용적: $V_g=663-296=367.0\,\ell$
- 단위 굵은 골재량: $G=367\times2.65=973.0\,\mathrm{kg}$
- 단위 AE제량: $336\times0.00025=0.084\,\mathrm{kg}=84.0\,\mathrm{g}$

이상과 같이 계산한 단위량을 기준으로 콘크리트를 비벼 공시체를 만드는데, 배합시험에서 오차를 줄이기 위해 2배치 이상의 콘크리트로부터 공시체를 만드는 것이 바람직하다. 재령 28일에 콘크리트의 압축강도 시험을 실시한다. 그 결과 최소자승법에 의해 다음의 C/W와 f_{28}의 관계식을 얻었다고 하자.

$$f_{cr}=-12.5+21.0\,C/W\text{(MPa)}$$

배합강도 28.9 MPa에 대한 C/W의 값은 다음과 같다.

$$28.9=-12.3+21.0\,C/W\text{(MPa)},\quad \therefore\ C/W=1.972$$

따라서 $W/C=51.0\,\%$가 되어, 시방배합의 W/C가 결정된다.

(9) 시방배합

콘크리트 $1\,\mathrm{m}^3$에 사용하는 단위 수량은 $185\,\mathrm{kg}$이며, 물-시멘트 $W/C=51\,\%$이다. 잔골재율 s/a는 $W/C=50\,\%$의 경우 43.7 %이었다. W/C가 5 % 증감하면 s/a는 1 %의 증감이 필요하기 때문에 $(0.51-0.50)/0.05\times1=0.2\,\%$만큼 증가시킨다. 따라서 $s/a=43.7+0.2=43.9\,\%$가 된다. 단위량을 계산하면 다음과 같고 표 1.3-12는 이들을 시방배합표에 나타낸 것이다.

- 단위 시멘트량: $C = 185/0.51 = 363.0 \, \text{kg}$

- 시멘트 절대용적: $V_c = 363/3.15 = 115.0 \, \ell$

- 공기량: $1000 \times 4.5\,\% = 45.0 \, \ell$

- 골재 절대용적: $a = 1000 - (115 + 185 + 45) = 655.0 \, \ell$

- 잔골재 절대용적: $s = 655 \times 0.439 = 288.0 \, \ell$

- 단위 잔골재량: $S = 288 \times 2.60 = 749.0 \, \text{kg}$

- 굵은 골재 절대용적: $V_g = 655 - 288 = 367.0 \, \ell$

- 단위 굵은 골재량: $G = 367 \times 2.65 = 973.0 \, \text{kg}$

- 단위 AE제량: $363 \times 0.00025 = 0.0908 \, \text{kg} = 90.8 \, \text{g}$

표 1.3-12 시방배합표

굵은 골재 최대 치수 (mm)	슬럼프 범위 (cm)	공기량 범위 (%)	물-시멘트 비 W/C (%)	잔골재율 s/a (%)	단위량(kg/m³)				
					물 W	시멘트 C	잔골재 S	굵은 골재 G	혼화제 (g/m³)
25	12±1.5	4.5±0.5	51	43.9	185	363	749	973	90.8

(10) 현장배합으로 환산

골재의 체가름시험 결과, 현장의 잔골재로는 5 mm체에 남는 것 4 %를 포함하며, 굵은 골재로는 5 mm체를 통과하는 것 3 %를 포함하고 있다고 하자. 이것을 고려하면 표면건조포화상태를 기준으로 할 때 잔골재량 x와 굵은 골재량 y는 다음과 같이 계산된다.

$$x + y = 749 + 973 = 1722.0 \, \text{kg}, \quad 0.04x + 0.97y = 973.0 \, \text{kg}$$

$$\therefore x = 754.0 \, \text{kg}, \quad y = 972.0 \, \text{kg}$$

또 골재의 표면수량을 측정한 결과, 잔골재에서 2.5 %, 굵은 골재에서 0.5 %라 하면 표면수량은 다음과 같다. 잔골재에서는 $754 \times 0.025 = 18.9 \, \text{kg}$이고, 굵은 골재에서는 $972 \times 0.005 = 4.9 \, \text{kg}$이다.

따라서 콘크리트 1 m³를 만들기 위해 계량할 재료량은 다음과 같다.

- 단위 시멘트량: $C = 363.0 \, \text{kg}$

- 단위 수량: $W = 185 - 18.9 - 4.9 = 161.0 \, \text{kg}$

- 단위 잔골재량: $S = 754 + 18.9 = 773.0 \text{ kg}$
- 단위 굵은 골재량: $G = 974 + 4.9 = 979.0 \text{ kg}$

예제 1.2　강도 시험 결과 보고

아래의 표 1.3-13과 같은 30회의 강도 시험 결과에 대한 평균값과 표준편차를 공식을 이용해서 계산한다. 공사시방서에 따라 기둥콘크리트는 보통 중량의 AE콘크리트로서 기준압축강도는 28 MPa이다.

28일 평균강도 $f_{cm} = 1013.244/30 = 33.775 \text{ MPa}$이고, 표준편차 $s = \sqrt{176.03/(30-1)} = 2.464 \text{ MPa}$이다.

☑ 검토

표준편차가 2.464 MPa의 크기이면 기준압축강도 28 MPa 콘크리트에 대해서 상당히 훌륭한 품질 관리라고 볼 수 있다. 이 콘크리트 공사에 공급되는 콘크리트는 허용기준을 만족하고 있다. 두 개의 공시체 중의 어떠한 것도 28일 강도가 기준 강도 28 MPa에서 3.4 MPa를 뺀 값보다 작게 측정되지 않았고 3일 연속 강도 시험의 평균값도 기준값보다 크다. 공시체 #2의 아주 낮은 파괴점(25.286 MPa) 때문에 낮은 평균강도(27.591 MPa)를 보이고 있다. 한 배치에서 만들어진 공시체 #2와 공시체 #1 간에 큰 격차를 보인 것은 공시체 #2를 다루는 데 소홀했거나 시험 과정에 문제가 있는 것으로 보인다.

표 1.3-13 강도 시험 결과

시험 번호	실험 일자	28일 강도 #1	28일 강도 #2	평균 28일 강도	평균 28일 강도 (연속 3일 평균)	$X - \overline{X}$	$(X - \overline{X})^2$
1	93-3-5	32.410	33.318	32.864		-0.908	0.825
2	93-3-6	34.296	35.624	34.960		1.187	1.410
3	93-3-10	31.921	33.249	32.585	33.470	-1.187	1.410
4	93-3-12	33.528	34.925	34.227	33.924	0.454	0.206
5	93-3-13	34.925	34.227	34.576	33.796	0.803	0.645

표 1.3–13 강도 시험 결과(계속)

시험 번호	실험 일자	28일 강도 #1	28일 강도 #2	평균 28일 강도	평균 28일 강도 (연속 3일 평균)	$X-\overline{X}$	$(X-\overline{X})^2$
6	93–3–17	30.594	31.921	31.258	33.353	−2.515	6.323
7	93–3–19	32.341	33.668	33.004	32.946	−0.768	0.590
8	93–3–21	33.528	32.620	33.074	32.445	−0.699	0.488
9	93–3–25	35.065	34.506	34.785	33.621	1.013	1.026
10	93–3–28	33.109	34.227	33.668	33.842	−0.105	0.011
11	93–3–30	30.036	28.708	29.372	32.608	−4.401	19.365
12	93–4–2	29.896	25.286	27.591	30.210	−6.182	38.214
13	93–4–5	33.109	34.087	33.598	30.187	−0.175	0.030
14	93–4–8	34.017	35.204	34.611	31.933	0.699	0.488
15	93–4–9	32.061	32.620	32.341	33.516	−1.432	2.050
16	93–4–15	30.874	32.760	31.817	32.923	−1.956	3.825
17	93–4–16	34.785	35.414	35.100	33.086	1.327	1.761
18	93–4–19	34.227	33.947	34.087	33.668	0.314	0.099
19	93–4–20	39.745	38.906	39.326	36.171	5.553	30.837
20	93–4–22	37.090	37.090	37.090	36.834	3.318	11.008
21	93–4–24	35.484	34.715	35.100	37.172	1.327	1.761
22	93–4–28	32.410	31.013	31.712	34.634	−2.061	4.246
23	93–5–1	35.554	35.484	35.519	34.110	1.746	3.049
24	93–5–3	37.929	38.487	38.208	35.146	4.435	19.673
25	93–5–7	36.951	37.440	37.195	36.974	3.423	11.715
26	93–5–10	32.830	33.318	33.074	36.159	−0.699	0.488
27	93–5–11	34.087	35.204	34.646	34.972	0.873	0.762
28	93–5–15	34.925	34.157	34.541	34.087	0.768	0.590
29	93–5–16	33.598	32.620	33.109	34.098	−0.664	0.440
30	93–5–18	29.686	30.734	30.210	32.620	−3.562	12.690
Σ				1013.244			176.03

예제 1.3 시방배합에 의한 콘크리트 배합비 결정

시방서 또는 책임감리원이 지시한 배합을 시방배합이라고 한다. 이때 골재는 표면건조포화상태에 있고, 잔골재는 5 mm체를 다 통과하고, 굵은 골재는 5 mm체에 다 남는 것으로 한다. 여기서는 설계조건을 만족하는 콘크리트의 기준압축강도를 근거로 콘크리트 비빔에 대한 W/C 비를 시방배합에 의하여 배합비를 결정한다.

(1) 공사 시방 요건

f_{ck} =21 MPa(28일 강도, 보통 중량), 최대 골재 크기 : 20 mm, 공기량 : 5 %, 최대 슬럼프 : 100 mm, 1종시멘트.

콘크리트 비빔을 위한 배합비 선정용으로 배합강도를 결정할 만한 강도 시험 자료는 없는 것으로 가정한다. W/C 비는 시방배합으로 결정한다(콘크리트구조기준 2.3.2).

(2) 계산 및 검토

① 강도 시험 결과가 없으므로 콘크리트구조기준 2.3.2의 표 2.3.2(이 책의 표 1.3-9)를 이용하여 배합강도 f_{cr} 을 정한다. f_{ck} =21 MPa에 대하여, f_{cr} = f_{ck} +8.5=29.5 MPa이다.

설계기준압축강도, f_{ck}(MPa)	배합강도, f_{cr}(MPa)
21 미만	f_{ck} +7
21 이상 35 이하	f_{ck} +8.5
35 초과	f_{ck} +10

② 시방배합 순서

시방배합에 사용되는 재료는 실제 콘크리트 공사에 사용될 것과 같은 것이라야 한다. 세 가지 다른 W/C 비대로 세 가지 콘크리트 비빔을 만들어서 배합강도 f_{cr} 을 초과하는 강도를 발휘하도록 해야 한다. 시방배합의 슬럼프값은 최대 기준값의 ±20 mm의 오차범위에 들도록 해야 하며(80 mm에서 120 mm까지) 전체 공기량도 최대 허용값의 오차범위 ±0.5 % 내에 들도록 해야 한다(4.5 %에서 5.5 %까지). 시방배합마다 3개의 공시체를 만들어서 28일에 시험해야 한다. 시험 결과를 강도- W/C 관계로 작성하여 배합강도 f_{cr} 에 적합한 W/C 비를 정하는 데 이용한다.

표 1.3-14에 나타낸 바와 같은 시험 자료와 시방배합을 가정하여 시방배합 순서를 상세히 설명해보기로 한다. 그림 1.3-5에 그려진 세 가지 시방배합에 대한 강도 시험 결과를 근거로 하여 콘크리트 배합비를 정하는 근거로 사용되는 최대 W/C 비는 보간법을 이용하면 0.49이다. W/C 비를 0.49로 하여 기준압축강도 21 MPa의 콘크리트를 제조하는 것은 과잉 설계로 된다. 예제 1.1

을 참조하면 W/C=0.49에 대해서 26 MPa에 근접하는 강도 수준의 AE 콘크리트를 기대할 수 있다. 충분한 강도 시험 자료가 확보되지 않아서 표준편차값을 정하지 못하는 경우에는 이러한 과잉 배합설계가 필요하기도 하다.

공사 기간 중에 강도 시험 자료를 활용하면, 배합강도값 f_{cr}이 기준값을 초과하는 양(8 MPa)을 실제 현장시험 자료로 계산된 표준편차를 이용해서 감소시켜서 훨씬 더 경제적인 콘크리트 배합을 만들어낼 수도 있다.

표 1.3-14 시험 자료

배합 조건	No.1	No.2	No.3
물-시멘트(W/C) 비	0.45	0.55	0.65
슬럼프(cm)	9.5	10.8	11.4
공기 함유량(%)	4.4	5.3	4.8
시험결과(MPa)			
원형공시체 #1	32.480	27.242	19.209
원형공시체 #2	30.385	26.194	20.257
원형공시체 #3	31.572	25.495	19.907
평균	31.479	26.310	19.791

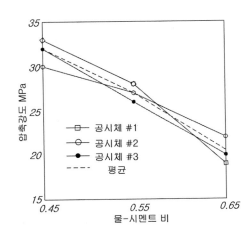

그림 1.3-5 시방배합 강도 곡선

예제 1.4 시험 횟수(1)

강도 시험용으로 설계기준에 따른 최소 표본개수를 만족하기 위해서 만들어야 할 공시체 최소 개수를 결정한다. 콘크리트 타설량은 1주일 동안 날마다 $153\,m^3$이고 $7.6\,m^3$ 용량의 트럭으로 운반한다. 1일 콘크리트 타설량에 대해서 공시체의 최소 개수가 공사당 필요한 최소 개수(콘크리트구조기준 2.3.3(1))보다 더 많은 큰 규모의 공사이다.

◤ 계산 및 검토

1. 전체 콘크리트 타설량＝153(7)＝$1070\,m^3$
2. 트럭 소요 대수＝1070/7.6＝140
3. 1일 표본 추출 트럭 대수＝153/110 ＝1.3
4. 1일 두 대의 트럭에서 표본을 추출해야 한다.
5. 표본 추출 전체 트럭 대수＝2(7)＝14
6. 전체 공시체 소요 개수＝14(시험당 2개 공시체)＝28개 공시체(최소 개수)

제작된 전체 공시체 개수는 최종 강도 확인을 위한 시방서에서 요구하는 최소 개수일 뿐이라는 것을 알아두어야 한다. 좀 더 충분한 개수를 만들어서 7일 조기 강도 발현을 조사하기 위해 현장 양생된 예비용으로 하나나 두 개 정도를 더 만들어 두면 28일 재령에서 최저 공시체 파괴값을 추정할 수 있다.

예제 1.5 시험 횟수(2)

강도 시험용으로 시방서 최소 표본개수를 만족하기 위한 공시체 최소 개수를 결정한다. $7.6\,m^3$ 용량의 트럭으로 콘크리트 비빔을 운반하여 $30\,m \times 22.5\,m \times 0.19\,m$의 슬래브에 콘크리트를 타설한다. 공사규모는 공시체 최소 소요개수를 콘크리트구조기준 2.3.3.(1)의 빈도 기준을 한 근거로 볼 때 작다.

☑ 계산 및 검토

1. 전체 콘크리트 타설 면적＝30×22.5＝675 m²
2. 전체 콘크리트 타설량＝675×0.19＝128.3 m³
3. 트럭 소요 대수＝128.3/7.6＝18
4. 1일 표본 추출 트럭 대수＝128.3/110＝1.2

$$=675/465=1.5$$

5. 공사에 적어도 5배치 *batch* 이상이어야 한다.
6. 전체 공시체 소요 개수＝5(시험당 2개 공시체)＝10개 공시체(최소 개수)

제작된 전체 공시체 개수는 최종 강도 확인을 위한 콘크리트 표준시방서에서 요구하는 최소 개수일 뿐이라는 것을 알아야 한다. 좀 더 충분한 개수를 만들어두는 것이 공사에 도움이 될 수 있다.

예제 1.6　콘크리트 사용승인

표 1.3-15는 현장에 배달된 5대의 트럭에서 채취한 콘크리트의 강도 시험 자료이다. 배치마다, 두 개의 공시체를 제작하여 28일 양생 후에 시험하였다. 콘크리트 기준압축강도는 28 MPa이다. 콘크리트구조기준 2.3.3(2)의 강도기준을 근거로 하여 콘크리트의 허용 여부를 결정한다.

표 1.3-15 강도 시험 결과
단위 : MPa

시험번호	공시체 #1	공시체 #2	평균강도	평균강도 (연속 3일 평균)
1	28.708	29.756	29.232	
2	26.822	28.499	27.661	
3	30.874	31.083	30.978	29.290
4	25.635	26.683	26.159	28.266
5	32.271	31.921	32.096	29.744

☑ 계산 및 검토

각각의 배치에서 두 개의 공시체 파괴강도의 평균값은 개별 강도 시험 결과를 의미한다. 5회의 강도 시험 결과 중 최저값(=26.159 MPa)은 기준압축강도(=28 MPa)보다 낮지만, 그 차이가 3.4 MPa보다 크지 않기 때문에, 즉 24 MPa보다 작지 않으므로 이 콘크리트는 받아들일 수 있는 것으로 본다. 두 번째 승인 기준은 3회 연속 시험결과를 근거로 하여 그 평균값이 기준값보다 크므로 만족한다고 볼 수 있다. 일련의 3회 연속 시험 결과를 근거로 한 승인 여부를 평가하는 절차는 오른쪽 칸에 보인 바와 같다.

1.4 콘크리트의 물리적 특성 Properties of Hardened Concrete

공사에 사용되는 재료를 선택할 때에는 그 재료에 가해진 힘을 저항하는 능력인 강도를 고려해야 한다. 가해진 힘의 결과로서 생기는 변형은 단위 길이당 길이의 변화량인 변형률로 나타내고 하중은 단위 면적당의 힘인 응력으로 나타낸다. 재료에 응력이 어떻게 작용하는가에 따라, 예를 들면, 압축, 인장, 전단, 비틀림에 따라, 그 응력은 따로 구분된다. 재료의 응력 – 변형률 관계는 일반적으로 강도, 탄성계수, 연성, 인성 등으로 표현된다. 콘크리트강도는 설계자와 품질관리 기술자가 가장 중요하게 생각하는 콘크리트의 특성이다. 고체의 공극률(체적에 대한 공극량)과 강도 간에는 기본적으로 반비례 관계가 있다. 그러므로 콘크리트와 같이 여러 가지 상태 *multiphase*로 된 재료는 각 요소의 공극률에 따라 강도가 제한된다. 천연 골재는 일반적으로 밀도가 크고 강하다. 그래서 보통 중량을 갖는 콘크리트의 강도 특성을 결정짓는 것은 시멘트 풀과 골재 간의 천이역뿐만 아니라 시멘트 풀의 공극률이다. W/C 비가 시멘트 조직과 천이역의 공극률, 그리고 콘크리트강도를 결정짓는 데 결정적 요소이지만, 다짐 정도, 양생 조건(시멘트 수화 정도), 골재 크기 및 형상, 혼화제, 공시체 형상 및 습윤 상태, 응력 종류, 그리고 재하 속도 등이 콘크리트강도에 중요한 영향을 끼친다. 여기서는 콘크리트강도에 영향을 주는 인자들을 살펴보기로 한다. 흔히 일축압축강도를 콘크리트강도에 관한 일반적인 지표로서 택하고 있기 때문에, 일축압축강도와 인장, 전단, 휨, 이축강도 등 그 밖의 다른 강도와 관계를 다루기로 한다[1.5, 1.14, 1.15].

1.4.1 콘크리트 압축강도

재료의 강도는 그 재료가 파괴를 일으키지 않고 응력을 견딜 수 있는 능력의 한계라고 정의된다. 경우에 따라서는 균열 발생을 파괴라고 보는 수도 있지만, 대다수의 구조 재료와는 달리, 콘크리트는 외부응력을 받기 전에도 미세한 균열을 지니고 있다. 그러므로 콘크리트에서 강도는 파단을 일으키는 데 필요한 응력과 관련이 있으며 작용응력이 최대값에 이르는 파괴 정도를 강도라고 할 수 있다. 인장시험에서는 시험편의 파단이 곧 파괴를 의미하지만, 압축시험인 경우에는 공시체가 외관상 아무런 파단의 징후가 보이지 않아도 파괴된 것으로 간주될 수 있는데, 공시체 내부의 균열 발생이 진행되어서 공시체가 파단을 일으키지 않고도 더 이상의 하중을 견딜 수 없게 된다.

콘크리트구조설계와 품질 관리면에서, 일축압축강도는 일반적으로 규정되는 특성값이다. 그 까닭은 다른 특성값에 비해서 강도 시험이 비교적 쉽기 때문이다. 더구나 탄성계수, 방수성, 또는 침수성, 풍화 저항성과 같은 성질은 콘크리트강도와 직접적인 관계가 있고 그래서 강도 자료로부터 알아낼 수 있다. 콘크리트의 압축강도는 다른 강도에 비해서 몇 배나 크고 거의 모든 콘크리트 부재는 이러한 재료의 높은 압축강도를 이용하도록 설계되고 있다. 실제로 거의 모든 콘크리트 부재는 압축응력, 전단응력, 이축 또는 삼축 인장응력 등을 동시에 받고 있지만, 일축 압축시험이 실험실에서 수행할 수 있는 가장 쉬운 시험이며, 표준 일축압축시험으로 결정되는 콘크리트의 28일 강도는 콘크리트강도의 일반적인 지표로서 널리 인정되고 있다.

1.4.2 압축강도와 영향인자

콘크리트에 응력이 가해지면 그에 따른 반응이 나타나는데 응력 종류뿐만 아니라 여러 인자들이 서로 다른 콘크리트 조직 성분 내의 공극에 어떻게 영향을 주는가에 따라 달라진다. 콘크리트 반죽을 이루는 재료의 특성 및 비율, 다짐 정도, 양생 조건 등이 영향인자들이다. 강도 관점에서 보면, 다른 인자와 관계없이 시멘트 풀 *cement paste*과 골재 간의 천이역 그리고 시멘트 풀의 공극률에 영향을 주는 것이 W/C 비이기 때문에 W/C-공극률 관계가 가장 중요한 인자이다. 콘크리트 조직의 개별 성분의 공극률을 결정하는 것은 실용성이 없고, 따라서 콘크리트

강도를 예측하는 정확한 모델을 개발해낼 수 없다. 하지만 오랜 시간에 걸쳐 여러 가지 쓸모 있는 경험 공식들이 만들어졌고 이 식들은 실무에 대해서도 압축강도에 영향을 주는 여러 인자에 관하여 많은 간접적인 정보를 반영하고 있다. 작용하는 응력에 대해서 콘크리트가 보이는 실제 반응은 여러 인자들 간의 복잡한 상호작용의 결과이기는 하지만, 이들 인자들을 쉽게 이해하기 위해서 다음과 같이 따로 다루어서 설명하고자 한다.

(1) 재료의 특성 및 배합

① 물-시멘트(W/C) 비

정해진 재령과 온도조건에서 콘크리트의 강도는 W/C 비와 다짐 정도의 영향을 받는다. 다짐이 충분하다면 W/C 비가 낮을수록 콘크리트강도는 증가하고, 다짐이 충분하지 못하면, W/C 비가 낮아도 콘크리트강도는 감소한다. 수화된 시멘트 풀의 강도에 대한 주요 인자들과 시멘트 수화작용이 정해진 상태에서 공극률에 대한 W/C 비의 영향을 이해하면, 콘크리트에서 W/C 비와 콘크리트강도 간의 관계는 W/C 비가 증가하면서 그에 따라 공극률이 증가되어 생긴 **시멘트 떡**cement matrix이 점진적으로 약화된다는 사실로서 쉽게 설명될 수 있다. 그러나 이러한 설명은 천이역의 강도에 대한 W/C 비의 영향을 고려한 것은 아니다. 보통 골재로 만들어진 강도가 중간 이하인 콘크리트에서는, 천이역의 공극률과 시멘트 떡의 공극률이 강도를 결정하며, W/C 비와 콘크리트강도 간의 직접적인 관계가 유지된다. 고강도 콘크리트에서는 이러한 관계가 더 이상 들어맞지 않는다. W/C 비가 0.3 이하이면, W/C 비를 아주 조금 감소해도 반비례로 압축강도가 크게 증가될 수 있다. 이런 현상은 주로 W/C 비가 아주 낮을 때 천이역의 강도가 상당히 증가하기 때문이다. 그러한 이유 중의 하나는 수산화칼슘 결정체의 크기는 W/C 비가 감소할수록 작아진다는 점이다. 콘크리트강도와 W/C 비 간의 관계를 그림으로 나타내면 그림 1.4-1과 같이 쌍곡선으로 되지만, 콘크리트강도와 시멘트-물(C/W) 비로 나타내면 거의 직선으로 된다.

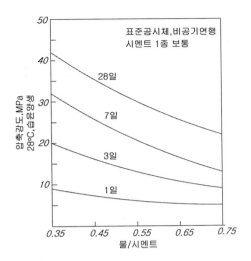

그림 1.4-1 물-시멘트 비와 습윤 양생 기간이 콘크리트강도에 미치는 영향(콘크리트 압축강도는 W/C 비와 수화작용의 함수이다. 수화온도가 일정할 때, 수화정도와 강도는 시간이 지남에 따라 달라진다.)

② **연행공기량**

일반적으로 시멘트의 수화반응에 사용되는 물의 양은 한정되어 있어 수화반응에 관여하지 않은 물은 공극으로 남게 된다. 따라서 시멘트 떡의 공극률을 결정하는 것은 W/C 비이다. 그러나 다짐이 충분하지 않거나 공기연행 혼화제(AE제)를 사용한 결과로서, 그 조직 내에 공기가 들어 있으면, 공극률이 증가하고 그 조직의 강도는 감소한다. W/C 비가 정해진 상태에서 연행공기량이 증가하면 콘크리트강도는 떨어진다. 연행공기 때문에 생기는 콘크리트강도 손실량은 W/C 비뿐만 아니라 시멘트 함량에 따라 달라진다. 간단히 말해서, 공기연행 때문에 생기는 강도손실은 콘크리트강도의 일반적인 수준과 관련이 있다. 응력이 가해졌을 때 콘크리트의 반응에 대한 W/C 비와 시멘트 함량의 영향은 콘크리트에 형성된 공기량 때문에 두 가지 상반되는 영향으로 설명될 수 있다. 시멘트 떡의 공극률이 증가하면서 연행공기는 복합 재료의 강도에 역효과를 주지만, 콘크리트 비빔의 작업성과 다짐성을 증진시켜주기 때문에, 연행공기가 천이역의 강도를 증진시키며 따라서 콘크리트강도도 좋아진다. 시멘트 함량이 낮은 콘크리트에서는, 연행공기량이 배합수의 양을 감소시켜주기 때문에 시멘트 떡의 강도에 대한 역효과가 천이역의 효과로 보상되는 것보다 더 크다.

③ 시멘트 종류

W/C 비와 시멘트 수화정도에 따라 수화된 시멘트 풀의 공극률이 결정된다. 표준양생 조건에서 III종 포틀랜드 시멘트는 I종 포틀랜드 시멘트보다 훨씬 더 빨리 수화된다. 그러므로 W/C 비가 정해져 있을 때 수화작용이 일어나는 초기 재령에서 III종 포틀랜드 시멘트로 만든 콘크리트는 I종 포틀랜드 시멘트로 만든 콘크리트보다 공극률이 낮고 시멘트 떡의 강도가 더 크다. 상온에서 II, IV, V종 포틀랜드 시멘트, IS(포틀랜드 고로슬래그 시멘트), IP(포틀랜드 포졸란 시멘트)의 수화작용 및 강도 발현속도는 I종 포틀랜드 시멘트보다 다소 낮다. 보통의 온도에서 다른 종류의 포틀랜드 시멘트 및 혼합 포틀랜드 시멘트에 대해서 90일 이상의 수화정도는 거의 비슷하다. 그러므로 콘크리트강도와 시멘트 떡의 공극률에 대한 시멘트 성분의 영향은 초기 재령에만 국한된다.

표 1.4-1 시멘트 종류별 영향에 따른 콘크리트의 근사적 상대강도

포틀랜드 시멘트 종류		보통 포틀랜드 시멘트 콘크리트 압축강도에 대한 백분율			
KS	용도 및 특징	1일	7일	28일	90일
I종	보통 또는 일반용	100	100	100	100
II종	중용열 및 내황산염	75	85	90	100
III종	초조강	190	120	110	100
IV종	저열	55	65	75	100
V종	내황산염	65	75	85	100

④ 골재

골재 강도는 경량골재 콘크리트인 경우가 아니고는 골재 입자의 강도가 시멘트 떡이나 천이역의 강도보다 몇 배나 강하기 때문에 보통 콘크리트강도에는 중요한 인자가 아니다. 다시 말해서, 콘크리트의 파괴는 다른 두 가지─시멘트 떡과 천이역─에 의해서 결정되기 때문에, 대부분의 천연 골재로 된 경우, 골재의 강도는 거의 이용되지 못한다. 그렇지만 골재의 강도 특성보다는 크기, 모양, 표면상태, 입도 분포, 광물질 등이 다양한 정도로 콘크리트강도에 영향을 끼친다고 알려져 있는 정도이다. 콘크리트강도에 대한 골재 특성의 영향은 W/C 비의 변화에 따라 달라진다. 그러나 이것이 항상 그렇지는 않다고 알려져 있다. 또한 이론적으로 고려해보면 W/C 비와는 무관하게 골재 입자의 크기,

형상, 표면상태, 광물질 등은 천이역의 특성에 영향을 줄 것이고 그래서 콘크리트강도에 영향을 준다고 믿고 있다. 입도 분포가 좋은 굵은 골재의 최대 크기를 바꾸면 콘크리트 강도에 대해 두 가지 상반되는 효과가 있다. 시멘트 함량이 같고 반죽질기가 같은 경우에, 큰 골재를 넣은 콘크리트 비빔은 더 작은 골재를 넣은 비빔보다 배합수가 덜 필요하다. 그 반대로, 골재가 크면 천이역에 미세 균열이 더 많아지고 약하게 되는 경향이 있다.

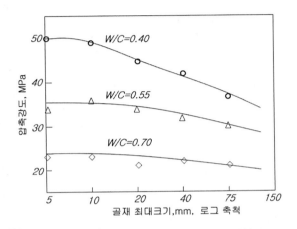

그림 1.4-2 골재의 크기와 W/C 비가 콘크리트강도에 미치는 영향(보통 낮은 W/C의 고강도 콘크리트는 골재의 크기가 커질수록 불리한 영향을 받는다. W/C 비가 큰 콘크리트에서는 거의 영향을 주지 못한다.)

⑤ 배합수

그림 1.4-3에 나타낸 바와 같이 콘크리트의 배합에 사용되는 물의 양이 콘크리트강도에 미치는 영향이 크다는 것은 잘 알려진 사실이지만, 수질도 시멘트의 응결, 콘크리트강도, 콘크리트 표면의 얼룩, 철근의 부식 등에 큰 영향을 미칠 수 있기 때문에 콘크리트 배합수와 양생수의 질을 엄밀히 검토할 필요가 있다. 일반적으로 마실 수 있는 정도의 물이면 콘크리트에 사용할 수 있다고 알려져 있다. 일반적으로 식용수는 안전하지만, 식수용으로 적합하지 않은 물이더라도 콘크리트에는 사용해도 무방한 경우가 있다. 짠맛이 없다면 pH가 6.0~8.0 정도의 물도 사용할 수 있다. 바닷물은 대체로 3.5 %의 염도를 지니고 있으며, 콘크리트의 조기 강도는 약간 증가시키나 장기 강도는 낮게 한다. 강도 감소량은 대략 15 % 정도이다. 바닷물과 같이 염화물을 많이 포함하고 있는 물은 콘크리트

표면에 계속 습기를 흡수하여 표면에 백화현상을 일으키므로 외관이 중요시되는 구조물에는 사용하지 않는 것이 좋다. 바닷물은 철근을 부식시킬 위험이 있으므로 사용 전에 검토해야 하고, 콘크리트가 치밀하지 못하거나 덮개가 충분하지 않는 경우에는 습한 대기에 노출된 콘크리트 구조에서 철근의 부식이 심하게 나타나 내구성에 문제점이 생기게 된다.

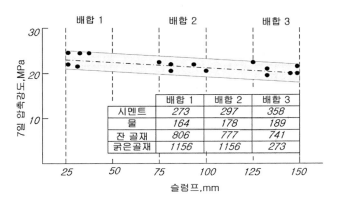

	배합 1	배합 2	배합 3
시멘트	273	297	358
물	164	178	189
잔 골재	806	777	741
굵은골재	1156	1156	273

그림 1.4-3 슬럼프가 압축강도에 미치는 영향(W/C 비가 주어졌을 때, 슬럼프가 큰 콘크리트 배합은 블리딩이 일어나기 쉬우며, 따라서 강도가 낮아진다. 필요한 슬럼프보다 슬럼프가 더 크면 콘크리트 배합은 비용 면에서 효과적이지 않다.)

⑥ 혼화재료

AE제는 콘크리트강도에 역효과를 주는 것으로 알려져 있다. W/C 비가 정해진 경우에, 콘크리트에 감수제를 넣으면 일반적으로 시멘트 수화작용과 조기 강도 발현에 긍정적인 효과가 있다. 시멘트 수화작용을 촉진시키거나 지연시키는 혼화제는 콘크리트강도 발현에 분명히 영향을 준다. 최고 강도에는 그다지 영향을 주지 않지만, 조기에 강도 발현 속도가 늦어지면 최고 강도가 더 높아진다고 알려져 있다. 환경생태학적으로 또는 경제적인 면에서 콘크리트에 광물질의 혼화재로서 포졸란계 및 시멘트계의 부산물을 사용하는 일이 늘고 있다. 포틀랜드 시멘트 대신에 일부를 광물질의 혼화재로 대체하면 콘크리트 강도 발현 속도를 지연시킨다. 보통의 온도에서 수화된 포틀랜드 시멘트 풀 속의 수산화칼슘과 광물질 혼화재가 반응하여 또 다른 수산화칼슘 규산염을 형성해서 시멘트 떡과 천이역의 공극률을 감소시킨다. 결과적으로 콘크리트에 광물질 혼화재를 넣으면 최고

강도와 방수성을 상당히 증진시키는 효과가 있다.

(2) 양생조건

콘크리트의 '양생'이란 말은 콘크리트반죽을 거푸집에 부어 넣은 바로 다음에 시간, 온도, 습도 조건 등을 관리하는 것으로서 시멘트 수화작용을 촉진시키는 절차를 뜻한다. W/C 비가 정해진 상태에서, 수화반응이 일어난 시멘트 풀의 공극률은 시멘트 수화작용 정도에 따라 결정된다. 보통의 온도 조건에서 포틀랜드 시멘트의 구성 성분의 일부는 물이 부어지자마자 수화되기 시작하지만, 수화 생성물이 미수화 시멘트입자를 둘러싸면 수화반응이 상당히 느려진다. 이것은 수화작용이 포화상태에서만 만족스럽게 진행되기 때문이다. 모세관의 증기압이 포화 습도의 80 % 아래로 떨어지면 수화작용은 거의 멈춘다. 그러므로 양생 시간과 습도는 수분 확산으로 조절되는 수화 작용 과정에 중요한 인자들이다. 또한 모든 화학반응처럼, 온도가 올라가면 수화 작용도 촉진된다.

① 시간

콘크리트구조기준에서 강도-시간 관계는 습윤 양생 조건과 정상적인 온도에서 이루어진다고 가정한다. W/C 비가 정해진 상태에서 미수화 시멘트 입자의 수화가 지속된다고 가정하면 습윤 양생기간이 길어질수록, 강도는 높아진다. 얇은 두께의 콘크리트 부재인 경우, 모세관으로부터 물이 증발해서 대기 중에 양생되면 시간이 지나도 강도는 증가하지 않는다. ACI 209 위원회에서는 보통 시멘트로 비빈 습윤 양생 콘크리트에 대해서 다음과 같은 식을 제시하고 있다[1.13].

$$f_{cm}(t) = f_{c28}\left(\frac{t}{4+0.85t}\right) \tag{1.4-1}$$

여기서, $f_{cm}(t) = t$ 일째 평균 압축강도

$f_{c28} = 28$일째 평균 압축강도

$t =$ 양생일수

② 습도

그림 1.4-4에서 보인 바와 같이 콘크리트강도에 대한 양생 습도의 영향은 분명하다. 같은 W/C 비로 만들어진 공시체에 대해서 180일 동안 습윤 양생한 콘크리트의 강도는 대기 중에서 건조 양생시킨 콘크리트의 강도에 비해서 3배나 더 크다. 더구나 건조수축 때문에 생기는 천이역 내의 미세 균열현상의 결과로서 습윤 양생된 얇은 부재에서도 부재를 대기 건조시키면 약간의 강도 저하가 일어난다. 콘크리트 타설 직후 콘크리트에서 물이 빠져나가는 속도는 콘크리트의 표면적/체적의 비율뿐만 아니라 주변의 바람, 상대습도, 온도 등에 따라 달라진다. 보통 포틀랜드 시멘트로 만들어진 콘크리트에 대해서 일반적으로 7일 습윤 양생을 권하고 있다. 보통 포틀랜드 시멘트가 아닌 특수 시멘트를 사용한 경우라면 그 이상의 습윤 양생을 해야 원하는 강도를 기대할 수 있을 것이다. 습윤 양생 방법은 콘크리트 표면을 부직포, 솜, 젖은 모래 등으로 덮고 물을 뿌려주는 것이다. 콘크리트 반죽에 쓰이는 배합수의 양은 포틀랜드 시멘트 수화작용에 필요한 양(대략 시멘트 중량의 30 % 정도)보다 일반적으로 많기 때문에, 콘크리트를 타설한 후에 천막 같은 방수막으로 덮어 놓으면 시멘트의 수화작용이 계속해서 일어나고 그래서 콘크리트강도가 제대로 발현될 수가 있다.

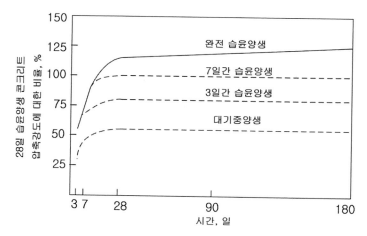

그림 1.4-4 양생조건이 강도에 미치는 영향(습윤 양생을 제외하면 양생기간이 콘크리트강도에 미치는 장점은 없다.)

③ 온도

습윤 양생된 콘크리트의 강도에 대한 온도 영향은 타설 및 양생의 시간-온도 이력에 따라 달라진다. 이것은 같은 온도에서 타설하고 양생된 콘크리트, 다른 온도에서 타설되었으나 표준온도에서 양생된 콘크리트, 표준온도에서 타설되었지만 양생 온도가 다른 콘크리트 등 세 가지 경우를 살펴보면 알 수 있다. 4~45 ℃의 온도 범위에서, 콘크리트를 타설하고 일정한 온도를 유지하면서 양생했을 때, 28일에 이르기까지 온도가 높아질수록 시멘트 수화작용은 더욱 빨라지며 그 때문에 콘크리트강도가 발현된다. 4 ℃에서 타설하고 양생된 공시체의 28일 강도는 20~45 ℃에서 타설하고 양생한 콘크리트강도의 약 80 %이었다. 나중에 시멘트 수화작용 정도의 차이가 줄어들면, 콘크리트강도의 그러한 차이는 더 이상 지속되지는 않는다. 다른 한편, 아래에서 설명한 바와 같이, 타설 온도와 양생 온도가 높을수록 최고 강도는 더 낮아질 것이다. 일반적으로 양생 온도가 낮아지면 28일까지의 강도는 낮아진다.

양생 온도가 0 ℃에 가까우면, 28일 강도는 20 ℃에서 양생한 콘크리트강도의 반 정도이다. 양생할 때의 온도가 영하이면 콘크리트강도는 거의 나오지 않는다. 포틀랜드 시멘트 가루의 수화작용이 느리기 때문에, 반응에 필요한 활성 에너지를 공급할 충분한 시간 동안 충분한 온도가 유지되어야 한다. 이렇게 해야 콘크리트강도 발현 과정이 지속되면서, 수화 생성물이 공극을 점차적으로 채워간다. 콘크리트강도에 대한 시간-온도 이력의 영향은 콘크리트 건설 공사에서 몇 가지 중요한 적용할 만한 예가 된다. 양생 온도는 타설 온도보다 강도에 훨씬 더 중요하기 때문에, 추운 날씨에서 타설된 보통 콘크리트는 충분한 시간 동안 최소한도의 온도 이상으로 유지되어야 한다. 여름철이나 열대 지방에서 양생된 콘크리트는 겨울철이나 한대 지방에서 양생된 콘크리트보다 초기 강도가 높을 수는 있으나 최후 강도가 낮아질 가능성이 있다. 프리캐스트 공장 제품인 경우에, 증기 양생법을 이용하여 조기에 강도를 얻어내고 곧바로 거푸집을 벗겨낸다. 온도제어가 어려운 **매스 콘크리트** *mass concrete* 부재이면, 콘크리트의 온도가 주변의 온도보다 오랜 시간 동안 높게 유지된다. 그래서 보통의 실험실 온도에서 양생된 콘크리트강도보다 초기에는 콘크리트강도가 더 높지만 나중에는 더 낮아진다.

(3) 시험인자

콘크리트강도 시험의 결과가 공시체 조건이나 재하조건과 관련된 변수에 의해서 심하게 영향을 받는다고는 말할 수 없다. 공시체 변수는 콘크리트의 습윤 정도, 공시체의 크기와 형상의 영향과 관련되어 있고, 재하조건은 재하 속도, 응력수준 및 지속시간 등과 관련이 있다. 재하속도가 빠르면 강도가 크게 나타날 수도 있다.

① 공시체 변수

우리나라에서 콘크리트 압축강도를 시험하는 표준공시체는 지름 150 mm, 높이 300 mm인 원주형 공시체이다. 그림 1.4-5에 나타낸 바와 같이 높이/지름 비율이 2로 유지하면서, 지름의 크기를 달리하면서 원주형 공시체의 압축강도를 시험해보면, 지름이 클수록 강도는 낮아진다.

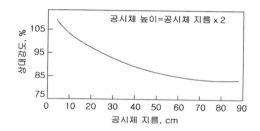

그림 1.4-5 공시체의 높이/지름 비가 2일 때 공시체 지름이 콘크리트강도에 미치는 영향(공시체의 형상은 콘크리트강도에 영향을 미친다. 세장비(L/D)가 2 이상 또는 지름이 30 cm 이상인 원주형 공시체의 강도는 크기의 영향을 거의 받지 않는다.)

지름이 50 mm, 75 mm일 때의 평균강도는 표준공시체의 강도에 비해서 각각 106 %, 108 %이다. 그림 1.4-6에 나타낸 바와 같이 공시체 형상비(높이/지름)를 변화시켜서 시험해본 결과에 따르면, 일반적으로 비율이 클수록 강도는 낮아진다. 예를 들어, 높이/지름의 비가 1인 경우의 공시체 강도는 표준공시체 강도에 비해 약 15 % 크다. 공시체의 습윤상태도 강도에 영향을 준다. 대기 중에서 건조된 공시체 강도는 포화된 공시체의 강도에 비해 약 20~25 % 작은 것으로 나타났다.

② 재하조건

콘크리트 압축강도는 실험실에서 1축 압축시험으로 측정된다. 표준공시체 실험은 초당 0.245 MPa의 재하속도로 수행된다. 최대 하중은 1.5~2분 만에 도달하고 공시체가 파괴에 이를 때까지 2~3분 정도 걸린다. 실제로, 대부분의 구조 요소는 무한정 시간 동안 자중과 같은 고정하중을 견디고 있으며 때때로 반복하중이나 충격하중과 같은 활하중을 받는다. 그러므로 실제의 재하조건과 실험실 시험조건에서 콘크리트강도 간의 관계를 알아둘 필요가 있다. 재하속도가 빠르면 측정강도도 커진다. 초당 2.0 MPa의 속도로 시험하면 표준시험강도의 115 %에 이른다.

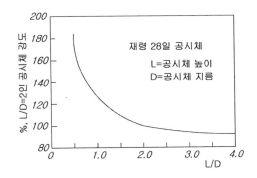

그림 1.4-6 길이/지름 비에 따라 콘크리트강도에 미치는 영향

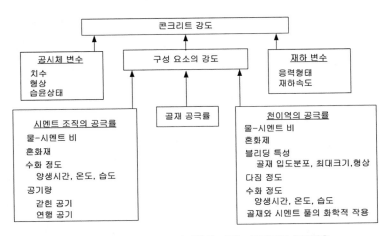

그림 1.4-7 콘크리트강도에 영향을 미치는 인자들의 상호작용

1.4.3 콘크리트 응력 – 변형률 곡선과 탄성계수

콘크리트는 인장상태나 압축상태에서 비선형, 비탄성재료이다. 따라서 '탄성계수'라는 말은 선형 탄성재료에 대해서 적용하듯이 콘크리트에 대해서는 어떤 하나의 값으로 적용할 수 없기 때문에 조심해서 사용해야 한다. 그림 1.4-8에서 보는 바와 같이 탄성계수는 응력 – 변형률 곡선상의 여러 점에서 재료의 응답(응력 – 변형률 관계)을 나타내는 데에 정해지는 용어라고 볼 수 있다. 실제 탄성응답으로부터 얻어진 탄성계수에 가장 가까운 값은 곡선의 원점에서 접선의 기울기인 **초기접선계수** *initial tangent modulus* 이다. 그러나 이 값은 매우 작은 크기의 응력 – 변형률에만 적용되기 때문에 콘크리트 구조물의 설계에 이 값을 사용하지는 않는다. 좀 더 실질적인 탄성계수는 응력 – 변형률 곡선상의 한 점과 원점을 잇는 할선 *secant* 의 기울기값인 **할선계수** *secant modulus* 로 정해진다. 그러므로 할선계수는 비선형 요소를 포함하게 되며 그래서 선정된 응력 수준에 따라 그 값이 달라진다는 것은 분명하다. 이 값을 사용하면 단면값 산정이 간편해지므로 설계에 많이 쓰이고 있다. 사용응력 범위에서 선형거동으로 가정해도 그 차이가 비교적 미미하기 때문에 할선계수를 사용한다 할지라도 사용응력 수준까지는 별로 영향을 주지 않는다. 가해진 하중 하에서 확대될 수도 있는 기존 균열의 유무에 따라서 또는 측정 시점에서 공시체 거치에 따라 측정하는 중에 오차가 생길 수도 있기 때문에 초기접선계수나 할선계수가 늘 쉽게 결정되지는 않는다. 이러한 경우에는 **현弦** *chord* 계수를 사용하기도 한다. 이 **현 계수** *choral modulus* 는 응력 – 변형률 곡선 상의 두 점을 잇는 직선의 기울기값이다. 압축강도의 40 % 응력 수준에서 정해진 현 계수와 할선계수는 그다지 차이가 나지는 않으나 현 계수가

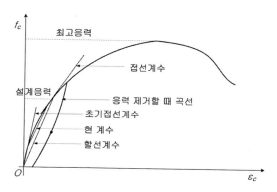

그림 1.4-8 콘크리트 응력 – 변형률 곡선과 탄성계수 정의

조금 더 정밀하다. 이 현 계수는 초기접선계수보다 훨씬 더 안전한 측정값이고 실험적으로도 훨씬 더 쉽게 측정될 수 있다. 그러나 현 계수는 응력이 압축강도의 40 %를 넘게 되면 일어나는 추가 변형률을 작게 평가하게 된다. 따라서 이런 경우에는 주목하는 점에서 측정된 **접선계수***tangent modulus*가 콘크리트의 변형률을 측정하는 데에 더 나은 값이 된다[1.1, 1.2, 1.6, 1.7, 1.15, 1.16].

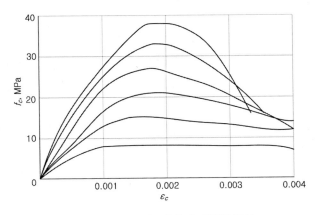

그림 1.4-9 콘크리트의 응력 - 변형률 곡선

그림 1.4-9는 여러 가지 콘크리트강도에 대한 일반적인 응력 - 변형률 관계를 보인 것이다. 이들 곡선은 보의 압축영역과 비슷한 공시체에 대해서 약 15분 동안 지속되는 시험에서 얻어진 것들이다. 그림 1.4-9의 응력 - 변형률 곡선은 변형률이 0.0015부터 0.003 사이일 때 최고 응력을 보이며 그 후에는 응력이 떨어지고 있음을 보인다. 이 곡선의 형상은 이 장의 앞에서 먼저 설명한 바와 같이 콘크리트 조직 내에서 미세 균열이 점진적으로 형성되면서 생긴다. 이 곡선의 하강부분의 길이는 전적으로 시험 조건에 따라 영향을 받는다. 흔히 축방향으로 재하시킨 콘크리트 원주형 공시체는 최고 응력점에서 터지듯이 파괴되기도 한다. 하중이 떨어지면서 시험기가 방출하는 변형에너지가 공시체가 흡수할 수 있는 에너지보다 크게 되면 이러한 현상이 발생한다. 부재가 휨 또는 휨과 축방향 하중을 받는 경우에, 변형률이 가장 큰 곳에서 응력이 떨어지면서 그 외의 변형률이 낮은 부분들이 하중을 견디고 그래서 변형률이 가장 큰 곳의 파괴가 지연되기 때문에 응력 하강 부분이 생기게 된다. 그림 1.4-9의 응력 - 변형률 곡선은 앞에

서 언급한 특성을 나타내고 있으며 이것들은 압축상태의 콘크리트 응력-변형률에 대한 그림 1.4-10에 나타낸 수학적 모델을 정립하는 데에 사용된다. 식 (1.4-2)는 그림 1.4-10의 수학적 모델을 수식으로 나타낸 것이다.

$$f_c = f_{cm} \left[\frac{k(\epsilon_c/\epsilon_{co,r}) - (\epsilon_c/\epsilon_{co,r})^2}{1 + (k-2)(\epsilon_c/\epsilon_{co,r})} \right] \tag{1.4-2}$$

여기서, $k = 1.1 E_c \epsilon_{co,r}/f_{cm}$ 이고,

$\epsilon_{co,r}$은 최고 응력에 도달했을 때의 변형률이며,

$\epsilon_{cu,r}$은 극한변형률이다.

f_{cm}은 재령 28일 평균 압축강도이다.

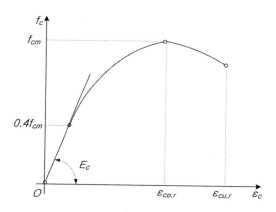

그림 1.4-10 비선형 해석용 콘크리트 응력-변형률 곡선

표 1.4-2 비선형 해석용 콘크리트 응력-변형률 곡선의 강도 크기에 따른 변형률

f_{ck} (MPa)	18	21	24	27	30	35	40	50	60	70
$\epsilon_{co,r}$ (‰)	1.92	2.00	2.05	2.10	2.20	2.25	2.30	2.45	2.60	2.70
$\epsilon_{cu,r}$ (‰)				3.30				3.20	3.10	3.00

콘크리트 탄성계수 E_c는 시멘트 풀의 탄성계수와 골재의 탄성계수에 따라 영향을 받는다. 물-시멘트 비율이 증가하면 시멘트 풀의 공극이 증가하여 콘크리트의 탄성계수와 강도를 떨어뜨

린다. 이러한 영향은 f_{cm}의 함수로 E_c를 나타냄으로써 설계에 고려된다. 골재의 탄성계수도 중요하다. 보통 중량의 골재는 시멘트 풀의 탄성계수의 1.5에서 5배에 이르는 탄성계수를 지니고 있다. 이러한 점 때문에, 전체 배합 중의 골재 함량이 콘크리트 탄성계수 E_c에 영향을 준다. 경량골재는 시멘트 떡과 비슷한 탄성계수값을 지니고 있기 때문에, 골재함량이 경량 콘크리트의 탄성계수에 별로 영향을 주지 않는다. 콘크리트 단위 질량 $\rho_c = 1{,}450 \sim 2{,}500\,\mathrm{kg/m^3}$인 경우에 탄성계수를 다음과 같이 재령 28일 평균 압축강도 f_{cm}를 사용하여 제시하고 있다.

$$E_c = 0.077\,(m_c^{1.5})\,\sqrt[3]{f_{cm}}\ \mathrm{MPa} \tag{1.4-3a}$$

$$f_{cm} = (f_{ck} + 4)\,\mathrm{MPa} \tag{1.4-4}$$

여기서 콘크리트의 평균 압축강도 f_{cm}는 $f_{ck} \leq 40\,\mathrm{MPa}$인 경우에 식 (1.4-4)와 같이 정의되며 도로교설계기준 해설에서는 탄성계수를 계산할 때 기준압축강도보다는 실제 강도에 근거하는 것이 더 타당한 것으로 알려져 있다고 보고 있다. 이 식은 골재의 종류를 고려하지 않은 것이기 때문에 시험값의 분산정도가 심하다. 저-탄성계수의 골재를 많이 쓰는 경우에 이 식으로 계산된 탄성계수는 큰 편이다. 처짐이나 진동 특성이 설계에 중요한 사항인 경우에는 탄성계수를 사용될 콘크리트로부터 측정해야 한다. 단위 질량이 $2{,}300\,\mathrm{kg/m^3}$인 보통 중량의 콘크리트인 경우, 다음과 같이 간편식을 사용할 수 있도록 제시하고 있다.

$$E_c = 8{,}500\,\sqrt[3]{f_{cm}}\ \mathrm{MPa} \tag{1.4-3b}$$

해석 목적으로 응력-변형률 곡선의 상승부분을 흔히 포물선 모양으로 근사하게 나타내기도 한다. 이 곡선은 콘크리트강도가 커지면 선형으로 증가하는 경향이 있으며, 최고 응력점의 변형률 ϵ_{co}는 콘크리트강도가 커지면 커진다. 보통 강도의 콘크리트인 경우에 응력-변형률 곡선의 하강 부분의 경사는 상승부분의 경사보다 완만해지는 경향이 있다. 이 경사도는 강도가 커질수록 커진다. 반면에 극한변형률 ϵ_{cu}은 콘크리트강도가 커질수록 작아진다. 최고 응력에 도달한 후에 응력-변형률 곡선의 하강 부분은 변동이 심한 편이며 시험 방법에 따라 상당히 달라진다. 마찬가지로 최대 또는 극한변형률 ϵ_{cu}도 공시체의 종류, 하중 종류, 재하 속도 등에 따라 아주 심하게 달라질 수 있다. 휨 시험에서는 이 값이 0.0025에서 0.006으로 측정된 바 있다. 응력-변형률 곡선을 나타내는 가장 흔한 형태는 그림 1.4-10에 보인 바와 같이 포물선과 그것에 이어진 경사 직선으로 이루어진 것으로서 극한변형률이 0.0038이며, 유럽에서 널리 사용되고 있는 것은 극한변형률이 0.003 또는 0.0035으로 정해진 포물선과 수평직선으로 이루어진 것이다. 도로교설계기준 5.5.1.6에서는 단면 설계용으로 극한변형률을 다음과 같이 정하고 있다. 휨 부재의 단면을 설계할 때 포물선-직선 형상의 응력-변형률 관계를 사용할 수 있다 (그림 1.4-11). 이 곡선은 부재 단면의 중립축 위치를 결정하는 데 적용될 뿐만 아니라 압축연단의 한계변형률 결정에도 적용된다. 휨부재에서 압축연단의 콘크리트 변형률이 극한변형률 ϵ_{cu} 에 이를 때를 극한한계상태라고 한다. 이 극한한계상태에서 단면의 압축합력의 크기와 작용점은 실제 설계에 긴요하게 사용된다[1.1, 1.2, 1.6, 1.7, 1.12].

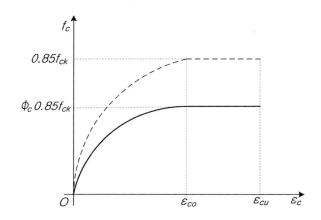

그림 1.4-11 단면 설계용 콘크리트 응력-변형률 곡선

$$0 \leq \epsilon_c \leq \epsilon_{co} \text{구간에서, } f_c = \phi_c(0.85f_{ck})\left[1-\left(1-\frac{\epsilon_c}{\epsilon_{co}}\right)^n\right] \tag{1.4-5a}$$

$$\epsilon_{co} \leq \epsilon_c \leq \epsilon_{cu} \text{구간에서, } f_c = \phi_c(0.85f_{ck}) \tag{1.4-5b}$$

표 1.4-3에서 나타낸 바와 같이 콘크리트강도가 40 MPa 이하이면, n, ϵ_{co}, ϵ_{cu} 는 각각 2.0, 2.0‰, 3.3‰로 하고, 40 MPa보다 크면 증가량이 10 MPa씩 커질 때마다, n, ϵ_{co}, ϵ_{cu} 의 값을 각각 0.1씩 감소, 0.1‰씩 증가, 0.1‰ 씩 감소시킨다.

$$n = 2.0 - 0.1\left(\frac{f_{ck} - 40}{10}\right) \le 2.0 \tag{1.4-6a}$$

$$\epsilon_{co} = 0.002 + 0.0001\left(\frac{f_{ck} - 40}{10}\right) \ge 0.002 \tag{1.4-6b}$$

$$\epsilon_{cu} = 0.0033 - 0.0001\left(\frac{f_{ck} - 40}{10}\right) \le 0.0033 \tag{1.4-6c}$$

표 1.4-3 단면 설계용 콘크리트 응력 - 변형률 곡선의 강도 크기에 따른 계수값

f_{ck} (MPa)	18	21	24	27	30	35	40	50	60	70
n				2.00				1.90	1.80	1.70
ϵ_{co} (‰)				2.00				2.10	2.20	2.30
ϵ_{cu} (‰)				3.30				3.20	3.10	3.00

1.4.4 크리잎

강재와 같은 구조용 재료에서는 강도와 응력 - 변형률 관계가 재하기간이나 재하속도에 관계 없이 유지된다. 적어도 일반적인 재하속도 범위나 온도 등 다른 변수들의 범위에서는 일정하 다. 그러나 콘크리트에서는 하중이 가해졌을 때 콘크리트의 거동이 재하속도, 즉 시간의 영향 을 받는다는 사실을 알 수 있다. 이러한 거동의 주된 이유는 재하상태에서 콘크리트의 크리잎 때문이다. 크리잎은 일정한 응력 또는 하중이 장기간 작용할 때 시간이 지남에 따라 지속적으 로 변형이 증가하는 현상이다. 그림 1.4-12는 크리잎 발생과정을 개략적으로 나타낸 것이다. 이 그림에서 실험대상 콘크리트는 재령 28일에 재하되었고, 그 후 230일 동안 그 하중이 유지 되었다. 이 기간 동안 크리잎 발생량은 하중이 가해지는 시점의 초기 변형률의 3배 정도까지 증가하였다. 230일 이후 실선 부분은 하중이 계속 유지된 경우의 시간에 따른 변형률 변화를 나타내고 있으며, 점선 부분은 하중이 제거되었을 때의 변형률 변화이다. 하중이 제거된 직후 거의 초기 탄성변형률만큼의 탄성 회복이 발행하고, 그 후 시간에 따른 크리잎 회복이 일어난 다. 이후에 다시 하중이 가해지면, 다시 탄성변형과 시간에 따른 크리잎 변형이 발생하게 된다.

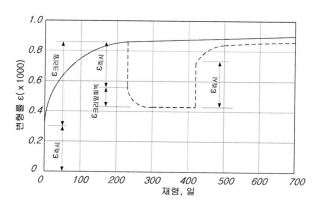

그림 1.4-12 전형적인 크리잎 곡선(28일 재령에서 압축응력 4.2 MPa을 받는 콘크리트)

콘크리트 크리잎 발생량은 작용 응력의 크기에 비례하나, 일정한 작용응력에 대해 높은 강도의 콘크리트는 낮은 강도의 콘크리트에 비해 크리잎 발생량이 작다. 그림 1.4-12에서 보듯이 시간이 지남에 따라 크리잎 변형의 발생량은 감소하게 되고, 2~5년 후에는 콘크리트의 강도나 여러 다른 영향요인에 따라 초기 탄성 변형의 2~3배 정도의 한계값에 이르게 된다. 하중이 빠른 시간 안에 가해지고 그 후 일정하게 그 하중이 유지되는 경우는 실제의 구조물에 작용하는 하중의 형태는 아닐 것이다. 좀 더 일반적인 하중의 형태로서, 구조물의 시공 중 또는 사용하중 상태에서는 하중이 서서히 증가하거나 단계별로 증가하게 된다. 이런 경우 탄성변형과 크리잎 변형이 동시에 발생하게 된다. 원주형 공시체 강도의 50 %를 넘지 않는 응력에서 크리잎 변형률은 대체적으로 응력에 비례한다. 왜냐하면 초기 탄성변형률도 이 범위에서 응력에 비례하기 때문이다. 이러한 정의에 따라 극한 크리잎 계수는 다음과 같다.

$$\phi_0 = \frac{\epsilon_{ccu}}{\epsilon_{ci}} \tag{1.4-7}$$

여기서 ϵ_{ccu}는 추가된 변형인 최종 크리잎 변형률로서 곡선의 점근값이고, ϵ_{ci}는 하중이 처음 가해졌을 때의 초기 순간변형률이다. 크리잎은 응력수준뿐만 아니라 공기 중의 평균 상대습도에 따라 좌우되며, 50 %의 습도일 때는 100 %의 습도일 때보다 크리잎이 두 배 이상 더 크다. 이것은 지속하중이 작용할 때 자유공극수가 밖으로 빠져나가서 공기 중으로 증발하기 때문에 생기는 부피감소 부분이다. 그리고 다른 주요한 요인에는 시멘트와 골재의 종류, 처음 하중을 가할 때의 콘크리트의 재령, 그리고 콘크리트강도가 있다. 고강도 콘크리트의 크리잎계수는 저강도 콘크리트의 그것보다 더 작다. 그러나 고강도 콘크리트 부재에 작용하는 지속적인 응력은 더 커질 수 있으므로 크리잎 계수는 작을지라도 크리잎 변형은 고강도 콘크리트에서 더 커질 수 있다. f_{cm}=28 MPa인 콘크리트 기둥이 장기적으로 8 MPa인 지속응력을 계속 받고 있으면, 몇 년이 지난 후 최후 크리잎 변형률은 약 80×11.4×10^{-6}=0.000912이다. 그래서 그 기둥의 높이가 6 m라면 크리잎 때문에 약 0.55 mm 짧아진다.

초기재하 시점 t'에서 일정 크기의 응력 $f_c(t')$을 일축방향으로 받고 있는 콘크리트 부재의 어떤 시점 t에서 전체 변형률 $\epsilon_c(t)$는 다음과 같은 식으로 나타낼 수 있다.

$$\epsilon_c(t) = \epsilon_{ci}(t') + \epsilon_{cc}(t) + \epsilon_{sh}(t) + \epsilon_{cT}(t) \ \ \text{또는} \tag{1.4-8a}$$

$$\epsilon_c(t) = \epsilon_{cf}(t) + \epsilon_{cn}(t) \tag{1.4-8b}$$

여기서 $\epsilon_{ci}(t')$는 재하 당시 초기 변형률, $\epsilon_{cc}(t)$는 어떤 시점 $t > t'$에서 크리잎 변형률, $\epsilon_{sh}(t)$는 건조수축 변형률, $\epsilon_{cT}(t)$는 온도에 의한 변형률, $\epsilon_{cf}(t)$는 응력과 관련된 변형률로서 $\epsilon_{cf}(t) = \epsilon_{ci}(t') + \epsilon_{cc}(t)$, $\epsilon_{cn}(t)$는 응력과 무관한 변형률로서 $\epsilon_{cn}(t) = \epsilon_{sh}(t) + \epsilon_{cT}(t)$이다.

시점 (t')에서 일정 응력 $f_c(t')$이 가해지는 경우, 시간이 지나면($t > t'$), 크리잎 변형률 $e_{cc}(t, t')$이 생긴다.

$$\epsilon_{cc}(t, t') = \frac{f_c(t')}{E_{ci}} \phi(t, t') \tag{1.4-9}$$

여기서 크리잎 계수 $\phi(t, t')$는 양생 온도가 20 °C이며, 하중이 작용하는 동안의 대기온도 20 °C인 경우를 기준으로 한 것으로 다음과 같이 구할 수 있다.

$$\phi(t, t') = \phi_0 \beta_c(t - t') \tag{1.4-10}$$

여기서 ϕ_0는 상대습도 RH, 콘크리트 평균 압축강도 f_{cm}, 재령 등으로 정해지는 초기 크리잎 계수이고, $\beta_c(t - t')$는 재령에 따라 정해지는 값으로 $\phi_0 = \phi_{RH}\beta(f_{cm})\beta(t')$으로 구한다. 상세한 식은 도로교설계기준 5.3.1.4에 제시되어 있다.

우리나라 도로교설계기준 5.3.1.4에서는 콘크리트 크리잎을 다음 식으로 예측할 수 있도록 규정하고 있다. 시간 t'에서 작용응력 $f_c(t')$에 의한 콘크리트의 순간변형 및 크리잎 변형을 함께 고려한 전체 변형률은 다음과 같다.

$$\epsilon_{c\sigma}(t,t') = f_c(t') \left[\frac{1}{E_{ci}(t')} + \frac{\phi(t,t')}{E_{ci}} \right] \tag{1.4-11}$$

여기서 t는 현재의 재령(일)이고, t'는 최초의 하중을 가한 때의 재령이다. 그러나 우리나라 구조기준에서는 시범코드 MC 2010 모델식을 이용하여 약간 다른 수식을 제시하고 있다(도로교설계기준 5.3.1.4 참조).

세장한 부재나 골조 혹은 프리스트레스트 구조물에서 설계자는 크리잎과 건조수축의 영향을 고려해야 한다. 지속하중은 변형뿐 아니라 콘크리트의 강도에도 영향을 끼친다. 원주공시체 강도 f_{cm}는 표준재하속도로(초당 약 0.25 MPa) 결정된다. 뤼쉬 Rösch와 코오넬 Cornell 대학의 실험에서 보통 철근비(ρ_g =3 % 이하)의 철근콘크리트의 각기둥이나 원주기둥에 계속적인 집중하중을 가했을 때 강도는 f_{cm}보다 현저히 작고, 1년이나 그 이상 하중을 가했을 때는 f_{cm}의 75～85 % 정도이다. 그래서 부재에 압축강도 f_{cm}의 85 % 정도의 압축하중을 가하면 하중이 증가하지 않고도 일정시간이 지나면 파괴될 수도 있다[1.1, 1.2, 1.4, 1.6, 1.7].

1.4.5 건조수축

(1) 개요

콘크리트를 비빌 때 작업성을 좋게 하기 위해서 수화에 필요한 물보다 더 많은 물을 넣는다. 이러한 콘크리트가 공기에 노출되면 주위의 온도, 습도 상태, 그리고 건조 시간과 속도에 따라 자유공극수 중 대부분이 증발한다. 콘크리트가 건조해짐에 따라 콘크리트 내부에 남아 있는 물에 의해 모세관 인장력이 발생하여 콘크리트는 수축한다. 반대로 건조한 콘크리트가 물속에 담겨진다면 콘크리트는 이전 수축에서 잃었던 부피의 상당량을 회복하면서 팽창한다. 부재의 크기와 모양에 따라 다르게 건조수축이 몇 달에 걸쳐 서서히 일어나지만 여러 관점에서 콘크리트를 해롭게 한다. 따라서 적절히 제어하지 않는다면 슬래브, 벽체 등에서 눈에 보이지 않으면서 해로운 균열을 발생시킨다. 부정정 구조물에서 수축은 특정 부분에 집중되는 해로운 응력을 일으킬 수 있으며, 프리스트레스트 콘크리트에서는 초기에 프리스트레스 힘의 부분적 손실을 일으킨다. 이런 이유 때문에 수축이 최소화되도록 제어해야 한다. 최종 수축량을 결정하는 주요인은 굳지 않은 콘크리트의 단위 함수량이다. 그림 1.4-13은 여러 배합수량에 따른 건조수축량을 나타낸 것이다. 그림 1.4-13에 나타낸 모든 실험에 같은 골재가 사용되었지만 함수량은 각각 다르고, 시멘트량은 콘크리트의 단위부피당 4~11포대로 변화시켰다. 그러나 이와 같은 시멘트량의 큰 변화는 함수량에 대한 영향과 비교할 때 수축량에 대하여 거의 영향을 끼치지 않는 것으로 밝혀지고 있다. 그림 1.4-13에서 보는 바와 같이 이것은 시멘트량을 크게 변화시켰을 때 실험 결과에서 나타나듯 빗금 친 폭이 좁은 것으로부터 알 수 있다. 따라서 수축량을 줄여주는 효과적인 방법은 필요한 작업성에 대하여 굳지 않은 콘크리트의 함수량을 최소로 줄여주는 것이라는 사실을 알 수 있다. 또한 장기적으로 신중하게 양생하는 것이 수축 제어에 대해서 매우 효과적이다.

보통 콘크리트의 최종 수축량값은 초기 함수량, 주위 온도, 습도조건, 골재 성질에 따라 일반적으로 $400 \times 10^{-6} \sim 800 \times 10^{-6}$ 정도이다. 사암, 점판암 같은 흡수력이 높은 골재는 화강암, 석회암 같은 흡수력이 낮은 재료에 비해서 수축량이 2배 정도 크다. 상대적으로 큰 공극을 지닌 어떤 경량골재 콘크리트는 일반 콘크리트보다 훨씬 큰 수축값을 지닌다. 그리고 프리스트레스트 콘크리트 보에서 시간에 따라 힘의 감소를 예상하는 것과 같이 시간의 함수로서 수축량을 예측하는 것이 중요할 때도 있다. 장기간의 연구 결과를 보면, 습윤 양생된 콘크리트에 대하여 7일 이후 시간 t에서의 수축량은 다음 식에 의하여 만족할 만한 수준으로 정확히 예측할 수 있음이 밝혀졌고, 이 식은 ACI 설계기준에 채택되었다. 그러나 우리나라 설계기준에서는 이와 다르게 시범코드 MC 2010 식을 채택하고 있다(도로교설계기준 5.3.1.5).

$$\epsilon_{sh}(t, t_s) = \epsilon_{sh0} \beta_s(t - t_s) \tag{1.4-12}$$

여기서 $\epsilon_{sh}(t - t_s)$는 시간 t_s(일)에서 건조가 시작하여 시간 t(일)에서의 수축 변형률이고, ϵ_{sh0}는 오랜 시간이 지난 후 최종 수축량값이다. 위의 식은 부재의 평균 두께가 $150\,\mathrm{mm}$이고 습도가 40 % 이상, 외기온도 20 ℃인 표준 상태에 대한 실험값으로서, 이 식의 값은 일반 골재 콘크리트와 경량 콘크리트 둘 다 적용할 수 있다. 교량 바닥판, 도로 슬래브, 액체 저장탱크와 같은 균열의 억제가 매우 중요한 구조물은 팽창시멘트 콘크리트를 사용하는 것이 좋다. 수축보상시멘트는 콘크리트가 응결 후 경화되는 동안 부피가 증가되도록 화학적으로 조성되어 있다.

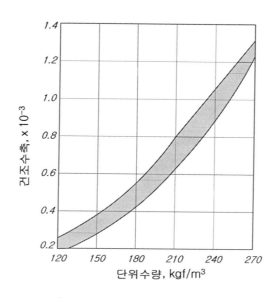

그림 1.4-13 건조수축에서 수분 함량의 영향

예를 들어 콘크리트가 철근 또는 다른 수단으로 구속될 때 팽창하려는 경향에 의해 철근에 압축응력을 유발하고, 이후의 건조 과정에서 균열을 일으키는 인장응력을 발생시키는 대신에 처음의 팽창으로 유발된 팽창변형을 단순히 줄이거나 경감시킨다. 팽창시멘트는 반응성 알루미네이트를 보통 포틀랜드 시멘트에 첨가함으로써 만들 수 있다. 수축보상시멘트의 90 % 이상은 보통 포틀랜드 시멘트의 성분으로 만들어지지만 보통 포틀랜드 시멘트보다 가격이 비싸다. 팽창시멘트의 요구사항은 KS L 5217 '팽창성 수경시멘트'에 규정되어 있다. 일반적인 혼화제가 수축보상시멘트에 사용될 수 있으나, 몇몇 혼화제, 특히 공기연행제는 어떤 팽창시멘트와는 잘 맞지 않기 때문에 시험배합이 필요하다[1.1, 1.2, 1.4, 1.6, 1.7].

(2) 건조수축에 의한 응력

무근콘크리트 부재가 구속되어 있지 않다면 건조수축응력은 아주 간단히 계산될 수 있다. 그림 1.4-14에 나타낸 부재는 무보강−비구속 상태에서 ϵ_{sh} 의 변형률을 보일 것이지만, 철근으로 보강된다면 전체 변형은 감소될 것이며 철근에는 ϵ_{sc} 만큼의 변형률이 생기며 결과적으로 콘크리트에는 ϵ_{ct} 만큼 유효 인장변형률이 생긴다.

그러므로

$$\epsilon_{sh} = \epsilon_{ct} + \epsilon_{sc} = \frac{f_{ct}}{E_{cm}} + \frac{f_{sc}}{E_s} \tag{1.4-13}$$

이며 여기서 f_{ct} 는 콘크리트 면적 A_c 에 생기는 인장응력이고 f_{sc} 는 단면적 A_s 에 생기는 철근의 압축응력이다. E_{cm} 은 콘크리트의 평균 탄성계수값이며, E_s 는 철근의 탄성계수이다.

콘크리트와 철근이 각각 부담하는 힘은 평형을 이루어야 한다.

$$A_c f_{ct} = A_s f_{sc}$$

이므로 $f_{ct} = (A_s/A_c)f_{sc}$ 이다. 식 (1.4-13)에 이 값을 대입하면 다음 식과 같다.

$$\epsilon_{sh} = f_{sc}\left(\frac{A_s}{A_c E_{cm}} + \frac{1}{E_s}\right)$$

$n = E_s/E_{cm}$ 으로 하면 위 식은 다음과 같다.

$$\epsilon_{sh} = f_{sc}\left(\frac{nA_s}{A_c E_s} + \frac{1}{E_s}\right) = \frac{f_{sc}}{E_s}\left(\frac{nA_s}{A_c} + 1\right)$$

따라서 철근응력은 다음 식으로 계산할 수 있다.

$$f_{sc} = \frac{\epsilon_{sh} E_s}{1 + nA_s/A_c} \tag{1.4-14}$$

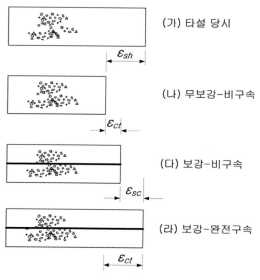

그림 1.4-14 건조수축 변형률

예제 1.7　콘크리트 부재에서 건조수축 응력 산정

(1) 철근보강 – 비구속

콘크리트 면적에 대한 철근 단면적 비율 A_s/A_c =0.01이고, 콘크리트의 자유 건조수축변형률 ϵ_{sh} =200×10^{-6}이다. E_s =200 GPa이고, E_{cm} =15 GPa이다. 철근과 콘크리트 응력을 식 (1.4-14)를 이용하여 계산한다.

$$철근응력\ f_{sc} = \frac{\epsilon_{sh}E_s}{1+nA_s/A_c} = \frac{200\times10^{-6}\times200\times10^3}{1+(200/15)\times0.01} = 35.3\,\text{N/mm}^2\ (압축)$$

$$콘크리트\ 응력\ f_{ct} = (A_s/A_c)f_{sc} = 0.01\times35.3 = 0.35\,\text{N/mm}^2\ (인장)$$

외부 구속이 없는 상태에서 발생한 응력은 일반적으로 이 예제에서와 같이 작으며, 철근과 콘크리트가 충분히 부담할 수 있다.

(2) 철근보강 – 완전구속

부재의 변형이 완전히 구속되었다면 콘크리트 응력은 다음과 같다.

$$\epsilon_{ct} = \epsilon_{sh} = 200 \times 10^{-6} \text{이므로}$$

$$f_{ct} = \epsilon_{ct} E_{cm} = (200 \times 10^{-6}) \times (15 \times 10^3) = 3.0 \text{ N/mm}^2 \text{ (인장)}$$

균열이 발생하면, 균열이 안 된 콘크리트 부분은 수축하려 하며 균열을 지나는 철근은 인장을 받으나 균열 사이에 묻혀 있는 철근은 압축상태에 있게 된다. 이런 현상은 균열 근처에서 국부적인 부착파괴와 함께 일어난다. 그림 1.4-15는 철근과 콘크리트의 평형상태를 나타낸 것이다.

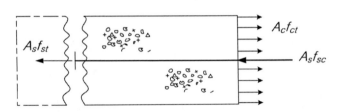

그림 1.4-15 균열 부근에서 건조수축에 의해 발생하는 힘

1.4.6 인장강도

콘크리트의 인장강도는 기본적으로 콘크리트 압축강도에 영향을 주는 인자들에 따라 정해진다. 그러나 인장강도는 압축강도에 비례하지 않으며, 특히 고강도 등급인 경우 압축강도가 증가하더라도 인장강도의 증가는 미미하다. 콘크리트는 하중을 받기 전에도, 주로 건조수축에 의한 내부 응력 때문에 콘크리트에 미세균열이 발생하며 이것이 콘크리트 인장강도에 중요한 인자가 된다. 그 결과 인장강도는 양생이 끝나고 난 후에 잠깐 동안 감소하기도 하며 그 후에 다시 계속해서 증가한다. 더구나 인장강도는 시험방법에 따라 크게 달라진다. 이런 맥락에서 보면, 콘크리트 인장강도는 일반적으로 압축강도보다는 부재의 크기에 따라 달라진다. 콘크리트의 축방향 인장강도는 콘크리트의 인장거동을 나타내는 데 가장 객관적인 특성을 보이는 값이지만, 축방향 인장 실험을 수행하는 데 실험상의 어려운 점 때문에 거의 연구목적으로만 이용된다. 그러므로 일반적으로는 콘크리트의 휨인장강도를 정해서 사용하고 있다. 일반적으로

휨인장강도는 축방향 인장강도보다 크며 주로 부재의 크기에 따라 결정되는데 특히 부재의 두께에 따라 달라진다. 식 (1.4-21)은 보의 콘크리트의 축방향 인장강도 및 휨인장강도의 관계를 나타낸 것이다. 이 식에 의하면, 이 관계는 보의 크기에 따라 달라진다. 보의 두께가 커지면, 휨인장강도는 축방향 인장강도값에 근접한다. 이 식은 시범코드 MC 2010에도 제시되어 있으며 파괴역학이론에 따라 정해진 식이다.

1축 인장하중에서 콘크리트의 응력-변형률 관계는 압축응력에 비해서 훨씬 작은 응력 범위에서 존재하지만 균열이 일어나기 전까지는 거의 직선에 가깝다. 실험에 의하면 콘크리트의 인장강도는 상당히 다양하게 나타나며 대략 압축강도 f_{cm}의 8~15 %에 그치고 있다. 이렇게 압축강도와 인장강도의 차이가 많이 나는 이유 중의 하나는 콘크리트에 존재하는 미세한 균열 때문이라고 볼 수 있다. 적당한 응력상태에서 균열은 압축강도에 그렇게 뚜렷한 영향을 미치지 않는데 그 이유는 압축응력이 균열을 닫히게 하여 균열 단면이나 비균열 단면에서 응력의 전달에 차이가 없기 때문이다. 그러나 콘크리트가 인장을 받게 되면 응력의 분포가 변하게 되는데 그 이유는 인장응력이 균열을 넘어서 전달되지 못하고 오직 비균열 단면을 통해서만 전달될 수 있기 때문이다. 인장을 전달하는 데 유효한 단면이 전체 단면보다 작으므로 균열 끝이나 공극 주위에 응력집중이 발생하게 된다. 비록 전체 단면에 대한 평균 인장응력은 작다고 하더라도 국부적인 응력은 내부 균열의 길이를 증가시킬 수 있을 정도로 클 수 있다. 따라서 비균열 단면이 감소되면서 응력의 증가는 더욱 빨라지면서 파괴가 일어난다.

콘크리트 공시체를 순수 축인장 실험을 수행하는 일은 쉽지 않기 때문에 콘크리트의 균열강도는 보통 간접적인 쪼갬 인장강도실험과 휨인장강도실험을 통해서 구한다[1.1, 1.2, 1.6, 1.15].

(1) 쪼갬 인장강도 시험

쪼갬 인장강도는 표준 원주형 공시체를 그림 1.4-16과 같이 눕혀 놓고 실험한다. 이렇게 하중을 가하면 공시체 단면의 상단과 하단을 제외하고 그림 1.4-16와 같이 단면의 중앙을 따라 연직면에 순수한 인장응력상태가 된다. 쪼갬시험에 의한 쪼갬 인장강도 f_{sp}는 다음과 같은 식으로 계산할 수 있다.

$$f_{sp} = \frac{2P}{\pi L d} \tag{1.4-15}$$

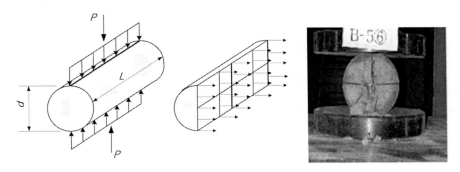

그림 1.4-16 쪼갬 인장강도 시험(split-cylinder test)

쪼갬 인장강도의 평균값 f_{spm} 으로 인장강도를 결정할 경우, 콘크리트의 평균 인장강도 f_{ctm} 은 다음 식에 의해 근사적으로 결정할 수 있다.

$$f_{ctm} = 0.9 f_{spm} \tag{1.4-16}$$

(2) 휨인장강도 시험

150 mm×150 mm×530 mm 크기의 콘크리트 보 공시체를 이용하여 공시체의 중앙점에 하중을 작용(KS F 2407)시키거나 3등분점 하중법(KS F 2408)에 의해서 공시체가 파괴될 때까지 하중을 가하여 시험을 수행한다. 거동이 탄성적이고 휨응력이 단면의 중립축에서 직선으로 분포한다고 가정하여, 공시체의 바닥에서의 최대 인장응력을 휨파괴계수 f_r 라고 부르며 시험에서 작용한 휨모멘트를 다음과 같이 휨공식에 대입하여 구할 수 있다.

$$f_r = \frac{M}{I} y = \frac{(P/2)(L/3)}{b d^3/12} \frac{d}{2} = \frac{PL}{b d^2} \tag{1.4-17}$$

단, 이 식은 균열이 경간방향 중심선의 3등분점 사이에 나타났을 때만 사용할 수 있으며, 균열이 3등분점 바깥쪽에 나타나면 다른 식을 사용해야 한다.

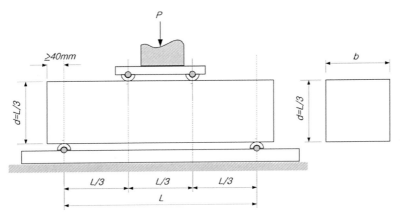

그림 1.4-17 휨인장강도 시험(3등분점 재하방식)

(3) 콘크리트 인장강도

현행 도로교설계기준 5.5.1.2에서는 규정된 휨 인장시험으로 구한 휨인장강도의 평균값 f_{rm} 을 이용하여 평균 인장강도 f_{ctm} 를 결정할 수 있도록 허용하고 있다.

$$f_{ctm} = 0.5 f_{rm} \qquad\qquad (1.4\text{-}18)$$

콘크리트의 인장시험 결과가 없는 경우, 콘크리트의 평균 인장강도는 콘크리트 평균 압축강도 f_{cm} 로부터 다음 관계식을 이용하여 평가할 수 있다.

$$f_{ck} \leq 50\,\mathrm{MPa}\,\text{이면,} \qquad f_{ctm} = 0.3 \cdot (f_{cm})^{2/3} \qquad\qquad (1.4\text{-}19a)$$

$$f_{ck} > 50\,\mathrm{MPa}\,\text{이면} \quad f_{ctm} = f_{ctmo} \cdot \ln(1 + f_{cm}/f_{cmo}) \qquad\qquad (1.4\text{-}19b)$$

여기서, f_{ctm} : 평균 축방향 인장강도 [MPa]

　　　f_{cm} : 평균 압축강도 [MPa]

　　　f_{ctmo} =2.12 MPa

　　　f_{cmo} =10 MPa

콘크리트 설계인장강도 f_{ctd} 는 다음과 같이 기준인장강도 f_{ctk} 에 재료계수 ϕ_c 를 곱한 값이다. 이 재료계수 ϕ_c 는 2장에서 다시 설명한다.

$$f_{ctd} = \phi_c \alpha_{ct} f_{ctk} \qquad (1.4\text{-}20)$$

여기서 $f_{ctk} = 0.7 f_{ctm}$ 로 취할 수 있고, α_{ct} 는 유효계수로서 콘크리트 부재 복부에서 큰 압축력에 의해 발생하는 쪼갬 균열강도를 계산할 경우 0.85로, 무근콘크리트 구조물 설계에서는 취성적 성질을 고려하여 0.80으로, 부착 및 정착설계에서 필요한 인장강도 산정일 경우에는 1.0으로 적용하고 있다.

휨인장강도 $f_{ctm,fl}$ 은 식 (1.4-18)을 이용하여 설계에 사용한다. 부재 두께가 600 mm 이상이면 평균 인장강도값을 사용하게 된다.

$$f_{ctm,fl} = \max[(1.6 - h/1000)f_{ctm} \,;\, f_{ctm}] \qquad (1.4\text{-}21)$$

경량콘크리트의 인장강도는 보통 콘크리트의 평균 인장강도 f_{ctm} 에 다음 계수를 곱하여 얻을 수 있다.

$$\eta_l = 0.4 + 0.6 \gamma_g / 2200 \qquad (1.4\text{-}22)$$

여기서 γ_g 는 절대 건조 밀도의 상한값이다.

표 1.4-4 골재밀도와 경량 콘크리트의 설계단위 질량

절대건조밀도 γ_g(kg/m^3)		1001~1200	1201~1400	1401~1600	1601~1800	1801~2000
단위 질량 (kg/m^3)	무근콘크리트	1250	1450	1650	1850	2050
	철근콘크리트	1350	1550	1750	1950	2150

1.4.7 2축 강도

구조 부재의 응력상태는 1축이라기보다는 실제로는 2축 응력상태(즉, 2방향으로 응력이 작용하는 상태)이다. 그림 1.4-18은 2축 응력상관도는 2축 응력상태가 강도에 어떻게 영향을 미치는가를 보인 것이다. 판*plate*에 2축 하중을 가하여 수행한 실험 결과인 그림 1.4-16을 보면 f_2 방향(최대 주응력에 연직한 방향)으로 1축 압축응력의 20 %의 압축하중이 작용하면 f_1의 압축강도가 20 % 증가한다. f_2방향의 압축응력이 증가하면 f_1의 압축강도가 최대 27 %까지 증가한다. 또한 $f_1 = f_2$인 압축응력상태($\alpha = 1$ 인 대각선)에서는 16 % 정도의 압축강도가 증가한다. 그림 1.4-18은 또한 압축하중이 작용하는 방향에 연직한 방향으로 인장하중이 작용하면 압축 강도가 급격하게 줄어드는 것을 보여주고 있다. 그러나 2축 인장에 대한 콘크리트의 강도는 1 축 인장강도와 비슷한 것을 이 그림에서 볼 수 있다.

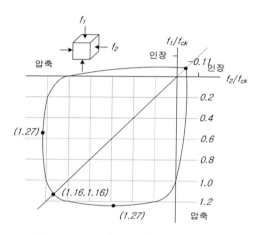

그림 1.4-18 콘크리트의 2축 강도 파괴 포락선

1.4.8 전단강도

철근콘크리트 부재에서 순수 전단은 거의 찾아보기 힘들다. 순수 전단을 받는 부재는 횡방향으로 쪼개지면서 파괴된다. 따라서 콘크리트 부재는 작용하는 전단력에 저항할 수 있을 만큼 충분한 전단강도*shear strength*를 확보해야 한다. 전단강도는 콘크리트의 인장강도보다 20~30 % 크게 고려하며, 압축강도의 약 12 % 정도이다. 4장 전단설계 부분에서 다시 다루기로 한다.

1.4.9 피로강도

콘크리트에 일정한 하중보다 크기가 변하는 피로하중이 작용할 때, 콘크리트의 피로강도 *fatigue strength*는 다른 재료와 마찬가지로 일정한 하중에 대한 강도보다 훨씬 낮다. 무근콘크리트에 압축응력을 0부터 일정한 응력까지 반복적으로 가하면, 2×10^6회의 주기까지 견디는, 즉 그것의 피로 한계는 정적 압축강도의 50~60 % 정도이다. 수정된 **굳맨**^{Goodman} **도표**를 사용함으로써 다른 응력 범위에 대해 적절한 피로강도를 추정할 수 있다. 철근콘크리트 보의 휨 압축응력, 무근 콘크리트 보의 휨 인장균열이나 철근콘크리트 보의 인장부분에서 다른 종류의 응력에 대해 피로 강도는 반복횟수 10^7회에서는 정적하중의 약 55 % 정도이다. 그러나 이것은 단지 일반적인 예일 뿐이다. 콘크리트의 피로강도는 정적강도뿐 아니라, 습도, 재령, 재하속도 등에 영향을 받는다.

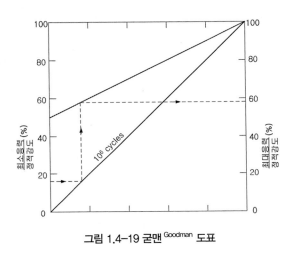

그림 1.4-19 굳맨^{Goodman} 도표

1.5 보강재, 철근 Reinforcements, Steel Bars

철근콘크리트에 쓰이는 철근에는 표면이 매끄러운 원형철근도 있지만 요즘에는 표면에 돌기가 있어 콘크리트와 부착이 좋아지는 **이형철근** *deformed bar*이 주로 쓰이고 있다. 돌기의 모양은 제조회사에 따라 여러 가지로 만들어지기 때문에 제각각이다. 우리나라에서는 1970년대부터 콘크리트강도가 향상되어 그것에 맞는 고강도의 철근이 필요하게 되었다. 철근의 강도가 커지면, 같은 크기의 단면에서도 더 큰 인장력을 받을 수 있게 되지만 아무리 철근이 강할지라도 철근과 콘크리트 간의 부착이 약해지면 콘크리트로부터 철근으로 큰 힘을 전달할 수 없게 된다. 거기서 부착성능을 높여주기 위해서 그와 같은 고강도의 철근은 원형철근으로는 안 되

고 **이형철근**이어야만 한다. 그래서 원형철근이 사용되었다면 그 콘크리트 구조물은 아마도 1970년대 이전에 지어진 것이라고 볼 수 있다. 철근콘크리트 부재에서 부재 단면에 생기는 인장력은 철근이 견디도록 되어 있는데, 그 인장력은 콘크리트와 철근의 경계면에 부착작용으로 인해 철근으로 전달된다. 이형철근의 표면에 만들어진 돌기는 부착력을 강화할 뿐만 아니라 콘크리트에 생기는 균열을 분산시켜서 낱낱의 균열폭을 작게 해주는 기능도 있다. 철근은 항복현상을 일으킨 후에, 다시 변형과 함께 응력도 증가하게 되는데, 변형이 증가하는 양상은 마침내 인장강도에 이르러 끊어진다. 철근이 끊어질 때 철근의 원래 길이보다 5 % 이상 늘어난 길이로 된다. 이와 같이 철근이 크게 늘어나야 철근은 철근콘크리트 부재가 파괴될 때 인성을 높여줄 수도 있다.

1.5.1 철근의 응력-변형률 곡선

강재의 응력－변형률 곡선은 일축인장시험을 실시해서 얻어낼 수 있다. 시험 초기단계에서 하중을 시편의 원래 단면으로 나눠줌으로써 정상적으로 응력을 구할 수 있다. 변형률 ϵ 은, 응력집중이 생기기 전까지는 균등하게 분포된다고 가정하며, 측정된 신장량 $\Delta\ell$ 을 원래 측정된 길이 ℓ 로 나눠줌으로써 구한다. 강봉과 강선의 제조과정이 다양화되고 발전되어 여러 가지 응력－변형률 관계곡선을 볼 수도 있다. **열간압연 및 열처리**로 생산된 강재의 응력－변형률 거동과 **냉간성형** 과정을 거친 강재의 거동 간에는 기본적으로 차이가 있다[1.8].

(1) 열간압연 및 열처리 강재

그림 1.5-1은 **열간압연 및 열처리 강재**의 응력－변형률 관계곡선의 전형적인 형상이다. 이 응력－변형률 관계곡선은 몇 개의 구간으로 구분될 수 있다. **탄성구간, 소성구간, 변형경화구간 및 정점응력 이후 구간** 등이다.

탄성구간 내에서 응력－변형률 관계는 선형이다. 즉, 변형은 응력에 비례하고 응력이 제거되면 변형은 0으로 된다. 탄성구간의 큰 특징은 모든 등급의 철근이 동일한 기울기를 보인다. 즉, 탄성구간의 기울기가 탄성계수 E_s 이며, 보통 저강도 철근이나 고강도 철근에서 탄성계수값은 같다. 강재의 탄성계수는 재료상수이다. 보통의 철근에서 이 계수는 195 GPa과 210 GPa 사이의

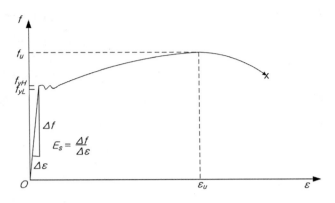

그림 1.5-1 열간압연 및 열처리 강재의 응력 - 변형률 곡선

크기이다. 시험에서 구한 철근의 탄성계수 E_s 는 200 GPa이며 설계에서는 일반적으로 이 값을 사용한다. 탄성구간에서는 **후크의 법칙**이 유효하다.

$$f_s = E_s \cdot \epsilon \tag{1.5-1}$$

길이방향 탄성변형률 ϵ과 함께, ν_s **포아송 비**(철근인 경우~0.3)를 적용하면 횡방향 수축량 ϵ_ν 은 다음과 같다.

$$\epsilon_\nu = -\nu_s \cdot \epsilon \tag{1.5-2}$$

열간압연 및 열처리 강재인 경우에 항복현상은 아주 뚜렷하게 발생한다. 탄성구간을 벗어나면서 다소 수평으로 연장되어 뚜렷한 소성구간이 시작된다. 소성구간 내에서 응력값은 이른바 **상한항복응력** f_{yH}과 **하한항복응력** f_{yL} 간에서 약간 달라질 뿐이다. 철근에 관한 유럽기준 EN 10080에서는 기준항복응력값으로서 상한항복응력을 적용해야 한다고 정하고 있다. 하지만 이렇게 정확한 탄성한계를 측정하기가 어렵다. 그러므로 실무적으로 몇 나라의 기준에서는 잔류변형률(하중제거 후 변형률)이 0.1 %가 되는 응력(0.1 % - **보증응력** *proof stress* 또는 **옾셋응력** *offset stress*이라고 하며 앞으로는 $f_{0.1}$로 표기한다)을 열간압연 및 열처리 강재의 항복응력의 한계값으로서 취할 수 있다고 허용하고 있다.

항복점을 지나면 소성(회복 불가)변형이 일어난다. 응력을 제거한 후에도 변형이 0으로 돌아가지 않고 응력제거 경로는 탄성인 경우와 나란하다. 응력을 제거하면 단지 탄성변형만 회복될 수 있기 때문이다. 선형 탄성구간 이후에는 일정한 응력상태에서 변형률만 증가하는 수평구간인 **항복고원**,*yield plateau*이 나타난다. 이 항복고원이 시작되는 점을 철근의 항복점이라고 하며, 이 점에 해당하는 응력을 **항복강도**,*yield strength* f_y라고 하며, 이때의 변형률을 항복변형률 ϵ_y이라고 한다. 원점에서 항복점까지는 직선이고 그 기울기가 탄성계수이므로 항복변형률은 항복강도(또는 항복응력)을 탄성계수로 나눈 값($\epsilon_y = f_y / E_s$)이 된다. 변형률이 특정값에 이르러 갑작스럽게 **변형경화**구간으로 변하는 것이 열간 및 열처리 강재의 특징이다. 강재등급에 따라서, 이른바 변형경화가 시작하는 변형률은 대개 0.01과 0.03 사이이다. 변형경화구간에서 하중이 다시 증가할 수 있으며, 소성변형도 함께 증가한다. 변형집중이 일어날 때까지 하중이 증가할 수 있다. 정점응력에 이르기 전에 변형률은 철근 전체 길이에 걸쳐 균등하다고 가정한다. 강재인장강도 f_u는 측정된 최고 하중에서 구한다. 응력-변형률 관계곡선 상의 점, 즉 최고 하중에서 전체 신장량에 해당하는 변형률을 극한변형률 ϵ_u이라고 정의한다. ϵ_u의 값은 인장변형 측정기*extensometer*에서 직접 측정해서 결정하기도 한다. 변형경화가 계속 진행하다 정점에 도달한 후에 하강곡선을 그리며 결국에는 파단된다. 이 정점을 인장강도라 하며 그때의 변형률을 극한인장변형률로 간주한다. 철근의 극한변형률의 크기는 항복변형률의 수십 배에 이르는 매우 우수한 연성을 보인다. 고강도 철근일수록 극한한계변형률이 저강도 철근에 비해 상당히 작아진다.

일축인장을 받는 철근의 가장 약한 곳에서 인장강도에 이른 후 하중은 감소한다. 이것은 파괴의 집중화가 일어난다는 사실 때문이다. 파괴가 집중되고서 이른바 **네킹** *necking* **현상**을 관찰할 수 있는 곳에서 국부적인 강한 수축이 발생한다. 원래의 단면적을 근거로 계산한다면, 이러한 파단의 집중 현상 때문에 응력이 감소된다. 파괴가 일어나는 영역에서 실제 (더 작아진) 면적으로 응력을 계산한다면 하중이 감소할지라도, 응력이 증가하는 경향을 보인다는 점을 주목해야 한다. 강재에 네킹 현상이 일어난 후에, 재료의 전체 변형 능력이 가장 큰 응력을 받는 단면에서 소진될 때, 파단이 일어난다. 압축을 받는 경우에는 열간압연 강재나 열처리 강재의 응력-변형률 관계곡선은 인장을 받는 경우의 관계곡선과 거의 대칭이며 항복응력과 압축강도는 거의 비슷하다. 전단강도는 인장강도의 약 0.71배이다.

(2) 냉간성형 강재

열간압연 강재, 열처리 강재 및 **냉간성형 강재** *cold formed steel*는 작은 범위의 탄성변형에 대해서는 같은 거동을 보이지만, 소성변형이 시작되면 큰 차이가 일어난다. 열간압연 강재나 열처리 강재와는 대조적으로 **냉간성형 강재**는 뚜렷한 항복현상을 보이지 않고, 탄성에서 소성거동으로 연속적인 전이를 볼 수 있다. 냉간성형 강재의 전형적인 응력 – 변형률 관계곡선에서는 단지 세 구간만을 정의할 수 있다. 탄성구간, **상승소성구간**, 그리고 **하강소성구간** 등이다.

탄성구간 내에서 냉간성형 강재의 응력 – 변형률 관계곡선은 후크의 법칙이 잘 적용될 수 있으며 열간압연 강재의 탄성계수와 같은 값의 탄성계수를 갖는다. 탄성구간을 벗어나 소성구간에 이르는 점을 정확히 구별하기가 쉽지 않으며, 편의상 항복점을 정의할 필요가 있다. 냉간성형 강재에 대해서 잔류 소성변형이 0.2 %이거나 전체 신장량이 0.5 %에 이르는 응력을 나타내는 점을 항복점이라고 한다. 이들 값을 각각 0.2 % 보증 응력 또는 옾셋응력 $f_{0.2}$와 0.5 % 보증응력 또는 옾셋응력 $f_{0.5}$이라고 부른다. 열간압연 강재나 열처리 강재인 경우 $f_{0.1}/f_{0.2}$값이 대략 0.95인 반면에, 냉간성형 강재인 경우에는 그 값이 훨씬 작다.

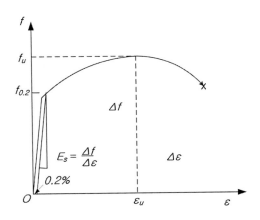

그림 1.5-2 냉간성형 강재의 응력 – 변형률 곡선

이것은 항복강도가 같은 경우에, 열간압연 강재의 경우보다 냉간성형 강재를 사용하는 경우에 소성변형이 더 낮은 하중 수준에서 일어날 수 있음을 뜻한다. 열간압연 강재와 열처리 강재의 경우처럼 최고 하중에 이를 때까지 인장을 받는 시편의 전체 길이에 균등하게 변형이 일어난다. 변형이 집중되고 나서, 내하능력은 감소하기 시작하며 응력－변형률 곡선에서 하강부분을 관찰할 수 있다. 시편의 원래 단면적으로 응력을 구한다면, 가시적인 네킹 현상, 즉 강한 변형 집중이 가장 약한 단면에서 강재의 파단보다 먼저 일어난다.

고강도 강재인 경우, 응력－변형률 관계곡선에서 인장상태와 압축상태는 대칭적이지 않다. 축 방향 인장을 이용해서 전체적으로 또는 부분적으로 냉간성형된 보강 강재인 경우, 실제 압축 항복응력 f_{yc}와 인장항복응력 f_y가 같지 않다는 것이 일반적이다. 그러므로 계산에 사용되는 f_{yc}의 값은 승인 문서에서 조정되어야 한다. 게다가 어떤 냉간성형 강재는 인장탄성계수보다는 압축 탄성계수가 더 낮다. 그렇지만 그 차이는 실제로는 그다지 중요하지 않다.

도로교설계기준에서는 편의상 강재의 실제 응력－변형률 관계곡선을 탄성계수 $E_s = 200\,\mathrm{GPa}$로 가정하여 그림 1.5-3처럼 간편한 응력－변형률 관계곡선으로 대체하는 것을 허용하고 있다 [1.1, 1.2].

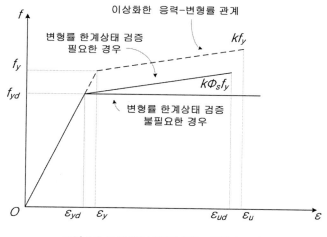

그림 1.5-3 설계용 강재의 응력－변형률 곡선

구조물 설계에 사용하는 철근의 설계강도는 기준강도에 재료계수 ϕ_s를 곱한 값으로 정의하며 설계항복강도 f_{yd}는 다음과 같이 결정한다.

$$f_{yd} = \phi_s f_y \tag{1.5-3}$$

여기서 ϕ_s는 강재에 대한 재료계수로서 우리나라에서 생산되는 강재의 품질을 고려하여 0.9로 하고 있다.

1.5.2 강재의 강도 특성과 철근의 연성

강도 특성값을 엄격하게 정하는 것은 매우 중요하다. 이 값을 근거로 철근콘크리트 구조를 설계하기 때문이다. 그러나 설계자가 설계기준에 제시된 인장강도 특성값이 하위 5분위값으로 정의된다는 사실을 알고 있는 것이 매우 중요하다. 게다가 이런 방식으로 정의된 값은 바로 최소한이 요구조건이다. 생산자가 보장하는 강재 품질은 지진이 작용할 때 연성이 큰 강재인 경우에만 상한값이 제한된다(이 경우에 실제 항복응력은 특성 항복응력값의 1.2배 또는 1.3배를 넘어서는 안 된다). 이 점들이 구조물에 사용되는 철근의 항복강도가 정상적으로 설계에서 가정한 공칭값보다 더 큰 이유들이다. 설계 재료 특성값을 가정하고 부재 길이를 따라 힘의 분포를 계산하지만, 극한한계상태에서 실제 힘의 분포는 설계에서 가정한 것보다 상당히 다를 수 있다는 점을 고려하면, 이러한 이른바 강재의 초과강도는 특별히 흥미로운 것이다. 이 때문에 엇갈리게 배근된 철근의 정착 능력을 과대평가하게 되고 결과적으로 설계하중에 이르기 전에 부착파괴가 일어날 수 있다. 연속 보에서 전단 하중의 분포는 철근의 초과강도에 의해서 그다지 심각하게 영향을 받지 않지만, 뼈대 구조에서는 꼭 그렇지는 않다. 뼈대 구조의 거동은 설계할 때 모서리에서 거더로 모멘트 재분배를 가정한다면 강재의 초과강도에 의해서 부정적으로 영향을 받을 수도 있다. 뼈대 구조가 초과강도를 갖는 철근으로 보강되어 있다면, 뼈대 모서리에서 거더쪽으로 가정한 모멘트 재분배는 일어나지 않을 것이며 뼈대 모서리의 가정한 소성 휨모멘트보다 더 큰 모멘트가 기둥에 전달되어야 하며 그래서 기둥의 내하력이 현저히 감소될 수도 있다[1.8].

보강 강재의 응력 – 변형률 특성은 철근콘크리트 부재의 변형성능에 큰 영향을 끼친다. 보강

강재의 연성은 철근콘크리트 부재가 충분히 연성적일 경우에만 적용될 수 있는 여러 가지 설계 절차와 몇 가지 공학 기술적 방식 중에서 기본적인 요구조건이다. 철근콘크리트 부재의 소성 변형 능력은 다음 사항에 대해서 반드시 필요하다.

- 정정 및 부정정 구조물에서 큰 처짐으로 파괴 예고.
- 부재 길이방향 강성 분포의 연속적인 변화와 콘크리트 균열에 의한 모멘트의 실제 분포가 탄성 거동에 대해 가정한 분포와 다르기 때문에, 소성 구역에서 확실한 연성이 요구되는 선형 탄성해석.
- 모멘트 재분배가 있는 선형 탄성해석. 가정한 정도의 재분배를 허용할 만큼 소성 영역에서 회전 능력이 요구된다.
- 탄-소성 해석. 부재의 불명확한 소성 가정을 근거로 한다.
- 변위의 적합성이 성립될 수 있는 경우에만 적합한 평형법(예를 들면, 트러스 모델, 스트럿-타이 모델 등) 이들 모델을 적용하기 위해서는 탄성 응력 분포에서 모델에 의해 가정한 응력 분포로 변화가 가능할 만큼 철근은 충분한 연성이 필요하다.
- 강제 변형에 대한 저항(예를 들면, 온도변화, 지점 침하, 건조수축, 크리잎 등에 의한). 감당할 수 없는 응력을 피하기 위해서 구조물의 소성 적응성이 요구된다.
- 붕괴되지 않고 급작스런 하중과 예상하지 못한 국부적 충격에 대한 저항 능력.
- 화재 발생 중 부정정 구조물의 내력 재분배.
- 반복 하중 상태에서 에너지 소실.

강재의 역학적 특성의 변동성 때문에 야기될 수 있는 철근콘크리트 구조물의 거동에서 큰 차이를 고려해서, 설계기준에서는 보강 강재를 강재의 연성도에 따라 분류하고 있다. 강재의 연성도를 판정하기 위해 설계기준에 사용되는 주요 특성값은 최대 하중일 때 고른 신장이다. 즉, 넥킹이 시작되기 바로 전에 최대 하중에서 구한 전체(탄성 및 소성) 변형 ϵ_u와 인장강도와 항복응력 간의 비율, 이른바 강재의 경화 비율 $K = f_u/f_y$이다. 이들 두 변수의 특성값에 대한 최소규정 값을 근거로 세 가지 연성도 등급이 다음과 같이 시범코드 MC 2010에 정의되어 있다[1.7, 1.8].

- 등급 B(저 연성도 강재) $K = f_u/f_y \geq 1.05$ 그리고 $\epsilon_u \geq 2.5\%$

- 등급 A(보통 연성도 강재) $K = f_u/f_y \geq 1.08$ 그리고 $\epsilon_u \geq 5.0\%$
- 등급 S(고 연성도 강재) $K = f_u/f_y \geq 1.15$ 그리고 $\epsilon_u \geq 6.0\%$

이 강도비 K가 1.0이면 항복점 이후에는 하중이 증가하지 않더라도 변형이 계속되는 완전 소성상태를 의미하며, 이러한 철근을 사용한 부재에서는 항복 이후에 작용하중이 증가하지 않더라도 변형이 계속될 수 있는 불안정한 상태가 된다. 즉, 철근에서 취약한 부위 또는 가장 큰 응력 부위가 항복하면 그 위치에서 소성 변형이 진행되는 동안 인접 부위로 소성이 확산되지 않는다. 따라서 전체 철근의 신장량이 매우 작은 상태에서도 파단될 수 있다. 이러한 경우 철근의 극한한계변형률 크기는 구조물의 연성에 실질적 의미가 없게 된다. 반면에 K값이 1.0보다 크다면, 철근이 항복한 후에도 외부 하중이 증가해야만 소성 변형이 진행되며 동시에 소성 구간이 인접부위로 점차 확산된다. 이러한 현상 때문에 K값이 큰 철근일수록 항복이후에 더 실제적인 연성 거동을 보인다.

철근콘크리트 구조의 연성도는 또한 강재의 다른 특성에 따라 달라질 수 있다. 특히 부착 거동과 응력−변형률 관계곡선의 형상은 중요한 영향 인자들이다. 결과적으로, 연성도 등급 B, A 및 S에 대해서 앞서 제시된 연성도 필요조건은 규정에 맞는 리브가 형성된 이형철근에 대해서만 유효하다. 응력−변형률 관계곡선의 형상 영향에 관하여 철근콘크리트 구조물의 요구되는 연성도는 다양한 $K = f_u/f_y$ 조합으로 특화된 철근을 사용함으로써 성취될 수 있으며 ϵ_u와 낮은 값의 K를 더 높은 값의 ϵ_u로 대체될 수 있다는 것이 밝혀진 바 있다. 그러므로 일반적으로 두 가지 항목을 따로따로 적용해서 강재의 연성도를 평가하는 것은 적절하지 않으며 오히려 조합해서 적용해야 한다.

강재 연성에 관한 최소한의 필요조건은 구조물의 연성도 요구 수준에 따르며 직접적으로 구조해석 방법에 따라 달라진다. 설계기준에 정의된 연성도 등급에 대해, 다음과 같은 구조해석 법이 허용될 수 있다.

- 보, 뼈대구조 및 슬래브에서 모멘트 재분배가 없는 선형 탄성해석
  − 강재 등급 B, A 및 S가 사용될 수 있다.
- 연속 보 및 슬래브에서 모멘트 재분배(회전능력에 대해 명확한 검토가 없다)가 있는 선형

탄성해석

　－강재 등급 B를 사용하는 경우, 모멘트 재분배율 10 % 이하

　－강재 등급 A를 사용하는 경우, 모멘트 재분배율 20 % 이하

　－강재 등급 S를 사용하는 경우, 모멘트 재분배율 30 % 이하

• 보, 뼈대구조 및 슬래브에서 소성 설계

　－강재 등급 A와 S를 사용할 수 있다.

1.5.3 철근종류와 등급

보강강재의 인장 특성은 재료 기준에 제시된 요구조건에 적합해야 한다. 품질 관리 목적과 설계 계산을 위해서, 이러한 기준에 맞는 제품의 강도 특성은, 즉 항복응력값 f_y과 인장강도값 f_u는 제품의 공칭 단면에 관한 것이다. 공칭 지름은 강봉으로서 단위 길이당 같은 중량의 원형 강봉의 지름으로 정의된다.

이형철근은 현재 유효숫자 3자리로 공칭 지름을 mm 단위로 된 숫자와 그 앞에 D자를 붙여서 부르고 있다. KS D 3504에는 D6부터 D51까지 규정되어 있다. 호칭에서 D는 *Deformed*(이형)을 뜻하며 숫자는 철근지름을 mm로 나타낸 것인데 소수점 이하를 반올림하여 정한 것이다. 주의 깊게 살펴보면 호칭에 따라 공칭 둘레값은 10 mm씩 증가함을 알 수 있다. 호칭의 숫자에서 어떤 규칙성을 찾아볼 수 있는데 이웃한 호칭 간에 대략 3만큼 차이가 있다. 공칭 직경은 예를 들면 D6에서는 6.35 mm이다. 왜 이와 같은 어중간한 숫자가 되어 있느냐 하면 이형철근은 미국에서 개발되어서 인치단위로 되어 있기 때문이다. 즉, D6부터 D41까지는 1/8인치씩 호칭이 달라진다. 그런데 돌기가 있는 이형철근의 지름을 어떻게 계측하는가 의아하다고 생각할지도 모르겠지만 실제로는 공칭 지름은 철근의 비중 7.85를 근거로 하여 단위 길이의 중량으로부터 구한다. D10 또는 D10보다 지름이 작은 철근은 엄밀히 말하면 **강선 鋼線**으로 취급된다. D13 이상의 철근은 **봉강 棒鋼** 형상이다. 강선과 봉강의 차이는 실처럼 말아서 다룰 수 있는가 없는 가이다. 강선은 말아서 다룰 수 있고 봉강은 그렇지 못하다. 콘크리트 구조물에 사용되는 철근의 강도가 점점 높아지는 경향이 있다. 1980년대까지만 해도 항복강도가 240 MPa인 철근이 일반적이었지만 지금은 항복강도가 400 MPa인 철근을 많이 사용하고 있다. 근래에는 항복강도

500 MPa인 고강도 철근의 사용도 증가하고 있다. 표 1.5-1은 우리나라에서 많이 쓰이고 있는 철근의 종류를 보인 것이다.

표 1.5-1 철근 등급별 강도

KS	등급 기호	기준항복강도(MPa)	기준인장강도(MPa)
	SD 300	300	440
	SD 350	350	490
	SD 400	400	560
KS D 3504	SD 500	500	620
철근콘크리트 구조용	SD 600	600	710
봉강	SD 700	700	800
	SD 400W	400	560
	SD 500W	500	620

위 표에서 기호의 SD는 *Steel Deformed*를 뜻하며 숫자는 항복점 강도를 나타낸 것이며, W는 용접용 *Weldable*을 나타낸 것이다.

표 1.5-2는 KS D 3504에서 규정한 철근의 굵기에 따른 호칭과 공칭 제원을 정리한 것이다. 철근의 단위 질량으로 7,850 kg/m³ 사용한다.

표 1.5-2 철근의 호칭과 제원

호칭	공칭 지름(mm)	공칭 단면적(mm²)	공칭 둘레(mm)	단위 중량(kg/m)
D6	6.35	31.7	20	0.25
D10	9.53	71.3	30	0.56
D13	12.7	126.7	40	1.00
D16	15.9	198.6	50	1.56
D19	19.1	286.5	60	2.25
D22	22.2	387.0	70	3.04
D25	25.4	507.0	80	3.98
D29	28.6	642.4	90	5.04
D32	31.8	794.2	100	6.23
D35	34.9	956.6	110	7.51
D38	38.1	1140.0	120	8.95
D41	41.3	1340.0	130	10.50
D51	50.8	2027.0	160	15.90

❐ 참고문헌 ❐

1.1 (사)한국교량 및 구조공학회 (2015), 도로교설계기준 (한계상태설계법) 해설 2015.

1.2 한국콘크리트학회 (2012), 콘크리트구조기준 해설.

1.3 한국콘크리트학회 (2012), 콘크리트구조기준 예제집.

1.4 한국콘크리트학회 (2012), 콘크리트 장기거동 해석 및 적용.

1.5 한국콘크리트학회 (2009), 콘크리트 표준시방서.

1.6 European Committee for Standardization (2004), Eurocode 2: Design of Concrete Structures, Part 1-1: General rules and rules for buildings, BSi.

1.7 CEB-FIP (2013), fib Model Code 2010, 1st Edition, Ernst & Sohn Gmbh &Co. KG., for Comité Euro-International du Beton.

1.8 International Federation for Structural Concrete (2010), Structural Concrete Textbook on behaviour, design and performance, 2nd Edition. vol. 1, fib bulletin 51, fib.

1.9 C. R. Hendy and D. A. Smith (2007), Designer's Guide to EN 1992-2 Eurocode 2 : Design of Concrete Structures, Part 2 : Concrete Bridges, Thomas, Telford, London, England.

1.10 A. W. Beeby and R. S. Narayanan (2007), Designer's Guide to EN 1992-2 and EN 1992-1-2, Eurocode 2 : Design of Concrete Structures, General rules and rules for buildings and Structural Fire Design, Thomas, Telford, London, England.

1.11 Palley, R. (2010), Concrete A Seven-Thousand-Year History, the Quantuck Lane Press, New York.

1.12 ACI Committee 318 (2011), Building Code Requirements for Structural Concrete (ACI 318-M11) and Commentary, American Concrete Institute, Detroit.

1.13 ACI, Manual of Concrete Practice, Vol.1, American Concrete Institute, Detroit.

1.14 PCA (1998), Design and Control of Concrete Mixtures, Proceedings of the Portland Cement Association, 1998, 13th Edition.

1.15 Mindess, S., Young, J. F., Darwin, D. (2002), Concrete 2nd Edition, Prentice Hall.

1.16 P. Kumar Mehta, P. K., Monteiro P. J. M. (2006), Concrete 3rd Edition, McGraw Hill.

1.17 Neville, A. M. (1981), Properties of Concrete, 3rd Edition, Pitman Publishing Ltd.

1.18 Ghali, A. and Favre, R. (1986), Concrete Structures: Stresses and Strains, Chapman & Hall, New York.

1.19 Macgregor, J.G. and Wright, J.K. (2005), Reinforced Concrete Mechanics and Design, 4th Edition, Prentice Hall.

02 콘크리트 구조물의 한계상태와 한계상태설계법

Limit States and Limit State Design of Concrete Structures

규정을 지키려만 하지 말고 자연의 법칙을 따르려 하라.

－퉁엔 린 Tung-Yen Lin ＿

02

콘크리트 구조물의
한계상태와 한계상태설계법
Limit States and Limit State Design of Concrete Structures

2.1 한계상태 Limit States

사용자가 판단하기에 구조물을 정상적으로 사용할 수 없다거나 **구조적 안정** 安定 *stability*에 심각한 위험이 있다면 이 구조물은 위험한 상황에 있다고 볼 수 있다. 이것은 일반적으로 이러한 상태 중의 하나라도 발생한다면, 구조물이 갖추어야 할 성능을 더 이상 충족할 수 없다는 것을 뜻한다. 도로교설계기준에 따르면 교량(또는 구조물)과 그 구성요소가 사용성, 안전성, 내구성의 설계규정을 만족하는 최소한의 상태로서, 이 상태를 벗어나면 관련 성능을 만족하지 못하는 한계라고 정의하고 있다. 콘크리트 구조물의 **한계상태** *limit state*는 다음과 같이 기본적인 세가지 상태로 구분하고 있다[2.1, 2.3, 2.4, 2.5].

(1) 극한한계상태

이것은 구조물의 일부 또는 전체의 구조적인 파괴를 뜻한다. 그러한 한계상태가 발생할 경우에 인명의 손상과 막대한 재산의 손실을 초래할 수 있으므로 발생 가능성은 대단히 낮아야 한다. 주요 **극한한계상태** *ultimate limit state*는 다음과 같다.

① **구조물의 일부 또는 전체 구조물의 강체로서 평형상태의 상실.** 이러한 파괴는 일반적으로 전체 구조물이 기울어지거나 밀려나는 것과 관련이 있는 것으로서 평형조건에 필요

한 반력이 생길 수 없는 경우에 일어날 수 있다.

② **구조물의 중요한 부분의 파괴**가 부분적이거나 전체적인 파괴를 유발할 수 있다.

③ **점진적인 붕괴 崩壞** 어떤 경우에는 소소한 국부 파괴가 인접부재에 과도한 하중을 유발시켜 파괴에 이르게 할 수도 있으며 나중에는 구조물 전체가 붕괴되기도 한다. 구조물이 적절히 연결되고 국부적인 파괴가 일어나는 경우에도 하중이 다른 경로로 잘 전달되도록 제대로 구조상세 설계를 수행한다면 점진적인 붕괴를 방지하거나 붕괴속도를 늦출 수 있다. 이러한 파괴는 시공 중에도 일어날 수 있기 때문에, 설계자는 반드시 시공하중 및 절차를 잘 알고 있어야 한다. 하나의 구조물은 그 구조물이 점진적인 붕괴에 저항할 수 있다면 총체적인 구조체라고도 할 수 있다.

④ **소성붕괴기구 塑性崩壞機構의 형성.** 철근이 항복해서 구조물이 불안정상태에 이를 수 있을 만큼 부재 단면에 소성힌지가 형성되면 붕괴기구가 이루어진다.

⑤ **구조물의 변형에 의한 불안정 不安定** 이러한 형태의 파괴는 좌굴 挫屈과 관련이 있다.

⑥ **피로 疲勞.** 사용하중의 반복 횟수에 따라 생기는 부재의 파손이 붕괴를 일으킬 수도 있다.

구조물이 극한한계상태에 이르게 되면 예상했던 파괴를 일으키게 된다. 이것은 구조 전체의 평형상실, 가장 큰 응력을 받는 단면에서 극한변형률 조건에 이르거나 재료의 피로 또는 안정 상실에 의해서 발생할 수 있다. 철근콘크리트 및 프리스트레스트 콘크리트구조 설계에서 계산으로 예측된 구조물 파괴는 구조물의 내하거동에 따라 다음과 같은 여러 가지 하중영향을 고려한 예측 모델로 나타낸다[2.6].

- 휨 또는 휨과 축력에 대한 극한한계상태
- 전단력에 대한 극한한계상태
- 비틀림에 대한 극한한계상태
- 뚫림전단에 대한 극한한계상태
- 구조적 변형에 의한 극한한계상태(예를 들면, 2차 영향)
- 재료파괴에 의한 극한한계상태

(2) 사용한계상태

사용한계상태 *service limit state*는 사용자가 요구하는 성능을 더 이상 충족하지 못하는 구조물의 상태를 말하는 것이다. 도로교설계기준에서는 균열, 처짐, 피로 등의 **사용성** *serviceability*에 관한 한계상태로서, 일반적으로 구조물 또는 부재의 특정한 사용 성능에 해당하는 상태라고 정의하고 있다. 이것은 구조물 기능의 사용성 상실과 관련된 것이지 그 자체로서 붕괴가 된 것은 아니다. 인명의 손실위험성이 비교적 작기 때문에, 극한한계상태의 발생확률보다 일반적으로 비교적 높은 발생확률이 허용된다. 주요 사용한계상태는 다음과 같다[2.6].

① **정상 사용하중상태에서 지나친 처짐**. 지나친 처짐 때문에 기계가 잘못 작동할 수도 있으며, 보기에도 좋지 않을 뿐더러, 비구조 요소의 손상을 초래할 수도 있거니와 힘의 분포를 바꿔 놓을 수도 있다. 지붕이 아주 잘 쳐지는 경우에, 지붕에 고인 물 때문에 생기는 처짐이 처짐을 더 크게 할 수도 있고 그래서 물이 더 고이게 되어서, 지붕이 견딜 수 있는 하중보다 더 크게 되는 수도 있다. 이것이 고임 파괴현상이고 본질적으로 사용성의 결함缺陷 때문에 생기는 붕괴이다.

② **과도한 균열 폭**. 철근콘크리트는 철근이 힘을 발휘하기 전에 균열이 생기지만, 배근을 잘하면 균열 폭을 최소로 할 수 있다. 균열 폭이 너무 크면, 균열 틈으로 물이 스며들어서, 철근이 녹슬고, 콘크리트가 서서히 헐게 된다.

③ **해로운 진동**. 교량이나 바닥판의 연직 진동 및 큰 건물의 횡적 및 비틀림 진동은 사람들을 불안하게 한다.

사용한계상태는 사용자의 요구 성능을 더 이상 충족하지 못하는 구조물의 상태를 특정한 것이다. 철근콘크리트 구조든 프리스트레스트 콘크리트 구조든, 성능이 충분하지 않다는 것은 콘크리트 균열, 구조물 변형 또는 진동에 대한 민감성 때문에 생긴다. 그러므로 계산모델은 다음 사항에 맞춰 만들어져야 한다.

- 균열에 대한 한계상태
- 변형에 대한 한계상태
- 진동 거동

위에서 언급한 한계상태 말고도 콘크리트, 철근 및 긴장재의 응력 크기도 사용상태에서는 제한되어야 한다. 허용응력을 초과하게 되면 구조물에 요구되는 정상적인 사용성능에 손상을 일으킬 수 있기 때문이다. 예를 들면, 콘크리트 응력이 $0.45f_{ck}$보다 크게 되면 콘크리트의 비선형 크리잎이 발생하여 구조물의 변형에 부정적인 영향을 준다.

(3) 극단상황한계상태

이것은 비정상적인 조건이나 비정상적인 하중에 의한 구조물의 손상 또는 파괴와 관련이 있다. 여기에는 다음과 같은 사항들이 포함된다.

- 극단적인 지진상태에서 파손 또는 붕괴
- 화재, 폭발, 또는 차량 충돌에 의한 구조적 영향
- 부식 또는 낡음에 의한 구조적 영향
- 장기간 물리적 또는 화학적 불안정(정상적인 경우 콘크리트 구조물에서는 문제되지 않는다)

구조설계에서 일반적으로 위의 모든 한계상태를 검증할 필요는 없지만 설계에 결정적인 검증은 반드시 수행해야 한다는 점을 주목해야 한다. 예를 들면, 재료파괴에 의한 극한한계상태는 일반적으로 건물공사에서는 지배적인 고려사항이 아니다.

2.2 설계 기본 변수 Design Variables

2.2.1 하중과 하중의 변동성

그림 2.2-1(가)는 보의 자중 W 외에 세 개의 집중하중을 받고 있는 보를 나타낸 것이다. 이 하중들에 의해서 그림 2.2-1(나)와 같은 휨모멘트가 생긴다. 휨모멘트의 크기는 정역학의 법칙을 이용해서 하중으로부터 직접 얻어지고, 주어진 지간장과 하중 W, P_1, P_2, P_3의 조합에 대해서 휨모멘트는 보의 크기나 재료구성과는 관계가 없다. 이 휨모멘트는 **하중영향**_load effect_ 중의 하나이다. 그 밖의 하중영향으로는 전단력, 축방향력, 비틂, 처짐, 진동 등이다.

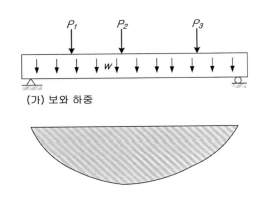

(가) 보와 하중

(나) 하중영향-휨모멘트

그림 2.2-1 하중과 단면력

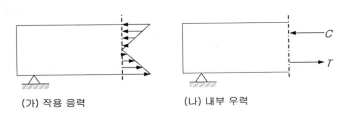

(가) 작용 응력　　　　　　(나) 내부 우력

그림 2.2-2 내부 저항 모멘트

그림 2.2-2(가)에서 압축응력과 인장응력은 그림 2.2-2(나)와 같이 합응력 C와 T로 대체될 수 있다. 이와 같은 짝힘을 내부저항모멘트라고 한다. 단면이 파괴될 때의 내부저항모멘트를 휨강도 또는 모멘트 저항강도라고 한다. '**저항강도***resistance strength*'라는 말은 전단저항강도 또는 축력 저항강도를 나타낼 때에도 사용될 수 있다. 그림 2.2-1에 보인 보가 모든 단면에서 부재의 저항강도 R이 하중영향 E(단면력)보다 더 크다면 하중을 안전하게 지지할 수 있다.

$$R \geq E \tag{2.2-1}$$

식 (2.2-1)이 한계상태설계의 기본식이다.

극한한계상태와 관련된 계산에 적용되는 하중은 구조물의 수명기간 중 구조물에 작용할 수 있는 최대 하중이어야 한다. 그러므로 가능하다면 규정된 활하중, 설하중, 풍하중 등은 수명기간 중 최대 하중의 평균값을 나타내야 한다. 사용한계상태를 검토할 때에는 빈도가 잦은 활하중을 이용하는 것이 좋다. 이런 최빈 하중의 크기는 수명기간 중의 평균 최대 하중의 약 50 % ~ 60 % 정도이며, **지속하중** 持續荷重 *sustained load*에 의한 처짐 산정을 위해서는 지속하중과 **준고정** 準-固定 *quasi-permanent*인 **활하중** 活荷重 *live load*을 고려하는 것이 좋다. 준고정하중의 크기는 대개 규정된 활하중의 20~30 % 정도이다. 하중은 그 특성에 따라 다음과 같이 구분할 수 있다[2.1, 2.3, 2.4, 2.6, 2.9].

(1) 직접 및 간접 하중영향

하중영향이란 구조물에 응력을 일으키는 모든 것을 말한다. 하중 또는 직접 하중영향이라는 말은 구조물의 자중, 그 안의 내용물, 또는 바람, 물, 흙에 의한 압력으로 발생하는 집중 또는 분포된 힘들을 말한다. 간접 하중영향 또는 **강제변형** 強制變形 *imposed deformation*은 작용하중에 의해서 생기는 변위나 변형은 아니지만, 구조물에 응력을 유발한다. 예를 들면 연속 보의 받침점 부등침하라든가, 수축이 구속되었을 때 생기는 콘크리트의 건조수축 등이다. 강제변형에 의한 응력은 작용하중을 저항하는 것이 아니기 때문에, 일반적으로 이러한 응력은 자체평형을 이루고 있다. 예를 들어서, 부재의 축방향으로 철근을 보강한 축방향 인장부재를 살펴보면, 콘크리트가 건조되면서 수축될 때, 철근은 부재의 수축에 저항한다. 그 결과 철근에는 압축력이 생기고 크기가 같고 방향이 반대인 인장력이 콘크리트에 생긴다. 이러한 인장에 의해서 콘크리트에 균열이 생긴다면, 균열이 있는 곳의 콘크리트의 인장력은 사라지고 평형상태를 유지하기 위해서 균열된 단면에서는 철근의 힘도 사라진다.

(2) 시간 특성에 따른 하중의 분류

하중은 시간과 장소에 관한 **변동성** 變動性에 따라 구분된다. **고정하중** *permanent load*은 구조물이 준공되면 거의 변하지 않은 채 지속된다. 예를 들면, 부재 자중, 기초에 작용하는 토압 등이다. **활하중**이나 풍하중 같은 **변동하중** 變動荷重 *variable load*은 시시각각으로 변한다. 변동하중도 사무실의 서류함과 같은 하중은 장기간 동안 **지속하중**이 될 수도 있고 같은 사무실의 사람도 단기간 지속하중이 될 수도 있다. 콘크리트 구조물의 크리잎 변형은 고정하중과 변동성 하중의 지속성 때문에 생기는 결과이다. 그리고 제3의 부류로서 차량 충돌이나 폭발과 같은 **우발하중** 偶發荷重 *contingent load*이 있다.

① 고정하중

구조요소에 작용하는 고정하중은 부재 자중 외에 구조물에 영속적으로 설치된 모든 재료의 중량이며 고려 중인 부재에 의해서 지지된다. 여기에는 벽체의 중량, 상하수도 배관시설물, 전기시설, 고정적인 기계설비 등의 중량도 포함된다. 철근콘크리트 부재를 설계할 때에는 처음부터 반드시 부재의 중량을 가정하여 계산에서 고려해야 한다. 일단 부재 크기가 정해졌다면, 부재 중량은 부재의 체적에 단위 중량을 곱해서 계산된다. 고정하중의 어떤 것들은 상당히 불확실할 때가 있다. 여기에는 교량에 깔리는 포장중량이 그 한 예인데, 일정기간 동안 몇 차례나 포장될 수도 있고, 평탄성을 유지하기 위해서 더 두껍게 포장되는 곳도 있다. 비슷한 경우로, 지하구조물 위의 토피는 가정한 값보다 더 두꺼울 수도 있고 포화될 수도 있고 그렇지 않을 수도 있다. 얇은 곡선형 쉘 지붕이나 경량 지붕을 시공하는 경우에도, 콘크리트 두께가 가정한 값보다 두꺼워질 수도 있고 지붕 마감재도 가정한 값보다 더 무거워질 수 있으므로 과도하중에 이르게 된다. 고정하중에 의한 하중영향, 응력 등이 풍하중과 같은 활하중에 의한 것들과 역으로 작용하는 경향이 있다면, 설계자는 역작용 고정하중이 항상 존재하는지를 면밀하게 검토해야 한다. 고정하중 계산에 사용되는 주요 재료의 단위 질량은 표 2.2-1에 제시된 값과 같다.

표 2.2-1 주요 재료의 단위 질량(도로교설계기준 3.5)

재료	단위 질량(kg/m³)
강재, 주강, 단강	7,850
주철, 주물강재	7,250
알루미늄 합금	2,800
철근콘크리트/PS콘크리트	2,500/2,500
무근콘크리트	2,350
시멘트 모르타르	2,150
방수용 역청재	1,100
아스팔트 포장재	2,300
목재(단단한 것/무른 것)	960/800
용수(담수/해수)	1,000/1,025

② 활하중

시간에 따라 크기가 변하는 하중이다. 교량 바닥판을 지나는 차량하중, 군중하중, 온도변화 등이 포함된다. 특히 물에 의해 유발되는 하중은 시간변동에 의해 고정하중과 활하중 중의 하나로 간주할 수 있다. 활하중은 장소에 고정될 수도 있고 그렇지 않을 수도 있다. 교량을 달리는 열차는 교축방향으로는 고정되어 있지 않지만 레일에 의해서는 횡방향으로 고정적인 상태이다. 구조물 또는 구조 부재에 상당한 가속력이나 진동을 유발하지 않는다면 흔히 그러한 하중을 **정적하중** 靜的荷重으로 분류하고, 진동이나 가속력을 유발한다면 **동적하중** 動的荷重으로 분류한다. 그러한 가속도나 진동에 의한 응력증가를 고려하기 위해서 규정된 정적하중을 증가시킴으로써 작은 정도의 가속도를 고려하기도 한다. 도로교, 크레인 레일, 또는 엘리베이터 지지대에서 생길 수도 있는 큰 진동이나 가속도는 활하중에 충격계수를 곱해줌으로써 고려될 수 있고 동적해석을 통해 고려될 수 있다.

③ 극단하중/사고하중

사고하중 事故荷重 *accidental load*은 대개 짧은 기간 동안에 작용하는 하중으로 예를 들면, 화재, 폭발, 또는 차량 충격 등과 같이 설계 사용수명 기간 동안 구조물에 엄청난 크기로 발생할 확률은 낮지만, 그 결과가 심각하게 될 수도 있는 하중이다. 충격, 설하중, 풍하중과 지진하중은 그 크기와 성질에 관한 확률적 기준에 따라 활하중 또는 극단하중으로 분류된다.

(3) 하중의 변동성과 계수하중

하중은 그 자체의 실제적인 변동성 외에도, 구조해석을 수행하는 중에 여러 가지 가정과 근사식들 때문에 설계자가 계산한 값과 실제 단면력에는 차이가 생기게 된다. 단면저항값 및 하중영향값의 변동가능성 때문에, 평균보다도 더 약한 구조물이 평균보다도 더 큰 하중을 받을 확률은 분명히 있다. 극단적인 경우에 파괴가 일어날 수도 있다. 앞서 서술한 바와 같이, 모든 한계상태에 대한 기본 설계식은 식 (2.2-1)과 같다.

$$R \geq E \tag{2.2-1}$$

설계라는 관점에서 하중영향 E는 대개 전체 구조해석으로 결정되지만(내력 및 모멘트 결정), 저항강도 R은 국부적인 값인 단면의 저항강도이다.

내력 및 모멘트를 결정하려면 구조물에 적용되는 모든 하중영향을 반드시 고려해야 한다. 하중영향을 특성에 따라 내력과 모멘트를 항상 일으키는 하중작용과 변형을 구속함으로써 내력과 모멘트를 유발하는 변형작용으로 구분되며, 발생빈도에 따라 시간에 따른 변화정도가 별로 없고 대체로 단조로운 고정하중영향 G, 시간에 따른 변화정도가 잦으며 단조롭지 않은 변동하중영향 Q, 장기간으로 특정되는 사고/우발하중영향 A 등으로 구분된다.

좀 더 세분하면 정적작용과 동적작용으로 구분된다. 정적작용은 중력을 활성화하지 않으나, 동적작용은 구조물에 진동을 유발하며 중력이 활성화된다.

현실적으로 서너 가지 변동하중영향 Q_i는 서로 독립적이며, 대개 동시에 발생한다. 그러나 이들의 기준값이 동시에 발생한다고 예상할 수는 없으며, 구조물에 여러 활하중이 동시에 작용하는 경우에는 지배활하중과 동반활하중으로 구분할 필요가 있다. 그 이유는 동시에 작용하는 활하중이 모두 기준값의 크기로 작용할 확률이 크지 않기 때문이다. 따라서 지배활하중이 기준값 크기로 작용한다면 동반활하중의 크기는 그 기준값보다 작은 크기로 작용한다고 고려하는 것이 타당할 것이다. 그래서 하중조합 때 사용하는 동반활하중의 크기를 조합값으로 나타내고 있다. 이 조합값은 기준값에 계수 ψ_0를 곱한 값이다. 이들의 발생 빈도에 따라 다음과 같이 구분한다[2.3, 2.4, 2.5, 2.6, 2.9].

- 기준값　　　　Q_k
- 조합값　　　　$\psi_0 \cdot Q_k$
- 최빈값　　　　$\psi_1 \cdot Q_k$
- 준고정값　　　$\psi_2 \cdot Q_k$

여기서, ψ_0 : 변동하중영향의 조합값에 대한 계수로서 서너 개의 독립적인 하중영향 중 가장 불리한 값이 동시에 발생하는 확률을 낮춘 경우의 값이다.

　　　　ψ_1 : 변동하중영향의 최빈값에 대한 계수로서 일반적으로 평가기간 중에 발생확률이

5 %를 넘는 값을 나타낸다.

ψ_2 : 변동하중영향의 준고정값에 대한 계수로서 일반적으로 평가기간 중에 발생확률이 50 %를 넘는 값을 나타낸다.

유로코드 EC2 기준에 따르면, 1년에 300회 또는 **평가기간** *reference period*의 20 % 정도의 기간에 발생하는 작용을 최빈 하중영향이라고 정의한다. 준고정하중영향은 평가기간의 50 % 이상의 기간에 발생하는 작용이다.

그 밖에도 구조설계에 대해서 앞서 기술한 하중영향들이 구조물의 응력에 유리한지 불리한지를 반드시 검토해야 한다. 예를 들면, 부력을 받을 때 자중은 구조물 안전에 유리한 요소이다. 그러나 토압을 제한하는 데에는 불리한 요소이다. 가장 불리한 조건에서도 구조물의 사용성과 안전성을 보장해야 하므로 유리한 효과를 주는 고정하중영향에 대해서 하중영향 조합을 결정할 때에는 하한값을 적용한다. 유리한 효과를 주는 변동작용은 여기서 고려하지 않는다.

2.2.2 재료강도 및 강도 변동성

재료의 성질은 구조물 또는 구조 부재의 신뢰도를 결정하는 데 매우 중요한 설계기본변수 중의 하나이다. 구조재료 관점에서 설계 계산에 주로 사용되는 재료 성질에는 다음과 같은 것들이 있다.

- 강도 f_k
- 탄성계수 E
- 항복응력 f_y
- 항복변형률 ϵ_y
- 파괴변형률 ϵ_u
- 정점변형률 ϵ_{co}
- 극한변형률 ϵ_{cu}

실제 설계에서 중요하게 다루어야 할 문제는 콘크리트강도이다. 강재는 공장에서 엄격한 품질관리를 받는 상태에서 생산되기 때문에 재료 강도의 변동성이 그다지 크지 않다. 철근의 항복강도나 항복변형률, 그리고 파괴 변형률에서 약간의 차이를 보일 수 있으나, 구조물 거동에 큰 영향을 줄 만큼 변동성이 크지 않다. 그러므로 철근콘크리트 구조설계에서 재료의 변동성은 콘크리트 재료에 주목할 필요가 있다.

산술평균값으로 구한 콘크리트의 평균강도를 근거로 콘크리트 구조물을 설계할 수는 없다. 평균값으로 설계한다면 타설된 콘크리트의 반은 설계강도 이하가 되어 안전도를 고려하면 받아들일 수 없다. 또한 타설된 모든 콘크리트강도를 항상 설계강도 이상으로 할 수도 없다. 콘크리트강도는 정규분포로 되어 있으므로 사실상 불가능하기 때문이다. 따라서 최소 설계강도 아래로 떨어지는 공시체 수의 확률을 얼마로 할 것인가를 정할 필요가 있다. 이 확률과 콘크리트 강도에 대한 표준편차를 알거나 가정하면, 콘크리트 배합설계에서도 원하는 콘크리트의 평균강도를 결정할 수 있다.

콘크리트강도의 변동성은 배합의 변동성뿐만 아니라 시료를 채취할 때의 변동성도 있기 때문에 다음 두 가지 위험요소 간에 균형이 필요하다. 즉, 만족스러운 콘크리트가 거부되기도 하는 생산자 부담 위험성과 나쁜 품질의 콘크리트를 받아들일 수도 있는 소비자 부담 위험성이다. 실제로 시험이 충분히 이루어지지 않으면 소비자 부담 위험성은 커질 수밖에 없다. 구조물 구성 재료의 모든 부분의 강도를 시험할 수 있다면, 설정된 설계강도가 확보되었는지 알 수 있겠지만, 현실적으로 재료시험은 파괴가 따를 수밖에 없으므로, 실제 구조물의 구성 재료를 시험할 수는 없다. 현실적으로 가능한 대안은 재료의 일부만을 시험하고 구조물에 있는 그 나머지 재료들은 시험한 재료와 같은 것이라고 간주하는 것이다. 콘크리트에 대한 시험을 수행할 때, 한정된 공시체 수를 가지고 구조물에 사용된 모든 콘크리트에 대한 강도분포를 평가한다. 물론 구조물의 콘크리트를 확실히 대표할 수 있을 정도의 공시체를 취하여 충분한 시험값을 얻어야 한다. 그러나 공시체 강도와 실제 구조물의 콘크리트 품질 간의 관계가 잘 들어맞지 않은 편이기 때문에 구조물의 콘크리트강도를 기껏해야 추정하는 정도에 머무를 수밖에 없다. 최선의 방법은 시험강도가 설정된 값보다 낮아지는 확률을 구하는 것이다[2.3, 2.5, 2.6, 2.9].

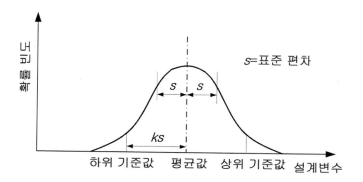

그림 2.2-3 설계 기본 변수의 기준값과 평균값의 정의

그림 2.2-3에 나타낸 것처럼 재료의 성질은 적절한 시험방법에 의해 얻어낸 시험자료의 확률 빈도 분포도에서 특정한 확률에 해당하는 특성값으로 나타내며, 이것을 재료의 기준값이라 한다. 재료의 기준값은 상위 기준값, 하위 기준값과 평균값으로 나타낸다. 재료성질이 한계상태 검증에 중요한 변수인 경우에는 재료성질의 상위와 하위 기준값을 적절하게 사용해야 하며, 강도와 강성에 관련한 재료 성질은 서로 분리해서 다루어야 할 필요가 있다. 대부분의 경우 강도 관점에서 하위 기준값을 사용하면 안전한 설계가 된다. 그러나 다루는 문제의 상황에 따라 상위 기준값이 필요한 경우도 있다. 예를 들면, 최소 철근량 산정을 위한 콘크리트 인장강도의 경우에는 상위 기준값을 사용해야 안전한 설계가 된다. 구조물의 강성에 관련된 재료성질들은 대개 평균값으로 정의하고 있다.

재료성질의 통계분포에 관한 이론적 모델을 결정할 만한 충분한 자료를 확보할 수 있다면, 소정 확률에 해당하는 기준값을 얻을 수 있는 계산법을 적용한다. 일반적으로 콘크리트 기준압축강도 f_{ck}는 정해진 실험방법에 따라 얻어낸 자료의 확률분포도에서 특정 확률에 해당되는 값이다.

$$f_{ck} = f_{cm} - ks \qquad (2.2\text{-}2)$$

여기서 f_{cm}은 평균강도이고, k는 계수(비초과 확률 $p = 0.05$일 때 $k = 1.64$)이며, s는 표준편차를 나타낸다.

2.2.3 구조물 치수

보, 기둥, 또는 기타 구조 부재들의 실제 강도(저항값)는 거의 다 설계자가 계산한 값과는 상당한 차이가 있다. 콘크리트 및 철근의 강도 변동성, 준공된 치수와 구조설계도면에 나타낸 치수의 차이, 부재 저항값을 계산하는 식을 유도하는 과정 중의 간편한 가정의 영향 등 때문이다. 그림 2.2-4는 설계자가 계산한 모멘트 공칭강도 *nominal strength* M_n에 대한 실험에서 측정한 보의 모멘트 시험값 M_{test}의 비율을 나타낸 막대그래프이다. 평균강도는 대략 이 표본에서 공칭강도의 1.05배가 될지라도, 일부 보의 단면은 계산된 값보다도 더 낮은 강도를 갖게 될 확률이 분명히 있다. 여기서 나타난 변동성은 거의 다 공칭강도값 M_n을 계산할 때에 세운 간편한 가정 때문이다[2.14].

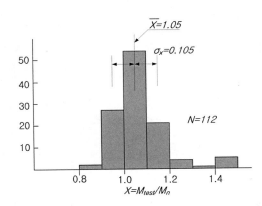

그림 2.2-4 철근콘크리트 보의 시험 및 계산 휨강도의 비교

구조물 치수는 구조물, 구조 부재와 단면의 형상, 크기와 전체적인 배열을 포함하는데, 설계에 필요한 중요한 기본변수이다. 구조물의 치수가 설계도에 주어진 값과 정확하게 일치하도록 시공하는 것은 현실적으로 쉽지 않다. 흔히 인정할 수 있는 허용오차가 제시되지만, 실제로 측정해보면 허용오차를 벗어나는 경우가 많다. 철근콘크리트에서 철근의 위치는 도면에 나타낸 곳에서 쉽게 벗어날 수 있으며, 모든 구조물의 높이와 폭이 도면과 다를 수 있다.

이처럼 구조물 치수는 일반적으로 확률 변수인데, 하중 및 재료 성질과 비교하여 구조물 치수의 변동성은 대부분의 경우, 작거나 무시할 만하다. 따라서 치수를 확률 변수로 간주하지 않고 설계 도면에 나타낸 값을 공칭값으로 하여 설계에 그대로 사용할 수 있는 설계값이 된다. 그러나 어떤 치수의 편차가 하중, 하중영향, 및 구조물의 저항 성능에 심각한 영향을 미칠 때, 치수는 명시적으로 확률 변수로 간주하여 확률적 접근법을 적용하거나, 구조해석이나 강도 산정에 포괄적으로 고려해야 한다. 하중 작용점 또는 받침점의 위치처럼 해당 구조물의 신뢰도에 현저한 영향을 미칠 때는 공칭값에 변동 편차를 고려하여 치수의 설계값을 결정해야 한다[2.3, 2.6, 2.9, 2.10].

2.3 안전율의 확률적 계산 Probabilistic Calculation of Safety Factor

2.3.1 확률밀도함수와 확률분포함수

소정의 강도등급으로, 정해진 기간 동안에 공장에서 제작된 콘크리트 실린더의 압축강도 측정값을 살펴보면, 평균값 주위로 시험값이 분산되어 있음을 알 수 있다. 시험값의 분포를 통계학적 방식을 따라 막대그래프로 나타낼 수 있다. 그림 2.3-1은 f_{ck}=20 MPa인 콘크리트의 강도 시험 결과의 분포를 보인 것이다[2.6].

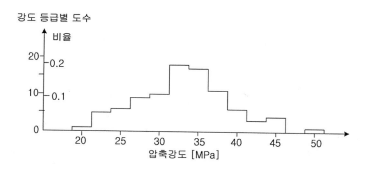

그림 2.3-1 콘크리트강도 시험에서 강도 분포

시험 횟수를 외곽선으로 누적빈도 그래프를 작성한다. 비교할 만한 결과를 얻기 위해서 상대빈도를 적용하면 백분율로 나타낼 수 있다.

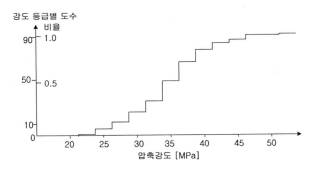

그림 2.3-2 콘크리트 실린더 압축강도 시험값의 누적 도수

콘크리트 공시체 압축강도의 누적 빈도 등급의 차이가 0에 가까워지고 시험 횟수가 무한대로 되면 임의의 표본은 모집단이 되고 막대그래프는 함수로 나타낼 수 있는 곡선으로 된다. 막대 그래프에서 얻어진 함수를 확률밀도함수 또는 확률함수 $f_x(x)$라고 하며 누적빈도에서 얻어 진 함수를 확률분포함수 $F_x(x)$라고 한다. 밀도함수 $f_x(x)$와 분포함수 $F_x(x)$ 간의 관계는 다음과 같다.

$$F_x(x) = \int_{-\infty}^{x} f_x(x)dx \ \ \text{또는} \ \ \frac{dF_x(x)}{dx} = f_x(x) \tag{2.3-1}$$

함수값 $F_x(x_1)$을 사건의 확률 $p(x < x_1)$이라고 한다. 이것은 x_1과 같은 값 또는 그 이하의 값으로 사건의 일부를 나타낸다.

$$p = F_x(x_1) = \int_{-\infty}^{x_1} f_x(x)dx \tag{2.3-2}$$

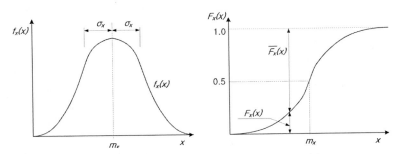

그림 2.3-3 확률밀도함수 $f_x(x)$와 확률분포함수 $F_x(x)$

2.3.2 파괴확률과 신뢰도지수

일반적으로 구조요소의 저항강도 R이 구조물에 작용하는 하중영향 E와 같아진다면, 구조물 전체 또는 일부가 극한상태에 이르렀다고 가정할 수 있다. 여기서 E는 일반적으로 구조물에 가해지는 여러 가지 작용들의 조합이다. 그러므로 각각의 한계상태에 대한 설계 공식은 다음과 같이 수식화될 수 있다.

$$R \geq E \tag{2.3-3}$$

현실적으로 구조물에 대해서 직접적으로 R이나 E를 직접적으로 결정할 수 없다. 재료 물성, 작용, 기타 요소 등의 분산 때문에, R과 E는 일반적으로 확률 변수이다. 이것들은 확률밀도 함수 $f_R(r)$과 $f_E(e)$를 이용하여 설명될 수 있으며 서로 비교가 가능하다.

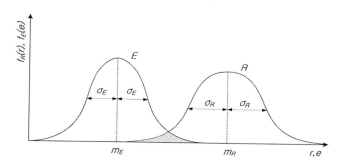

그림 2.3-4 R과 E의 확률밀도함수

R과 E의 확률밀도 함수는 일부 영역에서 겹칠 수 있다. 이것은 이 영역에서 임의의 저항강도 R은 동시에 존재하는 하중영향 E보다 작다는 것을 뜻한다. 그러므로 그림 2.3-4의 빗금 친 부분은 파괴확률을 나타낸 것이다. 이 면적이 커질수록 R이 E보다 같거나 작아질 확률이 커진다. 그림 2.3-5는 파괴확률이 주로 저항강도 R의 분산에 따라 결정된다는 것을 보이고 있다. 예를 들면, 이 그림에서 두 개의 함수 f_{R1}과 f_{R2}는 평균값이 같다. 그렇지만 f_{R2}의 분산이 f_{R1}의 분산보다 크다. 결과적으로 f_{R2}의 빗금 친 부분이 분명히 더 크다.

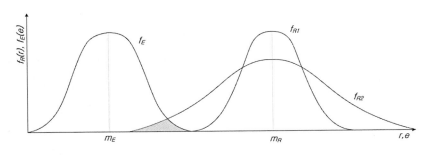

그림 2.3-5 파괴 확률의 해석

두 값의 차이 $Z = R - E$를 안전영역이라고 한다. R과 E의 평균값을 기준으로 삼으면, 중앙 안전영역이라고 하고, 평균값 대신에 특정 분위값을 적용한다면, Z를 공칭 안전영역이라고 한다. 그림 2.3-6에서 안전영역과 파괴확률 간의 관계를 알 수 있다. 안전영역이 커질수록, 파괴확률은 작아진다. R과 E가 서로 독립적이고 정규분포를 보인다면, 안전영역 Z도 역시 정규분포를 보일 것이다. Z의 평균값, 표준편차, 변동계수를 오차전파법칙으로 구할 수 있다.

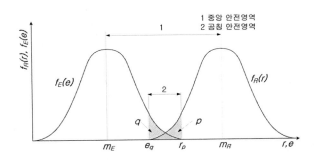

그림 2.3-6 안전 영역과 파괴 확률 간의 관계

하중영향 확률밀도의 평균값 m_E와 저항강도 확률밀도의 평균값 m_R를 이용해서 안전 확률밀도의 평균값 m_Z, 표준편차 σ_z, Z의 변동계수 V_z를 다음과 같이 나타낼 수 있다.

$$m_Z = m_R - m_E \tag{2.3-4}$$

$$\sigma_z = \sqrt{(\sigma_R^2 + \sigma_E^2)} \tag{2.3-5}$$

$$V_Z = \frac{\sigma_Z}{m_Z} \tag{2.3-6}$$

평균값 m_Z를 표준편차 σ_Z의 β배로 정의한다면, 파괴확률을 다음과 같이 나타낼 수 있다.

$$p_f = \int_{-\infty}^{+\infty} f_z(z)dz = F_z(z=0) = \phi\left(-\frac{m_Z}{\sigma_Z}\right) = \phi(-\beta) \tag{2.3-7}$$

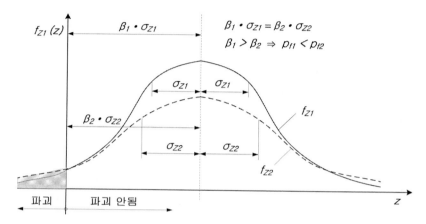

그림 2.3-7 신뢰도지수의 기하학적 표현

식 (2.3-7)은 β값이 같으면 같은 신뢰도를 갖는다는 것을 뜻한다. 이것이 β를 신뢰도지수라고 부르는 이유이다. 다른 말로 하면, 설계인 경우에는 다른 분산조건에 대해서도 동일한 신뢰도를 얻으려면 m_R은 항상 실제의 σ_Z에 따라 설정되어야 한다. 그림 2.3-7은 신뢰도지수 β의 기하학적 해석을 두 가지 상이한 σ_z의 분산으로 나타낸 것이다[2.6].

2.3.3 신뢰도지수와 안전율 간의 관계

구조물의 안전설계는 일반적으로 상위 분위의 하중영향과 하위 분위의 저항강도를 비교함으로써 확보된다. 공칭 안전율 γ를 적용해서 설계 공식을 일반적으로 다음과 같이 쓸 수 있다.

$$r_p \geq \gamma \cdot e_q \tag{2.3-8}$$

하중영향과 저항강도에 대한 분위는 다음과 같이 정의된다.

$$r_p = m_R - k_R \cdot \sigma_R \tag{2.3-9}$$

$$e_q = m_E - k_E \cdot \sigma_E \tag{2.3-10}$$

위의 두 식에서 k_R과 k_E는 각각 하중영향과 저항강도에 대한 해당 분위 계수들이다. 안전율 γ와 신뢰도지수 β 간의 관계는 다음과 같다.

$$\gamma = \frac{m_R \cdot (1 - k_R \cdot V_R)}{m_E \cdot (1 + k_E \cdot V_E)} \tag{2.3-11}$$

$$\beta = \frac{m_R - m_E}{\sqrt{\sigma_R^2 + \sigma_E^2}} = \frac{m_q}{\sigma_q} \tag{2.3-12}$$

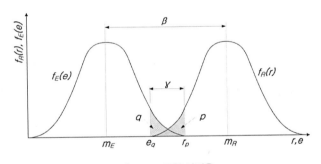

그림 2.3-8 공칭 안전율

식 (2.3-11)의 결과는 그림 2.3-8에 보인 바와 같다. 신뢰도는 저항강도 R과 하중영향 E의 분산에 따라 정해짐을 알 수 있다. γ 값을 하중영향 E에 대하여 다른 분위의 지표를 통하여 상당한 정도로 하중영향의 변동계수 V_E에 무관하게 할 수 있다. 이 점은 동일한 신뢰도에 대해 하나의 안전율을 목표로 삼게 된다는 것이다[2.6].

파괴로 인한 그 결과를 늘 명심하여 파괴확률 p_f와 β를 적절한 값으로 선택해야 한다. 현행 설계 실무를 근거로 하면, 보통의 파괴 결과를 보이는 연성파괴에 대해서는 β를 3과 3.5 사이의 값으로 취하고 있고 파괴의 결과가 심각해지는 파괴 또는 급작스런 취성 파괴에 대해서는

β를 3.5와 4 사이의 값으로 취하고 있다. 부재강도와 하중은 서로 독립적으로 변하기 때문에, 저항강도의 변동성을 감안하기 위해서는 하나의 계수 또는 몇 개의 계수를 취하고, 하중영향의 변동성을 감안하기 위해서는 별도로 2차의 계수를 취하는 것이 바람직하다. 이 계수들을 각각 저항강도계수 ϕ와 하중계수 γ라고 부른다. 그런데 구조물에 작용하는 힘뿐만 아니라 콘크리트 및 강재의 재료 성질, 설계 저항강도 등은 모두 통계적인 값이기 때문에 한계상태에 이르는 것을 완벽하게 피한다는 것은 이론적으로 가능하지 않다. 그렇지만 각각의 구조물은 사용수명 동안 허용할 만한 확률로 한계상태에 이르지 않도록 설계되어야 한다. 한계상태에 이르는 이 확률을 파괴확률이라고 한다. 파괴확률의 결정은 신뢰도 이론이 담당할 몫이다[2.6].

소정 등급의 구조물에 대해서 허용할 만한 수준의 안전도를 결정하는 데에는 몇 가지 중요한 사항들을 반드시 고려해야 한다. 여기에는 다음과 같은 사항들이 있다.

- 사고 후 처리비용과 그 구조물 및 내용물의 대체 비용
- 인명손상 가능성. 창고 건물보다는 강당에 대한 안전율을 더 크게 하는 것이 바람직하다.
- 사고로 인한 시간 손실, 세금 손실 또는 간접적인 인명 또는 재산상의 손상과 같은 사회적 비용. 예를 들면, 교량의 파괴는 교통 혼잡 등에 의해서 엄청난 비용이 들게 되고 이 비용은 구조물 손상비용에 거의 맞먹는다.
- 파괴 형태, 파괴 경고, 하중 전달 대체경로의 유무. 철근콘크리트 보의 휨 파괴처럼 부재가 파괴되기 전에 과도한 처짐이 생긴다면, 급박한 붕괴로 위협을 받는 사람들에게 경고를 줄 수 있고 파괴가 일어나기 전에 건물을 떠날 기회가 생긴다. 띠철근 기둥의 경우처럼 부재가 아무런 조짐도 없이 갑자기 파괴될 가능성은 적다. 그러므로 요구되는 안전율은 기둥에 대해 요구되는 안전율 이상으로 보의 안전율이 높을 필요는 없다. 어떤 구조물에서는 한 부재가 파괴되거나 항복되면 하중이 인접 부재에 재분배되기도 한다. 그 밖의 구조물에서는 한 부재의 파괴가 전체 구조물의 붕괴를 일으키기도 한다. 하중 재분배가 일어날 수 없다면, 더 높은 수준의 안전율이 요망된다.

표 2.3-1은 현재 대부분의 구조설계기준에 적용하고 있는 신뢰도지수로 나타낸 목표확률을 나타낸 것이다. 이 기준에 따르면 50년 사용기간 동안에 신뢰도지수 3.8로 구조물이 극한한계상

태(파괴)에 도달할 확률은 대략 1/20,000이다. 이것은 구조물이 50년 동안에 붕괴되지 않을 확률이 99.995 %라는 의미이기도 하다. 1년 사용기간 동안 신뢰도지수 4.7을 목표로 한다면 파괴확률은 대략 1/1,000,000이다. 사용한계에 대해서는 목표 신뢰도지수가 극한한계상태인 경우보다 낮게 취하면 1년 동안에는 2.9일 때 대략 1/1,000, 50년 동안에는 신뢰도지수 1.5로 보면 대략 1/50의 확률로 한계상태를 초과할 수 있다는 의미이다[2.3, 2.6, 2.9, 2.10].

표 2.3-1 신뢰도지수와 파괴확률

파괴확률 p_f	10^{-1}	10^{-2}	10^{-3}	10^{-4}	10^{-5}	10^{-6}	10^{-7}
신뢰도지수 β	1.28	2.32	3.09	3.72	4.27	4.75	5.20

	목표 신뢰도지수 β	
	1년	50년
극한한계상태	4.7	3.8
사용한계상태	2.9	1.5

2.3.4 부분안전계수

(1) 개요

구조물에 작용하는 힘뿐만 아니라 콘크리트 및 강재의 재료성질, 설계저항강도 등은 모두 통계적인 값이기 때문에 한계상태에 이르는 것을 완벽하게 피한다는 것은 이론적으로 가능하지 않다. 그렇지만 각각의 구조물은 사용수명 동안 허용할 만한 확률로 한계상태에 이르지 않도록 설계되어야 한다. 한계상태에 이르는 이 확률을 파괴확률이라고 한다. 파괴확률의 결정은 신뢰도 이론이 담당할 몫이다. 하중영향계수 및 저항값 계수와 같은 안전계수들은 앞에서 설명한 바와 같이, 하중영향의 변동성, 재료강도의 변동성, 그리고 해석방법의 불확실성 등을 고려하여 결정되어 구조물의 안전을 확보해야 한다.

하중영향에 대한 부분안전계수는 하중의 불리한 편차, 하중 모델의 불확실성, 하중영향 모델의 불확실성 등을 고려해야 한다. 하중영향 측면에서, 적어도 구조물의 자중, 그 외 고정하중, 변동하중, 프리스트레스, 기타 작용력(지진, 화재, 사고 등) 등과 같은 변수들은 구별되어야 한다.

재료 특성에 대한 부분안전계수는 기준값과 불리한 편차, 저항 모델의 불확실성, 기하학적 특성의 편차, 환산계수 등을 고려해야 하며, 저항강도 측면에서, 적어도 콘크리트강도, 강재 강도, 모델의 불확실성 등과 같은 변수들은 구별되어야 한다[2.3, 2.5, 2.9, 2.10].

(2) 재료에 대한 부분안전계수

간편성을 고려한다면, 어떤 변수와 관련된 불확실성은 다른 변수의 부분 계수에 포함될 수 있다(예를 들면, 어떤 기하학적 불확실성은 γ_m 에 포함되어 있다).

재료에 대해서 다음과 같은 관계를 적용한다.

$$\gamma_{Rd} = \gamma_{Rd1} \cdot \gamma_{Rd2} \tag{2.3-13}$$

$$\gamma_M = \gamma_m \cdot \gamma_{Rd} \tag{2.3-14}$$

여기서, γ_m : 재료 성질에 대한 부분안전계수

γ_{Rd1} : 모델의 불확실성을 고려한 부분안전계수

γ_{Rd2} : 기하학적 불확실성을 고려한 부분안전계수

설계 규정에서는 근본이 되는 가정치들을 정당화함으로써 일반적으로 적용되는 안전계수와 다른 부분안전계수를 선정할 수 있다. 콘크리트강도에 대한 $\gamma_{Rd1} = 1.05$와 강재에 대한 $\gamma_{Rd1} = 1.025$는 지표값이다. 극한한계상태에서 뚫림과 같은 경우에 콘크리트 압괴가 거동을 지배한다면 모델은 큰 불확실성에 의해 영향을 받을 수 있으며 이러한 영향은 검증 공식에 특정 계수를 추가로 고려함으로써 고려될 수 있다. 기하학적 불확실성을 고려한다면 $\gamma_{Rd2} = 1.05$가 지표값이다(콘크리트 단면 크기 또는 철근 위치의 변동성으로 감안한다).

콘크리트강도에 대해 이 값은 $\gamma_{Rd,c} = \gamma_{Rd1,c} \cdot \gamma_{Rd2,c} = 1.05 \cdot 1.05 = 1.10$이며

강재에 대해서는 $\gamma_{Rd,s} = \gamma_{Rd1,s} \cdot \gamma_{Rd2,s} = 1.025 \cdot 1.05 = 1.08$이다.

또한 정규분포를 고려하면

$$\gamma_m = \frac{R_k}{R_d} = \frac{\mu_R(1 - k \cdot \delta_R)}{\mu_R(1 - \alpha_R \cdot \beta \cdot \delta_R)} = \frac{1 - k \cdot \delta_R}{1 - \alpha_R \cdot \beta \cdot \delta_R} \tag{2.3-15}$$

이다. 일반적으로 5 % 분위를 특성값에 사용하므로 $k = 1.64$이다. 또한 가장 흔하게 다음과

같은 값들이 사용된다.

$\alpha_R = 0.8$이며, 고려 중인 변수의 민감도 계수이며 간이화 수준 II 방법을 근거로 한다.

$\beta = 3.8$이며, EN1990에 따라 중요도 등급 2의 구조물인 경우이다.

$\delta_R =$ 고려 중인 변수의 변동계수로서 예를 들면 보통 품질의 콘크리트에 적용되는 값으로 $\delta_c = 0.15$이고 철근에 대해서는 $\delta_s = 0.05$이다.

이와 같이 흔히 사용되는 값을 근거로 하고 정규분포를 고려하면 $\gamma_{m,c} = 1.39$이고 $\gamma_{m,s} = 1.08$이다. 이 값들은 최종적으로 다음과 같다.

$$\gamma_c = \gamma_{Rd,c} \cdot \gamma_{m,c} = 1.10 \cdot 1.39 = 1.52 \cong 1.50 \tag{2.3-16}$$

$$\gamma_s = \gamma_{Rd,s} \cdot \gamma_{m,s} = 1.08 \cdot 1.08 = 1.17 \cong 1.15 \tag{2.3-17}$$

앞서 언급한 흔히 사용되는 부분안전계수는 근본이 되는 가정치를 정당화함으로써 실행 규정에서 조정될 수 있다. 도로교설계기준에서는 $\gamma_c = 1.5$ 대신에 $\phi_c = 0.65$를, $\gamma_s = 1.15$ 대신에 $\phi_s = 0.9$를 적용하고 있다. 콘크리트 구조물의 구성 요소는 콘크리트, 철근, 긴장강재 등이며, 이들 재료의 물리적 성질 중 극한한계상태에 관련된 것으로서 주로 극한한계강도와 한계변형률을 들 수 있다. 실제 설계에 사용되는 재료강도의 설계값 f_d는 다음 식과 같이 재료의 기준강도 f_k에 부분안전계수를 적용하여 정한다[2.5, 2.6].

$$f_d = \phi f_k \tag{2.3-18}$$

여기서 ϕ를 재료계수라고 한다. 재료 성질 중에서 강도가 아닌 탄성계수, 포아송 비, 건조수축변형률 등은 보통 평균값을 설계값으로 사용하고, 강도처럼 안전계수를 반영한 설계값으로 취급하지 않는다[2.1].

표 2.3-2 콘크리트 및 강재에 적용되는 재료계수

한계상태	하중조합(설계상황)	콘크리트 ϕ_c	철근 또는 긴장강재 ϕ_s
극한한계상태	극한하중조합(정상 및 임시)	0.65	0.90
	극단하중조합(극단 및 지진)	1.0	1.0
사용한계상태	사용하중조합	1.0	1.0

도로교설계기준에서는 콘크리트 설계압축강도 f_{cd}는 유효계수 α_{cc}를 추가로 적용하도록 규정되어 있다. 즉, 콘크리트의 설계압축강도를 다음 식과 같이 기준압축강도 f_{ck}에 재료계수와 유효계수를 곱하여 구한다.

$$f_{cd} = \phi_c \alpha_{cc} f_{ck} \tag{2.3-19}$$

여기서 ϕ_c는 콘크리트의 재료계수이며, 도로교설계기준에서 사용하고 있는 강재와 콘크리트 재료계수는 표 2.3-2에 나타낸 바와 같다. 사용한계상태에 대한 재료계수가 특별히 지정되지 않는 일반적인 상황에서는 철근이나 콘크리트에 대한 재료계수로 1.0을 사용한다. 유효계수 α_{cc}는 장기하중의 영향 등을 고려하기 위한 보정계수로 보통 0.85의 값을 취한다[2.1].

(3) 하중에 대한 부분안전계수

고정하중에 대해서는 다음 관계를 적용한다.

$$\gamma_G = \gamma_{Sd} \cdot \gamma_g \tag{2.3-20}$$

여기서 γ_{Sd}는 모델 불확실성을 고려한 부분안전계수이며, γ_g는 고정하중영향에 대한 부분안전계수이다.

고정하중인 경우, $\gamma_{Sd} = 1.05$는 지표값이다.

불리한 고정하중영향인 경우, 부분안전계수 γ_g는 다음과 같이 구할 수 있다.

$$\gamma_{g,sup} = \frac{G_d}{G_k} = \frac{\mu_G(1 - \alpha_E \cdot \beta \cdot \delta_G)}{u_G} = 1 - \alpha_E \cdot \beta \cdot \delta_G \tag{2.3-21}$$

여기서 흔히 쓰이는 값들은 다음과 같다.

$\alpha_E = -0.7$이며, 고려 중인 변수의 민감도 계수이다.

$\beta = 3.8$이며, EN1990에 따라 중요도 등급 2의 구조물인 경우이다.

$\delta_G =$ 고려 중인 변수의 변동계수이다. 예를 들면 보통 품질의 콘크리트에 적용되는 값으로 $\delta_G = 0.05$ 또는 자중과 기타 고정하중영향을 구분하지 않는다면 $\delta_G = 0.10$이다.

이와 같이 흔히 사용되는 값을 근거로 하고 정규분포를 고려하면, 다음 값들을 알 수 있다.

$$\delta_G = 0.05 \text{이면 } \gamma_G = \gamma_{g,sup} = 1.13 \text{이다.}$$

$$\delta_G = 0.10 \text{이면 } \gamma_G = \gamma_{g,sup} = 1.27 \text{이다.}$$

이 값들은 불확실성을 고려하면 최종적으로 다음과 같다.

$$\delta_G = 0.05 \text{이면 } \gamma_G = \gamma_{Sd,g} \cdot \gamma_{g,sup} = 1.05 \cdot 1.13 = 1.19 \cong 1.20 \text{이며}$$

$$\delta_G = 0.10 \text{이면 } \gamma_G = \gamma_{Sd,g} \cdot \gamma_{g,sup} = 1.05 \cdot 1.27 = 1.33 \cong 1.35 \text{이다.}$$

오히려 자중(분명히 정의되고 일정하다)과 기타 고정하중과 관련된 부분안전계수를 구분해야한다. 또한 어떤 '고정하중영향'은 상당히 달라질 수 있음을 주의해서, 변동하중으로 간주해야한다. 예를 들면, 토피 또는 슬래브 바닥 마감재 중량의 배가 등이다[2.5, 2.6].

(4) 부분안전계수에 적용되는 값

① γ_F 계수

γ_F는 하중에 대한 부분안전계수이다. 표 2.3-3은 정적 평형의 한계상태에서 하중에 대한 부분안전계수를 나타낸 것이다.

표 2.3-3 정적 평형의 한계상태에서 하중에 대한 부분안전계수

하중영향	불리한 영향(γ_{sup})	유리한 영향(γ_{inf})
고정하중(G), γ_G	1.05~1.10	0.9~0.95
프리스트레스(P), γ_P	1.0	1.0
주동 변동하중영향($Q_{k,1}$), γ_Q	1.5	고려 안 함
동반 변동하중영향($Q_{k,i}$), γ_Q	$1.5\psi_{0,i}$	고려 안 함

지반 작용을 고려하지 않은 보통의 하중영향인 경우, 극한한계상태에 적용 가능한 기본수치값은 다음에 제시된 표 2.3-4와 같다.

대다수의 경우에 $\gamma_G(\gamma_{G,sup}$ 또는 $\gamma_{G,inf})$의 하나를 프리스트레스를 제외한 고정하중영향(불리하든 안 하든)에 일괄적으로 적용할 수도 있다. 나머지 경우에는 설계자의 판단에 따라야 한다.

표 2.3-4 지반작용을 고려하지 않은 구조 부재의 설계에서 하중에 대한 부분안전계수

하중영향, γ_F	불리한 영향(γ_{sup})	유리한 영향(γ_{inf})
경우 1		
고정하중(G), γ_G	1.35	1.0
프리스트레스(P), γ_P	1.0	1.0
주동 변동하중영향($Q_{k,1}$), γ_Q	$1.5\psi_{0,1}$	고려 안 함
동반 변동하중영향($Q_{k,i}$), γ_Q	$1.5\psi_{0,i}$	고려 안 함
경우 2		
고정하중(G), γ_G	$0.85 \cdot 1.35$	1.0
프리스트레스(P), γ_P	1.0	1.0
주동 변동하중영향($Q_{k,1}$), γ_Q	1.5	고려 안 함
동반 변동하중영향($Q_{k,i}$), γ_Q	$1.5\psi_{0,i}$	고려 안 함

그렇지 않으면 지반하중영향을 고려하지 않은 구조 부재 설계에 좀 더 세련된 방법을 취할 수 있다. 사고 하중영향 및 지진 상황에 대해서 $\gamma_F = 1.0$으로 한다.

② γ_M 계수

R_d를 산정하는 데 적용되는 γ_M의 수치값은 다음 표 2.3-5와 같다.

표 2.3-5 재료에 대한 부분안전계수

기본 변수	설계상황	
	지속/일시	사고
콘크리트		
압축강도 (f_{cck}), γ_c	1.5	1.2
인장강도 (f_{ctk}), γ_{ct}	*	*
철근 및 긴장강재		
인장강도 (f_{stk}), γ_{st}	1.15	1.0
압축강도 (f_{sck}), γ_{sc}	1.15	1.0

표 2.3-5의 γ_c와 γ_s 값은 기하학적 허용오차가 충족되지 않는다면 증가될 수 있다. 반대로 허용오차가 50 %만큼 감소되고 엄격하게 제어된다면 최대 0.1 및 0.05만큼 각각 이 값들을 감소시킬 수도 있다. 재료강도가 하중영향 E_d의 값에 개입되는 경우에는 항상 관련된 γ_M값을 1로 취해야 한다. 이러한 법칙은 좌굴 검증에는 적용될 수 없다. 이 경우에는 재료강도가 유리하게 작용하는 중요한 기본 변수이기 때문이다.

③ 설계 계산에 부분 계수 도입

대다수의 경우, γ_F 계수는 다음과 같이 포괄적으로 적용되어야 한다.

$$E_d = E\{\gamma_G G + \gamma_P P + \gamma_Q(Q_{1k} + \Sigma\psi_{0i}Q_{ik})\}, \quad i > 1 \tag{2.3-22}$$

지속적이거나 일시적인 상황에 대해서, 설계자 판단으로 확인되거나 관련 조항에 정의된 특별한 경우에는 이 식은 다음과 같이 대체될 수 있다.

$$E_d = \gamma_{Sd} E\{\gamma_G G + \gamma_P P + \gamma_Q(Q_{1k} + \Sigma\psi_{0i}Q_{ik})\}, \quad i > 1 \tag{2.3-23}$$

이 두 식은 부분적으로 기호로 나타낸 것이며 세부적으로 이어지는 항에서 조합 규칙을 따름으로써 적용되어야 한다. 단일 고정하중영향 G 대신에 고정하중영향의 합 $\gamma_{G,i}G_{k,i}$을 사용할 수 있다. γ_M 계수는 포괄적으로 적용되어야 한다.

이것이 부분안전계수 설계법의 기본 틀이며 그림 2.3-9에 나타낸 바와 같이 기본적으로 4개의 부분안전계수로 구성되어 있다. 구조물에는 이 설계법에 규정된 것 이상의 불확실성이 존재할 수 있다. 구조물의 치수와 같은 다른 요인이나 시공의 불확실성이 추가되는 경우에는 이에 대한 부분안전계수를 포함시키면 된다. 그러나 이것은 일반적으로 불필요하게 복잡할 뿐만 아니라, 이미 정의한 4개의 부분안전계수의 값을 결정하는 것도 현실적으로는 쉽지 않다.

실제 설계에서는 하중영향 해석 방법에 대한 부분안전계수 γ_a를 따로 고려하지 않고 하중 크기에 대한 부분안전계수와 곱한 안전계수 $\gamma_F = \gamma_f \times \gamma_a$에 포함시켜 **하중계수** *load factor*라 부르고, 간단하게 γ로 표시한다. 또한 저항강도 산정 방법에 대한 부분안전계수 γ_r 도 따로 다루지 않고 재료 부분안전계수 γ_m과 곱한 안전계수 $\gamma_M = \gamma_m \times \gamma_r$에 포함하여 다루며, 이 값을 역수 $(1/\gamma_M = \phi)$로 나타내면 1.0보다 작은 값이 되어 설계가 간편해지기 때문에 이를 **저항계수** *resistance factor* 또는 **강도감소계수** *strength reduction factor*라 하여 보통 ϕ로 나타낸다. 이 저항계수를 부재에 적용하면 부재계수가 되고, 구성재료에 적용하면 재료계수가 된다. 하중계수 γ와 강도감소계수로 구성된 설계법을 **강도설계법** *strength design method*이라고 한다. 하중-저항계수 설계법이라고 하는 설계법도 결국 그림 2.3-9에 나타낸 바와 같이 대부분 하중계수 γ_F와 재료계수 γ_M으로 구성되어 있어 $\gamma - \phi$로 구성된 강도설계법과 근본적으로 동일하다[2.3, 2.5, 2.10].

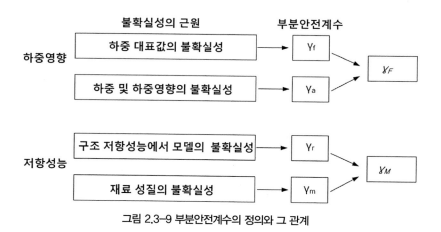

그림 2.3-9 부분안전계수의 정의와 그 관계

그런데 이러한 설계법의 기본개념은 하중계수 γ가 하중영향 산정이 정확성에 영향을 주는 모든 요인을 포함하여 반영하며, 저항계수(재료계수) ϕ가 구조저항강도 계산의 정확성에 영향을 주는 모든 인자를 포괄한다는 것이다. 모든 불확실성을 나열하면 이들 두 부분안전계수에 포함된 불확실성은 다음 표 2.3-6과 같다.

표 2.3-6 하중계수와 재료계수

하중계수 γ	저항계수(재료계수) ϕ
• 하중 크기에 대한 불확실성 • 하중 분포에 대한 불확실성 • 하중영향의 구조해석법에 대한 불확실성 • 하중영향의 추정에 영향을 주는 구조 치수에 대한 불확실성	• 실험한 재료강도에 대한 불확실성 • 실험한 재료와 구조물에 사용되는 재료 사이의 차이에 대한 불확실성 • 저항계산에 영향을 주는 구조 치수에 대한 불확실성 • 강도 예측법에 대한 불확실성

부분안전계수 설계법은 설계에 관련된 수많은 변수들을 근본적으로 세 가지 기본 변수인 하중, 재료, 기하적 치수로 분류하고, 이들을 **설계 기본 변수**라고 부르며, 각각의 변수가 갖는 불확실성에 대한 부분안전계수를 확률론적 기반으로 결정할 수 있도록 체계적인 큰 틀로 구성한 것이다. 더욱이 구조물의 설계에서 이 상태를 벗어나면 적합한 설계 기준 성능을 더 이상 만족하지 못하는 한계상태를 주로 재료 성질 기반으로 정의하여, 하중에 의해 구조물에 발생한 하중영향이 이 한계값을 초과하지 않는가를 검증하게 되어 있다. 이러한 배경에서 이 설계법을 기존의 강도설계법과 구분하기 위해서 이른바 한계상태설계법이라고 부르기도 한다.

2.3.5 설계강도

구조물의 저항성능이란 구조물 전체 또는 부재가 하중과 변형에서 저항할 수 있는 최고능력 *load carrying capacity*을 뜻한다. 일반적으로 구조물이 저항할 수 있는 최고의 능력을 설계강도라고 하며 이 **설계강도 R_d**는 사용된 여러 재료의 설계강도 $f_{d,i}(i \geq 1)$, 구조물 치수 a_n과 저항강도 산정 모델 R의 세 가지 변수로 구성된 함수이다. 여기서 R은 강도 산정 과정을 나타내는 함수이고, γ_r은 강도 산정방법이 내포하고 있는 불확실성을 고려하는 부분안전계수이다. 이것은 사용하중상태에서 응력 대신 극한한계상태가 고려되는 것을 제외하고는 허용응력 설계법과 크게 다르지 않다. 이 강도는 구성 재료 성질과 구조물의 치수를 강도 산정 공식에 적용하여 계산되는 값으로 사용재료의 설계값 f_d와 구조물 치수의 설계값 a_d를 입력자료로 사용하여 구한 강도를 **설계강도 *design strength***라 한다. 철근콘크리트 구조물에서 설계강도 R_d는 다음과 같이 재료의 설계값 $f_d (= \phi f_k)$와 치수의 공칭값 a_n을 사용하여 산정한다.

$$R_d = R\{f_{d,i}; a_{n,j}\} \quad i \geq 1, \quad j \geq 1 \tag{2.3-24}$$

이 식에서는 철근과 콘크리트 재료 강도의 불확실성을 반영하는 재료계수는 각 재료의 설계값 $f_{d,i}$에 분리되어 반영되고 있으며, 저항강도 산정 함수의 불확실성도 재료계수 ϕ에 포괄적으로 포함되어 있다고 간주한다.

한편, 일반적으로 구조강도 평가에 재료계수를 고려하지 않고 각 사용재료의 기준강도 f_k와 치수의 공칭값 a_n으로 계산한 강도를 부재의 기준강도 R_k 또는 공칭강도 R_n이라 한다. 즉,

$$R_n = R\{f_{k,i}; a_{n,j}\} \quad i \geq 1, \quad j \geq 1 \tag{2.3-25}$$

이렇게 산정된 공칭강도 R_n에는 불확실성을 고려하는 안전계수가 포함되어 있지 않다. 당초 정의한 대로 강도 R의 확률분포 곡선의 특정 분위에 해당되는지를 검증하기 위해 실험으로 분석할 수 있다. 그러나 구조물 성능의 현장 발현값은 실험실에서 측정된 값과 다를 수 있기 때문에 R_n에 안전계수를 적용하기 위해 다음 식과 같이 공칭강도에 안전계수를 곱하여 설계 강도를 직접 구하여 한계상태를 검증할 수 있다.

$$R_d = \phi R_n \tag{2.3-26}$$

여기서 ϕ를 **강도감소계수** *strength reduction factor*라 부르기도 하며, 재료계수와 구별하기 위해 **부재계수** *member factor*라 한다. 이론적으로 이러한 방법은 강구조물처럼 단일 재료로 구성된 구조물에 적용할 때 효율적일 수 있지만, 성질이 서로 다른 여러 재료로 구성된 합성 구조에 적용하는 것은 비합리적이라 할 수 있다[2.3, 2.5, 2.10].

2.4 한계상태설계 검증 Verifications of Limit States

2.4.1 극한한계상태 검증

극한한계상태를 검토하기 위해서는 두 가지 다른 상황을 정의한다. 그 하나는 정상적 설계상황이며 다른 하나는 우발적 설계상황(예를 들면, 차량 충돌, 지진 등)이다. 이러한 구분에 대한 배경은 우발 작용의 발생 빈도가 낮음을 감안하여 경제적인 설계를 위한 고려사항이다. 이 경우에 우발적 설계상황에 대한 구조물 신뢰도가 정상적 사용조건에 대한 것보다 낮더라도 방호할 수 있다는 것이 일반적인 견해이다[2.1]. 여기서는 유로코드 EC2와 시범코드 MC 2010에서 적용하고 있는 방식을 설명하고자 한다[2.4, 2.5, 2.6].

극한한계상태에 대한 설계 공식은 기본적으로 다음과 같다.

$$E_d \leq R_d \tag{2.4-1}$$

위 식에서 R_d는 설계에서 결정되어야 할 구조물의 저항강도이다. 일반적으로, 편의상 R_d는 이른바 지배적 단면의 저항값과 같다고 가정한다. 이 저항값은 재료물성의 설계값과 단면 제원으로 결정된다. 강재와 콘크리트의 재료물성의 설계값 f_{yd}와 f_{cd}는 각각 기준값 f_y와 f_{ck}, 그리고 부분안전계수 γ_s와 γ_c로 결정된다.

$$f_{cd} = \frac{f_{ck}}{\gamma_c} \tag{2.4-2}$$

$$f_{yd} = \frac{f_y}{\gamma_s} \tag{2.4-3}$$

설계상황에 따라, 표 2.4-1에서 강재와 콘크리트의 부분안전계수를 취할 수 있다.

표 2.4-1 재료에 대한 부분안전계수

작용 조합 유형	재료	
	콘크리트 γ_c	강재 γ_s
기본 조합	1.5	1.15
우발 조합	1.3	1.0

구조물 저항강도를 산정하기 위한 간편법(구조물 저항강도=단면의 저항강도)을 따르면, 식 (2.4-1)의 E_d는 결정적인 작용들의 조합에 의해서 유발되는 고려 중인 단면의 내력을 뜻한다. 하중영향들의 결정적 조합은 다음의 식을 따라 설계상황에 맞춰 고려한다.

• 정상적 설계상황

$$E_d = E_d \left[\varSigma \gamma_{G,i} \cdot G_{k,i} + \gamma_{Q,1} \cdot Q_{k,1} + \varSigma (\gamma_{Q,i} \cdot \psi_{0,1} \cdot Q_{k,i}) \right] \tag{2.4-4}$$

• 우발적 설계상황

$$E_d = E_d \left[\varSigma \gamma_{GA,i} \cdot G_{k,i} + A_d + \psi_{1,1} \cdot Q_{k,1} + \varSigma (\psi_{2,i} \cdot Q_{k,i}) \right] \tag{2.4-5}$$

여기서, $G_{k,i}$=고정 작용의 기준값(타당한 표준값에서 취한다)

$\quad\quad Q_{k,1}$=1차 주요 변동 작용의 기준값(타당한 표준값에서 취한다)

$\quad\quad Q_{k,i}$=그밖의 변동 작용의 기준값(타당한 표준값에서 취한다)

$\quad\quad A_d$=우발적 작용의 설계값(타당한 표준값에서 취한다)

$\quad\quad \gamma_{GA}$=우발적 설계상황에 대한 고정 작용의 부분안전계수

$\quad\quad \gamma_G$=기본 조합에 대한 고정 작용의 부분안전계수

$\quad\quad \gamma_Q$=변동 작용의 부분안전계수

$\quad\quad \psi_i$=변동 작용에 대한 조합값

하중영향에 대한 부분안전계수와 조합값은 표 2.4-2에서 취한다.

표 2.4-2 하중영향에 대한 부분안전계수

설계상황	하중영향		
	고정	변동	
		1차 주요	기타
정상적	$\gamma_G = 1.35$	1.5	1.5
우발적	$\gamma_{GA} = 1.0$	1.0	1.0

건물 공사인 경우, 조합값은 유로코드 EC2에 고정되어 있다. 여기서는 두 설계상황에 대한 발생 확률도 고려한다[2.4].

표 2.4-3 하중영향에 대한 조합값

작용	조합값		
	ψ_0	ψ_1	ψ_2
1	2	3	4
바닥 활하중			
− 주택, 사무실, 매장, 복도, 발코니, 병원 환자실	0.7	0.5	0.3
− 회의실, 차고 및 주차장, 체육관, 관람석, 학교 복도, 도서관, 서고	0.8	0.8	0.5
− 전시실, 매장, 업무용 건물 백화점	0.8	0.8	0.8
풍하중	0.6	0.5	0.0
설하중	0.7	0.2	0.0
기타	0.8	0.7	0.5

구조물의 극한한계상태는 대상 구조물이 구조적 또는 기능적 설계 요구 성능을 충족하지 못하는 한계점 이상의 상태를 이상화한 것이다. 따라서 검증의 목표는 이러한 상태에 도달할 수 없는지 또는 주어진 확률로 초과할 수 없는지를 확인하는 것이다.

(1) 강도 안전 한계상태

구조물의 강도 안전 한계상태는 구조계나 부재의 파괴 또는 과도한 변형의 한계상태를 의미하는 것으로서, 구조적 강도의 부족, 연결부의 파단 또는 초과 변형으로 인한 파괴에 해당하는 한계상태이다. 구조 부재의 파괴는 사용되는 재료의 한계값 도달에 의한 파괴를 의미한다. 구조계산은 적절한 해석방법을 사용하여 수행해야 한다. 이 해석방법은 구조 거동을 충분히 정밀하게 예측할 수 있어야 한다. 이러한 한계상태는 항상 하중영향의 계수값 E_u가 구조강도의 설계값 R_d를 초과하지 않는다는 것을 검증해야 한다.

$$R_d \geq E_u \tag{2.4-6}$$

모든 가능한 설계상황에서 계수하중영향을 산정해야 한다. 선정된 설계상황과 한계상태에서 가장 불리한 하중들을 조합해야 한다. 그러나 동시에 발생하지 않는 하중은 조합에서 고려하지 않는다.

일반적으로 정상 설계상황에서 하중조합은 고정하중, 지배적 활하중의 계수값과 동반하는 활하중의 계수값에 근거하여 다음과 같이 구성한다.

$$\Sigma \gamma_{G,j} G_j + \gamma_{Q,1} Q_{k,1} + \Sigma \gamma_{Q,i} \psi_{o,i} Q_{k,i} \quad (i \geq 2) \tag{2.4-7}$$

여기서 G_j와 $\gamma_{G,j}$는 각각 고정하중의 j의 표준값과 하중계수이며, $Q_{k,1}$과 $\gamma_{Q,1}$은 지배적 활하중의 표준값과 그 하중계수이고, $Q_{k,i}$와 $\gamma_{Q,i}$는 동반 활하중 i의 표준값과 그 하중계수이다. 그리고 ψ_o는 표준값으로부터 조합값을 산정하는 계수이다. 프리스트레스 긴장력이 작용하는 경우, 위에서 정의한 각 하중조합에 긴장력을 포함시켜야 한다. 극한한계상태를 검증할 때 간접하중인 건조수축과 크리잎의 영향은 현저할 때에만 고려해야 하며, 부재의 연성과 회전 능력이 충분한 경우에는 검토할 필요가 없다. 건조수축 영향을 고려하는 경우에는 보통 하중계수로 1.0을 사용할 수 있다.

반면에 지진이나 폭발과 같은 극단적인 사고 설계상황의 하중조합에서 활하중과 긴장력에 적용하는 하중계수는 1.0이다. 실제적인 극단하중조합을 하기 위해서 지배적 활하중과 기타 활하중에 최빈값과 준고정값을 각각 적용하기로 한다. 예를 들면, 지진의 경우 지진 극단하중과 함께 교량 바닥판에 작용하는 트럭하중의 크기는 표준값보다 최빈값을 적용하는 것이 더 실제적이다. 극단설계상황에 대한 하중조합은 극단하중을 포함하여 다음과 같이 구성한다.

$$\Sigma G_j + A + \psi_{1,1} Q_{k,1} + \Sigma \psi_{2,i} Q_{k,i} \quad (i \geq 2) \tag{2.4-8}$$

여기서 ψ_1과 ψ_2는 표준값으로부터 최빈값과 준고정값을 산정하는 계수이다.

대부분의 경우, 온도변화, 건조수축, 부등침하는 지배적 하중으로 간주하지 않는다. 또한 활하중의 영향을 증가시켜서 불리한 영향을 주는 고정하중은 1.0보다 큰 값의 하중계수 $\gamma_{G,sup}$를 적용하고, 활하중의 영향을 감소시켜 유리한 영향을 주는 고정하중은 1.0보다 작은 값의 하중계수 $\gamma_{G,inf}$를 적용하여 하중영향을 산정해야 한다. 이와 관련하여, 설계자는 다음 두 가지 원칙을 준수해야 한다.

① 하중영향의 계수값이 구조물 부위에 따른 고정하중 크기의 변화에 아주 민감할 경우, 고정하중의 불리하고 유리한 부위를 개별하중으로 구분하여 고려한다.
② 한 하중의 여러 영향(예를 들면, 자중에 의한 휨모멘트와 연직력)이 완전히 서로 상관하지 않는 경우, 유리한 요소에 적용하는 하중계수를 감소시킨다.

(2) 외적 안정 한계상태

구조물의 외적 안정 한계상태란 구조계나 부재의 정역학적 평형 손실 한계상태를 말한다. 이 한계상태는 구성하고 있는 재료의 강도와는 관련되지 않는다. 대부분의 경우 이 한계상태를 벗어나면 즉각적인 붕괴가 발생하기 때문에 정적평형의 손실은 극한한계상태로 취급되어야 한다. 평형 손실의 극한한계상태는 다음의 한계상태를 포함한다.

- 넘어짐 overturning
- 들림 uplift
- 미끄러짐 sliding

이 한계상태는 일반적인 구조물에서는 흔히 마주치지 않는다. 정적 평형에 관한 좋은 예는 지반 위에 직접 놓여 있는 콘크리트 옹벽이다. 옹벽의 뒷면은 흙으로 채워져 있다. 이 뒷채움 흙은 옹벽에 연직력과 동시에 큰 수평력을 발생시키는 토압으로 작용하게 된다. 이 수평토압이 크면 옹벽이 앞굽 모서리를 중심으로 넘어질 수 있을 뿐만 아니라, 기초판과 지반 사이에 미끄러짐이 발생하여 붕괴될 수 있다. 따라서 외적 안정을 확보하기 위해서는 불안정화 하중영향의 계수값이 안정화 하중영향의 계수값보다 작다는 것을 검증해야 한다.

$$E_{u,\text{안정}} \geq E_{u,\text{불안정}} \qquad (2.4\text{-}9)$$

일반적으로 안정화 하중영향에는 고정하중만을 포함하고 활하중은 고려하지 않아야 한다. 이것은 활하중이 작용하지 않는 시간 동안에는 안정화 하중영향이 작아져 한계상태를 초과할 수 있기 때문이다. 그러나 불안정한 하중영향을 결정할 때는 활하중의 영향을 반드시 고려해야 한다. 경우에 따라 적절하다고 판단될 때에는 강체 사이의 마찰력과 같은 힘을 포함시킬 수 있다.

(3) 피로한계상태

반복하는 하중을 받는 구조물에서는 파괴가 정상적으로 예상되는 하중 수준보다 훨씬 낮은 하중 수준에서 피로파괴가 일어날 수 있다. 피로가 자유롭게 일어날 때 최종 단계는 구조물의 파괴가 되기 때문에 피로한계상태를 극한한계상태로 고려한다. 그런데 피로 파괴에 직접 영향을 주는 하중은 강도 안전성이나 외적 안정에 관련된 하중이 아니다. 교량의 경우 피로의 주된 원인은 가장 무거운 화물트럭의 영향이 아니라 자주 반복되는 트럭하중의 영향이며, 따라서 자주 반복되는 평균 하중을 적용한다. 교량에 작용하는 피로하중은 차량하중 표준값의 75 % 정도에 해당한다고 간주하는 것이 일반적이다. 파괴 검증은 구조 재료에 따라 크게 달라진다. 이러한 피로 파괴가 균열에 의해 발생할 경우, 균열이 형성되는 초기 단계와 균열 전파 단계 그리고 불안정 균열 전파가 발생하여 파괴하는 세 단계로 진행되는 특징이 있다[2.3, 2.4, 2.5].

2.4.2 사용한계상태 검증

(1) 개요

이미 밝힌 바와 같이 설계에서는 두 가지 양상의 기본 거동을 다루어야 한다. 그 하나는 설계 중인 구조물이나 부재의 저항강도에 관련된 주제이고, 다른 하나는 사용하중상태에서 구조물이나 부재의 성능에 관련된 주제이다. 사용한계상태는 이 두 양상 중의 후자에 관한 것이다. 특수한 경우로서 그 밖의 사용한계상태도 중요할 수도 있지만, 일반적으로 가장 중요한 것은 두 가지가 있는데 설계기준에서도 상당히 중요하게 다루고 있다. 이 두 가지는 균열과 처짐이다. 여기서는 주로 이 두 가지 주제에 대해서 다루기로 한다. 그 밖의 사용한계들은 인장 및 압축상태에서 응력 크기와 진동에 관한 것이다[2.1, 2.3, 2.4, 2.5].

주목해야 할 중요한 점은 극한한계상태가 주로 재료 및 단면의 강도와 관련된 것이라면, 사용한계상태는 주로 부재 또는 단면의 변형에 관련된 것들이며 그래서 부재의 강성과 지배적으로 관련되어 있다. 물론 이 말은 일반적인 것이다. 예를 들면, 고전적 좌굴에 의한 부재의 파괴는 재료강도보다는 부재의 강성과 관련되어 있지만, 여전히 유용하게 구분할 수 있는 방법이다. 처짐은 분명히 부재 강성과 직접적으로 관련되어 있다. 균열 폭은 콘크리트의 인장변형률이 한계값보다 커질 때 이러한 변형들이 어떻게 수용되는지, 그리고 부재에 생긴 인장변형률과 관련이 있다. 따라서 균열의 발생 여부는 콘크리트의 인장강도에 따라 정해지지만 발생한 균열의 폭은 그 구조계의 강성에 따라 정해진다. 이들 견해 중의 두 번째 것을 일반적으로 더 중요하게 여기고 있다. 이렇게 강성이 중요하다는 것을 명심하면, 수년 동안에 걸쳐서 구조용 콘크리트에 사용된 기본적인 재료의 발전은 상당히 중요함을 알 수 있다. 그림 2.4-1은 영국 설계기준에 맞춰 설계가 시행된 지난 80여 년 동안 사용하중상태에서 철근의 응력이 얼마나 변했는가를 보인 것이다. 이 그림은 영국 기준에 관련된 것이지만 다른 나라에서도 아마도 거의 비슷한 경향을 보일 것이다. 사용하중상태에서 응력은 기준이 개정될 때마다 증가되었으며 재분배를 무시한다면 허용응력은 고려 중인 기간 동안 3배나 커졌다. 재분배를 고려한다면 증가량은 4.5배에 이른다. 이렇게 증가하게 된 주요 원인은 다음과 같다[2.6].

- 철근강도 증가
- 안전율 감소
- 재분배 도입 및 허용 재분배량의 증가
- 단면 해석 방법의 변환 : 탄성해석법에서 극한강도법으로

여기서 지적하지는 않았지만 재료의 사용을 최소화하려는 경제적 압박 그리고 컴퓨터의 사용으로 허용된 해석 기법의 정교함에 의한 일반적인 증가도 있다. 사용성에 대한 그림 2.4-1의 철근허용응력 변화량의 의미는 철근의 탄성계수는 강도 증가에 영향을 주지 않으면서 응력이 증가함에 따라 처짐이나 균열 폭도 직접적으로 비례하면서 증가되고 있다.

마찬가지로 지난 수년 동안 사용상태에서 콘크리트 압축응력 수준도 증가했다. 그림 2.4-2는 특정 배합에 대해서 1985년도까지 영국 기준에 대해 이 현상을 나타내려 한 것이다. 이런 변화의 세 가지 주요 원인은 포틀랜드 시멘트의 강도 향상, 안전율 감소, 단면 해석의 탄성해석에서 반-소성방법으로 변환 등이다.

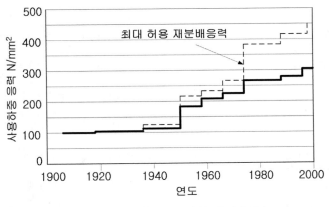

그림 2.4-1 사용하중상태에서 철근응력의 증가

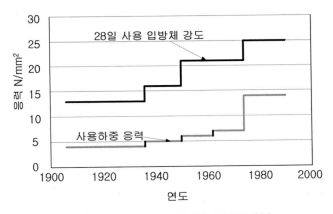

그림 2.4-2 콘크리트강도 증가와 사용하중 응력

또한 여기서 고려되지는 않았지만 내구성에 관한 필요조건을 충족시키고 빠른 공정을 도모하기 위해서 고강도 콘크리트를 사용하려는 전반적인 움직임이 있다. 강재와는 달리, 콘크리트 탄성계수는 강도가 증가하면 함께 증가하지만, 비례적이지는 않다. 압축강도가 20 MPa에서 40 MPa로 두 배 증가해도 탄성계수 증가는 겨우 20 % 정도이다. 그래서 일반적인 응력수준이 증가하면 그 결과로 변형의 증가가 생기기 마련이다.

실무에서 이러한 변화의 결과는 수년 동안 설계에서 사용성의 중요성이 커지고 있음으로 나타나고 있다. 20세기 초반에는 충분한 사용성능을 보장하기 위해서 설계 중에 어떠한 대책도 취할 필요가 거의 없었다. 구조물이 충분히 견고하면 강성도 충분하다고 생각했다. 이런 언급이 이제는 더 이상 맞지 않으며 최근 몇 년 동안 사용성에 대한 설계를 향한 관심이 거의 모든 설계기준에서 커지고 있다. 실제로, 구조물이 사용조건에 맞게 적절히 설계되었다면 간단한 검토조차도 할 필요 없이 그 구조물은 충분히 튼튼할 것이라고 가정을 해도 될 것이라는 주장이 제기되고 있다.

도로교설계기준 5.4.3.3에서도 사용한계상태에 대한 설계원칙을 제시하고 있으며, 여기서는 좀 더 구체적으로 정의된 시범코드 MC 2010의 4.5.2.5에서 제시한 사용한계상태에 대한 설계원칙을 제시하였다. 각각의 경우에 해당하는 사용하중조합에 의해 발생하는 하중영향이 적합한 사용한계기준을 초과하지 않는다는 것을 검증해야 한다[2.1, 2.4, 2.5].

사용한계상태 검토를 위한 설계식은 다음과 같다.

$$E_d \leq C_d \tag{2.4-10}$$

식 (2.4-10)에서 C_d는 특정 구조물 또는 구조의 부분 요소의 공칭값이다. C_d에 대한 예는 허용 처짐(변형), 최대 허용 균열 폭 또는 철근 및 콘크리트의 허용응력 등이다. 여러 가지 구조 특성값 중의 허용값들은 거의 경험적인 값들이거나(처짐) 실험에서 얻어낸 값들(균열 폭)이다.

E_d는 결정적인 작용들의 조합의 결과로서 구조물 또는 구조 부재에 발생하는 대표값(균열 폭, 처짐 등)이다. 이 대표값들은 장기간 하중의 영향을 고려하여 재료물성의 기준값을 사용하여 결정해야 한다(예를 들면, 콘크리트의 크리잎 및 건조수축). 결정적인 작용의 조합은 다음과 같이 분류된다.

• 희소 조합

$$E_d = E_d\left[\Sigma G_{k,i} + Q_{k,1} + \Sigma(\psi_{0,1} \cdot Q_{k,i}) + P_k\right] \tag{2.4-11}$$

• 최빈 조합

$$E_d = E_d\left[\Sigma G_{k,i} + Q_{k,1} + \Sigma(\psi_{1,1} \cdot Q_{k,i}) + P_k\right] \tag{2.4-12}$$

• 준고정 조합

$$E_d = E_d \left[\Sigma G_{k,i} + Q_{k,1} + \Sigma (\psi_{2,1} \cdot Q_{k,i}) + P_k \right] \tag{2.4-13}$$

사용한계상태에 대해 여러 작용 조합에 대한 이러한 구분은 용도에 따라 개별적 검증의 중요성을 반영한 것이다. 예를 들면 균열 폭 검증은 철근콘크리트 구조로 된 지하실의 방수에 매우 중요하다. 그러므로 이러한 균열 폭 검증은 희소 작용 조합을 적용하여 수행해야 한다. 다른 한편 일반적으로 업무용 건물에 대한 균열 폭 검증은 그다지 중요하지 않다. 그래서 준고정 조합으로 균열 폭 검증을 수행해도 된다.

(2) 균열 및 과도한 압축의 한계상태

부재의 어떠한 단면에서도 다음과 같은 내용을 검토해야 한다.

• 균열 형성 및 과도한 크리잎 영향에 대해

$$f(F_d) < \alpha f_d \tag{2.4-14}$$

• 설계 균열 폭에 대해

$$w_d(F_d, f_d) < w_{\lim} \tag{2.4-15}$$

• 균열 다시 열림에 대해

$$f(F_d) \le 0 \tag{2.4-16}$$

여기서, f : 한계 응력

$\quad F_d$: 설계 작용력

$\quad f_d$: 인장, 전단 또는 압축 설계강도

$\quad w_d$: 설계 계산 균열 폭

$\quad w_{\lim}$: 한계 균열 폭

$\quad \alpha$: 고려 중인 경우에 대한 감소계수, $0 \le \alpha \le 1$

(3) 변형 한계상태

다음과 같은 내용을 검토해야 한다.

$$a(F_d, f_d) \leq C_d \qquad (2.4\text{-}17)$$

여기서, a : 설계 계산 변형량 (일반적으로 처짐 또는 부재 단부에서 지점 회전)

C_d : 고려 중인 변형의 한계값

(4) 진동 제한

대다수 일반적인 경우에 제한조건은 간접적인 방법으로 확보된다. 변형량 또는 구조물의 진동 주기 등을 제한하는 것으로서 공명의 위험을 피하고자 하는 것이다. 그 외의 경우에는 동적 해석이 필요하다.

2.5 설계과정 Design Process

구조물을 설계하는 과정에는 여러 분야의 지식을 대표하는 단체나 집단들이 참여한다. 공사가 원만하게 이끌어지도록 계획된 여러 조건 내에서 팀웍과 정보의 교환이 필요하다. 일반적인 건물인 경우, 건축가가 그 팀의 리더가 될 것이며 구조기술자는 자문을 맡게 될 것이다. 그러나 교량, 발전소, 굴뚝, TV - 송신탑 또는 산업시설과 같은 토목구조물인 경우에는 구조기술자가 그 팀을 이끌어나갈 것이다.

설계 초기 단계에서는 여러 가지 기초적이고 기본적인 사항들을 일찌감치 정해야 한다. 그러므로 이 단계가 사업의 전반적인 성과에 큰 영향을 주게 될 것이다. 시작단계에서 곧바로 책임자들이 협력하여 제반 요구사항을 반영하고 다듬어서 관련된 모든 집단들에게 납득할 만한 해결책을 찾아주어야 한다. 내구성과 유지관리 등과 같은 설계과정의 마지막 단계에 이르러서 겨우 소개되는 사항들도 계획 초기단계에서 미리 관심을 가져야 한다.

토목공사 또는 건물이 소정의 요구사항을 충족시킬 수 있도록 발주자가 결심하는 시기가 설계의 시작점이다. 도로 관리기관, 도시 행정기관, 보험회사 또는 일반 개인 등이 발주자가 될 수 있고,

발주자는 흔히 건축가나 설계전문가의 도움을 받는다. 일차적으로 발주자의 요구와 문제점들을 명확히 파악해야 한다. 이러한 일은 설계팀과 발주자가 협의해서 해결될 수 있다. 이 단계의 마무리 시점에서는 발주자의 노력과 희망사항 등이 어떤 방법으로 건물 또는 구조물의 형태로 충족될 수 있는지를 분명히 해야 한다. 동시에 타당성 검토를 수행해서 자금 조달, 이용자 비용(예를 들면, 고속도로 통행료), 일반 기금 재원, 사금융 등 재정 계획에 관한 문제를 확실히 해두어야 한다.

구조 설계과정은 전체 설계과정의 한 부분이며 **예비 설계, 기본 설계, 실시 설계** 등 세 단계로 구분될 수 있다. 각 설계단계에서, 주요 목표, 영향 및 경계 조건 등을 명심해야 한다. 다음 절에서는 각 단계 간의 관계에서 서로 다른 점들을 언급하고자 한다[2.7].

2.5.1 예비 설계

예비 설계는 구조물의 형태와 특성에 관련된 기본적인 정책들이 결정되는 설계과정 중의 한 단계라고 정의될 수 있다. 예비 설계 단계에서는 그다지 많은 시간이 필요하지 않으나 외형적인 작업량을 결정짓는 단계이며 따라서 설계에서 매우 중요한 단계이다. 이 단계에서 몇 가지 달성해야 할 목표가 있다. 물론 첫 번째 목표로서 건물이나 구조물은 각각 공학적인 관점에서 제 기능을 잘 발휘해야 한다. 그러나 그 이상으로 설계과정은 반드시 충족시켜야 할 많은 여타의 환경조건, 그리고 외적 제약조건에 의해서 영향을 받는다.

- 사용성 및 기능성
- 형태 및 구조적 효율성
- 미관
- 환경(소음 방지 등)
- 경제성

한 마디로 요약하면, 경제성은 외관과 관련이 있고 동시에 환경적인 면과 기능적인 면을 충족시켜야 한다. 모든 관점과 목표가 서로 관련되어 있다는 점은 설계작업의 중요한 양상이라 할 수 있다. 경제적 효율성은 구조물의 사용 기간 중에 나타나는 문제인데, 공사비와 유지관리비뿐만 아니라 철거 비용까지도 고려되어야 한다. 따라서 구조물의 예상 수명에 대한 최저 비용

(공사비＋유지관리비＋철거비)이 설계목표이어야 하며 초기 비용이 낮아지더라도 전체적인 비용대비 이익률을 향상시키지는 않는다. 그렇더라도 경제성만이 반드시 목표가 되어서는 안 된다. 최근의 설계작업 중에서 더욱더 지배적인 요소가 되고 있는 것은 미관이다.

오늘날 모든 구조물은 다음과 같은 두 가지의 기본적인 문제에 부딪히게 된다.

- 구조물과 그 주변 환경의 관계가 인근의 건물과 도로와 같은 인공적인 형상뿐만 아니라 자연 경관을 포함한 환경에 어떻게 조화를 이루는가?
- 건물 자체의 미관적인 면과 전반적인 구조 형상의 기하학적 관계는 잘 어울리는가?

로마시대의 건축가이며 기술자였던 비트루비우스 Vitruvius는 설계의 6가지 원리를 밝힌 바 있다. 질서 秩序 order－대칭성 對稱性 symmetry－배열 配列 arrangemet－균형감 均衡感 evenness－타당성 妥當性 propriety－경제성 經濟性 economy 등이다. 고대의 이러한 원칙은 아직도 받아들일 만하다. 구조물이 주는 시각적 인상은 기본적인 미적 가치를 나타내는 상당히 많은 여러 가지 변수와 요소들에 의해서 영향을 받는다. 이것들은 규모(주변 환경과 관련된 크기)와 구성비, 리듬, 조화(환경 및 여타 구조물과의 관계), 질서와 균형, 간소함(몇 가지 간단한 요소로 제한한다. 불필요한 부가요소는 피해야 한다), 명료성, 일관성, 명암의 조화(묵직하고 조잡한 구조물을 피하고 날씬한 구조를 선호), 색상의 배열, 구성과 연결 등이다. 흔히 잘 지키고 있는 한 가지 기준은 구조물은 자체의 재료를 나타내야 하고 힘의 흐름을 보여줄 수 있어야 강도 強度, 안정감 安定感, 안전성 安全性을 줄 수 있다는 점이다. 일반적으로 부드러운 형상과 흐르는 듯한 선들은 눈에 즐거움을 준다. 같은 의미로 어느 한도까지는 날씬함을 추구해야 한다. 길고 높은 벽은 부분적으로 나누어서 기하학적 조화를 이루도록 해야 한다. 일반적으로 모든 구조요소를 세밀하게 설계해서 매우 조심스럽게 시공해야 한다. 그러나 각각의 요소를 잘 만들고 설계하는 것뿐만 아니라 이들 요소가 함께 잘 어우러져서 전체적인 조화를 이루는 것도 매우 중요하다. 아주 보기 좋게 잘 설계된 멋진 하나의 예로서 1930년에 스위스의 로버트 메일라트 Robert Maillart의 작품인 살지나토벨 Salginatobel 교가 있다. 깊은 계곡의 가파른 경사를 이어주는 중앙 경간 90 m인 3활절 평아치로서 독특한 주변 경관과 아주 잘 어울린다. 이 교량이 날씬하고 경쾌함을 보이고 있음에도 안정감과 편안감을 주고 있다. 이는 주로 교량의 형상은 내력의 흐름을 따라야 하고 그러므로 구조물이 어떻게 견디고 있는가를 알아야 한다는 사실 때문이다.

그림 2.5-1 스위스의 살지나토벨 교

중요한 점은 가용한 구조계 선택 방안을 합리적인 정확성을 지니면서 계량화하여 기능적 요구 조건과 비용에 관한 그 방안들의 중요성을 평가할 수 있어야 한다는 것이다. 재래의 건물 뼈대 구조에 대해서, 이것은 일반적으로 슬래브, 보 및 기둥의 제원을 결정하는 데 관련된다. 물론 이러한 자료들은 더 높은 설계 단계에서 컴퓨터 해석을 위하여 이용될 수 있다.

해석적인 관점에서 적절한 구조적 성능을 얻기 위해서는 다음과 같은 사항들을 고려해야 한다.

- 내하 능력(선택된 구조 형태가 구조적 목적을 여하히 수행할 수 있을까라는 문제를 포함해서)과 재료 및 구조 부재의 강성을 고려한 구조계 배치
- 상부구조와 하부구조의 조화(상부구조를 지탱하는 데 필요한 기둥, 교각, 받침 등과 같은 요소들)
- 시공방법 및 집행 능력(주변 조건에 따른 공사수행 속도, 시공 방법은 역학계에 큰 영향을 끼친다)
- 작용하중으로부터 기초에 이르기까지의 힘의 흐름 파악(예를 들면 건물 평면 골격 및 기둥의 위치는 주로 기능적 요구조건에 의해서 결정될지라도 중량의 하중은 기초에 최단 거리로 전달되어야 한다는 점은 기본적인 규칙이라고도 할 수 있을 것이다.)
- 구조계의 안정성, 수평하중 전달 및 브레이싱 구조물의 배치
- 건물 연결부, 구역 설정

2.5.2 기본 설계

설계 중의 이 단계는 예비 계산에서 부재의 적절한 제원(강재 단면적 등과 같은 역학적 및 기하학적 성질의 확고한 정의) 결정에 이르기까지의 일반적인 수준에서 가장 선호하는 대안(代案)을 설계하는 시기이다. 구조해석은 전반적인 거동 파악을 위해 단순하고 합리적인 모델을 근거로 수행된다.

사용한계상태와 극한한계상태에 대한 예비 계산 검토가 필요하다. 사용한계상태 검토에 따라 슬래브 두께 및 보의 높이가 결정된다. 저항 성능은 다음 사항으로 검증된다.

- 구조물을 강체 剛體 *rigid body*로 간주하고 구조물 또는 그 일부의 평형상태 상실
- 구조물 또는 그 일부의 안정성 상실, 또는 과도한 변형, 단면 파단에 의한 파괴

계산의 정밀도 및 수준은 신뢰도와 문제의 성격에 따라 달라진다. 정상적으로 이 단계에서는 단지 정역학적 거동에 대해서 모멘트 재분배를 고려하거나 또는 고려하지 않고 선형 탄성해석으로 수행한다. 부가적으로 소성이론을 근거로 간단한 검토를 수행하는 것도 도움이 될 수도 있을 것이다. 컴퓨터가 꼭 필요한 것은 아니지만, 요즈음에는 시작단계부터 곧바로 컴퓨터를 사용해서 매우 재빠르게 고도의 정확도를 얻어내기도 한다.

계산을 시작하기 전에 기술자는 반드시 모든 관련 하중조건을 세심하게 고려해야 한다. 구조물에 미치는 영향에 대하여 정역학적, 동역학적, 그리고 충격 등 3가지의 작용상태를 구분할 수 있다. 구조물의 비선형 거동을 고려하면, 직접 또는 간접적인 하중영향에 따라 그 응답이 달라진다.

- 직접적인 것 : 하중 및 하중영향
- 간접적인 것 : 강제 변형 또는 잠재 변형

시간에 따른 변화에 의한 하중영향의 성격은 다음과 같이 구분된다.

- 고정하중 : 구조요소의 자중, 비 구조요소의 자중, 토압 또는 수압, 프리스트레스
- 변동하중 : 부가 하중, 이동 하중, 풍하중, 설하중
- 우발 하중영향 및 재해 : 지진력, 충격, 화재 노출, 유체 압력, 부유) 얼음
- 강제 변형 및 구속 : 크리잎, 건조수축, 침하, 부상 浮上, 온도 영향

관련된 단면력 조합에 대해서 충분한 재하 경우를 고려하여 구조물 또는 구조물의 부분들내에서 모든 단면에서 정해져야 할 위험 설계 조건을 결정할 수 있어야 한다. 역학계의 선택에는 성질이 다른 재료와 관련하여 구조물의 실제 거동에 관한 경험과 지식이 필요하다. 예를 들면, 콘크리트 공사에서 구조 모델을 잘 선택하면 결과적으로 외적 하중 하에서 균열이 덜 생기게 될 것이다.

단면 설계는 단면력이 결정된 후에, 부재의 단면 크기를 정하는 일이다. 단면 해석(일반적으로 컴퓨터 프로그램을 이용하거나 설계도표 등)을 수행함으로써 강도와 내구성 요구조건을 고려한 강재와 콘크리트의 등급을 선정할 수 있게 된다. 이 단계에서 설계자는 이미 전체 부재의 단면을 지배하게 되는 중요한 구조 상세를 마음속에 정해두어야 한다(예를 들면, 단부 받침의 소요 크기와 규정된 허용한계 등은 프리캐스트 거더의 유효 경간장과 폭에 영향을 준다).

일반적으로 대중들은 설계는 당대의 기술력을 반영한 것이라고 믿고 있다. 정규문서로서 설계기준(설계규정)은 완공된 구조물의 안전을 보장하고 기술자가 만족할 만한 수준에서 성능이 발휘되는 안전하고 경제적인 구조물을 설계하고 시공할 수 있도록 도와주는 것이다.

2.5.3 실시 설계

실시 설계 단계에서는 기본 설계로부터 부재의 크기를 결정하는 일부터 시작하여 모든 구조 상세를 설계하고 검토한다. 정상적으로는 이 단계에서는 기술자들에게는 가장 많은 작업량이 주어진다. 곧바로 시공할 수 있도록 건설 재료의 물량 및 요구되는 형태에 관한 모든 시방조건 등이 제시된 상세한 도면(예를 들면, 거푸집 도면, 철근 상세 도면 등)이 준비되어야 한다.

구조물의 모든 부분에 대해서 먼저 내력 및 모멘트의 분포를 확실히 파악해두어야 한다. 기술자가 늘 명심해야 할 것은 힘의 흐름이다. 발생 가능한 모든 파괴 형태를 결정하고 철저히 계산으로 검토해야 한다. 반드시 고려해야 할 기본적인 문제점들과 사항들은 다음과 같다.

- 문제 성격에 따라 비선형 해석이 필요할 수도 있다.
- 연성 조건이 만족된다면 소성해석을 택할 수도 있다.
- 재료의 거동이 거의 탄성적이라면, 제한된 모멘트 재분배의 가능성을 고려할 수도 있다.

- 필요하다면 2차 해석을 고려해야 한다(특히 구조물 전체의 안정성에 심각하게 영향을 주는 경우이거나 변형이 내력과 모멘트에 상당한 증가를 초래하는 경우).
- 재하되지 않은 구조물의 형태에 결점이 생길 가능성에 영향을 고려해야 한다(연직선 또는 등가의 수평력에 의한 기하적 변형).
- 반복하중을 반드시 고려하고 구조물의 거동이 진동에 민감하다면, 이들 영향을 평가하기 위해서 반드시 동역학적 해석을 수행해야 한다.

오늘날 컴퓨터 소프트웨어를 사용하지 않을 수 없지만, 컴퓨터가 경험이나 유능한 설계자의 통찰력을 대신할 수 없다. 상세 설계의 실용성 및 그 결과를 평가하고 판단하는 일이 아직도 중요하다.

결론적으로 각 부재에 대한 단계별 내용은 다음과 같이 요약할 수 있다.

- 구조 모델링(스케치로 문서화)
- 재하 형태 및 재하 경우
- 단면력 산정
- 전체 부재의 제원 결정
- 상세 설계(배근 상세 및 도면)

설계과정 중에서 이미 핵심적인 부분은 품질 보증이다. 건물 소유주가 예상하고 요망한 대로 적절한 설계와 시공을 보장하려면 체계적인 관리와 감독이 필요하다. 여기에는 외부 기술자의 감리를 통한 감독뿐만 아니라 자체의 관리도 포함된다.

그 밖에도 실험을 통해 특정 설계상황에서 대안에 대한 보조 수단이 되고 특별한 해석 방법을 검증할 수도 있다. 건물이 설계 가정에 잘 들어맞게 시공되고 있는지 그리고 그 거동이 설계 가정치와 잘 들어맞는지를 검토하기 위해서는 어떠한 경우에도 시공 현장의 정보와 자료를 반영하는 것은 대단히 중요한 일이다.

2.5.4 해석모델 구성

단면력 산정은 고도의 정확도를 지닌 컴퓨터로 계산될 수 있다. 그러기 위해서는 먼저 전체 구조물을 이상화할 필요가 있다. 그러므로 구조물의 합리적인 단순화를 가능하게 하는 이른바 '설계모델' 또는 '공학적 모델' 등을 적용해야 한다. 이러한 모델들은 훨씬 더 세련된 것이지만 설계에는 실용적이지 못한 '연구 모델'과는 복잡성에 있어 상당히 다르다. 실제의 문제에 대해 충분히 고도의 정확성이 확보된 '설계 모델'은 그 밖의 하중 그리고 그 하중이 어떻게 작용하는지를 잘 나타내면 하중영향 측에 대해서뿐만 아니라 저항력 측면에 대해서도 필요하다. 몇 가지 예를 보면 설계자가 합리적인 모델을 지향하는 데에 어떠한 문제점들과 당면하는지를 알아볼 수 있다.

① 복잡한 구조물을 이상화하는 경우에, 1차 부재와 2차 부재를 구분해야 한다.

　　1차 부재는 구조물의 주요 내하 부재를 뜻하며 2차 부재는 1차 부재 간의 브레이싱 *bracing* 으로서 작용한다. 이것들은 상부 구조 뼈대의 단면 변형을 막아주고 저항하도록 설계되며 스트링거 *stringer* 사이의 연직하중의 일부를 분배시키는 데 도움이 된다. 때때로 어떤 부재가 실제로 하중 전달을 부담하게 될지 결정하는 일은 매우 어려울 수 있고 불가능할 수도 있다. 물론 이러한 문제는 컴퓨터 해석의 복잡성을 상당히 키워놓기도 한다.

② 일차 구조 요소는 정상적으로는 그것들의 성격과 기능을 고려함으로써, 즉 보, 기둥, 슬래브, 벽체, 아아치 쉘 등으로 구분된다. 보 또는 기둥으로서 고려되어 그렇게 설계된다면, 부재의 길이나 경간장은 그 부재의 전체 단면 높이의 2배보다 작아서는 안 된다. 일반적으로 유효 경간장은 인접한 받침점의 축간의 거리로서 정의된다. 부재의 높이의 2배보다 경간장이 짧은 보는 깊은 보로 취급된다. 탄성해석인 경우에 벽체, 코벨 및 깊은 보는 트러스와 같은 이상화된 구조체로 다뤄질 수도 있다.

③ 그 밖의 다른 문제는 받침점 조건인데 이 문제는 흔히들 분명하게 정의되지 못하고 있다. 보통의 건물 구조에서 한 예를 들면, 연속 보는 일반적으로 적어도 중간 받침점은 회전 구속이 없다는 가정 하에 해석된다. 보 또는 슬래브의 단부 면은 단순지지되거나 완전히 고정된 것으로 고려되고 있다. 현실적으로 특히 단부 받침점에서 부분적인 고정조건이 발생하기도 하지만, 해석에서는 그러한 조건이 고려되지 않고 있다. 그러한 경우에 대비해서 설계기준에서는 충분한 보강을 하도록 규정하거나 요구하고 있다.

④ 하중 및 그 하중의 작용점에 대해서 작용력 측면에서도 적절한 모델이 필요하다. 적용 규정뿐만 아니라 공칭 하중은 정상적으로 관련 하중 규준에 정의되어 있다. 또한 이 하중들의 적합성과 관련 조건들을 감안하여 조합 모델도 필요하다. 모든 하중영향은 그 영향이 유리한 것인지 아닌지를 철저하게 고려하여 작용시켜야 한다.

구조해석을 수행할 때마다, 설계자는 각 단계마다 가정을 해야 하고 그 가정들이 실제에 잘 접근하는 방법인가가 주요 관심사가 될 것이다. 특히 철근콘크리트 공사에서 이러한 작업은 재료의 거동이 하중 수준에 크게 좌우되기 때문에 더욱더 어려운 일이다. 구조해석을 위한 적합한 모델을 찾아내는 능력은 부분적으로는 교육을 통해서 습득될 수 있지만 다른 한편으로는 실제 구조물의 거동에 대한 느낌은 이미 완료된 공사로부터 얻어진 경험에 따라 결정되기도 한다. **설계과정은 연속적이고 반복적으로 해결방안을 결정하는 과정이다.** 여기에는 다음과 같이 주요 3단계가 있다.

① 발주자의 요구사항 및 우선 순위의 결정 : 모든 건물 및 기타 구조물은 요구사항을 만족시키도록 지어져야 한다. 중요한 점은 발주자나 사용자가 계획 중인 건물의 특성을 결정하는 데에 관여한다는 점이다. 여기에는 기능상의 요구조건, 미관 요구조건, 그리고 예산상의 조건들이 포함된다. 예산상의 조건에는 우선은 비용, 조기 준공, 최소 유지비, 그리고 기타 사항들이 포함된다.

② 공사 개념의 설정 : 발주자의 요구와 우선권을 근거로 하여, 몇 가지의 가능한 기본 배치도를 구상한다. 일차적으로 개략 공사비를 산정하고 최종 선택은 전체적인 설계가 가용한 예산범위에서 발주자의 요구를 얼마나 충족시키는가를 근거로 한다.

이 단계에서 전반적인 구조 개념도가 선정된다. 모멘트, 전단력, 축력을 개략적으로 해석하여, 각각의 예상되는 구조계획에 맞춰 일차적인 부재 크기를 선정한다. 이 일이 끝난 다음에, 가장 바람직한 구조계를 선정하고 공사비를 산정하는 것이 가능하다.

이 단계의 구조설계에서 전체적인 목표는 타당성, 경제성 그리고 어느 정도의 유지관리성에 맞춘 설계기준을 만족시켜야 한다.

③ 개별 구조계의 설계 : 전체적인 배치계획과 일반적인 구조 개념이 확정되었다면, 개별 구조계를 설계할 수 있다. 구조 설계는 3가지 주요 단계를 거쳐야 한다. 두 번째 단계에서 결정된 예비 설계를 근거로 하여, 구조물에 발생하는 모멘트, 전단력 그리고 축력을 알아내도록 구조해석을 수행한다. 그리고 나서 각각의 부재가 이들 단면력에 저항할 수 있도록 크기를 결정하여야 한다. 이러한 과정을 부재 설계라고도 하는데, 이때 전체적인 외관, 설계의 시공 가능성, 완공된 구조물의 유지관리성을 반드시 고려해야 한다. 설계과정의 최종 단계는 시공 도면과 시방서를 작성하는 것이다.

2.5.5 경제성을 고려한 설계

구조설계의 주요 목표는 경제성이다. 구조물의 전체 공사비는 구조물 공사비와 공사 진행속도의 함수인 금융비용에 의해서 크게 좌우된다. 현장 시공 건물이라면, 바닥 및 지붕 공사비는 전체 구조물 공사비의 거의 90 %를 차지한다. 바닥 공사비는 건조 공사비와 거푸집 제거비용으로 구분된다. 철근 공급, 가공, 배근, 그리고 콘크리트 공급, 타설, 그리고 마감 등이다. 두 가지 점은 주목할 만하다. (1) 재료 물량은 기둥 간격이 증가할수록 많아지고 결과적으로 공사비가 증가하며, (2) 거푸집 비용은 전체 공사비중의 가장 큰 단일 항목으로서 전체 공사비의 40∼60 %를 차지한다. 이들 바닥 구조계 간의 주요 차이는 지간이 길어질수록 재료물량의 증가에 의한 것이며 거푸집 공사의 복잡성에 따라 거푸집 비용도 증가된다. 1방향 리브 바닥인 경우에 거푸집 비용의 일부 몫은 기성 거푸집 임대비용이다. 거푸집 비용은 면적에 따라서 또는 층에 따라서는 재사용할 수 있으므로 절감될 수 있다. 보, 기둥, 슬래브의 치수는 거푸집을 최대한도로 재사용할 수 있도록 선정해야 한다. 하중에 정확하게 들어맞도록 각각의 보의 크기를 꼼꼼하게 계산해서 철근과 콘크리트를 줄이려고 애써봐야 별로 경제적이지 못하다. 이렇게 해서 재료에서 몇 푼을 줄여보아도 거푸집에는 뭉칫돈이 들 수 있기 때문이다. 게다가 단면 크기를 변화시키면 어떤 때는 설계가 복잡해지며 그래서 설계상의 실수와 시공상의 오차 확률이 더 커질 수 있게 된다. 모든 필수 요구조건을 충족시키면서 단순하게 설계하면 설계 및 시공 기간을 절약할 수 있어서 경제적인 구조물을 지을 수 있다. 가능하다면, 보에 헌치 *haunch*를 두는 설계는 피하도록 한다. 현실적으로 하나의 뼈대를 구성하는 보와 기둥의 단면 폭은 같은 치수로 한다. 단면 높이가 큰 테두리보는 층에서 층으로 이동하기 어렵게 하기 때문에 될 수 있으면 피하는 게 좋다. 1방향 리브 바닥슬래브에서는 짧은 지간에는 얇은 리브를 쓰고 긴 지간에는 높은 리브를 쓰기보다는 전체적으로 같은 높이의 리브를 사용하는 것이 좋다. 변화를 주어서 절약되는 콘크리트 물량은 미미하며 일반적으로 리브 거푸집을 두 가지 다른 크기로 계획하고 임대하는 데 드는 비용과 재료비용에 대한 추가 인건비가 더 많이 들게 된다. 리브 달린 바닥판에서는 보의 크기도 리브 크기와 같은 것이 좋다. 가능하다면, 몇 가지의 표준 기둥 단면을 택해서 몇 개 층 정도는 같은 단면 크기의 기둥을 사용하고 경우에 따라서는 모든 기둥의 단면 크기를 같은 것으로 하는 것이 좋다. 하중의 크기가 달라지면 콘크리트강도와 철근량을 변화시킬 수 있다. 또한 기둥의 배치는 정상적인 격자형태가 좋고 층별 높이도 일정하게 유지하도록 한다. 그리고 철근 배치에서도 경제성을 찾을 수 있다. 배근을 복잡하고 촘촘하게 하면 배근에 대한 단위 중량당 비용이 높아지게 된다. 그러므로 기둥에는 1.5~2 % 정도의 철근을 배치하고 보에는 최대 철근비의 1/2이나 2/3를 넘지 않도록 설계하는 것이 가장 좋다. 기둥의 주철근과 보의 주철근으로는 주로 SD 400의 철근이 가장 보편적으로 쓰이고 있다. 철근량이 최소 철근비로 결정되는 슬래브에서는 SD 300 철근을 쓰는 것이 약간 유리할 수도 있다. 이 점은 스터럽의 간격이 최대 간격으로 결정되는 보의 스터럽에도 마찬가지이다. 그래도 SD 300의 사용을 결정하기 전에 설계자는 필요한 직경의 철근을 그 지역에서 구할 수 있는지 검토해보아야 한다.

바닥판의 휨강도는 비교적 콘크리트강도에는 민감하지 않기 때문에 바닥구조에 고강도 콘크리트를 사용하는 것은 유리한 점이 별로 없다. 이에 대한 하나의 예외는 전단강도가 슬래브의 두께를 결정짓는 플랫-플레이트 구조일 것이다. 다른 한편, 기둥강도는 직접적으로 콘크리트강도와 관련이 있으므로 고강도 콘크리트를 사용하면 가장 경제적인 기둥이 될 수 있다.

2.5.6 관용 치수 및 시공오차한계

철근콘크리트 부재 치수를 결정할 때에는 강도에 맞는 요구 크기 외에 시공성을 고려한 다른 사항을 참고해야 한다. 보의 폭과 높이, 그리고 기둥의 단면 크기는 일반적으로 30, 50, 80, 100 mm씩 커지고 슬래브 두께는 10 mm씩 커진다. 시공된 실제 치수는 시공의 부정확성 때문에 도면에 제시된 치수와는 약간씩 달라질 수 있다. 거푸집에 관한 기준은 콘크리트 기둥과 보의 단면 치수에 관한 허용오차를 ±12.5 mm로, 슬래브와 벽체에 대해서는 ±60 mm로 제시하고 있다. 확대기초에 대해서는 평면상으로 6 mm와 +50 mm까지를, 두께에 대해서는 −5 %까지를 허용하고 있다. 철근의 길이는 일반적으로 50 mm씩 증가시킨다. 철근 배치에 관한 허용오차는 부재의 유효높이 d, 최소 콘크리트 피복두께, 절곡부 및 단의 위치에 따라 정해진다. 상세한 내용은 도로교설계기준 5.10.4에 제시되어 있다[2.1, 2.2, 2.14].

2.5.7 계산의 정밀도

구조 설계에서 하중은 고정하중이나 탱크안의 유체하중을 제외하고는 두 자리 이상의 유효 숫자까지는 잘 알려지지 않고 있다. 그래서 계산은 유효숫자를 세 자리까지 포함하고 있지만, 이 이상의 숫자를 나타낼 필요는 없다. 하중, 단면력, 응력 등이 서로 헷갈리는 문제에서는 주의가 필요하다. 최종값은 두 개의 큰 숫자에서 차이가 나기 때문이다. 구조 설계상의 대부분 실수는 다음의 세 가지 때문이다. 숫자를 보거나 쓰는 데에서 실수, 단위 환산에서 실수, 그리고 정역학이나 설계대상 및 해석대상 구조물의 거동에 관한 완전한 이해 부족 등이다. 마지막 것과 같은 실수는 아주 심각하다. 특수한 형태의 하중을 고려하지 못한다거나 정역학적 거동을 잘못 판단하면 심각한 유지관리문제뿐만 아니라 붕괴를 초래할 수도 있기 때문이다. 이런 까닭에 설계자에게 파괴의 모든 가능성을 고려한 한계상태설계법을 사용하고 구조물의 전부 또는 부분적으로 평형상태를 알 수 있도록 자유물체도를 사용하는 것이 바람직하다.

□ 참고문헌 □

2.1 (사)한국교량 및 구조공학회 (2015), 도로교설계기준 (한계상태설계법) 해설 2015.

2.2 한국콘크리트학회 (2012), 콘크리트구조기준 해설.

2.3 김우 (2014), 콘크리트구조 한계상태설계, 도서출판 동화기술.

2.4 European Committee for Standardization (2004), Eurocode 2: Design of Concrete Structures, Part 1-1: General rules and rules for buildings, BSi.

2.5 CEB-FIP (2013), fib Model Code 2010, 1st Edition, Ernst & Sohn Gmbh &Co. KG., for Comité Euro-International du Beton.

2.6 International Federation for Structural Concrete (2010), Structural Concrete Textbook on behaviour, design and performance, 2nd Edition. vol. 1, fib bulletin 51, fib.

2.6 International Federation for Structural Concrete (2010), Structural Concrete Textbook on behaviour, design and performance, 2nd Edition. vol. 2, fib bulletin 52, fib.

2.7 ACI Committee 318 (2011), Building Code Requirements for Structural Concrete (ACI 318-M11) and Commentary, American Concrete Institute, Detroit, 2011.

2.8 American Association of State Highway and Transportation Officials(2004), AASHTO LRFD Bridge Design Specifications, 3rd Edition.

2.9 European Committee for Standardization (2006), Eurocode 1 : Actions on Structures, BSi.

2.10 European Committee for Standardization (2006), Eurocode-Basis of Structural Design BSi.

2.11 D. Beckett and A. Alexandrou (1997), Introduction to Eurocode 2 Design of Concrete Structures, 1st Edition, E & FN SPON.

2.12 C. R. Hendy and D. A. Smith (2007), Designer's Guide to EN 1992-2 Eurocode 2 : Design of Concrete Structures, Part 2 : Concrete Bridges, Thomas, Telford, London, England.

2.13 A. W. Beeby and R. S. Narayanan (2007), Designer's Guide to EN 1992-2 and EN 1992-1-2, Eurocode 2 : Design of Concrete Structures, General rules and rules for buildings and Structural Fire Design, Thomas, Telford, London, England.

2.14 MacGregor, J.G. and Wright, J.K., Reinforced Concrete Mechanics and Design, 4th Edition, Prentice Hall.

03 철근콘크리트 보의 휨

Reinforced Concrete Members in Bending

콘크리트를 다루고 있다면, 자연의 질서를 알아야 한다.

－루이스 칸[Louis Kahn]－

03

철근콘크리트 보의 휨
Reinforced Concrete Members in Bending

3.1 개 요 Introduction

거의 모든 철근콘크리트 구조물은 보, 슬래브, 그리고 기둥으로 이루어진다고 볼 수 있다. 보와 슬래브는 주로 휨과 전단을 받는 구조 요소이고 기둥은 축방향 압축력과 휨을 받는 구조 요소이다. 여기서는 콘크리트와 철근에 관한 각각의 응력 - 변형률 관계를 이용하여 휨에 대한 해석과 설계이론을 다루고자 한다. 이러한 이론을 쉽게 이해하려면 구조역학과 재료역학에서 배운 보에 관한 지식들을 충분히 알고 있어야 한다. 철근콘크리트 단면은 두 종류의 재료, 철근과 콘크리트로 이루어진 합성단면이다. 그러므로 합성단면에 대해서도 잘 알고 있어야 한다. 또한 철근콘크리트 부재의 휨에 대해서 좀 더 확실하게 이해하려면 실제 철근콘크리트 보에 대한 실험을 통해서 얻어진 결과들을 잘 살펴보는 것도 매우 중요하다. 여기서 다루는 지식을 이용하여 직사각형 단면 보의 단면을 설계하고, 더 나아가 철근콘크리트 부재를 제대로 설계하려면 휨 이외에도 전단, 부착, 그 밖의 여러 요소들을 잘 알아야 한다. 이러한 모든 점들이 반영된 설계는 나중에 다룰 것이다.

복잡한 이론적 해석을 적용할지라도 콘크리트 구조물을 만족스럽고 경제적으로 설계하는 경우는 아주 드물다. 구조물의 전체적인 설계 계획에 따라 여러 구조 상세를 작성하고 건실한 시공계획에 세심한 주의를 기울여서 만족스럽고 경제적인 설계가 이루어지는 경우가 많지만, 결국 구조물의 전체 설계는 개별 부재 단면의 해석과 설계에 따라 결정된다. 가능한 한, 해석은 단순해야 하며, 철근콘크리트 부재를 실험하고 거기서 얻어진 거동을 근거로 해야 한다. 해석의 근간이 되는 기본원칙들을 혼란스럽게 하는 식들을 만들거나 조작해서는 안 된다. 다음은 가장 중요한 세 가지 원칙들이다. 이 원칙들은 응력 및 변형률 분포의 모양, 하중 형태, 단면 형상 등과 무관하게 적용되어야 한다.

① 콘크리트 및 철근의 응력−변형률 곡선을 포함하여 재료의 물리적 성질에 의하여 응력과 변형률 관계를 정의해야 한다.
② 변형률 분포는 변형이 일어난 후의 단면에 적합해야 한다.
③ 단면에 발생한 힘들은 외력과 평형을 이루어야 한다.

3.2 주요 기호 및 약어 Notations and Terms

앞으로 주로 사용될 기본적인 기호는 다음과 같다. 우리나라 도로교설계기준이나 콘크리트구조기준에 정의된 것을 원칙으로 하고, 그 밖에도 필요에 따라 추가로 정의될 것이다[2.1].

A_s = 보의 인장면에 배치된 보강철근 면적, 인장철근량 [mm²]

$A_s{'}$ = 보의 압축면에 배치된 보강철근 면적, 압축철근량 [mm²]

b = 보 단면의 압축을 받는 폭 [mm]

b_w = 보 단면의 복부 폭 [mm]

c = 단면의 중립축에서 압축연단까지의 거리 [mm]

d = 인장철근량의 도심에서 압축연단까지의 거리, 유효깊이 [mm]

d' = 압축철근량의 도심에서 압축연단까지의 거리 [mm]

d_t = 최외단 인장철근에서 압축연단까지의 거리 [mm]

f_{ck} = 28일 콘크리트 공시체의 기준압축강도 [N/mm²]

f_{cd} = 콘크리트 설계압축강도 [= $\phi_c \alpha_{cc} f_{ck}$, N/mm²]

f_y =철근 기준항복강도 [N/mm²]

f_{yd} =철근 설계항복강도 [= $\phi_s f_y$, N/mm²]

f_s =철근 인장응력 [N/mm²]

f_c =콘크리트 압축응력 [N/mm²]

ϵ_{cu} =극한상태에서 가정한 콘크리트 압축연단의 변형률

ϵ_{co} =최대 압축응력에서 콘크리트 압축변형률

ϵ_s =인장철근 변형률

ρ =주인장철근량(A_s)의 유효단면적($b\,d$)에 대한 비율, $\rho = A_s/b\,d$

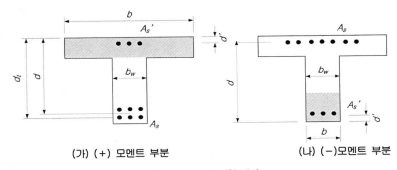

(가) (+) 모멘트 부분   (나) (−)모멘트 부분

그림 3.2-1 단면 제원 정의

3.3 철근콘크리트 보의 해석 Analysis of Reinforced Concrete Beam

3.3.1 개 요

구조물에는 여러 하중이 작용하는데, 이것들은 자중과 같은 연직방향 하중일 수도 있거나 풍하중 같은 횡방향 하중, 건조수축이나 온도 차이에 의한 하중 등이다. 이러한 하중을 받은 철근콘크리트 구조물에는 내력과 변형이 생긴다. 철근콘크리트 보 요소의 휨은 외적 하중에 의한 휨 응력으로 생기는 변형의 결과이다. 이러한 응력이 철근콘크리트 부재 단면의 크기를 결정하는데 지배적인 값이 된다. 단면 산정과 해석을 통한 설계과정은 휨에 대한 조건을 충족시

킴으로써 시작된다. 그 다음에 전단강도, 처짐, 균열, 부착 등에 대하여 검토하고 각각에 대한 조건을 만족시켜야 한다. 하중이 커지면서 철근콘크리트 보는 추가의 변형률과 처짐을 견디며, 균열이 발생한다. 계속해서 하중이 증가하여 구조 요소의 내하능력에 이르게 되면 구조 요소는 파괴된다. 이러한 하중 수준을 휨에 대한 극한한계하중이라고 한다. 따라서 설계자는 사용한계하중 수준에서 과도한 균열이 생기지 않고 가해진 하중이나 응력에 대해 파괴를 일으키지 않고 저항할 수 있는 충분한 안전성과 강도를 확보하는 구조요소 또는 보의 단면을 설계해야 한다.

단면 해석에 쓰이는 입력 자료는 설계에 쓰이는 자료와는 다르지만, 설계과정 하나하나는 본질적으로 해석이다. 설계과정에서 단면의 기하학적 값을 가정하고 그러한 단면을 해석하고 요구되는 외적하중을 안전하게 견딜 수 있는지를 판단한다. 그러므로 해석단계에서 기본적인 원칙을 잘 이해하면 단면 설계 작업이 상당히 수월해진다. 모든 하중 단계에서 재료역학의 기본 원칙인 평형조건을 잘 지켜야 한다.

3.3.2 응력-변형률 적합조건, 평형조건

철근콘크리트 부재를 해석하고 설계하는 전 과정을 통해서 다음과 같은 두 가지 조건을 반드시 지켜야 한다.

① **응력과 변형률 적합조건**. 부재의 어느 한 점에서 응력과 변형률은 재료의 응력-변형률 관계를 따라야 한다. 보 단면의 깊이에 비해 보의 길이가 짧은 경우(깊은 보)를 제외하고는, 부재 단면의 깊이를 따라 생기는 변형률 분포는 선형이어야 하며 뒤에서 다룰 가정 1과 2를 만족해야 한다.

② **평형조건**. 단면 내력은 외력과 반드시 평형을 이루어야 한다.

보는 주로 휨모멘트 강도와 전단강도에 의해서 자중과 가해진 하중을 지지하는 구조 부재이다. 그림 3.3-1과 같이 단위 길이당 자중 w와 활하중 P를 지지하고 있는 단순보를 살펴보기로 하자. 축방향으로 작용하는 하중 N이 0이라면 이 부재를 보라고 부른다. N이 압축력이라면 이 부재를 **보-기둥** *beam-column*이라고 한다. N이 인장력이면, **인장타이** *tension tie*라고도 한다.

여기서는 흔한 경우인 $N = 0$인 경우만 다루기로 한다. 하중 w와 P는 휨모멘트를 일으킨다. 휨모멘트는 정역학 법칙을 이용해서 하중으로부터 직접 결정되는 하중영향*load effect*이다. 경간과 하중이 정해진 상태의 단순보에서 휨모멘트는 보 단면의 크기와 재질에 관계없이 결정된다. 보의 어느 단면에서든지 내부 저항모멘트는 휨모멘트와 평형을 이루기 위해서 꼭 필요하다. 내부 전단저항 V도 마찬가지이다. 내부 저항모멘트 M은 팔길이 $z = jd$만큼 떨어진 곳에 각각 생긴 내부 압축력 C와 내부 인장력 T로부터 정해진다. 외부 축방향력 N이 0이므로 수평력의 합은 다음과 같다.

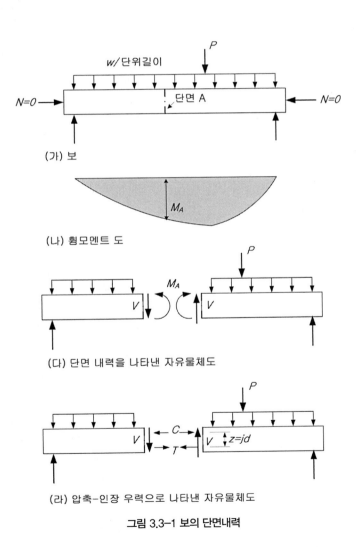

(가) 보

(나) 휨모멘트 도

(다) 단면 내력을 나타낸 자유물체도

(라) 압축–인장 우력으로 나타낸 자유물체도

그림 3.3–1 보의 단면내력

$$\Sigma F_H = 0 \; ; \; C - T = 0, \; 곧 \; C = T \tag{3.3-1}$$

압축력 C의 작용점을 지나는 축에 대해서 모멘트를 구해보면 자유물체도의 모멘트 평형조건에 따라 다음과 같다.

$$\Sigma M_C = 0 \; ; \; M = Tz = Tjd \tag{3.3-2}$$

마찬가지로 인장력 T의 작용점을 지나는 축에 대해서도 모멘트 평형이 이루어져야 한다.

$$\Sigma M_T = 0 \; ; \; M = Cz = Cjd \tag{3.3-3}$$

$C = T$이므로 두 식 (3.3-2)와 (3.3-3)은 같다. 이 식들은 정역학으로부터 곧바로 구할 수 있으며 강재이거나 목재이거나 철근콘크리트이거나 보의 재질과는 무관하게 적용될 수 있다. 잘 알고 있는 보의 탄성 이론에 따라 보강되지 않은 비균열, 균질 직사각형 단면에 대한 휨응력 분포는 휨응력 계산공식 $f = My / I$ 로 구할 수 있다. 그림 3.3-2와 같이 응력 분포를 입체적으로 나타낼 수도 있다. 이것들을 각각 압축응력블록과 인장응력블록이라고 한다. 압축 합응력의 크기는 다음과 같다.

$$C = \frac{f_{c\max}}{2} \left(\frac{bh}{2} \right) \tag{3.3-4}$$

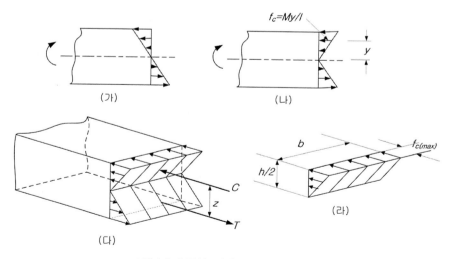

그림 3.3-2 탄성보의 응력과 응력 입방체

이 값은 압축응력블록의 체적과 같다. 마찬가지로 인장응력블록으로부터 인장력 T를 계산할 수 있을 것이다. 이들 힘 C와 T는 각각의 응력블록 체적의 도심을 통해 작용한다. 균질한 탄성재료인 경우이면, 이들 힘은 각각 중립축의 위와 아래로 $h/3$ 되는 점에 작용한다. 그러면 앞의 식 (3.3-2)를 다음과 같이 다시 써보기로 한다.

$$M = Cz = Cjd = (f_{cmax})\frac{bh}{4}\left(\frac{2h}{3}\right) = (f_{cmax})\frac{bh^3/12}{h/2} = \frac{fI}{y} \qquad (3.3\text{-}5)$$

따라서 균질 탄성재료인 경우, 보 응력공식으로 구한 값이나 응력블록개념으로 구한 값이나 같아진다. 그러나 철근콘크리트 보를 설계하려면 탄성 보 이론만을 사용하지는 않는다. 먼저 콘크리트의 압축응력 – 변형률 관계는 비선형이고, 게다가 더욱 중요한 것은 콘크리트는 낮은 인장응력 수준에서도 균열이 생겨 인장력 T를 부담할 보강철근이 필요하게 되기 때문이다. 그렇지만 이러한 두 가지 문제점은 응력블록 개념을 이용하면 쉽게 해결된다[3.9].

3.3.3 휨 해석 및 설계를 위한 기본 가정

콘크리트라는 재료는 엄밀히 말하면 균질하지도 않고 탄성적이지도 않다. 콘크리트의 인장강도는 압축강도에 비해 낮아서 설계나 해석에서 그다지 주목을 받지 못한다. 반면에 철근은 강재로 만들어지며 강재는 재료역학에서 다루는 선형 탄성적이며 균질한 재료이고 인장이든 압축이든 항복이 되고 나서도 응력을 견뎌낼 수 있다. 이렇게 근본적으로 차이점이 있는 두 재료가 합성단면을 이루어 외력에 저항하는데 이 거동을 알아내고, 해석하고 설계하려면 마땅히 몇 가지 가정을 두지 않으면 어렵게 된다. 이러한 가정들은 여러 가지 많은 실험으로 충분히 타당하다고 검증된 것들이다.

철근콘크리트에 대한 휨 이론은 보의 휨강도를 계산하는 데 아무런 문제가 없도록 세 가지 기본 가정을 근거로 하고 있다. 먼저 이 세 가지 가정을 살펴보기로 하고 모멘트 증가에 따라 철근콘크리트 보 단면의 거동을 설명하는 데 이용하도록 한다. 이어서 네 가지 가정을 추가하여 실무를 위한 해석에 어떻게 적용되는가를 알아보기로 한다[3.1, 3.2, 3.9].

(1) 휨축에 수직인 단면은 휨이 생기기 전에 평면이고 휨이 생긴 후에도 평면이 유지된다.

이 가정은 보 이론을 전개할 때 세우는 '평면보존 법칙' 가정이다. 그림 3.3-3은 편심 축하중을 받는 기둥에서 측정된 변형률 분포를 확대하여 나타낸 것이고 측정된 변형률은 가정한 대로 선형으로 보인다. 이 가정은 '깊은 보 *deep beam*'에는 적용되지 않는다.

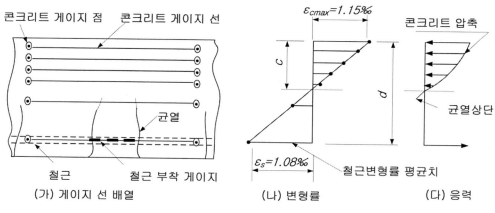

그림 3.3-3 사용하중에서 측정된 보의 변형률과 응력 분포

(2) 철근의 변형률은 같은 위치의 콘크리트 변형률과 크기가 같다.

이 가정은 콘크리트와 철근이 함께 단면력을 부담해야 하기 때문에 꼭 필요하며, 철근과 콘크리트 간에는 **부착상태가 완전하다**는 것을 의미한다. 이 두 가지 가정을 조합하면 다음과 같이 가정할 수 있다. **철근과 콘크리트 각각의 변형률은 중립축에서 떨어진 거리에 비례한다.**

(3) 콘크리트와 철근의 응력은 각각 두 재료의 응력 - 변형률 곡선을 이용해서 계산할 수 있다.

콘크리트의 이론적인 응력 - 변형률 곡선을 이용하면 변형률 분포도에서 응력 분포도를 구할 수 있다. 이 응력 분포도를 이용하여 계산된 모멘트는 보에 작용하는 휨모멘트 크기와 같다.

(4) 단면의 휨강도를 산정할 때 콘크리트의 인장강도는 무시된다.

콘크리트의 인장강도는 대략 압축강도의 1/10 정도이며 0 - 변형률 축(또는 중립축) 아래의 콘크리트 인장력은 철근이 부담하는 인장력에 비하면 매우 작다. 그러므로 보의 휨강도에 콘크리트 인장력이 기여하는 정도는 미미하여 무시해도 된다. 주의할 점은 이 가정은 주로 휨강도 계산을 간편하게 하자는 데 있다는 점이다. 경우에 따라서는, 특히 전단, 부착, 처짐, 프리스트 레스트 콘크리트 부재에 대한 사용하중 계산에서는 콘크리트의 인장저항을 이용하기도 한다.

(5) 콘크리트는 압축변형률이 극한변형률에 이르게 되면($\epsilon_c = \epsilon_{cu}$) 파괴된 것으로 가정한다.

엄밀히 말하자면, 콘크리트에 대한 한계변형률이라는 것은 없다. 단순지지된 철근콘크리트 보는 모멘트-곡률 선도의 기울기 $dM/d\phi$가 0일 때 그 보의 최대 능력에 이른다고 볼 수 있다. $dM/d\phi$가 (−)가 될 때 파괴된 것으로 본다. 이것은 하중이 줄어듦에도 변형이 지속되는 불안정한 상태에 해당한다. 그러나 한계 변형률을 가정하면 설계 계산은 매우 간편해진다. 모멘트-곡률 선도의 최대 모멘트 점에서 모멘트와 곡률은 압축연단에서 특정 압축변형률에 해당하므로 다른 어떤 변형률에 해당하는 모멘트는 더 작은 값이 될 수 있다. 그러므로 위의 가정을 따르면 휨강도는 항상 안전 측으로 계산되게 마련이다. 도로교설계기준에서는 콘크리트의 극한변형률을 0.0033으로 정하고 있다. 이 변형률은 측정 결과의 하한선과 매우 가깝다. 중심 축하중을 받는 기둥에 대해서는 0.002로 정하고 있지만 보와 편심 축하중을 받는 기둥에 대해서는 0.0033으로 정하고 있다. 일축 압축강도 시험에서 드러났듯이 콘크리트의 파괴는 최고 응력점 (압축강도)에서 파괴되는 것이 아니라 콘크리트의 압축변형률 ϵ_c이 0.003~0.004에 이르면 콘크리트는 파괴된다. 대다수의 설계 규정에서는 압축파괴변형률(=극한변형률)ϵ_{cu}을 정해놓고 있다. 우리나라 콘크리트구조기준에서는 $\epsilon_{cu} = 0.003$으로 정하고 있다.

(6) 콘크리트의 압축응력-변형률 관계는 직사각형, 사다리꼴, 포물선형, 또는 많은 실험 결과와 잘 들어맞다면 실제 강도 예측이 가능한 다른 어떤 형태의 분포로 가정할 수 있다.

단면의 압축영역에서 콘크리트의 변형률이 증가하게 되면 중립축에서 압축연단으로 발전한 응력 분포는 콘크리트 압축강도 시험에서 얻어낸 응력-변형률 곡선과 같은 모양으로 된다. 다시 말하면 압축영역의 콘크리트 응력 분포는 더 이상 직선분포가 아니다. 이때의 응력입방 체로부터 합압축응력의 크기를 구하는 일은 마땅히 인장력의 크기와 같으니까 아무런 어려움이 없지만 그 힘의 작용점을 구한다는 것은 쉽지 않은 일이다. 왜냐하면 콘크리트의 응력-변형률 곡선을 수식으로 간단하게 나타내기가 어렵기 때문이다. 그래서 여러 연구자들은 실험을 통해서 설계기술자가 쉽게 쓸 수 있는 응력 분포를 가정한 식을 제시하려 많은 애를 썼다. 다시 말하면 곡선이 이루는 면적과 같은 크기의 면적을 갖는 형상을 고안하고 무엇보다도 원래 곡선이 이루는 도형의 도심과 고안한 형상의 도심이 일치하도록 한 것이다.

가. 비선형 해석을 위한 응력 – 변형률 관계

도로교설계기준에는 콘크리트에 대한 단기간 응력 – 변형률 곡선이 제시되어 있다. 이 곡선들은 부재 단면 해석에 사용될 수 있는 이상화한 형태로 된 것이다.

먼저 비선형 해석을 위한 응력 – 변형률 관계를 살펴보기로 한다[3.1].

$$f_c = f_{cm} \left[\frac{k(\epsilon_c/\epsilon_{co,r}) - (\epsilon_c/\epsilon_{co,r})^2}{1 + (k-2)(\epsilon_c/\epsilon_{co,r})} \right] \tag{3.3-6}$$

여기서, $k = 1.1 E_c \epsilon_{co,r} / f_{cm}$, $\epsilon_{co,r}$ 은 최대 정점응력에 이르렀을 때의 변형률이며, $\epsilon_{cu,r}$ 은 극한한계변형률이다.

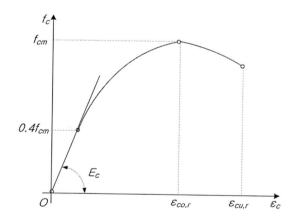

그림 3.3-4 비선형 해석을 위한 콘크리트의 응력 – 변형률 곡선

나. 단면 설계를 위한 응력 – 변형률 관계

1장에서 이미 다룬 바와 같이 도로교설계기준에서 콘크리트 설계강도 f_{cd}를 다음 식으로 정하고 있다(도로교설계기준 식 (5.3.47)).

$$f_{cd} = \phi_c \alpha_{cc} f_{ck} \tag{3.3-7}$$

여기서 계수 $\alpha_{cc} = 0.85$는 콘크리트의 원주형 공시체 파쇄강도와 휨 압축강도 간의 차이 그리고 장기간 영향 등을 고려한 것이다. 유로코드 2 *Eurocode 2*에서는 콘크리트 기준압축강도를 부분안전계수 $\gamma_c = 1.5$로 나누어 설계강도로 사용하고 있으며, 우리나라 도로교설계기준에 제시된 $\phi_c = 0.65$는 1.5의 역수인 0.67보다 약간 작게 취한 값이다. 콘크리트강도 f_{ck}가 40 MPa 이하이면 극한변형률 $\epsilon_{cu} = 0.0033$(또는 0.0035)이다. 이 교재에서는 특별한 언급이 없는 한 일반적으로 콘크리트강도 f_{ck}가 40 MPa 이하인 콘크리트를 사용하는 것으로 본다.

구조설계를 위한 콘크리트의 거동(그림 3.3-5)은 변형률 ϵ_{co}에 이를 때까지 포물선 응력 - 변형률 관계이고, 그 점에서 변형률이 증가해도 응력은 일정한 것으로 규정하고 있다. 휨 부재의 단면 설계를 위하여 수식화된 포물선 - 직선 형상의 콘크리트 응력 - 변형률 관계를 사용할 수 있다.

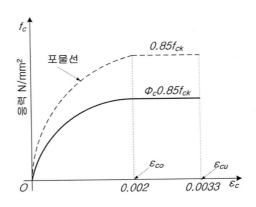

그림 3.3-5 단면 설계용 응력 - 변형률 곡선

$$0 \leq \epsilon_c \leq \epsilon_{co} \text{ 구간에서, } f_c = \phi_c(0.85f_{ck})\left[1 - \left(1 - \frac{\epsilon_c}{\epsilon_{co}}\right)^n\right] \tag{3.3-8a}$$

$$\epsilon_{co} \leq \epsilon_c \leq \epsilon_{cu} \text{ 구간에서, } f_c = f_{cd} = \phi_c(0.85f_{ck}) \tag{3.3-8b}$$

여기서 ϕ_c는 콘크리트에 대한 재료계수로 도로교설계기준 표 5.2.1에 정의된 값이며

n은 상승 곡선부의 형상을 나타내는 지수,

ϵ_{co}는 최대 응력에 처음 도달할 때의 변형률,

ϵ_{cu}는 극한변형률이다.

콘크리트강도가 40 MPa 이하이면, n, ϵ_{co}, ϵ_{cu}는 각각 2.0, 0.002, 0.0033으로 한다.
콘크리트강도가 40 MPa를 초과하면 10 MPa마다 윗 값들을 각각 0.1씩 감소, 0.0001씩 증가, 0.0001씩 감소시킨다.

$$n = 2.0 - \left(\frac{f_{ck} - 40}{100} \right) \leq 2.0 \tag{3.3-9}$$

$$\epsilon_{co} = 0.002 + \left(\frac{f_{ck} - 40}{100,000} \right) \geq 0.002 \tag{3.3-10}$$

$$\epsilon_{cu} = 0.0033 - \left(\frac{f_{ck} - 40}{100,000} \right) \leq 0.0033 \tag{3.3-11}$$

3.3.4 4점 휨 실험

철근콘크리트 부재의 역학적 거동 특성을 가장 잘 알 수 있는 방법은 부재를 제작하고 이것을 직접 실험하여 실험에서 얻어진 결과를 분석해보는 것이다. 여기서는 가장 흔하게 시행하는 부재 실험인 단순지지된 철근콘크리트 보에 대한 4점 휨 실험을 수행하여 얻어진 결과를 살펴보면서 실험부재가 파괴될 때까지의 거동을 알아보기로 한다. 그림 3.3-6(또는 3.3-8)에 보인 바와 같이 단순지지된 실험 보의 두 지점에서 같은 거리만큼 떨어진 곳에 각각 같은 크기의 집중하중을 가하면 경간 중앙 구역에서는, 자중에 의한 전단력을 무시한다면, 순수 휨모멘트가 발생한다. 이와 같이 양단의 지점인 2곳의 반력점과 하중이 가해지는 2곳의 재하점으로 이루어지는 실험 형태를 4점 휨 실험이라고 한다. 이러한 실험방법은 콘크리트 보 공시체로 콘크리트 휨강도를 알아내는 데에도 적용된다. 경간 중앙점과 경간 1/4점 되는 곳에 계측기(다이얼 게이지 또는 LVDT)를 설치하여 처짐을 측정한다. 최대 휨모멘트가 발생하는 곳에서 철근

에는 **스트레인 게이지** *strain gage*를 부착하여 철근의 인장변형률을 측정하고 그 단면의 상단에는 콘크리트 스트레인 게이지를 부착하여 콘크리트 압축변형률을 측정한다. 하중 크기를 잴 수 있는 **로드 셀** *load cell*을 재하점이나 반력점에 설치한다. 하중을 가하는 동안에 발생하는 균열의 형상을 보의 측면에 직접 그려 넣고 인장철근 위치에서 균열 폭을 측정한다. 재하절차를 3단계로 나누어 실험을 수행한다. 먼저 균열 발생하중을 예측하여 균열 발생단계까지 재하하여 균열 발생을 확인한 다음에 하중을 0으로 서서히 되돌린다. 그 다음에는 예상 파괴하중과 균열 발생 하중의 중간 정도 단계까지 재하한 후 다시 하중을 0으로 서서히 되돌린다. 마지막 단계로 부재가 파괴될 때까지 하중을 가하여 실험을 마치기로 한다. 이 실험에서 얻어진 대표적인 성과로는 하중 – 처짐 관계, 하중 – 철근 변형률, 하중 – 콘크리트 변형률, 그리고 정해진 하중 단계에서 관찰된 균열 폭과 균열 형상이다. 그림 3.3-6은 철근콘크리트 보를 실험하여 측정된 균열 형상과 변형률 분포를 보인 것이다.

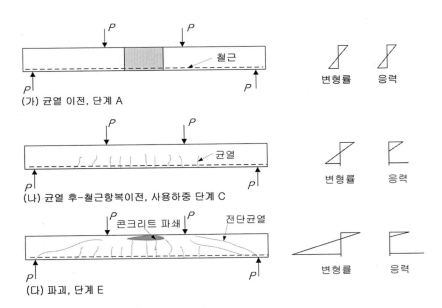

그림 3.3-6 보 실험에서 균열, 변형률, 응력

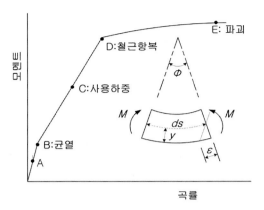

그림 3.3-7 보의 모멘트 - 곡률 관계

측정된 변형률 값을 이용하여 각 하중 단계에 따라 곡률을 산정할 수 있다. 곡률 ϕ는 길이에 대한 변형률로 정의되며, 다음과 같이 계산된다.

$$\phi = \frac{\epsilon}{y} \tag{3.3-12}$$

여기서 ϵ은 고려 중인 하중 단계에서 변형률 0인 축으로부터 잰 거리 y에서 변형률이다. 그림 3.3-7은 경간 중앙점의 휨모멘트 M과 그 점에서 곡률의 관계를 나타낸 것이다.

그림 3.3-7에서 처음에는 보에 균열이 생기지 않았다(점 A). 이 단계에서 변형률은 매우 작고 응력 분포는 거의 선형이다. 그림 3.3-7 안의 그림은 경간 중앙점의 모멘트와 곡률을 나타낸 것이다. 이 단계에서 모멘트 - 곡률 관계는 선형이다. 보 밑바닥의 응력이 콘크리트 인장강도 크기에 이르게 되면 균열이 생긴다(점 B). 균열이 생긴 후, 콘크리트가 부담하던 인장력은 철근이 부담하게 된다. 그 결과 콘크리트 단면의 일부만이 저항모멘트에 기여하게 되며 보의 강성도 떨어지게 된다.

그림 3.3-8은 4점 재하실험을 수행하기 위해 재하 장치에 실험부재를 거치한 모습이다. 그림 3.3-9와 3.3-10은 재하실험을 수행한 후 실험부재의 파괴 형상을 보인 것으로서 각각 휨 파괴와 전단파괴를 보인 것이다.

그림 3.3-8 4점 휨 실험

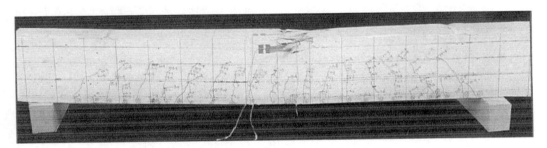

그림 3.3-9 철근 콘크리트 보의 휨 파괴

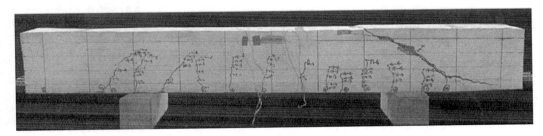

그림 3.3-10 철근콘크리트 보의 전단파괴

이 두 그림에서 보의 축에 직각으로 발생한 휨 인장 균열과 지점 부근에서 보의 축과 경사를 이루며 발생한 전단균열을 재하단계에 따라 검은 펜으로 그려낸 균열형상을 볼 수 있다. 이제 재하 단계에 따라 부재에서 일어난 거동을 살펴보기로 한다.

(1) 균열 발생 전의 거동

하중이 가해지기 전에 이미 보의 자중(등분포하중)에 의한 휨모멘트가 발생한다. 그러나 자중에 의한 중앙점의 처짐이나 변형률은 측정되지 않는다. 보의 상면에 설치된 재하장치(유압실린더, 로드 셀, 분력 장치)를 통해서 하중이 가해지기 시작하면 하중의 크기에 따라 처짐 그리고 변형률이 측정된다. 측정된 값들은 하중 크기와 함께 자동적으로 컴퓨터에 기록된다.

하중이 가해지기 시작하여 균열이 발생하기 전이면(그림 3.3-7의 점 A) 부재의 안에서나 밖에서나 일어나는 현상(철근 변형률, 콘크리트 변형률, 처짐)은 미미하다. 자세히 보면 **하중과 이들 현상들 간의 관계는 거의 직선 비례 관계임을 알 수 있다. 균열이 발생하기 전에 하중을 빼면 부재는 거의 원래의 상태로 되돌아온다.** 이 단계에서 부재를 이루는 재료는 선형–탄성적이라고 생각할 수 있다. 또한 부재도 선형–탄성적인 거동을 보이며, 보의 휨 공식을 유도하는 데에 적용된 가정들이 여기서도 적용된다. 그러므로 이러한 현상들을 수식으로 나타내려면 탄성재료에 관한 식들을 적용해도 된다는 것을 알 수 있다. 그러면 하중 크기와 단면에 관련된 값들을 알고 있으므로 단면에 생기는 콘크리트 응력 크기와 철근응력 크기를 계산할 수 있다. 균열은 재료가 더 이상의 인장응력을 견딜 수 없는 한계에 이르면 생기는 현상이다. 그런데 콘크리트 부재가 휨을 받아 인장 측에 휨 인장응력이 생겨서 이 응력의 크기가 콘크리트의 휨인장강도에 이르게 되면 균열이 생긴다. 적어도 균열이 발생하기까지는 선형–탄성 거동을 한다고 보면, 탄성재료에 관한 식들을 이용하여 균열모멘트 M_{cr}를 계산해낼 수 있다. 구체적으로 설계된 단면과 측정된 재료특성값 또는 설계기준값으로부터, 즉 균열 전 상태에서 면적 2차 모멘트 I_g와 콘크리트의 휨인장강도 $f_{ctm,fl}$(식 1.4-11 또는 1.4-15)를 이용하여 균열모멘트값을 재료역학에서 배운 휨응력 공식($f = M y / I$ 또는 $M = f \, I/y$)으로 계산한다. 단면의 균열모멘트 크기를 알게 되면 균열을 발생시킬 수 있는 하중의 크기도 알 수 있다. 이제 균열모멘트 M_{cr}을 구해보기로 한다.

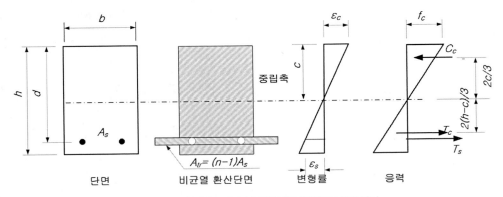

단면   비균열 환산단면   변형률   응력

$A_{tr} = (n-1)A_s$

그림 3.3-11 철근콘크리트 보의 비균열 단면에서 환산단면

균열이 발생되리라고 예상되는 하중 크기까지 재하한 후 하중을 뺀다. 이때 균열이 발생하더라도 균열 선단은 철근 위치에서 머무는 것이 일반적이다. 다시 말하면 균열 전 보의 휨강성($E_c I_g$)값이 거의 그대로 유지된다고 볼 수 있고 이것은 하중 – 처짐 관계 그래프에서도 드러나고 있다. 한편 인장 측에 배치된 철근은 그 위치에서 콘크리트와 완전한 부착상태를 유지하여 전체 단면이 합성단면이 되도록 구실을 한다. 이때 철근은 단면의 도심축에서 같은 거리에 있는 콘크리트가 부담하는 응력의 $n = E_s / E_c$배에 해당하는 응력을 부담하지만 그 크기는 철근의 항복강도에 비하면 비교적 낮은 값($0.1 f_y$ 이하)이다. 여기서 콘크리트 탄성계수 E_c에 대한 철근탄성계수 E_s의 비율인 탄성계수비 $n = E_s / E_c$는 6에서 10 사이의 값이다.

균열 전 단면(비균열 단면)의 단면값은 인장 측 철근을 무시한 채 계산되어도 큰 무리가 없다. 보통의 직사각형 단면 보에서 콘크리트 유효단면적에 대한 인장철근 단면적(철근량, A_s)의 비율, 즉 철근비$\rho = A_s / (bd)$는 1 % 안팎이다. 철근을 고려해서 계산한 경우(I_{tr})와 철근을 무시한 경우(I_g)를 비교해보면 철근을 고려했을 때 대략 10 % 정도 더 크다. 균열모멘트값에서 10 % 이상의 차이가 날 수 있으나 콘크리트 재료의 강도 변동 폭 또는 실제 단면 치수의 차이, 계산에 고려되는 몇 가지 가정 등을 감안한다면 철근을 무시한 단면값(I_g)을 사용해도 좋다. 여기서 그림 3.3-11과 같은 직사각형 단면($b \times h$)에서 철근 단면적을 고려하여 면적 2차 모멘트값을 구해보기로 한다. 콘크리트 단면적은 $bh - A_s$이고, 철근 단면적을 콘크리트 면적으로 환산하면 nA_s가 된다. 그러므로 균열 전의 전체 **환산단면적**은 $A_{tr} = (bh - A_s) + nA_s = bh + (n-1)A_s$이 된다. 도심축의 위치를 알아보자. 도심축에 대한 면적 1차 모멘트값은 0이어야 하므로 그림 3.3-11로부터 다음과 같은 식을 얻어낼 수 있다.

$$bc\left(\frac{1}{2}c\right) - b(h-c)\left(\frac{h-c}{2}\right) - (n-1)A_s(d-c) = 0 \tag{3.3-13}$$

이 식을 c에 대하여 정리하면 다음과 같다.

$$c = \frac{A_g(h/2) + (n-1)A_s d}{A_g + (n-1)A_s} = \frac{(bh)(h/2) + (n-1)A_s d}{bh + (n-1)A_s} \tag{3.3-14}$$

식 (3.3-14)의 분모는 전체 환산단면적 A_{tr}이고 분자는 그림 3.3-11에서 단면 상단을 기준축으로 하여 구한 면적 1차 모멘트값임을 알 수 있다. 이제 환산단면의 도심축에 대한 면적 2차 모멘트 I_{tr}를 평행축 정리를 이용하여 다음과 같이 나타낼 수 있다.

$$I_{tr} = \frac{1}{3}bc^3 + \frac{1}{3}b(h-c)^3 + (n-1)A_s(d-c)^2 \tag{3.3-15}$$

(2) 균열모멘트 M_{cr}

정해진 단면의 사용재료에 대한 물리적인 값(압축강도, 휨인장강도 등)을 시험값으로 또는 설계기준값으로 알고 있다면, 휨 응력공식을 이용하여 다음과 같이 단면의 균열모멘트값을 계산할 수 있다.

$$M_{cr} = \frac{f_{ctm,fl}I_g(\text{또는 } I_{tr})}{y} = \frac{f_{ctm,fl}I_g(\text{또는 } I_{tr})}{h-x} \tag{3.3-16}$$

여기서 $f_{ctm,fl}$은 콘크리트의 휨 파괴계수(또는 휨인장강도)로서 부재의 깊이 h에 따라 변하는 값이며 $f_{ctm,fl} = (1.6 - h/1000)f_{ctm} \geq f_{ctm}$으로 계산할 수 있다. y는 단면의 도심축에서 인장단까지의 거리로 여기서는 $h-c$이다. 균열모멘트는 단면에 균열을 발생시키는 모멘트값이므로 균열 전의 단면값(I_g 또는 I_{tr})을 적용하여 계산된다.

(3) 균열 발생 단계와 균열 단면

다시 하중을 증가시켜 단면에 작용하는 휨모멘트 M이 균열모멘트 M_{cr}보다 크게 되면 보 단면의 인장 측에는 균열이 생기게 되는데 예상한 대로 휨모멘트가 가장 큰 곳에서 먼저 발생한다. 이때 단 하나의 균열이 생길 수도 있지만 일반적으로 재하점 사이 몇 곳에서 동시에 균열이 생긴다. 이제 균열이 발생된 단면에서 인장 측 콘크리트는 더 이상 인장응력을 부담할 수 없게 되며, 균열 발생 전에 콘크리트가 부담하고 있던 인장력은 균열이 발생함과 동시에 균열을 지나고 있는 철근이 부담하게 된다. 이후로 균열 단면이 부담할 인장력은 전적으로 철근 몫이 된다. 균열과 균열 사이의 단면은 비균열 단면이긴 하지만 콘크리트는 철근과 부착을 통해서 약간의 인장력을 부담하게 되고 그 곳에서 철근응력은 균열 단면에서 철근응력보다 콘크리트가 부담하는 몫을 뺀 만큼 작다. 하중을 계속 증가시키면 처음에 생긴 균열−1차 균열− 사이에 새로운 균열−2차 균열−이 생긴다(그림 3.3-7의 구간 B−D). 이 균열도 그 단면의 콘크리트 인장응력이 인장강도에 이르게 되어 생긴 것이다. 이 2차 균열은 철근과 콘크리트의 부착상태에 따라 발생 여부가 달라진다. 이 단계에서 보의 전체 길이에 걸쳐 **인장 측의 콘크리트는 철근과 부착상태를 유지하는 것**이 큰 역할이라고 볼 수 있다. 그러므로 균열이 생긴 다음부터는 균열 단면에 주목하게 되고 휨모멘트에 대한 보의 내하 거동은 바로 균열 단면에 따라 결정된다. 그런데 하중−처짐 곡선, 하중−철근 변형률 곡선, 하중−콘크리트 변형률 곡선(그림 3.3-13(가) ~(마))을 잘 살펴보면 인장 측 콘크리트에 균열이 발생하여 했을지라도 균열 발생 하중의 2배 정도 크기의 하중에서도 콘크리트와 인장철근의 재료 거동은 선형 탄성한계 내에 있다고 보아도 된다. 또한 균열이 발생했을지라도 그 단면에서 평면보존 법칙은 여전히 유효하다. 그러므로 이 경우에 균열 단면에서도 휨 공식을 그대로 적용할 수 있다. 다만 이 경우에 단면값을 계산할 때 인장 측 콘크리트 단면은 고려되지 않는다. 당연히 단면의 중립축 위치는 균열 전에 비해서 압축 측으로 이동하여 압축영역의 면적은 더 작아지고 하중이 증가할수록 응력의 증가 속도도 빨라진다. 균열 단면의 중립축(축방향력 $N=0$이므로 도심축 위치와 일치한다) 위치 c는 다음 식으로 구할 수 있다.

$$bc\left(\frac{1}{2}c\right) - nA_s(d-c) = 0 \qquad\qquad (3.3\text{-}17)$$

그리고 이 균열 단면의 중립축에 관한 면적 2차 모멘트 I_{cr}은 다음과 같다.

$$I_{cr} = \frac{1}{3} b c^3 + n A_s (d-c)^2$$

(3.3-18)

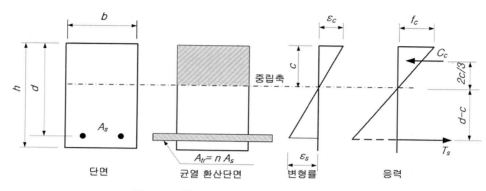

그림 3.3-12 철근콘크리트 보의 균열 단면에서 환산단면

균열 단면에서 휨모멘트 M에 대한 철근응력 f_s와 압축 측 콘크리트 응력 f_c는 이론적으로는 각각 다음과 같이 계산된다.

$$f_s = n \frac{M}{I_{cr}}(d-c)$$

(3.3-19a)

$$f_c = \frac{M}{I_{cr}} c$$

(3.3-19b)

이렇게 계산된 응력들은 실제로 실험에서 측정된 값(실측값)과 잘 맞지 않다는 것에 주목해야 한다. 대체로 계산값이 실측값보다 크다. 이렇게 되는 까닭은 계산식에서 재료의 특성, 특히 콘크리트의 비탄성적인 특성을 그대로 반영하기가 어렵기 때문이다. 물론 여기서 두 재료의 계산응력은 마땅히 탄성 범위 이내의 값이어야 한다. 특히 콘크리트 응력 f_c는 탄성계수를 정의할 때 가정한 한계($0.4 f_{ck}$) 내에 있어야 한다. 여기서 다시 실험성과를 주의 깊게 살펴보면 특히 균열 발생 후 하중을 0으로 되돌릴 때 하중-처짐 관계는 거의 직선적이며 그 직선의 기울기는 하중이 증가할 때 보이는 기울기(휨강성)보다 약간 완만하다는 것을 알 수 있다. 또한 하중이 0으로 되었을 때 처짐값은 0이 아님을 주목할 필요가 있다. 최초에 하중을 가하기 전에 완전 무균열상태의 부재가 유지했던 강성은 균열이 발생된 후에는 작아지고 부재 자중으로 인한 처짐이 남게 된다. 시간이 좀 더 지나면 처짐은 약간 더 줄어들겠지만 결코 0으로 회복되지는 못한다. 다시 하중을 가하면 잔류 처짐을 지닌 채 균열 전의 강성을 유지하지 못하며 하중-처짐 관계는 기울기가 약간 작아진 직선 형태를 보인다. 재하단계 1보다 더 큰 하중까지 가력한 후 다시 하중을 서서히 줄이면 하중을 증가할 때 나타난 경로를 그대로 따르지 않고 재하단계 1에서보다 더 큰 처짐을 남기게 된다. 하중-철근 변형률 관계를 살펴보아도 마찬가지로 이러한 현상이 있음을 알 수 있다. 이 잔류 처짐량은 전체 경간 길이의 1/600 이하 수준으로 실제로 사용하는 경우에 큰 문제가 되지는 않는다. 그러나 이 하중-처짐 관계 곡선에서 알 수 있듯이 재하단계 2의 하중보다 더 큰 하중을 유지하고 나서 하중을 0으로 줄여가면 재하단계 2에서 남긴 처짐보다 더 큰 처짐이 남아 있게 될 것이다. 아직까지도 부재 전체의 거동이나 재료의 거동으로 미루어 보아 탄성적인 성질을 유지한다고 볼 수 있으나 선형-탄성 관계가 완전하지는 않고 하중 크기가 클수록 선형성이 떨어지고 있음을 알 수 있다. 이러한 관계로부터 철근콘크리트 구조물에 적용되는 사용하중의 한계(그림 3.3-7의 점 C)를 정할 수 있을 것이다. 흔히 말하는 사용하중상태에서 철근은 마땅히 탄성 범위 내의 응력(또는 변형률)을 보여야 하며, 콘크리트도 탄성한계로 가정한 범위에서 변형을 보인다고 말할 수 있다.

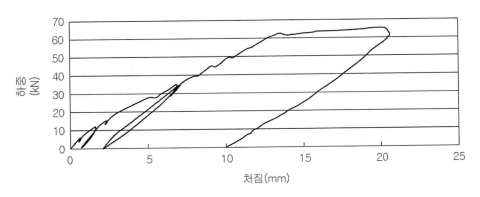

그림 3.3-13(가) 휨 파괴일 때 하중-처짐 곡선

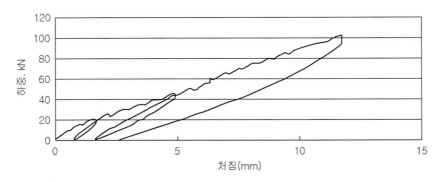

그림 3.3-13(나) 전단파괴일 때 하중 - 처짐 곡선

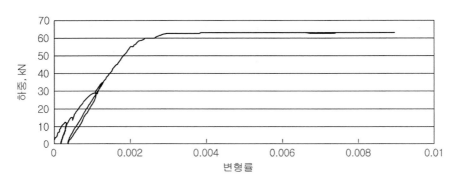

그림 3.3-13(다) 휨 파괴일 때 하중 - 철근 변형률 곡선

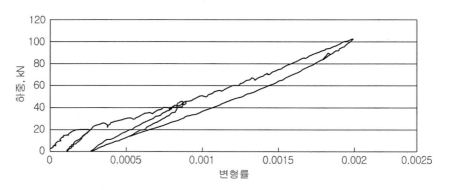

그림 3.3-13(라) 전단파괴일 때 하중 - 철근 변형률 곡선

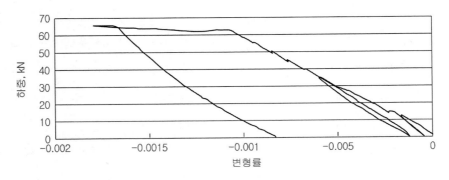

그림 3.3-13(마) 휨 파괴일 때 하중 - 콘크리트 변형률 곡선

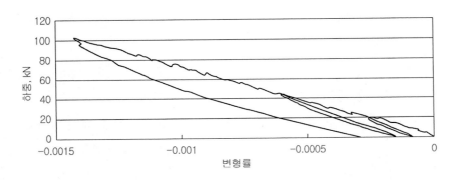

그림 3.3-13(바) 전단파괴일 때 하중 - 콘크리트 변형률 곡선

(4) 철근의 항복과 콘크리트 파괴

하중 - 처짐 곡선에서 보는 바와 같이 하중이 계속 증가하다 보면 어느 순간에 하중이 증가하지 않아도 처짐이 계속 커지는 때가 있다(그림 3.3-13(가)). 바로 이때 철근이 항복상태에 들어가게 된다. 즉, 철근의 응력이 더 이상 증가하지 않더라도 철근은 변형을 계속 일으킨다. 또한 철근이 부담하는 인장력도 더 이상 증가하지 않는다. 이러한 현상은 인장철근량이 단면에 배근될 수 있는 최대 철근량 이하인 보통의 경우이면, 바로 단면의 철근비($\rho = A_s/bd$)가 인장지배 철근비 이하이면, 휨모멘트가 증가하면서 인장철근이 부담하는 인장력이 증가하여 철근의 응력은 항복응력에 이르게 되고 이에 따라 철근은 더 이상의 응력 증가 없이 변형이 지속되는 소성변형을 일으키게 된다. 하중을 그 상태로 계속 유지하면 처짐이 커지고 부재의 곡률

도 커지면서 단면의 변형률도 커진다(그림 3.3-7의 구간 D-E). 인장 측에서 발달한 균열은 압축 측으로 급속히 진행하며 중립축의 위치도 함께 이동한다. 따라서 압축영역도 급속히 작아지면서 콘크리트의 압축변형률이 파괴변형률에 이르면서 압축파괴가 일어나면서 부재는 더 이상의 하중을 지탱할 수 없게 된다(그림 3.3-7의 점 E). 이러한 상태를 파괴라고 한다. 그런데 철근이 소성변형을 일으키면서 콘크리트 파괴가 일어나기 전에 하중을 제거하면 거의 직선적으로 처짐이 감소되고 하중-철근 변형률 관계에서 알 수 있듯이 철근이 소성변형을 일으킨 후에 응력이 제거되어도 변형은 남게 되어 하중을 완전히 빼도 처짐은 이전보다 훨씬 더 크게 남게 된다(그림 3.3-13(가)). 보의 형태가 완전히 사라지지 않았다 해도 이 보는 더 이상 쓸모가 없게 되었으므로 파괴라고 간주할 수 있다.

3.3.5 휨 단면 해석

(1) 휨과 등가 직사각형 응력블록

거의 대다수의 철근콘크리트 구조물에서는 극한한계상태 조건에 대한 설계를 수행하는 것이 일반적이며 그 후에 구조물이 지나친 처짐이나 콘크리트 균열이 생기지 않고 사용한계상태에 충분한지를 검토한다. 이런 까닭에 여기서는 먼저 간편한 직사각형 응력블록을 이용해서 극한한계상태 설계를 수행한다[3.1, 3.7, 3.10].

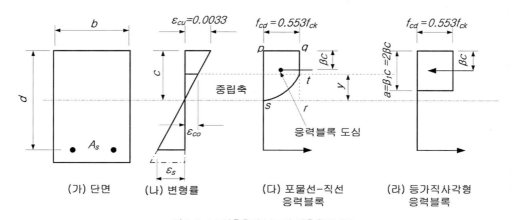

그림 3.3-14 압축응력 분포와 압축응력블록

대체로 설계기술자들은 약간 복잡하고 번거로운 포물선-직사각형 응력블록보다 그림 3.3-14 (라)에 보인 직사각형 응력블록을 선호하는 편이다. 직사각형 응력블록을 사용하면 해석도 수월해지고 설계공식들도 다루기가 편해지며 특히 비-직사각형 단면을 다룰 때나 수계산을 해야 할 때 아주 편하다.

그림 3.3-14의 압축응력 분포는 극한변형률 $\epsilon_{cu} = 0.0033$에서 최대 응력 $f_{c,\max} = f_{cd} = 0.553 f_{ck}$를 보이면서 콘크리트 재료의 응력-변형률 관계 곡선과 유사하다. 이 그림에서

ϵ_{cu} =최대 응력 시작점에서 콘크리트 변형률

w =중립축에서 최대 응력 시작점까지의 거리

c =중립축에서 압축연단까지의 거리

βc =압축연단에서 응력블록 도심까지의 거리

k_1 =평균 콘크리트 응력

포물선-직선으로 이루어진 응력블록의 평균 응력의 크기를 구해본다. 변형률 분포도에서 $\dfrac{c}{0.0033} = \dfrac{y}{\epsilon_{c0}}$ 이므로 $y = \dfrac{c\,\epsilon_{c0}}{0.0033}$ 이다. $\epsilon_{c0} = 0.0020$를 대입하면 $y = 0.606\,c$가 된다.

$k_1 = \dfrac{응력블록의\ 면적}{c} = \dfrac{면적\ pqsr - 면적\ srt}{c}$ 로 나타낼 수 있으므로, 그림 3.3-15에 보인 바와 같은 포물선 도형에 관한 값들을 이용해서 계산한다.

$$k_1 = \frac{0.553 f_{ck} c - 0.553 f_{ck} y/3}{c} \tag{3.3-20}$$

여기에 $y = 0.606\,c$를 대입하여 정리하면 $k_1 = 0.442 f_{ck} = 0.553 f_{ck}(0.799) \approx (0.80) f_{cd}$가 된다. 이제 응력블록의 도심 위치를 구한다. 중립축에 대한 응력블록의 모멘트를 취해서 직사각형 단면에 대한 β를 구한다.

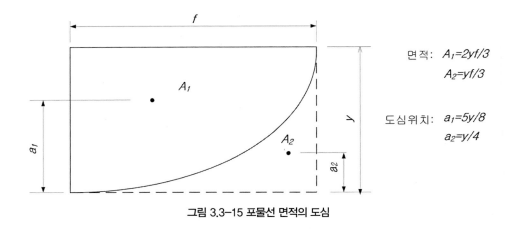

그림 3.3-15 포물선 면적의 도심

면적: $A_1 = 2yf/3$
$A_2 = yf/3$

도심위치: $a_1 = 5y/8$
$a_2 = y/4$

$$c - \beta c = \frac{\text{면적 } pqrs \times c/2 - \text{면적 } srt \times y/4}{\text{응력블록의 면적}}$$

$$= \frac{(0.553 f_{ck} c)c/2 - (0.553 f_{ck} y/3)y/4}{k_1 c}$$

$$= \frac{0.553 f_{ck}(c^2/2 - y^2/12)}{k_1 c} = \frac{0.553 f_{ck} c^2}{k_1 c}(1/2 - (0.606)^2/12)$$

$$= \frac{0.553 f_{ck} c^2}{0.441 f_{ck} c}(0.4694) = 0.589c \quad \therefore \quad \beta = 1 - 0.589 = 0.411$$

압축 면적의 폭이 b이고 중립축의 깊이가 c일 때 평균 압축응력이 $0.8 f_{cd}$이면 압축응력블록의 합력은 다음과 같이 쓸 수 있다.

$$C = (0.8 f_{cd})cb = f_{cd}(0.8c)b \tag{3.3-21}$$

보통의 설계 계산에서는 $\beta = 0.4$로 하고 있고 응력블록의 평균 응력이 $0.441 f_{ck} \approx 0.80 f_{cd}$이므로 직사각형 응력블록의 평균 응력을 f_{cd}로 하고 블록의 높이를 $0.8c$로 하면 설계 계산이 간편해질 수 있다. 그림 3.3-16에서 알 수 있듯이 응력블록의 깊이는 단면의 중립축 위치까지 연장되지는 않고 $a = 0.8c$로 된다. 이렇게 되면 응력블록의 도심은 단면의 압축연단에서 $a/2 = \beta c = 0.4c$ 되는 곳이며 이 값은 포물선 - 직사각형 응력블록의 도심에 대한 값과 거의 같다. 또한 그 면적의 크기도 거의 같다. 그러므로 단면의 저항모멘트는 두 종류의 응력블록

중 하나를 기초로 한 계산값을 이용해도 거의 비슷하다. 여기서는 $a = 0.8c = 2\beta c = \beta_1 c$로, $\beta_1 = 2\beta$를 쓰기로 한다.

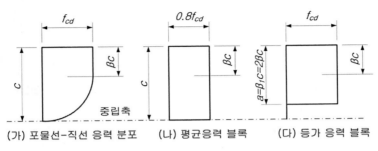

그림 3.3-16 압축응력 분포와 응력블록

(2) 단철근 직사각형 단면의 해석

일반적으로 단면을 해석한다는 뜻은 극한상태에서는 **단면의 설계휨강도 M_d**를 산정한다는 것이며, 사용상태에서는 철근 및 콘크리트의 응력(f_s, f_c)을 산정한다는 것이다. 그림 3.3-17과 같이 인장철근만 보강된 직사각형 단면을 정의하는 값들은 각각, 압축영역의 유효폭 b, 압축연단에서 인장철근량의 도심까지의 거리 d, 그리고 인장철근량 A_s이다. 이러한 단면을 **단철근 단면**_singly reinforced section_이라고도 한다. 인장철근량 A_s는 실제로 철근을 배치함으로써 정해진다. 또한 아주 중요한 것으로, 철근과 콘크리트가 함께 거동하고 화재로부터 보호되려면 콘크리트 피복을 두어야 한다. 300 °C 이상의 고온에서는 철근의 항복강도와 탄성계수가 급격히 떨어지기 시작하기 때문에 콘크리트 피복은 단열재로서 반드시 필요하다. 최소 피복두께는 일반적으로 설계기준에 규정되어 있다. 콘크리트의 인장강도는 휨 계산에 무시되므로, 중립축에서 인장 측의 콘크리트 단면의 형상이나 콘크리트 피복두께는 휨강도에 영향을 주지 않는다. 이제 그림 3.3-17과 같은 직사각형 단면 보에서 **인장철근이 항복한 경우**($\epsilon_s > \epsilon_{yd}$)에서 단면의 공칭휨강도 M_n과 설계휨강도 M_d를 산정하는 식을 이끌어내기로 한다.

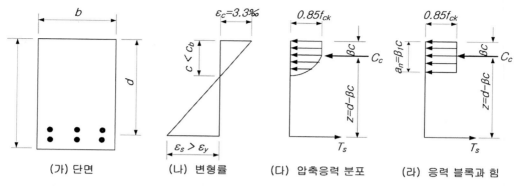

그림 3.3-17 단철근 휨 인장파괴 단면의 공칭휨강도 산정

그림 3.3-17은 극한한계상태에서 설계 계산에 콘크리트와 철근에 각각 적용되는 재료감소계수 ϕ_c와 ϕ_s를 고려하지 않고 두 재료의 기준강도인 f_{ck}, f_y를 사용하여 단면의 휨강도를 계산할 때의 변형률 분포와 응력 분포를 나타낸 것이다. 이러한 조건에서 계산된 단면의 휨강도를 공칭휨강도 M_n라고 한다. 그림 3.3-5에 보인 콘크리트의 응력－변형률 관계 곡선은 재료계수 ϕ_c를 곱하지 않은 경우나 곱한 경우에도 블록의 특징을 나타내는 도심위치계수 β는 같다. $\epsilon_s > \epsilon_y$이고 항복 후의 철근의 응력이 증가하지 않는다고 가정하면 철근 부담 인장력은 $T_s = A_s f_s = A_s f_y$로 쓸 수 있고 압축력은 $C = 0.85 f_{ck}(b\,a_n) = 0.85 f_{ck}(b(0.8c))$로 쓸 수 있으며 인장력과 크기가 같다. 두 힘 간의 팔길이 $z = d - a_n/2 = d - \beta c = d - 0.4c$이다. 따라서 공칭휨강도는 $M_n = T \cdot z = C \cdot z$이므로 다음과 같다.

$$M_n = A_s f_y (d - a_n/2) \tag{3.3-22}$$

여기서 $a_n = \dfrac{A_s f_y}{0.85 f_{ck} b}$ 이다.

이제 설계휨강도 M_d를 구하는 식을 만들어 본다. 앞의 공칭휨강도 계산과 구별하기 위해서 응력블록의 높이를 공칭강도를 계산할 때에는 아래첨자 n을, 설계휨강도를 계산할 때에는 아래첨자 d를 사용하였다. 그림 3.3-18에서 콘크리트가 부담하는 압축력은

$$C = f_{cd}\,b\,a_d = (\phi_c 0.85 f_{ck})b\,a_d = 0.553 f_{ck}\,b\,a_d \tag{3.3-23a}$$

이고 철근이 부담하는 인장력은

$$T = f_{yd}A_s = \phi_s f_y A_s = 0.9 f_y A_s \tag{3.3-23b}$$

이다. 평형조건에 따라 $C = T$이므로 등가 직사각형 응력블록의 높이 a_d는 다음과 같다.

$$a_d = \frac{A_s f_{yd}}{f_{cd}b} \tag{3.3-24}$$

$M_d = Cz = Tz$를 바탕으로 하여 계산된다. 압축력 작용점을 중심으로 모멘트를 취하면 $M_d = Tz$이다. $z = jd = d - \beta c = d - a_d/2$이므로

$$M_d = Tjd = A_s f_{yd}(d - a_d/2) \tag{3.3-25a}$$

로 된다. 마찬가지로 인장력 작용점(여기서는 인장철근량의 도심)을 중심으로 모멘트를 취하면, $M_d = Cz = Cjd$이며 $C = f_{cd}ba_d$이고 $z = jd = d - \beta c = d - a_d/2$이므로

$$M_d = Cjd = f_{cd}ba_d(d - a_d/2) \tag{3.3-25b}$$

로 된다.

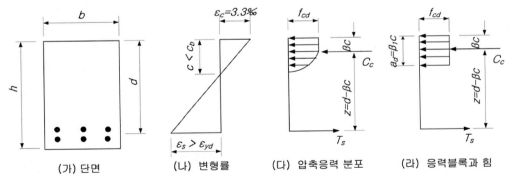

(가) 단면   (나) 변형률   (다) 압축응력 분포   (라) 응력블록과 힘

그림 3.3-18 단철근 휨 인장파괴 단면의 설계휨강도 산정

3.3.6 단면의 파괴

단면의 파괴는 그 단면을 이루는 재료의 파괴라고 볼 수 있고, 이것은 부재의 파괴로 이어진다. 그렇다면 철근콘크리트 단면의 파괴는 단면을 이루는 철근이나 콘크리트가 파괴되었음을 뜻한다. 콘크리트 구조물을 설계할 때 설계기준의 하나로서 부재의 파괴를 정의하고 있다. 철근콘크리트 부재의 파괴는 콘크리트가 파괴될 때 일어난다. 엄밀히 말하자면 철근이 파괴되어 부재가 파괴되는 경우는 없다. 철근의 항복상태가 철근의 파괴상태가 아니기 때문이다. 철근은 **연성적인**_ductile_ 재료이다. 연성적이라 함은 그 재료가 완전히 파단될 때까지 큰 변형을 일으키어 변형에너지를 충분히 지닐 수 있다는 것이다. 이에 반해 **취성적**_brittle_이라 함은 재료가 파단에 이를 때까지 변형이 충분하지 않아 변형에너지도 크지 않다는 것이다. 콘크리트는 철근에 비하면 취성적인 재료이다. 연성적인 철근과 취성적인 콘크리트가 한데 어울려 어떠한 거동을 보일까 알아보기로 하자. 어떤 때는 철근콘크리트보가 연성적인 거동을 보이고 어떤 때는 취성적인 거동을 보일 수도 있다. 먼저 이론적으로 그 경계를 이루는 상태를 살펴보기로 한다. 그림 3.3-19는 철근 변형률에 따라 일어나는 파괴형태를 나타낸 것이다.

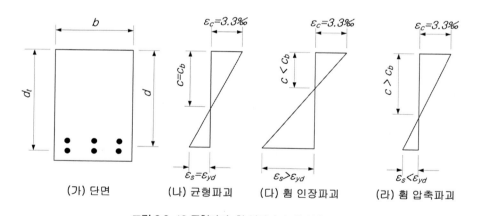

그림 3.3-19 균형파괴, 휨 인장파괴, 휨 압축파괴

(1) 균형변형률 상태

단면이 파괴될 때 콘크리트 압축변형률 ϵ_c이 극한변형률ϵ_{cu} (=0.0033)에 이르고 철근도 동시에 항복변형률 ϵ_{yd}에 이르게 되는 경우를 생각해볼 수 있다. 이러한 상태를 균형변형률상태라고

한다. 실제로 보에서는 거의 생기지 않고, 이론적으로만 가능한 상태이다.

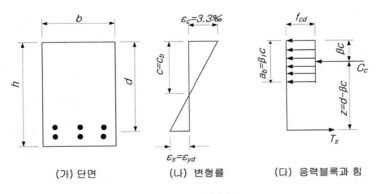

(가) 단면   (나) 변형률   (다) 응력블록과 힘

그림 3.3-20 균형파괴

이때의 철근비를 균형철근비 $\rho_b = A_{sb}/bd$라고 한다. 이러한 균형철근비는 변형률조건과 단면의 평형조건으로부터 구할 수 있다. 그림 3.3-20에서 보는 바와 같이 직사각형 단면에서 철근인장력 $T_s = A_{sb}f_{yd}$로 되고 콘크리트 압축력 $C_c = \phi_c 0.85f_{ck}(2\beta c_b b) = f_{cd}a_b b$가 된다. 이 두 힘의 크기는 같아야 하므로 다음과 같이 쓸 수 있다. $\beta_1 = 2\beta$로 쓰기로 하면,

$$A_{sb}f_{yd} = f_{cd}\beta_1 c_b b \tag{3.3-26}$$

이고 여기서 균형변형률 상태에서 압축영역의 높이(중립축의 위치) c_b는 변형률 분포도로부터 다음과 같이 구할 수 있다.

$$c_b = \frac{\epsilon_{cu}}{\epsilon_{cu} + \epsilon_{yd}}d = \frac{0.0033}{0.0033 + f_{yd}/E_s}d \tag{3.3-27}$$

이것을 위 식 (3.3-26)에 대입하면 직사각형 단면의 균형철근비 ρ_b를 구할 수 있다.

$$\rho_b = \frac{A_{sb}}{bd} = \frac{f_{cd}}{f_{yd}}\beta_1 \frac{0.0033}{0.0033 + \epsilon_{yd}} \tag{3.3-28}$$

(2) 휨 인장파괴 – 인장지배 단면

철근비가 균형철근비보다 작게 설계된($\rho < \rho_b$) 철근콘크리트 보에서는 하중이 증가함에 따라 철근의 인장응력 증가속도가 콘크리트의 압축응력 증가속도보다 빨라서 그림 3.3-21(나)에서 보는 바와 같이 콘크리트의 압축변형률 ϵ_c이 극한변형률 ϵ_{cu}에 이르기 전에 철근이 먼저 설계 항복변형률에 이른다. 다시 말하면, 철근의 변형률이 처음으로 설계항복변형률에 이르렀을 때 ($\epsilon_s = \epsilon_{yd}$), 콘크리트의 변형률은 극한변형률 ϵ_{cu}보다 훨씬 작은 상태에 있다($\epsilon_c < \epsilon_{cu}$). 그런 다음에 철근의 소성변형이 일어나면서 보의 처짐은 더 이상의 하중 증가 없이도 계속 커진다. 동시에 단면의 곡률도 처짐의 증가와 함께 커지고 압축변형률도 따라 커진다. 인장 측에 발생한 균열은 압축영역쪽으로 진행한다. 그래서 압축을 부담할 수 있는 압축면적도 줄어든다. 드디어 콘크리트가 파괴될 때($\epsilon_c = \epsilon_{cu}$), 철근 변형률은 설계항복변형률보다 더 큰 상태에 있게 된다($\epsilon_s \gg \epsilon_{yd}$). 이 상태에 이르기까지 하중이 뚜렷하게 증가하지는 않는다. 이것은 철근이 항복하기 시작할 때의 휨모멘트 M_y와 콘크리트가 파쇄되어($\epsilon_c = \epsilon_{cu}$) 더 이상의 하중을 견디지 못하게 될 때의 휨모멘트 강도 M_d는 큰 차이가 없다는 것을 뜻한다. 이와 같은 파괴 형태를 휨 인장파괴라고 하며 큰 변형(인장철근의 소성변형, 처짐)을 일으킨 후에 파괴되므로 연성파괴라고 한다. 이러한 파괴형태는 부재의 파괴가 일어나기 전에 처짐이 뚜렷하게 증가한다는 징조가 있기 때문에 불행한 사태에 대해서 미리 대비할 수 있다.

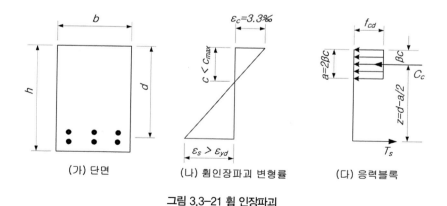

(가) 단면   (나) 휨인장파괴 변형률   (다) 응력블록

그림 3.3-21 휨 인장파괴

(3) 휨 압축지배 한계 – 최대 철근비

압축을 받는 콘크리트의 변형률이 변형률 한계값인 0.0033에 이를 때 단면의 최외단에 있는 철근의 순 인장변형률이 압축지배 변형률 한계값보다 작다면 이 단면을 압축지배 단면이라고 한다. 일반적으로 압축지배 변형률 한계값은 균형변형률상태일 때 최외단 철근의 순인장철근 변형률이다. f_y = 400 MPa인 경우에는 압축지배 변형률 한계값을 0.002로 한다. 앞에서 설명한 휨 인장파괴와는 달리 철근비가 균형철근비보다 더 크게 설계된($\rho \geq \rho_b$) 단면에서는 철근이 충분한 변형을 일으키지 않은 채($\epsilon_s < \epsilon_{yd}$), 콘크리트의 파괴($\epsilon_c = \epsilon_{cu}$)가 먼저 일어날 수도 있다. 이러한 파괴를 휨 압축파괴라고 한다. 이론적으로는 철근의 소성변형이 일어나지 않기 때문에 이러한 보에서는 하중과 처짐의 관계가 직선적인 비례관계를 보이다가 아무런 파괴의 징조 없이 콘크리트가 순간적으로 파쇄되면서 단면파괴에 이르게 된다. 그러나 실제로는 휨 압축파괴를 일으키는 단면을 설계하기란 쉽지 않다. 균형파괴 철근비보다 더 큰 철근비로 보강되었을 경우에 휨 압축파괴가 일어날 수 있기 때문이다.

이러한 취성적인 휨 압축파괴를 방지하고 연성적인 휨 인장파괴를 유도하기 위해서 설계기준에서는 최대 철근비를 제시하고 있다. 압축을 받는 콘크리트의 변형률이 변형률 한계값인 0.0033에 이를 때 단면의 최외단에 있는 철근의 순인장변형률이 0.004 이상이면 인장지배 단면이라고 한다. 철근항복강도와 콘크리트 압축강도에 따라서 인장지배 단면이 될 수 있는 한계 철근비를 계산해보기로 한다.

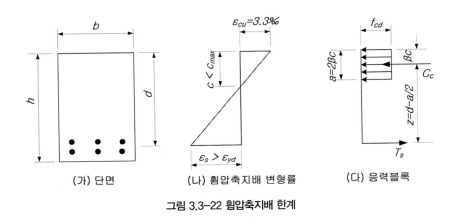

(가) 단면   (나) 휨압축지배 변형률   (다) 응력블록

그림 3.3-22 휨압축지배 한계

그림 3.3-22는 인장지배단면에서 한계변형률과 응력상태를 보인 것이다. 중립축의 깊이가 최대 $0.45d$인 단면을 인장지배 한계단면이라고도 한다. 극한한계상태에서 콘크리트 및 철근의 변형률이 동시에 각각 한계값에 이르기 때문이다. 이러한 경우는 단철근 단면일 때 최대 휨강도에서 발생한다. 그러면 이 단면에서 $\epsilon_{cu} = 0.0033$, $\epsilon_s = 0.004$이면, $c_{\max} = 0.45d$ 이고 응력블록의 높이는 $a = \beta_1 c_{\max} = 0.8(0.45d) = 0.36d$이다.

콘크리트 응력블록의 힘은 $C_c = f_{cd}(b\,a) = 0.36 f_{cd}(b\,d)$이며 평형을 유지하기 위해서 이 힘은 철근의 인장력 T_{sb}과 같아야 한다. $T_s = f_{yd} A_{s,\max} = C_c = 0.36 f_{cd} b\,d$이므로

$$A_{s,\max} = 0.36 f_{cd}\,b\,d / f_{yd} \tag{3.3-29}$$

$$\rho_{\max} = \frac{A_{s,\max}}{b\,d} = 36\left(\frac{f_{cd}}{f_{yd}}\right) \% \tag{3.3-30a}$$

이다. 여기서 $m = \dfrac{f_{yd}}{f_{cd}} = \dfrac{\phi_s f_y}{\phi_c 0.85 f_{ck}} = \dfrac{0.9 f_y}{(0.65)(0.85 f_{ck})} = 1.63\dfrac{f_y}{f_{ck}}$ 로 쓰면

$$\rho_{\max} = 0.36/m = 0.22 f_{ck}/f_y \tag{3.3-30b}$$

로 쓸 수 있다.

연성적인 단철근 단면을 설계하려면 위의 철근비를 초과하면 안 된다. f_{ck} =30 MPa, f_y =400 MPa이면 단면의 최대 철근비 $\rho_{\max} = 36 \times \dfrac{0.65(0.85)(30)}{0.90(400)} = 1.66\%$ 이다.

인장지배한계 단면의 저항모멘트 $M_d = C_c \cdot z$이고 여기서 $z = d - a/2 = 0.82d$이므로 $M_d = 0.295 f_{cd} b d^2$이다. $m_u = \dfrac{M_u}{f_{cd} b d^2} > 0.295$이면 단철근 단면으로 설계할 수 없으며 압축측에 압축철근을 배치해야 한다.

콘크리트구조기준에서는 최대 철근비 $\rho_{\max}$를 인장지배 한계변형률을 근거로 정하고 있다. 직사각형 단면인 경우에 SD 400($f_y = 400\,\mathrm{MPa}$)급 철근이 한 단으로 배근될 때, ϵ_t와 ρ/ρ_b 간의 관계를 살펴보자.

$$c = \frac{\epsilon_{cu}}{\epsilon_t + \epsilon_{cu}}d_t = \frac{0.003d_t}{\epsilon_t + 0.003}, \quad a = \beta_1 c = \frac{0.003\beta_1 d_t}{\epsilon_t + 0.003}$$

균형변형률 상태에서

$$a_b = \frac{\epsilon_{cu}}{\epsilon_y + \epsilon_{cu}}\beta_1 d_t = \frac{0.003\beta_1 d_t}{0.002 + 0.003} = 0.6\beta_1 d_t \text{이므로} \quad \frac{\rho}{\rho_b} = \frac{a}{a_b} = \frac{0.005}{\epsilon_t + 0.003} \quad \text{또는}$$

$\epsilon_t = \dfrac{0.005}{\rho/\rho_b} - 0.003$로 된다. 콘크리트구조기준에서는 휨부재에 대하여 순인장변형률 ϵ_t가 0.004보다 작지 않도록 최대 철근비를 제시하고 있다. SD 400급 철근에 대해서 과거의 최대 철근비 $\rho = 0.75\rho_b$로 하면 ϵ_t =0.00367이다. ϵ_t =0.004이면 $\rho = 0.714\rho_b$이므로 연성이 더 확보된다고 볼 수 있다. 인장지배 변형률 ϵ_t =0.005로 하면 $\rho = 0.625\rho_b$로 되어 연성 확보에 훨씬 더 유리하게 된다.

(4) 급작스런 휨 인장파괴

단면 크기에 비해 계수모멘트 M_u(극한모멘트)의 크기가 작아 배치된 철근량이 아주 적은 경우에는, 부재의 급작스러운 파괴가 일어날 수 있다. 휨강도를 계산할 때 인장 측 콘크리트가 균열되었다는 가정을 근거로 하고 있다. 그래서 인장 측 콘크리트가 균열상태라는 가정을 근거로 하여 인장철근량이 적게 설계된 단면의 휨강도 M_d값이 철근을 전혀 넣지 않은 같은 크기의 무근콘크리트 단면의 휨강도 M_d(즉, 균열모멘트 M_{cr}와 같다)보다 작아질 수도 있다. 이런 경우의 파괴는 아무런 예고 없이 급작스럽게 취성적으로 일어나게 되어 큰 위험이 닥칠 수도 있다. 이러한 위험성을 피하기 위해서 어떠한 경우라도 철근으로 보강된 단면은 보강 안 된 단면의 휨강도 이상이 되도록 최소한도의 철근 $A_{s,\min}$ (또는 최소 철근비 $\rho_{\min}$)을 배치해야 한다고 정하고 있다. 즉, 다음과 같은 관계가 성립되어야 한다.

[보강된 단면의 휨강도 M_d] ≥ [무근 콘크리트 단면의 휨강도 M_{cr}]

콘크리트 휨인장강도 $f_{ctm,fl}$를 이용해서 $M_{cr} = f_{ctm,fl}I_g/y_t$를 구할 수 있다. 도로교설계기준에서는 휨인장강도를 다음과 같이 정의하고 있다[3.1].

$$f_{ctm,fl} = \max[(1.6 - h/1000)f_{ctm} \; ; \; f_{ctm}] \quad [\text{mm}] \tag{3.3-31}$$

크기가 $b \times h$인 직사각형 단면이라면, $M_{cr} = f_{ctm,fl}(bh^3/12)/(h/2) = f_{ctm,fl}(bh^2/6)$이고, $M_d = A_s f_{yd}(d - a/2)$이므로 $M_d = A_s f_{yd}(d - a/2) \geq M_{cr} = f_{ctm,fl}(bh^2/6)$이어야 한다. $A_s = \rho b d$로 놓고, ρ가 작은 경우에 대해서 $a/2$를 $0.05d$로 가정하고, $\phi_s = 0.9$로 하면 다음과 같다. 또한 $f_{ctm,fl} = 1.1 f_{ctm}$로 가정한다. 그러면 $\rho b d(0.9 f_y)(0.95d) \geq 0.167(1.1 f_{ctm}) b h^2$이고 $\rho \geq \dfrac{0.184 f_{ctm}}{0.855 f_y}\left(\dfrac{h}{d}\right)^2 = 0.215 \dfrac{f_{ctm}}{f_y}\left(\dfrac{h}{d}\right)^2$로 된다.

여기서 $d \approx 0.9h$로 하면 $\rho_{\min} \geq \dfrac{0.266 f_{ctm}}{f_y}$가 된다. 유로코드 EC2 9.2.1.1 식 (9.1N)에서는 다음과 같이 규정하고 있다.

$$A_{s,\min} = 0.26 \frac{f_{ctm}}{f_y} b_t d \geq 0.0013 b_t d \tag{3.3-32}$$

우리나라 콘크리트구조기준 6.3.2에서는 다음과 같이 규정하고 있다[3.2].

$$f_{ck} \leq 31\mathrm{MPa}\text{이면 } \rho_{\min} \geq \frac{1.4}{f_y} \tag{3.3-33a}$$

$$f_{ck} > 31\mathrm{MPa} \text{ 이면 } \rho_{\min} \geq \frac{0.25 \sqrt{f_{ck}}}{f_y} \tag{3.3-33b}$$

그러나 부재의 모든 단면에서 해석에 의해 필요한 철근량보다 1/3 이상 인장철근이 더 배치되는 경우에는 식 (3.3-33a, b)을 따르지 않을 수도 있다.

예제 3.1 휨 단면 해석 1

그림 3.3-23과 같은 단철근 직사각형 단면을 해석한다. 균열모멘트 M_{cr}, 설계 휨강도 M_d를 구하고 사용상태에서 철근응력 f_s와 콘크리트 응력 f_c를 계산한다.

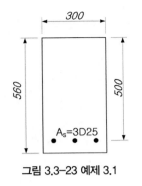

그림 3.3-23 예제 3.1

콘크리트 $f_{ck} = 30\,\text{MPa}$

철근 $f_y = 400\,\text{MPa}$

단면 폭 $b = 300\,\text{mm}$

단면 높이 $h = 560\,\text{mm}$

단면 유효깊이 $d = 500\,\text{mm}$

인장철근량 $A_s = 3D25 = 3(507) = 1521\,\text{mm}^2$

◢ 기본 계산값

휨강도 계산을 비롯한 모든 단면에 관한 값을 계산하기 전에 계산에 필요한 기본값들을 반드시 구해놓아야 한다!!

콘크리트 설계강도 $f_{cd} = \phi_c(0.85 f_{ck}) = 0.65(0.85 \times 30) = 16.575\,\text{MPa}$

철근 설계항복강도 $f_{yd} = \phi_s f_y = 0.9(400) = 360\,\text{MPa}$

철근비 $\rho = A_s/bd = 1500/(300)(500) = 0.01$

설계항복변형률 $\epsilon_{yd} = f_{yd}/E_s = 360/200 \times 10^3 = 0.0018$

콘크리트 평균 압축강도 $f_{cm} = f_{ck} + 4 = 34\,\text{MPa}$

콘크리트 평균 인장강도 $f_{ctm} = 0.30(f_{cm})^{2/3} = 0.30(34)^{2/3} = 3.15\,\text{MPa}$

콘크리트탄성계수 $E_c = 8500\sqrt[3]{f_{cm}} = 8500\sqrt[3]{34} = 27.54\,\text{GPa}$

휨인장강도 $f_{ctm,fl} = (1.6 - h/1000)f_{ctm} = (1.6 - 560/1000)(3.15) = 3.274\,\text{MPa}$

탄성계수비 $n = E_s/E_c = 200/27.54 = 7.263$

(1) 균열모멘트 M_{cr}을 계산한다.

인장철근량을 무시한 비균열상태에서 면적 2차 모멘트 $I_g = (300)(560)^3/12 = 4.390 \times 10^9\,\text{mm}^4$

$$M_{cr} = (3.274)(4.390 \times 10^9)/(560/2) = 51.344\,\text{kN} \cdot \text{m}$$

비균열 단면에서 균열 직전 철근응력은 비균열 단면값 I_g를 사용해서 구한다.

$$f_s = n \frac{M_{cr}}{I_g}(d - h/2) = (7.263)\frac{51.344 \times 10^6}{4.39 \times 10^9}(500 - 560/2) = 18.686 \text{ N/mm}^2$$

(2) 단면의 설계 휨강도 M_d를 계산한다.

먼저 $f_s = f_{yd}$로 가정하고, 등가 직사각형 응력블록의 높이 a를 계산한다.

$$a = f_{yd}A_s/(f_{cd}b) = (1500)(360)/(16.575)(300) = 108.6 \text{ mm}$$

$$T = (1500)(360) = 540 \text{ kN}$$

$$\therefore M_d = T(d - a/2) = (540)(500 - 108.6/2) = 240.68 \text{ kN} \cdot \text{m}$$

(3) $f_s = f_{yd}$라는 가정을 검증한다.

$\epsilon_c = \epsilon_{cu}$일 때 $\epsilon_s > \epsilon_{yd}$임을 증명하면 된다.

앞에서 $a = \beta_1 c = 108.6 \text{ mm}$이고 $f_{ck} \leq 40 \text{ MPa}$이면 $\beta_1 = 2\beta = 2(0.4) = 0.8$이다. 그러므로 중립축의 높이 $c = a/\beta_1 = 108.6/0.8 = 135.7 \text{ mm}$이다. 인장철근 변형률을 계산해본다.

$$\epsilon_s = \epsilon_{cu}\left(\frac{d - c}{c}\right) = 0.0033\left(\frac{500.0 - 136.0}{136.0}\right) = 0.0088 > \epsilon_{yd} = 0.0018$$

이므로 $f_s = f_{yd}$라는 가정은 맞다.

(4) 사용하중은 균열하중과 파괴하중 사이에 있다.

$M_w = 2.0M_{cr} = 2.0(51.344) = 102.688 \text{ kN} \cdot \text{m}$로 가정하여 철근응력을 계산한다. 균열 단면의 중립축(도심축) 위치 c를 구하고 면적 2차 모멘트 I_{cr}를 구한다.

$$1/2(300)c^2 - (7.263)(1500)(500 - c) = 0 \text{ 에서 } c = 157.7 \text{ mm이다. 그러므로,}$$

$$I_{cr} = 1/3(300)(158^3) + (7.263)(1500)(500 - 158)^2 = 1.668 \times 10^9 \text{ mm}^4$$

$$f_s = n\frac{M_w}{I_{cr}}(d - c) = 7.263\left(\frac{102.68 \times 10^6}{1.668 \times 10^9}\right)(500 - 158.0) = 153.00 \text{ N/mm}^2 = 0.425 f_{yd}$$

$$f_c = \frac{M_w}{I_{cr}}c = \frac{102.68 \times 10^6}{1.668 \times 10^9}(158) = 9.70 \text{ N/mm}^2 = 0.323 f_{ck}$$

철근응력 크기 f_s와 콘크리트 응력 크기 f_c 두 값 모두 탄성 범위 안에 있다.

한편 균열 발생 직후 철근응력 f_{sr}은 균열모멘트 M_{cr}에 대해서 균열 면적 2차 모멘트 I_{cr}을 이용하여 구한다.

$$f_{sr} = n\frac{M_{cr}}{I_{cr}}(d-c) = 7.263\left(\frac{51.344 \times 10^6}{1.668 \times 10^9}\right)(500-158) = 76.50 \text{ N/mm}^2 \text{이다.}$$

이 예제에서는 단면 제원과 재료강도가 주어졌을 때 관련된 값들을 모두 계산하였고 이 값들을 이용하여 사용하중상태에 대해서도 검토할 수 있음을 알 수 있다. 균열 발생 직후 철근응력 f_{sr}과 사용하중상태에서 철근응력 f_s은 나중에 균열 폭을 계산할 때 반드시 필요한 값들이다.

(5) 휨 압축파괴 단면(과보강 단면)의 해석

이제 철근비 ρ가 균형철근비 ρ_b보다 커서 휨 압축파괴가 일어나는 단면의 휨강도 M_d를 계산한다. $\rho > \rho_b$이므로 단면이 파괴될 때, 즉 $\epsilon_c = \epsilon_{cu}$일 때, $\epsilon_s < \epsilon_{yd}$이므로 철근응력 크기 f_s를 구해야 한다. 단면의 평형조건으로부터 $C = T$이므로 $f_{cd}b\,a = A_s f_s = \rho b d E_s \epsilon_s$이다. 그런데 변형률 적합조건으로부터 $\epsilon_s = \epsilon_{cu}\left(\dfrac{d-c}{c}\right)$이고 $a = \beta_1 c$이므로 이 식들을 정리하면 식 (3.3-34)와 같이 c를 구하는 식을 얻을 수 있다.

$$\left(\frac{f_{cd}\beta_2}{\rho E_s \epsilon_{cu}}\right)c^2 + (d)c - d^2 = 0 \tag{3.3-34}$$

예제 3.2 **휨 압축파괴 단면 해석**

단면 크기는 앞의 예제의 단면 크기와 같고 인장철근량 $A_s = 10\text{D}25 = 10(507) = 5070 \text{ mm}^2$일 때 단면의 휨강도 M_d를 계산한다.

(1) 압축블록의 높이 a를 계산한다.

$$\rho = \frac{5000}{(300)(500)} = 0.0333 > \rho_b = 0.0238 \text{이므로} \quad \frac{\beta_2 f_{cd}}{\rho E_s \epsilon_{cu}} = \frac{0.8(16.575)}{0.0333(200 \times 10^3)(0.0033)} = 0.6033$$

$0.6033c^2 + 500c - 500^2 = 0$에서 $c = 350.7 \text{ mm}$이고, $a = \beta_1 c = 0.8(350.7) = 280.6 \text{ mm}$이다.

(2) 휨강도 M_d를 계산한다. 여기서는 인장철근을 중심으로 휨강도 M_d를 계산한다.

$$C = f_{cd}ba = (16.675)(300)(0.8 \times 350.70) = 1392.3 \text{ kN}$$

$$M_d = C(d-a/2) = 1392.3(500 - 280.6/2)/1000 = 500.81 \text{ kN} \cdot \text{m} \text{ 이다.}$$

이때 철근응력 크기 $f_s = T/A_s = C/A_s = 1392.3/5000 = 278.5 \text{ N/mm}^2$이고, 철근 변형률을 구하여 응력을 계산해도,

$$c = 350.7 \text{ mm}, \ \epsilon_s = \epsilon_{cu}\left(\frac{d-c}{c}\right) = 0.0033\left(\frac{500-350.7}{350.7}\right) = 0.00141 < \epsilon_{yd}\text{이므로,}$$

$$f_s = E_s\epsilon_s = 200 \times 10^3(0.00141) = 282 \text{ N/mm}^2 = 0.783 f_{yd}\text{이다.}$$ 인장철근이 항복하기 전에 콘크리트 압축파괴가 일어나 단면 휨강도를 결정짓는다.

3.3.7 콘크리트구조기준에서 콘크리트 압축응력 분포

콘크리트구조기준에서 지금 쓰고 있는 것은 휘트니[Whitney]라는 이가 제시한 것으로서 압축영역에 **등분포의 압축응력($0.85f_c'$)이 작용하는 것으로 가정**한 것이다. 이렇게 되면 직사각형 단면에서 응력 입방체는 직육면체로 되고 합력점의 위치, 즉 도형의 도심도 쉽게 알 수 있게 된다. 한편 직사각형 분포로 가정하다 보니 압축을 받는 부분의 높이 a는 당연히 실제 압축영역의 높이(중립축의 위치) c보다도 작아지게 된다. 많은 실험을 거쳐 바로 이 a와 c의 관계가 결정되었다. $a = \beta_1 c$라고 정하고 β_1 값을 콘크리트의 압축강도에 따라 정했는데, 압축강도가 28 MPa보다 작으면 0.85로, 56 MPa보다 크면 0.65로 하고 있으며 그 사이는 직선 관계로 보고 구하도록 하고 있다. 따라서 일반적인 응력－변형률 곡선을 이용하기보다는 비교적 계산에 이용하기 편리한 다른 형태의 응력－변형률 관계를 설정할 수 있다면, 이 관계를 이용할 수 있다. 그림 3.3-24에 나타낸 바와 같이 극한모멘트에서 보의 응력블록을 세 가지 상수를 이용하여 수학적으로 나타낼 수 있다.

$k_3 =$공시체 강도f_c'에 대한 보의 압축영역 내의 최대 응력 f_c''에 대한 비

$k_1 =$최대 응력 응력에 대한 평균 압축응력의 비

$k_2 =$중립축 깊이 c에 대한 압축상단과 압축합력 사이의 거리의 비

폭 b, 중립축의 깊이 c인 직사각형 압축영역에 대하여 압축합력의 크기는 다음과 같다.

$$C = k_1 k_3 f_c' b c \tag{3.3-35}$$

단면의 휨강도 계산 절차를 좀 더 간편하게 하기 위해서 설계기준에서는 등가 직사각형 응력 분포를 사용하는 것을 허용하고 있다. 이 등가 직사각형 분포는 다음과 같이 정의된다.

① $\alpha_1 f_c'$인 균등 압축응력은 등가 압축 영역에 분포하는 것으로 가정한다. 이 등가 압축 영역은 단면의 가장자리와 압축연단으로부터 $a = \beta_1 c$만큼 거리에 중립축에 평행한 직선으로 이루어진다. 여기서 $\alpha_1 = 0.85$이다.

② 압축연단으로부터 중립축까지의 거리 c는 중립축과 수직으로 잰 거리이다.

③ 계수 β_1은 다음과 같이 정해진다.

(i) 콘크리트 압축강도 $f_c' \leq 28\,\text{MPa}$인 경우 : $\beta_1 = 0.85$

(ii) $28\,\text{MPa} \leq f_c' \leq 56\,\text{MPa}$인 경우 : $\beta_1 = 1.05 - \dfrac{f_c'}{140}$

(iii) $f_c' > 56\,\text{MPa}$인 경우 : $\beta_1 = 0.65$

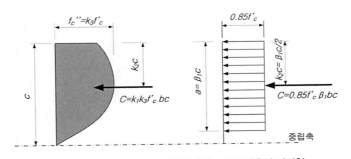

그림 3.3-24 콘크리트 휨압축응력 분포와 등가응력 사각형

직사각형 응력블록은 두 개의 기호 α_1과 β_1으로 나타내지만 실험으로 정해진 응력블록은 세 개의 기호 k_1, k_2, k_3가 필요하게 된다. 그러므로 이들 기호는 같은 것이 아니다. 콘크리트강도에 관한 지속 하중의 영향과 기둥 실험을 통한 연구에 따르면 가장 흔한 콘크리트강도에 대해서 α_1은 0.85로 취할 수 있다고 한다. $\alpha_1 = 0.85$이고 β_1으로 정해진 등가 직사각형 응력블록은 보의 실험 결과와 잘 들어맞는 것으로 밝혀진 바 있다. 기둥에 대해서는 압축강도 42 MPa 정도까지는 잘 들어맞는다.

3.4 휨 단면 설계 Design of Reinforced Concrete Beams for Bending

구조설계에서는 두 가지 성격이 다른 문제인, 해석과 설계를 다루어야 한다. 이 중에서 철근콘크리트 부재의 단면해석은 단면 크기, 콘크리트강도, 철근량, 배근위치, 항복강도 등을 알고 단면의 저항값, 즉 단면강도를 계산하는 일이며, 단면 설계는 M_u와 같은 계수단면력(필요강도)에 대해서 콘크리트강도, 철근강도, 단면 치수, 철근량 등을 포함한 적절한 단면을 결정하는 일이다. 단면 설계는 구조설계 중에 가장 기본적인 설계과정 중의 하나이다. 콘크리트와 철근의 각각의 기준강도(f_{ck}, f_y)를 선정한 후에 단면치수와 철근량을 산정해서 시공에 편리한 치수와 배근량을 결정한다. 휨을 받는 단면의 설계에서는 하나의 기본적인 설계휨강도 M_d공식을 이용하는 데 기본적으로 결정되어야 할 값들은 이 값들은 단면의 폭 b, 단면의 높이 또는 유효깊이 d, 철근량 A_s이다.

3.4.1 단철근 직사각형 단면 설계

아래의 그림 3.4-1은 휨 인장파괴가 일어날 수 있는 철근콘크리트 직사각형 단면 보를 나타낸 것이다. 균형철근비보다 적은 량의 철근이 배치되는 단면을 설계하고자 한다.

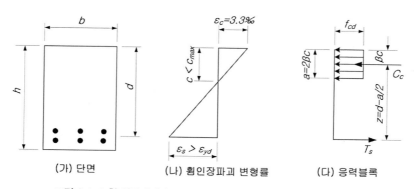

(가) 단면   (나) 휨인장파괴 변형률   (다) 응력블록

그림 3.4-1 휨 인장파괴가 일어나는 직사각형 단면의 철근콘크리트 보

인장 측에만 철근이 배치되어 휨을 견디는 단면을 **단철근 단면** *singly reinforced section*이라고 한

다. 단철근 직사각형 단면 설계는 재료강도 f_{ck}와 f_y를 가지고, 요구되는 단면의 휨모멘트 강도 $M_d \ge M_u$에 대해서 단면 폭 b, 단면 높이 h, 그리고 인장철근량 A_s를 결정하는 일이다. 단면 설계에 이용할 수 있는 기본식은 다음과 같은 두 개의 평형조건식이다.

① 휨 단면에 생기는 힘의 합은 0이다. 즉, $\Sigma F_x = 0,\ C = T\ (\because N = 0)$

② 우력모멘트의 크기는 요구되는 휨모멘트 크기와 같다고 본다.

$$M_d = (C \text{ 또는 } T)(d - a/2)$$

미지수($b,\ d,\ A_s$)는 셋이고 이용할 수 있는 식은 두 개이기 때문에 수학적인 해답은 무수히 많다. 만족할 만한 해답을 얻기 위해서 세 개의 미지수 중 하나를 가정하면 나머지 두 개의 값을 결정하기가 쉬워진다. 먼저 철근량을 가정하는데 직접적으로 할 수 없고 철근비 $\rho = A_s / (bd)$를 가정한다. 그러면 첫 번째 평형조건식으로부터 다음과 같은 식을 얻는다.

$$f_{cd}\,b\,a = \rho b\,d f_{yd} \tag{3.4-1}$$

그러므로 응력블록의 높이 $a = \rho\left(\dfrac{f_{yd}}{f_{cd}}\right)d$로 쓸 수 있다.

두 번째 평형조건 식에 이들을 대입하여 다음과 같은 식을 얻는다.

$$
\begin{aligned}
M_d = T\left(d - \frac{a}{2}\right) &= \rho b d f_{yd}\left[d - \frac{\rho}{2}\left(\frac{f_{yd}}{f_{cd}}\right)d\right] \\
&= \rho b d^2 f_{yd}\left[1 - \frac{\rho}{2}\left(\frac{f_{yd}}{f_{cd}}\right)\right] = S_d b d^2
\end{aligned}
\tag{3.4-2}
$$

여기서 $S_d = \rho f_{yd}\left(1 - \dfrac{1}{2}\rho m\right)$, $m = \dfrac{f_{yd}}{f_{cd}} = \dfrac{\phi_s f_y}{\phi_c 0.85 f_{ck}} = \dfrac{0.9 f_y}{(0.65)(0.85 f_{ck})} = 1.63\dfrac{f_y}{f_{ck}}$ 이다.

① 철근비 ρ를 최대 철근비 $\rho_{\max} = 0.36\,(f_{cd}/f_{yd})$보다 작고 최소 철근비 $\rho_{\min} = 0.26 f_{ctm}/f_y$보다 크게 가정한다($\rho_{\min} < \rho < \rho_{\max}$). 대체로 $\rho = (0.8 \sim 0.9)\rho_{\max}$로 가정하는 것이 좋다.

② 필요 $bd^2 = \dfrac{\text{필요 } M_d}{S_d}$을 이용하여 단면 치수를 결정한다. 필요 bd^2와 거의 같은 값이

되도록 적절한 b와 d를 선정한다. 특별한 제약조건이 없다면 d/b의 값을 가정하여 b와 d 중의 하나를 먼저 결정한 후 다른 한 값을 결정한다. **계산** b로부터 **설계** b를 결정할 때는 치수를 $10\,\mathrm{mm}$ 단위로 하는 것이 좋다. 그리고 실제로는 d를 결정한다기보다는 전체 높이인 **설계** h를 결정하는데, d는 h로부터 콘크리트 피복두께를 확보할 수 있도록 결정된다. **설계** h의 끝자리 수는 $10\,\mathrm{mm}$ 단위로 하는 것이 좋다.

③ **설계** b와 **설계** d를 이용해서 **필요** A_s를 두 번째 조건식을 이용하여 구한다.

평형조건에 따라 계수모멘트 M_u는 단면의 저항모멘트 M_d와 같아야 한다. 그러면

$$M_d = C_c z = T_s\, z$$

이고, 여기서 z는 두 힘 C_c와 T_s 간의 팔길이이다.

$C_c z = $ 응력×작용면적 $= f_{cd}(ba) = 0.553 f_{ck}(ba)$이고 $z = d - a/2$이므로 $M_d = f_{cd}(ba)(z)$ 이다.

a를 z로 나타내면 다음과 같은 식을 얻을 수 있다.

$$M_d = 2f_{cd}b(d-z)z = 2f_{cd}bd^2\left[\frac{z}{d} - \left(\frac{z}{d}\right)^2\right] \tag{3.4-3}$$

이 식을 정리하고 $m_u = M_u / f_{cd}bd^2$로 놓고 이것을 대입하면

$$(z/d)^2 - (z/d) + m_u/2 = 0 \tag{3.4-5}$$

이 되고 이 2차방정식을 풀면

$$z = [0.5 + \sqrt{(0.25 - m_u/2)}](d) \tag{3.4-6a}$$

이고 $C = kd = a/\beta_1 = 2(d-z)/\beta_1$이므로 중립축 깊이 c를 다음과 같이 구할 수 있다.

$$c = 1.25(1 - \sqrt{1 - 2m_u})(d) \tag{3.4-6b}$$

$T_s = \phi_s f_y A_s = 0.90 f_y A_s = f_{yd}A_s$이므로 다음 식으로 필요 철근량을 계산할 수 있다.

$$A_s = \frac{M_u}{f_{yd}z} \tag{3.4-7}$$

$f_{ck} \leq 40\,\text{MPa}$이고 중립축의 깊이가 $0.45d$일 때 팔길이 $z = 0.82d$는 단철근 단면의 연성을 보장하여 인장파괴 단면이 되는 하한값이 된다.

이렇게 구한 **계산** A_s를 그대로 사용할 수 없으므로 적절한 철근을 골라 **설계** A_s를 결정한다. 될 수 있으면 설계 A_s가 필요(계산) A_s보다 약간 크게(설계 $A_s \simeq 1.1$(계산 A_s))되도록 한다.

④ 설계된 단면 치수와 철근량으로 계산된 설계 휨강도 M_d가 계수모멘트(=필요휨모멘트강도) M_u보다 크게 되었는지 검토한다($M_d > M_u$). 또한 단면의 연성파괴를 확인하기 위해서 중립축의 위치와 인장철근 변형률을 계산하여 철근이 충분히 소성상태에 있는지를 검토한다($\epsilon_s > 2\epsilon_y$ 또는 $\epsilon_s > 0.004$).

위의 설계 절차는 단면의 크기나 철근량에 대한 특별한 제약조건이 없을 때 일반적으로 적용된다. 흔히 실제 설계에서는 단면의 크기(단면의 폭, 단면의 높이 또는 둘 다)가 제한되기도 한다. 이러한 경우에는 설계 단면을 결정하기가 더 쉬워진다. 단면 폭(b)과 높이(h)가 정해져 있는 경우라면 단면의 유효깊이(d)를 추정하여 철근량(A_s)을 구하기만 하면 된다. 단면 높이에서 유효깊이는 콘크리트 피복두께와 철근의 배치단을 고려하여 추정한다. 단면 폭이 미리 주어진 경우이면 앞의 설계절차 ②에서 설계 b를 적용하여 계산 d를 산정하고 철근량을 결정하면 된다.

예제 3.3 휨단면 설계

극한 휨모멘트 $M_u = 500\,\text{kN·m}$를 견딜 수 있는 단면 (b, d, A_s)을 설계한다. $f_{ck} = 30\,\text{MPa}$, $f_y = 400\,\text{MPa}$다. 콘크리트 피복두께와 철근단의 상하 또는 좌우 순간격은 각각 $40\,\text{mm}$로 한다.

설계 계산에 필요한 기본적인 값들을 먼저 계산해둔다.

$f_{cm} = 30 + 4 = 34\,\text{MPa}$, $f_{cd} = 0.553 f_{ck} = 16.6\,\text{MPa}$,

$f_{ctm} = 0.3(f_{cm})^{2/3} = 0.3(34)^{2/3} = 3.15\,\text{MPa}$, $f_{yd} = 0.9(400) = 360\,\text{MPa}$,

$E_s = 200\,\text{GPa}$, $E_c = 8500(f_{cm})^{1/3} = 8500(34)^{1/3} = 27.5\,\text{GPa}$

$\epsilon_{yd} = 360/200000 = 0.0018$이고, $f_{ck} = 30$ MPa이므로 $\beta = 0.4$, $\beta_1 = 2\beta = 2(0.4) = 0.8$이다.

$m = f_{yd}/f_{cd} = 360/16.6 = 21.70$, $\rho_{\max} = 0.36 f_{cd}/f_{yd} = 0.36/m = 0.36/21.7 = 0.0166$이다.

$f_{ck} < 40$ MPa이므로 최소 철근비 $\rho_{\min} = 0.26 f_{ctm}/f_y = 0.26(3.15/400) = 0.002 \geq 0.0013$이다.

(1) 경우 1 : b와 h가 결정되어 있는 경우($b = 400$ mm, $h = 600$ mm)

① 유효깊이 d 결정

전체 높이에서 콘크리트 피복두께, 예상되는 철근 직경, 철근 배열 단 등을 고려하여 유효깊이를 결정한다. 여기서는 배치될 철근의 직경을 22 mm로 가정하고 2단으로 배치될 것으로 가정한다.

유효깊이 d = 전체높이 h − 피복두께 − 철근 직경 − 상하 순간격/2 = $600 - 40 - 22 - 40/2 = 518$ mm이다.

필요 $M_d \geq M_u(=500$ kN·m)이므로

$m_u = M_u/f_{cd} b d^2 = 500 \times 10^6/(16.6)(400)(518)^2 = 0.2806 < m_{\max} = 0.295$

$z = [0.5 + \sqrt{0.25 - m_u/2}]d = [0.5 + \sqrt{0.25 - 0.2806/2}](518) = (0.831)(518) = 430.6$ mm

계산 $A_s = M_u/(f_{yd} z) = 500 \times 10^6/(360)(431) = 3222$ mm²이다.

이 계산값에 맞춰서 다음과 같이 배근한다.

설계 $A_s = 2D25 + 6D22 = 2(507) + 6(387) = 3336$ mm², **설계** $\rho = 3336/(400 \times 518) = 0.0161$

② 단면검토

$$T = A_s f_{yd} = (3336)(360)/1000 = 1201.0 \text{ kN}$$

$$a = \frac{T \text{ or } C}{f_{cd} b} = \frac{(1201.0)(1000)}{(16.6)(400)} = 180.8 \text{ mm}, \quad c = a/\beta_1 = 180.8/0.8 = 226.0 \text{ mm}$$

$$\epsilon_s = 0.0033 \left(\frac{518.0 - 226.0}{226.0}\right) = 0.0043 > 2\epsilon_{yd}(=0.0036)$$

이므로, 충분히 연성적이며 휨 인장파괴가 일어날 수 있다.

$$M_d = (C \text{ or } T)(d - a/2)$$

$$= (1201.0)(518 - 181/2)/1000 = 513.43 \text{ kN·m} > M_u(=500.0 \text{ kN·m}) \quad \therefore \text{ O.K!!}$$

(2) 경우 2 : b가 결정되어 있는 경우($b = 400$ mm)

① **최대 철근비 ρ_{max}와 최소 철근비 ρ_{min}를 이용하여 철근비 ρ를 가정한다.**

철근비 ρ를 가정하고 필요 단면 크기를 구해서, 실제 단면 치수를 정한다. 제한 철근비 범위($\rho_{min} = 0.002 < \rho < \rho_{max} = 0.0165$) 내에서 어떠한 철근비도 허용될 수 있다. 여기서는 $\rho = 0.014$로 가정해보자.

$$S_d = \rho f_{yd}(1 - \rho m/2) = 0.014(360)[1 - (0.014)(21.70)/2] = 4.274 \text{ kN/mm}^2$$

필요 $M_d \geq M_u(= 500.0 \text{ kN} \cdot \text{m})$이므로 필요 $bd^2 \geq \dfrac{500.0 \times 10^6}{4.274} = 0.1170 \times 10^9 \text{ mm}^3$이고

$b = 400$ mm이므로 필요 $d = 541.0$ mm이다.

$$m_u = 500 \times 10^6 / [(16.6)(400)(541)^2] = 0.2572$$

$$z = [0.5 + \sqrt{0.25 - 0.2572/2}](541) = (0.848)(541) = 459.0 \text{ mm}$$

계산 $A_s = 500 \times 10^6 / [(360)(459)] = 3026.0 \text{ mm}^2$이므로

설계 $A_s = 4D25 + 2D25 = 6(507) = 3042 \text{ mm}^2$, 설계 $\rho = 3042/(400 \times 541) = 0.014$

설계 $h = 541 + 40 + 25 + 40/2 = 626 \text{ mm} \approx 630 \text{ mm}$로 한다.

② **단면검토**

$$T = A_s f_{yd} = (3042)(360)/1000 = 1095.1 \text{ kN}$$

$$a = \frac{T \text{ 또는 } C}{f_{cd}b} = \frac{(1095.1)(1000)}{(16.6)(400)} = 165.0 \text{ mm}, \quad c = \frac{a}{\beta_2} = \frac{165.0}{0.8} = 206.0 \text{ mm}$$

$$\epsilon_s = 0.0033\left(\frac{541.0 - 206.0}{206.0}\right) = 0.0053 > \epsilon_t = 0.004$$

이므로, 연성적이며 휨 인장파괴가 일어날 수 있다.

$$M_d = (C \text{ or } T)\left(d - \frac{a}{2}\right)$$

$$= (1095.1)(541 - 165/2) = 502.1 \text{ kN} \cdot \text{m} > M_u(= 500.0 \text{ kN} \cdot \text{m}) \quad \therefore \text{ O.K!!}$$

(3) 경우 3 : 단면치수가 주어지지 않은 경우

① **최대 철근비 ρ_{max}와 최소 철근비 ρ_{min}를 구하여 철근비를 가정한다.**

철근비 ρ를 가정하고 필요 단면 크기를 구해서, 실제 단면치수를 정한다. 제한 철근비 범위에서 어떠한 철근비도 허용될 수 있다. 여기서는 $\rho = 0.015$로 가정해보자.

$$m = \frac{f_{yd}}{f_{cd}} = \frac{360}{16.6} = 21.7, \quad S_d = \rho f_{yd}(1 - \rho m/2) = (0.015)(350)[1 - (0.015)(21.7)/2] = 4.521 \text{ MPa이다.}$$

필요 $M_d \geq M_u = 500.0 \text{ kN} \cdot \text{m}$이므로 필요 $bd^2 = \dfrac{500.0 \times 10^6}{4.521} = 0.1106 \times 10^9 \text{ mm}^3$이다.

여기서 $d/b = 1.5$로 하자. 그러면 계산 $b = 366 \text{ mm}$이므로 설계 $b = 380 \text{ mm}$로 한다.

$d = \sqrt{\dfrac{0.1106 \times 10^9}{380}} = 540.0 \text{ mm}$로 계산되어 여기서는 따로 이 값들을 설계 치수로 조정할 필요가 없다. 이제 철근량을 계산한다. 여기서 철근량 A_s을 가정한 철근비 ρ를 이용하여 알아낼 수도 있으나 바람직한 방법이 아니므로 위의 설계절차 ③을 따르는 것이 좋다.

$$m_u = 500 \times 10^6/[(16.6)(380 \times 540^2)] = 0.272$$

$$z = [0.5 + \sqrt{0.25 - 0.272/2}\,](540) = (0.838)(540) = 452.0 \text{ mm}$$

계산 $A_s = 500 \times 10^6/((360)(452)) = 3072 \text{ mm}^2$이므로

설계 $A_s = 4D22 + 4D22 = 8(387) = 3096 \text{ mm}^2$로 한다.

설계 $h = 540 + 90 = 630 \text{ mm}$로 한다.

② **단면검토**

$$T = A_s f_{yd} = (3096)(360)/1000 = 1114.6 \text{ kN}$$

$$a = \frac{T \text{ or } C}{f_{cd}b} = \frac{(1114.6)(1000)}{(16.6)(380)} = 177.0 \text{ mm}, \quad c = a/\beta_1 = 177.0/0.8 = 221.2 \text{ mm}$$

$$\epsilon_s = 0.0033\left(\frac{540 - 221}{221}\right) = 0.0048 > \epsilon_t$$

이므로, 연성적이며 휨 인장파괴가 일어날 수 있다.

$$M_d = (C \text{ or } T)(d - a/2)$$

$$= (1114.6)(540 - 177/2) = 503.2 \text{ kN} \cdot \text{m} > M_u = 500.00 \text{ kN} \cdot \text{m} \quad \therefore \text{ O.K!!}$$

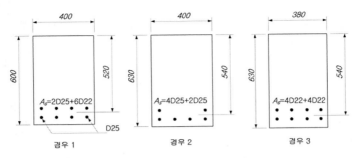

그림 3.4-2 예제 3.3의 설계단면도

그림 3.4-2는 예제 3.3의 설계결과를 나타낸 것이다.

위 예제에서 필요강도값이 같은 경우라도 미리 주어진 단면 조건에 따라 단면치수와 철근량이 달라지는 것을 알 수 있다. 이때의 단면 설계는 가장 경제적이면서도 안전한 것으로 해야 하지만 제약조건에 따르는 것이 경제적일 수도 있다.

3.4.2 배근 상세

(1) 철근 크기, 철근 배치, 단면 크기의 결정 요령

앞의 예제에서는 계수모멘트 M_u를 알고 있다는 가정 하에 휨을 받는 단철근 직사각형 단면의 설계와 절차에 대해 다루었다. 그러나 실제로 이러한 경우는 아주 드물다. 계수모멘트에는 보의 자중에 의한 모멘트도 포함되어야 하는데, 아직 단면 설계가 되지도 않은 상태이기 때문이다. 현실적으로, 설계 시작단계에서는 보의 자중을 가정해야 한다. 즉, 시험적인 예비 단면을 가정하고 그 단면으로 구한 고정하중 모멘트값을 적용한 계수모멘트값과 가정한 값이 뚜렷하게 다르다면 단면을 다시 조정해야 한다. 철근비 ρ의 선택도 보의 처짐 제한 조건에 따라 거의 결정된다. 허용응력 설계법에 대한 오랜 경험에 의하면 최대 철근비의 1/2을 넘지 않는 철근비로 설계된 보에서는 처짐 문제가 거의 생기지 않았음을 알 수 있었다. 이런 정도의 철근비 $\rho = (0.8 \sim 0.9)\rho_{\max}$를 사용한다는 것은 초기 설계 단계에서 철근비를 가정하는 데 적절한 길잡이가 될 수 있다. 필요 철근량에 대한 실제 철근 개수를 결정할 때에도, 몇 개의 철근을 합한 면적을 표로 만들어두는 것이 바람직하다. 보의 폭 내에 철근을 배치하려면, 설계기준에 따라 철근과 콘크리트가 잘 부착되도록 철근 사이의 필요한 간격을 유지해야 한다. 한 단에서 철근 간의 수평 순간격은 굵은 골재 치수의 $\frac{4}{3}$배, 25 mm 또는 철근 공칭지름 중 큰 값이어야 한다. 철근을 2단 이상으로 배치하는 경우에, 최소 연직방향 간격도 25 mm이다.

(2) 콘크리트 피복두께와 철근 간격

콘크리트 피복은 슬래브 또는 보의 표면과 철근 사이에 있는 콘크리트로서, 다음과 같은 4가지 기본적인 이유로 반드시 필요하다(그림 3.4-3).

① 철근과 콘크리트를 부착시켜 두 재료가 함께 작용하게 한다.콘크리트 피복두께가 두꺼워지면 부착 성능도 좋아진다.이러한 목적을 이루려면 보와 기둥에서는 적어도 철근 직경만큼 피복두께가 필요하다.

② 철근의 부식을 방지한다. 부재의 유형과 주변 환경에 따라, 피복두께는 10 mm에서 75 mm에 이른다. 염화칼슘과 같은 제설염이나 바닷물에 노출된 교량 또는 슬래브와 같은 극심한 부식 환경에서는 피복두께를 키워야 한다. 설계기준에서는 대기에 노출된 구조요소에 대해서는 피복두께를 증가시킨 효과를 얻어낼 수 있는 다른 조치도 허용하고 있다. 예를 들면 노출된 표면에 방수막을 사용하는 방법이 있다.

③ 화재가 나도 과열로 인한 철근강도 손실을 방지한다. 화재에 대한 피복두께는 건물 설계기준에 명시되어야 한다. 일반적으로, 1시간 지속 화재등급일 때, 슬래브 주철근에 대해서 피복두께가 20 mm 이상이어야 하고 2시간 화재 등급일 경우에는 보의 스터럽에 대해서 40 mm 이상이어야 한다.

④ 특히 차고 또는 공장 건물에서는 슬래브의 상면에 피복두께를 증가시켜, 이동 차량으로 인한 마모로 인하여 피복두께가 원래 구조물에 필요한 피복두께 이하로 감소하지 않도록 해야 한다.

보에서 배근은 철근의 상하 좌우로 콘크리트가 충분히 채워져서 철근 주위의 콘크리트로 힘전달이 잘 되도록 해야 한다. 배근간격이 넉넉하면 타설된 콘크리트가 철근 주변에 골고루 채워질 수 있으며, 보의 바닥까지 진동다짐기가 닿을 수 있게 된다. 타설된 콘크리트를 다짐하는데 사용되는 연필형 진동다짐기는 직경이 40 mm에서 65 mm이다. 배근간격이 충분해야 진동다짐기가 거푸집 바닥에 닿을 수 있다.

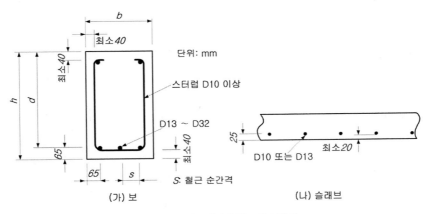

그림 3.4-3 배근간격과 콘크리트 덮개

3.4.3 압축철근이 있는 단면(복철근 단면)

거의 모든 철근콘크리트 보는 인장철근과 압축철근이 함께 보강된다. 설계 계산에서는 단철근 단면으로 고려되지만 실제로 배근의 편리성이나, (−)모멘트 단면과 (+)모멘트 단면에 대해 정착길이를 고려하여 배근하다보면 자연스럽게 복철근 단면으로 이루어진다. 여기서는 압축철근의 효과와 왜 압축철근이 배치되어야 하는지를 설명하기로 하고, 그러한 보 단면을 해석하기로 한다.

(1) 보의 휨강도와 거동에 대한 압축철근 효과

그림 3.4-4는 압축철근이 있는 단면과 없는 단면에서 보의 극한 휨강도를 비교한 것이다. 그림 3.4-4(나)의 단면은 상단에서 d'만큼 거리에 압축철근량 A_s'이 배치되어 있다. 두 단면에서 인장철근량 A_s는 같은 크기이다. 두 단면에서 전체 압축력 C와 전체 인장력 T는 크기가 같고 $T = A_s f_{yd}$이다. 압축철근이 없는 단면에서 이 압축력 C는 전적으로 콘크리트가 부담한다. 압축철근이 있는 경우에는, 압축철근이 부담하는 C_s와 콘크리트가 부담하는 C_c의 합이 전체 압축력 C가 된다. 압축력의 일부를 철근이 부담하기 때문에 콘크리트가 부담하는 압축력 C_c는 C보다 작아질 것이며, 따라서 압축응력블록의 높이 a_2는 압축철근이 없는 단면의 a_1보다 작아진다. 압축합력 C의 작용점에 대한 모멘트 합은

$$\text{압축철근이 없는 단면}: M_d = A_s f_{yd}(j_1 d) \tag{3.4-8a}$$

$$\text{압축철근이 있는 단면} : M_d = A_s f_{yd} \left(j_2 d \right) \tag{3.4-8b}$$

여기서 $j_2 d$는 두 힘 C_s와 C_c의 합력점과 인장력 작용점 간의 거리이다. 이 두 식의 차이점은 a_2가 a_1보다 작기 때문에 j_2가 j_1보다 약간 크다는 점뿐이다. 그러므로 인장철근량이 정해진 경우 압축철근이 있는 경우(복철근 단면)와 압축철근이 없는 경우(단철근 단면)의 휨강도 차이는 거의 없다.

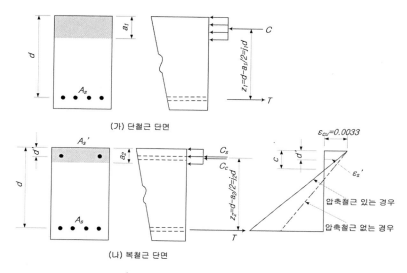

그림 3.4-4 휨강도에 대한 압축철근의 영향

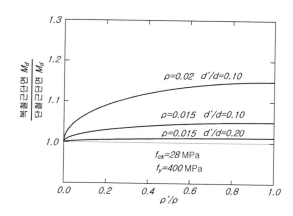

그림 3.4-5 압축철근에 의한 모멘트 능력의 증가

그림 3.4-5는 ρ와 d'/d의 변화에 따른 단철근 단면에 대한 복철근 단면의 설계휨강도 비를 나타낸 것이다. 정상적인 인장철근비로 보강된 단면인 경우($\rho \leq 0.015$), 모멘트 증가량은 일반적으로 5 % 미만이다. 압축철근의 효과는 압축철근이 압축연단으로부터 멀어질수록 감소한다. 그림 3.4-4에 보인 바와 같이, 압축연단으로부터 압축철근까지의 거리 d'이 커지면, 압축철근의 변형률 ϵ_s'는 작아지며, 이때 이 압축철근의 응력이 항복응력 이하로 될 수도 있다.

(2) 압축철근을 넣는 이유

보에 압축철근을 두는 주요 이유는 다음과 같다.

① 지속하중에 의한 처짐의 감소

가장 중요한 점은 압축철근을 두면 지속하중을 받는 보의 장기 처짐이 줄어든다는 것이다. 그림 3.4-6은 동일한 재료를 사용해 제작된 보의 압축철근량에 따른 장기 처짐을 나타낸 것이다. 이들 보에는 짧은 시간 내에 사용하중 수준까지 하중을 가하였다. 그리고 2년 동안 그 하중을 지속시켰다. 재하 당시에 이들 3개의 보의 처짐은 40 mm, 50 mm, 거의 비슷한 값이었다. 시간이 지나면서 3개의 보 모두에서 처짐이 증가하였다. 시간이 지남에 따라 생기는 추가 처짐은 압축철근이 없는 경우($\rho'=0$)에는 초기 처짐의 195 %이고, 인장철근량과 같은 크기의 압축철근량을 배치한 경우($\rho'=\rho$)에는 초기 처짐의 약 99 %에 지나지 않는다. 설계기준에서는 이러한 점을 감안하여 처짐 계산 방법을 규정하고 있다. 압축역에서 콘크리트의 크리잎이 일어나면 압축력의 일부는 콘크리트에서 압축철근으로 전이되어 콘크리트의 응력이 줄어들게 된다. 콘크리트의 압축응력이 작아지므로, 크리잎도 줄어들고, 지속하중에 의한 처짐도 작아지게 된다.

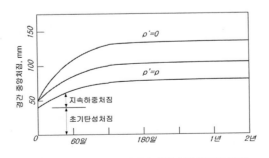

그림 3.4-6 지속하중 처짐에 대한 압축철근의 영향

② 연성의 증가

압축철근을 두면 압축응력블록의 높이 a가 작아진다. 그래서 그림 3.4-4에 보인 바와 같이, a_2가 a_1보다 작아진다. a가 작아질수록 파괴될 때 인장철근의 변형률 ϵ_s은 커지게 되어 결과적으로 더욱 연성적 파괴로 이어진다. 그림 3.4-7은 $\rho < \rho_b$인 세 개의 보에 대해서 압축철근비 ρ'를 달리했을 때의 모멘트-곡률 선도를 비교한 것이다. 인장철근이 처음으로 항복했을 때 모멘트의 크기는 압축철근을 배치한 경우라도 별로 차이를 보이지 않는다. 항복이 일어난 후에, 모멘트 증가량은 주로 철근의 변형률 경화 때문이다. 이러한 현상은 곡률이 매우 크고 처짐이 클 때 일어나기 때문에, 설계에서는 무시된다. 다른 한편, 그림 3.4-7에 보인 바와 같이, 연성도는 뚜렷하게 증가한다. 이런 일은 지진 위험 지역이나 모멘트 재분배가 필요한 곳에서는 대단히 중요하다.

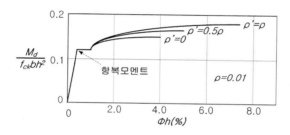

그림 3.4-7 압축철근의 연성 증가 효과

③ 철근조립의 편이성

보에 들어갈 철근을 조립할 때, 스터럽의 구석에 철근을 배치하면 스터럽의 정착에도 도움이 되고 거푸집 안에서 스터럽을 고정시켜주기 때문에 아주 효과적이다. 적절히 정착시키면, 모멘트 강도에 그다지 큰 효과가 없어서 설계할 때에는 거의 무시될지라도, 압축철근으로도 유효하다.

3.4.4 복철근 단면 보의 해석

복철근 단면 보를 가상의 두 개의 보로 나누어 해석하기로 한다. 이 보의 변형률 분포, 응력, 및 내력은 그림 3.4-8에 보인 바와 같다. 해석의 편리를 위해서, 이 보를 $T_1 = C_s$가 되도록 상부에는 압축철근이, 하부에는 인장철근이 있는 보 1과 콘크리트 복부와 나머지 철근량으로 이루어진 보 2로 나누어본다. 압축철근의 응력은 f_s'으로 나타낸다.

복철근 단면 보의 변형률 분포도에서 $\epsilon_s' = \left(\dfrac{c-d'}{c}\right)\epsilon_{cu}$ 이고 $\epsilon_s' \geq \epsilon_{yd}$이면 $f_s' = f_{yd}$

이다. c를 $c = a/\beta_1$으로 바꿔 놓으면 $\epsilon_s' = \left(1 - \dfrac{\beta_1 d'}{a}\right)\epsilon_{cu}$로 된다.

$\epsilon_s' = \epsilon_y$이고 $\epsilon_y = f_{yd}/E_s$, $E_s = 200\,\mathrm{GPa}$, $\epsilon_{cu} = 0.0033$일 때, 압축철근이 항복하는 d'/a의 한계값에 대해서 풀면 다음 식을 얻을 수 있다.

$$\left(\frac{d'}{a}\right)_{\lim} = \frac{1}{\beta_1}\left(1 - \frac{f_{yd}}{660}\right) \tag{3.4-9}$$

d'/a의 값이 이 한계값보다 크면 압축철근은 극한상태에서 항복되지 않는다. 압축철근이 있는 단면의 모멘트 강도를 계산하는 절차는 압축철근의 항복 여부에 따라 달라진다. 이 두 가지 경우를 따로따로 살펴보기로 하자.

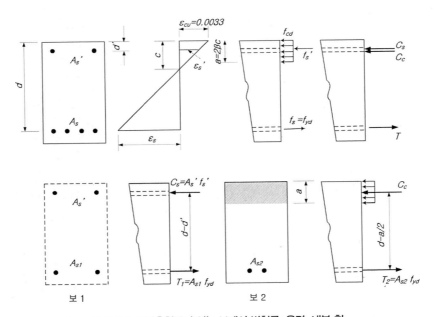

그림 3.4-8 압축철근이 있는 보에서 변형률, 응력, 내부 힘

(1) 압축철근이 항복한 경우

압축철근이 항복한다면 해석은 단순해진다. 가상의 두 개의 보로 나누어 생각할 수 있다.

보 1은 인장철근과 압축철근으로 이루어진 것으로서 철근이 부담하는 우력으로 모멘트를 저항한다. 이러한 보의 인장철근면적은 $T_1 = C_s$로 놓음으로써 구할 수 있다. 즉, $A_s{}' f_{yd} = A_{s1} f_{yd}$이므로 $A_{s1} = A_s{}'$이 된다. 이 보의 공칭 모멘트 강도는

$$M_{d,1} = A_s{}' f_{yd} (d - d') \tag{3.4-10}$$

보 2는 나머지 인장철근량 $A_{s2} = A_s - A_{s1}$과 콘크리트로 이루어진다.

콘크리트 부담 압축력 $C_c = f_{cd} b a$이다. 보 2에서 $C = T$이고 $T = (A_s - A_s{}') f_{yd}$이므로, 압축응력블록의 높이 a는 다음과 같이 구한다.

$$a = \frac{(A_s - A_s{}') f_{yd}}{f_{cd} b} \tag{3.4-11a}$$

보 2의 저항모멘트 강도는 다음과 같다.

$$M_{d,2} = (A_s - A_s{}') f_{yd} (d - a/2) \tag{3.4-12}$$

따라서 보의 설계 휨강도 M_d는 $M_{d,1}$와 $M_{d,2}$의 합으로 다음과 같다.

$$M_d = A_s{}' f_{yd} (d - d') + (A_s - A_s{}') f_{yd} (d - a/2) \tag{3.4-13a}$$

위 식을 유도하는 중에 콘크리트의 압축력 C_c는 직사각형 압축면적 ab를 이용하여 계산된 것으로서 여기에는 압축철근 단면적 $A_s{}'$이 포함되어 있다. 그 결과 보 2에서 철근이 $f_{cd} A_s{}'$만큼의 힘을 추가적으로 받게 되었으므로, 보 1에서 항복에 필요한 응력은 $(f_{yd} - f_{cd})$가 된다. 그래서 다시 보정하면, $A_{s1} = A_s{}' \left(1 - \dfrac{f_{cd}}{f_{yd}} \right)$이므로

$$M_d = A_s{}' \left(1 - \frac{f_{cd}}{f_{yd}} \right) f_{yd} (d - d') + \left[A_s - A_s{}' \left(1 - \frac{f_{cd}}{f_{yd}} \right) \right] f_{yd} (d - a/2) \tag{3.4-13b}$$

이다. 여기서

$$a = \frac{[A_s - A_s{'}(1 - f_{cd}/f_{yd})]f_{yd}}{f_{cd}\, b} \tag{3.4-11b}$$

이다. 그런데 $(1 - f_{cd}/f_{yd})$의 주요 효과는 식 (3.4-13a)의 첫 항의 값을 줄여주고 식 (3.4-13b)의 두 번째 항의 값을 증가시킨다. 이들은 상반되는데, $f_y = 400\,\mathrm{MPa}$인 경우에, 식 (3.4-13a)으로 M_d를 계산하면 0.3 % 정도 더 커지고 정상적으로는 더 작아진다. 이러한 증가량은 미미하므로 편의상 무시해버리고 일반적으로는 식 (3.4-13a)를 주로 사용한다.

① **인장철근의 $f_s = f_{yd}$ 여부를 결정하는 방법**

식 (3.4-13a)는 인장철근이나 압축철근 모두 항복되었다고 가정하고 구한 것이다. 그러므로 이러한 가정이 맞는 것인지 반드시 검토해야 한다. d'/a가 한계값보다 작으면 압축철근은 항복할 것이다. 인장파괴나 균형파괴가 일어나는 경우이면 인장철근은 항복된 것이다. 그러므로 $a/d < a_b/d$이면, 인장철근은 항복한다.

② **인장철근의 $f_s = f_{yd}$ 여부를 결정하는 다른 방법**

인장파괴나 균형파괴가 일어난다면 인장철근은 항복할 것이다. 균형파괴란 압축 측 콘크리트의 변형률이 극한 변형률 $\epsilon_{cu} = 0.0033$이고 인장철근의 변형률이 항복변형률 ϵ_{yd}일 때이다. 인장철근과 압축철근이 모두 항복한다면 균형파괴조건은 다음과 같이 정의된다. $c = a/\beta_1$임을 고려하고 앞의 식에서 구한 a값을 이용한다.

$$\frac{(A_s - A_s{'})f_{yd}}{\beta_1 f_{cd} bd} = \frac{0.0033}{0.0033 + \epsilon_{yd}} \tag{3.4-14}$$

여기서 $\rho = A_s/bd$, $\rho' = A_s{'}/bd$를 대입하면 다음과 같다.

$$(\rho - \rho')_b = \frac{\beta_1 f_{cd}}{f_{yd}}\left(\frac{0.0033}{0.0033 + \epsilon_{yd}}\right) \tag{3.4-15}$$

단철근 단면 보의 ρ_b 대신에 압축철근이 있으므로 그 효과는 $(\rho - \rho')$로 된 것이며 이 식은 $f_s{'} = f_{yd}$일 때만 적용할 수 있다.

(2) 압축철근이 항복되지 않은 경우

압축철근이 항복되지 않았다면 $f_s{}'$를 알 수 없으므로 다른 식이 필요하다. 인장철근이 항복한다고 가정하면 보의 내부 힘은 다음과 같다.

$$T = A_s f_{yd} \ , \quad C_c = f_{cd} b a$$

철근에 작용하는 압축응력에 대한 보정을 무시하면 $C_s = E_s \epsilon_s{}' A_s{}'$이고
평형조건으로부터 $C_s + C_c = T$ 이므로,

$$f_{cd} b a + E_s A_s{}'(1 - \beta_1 d'/a)0.0033 = A_s f_{yd} \tag{3.4-16}$$

이다. 이 식은 a에 관한 2차 방정식이 된다. a값이 결정되면 이 단면의 모멘트 강도는 쉽게 구할 수 있다.

$$M_d = C_c(d - a/2) + C_s(d - d') \tag{3.4-17}$$

① 인장철근의 $f_s = f_{yd}$ 여부의 결정

인장철근이 항복했다고 가정하고 식을 유도했다면, 나중에 반드시 그 가정이 맞는지 검토해야 한다. d'/a가 한계값보다 크면 압축철근은 항복하지 않을 것이다. 인장파괴나 균형파괴가 일어나는 경우이면 인장철근은 항복된 것이다. 그러므로 a/d가 a_b/d보다 작다면, 인장철근은 항복한다.

② 인장철근의 $f_s = f_{yd}$ 여부를 결정하는 다른 방법

인장파괴나 균형파괴가 일어난다면 인장철근은 항복할 것이다. 앞의 식에서 $f_s = f_{yd}$이면 $\rho - \rho'$의 값은 균형파괴에 해당된다. 이것이 맞지 않는다면, 그 식은 다음과 같이 되며

$$\frac{(A_s - A_s{}' f_s{}'/f_{yd})f_{yd}}{\beta_1 f_{cd} bd} = \frac{0.0033}{0.0033 + \epsilon_{yd}}$$

여기서 $\rho = A_s/bd$, $\rho' = A_s{}'/bd$를 대입하면

$$\left(\rho - \frac{\rho' f_s{}'}{f_{yd}}\right)_b = \frac{\beta_1 f_{cd}}{f_{yd}}\left(\frac{0.0033}{0.0033 + \epsilon_{yd}}\right) \tag{3.4-18}$$

$(\rho - \rho' f_s'/f_{yd})$가 $(\rho - \rho' f_s'/f_{yd})_b$보다 작다면 $f_s = f_{yd}$가 될 것이다.

(3) 압축철근을 위한 띠철근

극한하중에 이르게 되면 압축철근이 좌굴될 수도 있으며, 그러면 콘크리트 덮개가 떨어져나가 파괴에 이를 수도 있다. 이런 까닭에 압축철근을 띠철근이나 스터럽으로 감아두어야 한다.

예제 3.4 복철근 단면 보의 해석

(1) 압축철근이 항복할 때

그림 3.4-9에 나타낸 보의 콘크리트강도 $f_{ck}=30\,\text{MPa}$, 철근항복강도 $f_y=400\,\text{MPa}$이다. $f_{cd}=\phi_c$ $(0.85f_{ck})=0.65(0.85\times30)=16.6\,\text{MPa}$, $f_{yd}=\phi_s f_y=0.90(400)=360\,\text{MPa}$이다.

인장철근만 있는 것으로 보면

$$\rho_{\max} = 36 \times \frac{f_{cd}}{f_{yd}} = 36 \times \frac{16.6}{360} = 1.658\% \ , \ \rho = \frac{A_s}{bd} = \frac{3000}{280(510)} \times 100 = 2.101\%$$

$\rho > \rho_{\max}$ 이므로 취성파괴의 위험이 있어서 D25 2가닥을 압축 측에 배치하여 연성을 증가시키도록 한다. 이때의 설계 휨강도를 계산한다.

단면의 평형조건에 대해서 $T_s = C_c + C_s$를 만족해야 한다.

인장철근과 압축철근은 모두 항복했다고 가정한다.

$$T_s = f_{yd} A_s = (360)(3000)/1000 = 1080\,\text{kN}$$

$$a = \frac{f_{yd}(A_s - A_s')}{f_{cd}b} = \frac{(360)(3000-1000)}{(16.6)(300)} = 145\,\text{mm}$$

$$c = a/0.8 = 145.0/0.8 = 181.0\,\text{mm}$$

$$c/d = 181/510 = 0.355 < 0.647,\ d'/c = 65/181 = 0.359 < 0.455\ \text{이다.}$$

따라서 인장철근과 압축철근은 모두 항복하였다.

$$C_c = f_{cd}ba = (16.6)(300)(145)/10^{-3} = 722.1\,\text{kN}$$

$$C_s = f_{yd} A_s' = (360)(1000)/10^{-3} = 360 \, \text{kN 이다.}$$

인장철근에 대해서 모멘트를 취한다.

$$
\begin{aligned}
M_d &= C_c(d - a/2) + C_s(d - d') \\
&= [(722.1)(510 - 145/2) + 360(510 - 65)]/1000 \\
&= 475.22 \, \text{kN} \cdot \text{m}
\end{aligned}
$$

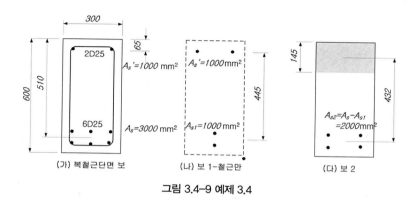

그림 3.4-9 예제 3.4

(2) 압축철근이 항복하지 않을 때

그림 3.4-10에 보인 보의 콘크리트강도 $f_{ck} = 30 \, \text{MPa}$, 철근의 항복강도 $f_y = 400 \, \text{MPa}$ 이다. 앞의 예제와 비슷한 단면이지만 압축철근량이 좀 더 크다. 설정한 가정이 잘못된다고 판명되면 다른 방법을 이용해서 계산한다. 이때의 설계 휨강도를 계산한다.

그림 3.4-10 예제 3.4

단면의 평형조건에 대해서 $T_s = C_c + C_s$를 만족해야 한다.

인장철근과 압축철근은 모두 항복했다고 가정한다.

$$T_s = f_{yd}A_s = (360)(3000)/1000 = 1080\,\text{kN}$$

$$a = \frac{f_{yd}(A_s - A_s{}')}{f_{cd}b} = \frac{(360)(3000 - 1500)}{(16.6)(300)} = 109\,\text{mm}$$

$$c = a/0.8 = 109/0.8 = 136\,\text{mm}$$

$$c/d = 136/510 = 0.267 < 0.647,\ d'/c = 65/136 = 0.478 > 0.455$$

인장철근은 항복하였으나 압축철근이 항복하지 않았다. 따라서 반복계산을 통해 c값을 구한다. 압축철근이 항복하지 않았기 때문에 $c < d'/0.455 = 65/0.455 = 143\,\text{mm}$의 범위에서 찾는다.

1) $c = 130\,\text{mm}$일 때

$$\epsilon_s{}' = \epsilon_{cu}(1 - d'/c) = 0.0033(1 - 65/130) = 0.00165$$

$$f_s{}' = \epsilon_s{}'E_s = 0.00165(200000) = 330\,\text{MPa}$$

$$a = 0.8c = 0.8(130) = 104\,\text{mm}$$

$$C_c = 0.85f_{cd}ba = 0.85(19.5)(300)(104)/1000 = 517.14\,\text{kN}$$

$$C_s = f_s{}'A_s{}' = (330)(1500)/1000 = 495\,\text{kN}$$

$$T_s = 1080\,\text{kN} > C_c + C_s = 517.14 + 495 = 1012.14\,\text{kN}$$

따라서 c값을 더 크게 한다.

2) $c = 138\,\text{mm}$일 때

$$\epsilon_s{}' = \epsilon_{cu}(1 - d'/c) = 0.0033(1 - 65/138) = 0.00175$$

$$f_s{}' = \epsilon_s{}'E_s = 0.00175(200000) = 350\,\text{MPa}$$

$$a = 0.8c = 0.8(138) = 110\,\text{mm}$$

$$C_c = 0.85f_{cd}ba = 0.85(19.5)(300)(110)/1000 = 546.975\,\text{kN}$$

$$C_s = f_s{}'A_s{}' = (350)(1500)/1000 = 525\,\text{kN}$$

$$T_s = 1080\,\text{kN} > C_c + C_s = 546.975 + 525 = 1071.975\,\text{kN}$$

따라서 c값을 조금 더 크게 한다.

3) $c = 139\,\mathrm{mm}$일 때

$$\epsilon_s' = \epsilon_{cu}(1 - d'/c) = 0.0033(1 - 65/139) = 0.00176$$

$$f_s' = \epsilon_s' E_s = 0.00176(200000) = 352\,\mathrm{MPa}$$

$$a = 0.8c = 0.8(139) = 111\,\mathrm{mm}$$

$$C_c = 0.85 f_{cd}\,ba = 0.85(19.5)(300)(111)/1000 = 551.948\,\mathrm{kN}$$

$$C_s = f_s' A_s' = (352)(1500)/1000 = 528\,\mathrm{kN}$$

$$T_s = 1080\,\mathrm{kN} \approx C_c + C_s = 551.948 + 528 = 1079.948\,\mathrm{kN}$$

인장철근에 대해서 모멘트를 취한다.

$$\begin{aligned} M_d &= C_c(d - a/2) + C_s(d - d') \\ &= [(551.948)(510 - 111/2) + 528(510 - 65)]/1000 \\ &= 485.82\ \mathrm{kN \cdot m} \end{aligned}$$

예제에서 살펴본 바와 같이 보의 강도를 비교해보면 압축철근의 면적을 거의 1.5배로 하여 보의 전체 철근면적을 12.5 % 증가시켰으나 모멘트 강도는 겨우 3 % 정도 증가되었음을 알 수 있다. 이것은 압축철근을 추가하는 것이 대체로 보의 모멘트 능력을 증가시키는 효과적인 방법은 아니라는 것을 뜻한다.

3.4.5 T-단면 보

(1) 개요

앞선 절에서는 철근콘크리트 부재의 휨에 대한 이론을 살펴보았고 이 이론을 휨을 받는 단철근 직사각형 단면 보와 복철근 단면 보에 적용시켜 보았다. 보와 슬래브로 이루어진 바닥 구조체는 보가 슬래브를 지지하고, 이 보들은 거더라고 하는 보로 지지된다. 여하튼 기둥 상단부 위로 모든 콘크리트는 단번에 타설된다. 그러므로 슬래브는 보와 거더에 대해서 플랜지로 작용한다. 여기서는 플랜지가 있는 T-단면 보의 휨 거동을 다루고자 한다. 재하 축에 대칭이 아닌 단면으로 된 보(비대칭 단면보)나, 두 개의 축에 대해서 휨을 받는 보의 경우에는 0 – 변형률 축(중립축)이 일반적으로 합응력 모멘트가 작용하는 축과 나란하지 않기 때문에 특별히 다루어야 한다. 보의 인장철근이 여러 단으로 배치되어 있거나 두 종류의 콘크리트로 만들어져 있거나, 탄 – 소성 거동을 보이지 않는 보강재로 보강된 경우라면, 변형률 적합조건을 반드시 고려하여 계산해야 한다.

(2) 구조물에서 T – 단면 보

그림 3.4-11에 보인 바와 같은 바닥 체계에서 슬래브에 가해진 하중은 한 방향(하중작용점과 보 사이의 최단 거리 방향)으로 보에 전달되며, 보에 전달된 하중은 보의 축방향으로 전달되어 최종적으로 기둥부재에 이른다. 실제 시공에서는 먼저 기둥 콘크리트를 치고 굳어지도록 둔다. 다음 작업에서는 슬래브와 보에 콘크리트를 한 덩어리로 *monolithic* 친다. 그렇게 하면 슬래브는 그림 3.4-11의 빗금 친 부분으로 나타낸 바와 같이 보의 상부 플랜지로서 역할을 한다. 이러한 보를 T – 단면 보라고 부른다. 내측보 AB는 복부의 양쪽으로 플랜지가 있다. 플랜지가 한쪽으로만 있는 테두리보 *spandrel beam* CD도 T – 단면 보라고 한다.

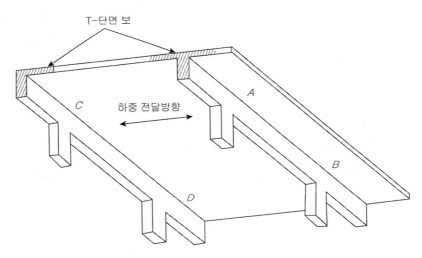

그림 3.4-11 1방향 슬래브와 T – 단면 보

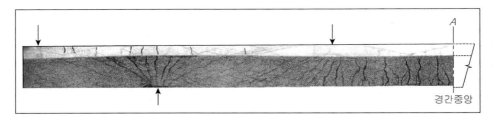

그림 3.4-12 T - 단면 보 실험체

그림 3.4-12는 이러한 보의 왼쪽 받침부 구역과 경간 중앙의 구역을 찍은 것이다. 경간 중앙에서는 압축 측이 플랜지 내에 있게 된다. 일반적으로 폭이 b인 직사각형 모양이지만, 어떤 경우에는 중립축이 복부쪽으로 내려오는 경우도 있다. 이런 경우에, 압축 측의 모양은 T - 형이 된다. 받침부에서는 압축 측이 보의 아래쪽에 있게 되므로 직사각형 모양이 되어, 설계 계산에서는 그냥 '직사각형 단면'으로 다뤄진다.

(3) 유효 플랜지 폭과 횡방향 배근

그림 3.4-13은 단순지지된 T - 단면 보의 플랜지에 작용하는 힘을 나타낸 것이다. 받침부에서는 플랜지에 아무런 압축응력이 작용하지 않으나, 경간 중앙에서는 플랜지의 전체 폭에 압축응력이 작용한다. 이러한 변화에 대해서 복부 - 플랜지 경계면에서는 수평전단력이 필요하게 된다. 결과적으로 **전단 처짐** *shear lag* 현상이 생기며 그림 3.4-13에 보인 바와 같이 복부에 가까운 플랜지 부분은 복부에서 떨어진 부분보다 더 큰 압축응력을 받게 된다. 그림 3.4-13(가)는 최대 (+)모멘트 점에서 일련의 나란한 보의 플랜지를 이루게 되는 슬래브의 휨 압축응력의 분포를 보인 것이다. 압축응력은 복부의 바로 위쪽에서 가장 크며 복부 사이에서는 줄어든다. 지점에 가까워지면, 최대값과 최소값의 변화가 더욱 뚜렷해진다. (+)모멘트에 대한 단면을 설계할 때, 바로 **유효폭**을 활용한다. 실제의 압축역의 폭 b_0에 실제로 발생한 압축력의 크기와 같게 하여 $f_{c(\max)}$ 크기의 균등한 응력을 받는다고 가정한 폭을 **유효폭** b_e라고 한다. 탄성해석 식들을 이용하여 구한 유효 플랜지 폭은 하중의 종류(등분포, 집중), 지점의 종류, 보의 간격, 그리고 슬래브와 보의 상대 강성에 따라 달라진다고 한다. 그러나 주목해야 할 점은 이러한 모든 연구에서 실험 중에 관측되는 플랜지의 균열 현상을 무시하고 있다는 것이다. 콘크리트 구조 설계 기준에서는 설계목적에 맞는 이러한 폭을 산정하는 규정을 제시하고 있다. 내측 보의 경우에,

도로교설계기준에서는 다음과 같이 정하고 있다. 그림 3.14-4(가)는 유효 플랜지 폭 결정을 위한 등가경간장 ℓ_0를 나타낸 것이고, 그림 3.4-14(나)는 유효 플랜지 폭을 나타낸 것이다[3.1].

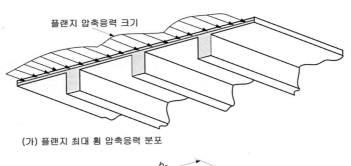

(가) 플랜지 최대 휨 압축응력 분포

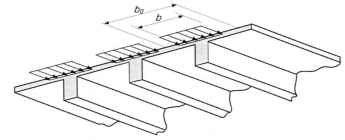

(나) 설계 중 가정하는 휨 압축응력 분포

그림 3.4-13 T-단면 보의 유효 플랜지 폭

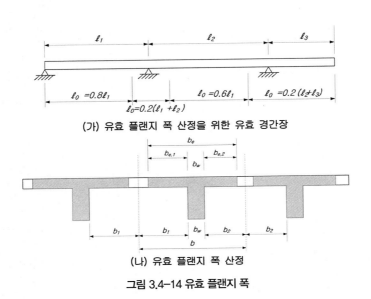

(가) 유효 플랜지 폭 산정을 위한 유효 경간장

(나) 유효 플랜지 폭 산정

그림 3.4-14 유효 플랜지 폭

① T-단면 보의 플랜지 유효폭은 보의 등가경간장의 1/4보다 작아야 한다 ($b_e \leq \ell_0/4$).

② 복부의 양쪽으로 내민 부분의 유효폭(그림 3.414(나)의 b_{e1}과 b_{e2})은 슬래브(플랜지) 두께 (h_f)의 6배보다 작거나($\leq 6t_f$)

③ 이웃한 보의 순간격의 1/2보다 작아야 한다.

이러한 규정들은 한쪽에만 슬래브와 이어진 보, 독립 T-단면 보에 대해서는 상당히 엄격한 편이다. 일반적으로 설계기준의 규정들은 탄성해석 식으로 계산되는 유효폭의 안전 측 근사값이다.

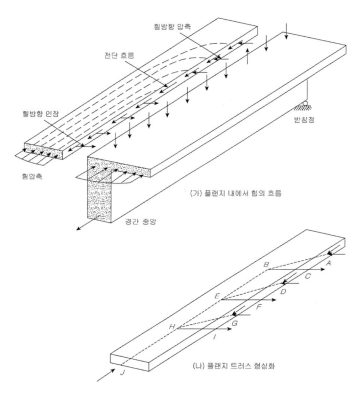

그림 3.4-15 T-단면 보 플랜지 내의 힘

그림 3.4-15(나)에 나타낸 것과 같이 플랜지의 압축력 분포는 점선으로 나타낸 압축스트럿과 실선으로 나타낸 인장타이로 이루어지는 트러스 형상으로 이상화할 수 있다. 경간 중앙에서 플랜지 내의 합압축력을 점 J에 나타내면, 점 A에서 플랜지에 작용하는 수평전단력은 압축스

트럿 AB로 플랜지에 전달된다. 점 B에서는 이 스트럿의 길이방향 성분은 스트럿 BE로 전달된다. 스트럿 내의 횡방향 성분은 횡방향 인장타이 BC 등으로 지탱된다. 인장 플랜지에 상당한 양의 철근이 필요하지만, 위와 같은 원리를 토대로 횡방향 철근을 배치하면 길이방향 인장철근의 효율성을 높일 수도 있다. 그러나 현재의 설계기준에는 플랜지 내의 횡방향 철근에 대한 설계 규정이 정해져 있지 않다.

플랜지에 작용하는 하중은 플랜지와 복부가 만나는 곳에 (−)의 모멘트를 일으킨다. 슬래브가 연속되어 있고 슬래브의 경간이 보에 직각이면, 슬래브 보강철근은 이러한 모멘트를 견딜 만큼 충분해야 한다. 그러나 슬래브가 연속되어 있지 않다거나 슬래브 보강철근이 보와 나란하게 되어 있다면, 이 보에 직각방향으로 슬래브의 상부에 추가로 철근을 배치해야 한다. 이 경우에 플랜지를 계수고정하중과 계수활하중을 받는 캔틸레버로서 작용하는 것으로 가정하여 철근량을 계산한다. 독립 T−단면 보에 대해서는 내민 부분 전체 폭을 고려해야 한다.

(4) T−단면 보의 해석
일반적으로 T−단면 보의 압축역은 직사각형 모양이다. 그래서 유효폭이 b_e 인 직사각형 단면 보처럼 해석할 수도 있다. 흔하지 않은 경우로서 압축역의 모양이 T−형으로 되면 내민 부분과 나머지 부분으로 분리하여 단면을 해석한다. 플랜지 두께 t_f 보다 응력블록의 높이 a 가 더 큰 경우를 살펴보기로 하자. 그림 3.4-16에 나타낸 것과 같이 이 보의 내력은 압축면적(빗금 친 부분)의 도심에 작용하는 압축력 C 와 인장철근이 항복했다고 가정하고 인장력 $T = A_s f_{yd}$ 로 이루어지며, 설계휨강도는 $M_d = Cz$ 또는 $M_d = Tz$ 로 된다. 빗금 친 부분의 도심위치를 구하기가 번거롭다면, 두 개의 가상 보로 생각하는 것이 편리하다.

① 보 F는 압축 측이 내민 플랜지로 이루어진 것으로서 f_{cd} 크기의 응력을 받는 면적 A_{cf} 이고 내민 플랜지의 면적 도심에 압축력 C_f 가 작용한다. 평형상태를 이루려면, 보 F는 $C_f = T_f$, 즉 $A_{sf} f_{yd} = C_f$ 가 되도록 인장철근 A_{sf} 가 있어야 한다. 이러한 철근면적 A_{sf} 는 전체 철근량 A_s 의 일부이며 A_s 의 도심과 같다고 가정한다. 이때의 모멘트 능력 $M_{d,f}$ 는 인장철근량 도심에 관한 C_f 의 모멘트이다.

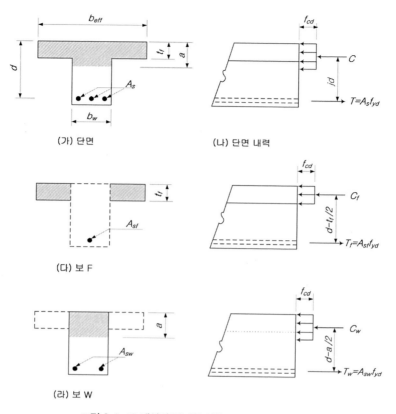

그림 3.4-16 해석의 편리를 위한 T-단면 보의 분리

② 보 W는 폭이 b_w인 직사각형 단면보로서 압축면적이 $b_w a$이고 나머지 인장철근량 $A_{sw} = A_s - A_{sf}$을 이용한다. 이 보의 압축력 C_w는 이 압축면적의 도심에 작용한다. 이 보의 모멘트 능력 $M_{d,w}$는 인장철근량 도심에 관한 C_w의 모멘트이다. 따라서 이러한 T-단면 보의 전체 모멘트 능력은 각각의 보의 모멘트 능력을 합한 것인 $M_d = M_{d,f} + M_{d,w}$로 된다. 계산 방식은 다음과 같다.

■ 보 F

압축 측의 면적 $A_{cf} = (b_{eff} - b_w)t_f$이고 압축력 $C_f = f_{cd}A_{cf}$이다.

보 F의 필요 철근량을 산정하기 위해서, $C_f = T_f$로 놓고 $f_s = f_{yd}$라고 가정하면

$A_{sf}f_{yd} = f_{cd}A_{cf} = f_{cd}(b_{eff} - b_w)t_f$로 되어

$$A_{sf} = f_{cd}(b_{eff} - b_w)t_f / f_{yd} \tag{3.4-19}$$

로 구한다. 이때 모멘트 팔길이 $z = d - t_f/2$이다.

인장철근량의 도심에 대한 모멘트는

$$M_{d,f} = f_{cd}(b_{eff} - b_w)t_f(d - t_f/2) \tag{3.4-20a}$$

이고 압축력 C_f의 작용점에 대해서 모멘트를 취하면 다음과 같다.

$$M_{d,f} = A_{sf}f_{yd}(d - t_f/2) \tag{3.4-20b}$$

■ 보 W

인장철근 면적 $A_{sw} = A_s - A_{sf}$이고 압축력 $C_w = f_{cd}b_w a$이다.

따라서 $a = \dfrac{A_{sw}f_{yd}}{f_{cd}b_w}$이고 팔길이 $z = d - a/2$가 되어 $M_{d,w} = f_{cd}b_w a(d - a/2)$ 또는
$M_{d,w} = A_{sw}f_{yd}(d - a/2)$가 된다. 그러므로 T-단면 보의 모멘트 능력(설계휨강도)은 보 F와 보 W의 설계휨강도의 합으로 된다.

$$M_d = M_{d,f} + M_{d,w} \tag{3.4-21a}$$

$$M_d = f_{cd}(b_{eff} - b_w)t_f(d - t_f/2) + f_{cd}b_w a(d - a/2) \tag{3.4-21b}$$

$$M_d = A_{sf}f_{yd}(d - t_f/2) + A_{sw}f_{yd}(d - a/2) \tag{3.4-21c}$$

때로는 a가 t_f로 되는 경우도 있다.

예제 3.5 T-단면 보의 (+)휨모멘트 강도

(1) a가 t_f보다 작은 경우 $a \le f_f$

바닥 시스템의 내측 T-단면 보의 기둥의 면과 면까지의 거리인 순경간이 5.4 m이고 단면은 그림 3.4-17에 보인 바와 같다. 콘크리트와 철근의 강도는 각각 f_{ck}=30 MPa, f_{yk}=400 MPa이

다. (+)휨모멘트 구역에서 이 보의 설계휨강도 M_d를 계산한다. 콘크리트와 철근의 설계강도
는 각각 다음과 같다.

$$f_{cd} = 0.65\,(0.85 \times 30) = 16.6\,\mathrm{MPa}, \; f_{yd} = 0.90\,(400) = 360\,\mathrm{MPa}$$

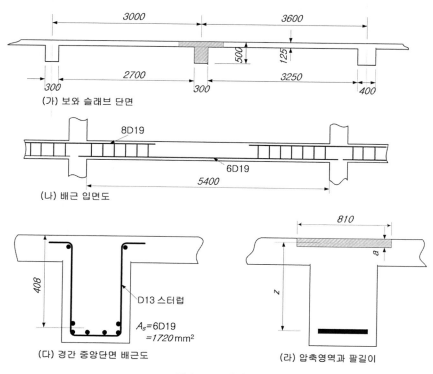

그림 3.4-17 예제 3.5

① **유효 플랜지 폭 b_e를 계산한다.** 다음 세 값중 가장 작은 값으로 한다.

(가) 유효 경간장 l_0 의 1/4보다 작아야 한다. $l_0 = 0.6l = 0.6\,(5.4) = 3.24\,\mathrm{m}$ 이므로

$$b_e = 3240/4 = 810\,\mathrm{mm}$$

(나) 복부의 양쪽 내민 플랜지의 유효폭은 슬래브 두께의 6배$(= 6\,(125) = 750\,\mathrm{mm})$보다

작아야 하므로

$$b_e = 750 + 300 + 750 = 1800\,\mathrm{mm}$$

(다) 복부의 양쪽으로 이웃한 보까지 순간격의 1/2(2700/2 = 1350 mm, 3250/2 = 1625 mm)
보다 작아야 하므로

$$b_e = 1350 + 300 + 1625 = 3275 \text{ mm 이다.}$$

이 중에서 가장 작은 값은 $b_e = 810$ mm 이다.

② **유효깊이 d를 결정한다.** $d = 500 - 40 - 13 - 19 - 40/2 = 408$ mm 이다.

③ **응력블록의 높이 a를 계산한다.** 대부분의 T-단면 보에서는 압축응력블록의 높이가 플
랜지 두께보다 작으므로 직사각형 단면에서 하는 것처럼 가정하여 계산하면 된다. 계산
값이 플랜지 두께보다 작으면 그대로 계속하면 된다. 그 반대이면 두 개의 가상보로 나
누어 해석할 필요가 있다.

$$a = \frac{A_s f_{yd}}{f_{cd} b_e} = \frac{(1720)(360)}{(16.6)(810)} = 46.0 \text{ mm} < t_f$$

이 값은 플랜지 두께보다 작으므로 쉽게 M_d를 계산할 수 있다.

④ **$A_s \geq A_{s,\min}$ 인지 검토한다.** 플랜지가 압축을 받고 있으므로 $A_{s,\min}$을 다음 식으로 구
한다.

$$A_{s,\min} = 0.26 \frac{f_{ctm}}{f_y} b_w d = 0.26(3.15/400)(300)(408) = 250.6 \text{ mm}^2 \text{이므로 만족한다.}$$

⑤ **$f_s = f_{yd}$이고 그 단면이 인장지배인지 검토한다.**

$$c = a/\beta_1 = 46.0/0.8 = 57.5 \text{ mm}, \quad \epsilon_s = \epsilon_{cu} \frac{d-c}{c} = (0.0033)\left(\frac{408 - 57.5}{57.5}\right) = 0.0201 > \epsilon_t(=0.004)$$

인장지배 단면이다.

⑥ **설계휨강도 M_d를 계산한다.**

$$M_d = A_s f_{yd}(d - a/2) = (1720)(360)(408 - 46.0/2) = 238.39 \text{ kN·m}$$

예제 3.6 T-단면 보의 (−)휨모멘트 강도

T-단면 보의 (−)휨모멘트 강도를 계산해본다. 철근 배치는 그림 3.4-18에 보인 바와 같다. 콘
크리트강도와 철근강도는 앞의 예제와 같이, 각각 $f_{ck} = 30$ MPa, $f_y = 400$ MPa이다.

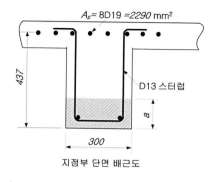

그림 3.4–18 예제 3.6

이 단면은 (−)휨모멘트를 받기 때문에, 상부 플랜지가 인장을 받는 부분이 되어 상부 연단에서 부터 균열이 시작되며 보의 아래쪽이 압축역이 된다. 인장철근의 일부는 복부 밖의 플랜지에 배치하여 전체적으로 일단배근으로 된다. 스터럽의 모서리에도 철근을 배치한다. 스터럽 모서리 철근은 (+)휨모멘트 철근이 지점부까지 연장되기 때문에 따로 고려할 필요는 없다. 이들 철근이 압축응력을 부담할 수 있을 만큼 충분히 정착시키지 않으면 단면 강도계산에 포함시키지 않는다. 여기서는 충분히 정착된 것으로 볼 수 없기 때문에 압축철근으로서 구실을 할 수 없다.

① b를 정한다. 압축역이 보의 하부에 있으므로 $b = b_w = 300 \, \text{mm}$ 이다.

② d를 결정한다. 인장철근이 한 단으로 배치되어 있으므로, $d = 500 - 63 = 437 \, \text{mm}$ 이다.

③ a와 c를 계산한다. $A_s = 8\text{D}19 = 2290 \, \text{mm}^2$ 이다.

$$a = \frac{A_s f_{yd}}{f_{cd} \, b} = \frac{(2290)(360)}{(16.60)(300)} = 165.5 \, \text{mm}, \quad c = 165.5/0.8 = 207.0 \, \text{mm}$$

④ $A_s > A_{s,\min}$ 인지 검토한다.

$$A_{s,\min} = 0.26 (f_{ctm}/f_y) b_w d = 0.26 (3.15/400)(300)(437) = 268.4 \, \text{mm}^2 \text{이므로}$$

A_s는 충분하다.

⑤ $f_s = f_{yd}$이고 그 단면이 인장지배인지 검토한다.

$$\epsilon_s = \epsilon_{cu} \frac{d - c}{c} = 0.0033 \frac{437 - 207}{207} = 0.00367 > \epsilon_y = 0.002$$

$f_s = f_{yd}$이고 휨 인장파괴이다.

⑥ M_d를 계산한다.

$$M_d = A_s f_{yd}(d - a/2) = (2290)(360)(437 - 166/2) = 291.84 \text{ kN·m}$$

예제 3.7 압축영역이 T 형상인 T−단면 보의 해석

그림 3.4-19에 보인 보의 설계휨강도 M_d를 계산한다.

콘크리트와 철근의 강도는 각각 f_{ck} =30 MPa, f_y =400 MPa이다.

인장철근량 A_s = 6D 25 = 3000 mm²이다. D10 스터럽으로 보강되어 있다.

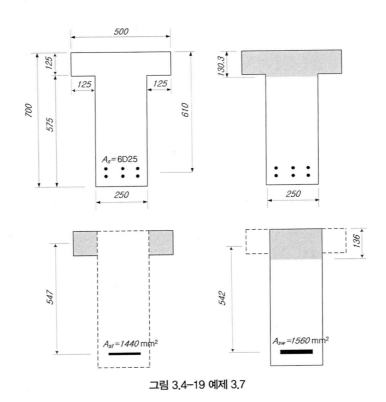

그림 3.4−19 예제 3.7

① b를 정한다. 이 보는 압축면적을 키우기 위해서 T−형의 플랜지를 사용한 단독 T−면 보이다. 이러한 보에서는 설계규준에 따라 플랜지 두께가 복부 폭의 1/2보다 작아서는 안

되며 유효 플랜지 폭은 복부 폭의 4배를 넘어서는 안 된다. 한눈에 보아서 알듯이, 플랜지 치수는 이 조건을 만족하고 있다. 그러므로 $b = b_e = 500\,\text{mm}$ 이다.

② d를 구한다. 그림 3.4-19에서 알 수 있듯이 $d = 610\,\text{mm}$ 이다.

③ a를 계산한다. 압축역이 직사각형이라고 가정하고 계산한다. 그러면,

$$a = \frac{A_s f_{yd}}{f_{cd}\, b_e} = \frac{(3000)(360)}{(16.6)(500)} = 130.3\,\text{mm} > t_f = 125\,\text{mm}\ \text{이다.}$$

$a = 130.3\,\text{mm}$ 이면 플랜지 두께보다 큰 값이다. 이것은 압축응력이 플랜지 아래쪽 빗금친 부분에도 작용한다는 것을 뜻한다. $a > t_f$ 이므로 처음의 가정은 잘못된 것이고 a값을 다시 계산해야 한다. 가상의 두 개의 단면으로 나누어 계산한다.

④ 보 F와 보 W로 떼어놓는다.

보 F : 내민 플랜지 부분에서 압축력 C_f를 계산한다.

$$C_f = (f_{cd})(b_e - b_w)\,t_f = (16.6)(500 - 250)(125) = 517.97\text{kN}$$

이에 대응하는 철근량 을 계산한다. $A_{sf} f_{yd} = C_f$ 이어야 하므로

$$A_{sf} = 517\,970/360 = 1440\,\text{mm}^2\ \text{이다.}$$

따라서 보 F는 내민 플랜지 부분과 $1440\,\text{mm}^2$의 인장철근으로 이루어진다. 보 F의 휨강도는 인장철근의 도심을 중심으로 한 모멘트의 합으로 구한다.

$$\text{팔길이 } z = d - t_f/2 = 610 - 125/2 = 547\,\text{mm}\ \text{이므로}$$

$$M_{d,f} = (517.97)(610 - 125/2) = 286.18\,\text{kN·m}\ \text{이다.}$$

보 W : 보 W는 복부의 콘크리트와 나머지 인장철근량

$A_{sw} = A_s - A_{sf} = 3000 - 1440 = 1560\,\text{mm}^2$으로 이루어진 보이다.

여기서는 $b = b_w$이다. 그러므로 $a = \dfrac{(1560)(360)}{(16.6)(250)} = 136.0\,\text{mm}$ 이고 이 값은 앞에서 계산된 130.3 mm보다 크다. 보 W의 휨강도는

$$M_{d,w} = A_{sw} f_{yd}(d - a/2) = (1560)(360)(610 - 136/2) = 307.53\,\text{kN·m}$$

이고 그러므로 전체 (+)모멘트 강도는 다음과 같다.

$$M_d = M_{d,f} + M_{d,w} = 286.18 + 307.53 = 593.71\,\text{kN·m}$$

☐ 참고문헌 ☐

3.1 (사)한국교량 및 구조공학회 (2015), 도로교설계기준 (한계상태설계법) 해설 2015.

3.2 한국콘크리트학회 (2012), 콘크리트구조기준 해설.

3.3 한국콘크리트학회 (2012), 콘크리트구조기준 예제집.

3.4 European Committee for Standardization(2004), Eurocode 2: Design of Concrete Structures, Part 1-1: General rules and rules for buildings, BSi.

3.5 CEB-FIP (2013), fib Model Code 2010, 1st Edition, Ernst & Sohn Gmbh &Co. KG., for Comité Euro-International du Beton.

3.6 International Federation for Structural Concrete (2010), Structural Concrete Textbook on behaviour, design and performance, 2nd Edition. vol. 1, fib bulletin 51, fib.

3.7 D. Beckett and A. Alexandrou (1997), Introduction to Eurocode 2 Design of Concrete Structures, 1st Edition , E & FN SPON.

3.8 Design Aids for Eurcocode 2, E & FN SPON, 1997.

3.9 MacGregor, J.G. and Wright, J.K., Reinforced Concrete Mechanics and Design, 4th Edition, Prentice Hall.

3.10 Mosely, B., Bungey, J., Hulse, R. (2012), Reinforced Concrete Design to Eurocode 2, 7th Edition, Palgrave MacMillan.

3.11 Prab B., Thomas J. MacGinley, Ban Seng Choo (2013), Reinforced Concrete Design to Eurocodes- Design Theory and Examples, 4th Edition, CRC Press.

04 철근콘크리트 부재의 전단과 비틀림

Shear and Torsion in Reinforced Concrete Members

콘크리트는 드러낼 만한 절대적인 가치가 없는 재료이다.

－페카 피트케넨 Pekka Pitkänen ＿

04

철근콘크리트 부재의 전단과 비틀림
Shear and Torsion in Reinforced Concrete Members

4.1 개 요 Introduction

보는 하중을 주로 내적 모멘트 M과 전단력 V로 저항한다. 철근콘크리트 부재를 설계할 때에, 대체로 휨을 먼저 고려하여 단면의 크기와 철근량을 결정해서 필요한 모멘트 저항값을 확보하는 것이 일반적이다. 이 경우에도 사용할 수 있는 휨철근량을 정하는 데에 제약이 따르는데, 파괴가 일어난다 해도 사용자가 미리 경고를 알아챌 수 있도록 연성적으로 서서히 일어나게 철근량을 결정해야 한다. 그 다음으로, 전단에 대해 설계한다. 보에서 이러한 전단력은 대개 지점 부근에서 가장 커지며 여러 요소들이 복합적으로 작용하여 전단력에 저항한다. 그렇더라도 가해진 하중이 아주 작은 경우를 제외하고는, 거의 모든 경우에서 잠재적으로 사인장균열이 발생할 수 있으므로 이에 대해 철근보강이 필요하다. **전단파괴는 대체로 갑작스럽고 취성적이기 때문에, 전단파괴보다 휨 파괴가 먼저 일어나도록 해야 한다. 따라서 파괴될 때 보의 모든 요소의 내력이 휨강도 이상이 되도록 전단에 대해 설계를 해야 한다.**

전단파괴의 양상은 부재의 치수, 형상, 재하조건, 그리고 단면값에 따라서 여러 가지로 달라질 수 있다. 이런 까닭에 전단설계에는 유일한 방법이 없다. 여기서는 비교적 세장한 보에 대해서 내부 전단력 V, 부재의 강도, 거동 등에 관하여 전단 영향을 다루기로 한다. 또한 이러한 보에

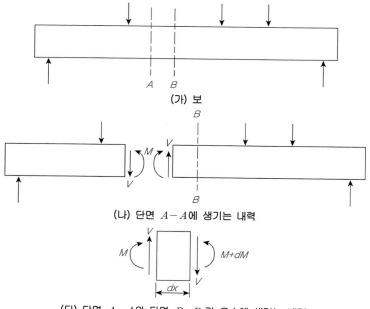

(가) 보

(나) 단면 $A-A$에 생기는 내력

(다) 단면 $A-A$와 단면 $B-B$ 간 요소에 생기는 내력

그림 4.1-1 휨모멘트와 전단력

대한 전단설계 예도 살펴보기로 한다. 확대기초 및 독립기둥으로 지지되는 2방향 슬래브는 기둥의 주변 단면에 전단응력을 유발하여 기둥과 슬래브의 일부가 슬래브를 뚫고 나아가는 이른바 **뚫림전단***punching shear* 파괴에 이르기도 한다. 지간이 짧고 단면 높이가 큰 내민 받침(브래킷, 코오벨), **깊은 보***deep beam* 등은 전단응력보다는 압축응력으로 전단력을 받침점으로 전달한다. 또한 복부와 플랜지 간의 부등 전단응력을 저항하기 위해서는 플랜지가 있는 보에도 횡방향 철근이 요구된다. 보에 비틀림 모멘트가 가해지면 전단응력이 발생하여, 사인장균열을 유발할 수 있다. 그래서 휨철근과 전단철근 외에도 추가로 철근이 필요한 경우가 있다.

여기서는 전단 및 비틀림에 대한 기본 이론과 설계 공식의 유도를 다룬다. 철근 선택 및 배근을 결정짓는 중요 인자들 중 몇 가지는 부재 설계에 관한 장에서 다룰 것이며, 슬래브에 작용하는 집중하중에 의해서 생기는 뚫림전단은 슬래브 설계 부분에서 다룰 것이다.

4.2 전단보강이 안 된 철근콘크리트 보의 전단거동
Beams without Shear Reinforcements

4.2.1 전단응력과 주응력

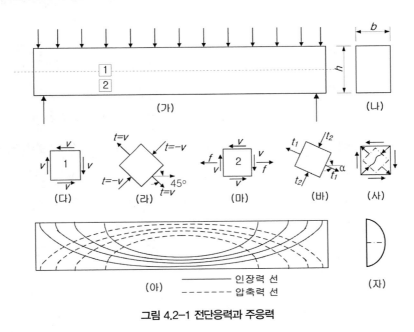

그림 4.2-1 전단응력과 주응력

그림 4.2-1은 비균열 단면 보에서 주인장응력이 작용하는 평면을 나타낸 것이다. 주목해야 할 것은 그림 4.2-1(다)에서 보는 바와 같이 한 요소를 지나는 수평면과 연직면에 같은 크기의 전단응력이 생긴다는 점이다. 수평전단응력은 시공 이음부, 복부와 플랜지 이음부, 또는 보의 개구부 부근을 설계할 때 매우 중요하다. 그림 4.2-1(가)에서 중립축 아래의 요소는 휨에 의한 법선응력 f와 전단응력 v의 조합응력을 받고 있다. 그러한 요소에 작용하는 최대 및 최소 법선응력을 주응력이고 부른다. 주인장응력과 주압축응력이 작용하는 평면은 재료역학을 통해서 잘 아는 바와 같이 응력에 관한 모어 *Mohr*의 원을 이용해서 알아낼 수 있다. 그림 4.2-1(가)의 요소 1과 2에 대한 주응력의 방향은 그림 4.2-1(라)와 (바)에 나타낸 바와 같다. 이들 주응력평면 또는 응력선은 보의 하단쪽에서는 경사가 급해지고 상단쪽에서는 완만해진다.

그림 4.2-1(아)는 이 보 경간을 따라 발생하는 주응력선을 나타낸 것이다. 주압축응력의 방향은

아아치를 형성하며, 반면에 주인장응력의 방향은 현수선의 곡선 모양을 이룬다. 경간-중앙으로 갈수록, 전단력은 작아지고 휨 응력이 지배적이며 응력 방향은 보의 축과 나란하게 된다. 지점에 가까워지면, 전단력은 커지고, 주응력 방향은 경사지며 전단력이 커질수록, 경사각도 커진다. 주인장응력의 크기가 콘크리트 인장강도보다 크게 되면 콘크리트에 균열이 생기므로 초기 균열 형상은 그림 4.2-1(아)의 응력선도와 비슷하게 된다.

보 휨 이론에 따르면, 순수전단응력상태는 보의 중립축에서 존재한다. 이 때문에 전단응력의 크기와 같은 주인장응력과 주압축응력이 생기며 이 응력들의 방향은 중립축과 45°를 이룬다. 요소 1의 내부에는 그림 4.2-1(사)와 같은 응력을 받는 상태이며 대각선 방향으로 균열이 발생할 수 있다. 탄성직사각형 단면 보에서 전단응력의 분포는 그림 4.2-1(자)에 보인 바와 같이 포물선 모양이다. 중립축에서 최대 탄성 전단응력의 크기는 식 (4.2-1)로 알 수 있다. 철근콘크리트 보에서 전단응력 때문에 생기는 인장응력은 지점 근처에서 콘크리트에 경사균열을 발생시키므로 전단보강이 필요하게 된다.

$$v_{\max} = 1.5\frac{V}{b\,h}$$

(4.2-1)

여기서 V는 단면에 작용하는 전단력이다.

T-단면 보나 L-단면 보에서, 전단력의 대부분은 복부가 부담하며 그래서 모든 실무에서는 전단을 계산할 때 플랜지가 있는 보도 크기가 $b_w \times h$인 직사각형 단면 보로 간주될 수 있다.

그림 4.2-2는 실험 보에서 나타난 균열형상을 보인 것이다. 이 보에서는 두 종류의 균열을 볼 수 있다. 먼저 휨 응력에 의해서 수직 균열이 생긴다. 이 균열들은 휨 응력이 가장 큰 곳인 보의 하단부에서 시작한다. 보의 양단에서는 전단과 휨에 의한 조합응력 때문에 경사균열이 발생한다. 이러한 균열들을 흔히 사인장균열, 전단균열, 또는 경사균열이라고도 한다. 이러한 균열은 보가 전단에 의해서 파괴되기 전까지는 남아 있다. 경사균열 중의 일부는 지점쪽으로 철근을 따라서 발전되기도 하며 그리하여 철근의 정착상태를 약화시키기도 한다.

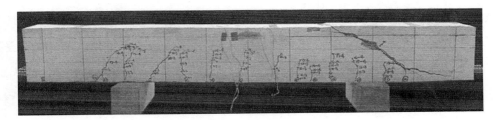

그림 4.2-2 실험 보의 균열형상

최대 주응력평면과 균열형상 간에는 유사한 점이 있기는 하지만, 결코 같지는 않다. 철근콘크리트 보에서 휨 균열은 일반적으로 중립면에서 주인장응력이 극대로 되기 전에 발생한다. 그러한 균열이 발생하면 균열을 가로지르는 인장응력은 사라진다. 평형상태를 유지하려면, 응력의 재분배가 일어나야 한다. 그 결과로서 전단균열이 휨 균열보다 먼저 생기지 않는 한, 보에서 경사균열의 시작을 주응력으로 인한 것이라고 볼 수 없다. 이것은 철근콘크리트에서는 극히 드문 일이지만 프리스트레스트 콘크리트 보에서는 가끔 일어나기도 한다.

그림 4.2-3은 전단 균열이 생긴 보의 일부를 나타낸 것이다. 균열이 있는 단면에서 전단은 세 가지 작용으로 저항된다. 균열 상단부 위의 온전한 콘크리트의 전단응력, 균열 면 사이에서 전단 전달인 골재의 맞물림, 그리고 주철근에 의한 **다월***dowel* 작용이다.

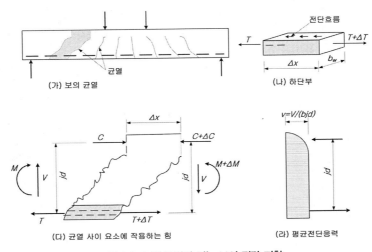

(가) 보의 균열

(나) 하단부

(다) 균열 사이 요소에 작용하는 힘

(라) 평균전단응력

그림 4.2-3 휨 균열이 있는 보의 전단 저항

균열이 발생하는 초기 단계에서 수직 균열은 하중이 증가함에 따라 축에 각을 이루며 뻗어 나간다. 이러한 두 균열 사이의 보 단면에서 평형조건은 다음과 같이 쓸 수 있다. 그림 4.2-3(다)에서 $T = M/jd$이고 $T + \Delta T = (M + \Delta M)/jd$이므로 $\Delta T = \Delta M/jd$로 된다. 여기서 jd는 내부 우력의 팔길이이며 보 전체에 걸쳐 일정하다고 가정한다. 이 요소의 모멘트 평형을 고려하면, $\Delta M = V\Delta x$이고 $\Delta T = (V\Delta x)/jd$이다. 그림 4.2-3(다)의 빗금 친 부분을 그림 4.2-3(나)에 보인 바와 같이 따로 떼어놓고 보면, 인장력 변화량 ΔT는 그 요소의 상부에서 수평전단응력으로 전달되어야 한다. 균열의 상단 아래쪽으로 이러한 응력의 평균값은 $v = \Delta T/(b_w \Delta x)$ 또는 $v = V/(b_w jd)$로 된다. b_w는 복부의 폭이다. 휨 균열이 있더라도 전단 강성이 국부적으로 감소되지 않는다면, 전단응력 분포는 그림 4.2-3(라)와 같아질 것이며 전단응력 $v = V/(b_w jd)$이 콘크리트 인장강도에 이르게 되면 전단균열이 생길 것이다. 정반대로, 균열 간에 전단이 전달되지 않는다면, 균열 간의 콘크리트 '이빨'은 압축역에 고정되어 그림 4.2-3(다)에 보인 바와 같이 주철근 위치의 부착력을 하중으로 받는 캔틸레버처럼 거동해야 할 것이다. 이 경우에 이 요소의 저항은 캔틸레버의 휨강도만큼 제한될 것이다.

실제로는 이 두 가지 극단적인 경우의 중간쯤에 있다. 균열은 비교적 좁고 그 균열 면은 매끈한 면이 아니다. 균열 면에서 돌출된 골재 입자들 때문에 균열 면은 전반적으로 거칠다. 그 결과, 균열에서 약간의 수직 이동이라도 있으면 균열을 가로질러 전단 저항이 생긴다. 그러한 수직 이동은 '이빨'의 제한된 휨에 의해서 그리고 균열에 생긴 약간의 곡률에 의해서 생긴다. 균열부위에서 이러한 수직 움직임은 주철근에 다월 작용을 유발한다[4.5, 4.13, 4.14].

한 요소에 작용하는 수직 전단응력의 크기는 그 요소의 수평전단응력의 크기와 같으며, 수직 전단응력 분포는 그림 4.2-3(라)에 보인 바와 같다. 이 분포는 전단력의 약 30 %는 압축영역에서 전달된다고 가정한 것이다. 전단보강이 안 된 보 실험에서 전단력의 약 1/4은 압축영역으로 전달되고, 1/4은 휨철근의 다월 작용으로, 그리고 1/2 정도는 균열 사이의 골재 맞물림으로 전달된다고 밝힌 바 있다. 일반적으로 설계 계산에서는 j값을 무시하여 평균 전단응력을 다음과 같이 산정하고 있다.

$$v = \frac{V}{b_w d} \tag{4.2-2}$$

4.2.2 전단보강 안 된 철근콘크리트 보의 전단파괴

그림 4.2-4는 복부 보강이 안 된 직사각형 단면 보의 파괴와 경사균열이 발생할 때의 모멘트와 전단력을 받침점과 재하점 간의 거리인 **전단경간** a_v와 보의 깊이 d의 비율 a_v/d의 함수로서 나타낸 것이다. 보의 단면은 변하지 않고 전단경간이 변한다. 보가 발휘할 수 있는 최대 휨강도는 그림 4.2-4(나)에서 수평선으로 나타낸 단면의 휨강도 M_c이고 경사선은 전단파괴가 일어날 당시의 휨모멘트 크기이다. 이 그림에서 빗금 친 부분은 전단에 의한 휨모멘트 강도의 감소를 나타낸 것이다. 복부 보강이 되어 있다면 보는 휨모멘트 강도 M_c까지 발휘할 수 있게 된다. 그림 4.2-4(나)에서는 전단경간을 4가지 유형으로 구분하고 있다. 매우 짧음, 짧음, 세장함, 매우 세장함 등이다. 전단경간이 아주 짧거나 짧은 보를 나타내는 말로 **깊은 보** *deep beam*라는 용어를 쓰기도 한다. a_v/d가 0에서 1 사이인 전단경간이 아주 짧은 보에서는 재하점과 받침점을 잇는 경사균열이 발생한다. 그리하여 이러한 균열은 길이방향 철근으로부터 압축영역으로 전단흐름을 방해하고 전단거동은 보 작용에서 아아치작용으로 바뀐다. 그림 4.2-5에 나타낸 바와 같이 인장철근은 **타이드 아아치** *tied arch*의 타이 구실을 하며 한 받침점에서 다른 받침점까지 같은 크기의 인장력이 작용한다[4.14].

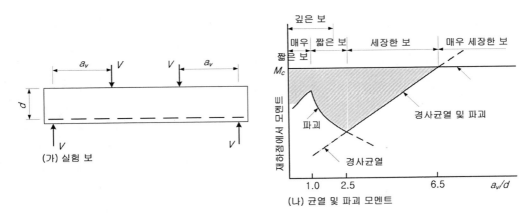

(가) 실험 보

(나) 균열 및 파괴 모멘트

그림 4.2-4 전단보강이 안 된 보의 전단강도에 대한 a_v/d의 영향

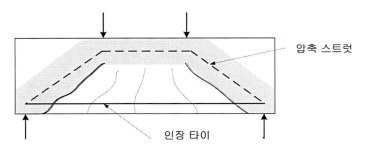

그림 4.2-5 아아치 작용과 인장타이

이러한 보에서 가장 흔한 파괴양상은 인장타이 끝에서 정착파괴이다. a_v/d가 1에서 2.5 사이인 전단경간이 짧은 보에서는 경사균열이 발생하며 내력이 재분배된 후에 아아치 작용에 의해서 부분적으로 추가의 하중을 부담할 수 있다. 이러한 보의 최종 파괴는 부착파괴, 할렬 파괴, 또는 인장철근을 따라 생기는 다월 파괴, 또는 균열 위쪽으로 압축부의 파쇄 때문에 일어난다. 나중 것과 같은 파괴를 전단-압축파괴라고도 한다. 경사균열은 일반적으로 휨 균열보다 보속으로 더 높이 발달하기 때문에 휨모멘트 강도보다 낮은 수준에서 파괴가 일어난다. 그림 4.2-6은 균열 형상을 도식적으로 나타낸 것이다[4.13, 4.14].

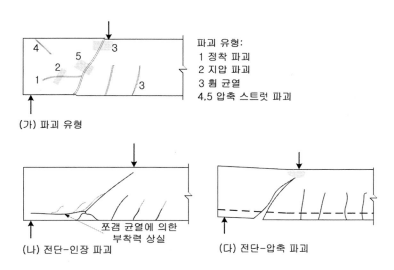

그림 4.2-6 지점 부근에서 파괴 유형

a_v/d가 2.5~6.5인 세장한 보에서는 휨모멘트가 크기 때문에 보의 축에 거의 직각으로 뻗어 나가는 휨 균열이 발생한다. 전단력이 큰 구역에서는 **경사 인장력** *diagonal tension* 때문에 휨 균열의 선단에서 경사균열이 발달한다. 이러한 균열을 휨-전단균열이라고 한다. 그림 4.2-7은 철근콘크리트 보에서 예상되는 균열 형상과 파괴 양상이다. 보의 세장 정도, 즉 전단 경간/보 깊이 비에 따라 보의 파괴 유형이 결정된다. 집중하중인 경우에 전단경간 a_v는 하중 작용점과 받침점의 전면까지의 거리이다. 등분포하중이면, 보의 순경간 l_c가 전단경간이 된다. 기본적으로 세 가지 파괴 유형 또는 이것들이 혼합된 파괴 유형으로 일어난다. (1) 휨 파괴, (2) 사인장 파괴, (3) 전단-압축파괴 등이다. 보가 세장할수록 보는 휨 파괴 성향이 강해진대[4.13, 4.14].

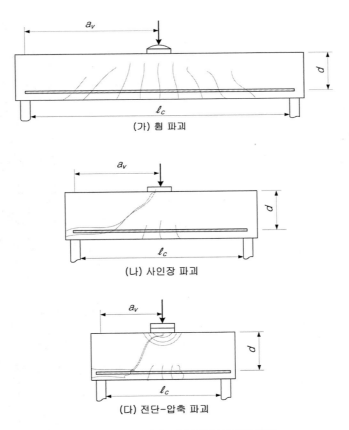

(가) 휨 파괴

(나) 사인장 파괴

(다) 전단-압축 파괴

그림 4.2-7 전단보강 안 된 보의 파괴 양상

(1) 휨 파괴

이 구역에서는 균열은 주로 보 경간의 중간 1/3 구역에 발생하며 주인장응력선에 직각이다. 이러한 균열은 매우 작은 전단응력 v와 거의 수평인 주인장응력의 크기와 거의 같은 휨 응력 f 때문에 생긴다. 이러한 파괴 유형에서 휨 파괴하중의 약 $30\sim40\%$ 수준에서 경간 중앙에 몇 개의 미세한 균열이 발달하기 시작한다. 하중이 증가하면 경간의 중앙부분에서 추가의 균열이 발달하며 초기에 발생한 균열은 폭이 더 넓어지며 중립축쪽으로 발전되어 그 이상으로 뻗어 나간다. 동시에 보의 처짐도 뚜렷하게 증가한다. 대다수의 보에서는 인장철근이 먼저 항복하게 되어 연성적인 거동을 보인다. 이러한 파괴거동을 보이며 보의 파괴 조짐을 충분히 예측할 수 있게 된다. 이러한 거동에 대한 a_v/d는 집중하중인 경우 5.5 이상이고 분포하중인 경우 16 이상이다.

(2) 사인장파괴

이러한 파괴는 보의 사인장 강도가 휨강도보다 낮을 때 예상된다. 집중하중에 대해서 a_v/d가 2.5에서 5.5인 경우이다. 이러한 보는 중간 정도의 세장비를 지닌 것으로 생각할 수 있다. 균열 형상은 경간 중앙에서 몇 개의 미세한 휨 균열이 발달하면서 시작된다. 이어서 지점부에서는 철근과 철근을 둘러싼 콘크리트 간에 부착파괴가 일어난다. 그 후 아무런 파괴의 위험을 알리는 조짐도 없이 두 세 개의 대각선 균열이 지점 전면으로부터 $1.5d$에서 $2d$ 되는 곳에서 발생한다. 이러한 균열이 멈추게 되면, 대각선 균열의 하나는 폭이 넓어지며 인장 균열로 확대되고 보의 압축 상단쪽으로 뻗어 나간다. 이러한 파괴는 근본적으로 취성파괴 유형이며 휨 균열은 중립축까지 전파되지도 않고 파괴가 일어나기까지 처짐도 비교적 작은 편이다.

(3) 전단 – 압축파괴

이러한 보는 a_v/d 가 집중하중에 대해서 1에서 2.5 정도이고 분포하중에 대해서 5.0 이하이다. 사인장파괴 경우처럼 몇 개의 가느다란 휨 균열이 경간 중앙에서 생기기 시작하고 지점 부근에서 철근과 철근을 둘러싼 콘크리트 간의 부착이 파괴되면서 균열 성장이 멈춘다. 그 후 사인장 경우에서 보다 더 급한 경사균열이 갑자기 발달하기 시작하여 중립축으로 뻗어 나간다. 압축상단의 콘크리트가 파쇄되고 상단부에서 응력의 재분배가 일어나서 균열의 진행 속도는 늦춰진다. 주인장 경사균열이 파쇄된 콘크리트쪽으로 급속히 합쳐지면서 급작스런 파괴가 일어난다. 이러한 유형의 파괴는 응력 재분배에 의한 사인장파괴보다 비교적 덜 취성적이라고 생각할 수 있다. 그렇다 하더라도 제한된 위험 경고 범위에서 보면 취성적 파괴 유형이라고 볼 수 있으며 이러한 파괴가 일어나는 설계는 철저히 피해야 한다.

표 4.2-1 전단경간/보 깊이 비에 따른 보의 파괴유형

보 구분	파괴 유형	전단경간/보 깊이 비	
		집중하중인 경우 a_v/d	분포하중인 경우 ℓ_c/d
세장한 보	휨 파괴	5.5 이상	16 이상
중간 정도의 보	사인장파괴	$2.5-5.5$	$11-16$
깊은 보	전단-압축파괴	$1-2.5$	$1-5$

4.2.3 전단보강 안 된 철근콘크리트 보의 전단강도

전단보강이 안 된 철근콘크리트 보에서는 전단응력으로 생기는 사인장 응력 때문에 균열이 발생한다. 그림 4.2-8에 보인 바와 같이 지점 근처에서 경사균열이 발생한다. 전단파괴 기구는 복잡하며 유효깊이에 대한 전단경간의 비 a_v/d에 따라 달라진다. 전단경간 a_v은 받침점과 경간에 작용하는 주요 집중하중 간의 거리로 정의된다.

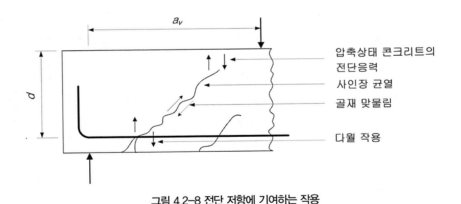

그림 4.2-8 전단 저항에 기여하는 작용

보가 파괴에 이르기까지 보의 전단을 저항하는 세 가지 주요 미캐니즘은 다음과 같은 작용에 따라 형성된다[4.5, 4.13, 4.14].

- 균열이 생기지 않은 콘크리트가 견디는 압축부에서 전단응력
- 균열 면을 따라 생기는 골재 맞물림 저항 : 전단응력 때문에 생기는 인장응력에 의해 복부에 균열이 생기더라도, 균열 폭이 크지 않다면 균열 면 사이에 마찰력을 충분히 견딜 수 있다. 이 마찰력은 균열 면을 따라 생기며 전단저항에 기여한다.
- 균열 사이의 콘크리트가 전단력을 철근에 전달하는 곳에서 철근에 생기는 다월 작용

실제로 전단강도를 정확히 해석하는 것은 가능하지 않으며, 많이 사용하는 형태의 보를 시험함으로써 이 문제를 해결해왔다. 전단보강이 안 된 보는 경사균열이 생기거나 생긴 직후 곧바로 파괴된다. 이런 까닭에 이러한 부재의 전단강도는 경사균열 발생 전단과 같다고 볼 수 있다. 보에 경사균열을 유발하는 하중은 주로 다음과 같은 다섯 가지 변수의 영향을 받으며 이들 중 몇 가지는 설계 계산식에 포함되기도 하며 나머지는 그렇지 않다.

(1) 콘크리트의 압축강도와 인장강도

콘크리트 압축강도는 골재 맞물림 강도를 증가시킴으로써 전단강도에 영향을 끼치고 보의 비균열 부분의 전단저항강도에도 영향을 주며, 경사균열 발생 하중의 크기는 콘크리트 인장강도의 함수이다. 보의 복부에서 응력상태는 2축의 주인장응력과 주압축응력이 작용하는 상태이다. 이것과 비슷한 2축 응력상태는 원주형 공시체의 쪼갬인장 시험인 경우이다. 그러므로 경사균열 하중은 쪼갬인장 시험에서 얻어진 강도와 관련이 있다. 앞서 설명한 바와 같이, 경사균열에 앞서 생기는 휨 균열도 탄성응력장을 교란시켜 비균열 단면을 근거로 한 주인장응력에 의한 것이다. 전단철근이 배치되지 않는 보의 전단파괴는 하중영향에 의해 단면에 유발되는 주응력이 단면 어느 위치에서도 콘크리트의 설계인장강도 $f_{ctd} = \phi_c f_{ctk}$를 초과할 때 발생한다고 정의한다.

(2) 길이방향 철근비

이것은 균열 폭 확장을 억제해줌으로써 전단강도에 영향을 주며 그래서 균열 면을 따라 생기는 골재 맞물림으로 견디는 전단저항을 향상시킨다. 또한 자연스럽게 철근의 다월 작용에 의한 전단저항강도를 증가시키고 압축역 깊이를 증가시킨다. 전단파괴를 일으킬 수 있는 보의 실제적인 철근비의 범위는 대략 0.75 %에서 2.5 %이다. 길이방향 철근비 ρ_l가 증가할수록 전단

강도는 증가한다. 그러나 철근비의 증가에 따른 전단강도의 증가율은 감소하며, 철근비가 대략 2%일 때 최대 증가 효과가 나타난다. 철근비 ρ_l가 작으면, 휨 균열은 압축 측으로 깊숙하게 뻗어 나가며 철근비가 큰 경우보다 균열 폭은 더 넓어질 것이다. 결과적으로 경사균열이 더 먼저 발생한다. 그림 4.2-9는 콘크리트의 전단강도 산정에 사용되는 길이방향 철근비를 정의하는 단면 위치를 나타낸 것이다.

(3) 전단경간 – 깊이 비, a_v/d

전단경간/보 깊이의 비 a_v/d 또는 $M/(Vd)$는 a_v/d가 2보다 작은 경우에 전단경간의 극한 전단력과 경사균열 전단에 영향을 끼친다. 그러한 경간을 '깊은' 전단경간(D – 구역)이라고 한다. 전단경간이 좀 더 긴 경우에는 B – 구역의 거동이 지배적이며 a_v/d값은 경사균열 전단에 별로 영향을 주지 않아 무시될 수 있다. D – 구역과 B – 구역에 대해서는 이 교재의 12장에서 상세히 다루고자 한다.

(4) 단면 크기

보의 전체 깊이가 커지고, f_{ck}, ρ_w, a_v/d 등이 일정할 때, 경사균열이 발생하면 전단강도는 감소하는 경향이 있다. 보의 깊이가 커지면서, 주철근 위에서 잰 균열 폭은 커진다. 이 때문에 균열 간의 골재 맞물림 현상이 감소되어 일찌감치 경사균열이 발생한다. 실험에 의하면 골재 크기가 일정한 콘크리트로 기하학적으로 비슷하게 등분포하중을 받는 전단보강 안 된 보에서 $d = 600\,\text{mm}$이면 대략 보통의 콘크리트 전단강도에서 전단파괴가 일어나지만, 유효깊이가 2.0~3.0 m가 되면 작은 전단력에서도 파괴가 일어난다. 부재의 깊이에 관해 정상적인 기하학적 축척으로 예상할 수 있는 전단강도 값과 다르게 부재 두께가 작아질수록 단위 전단강도가 현저하게 증가하는 크기효과가 나타난다. 이 때문에 최근의 많은 설계기준에서는 이 크기 효과를 반영하여 슬래브와 같은 두께가 얇은 부재의 큰 전단저항성능을 활용하고 있다. 또한 수직 스터럽을 배치하는 것과 같은 전단보강된 보에서는 전단보강 철근이 균열 면을 잡아 두어서 골재 맞물림이 사라지지 않고 단면크기에 따른 전단강도 감소도 안 생기며, 인장철근이 콘크리트와 분리되는 것을 억제시키므로 다월 작용이 증진되어 전단저항강도가 향상된다.

(5) 축방향력

축방향 인장력을 받으면 낮은 하중에서도 경사균열이 발생하지만, 축방향 압축력을 받으면 균열 발생 하중은 더 커질 것이다. 축방향 압축력이 증가하면서 휨 균열 발생 시작도 늦춰지며 휨 균열도 보 속으로 관통하지 않는다. 그래서 콘크리트 인장강도 크기의 주인장응력이 생기려면 더 큰 전단력이 작용해야 한다. 이러한 현상은 프리스트레스트 콘크리트 보에서는 부분적으로 맞다. 휨 균열의 발생 시작이 프리스트레스 때문에 지연되지만 휨 균열이 일단 생기기만 하면, 균열은 보통의 철근콘크리트 보에서처럼 보 깊숙히 진전된다.

이 밖에도 골재종류에 따라 골재 맞물림으로 견디는 전단저항도 달라질 수 있다. 예를 들면, 경량골재 콘크리트는 보통 중량의 콘크리트에 비해 거의 20 % 정도 낮은 저항강도를 보인다.

도로교설계기준 5.7.2.2에는 전단보강이 안 된 보에서 전단강도를 산정하는 기본식을 제시하고 있다. 전단보강이 필요 없는 콘크리트 부재는 주로 하중이 크지 않은 슬래브와 매트 기초이다. 보는 일반적으로 하중이 큰데 비해 단면이 작아서 거의 다 전단보강이 필요하게 된다. 하중이 크지 않은 보일지라도, 최소 전단보강철근이 필요하다. 전단력이 작은 경우에도, 거의 모든 경우에서 최소 또는 기본적인 전단보강을 하고 있지만, 구조물에 작용하는 가장 불리한 하중조합으로 인한 계수전단력 V_u를 견딜 수 있는 충분한 전단강도 V_{cd}를 가져야 한다. 그러한 단면에서 $V_{cd} > V_u$이면, 계산상으로 전단보강은 필요하지 않다. 콘크리트 설계전단강도 V_{cd}는 실험식으로 결정되어 다음과 같다. 이 값은 식 (4.2-3b)로 계산한 최소 설계전단강도 $V_{cd,\min}$ 보다 작아서는 안 된다[4.1].

$$V_{cd} = [0.85\phi_c k(\rho f_{ck})^{1/3} + 0.15f_n]b_w d \tag{4.2-3a}$$

$$V_{cd,\min} = (0.4\phi_c f_{ctk} + 0.15f_n)b_w d \tag{4.2-3b}$$

여기서, $\phi_c =$ 콘크리트 재료계수 0.65

$\qquad f_{ck} =$ 콘크리트 기준압축강도 [N/mm^2]

$\qquad f_{ctk} =$ 콘크리트 기준인장강도 [N/mm^2]

$\qquad k =$ 크기효과 계수 $1 + \sqrt{200/d} \leq 2.0, \quad d$ [mm]

$\rho =$ 철근비 $A_s/(b_w d)$

$A_s =$ 주인장철근량 $[\text{mm}^2]$

$f_n = N_u/A_c \leq 0.2\phi_c f_{ck} \quad [\text{N/mm}^2]$

$N_u =$ 축력 (압축일 때 $+$)

$A_c =$ 콘크리트 단면적

$b_w =$ 단면 복부 폭이다.

식 (4.2-3a, b)는 위와 같은 주요 변수를 단순화하여 반영한 실험식이다. 전단강도에 대한 콘크리트강도의 영향은 압축강도보다는 인장강도에 주로 의존한다는 것은 분명한 사실이다. 그러나 전단강도는 콘크리트 인장강도에 1차적으로 비례하지 않고 약하게 비례하여 증가한다. 이 때문에 콘크리트인장강도는 압축강도의 2/3승에 비례하여 증가하지만 전단강도는 압축강도의 1/3승에 비례하도록 한 것이다.

직접 작용하중이 받침점 가까운 상면에 작용하는 부재에서는 횡방향 구속 효과에 의해 전단저항 능력이 현저하게 증가한다. 따라서 경제적인 설계를 위해서 하중이 받침점으로 직접 전달되는 크기에 비례하여 전단강도를 증가시킬 수 있다. 부재에 집중하중과 분포하중이 동시에 작용하는 경우에는 위와 같은 방법에 의하면 부재 강도를 과대평가할 위험이 있다. 따라서 강도를 증가시킬 경우 받침점에서 $2d$ 단면까지 모든 가능한 위험단면에 대해 검토해야 하며,

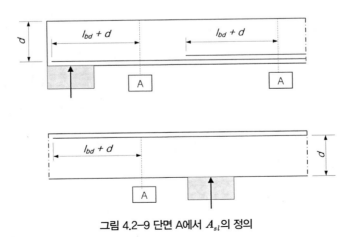

그림 4.2-9 단면 A에서 A_{si}의 정의

길이방향 철근이 단부에 완전 정착되어 있으며 동시에 부재 상면에 하중이 작용하고 부재 하면이 지지된 경우에만 유효하다고 규정하고 있다. 전단철근이 없는 부재의 전단강도를 검토할 때, 어떠한 경우에도 전단강도는 식 (4.2-3)에서 규정한 값을 초과하지 않아야 한다[4.1].

4.3 전단보강이 된 철근콘크리트 보의 전단거동
Beams with Shear Reinforcements

4.3.1 개 요

경사균열이 발생하면, 보의 휨강도는 설계휨강도 이하로 떨어진다. 전단보강의 목적은 휨강도가 완전하게 발휘될 수 있도록 보장하는 것이다. 경사균열이 발생하기 전에는, 스터럽의 변형률은 해당 부분의 콘크리트의 변형률 크기와 같다. 콘크리트는 아주 작은 인장변형률에도 균열이 생기므로, 균열이 발생하기 전에 스터럽이 부담하는 응력은 $2.0 \sim 4.0 \, N/mm^2$를 넘지 않는다. 그러므로 스터럽은 경사균열이 형성되는 것을 막아주지 못하고 균열이 생긴 다음부터 스터럽의 역할이 시작된다. 콘크리트 자체도 압축영역의 균열이 없는 콘크리트의 기여, 주철근의 다월 작용, 인장 균열 간의 골재 맞물림 등이 어우러져서 전단을 저항할 수 있지만, 콘크리트는 인장에 약하기 때문에, 전단보강 설계를 함으로써 전단력 때문에 생기는 모든 인장응력을 견뎌 내어야 한다. 보의 경간 중앙 근처에서 전단력이 작아지지만 스터럽 형태로 최소 전단보강을 설계하여 길이방향 철근을 지탱하는 배근망을 형성하도록 하고 콘크리트의 온도변화 및 건조수축과 같은 현상들 때문에 생기는 인장응력을 견디도록 해야 한다. 전단을 받는 철근콘크리트 보의 실제 거동은 매우 복잡하며, 이론적으로 해석하기가 어렵지만, 많은 실험 연구를 통해서 얻어낸 결과를 적용함으로써 합리적이며 간편한 설계 및 해석 방법이 개발되었다.

여기서는 먼저 전단보강된 철근콘크리트 보의 전단해석에 기본이 되는 철근콘크리트 평면 요소의 거동을 살펴보고 그 이론을 바탕으로 한 전단설계법을 알아보고자 한다.

도로교설계기준 콘크리트교 편에서 제시한 전단설계법은 기존의 트러스 유사법을 기초로 한 강도설계법에 익숙해진 설계기술자들에게는 다소 낯설 것이다. 이 방법을 **변각 경사 스트럿**

설계법 *The Variable Strut Inclination Method*이라고 한다. 이 방법을 사용하면 설계자는 전단보강 철근량이 절약되어 경제적이라는 것을 알 수 있지만, 주철근의 정착길이 및 절단 비용이 들어가야 한다는 것을 명심해야 한다[4.1, 4.3, 4.4, 4.5].

4.3.2 트러스 모델에 의한 세장한 보의 전단파괴 거동

설계자가 설계에 이러한 지식을 이용하기 위해서는 전단파괴가 일어나는 보의 거동도 역학적-수학적 모델을 이용해서 나타낼 수 있어야 한다. 전단보강이 된 보에 대한 가장 적합한 모델은 트러스 모델이다. 여기서는 세장한 보에 적용하기로 한다. 1899년과 1902년에 스위스인 리터 Ritter와 독일인 뫼르쉬 Mörsch는 각기 따로 철근콘크리트 보의 전단설계에 대해 트러스 유사법을 제안하는 논문을 발표했다.

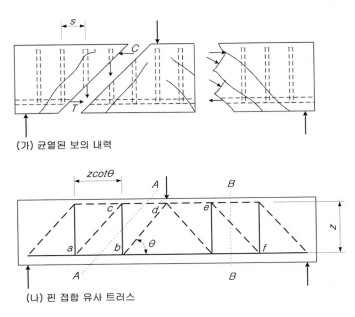

(가) 균열된 보의 내력

(나) 핀 접합 유사 트러스

그림 4.3-1 트러스 유사법

이 방법은 균열된 콘크리트 보에 작용하는 힘을 나타낼 수 있는 탁월한 이론 모델을 제시한 것이다. 그림 4.3-1(나)에 보인 바와 같이 경사균열이 있는 보는 압축력 C, 인장력 T가 각각 상부 및 하부 플랜지에 생기며, 스터럽에는 수직 인장력이, 경사균열 사이에 콘크리트 경사 압축대에 경사압축력이 생긴다. 이러한 고차의 부정정력계는 유사 트러스로 대체된다. 가장 간단한 트러스 형태는 그림 4.3-1에 보인 것들이다. 유사 트러스를 유도하는 데에는 몇 가지 가정과 단순화가 필요하다. 그림 4.3-1의 트러스는 단면 $A-A$로 잘려진 전체 스터럽을 한 덩어리로 하여 하나의 수직 부재 $b-c$로 나타낸 것이며 단면 $B-B$로 잘려진 모든 경사 콘크리트 부재는 하나의 대각선 부재 $e-f$로 나타낸 것이다. 이러한 대각선 부재는 압축력을 받아 단면 $B-B$에 작용하는 전단력에 저항한다. 트러스의 상부에 있는 압축현재는 실제로는 콘크리트에 작용하는 힘이지만 트러스 부재로 나타낸 것이다. 트러스에서 압축부재는 점선으로 나타내어 이 압축부재가 독립된 트러스 부재가 아니라 콘크리트에 실제로 작용하는 힘이라는 것을 의미한다. 인장 부재는 실선으로 나타내었다. 설계에서는 스터럽의 이상적인 분포는 파괴하중에 이르렀을 때 모든 스터럽이 동시에 항복에 이르는 것과 마찬가지로 생각한다. 그러므로 모든 스터럽이 항복하고 각각의 스터럽은 $A_v f_{vyd}$의 힘을 균열을 가로질러 전달한다고 가정한다. 이렇게 하면, 트러스는 정정 구조물이 된다. 트러스를 정정 구조체로 보기 위해서는 스터럽이 소성 거동을 보여야 하기 때문에 그림 4.3-1의 트러스를 소성 트러스모델이라고 한다. 콘크리트가 파쇄되기 전에 스터럽이 항복하도록 보를 설계하고 그래서 보의 거동이 콘크리트의 소성 작용에 따라 결정되지 않도록 한다. 트러스 모델에서는 콘크리트 부담 성분 V_c을 무시한다. 그래서 전단력의 일부라도 '콘크리트에'라는 말을 할 수가 없다. 한편, 전단보강재는 기본적으로 다음과 같은 네 가지 주요 기능을 발휘한다[4.1, 4.5, 4.13].

① 외부 계수전단력 V_u를 부담한다.
② 사인장균열의 성장을 억제한다.
③ 길이방향 주철근의 위치를 고정시켜 다월 작용을 도와준다.
④ 스터럽이 폐합형이면 압축을 받는 콘크리트에 구속 효과를 준다.

(1) 트러스 모델의 구성

그림 4.3-1의 예는 트러스 모델의 구성법을 그림으로 나타낸 것이다. 이 트러스를 작성할 때 가정할 사항은 다음과 같다.

① 균열은 수평선과 θ의 각을 이루며 θ는 25°와 65°사이로 본다.

② 모든 전단력은 스터럽이 부담한다.

③ 보는 전단과 휨 파괴가 동시에 일어나는 상태에 있다. 그러므로 모든 스터럽은 항복되었고 각각의 스터럽은 $A_v f_{vyd}$ 크기의 수직력을 부담한다.

(2) 복부 철근의 트러스 유사법

앞서 설명한 바와 같이 복부 철근은 사인장파괴를 막기 위해서 반드시 필요하다. 이론적으로 그림 4.2-1에 보인 바와 같이 인장응력 선을 따라 보에 철근을 배치하면 전단파괴는 전혀 일어날 수 없다. 그러나 현실적으로 그러한 해결책은 있을 수 없고 전단파괴 위험 평면에서 주인장응력을 완화시키도록 보강하는 일이다. 전단파괴 유형에 따라 보의 상부에는 압축을 받는 아아치가, 바닥쪽에는 인장을 받는 인장타이로 연결된 형상으로 보를 변환시킨다. 그림 4.3-2에서 콘크리트 요소 한 덩어리를 따로 떼어놓고 보면, 트러스 부재에 작용하는 힘을 나타내는 콘크리트 스트럿 압축력 C_d, 길이방향 철근인장력의 증분 T_l, 연직방향 스터럽 인장력 성분 T_t (또는 T_s)의 힘의 다각형으로 이루어진 것과 같이 마치 트러스의 콘크리트 요소는 압축재처럼 생각할 수 있다. 그래서 트러스 유사법이라고 한다[4.5, 4.14].

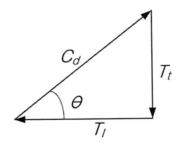

그림 4.3-2 트러스 모델에서 힘 성분

4.3.3 전단보강 필요 단면에서 변각 경사 스트럿 설계법

설계 공식을 도출하기 위해서 전단을 받고 있는 철근콘크리트 보의 거동을 그림 4.3-3에 보인 바와 같이 유사 트러스처럼 나타낼 수 있다. 콘크리트는 상단의 압축 현재로 그리고 수평과 θ

의 각을 이루며 경사진 대각방향 압축재로 작용한다. 하현재는 수평 주철근이며 수직재는 수직 스터럽이다. 주목할 점은 이러한 전단거동 모델에서 모든 전단력은 콘크리트 자체의 직접적인 전단 기여를 전혀 고려하지 않고 오로지 스터럽만으로 저항된다는 점이다. 부재에서 복부 요소의 등분포 응력장의 깊이는 z이고 폭은 b_w가 된다. 그리고 철근량이 A_v이고 간격 s로 배치된 수직 스터럽은 세로 철근에 해당한다. 스터럽 철근의 항복을 기준으로 하는 극한한계상태는 설계항복강도 $\phi_s f_{vy}$에 도달한 상태로 정의할 수 있다. 스트럿 콘크리트는 균열이 발생되어 교란된 상태에서 압축력에 저항하고 있게 되어 콘크리트의 압축강도는 스트럿의 직각방향인장에 의해 크게 낮아지며, 이때 나타나는 최대강도를 콘크리트 유효압축강도 $f_{c2,\max}$라고 한다. 도로교설계기준에서는 콘크리트 유효압축강도를 다음과 같은 식으로 나타내고 있다.

$$f_{c2,\max} = \nu f_{ck} = 0.6(1 - f_{ck}/250)f_{ck} \tag{4.3-1}$$

여기서 $\nu = 0.6(1 - f_{ck}/250)$을 유효압축강도계수라고 한다.

경사각 θ는 보에 작용하는 최대 전단력의 크기에 따라 증가하며 따라서 대각방향 콘크리트 스트럿의 압축력도 증가한다. 도로교설계기준에서는 경사각 θ를 22°와 45° 사이 값으로 제시하고 있다. 분포하중이 지배적인 일반적인 경우에 경사각 θ는 22°가 되지만, 하중이 크고 집중하중인 경우 콘크리트 압축스트럿의 압축파괴를 막기 위해서 경사각이 더 커질 것이다.

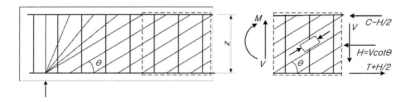

그림 4.3-3 트러스 모델과 전단보강 부재의 기호

설계 공식을 도출하기 위한 트러스 해석은 다음과 같은 절차로 수행된다[4.1, 4.5].

① 대각방향 콘크리트 스트럿의 압축강도 및 스트럿의 경사각 θ를 결정한다.
② 스터럽을 사용하는 경우 필요 전단보강철근량 A_{sw}/s를 산정한다.

③ 하현재에 필요한 추가 인장철근량 A_{sl}을 산정한다.

다음 기호는 전단설계 공식에 사용되는 것들이다.

A_v : 스터럽 철근 2가닥의 단면적

$f_{c2,\max}$: 콘크리트 유효압축강도($= \nu f_{ck}$)

s : 스터럽 배치 간격

z : 유사 트러스의 상현재와 하현재 간의 거리

f_{vyd} : 스터럽 철근의 설계항복강도

f_{vy} : 스터럽 철근의 기준항복강도

V_u : 극한한계상태에서 전단력

V_{uf} : 받침점 전면에서 극한전단력

$V_{u,s}$: 스터럽 부담 전단력

V_{sd} : 스터럽 저항 전단강도

$V_{d,\max}$: 콘크리트 스트럿이 부담할 수 있는 최대 설계전단강도

(1) 경사 스트럿과 경사각 θ

단면에 가해진 전단력은 대각방향 스트럿에 콘크리트 압축파괴를 유발할 수 있는 과도한 압축응력이 발생하지 않도록 제한되어야 한다. 그러므로 최대 설계전단강도 $V_{d,\max}$는 유사 트러스에서 대각방향 콘크리트 부재의 극한파괴강도와 그 부재의 수직 성분에 따라 제한되어야 한다.

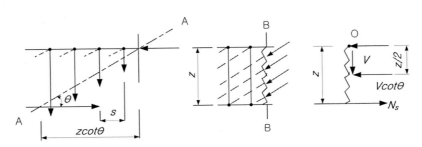

그림 4.3-4 수직 스터럽으로 보강된 트러스 모델의 평형조건

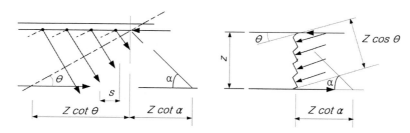

그림 4.3-5 경사 스터럽으로 보강된 트러스 모델의 평형조건

그림 4.3-4와 4.3-5에서 대각방향 스트럿으로 작용하는 콘크리트의 유효단면적은 $(b_w)(z\cos\theta)$ 이며 콘크리트 설계유효압축강도 $f_{cd,\max} = \nu\phi_c f_{ck} = 0.6(1 - f_{ck}/250)\phi_c f_{ck}$이다.

스트럿의 극한강도＝설계유효압축강도×스트럿 단면적 $= \nu\phi_c f_{ck}(b_w)(z\cos\theta)$이고 이것의 수직 성분＝$[\phi_c f_{cd,\max}(b_w)(z\cos\theta)]\sin\theta$이므로

$V_{d,\max} = \nu\phi_c f_{ck} b_w z\cos\theta\sin\theta$가 되며, $\cos\theta\sin\theta$를 변환하면 식은 다음과 같다.

$$V_{d,\max} = \frac{\phi_c f_{cd,\max} b_w z}{\cot\theta + \tan\theta} \tag{4.3-2a}$$

유효압축강도계수 $\nu = 0.6(1 - f_{ck}/250)$이고, $\phi_c = 0.65$, $z = 0.9d$로 하면 식은 다음과 같다.

$$V_{d,\max} = \frac{\phi_c f_{cd,\max} b_w z}{\cot\theta + \tan\theta} = \frac{\phi_c f_{c2,\max} b_w(0.9d)}{\cot\theta + \tan\theta} = \frac{0.35 f_{ck} b_w d(1 - f_{ck}/250)}{\cot\theta + \tan\theta} \tag{4.3-2b}$$

대각방향 스트럿의 압축파괴가 생기지 않도록 하기 위해서는 다음 조건을 만족해야 한다.

$$V_{d,\max} \geq V_u$$

① $\theta = 22°$인 경우(일반적으로 등분포하중이 작용하는 경우이다.)

$\cot 22° + \tan 22° = 2.88$이므로

$$V_{d,\max(22)} = 0.12 f_{ck} b_w d(1 - f_{ck}/250) \tag{4.3-3a}$$

$V_{d,\max(22)} < V_u$이면 경사각 θ를 더 크게 취해서 대각방향 압축스트럿 강도의 수직성분이 V_u와 같아지게 해야 한다.

② $\theta = 45°$인 경우(설계기준에서 허용하는 최대 경사각이다.)

$\cot 45° + \tan 45° = 2.0$이므로

$$V_{d,\max(45)} = 0.175 f_{ck} b_w d (1 - f_{ck}/250) \qquad (4.3\text{-}3b)$$

이 값은 유사 트러스의 콘크리트 압축 사재의 압축강도에 대한 상한값이다.

$V_u > V_{d,\max(45)}$ 이면 대각방향 스트럿에 과도한 응력이 가해지므로 보 단면 치수를 키우거나 더 높은 등급의 콘크리트를 사용해야 한다.

③ $22° < \theta < 45°$인 경우

$V_{d,\max}$와 V_u를 등치시키고 식에서 θ에 관하여 푼다.

$$V_u = V_{d,\max} = \frac{0.35 f_{ck} b_w d (1 - f_{ck}/250)}{\cot\theta + \tan\theta} \qquad (4.3\text{-}4)$$

그리고 $1/(\cot\theta + \tan\theta) = \sin\theta\,\cos\theta = \sin 2\theta/2$이다. 그러므로

$$\theta = 0.5 \sin^{-1}\left[\frac{V_u}{0.175 f_{ck} b_w d (1 - f_{ck}/250)}\right] \leq 45° \qquad (4.3\text{-}5a)$$

또는

$$\theta = 0.5 \sin^{-1}\left[\frac{V_u}{V_{d,\max(45)}}\right] \leq 45° \qquad (4.3\text{-}5b)$$

이며, 여기서 V_u는 지점 전면부에서 계수전단력이고 계산된 경사각 θ 값은 $\cot\theta$를 결정해서 전단보강량 A_{sw}/s를 산정하는 데 이용된다.

(2) 수직 전단보강재 – 수직 스터럽

앞에서 언급한 바와 같이 모든 전단력은 콘크리트 자체의 직접적인 기여 없이 오로지 스터럽 보강만으로 저항된다. 그림 4.3-6의 단면 $X-X$에서 수직 스터럽 부재력 V_{sd}를 구하여 전단력 V_u와 같이 놓는다.

$$V_{sd} = V_u = f_{vyd} A_v = 0.9 f_{vy} A_v \qquad (4.3\text{-}6)$$

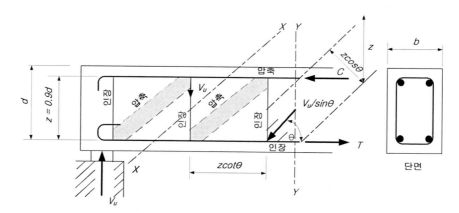

그림 4.3-6 변각 경사 스트럿 설계법에 이용되는 가상 트러스 모델

스터럽이 간격 s로 배치된다면, 각 스터럽이 부담하는 힘은 다음 식으로 계산된다.

$$V_{sd}\frac{s}{z\cot\theta}=0.9f_{vy}A_v \tag{4.3-7}$$

$z=0.9d$로 하고 $V_{sd}=V_u$로 놓으면

$$V_{sd}=V_u=0.9\frac{A_v}{s}zf_{vy}\cot\theta=0.9\frac{A_v}{s}0.9df_{vy}\cot\theta=\frac{A_v}{s}0.9df_{vyd}\cot\theta=0.81\frac{A_v}{s}df_{vy}\cot\theta$$

로 되고 이 식을 다시 정리하면 다음과 같다.

$$\frac{A_v}{s}=\frac{V_u}{0.81df_{vy}\cot\theta}\quad\text{또는}\quad s=\frac{A_v}{V_u}(0.81df_{vy}\cot\theta)$$

$$V_{sd}=\frac{A_v}{s}(0.81df_{vy})\cot\theta \tag{4.3-8}$$

축력이 작용하지 않는 경우, 수직 스터럽이 배치된 부재의 설계전단강도 V_{sd}는 식 (4.3-9)로 산정해야 하며, 이 값은 식 (4.4-10)으로 계산한 최대 설계전단강도 $V_{d,\max}$보다 작아야 한다.

$$V_{sd}=\frac{\phi_sf_{vy}A_vz}{s}\cot\theta \tag{4.3-9}$$

$$V_{d,\max} = \frac{\phi_c f_{cd,\max} b_w z}{\cot\theta + \tan\theta} \tag{4.3-10}$$

여기서 f_{vy}는 전단철근의 항복강도이고, A_v는 전단철근량, z는 유사 트러스의 상현재와 하현재 간의 거리로서 $0.9d$ 값을 사용할 수 있다. s는 전단철근 간격이고, b_w는 복부 폭이며, ν는 식 (4.3-1)에서 정의한 콘크리트 유효강도계수이고, θ는 콘크리트 스트럿과 주인장철근 사이의 경사각으로 $1 \le \cot\theta \le 2.5$의 범위에서 선택해야 한다[4.1, 4.5, 4.15, 4.16].

(3) 추가 인장력

이 방법을 사용하여 전단보강 설계를 한다면, 전단력 V_u에 의해서 인장 주철근에 생기는 추가의 인장력을 고려해야 한다. 길이방향 추가 인장력 ΔT_d는 경사 콘크리트 스트럿의 압축력 크기의 수평성분 크기와 같은 것이다[4.1, 4.5, 4.15, 4.16].

그림 4.3-6의 단면 $Y-Y$에서 수평성분으로 분해하면 압축스트럿의 길이방향 성분은 다음과 같다.

$$\text{길이방향 힘} = (V_u/\sin\theta)\cos\theta = V_u \cot\theta \tag{4.3-11}$$

이 힘의 반을 보의 인장 측에 있는 철근이 부담한다고 가정하면 인장 측에 추가로 생기는 인장력은 다음과 같다.

$$\Delta T_d = 0.5 V_u \cot\theta \tag{4.3-12}$$

이 힘을 부담하기 위해서 휨에 저항하는 철근 외에 추가로 길이방향 철근을 배치해야 한다. 실무에서는 하단부 인장철근의 정착길이를 증가시켜 이 힘을 부담시킨다.

4.3.4 수직 스터럽을 사용하는 전단보강 설계 절차

(1) 극한 설계전단력 V_u를 산정한다.

(2) 최대 전단력 발생 단면에서, 대개 지점 전면부에서 전단력 V_u와 콘크리트 스트럿의 파괴강도 $V_{d,\max}$를 비교해본다.

가장 흔한 경우로 스트럿의 경사각 $\theta = 22^\circ$이면 $\cot\theta = 2.5$이고 $\tan\theta = 0.4$이다.

$$V_{d,\max} = \frac{0.35 f_{ck} b_w d (1 - f_{ck}/250)}{\cot\theta + \tan\theta} \tag{4.3-13}$$

경사각 $\theta = 22^\circ$이고 $\cot\theta = 2.5$일 때 $V_{d,\max} \geq V_u$이면 단계 3으로 간다.

그러나 $V_{d,\max} \leq V_u$이면 $\theta > 22^\circ$이고 θ는 다음 식으로 계산한다.

$$\theta = 0.5 \sin^{-1} \left[\frac{V_u}{0.175 f_{ck} b_w d (1 - f_{ck}/250)} \right] \leq 45^\circ \tag{4.3-14}$$

여기서 계산된 θ값이 45°보다 크게 되면, 보의 치수를 키워야 하고 더 높은 강도의 콘크리트를 사용해야 한다.

(3) 필요한 전단보강 스터럽은 다음 식으로 산정한다.

$$\frac{A_v}{s} = \frac{V_u}{0.81 d f_{vy} \cot\theta} \quad \text{또는} \quad s = \frac{A_v}{V_u} (0.81 d\, f_{vy} \cot\theta) \tag{4.3-15}$$

등분포하중이 지배적인 경우 전단력 V_u는 지점에서 d만큼 떨어진 곳에서 계산하고 전단보강스터럽은 지점면까지 배치한다.

실제로 규정된 스터럽의 전단 저항강도는 다음과 같다.

$$V_{\min} = \frac{A_v}{s} (0.81 d f_{vy}) \cot\theta \tag{4.3-16}$$

(4) 최소 전단철근량은 다음과 같다.

$$\frac{A_{v,\min}}{s} = \frac{0.08 \sqrt{f_{ck}}\, b_w}{f_{vy}} \tag{4.3-17}$$

(5) 다음 식으로 전단에 의한 추가 인장력을 계산한다.

$$\Delta T_d = 0.5\, V_u \cot\theta \tag{4.3-18}$$

경간 8.0 m이고 지점의 폭 300 mm인 보가 등분포하중 $w_u = 200 \text{ kN/m}$을 받고 있다. 재료 강도는 콘크리트 $f_{ck} = 30 \text{ MPa}$이고, 철근 $f_y = 500 \text{ MPa}$이다. 그림과 같이 전단보강 수직 스터럽이 배치되었을 때, 하중을 견딜 수 있는지 검토한다.

$b = 350 \text{ mm}$, $d = 650 \text{ mm}$, $A_s = 2\text{D}25 = 1013 \text{ mm}^2$이고 $A_v = 2\text{D}13 = 254 \text{ mm}^2$ 수직 스터럽이 175 mm 간격으로 배치되어 있다.

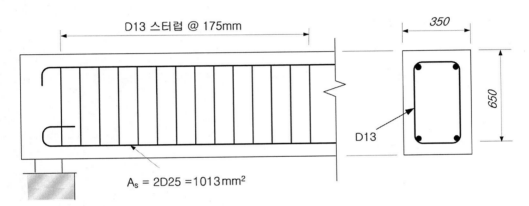

D13 스터럽 @ 175mm

350

650

D13

$A_s = 2\text{D}25 = 1013 \text{ mm}^2$

그림 4.3-7 예제 4.1

지점 반력 $R_A = R_B = (200)(8.0)/2 = 800 \text{ kN}$

지점 전면부 전단력 $V_u = 800 - 200 \times 0.3/2 = 770 \text{ kN}$

지점에서 d만큼 떨어진 곳의 전단력 $V_u = 770 - 200 \times 0.65 = 640 \text{ kN}$

$$\nu = 0.6(1 - f_{ck}/250) = 0.6(1 - 30/250) = 0.528$$

(1) 지점의 전면부에서 콘크리트 경사 스트럿의 파괴강도 $V_{d,\max}$를 검토한다.

$\theta = 22°$로 하면

$$V_{d,\max(22)} = 0.12 f_{ck} b_w d(1 - f_{ck}/250) = 0.12(350)(650)(30)(0.88)$$
$$= 720.7 \text{ kN}(< V_u = 770 \text{ kN})$$

$\theta = 45°$로 하면

$$V_{d,\max(45)} = 0.175 f_{ck} b_w d(1 - f_{ck}/250) = 0.175(350)(650)(30)(0.88)$$
$$= 1051.0\,\text{kN}(> \ V_u = 770\,\text{kN})$$

그러므로 $22° < \theta < 45°$이다.

(2) 경사각 θ를 산정한다.

$$\theta = 0.5\sin^{-1}\left[\frac{V_u}{V_{d,\max(45)}}\right] = 0.5\sin^{-1}\left[\frac{770}{1051}\right] = 23.6°$$

그러므로 $\cot\theta = 2.29$이고 $\tan\theta = 0.437$이다.

(3) 스터럽 저항 전단강도를 산정한다.

$A_v = 2D13 = 254\,\text{mm}^2$ 수직 스터럽이 $175\,\text{mm}$ 간격으로 배치되어 있으므로

$$\frac{A_v}{s} = \frac{254}{175} = 1.45\,\text{mm}^2/\text{mm}$$

$$V_{sd} = \frac{A_v}{s} \times 0.81 d f_{vy}\cot\theta$$
$$= 1.45(0.81)(650)(500)(2.29)/1000 = 874.0\,\text{kN} > V_u = 640\,\text{kN}$$

그러므로 극한하중 $w_u = 200\,\text{kN/m}$을 견딜 수 있다.

(4) 주인장철근이 부담하는 추가 인장력

하부 인장철근이 설계 전단력 때문에 생기는 추가의 수평 인장력을 부담할 만큼 충분한 절단 길이와 정착길이가 확보되었는지 검토할 필요가 있다. 이 추가 인장력은 식으로 계산한다.

$$\Delta T_d = 0.5 V_u \cot\theta = 0.5(640)(2.29) = 732.8\,\text{kN}$$

이 힘은 지점에서 철근의 정착부착 및 인장철근의 절단이 충분한지를 보장하기 위해서 M_u/z 선도에 추가된다.

트러스 모델을 이용하여 날개 있는 단면*flanged section* 보를 설계한다.

그림 4.3-8에 보인 바와 같이 지지되고 등분포 극한한계상태의 설계하중 180kN/m를 받는 보를 설계한다. 모멘트 분포도에 나타낸 것처럼 경간의 한쪽 단은 단순지지되어 있고 다른 한쪽은 540 kN·m 의 부모멘트가 작용한다. 콘크리트 기준압축강도 $f_{ck} = 30\,\mathrm{MPa}$이고 이형철근을 사용하며 철근항복강도 $f_y = 500\,\mathrm{MPa}$이다.

콘크리트와 철근의 설계강도는 각각 다음과 같다.

$$f_{cd} = \phi_c(0.85f_{ck}) = 0.65(0.85)(30) = 16.6\,\mathrm{MPa}$$

$$f_{c2,\max} = \nu f_{ck} = 0.6(1 - f_{ck}/250)f_{ck} = 0.6(1 - 30/250)30 = 15.84\,\mathrm{MPa}$$

$$\phi_c f_{c2,\max} = 0.65(15.84) = 10.3\,\mathrm{MPa}$$

$$f_{yd} = 0.9(500) = 450\,\mathrm{MPa}$$

그림 4.3-8에 보인 바와 같이 최대 모멘트 단면에서 d =820 mm, A_s =6D32 =4765 mm² 로 오른쪽 단부에서는 d =860 mm, A_s =5D22 =1935 mm² 로 설계되었다.

경간 중앙에서 $A_s f_{yd}$ =2160 kN이고, $x = A_s f_{yd}/bf_{cd}$ =160×1000/(1000 =16.6) =130 mm이어서 플랜지 두께 h_f =150 mm보다 작으므로 내력 팔길이 z =820 - 130/2 =755 mm이다. 받침점부에서 $A_s f_{yd}$ =871 kN이고, α =871×1000/(250×16.6) =210.0 mm이다. 그러므로 팔길이 z =860 - 210/2 = 755 mm이다. 여기서는 그림 4.3-8(다)에 보인 바와 같이 전 경간에 z =750 mm로 일정하게 하여 트러스 모델을 형성하기로 한다. 복부 압축대의 경사가 일정한 구역에서는 최대 전단력이 600 kN이고, $V_u/b_w z$ =600000/(250×750) =3.2 N/mm²이다.

$V_u/b_w z \sin\theta\cos\theta$는 $\phi_c f_{c2,\max}$ 보다 작아야 한다. 그러므로 $\sin\theta\cos\theta \geq 3.2/10.3 = 0.311$이다. 받침부에서 V_u =870 kN이고 복부압축대의 경사는 2θ이고 $\sin2\theta\cos2\theta > 4.6/10.3 = 0.45$이므로 여기서 압축은 위험값이 아니다.

복부압축응력 제한조건은 $\theta = \cot^{-1}3.0$으로 충분하지만(MC 90에서 최대 허용값) $\theta = \cot^{-1}$ 2.0을 사용해도 여기서는 주철근의 정착 문제를 피할 수 있게 된다.

그림 4.3-8(다)는 트러스 모델에서 부재력을 나타낸 것이다. 실제 보통의 설계에서는 이러한 모델을 작성할 필요는 없고 식을 직접 이용하면 된다.

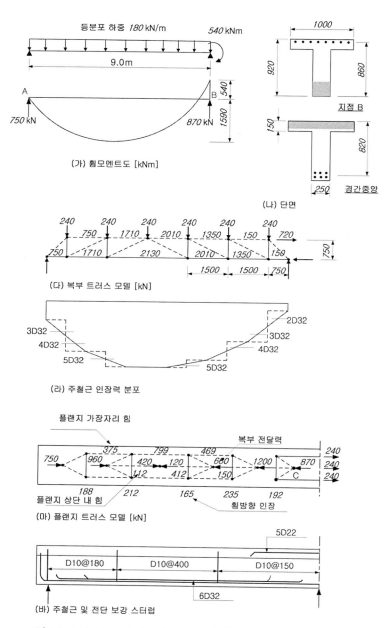

(가) 휨모멘트도 [kNm]

(나) 단면

지점 B

경간중앙

(다) 복부 트러스 모델 [kN]

(라) 주철근 인장력 분포

(마) 플랜지 트러스 모델 [kN]

(바) 주철근 및 전단 보강 스터럽

그림 4.3-8 설계 계산예 – 트러스 모델을 이용한 날개 있는 단면 보의 설계

모델의 스터럽 분담력으로 다음과 같이 스터럽 필요량을 구한다.

600 kN 또는 400 kN/m에 대해서 필요 전단보강량 946 mm²/m, 설계 A_v=D10@150 mm

480 kN 또는 320 kN/m에 대해서 필요 전단보강량 736 mm²/m, 설계 A_v=D10@180 mm

330 kN 또는 220 kN/m에 대해서 필요 전단보강량 506 mm²/m, 설계 A_v=D10@250 mm

210 kN 또는 140 kN/m에 대해서 필요 전단보강량 322 mm²/m, 설계 A_v=2D10@400 mm

A_v=D10@400 mm는 최소 전단보강량과 거의 같은 양이다.

그림 4.3-8(라)는 하부 주철근을 따른 힘의 분포를 나타낸 것으로서 계단식 다이아그램에서 직접 구한 것과 분포된 전단보강철근에 맞춰 부드러운 형상으로 되어 있다. 이 다이아그램에는 D32 철근의 개수에 따른 저항값이 포함되어 있고 단면력 다이아그램과 교차되는 점은 이론적으로 더 이상 철근이 필요하지 않는 점으로 정의된다. 정확한 절단점은 이 점을 지나 적어도 철근 직경의 10배($10d_b$)만큼 연장된 곳이다.

단순지지된 지점에서 지점에 정착되어야 할 주철근의 힘은 750 kN이다. 철근 세 가닥을 이 점까지 연장하면 내민 부분에 적절하게 정착될 수 있다. 두 가닥으로 인장력을 부담할 도 있지만 정착에 어려움이 있을 수 있다.

그림 4.17(마)는 플랜지 모델과 복부에서 전달되는 힘, 플랜지 돌출부에 분포된 힘의 길이방향 성분 및 복부 폭 내에 형성된 힘을 나타낸 것이다. 경사 압축대와 보의 축이 이루는 경사각은 $\cot^{-1} 2.0$이며 여기서 플랜지는 압축상태에 있고 오른쪽 지점부에서는 $\cot^{-1} 1.25$이다. 단위 길이당 횡방향 인장은 크게 변하지 않으며 최대값은 1.5 m 되는 점에서 235 kN이며 전 경간에 걸쳐서 플랜지 철근량은 157 kN/m에 대해 배근하면 된다.

그림 4.3-8(바)는 주철근과 복부 스터럽의 상세를 보인 것이다. 오른쪽 지점의 상부 철근은 그림 4.3-8(마)에서 A로 표시된 절점의 왼쪽까지 정착길이가 요구된다. 추가로 철근을 배근하면 배근망을 완성할 수 있고 비교적 큰 복부 발생 균열의 폭을 제어할 수 있다.

예제 4.3 수직 스터럽 설계

플랜지 폭 $b = 600$ mm, 플랜지 두께 $t_f = 125$ mm, 유효깊이 $d = 375$ mm, 복부 폭 $b_w = 200$ mm인 T - 단면 보에, 휨철근량 $A_{sl} = 2\text{D}32 = 1600$ mm^{2}가 보강되어 있다.

콘크리트 $f_{ck} = 25$ MPa, 전단보강 철근 $f_{vy} = 500$ MPa이고, 설계 계수전단력 $V_u = 160.0$ kN이다. D10 스터럽의 간격을 결정한다.

☑ 풀이

(1) 전단보강이 필요한지, $V_u > V_{cd}$인지를 검토한다.

$V_u = 160.0$ kN, $b_w = 200$ mm, $d = 375$ mm, $A_{sl} = 2\text{D}32 = 1600$ mm^2

$k = 1 + \sqrt{200/375} = 1.73$, $\rho_l = 1600/(200 \times 375) = 0.0213$, $f_n = 0$

$f_{ctk} = 0.70(0.30(f_{cm})^{2/3}) = 0.21(25+4)^{2/3} = 1.98$ MPa

$V_{\min} = (0.4\phi_c f_{ctk} + 0.15 f_n) b_w d = (0.4 \times 0.65(1.98) + 0)(200)(375) = 38.64$ kN

$V_{cd} = [0.85\phi_c k(\rho f_{ck})^{1/3} + 0.15 f_n] b_w d$

$\quad = [0.85(0.65)(1.73)(0.0213 \times 25)^{1/3} + 0.15(0)](200)(375)/1000$

$\quad = 58.16$ kN $> V_{\min}$

$V_{cd} < V_u$ 이므로 전단보강이 필요하다.

(2) 단면 강도가 충분한지 $V_u < V_{d,\max}$를 검토한다.

$\nu = 0.6(1 - f_{ck}/250) = 0.6(1 - 25/250) = 0.54$이고, $z = 0.9(375) = 337.5$ mm 로 가정한다.

$\cot\theta + \tan\theta = \dfrac{\cos\theta}{\sin\theta} + \dfrac{\sin\theta}{\cos\theta} = \dfrac{\cos^2\theta + \sin^2\theta}{\cos\theta \sin\theta} = \dfrac{1}{\cos\theta\sin\theta} = \dfrac{2}{\sin 2\theta}$ 로 쓰면

$V_{d,\max} = \dfrac{\nu f_{cd} b_w z}{\cot\theta + \tan\theta} = \nu f_{cd} b_w z \dfrac{\sin 2\theta}{2}$ 로 된다. 그러므로 θ를 다음 식으로 구할 수 있다.

$$\sin 2\theta = \frac{2 V_{d,\max}}{\nu f_{cd} b_w z}, \quad \theta = \frac{1}{2}\sin^{-1}\left[\frac{2 V_{d,\max}}{\nu f_{cd} b_w z}\right]$$

$V_{d,\max} = V_u$ 로 놓고 스트럿 경사각 θ를 구한다.

$$\theta = \frac{1}{2}\sin^{-1}\left[\frac{2\,V_{d,\max}}{\nu f_{cd} b_w z}\right]$$

$$= 0.5\sin^{-1}\left[\frac{2(160.0)\times 1000}{(0.54)(16.25)(200)(0.9\times 375)}\right]$$

$$= 0.5\sin^{-1}(0.540) = 0.5(32.68) = 16.34°$$

$$\cot\theta = \cot(16.34°) = 3.41$$

이 값은 제한 범위 1.0과 2.5 밖에 있다. 최소 전단보강을 고려해서, $\cot\theta = 2.5$로 하면,

$$V_{d,\max} = \frac{(0.54)(16.25)(200)(337.5)/1000}{2.5+0.4} = 204.25 \text{ kN} > V_u \text{ 이므로 단면 크기는 충분하다.}$$

(3) 전단보강 설계

$V_{sd} > V_u$가 되도록 D10 U-형 스터럽을 사용한다.

$$A_v = 2\text{D}10 = 160 \text{ mm}^2, \ \cot\theta = 2.5, \ z = 0.9d = 0.9(375) = 337.5 \text{ mm}, \ f_{vy} = 500 \text{ MPa}$$

$$V_{sd} = \frac{f_{vyd}A_v z}{s}\cot\theta = \frac{(450)(160)(337.5)}{s}\frac{(2.5)}{1000} = \frac{60750}{s}(\geq 160.0\text{kN})$$

$$s \leq 380 \text{ mm}$$

(4) 최소 전단보강량 검토

$$\rho_v = \frac{A_v}{s\,b_w} = \frac{142}{s(200)} \geq 0.08\frac{\sqrt{f_{ck}}}{f_{vy}} = \frac{0.08\sqrt{25.0}}{500} = 0.0008$$

$$s \leq \frac{142}{200}\times\frac{500}{0.08\sqrt{25}} = 888 \text{ mm}$$

최대 간격 $s \leq 0.75d = 0.75(375) = 281 \text{ mm}$

최대 간격을 280 mm 이하로 한다. 실제로는 250 mm로 배치하면 좋다. 경제성을 고려하여, 스터럽의 개수를 절감할 수 있는 한 최대 간격으로 배치하는 것이 바람직하다.

예제 4.4 굽힘철근과 스터럽 보강 전단설계 예

b =300 mm, 유효깊이 d =450 mm인 직사각형 단면 보를 굽힘철근과 스터럽을 사용하여 전단보강을 설계한다. 휨철근량 A_{sl} =3D25=1520 mm²가 보강되어 있다. 굽힘철근으로 D19를 사용하고 수평과 경사각 45°로 하고 600 mm 간격으로 배치한다. 콘크리트 기준압축강도 f_{ck} =25 MPa, 전단보강 철근의 항복강도 f_{vy} =500 MPa이고, 설계계수전단력 V_u =320.0 kN이다. 전체 전단력의 반을 스터럽으로 나머지 반은 굽힘철근이 부담하도록 전단보강 설계를 한다.

가. 스터럽 설계

$$V_u = 0.5(320) = 160.0 \text{ kN}, \ b = 300 \text{ mm}, \ d = 450 \text{ mm}, \ A_{sl} = 3\text{D}25 = 1520 \text{ mm}^2$$

(1) 전단보강이 필요한지, $V_u > V_{cd}$인지를 검토한다.

$$V_u = 160.0 \text{ kN}, \ b_w = 200 \text{ mm}, \ d = 375 \text{ mm}, \ A_{sl} = 2\text{D}32 = 1600 \text{ mm}^2$$

$$k = 1 + \sqrt{200/450} = 1.67 \leq 2.0, \ \rho_l = 1520/(300 \times 450) = 0.0111, \ f_n = 0$$

$$f_{ctk} = 0.70(0.30(f_{cm})^{2/3}) = 0.21(25+4)^{2/3 = 1.98} \text{ MPa}$$

$$V_{min} = (0.4\phi_c f_{ctk} + 0.15 f_n)b_w d = (0.4 \times 0.65(1.98) + 0)(300)(450) = 69.5 \text{ kN}$$

$$V_{cd} = [0.85\phi_c k(\rho f_{ck})^{1/3 + 0.15} f_n]b_w d$$

$$= [0.85(0.65)(1.67)(0.0111 \times 25)^{1/3} + 0.15(0)](300)(450)/1000$$

$$= 81.3 \text{ kN} > V_{min}$$

$V_{cd} < V_u$이므로 전단보강이 필요하다.

(2) 단면 강도가 충분한지 $V_{d,\max} > V_u$를 검토한다.

$$V_{d,\max} = \frac{\nu f_{cd} b_w z}{\cot\theta + \tan\theta}$$

$\nu = 0.6(1 - f_{ck}/250) = 0.6(1 - 25/250) = 0.54$이고, $z = 0.9(375) = 337.5 \text{ mm}$ 로 가정한다.

$$\cot\theta + \tan\theta = \frac{\cos\theta}{\sin\theta} + \frac{\sin\theta}{\cos\theta} = \frac{\cos^2\theta + \sin^2\theta}{\cos\theta\sin\theta} = \frac{1}{\cos\theta\sin\theta} = \frac{2}{\sin2\theta}$$

$$V_{d,\max} = \frac{\nu f_{cd} b_w z}{\cot\theta + \tan\theta} = \nu f_{cd} b_w z \frac{\sin 2\theta}{2}$$

$$\sin 2\theta = \frac{2 V_{d,\max}}{\nu f_{cd} b_w z}, \quad \theta = \frac{1}{2}\sin^{-1}\left[\frac{2 V_{d,\max}}{\nu f_{cd} b_w z}\right]$$

$V_{d,\max} = V_u$ 로 놓고

$$\theta = \frac{1}{2}\sin^{-1}\left[\frac{2 V_{d,\max}}{\nu f_{cd} b_w z}\right]$$

$$= 0.5\sin^{-1}\left[\frac{2(160.0)\times 1000}{(0.54)(16.25)(300)(0.9\times 450)}\right]$$

$$= 0.5\sin^{-1}(0.300) = 0.5(17.46) = 8.73°$$

$$\cot\theta = \cot(8.73°) = 6.51$$

이 값은 제한 범위 1.0과 2.5 밖에 있다. 최소 전단보강을 고려해서, $\cot\theta = 2.5$로 하면,

$$V_{d,\max} = \frac{(0.54)(16.25)(300)(405)/1000}{2.5 + 0.4} = 367.64\,\text{kN} > V_u \text{이므로 단면 크기는 충분하다.}$$

(3) 전단보강 설계

$V_{sd} > V_u$ 가 되도록 D10 U-형 스터럽을 사용한다. $A_v = 2\text{D}10 = 160\,\text{mm}^2$, $\cot\theta = 2.5$,

$z = 0.9d = 0.9(450) = 405.0\,\text{mm}$, $f_{vyd} = 0.9(500) = 450\,\text{MPa}$

$$V_{sd} = \frac{f_{vyd} A_v z}{s}\cot\theta = \frac{(450)(160)(405)}{s}\frac{(2.5)}{1000} = \frac{72900}{s}(\geq 160.0\,\text{kN})$$

$s \leq 455\,\text{mm}$, $0.75d = 0.75(450) = 338\,\text{mm}$

300 mm 간격으로 배치한다.

(4) 최소 전단보강량 검토

$$\rho_v = \frac{A_v}{s\,b_w} = \frac{160}{(300)(300)} = 0.00177 \geq 0.08\frac{\sqrt{f_{ck}}}{f_{vy}} = \frac{0.09\sqrt{16.25}}{450} = 0.0008$$

나. 굽힘철근 설계

(1) 굽힘철근을 사용하는 경우 $V_{d,\max} > V_u$를 검토한다.

$\cot\theta = 2.5$로 가정하고 $\alpha = 45°$로 가정하면 $\cot\alpha = 1.0$이다.

$$V_{d,\max} = \nu f_{cd} \frac{\cot\theta + \cot\alpha}{1 + \cot^2\theta} b_w z$$

$$= (0.54)(16.25)\frac{(2.5 + 1.0)}{(1 + 2.5^2)}(300)(405)/1000 = 514.7 \text{ kN} > V_u = 160 \text{ kN}$$

(2) 전단보강 설계

$A_v = 2\text{D}19 = 574 \text{ mm}^2$, $\cot\theta = 2.5$, $s = 600 \text{ mm}$, $z = 0.9d = 405 \text{ mm}$

$$V_{sd} = \frac{z(\cot\theta + \cot\alpha)}{s} A_v f_{vyd} \sin\alpha$$

$$= \frac{405}{600}(2.5 + 1.0)(574)(450)(0.7071)/1000 = 431.5 \text{ kN} > V_u = 160 \text{ kN}$$

$s \leq 0.75d(1 + \cot\alpha) = 0.75(450)(1 + 1.0) = 676 \text{ mm}$ 이므로 설계된 간격 600 mm는 만족한다.

예제 4.5 내민 받침 전단설계

폭이 350 mm이고 깊이가 500 mm인 내민 받침에 인장철근 2D25로 보강되어 있고 400 kN의 계수하중을 지지하고 있다. $f_y = 500 \text{ MPa}$, $f_{ck} = 30 \text{ MPa}$, $d = 450 \text{ mm}$, $a_v = 600 \text{ mm}$ 라고 할 때, 필요한 전단보강량을 설계한다.

$a_v/d = 600/450 = 1.333$, $\beta = a_v/(2d) = 1.333/2 = 0.666$

계수 전단력에 대한 감소된 하중 $V_u = \beta \times 400 = 269.0 \text{ kN}$

(1) V_u가 다음 조건식을 만족하는지 검토한다.

$V_u \leq 0.5 \nu f_{cd} b_w d$

$\nu = 0.6(1 - 30/250) = 0.528$, $f_{cd} = 0.65(0.85 \times 30) = 16.25 \text{ MPa}$

$269.0\,\mathrm{kN} \le 0.5(0.528)(19.5)(350)(450)/1000 = 810.8\,\mathrm{kN}$

(2) 전단보강이 필요한지 $V_{cd} < V_u$를 검토한다.

$A_{sl} = 2\mathrm{D}25 = 1000\,\mathrm{mm}^2$, $\rho_l = 1000/(350\times450) = 0.00635$, $k = 1 + \sqrt{200/450} = 1.67 \le 2.0$,

$(\rho f_{ck})^{1/3} = (0.00635\times30)^{1/3} = 0.575\,\mathrm{MPa}$, $f_{ctk} = 0.70(0.30(f_{cm})^{2/3}) = 0.21(30+4)^{2/3} = 2.20\,\mathrm{MPa}$

$V_{min} = (0.4\phi_c f_{ctk} + 0.15 f_n)b_w d = (0.4\times0.65(2.20) + 0)(350)(450)/1000 = 90.09\,\mathrm{kN}$

$V_{cd} = [0.85\phi_c k(\rho f_{ck})^{1/3} + 0.15 f_n]b_w d$

$\quad = [0.85(0.65)(1.67)(0.00635\times30)^{1/3} + 0.15(0)](350)(450)/1000$

$\quad = 83.56\,\mathrm{kN} > V_{min}$

$V_{cd} = 83.56\,\mathrm{kN} < V_u = 269.0\,\mathrm{kN}$ 이므로 전단보강이 필요하다.

(3) 단면이 충분한지 $V_{d,\max} > V_u$를 검토한다.

$V_{d,\max} = V_u$로 놓고

$\theta = \dfrac{1}{2}\sin^{-1}\left[\dfrac{2V_{d,\max}}{\nu f_{cd}b_w z}\right]$

$\quad = 0.5\sin^{-1}\left[\dfrac{2(269.0)\times1000}{(0.528)(19.5)(350)(0.9\times450)}\right]$

$\quad = 0.5\sin^{-1}(0.368) = 0.5(21.6) = 10.8°$

$\cot\theta = \cot(10.8°) = 5.24$

이 값은 제한 범위 1.0과 2.5 밖에 있다. 최소 전단보강을 고려해서, $\cot\theta = 2.5$로 하면,

$V_{d,\max} = \dfrac{(0.528)(19.5)(350)(0.9\times450)/1000}{2.5+0.4} = 503.3\,\mathrm{kN} > V_u$ 이므로 단면 크기는 충분

하다.

(4) 전단보강 설계

$V_{sd} > V_u$가 되도록 D10 U-형 스터럽을 사용한다. $A_v = 2\mathrm{D}10 = 160\,\mathrm{mm}^2$, $\cot\theta = 2.5$,

$z = 0.9d = 0.9(450) = 405.0\,\mathrm{mm}$, $f_{vyd} = 0.9(500) = 450\,\mathrm{MPa}$

$V_{sd} = \dfrac{f_{vyd}A_v z}{s}\cot\theta = \dfrac{(450)(160)(405)}{s}\dfrac{(2.5)}{1000} = \dfrac{72900}{s}(\ge V_u = 269.0\,\mathrm{kN})$

$s \leq 270\,\text{mm}, \; 0.75d = 0.75(450) = 338\,\text{mm}$

스터럽을 250 mm 간격으로 배치한다.

(5) 최소 전단보강량 검토

$a_v = 600\,\text{mm}, \; 0.75a_v = 450\,\text{mm}, \; \sin\alpha = 1, \; A_v = 2\text{D}10 = 160\,\text{mm}^2$

$red\, V_u \leq A_v f_{vyd} \sin\alpha$

$0.75a_v$ 거리 내에 N개의 스터럽이 배치된다면,

$269.0\,\text{kN} \leq N \times (160)(450)(1.0)/1000, \; N \geq 3.73$

450 mm 내에 적어도 4개의 스터럽을 배치한다.

D10 U-형 스터럽을 중심간격 $450/(4-1) = 150\,\text{mm}$ 로 배치한다.

예제 4.6   보 전단보강 설계 예제

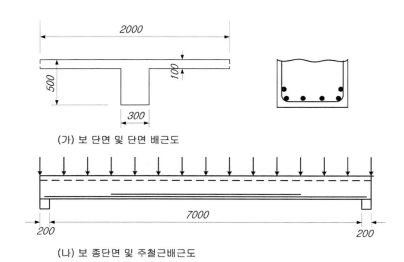

(가) 보 단면 및 단면 배근도

(나) 보 종단면 및 주철근배근도

그림 4.3-9 예제 4.6

중심간격 2.0 m로 놓인 T – 단면 보가 두께 100 mm인 연속 슬래브를 지지하고 있다. 그림 4.3-9 (가)에 보인 바와 같이 보의 전체 높이는 500 mm이고 복부 폭은 300 mm이다. 그림 4.3-9(나)에 보인 바와 같이 보의 순 경간장은 7.0 m이고 단순지지되어 있다. 자중과 마감하중을 포함한 고정하중은 $10\,kN/m^2$이고 활하중은 $6\,kN/m^2$이다. 간편 응력블록을 적용하여 단면을 설계한다. 콘크리트기준강도 $f_{ck} = 25\,MPa$이고 철근항복강도 $f_y = 500\,MPa$이다.

보가 중심간격 2.0 m로 설계되어 있으므로, 보에 작용하는 하중은 다음과 같다.

- 고정하중 $w_D = 10.0 \times 2.0 = 20.0\,kN/m$

- 활하중 $w_L = 6.0 \times 2.0 = 12.0\,kN/m$

- 계수하중 $w_u = 1.25(20.0) + 1.8(12.0) = 46.6\,kN/m$

- 경간 중앙에서 고정하중 모멘트 $M_D = (20.0)(7.2)^2/8 = 129.6\,kN \cdot m$

- 경간 중앙에서 활하중 모멘트 $M_L = (12.0)(7.2)^2/8 = 77.76\,kN \cdot m$

- 경간 중앙에서 극한 모멘트 $M_u = 1.25(129.6) + 1.8(77.76) = 301.97\,kN \cdot m$

(1) 휨 설계

유효폭 산정:

$$b_e = b_1 + b_2 + b_w = \text{보 중심간격} = 2000\,mm, \ b_1 = b_2 = (2000 - 300)/2 = 850\,mm$$

$$\ell_0 = \text{단순지지 등가경간장} = 7200\,mm, \ b_e = \ell_0/4 = 7200/4 = 1800\,mm$$

$$b_e = 12t_f + b_w = 12(100) + 300 = 1500\,mm$$

그러므로 위의 값 중 가장 작은 값인 $b_e = 1500\,mm$를 유효 플랜지 폭으로 한다.

보 단면은 그림 4.3-9에 보인 바와 같다. 스터럽까지 콘크리트 덮개를 25 mm로 하고 스터럽 직경을 10 mm로, 주철근 직경을 19 mm로 하면,

$$d = 500 - 25 - 10 - 25/2 - 19 = 433.5\,mm$$

먼저 플랜지 저항모멘트 M_{fl}를 계산해서 직사각형 단면 보처럼 설계할 수 있는지 검토한다.

$$f_{ck} = 25\,MPa, \ f_{cd} = 0.65(0.85 \times 25) = 13.8\,MPa, \ \beta_1 = 2\beta = 2(0.4) = 0.8$$

$$M_{fl} = f_{cd} b_e t_f (d - t_f/2)$$

$$= (13.8)(1500)(100)(433.5 - 100/2)/10^6 = 797.0 \text{ kN·m} > M_u (= 302.0 \text{ kN·m})$$

그러므로 1500×435 mm 단면 보처럼 설계한다.

$$m_u = M_u / (b d^2 f_{cd}) = 302.0 \times 10^6 / (1500 \times 433.5^2 \times 13.8) = 0.07725$$

$$z = [0.5 + \sqrt{0.25 - m_u/2}]d = [0.5 + \sqrt{0.25 - 0.07725/2}](433.5) = (0.960)(433.5)$$

$$= 416.0 \text{ mm}$$

필요 $A_s = \dfrac{M_u}{z f_{yd}} = \dfrac{302.0 \times 10^6}{(416.0)(450)} = 1613 \text{ mm}^2$

설계 $A_s = 6 \text{D} 19 = 6(287) = 1722 \text{ mm}^2$

실제 유효 높이 검토:

$$a = \frac{(1722)(450)}{(13.8)(1500)} = 37 \text{ mm}, \quad d = 500 - 25 - 10 - 19 - 51/3 = 429 \text{ mm 이므로}$$

$$M_d = (1722)(450)(429 - 37/2)/10^6 = 318.1 \text{ kN·m} > M_u (= 302.0 \text{ kN·m}) \text{이므로}$$

만족한다.

(2) 전단설계

등분포하중을 지배적으로 받고 있는 부재에 대해서 설계 전단력은 받침점에서 d 이내 점에서는 검토할 필요가 없다. 필요 전단보강은 받침점까지 연장되어야 한다. 또한 지점부에서 전단이 $V_{d,\max}$ 보다 크지 않다는 것을 검증해야 한다[4.1, 4.5, 4.14, 4.15].

반력 $R = 46.6 \times 7.2/2 = 167.76 \text{ kN}$ 이고, 받침점의 폭은 200 mm이다.

받침점 전면에서 d만큼 떨어진 곳의 전단력

$$V_u = R - (100 + 400) \times 46.6/1000 = 144.46 \text{ kN}$$

① V_u가 다음 조건식을 만족하는지 검토한다.

$V_u \leq 0.5 \nu f_{cd} b_w d$에서 $\nu = 0.6(1 - 25/250) = 0.54$, $f_{cd} = 0.65(0.85 \times 25) = 13.8 \text{ MPa}$

$$V_{u,d} = 144.46 \text{ kN} \leq 0.5(0.54)(13.8)(300)(409)/1000 = 457.2 \text{ kN}$$

② 전단보강이 필요한지 $V_{cd} < V_u$를 검토한다.

$A_{sl} = 4\text{D}19 = 1148\,\text{mm}^2, \ \rho_l = 1148/(300 \times 409) = 0.00936, \ k = 1 + \sqrt{200/409} = 1.70 \leq 2.0$

$(\rho f_{ck})^{1/3} = (0.00936 \times 25)^{1/3} = 0.616\,\text{MPa}$

$f_{ctk} = 0.70(0.30(f_{cm})^{2/3}) = 0.21(25+4)^{2/3} = 1.98\,\text{MPa}$

$V_{\min} = (0.4\phi_c f_{ctk} + 0.15 f_n) b_w d = (0.4 \times 0.65(1.98) + 0)(300)(409)/1000 = 63.16\,\text{kN}$

$V_{\min,2} = 0.035 k^{1.5} \sqrt{f_{ck}} \, b_w d = 0.035(1.70^{1.5})(\sqrt{25})(300)(409)/1000 = 47.6\,\text{kN}$

$V_{cd} = [0.85\phi_c k(\rho f_{ck})^{1/3} + 0.15 f_n] b_w d$

$\quad = [0.85(0.65)(1.70)(0.00936 \times 25)^{1/3} + 0.15(0)](300)(409)/1000$

$\quad = 71.0\,\text{kN} > V_{\min}$

$V_{cd} = 71.0\,\text{kN} < V_u = 144.46\,\text{kN}$ 이므로 전단보강이 필요하다.

③ 단면이 충분한지 $V_{d,\max} > V_u$를 검토한다.

$V_{d,\max} = V_u$로 놓고

$\theta = \dfrac{1}{2}\sin^{-1}\left[\dfrac{2V_{d,\max}}{\nu f_{cd} b_w z}\right]$

$\quad = 0.5\sin^{-1}\left[\dfrac{2(144.46) \times 1000}{(0.54)(13.8)(300)(0.9 \times 409)}\right]$

$\quad = 0.5\sin^{-1}(0.351) = 0.5(20.5) = 10.25^{\circ}$

$\cot\theta = \cot(10.58^{\circ}) = 5.35$

이 값은 제한 범위 1.0과 2.5 밖에 있다. 최소 전단보강을 고려해서, $\cot\theta = 2.5$로 하면,

$V_{d,\max} = \dfrac{(0.54)(13.8)(300)(0.9 \times 409)/1000}{2.5 + 0.4} = 283.7\,\text{kN} > V_u$ 이므로

단면 크기는 충분하다.

④ 전단보강 설계

$V_{sd} > V_u$가 되도록 D10 U-형 스터럽을 사용한다. $A_v = 2\text{D}10 = 160\,\text{mm}^2, \ \cot\theta = 2.5,$

$z = 0.9d = 0.9(409) = 368.0\,\text{mm}, \ f_{vy} = 500\,\text{MPa}$

$$V_{sd} = \frac{f_{vyd} A_v z}{s} \cot\theta = \frac{(450)(160)(368)}{s} \frac{(2.5)}{1000} = \frac{66240}{s} \geq V_u \, (= 144.46\,\text{kN})$$

$s \leq 458\,\text{mm}, \; 0.75d = 0.75(409) = 307\,\text{mm}$ 이므로 스터럽을 $250\,\text{mm}$ 간격으로 배치한다.

⑤ 최소 전단보강량 검토

$$\rho_v = \frac{A_v}{s\,b_w} = \frac{160}{(250)(250)} = 0.00256 \geq 0.08 \frac{\sqrt{f_{ck}}}{f_{vy}} = \frac{0.08\sqrt{25}}{500} = 0.0008$$ 이므로 만족한다.

⑥ 최소 전단철근량에 의한 전단 저항강도 계산

$$V_{sd} = \frac{f_{vyd} A_v z}{s} \cot\theta = \frac{(450)(160)(368)}{250} \frac{(2.5)}{1000} = 265.0 \text{ kN} \geq V_u \, (= 144.46\,\text{kN})$$ 이므로 만족한다.

4.4 철근콘크리트 부재의 비틀림 Torsion in Reinforced Concrete Members

4.4.1 비틀림 발생 및 해석

일반적으로 교량의 상부구조는 휨모멘트에 의해 각 부재 단면의 크기가 결정되고 난 후, 각 부재의 비틀림 설계를 수행하게 된다. 이 비틀림 설계에서는 정역학적 정정과 부정정을 구분해야 하는 것이 매우 중요하다. 구조물의 평형이 부재의 비틀림 저항력이 있어야 유지되는 소위 '평형비틀림' 경우에만 비틀림에 대한 극한한계상태 검증과 사용한계상태 검증이 필요하다. 그러나 구조물의 평형이 구성 부재의 비틀림 저항력에 의존하지 않는 '적합비틀림'에 대해서는 일반적으로 극한한계상태 검증을 수행하지 않는다. 왜냐하면 '적합비틀림'에서는 균열이 발생하면 부재의 비틀림 강성은 휨강성에 비해 현저하게 작아서 부정정 구조인 경우에는 다른 부재로 힘이 재분배되기 때문이다[4.17].

• 평형비틀림 : 이것은 비틀림 저항이 반드시 있어야 평형이 유지되는 경우이다. 그림 4.4-1은 평면상으로 L-모양의 캔틸레버 끝에 수직하중이 작용하는 경우를 보인 것이다. 길이방향 보는 비틀림 모멘트 $W \times a$를 받고 있으며 이 보는 비틀림 모멘트를 견딜 수 있어야지 그렇지 않으면 이 보는 쉽게 붕괴될 것이다. 여기서 비틀림 모멘트 $W \times a$는 평형비틀림이다.

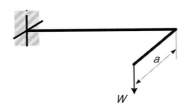

그림 4.4-1 평형비틀림

• 적합비틀림 : 이 경우는 부재가 비틀림 모멘트를 받아서 변위의 연속성이 유지되는 경우이지만, 비틀림 저항이 반드시 평형을 유지할 만큼 요구되지는 않는다. 그림 4.4-2는 두 개의 보가 교차하는 격자 구조이다. 길이방향 보만이 격자 평면에 직각인 하중 W를 받고 있다. 두 보의 강성이 같고 교차점에서 핀 연결되어 있다고 가정하여 해석하면 교차점에서 두 보의 처짐량이 같아야 하므로 하중 분포는 그림 4.4-2에 보인 바와 같다. 교차점에서 수직력 R은 $0.344\,W$이다. 길이방향 보는 교차점에서 시계방향으로 회전한다. 두 보가 강절 연결되어 있다면, 적합조건에 따라, 횡방향 보는 같은 방향으로 회전되어야 한다. 횡방향 보의 이러한 비틀림은 길이방향 보에 비틀림 모멘트를 유발한다. 이러한 비틀림을 적합비틀림이라고 한다. 이러한 비틀림은 평형을 유지할 필요가 없다.

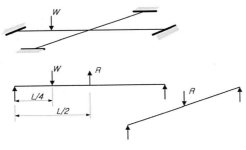

그림 4.4-2 적합비틀림

설계기준에서는 최소 길이방향 철근량과 전단보강량으로 적합비틀림 때문에 생기는 과도한 균열을 충분히 견딜 수 있다고 제시하고 있다. 철근 보강 설계는 평형비틀림인 경우에만 필요하다.

4.4.2 콘크리트 단면의 비틀림 전단응력

그림 4.4-3은 비틀림 모멘트를 받는 직사각형 단면 보를 나타낸 것이다. 콘크리트는 인장에 약하기 때문에, 전단응력으로 인한 인장 때문에 축 주위로 나선형 균열이 발생한다.

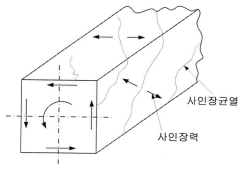

그림 4.4-3 사인장균열 형상

그림 4.4-4(가)는 벽체 두께가 단면의 다른 치수에 비해서 비교적 작다고 여겨질 수 있는 직사각형 상자형 보를 나타낸 것이다. 상자형 단면이 비틀림 모멘트 T_u를 받으면 벽체 내의 전단응력과 벽체 두께의 곱으로 정의되는 전단류 q는 상자형 단면의 벽체에서 일정하다. 상자형 단면의 벽체는 순수 전단 상태에 있다. 벽체 두께 t_i에 전단응력 τ_i가 작용하면

$$q = \tau_i t_i = \frac{T_u}{2A_k} \tag{4.4-1}$$

이고 여기서 A_k는 상자형 단면의 중심선으로 둘러싸인 면적이고 t_i는 벽체의 두께이다.

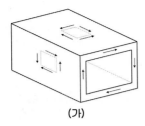
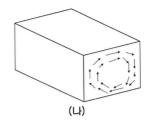

그림 4.4-4 (가) 비틀림을 받는 박벽 상자형 단면의 응력상태
(나) 속 찬 직사각형 단면의 비틀림 전단응력 분포

그림 4.4-4(나)는 비틀림 모멘트를 받는 속 찬 직사각형 단면의 탄성응력 분포를 보인 것이다. 비틀림에 의한 전단응력은 변에 나란하며 탄성체에서 최대 전단응력은 직사각형 단면의 긴 변의 중앙에서 발생한다. 단면의 도심에서 전단응력은 0이며 가장자리로 갈수록 비선형으로 증가한다. 비틀림 저항의 가장 큰 부분은 상자형 단면의 표면에 가까운 짧은 두께에 작용하는 전단응력에 의한 것이다. 실무적으로는 속 찬 단면도 박벽 속 빈 단면으로 취급될 수 있다.

위와 같은 생각은 일반화될 수 있으며 어떠한 속 빈 단면에 대해서도 유효하다. 도로교설계기준에서는 다음과 같은 절차를 제시하고 있다[4.1].

그림 4.4-5에 나타낸 바와 같이, 순수 비틀림 모멘트 T_u를 받는 단면에서 두께 $t_{ef,i}$인 i번째 벽체에서 전단응력 $\tau_{t,i}$는 다음 식으로 계산될 수 있다.

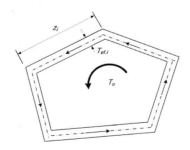

그림 4.4-5 다각형 속 빈 단면에서 비틀림 응력 분포

$$q = \tau_{t,i}\, t_{ef,i} = \frac{T_u}{2 A_k} \tag{4.4-2}$$

여기서, q = 단면 벽체의 일정 전단류

$\tau_{t,i}$ = i 번째 벽체에서 전단응력

$t_{ef,i}$ = i 번째 벽체의 유효 벽체 두께

A_k = 내측 속 빈 면적을 포함한 연결 벽체의 중심선으로 이루어진 면적

주의할 점은 $t_{ef,i}$는 A/u로 취해도 되지만, 길이방향 철근의 중심선과 가장자리 간의 거리의 2배보다 작게 취해서는 안 된다는 것이다. 속 빈 단면인 경우, 실제 두께는 상한값이 된다. A는 외측 주변장 안쪽에 단면의 전체 면적이고, 내측의 속 빈 면적을 포함한다. u는 단면의 외측 주변장이다.

i 번째 벽체에서 전단력 $V_{u,i}$는 도로교설계기준 5.7.3.2의 식으로 다음과 같이 계산된다.

$$V_{u,i} = \tau_{t,i}\, t_{ef,i}\, z_i = q\, z_i \tag{4.4-3}$$

예제 4.7 속 빈 단면 거더의 전단력

그림 4.4-6은 플랜지가 돌출된 사다리꼴 속 빈 단면 거더의 단면을 나타낸 것이다. 복부와 하부 플랜지 두께는 300 mm이고 상부 플랜지 두께는 400 mm이다. 이 거더는 $T_u = 5000\,\text{kN} \cdot \text{m}$를 받고 있다. 거더 벽체에 작용하는 전단력을 계산한다.

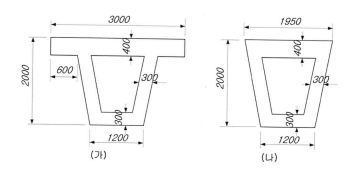

그림 4.4-6 사다리꼴 단면 상자형 거더

돌출된 플랜지 부분은 비틀림 저항에 별로 기여하지 못하므로, 그림 4.4-6(나)에 보인 바와 같이 단순한 사다리꼴 단면으로 대체할 수 있다. 단면의 상부 폭:

$$1200 + 2[(3000 - 1200 - 2 \times 600)/2]2000/(2000 - 400) = 1950 \, \text{mm}$$

① 중심선 길이

상부 플랜지 : $1950 - 300 = 1650 \, \text{mm}$

하부 플랜지 : $1200 - 300 = 900 \, \text{mm}$

높이 : $2000 - 400/2 - 300/2 = 1650 \, \text{mm}$

복부 경사 길이 : $\sqrt{[1650^2 + [(1650 - 900)/2]^2} = 1690 \, \text{mm}$

$A_k = 1650(1650 + 900)/2 = 2.103 \times 10^6 \, \text{mm}^2$

A_k의 주변장 : $u_k = 1650 + 900 + 2(1690) = 5930 \, \text{mm}$

전단류 $q = T_u/(2A_k) = 5000 \times 10^6/(2 \times 2.103 \times 10^6) = 1189 \, \text{N/mm}$

② 벽체 전단응력

복부 : $\tau = q/t = 1189/300 = 3.96 \, \text{N/mm}^2$

하부 플랜지 : $\tau = q/t = 1189/300 = 3.96 \, \text{N/mm}^2$

상부 플랜지 : $\tau = q/t = 1189/400 = 2.97 \, \text{N/mm}^2$

③ 벽체 전단력

복부 : $V = q \times h = 1189 \times 1650/10^3 = 1962 \, \text{kN}$

하부 플랜지 : $V = q \times b_{bot} = 1189 \times 900/10^3 = 1070 \, \text{kN}$

상부 플랜지 : $V = q \times b_{top} = 1189 \times 1650/10^3 = 1962 \, \text{kN}$

4.4.3 비틀림 설계

앞 절에서 밝힌 바와 같이, 비틀림 모멘트는 단면의 벽체에 전단응력을 유발한다. 비틀림 때문에 생긴 전단응력에 대한 벽체 설계는 전단을 받는 보 설계처럼 같은 절차를 따르면 된다. 벽체는 콘크리트 스트럿과 스터럽의 조합으로 전단응력을 저항한다고 가정한다. 휨모멘트에 의해 상부에 압축력이 생기는 보와는 달리 비틀림에 의해 순수 전단을 받을 때에는, 단면의 상부에도 길이방향 철근을 배치할 필요가 있다[4.1, 4.16, 4.17].

그림 4.4-7은 비틀림 때문에 생긴 전단응력을 저항하는 합성 트러스를 보인 것이다.

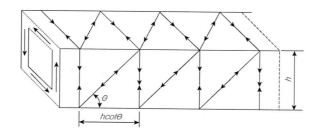

그림 4.4-7 비틀림 모멘트를 저항하는 합성 트러스

주변장 u_k를 따라 단위 길이당 전단류 $q = T_u/(2A_k)$가 생긴다면, 비틀림에 의해서 생기는 전체 힘은 qu_k이다. 마찬가지로 F_c를 콘크리트 압축스트럿에 생기는 힘이라고 하면, 평형조건에 대해서 $F_c\sin\theta = qu_k$이므로 $F_c = qu_k/\sin\theta$이다.

전체 수평력 $F_c\cos\theta = \Sigma A_{sl}f_{yd}$

여기서 ΣA_{si}는 길이방향 전체 철근량이고 f_{yd}는 철근이 부담하는 응력이다.

u_k로 F_c를 나타내면 $\Sigma A_{sl}f_{yd} = qu_k(\cos\theta/\sin\theta)$이므로 $\dfrac{\Sigma A_{sl}f_{yd}}{u_k} = q\cot\theta$로 된다.

위 식에서 q 대신에 비틀림 모멘트 항 $T_u/(2A_k)$를 대입하면 다음과 같은 식으로 된다.

$$\frac{\Sigma A_{sl}f_{yd}}{u_k} = \frac{T_u}{2A_k}\cot\theta \tag{4.4-4}$$

간격 s로 배치된 스터럽의 면적을 A_{sw}라고 하면, 스터럽이 부담하는 수직력은 다음과 같다.

$$F_s = A_{sw}\frac{h\cot\theta}{s}f_{yd} \tag{4.4-5}$$

비틀림에 의한 수직력은 qh이다. F_s와 qh를 등치시키면,

$$F_s = qh = A_{sw} \frac{h \cot\theta}{s} f_{yd} \tag{4.4-6}$$

이고, q 대신에 T_u 항을 대입하면 다음과 같다.

$$qh = \frac{T_u}{2A_k} h = A_{sw} \frac{h \cot\theta}{s} f_{yd} \tag{4.4-7}$$

간단하게 정리하면, 스터럽 철근량을 계산할 수 있는 식으로 된다.

$$A_{sw} f_{yd} = \frac{T_u}{2A_k} \frac{s}{\cot\theta} \tag{4.4-8}$$

스트럿의 압축응력에는 제한을 두어야 한다. 그림 4.4-8에 보인 바와 같이 한 평면상의 트러스를 살펴보기로 한다.

- 압축력 $F_c = qh/\sin\theta$
- 스트럿의 압축응력 f_c, $F_c = t_{ef} b f_c$
- 스트럿이 점유하는 폭 $b = h \cos\theta$

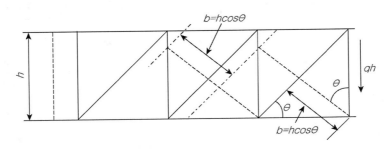

그림 4.4-8 합성 트러스; 스트럿의 폭

두 식을 F_c에 대해서 등치시키면

$$qh/\sin\theta = t_{ef} h \cos\theta f_c \text{에서}$$

$$f_c = \frac{q}{t_{ef}\sin\theta\cos\theta} = \frac{T_u}{2A_k}\frac{1}{t_{ef}}\frac{1}{\sin\theta\cos\theta} = \frac{T_u}{A_k}\frac{1}{t_{ef}}\frac{1}{\sin2\theta}$$

이다. 설계기준에서는 콘크리트 응력 f_c를 다음과 같이 제한하고 있다.

$$f_c = \nu f_{cd}$$

여기서 ν은 도로교설계기준 식 (5.7.12)로 정해진 것이며 스트럿에 생긴 균열영향과 실제 응력 분포를 고려하는 유효압축강도계수 $\nu = 0.6(1 - f_{ck}/250)$이다.

$$\sin2\theta = \frac{T_u}{A_k}\frac{1}{t_{ef}f_c}, \ 2.5 \geq \cot\theta \geq 1.0 \tag{4.4-9}$$

예제 4.8 비틀림 보강 설계

예제 4.7의 부재에 대해 길이방향 철근과 스터럽을 설계한다.

설계조건 : $f_{ck} = 30\,\mathrm{MPa}$, $\phi_c f_{ck} = 0.65 f_{ck} = 19.5\,\mathrm{MPa}$

$\quad f_y = 500\,\mathrm{MPa}$, $f_{yd} = 0.9 f_y = 450\,\mathrm{MPa}$

$\quad \nu = 0.6(1 - 30/250) = 0.528$, $f_c = \nu\phi_c f_{ck} = 0.528 \times 19.5 = 10.3\,\mathrm{MPa}$

앞에서 계산한 바와 같이 $u_k = 5930\,\mathrm{mm}$, $q = 1189\,\mathrm{N/mm}$ 이다.

$$\sin2\theta = \frac{T_u}{A_k}\frac{1}{t_{ef}f_c} = \frac{5000 \times 10^6}{2.103 \times 10^6} \times \frac{1}{300 \times 10.3} = 0.769$$

$$\theta = 20.12°, \ \cot\theta = 2.73 \geq 2.5$$

$\cot\theta = 2.5$로 취하면

$$\Sigma A_{sl} \times 450 = \frac{T_u}{2A_k}u_k\cot\theta = \frac{5000 \times 10^6}{2 \times 2.103 \times 10^6} \times 5930 \times 2.5 = 17.624 \times 10^6\,\mathrm{N}$$

$$\Sigma A_{sl} = 36311 \, \text{mm}^2, \; \Sigma A_{sl}/u_k = 5.54 \, \text{mm}^2/\text{mm}$$

D25를 사용한다면, 85 mm 간격으로 D25를 주변장에 균등하게 배근한다. 스터럽을 설치하기 위해서, 각 모서리마다 하나씩 배근하는 게 좋다.

상부 플랜지에는 85 mm 간격으로 19가닥을 추가로 배치한다.

하부 플랜지에는 90 mm 간격으로 10가닥을 추가로 배치한다.

각 복부에는 85 mm 간격으로 23가닥을 배치한다.

전체 철근 가닥 수=4+19+10+2×23=79, $\Sigma A_{sl} = 79 \text{D}\,25 = 39500 \, \text{mm}^2$

스터럽 보강량 : D13 스터럽을 사용하면, $A_{sw} = 127 \, \text{mm}^2$

$$A_{sw} f_{yd} = \frac{T_u}{2A_k} \frac{s}{\cot\theta} = 127 \times 450 = \frac{5000 \times 10^6}{2 \times 2.103 \times 10^6} \times \frac{s}{2.5}$$

s =120 mm, D13 스터럽을 중심간격 120 mm로 배치한다.

4.4.4 전단과 비틀림의 조합

전단과 비틀림은 콘크리트 스트럿, 전단 스터럽 및 길이방향 철근으로 형성된 입체 트러스가 부담하게 되므로 콘크리트 스트럿이 과도한 응력을 받지 않도록 하는 것이 중요하다. 비틀림, 전단 및 휨이 동시에 조합으로 작용하는 부재는 각각 개별 단면력에 대한 검증 과정을 수행한 뒤 서로의 상관 영향은 별도로 검토하는 설계 방법이 현재 모든 설계기준에서 채택하는 일반적인 방법이다. 도로교설계기준에서도 동일한 검증법을 채택하였으며, 비틀림과 전단이 동시에 작용할 경우의 상관 관계에 관한 제한 규정은 벽체에 형성되는 콘크리트 스트럿의 압축파괴를 기준으로 정의한 $V_{d,\max}$와 $T_{d,\max}$ 항을 기준으로 나타나 있다. 따라서 복부의 압축파괴는 이보다 높은 전단응력에서 발생하므로 고려할 필요가 없다. 속 찬 단면과 속 빈 단면에 대하여 단면치수에 대한 제한식이 다르게 표현된 이유는 그림 4.4-4(도로교설계기준 해설 그림 5.5.9)에 나타낸 것처럼, 속 빈 단면의 경우 전단 및 비틀림에 의한 전단응력은 동일위치의 벽에 동1방향으로 발생하여 서로 중첩되는 반면에, 속 찬 단면의 경우 전단에 의한 전단응력은 전단면에 걸쳐 작용하지만 비틀림에 의한 전단응력은 외곽부 단면에 동일 혹은 반대방향으로 작용하기 때문에 최대 응력 부위의 전단응력이 중첩되는 효과가 덜하게 된다. 이러한 역학적 거동 차이를 전단과 비틀림 상관관계에 반영하기 위해, 속 빈 단면에서는 직선형 관계로 정의하고, 속 찬 단면에서는 곡선형 관계로 정의한 것이다[4.1, 4.16, 4.17].

속 빈 단면인 경우, 상관관계는

$$\frac{T_u}{T_{d,\max}} + \frac{V_u}{V_{d,\max}} \leq 1.0 \tag{4.4-10a}$$

이고, 속 찬 단면의 경우

$$\left(\frac{T_u}{T_{d,\max}}\right)^2 + \left(\frac{V_u}{V_{d,\max}}\right)^2 \leq 1 \tag{4.4-10b}$$

이다. 여기서,

$$T_{d,\max} = 2\nu\alpha_{cw}f_{cd}A_k\,t_{ef,i}\sin\theta\cos\theta \tag{4.4-11}$$

$$V_{d,\max} = \alpha_{cw}b_w z\nu f_{cd}\frac{1}{\cot\theta + \tan\theta} \tag{4.4-12}$$

프리스트레스가 없는 경우, $\alpha_{cw} = 1$ 이다.

예제 4.9 직사각형 단면의 비틀림 설계

직사각형 단면 보의 전체 높이가 500 mm이고 폭이 300 mm이다. 이 보는 극한한계상태에서 (+) 휨모멘트 320 kN·m, 전단력 230 kN, 비틀림 모멘트 30 kN·m를 받는다. 단면에 필요한 길이방향 철근량과 스터럽량을 설계한다. 재료강도는 콘크리트 기준압축강도 $f_{ck} = 30$ MPa, 철근항복강도 $f_y = 500$ MPa이다. 길이방향 철근으로서 D25를, 스터럽 용으로 D10을 사용한다.

(1) 휨 설계

콘크리트 피복두께를 30 mm로 하면,

$d = 500 - 30 - 10 - 25/2 = 447\,\text{mm}$ 이다.

$m_u = M_u/(b\,d^2 f_{cd}) = 320 \times 10^6/(300 \times 447^2 \times 16.6) = 0.321$

단철근 보로 설계한다.

$z = d[0.5 + \sqrt{0.25 - m_u/2.0}\,] = 447[0.5 + \sqrt{0.25 - 0.321/2}\,] = 357\,\text{mm}$

$A_s = M_u/(z\,f_{yd}) = 320 \times 10^6/(357 \times 450) = 1992\,\text{mm}^2$

설계 $A_s = 4\text{D}\,25 = 4(507) = 2028\,\text{mm}^2$

최소 철근량:

$A_{s,\min} = 0.26\,(f_{ctm}/f_{yd})b_t\,d = 202\,\text{mm}^2,\ f_{ctm} = 0.3\,(30+4)^{2/3} = 3.15\,\text{MPa}$

(2) 전단설계: $V_u = 230\,\text{kN}$

① 전단보강 필요 여부 검토 $V_u > V_{cd}$

$V_u = 230\,\text{kN},\ b_w = 300\,\text{mm},\ d = 447\,\text{mm},\ A_{sl} = 4\text{D}\,25 = 2028\,\text{mm}^2$

$k = 1 + \sqrt{200/447} = 1.67 \leq 2.0$

$\rho_l = 2028/(300 \times 447) = 0.0149 \leq 0.02$

$v_{cd,\min} = 0.4\phi_c f_{ctk} = (0.4)(0.65)(0.30)(0.7)(30+4)^{2/3} = 0.573\,\text{MPa}$

$V_{cd} = 0.85\phi_c k(\rho_l f_{ck})^{1/3} b_w d$

$\qquad = (0.85)(0.65)(1.67)(0.0149 \times 30)^{1/3} \times (300)(447) = 94.6\,\text{kN} < \text{V}_u$

전단보강이 필요하다.

② 단면 강도 충분 여부 검토, $V_{d,\max} > V_u$

$\theta = 0.5\sin^{-1}\left[\dfrac{2\,V_u}{\nu f_{cd} b_w z}\right]$

$\quad = 0.5\sin^{-1}\left[\dfrac{2(230 \times 10^3)}{0.528(19.5)(300)(357)}\right] = 0.5\sin^{-1}(0.417) = 0.5(24.64) = 12.32°$

$\cot\theta = 4.58$이다. 이 값은 1.0과 2.5의 한계를 벗어난 값이다. $\cot\theta = 2.5$로 취한다.

$$V_{d,\max} = \frac{\nu f_{cd} b_w z}{\cot\theta + \tan\theta} = \frac{0.528(19.5)(300)(357)/1000}{2.5 + 0.4} = 380.24\,\text{kN} > V_u$$

단면은 충분하다.

③ 전단보강 설계

D10 –U형 스터럽을 사용하여 $V_{Rd,s} \geq V_u$가 되도록 한다.

$A_{sw} = 2\text{D}10 = 157\,\text{mm}^2$, $\cot\theta = 2.5$, $z = 0.8d = 357\,\text{mm}$, $f_{yd} = 450\,\text{MPa}$

$$V_{Rd,s} = \frac{z}{s} A_{sw} f_{yd} \cot\theta = \frac{(357)}{s}(157)(450)(2.5)/1000 = \frac{63055}{s}\text{kN} \geq V_u = 230\text{kN}$$

$s \leq 270\,\text{mm}$, 최대 간격 $= 0.75d = 0.75(447) = 335\,\text{mm}$, $s = 250\,\text{mm}$로 한다.

최소 전단철근량:

$$\frac{A_{v,\min}}{s} = 0.08\sqrt{f_{ck}}\,\frac{b_w}{f_{vy}},$$

$$A_v = 157\,\text{mm}^2 > A_{v,\min} = (0.08\sqrt{30})(300)(250)/500 = 66.0\,\text{mm}^2$$

(3) 비틀림 설계

① 길이방향 철근 설계

t_{ef}를 계산한다.

$A = 300 \times 500 = 150000\,\text{mm}^2$, $u = 2(300 + 500) = 1600\,\text{mm}$

유효 벽체 두께 $t_{ef,i} = A/u = 150000/1600 = 94\,\text{mm}$

속 빈 단면의 치수:

$b = 300 - 94 = 206\,\text{mm}$, $h = 500 - 94 = 406\,\text{mm}$

$A_k = 206 \times 406 = 83636\,\text{mm}^2$, $u_k = 2(206 + 406) = 1224\,\text{mm}$

$T_u = 30\,\text{kN}\cdot\text{m}$

$q = T_u/(2A_k) = 30 \times 10^6/(2 \times 83636) = 179\,\text{N/mm}$

$\Sigma A_{sl} f_{yd} = q u_k \cot\theta$ 에서

$$\Sigma A_{sl}(450) = (179)(1224)(2.5), \ \Sigma A_{sl} = 1220 \,\text{mm}^2$$

대칭으로 배근하는 것이 좋으므로 $4D22 = 4(387) = 1548 \,\text{mm}^2$를 사용한다. 상부에 압축철근이 배치되므로 하부에 $D22$ 2가닥을 배치한다.

② 스터럽 설계

$$A_v = 1D10 = 79 \,\text{mm}^2, \ f_{yd} = 450 \,\text{MPa}$$

$$A_v f_{yd} \geq q\frac{s}{\cot\theta} \text{에서} \ (79)(450) \geq (179)\left(\frac{s}{2.5}\right) \text{에서} \ s \leq 496 \,\text{mm}$$

③ 배근

길이방향 철근:

휨에 대해 $A_s = 4D25$, 비틀림에 대해 $A_{sl} = 2D22$

스터럽:

전단에 대해 $A_v = D10 - U@150$, 비틀림에 대해 $A_v = D10\text{-}U@300$

④ 전단 – 비틀림 합성작용 검토

$$\cot\theta = 2.5, \ \theta = 21.8^o, \ \sin\theta = 0.37, \ \cos\theta = 0.929$$

$$T_{d,\max} = 2\nu_1 \alpha_{cw} f_{cd} A_k t_{ef,i} \sin\theta \cos\theta$$

$$= 2(0.528)(19.5)(83636)(94)(0.37)(0.93)/10^6 = 55.7 \,\text{kN} \cdot \text{m}$$

$$V_u = 230 \,\text{kN}, \ T_u = 30 \,\text{kN} \cdot \text{m}$$

$$\frac{T_u}{T_{d,\max}} + \frac{V_u}{V_{d,\max}} = \frac{30}{55.7} + \frac{230}{380} = 1.14 > 1.0 \text{이므로 단면을 키워야 한다.}$$

❑ 참고문헌 ❑

4.1   (사)한국교량 및 구조공학회 (2015), 도로교설계기준 (한계상태설계법) 해설 2015.

4.2   한국콘크리트학회 (2012), 콘크리트구조기준 해설.

4.3   European Committee for Standardization (2004), Eurocode 2: Design of Concrete Structures, Part 1-1: General rules and rules for buildings, BSi.

4.4   CEB-FIP (2013), fib Model Code 2010, 1st Edition, Ernst & Sohn Gmbh &Co. KG., for Comité Euro-International du Beton.

4.5   International Federation for Structural Concrete (2010), Structural Concrete Textbook on behaviour, design and performance, 2nd Edition. vol. 2, fib bulletin 52, fib.

4.6   C. R. Hendy and D. A. Smith (2007), Designer's Guide to EN 1992-2 Eurocode 2 : Design of Concrete Structures, Part 2 : Concrete Bridges, Thomas, Telford, London, England.

4.7   A. W. Beeby and R. S. Narayanan (2007), Designer's Guide to EN 1992-2 and EN 1992-1-2, Eurocode 2 : Design of Concrete Structures, General rules and rules for buildings and Structural Fire Design, Thomas, Telford, London, England.

4.8   Eurocode 2 Worked Examples (2008), European Concrete Platform ASBL, Brussels, Belgium.

4.9   Vecchio, F. and Collins, M.P. (1986), The modified compression field theory for reinforced concrete elements subjected to shear, ACI Structural Journal, V.83, No.2, Mar-Apr.

4.10   Vecchio, F. and Collins, M.P. (1994), High strength concrete elements subjected to shear, ACI Structural Journal, V.91, No.4, JUl.-Aug.

4.11   Bentz, E.C., Vecchio, F. and Collins, M.P. (2006), Simplified Modified Compression Field Theory for Calculating Shear Strength of Reinforced Concrete Elements, ACI Structural Journal, V.103, No.4, Jul-Aug.

4.12   ACI Committee 318 (2011), Building Code Requirements for Structural Concrete (ACI 318-M11) and Commentary, American Concrete Institute, Detroit, 2011.

4.13   ACI-ASCE Committee 426 (1973), "The Shear Strength of Reinforced Concrete Members – Chapters 1 to 4," Proceedings ASCE, Journal of the Structural Division, Vol. 99, No. ST6, June 1973.

4.14   Macgregor, J.G. and Wright, J.K. (2005), Reinforced Concrete Mechanics and Design, 4th Edition, Prentice Hall.

4.15   Mosely, B., Bungey, J., Hulse, R. (2012), Reinforced Concrete Design to Eurocode 2, 7th Edition, Palgrave MacMillan.

4.16 Prab B., Thomas J. MacGinley, Ban Seng Choo (2013), Reinforced Concrete Design to Eurocodes-Design Theory and Examples, 4th Edition, CRC Press.

4.17 Hsu, T. T. C. (1984), Torsion of Reinforced Concrete, Van Nostrand Reinhold Co. Inc., New York.

4.18 Bernardo, L.F.A., Andrade, J.M.A. and Lopes, S.M.R., Modified Variable Angle Truss-Model for torsion in reinforced concrete beams.

05 철근의 부착, 정착 및 이음

Bond, Anchorage and Splices of Steel Bars

철근콘크리트는 작은 수단으로 큰일을 해내는 기술이다.

−프랑수아 엔느비크 [F. Hennebique] −

콘크리트구조설계 – 한계상태설계법

철근의 부착, 정착 및 이음
Bond, Anchorage and Splices of Steel Bars

5.1 철근과 콘크리트의 부착 Bond between Steel Bars and Concrete

철근콘크리트 보가 외력을 철근과 콘크리트가 함께 저항하려면 두 재료가 서로 잘 부착되어 일체성을 유지하는 것이 가장 중요한 요건이 된다. 두 재료가 닿는 면에서 연속성이 유지되고 분리가 일어나지 않으려면 철근과 그 주변의 콘크리트는 같은 크기의 변형을 일으켜야 한다.

철근은 다른 어떠한 재료보다도 콘크리트와 잘 부착되어 일체성이 좋다. 부착강도는 콘크리트와 철근 접촉면 사이의 상호 점착력과 콘크리트의 건조수축에 따른 철근에 대해 굳은 콘크리트의 압력과 몇 가지 다른 인자들의 조합으로 이루어진다[5.5, 5.6, 5.13].

① 콘크리트와 철근 간의 점착력
② 철근 주변 콘크리트의 건조수축 및 철근표면 돌기와 그 주변 콘크리트 간의 맞물림으로 인한 누름효과
③ 미끄러짐에 대한 마찰저항
④ 작용력의 종류와 콘크리트 품질
⑤ 정착길이, 이음, 갈고리 등 기계적 정착효과
⑥ 철근의 직경, 표면 형상, 배근간격 등

5.1.1 부착응력

철근콘크리트 보에서 휨 압축력은 주로 콘크리트가 부담하지만 휨 인장력은 전적으로 철근이 부담한다. 이러한 과정이 이루어지려면 두 재료 간에 힘 전달, 즉 부착이 있어야 한다. 그림 5.1-1은 철근에 작용하는 힘을 나타낸 것이다. 이 철근이 평형상태에 있으려면, 반드시 부착이 되어 있어야 한다. 이러한 부착이 사라지면 철근은 콘크리트에서 빠져나올 것이며 인장력 T 는 0으로 떨어져서 결국 보는 파괴에 이르게 된다. 부착응력은 철근의 응력 또는 힘이 철근 길이를 따라 변화하며 반드시 생긴다. 그림 5.1-2는 이것을 자유물체도로 나타낸 것이다. 여기서 f_{s2} 가 f_{s1} 보다 크다면, 부착응력 f_b 는 평형을 유지할 수 있도록 철근의 표면에 작용하여야 한다. 철근과 나란하게 작용하는 힘을 더해보면, 평균 부착응력 f_{bm} 이 다음과 같다는 것을 알 수 있다[5.17].

$$\Delta f_s \, \frac{\pi d_b^2}{4} = f_{bm} \, (\pi d_b)\ell \text{이므로} \quad f_{bm} = \frac{\Delta f_s \, d_b}{4 \, \ell} \tag{5.1-1}$$

여기서 ℓ 을 아주 짧은 길이 dx 라고 한다면 이 식을 다음과 같이 쓸 수 있다.

$$\frac{d f_s}{d x} = \frac{4 f_b}{d_b} \tag{5.1-2}$$

여기서 f_b 는 길이 dx 에 작용하는 **진 부착응력** *true bond stress* 이다.

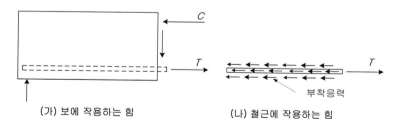

(가) 보에 작용하는 힘   (나) 철근에 작용하는 힘

그림 5.1-1 부착응력

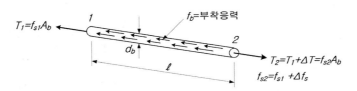

그림 5.1-2 철근응력과 부착응력의 관계

5.1.2 철근콘크리트 보에서 평균 부착응력

철근콘크리트 보에서 균열 단면의 철근이 부담하는 힘은 다음과 같이 쓸 수 있다.

$$T = \frac{M}{jd}$$
(5.1-3)

여기서 jd는 내부우력의 팔길이이며 M은 단면에 작용하는 모멘트이다. 그림 5.1-3에 보인 바와 같이 길이가 두 균열 간격만큼 되는 보의 한 조각을 살펴보기로 하자. 두 균열에 작용하는 모멘트는 각각 M_1, M_2이다. 이 보에 지름 d_b인 한 가닥의 철근으로 배치되어 있다면 이 철근에 작용하는 힘은 다음과 같다. 수평력 평형조건으로부터

$$T_2 - T_1 = \Delta T = (\pi d_b)f_{bm}\Delta x \text{이므로} \quad \frac{\Delta T}{\Delta x} = (\pi d_b)f_{bm}$$
(5.1-4)

이다. 그런데 $\Delta T = \frac{\Delta M}{jd}$이므로 $\frac{\Delta M}{\Delta x} = (\pi d_b)f_{bm}jd$로 쓸 수 있다. 그림 5.1-3의 자유물체도로부터 $\Delta M = V\Delta x$ 또는 $\Delta M/\Delta x = V$임을 알 수 있다. 그러므로,

$$f_{bm} = \frac{V}{(\pi d_b)jd}$$
(5.1-4a)

로 쓸 수 있고 철근이 여러 가닥이라면, 철근주변장은 주변장의 합 ΣO으로 바꿔 쓴다.

$$f_{bm} = \frac{V}{\Sigma Ojd}$$
(5.1-4b)

식 (5.1-4)는 두 균열 간의 평균 부착응력이다. 나중에 다시 설명하겠지만, 실제 부착응력은 균열 간에서도 각 점마다 달라진다.

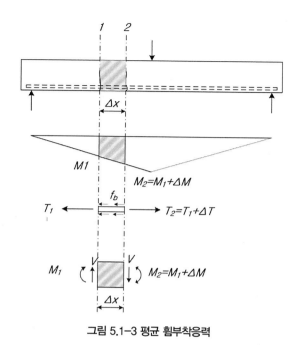

그림 5.1-3 평균 휨부착응력

5.1.3 축방향 인장을 받는 부재에서 부착응력

단면적 A_s인 철근 한 가닥이 배근된 콘크리트 부재가 인장력을 받고 있을 때를 살펴보면서 부착이 어떻게 이루어지고 있는가를 알아보기로 한다. 인장력 T를 받고 있을 때 철근응력은 $f_s = T/A_s$이다. 균열 사이에서는 인장력의 일부가 부착에 의해서 콘크리트로 전달된다. 그 결과 철근과 콘크리트의 응력 분포는 그림 5.1-4에 보인 바와 같이 된다. 그림 5.1-4에서 알 수 있듯이 어떤 점에서 부착응력은 그 점에서 철근응력 분포도의 기울기에 비례한다. 그래서 부착응력 분포는 그림 5.1-4(라)와 같이 된다. 철근응력은 각각의 균열에서 모두 같기 때문에 힘의 크기도 같고 따라서 두 균열 사이에서 인장력의 변화량은 없다($\Delta T = 0$). 그림 5.1-4(라)에서 평균 부착응력 f_b의 합도 0임을 알 수 있다. 그러므로 평균 부착응력이 0이므로 $\Delta T = 0$이면 두 균열 사이에서 부착응력 분포도의 전체 면적은 0이어야 한다. 그림 5.1-4로 나타낸 부착응력을 **진 부착응력** *true bond stress* 또는 **들쭉날쭉 부착응력** *in-and-out bond stress*이라고 하며 식 (5.1-1)로 계산된 부착응력과 구별되어야 한다.

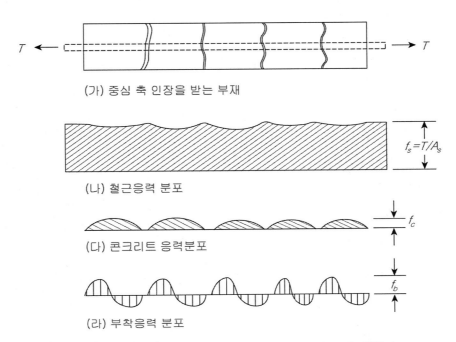

(가) 중심 축 인장을 받는 부재

$f_s = T/A_s$

(나) 철근응력 분포

f_c

(다) 콘크리트 응력분포

f_b

(라) 부착응력 분포

그림 5.1-4 균열이 생긴 인장부재에서 철근응력, 콘크리트 응력 및 부착응력

5.1.4 보에서 진 부착응력

철근콘크리트 보에서 균열 단면의 철근이 부담하는 힘은 식 (5.1-3)으로 계산될 수 있다. 콘크리트와 철근이 함께 부착되어 있으므로, 균열 사이의 어떤 곳에서는 콘크리트가 인장력의 일부를 부담하게 될 것이다. 그 결과 철근의 인장응력과 철근 위치에서 콘크리트 응력은 그림 5.1-5(다)에 보인 바와 같이 일정하지 않다. 이 때문에 부착응력 분포도 달라진다. 일단 들쭉날쭉 부착응력이 다시 생기지만, 그 면적의 합이 0은 아니다. 평균 부착응력은 식 (5.1-4)로 계산되는 값과 같아야 한다.

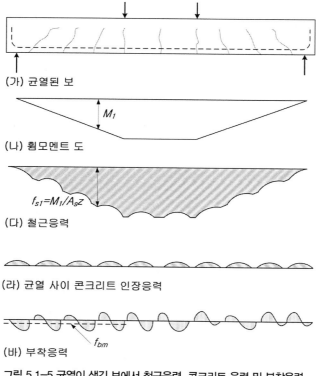

(가) 균열된 보

M_1

(나) 휨모멘트 도

$f_{s1}=M_1/A_sZ$

(다) 철근응력

(라) 균열 사이 콘크리트 인장응력

f_{bm}

(바) 부착응력

그림 5.1-5 균열이 생긴 보에서 철근응력, 콘크리트 응력 및 부착응력

5.1.5 뽑힘 시험에서 부착응력

실험실에서 철근의 부착강도를 시험하는 가장 쉬운 방법은 **뽑힘 시험** *pull-out test*에 의한 것이다. 철근이 배치된 콘크리트 실린더를 단단한 강판 위에 얹혀 놓고 유압잭을 이용하여 실린더로부터 철근을 뽑아낸다. 이러한 시험에서 콘크리트는 압축을 받기 때문에 균열이 생기지 않는다. 이때 철근의 응력은 길이를 따라서 일정하지 않으며 따라서 부착응력도 일정하지 않다. 이 시험의 결과가 보의 부착강도를 대표하는 값이라고는 말할 수 없다. 이 시험에서는 콘크리트에 균열이 생기지 않으며 따라서 들쭉날쭉 부착응력 분포가 생기지 않기 때문이다. 또한 강판으로부터 콘크리트로 지압응력이 작용하여 마찰성분이 생기며 이로 인해 포아송비로 생길 수 있는 횡방향 팽창이 억제된다. 1950년 이전에는 철근의 부착강도를 결정하기 위해서 이 시험방법이 폭넓게 이용된 바 있다. 그 이후로 부착강도 연구에는 여러 형태의 보 시험이 이용되고 있다.

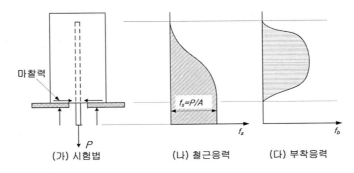

(가) 시험법   (나) 철근응력   (다) 부착응력

그림 5.1-6 뽑힘 시험에서 응력 분포

5.1.6 부착강도

콘크리트 속에 묻혀 있는 철근의 응력이 0인 점에서 힘을 받는 쪽으로 부착응력의 분포는 비선형이며 부착 미분방정식과 가정한 부착응력-미끄러짐 관계를 이용해서 계산될 수 있다. 그러나 실무에 적용하려면 평균 부착응력 값을 상수로 사용하는 것이 적절하다. 프리텐션 긴장재를 제외하고는 모든 강재에 대해서 정착길이 전체에 하나의 평균 부착응력이 일정하다고 가정하고 사용할 수 있다. 이 원칙은 보통 철근의 정착 해석에 적용된다[5.1, 5.3, 5.4, 5.5].

보통의 철근에 대해서 **평균 부착강도**의 설계값은 도로교설계기준 5.11.4.3의 다음과 같은 식으로 계산된다.

$$f_{bd} = 2.25\eta_1\eta_2\phi_c f_{ctk} \tag{5.1-5}$$

여기서, $f_{ctk} = 0.3\left(0.7 f_{cm}^{2/3}\right)[\text{N/mm}^2]$

η_1은 부착조건과 콘크리트 타설 시의 철근 위치에 관계되는 계수로서,

양호한 조건이면 1.0, 그렇지 않으면 0.7로 취한다.

η_2는 철근의 지름에 관계되는 계수로서

$d_b < 32\text{mm}$이면 1.0, 그렇지 않으면 $(132 - d_b)/100$으로 취한다(그림 5.1-7).

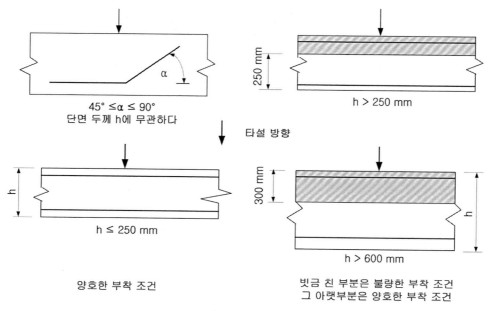

45° ≤α ≤ 90°
단면 두께 h에 무관하다

타설 방향

h > 250 mm

250 mm

h ≤ 250 mm

300 mm

h > 600 mm

양호한 부착 조건

빗금 친 부분은 불량한 부착 조건
그 아랫부분은 양호한 부착 조건

그림 5.1-7 부착조건

5.1.7 부착 전달 기구

콘크리트 속에 묻힌 매끈한 철근(원형철근)은 콘크리트와 철근 간의 점착력에 의해서 그리고 약간의 마찰에 의해서 부착이 생긴다. 이 두 가지 효과는 특히 철근 직경이 포아송 비에 의해서 살짝 줄어들기 때문에 철근이 인장을 받으면 곧바로 사라진다. 이런 까닭에 매끈한 철근을 보강재로 사용하지 않는다. 어쩔 수 없이 매끈한 철근(원형철근)을 사용해야 하는 경우에는(예를 들면, 앵커 볼트, 가느다란 철근으로 된 스터럽 등) 갈고리 형태의 정착장치나, 너트와 와셔를 사용한다거나 비슷한 장치를 사용해야 한다. 점착력과 마찰력이 있기는 하지만 이형철근이 힘을 받게 되면, 이러한 부착전달 기구는 곧바로 사라지며 철근의 돌기가 쐐기처럼 작용하여 부착이 전달된다. 그림 5.1-8(나)에 보인 바와 같이 크기가 같고 쪽이 반대인 지압응력이 콘크리트에 작용한다. 콘크리트에 작용하는 힘은 길이방향 성분과 직경 방향 성분을 갖는다. 직경 방향 성분은 철근 주변의 콘크리트에 둘레인장응력을 일으킨다. 이렇게 되면 콘크리트는 철근을 따라 나란하게 쪼개지며 이 균열은 보의 표면 쪽으로 전파된다. 이러한 **쪼갬 균열**은 그림 5.1-9에 보인 바와 같이 철근을 따라 보의 바닥 면이나 옆면에 생긴다. 이런 균열이 발전하게 되었을 때, 쪼갬 균열이 벌어지지 않도록 보강을 하지 않는다면, 부착 전달성은 급격히 떨어진다. **쪼갬파괴**를 유발하는 하중 크기는 다음과 같은 변수들의 함수이다[5.6, 5.13].

① 철근에서 콘크리트 표면까지 또는 이웃한 철근까지 최소 거리. 이 거리가 짧을수록 작은 하중에서도 쪼갬균열이 발생한다.
② 콘크리트의 인장강도
③ 평균 부착응력. 이 값이 커지면 쐐기 작용 힘이 커지며 쪼갬파괴로 이어질 수도 있다.

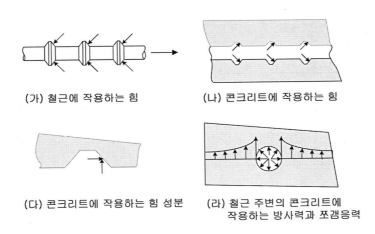

(가) 철근에 작용하는 힘   (나) 콘크리트에 작용하는 힘

(다) 콘크리트에 작용하는 힘 성분   (라) 철근 주변의 콘크리트에 작용하는 방사력과 쪼갬응력

그림 5.1-8 부착전달 미캐니즘

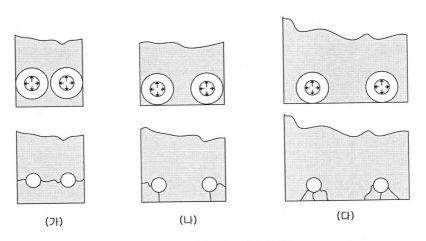

(가)   (나)   (다)

그림 5.1-9 일반적인 쪼갬파괴 표면

쪼갬균열은 철근과 콘크리트 표면 또는 이웃한 철근까지 최단 거리를 따라 생기는 경향이 있다. 그림 5.1-9에서 균열은 콘크리트 표면에 닿는 거리가 가장 짧을 때 생기는 것이다. 콘크리트 피복두께와 철근 간격이 철근 직경에 비해서 크다면 **뽑힘파괴***pull out failure*가 일어날 수 있다. 이 경우에서는 연속된 돌기 사이에 철근과 콘크리트 고리가 돌기의 선단을 둘러싸는 원주형 파괴면을 따라 뽑혀 나온다.

5.2 철근 정착 Anchorages of Steel Bars

5.2.1 개 요

그 곳을 지나 어떤 곳에서 철근이 설계한 대로 힘을 발휘할 수 있으려면 콘크리트 속에 충분히 묻혀 있어야 한다. 이러한 작용을 정착이라고 한다. 철근의 정착능력은 정착될 철근의 형상에 따라 매우 크게 영향을 받는다. 정착길이 내에서 철근응력 – 미끄러짐 분포는 가로로 철근이 용접된 직선철근뿐만 아니라 직선철근 또는 구부린 철근을 고려해보면 비교된다. 설계부착응력 값을 도출하기 위해서 복합 정착장치가 있는 경우에 정착부 시점에서 변위는 사용한계상태에서도 아니고 극한한계상태에서도 아닌 상태에서 순수 부착정착인 경우보다 상당히 더 크게 발생해서는 안 되며, 순수 부착정착인 경우에서 철근의 끝에서 미끄러짐은 사용하중상태에서는 0 mm, 극한하중상태에서는 0.10 mm보다 작아야 한다고 요구하고 있다. 그러므로 동일한 철근응력과 정착부 시점에서 거의 동일한 변위에 대해서 계산을 수행한다. 구속상태가 충분하고 구부린 부위에서 콘크리트 피복의 터짐이 일어나지 않는다면 직선철근에 비해서 갈고리와 가로철근용접인 경우에서도 정착길이가 더 짧아지더라도 동일한 철근응력이 유발될 수 있어야 한다. 철근의 부착 – 미끄러짐 거동은 동일한 구부림 직경을 사용할 경우 갈고리, 꺾음 또는 루우프든 크게 달라지지 않는다. 모든 형태의 정착 상세에 대해서 간단하고 보편적인 규정을 적용하기 위해서는 정착부 시점의 미끄러짐을 설계 기준치로 삼아야 한다. 정착부 시점의 미끄러짐은 이형철근의 어떠한 정착장치에 대해서도 극한한계상태와 사용한계상태에서 직선철근의 정착 형태와 거의 동등해야 한다. 이러한 조건은 직선 정착길이를 비례적으로 감소함으로써 충족될 수 있다. 위에서 언급한 이유를 근거로 압축을 받는 철근에 대한 갈고리 또는 꺾음의 유리한 영향을 고려해서는 안 된다.

원형 및 매끈한 철근의 부착은 주로 콘크리트와 철근 간의 점착력과 상대 변위가 발생한 후에 마찰력으로 형성된다. 이 두 가지 효과는 장기간 하중이나 반복하중 하에서 거의 사라진다. 직선 정착 또는 꺾음 정착은 인장을 받는 매끈한 철근에 적용해서는 안 된다. 그러므로 이러한 철근의 끝에는 갈고리, 루우프 또는 유사한 등가의 정착장치(정착 판 또는 철근용접)를 반드시 적용해야 한다. 꺾음도 이형철근의 정착길이를 단축시키는 데 적용될 수 있다. 철근 돌기에 의해 부착강도가 좋아져서 90°로 꺾을 때 곡선부에 유리한 효과를 준다. 그러나 압축을 받는 철근에는 갈고리나 꺾음을 피해야 한다. 갈고리 전면에서 편심이 커지면 철근의 안정성에 문제가 생길 수가 있기 때문이다[5.5].

5.2.2 정착길이

부재의 어느 부분에서도 철근의 정착장치는 다양한 형태로 허용된다. 그러나 이러한 정착 형태가 극한상태이든 사용상태이든 부재의 거동에 부정적으로 영향을 주어서는 안 된다. 설계기준에 제시된 규정들은 이러한 관점을 고려한 것들이다. 이 규정을 따르면 뽑힘 또는 쪼갬에 의한 부착파괴에 대해 충분한 안전율을 보장할 수 있을 뿐만 아니라 사용한계상태에서 정착 영역에서 만족스러운 균열거동과 미끄러짐 거동을 보장할 수 있다(사용하중상태에서 하중의 종점부 단면에서 균열 폭을 제어할 수 있을 만큼 충분히 긴 정착길이). 도로교설계기준에 제정된 정착길이는 공시체 시험 결과에서 도출된 것으로서 이 공시체의 부착파괴는 콘크리트 덮개의 쪼개짐과 동반되는 철근의 뽑힘에 의한 것이다. 그러나 부착파괴가 쪼개짐에 의한 것이 아니라 뽑힘에 의한 것이라고 미리 단정하는 것은 어떠한 경우에는 의구심이 든다. 앞에서 기술한 내용은 꺾음, 루우프, 용접된 가로 철근, 용접되지 않은 가로 철근 또는 콘크리트에 의한 구속 효과, 필요 철근량과 설계철근량의 차이 그리고 쪼갬 평면에 직각방향으로 작용하는 압력 등의 유리한 효과를 고려하여 기본 정착길이가 감소될 수 있는 이유를 설명한 것이다. 이러한 효과를 고려하여 결정된 정착길이를 **설계정착길이**라고 한다[5.1, 5.3, 5.4, 5.17].

실제 부착응력은 인장 측에 정착된 철근의 길이를 따라 달라지기 때문에, 설계기준에서는 부착응력이라기보다는 정착길이 개념을 쓰고 있다. 정착길이 l_b는 철근응력이 0에서 설계항복강도 f_{yd}까지 증가할 수 있는 철근의 최단 길이이다. 철근응력이 f_{yd}인 점에서 철근 끝까지의 거리가 정착길이보다 짧다면, 이 철근은 콘크리트로부터 빠져나오게 된다. 정착길이는 인장과 압축에서 각각 다르다. 인장을 받는 철근은 들쭉날쭉 부착응력을 받아서 상당히 긴 정착길이가 필요하다. 지름이 d_b인 철근의 기본정착길이 l_b는 다음과 같다. 여기서 f_{yd}는 철근의 설계항복강도이며, f_{bd}는 이형철근의 설계부착강도이다.

$$l_b = \frac{d_b\, f_{yd}}{4\, f_{bd}} \tag{5.2-1}$$

기본 정착길이 l_b는 균일한 부착응력 f_{bd}을 가정하여 철근의 힘 $A_s f_{yd}$를 정착하는 데 필요한 직선 구간길이이다.

설계정착길이 l_{bd}를 산정할 때에는 철근의 종류와 철근의 부착 특성을 고려해야 한다. 설계정착길이 l_{bd}는 다음 식으로 계산한다[5.1, 5.3, 5.4, 5.5].

$$l_{bd} = \alpha_1 \alpha_2 \alpha_3 \alpha_4 \alpha_5 \alpha_6\, l_b \geq l_{b,\min} \tag{5.2-2}$$

여기서 α_1, α_2, α_3, α_4, α_5, α_6는 표 5.2-1에 제시된 부착에 관련된 계수이다.

> α_1 =적절한 피복두께를 가진 철근의 형상 효과
>
> α_2 =콘크리트 피복두께 효과
>
> α_3 =횡철근에 의한 구속 효과
>
> α_4 =설계정착길이 l_{bd} 내에 용접된 횡철근 효과
>
> α_5 =설계정착길이를 따라 발생하는 쪼갬 면 횡단 압력에 대한 효과
>
>   ($\alpha_2 \alpha_3 \alpha_5$)의 곱 ≥ 0.7
>
> α_6 =표준갈고리의 전 정착길이 내에 배근된 띠철근이나 스터럽 구속 효과

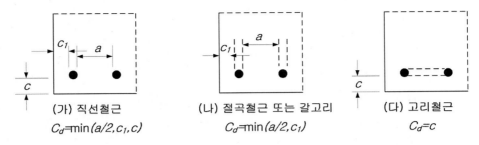

(가) 직선철근
$C_d = \min(a/2, c_1, c)$

(나) 절곡철근 또는 갈고리
$C_d = \min(a/2, c_1)$

(다) 고리철근
$C_d = c$

그림 5.2-1 보와 슬래브에서 C_d의 크기

표 5.2-1 정착길이 관련 계수

영향 인자	정착부 형태	철근	
		인장 측	압축 측
철근의 형상	직선	$\alpha_1 = 1.0$	$\alpha_1 = 1.0$
	직선 외의 형태	$C_d > 3d_b$ 이면 $\alpha_1 = 0.7$ 아니면 $\alpha_1 = 1.0$	$\alpha_1 = 1.0$
콘크리트 피복	직선	$\alpha_2 = 1 - 0.15\,(C_d - d_b)/d_b$ ≥ 0.7 ≤ 1.0	$\alpha_2 = 1.0$
	직선 외의 형태	$\alpha_2 = 1 - 0.15\,(C_d - 3d_b)/d_b$ ≥ 0.7 ≤ 1.0	$\alpha_2 = 1.0$
주철근에 용접 안 된 횡철근에 의한 구속	모든 형태	$\alpha_3 = 1 - K\lambda$ ≥ 0.7 ≤ 1.0	$\alpha_3 = 1.0$
용접된 횡철근에 의한 구속	모든 형태	$\alpha_4 = 0.7$	$\alpha_4 = 1.0$
횡방향 압력에 의한 구속	모든 형태	$\alpha_5 = 1 - 0.04p$ ≥ 0.7 ≤ 1.0	–
표준갈고리	형태 1, 2	$\alpha_6 = 0.7/\alpha_1$	–
	형태 1, 3	$\alpha_6 = 0.5/\alpha_1$	–
	형태 1, 2, 3	$\alpha_6 = 0.4/\alpha_1$	–
	그 외의 형태	$\alpha_6 = 1.0$	–

여기서,

$$\lambda = (\Sigma A_{st} - \Sigma A_{st,\min})/A_s$$

ΣA_{st} = 설계정착길이 l_{bd} 내의 횡철근 단면적

$\Sigma A_{st,\min}$ = 최소 횡철근 단면적, (= $0.25A_s$(보), 0(슬래브))

A_s =최대 지름을 가진 정착철근 한 개의 단면적

K =그림 5.2-2에 나타낸 크기

p =극한상태에서 l_{bd} 내의 세로 방향 압력

L_d =정착길이 산정에 고려되는 콘크리트 피복두께(그림 5.2-1)

표 5.2-1에서 표준갈고리 한 형태에 관해서는 그림 5.2-3과 그림 5.2-4를 참조한다. 직접 받침부인 경우, 받침점 내에 하나 이상의 용접된 횡방향 철근이 있다면, l_{bd}를 $l_{b,\min}$ 보다 작게 취할 수 있다. 이때 용접 횡방향 철근의 위치는 받침점 면으로부터 15 mm 이상이어야 한다.

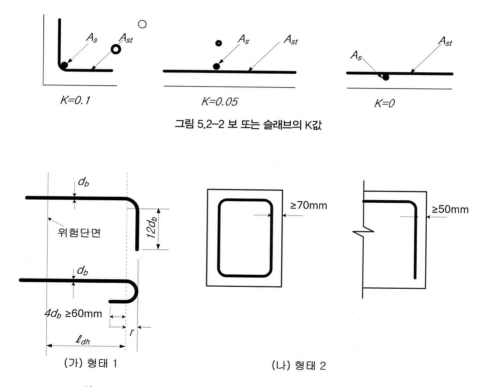

그림 5.2-2 보 또는 슬래브의 K값

그림 5.2-3 표준갈고리 정착을 위한 갈고리 철근 상세와 표준갈고리의 피복두께

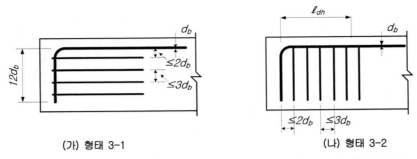

(가) 형태 3-1 　　　　　　　　　　　　　(나) 형태 3-2

그림 5.2-4 표 5.2-1에 규정한 표준갈고리 연장부를 띠철근 또는 스터럽으로 둘러싼 경우

예제 5.1　인장 이형철근의 정착길이

그림 5.2-5에 보인 바와 같이 보가 기둥에 지지되어 있다. (−)모멘트를 부담하는 철근은 그림의 단면에 나타낸 바와 같이 $A_s = 4\mathrm{D}25$로 배치되어 있다. 부재는 일반 콘크리트로 시공되고, 에폭시 도막 철근을 사용한다. 전단 위험구간에는 최소 철근량 이상의 스터럽이 배치된 것으로 가정한다. 상부 철근 중 2가닥을 절단하려 한다. 필요한 정착길이를 산정한다.

콘크리트 기준압축강도 $f_{ck} = 30\,\mathrm{MPa}$, 철근항복강도 $f_y = 400\,\mathrm{MPa}$이다.

$\phi_c = 0.65$, $\phi_s = 0.9$, $f_{cm} = f_{ck} + 4 = 34\,\mathrm{MPa}$이다.

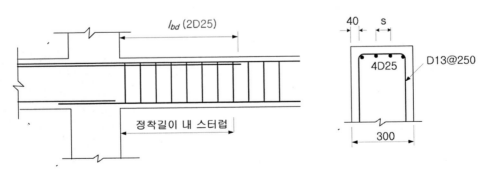

그림 5.2-5 예제 5.1의 종단면과 단면

D25 철근의 공칭직경은 25 mm이므로 철근 순간격과 피복두께에 관련된 값은 다음과 같다.
- 철근의 순간격

　＝[300−2(덮개)−2(스터럽 직경)−4(D25)]/3

　＝[300−2×40−2×13−4×25]/3＝31 mm＝1.25 d_b

- 피복두께＝40 mm＝1.6 d_b

식 (5.1-5)(도로교설계기준 5.11.4.3 식 (5.11.2))을 적용해서 부착강도를 구한다.

(1) 상부 철근에 대해 $\eta_1 = 0.7,\ d_b = 25\,\text{mm} < 32\,\text{mm}$ **이므로** $\eta_2 = 1.0$

$$f_{ctk} = 0.21 f_{cm}{}^{2/3} = 0.21(34)^{2/3} = 2.2\,\text{MPa}$$

$$f_{bd} = 2.25\eta_1\eta_2\phi_c f_{ctk} = 2.25(0.7)(1.0)(0.65)(2.20) = 2.25\,\text{MPa}$$

설계기준 식 (5.11.3)을 적용하여 기본정착길이 l_b를 계산한다.

$$l_b = \frac{d_b}{4}\frac{\sigma_{sd}}{f_{bd}} = (25/4)(0.9 \cdot 400/2.25) = 1000\,\text{mm}$$

여기서는 $\sigma_{sd} = f_{yd}$로 가정한다. 설계정착길이 l_{bd}는 도로교설계기준 식 (5.11.4)으로 계산한다. 표 5.2-1에 제시된 보정 계수를 조건에 따라 구한다.

$$\alpha_1 = 1.0 \quad \text{인장 측 직선철근}$$

$$\alpha_2 = 1 - 0.15(C_d - d_b)/d_b = 1 - 0.15(40-25)/25 = 0.91$$

$$\alpha_3 = 1 - K\lambda = 1.0,\ K = 0.1\ \ \lambda = (\Sigma A_{st} - \Sigma A_{st,\min})/A_s = 0$$

$$\alpha_6 = 1.0 \quad \text{상부 인장 측 직선철근}$$

설계정착길이 $l_{bd} = \alpha_1\alpha_2\alpha_3\alpha_4\alpha_5\alpha_6 l_b \geq l_{b,\min}$에서 위의 값만 고려하여 계산한다.

$$l_{bd} = \alpha_1\alpha_2\alpha_3\alpha_6 l_b = 0.91(1000) = 910\,\text{mm}$$

5.2.3 표준갈고리

철근을 정착할 만큼 정착길이가 충분하지 않은 경우에 흔히 갈고리를 이용해서 철근이 정착되도록 한다. 특별히 따로 정해지지 않는 한, 이른바 표준갈고리를 사용한다. 그림 5.2-6은 90° 및 180° 표준갈고리와 인장 갈고리를 보인 것이다. 직경이 굵은 철근의 표준갈고리는 공간을 많이 차지하며 그러한 갈고리의 실제 크기는 때때로 구조 상세에 매우 큰 영향을 줄 수 있다는 점을 주목해야 한다. 그림 5.2-6(라)는 횡방향 용접철근을 이용하여 정착하는 경우를 나타낸 것이다.

철근응력은 철근 표면의 부착과 갈고리 안쪽의 콘크리트 지압으로 견딘다. 갈고리는 굴곡부 바깥쪽의 콘크리트와 굴곡부 사이에 틈을 두면서 안쪽으로 움직인다. 굴곡부 안쪽의 압축력은 가해진 인장력과 동일 선상에 있지 않기 때문에 철근은 펴지려고 하여 꼬리부의 바깥쪽에 압축력을 유발한다. 갈고리 파괴는 늘 갈고리 안쪽의 콘크리트 파괴를 수반한다. 갈고리가 측면에 가까이 있다면 콘크리트 파괴가 콘크리트 표면까지 이르게 되어 측면 덮개를 떨어뜨린다. 흔히 꼬리부 바깥의 콘크리트에 균열이 생기면 꼬리부가 평평하게 된다[5.6, 5.13, 5.17].

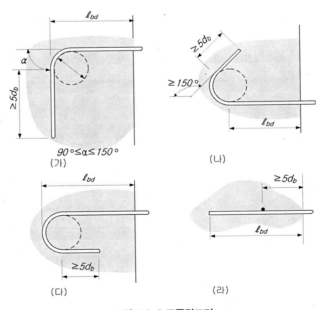

그림 5.2-6 표준갈고리

철근이 부착으로만 인장응력을 받을 수 없다면 철근단부에 90° 또는 180° 갈고리와 같은 정착구를 사용한다. 이러한 갈고리의 치수와 구부림 반경은 다음과 같이 도로교설계기준 5.11.4에 표준화되어 있다.

① 180° 표준갈고리는 구부린 반원 끝에서 $4d_b$ 이상, 또는 60 mm 이상 더 연장되어야 한다.

② 90° 표준갈고리는 구부린 반원 끝에서 $12d_b$만큼 더 연장되어야 한다.

스터럽과 띠철근의 표준갈고리는 다음 조건을 만족해야 한다.

① D16 이하인 철근은 90°로 구부린 반원 끝에서 $5d_b$ 이상 또는 70 mm 이상 더 연장되어야 한다.

② D19, D22, D25인 철근은 90°로 구부린 반원 끝에서 $10d_b$ 이상 더 연장되어야 한다.

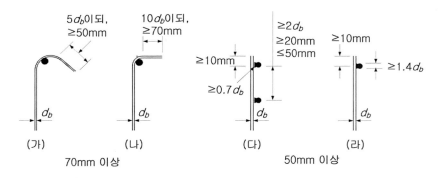

그림 5.2-7 스터럽, 띠철근의 정착

표준갈고리를 구부릴 때 내면 반지름을 D10에서 D16까지의 스터럽이나 띠철근을 제외하고는 다음 값 이상으로 해야 한다. 도로교설계기준에 따라 D16 이하의 스터럽이나 띠철근의 경우, 구부린 내면 반지름은 $2d_b$ 이상으로 해야 한다. 스터럽이나 띠철근으로 사용되는 용접철망(원형이나 이형)에서 구부림 내면 반지름은 지름 7 mm 이상의 이형철선에서는 $2d_b$ 이상, 그 이외의 철선에서는 d_b 이상으로 해야 한다. 내면 반지름을 $4d_b$보다 작게 구부린 경우에는 가장 가까운 교차용 접점으로부터 $4d_b$ 이상 떨어져 철망을 구부려야 한다.

5.2.4 횡방향 철근에 의한 정착

철근의 정착구역에서는 쪼갬 인장력 때문에 인장응력이 발생한다. 구조적 수단(비교적 두꺼운 피복두께, 넓은 간격, 낮은 정착력)이나 기타 유리한 영향(예를 들면, 구속효과) 등이 콘크리트 피복의 쪼개짐을 막을 수 없다면 이 힘은 횡방향 철근으로 견뎌야 한다. 그러므로 쪼갬 평면과 직각방향으로 압축(예를 들면 받침점 반력에 의해)이 작용하지 않는 경우에 인장을 받는 정착구역, 그리고 압축을 받는 모든 정착구역에 대해서 횡방향 철근을 두어야 한다. 가장 굵은 철근에 쪼갬 인장력의 약 25%가 정착되도록 설계되어야 한다. 이것은 콘크리트 피복에 직각인 쪼갬 인장력은 횡방향 철근으로 기껏해야 지극히 부분적으로 부담되지만 나머지는 콘크리트 인장능력으로 부담되어야 한다. 그러나 정착구역에 배치된 횡방향 철근량은 횡방향 인장응력 영향 하에 있는 길이방향 균열을 피하고 압축을 받는 철근의 단부단면에 생기는 접촉 압력에 의해 생기는 콘크리트 피복의 파쇄에 대한 안전을 보장할 수 있을 만큼 충분해야 한다. 그림 5.2-8은 정착될 철근의 끝에 철근과 횡방향으로 철근이 용접된 것을 보인 것이다.

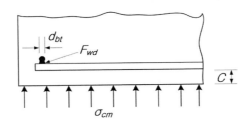

그림 5.2-8 횡방향 용접철근을 이용한 정착장치

도로교설계기준 5.11.4.7에서는 횡방향 용접철근 하나의 정착력을 다음 식 (5.2-3)(도로교설계기준 식 (5.11.5))으로 계산하도록 제시하고 있다[5.1, 5.3, 5.4].

$$F_{btd} = l_{td}d_{b,t}f_{td} \leq F_{wd} \tag{5.2-3}$$

여기서, F_{wd} = 용접의 설계전단강도($A_s f_{yd}$에 계수를 곱하여 정한다. 예: $0.5A_s f_{yd}$)

l_{td} = 횡방향 철근의 설계길이 : ($= 1.16d_{b,t}\left(f_{yd}/f_{td}\right)^{0.5} \leq l_t$)

l_t = 횡방향 철근의 길이, 정착될 철근의 간격보다 커서는 안 된다.

$d_{b,t}$ =횡방향 철근의 지름

f_{td} =콘크리트 응력 : $(= (f_{ctd} + \sigma_{cm})/y \leq 3f_{cd})$

σ_{cm} =양 방향 철근에 수직한 방향의 콘크리트 압축응력(압축을 (+)로 한다)

y =함수값$(= 0.015 + 0.14e^{(-0.18x)})$

x =형상을 고려한 함수$(= 2(c/d_{b,t}) + 1)$

c =양 철근에 수직한 방향으로 콘크리트 피복두께

공칭지름 12 mm 이하의 f_y =500 MPa 철근인 경우, 횡방향 용접 철근의 정착강도는 주로 용접부의 설계강도에 따라 결정된다(도로교설계기준 식 (5.11.6)).

$$F_{btd} = F_{wd} \leq 12A_s f_{cd} d_{b,t}/d_b \tag{5.2-4}$$

여기서, F_{wd} =용접의 설계전단강도

$\qquad d_{b,t}$ =횡방향 철근의 지름 $(\leq 12\ \text{mm})$

$\qquad d_b$ =정착될 철근의 지름 $(\leq 12\ \text{mm})$

$d_{b,t}$ 의 최소 배근간격으로 용접된 두 가닥의 철근을 사용하는 경우, 정착길이는 식 (5.2-4)로 계산된 값에 1.4를 곱해주어야 한다.

5.3 철근 절단점 및 철근 정착 Cut-off and Anchorages of Steel Bars

5.3.1 철근 절단 이유

철근콘크리트 부재에서는 내부 저항 우력의 인장 성분을 부담하기 위해서 인장면에 가까이 철근을 배치한다. 그림 5.3-1은 한 연속 보와 모멘트 선도를 보인 것이다. 경간 중앙에서 모멘트는 (+)이므로 철근은 부재의 바닥 면에 가까이 배치된다. 받침부에서는 그 반대로 하면 된다. 경제성을 감안하여, 철근의 일부를 더 이상 필요하지 않은 곳에서 절단하거나 끝낼 수 있다. 여기서는 철근을 어느 곳에서 절단할 수 있는지를 다뤄보기로 한다.

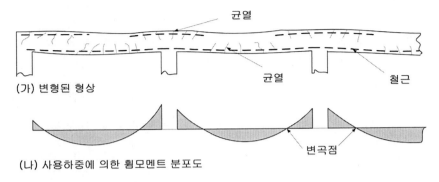

(가) 변형된 형상

(나) 사용하중에 의한 휨모멘트 분포도

그림 5.3-1 연속 보의 모멘트와 배근

철근 절단점을 결정하는 데 영향을 주는 주요 4가지 요소는 다음과 같다.

① 더 이상 인장력을 부담할 필요가 없다거나 나머지 철근만으로도 충분히 인장력을 견딜 수 있는 곳에서 철근을 절단할 수 있다. 철근이 더 이상 필요하지 않는 점의 위치는 휨모멘트로부터 생기는 휨 인장과 이러한 인장력에 대한 전단 영향의 함수이다.

② 그 단면에서 철근이 힘을 부담하기 위해서는 각 단면의 양쪽으로 철근을 충분히 연장시켜야 한다. 이것이 철근의 정착을 결정짓는 기본 원칙이다.

③ 비교적 전단력이 큰 구역에서 철근을 절단하면 인장철근은 응력 집중을 유발하게 되어 철근 절단점에서 경사균열이 생길 수 있다.

④ 설계 기준이나 시공 시방서에 시공 규정을 정해야 한다.

일반적으로 철근 절단점은 최소로 하는 것이 좋고, 특히 인장 구역에서는 설계와 시공이 간편하도록 해야 한다. 다음 절에서는 휨에 대한 이론적인 절단점의 위치를 다루기로 한다. 이러한 절단점의 위치를 어떻게 조정해서 전단, 정착, 시공 규정 등을 고려해서 시공에 적용되는 실제 절단점을 알 수 있도록 해야 한다[5.1, 5.5, 5.16, 5.17].

5.3.2 휨철근 절단점 위치

그림 5.3-2(가)에 나타낸 단순지지 보를 사용하여 휨 절단점의 위치를 설명하기로 한다. 경간 중앙에서 이 보는 그림 5.3-2(다)의 단면에 나타낸 바와 같이 5가닥의 D25 철근이 배치되어 있

다. 점 C와 점 C'에서 이들 철근 중 두 가닥이 절단되어, 그림 5.3-2(가)에 나타낸 것처럼 보의 단부까지 3가닥의 D25 철근이 연장된다. 이 보는 자체 중량을 포함하여 96.0 kN/m의 등분포하중을 받는다. 그림 5.3-2(라)는 계수모멘트 M_u의 다이어그램을 보인 것이다. 이것은 각 단면에서 보가 적어도 M_u와 같은 크기의 모멘트능력 M_d을 지녀야 하므로 필요모멘트 선도라고 부른다. 경간 중앙에서 최대 필요모멘트는 $M_u =(96.0)(6.0)^2/8 =432.0 \, kN \cdot m$이다.

$f_{ck} =30 \, MPa$인 콘크리트와 $f_y =400 \, MPa$인 철근을 사용한다면, 5가닥의 D25 철근이 배치된 단면의 모멘트 능력 $M_d =434.0 \, kN \cdot m$이며, 이 값은 경간 중앙에 적절한 크기이다. 경간 중앙에서 떨어진 위치에서 필요한 M_u는 그림 5.3-2(라)의 모멘트 다이어그램에서 알 수 있듯이 432.0 kN·m보다 작다. $M_d = A_s f_{yd} z$이므로 경간 중앙에서 떨어진 곳에서는 더 적은 철근이 요구된다. 이것은 철근이 더 이상 필요 없는 곳에서 약간의 철근을 '절단함'으로써 이루어진다. 그림 5.3-2에서 예시된 예에서는 더 이상 필요 없는 곳에 2가닥의 D25 철근을 절단하기로 결정하였다. 남은 3가닥의 D25 철근으로 모멘트 능력 $M_d =275.0 \, kN \cdot m$가 된다. 따라서 $M_u \leq 275.0 \, kN \cdot m$일 때는 남은 3가닥의 철근이 M_u에 저항할 만큼 충분히 강하므로 이론상으로는 두 개의 철근을 절단할 수 있다. 필요모멘트 분포도(그림 5.3-2(라))에 대한 식에서 각 지점으로부터 1200 mm인 곳에서 $M_u =275.0 \, kN \cdot m$임을 알 수 있다. 그러므로 절단될 두 개의 철근은 보의 각 단부쪽 1200 mm 내의 휨에 대해서는 더 이상 필요 없게 되어 그림 5.3-2(마)에 나타낸 위치에서 이론적으로 절단될 수 있다. 그림 5.3-2(바)는 보 내부의 각 위치에서 모멘트 설계강도 M_d의 선도인데 **모멘트 능력선도**라고 부른다. 경간 중앙에서(그림 5.3-2(마)의 점 E) 보는 5가닥의 철근이 있으며 $M_d =434.0 \, kN \cdot m$이다. 점 C의 왼쪽으로 3가닥의 철근이 있으며 이 부분에서 모멘트능력 $M_d =275.0 \, kN \cdot m$이다. 거리 CD는 점 C에서 절단된 2개의 철근에 대한 설계정착길이 ℓ_{bd}를 나타낸 것이다. 점 C의 철근단부에서는 이들 2가닥의 철근이 정착되지 못하고, 따라서 응력에 저항할 수 없다. 그 결과 이 철근은 점 C에서는 모멘트 능력이 증가되지 않는다. 한편, 점 D에서는 철근이 완전히 정착되어 필요할 경우 D에서 D'까지의 영역에서 f_{yd}까지의 응력을 받을 수 있다. 이 영역에서의 모멘트 능력은 434.0 kN·m이다. 받침점 안으로 연장되는 3가닥의 철근은 점 A와 점 A'에서 절단된다. A와 A'에서는 이 철근이 정착되지 못했으므로 A와 A'에서 모멘트 능력 $M_d = 0$이다. 점 B와 점 B'에서는 철근이 완전히 정착되어 모멘트 능력 $M_d =275.0 \, kN \cdot m$가 된다.

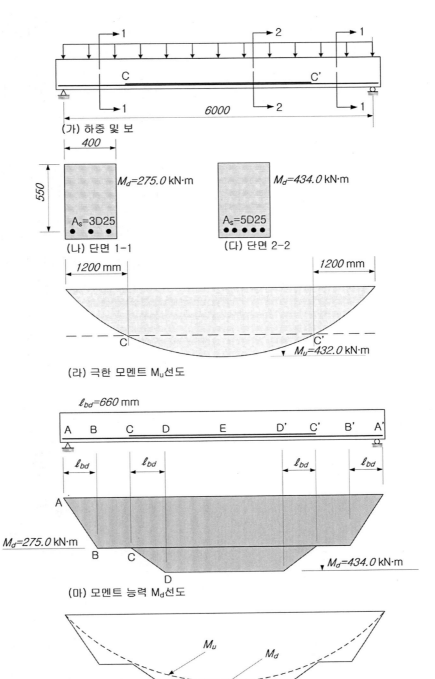

(가) 하중 및 보

M_d=275.0 kN·m

M_d=434.0 kN·m

A_s=3D25

(나) 단면 1-1

A_s=5D25

(다) 단면 2-2

1200 mm

1200 mm

M_u=432.0 kN·m

(라) 극한 모멘트 M_u선도

ℓ_{bd}=660 mm

A B C D E D' C' B' A'

ℓ_{bd} ℓ_{bd} ℓ_{bd} ℓ_{bd}

M_d=275.0 kN·m

M_d=434.0 kN·m

(마) 모멘트 능력 M_d선도

M_u M_d

(바) 극한모멘트 M_u 선도와 모멘트 능력 M_d선도

그림 5.3-2 휨철근 절단점과 모멘트 능력선도

그림 5.3-2(바)에서는 그림 5.3-2(마)의 모멘트 능력선도과 그림 5.3-2(라)의 필요모멘트 선도가 겹쳐져 있다. 모멘트 능력이 모든 점에서 필요모멘트보다 크거나 같으므로 전단의 영향을 무시하면 그 보는 휨에 대해 충분한 능력을 갖는다. 그림 5.3-2의 모멘트 능력과 필요모멘트 다이어그램을 계산할 때 휨만 고려되었다. 전단력은 길이방향 철근응력에 중요한 영향을 미치며, 따라서 절단점을 결정하는 데 반드시 고려되어야 한다.

5.3.3 철근 절단점 위치와 철근응력에 관한 전단력의 영향

그림 5.3-3(가)는 경사균열과 휨균열이 발생한 보를 보인 것이다. 휨 이론에 따라 인장력은 $T = M/jd$이다. jd가 일정하다고 가정하면 인장력 T의 분포는 그림 5.3-3(나)에 나타낸 것처럼 모멘트의 분포와 같다. 인장력 T의 최대값은 주어진 하중에 대해 960 kN이다. 그림 5.3-3(다)에서는 트러스 모델의 길이방향 철근의 인장력 분포를 실선으로 계단처럼 나타내었고, 이와 비교하기 위해서, 휨으로 인한 철근 인장력 $T = M/jd$분포도라고 표시된 선으로 나타내었다. 휨을

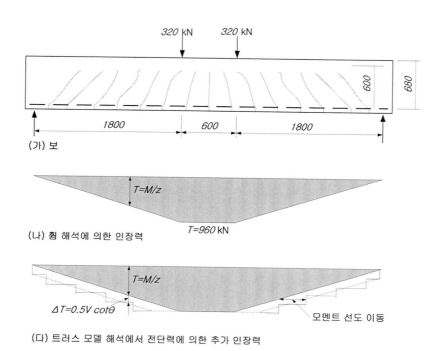

(가) 보

(나) 휨 해석에 의한 인장력

(다) 트러스 모델 해석에서 전단력에 의한 추가 인장력

그림 5.3-3 길이방향 철근의 인장력

근거로 계산한 인장력과 동일한 960 kN의 인장력이 작용하는 최대 모멘트 영역을 제외하면 전단 경간의 모든 위치에서 경사균열이 있기 때문에 인장철근의 힘을 증가시킨다. 압축 대각선의 경사가 감소함으로써 최대 모멘트 점에서 멀어짐에 따라 인장력의 증가는 더 커진다. 그림 5.3-3의 보에서 지점의 마구리면에 있는 인장철근 내에 $\Delta T = 0.5 V \cot\theta$ 의 인장력이 존재한다. 전단응력이 경사균열을 발생시킬 만큼 크면, 예를 들어 $v_u \geq v_{\min}$ 이면, 이 힘에 대비하여 이 철근을 정착시키는 것이 좋다. 실제 힘은 각도 θ 에 달려 있지만 $\Delta T = 0.5 V \cot\theta$ 는 적절한 값이다[5.1, 5.5, 5.16, 5.17].

5.3.4 철근의 절단점과 굽힘점

3장에서는 설계위험단면에서 모멘트, 휨응력, 단면치수, 주철근량을 다루었다. 모멘트에 대한 설계위험단면은 일반적으로 경간 중앙((+)휨모멘트)과 받침부((−)휨모멘트)에 위치한다. 단순보나 연속 보에서 콘크리트 단면은 휨모멘트에 따라 변할 수 있으나 거푸집 작업을 단순화하고 비용을 줄이기 위해서 일정한 단면 치수를 갖는 것이 일반적이다. 한편 휨철근량은 휨모멘트에 거의 비례하여 휨모멘트가 큰 단면에서는 철근량이 많아지고 휨모멘트가 작은 곳에서는 철근량이 적어진다. 그러므로 응력을 받지 않는 곳은 철근을 더 연장할 필요가 없어 철근을 절단하거나 또는 하부 철근을 인장을 받는 상부에 45° 정도로 굽혀 올려 배치할 수 있다.

(1) 이론적 절단점과 굽힘점

어떤 단면에서 철근이 부담하는 인장력은 다음과 같다.

$$T = A_s f_s = \frac{M}{z}$$

여기서, M은 그 단면에서의 휨모멘트값이고 z는 내부 팔길이이다. 대체로 내부 팔길이 z는 변화가 작기 때문에 인장력은 휨모멘트에 거의 비례한다. 따라서 보의 어느 단면에서나 철근은 가능한 최대 응력을 발휘하는 것이 바람직하므로 소요 철근량은 휨모멘트에 거의 비례하게 된다.

그림 5.3-4(가)는 등분포하중을 받는 단순보의 모멘트 분포도이고 이것으로부터 각 위치에서의

인장철근량을 구할 수 있다. 최대 휨모멘트인 경간 중앙에서는 인장철근량의 100 %가 필요하며 절단 또는 굽힘철근량은 없어야 하고, 받침부에서는 휨모멘트가 0이므로 이론적으로 인장철근량이 필요 없으므로 인장철근량의 100 %를 절단하거나 굽힐 수 있다. 경간에 따라 절단하거나 굽힐 수 있는 철근량의 비율은 휨모멘트로부터 구할 수 있다.

연속 보에 절단점과 굽힘점을 결정하기 위해서, 등분포하중을 받아 경간 중앙에서 최대 (+)휨모멘트가 발생하고 받침부에서 최대 (−)휨모멘트가 발생하는 연속 보의 휨모멘트도를 살펴보자. 휨모멘트도는 각 위치에서 소요 휨모멘트를 나타내고 따라서 휨모멘트도로부터 절단 또는 굽힘점을 구할 수 있다(그림 5.3-4(나)). 이론적으로 상부 또는 하부 철근량의 50 %를 절단 또는 굽힐 수 있는 위치를 찾을 수 있다. 도로교설계기준 5.6에 따라 연속 철근콘크리트 보는 근사적 방법으로 휨모멘트 계수를 이용하여 연속 보의 받침부와 경간 중앙에서 근사적으로 휨모멘트를 구하는 데 사용된다. 휨모멘트 계수를 사용하지 않고 다른 방법으로 휨모멘트를 구할 때에도 철근을 절단하거나 굽힐 위치에서의 모멘트값을 정역학으로 계산할 수 있으며 이에 해당되는 위치를 쉽게 구할 수 있다.

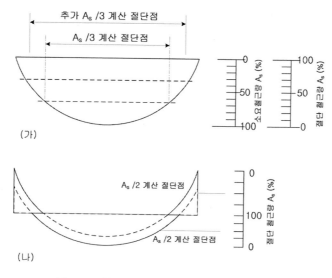

그림 5.3-4 휨모멘트 분포도에서 철근 절단점 위치 결정

(2) 고려사항 및 설계기준의 규정

실제로 인장철근의 이론적 절단점을 찾아 정확하게 절단하는 것은 바람직하지 않다. 사인장균열이 발생하였을 때 보에서 내부 힘의 재분배가 발생한다. 균열 전에는 어느 한 점에서 철근인장력은 그 점을 지나는 수직단면의 휨모멘트에 비례한다. 그러나 균열이 형성된 후에 균열 단면의 철근인장력은 경간 중앙에 더 가깝게 있는 단면의 휨모멘트에 따르며 더 크게 된다. 게다가 일반적으로 설계에서 사용되는 휨모멘트는 하중의 변화나 받침부의 침하, 횡하중, 기타 다른 요인으로 인하여 실제 휨모멘트 크기와 다를 수 있다. 이런 점을 고려하여 도로교설계기준 5.12.2에서 철근은 휨 저항이 더 이상 요구되지 않는 점을 지나 부재의 유효깊이 d 또는 $12d_b$ 값 중 큰 값 이상으로 연장시키도록 규정하고 있다. 각 단면에서 철근의 응력은 적절한 정착길이, 표준갈고리 또는 이것들이 어우러져서 발휘되어야 한다. 특별한 단부정착장치가 없는 경우에는, 설계위험단면을 지나서 정착길이 l_{bd} 만큼 연장이 필요하다. 설계위험단면은 최대 휨모멘트 점이거나 휨 저항이 더 이상 필요 없게 되어 인장철근이 절단되는 곳이다.

도로교설계기준 5.12.2에서는 최대 응력 위치가 경우에 따라 변화되는 것을 고려하여 (+)휨모멘트 철근 중 단순보에서는 1/3 이상, 연속 보에서는 1/4 이상의 철근을 받침부 내면에서 적어도 150 mm 이상 받침부 내로 연장하도록 규정하고 있다. 휨부재가 횡방향 하중에 저항하는 것이 주목적인 구조 시스템에서는 설계 중에 예상한 하중보다 큰 하중이 받침부 내에서 반대 방향의 모멘트를 유발시킬 수 있으므로 (+)휨모멘트 철근이 받침부 내에 충분히 연장되어 정착되도록 하여야 한다[5.1, 5.3, 5.4].

전단에 의한 복부 사인장균열의 영향으로 생긴 추가의 인장력을 포함한 실제 인장력을 저항하기 위해서는 모든 단면에 충분한 철근을 배치해야 한다. 휨에 의한 인장력은 M/z로 구할 수 있다. 여기서 M_u는 극한휨모멘트이고 z는 팔길이이다. 전단력 V_u에 의해 추가로 발생하는 인장력 ΔT는 다음 식으로 계산한다.

$$\Delta T = 0.5\,V_u\,(\cot\theta - \cot\alpha)$$

여기서 $1 \leq \cot\theta \leq 2.5$ 이며 α는 보의 축에 대한 전단보강철근의 경사각이다. 수직 전단보강재를 사용한다면, $\cot\alpha = 0$이며 $\cot\theta$는 대개 2.5 정도이다.

전체 인장력은 추가 인장력을 더해서 다음과 같다.

$$T_u = M_u/z + \Delta T \le M_{u,\max}/z \tag{5.3-1}$$

여기서 $M_{u,\max}$ 은 경간 내에서 최대 모멘트값이다.

편의상 전단력의 영향은 휨모멘트가 감소하는 방향으로 휨모멘트를 설계기준 식 (5.12.4)으로 구한 a_l 만큼 이동시킴으로써 고려할 수 있다.

$$a_l = z(\cot\theta - \cot\alpha)/2 \tag{5.3-2}$$

여기서 $z \approx 0.9d$, $\alpha =$ 전단철근과 주인장 현재 사이의 경사각, $\theta =$ 콘크리트 압축스트럿과 주인장철근 사이의 경사각이다.

일반적으로 수직 전단보강재에 대해서 $\cot\theta = 2.5$ 이고 $\cot\alpha = 0$ 으로 하면,

$$a_l = z(\cot\theta - \cot\alpha)/2 = 1.125d$$

이다.

또한 받침부의 (−)휨모멘트에 사용된 인장철근량의 1/3 이상을 d, $12d_b$ 또는 순경간의 1/16 중에서 최대값 이상으로 변곡점을 지나 연장하도록 하고 있다. 이 기준에서 언급하는 철근의 절단점, 굽힘점은 그림 5.3-5에 상세하게 보인 바와 같다. 받침면에서 (−)휨모멘트 철근 L이 절단되어야 한다면, 받침면을 지나 정착길이 l_{bd} 만큼 연장되어야만 한다. 또한 (−)휨모멘트 철근 L은 휨모멘트도에 의한 이론적 절단점을 지나 d만큼 연장되어야 하므로 이에 대해 검토되어야 한다. 철근 M(총 (−)휨모멘트 철근량의 1/3 이상)은 철근 L의 이론적 굽힘점을 지나 적어도 l_{bd} 만큼 연장되어야 하고 동시에 (−)휨모멘트도의 변곡점을 지나 $d, 12d_b$ 또는 $l_n/16$ 중 가장 큰 값 이상 연장되어야 한다. (+)휨모멘트 철근 N이 절단되어야 한다면, 이론적으로 최대 휨모멘트 점에서부터 l_{bd} 만큼 연장하고 또한 (+)휨모멘트도에 의한 이론적 절단점을 지나 d 만큼 연장되어야 한다. (+)휨모멘트 철근 O는 철근 N의 이론적 절단점을 지나 l_{bd} 만큼 연장되어야 하며 받침면에서 150 mm 이상 연장해야 한다. 철근이 인장부위에서 절단될 때, 절단점 근처에서 사인장균열이 발생되는 경향이 있으며, 이것 때문에 보의 연성이 손실되거나 전단

능력이 감소된다. 도로교설계기준 5.12.2에서는 휨철근이 다음 조건 중의 하나를 만족할 경우에 인장 구간에서 전체 철근량의 50 %까지 절단할 수 있도록 규정하고 있다[5.1, 5.3, 5.4]. 그림 5.3-6과 5.3-7은 받침부 형태에 따른 하부 철근의 정착길이를 정의한 것이다.

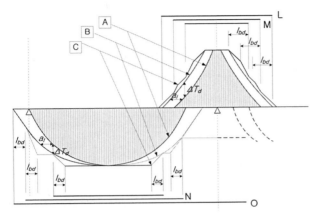

A : $M_u/z + N_u$의 포락선,
B : 철근 인장력 T_u,
C : 철근의 저항인장강도

그림 5.3-5 철근 절단점 및 정착

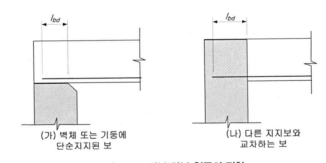

(가) 벽체 또는 기둥에
단순지지된 보

(나) 다른 지지보와
교차하는 보

그림 5.3-6 단부 하부 철근의 정착

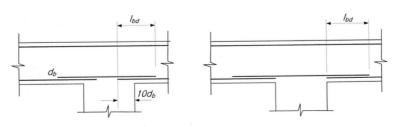

그림 5.3-7 내부 받침부 하부 철근의 정착

예제 5.2 철근 정착 및 절단

(1) 설계조건

T-단면 보의 중심 간 거리가 3 m이고 두께 100 mm 슬래브를 지지하는 경간장 8 m인 3경간 연속 T-단면 보를 설계한다. 설계하중은 다음과 같다.

- 칸막이, 바닥 마감, 천정 등에 의한 상재 고정하중 = 3 kN/m²
- 활하중 = 3.5 kN/m²

T-단면 보의 전체 깊이는 500 mm이고 복부 폭은 300 mm이다. 재료강도는 f_{ck} = 25 MPa, f_y = 500 MPa이다.

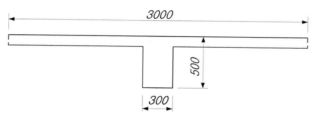

그림 5.3-8 예제 5.2 단면 제원

- 보 단면적 = 0.5×0.3 + (3.0 − 0.3)×0.1 = 0.42 m²
- 자중 w_{D1} = 0.42×25 = 10.5 kN/m
- 상재 고정하중 w_{D2} = 3.0×3.0 = 9.0 kN/m
- w_D = 10.5 + 9.0 = 19.5 kN/m
- w_L = 3.5×3.0 = 10.5 kN/m
- $w_{u,max}$ = 1.25(19.5) + 1.8(10.5) = 43.275 kN/m
- w_{min} = 1.0(19.5) + 0.0(10.5) = 19.5 kN/m

(2) 단면력 산정

재하 경우:

① 경우 1 : 경간 1−2와 3−4에 최대 (+)휨모멘트를 일으키는 하중, $w_{u,\max}$, $w_{\min}$, $w_{u,\max}$

   받침점 2와 3에서 모멘트 $= 200.7 \, \text{kN} \cdot \text{m}$

   • 경간 1−2 :

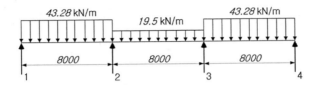

   반력 $V_1 = 43.28 \times 8.0/2 - 200.7/8.0 = 148.03 \, \text{kN}$

   $M = V_1 x - w_{u,\max} x^2/2$

   $x = 148.03/43.28 = 3.42 \, \text{m}$ 에서 $M_{\max} = 253.15 \, \text{kN} \cdot \text{m}$

   • 경간 2−3 :

   반력 $V_2 = 19.5 \times 8.0/2 = 78.0 \, \text{kN}$

   $M = -M_2 + V_1 x - w_u x^2/2 = -200.7 + 78.0x - 19.5x^2/2$

   $x = 4.0 \, \text{m}$ 에서 $M_{\max} = -44.7 \, \text{kN} \cdot \text{m}$

② 경우 2 : 받침점 2에서 최대 (−)휨모멘트를 일으키는 하중, $w_{u,\max}$, $w_{u,\max}$, $w_{\min}$

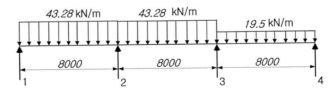

받침점 2에서 모멘트 $= 301.8 \, \text{kN} \cdot \text{m}$, 받침점 3에서 모멘트 $= 175.6 \, \text{kN} \cdot \text{m}$

   • 경간 1−2 :

   반력 $V_1 = 43.28 \times 8.0/2 - 301.8/8.0 = 135.39 \, \text{kN}$

   $M = V_1 x - w_{u,\max} x^2/2 = 135.39x - 43.28x^2/2$

   $x = 135.39/43.28 = 3.13 \, \text{m}$ 에서 $M_{\max} = 212.26 \, \text{kN} \cdot \text{m}$

- 경간 2−3:

반력 $V_2 = 43.28 \times 8.0/2 + (301.8 - 175.61)/8.0 = 188.89 \, \text{kN}$

$M = -M_2 + V_2 x - w_u x^2/2 = -301.8 + 188.89x - 43.28x^2/2$

$x = 4.36 \, \text{m}$ 에서 $M_{\max} = 110.432 \, \text{kN} \cdot \text{m}$

③ 경우 3 : 경간 2−3에서 최대 (+)휨모멘트를 일으키는 하중, $w_{\min},\ w_{u,\max},\ w_{\min}$

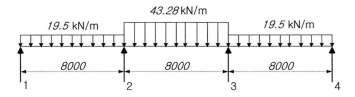

받침점 2와 3에서 모멘트$=200.7 \, \text{kN} \cdot \text{m}$

- 경간 1−2 :

반력 $V_1 = 19.5 \times 8.0/2 - 200.7/8.0 = 52.91 \, \text{kN}$

$M = V_1 x - w_{u,\max} x^2/2 = 52.91x - 19.5x^2/2$

$x = 52.91/19.5 = 2.71 \, \text{m}$ 에서 $M_{\max} = 71.78 \, \text{kN} \cdot \text{m}$

- 경간 2−3 :

반력 $V_2 = 43.28 \times 8.0/2 = 173.12 \, \text{kN}$

$M = -M_2 + V_2 x - w_u x^2/2 = -200.7 + 173.12x - 43.28x^2/2$

$x = 4.0 \, \text{m}$ 에서 $M_{\max} = 145.54 \, \text{kN} \cdot \text{m}$

④ 경우 4 : 받침점 3에서 최대 (−)휨모멘트를 일으키는 하중, $w_{\min},\ w_{u,\max},\ w_{u,\max}$

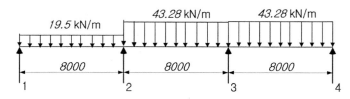

받침점 2에서 모멘트$=175.6 \, \text{kN} \cdot \text{m}$, 받침점 3에서 모멘트$=301.8 \, \text{kN} \cdot \text{m}$

- 경간 1-2 :

  반력 $V_1 = 19.5 \times 8.0/2 - 175.6/8.0 = 56.05\,\text{kN}$

  $$M = V_1 x - w_{u,\min} x^2/2 = 56.05x - 19.5x^2/2$$

  $x = 56.05/19.5 = 2.87\,\text{m}$ 에서 $M_{\max} = 80.55\,\text{kN} \cdot \text{m}$

- 경간 2-3 :

  반력 $V_2 = 43.28 \times 8.0/2 - (301.8 - 175.61)/8.0 = 157.35\,\text{kN}$

  $$M = -M_2 + V_2 x - w_u x^2/2 = -175.6 + 157.35x - 43.28x^2/2$$

  $x = 3.64\,\text{m}$ 에서 $M_{\max} = 110.432\,\text{kN} \cdot \text{m}$

(3) 철근량 및 정착길이 산정

① 경간 1-2 단면 설계 : $M_u = 253.15\,\text{kN} \cdot \text{m}$

<u>유효폭 산정</u>

$b = 3000\,\text{mm}$, $b_w = 300\,\text{mm}$, $b_1 = b_2 = 1350\,\text{mm}$, $l_0 = 0.8(8000) = 6400\,\text{mm}$

$b_{e1} = 12(100) + 300 = 1500\,\text{mm}$

$b_{e2} = (6400)/4 = 1{,}600\,\text{mm}$ 따라서 $b_e = 1500\,\text{mm}$ 로 한다.

유효깊이 d : 콘크리트 덮개 30 mm, 스터럽 철근 10 mm, 철근 직경 25 mm를 가정하면

$d \approx 500 - 30 - 10 - 25/2 = 447\,\text{mm}$

$f_{ck} = 25\,\text{MPa}$, $f_{cd} = 0.65(0.85 \times 25) = 13.8\,\text{MPa}$

$f_y = 500\,\text{MPa}$, $f_{yd} = 0.9(500) = 450\,\text{MPa}$

플랜지 전체가 압축을 받는 경우 최대 저항 모멘트 M_{flange}

$M_{flange} = f_{cd} \times b_e \times h_f \times (d - h_f/2)$

$\qquad = (13.8)(1500)(100)(447 - 100/2) \times 10^{-6} = 821.8\,\text{kN} \cdot \text{m}$

$m_u = 253.15 \times 10^6/(13.8 \times 1500 \times 447^2) = 0.0612$

$z = 447[0.5 + \sqrt{0.25 - 0.0612/2}] = 433.0\,\text{mm}$

필요 $A_s = 253.15 \times 10^6/(433 \times 450) = 1300\,\text{mm}^2$

설계 $A_s = 3\text{D}25 = 1500\,\text{mm}^2$

최소 철근량 검토

$$f_{ctm} = 0.3\,(f_{cm})^{2/3} = 0.3\,(25+4)^{2/3} = 2.83\,\mathrm{MPa},\ b_w = 300\,\mathrm{mm},\ d = 447\,\mathrm{mm}$$

$$A_{s,\min} = 0.26\frac{f_{ctm}}{f_y}b_w d = 0.26\frac{2.83}{500}(300)(447) = (0.00147)(300)(447) = 197\,\mathrm{mm}^2$$

정착길이 산정

$$f_{sd} = f_{yd}(A_{s,rqd}/A_{s,prov}) = 450\,(1300/1500) = 390\,\mathrm{N/mm}^2$$

$$f_{ctd} = \phi_c(0.7 f_{ctm}) = 0.65\,(0.7\times2.83) = 1.29\,\mathrm{MPa}$$

양호한 부착조건으로 가정하면 식 (5.1-5)에서 $\eta_1 = 1.0$이고, 사용 철근지름 25 mm이므로 $\eta_2 = 1.0$이다. 식 (5.2-2)를 사용하여 필요 정착길이 $l_{bd,rqd}$를 산정한다.

$$f_{bd} = 2.25\eta_1\eta_2 f_{ctd} = 2.25\,(1.0)(1.0)(1.29) = 2.9\,\mathrm{MPa}$$

$$l_{bd,rqd} = (d_b/4)(f_{sd}/f_{bd}) = (25/4)(390/2.9) = 840\,\mathrm{mm}$$

$\alpha_1 = 1.0$으로 하면 $l_{bd} = l_{bd,rqd} = 840\,\mathrm{mm}$ 이다.

경간 1−2에서 하부 철근 절단

철근 한 가닥을 절단하면, $A_s = 2\mathrm{D}25 = 1000\,\mathrm{mm}^2 > A_{s,\min}$

$$a = A_s f_{yd}/(f_{cd}b_e) = (1000\times450)/(13.8\times1500) = 21.7\,\mathrm{mm}$$

$$z = d - a/2 = 447 - 21.7/2 = 436\,\mathrm{mm}$$

$$M_d = 450\times1000\times436/10^6 = 196.2\,\mathrm{kN\cdot m}$$

경간 1−2에서 경우 1로부터 $M_u = M_d = 196.2\,\mathrm{kN\cdot m}$ 되는 점을 찾는다.

$196.2 = 148.0x - 43.28\,(x^2/2)$에서 받침점으로부터 각각 $x = 1.80\,\mathrm{m}$, $x = 5.04\,\mathrm{m}$ 되는 곳이다.

최대 모멘트 발생점은 받침점에서 3.42 m 되는 곳이다.

$\alpha_1 = 1.0$으로 하면 $l_{bd} = l_{bd,rqd} = 840\,\mathrm{mm}$ 이다.

② 받침점 2에서 철근량 산정 : $M_u = 296.0\,\mathrm{kN\cdot m}$

$$m_u = 296.0\times10^6/(13.8\times300\times447^2) = 0.358$$

$$z = 447[0.5 + \sqrt{0.25 - 0.358/2}] = 343.0 \text{ mm}$$

$$\text{필요 } A_s = 296.0 \times 10^6/(343 \times 450) = 1918 \text{ mm}^2$$

$$\text{설계 } A_s = 3\text{D}\,29 = 1920 \text{ mm}^2$$

$$l_{bd,rqd} = (d_b/4)(f_{sd}/f_{bd}) = (29/4)(450/2.9) = 1125 \text{ mm}$$

$\alpha_1 = 1.0$으로 하면 $l_{bd} = l_{bd,rqd} = 1125 \text{ mm}$ 이다.

받침점 2에서 상부 철근 절단

철근 한 가닥을 절단하면, $A_s = 2\text{D}\,29 = 1280 \text{ mm}^2 > A_{s,\min}$

$$a = A_s f_{yd}/(f_{cd}b_e) = (1280 \times 450)/(13.8 \times 300) = 139.0 \text{ mm}$$

$$z = d - a/2 = 447 - 139.0/2 = 378 \text{ mm}$$

$$M_d = 450 \times 1000 \times 378/10^6 = 170.1 \text{ kN·m}$$

• 경간 1−2

경우 2로부터 $M_u = M_d = (-)170.1 \text{ kN·m}$ 되는 곳을 찾는다.

$-170.1 = 136.0x - 43.28(x^2/2)$에서 좌측 받침점으로부터 $x = 7.35 \text{ m}$ 또는 경간 1−2의 받침점 2에서 $8.0 - 7.35 = 0.65 \text{ m}$ 되는 곳이다.

경우 3에서 $(-)$휨모멘트가 0이 되는 점을 찾는다.

$0 = 53.0x - 19.5(x^2/2)$에서 좌측 받침점에서 $x = 5.50 \text{ m}$ 되는 곳 또는 받침점 2에서 $8.0 - 5.5 = 2.50 \text{ m}$ 되는 곳이다.

• 경간 2−3 :

경우 2에서 $-170.1 = -296.0 + 189x - 43.3(x^2/2)$ 경간 2−3의 받침점에서 $x = 0.7 \text{ m}$ 되는 곳이다. 그림에서 보는 바와 같이 경간 2−3에서 $(-)$휨모멘트는 항상 발생한다.

최대 모멘트 발생점은 받침점에서 3.42 m 되는 곳이다.

$\alpha_1 = 1.0$으로 하면 $l_{bd} = l_{bd,rqd} = 1125 \text{ mm}$ 이다.

(4) 절단 철근의 정착과 받침점에서 정착

길이방향 인장철근의 절단에 관한 규정은 다음과 같다.

① 부재의 모든 단면에서 휨모멘트에 의한 인장력과 전단에 의해 발생한 경사균열의 영향에 의해 발생한 추가의 인장력을 저항할 수 있도록 충분한 철근량이 배치되어야 한다. 축 인장력의 영향은 '수평 이동'을 이용하여 고려될 수 있다.

최대 모멘트 점(전단력 0점)에서 모멘트가 감소하는 방향으로 거리 a_1만큼 기본 휨모멘트 분포도를 이동시킴으로써 수정 휨모멘트 분포도를 얻을 수 있다. 그러므로 휨모멘트만으로 기초한 이론적 절단점은 최대 모멘트 점에서 거리 a_1만큼 모멘트가 감소하는 방향으로 이동시킨다.

식 (5.3-2)에 의해서

$$a_l = z(\cot\theta - \cot\alpha)/2$$

여기서 $z = 0.9d$

$\quad\quad \alpha =$ 전단보강재와 부재 수평축이 이루는 각

$\quad\quad \theta =$ 콘크리트 스트럿의 경사각, $1.0 \leq \cot\theta \leq 2.5$

$\cot\theta \simeq 2.5$이고 $\cot\alpha = 0$이면 $a_1 \simeq 1.125d$이다.

② 모든 철근은 더 이상 필요하지 않는 점을 지나 l_{bd}만큼 연장해야 한다.

받침점에서 철근 절단점 위치 =이론적 절단점 $- a_l - l_{bd}$이다.

<u>하부 철근</u>

수직 스터럽만을 사용한다면 $\cot\theta \simeq 2.5$, $\cot\alpha = 0$이고, $z = 0.9(447) = 402\,mm$이므로, $a_l \simeq 1.125d = 1.125(447) = 503\,mm$이다.

휨모멘트 분포도를 최대 모멘트 점에서 거리 $a_1 = 503\,mm$만큼 받침점 방향으로 이동시킨다.

철근의 절단 위치는 다음과 같다.

경간 1−2에서 하부 철근: 3D25 중 가운데 철근 1가닥

이론적 절단 위치에서 $l_{bd} = 840\,mm$와 수평이동량 $a_1 = 503\,mm$를 더하면, 철근의 최종 절단위치는 좌측 받침점에서 각각 $(1.80 - 0.503 - 0.840) = 0.457\,m$되는 곳과 $(5.04 + 0.503 +$

0.840)$=6.40\,\mathrm{m}$되는 곳까지이다.

나머지 두 가닥 철근은 단부 받침점 전면을 지나 정착길이 $l_{bd}=0.84\,\mathrm{m}$ 만큼 계속 연장한다. 중간 받침점에서는 $10d_b=10(25)=250\,\mathrm{mm}$ 만큼 정착길이를 둔다.

상부 철근

3가닥 D29 철근을 각각

받침점 2의 좌측으로 $0.65+a_l+l_{bd}=0.65+0.503+1.125=2.28\,\mathrm{m}$

받침점 2의 우측으로 $0.71+a_l+l_{bd}=0.65+0.503+1.125=2.34\,\mathrm{m}$ 길이만큼 받침점에서 연장한다. $(-)$모멘트는 받침점 2의 좌측으로 $2.53\,\mathrm{m}$ 되는 곳에서 0이다. 그러므로 2가닥의 D29철근은 받침점 2의 좌측으로 $2.53+a_l+l_{bd}=2.53+0.503+1.125=4.16\,\mathrm{m}$만큼 연장한다. 우측으로는 경간 2-3 전체를 지나 받침점 3을 넘어 $4.16\,\mathrm{m}$ 만큼 연장한다.

외측 받침점에서 하부 철근의 정착

- 설계에서 외측 단 받침점에 고정성이 확보되지 않는다고 가정하면 배치된 하부 철근 면적의 적어도 25 %는 받침점까지 연장되어야 한다. 정착길이는 보와 받침점 접촉면 전면에서부터 잰 거리이다.
- 중간 받침점에서 정착길이는 철근지름의 10배($10d_b$)보다 짧아서는 안 된다.

5.4 철근이음 Splices of Steel Bars

5.4.1 개 요

공장에서 생산된 철근의 길이가 설계된 길이에 비해 너무 짧다면 이음을 두어야 하며, 시공 중 이음이 필요하거나 여러 가닥으로 조립된 철근망을 사용하기도 한다. 일반적으로 철근을 겹치거나 용접하거나 기계적 장치를 이용하여 철근을 이을 수 있다. 또한 압축상태의 철근의 힘을 전달하기 위해서 철근 끝단면의 접촉 압력을 이용할 수도 있다.

그림 5.4-1에 나타낸 바와 같이 **겹침이음** *lap splice*인 경우에 이어지는 철근 간의 힘 전달은 콘크리트에 의해서 이루어진다. 부착력은 철근의 축에 경사 방향으로 유발된 철근 간의 압축스트럿에 작용한다. 스트럿에 유발된 힘의 방사 성분은 콘크리트 덮개에 인장을 유발시키고 겹침이음 부분에서 극한상태인 경우 쪼갬현상이 생길 수도 있다. 쪼갬 힘이 겹침철근의 단부 쪽으로 상당히 증가하기 때문에 일반적으로 이 부분에서 파괴가 시작된다.

실험에 의하면 일반적인 조건에서 겹침이음은 거의 다 쪼갬으로 파괴됨을 알 수 있다. 그림 5.4-1은 발생 가능한 쪼갬 균열 형상을 나타낸 것이다. 여기서 표면 전체의 덮개가 터지거나 이음 간격에 따라 깔때기 모양으로 터져서 파괴가 일어난다.

휨을 받는 경우에 겹침이음부에 가로방향 철근이 없다면 휨에 대한 철근의 저항은 콘크리트 덮개를 쪼개려는 경향이 커진다. 그러나 일반적인 경우에 이러한 영향은 미미하다. 겹침이음부를 가로방향 철근(스터럽)으로 둘러싸지 않은 경우에는 이음부의 파괴는 급작스럽게 일어나고 부재의 내하력 전체 손실을 일으킨다. 길이방향 인장 주철근을 스터럽으로 둘러 싸면, 파괴가 덜 취성적이며 내하력의 일부가 유지된다.

겹침이음부의 강도는 주로 겹침길이, 이음 철근의 직경과 간격 그리고 콘크리트강도에 따라 정해진다. 이형철근으로 이루어진 겹침이음부의 강도에 대한 겹침길이의 영향은 비례하지는 않으며 쪼갬 힘이 이음길이에 고르게 분포하지 않다는 것을 알 수 있다. 실험 결과 및 해석 결과에 따르면 철근응력, 콘크리트강도, 바닥 및 측면 덮개, 철근 간격, 횡방향 철근량 그리고 부착 조건 등이 겹침이음에 의해서 힘을 전달하는 데 필요한 겹침이음길이에 주로 영향을 끼침을 알 수 있다. 실험에 따르면, 철근 간격이 커질수록 필요한 겹침이음길이가 감소한다는 것을 알 수 있다. 또한 겹침이음부에 스터럽이 촘촘하게 배치되면 겹침이음길이가 감소한다. 그러나 배력근과 같은 직선 철근은 거의 영향을 주지 못한다[5.1, 5.3, 5.4, 5.5].

5.4.2 인장철근의 겹침이음

(1) 겹침이음길이

철근 이음은 이음이 없는 철근으로 보강된 구조 요소의 거동에 비해서 극한한계상태이든 사용한계상태이든 요소의 거동에 부정적으로 영향을 끼치지 않도록 해야 한다. 사용한계상태에서 겹침이음 끝부분의 휨 균열 폭은 이음부를 벗어난 곳에서 균열 폭보다 커서는 안 되며, 길이방향 균열도 나타나서는 안 된다. 그러므로 겹침이음길이를 충분히 확보해서 철근을 둘러싸고 있는 콘크리트가 파괴되거나 콘크리트 덮개가 쪼개지는 일이 일어나지 않도록 해야 하고 겹침이음부의 파괴는 철근의 항복에 의한 것이어야 한다[5.1, 5.4, 5.5, 5.17].

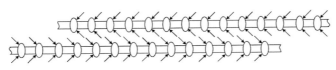

(가) 이음부 철근에 작용하는 힘

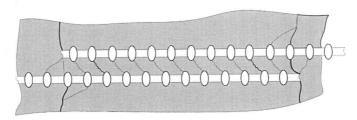

(나) 이음부 콘크리트에 발생한 내부 균열

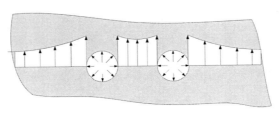

(다) 겹침이음 단면에서 콘크리트에 작용하는 방사형 힘과 쪼갬응력

그림 5.4-1 철근 겹침이음부에서 힘 전달과 균열에 의한 부착파괴

현실적으로 정착길이에 대한 것만큼 인장철근 겹침이음에 대해서도 똑같이 중요하다. 그래서 설계겹침이음길이 l_0에 대해서도 설계정착길이 l_{bd}와 비슷하게 식이 구성된다.

$$l_0 = \alpha_1 \alpha_2 \alpha_3 \alpha_5 \alpha_6 l_b (A_{s,cal}/A_{s,ef}) \geq l_{0,\min} \tag{5.4-1}$$

여기서, l_b : 기본 정착길이

　　　　α_1 : 철근 형상 계수

　　　　α_2 : 콘크리트 피복두께 효과 계수

　　　　α_3 : 콘크리트 구속 계수

　　　　α_5 : 연직방향 압력 계수

　　　　α_6 : 겹침이음 백분율 계수(1.2에서 2.0-겹침이음길이 중심에서 잰 $1.3l_0$ 내에 겹침이음 철근비에 따라 정해진다)

　　　　$l_{0,\min}$: 최소 필요 겹침이음길이

최소 겹침이음길이 $l_{0,\min}$ 는 도로교설계기준 5.11.5.3의 식 (5.11.8)으로 구한다[5.1].

$$l_{0,\min} = \max[0.3\alpha_6 l_b; 15d_b; 200\,\mathrm{mm}] \tag{5.4-2}$$

겹침이음길이는 가장 작은 콘크리트 덮개와 횡방향 철근에 대해서 결정해야 한다는 점을 주목해야 한다. 콘크리트 덮개가 커지고 횡방향 철근량이 증가하면 겹침이음길이가 짧아지기도 한다. 그림 5.4-2는 α_6 를 계산할 때 겹침이음을 고려해야 하는 철근을 나타낸 것이다.

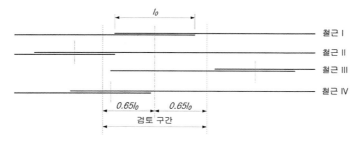

그림 5.4-2 겹침이음된 철근의 비율

표 5.4-1 계수 α_6의 값

총 단면적에 대한 겹침이음 철근의 비율	<25 %	33 %	50 %	>50 %
α_6	1	1.15	1.4	1.5

검토구간 $1.3l_0$ 내에서 겹침이음된 철근의 비율은 50 %이고 표 5.4-1에서 $\alpha_6 = 1.4$이다. 사이 값들에 대해서는 보간값으로 α_6를 결정할 수 있다.

(2) 겹침이음 구간에서 인장철근의 횡방향 간격과 엇갈림 배근

이음을 둔다는 것은 이음 없는 철근을 쓰는 것에 비해 늘 위험성을 내포하고 있다. 그러므로 가능하다면 이음을 두지 말아야 하며 두더라도 응력이 낮은 곳에 두어야 한다. 게다가 길이방 향으로 이음을 엇갈리게 두거나 횡방향으로 이음 간격이 충분하다면 이웃한 이음끼리의 상호 간섭에 의한 응력 집중 현상을 피하거나 줄일 수 있다.

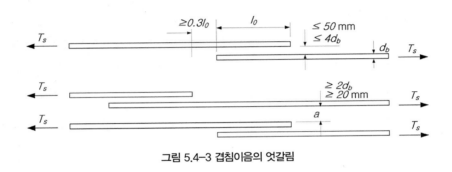

그림 5.4-3 겹침이음의 엇갈림

이음을 엇갈리게 두면 이들 이음의 중간점 사이의 거리가 겹침길이의 1.3배보다 크면 서로 간 에 아무런 영향을 주지 않는다. 그림 5.4-3에 보인 바와 같이 이웃한 이음 간의 수평 순간격을 직경의 2배 이상 그리고 적어도 20 mm보다 작지 않게 하여 콘크리트 덮개의 쪼개짐을 막아야 한다(이 간격은 필요 겹침길이를 결정할 때 가정한다). 철근 직경의 4배($4\,d_b$) 이상으로 철근 순간격을 유지하면서 겹침이음을 두면, 철근 사이에 스트럿이 형성되기 때문에 철근 간격이 넓어지면서 겹침이음길이도 길어져야 한다. 스트럿－타이 모델을 이용해서 횡방향 철근량을 계산한다. 이음을 둔 철근의 허용 비율은 기본적으로 철근 종류와 하중영향에 따라 결정된다. 겹침이음을 둔 인장철근에 대해서, 부착성이 좋은 철근인 경우 100 %에서 원형철근으로 반복 하중을 받는 경우에는 정적 하중이든 반복하중이든 25 %에 이르기까지 달라질 수 있다. 부재 연결부가 한 단 이상으로 배치되는 경우에는 한 단면에서 겹침이음을 둔 인장철근의 허용비율 은 겹침이음의 단일단으로 된 연결부에 대해서 50 %로 감소되어야 한다. 한 단에 비해서 여러 단으로 된 100 % 이음인 경우에 이러한 제한이 필요하다. 그러한 경우에는 콘크리트가 큰 응력을 받고 더 긴 길이에 걸쳐 있기 때문이다. 횡방향 배력철근이라면 모든 철근을 한 단면에서 이어도 된다. 한 단면 내에 겹침이음은 될 수 있으면 대칭으로 두는 것이 좋고 그렇지 않다면 부재의 외각 표면과 나란하게 두는 것이 좋다[5.1].

(3) 필요 횡방향 철근

횡방향 철근은 쪼갬 힘과 잠재적인 길이방향 균열의 폭을 억제한다. 그러므로 횡방향 철근은 이음 부분에 반드시 두어야 한다. 필요하다면 추가의 철근을 배치하는 것이 좋다. 이음을 둔 철근의 횡방향 보강은 그림 5.4-4에 보인 바와 같이 이음길이의 양 외측 1/3되는 곳에 두어야 한다. 이음을 둔 철근의 지름이 20 mm보다 작다면, 다른 이유로 배치한(배력 철근이나 전단보강 스터럽 등) 최소 횡방향 철근량으로 충분하다. 이음을 둔 철근의 지름이 20 mm보다 크다면, 횡방향 철근 한 가닥의 전체 면적이 이음된 한 가닥의 철근 면적보다 작아서는 안 된다. 보나 기둥인 경우에 횡방향 보강이 스터럽이나 띠철근으로 형성되지만, 슬래브나 쉘인 경우에는 콘크리트 인장강도에 의존하도록 허용되며 직선철근을 횡방향 보강철근으로 사용할 수 있다. 지속적으로 압축력을 받는 압축철근인 경우, 겹침이음길이 양단의 외측 $4d_b$ 안에 한 가닥의 횡방향 철근을 배치해야 한다[5.1].

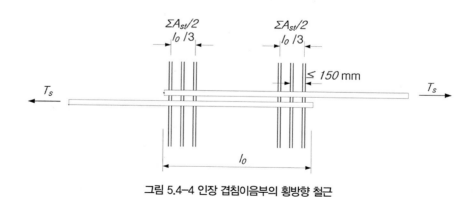

그림 5.4-4 인장 겹침이음부의 횡방향 철근

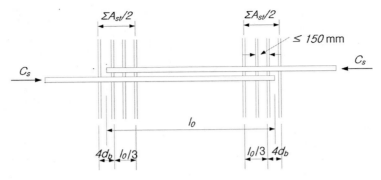

그림 5.4-5 압축 겹침이음부의 횡방향 철근

5.4.3 다발철근의 겹침이음

다발철근의 이음은 겹침이음, 용접 또는 기계적 장치 등을 이용해서 이루어질 수 있다. 이음은 어떠한 단면에서든지 한 번에 한 가닥만 할 수 있다. 불량한 균열거동과 강성의 급격한 변화로 생기는 지나치게 큰 국부 콘크리트 응력을 피하기 위해서 각각의 철근이음은 엇갈리게 두어야 한다. 2가닥에서 4가닥으로 된 다발철근에 대한 개별 철근의 겹침이음길이의 적어도 1.3배 정도로 엇갈리게 두어야 한다. 도로교설계기준 5.11.7.3에서는 등가지름 $d_{b,n}(= d_b\sqrt{n})$ 을 사용하여 겹침이음길이를 계산해야 한다고 규정하고 있다. 이것은 초과하중을 받을 때 이어진 철근이 취성파괴가 예상되는 이음부보다 이음부에서 떨어져 있는 부분에서 연성항복에 의해 파괴되도록 하는 것이다. D16보다 가는 철근의 최대 응력보다 응력이 작은 부위에서는 이 규정을 만족하지 않아도 이러한 이음을 사용할 수 있다[5.1].

5.4.4 압축철근 이음

기둥의 압축철근은 주로 각 층 바닥 바로 위에서 이음을 둔다. 이 이음은 긴 기둥철근을 배치하고 고정시키는 작업을 쉽게 하기 위하여 사용되며, 또한 층이 높을수록 하중을 적게 받기 때문에 가능한 감소된 기둥철근면적이 허용되는 상부바닥에서 이음을 둔다. 압축철근은 겹침이음, 용접이음, 단부지압이음 또는 기계적 장치로 이어질 수 있다. 압축이음에 대한 겹침이음길이는 도로교설계기준 5.11.4.5의 기본 정착길이보다 길어야 한다($l_0 > l_b$)[5.1].

서로 다른 크기의 철근을 압축부에서 겹침이음을 할 때 그 이음길이는 굵은 철근의 정착길이 또는 가는 철근의 이음길이 중 긴 것으로 한다. 큰 직경의 철근의 겹침이음에 대한 제한사항에 예외적으로 D41과 D51 철근은 D35 이하의 철근에 겹침이음 할 수 있다.

철근의 단부지압이음은 압축력을 전달하기 위한 효과적인 방법 중 하나이다. 이와 같은 경우에 철근은 적절한 장치에 의해 일직선으로 고정되어야 한다. 철근단부 면은 직각에서 1.5°의 오차 이내로 수평면이어야 하고 철근은 조립 후 지압면과의 오차는 3° 이내로 되어야 한다. 폐합띠철근, 폐합스터럽, 또는 나선철근을 묶어주어야 한다.

5.4.5 기둥철근의 이음

기둥에서 사용되는 겹침이음, 맞대기 용접이음, 기계적 접합 또는 단부지압이음에 대해서는 특별한 제한 사항을 두고 있다. 기둥에서 철근은 압축력 또는 인장력을 받을 수 있지만 하중조합에 따라서는 압축력과 인장력을 모두 받을 수 있다. 따라서 기둥 철근의 이음은 오직 압축이음 또는 인장이음에 대한 요구사항 또는 두 이음에 대한 요구사항에 대하여 모두 만족해야 한다. 보통의 압축 겹침이음은 충분하게 인장에 견디지만, 단부지압이음은 이음이 엇갈려 있지 않다면 인장에 대한 추가 철근이 필요하다. 겹침이음의 경우 계수하중으로 인한 철근응력이 압축인 곳에서 기둥철근의 겹침이음은 압축이음에 대한 앞 절에서 제시된 규정을 따라야 한다. 또한 $0.0015hs$ 이상의 면적을 갖는 띠철근이 전체 이음길이에 사용되었다면 이음길이에 0.83을 곱할 수 있으나 최소한 300 mm 이상이어야 한다. 여기서 s는 띠철근 간격이고 h는 부재의 전체 깊이이다. 나선철근으로 구속한다면 그 이음길이는 0.75를 곱하여 산정할 수 있으며 이때에도 이음길이는 최소한 300 mm 이상이어야 한다. 단부지압이음은 압축이음에 유용하나, 엇갈려 이음을 두거나 지압이음부에 이음이 없는 철근이 있어야 한다[5.1].

예제 5.3 철근콘크리트 교량 바닥판 슬래브에서 겹침이음

두께 300 mm인 교량 바닥판 슬래브가 D25로 보강된다. 콘크리트강도 $f_{ck} = 35\,\mathrm{MPa}$, 철근 항복강도 $f_y = 500\,\mathrm{MPa}$이다. (−)휨모멘트와 (+)휨모멘트에 대해 각각 상부 및 하부 철근에 직각방향으로 150 mm 간격으로 횡방향 철근이 배근된다. 이 철근은 피복두께 45 mm를 확보하며 바깥 단에 배치된다. 적절한 겹침이음길이를 결정한다.

먼저, 부착강도와 기본정착길이를 결정한다.

<u>부착강도</u> $f_{bd} = 2.25\eta_1\eta_2 f_{ctd}$

$$f_{ctd} = 0.21\phi_c(f_{cm})^{2/3} = 0.21(0.65)(35+4)^{2/3} = 1.57\,\mathrm{MPa}$$

상부 철근은 부착조건이 '불충분'하므로 $\eta_1 = 0.7$이다.

하부 철근은 부착조건이 '양호'하므로 $\eta_1 = 1.0$이다.

지름이 32 mm 이하인 철근에 대해서 $\eta_2 = 1.0$이다.

상부 철근: $f_{bd} = (2.25)(0.7)(1.0)(1.57) = 2.47\,\mathrm{MPa}$

하부 철근: $f_{bd} = (2.25)(1.0)(1.0)(1.57) = 3.53\,\mathrm{MPa}$

철근은 최대 응력을 받는다고 가정한다.

$$f_{sd} = f_{yd} = \phi_s(f_y) = 0.9(500) = 450\,\mathrm{MPa}$$

<u>기본정착길이</u> $l_b = (d_b/4)(f_{sd}/f_{bd})$

상부 철근: $l_b = (25/4)(450/2.47) = 1140\,\mathrm{mm}$

하부 철근: $l_b = (25/4)(450/3.53) = 800\,\mathrm{mm}$

직선철근이므로 $\alpha_1 = 1.0$이다.

철근 순간격 $a = 150 - 25 = 125\,\mathrm{mm}$이고 피복두께 $c = 45\,\mathrm{mm}$(가장자리 피복두께 $c_1 > c$로 가정) $c_d = 45\,\mathrm{mm}$이므로

$$\alpha_2 = 1 - 0.15(c_d - d_b)/d_b = 1 - 0.15(45 - 25)/25 = 0.88\,(> 0.7 < 1.0)$$

외측에 횡방향 철근이 없는 경우(횡방향 철근이 안쪽에 배치된다), $K = 0$이므로 $\alpha_3 = 1.0$이

다. 다른 방법으로 도로교설계기준에 따라 횡방향 철근을 바깥 쪽에 배치한다면, $\alpha_3 = 1.0$이다. 횡방향압력이 없다면 $p = 0$이므로 $\alpha_5 = 1.0$이다.

철근단마다 그림 5.4-6에 보인 바와 같이 겹침이음을 엇갈리게 두기로 한다.

배열방식(가)를 적용하면, II열의 철근은 I열 철근의 겹침길이의 $0.65l_0$ 밖에서 겹쳐진다. 그러므로 철근의 50 %가 단일 단면에서 겹쳐지며 $\alpha_6 = 1.4$이다. 배열방식(나)를 적용하면, I열의 겹침이음된 철근의 $0.65l_0$ 안에 겹쳐진 철근이 없다(II, III, IV열의 철근에 대해서도 마찬가지이다). 그러므로 철근의 25 %만이 단일 단면에서 겹쳐지므로 $\alpha_6 = 1.0$이다.

겹침이음의 최소길이는 식 (5.4-2)로 계산한다.

$$l_{0,\min} > \max[0.3\alpha_6 l_{b,rqd} \,;\, 15d_b \,;\, 200\,\mathrm{mm}]$$

가장 불리한 경우를 고려하면(상부 철근의 배열방식(가))

$$l_{0,\min} > \max[(0.3)(1.4)(1151.5)\,;\, 15(25)\,;\, 200] = 484\,\mathrm{mm}$$

필요 겹침이음길이를 식 (5.4-1)로 구한다.

$$l_0 = \alpha_1\alpha_2\alpha_3\alpha_5\alpha_6 l_{b,rqd} \geq l_{0,\min}$$

<u>상부 철근</u>

배열방식 (가) $l_0 = (1.0)(0.88)(1.0)(1.0)(1.4)(1140) = 1405\,\mathrm{mm}$

배열방식 (나) $l_0 = (1.0)(0.88)(1.0)(1.0)(1.4)(1140) = 1405\,\mathrm{mm}$

<u>하부 철근</u>

배열방식 (가) $l_0 = (1.0)(0.88)(1.0)(1.0)(1.4)(800) = 986\,\mathrm{mm}$

배열방식 (나) $l_0 = (1.0)(0.88)(1.0)(1.0)(1.4)(800) = 986\,\mathrm{mm}$

배열방식 (나)에서는 한 단면에서 철근의 25 %만이 겹쳐지므로 횡방향 철근을 둘 필요는 없다.

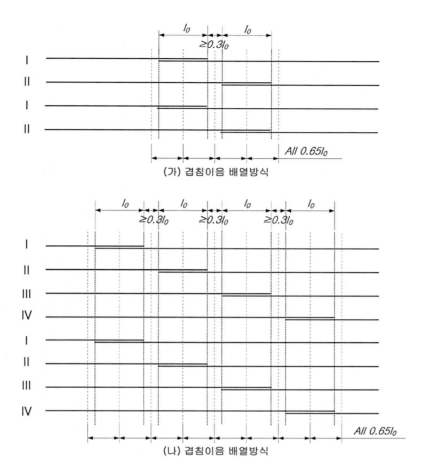

(가) 겹침이음 배열방식

(나) 겹침이음 배열방식

그림 5.4-6 바닥판 슬래브에서 겹침이음 배열방식

□ 참고문헌 □

5.1 (사)한국교량 및 구조공학회 (2015), 도로교설계기준 (한계상태설계법) 해설 2015.

5.2 한국콘크리트학회 (2012), 콘크리트구조기준 해설.

5.3 European Committee for Standardization (2004), Eurocode 2: Design of Concrete Structures, Part 1-1: General rules and rules for buildings, BSi.

5.4 CEB-FIP (2013), fib Model Code 2010, 1st Edition, Ernst & Sohn Gmbh &Co. KG., for Comité Euro-International du Beton.

5.5 International Federation for Structural Concrete (2010), Structural Concrete Textbook on behaviour, design and performance, 2nd Edition. vol. 1, fib bulletin 51, fib.

5.6 Bond Action and Bond Behaviour of Reinforcement, State-of-the-Art Report, Bulletin d'Information 151, Comité Euro-International du Béton, Paris, April 1982.

5.7 C. R. Hendy and D. A. Smith (2007), Designer's Guide to EN 1992-2 Eurocode 2 : Design of Concrete Structures, Part 2 : Concrete Bridges, Thomas, Telford, London, England.

5.8 A. W. Beeby and R. S. Narayanan (2007), Designer's Guide to EN 1992-2 and EN 1992-1-2, Eurocode 2 : Design of Concrete Structures, General rules and rules for buildings and Structural Fire Design, Thomas, Telford, London, England.

5.9 Eurocode 2 Worked Examples (2008), European Concrete Platform ASBL, Brussels, Belgium.

5.10 Beckett, D. and Alexandrou, A. (1997), Introduction to Eurocode 2 Design of Concrete Structures, 1st Edition, E & FN SPON.

5.11 Design Aids for Eurcocode 2, E & FN SPON, 1997.

5.12 ACI Committee 318 (2011), Building Code Requirements for Structural Concrete (ACI 318-M11) and Commentary, American Concrete Institute, Detroit.

5.13 ACI Committee 408 (1979), Bond Stress ― The State of the Art, ACI Journal, Proceedings, Vol. 63, No. 11, November 1966.

5.14 ACI Committee 408 (1979), Suggested Development, Splice, and Standard Hook Provisions for Deformed Bars in Tension, ACI Journal, Vol.1, No. 7, Jan-Feb 1979.

5.15 Eligehausen, R (1979), Tensile Lapped Splices of Ribbed Bars and Straight Ends, DAfStb Heft 310.

5.16 Park, R. and Paulay, T. (1975), Reinforced Concrete Structures, Wiley.

5.17 Macgregor, J.G. and Wright, J.K., Reinforced Concrete Mechanics and Design, 4th Edition, Prentice Hall.

5.18 Mosely, B., Bungey, J., Hulse, R. (2012), Reinforced Concrete Design to Eurocode 2, 7th Edition,

Palgrave MacMillan.

5.19 Bhatt, P., MacGinley, T. J., Choo, B. S. (2013), Reinforced Concrete Design to Eurocodes-Design Theory and Examples, 4th Edition, CRC Press.

06 사용성과 사용한계상태
Serviceability and Serviceability Limit States

콘크리트는 '사용되고 있다는 사실로 존재 가치를 인정받는다.'

— 롤랑 바르트 ^{Roland Barthes} —

06

사용성과 사용한계상태
Serviceability and Serviceability Limit States

6.1 사용한계상태 원칙 Principles of Serviceability Limit States

최근의 구조설계에서 사용성 검토는 그 중요성이 날로 커지고 있으며 이제는 극한한계상태를 검토하는 만큼 중요하게 되어 설계자는 사용성의 중요성을 잘 알고 있어야 한다. 대다수의 설계기준에서는 사용성을 2차적인 문제로 다루고 있다는 점은 아마도 과거의 관행 때문이며 그래서 실제 상황을 모호하게 하는 불리한 점이 되고 있다. 예를 들면, 고층 건물을 설계할 때 기본적인 경제성에 관한 대책 중의 하나는 슬래브 두께를 결정하는 일이다. 슬래브 두께는 구조물의 고정하중에 큰 영향을 주고 그래서 한 층의 높이와 전체 층수에 심각하게 영향을 끼친다. 많은 경우에서 처짐에 대해 설계자들은 허술하게 정해진 경간/깊이 한계값을 이용해서 조잡한 방식으로 이 문제를 다루고 있는 현재의 대다수 설계 규정에 따라 처짐 문제를 다룸으로써 슬래브 두께를 적당히 선정하고 있다[6.1, 6.4, 6.5].

합리적 수준과 현실적 수준에서 사용한계상태에 대해 정말로 합리적인 설계법을 마련하는 데에는 현실적인 어려움이 따른다. 현실적 수준에서 사용성 거동을 예측한다는 것은 상당히 복잡하고 근본적으로 극한상태거동을 예측하는 것보다 정확성이 떨어진다. 이러한 점들을 충분히 고려해서 이 문제들을 다룰 것이다. 합리적 문제도 여기서 좀 더 다루기로 한다.

어떤 사용한계상태에 대해서 실시설계를 수행한다면 다음의 네 가지 본질적인 사항을 검토해야 한다[6.6, 6.7].

- 받아들일 만한 거동에 대한 한계값을 정의하는 기준
- 검토기준하에서 설계 재하조건의 정의
- 검토를 수행하는 데 사용될 설계재료의 물리적 성질의 정의
- 거동을 예측하고 그 예측된 거동을 기준에 비교시킬 수 있는 설계하중 및 재료물성을 이용할 수 있는 거동모델 설정

6.1.1 균열 폭 제어에 대한 원칙

제한 균열 폭을 정의하는 것이 그다지 쉽지는 않다. 균열 폭 제어에 대해 언급되는 공통적인 세 가지 이유가 있다.

- 철근(또는 긴장재) 부식의 위험성을 줄이기 위해서
- 균열 틈새로 용기 내의 내용물이 유출되는 것을 막기 위해서
- 보기 싫은 외관을 막기 위해서

이 세 가지 이유 중 첫째는 여러 해 동안 꾸준한 연구 주제이었지만, 균열 폭과 부식 간의 관계도 부식을 피할 수 있는 특정의 균열 폭을 설정하는 데에 아무런 명확한 근거도 제시하지 못하고 있다. 많은 연구 결과를 보더라도 균열된 콘크리트와 균열이 안 된 콘크리트에서 발견된 부식 간에는 별 차이가 없음을 알 수 있다.

균열 폭이 크면(다른 조건은 바뀌지 않은 상태에서) 분명히 틈새로 새어 나오는 것이 증가할 것이지만 연구 결과에 따르면 균열 폭, 압력 수두, 벽체 두께, 균열 면의 조도 간에 일반적으로 수용할 만한 설계관계식을 구성하기에는 아직 이르지는 못하고 있다. 더구나 벽체나 슬래브를 통해서 새어 나오는 양에 관련된 기본적인 문제는 균열의 수와 균열의 길이이다. 이러한 정보는 현행 균열 공식에는 들어 있지 않다.

균열 폭을 제어하는 일반적으로 가장 중요한 이유로 대체로 외관 문제를 들고 있다. 몇 가지

연구 자료에 따르면 폭의 크기가 0.3 mm 이하인 균열은 불만스럽지 않다고 한다. 그렇더라도, 수용할 만한 균열 폭은 분명히 균열이 관찰될 수 있는 곳까지의 거리와 콘크리트 표면 마감에 따라 달라질 수 있다. 분명한 것은 균열 폭 제한의 정의는 적절한 처짐 제한에 대한 정의만큼 이나 복잡하고 불확실하다는 점이다.

6.1.2 처짐 제어에 대한 원칙

처짐 제어를 위한 경간/깊이 제한 방법 또는 균열 제어를 위한 철근 직경과 간격에 대한 규정을 이용하는 간편 설계법에서는 이러한 네 가지 정보를 명확하게 요구하지 않을 수도 있지만 이것들에 대한 가정은 특정 설계법에서는 묵시적으로 허용되고 있다.

극한한계상태에 대해서는 분명한 단일 기준이 있다. 구조물의 설계강도 R_d는 설계하중영향 E_d보다 작아서는 안 된다는 점이다($R_d \geq E_d$). 강도는 불분명한 양이 아니며 파괴가 일어나지 않고 구조물이 견딜 수 있는 최대 하중영향이다. 하중영향이 이 값보다 작다면, 구조물은 온전하게 남아 있을 것이며 그것보다 더 큰 하중이 가해진다면 구조물은 붕괴될 것이다.

사용성 기준에 관한 분명한 상태를 정의하기는 쉽지 않다. 예를 들면, 어떤 구조물의 처짐이 한계값보다 아주 조금 낮다고 하더라도 전반적으로 만족한다고 말할 수 없으며 한계값보다 처짐이 아주 조금 더 크더라도 만족스럽지 않다고 말할 수는 없다. 현실적으로 이 두 부재의 성능을 판별하기란 거의 불가능하다. 균열 폭이나 진동에 대해서도 마찬가지이다. 더구나 그 기준이란 것이 보편적이지 않다. 어떤 상황에서 허용될 수 있는 처짐이 다른 상황에서는 허용되지 않을 수 있기 때문이다. 왜 처짐을 제한해야 하는지 그 이유는 다양하며 다음은 그 이유들을 완벽하게 나열한 것은 아니고 몇 가지 골라낸 것일 뿐이다.

- 사용자들이 겁을 먹게 할 수도 있을 만큼 눈에 띄는 늘어짐을 막기 위해서
- 슬래브 위에 설치된 칸막이 시설의 손상을 막기 위해서
- 구조 부재로 지지된 정밀한 기계 또는 장비들의 배치 및 기능의 손상을 막기 위해서
- 문틀이 찌그러지거나 창문의 유리가 깨지는 것을 막기 위해서
- 기타

특별한 이유가 문제가 되는지 아닌지는 고려하고 있는 부재와 그것의 기능에 따라 정해질 것이다. 원칙적으로 설계규준에 완벽한 포괄적인 처짐 한계값을 설정한다는 것은 가능하지도 않다. 고려하고 있는 특정 구조물에 대해 기능상의 요건들이 무엇인지를 확립하고 그것에 따라 적절한 한계값을 설정하는 일은 설계기술자들이 해야 할 일이어야 한다. 불행하게도 기준을 제정하는 집필자들이나 설계자들 중 아무도 이러한 개념을 쉽게 받아들이지 않고 있다. 설계기술자들은 자신들이 따라야 할 규정들이 명백하게 정의되기를 바라고 있다. 기술자들은 자신들이 규정을 잘 지켰을 때 구조물이 만족스럽지 않은 거동을 보일지라도 책임에서 벗어날 수 있기를 바라고 있다. 규정 제정자들은, 한계값들이 일반적인 지침에 대해서만 머물러 있다는 것과 기술자들은 그 한계값이 고려하고 있는 특정 구조물에 대해 적절한가를 보장해야 한다는 것을 지적하면서 제한적인 조항들을 규정에 넣고 있다.

6.1.3 응력 제한에 대한 원칙

규정에서 정의해야 할 기준 중의 다른 하나는 **사용응력** *service stresses*에 대한 한계값들이다. 사용하중 하에서 콘크리트 압축응력은 공통적으로 압축강도에 대한 일정 비율로 제한되고 있다. 이렇게 하는 데에는 두 가지 이유가 있다. 첫째로 내구성을 해칠 수도 있는 미세균열이 형성될 수 있는 가능성을 제한하는 것이고 둘째로 선형적 크리잎에 대한 한계를 넘어서는 응력이 오랜 기간 동안에 지속될 경우에 발생할 수도 있는 과도한 크리잎 변형을 피한다는 것이다. 지금까지 알려진 바대로라면, 과도한 압축응력 때문에 내구성에 손상을 입었다고 밝혀진 상황에 대해서 적절하게 문서화된 사례가 존재하지 않으며 과도한 크리잎이 문제가 되었던 경우도 드물다. 시범코드 MC 2010에서는 미세균열이나 길이방향 균열을 막기 위해서 $0.6f_{ck}$의 한계값을 제시하고 있다. 극한한계상태에 대한 계산만으로도 이러한 한계값을 쉽사리 넘지 않게 되기 때문에 이 정도의 한계값이라면 대체로 문제가 생기지 않는다. 유로코드 EC2에서는 과도한 크리잎을 막기 위해서 특정 한계값을 두지는 않고 있으나 '**준고정** *quasi-permanent*' 하중 하에서 $0.45f_{ck}$로 압축응력을 하고 있다. 이것은 높은 응력수준에서는 크리잎 변형이 선형적이라는 가정이 더 이상 맞지도 않고 대체계산 모델이 더 적절할 수도 있다는 점을 정확하게 지적한 것이다.

나머지 하나는 사용하중 하에서 철근응력수준에 대한 한계값인데, 강제변형에 의해 응력이 발생했을 때 일반적으로 그 크기는 항복강도 또는 0.2% **보증응력***proof stress*의 80% 정도이다. 철근의 비선형 거동이 생긴다면 국부적으로 큰 변형이 생길 수 있기 때문에 이러한 제한에 대해 분명한 논리가 있다. 이러한 변형이 생기면 균열 폭이 과도하게 되고 하중이 제거되더라도 균열이 닫히지 않게 된다. 냉간 성형 강재에서는 0.2% 보증응력 이하에서도 선형성이 심각하게 벗어날 수도 있기 때문에 보증응력의 80%로 제한하는 것은 합리적이다.

6.1.4 사용성 검토를 위한 재하

균열에 관한 사용성 조건에 대해 적절한 하중을 정의하는데, 분명한 것은 주변 환경에 따라 가능한 한 다양한 조건들을 고려할 필요가 있다는 것이다. 분명히 크리잎 영향을 산정할 수 있으려면 구조물에 다소 지속적으로 가해질 수 있는 하중을 정의할 필요가 있다. 유로코드 EC2 및 시범코드 MC 2010에서는 '준고정' 하중조합을 정의함으로써 이 문제를 처리하고 있다. 이것은 구조물 자중에 활하중의 일정 비율만큼을 더한 것으로 취하고 있다. 이 비율은 작용하는 하중의 성격에 따라 달라진다.

처짐이나 균열 폭의 최대값을 검토할 때 고려하고 있는 재하상태를 좀 더 염두에 둘 필요가 있다. 고려하고 있는 기준값을 일시적으로 초과할 때 그 현상이 얼마나 심각한가에 따라 조치를 취해야 한다. 예를 들면, 어떤 부재의 전체 처짐에 대한 한계값을 시각적인 관점에서 고려한다면, 하중이 제거된 후 처짐이 한계값 이내로 감소된다고 가정하고 발생한 처짐이 규정된 한계값보다 크다면 과연 문제가 될 수 있을까라는 의문이 생긴다. 일시적인 초과현상이 심각한 것이 아니라면 분명히 구조물의 기대수명 동안에 초과될 확률이 있는 하중을 선택할 수도 있다. 한계값을 초과하는 것이 심각한 문제를 일으킨다면, 예를 들면, 처짐이나 균열 폭이 한계값보다 커져서 부재가 지지하고 있는 벽체나 외관 장식물들에 심각한 손상을 끼친다면 초과할 확률이 낮은 하중을 선정하는 것이 바람직할 것이다. 이러한 하중범위에 대해서, 유로코드 EC2와 시범코드 MC 2010에서는 두 가지 하중조합을 정의하고 있다. 하나는 '**최빈 하중조합** *frequent combination*'이고 다른 하나는 '**희소 하중조합** *rare combination*'이다. 이 하중조합들은 관련된 변동하중의 비율에 따라 달라진다. 주목할 것은 이러한 하중조합이 반드시 모든 사용성 검토에 적절하다는 것은 아니며 설계자는 이 조합들이 고려하고 있는 특정 상황에 적절하다면 제한조건을 충족해야 한다. 가능한 사례로서, 공장 같은 산업 시설물을 설계하는 데 재하조건에 대한 건축주의 요구에 맞춰 '조업 중인 하중조합'을 정의하는 것이 타당할 수도 있다. 재료와 계산모델의 불확실성을 고려하여 조업 조건에서 만족할 만큼 공장의 거동이 보장될 수 있도록 안전율을 적용해야 한다.

6.1.5 재료 강도 기준값

재료의 물리적 성질을 재료의 기준강도에 해당하는 평균값이라고 간주하는 것이 정상적으로는 만족스럽다. 그렇지만 이것이 전적으로 적절하지 않다는 상황이 있을 수 있다. 이러한 예로서 균열 제어를 위한 최소 철근량 규정이다. 최소 철근량보다 적은 철근량 때문에 국부적으로 항복이 일어날 수 있고 계속해서 제어할 수 없는 균열이 생길 수도 있다. 필요한 최소 철근량은 콘크리트의 인장강도와 비례하므로 콘크리트가 기준강도 상태에 있다고 가정하고 평균 인장강도의 추정치보다 더 큰 값으로 평가하여 사용하는 것이 적절할 수도 있다. 콘크리트강도가 기준값보다 더 크게 될 확률이 높다는 것을 명심해야 한다. 이러한 논리에 관한 현실적인 문제는 설계기준이나 규정에서 실제로 흔히 사용되어왔던 것보다 더 큰 철근량을 제시하려는 경향이 있으며 이렇게 함으로써 타협점을 찾으려 하고 있다. 또한 주목해야 할 점은 처짐 예측이나 균열 폭 예측에서 불확실성의 주요 원인은 콘크리트의 인장강도에 대한 불확실성이다. 예를 들면, 설계값보다도 오히려 실제로 예상되는 처짐에 대한 아이디어를 얻어내려면, 단일값으로 하기보다는 콘크리트 인장강도의 일정 범위를 감안하여 처짐의 한계값을 계산하는 것이 좋을 것이다[6.7].

결론적으로 사용한계상태는 기본적으로 극한한계상태와는 다름을 알게 될 것이다. 극한한계상태에 대한 기준은 명확하고 보편적이다. 더구나 구조물의 소유자가 아닌 사람들은 안전하지 않은 구조물 때문에 위험에 처할 수 있기 때문에 안전은 공공의 관심사이다. 그러므로 각 나라의 관계기관은 합리적으로 안전 수준을 제정해야 하며 설계규정 및 기준에 절대적인 조항으로 천명되어야 한다. 다른 한편, 사용한계상태는 구조물이 이용자들이 정한 기능을 만족스럽게 발휘하게끔 보장하는 데 관한 것이다. 사용성에 관한 기준은 일차적으로 이용자와 설계자 간의 문제이며 이용자들이 요구하는 만큼 구조물이 성능을 보이도록 하는 것이 중요하다. 설계

규정이나 기준은 이러한 문제에 관해 단지 조언 정도에 지나지 않으며 대중이 이용자가 아니라면 공공의 관심사가 아니다. 설계자는 자신이 선택한 기준이 이용자의 요구조건을 만족하도록 보장할 의무가 있다. 설계자는 설계규정 뒤에 숨어서는 안 된다.

6.2 균열 형성과 인장강화효과 Crack Formation and Tension Stiffening

6.2.1 균열 형성

일반적으로 균열 발달 과정은 두 단계로 나눌 수 있는데 균열 형성 단계와 균열 안정화 단계이다. 그림 6.2-1은 하중-변형 관계도에서 균열 발달 과정의 두 단계를 나타낸 것이다. 콘크리트 인장응력이 콘크리트의 인장강도에 이르게 되면 균열이 형성되기 시작한다. 하중이 증가하면 강성이 떨어지며 균열의 수가 증가하고 이론적으로 안정 균열 수에 이르게 된다.

실제로, 부착응력의 재분배로 인해 균열 안정화가 이루어지면서 반복하중이나 장기하중을 받는 부재의 균열형상을 완벽하게 고려할 수 없다. 하지만 균열 형성 및 균열 안정화 단계를 구분하면 균열에 대한 논의에 도움이 된다. 여기서는 중심축 인장을 받는 철근콘크리트 부재의 균열 거동을 살펴봄으로써 균열 형성과 그 과정을 다루기로 한다.

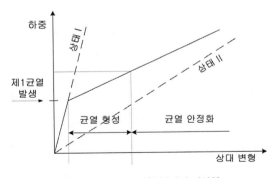

그림 6.2-1 하중-변형 관계의 이상화

(1) 초기 균열 형성 단계

초기 균열은 부재에 아무렇게나 분포된 인장강도가 가장 약한 단면에서 콘크리트 인장응력이 콘크리트 인장강도보다 크게 되면 발생한다. 균열부위에서 콘크리트는 응력을 받지 않으므로 철근이 그 인장하중을 부담한다. 하지만 부착에 의해 철근에서 콘크리트로 인장이 전달되기 때문에 균열 사이의 콘크리트에는 인장응력이 존재한다. 균열에서 좀 떨어진 곳에서는 인장응력이 부착에 의해서 철근에서 철근을 둘러싼 콘크리트로 전달되며, 그래서 균열에서 어느 정도의 길이(전달길이) l_t만큼 되는 곳에서는 균열이 형성되기 전과 같은 응력분포를 유지하게 된다. 전달길이 l_t는 철근에서 콘크리트로 인장력을 전달하는 데 필요한 길이이다. 철근과 콘크리트 간에 미끄러짐이 일어나고 철근의 응력은 균열부위에서 최대에 이르게 된다. 균열 사이에서 부착응력의 크기와 분포에 따라 철근 및 콘크리트의 인장응력 분포가 결정된다.

균열 형성 단계에서 균열 사이에 있는 요소의 일부에서는 철근과 콘크리트의 변형률이 같은 곳이 있는데, 곧 미끄러짐과 부착응력이 생기지 않는 곳이다. 이 위치에서 콘크리트의 변형률과 철근의 변형률은 같으며 콘크리트의 응력은 콘크리트 인장강도보다 조금 작을 뿐이다. 부착응력이 유발되기 시작하는 곳에서(이 단면을 국부 좌표계의 원점 $x = 0$으로 본다), 미끄러짐량 s_0과 이것의 1차 미분값 $s_0{}'$는 둘 다 0이다(그림 6.2-2 참조).

$$s_0 = 0 \tag{6.2-1a}$$

$$s_0{}' = \epsilon_{s0} - \epsilon_{c0} = 0 \tag{6.2-1b}$$

균열 형성 단계에서 균열 간격은 전달길이 ℓ_t의 2배보다 크다. 균열은 균열에서 잰 거리($\pm \ell_t$) 내에서만 콘크리트 응력에 영향을 끼친다. 이웃 균열까지의 최소 거리는 ℓ_t(균열이 거리($\pm \ell_t$) 내에서 콘크리트 응력을 콘크리트 인장강도 이하로 낮추기 때문이다)이다. 그다음 균열은 이 영역 밖에서 형성된다. $2\ell_t$보다 더 먼 거리에서 균열이 생긴다면, 그 사이 단면에서 또 다른 균열이 형성될 수 있다. 균열 부근의 응력 재분배로 균열이 생긴 부재는 인장을 받아 신장되며 그 결과로 균열 폭이 더 넓게 열린다. 또한 이 때문에 부재의 강성도 떨어진다.

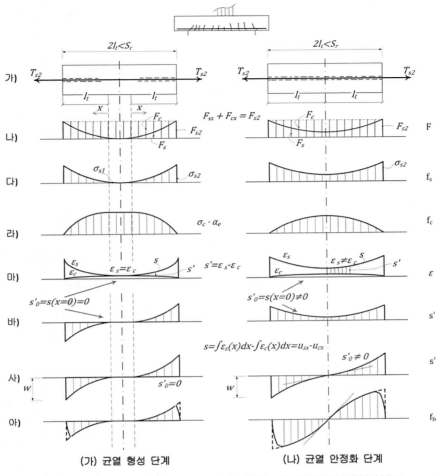

그림 6.2-2 두 개의 균열 사이에서 힘, 응력, 변형률, 미끄러짐 및 부착응력의 분포

(2) 균열 안정화 단계

인장력이 증가하면, 2차 균열이 그다음 약한 곳에서 형성된다. 이 두 번째 균열은 첫 번째 균열과 관련된 영역에서 콘크리트 응력이 감소하기 때문에 첫째 균열의 ℓ_t 거리 내에 생기지 않는다. 인장력이 더 커지면, 최대 균열 간격이 어느 곳이든 $2\ell_t$가 될 때까지 계속해서 균열이 발생할 것이다. 그다음에 더 이상의 균열이 발생하지 않고 하중이 더 커지면 이미 생긴 균열의 폭이 넓어진다. 이러한 상태를 '안정화' 균열상태라고 한다. 부재 강성은 계속해서 감소할 것이며 인장 측에는 오로지 철근만을 고려하여 완전 균열 단면의 강성에 근접하게 된다.

모든 균열 간격이 ℓ_t와 $2\ell_t$ 사이의 값이라면 균열 형상은 이론적으로 완전히 이루어진 것이다. 이 단계를 균열 안정화 단계라고 한다(그림 6.2-2(나)).

$$s_0 = 0 \qquad\qquad\qquad\qquad (6.2\text{-}2a)$$

$$s_0{}' = \epsilon_{s0} - \epsilon_{c0} > 0 \qquad\qquad\qquad (6.2\text{-}2b)$$

6.2.2 인장강화효과

(1) 중심축 인장을 받는 철근콘크리트 부재

그림 6.2-3(가)는 단면 A_c 중심에 철근량 A_s가 배근되어 있는 철근콘크리트 부재를 나타낸 것이고 이 부재는 중심축방향으로 인장력 N을 받고 있다. 인장력을 받으면 콘크리트에는 균열이 생길 것이고 어느 정도 규칙적으로 균열이 형성된다. 그림 6.2-3(나)는 이 부재에서 일어나는 하중-평균 변형률 관계를 나타낸 것인데 여기서 평균 변형률이란 신장량 $\Delta\ell$을 부재길이 ℓ로 나눈 값 $\Delta\ell/\ell$이다. 전반적인 관계를 살펴보면 몇 단계로 나눌 수 있다[6.6].

- 단계 1 : 콘크리트에 아직 균열이 생기지 않았으며, 철근콘크리트 인장부재의 강성은 비교적 큰 편이다.
- 단계 2 : 인장력이 커지면서 콘크리트에 균열이 생긴다. 균열이 많이 생길수록, 하중-변형률 관계는 점선으로 나타낸 것과 같이 묻혀 있지 않은(부착이 안 된) 철근의 경우와 비슷하게 된다.
- 단계 3 : 철근이 항복상태에 이르게 되어, 인장력은 더 이상 증가하지 않는다.

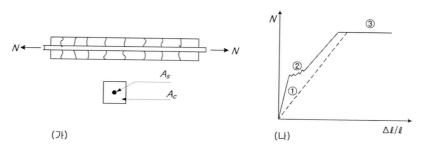

그림 6.2-3 중심축방향 인장 부재의 하중-변형률 관계

단계 2에서 균열 사이의 콘크리트 요소들은 각 요소의 인장강성에 보탬이 된다. 이러한 미캐니즘을 **인장강화효과**_tension stiffening_라고 한다. 그림 6.2-4는 이 미캐니즘을 나타낸 것인데 두 개의 균열 사이에서 콘크리트는 철근과 콘크리트 간의 부착에 의해서 힘을 받게 된다. 여기서 f_b는 부착응력, f_{bm}은 평균 부착응력, f_{ct}는 콘크리트에 생긴 인장응력이다.

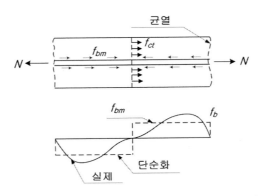

그림 6.2-4 두 개의 균열 사이에서 철근에서 콘크리트로 하중 전달과정

(2) 강제 변형을 받는 중심축 배근 콘크리트 인장부재의 거동

부재 길이를 따라 생기는 실제 부착응력의 분포는 비선형이다. 또한 균열 간격이 일정하지 않기 때문에, 콘크리트의 평균적인 부담 몫을 정확하게 산정하는 것은 매우 어렵다. 계산을 단순화하려면, 철근을 따라 일정한 크기의 평균적인 부착응력을 가정해야 하고 그래야만 해석이 가능하다. 이것은 앞으로 계산과정이 그림 6.2-5에 보인 바와 같은 부착응력-미끄러짐량 관계를 근거로 한다는 것을 뜻한다.

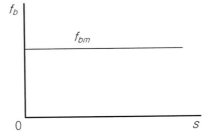

그림 6.2-5 부착응력-미끄러짐량 관계의 가정

조금 더 단순화하려면, 콘크리트 인장강도가 부재 길이에 따라 변하지 않는다고 가정한다. 이와 같은 가정을 두고, 강제변형을 받는 부재의 거동을 살펴보기로 한다. 콘크리트에 아직 균열이 생기지 않은 단계에서 철근의 변형률과 콘크리트의 변형률은 같은 크기이다. 그러므로 평형상태에서 철근과 콘크리트가 각각 부담하는 축력은 다음과 같다고 볼 수 있다.

$$\text{콘크리트 부담 축력 } N_c = \epsilon E_c A_c \tag{6.2-3}$$

$$\text{철근 부담 축력 } N_s = \epsilon E_s A_s \tag{6.2-4}$$

평형관계식은 다음과 같다.

$$N = N_c + N_s = \epsilon E_c A_c (1 + n\rho) \tag{6.2-5}$$

여기서, $n = E_s/E_c$이고 $\rho = A_s/A_c$이다.

강제 변형이 더 커지면, 콘크리트의 인장응력은 어느 순간에 인장강도에 이르게 되며(그림 6.2-6(가)), 어느 한 단면에서 최초의 균열이 생길 것이다. 균열이 생긴 곳에서 콘크리트 인장응력 $f_{ct} = 0$이다. 바로 이곳에서는 철근이 전체 인장력 N을 부담해야 한다. 철근과 콘크리트 간의 부착이 있기 때문에 균열의 양쪽에서, 콘크리트는 다시 인장력의 일부를 부담하려 한다. 균열의 양쪽으로 힘의 전달이 생기는 구간을 불연속 영역이라고 한다. 이러한 불연속 영역을 벗어난 곳에서는 철근의 변형률과 콘크리트의 변형률이 같은 크기로 있는 교란되지 않은 상태로 간주한다. 균열의 발생으로 사라진 콘크리트 부담 인장력을 다시 전달하기 위해 필요한 거리(부착전달길이 ℓ_t)는 부착강도에 따라 정해진다. 여기서 그림 6.2-6에 보인 바와 같은 미캐니즘이 적용된다. 철근길이를 따라 일정한 부착응력이 작용한다고 가정한다면(그림 6.2-6(마)), 전달길이 ℓ_t 내에서 콘크리트 응력 및 철근응력의 분포 형상은 선형이다(그림 6.2-6(다), (라)).

부재가 꾸준히 신장되고 있다면, 첫 번째 균열이 생긴 후에 부재력은 떨어질 것이다. 이러한 현상은 불연속 영역이 생성되어 부재의 전체 강성이 감소한다는 사실을 근거로 설명될 수 있다. 균열이 발생하는 중에 부재의 전체 변형률이 결과적으로 일정한 상태로 유지된다면(강제변형의 원리), 부재력은 그림 6.2-7(나)와 같이 N_{cr1}에서 N_0로 떨어져야 한다.

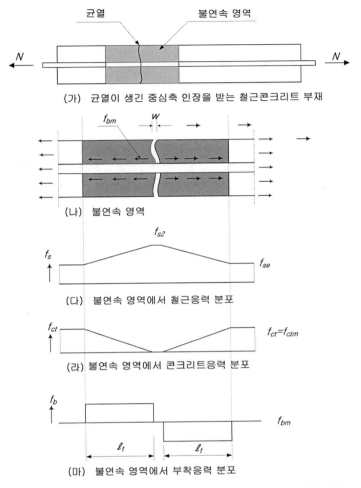

(가) 균열이 생긴 중심축 인장을 받는 철근콘크리트 부재

(나) 불연속 영역

(다) 불연속 영역에서 철근응력 분포

(라) 불연속 영역에서 콘크리트응력 분포

(마) 불연속 영역에서 부착응력 분포

그림 6.2-6 균열로 인해 교란된 영역에서 철근응력 및 콘크리트 응력 분포

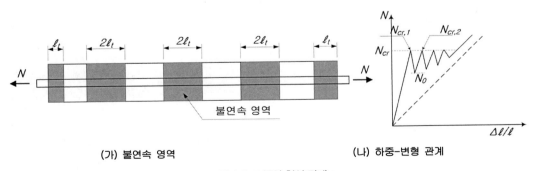

(가) 불연속 영역

(나) 하중-변형 관계

그림 6.2-7 균열 형성 단계

변형이 증가함과 동시에 인장력이 다시 증가하지만, 이 값은 부재 내에 균열 발생 인장력보다 클 수 없다. 왜냐하면 새로운 균열이 형성되면서 이런 현상을 방해하기 때문이다. 또한 새로운 균열 주위에는 불연속 영역이 생긴다. 새로운 균열이 형성되어서 축방향 인장력이 균열 발생 인장력 N_{cr} 보다 커질 수 없게 되는 단계를 균열 형성 단계라고 한다. 균열로부터 ℓ_t 되는 점에서 콘크리트 인장강도에 이르게 된다.

여기서 한 가지 중요한 결론은 새로운 하나의 균열은 한 균열에서 ℓ_t 거리 내에서는 절대로 생기지 않는다는 것이다. 이 영역 내에서는 콘크리트 인장강도에 이르지 못하기 때문이다. 그래서 ℓ_t 값은 인장강화효과를 산정하는 데 상당히 중요하다.

새로운 균열이 형성되는 시점에서 교란되지 않은 영역에서 콘크리트 응력은 평균 인장강도 f_{ctm} 과 같게 될 것이고 균열 발생 인장력은 다음과 같다.

$$N_{cr} = A_c f_{ctm} \left(1 + n\rho\right) \tag{6.2-6}$$

균열에서 철근응력 f_{s2} 는 다음과 같다.

$$f_{s2} = f_{sr2} = \frac{N_{cr}}{A_s} = \frac{f_{ctm}}{\rho}(1 + n\rho) \tag{6.2-7}$$

부착 – 미끄러짐이 발생한 불연속 영역 사이에 있는 교란되지 않은 영역에서 철근응력 f_{s1} 는 인장력 N_{cr} 상태에서 최대값에 이르러 다음과 같다.

$$f_{s1} = n f_{ctm} \tag{6.2-8}$$

균열 부위에서 콘크리트 응력은 0이고 균열에서 ℓ_t 되는 곳에서는 f_{ctm} 이기 때문에, 길이 ℓ_t 되는 곳에서 콘크리트 부담인장력은 다음과 같아야 한다.

$$N = A_c f_{ctm} \tag{6.2-9}$$

평균 부착응력 f_{bm} 이 작용함으로써 전달길이 ℓ_t 내에서는 다음과 같은 관계가 있다.

$$N = f_{bm} \ell_t \Sigma O \tag{6.2-10}$$

여기서 ΣO는 철근 주변장의 합이다. 두 식 (6.2-9)와 (6.2-10)을 등치하고 정리하면 다음과 같다.

$$\ell_t = \frac{f_{ctm}}{f_{bm}} \cdot \frac{A_s}{\Sigma O} \cdot \frac{1}{\rho} \tag{6.2-11}$$

n가닥의 철근의 전체 단면적은 $A_s = n\pi d_b^2 / 4$이고 전체 주변장의 합은 $\Sigma O = n\pi d_b$이다. 이들 값을 식에 대입하면 다음과 같다.

$$\ell_t = \frac{f_{ctm}}{4 f_{bm}} \cdot \frac{d_b}{\rho} \tag{6.2-12}$$

축방향 변형이 점진적으로 커지면서 균열이 계속 형성된다. 이 균열 발생은 부재 전체가 불연속 영역으로 겹쳐질 때까지 계속된다.

가장 작은 가능한 균열 간격은 불연속 영역의 끄트머리에서 균열이 형성될 때 얻어진다. 그래서 최대 균열 간격은 $2\ell_t$보다 작은 거리에서 다음 균열이 생기는 경우이다. 잔여 길이(비교란 영역)는 콘크리트 인장응력이 인장강도에 다시 이르기에는 너무 짧은 길이이다. 그러므로 균열 간격은 ℓ_t보다 크고 $2\ell_t$보다는 작다. 마지막으로 부재가 불연속 영역으로만 이루어졌을 때, 균열 형성 단계는 종결된다.

강제 변형이 계속 증가하면, 균열 부위에서 철근응력 f_{s2}는 $f_{sr2} = N_{cr}/A_s$보다 크게 된다. 균열 사이에서 부착응력이 최대값에 이르기 때문에, 콘크리트 부담 인장력은 더 이상 증가하지 않는다. 균열 사이에 있는 콘크리트가 강성에 기여하는 정도는 안정화된 균열 단계에서는 일정하다. 따라서 $N - \Delta l/l$ 관계 곡선은 실험에서 관찰된 바와 같이 노출된 철근(상태 II)의 관계곡선에 거의 나란하다.

(3) 하중-변형 관계의 단순화

그림 6.2-8은 철근콘크리트 인장 부재의 거동을 단순화시켜 나타낸 것이다[6.6].

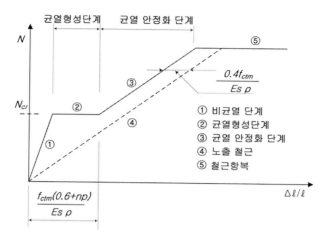

그림 6.2-8 인장력을 받는 중심축 배근 콘크리트 부재의 하중-변형 관계

먼저, 이 관계의 선형 증가 부분 ①에서 콘크리트는 비균열상태이다. 균열 발생하중 N_{cr}에 이르게 되면, 균열 형성 단계 ②가 시작한다. 변형이 증가하면서 처음에는 인장력 N은 균열 발생 인장력 N_{cr}보다 크지 않다. 균열 형성이 종결되는 단계에서는 안정화 균열 단계에 이르게 된다. 인장력은 인장 변형과 함께 꾸준히 증가한다. 그림 6.2-8에서 점선은 노출된 철근의 이론적인 경우에 대해서 $N - \Delta\ell/\ell$ 관계를 나타낸 것이다. 균열된 인장 부재의 반응에 대한 관계는 노출된 철근의 그것과 거의 나란하다. 두 직선 간의 간격은 인장강화효과를 나타내는 것으로서 매우 중요하다. 이 인장강화효과를 산정하기 위해서는, 균열 간의 평균 거리(간격)는 $1.5\ell_t$이라고 가정한다. 그림 6.2-9는 이 가정을 나타낸 것이다[6.6, 6.7].

그림 6.2-9(나)는 균열 사이에서 단순화한 철근응력 분포를 보인 것이다. 균열에서 $x = 0.75\ell_t$인 곳(균열 사이의 중간점)에서 철근응력은

$$f_{sx} = f_{s2} - \frac{0.75\ell_t f_{bm}\pi d_b}{1/4\,\pi d_b^2} \tag{6.2-13}$$

이고 이 식에 식 (6.2-12)의 ℓ_t를 대입하면 다음과 같다.

$$f_{sx} = f_{s2} - 0.75\frac{f_{ctm}}{\rho} \tag{6.2-14}$$

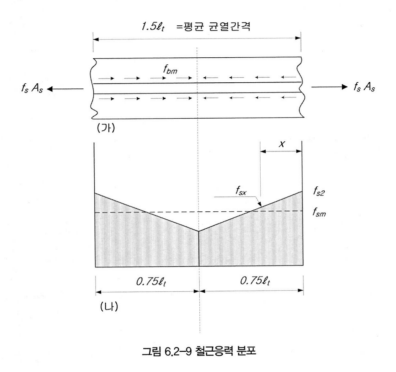

그림 6.2-9 철근응력 분포

그러면 평균 철근응력 f_{sm}은

$$f_{sm} = f_{s2} - 0.375\frac{f_{ctm}}{\rho} \tag{6.2-15}$$

이고 평균 변형률 ϵ_{sm}을 다음과 같이 나타낼 수 있다.

$$\epsilon_{sm} = \frac{f_{sm}}{E_s} = \frac{f_{s2}}{E_s} - 0.375\frac{f_{ctm}}{E_s\,\rho} = \epsilon_{s2} - 0.4\frac{f_{ctm}}{E_s\,\rho} = \epsilon_{s2} - \epsilon_{ts} \tag{6.2-16}$$

이 식에서 마지막 항 ϵ_{ts}은 안정화된 균열 단계에서 인장강화 효과를 나타낸 것이다. 장기간 영향에 대해서 시범코드 MC 2010은 0.40 대신에 0.25를 쓰고 있다. 그림 6.2-8을 이용하면 균열형상이 종결된 것으로 간주할 수 있는 변형률을 결정할 수 있게 된다. 그래서 수평부분 ②를 다음과 같이 쓸 수 있다.

$$N_{cr} = A_c f_{ctm} \left(1 + n\rho\right) \tag{6.2-6}$$

이어지는 경사 부분에서는

$$N = E_s A_s \left(\frac{\Delta \ell}{\ell} - 0.4 \frac{f_{ctm}}{E_s \rho}\right) \tag{6.2-17}$$

두 식을 등치시키면 교점에서 변형률은 다음과 같다.

$$\frac{\Delta \ell}{\ell} = \frac{f_{ctm}\left(0.6 + n\rho\right)}{E_s \rho} \cong \frac{0.6 f_{ctm}}{E_s \rho} \tag{6.2-18}$$

인장부재의 변형률이 이 값보다 작다면, 이것은 균열 형상이 아직 균열 형성 단계에 있다는 것을 뜻한다. 이 값보다 더 크다면, 균열 형상은 안정화되었다고 가정할 수 있다.

그림 6.2-8에 나타낸 관계는 현실을 단순화한 것이다. 최초 균열 발생 후 생기는 첫 번째 수평부분은 부재를 따라 일정한 콘크리트 강도가 발휘된다고 가정했기 때문이다. 이러한 단순화는 균열 형성 단계에서 균열 안정화 단계로 분명한 전환을 보이는 것이므로 계산에 사용되는 것에 아무런 문제가 없다. 균열 형성 단계는 일반적으로 강제 변형인 경우에 적용되지만, 안정화 균열 단계는 하중에 대해서 적용된다. 그러나 현실적으로, 최초 균열 후 수평부분은 없고 어느 정도 경사가 있다. 구조 부재 내에서 콘크리트 인장강도는 일정하지도 않고 후속 균열도 하중이 증가하면서 생기기 때문이다. 이러한 사실은 이미 그림 6.2-3에서 밝힌 바 있다. 실험 결과와 비교해서 최초 균열이 N_{cr} 하중일 때 발생하고 최종 균열이 $1.3N_{cr}$ 하중에서 발생한다고 가정하면 잘 들어맞는다고 볼 수 있다[6.7].

인장강화효과를 나타내기 위해서 그림 6.2-10와 같이 포물선 식을 사용할 수도 있다. 이 그림에서 두 가지의 한계 상황을 고려한다. 비균열상태의 철근콘크리트 인장부재(상태 Ⅰ : 완전 인장강화효과)와 노출된 철근의 가상의 경우(상태 Ⅱ : 인장강화효과 없음)이다. 이 효과를 다음 식 (6.2-19)로 나타낼 수 있다. 이 그림에서 ϵ_I은 상태 I로 가정했을 때 철근의 변형률이고, ϵ_{II}는 완전 상태 II로 가정했을 때 철근의 변형률이다. ξ는 인장강화 효과를 나타내는 계수이다.

$$\xi = 1 - \beta(f_{sr}/f_{s2})^2 \tag{6.2-19}$$

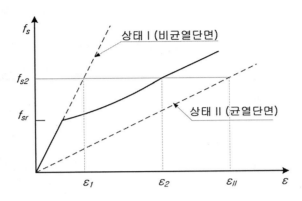

그림 6.2-10 포물선 식으로 가정한 인장증강효과

여기서, f_{s2} : 외부 하중 N_E 작용상태에서 균열 단면에서 철근응력($f_s > f_{sr}$)

　　　　f_{sr} : 부재에 균열 발생하중 N_{cr}이 작용하는 경우 균열 단면에서 철근응력(f_{sr}은 균열 형성 단계에서 철근에 발생하는 최대 응력이다)

　　　　β : 단순 단기 하중인 경우 1.0

　　　　　지속하중 또는 반복하중인 경우 0.5

상태 II에서 인장강화효과를 고려하여 균열 단면의 철근응력 f_{s2}에 해당하는 변형률 ϵ_2는 그림 6.2-9에서 구한다.

$$\epsilon_2 = \xi \cdot \epsilon_{II} + (1 - \xi)\epsilon_I \tag{6.2-20}$$

이 식은 균열상태에서 부재의 변형을 계산하는 간편식이다.

6.3 균열과 균열 제어 Cracks and Crack Control

6.3.1 개 요

콘크리트 구조물에서 균열은 피할 수 없는 것이다. 균열은 덜 굳은 콘크리트든 굳은 콘크리트든 이미 형성된 균열로서 구분되기도 한다. 균열은 하중이나 강제변형 때문에 생기기도 한다.

때로는 표면에 나타난 균열과 콘크리트 내부에 생긴 균열을 구분하기도 한다. 철근 주변에서만 생기고 표면으로는 나타나지 않는 균열을 **미세균열** 微細龜裂 *micro cracks*이라고 한다. 이 미세균열의 존재는 실험적으로 밝혀진 바 있다. 미세균열의 크기와 방향은 하중수준, 철근 돌기의 형상 및 발생된 미끄러짐에 따라 달라진다.

일반적으로 균열이라고 하면 콘크리트 표면에 나타난 균열을 일컫는 것이며 철근으로 제어되어야 한다. 균열의 형상과 폭은 철근의 영향을 받는다. 균열 폭의 크기는 철근 위 또는 아래보다 철근 위치에서 약간 작다. 이것은 부착 영향(또는 인장강화효과)이라는 증거이다.

균열은 주철근에 직각이거나 나란하게 형성될 수 있다. 여기서 주로 다루어질 균열은 주철근에 직각인 균열이다. 철근 축과 나란한 균열을 쪼갬 균열이라고 하며 부착응력의 반경방향 성분에 의해서 생기는데 이 성분이 콘크리트 덮개를 쪼개지게 한다. 이러한 균열은 스터럽으로 제어되어야 한다. 철근이 부식되면 부식 생성물의 체적증가 때문에 철근과 나란하게 균열이 생길 수도 있다. 콘크리트 피복두께가 너무 얇으면 철근의 위치(주로 스터럽 철근)가 드러날 정도로 뚜렷이 균열이 생기기 시작한다.

표면 균열은 눈에 띄고 잴 수 있을 만큼 콘크리트 구성체를 불연속체로 만드는 것이다. 균열 제어는 균열 폭을 허용 한계 이하로 유지하는 것을 뜻한다. 여기서는 균열 현상을 상세히 설명하고 주로 하중에 의해서 생기는 주철근에 직각인 균열에 대해서 기본적으로 균열 제어에 대해 균열 현상을 상세히 설명한다[6.7, 6.10, 6.11, 6.12, 6.13].

6.3.2 균열의 원인 및 종류

(1) 초기 발생 균열과 강제 변형에 의해서 생기는 균열

소성상태의 콘크리트가 가라앉으면서 타설 직후에도 균열은 생길 수도 있다. 굳어지는 동안에

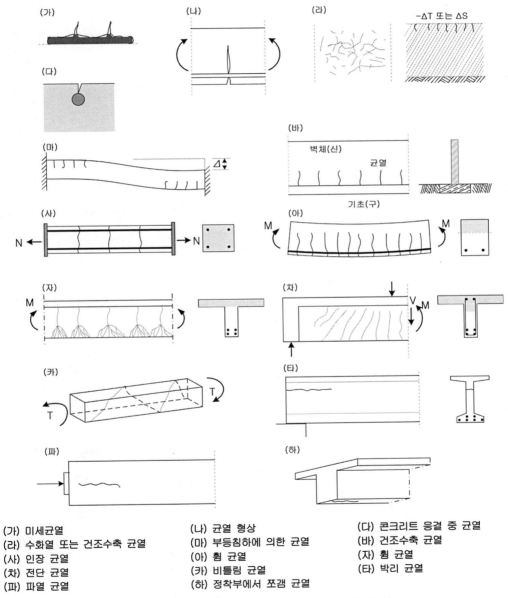

(가) 미세균열   (나) 균열 형상   (다) 콘크리트 응결 중 균열
(라) 수화열 또는 건조수축 균열   (마) 부등침하에 의한 균열   (바) 건조수축 균열
(사) 인장 균열   (아) 휨 균열   (자) 휨 균열
(차) 전단 균열   (카) 비틀림 균열   (타) 박리 균열
(파) 파열 균열   (하) 정착부에서 쪼갬 균열

그림 6.3-1 콘크리트 구조물에 발생하는 균열의 종류

수화열 때문에 내부와 외부 간에 온도 차이가 생겨서 두꺼운 부재에서도 균열이 생기게 된다. 급속하게 수분이 증발하면 **소성 수축균열**(그림 6.3-1(다))이 생길 수 있다. 콘크리트의 소성 수축에 의한 균열은 합성수지 섬유를 넣어주면 감소될 수 있다. 콘크리트 타설 기술과 양생 조건도 콘크리트 균열에 큰 영향을 끼친다. 표면의 열전도를 감소시킴으로써 수화열 때문에 생기는 심한 온도 경사를 피하는 것이 중요하다. 콘크리트가 굳어진 후에, 고정하중과 활하중 외에도, 기초의 부등 침하나 부재의 상단과 하단간의 온도 차이 때문에 생기는 부정정 구조물의 구속력이 균열을 발생시킬 수도 있다. 재령과 단면 치수가 크게 차이나는 부재 연결부에서는 건조수축에 의한 균열이 생길 수 있다. 시공 이음부에서는 부재에 불규칙한 균열 발생을 막기 위해서 콘크리트 건주수축 변형을 집중시키는 것도 중요하다.

(2) 하중에 의한 균열

순수 인장을 받으면 단면 전체에 나란한 균열이 생긴다. 휨 균열은 인장면에서 시작하여 중립축에 이르기 전에 멈춘다. 인장역에 철근을 조밀하게 배치하면 복부보다는 플랜지 내에 균열이 고르게 분포한다. 전단 균열은 전단 응력이 큰 곳에 경사 궤적을 따라 생긴다. 비틀림에 의해서 나선형 균열이 생긴다.

프리스트레스를 도입하면 균열은 거의 부재 축과 나란하게 발생할 수도 있다. 이러한 균열을 수평균열이라고 하며 복부 내의 박리 응력에 의해서 생긴다면 박리 균열로서 또는 긴장재 축 방향의 파열응력 또는 집중하중에 의해서 생긴다면 파열 균열로서 분류된다.

6.3.3 균열 제어 이유

콘크리트에 균열이 나타나는 것은 압축강도에 비해 비교적 낮은 인장강도 때문에 자연스런 현상이다. 균열이 생긴 후에 철근은 균열 전에 인장을 받는 콘크리트가 부담했던 인장력을 부담해야 한다. 이것의 문제는 정상적으로는 균열의 존재가 아니라 균열의 폭과 분포이다.

초기 재령에 발생하는 균열은 기술적인 조치로 막아야 한다. 예를 들면 적절한 콘크리트 타설, 충분한 진동 다짐, 적절한 양생 등이다. 짧은 화학섬유를 넣어주면 초기 재령에 균열이 발생하는 가능성을 낮출 수 있다.

균열은 프리캐스트 부재들 간에 서로 프리스트레스가 가해지지 않았을 경우에 이들 부재에서도 가끔 생긴다. 슬래브의 이음새가 천정에서 눈에 띄는 속빈 슬래브가 전형적인 사례이다. 이것들은 콘크리트 부재 내에 있는 균열은 아니지만(부재강도나 내구성에 영향을 주지 않는다), 기술적인 면을 잘 모르는 사용자들에게는 불쾌감을 줄 수도 있다.

이제 콘크리트 균열의 긍정적인 점을 들어보자. 균열은 종종 분명한 징조를 보이기도 한다. 구조물이 설계에서 가정한 거동과 유사할 수 있는지 아니면 다를 수 있는지를 보여줄 수 있기 때문이다. 아무런 설계 자료도 없는 오래된 구조물인 경우에 균열 형상은 구조물 거동에 대해 아주 중요한 기초 정보이다. 전문지식(정기적인 검사 또는 특별 요청에 대해서)이 있는 경우이면 실제 하중과 저항강도 외에도 균열의 수준을 알아 둘 필요가 있다. 균열은 구조물의 정상적이거나 비정상적인 이용에 의해 생기는 인장응력의 수준과 방향에 대해 좋은 지표이다. 충격, 지진 또는 화재와 같은 돌발적인 상황에서는 심각한 균열을 포함해서 많은 균열이 발생한다. 구조물의 어느 부분이 사용 상태를 유지할 수 있는지에 관한 논의에서도 내부 균열뿐만 아니라 외부 균열에 대해서도 정보가 필요하다.

① 첫째로 미관상의 이유. 한계값을 두어서 구조물의 외관이 손상되지 않고 일반 사람들이 놀라지 않도록 해야 한다. 0.25 mm 이상의 균열 폭은 불안감을 일으킬 수 있다.

② 다른 한편 균열 제어는 철근 부식의 위험성을 줄이기 위해서, 그리고 물이나 가스 등이 새어나오지 않기 위해서 필요하다. 그렇지만, 최근의 연구 결과에 따르면 부식과 균열 폭간에 직접적인 연관성은 없는 것으로 알려져 있다. 0.4 mm에 이를 정도의 균열 폭은 콘크리트 덮개가 충분히 두껍고 밀실하며 염분 침투가 배제되어 있다면 콘크리트 안의 비긴장 철근의 부식 방지를 심각하게 저하시키지는 않는다.

표 6.3-1은 철근콘크리트 부재의 내구성에 영향을 주는 주요 인자들을 정리한 것이다. 콘크리트 덮개의 역할은 비균열 및 균열 부재 양자에서 매우 중요하다. 콘크리트 덮개의 특성은 다음과 같은 것들을 포함하고 있다. 덮개의 유공성 두께, 시멘트 종류 및 함량, 물-시멘트 비. 환경적 영향인자들은 CO_2, O_2, H_2O 그리고 염분 이온(Cl^-)이다. 이것 외에도 균열 폭과 분포도 균열된 콘크리트에 영향을 준다.

표 6.3-1 철근콘크리트 부재의 내구성에 영향을 주는 인자들

철근콘크리트 부재의 **내구성**에 영향을 주는 인자들	

가. 비균열 콘크리트
   – 덮개 두께
   – 덮개의 유공성(개스 및 물에 대한 확산 계수)
   – 시멘트
   – 물–시멘트 비
   – CO_2, O_2, H_2O, Cl^-
	나. 균열 콘크리트
	   비균열 콘크리트 경우 외에도 추가로
	   – 균열 폭
	      $w_{횡단}$
	      $w_{길이방향}$
	   – 균열 분포

덮개 특성과 균열 폭의 상대적 영향 정도는 보통 콘크리트와 고강도/고성능 콘크리트에 대해서 다르다. 보통 콘크리트($f_{ck} \leq 50\,\mathrm{MPa}$)는 훨씬 더 다공성 구조로 되어 있으므로, 덮개를 통해서 그리고 넓은 균열 폭을 통해서 철근의 내구성이 손상되기 쉽다. 고강도/고성능 콘크리트 구조는 훨씬 더 밀실해서(가스 및 수분의 침투가 더디다) 콘크리트 덮개에 의해서 철근의 보호가 더 양호하며 상대적으로 균열 폭의 중요성이 커진다[6.7, 6.10, 6.11].

6.3.4 균열 폭 제한

표면 균열은 종종 균열에서 새어 나온 물질이나 먼지 자국으로 눈에 거슬리게 두드러지게 보인다. 구조물에서 액체나 가스가 새어 나올 가능성은 내부 압력, 콘크리트 두께, 균열의 성질(즉, 전 단면 관통 여부)에 달려 있다.

균열 폭 한계값(철근콘크리트와 프리스트레스트 콘크리트에 대해서 각각 다르다)은 부재의 노출 조건의 함수로써 나타내기도 한다. 노출 조건이 심해질수록, 균열 폭 제한도 강화된다. 실내 조건이라면 균열 폭의 최대 한계값은 철근콘크리트인 경우 0.3 또는 0.4 mm이고, 프리스트레스트 콘크리트 부재에 대해서는 0.2 mm이다.

시범코드 MC 2010에 따르면 철근콘크리트 부재에 대해서

- 준고정하중 하에서 노출등급이 2-4일 때 방수를 요구하지 않는다면 외관 및 내구성에 대해서 $w_{\lim} = 0.3$ mm로 가정해도 된다.
- 노출등급 1이면, 내구성 말고 다른 이유가 없다면 한계값을 더 완화시킬 수 있다.

표 6.3-2는 프리스트레스트 콘크리트 부재에 대해서 균열 폭 한계값을 제시한 것이다. 확률적으로 균열 발생 특성이 높기 때문에 균열 폭 한계값의 공칭 값은 설계 기준을 적용하는 수단으로만 이용될 수 있으며 현장에서 측정된 실제 균열 폭에 비교해서는 안 된다.

표 6.3-2 프리스트레스트 콘크리트 부재의 균열 폭 한계값

노출등급	포스트-텐션	프리-텐션
1	0.20	0.20
2	0.20	단면 내에 인장이 허용되지 않음
3과 4	(가) 단면 내에 인장이 허용되지 않거나 (나) 허용된다면, 불투수성 덕트나 긴장재 코팅이 필요하다. 이 경우 $w_{lim} = 0.2\,mm$이다.	

균열 폭 한계값은 특히 검사자가 볼 수 있고 측정할 수 있는 곳이기 때문에 콘크리트 표면에서 읽히는 값으로 이해해야 한다.

다른 한편, 계산 균열 폭 값은 철근 위치에서 또는 콘크리트 표면에서 얻어낼 수 있다. 어떤 경우에는 균열 폭 공식이 균열 폭 값을 구할 정확한 위치를 특정하지 않고 있지만, 덮개 콘크리트의 변형 때문이라는 것을 아는 것이 중요하다.

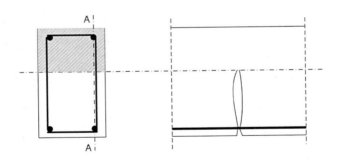

그림 6.3-2 콘크리트 표면 균열 폭에 대한 덮개 변형의 영향

내구성 요구조건 때문에 콘크리트 덮개를 키울 필요가 있기도 하다. 하지만 덮개를 키우더라도 철근에서 콘크리트표면으로 균열이 벌어짐으로써 균열 폭이 더 커지는 결과를 초래할 수도 있다. 처음 이 말을 들어보면 내구성을 위한 개선이 균열 폭을 더 늘린다는 모순된 것으로 들린다. 계산 균열 폭 값이 동일 위치에서(예를 들면, 콘크리트 표면에서) 적절한 한계값에 비교된다면 이것이 꼭 모순된 것만은 아니다. 덮개 변형에 의한 균열 폭 증가를 고려하기 위해서 별도의 항목을 고려할 필요가 있을 수도 있다.

$$w_{콘크리트\ 표면} = w_{철근\ 표면} + \Delta w_{덮개\ 변형}$$

시범코드 MC 2010에서는 콘크리트 덮개 평균값인 25 mm에 대해 검토하고 있으며, 철근위치에서 계산한 값과 콘크리트 표면 위치에서 값과 구별을 하지 않고 있다. 콘크리트 덮개가 더 큰 경우에 복잡한 계산이 필요하다면 결과를 변환하기 위한 균열 폭 증가량을 더해줄 수 있다. 내구성을 기반으로 한 균열 폭 한계값의 증가를 뜻할 수도 있지만, 외관에 대한 제한은 그대로 유지된다.

철근콘크리트 단면에 균열이 생기면, 내력의 재분배가 뚜렷해서 균열 전에 콘크리트가 부담했던 인장력이 철근으로 전달된다. 단면에 배치된 철근량이 이 인장력을 견딜 수 없을 정도이면, 최초 균열이 생기면서 철근은 항복할 것이며 균열 제어는 불가능하게 될 것이다. 그래서 하중 또는 하중과 무관한 강제 변형에 의해서 인장이 발생하는 어떠한 조건에서도 균열이 발생할 때 생기는 인장력을 저항할 수 있을 만큼의 최소 철근량이 필요하다. 도로교설계기준 2015, 시범코드 MC 2010, 유로코드 EC2 등 대다수의 설계기준에서는 최소 철근량 규정을 두고 있다 [6.4, 6.5]. 콘크리트 부재에 최소 철근량을 배치해야 하는 두 가지 이유가 있다.

① 최초 균열이 발생할 때 부재의 취성 파괴를 막고 충분한 연성을 보장하기 위함이다(축방향 압축력을 받는 프리스트레스트 콘크리트 부재나 철근콘크리트 부재에서, 보통의 철근콘크리트 부재에서 필요한 양보다 작게 감소시킬 수도 있다). 콘크리트가 인장강도에 이르러서 균열이 급작스럽게 중립축으로 뻗어갈 때 급작스런 에너지 방출현상이 균열현상이다.

② 해석에서 고려되지 않았던 현상으로 인해 발생 가능한 균열들을 분포시킴으로써 충분한 내구성을 확보하기 위함이다(예를 들면, 온도 차이, 콘크리트 건조수축 또는 부등 침하 등).

6.3.5 균열 폭 예측 공식

(1) 균열 폭의 정의

균열은 하중 또는 구속력 때문에 생기는 주인장변형률이 극한인장변형률보다 크게 되면 균열이 발생한다. 균열이 형성되어서, 철근과 콘크리트 간의 변형적합조건은 더 이상 유지되지 않는다. 변형률 차이가 누적되면 상대적 변위(미끄러짐)를 유발한다. 철근 위치에서 균열 폭은 균열 양쪽에서 발생한 두 미끄러짐량의 합으로 정의한다. 그럼에도, 균열 폭 산정식의 복잡한 구성은 실제 철근 변형률 ϵ_{sx}과 콘크리트변형률의 ϵ_{cx} 차이를 균열 간격 ℓ_r에 걸쳐서 적분한 값을 근거로 하여 균열 양쪽의 두 미끄러짐량(s_1 및 s_2)을 구할 수 있다.

$$w = \int_{l_r} (\epsilon_{sx} - \epsilon_{cx}) dx = s_1 + s_2 \tag{6.3-1}$$

부착응력이 없다면(또는 부착응력을 무시한다면), 균열 사이에서 일정한 철근 변형률을 적분하면 균열 폭은 간단히 구할 수 있을 것이다.

$$w = \ell_r \epsilon_s = \ell_r f_s / E_s \tag{6.3-2}$$

앞의 식은 철근 위치에서 계산한 균열 폭인데 같은 위치에서 측정된 것과 비교할 필요가 있다. 실험 결과에 의하면 철근 바로 위 또는 아래에서 균열 폭이 콘크리트 변형을 감소시키는 부착응력 때문에 더 크게 되는 것으로 밝혀졌다.

(2) 균열 간격 산정

균열 간격은 검토 구간에서 이웃한 균열 간의 거리이다. 최소 및 최대 균열 간격은 다음과 같이 고려할 수 있다.

$$\ell_{r,\min} = \ell_t \ \text{및} \ \ell_{r,\max} = 2\ell_t \tag{6.3-3}$$

ℓ_t가 철근에서 콘크리트로 인장력을 전달하는 데 필요한 길이를 뜻하기 때문에 일반적으로 ℓ_t 즉, 균열 간격 ℓ_r은 콘크리트 인장강도, 부착응력 분포, 철근 직경, 철근 단면적 그리고 콘크리트 유효 인장면적 A_{cte}의 함수이다(직접적으로 철근비 $\rho_e = A_s / A_{cte}$).

앞의 설명에서 최소 균열 간격은 ℓ_t이고 최대 균열 간격은 $2\ell_t$이다. 그러므로 평균 균열 간격 ℓ_{rm}은 이들 두 값 사이에 있다. ℓ_t와 ℓ_{rm}은 철근에서 콘크리트로 응력이 전달되는 비율에 따라 정해진다. 길이 ℓ_t 내에서 부착응력 f_b가 일정하다고 가정하면, 균열에서 거리 ℓ_t 만큼 되는 곳의 응력은 다음과 같은 관계가 성립될 때 콘크리트 인장강도에 이르게 될 것이다.

$$f_b \pi d_b \ell_t = A_c f_{ct} \tag{6.3-4}$$

여기서 A_c는 콘크리트 면적이며 f_{ct}는 콘크리트 인장강도이다. 철근비 $\rho = \pi d_b^2 / (4A_c)$를 식에 대입하면 다음 식을 얻을 수 있다.

$$\ell_t = \frac{f_{ct}}{f_b} \frac{d_b}{4\rho} \tag{6.3-5}$$

그러면 평균 균열 간격은 다음과 같이 나타낼 수 있다.

$$\ell_{rm} = 0.25 k_1 d_b / \rho \tag{6.3-6}$$

여기서 k_1은 콘크리트와 철근 간의 부착 성질을 고려하는 계수로서 콘크리트인장강도와 부착강도 또는 응력의 비율인 f_{ct}/f_b이며, 최소 및 평균 균열 간격 간의 차이를 고려한 것이다. 식 (6.3-6)는 시험 자료와 잘 맞지 않기 때문에 콘크리트 덮개와 관련된 추가의 항인 콘크리트 피복두께 c_c를 균열 간격 식에 포함할 필요가 있다.

$$\ell_{rm} = k c_c + 0.25 k_1 d_b / \rho \tag{6.3-7}$$

콘크리트 덮개 항이 필요하게 된 이유는 인장응력이 콘크리트 면적 A_c에서 일정하다고 가정했을지라도, 아마도 콘크리트 응력이 철근부근에서 가장 클 것이며 철근에서 멀어질수록 감소한다는 것이다. 이것은 그 면적에 해당하는 균열하중값을 감소시킨다. 식 (6.3-7)은 순수 인장을 받는 콘크리트 단면에 적용되며 응력분포가 부재 깊이에 따라 변하는 그 밖의 경우에서도 이 식을 적용하려면 추가의 계수들이 필요하게 된다. 또한 적절한 콘크리트 면적은 부재 단면의 전체 면적이 아니고 오히려 실제 인장 영역에 관련된 면적이므로 유효 철근비 ρ_e를 정의할 필요가 있다. 그러면, 식 (6.3-8)은 다음과 같이 된다.

$$\ell_{rm} = kc_c + 0.25k_1k_2d_b/\rho_e \tag{6.3-8}$$

끝으로, 평균값보다는 상위 분위(95% 분위)의 균열 폭 크기를 구해야 하므로 추가로 계수 α 가 필요하다. 규정에 제시된 최종 최대 균열 간격 공식은 다음과 같다.

$$\ell_{r,\max} = \alpha(kc_c + 0.25k_1k_2d_b/\rho_e) = k_3c_c + k_1k_2k_4d_b/\rho_e \tag{6.3-9}$$

여기서, c_c : 콘크리트 덮개, 설계에 규정된 치수를 기준값으로 취할 수 있다.

d_b : 철근 직경. 한 단면에 혼합 배근된 경우에는 등가 직경 $d_{b,eq}$ 을 사용한다.

$\rho_e = (A_s + \xi_1^2 A_p)/A_{cte}$

A_s : 유효 인장면적 A_{cte} 내에 있는 철근량

A_p : 유효 인장면적 A_{cte} 내에 있는 긴장 강재량

A_{cte} : 콘크리트 유효인장면적으로 d_{cte} 의 크기로 결정(그림 6.3-3)

d_{cte} : 콘크리트 유효인장깊이로 $2.5(h-d)$, $(h-c)/3$, $h/2$ 중 가장 작은 값

ξ_1 : 긴장 강재 및 비긴장강재의 직경을 고려한 부착 강도 조정 비율

k_1, k_2, k_3, k_4 : 균열 간격 공식에 사용되는 계수들

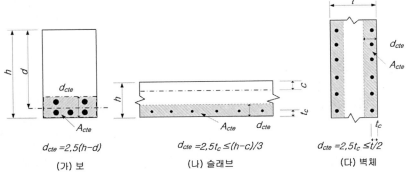

그림 6.3-3 콘크리트 유효 인장 면적 A_{cte}

위의 정의는 당연히 직사각형 단면에 적용될 수 있지만, 일반적인 형태의 단면에 대해서도 예를 들면, 원형 단면 기둥인 경우, 적절한 값을 보간법으로 선정하여 이용하면 된다.

도로교설계기준 2015에 따르면 인장영역에 부착된 철근이 도심에 가까이 적절히 배근되어 있

는 경우(배근간격 ≤ $5(c_c + d_b/2)$), 최종 최대 균열 간격은 다음 식으로 계산해도 된다.

$$\ell_{r,\max} = 3.4c_c + 0.425k_1k_2d_b/\rho_e \tag{6.3-10}$$

여기서, d_b : 철근 직경이다. 한 단면에 다른 직경의 철근이 섞여서 사용되는 곳에서는 등가 직경 $d_{b,eq}$를 사용해야 한다. 직경이 d_{b1}인 철근이 n_1개이고 직경이 d_{b2}인 철근이 n_2개인 경우 등가직경은 다음과 같이 계산된다.

$$d_{b,eq} = \frac{n_i d_{b1}^2 + n_2 d_{b2}^2}{n_1 d_{b1} + n_2 d_{b2}} \tag{6.3-11}$$

$\quad$ k_1 : 보강재의 부착특성을 나타내는 계수

$\qquad$ =0.8 부착성능 양호

$\qquad$ =1.6 긴장재와 같이 표면이 매끄러운 강재

$\quad$ k_2 : 변형률 분포를 고려한 계수

$\qquad$ =0.5 휨일 때

$\qquad$ =1.0 순수 인장일 때

$\quad$ 유효인장 면적에 대해 중심에서 벗어난 인장이면, k_2의 값을 다음과 같이 조정하여 구한다.

$$k_2 = (\epsilon_1 + \epsilon_2)/2\epsilon_1 \tag{6.3-12}$$

(3) 균열 폭 예측을 위한 평균 변형률

균열 폭을 산정하려면, 균열 사이에서 철근과 콘크리트의 평균 변형률을 알아야 한다. 그림 6.3-4는 순수 인장을 받고 있는 부재단면의 변형률 분포상태를 나타낸 것이다.

균열 면에서 철근이 부담하는 힘으로 나타낼 수 있는 전체 인장력 크기는 $N = E_s \epsilon_{s2} A_s$ 이다. 균열 사이의 단면에서 철근과 콘크리트가 부담하는 힘을 각각 평균 철근 변형률 ϵ_{sm}과 평균 콘크리트 변형률 ϵ_{cm}으로 나타내면 $N_s = E_s \epsilon_{sm} A_s$, $N_c = E_c \epsilon_{cm} A_c$이다. 전체 축방향 인장력을 $N = N_s + N_c$로 나타낼 수 있으므로 다음과 같은 식으로 얻을 수 있다.

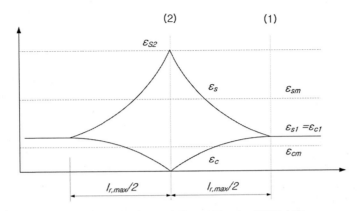

그림 6.3-4 균열 주위에서 철근 및 콘크리트 변형률 분포

$$E_s \epsilon_{s2} A_s = E_s \epsilon_{sm} A_s + E_c \epsilon_{cm} A_c \tag{6.3-13}$$

따라서 양변을 $E_s A_s$로 나누면 다음과 같다.

$$\epsilon_{s2} = \epsilon_{sm} + \frac{E_c}{E_s} \frac{A_c}{A_s} \epsilon_{cm} \tag{6.3-14}$$

여기서 $\rho_e = A_s/A_c$와 $n = E_s/E_c$를 대입하고 식을 다시 정리하면

$$\epsilon_{sm} = \epsilon_{s2} - \epsilon_{cm}/n\rho_e \tag{6.3-15}$$

가 되고 이 식의 좌변과 우변에서 ϵ_{cm}만큼 빼주면 다음과 같다.

$$\epsilon_{sm} - \epsilon_{cm} = \epsilon_{s2} - \frac{\epsilon_{cm}}{n\rho_e}(1 + n\rho_e) \tag{6.3-16}$$

그림 6.3-4의 균열 사이의 단면 (1)에서 축방향력 N은 철근과 콘크리트가 각각 부담하면서 두 재료의 변형률은 같다. 균열이 생기기 바로 직전에 단면의 콘크리트 인장응력은 f_{ctm}에 이른 다. 그러므로 $\epsilon_{s1} = \epsilon_{c1} = f_{ctm}/E_c$이다. 균열 사이의 평균 콘크리트변형률 ϵ_{cm}은 ϵ_{c1}보다 작은 값이다. 그러므로 다음과 같이 나타낼 수 있다.

$$\epsilon_{cm} = k_t f_{ctm}/E_c \tag{6.3-17}$$

위 식 (6.3-17)에서 k_t는 실험적으로 정해진 계수로서 가해진 하중의 지속 정도에 따라 정해진다. 장기하중인 경우 0.4이며 단기하중이면 0.6을 적용한다. 장기하중과 단기하중이 혼합되어 있다면 그 비율에 맞춰 보간법을 이용하여 계수를 정한다.

식 (6.3-16)에 (6.3-17)을 대입하면 다음과 같은 식을 얻는다.

$$\epsilon_{sm} - \epsilon_{cm} = \epsilon_{s2} - \frac{k_t f_{ctm}}{E_c \rho_e}(1 + n\rho_e) \tag{6.3-18}$$

그리고 $\epsilon_{s2} = f_{s2}/E_s$이므로 식 (6.3-18)을 다음과 같이 쓸 수 있다.

$$\epsilon_{sm} - \epsilon_{cm} = \frac{f_{s2}}{E_s} - \frac{k_t f_{ctm}}{E_s \rho_e}(1 + n\rho_e) = \frac{1}{E_s}\left[f_{s2} - \frac{k_t f_{ctm}}{\rho_e}(1 + n\rho_e)\right] \geq 0.6\frac{f_{s2}}{E_s} \tag{6.3-19}$$

여기서, f_{s2} : 균열 단면으로 가정해서 계산한 철근 인장응력

  n : 탄성계수비 E_s/E_c

  $\rho_e = (A_s + \xi_1^2 A_p)/A_{cte}$ 유효인장철근비

  A_{cte} = 유효 인장면적

  ξ_1 = 긴장재 및 비긴장재의 서로 다른 직경을 고려한 부착강도 조정 비

  $\xi_1 = \sqrt{\xi \cdot (d_s/d_p)}$

  ξ = 긴장재와 비긴장재의 부착강도 비

  d_s = 비긴장강재의 최대 직경

  d_p = 긴장강재의 등가 직경

  k_t : 하중 지속 기간을 나타내는 계수; 0.6 단기간 재하, 0.4 장기간 재하

(4) 균열 폭 크기 산정

여기서는 그림 6.3-4에 보인 바와 같이 철근콘크리트 인장부재의 단순화한 경우를 살펴보면서 유로코드 EC2와 도로교설계기준 2015에 제시된 균열 폭 산정식을 살펴보기로 한다. 이 절의 앞에서 각각 균열 간격과 평균 변형률을 구하는 식을 도출하였다.

유로코드 EC2의 균열 폭 공식은 위에 언급한 내용들을 기초로 한 것이다. 균열 폭은 균열 간

격과 같은 크기의 길이에서 콘크리트와 철근의 신장량 차이에서 생기는 것이다. 그러므로 균열 폭 w를 다음과 같이 나타낼 수 있다.

$$w_k = l_{r,\max} (\epsilon_{sm} - \epsilon_{cm}) \tag{6.3-20}$$

여기서, w_k : 최대 균열 폭 크기

$l_{r,\max}$: 최대 균열 간격

ϵ_{sm} : 강제 변형 영향을 포함하고 인장 강화효과를 고려하여, 관련 하중 조합 상태에
서 균열 간격 $l_{r,\max}$ 내에서 철근의 평균 변형률

ϵ_{cm} : 균열 간격 $l_{r,\max}$ 내에서 콘크리트의 평균 변형률

식 (6.3-20)의 $\ell_{r,\max}$을 식 (6.3-10)으로 $(\epsilon_{sm} - \epsilon_{cm})$을 식 (6.3-19)로 각각 대입하면 최대 균열 폭 크기를 구할 수 있다.

예제 6.1 직사각형 단면 보에서 균열 폭 산정

그림 6.3-5에 나타낸 보의 설계 휨 균열 폭을 산정한다. 준고정하중에 의한 모멘트는 $300\,\mathrm{kN \cdot m}$ 이다. 콘크리트 기준강도 $f_{ck} = 25\,\mathrm{MPa}$이고 부착이 양호한 인장철근량은 $A_s = 4\mathrm{D}\,29 = 2570\,\mathrm{mm^2}$이다.

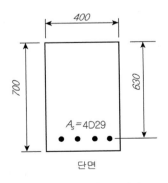

그림 6.3-5 예제 6.1 단면

(1) 평균 변형률 ϵ_{sm} 산정

$E_c = 31\,\mathrm{kN/mm^2}$이다. 재령 28일에 실내에서 하중이 가해진다고 가정하면 크리잎 계수 $\phi \approx 2.63$이다.

그러므로 유효 탄성계수는 다음과 같다.

$$E_{cm} = 31/(1 + 2.63) = 8.45\,\mathrm{kN/mm^2}$$

① 균열 단면의 중립축 위치 계산

$$\frac{1}{2}bc^2 - nA_s(d-c) = 0 \text{에서 } 400c^2/2 - (23.4)(2570)(630-c) = 0, \ c = 310\,\mathrm{mm}$$

② 철근의 인장응력 산정

$$f_{s2} = \frac{M}{(d-c/3)A_s} = \frac{300 \times 10^6}{(630 - 310/3)(2570)} = 222\,\mathrm{N/mm^2}$$

③ $\epsilon_{sm} - \epsilon_{cm}$ 산정

$$\epsilon_{sm} - \epsilon_{cm} = \frac{1}{E_s}\left[f_{s2} - k_t \frac{f_{ctm}}{\rho_e}(1 + n\rho_e)\right] \geq 0.6\frac{f_s}{E_s} \tag{6.3-19}$$

여기서, k_t =장기간 재하인 경우 0.4

$f_{ct,eff} = f_{ctm} = 2.83\,\mathrm{N/mm^2}$

n =200/31 =6.45

$\rho_e = A_s/A_{cte} = 2570/(2.5(700-630)400) = 0.0367$

$$\epsilon_{sm} - \epsilon_{cm} = \frac{222 - 0.4\dfrac{(2.6)}{0.0367}(1 + 6.45(0.0367))}{200 \times 10^3}$$

$$= \frac{222 - 35.05}{200 \times 10^3}$$

$$= 0.001 \geq (0.6)\frac{222}{200 \times 10^3} = 0.00067$$

(2) 최대 균열 간격 $\ell_{r,\max}$ 산정

$$\ell_{r,\max} = 3.4c + 0.425\, k_1\, k_2\, d_b / \rho_e \tag{6.3-10}$$

여기서, c =주철근에 대한 덮개=700-630-29/2=55 mm

$\quad\quad k_1$ =이형철근인 경우 0.8

$\quad\quad k_2$ =휨인 경우 0.5

$\quad\quad d_b$ =철근 직경=29 mm

그러므로

$$\ell_{r,\max} = 3.4(55) + \frac{0.425(0.8)(0.5)(29)}{0.0367} = 321\,\text{mm}$$

철근 간격 $5(c + d_b/2) = 350\,\text{mm}$ 보다 작다는 것을 주목하면, $\ell_{r,\max} = 321\,\text{mm}$ 이다.

(3) 균열 폭 크기 산정

$$w_k = \ell_{r,\max} \cdot (\epsilon_{sm} - \epsilon_{cm}) = (321)(0.000935) = 0.30\,\text{mm}$$

이 값은 권장 한계값을 충족한다.

6.4 처짐과 처짐 제어 Deflection and Deflection Control

6.4.1 개 요

콘크리트 구조물 설계에서 반드시 고려되어야 할 주요 항목 중의 하나는 부재의 처짐량 산정이다. 때로는 이것이 설계에서 결정적인 요소가 되기도 한다. 실제로, 슬래브 두께는 강도를 고려해서라기보다는 처짐 제어를 고려하는 데에서 결정되는 일이 흔하다. 근래에 처짐 제어는 점점 더 중요해지고 있는데, 철근콘크리트 부재에서 처짐은 대략 철근응력에 비례하고 철근에서 이용되는 응력수준도 꾸준히 증가하고 있기 때문이다. 첫째로 이것은 철근 강도 변화에 의한 것이며 둘째로 재료에 대한 자신감이 커지면서 전체 안전계수의 감소에 의한 것이다. 안전계수가 낮아지고 고강도 강재가 사용되면서 자동적으로 사용하중상태에서 높은 수준의 응력이 발생하게 된다. 더구나, 최근의 건물은 과거 30–50년 전에 설계된 건물보다 경간장이 길어지고 재료를 적게 사용해서 절약해야 한다는 압박을 꾸준히 받고 있다. 분명한 결론을 이끌어낼 수는 없지만, 최근에 설계된 구조물들은 과거 50년 전에 설계된 구조물보다 4배 이상으로 연성적이다. 높은 응력, 가벼운 구조, 긴 경간을 추구하는 이러한 경향은 앞으로도 지속될 것이며, 실제로 극한강도가 일반적으로 설계에 결정적인 한계상태가 된다는 시대는 끝나고 사용성이 지배적인 주제가 되는 시대로 되면서 설계 경향은 바뀌어야 한다[6.7, 6.10, 6.11, 6.21].

6.4.2 처짐 제어에 대한 기준

(1) 처짐 한계

여러 가지 이유로 처짐량을 제한할 필요가 있다. 이 이유들은 다음과 같이 요약할 수 있다.

- 구조물 이용자 또는 거주자들을 위협하는 가시적인 처짐을 막기 위해서
- 구조물의 적절한 기능에 손상을 주지 않기 위해서
- 취성적인 칸막이나 마감재의 손상을 막기 위해서
- 진동으로 인한 문제를 피하기 위한 간접적인 방법으로서

이러한 이유에 대해서 간략하게 설명하고자 한다.

(2) 가시적인 처짐

가시적인 처짐은 실제로 안전에 아무런 문제가 생기지 않은 경우인데도, 일반인들의 육안으로 보기에 구조물 안전에 신뢰를 떨어뜨린다. 그래서 눈에 띄는 부재는 신중하게 설계해서 육안에 뚜렷한 처짐이 나타나지 않도록 해야 한다. 일반적인 견해로는 대략 경간장/250보다 작은 처짐은 알아챌 수 없다고 한다. 독일의 마이어와 뤼쉬 Meyer & Rüsch의 실험 보고에 따르면 불평을 야기하는 가시적인 처짐이 약 50개의 경우가 있었는데 경간장/300 이하인 경우는 전혀 없었고 단 두 경우에서 처짐량이 경간장/250 이하이었다. 이를 근거로 일반적으로 허용되는 한계가 타당하다고 할 수 있다. 가시적인 처짐을 고려할 때, 여기서 이 처짐은 받침점을 잇는 기준선 아래로 최종 전체 처짐량이여야 한다는 점을 주의해야 한다. 그러한 처짐이 하중에 의한 처짐인

지 아니면 콘크리트 타설 중의 거푸집 처짐에 의한 것인지 궁금증을 불러일으킬 것이다. 처짐량이 경간장/250보다 클 것으로 예측된다면 이 처짐량의 일부는 고려하고 있는 부재에 미리 솟음을 줌으로써 상쇄시킬 수 있다는 점을 분명히 해야 한다. 부재의 바닥 면이 부재의 받침점에 대해서 전혀 관측할 수 없다면 이 한계값은 완화될 수 있다. 예를 들면 이러한 조치는 천정이 잘못된 곳이라면 적절하다. 또한 한계값을 어떻게 해석해야 할지 전혀 분명하지 않은 플랫 슬래브 경우에 대해서는 적절할 수도 있다. 이 경우에 패널의 중심부에서 처짐을 기둥 열 선상의 한 점에서 처짐에 상대적인 것이라고 간주되지만 기둥열 중간인 경우라면 경간장을 패널의 대각선 길이로 취해야 한다고 제시할 수도 있다[6.7, 6.10].

처짐을 검토할 때 하중을 따로 떼어놓고 합리적인 처짐 한계를 논할 수는 없다. 이 경우에 높은 수준의 하중 상태에서 한계값을 일시적으로 초과하더라도 처짐을 일으키는 하중을 감소시킨 후에 처짐량이 한계값 이하로 감소된다면 문제가 되지 않는다. 초과될 확률이 큰 하중을 비교적 낮게 산정하는 것이 적절한 것으로 보인다. 실제로 콘크리트 구조물의 주요 하중은 자중을 포함한 고정하중이고 처짐의 주요 부분이 이 하중상태에서 크리잎 처짐일 수 있기 때문에, 준고정하중만을 고려한 이러한 한계값에 대해서 검토하는 것은 만족할 만한 것일 수도 있다.

(3) 기능 손상

특정 구조물에 한정된 문제일 수도 있지만 처짐 때문에 여러 가지 형태로 구조물의 적절한 기능 발휘에 문제가 생길 수 있다. 가상의 문제 사례를 들어보기로 한다. 항공기 격납고의 전면을 가로질러 미닫이문을 지지하는 보에 처짐이 생겼다고 상정해보자. 보의 처짐이 과도하면 문을 작동시킬 수 없을 것이다. 좀 더 흔한 사례는 크레인 레일의 처짐이다. 여기서, 보를 지지하고 있는 크레인 레일에 만재된 크레인에 의해서 가해진 아주 큰 하중 때문에 처짐이 두드러질 것이다. 처짐이 지나치면 레일의 경사에 의해서 또는 경사가 급작스럽게 변하는 지점 부근을 지나면서 통과 속도를 제어하는 데 어려움 때문에 크레인을 추진하는 모터에 과부하로 이어질 수 있다. 처짐 때문에 정밀 장치의 기능이 망가지거나 배치가 흐트러지는 여러 가지 다른 사례를 얼마든지 생각해볼 수 있다.

여기서 기본적인 중요한 점은 허용 처짐량에 대한 한계값은 부재 또는 구조물의 특수한 기능에 따라 달라진다는 점이다. 설계자는 허용될 수 있는 처짐이나 변형의 여유값에 관련하여 구조물에 설치될 장비 또는 기계의 사양 또는 제조자로부터 정보를 얻어야 한다. 설계기준이나 규정은 적절한 한계값에 관한 정보를 제공할 수 없다. 마찬가지로 장비나 기계의 기능이 특별한 한계값을 검토할 수 있도록 적절한 하중을 정의해야 할 것이다.

또한 제한 조건이 반드시 처짐량에 국한될 필요는 없고 경사의 급작스런 변화 또는 부재의 경사에 국한시킬 수도 있다는 점을 주의해야 한다. 변형의 특성은 구조물 용도의 함수일 수도 있다. 예를 들면, 전체적인 하중의 변화 또는 장기 처짐보다는 그 밖의 잦은 하중의 작용 때문에 생기는 처짐의 변동에 관한 것일 수도 있다.

(4) 칸막이 또는 마감재 손상

이것은 아마도 가장 흔한 형태의 문제이며 이러한 사례가 어떻게 일어나는지 충분히 다뤄지기에는 너무나 많은 사례들이 있다. 다음의 내용은 일반적인 문제를 설명하기 위한 것들이다. 그림 6.4-1은 조그만 사무실 건물의 단면을 나타낸 것이다. 사무실 간의 칸막이는 상부를 가로질러 유리창이 있는 콘크리트 블록 공사로 되어 있다. 벽체를 지지하고 있는 바닥은 아주 유연한 와플 슬래브이다. 준공 후 몇 달이 지난 후에 그림 6.4-1에 보인 바와 같이 균열이 벽에 생기기 시작했다. 시간이 지나면서 이 균열의 폭이 커져서 나중에는 그 폭이 8 mm에 이르렀다. 여기에서 안전에 대한 위험성은 없다. 실제로 바닥 슬래브에 가시적인 균열이 발생하지 않았지만, 벽체에 생긴 균열은 아주 보기 흉하게 되었으며 당연히 불평이 터져 나왔다. 균열이 생긴 이유는 밝히기 어려웠다. 시간이 지나면서 크리잎 때문에 바닥이 처지기 시작했다. 그렇지만 벽체는 바닥을 따라가지는 않았으나 깊은 보로서 자체로 지지하는 형태로 되었으며 벽체에 철근이 없기 때문에 아치처럼 작용하는 벽체로 고려하는 것이 더 적절할 것이다. 벽체가 아치처럼 작용한다면, 중심부 근처와 바닥부의 콘크리트 블록 벽체는 잉여 구조체이다. 이 경우, 이 잉여 벽돌 벽체의 일부는 바닥을 따라 처질 것이며 반면에 압축을 받는 벽돌 벽체의 아치로 자체 지지하게 된다. 그 결과 벽체 시공 후 발생하는 바닥의 처짐량 증가는 거의 다 균열로 나타난다. 처짐을 측정해보면 균열 폭이 정말로 바닥의 중심부 처짐만큼 된다는 것을 알 수 있다. 8-10 mm 정도의 바닥 처짐량은 구조적으로 심각하지 않지만 그럼에도 칸막이에 심각한 손상을 일으키기에 충분하다. 처짐 때문에 블록 벽체에 손상이 생기는 것 외에도 벽체 상단에 있는 유리창을 깨뜨릴 수도 있다.

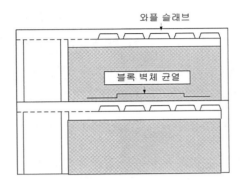

그림 6.4-1 처짐에 의한 블록 칸막이 블록 벽체에 생긴 균열

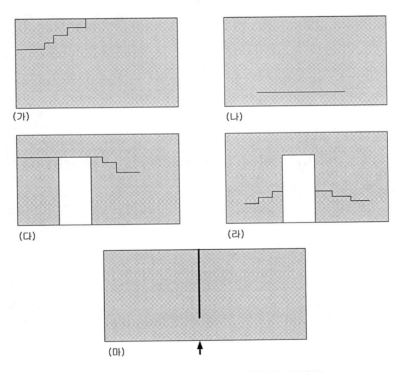

그림 6.4-2 처짐에 의한 칸막이 벽체에 형성된 균열 형상

그림 6.4-1에 보인 균열 현상은 칸막이 벽체에 생길 수도 있는 균열의 유일한 형태는 아니다. 그림 6.4-2(가)부터 (마)는 발생 가능한 균열의 다른 형태를 보인 것이다. 그림 6.4-2(가)는 벽체 연단이 벽체 연결재로 주변 뼈대에 고정되어 있는 경우에 발생할 수 있는 대각선 균열 형태를 보인 것이다. 그림 6.4-2(다)와 (라)는 기본적으로 그림 6.4-1에 보인 것과 같다. 그림 6.4-2(마)는 칸막이 벽체가 지점을 가로질러 설치된 경우에 일어날 수 있는 것을 나타낸 것이다. 상단에서 균열 폭은 처짐의 함수는 아니지만 지지하고 있는 보나 슬래브의 지점 위로 그리고 벽체 높이 위로 경사 변화에 의한 것이다(이 경우에 벽체 상단에서 폭 30 mm인 균열을 확인한 바 있다).

칸막이 벽체나 바닥 마감재에 손상을 입히는 처짐을 정확하게 정의하기가 쉽지 않다. 칸막이 특성에 따라 달라질 수 있기 때문이지만, 한계값을 설정하려고 많은 노력을 기울였다. 1820년 경에 목재 구조물에 대해서 경간장/480 정도의 한계값은 석고 마감재의 균열을 방지하는 데 적절한 것으로 제안된 바 있다. 철근콘크리트 부재의 처짐에 의한 칸막이 벽체 손상에 대한 마이어와 뤼쉬의 실험보고에 따르면 현재의 설계기준이나 규정에서 정한 경간장/300에서 경간장/500 정도가 적절한 것으로 보고 있다. 이들이 제시한 자료가 유용하기는 하지만 그 자료에 지나치게 기대서는 안 된다. 특히 부재의 크기가 확실하게 알려져 있지 않은 상태에서 얻어진 자료이기 때문에 무조건 신뢰할 수는 없다.

아래의 표 6.4-1은 도로교설계기준에 제시된 처짐 한계값이다. 유럽의 한계값에 비해서 상당히 엄격하다는 것을 알 수 있다[6.1, 6.4, 6.5].

표 6.4-1 도로교설계기준 5.8.4.1의 처짐 한계값

구조계	재하상태	한계값
단순 및 연속경간	사용하중＋충격	경간/800
	보행자 사용	경간/1000
캔틸레버	사용하중＋충격	경간/300
	보행자 사용	경간/375

(5) 진동 제어

구조물에 생기는 진동은 이용자들에게 불쾌감을 주거나 민감한 장비를 마비시킴으로써 문제를 일으킬 수 있다. 보도교 같은 구조물에 대해서 규정에는 한계값을 적용하고 있지만 대개는 처짐 제어를 하면 진동은 문제가 되지 않을 것이라고 가정하고 있다. 진동에 대한 기준을 정의하는데 많은 노력을 기울였지만, 간단히 정의하면, 처짐을 제한하는 정도이다.

$$a < \beta/f$$

여기서, a＝처짐, β＝상수, f＝부재 또는 구조물의 고유 진동수이다.

위 조건을 만족하며 진동은 문제가 되지 않을 것이다. 계수 β는 구조물 및 재료의 특성에 따라 결정된다. ℓ/f는 $\sqrt{a}$ 에 비례하기 때문에, 처짐을 제어하는 것은 자동적으로 진동에 한계값을 정해주는 것으로 볼 수 있다. 정상적으로 마감재에 대한 손상 또는 가시적 처짐에 대해 규정된 처짐 한계값을 만족시키면 자동적으로 진동은 아무런 문제가 되지 않는다고 가정할 수 있다.

6.4.3 모멘트–곡률 관계

모멘트 - 곡률 관계는 구조 부재의 변형을 계산하기 위한 기본적인 도구이다.

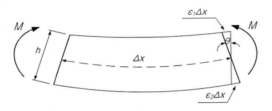

그림 6.4-3 길이 Δx 요소인 부재의 곡률

그림 6.4-3과 같은 길이 Δx인 부재 요소가 휨모멘트 M을 받고 있다면, 이 요소의 상단에서 변형률은

$$\epsilon_1 = \frac{-M(1/2)h}{EI} \tag{6.4-1}$$

이고 하단에서 변형률은

$$\epsilon_2 = \frac{+M(1/2)h}{EI} \tag{6.4-2}$$

이다. 이때 각 회전량은 다음과 같다.

$$\Delta \theta = \frac{(|\epsilon_1| + \epsilon_2)\Delta x}{h}$$

(6.4-3)

곡률은 부재의 단위길이 당 각 회전량으로 정의되므로,

$$\frac{1}{r} = \frac{\Delta \theta}{\Delta x} = \frac{|\epsilon_1| + \epsilon_2}{h}$$

(6.4-4)

ϵ_1과 ϵ_2를 식 (6.4-4)에 대입하면 곡률은 잘 알고 있는 다음과 같은 식으로 된다.

$$\frac{1}{r} = \frac{M}{EI}$$

(6.4-5)

휨을 받는 철근콘크리트 부재에서는 다음과 같은 단계를 살펴보아야 한다[6.7].

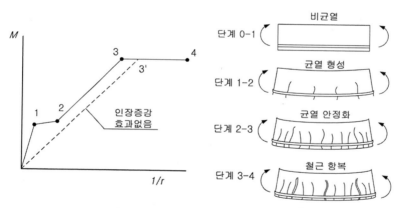

그림 6.4-4 모멘트−곡률 관계에서 기본 단계

• 단계 0-1 : 균열상태(상태 1)

　이 단계에서는 철근의 부담 몫은 무시될 수 있다.

• 단계 1-2 : 균열 형성 단계

　최초 균열이 압축영역까지 깊게 진행한다. 후속 균열은 더 작은 길이가 될 것이다. 최초 균열의 영향 때문에 단면이 완전히 응력을 받는 상태가 아니기 때문이다. 그 후의 균열은 철근량에 따라 제한되어 생길 것이다.

- 단계 2-3 : 균열 안정화 단계 (상태2)

  더 이상 새로운 균열이 발생하지 않는다. 이미 발생된 균열의 폭이 넓어진다.

- 단계 3-4 : 항복 단계 - 비탄성 상태 (상태 3)

  철근이 항복한다. 휨모멘트가 약간만 증가하더라도, 곡률은 급격히 증가한다. 내부 팔길이가 약간 증가함으로써 휨모멘트가 증가한다. 결국에는 압축부의 콘크리트가 파쇄된다.

모멘트-곡률($M-1/r$) 관계는 그림 6.4-4에 나타낸 특정점을 이용해서 작성할 수 있다. 이들 점에 대한 모멘트, 곡률 값을 계산하기 위해서는 재료 기준값이 정해져야 한다. 그림 6.4-5는 콘크리트 및 철근의 응력-변형률 관계를 나타낸 것이다. 콘크리트에 관한 그래프에서 탄성계수 E_c를 단기 또는 장기로 나누어 선정할 수도 있다. 또한, 콘크리트 인장강도 f_{ct}를 반드시 알고 있어야 한다. 또한 여기서도 단기 또는 장기로 나누어 정할 수 있다. 휨 거동을 고려하고 있는 것이므로, 휨인장강도를 적용해야 한다. 이 값은 단면의 높이에 따라 결정된다.

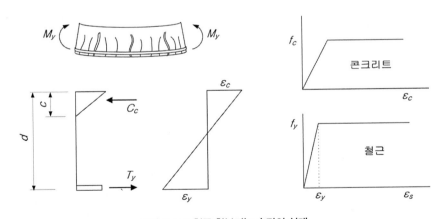

그림 6.4-5 철근 항복되는 순간의 상태

평균 인장강도 f_{ctm}와 평균 휨인장강도 $f_{ctm,fl}$의 관계는 다음과 같다.

$$f_{ctm,fl} = \max\{(1.6 - h/1000)f_{ctm}; f_{ctm}\} \tag{6.4-6}$$

이제 그림 6.4-4의 특정 점들을 살펴보기로 한다. 먼저 가장 쉬운 점인 1, 3', 4점을 보기로 한다.

- 점 1 : 균열모멘트

휨 균열모멘트는

$$M_{cr} = S_1 f_{ctm,fl} \tag{6.4-7}$$

이고, 여기서 S_1은 비균열상태의 단면값이고, $f_{ctm,fl}$은 평균 휨인장강도이다. 균열이 시작하는 순간에 하단에서 변형률은 $\epsilon_{cr} = f_{ctm,fl}/E_c$이다. 직사각형 단면인 경우 곡률은 다음과 같다.

$$\frac{1}{r} = \frac{\epsilon_{cr}}{h/2} \tag{6.4-8}$$

그림 6.4-4의 점 1은 식에서 정의된 바와 같다.

- 점 3′ : 인장강화 효과가 없는 항복 모멘트

점 3′은 그림 6.4-4의 점선의 종점에 표시된 것이다. 이 점선은 콘크리트가 인장을 부담할 수 없다는 경우에 이론적인 선이다. 그래서 이 경우에 철근은 노출된 것으로 간주된다(인장강화효과 없음).

편의상, 압축영역의 콘크리트 응력은 아직 설계강도 f_{cd}에 이르지 않았다고 가정한다. 변형률 적합조건으로부터,

$$\frac{\epsilon_c}{\epsilon_y} = \frac{c}{d-c} \tag{6.4-9}$$

이고 평형조건에 의해서,

$$\frac{1}{2} f_c\, c\, b = f_y A_s \;\text{ 또는 }\; \frac{1}{2} E_c\, \epsilon_c\, c\, b = f_y\, A_s \tag{6.4-10}$$

이다. 위의 두 식에서 $\rho = A_s/(b\,d)$, $n = E_s/E_c$로 놓으면

$$c/d = -n\rho + \sqrt{(n\rho)^2 + 2n\rho} \tag{6.4-11}$$

이며, 항복모멘트 M_y는 다음과 같다.

$$M_y = A_s f_y (d - c/3) = \rho b d^2 f_y (1 - (c/3)/d) \tag{6.4-12}$$

이때 곡률은 다음과 같다.

$$\frac{1}{r} = \frac{\epsilon_y}{d - c} \tag{6.4-13}$$

• 점 4 : 극한모멘트

콘크리트 변형률이 극한 변형률 값 $\epsilon_{cu} = 0.0033$에 이르면 극한모멘트에 이른다.

평형조건은 $N_c = b\,(2\beta c) f_c$, $N_s = A_s f_y$, $N_c = N_s$이다. 그러므로

$$c = \frac{A_s f_y}{2\beta b f_c} = \frac{\rho d f_y}{2\beta f_c} \tag{6.4-14}$$

여기서 α는 압축영역에 대한 면적 계수이다. 극한모멘트는 다음과 같다.

$$M_u = A_s f_y (d - \beta c) \tag{6.4-15}$$

이때의 곡률은 다음과 같다.

$$\frac{1}{r} = \frac{\epsilon_{cu}}{c} \tag{6.4-16}$$

이제 관계 곡선의 일부가 완성되었다.

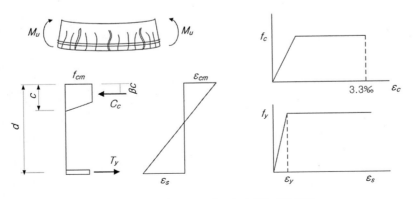

그림 6.4-6 압축 측 콘크리트가 파쇄될 때의 상태

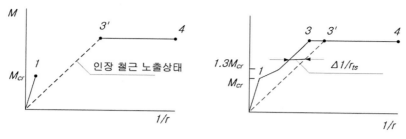

그림 6.4-7 $M-1/r$ 관계 작성 중

문제는 점 1과 점 3′를 어떻게 연결할 수 있을까라는 것이다(그림 6.4-7). 부재가 휨을 받아 균열된다면, 균열 사이의 콘크리트는 앞에서 다루었듯이 인장 타이가 강성에 보탬이 된다 (그림 6.4-8).

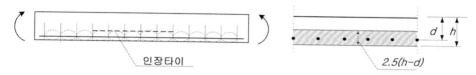

그림 6.4-8 휨을 받는 구조 부재의 일부로서 인장 타이

유한요소해석을 통해서 유효 인장타이의 높이는 대략 $2.5(h-d)$인 것으로 알려져 있다. 철근 응력 f_s를 알고 있다면, 그림 6.4-9에서 다음 값을 이용하여 인장강화효과를 알아낼 수 있다.

$$\Delta\epsilon_{ts} = \frac{0.4f_{ctm}}{E_s\rho_{s,eff}} \tag{6.4-17}$$

여기서 $\rho_{s,eff} = \dfrac{A_s}{A_{c,eff}} = \dfrac{A_s}{2.5(h-d)b}$ 이다.

부재의 압축부의 변형률은 인장 측 인장강화 효과의 영향을 거의 받지 않는다. 단면에서 평균적인 변형률-분포는 그림 6.4-9에 보인 바와 같이 수정된다.

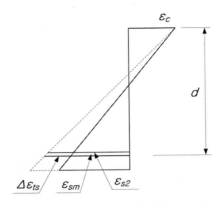

그림 6.4-9 인장강화 효과를 고려한 변형률 분포의 수정

휨을 받는 부재에서 이에 동반한 곡률의 변동은 다음과 같다.

$$\Delta(1/r) = \Delta\epsilon_{ts}/d \tag{6.4-18}$$

이만큼의 변화량을 그림 6.4-9에 적용한다. 추가로 첫 휨 균열로부터 휨모멘트가 안정화 균열상태에 이르기 전에 거의 30% 정도 증가한다고 가정하면, 그림 6.4-9의 변형률 분포 도를 완성할 수 있다.

부재가 축방향 압축을 받고 휨도 받는다면, 거동은 달라진다. 휨 균열모멘트는 다음과 같다.

$$M_{cr} = S_1\left(f_{ctm,fl} - \frac{N}{A_c}\right) \tag{6.4-19}$$

축력 없는 휨인 경우와는 대조적으로, 완전 균열상태(상태 2)에서 곡률에 관한 어떠한 간 편 관계식도 정할 수 없다.

$\Delta 1/r_{ts}$로 나타내는 인장강화 효과는 비 압축부재의 경우와 마찬가지이다.

6.4.4 거동 모델

앞 절에서 철근콘크리트 보의 하중-변형 특성을 그림 6.4-4와 같이 단면의 상태에 따라 나타 내었다. 하중-변형 곡선에서 단면의 상태를 크게 세 가지로 나누어 거동 모델을 고려하는 것 이 편리하다.

(1) 상태 1 : 비균열

이 단계에서는 콘크리트 인장응력이 아직 콘크리트의 인장강도를 넘지 않았다. 단면은 탄성 거동을 보이며 비균열 단면을 근거로 하지만 배근 상태를 감안하여 거동을 예측할 수 있다.

(2) 상태 2 : 균열

이 단계에서는, 인장 측 콘크리트는 균열되었다. 압축 측 콘크리트와 철근은 탄성 상태로 있다고 고려할 수도 있다. 인장 측의 거동은 복잡하다. 균열 부위에서 인장 측 콘크리트는 아무런 응력도 부담하지 않는다. 그렇지만 균열 사이에서는 철근에서 콘크리트로 부착으로 인해 응력이 전달되어, 균열에서 떨어진 곳에서는 콘크리트가 부담하는 인장력이 커진다. 이 단계에 대한 그림 6.4-4에 나타낸 거동은 평균적인 상태를 반영한 것이며, 인장 측 콘크리트는 약간의 인장력을 부담한다. 처짐 계산에는 보 길이 전체에 걸쳐 생기는 거동을 적분해야 하므로 처짐 계산에 대해 이것은 완전히 만족할 만하다.

(3) 상태 3 : 비탄성

이 단계에서는, 철근이 항복했거나 콘크리트는 탄성이라고 간주할 수 있는 수준을 벗어난 응력을 받고 있다. 이 단계는 일반적으로 정상적인 사용상태에서 일어날 수 있는 것보다 그 이상에 이른 하중상태이고 사용성 검토에서는 관심 대상이 아니다. 상태 2에서 어려움을 겪게 되고 현행 모든 설계법은 경험적이고 근사적이다. 거동에 대한 특정 한계값이 정의될 수 있으므로 예측 방법의 특성을 정의하는 데 어느 정도 도움이 될 수 있다.

① 콘크리트 인장강도에 바로 이르게 되어 균열이 생기는 순간에, 부재의 거동은 상태 1 선에 있어야 한다.

② 균열 발생은 부재의 강성을 분명히 감소시켰으므로, 균열 발생 후 거동은 상태 1에서 곡률보다 더 큰 곡률을 보이게 된다.

③ 인장 측 콘크리트는 응력을 전혀 부담하지 않는 조건에 부합되어야 한다. 이것은 환산균열 단면을 근거로 계산된 거동이다. 이것에 부합하는 곡률은 그림 6.4-4에 점선으로 나타낸 바와 같다.

현실적으로 실험 결과를 보면, 균열모멘트 발생시점에서 거동은 비균열상태에 있고, 하중이 균열 발생하중보다 커지면서, 완전균열상태 거동에 가깝게 반응을 보인다, 이것은 예상되었던 것으로 균열 발생이 증가하고 균열영역에서 부착 미끄러짐이 생기면서 인장 측 콘크리트의 인장강화 효과가 떨어지게 된다. 앞에서 언급된 기본 요건을 만족시키는 다수의 공식들이 제시되었다. 그 식들 중에 선택할 만한 것은 그다지 많지 않다. 유로코드 EC2에 제시된 방법은 그러한 것으로서 비교적 사용하기 편리한 장점이 있다.

그림 6.4-10은 이 방법의 기본 개념을 나타낸 것이다. 두 개의 균열로 구분된 보 요소의 길이를 고려하여 균열에 가까운 어느 정도 길이가 완전히 균열상태이고 나머지는 비균열상태라고 가정한다.

균열 간격 S와 균열 상태를 나타내는 분배계수 ζ를 고려하면 단면 상태에 따라 다음과 같이 구분한다.

① 길이 ζS는 완전 균열상태로 간주하고
② 길이 $(1 - \zeta)S$는 비균열상태로 간주한다.

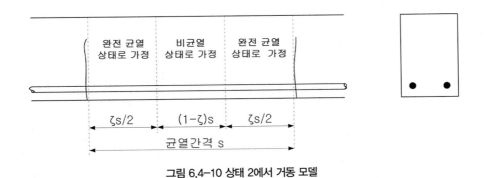

그림 6.4-10 상태 2에서 거동 모델

순수 휨을 받는 간단한 경우에 대해 길이 S에 생기는 회전각은 다음과 같다.

$$\theta = \zeta S(1/r)_2 + (1 - \zeta)S(1/r)_1 \tag{6.4-20}$$

그러므로 평균 곡률은 다음과 같다.

$$(1/r)_m = \theta/S = \zeta(1/r)_2 + (1 - \zeta)(1/r)_1 \tag{6.4-21}$$

어떠한 재하조건에서도 거동과 관련된 매개변수를 산정하는 데 똑같은 원칙이 적용될 수 있다. 그러므로, 예를 들면, 평균 철근 변형률을 다음과 같은 식을 이용해서 나타낼 수 있다.

$$\epsilon_{sm} = \zeta\epsilon_{s2} + (1-\zeta)\epsilon_{s1}$$

(6.4-22)

위 식에서, 첨자 1과 2는 각각 비균열 단면과 완전 균열 단면으로 가정해서 계산된 거동을 나타낸 것이다.

그림 6.4-11은 철근 변형률에 대해 이러한 관계를 도식적으로 나타낸 것이다.

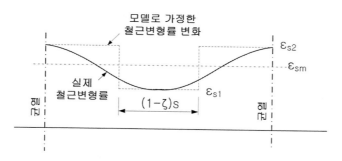

그림 6.4-11 상태 2 거동 모델의 간편화

지금까지, 해석 모식도는 균열 발생 후 실제 거동은 비균열 단면에 대해 계산된 것과 완전균열 단면에 대해 계산된 것 사이에 있어야 한다는 조건을 나타내는 편리한 방식 중의 하나일 뿐이다. 적절한 분배계수를 채택함으로써 실제 결과를 모사해낼 수도 있을 것이다. 분배계수 ζ를 나타내는 적절한 식을 정의하기 위해서 경험식을 유도 과정에 도입한다. 어떠한 식이라도 균열하중에서 그 값은 0이어야 하고 하중이 증가하면 그 값은 1에 근접해야 한다는 특성을 가져야 한다. 도로교설계기준과 유로코드 EC2에서는 다음 식을 채택하고 있다.

$$\zeta = 1 - \beta(f_{sr}/f_s)^2$$

(6.4-23)

β는 평균 변형률에 관하여 재하 지속시간 또는 반복재하의 영향을 나타내는 계수이다. 다음과 같이 제시되어 있다.

지속하중 또는 반복횟수가 큰 하중, $\beta = 0.5$

단기간 하중, $\beta = 1.0$

여기서, f_{sr} : 고려 중인 단면에서 콘크리트 인장강도를 유발하는 하중상태에서 균열 단면을
근거로 계산된 철근응력

f_s : 고려 중인 재하상태에서 균열 단면을 근거로 계산된 철근응력

6.4.5 처짐 산정 기본 식

휨을 받는 철근콘크리트 또는 프리스트레스트 콘크리트 구조물이나 부재의 변형 계산은 단면의 모멘트-곡률 관계를 예측할 수 있는가에 따라 결정된다.

여기서 전개하는 절차가 명확하다는 것을 보장하기 위해서 처짐 계산의 기본 이론을 정리하는 것이 도움이 될 것이다. 시작은 곡률부터 정의하는 것이다. 단면의 곡률은 부재의 단위 길이 양단사이에서 각도 변화량(radian)이다. 이것은 곡률 반경의 역수로서 $1/r$로 나타내며 단면이 받고 있는 모멘트의 함수이다[6.7].

부재의 변형률 분포를 알고 있다면 여러 가지 방식으로 곡률을 나타낼 수 있으며 처짐 계산에 어느 것을 사용해도 된다.

$$\frac{1}{r} = \frac{\epsilon_c}{c} = \frac{\epsilon_t}{d-c} = \frac{\epsilon_c + \epsilon_t}{d} \tag{6.4-24}$$

여기서, ϵ_c : 압축연단 변형률

ϵ_t : 압축연단에서 d만큼 떨어진 곳의 인장변형률

c : 압축연단에서 중립축까지의 거리

또한, 부재 상의 어느 두 점 간에 전체 각 변화량은 이 점들 간의 곡률을 적분한 것으로 나타낼 수 있음이 분명하다. 그러므로,

$$\theta = \int (1/r) dx \tag{6.4-25}$$

그림 6.4-12는 조각으로 나눈 부재의 길이방향 단면을 나타낸 것이다. 시작점에 대한 단면으 종점에서 처짐은 다음과 같이 계산됨을 알 수 있다.

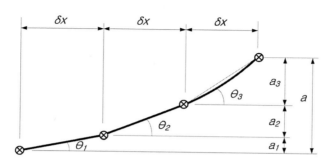

그림 6.4-12 일정 구간에서 각 변화량으로 계산된 보의 처짐

$$a = \theta_1 \delta x + \theta_2 \delta x + \theta_3 \delta x + \theta_4 \delta x = \Sigma \theta_i \delta x$$

δx가 0에 수렴하면 $a = \int \theta dx$이고 $\theta = \int (1/r)dx$를 대입하면

$$a = \iint 1/r dx \tag{6.4-26}$$

이 식은 기하 조건을 기초로 한 일반식이다. 필요한 것은 휨 전에 평면은 휨 후에도 평면이라는 가정이다.

부재가 탄성재료로 구성된 것이라고 가정한다면 곡률은 잘 알고 있는 식으로 나타낸다.

$$\frac{1}{r} = \frac{M}{EI} \tag{6.4-27}$$

여기서 M은 고려 중인 단면에 작용하는 모멘트이고, E는 재료의 탄성계수이고, I는 단면의 면적 2차 모멘트이다.

이 식으로 처짐에 대한 고전적인 식을 나타낼 수 있다.

$$a = \iint (M/EI)dx \tag{6.4-28}$$

이 식은 보의 전체 길이에 걸쳐 모멘트 변화에 대해서 식을 쉽게 유도 할 수 있는 고전 탄성 보에 대해서 보의 처짐 형상을 직접적으로 계산하는데 이용될 수 있다. 다음의 경우를 살펴보면서 몇 가지 중요한 정보를 알아본다.

탄성재료로 만들어진 균일 단면으로 된 단순지지 보에 등분포 하중이 작용하는 경우의 처짐선을 유도해본다. 보의 오른편 지점에서 x만큼 떨어진 곳에서 다음 식과 같다.

$$M_x = q\ell x/2 - qx^2/2 \tag{6.4-29}$$

여기서, M_x : 오른편 지점에서 x만큼 떨어진 단면에서 모멘트

     q : 단위 길이당 하중

     ℓ : 보의 경간장

그러므로

$$a = \iint ((q\ell x/2 - qx^2/2)/EI)dx \tag{6.4-30}$$

두 번 적분을 수행하면

$$a = \frac{q}{2EI}(\ell x^3/6 - x^4/12) + Ax + B \tag{6.4-31}$$

받침점 $x = 0$ 및 $x = \ell$에서 $a = 0$이어야 한다. 그러면 $B = 0$이고 $A = q\ell^3/24EI$이다.

이 값들을 대입하고 정리하면

$$a = \frac{q}{24EI}(\ell x^3 - x^4 - \ell^3 x) \tag{6.4-32}$$

이다. 이 식으로 한 점 x에서 처짐 크기를 계산한다. 경간 중앙점 $x = \ell/2$에서 중앙점의 최대 처짐량은 다음과 같다.

표 6.4-2 휨모멘트 분포 형태에 따른 처짐 계수 η

하중	휨모멘트 분포도	η
	M	0.125
	$M = Wa(1-a)$	$\dfrac{4a^2 - 8a + 1}{48a}$ if $a = 1/2,\ \eta = 1/12$
	M	0.0625
	$M = \dfrac{Wa\ell}{2}$	$0.125 - a^2/6$
	$M = \dfrac{q\ell^2}{8}$	0.104
	$M = \dfrac{q\ell^2}{15.6}$	0.102
	$Wa\ell$	자유단 처짐 $\eta = a(3-a)/6$ 재하 종점 $\eta = 0.333$
	$qa^2\ell^2/2$	자유단 처짐 $\eta = a(4-a)/12$ if $a = \ell,\ \eta = 0.333$
	M_A M_B M_C	$\eta = 0.083(1 - \beta/4)$ $\beta = \dfrac{M_A + M_B}{M_c}$
	M_A M_B M_C	$\eta = 0.104(1 - \beta/10)$ $\beta = \dfrac{M_A + M_B}{M_c}$
	$\dfrac{W\ell^2}{24}(3 - 4a^2)$	$\dfrac{1}{80}\dfrac{(5 - 4a^2)^2}{3 - 4a^2}$

$$a_{\max} = \frac{5q\ell^4}{384EI} \tag{6.4-33}$$

최대 모멘트 $M_{\max} = \dfrac{q\ell^2}{8}$ 이므로 $a_{\max} = \dfrac{5M_{\max}\ell^2}{48EI}$ 이다.

보의 최대 처짐량은 다음과 같은 형태로 나타낼 수 있다.

$$a_{\max} = \frac{\eta_w q\ell^4}{EI}, \quad a_{\max} = \frac{\eta_w M_{\max}\ell^2}{EI} \tag{6.4-34}$$

다수의 설계 편람에서는 재하 형태와 받침점 조건별로 η값을 제시하고 있다. 간편 처짐 계산법을 이용한 철근콘크리트 설계용으로 표 6.4-2에 제시된 η를 활용하는 하는 것이 좋다. 콘크리트에 균열이 생기면, 철근콘크리트의 기본적인 문제는 더 이상 선형 탄성이지 않고 엄밀하게 보면 식 (6.4-26)을 더 이상 적용할 수가 없고, 복잡한 처짐 계산에는 식 (6.4-25)를 적용해야 한다. 보의 곡률 분포를 간단하게 나타내는 식을 제시하기란 현실적으로 쉽지 않기 때문에, 수치 적분기법을 이용할 필요가 있다.

6.4.6 수치적분을 이용한 처짐 계산

(1) 단순지지 보

단순지지보의 처짐을 수치적분으로 이용하여 계산하는 절차는 수계산을 하는 경우에는 약간 번거롭기는 하지만, 그다지 어렵지 않다. 여기서는 한 예를 들어 좀 더 일반적으로 쓸모 있는 도구를 개발하는 절차를 설명하고자 한다. 이 예는 마이크로소프트 엑셀을 이용한 스프레드시트를 이용해서 계산된다. 기본 스프레드시트를 개발했다면, 입력변수 학습에 사용될 수 있으며 쉽게 더 발전시킬 수 있으므로 좀 더 복잡한 문제도 다룰 수 있게 된다. 스프레드시트는 일반적인 용어로 작성되지만 개발 내용을 분명히 설명하기 위해서는 특정 사례를 이용하기로 한다. 경간장 $\ell = 8.0\,\mathrm{m}$에 등분포하중 $q = 12.4\,\mathrm{kN/m}$ 을 지지하는 직사각형 단면의 단순지지 보의 단기 처짐을 계산한다. 단면의 폭 $b = 300\,\mathrm{mm}$이고 깊이 $h = 500\,\mathrm{mm}$이다. 압축면에서 $d' = 50\,\mathrm{mm}$ 되는 곳에 압축철근량 $A_s' = 500\,\mathrm{mm}^2$, 압축면에서 $d = 450\,\mathrm{mm}$ 되는 곳에 인장철근량

$A_s = 2000\,\mathrm{mm}^2$이 배근되어 있다. 콘크리트 기준강도 $f_{ck} = 30\,\mathrm{MPa}$이다.

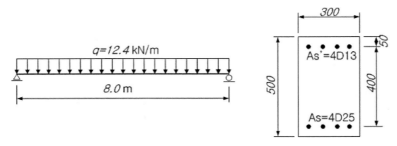

그림 6.4-13 단순지지보와 단면

스프레드시트는 그림 6.4-14에 보인 바와 같다. 상단의 회색 박스는 위에서 제시한 계산에 필요한 기본 정보를 수록한 것이다. 상세한 계산 절차는 다음과 같이 설명한다.

콘크리트의 탄성계수와 인장강도는 도로교설계기준에 제시된 공식으로 압축강도로부터 계산된다. 탄성계수비 $n = 200/E_c$으로 한다. 이러한 기본적인 재료 물성값들을 알아낸 후에 비균열 단면과 균열 단면에 대해서 각각 중립축의 깊이와 면적 2차 모멘트값을 산정한다.

비균열 단면인 경우, 철근량을 무시하고 콘크리트 단면만으로 단면 값을 산정해도 충분히 정확하다고 본다. 그러나 여기서는 철근량을 고려하여 산정한다. 철근의 환산면적(nA_s와 $nA_s{}'$)을 이용하고 단면의 상단에서 면적 1차 모멘트를 취하면 중립축의 깊이 c_1를 다음과 같이 구할 수 있다.

$$c_1 = \frac{bh^2 + n(A_s{}'d' + A_s d)}{bh + n(A_s{}' + A_s)}$$

따라서 면적 2차 모멘트 I_1은 다음과 같이 계산된다.

$$I_1 = bh^3/12 + bh(h/2 - c_1)^2 + n(A_s(d - c_1)^2 + A_s{}'(c_1 - d')^2)$$

경간, L (m)		8	하중, w (kN/m)		12.400
높이, h (mm)		500	압축강도, f_{ck} (MPa)		30.000
유효깊이, d (mm)		450	탄성계수, Ec (kN/mm²)		33.551
폭, b (mm)		300	철근응력, f_s (N/mm²)		2.896
d' (mm)		50	M_{cr} (kN·m)		43.386
인장철근 단면적, A_s (mm²)		2000	E_s/E_c		5.961
압축측 단면적, A's (mm²)		500			

균열단면 중립축, c (mm)	144.978
균열 단면 I_2 x 10⁶ (mm⁴)	1436.332
비균열단면 중립축, c (mm)	259.164
비균열 단면 I_1 x 10⁶ (mm⁴)	3607.475

1	2	3	4	5	6	7	8	9
x	M	(1/r)1	(1/r)2	ζ	(1/r)	1차 적분	2차 적분	처짐
(mm)	(kN·m)	x 10⁶	x 10⁶		x 10⁶	x 10³		(mm)
0	0.00	0.00	0.00	0.00	0.00	0.00	0.00	0.00
400	18.85	0.15	0.39	0.00	0.00	0.00	0.00	-1.65
800	35.71	0.30	0.74	0.00	0.08	0.02	0.00	-3.31
1200	50.59	0.42	1.05	0.26	0.59	0.15	0.04	-4.93
1600	63.49	0.52	1.32	0.53	0.95	0.46	0.16	-6.46
2000	74.40	0.61	1.54	0.66	1.23	0.89	0.43	-7.85
2400	83.33	0.69	1.73	0.73	1.45	1.43	0.89	-9.04
2800	90.27	0.75	1.87	0.77	1.61	2.04	1.58	-10.00
3200	95.23	0.79	1.98	0.79	1.73	2.71	2.53	-10.70
3600	98.21	0.81	2.04	0.80	1.80	3.41	3.76	-11.13
4000	99.20	0.82	2.06	0.81	1.82	4.14	5.27	-11.28
4400	98.21	0.81	2.04	0.80	1.80	4.86	7.07	-11.13
4800	95.23	0.79	1.98	0.79	1.73	5.57	9.15	-10.70
5200	90.27	0.75	1.87	0.77	1.61	6.23	11.51	-10.00
5600	83.33	0.69	1.73	0.73	1.45	6.85	14.13	-9.04
6000	74.40	0.61	1.54	0.66	1.23	7.38	16.97	-7.85
6400	63.49	0.52	1.32	0.53	0.95	7.82	20.01	-6.46
6800	50.59	0.42	1.05	0.26	0.59	8.12	23.20	-4.93
7200	35.71	0.30	0.74	0.00	0.08	8.26	26.48	-3.31
7600	18.85	0.16	0.39	0.00	0.00	8.27	29.78	-1.65
8000	0.00	0.00	0.00	0.00	0.00	8.27	33.09	0.00
						maximum deflection (mm)	=	11.28

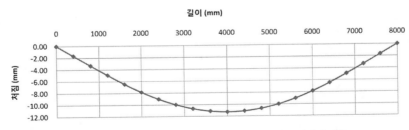

길이 (mm)

처짐 (mm)

그림 6.4-14 수치적분법을 이용한 단순지지보의 단기 처짐량 계산

완전 균열 단면에 대해서도 철근과 압축 측 콘크리트 면적을 고려하여 중립축의 깊이 c_2를 구하고 마찬가지 방법으로 면적 2차 모멘트를 다음과 같이 구한다.

$$I_2 = bc_2^3/3 + nA_s(d - c_2)^2 + nA_s{'}(c_2 - d')^2$$

이제 균열모멘트는 다음 식으로 계산한다.

$$M_{cr} = f_{ctm}I_1/(h - c_1)$$

이제 보를 여러 단면으로 나누고 각 단면에서 모멘트와 곡률을 산정한다. 그림 6.4-14에서 보를 20개 조각으로 나누고 21개의 단면이 보이도록 하였다. 수치적분법은 근사적 방법이기 때문에 조각이 늘어날수록 정확도가 좋아지지만 대개는 10개로도 충분하다. 여기에 제시된 예제에서는 20개보다 10개를 사용한 경우의 정확도 감소는 약 1.2%인 것으로 밝혀졌다. 이 방법을 사용해서 비균열 단면 보의 처짐을 계산함으로써 20개 조각을 사용했을 때 오차에 대한 절대값을 얻어낼 수 있다. 이렇게 하면 0.4%로 나타난다. 표의 1행은 왼쪽 받침점에서 각 단면까지의 거리를 나타낸 것이다. 각 단면의 모멘트는 다음 식으로 산정할 수 있다.

$$M_x = q\ell x/2 - qx^2/2$$

여기서 M_x는 왼쪽 받침점에서 x만큼 떨어진 곳의 모멘트이다.

3행과 4행은 각각 비균열 단면과 균열 단면 값을 이용해서 계산한 곡률이다. $1/r = M/EI$

5행은 분배계수 ζ를 보인 것이다. 단기 처짐을 계산하고 있기 때문에 1.0으로 취한다. 또한, 축력이 없는 휨이기 때문에 f_{sr}/f_s은 M_{cr}/M과 같은 값이다. 그러므로 분배계수 ζ에 대해 아래에 제시된 단단한 공식을 사용한다.

$$\zeta = 1 - \beta(M_{cr}/M)^2 = 1 - (M_{cr}/M)^2$$

다음 관계식으로 6행에서 곡률을 산정한다.

$$(1/r) = \zeta(1/r)_2 + (1 - \zeta)(1/r)_1$$

이제 적분하면 된다. 표에서 7행의 수치는 사다리꼴 법칙을 이용해서 계산된 고려중인 단면에 이르기까지 적분값이다. 이 법칙에 따라, $(i-1)$번째 와 i번째 단면 사이의 적분값은 다음과 같다.

$$A_{(i-1\,to\,1)} = \delta((1/r)_{i-1} + (1/r)_i)/2$$

여기서 δ는 두 단면 간의 거리이다. 표에 사용된 것은 누적적분이기 때문에 다음과 같다.

$$A_{(0\,to\,i)} = A_{(0\,to\,i-1)} + \delta((1/r)_{i-1} + (1/r)_i)/2$$

한 예로서, 받침점에서 $3200\,\text{mm}$ 되는 곳에서 7행의 값은 이전 단면의 7행 값으로 계산된다. 즉, $2.04 + 400(1.61 + 1.73)/2000 = 2.71$

8행의 값은 2차 적분에 대한 것으로 7행에서 구한 방식과 같은 방식으로 정확히 계산되지만 곡률보다는 7행의 값을 이용한다. 8행의 값은 왼쪽 받침점에서 접선에 관한 단면에서 보의 처짐량이다. 이 접선은 수평이 아니므로, 8행의 값을 보정해서 받침점에 이어지는 직선에 관한 처짐량을 계산해야 한다. 오른쪽 받침점에서 처짐량이 0이어야 한다는 점을 인식하고 이 절차를 수행해야 한다. 그러므로 이것이 이루어질 때까지 시계방향으로 처짐 형상을 회전시킬 필요가 있다. 수학적으로, 이것은 8행의 값에 관하여 선형 변환 작업이 필요하다. 8행의 각 값은 $a_L x/\ell$만큼 감소된다. 여기서 x는 왼쪽 받침점에서 고려 중인 단면까지의 거리이며 a_L은 오른쪽 받침점에서 8행의 계산된 처짐량이다(즉, $x = \ell$). 이렇게 보정된 값은 9행에 정리되어 있고 이 값들은 각 단면에서 계산된 처짐량이다. 편의상, 최대 처짐량이 산정되고 표의 아래쪽에 출력된다. 그래프는 각 계산단면 위치에서 처짐량을 나타낸 것이다.

스프레드시트를 완성하고 나면, 다른 등분포 재하된 직사각형 단면 보에 대한 처짐과 다른 재하 상태에 대해서도 쉽게 계산할 수 있다. 여기서는 전체 경간에 걸쳐 철근량과 단면 크기가 일정한 단순한 경우에 대해서 스프레드시트가 작성되었지만 기본 방식은 철근량과 단면 크기가 변하고 또는 프리스트레스가 있는 좀 더 복잡한 상태에도 적용할 수 있다. 경간 전체에 단면마다 단면 값을 계산해야하는 것 때문에 단순히 복잡해질 뿐이다.

(2) 연속보

부정정 구조에 대한 수치적분법의 적용은 가능하지만 그다지 단순하지 않다. 이것에 대해서 두 가지 이유가 있다. 먼저 그리고 가장 분명한 것은 모멘트가 (+)이거나 (−)인 곳에서 상부 또는 하부 철근이 중 어느 것이 인장철근인지 정해야 하고 그것에 따라 단면값을 산정해야 한다. 두 번째로, 좀 더 근본적이며 한 가지 예로 설명할 수 있다. 그림 6.4-15에 보인 보의 처짐 형상의 계산법을 살펴보기로 한다. 그림 6.4-15에 나타낸 전체 휨모멘트 분포도를 허용해서 입력값이 되고 모멘트가 (+)인지 (−)인지에 따라 각 단면에서 곡률이 정확하게 계산되는 수정 계산시트를 이용해서 처짐을 계산하였다. 또한 각 단면에서 상이한 상부 및 하부 철근량을 고려하고 있다. 그림 6.4-15에 나타낸 휨모멘트 분포도는 보의 전 경간에 일정한 면적 2차 모멘트로 가정하여 정상적인 탄성 해석으로 얻어진 것이다.

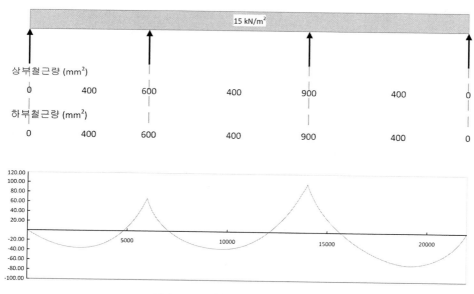

그림 6.4-15 처짐 계산을 위한 연속보 예

경계 조건에 대해 보정하는 중에 스프레드시트는 전체 변형 형상에 다만 선형 변환만을 적용하여 양단 받침점에서 처짐이 0이 되도록 한다. 내측 받침점에서 처짐량이 0이어야 하는데 처짐량이 0이 아님을 알게 될 것이다. 이런 결과는 처짐 계산의 근거가 되는 탄성 휨모멘트 분포도가 정확하지 않기 때문에 생긴다. 실제 분포도는 보 길이에 걸쳐 위치에 따라 철근량의 변화 때문에, 좀 더 중요하게는, 균열의 발전 정도에 의한 강성의 변화에 영향을 받는다. 처짐을 정확하게 평가하려면, 구조물의 복잡한 비선형 해석으로 얻어진 휨모멘트 분포도로 시작할 필요가 있다. 실제로, 스프레드시트는 이러한 작업에 이용될 수 있다. 계산된 처짐량이 내측 받침점에서 0이 될 때까지 시산법으로 받침점 모멘트를 재분배하기만 하면 된다. 이러한 시산법 보정을 수행하는 체계적인 방법을 만들어내기는 그다지 어렵지 않다. 한 가지 방법은 각각의 받침점에서 모멘트에 단위값 보정을 번갈아 하고 내측 받침점 각각에서 처짐량의 변화를 주목하는 것이다. δ_{aa}와 δ_{ab}가 받침점 a와 b에서 받침점 a에서 받침점 모멘트의 단위 변화량에 의한 각각 처짐량의 변화량이고, 마찬가지로, δ_{ba}와 δ_{bb}가 받침점 a와 b에서 받침점 b에서 받침점 모멘트의 단위 변화량에 의한 각각 처짐량의 변화량이라면, 받침점 a와 b에서 처짐이 0이 되게 하는데 필요한 모멘트 변화량 산정값은 ΔM_a와 ΔM_b에 대해 아래에 주어진 방정식을 풀어서 얻어낼 수 있다.

$$a_a = \Delta M_a \delta_{aa} + \Delta M_b \delta_{ab}$$
$$a_b = \Delta M_a \delta_{ba} + \Delta M_b \delta_{bb}$$

여기서, a_a와 a_b : 내측 받침점 a와 b에서 각각의 처짐값

ΔM_a와 ΔM_b : 내측 받침점 a와 b에서 처짐값이 각각 0이 되게 하는 받침점에 필요한 모멘트 조정량

받침점 모멘트에 대한 최종 보정량은 문제의 비선형성 때문에 정확하지 않을 수 있지만 몇 번만 반복 계산하면 바로 수렴하게 됨을 알 수 있다.

6.4.7 장기 처짐

도로교설계기준 2015에서는 1차 원칙으로 비균열 단면에 대해서 유도될 수 있는 식을 사용하고 있다. 유도 과정은 다음과 같다[6.7, 6.10, 6.11].

그림 6.4-16의 보를 보면, 자유 건조수축량과 같은 크기만큼 단축되는 것이 구속되어 있어서, 수축되지 않기 때문에 콘크리트에 생긴 응력은 0이 되지만, $\epsilon_{cs}E_s$와 같은 크기의 응력이 철근에 생긴다. 구속이 풀린다면, 철근이 부담하는 힘이 콘크리트에 작용될 것이며 그 단면은 변형을 일으킬 것이다. 단면에 작용하는 유효 힘은 $\epsilon_{cs}E_sA_{st}$ 만큼이며 이 힘은 철근량의 도심(상부 철근 및 하부 철근)에 작용한다. 그러므로 철근응력을 곱한 콘크리트 단면의 도심에 대하여 철근의 면적 1차 모멘트와 같은 크기의 단면에 모멘트가 작용한다. 그러므로 곡률은 다음과 같이 계산된다.

$$\left(\frac{1}{r}\right)_{cs} = \frac{\epsilon_{cs}E_sS}{E_cI_1} = \frac{n\epsilon_{cs}S}{I_1} \tag{6.4-35}$$

여기서, $(1/r)_{cs}$: 건조수축에 의한 곡률

ϵ_{cs} : 자유 건조수축 변형률

S : 콘크리트 단면 도심에 대한 철근면적의 1차 모멘트

I_1 : 비균열 단면의 면적 2차 모멘트

n : 탄성계수비 = E_s/E_c

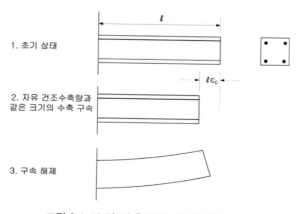

그림 6.4-16 건조수축 변형 계산을 위한 모델

건조수축이 일어나는 동안에 균열 단면이 얼마나 변형을 일으킬지 분명하지는 않지만 유로코드 EC2에서는 곡률을 계산하기 위해서 I_2를 사용하고 균열 단면의 도심에 대하여 철근 면적의 1차 모멘트로서 S를 취함으로써 간단히 계산할 수 있다고 가정하고 있다. 균열상태에서 곡률은 다음과 같은 식을 이용해서 계산할 수 있다.

$$\left(\frac{1}{r}\right)_{cs} = \zeta\left(\frac{1}{r}\right)_{cs2} + (1-\zeta)\left(\frac{1}{r}\right)_{cs1} \tag{6.4-36}$$

여기서, $\left(\dfrac{1}{r}\right)_{cs}$: 건조수축에 의한 곡률

$\left(\dfrac{1}{r}\right)_{cs1}$: 비균열 단면으로 계산한 건조수축에 의한 곡률

$\left(\dfrac{1}{r}\right)_{cs2}$: 완전 균열 단면으로 계산한 건조수축에 의한 곡률

ζ : 분배계수 $= 1 - \beta\left(\dfrac{M_r}{M}\right)^2$

이제 장기 하중 상태에서 곡률을 계산할 수 있으므로, 처짐을 계산하기 위해서 수치적분법을 사용할 수 있다.

예제 6.2 **단순지지보에서 장기재하 경우의 곡률 산정**

그림 6.4-15에 나타낸 단면으로 이루어진 보의 중앙 경간 단면에 대해 장기 곡률을 산정한다. 하중조합 상태에서 모멘트 크기는 99.2 kN·m 이다. 콘크리트 인장강도 $f_{ctm} = 3.15\,\mathrm{MPa}$, 탄성계수 $E_{cm} = 29\,\mathrm{GPa}$, 크리잎 계수 $\phi = 2.0$, 자유건조수축량 $\epsilon_{cs} = 0.0003$으로 가정한다.

$$M_{cr} = f_{ctm}bh^2/6 = (3.15)(300)(500^2) \times 10^{-6}/6 = 39.4\ \mathrm{kN \cdot m}$$

이 값은 가해진 모멘트보다 훨씬 작으므로, 단면은 분명히 균열상태이다.

단면의 유효 탄성계수

$$E_{c,eff} = E_{cm}/(1 + \phi(\infty, t_0)) = 29/(1 + 2) = 9.67 \, \mathrm{GPa}$$

비균열 단면의 곡률은 다음과 같이 충분히 정확하게 산정된다.

$$(1/r)_1 = M/EI = 99.2 \times 10^6/(9.67 \times 10^3 \times 300 \times 500^3/12) = 3.28 \times 10^{-6} \, [\mathrm{1/mm}]$$

위의 계산에서 비균열 단면의 면적 2차 모멘트에 관한 철근의 영향은 전혀 고려되지 않았다. 이것을 고려할 수도 있지만 최종 결과에서 그 차이는 그다지 중요하지 않다.

유효 탄성 계수 $n_e = E_s/E_{c,eff} = 200/9.67 = 20.69$

환산철근비 $n_e A_s/(b\,d) = 20.69 \times 2000/(300 \times 450) = 0.307$

환산균열 단면의 면적 1차 모멘트에서 $c = 176 \mathrm{mm}$ 이다.

환산균열 단면의 면적 2차 모멘트

$$I_{cr} = bc^3/3 + n_e A_s (d-x)^2$$
$$= (300)(176)^3/3 + (20.69)(2000)(450-176)^2 = 3.658 \times 10^9 \, \mathrm{mm}^4$$

철근응력을 계산한다.

$$f_s = n_e M(d-c)/I_{cr} = (20.69)(99.2 \times 10^6)(450-176)/3.658 \times 10^9 \, [\mathrm{1/mm}]$$
$$= 154.0 \, \mathrm{N/mm}^2$$

이것으로부터 완전 균열 단면의 곡률 크기를 계산할 수 있다.

$$(1/r)_2 = \epsilon_s/(d-c) = 154.0/(2 \times 10^5)/(450-176) = 2.81 \times 10^{-6}$$

이제 분배계수 ζ를 계산해야 한다.

균열모멘트에서 철근응력

$$f_{sr} = n_e M_{cr}(d-c)/I_{cr} = (20.69)(39.4 \times 10^6)(450-176)/3.658 \times 10^9 = 61.1 \, \mathrm{N/mm}^2$$

장기 재하인 경우, $\beta = 0.5$ 이므로

$$\zeta = 1 - 0.5(61.1/154.0)^2 = 0.92$$

이고

$$1/r = \zeta(1/r)_2 + (1 - \zeta)(1/r)_1$$
$$= ((0.92)(2.81) + (0.08)(3.28)) \times 10^{-6} = 2.84 \times 10^{-6} \, [1/mm]$$

이다.

균열 및 비균열 단면에 대한 건조수축 곡률을 산정한다.

비균열 단면인 경우,

$$(1/r)_{cs1} = (300 \times 10^{-6})(20.69)(2000)(450 - 500/2)/((300)(500)^3/12) = 7.94 \times 10^{-6} \, [1/mm]$$

균열 단면인 경우,

$$(1/r)_{cs2} = (300 \times 10^{-6})(20.69)(2000)(450 - 176)/(3.658 \times 10^9) = 9.31 \times 10^{-6} \, [1/mm]$$

하중에 의한 곡률을 계산하는 방법에서처럼 동일한 분배계수를 이용하여 건조수축에 의한 곡률을 계산할 수 있다.

$$(1/r)_{cs} = \zeta(1/r)_{cs2} + (1 - \zeta)(1/r)_{cs1}$$
$$= ((0.92)(9.31) + (0.08)(7.94)) \times 10^{-7} = 9.21 \times 10^{-7} \, [1/mm]$$

전체 곡률은 다음과 같다.

$$(1/r)_{tot} = (2.84 + 0.92) \times 10^{-6} = 3.76 \times 10^{-6} \, [1/mm]$$

이 예제에서 철근비가 비교적 낮았지만, 계산된 곡률크기는 완전 균열 단면으로 가정하여 계산된 값과 그다지 크게 차이가 나지 않음을 알 수 있다. 철근비가 더 높다면, 완전균열 단면을 근거로 계산된 장기 곡률을 계산만 하여도 충분히 정확할 것이다.

예제 6.3　단순지지보의 장기 처짐량 계산

그림 6.4-13의 단순지지보의 장기처짐량을 수치적분법을 이용하여 계산한다. 그림 6.4-17는 계산결과를 스프레드시트로 나타낸 것이다.

경간, L (m) =	8			
높이, h (mm) =	500			
유효깊이, d (mm) =	450		β =	0.5
폭, b (mm =	300		하중, w (kN/m) =	12.4
d' (mm) =	50		압축강도, f_{ck} (MPa) =	30
인장철근 단면적, A_s (mm²) =	2000		크리프 계수 =	2
압축측 단면적, A'_s (mm²) =	500		건조수축 계수 (x10⁶) =	200

modular ratio, n =	17.88

탄성계수, E_c (kN/mm²) =	11.184
철근응력, f_s (N/mm²) =	2.896
M_{cr} (kN · m) =	60.609

균열단면 중립축, c (mm)	207.9
균열 단면 I_2 x 10⁶ (mm⁴)	3205.5
비균열단면 중립축, c (mm)	276.4
비균열 단면 I_2 x 10⁶ (mm⁴)	4679.9

$(1/r)_{cs1}$ =	0.344
$(1/r)_{cs2}$ =	0.650

1	2	3	4	5	6	7	8	9
x	M	$(1/r)_1$	$(1/r)_2$	ζ	$(1/r)$	1차 적분	2차 적분	처짐
(mm)	(kN · m)	x 10⁶	x 10⁶		x 10⁶	x 10³		(mm)
0	0.00	0.34	0.65	0.00	0.34	0.00	0.00	0.00
400	18.85	0.70	1.18	0.00	0.70	0.21	0.04	-3.34
800	35.71	1.03	1.65	0.00	1.03	0.56	0.20	-6.56
1200	50.59	1.31	2.06	0.00	1.31	1.02	0.51	-9.62
1600	63.49	1.56	2.42	0.54	2.03	1.69	1.05	-12.46
2000	74.40	1.77	2.73	0.67	2.41	2.58	1.91	-14.98
2400	83.33	1.94	2.97	0.74	2.70	3.60	3.14	-17.13
2800	90.27	2.07	3.17	0.77	2.92	4.72	4.81	-18.84
3200	95.23	2.16	3.31	0.80	3.08	5.92	6.94	-20.09
3600	98.21	2.22	3.39	0.81	3.17	7.17	9.56	-20.85
4000	99.20	2.24	3.42	0.81	3.20	8.44	12.68	-21.10
4400	98.21	2.22	3.39	0.81	3.17	9.72	16.31	-20.85
4800	95.23	2.16	3.31	0.80	3.08	10.97	20.45	-20.09
5200	90.27	2.07	3.17	0.77	2.92	12.16	25.07	-18.84
5600	83.33	1.94	2.97	0.74	2.70	13.29	30.16	-17.13
6000	74.40	1.77	2.73	0.67	2.41	14.31	35.68	-14.99
6400	63.49	1.56	2.42	0.54	2.03	15.20	41.58	-12.47
6800	50.59	1.31	2.06	0.00	1.31	15.86	47.80	-9.63
7200	35.71	1.03	1.65	0.00	1.03	16.33	54.24	-6.57
7600	18.85	0.70	1.18	0.00	0.70	16.68	60.84	-3.35
8000	0.00	0.34	0.65	0.00	0.69	16.96	67.56	0.00
						maximum deflection (mm) =		21.10

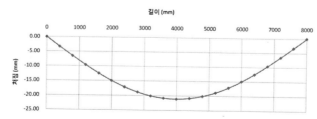

그림 6.4-17 수치적분법을 이용한 단순지지보의 장기 처짐량 계산

6.4.8 처짐 계산의 정확성

처짐 거동이 어떻게 나타나든, 어떠한 처짐 계산법도 완벽하지 않고 계산 결과에 어느 정도 불확실성이 내재될 수밖에 없다. 처짐 계산과 그 계산 결과에 따라 신뢰하는 것들을 고려할 때 여러 가지 불확실성의 요인들이 있음을 명심해야 한다. 처짐 계산의 정확도를 고려할 때, 다음과 같은 불확실성의 요인들을 알아낼 수 있다[6.7].

- 하중 수준과 하중 이력에 대한 불확실성
- 실제 구조물에서 콘크리트 물리적 성질에 대한 불확실성
- 탄성계수값, 인장강도, 크리잎, 건조수축 등
- 공식으로 나타낼 때 거동 모델링의 정확성에 대한 불확실성
- 부재 제원(크기, 덮개, 경간장 등)에 대한 불확실성

이들 거동의 대부분은 처짐 거동뿐만 아니라 다른 어떤 양상의 거동에 대해서도 중요하지만, 불확실성 요인 중의 하나는 상세하게 살펴 볼만한 가치가 있다. 그것은 완성된 구조물에서 콘크리트 인장강도에 대한 불확실성이다. 설계 단계에서 콘크리트에 대해 우리가 알고 있는 것은 규정에 정해진 기준 압축강도이다. 이 값과 인장강도 간의 관계는 아주 불확실하다. 압축강도와 인장강도 간의 관계에 대해서 다양한 생각들이 있다. 실제 구조물에서 콘크리트의 정확한 압축강도와, 기준 압축강도 간의 관계에 대해서도 불확실성이 있다. 인장강도의 변동성에 관한 몇 가지 생각을 해보기로 한다. 한 예로서, 하중이 5 kN/m일 때 처짐량을 보면, 최대 인장강도로 계산된 처짐량은 평균 강도로 계산된 것보다 43% 정도이고 최소 인장강도로 계산된 처짐량은 평균값으로 계산된 것보다 121%나 크다. 하중이 더 크면 오차는 다소 작아진다. 좀 더 광범위하게 연구해보면 철근비가 커질수록 그리고 하중이 균열 하중이상으로 커지면 오차가 감소할 것이다. 분명한 것은 이것만으로도 오차가 상당히 커질 수 있다. 특히 사용하중이 균열하중과 거의 같은 경우라면. 설계단계에서 인장강도를 정확하게 알 수 없기 때문에 여러 경우에서도 처짐 계산에 대한 분명한 불확실성은 피할 수 없다.

이러한 불확실성은 실무에서도 계산된 처짐량의 가치를 떨어뜨리고 더욱더 근사한 계산법을 사용한다 할지라도 그 결과의 신뢰도를 떨어뜨리는 것을 막을 수는 없다.

6.4.9 간편 처짐 계산법

어떠한 주변 여건에서도 수치 적분법으로 처짐 계산을 해낸다는 것은 상당히 번거로울 수도 있으며, 그래서 일반적으로 간편법을 사용해도 충분히 정확성을 확보할 수도 있다. 몇 가지 가능성을 살펴보기로 한다.

(1) 곡률 분포가 모멘트 분포에 비례한다는 가정

이것은 탄성 보에 대해서는 맞는 말이며 앞서 제시된 식으로 표현된다. 부분적으로 균열된 보에 대해서는 이 말이 맞지 않지만, 그 오차는 그다지 크지 않다. 이 절차는 시범코드 MC 2010의 계산법을 이용하여 경간 중앙에서 곡률을 산정하고 다음과 같은 관계를 적용하는 것이다.

$$a_{\max} = \eta_m \ell^2 (1/r) \tag{6.4-37}$$

여기서 η_m 은 표 6.4-1에서 알 수 있다.

예를 들면 앞의 예제에서 수치 적분에 의해 계산된 보의 중앙점에서 처짐은 다음과 같은 방식으로 계산될 수도 있다.

등분포 하중이 작용하는 단순지지 보의 η_m 은 표 6.4-1에서 0.104임을 알 수 있다. 표에서 경간 중앙의 곡률은 $1.85 \cdot 10^{-6}$ 이다. 경간장은 8 m이다. 따라서 처짐은 다음과 같이 계산한다.

$$a_{\max} = 0.104 \cdot 8.0^2 \cdot 10^6 \cdot 1.85 \cdot 10^{-6} = 12.31 \, \text{mm}$$

수치적분에 의해 계산된 처짐값은 11.62 mm 이다. 따라서 이 경우에는 근사계산법에 의한 처짐값이 6%만큼 더 크게 계산되었다. 이것은 허용할 만한 오차이다. 실제로 많은 경우에 오차가 더 커질 수도 있지만 그 오차는 늘 안전 측에 있다.

앞선 절에서 그림 6.4-15과 같은 연속보의 처짐계산 과정을 살펴본 바 있다. 실무에서는, 이러한 방법은 특별한 경우에만 시도될 것이다. 정상적인 계산에 대해서, '실제' 휨모멘트 분포도의 형태에 의존하지 않는 간편법이 필요하다. 앞서 제시한 방법과 같이, 흔히 사용되는 계산법은 곡률 분포도가 연속보에 대해 탄성 해석으로 구한 휨모멘트 분포도를 따른다고 가정하는 것이며 그리고 그것을 적용하는 것이다. 위에서 예를 든 단순지지 보에 대한 계산에 부정확성을 낳는 원인이 되기도 하며 이것은 휨모멘트 분포도와 관련된 곡률 분포도의 형상도 근사적일 뿐만 아니라 휨모멘트 분포도도 근사적이라는 점 때문이기도 하다. 받침점부의 철근량과 경간 내에서 철근량이 다르다는 점도 또 하나의 부정확성의 원인이 된다. 이러한 점을 다루는 방법은 두 가지가 있다. 먼저, 그런 문제점을 무시하고 경간 중앙의 철근량을 근거로 처짐을 계하는 것이고, 그 다음으로, 보의 경간을 따라 철근량의 변화에 맞춰 유효 철근량을 사용하는 것이다. 다음에 제시된 계산법은 유효 철근비 ρ_m를 추정한 공식을 이용하고 있다. 이들 두 방법을 앞에서 다루었던 연속보에 적용해보기로 한다[6.5, 6.7].

먼저 가장 간편한 방법을 고려하여, 탄성해석으로 구한 오른쪽 경간의 경간 중앙 모멘트는 $68.5\,\mathrm{kN \cdot m}$이고, 받침점부의 모멘트는 $(-)103.0\,\mathrm{kN \cdot m}$이다. 경간 중앙에서, 상부철근량은 $400\,\mathrm{mm^2}$이고 하부철근량은 $600\,\mathrm{mm^2}$이다. 콘크리트 탄성계수 $E_c = 33.6\,\mathrm{GPa}$이고 콘크리트 인장강도 $f_{ctm} = 2.9\,\mathrm{MPa}$으로 하여 단면값을 산정한다.

비균열 단면의 중립축 깊이 c는 $252\,\mathrm{mm}$이고 비균열 단면의 면적 2차 모멘트값 I_1은 $3363 \times 10^6\,\mathrm{mm^4}$이다. 이 값으로 계산된 균열모멘트 M_{cr}의 값은 $39.2\,\mathrm{kN \cdot m}$이다. 완전 균열된 단면에서 중립축 깊이 $c = 89.3\,\mathrm{mm}$이고 균열 단면의 면적 2차 모멘트 $I_2 = 540 \times 10^6\,\mathrm{mm^4}$이다.

비균열 단면과 완전 균열 단면으로 계산된 곡률은 다음과 같다.

$$(1/r)_1 = 68.5 \times 10^6 / (33.6 \times 10^3 \times 3363 \times 10^3) = 0.606 \times 10^3 \text{ [1/mm]}$$

$$(1/r)_2 = 68.5 \times 10^6 / (33.6 \times 10^3 \times 540 \times 10^3) = 3.8 \times 10^3 \text{ [1/mm]}$$

인장강화효과를 고려하여 보정하면, $(1/r)_{ts}$을 다음과 같이 계산한다.

$$(1/r)_{ts} = 0.8 M_{cr} / E_c (1/I_2 - 1/I_2(M_{cr}/M))$$

$$= 0.8(39.2)/33.6 \times 10^3(1/540 - 1/3363)(39.2/68.5) = 0.83 \times 10^4 \text{ [1/mm]}$$

그러므로 곡률$= (37.85 - 8.3) \times 10^5 = 2.95 \times 10^6 \text{ [1/mm]}$

표 6.4-1에서 η값을 구할 수 있다.

$$\eta = 0.104(1 - (M_a + M_b)/10M_c) = 0.104(1 - (103 + 0)/(68.5 \times 10)) = 0.085$$

이제 처짐값을 다음과 같이 구한다.

$$a = \eta \ell^2 (1/r) = 0.085(82 \times 10^6)(2.95 \times 10^6) = 16.0 \, \text{mm}$$

이 값은 정밀 계산값인 14.0 mm 와 충분히 비교할 만하다. 평균 철근량을 적용해서 계산하면 좀 더 나은 결과를 얻을 수 있다.

(2) 시범코드 MC 2010의 간편 계산법

시범코드 MC 2010에서는 즉시 및 장기 처짐값을 구하기 위한 간편 계산법을 제시하고 있다 [6.5, 6.7].

① 즉시 처짐

소정의 재하 조건에서 부재의 즉시 처짐값은 다음과 같은 식으로 구한 요소의 유효 면적 2차 모멘트값을 이용해서 계산될 수 있다.

$$I_{eff} = \frac{I_1 \cdot I_2}{\zeta I_1 + (1 - \zeta)I_2} \tag{6.4-38}$$

여기서 I_1과 I_2는 각각 비균열 단면과 완전 균열 단면의 면적 2차 모멘트값이며 ζ는 다음에 제시한 곡률 보간 계수이다.

완전 균열 단면의 면적 2차 모멘트값 I_2를 구하려면, 인장 및 압축 철근비의 평균값을 부재의 길이에 따라 다음과 같이 적용하여 계산할 수 있다.

$$\rho_m = \rho_A \frac{\ell_A}{\ell} + \rho_B \frac{\ell_B}{\ell} + \rho_C \frac{\ell_C}{\ell} \tag{6.4-39a}$$

$$\rho'_m = \rho'_A \frac{\ell_A}{\ell} + \rho'_B \frac{\ell_B}{\ell} + \rho'_C \frac{\ell_C}{\ell} \tag{6.4-39b}$$

여기서, ρ_A, ρ'_A : 단부 받침점 A에서 인장 및 압축 철근비

ℓ_A : 받침점 A 근처의 ($-$)휨모멘트를 받는 보의 길이

ρ_B, ρ'_B : 단부 받침점 B에서 인장 및 압축 철근비

ℓ_B : 받침점 B 근처의 (－)휨모멘트를 받는 보의 길이

ρ_C, ρ'_C : 경간 중앙에서 인장 및 압축 철근비

ℓ_C : 경간 중앙에서 (+)휨모멘트를 받는 보의 길이

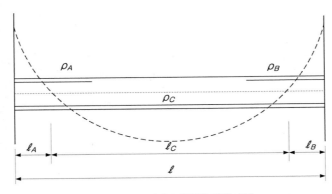

그림 6.4-18 단면값 산정을 위한 가정

중립축 위치는 식으로 계산될 수 있으며 간단하게 다음과 같이 계산할 수도 있다.

$$\frac{c_2}{d} = \frac{0.18 + 1.8n\rho}{1 + \dfrac{\rho'}{\rho}\dfrac{d'}{d}} \tag{6.4-40}$$

면적 2차 모멘트는 다음 식으로 계산한다.

$$I_2 = b\,c_2^3/3 + n\,A_s\,(d - c_2)^2 + n\,A_s{'}\,(c_2 - d)^2$$

보간 계수 ζ는 다음 식으로 구한다.

$$M_{cr} \leq M_a \text{이면, } \zeta = 1 - \beta\left(\frac{M_{cr}}{M_a}\right)^2$$

$$M_{cr} > M_a \text{이면, } \zeta = 0$$

여기서, M_a : 가장 불리한 사용하중조합에서 부재 전체 길이에서 최대 휨모멘트값

M_{cr} : 단면의 균열모멘트, $M_{cr} = S_c f_{ctm}$

S_c : 인장 연단의 콘크리트에 관한 콘크리트 전체 단면의 단면계수

f_{ctm} : 콘크리트 평균 인장강도

초기 재하이면. $\beta = 1.0$이고 지속하중 또는 많은 횟수의 반복하중이면 $\beta = 0.5$이다.

② 장기 처짐

크리잎과 건조수축에 의한 장기처짐 a_t는 다음과 같은 식으로 산정될 수 있다.

$M_{cr} > M_a$이면

$$a_t = (1 + \phi)a_g \tag{6.4-41}$$

$M_{cr} \leq M_a$이면,

$$a_t = a_g + a_\phi + a_{sh} \tag{6.4-42}$$

여기서, ϕ : 크리잎 계수

a_g : 준고정하중에 의한 즉시 처짐

a_ϕ : 크리잎 처짐

a_{sh} : 건조수축 처짐

크리잎 처짐은 고정하중에 의한 즉시 처짐에 크리잎 곡률 계수를 곱함으로써 구할 수 있다.

$$a_\phi = a_g \frac{c}{d}\left(\frac{0.84\phi - 0.2}{1 + 12n\rho'_m}\right) \tag{6.4-43}$$

여기서 c/d, ρ_m, ρ'_m은 앞서 정의한 바와 같다. 탄성계수비 $n = E_s/E_c$이고 d는 인장 철근까지의 단면의 유효 깊이이다.

건조수축에 의한 처짐은 다음 식으로 구한다.

$$a_{sh} = \frac{\epsilon_{sh}}{d}\left(\frac{1}{1 + 12n\rho'_m}\right)k_s\frac{\ell^2}{8} \tag{6.4-44}$$

여기서, ℓ : 부재 경간장

ϵ_{sh} : 처짐을 계산하는 시기에서 건조수축 변형률

k_s : 받침점 조건에 따라 결정되는 상수. 근사적으로 다음과 같이 쓴다.

캔틸레버 $k_s = 4.0$

단순지지보 $k_s = 1.0$

연속보의 최외측 경간 $k_s = 0.7$

연속보의 내측 경간 및 양단 고정된 보 $k_s = 0.5$

6.4.10 경간장/유효 깊이 비율

앞서 본 바와 같이, 처짐 계산은 번거로운 작업이며 그 결과의 신뢰도도 제한적이다. 그래서 대다수의 규정들은 특별한 경우를 제외하고는 처짐을 검토하기 위한 계산 수행을 명시적으로 요구하지 않고 있다. 처짐을 제어하기 위한 가장 일반적인 방법은 경간장/유효 깊이 비율을 제한하는 방법이며 이 방법은 유로코드 EC2에서 채택하고 있다.

처짐 제어를 위한 경간장/유효 깊이 비율을 이용하는 기본 논리는 직설적이다. 단위 길이당 w 의 등분포 하중을 받고 있는 단순지지 탄성 보를 살펴보기로 한다. 재료의 최대 허용응력을 f 라고 가정한다. 위험 단면이 견딜 수 있는 최대 모멘트는 다음과 같다.

$$M = f S = w\ell^2/8 \tag{6.4-45}$$

이 식에서 S는 단면 계수이며 직사각형 단면이면 $bh^2/6$ 이다. 보의 최대 처짐량은 다음과 같다.

$$a = 5w\ell^2/384EI \tag{6.4-46}$$

앞의 식에서 w 대신에 대입하면 다음과 같다.

$$a = 40fS\ell^4/(384EI\ell^2) \tag{6.4-47}$$

I/S 대신에 βh를 대입하고 정리하면 다음과 같다.

$$a/\ell = 40f/(384\beta E(\ell h)) \tag{6.4-48}$$

단면형상과 재료가 정해진 경우이면, $40f/384\beta E$는 상수이므로, 다음과 같이 다시 쓸 수 있다.

$$a/\ell = k(\ell/h) \tag{6.4-49}$$

그러므로 탄성재료인 경우, 경간장/깊이 비율을 제한하는 것은 경간장에 대한 처짐 비율을 제한하는 것이다. 처짐에 대한 제한이 경간에 대한 비율로 표시되는 한 이것은 이러한 조건에서 처짐을 제어하는 번거로운 방법이다. 철근콘크리트는 엄밀히 말하자면 해석에 기초가 되는 가정에 들어맞지 않는다. 그렇지만 그 차이는 얼핏 나타난 것처럼 그다지 크지 않다. 여기에는 고려해보아야 할 두 가지 문제점이 있다. 허용응력 f와 단면의 기본 강성인데 βE와 같은 값으로 본다. 경간장 깊이 비율의 적용은 인장철근이 극한상태에서 항복되는 보와 슬래브의 검토하는 것에 국한되기 때문에, 이것은 효과적으로 사용조건하에서 허용응력 f와 같은 값이라고 여겨질 수 있는 철근응력을 제한하는 것으로 정의된다. 응력 제한은 보의 연단에서보다는 철근위치에서 적용되므로, 전체 부재 깊이에 대한 경간장보다는 유효 깊이에 대한 경간장의 비율을 사용하는 것이 더 합리적이다.

예제 6.4 간편법을 이용한 단순지지 보의 곡률 및 처짐 계산

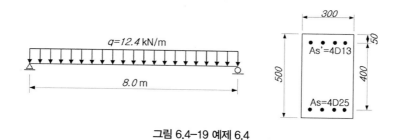

그림 6.4-19 예제 6.4

그림 6.4-19에 보인 바와 같은 단순지지 보의 곡률과 처짐량을 계산한다.
콘크리트 평균 인장강도 $f_{ctm} = 2.9\,\mathrm{MPa}$이고 탄성계수 $E_c = 33.6\,\mathrm{GPa}$로 가정한다.
$A_s = 4\mathrm{D}25 = 2000\,\mathrm{mm}^2$이고 $A'_s = 4\mathrm{D}13 = 500\,\mathrm{mm}^2$이다.

철근 단면적을 고려한 비균열 단면의 면적 2차 모멘트 $I_1 = 3670 \cdot 10^6 \, \mathrm{mm}^4$

단면 도심 위치 $c_1 = 260.9 \, \mathrm{mm}$

균열모멘트 $M_{cr} = f_{ctm} I_1 / (h - c_1) = 44.83 \, \mathrm{kN \cdot m}$

보가 단순지지되어 있으므로, 받침부에 철근이 없고 그래서 경간 중앙에서 철근량만 고려하여 평균 철근비를 구한다.

$$\rho_m = A_s / bd = 2000 / (300 \cdot 450) = 0.0148$$

$$\rho'_m = A'_s / bd = 500 / (300 \cdot 450) = 0.0037$$

경간 중앙점 모멘트 $M_a = q\ell^2 / 8 = 12.4(8.0)^2 / 8 = 99.2 \, \mathrm{kN \cdot m}$

이 값은 균열모멘트값보다 크므로 균열 단면의 단면값이 필요하다.

중립축의 상대 깊이

$$\frac{c_2}{d} = \frac{0.18 + 1.8 n\rho}{1 + \dfrac{\rho'}{\rho} \dfrac{d'}{d}} = \frac{0.18 + 1.8(5.95)(0.0148)}{1 + \dfrac{(0.0037 \cdot 50)}{(0.00148 \cdot 450)}} = 0.33 \; 그러므로 \; c_2 = 148.5 \, \mathrm{mm}$$

여기서 $n = 200/33.6 = 5.95$ 이다. 완전 균열 단면의 면적 2차 모멘트는 다음 식으로 구한다.

$$I_2 = b c_2^3 / 3 + n A_s (d - c_2)^2 + n A_s'(c_2 - d)^2 = 1436 \times 10^6 \, \mathrm{mm}^4$$

보간 계수는 다음과 같다.

$$\zeta = 1 - \beta \left(\frac{M_{cr}}{M_a} \right)^2 = 1 - 1.0 \left(\frac{44.83}{99.2} \right)^2 = 0.866$$

유효 면적 2차 모멘트 I_{eff}는 다음과 같다.

$$I_{eff} = \frac{I_1 \cdot I_2}{\zeta I_1 + (1 - \zeta) I_2} = \frac{(3670)(1436)}{(0.866)(3670) + (1 - 0.866)(1436)} \times 10^6 = 1563 \times 10^6 \, \mathrm{mm}^4$$

유효 면적 2차 모멘트값을 이용해서 구한 즉시 처짐값:

$$a_{0g} = \frac{5 q \ell^4}{384 E_c I_{eff}} = \frac{5(12.4)(8000)^4}{384(33.6 \times 10^3)(1563 \times 10^6)} = 12.6 \, \mathrm{mm}$$

크리잎 계수 $\phi = 2.0$이면, 크리잎에 의한 처짐량은 다음과 같다.

$$a_\phi = a_g \frac{c}{d}\left(\frac{0.84\phi - 0.2}{1 + 12n\rho'_m}\right) = (12.6)(0.33)\left(\frac{0.84 \cdot 2.0 - 0.2}{1 + 12(5.95)(0.0037)}\right) = 4.9\,\text{mm}$$

건조수축 변형률 $\epsilon_{sh} = 0.0002$이면, 단순지지 보를 고려하여 $k_s = 1.0$으로 취하여 건조수축에 의한 처짐량을 계산한다.

$$a_{sh} = \frac{\epsilon_{sh}}{d}\left(\frac{1}{1 + 12n\rho'_m}\right)k_s\frac{\ell^2}{8} = \frac{0.0002}{450}\left(\frac{1}{1 + 12(5.95)(0.0037)}\right)\frac{8.0^2}{8} = 2.8\,\text{mm}$$

장기간 처짐량

$$a_t = a_\phi + a_{sh} = 4.9 + 2.8 = 7.7\,\text{mm}$$

고정하중에 의한 장기간 처짐

$$a_g = a_{0,g} + a_\phi + a_{sh} = 12.6 + 4.9 + 2.8 = 20.3\,\text{mm}$$

이 값은 앞의 예제 6.3에서 수치적분기법으로 계산한 값인 21.0 mm보다 0.7 mm만큼 작은 값이므로 충분히 만족할 만하다.

6.4.11 직접 처짐 계산을 생략하는 경우

도로교설계기준 5.8.4.2에서는 다음과 같이 허용 경간/유효깊이 비 l/d보다 작게 부재를 설계하였다면, 그 처짐은 도로교설계기준 5.8.4.1의 (2)와 (3)에서 설정한 한계값을 초과하지 않는다고 간주할 수 있다[6.1, 6.4, 6.5].

$$\frac{l}{d} = k\left[11 + 1.5\sqrt{f_{ck}}\frac{\rho_0}{\rho} + 3.2\sqrt{f_{ck}}\left(\frac{\rho_o}{\rho} - 1\right)^{1.5}\right] : \rho \le \rho_0 \tag{6.4-50a}$$

$$\frac{l}{d} = k\left[11 + 1.5\sqrt{f_{ck}}\frac{\rho_0}{\rho - \rho'} + \frac{1}{12}\sqrt{f_{ck}}\sqrt{\frac{\rho'}{\rho_o}}\right] : \rho > \rho_0 \tag{6.4-50b}$$

여기서, k = 부재의 지지조건을 반영하는 계수(표 6.4-3 참조)

ρ_0 =기준철근비$(= \sqrt{f_{ck}} \times 10^{-3})$

ρ =경간 중앙(캔틸레버의 경우 지지단)의 인장철근비

ρ' =경간 중앙(캔틸레버의 경우 지지단)의 압축철근비

f_{ck} =콘크리트 기준압축강도(MPa)

식 (6.4-50)은 단순지지된 슬래브에 대해 도로교설계기준 5.8.4.3의 공식을 적용한 결과를 단순화 한 것으로서 부재의 중앙단면이나 캔틸레버의 경우 지지단의 철근 인장응력이 철근의 인장강도 500 MPa의 약 60 %인 310 MPa이라고 가정하여 유도된 것이다. 철근인장응력 수준이 이 가정과 다르다면, 위 식으로 얻은 값에 $310/f_s$를 곱해 보정해야 한다. 이 보정값은 다음 식으로 산정된 값을 취하면 일반적으로 안전한 설계가 된다.

$$\frac{310}{f_s} = \frac{500}{f_y(A_{s,rqd}/A_s)} \tag{6.4-51}$$

여기서, f_s =사용하중상태에서 경간 중앙의 인장철근응력

$A_{s,rqd}$ =극한한계 상태에서 경간 중앙 단면에 필요한 철근량

A_s =경간 중앙(내민 보의 경우 지지단)에 배치된 철근량

플랜지가 있는 단면에서 플랜지 폭이 복부 폭의 3배보다 크다면, 위 식으로 구한 l/d값에 0.8을 곱해야 한다. 또한 경간이 7 m보다 길어서 과도한 처짐에 의한 지지시설의 손상 가능성이 있는 보와 슬래브에서는 위 식으로 계산한 l/d값에 $7/l_e$를 곱해야 한다. 표 6.4-3은 처짐 계산을 생략하는 경우의 기본 경간장/유효깊이 비는 나타낸 것이다.

표 6.4-3 축력이 작용하지 않은 철근콘크리트 부재의 기본 경간장/유효깊이 비

구조계	k	높은 콘크리트 응력 $\rho = 1.5\%$	낮은 콘크리트 응력 $\rho = 0.5\%$
단순지지 보, 1방향-또는 2방향 단순지지 슬래브	1.0	14	20
연속 보의 외측 경간, 1방향-또는 2방향 단순지지 슬래브의 외측 패널	1.3	18	26
보와 슬래브의 내측 경간	1.5	20	30
플랫 슬래브	1.2	17	24
캔틸레버	0.4	6	8

☐ 참고문헌 ☐

6.1 (사)한국교량 및 구조공학회 (2015), 도로교설계기준 (한계상태설계법) 해설 2015.

6.2 한국콘크리트학회 (2012), 콘크리트구조기준 해설.

6.3 한국콘크리트학회 (2012), 콘크리트 장기거동 해석 및 적용, 한국콘크리트학회.

6.4 European Committee for Standardization (2004), Eurocode 2: Design of Concrete Structures, Part 1-1: General rules and rules for buildings, BSi.

6.5 CEB-FIP (2013), fib Model Code 2010, 1st Edition, Ernst & Sohn Gmbh &Co. KG., for Comité Euro-International du Beton.

6.6 International Federation for Structural Concrete (2010), Structural Concrete Textbook on behaviour, design and performance, 2nd Edition. vol. 1, fib bulletin 51, fib.

6.7 International Federation for Structural Concrete (2010), Structural Concrete Textbook on behaviour, design and performance, 2nd Edition. vol. 2, fib bulletin 52, fib.

6.8 ACI Committee 318 (2011), Building Code Requirements for Structural Concrete(ACI 318-M11) and Commentary, American Concrete Institute, Detroit, 2011.

6.9 ACI Committee 224R-80 (1989), Control of Cracking in Concrete Structures, ACI Manual of Concrete Practice, Part 3, American Concrete Institute, Detroit.

6.10 CEB (1997), Behavior and Modelling in Serviceability Limit States Including Repeated and Sustained Loads, CEB Bulletin d' Information No. 235.

6.11 Leonhardt, F. (1976), Vorlesungen über Massivbau, 4. Teil, Springer Verlag.

6.12 Leonhardt, F. (1976), Rissebeschränkung, Beton-und Stahlbetonbau, No.7/1976.

6.13 Leonhardt, F. (1988), Cracks and Crack Control in Concrete Structures, PCI Journal, July-August 1988.

6.14 Rehm, G., Martin, H. (1986), Zur Frage der Rissbegrenzung im Stahlbetonbau, Beton-und Stahlbetonbau No.8.

6.15 C. R. Hendy and D. A. Smith (2007), Designer's Guide to EN 1992-2 Eurocode 2 : Design of Concrete Structures, Part 2 : Concrete Bridges, Thomas, Telford, London, England.

6.16 A. W. Beeby and R. S. Narayanan (2007), Designer's Guide to EN 1992-2 and EN 1992-1-2, Eurocode 2 : Design of Concrete Structures, General rules and rules for buildings and Structural Fire Design, Thomas, Telford, London, England.

6.17 Eurocode 2 Worked Examples (2008), European Concrete Platform ASBL, Brussels, Belgium.

6.18 Deak, G., Hamza, I. and Visnovitz, G. (1997), Variability of Deflections and Crack Widths in Reinforced and Prestressed Concrete Elements, CEB Bulletin d' Information No. 235.

6.19 Park, R. and Paulay, T. (1975), Reinforced Concrete Structures, Wiley.

6.20 Mosely, B., Bungey, J., Hulse, R. (2012), Reinforced Concrete Design to Eurocode 2, 7th Edition, Palgrave MacMillan.

6.21 Ghali, A. and Favre, R. (1986), Concrete Structures; Stresses and Deformations, Chapman & Hall, New York.

07 휨과 축력을 받는 철근콘크리트 부재

Axially Loaded Reinforced Concrete Members

콘크리트는 그다지 지속 가능한 건설재료는 아니다.

－마아틴 윌리 Martin Willey ㅡ

07

휨과 축력을 받는 철근콘크리트 부재
Axially Loaded Reinforced Concrete Members

7.1 개 요 Introduction

일반적으로 축방향 압축력을 받는 연직방향의 구조 부재를 기둥이라고 부른다. 좀 더 일반적인 용어로 압축부재 또는 휨과 축력을 함께 받는 부재는 기둥, 벽체 그리고 뼈대구조나 트러스의 부재 등을 부르는 데도 사용된다. 이 부재들은 연직이거나, 기울어져 있거나, 수평일 수도 있다. 기둥이란 연직 압축부재의 하나인 셈이다. 기둥에 작용하는 압축력은 기둥 단면의 도심과 일치하는 방향으로 또는 도심에서 벗어나 작용하기도 한다. 기둥의 단면 치수는 일반적으로 기둥의 길이에 비해 상당히 작으며, 기둥은 지붕과 바닥에서 전달되는 연직하중을 지지하고 이 하중을 구조물의 기초로 전달한다.

콘크리트 구조물을 지을 때 대개 바닥의 보와 슬래브에 철근을 배치하고 거기에 콘크리트를 친다. 이 콘크리트가 굳어지면 그 바닥 위로 기둥 철근을 배치하고 콘크리트를 친 다음, 다음 층의 바닥공사로 이어진다. 그림 7.1-1은 이 과정을 보인 것이다. 그림 7.1-1(가)는 다음 층의 거푸집 공사에 들어가기 전에 완성된 기둥을 보인 것이다. 이 기둥을 띠철근 기둥이라고 하는데 기둥의 높이를 따라 올라가면서 주철근을 주철근보다 더 가는 띠철근으로 정해진 간격을 두고 묶어둔다. 콘크리트 바로 위로 한 다발의 띠철근을 볼 수 있다. 기둥으로부터 돌출된 축방향 철근은 바닥을 지나 다음 층의 기둥 속으로 연장되며 그 기둥 속에서 이어진다. 기둥의 축방향 철근은 다음 층의 기둥 배근망 안으로 꺾어 넣기도 한다. 그림 7.1-1(나)는 기둥 거푸집을 설치하기 전에 배근망을 보인 것이다. 이 사진에서는 기둥 하단부에서 겹침 이음과 띠철근도 볼 수 있다. 일반적으로 기둥의 배근망은 작업장에서 조립되어 장비를 이용하여 현장으로 옮겨져 설치된다.

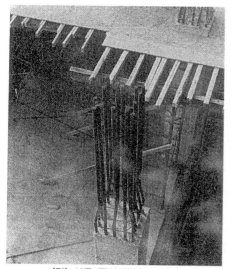
(가) 시공 중인 띠철근 기둥

(나) 띠철근 기둥의 배근망

그림 7.1-1 띠철근 기둥

압축부재를 설계할 때에는 반드시 **안정** *安定 stability*문제를 고려해야 한다. 세장 영향 때문에 생긴 모멘트가 기둥을 뚜렷이 약화시킨다면, 이런 기둥을 **세장한 기둥** *slender column* 또는 **장주** *長柱, long column*라고 한다. 콘크리트 기둥의 대다수는 세장 영향을 무시할 수 있을 만큼 두툼하다. 이러한 기둥을 **단주** *短柱, short column*라고 한다.

7.2 철근콘크리트 부재의 휨-축력 관계
Bending-Axial Force Interactions of Reinforced Concrete Members

7.2.1 휨-축력 관계도

콘크리트 구조물에서 거의 모든 압축부재는 축력과 함께 모멘트를 받는다. 이것은 그림 7.2-1 (나)에 보인 바와 같이 축력이 기둥의 중심에 작용하지 않거나, 기둥이 지지하고 있는 보의 단부에서 불균형 모멘트의 일부를 기둥이 부담하기 때문에 일어난다(그림 7.2-1(다)). 여기서 거리 e를 축력의 **편심량**_eccentricity_이라고 한다. 그림 7.2-1(나)에서 편심 축력 N은 도심축에 작용하는 축력 N과 도심에 대한 모멘트 $M = N \cdot e$를 합한 것으로 대체시킬 수 있기 때문에 두 경우는 같은 것이다. 구조해석에서 얻어진 모멘트와 축력이 도심축에 대한 것이기 때문에 축력 N과 모멘트 M은 기하학적 도심축에 대한 것으로 간주된다.

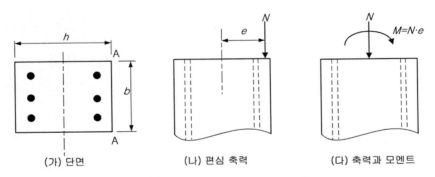

(가) 단면   (나) 편심 축력   (다) 축력과 모멘트

그림 7.2-1 기둥에 작용하는 축력 N과 모멘트 M

기둥의 모멘트와 축력 간의 **상호작용**_interaction_을 개념적으로 나타내기 위해서, 재료의 압축강도가 f_{cu}이고 인장강도가 f_{tu}인 **이상적으로 균질하고 탄성적인** 기둥을 살펴보기로 하자. 이러한 기둥에서 파괴는 최대 응력이 f_{cu}에 이르면 압축파괴가 일어날 것이다.

$$\frac{N}{A} + \frac{My}{I} = f_{cu} \tag{7.2-1}$$

여기서, A, I=각각 단면의 면적 및 면적 2차 모멘트

y＝도심축에서 압축 측의 최외단 면까지의 거리(그림 7.2-1(가)의 우측단 A－A), 오른쪽으로 (＋)

N＝축력, 압축일 때 (＋)

M＝모멘트, 그림 7.2-1(다)에서는 (＋)

식 (7.2-1)의 양변을 f_{cu}로 나누면 다음과 같다.

$$\frac{N}{f_{cu}\,A} + \frac{M\,y}{f_{cu}\,I} = 1 \tag{7.2-2}$$

기둥이 지지할 수 있는 최대 축력은 $M=0$일 때이고 $N_{\max} = f_{cu}\,A$이다. 마찬가지로 지지할 수 있는 최대 모멘트는 $N=0$일 때, $M_{\max} = f_{cu}\,I/y$이다. $N_{\max}$과 $M_{\max}$을 위 식에 대입하면 다음과 같은 식이 된다.

$$\frac{N}{N_{\max}} + \frac{M}{M_{\max}} = 1 \tag{7.2-3}$$

이 식은 단면이 파괴될 때 축력 N과 모멘트 M 간의 관계, 또는 상호작용을 나타낸 것이기 때문에 상호작용 관계식이라고 한다. 그림 7.2-2의 직선 AB로서 나타낼 수 있다. f_{tu}로 지배되는 인장력 N에 대한 식도 이 그림의 직선 BC로서 나타낼 수 있으며 모멘트의 부호가 반대이면 직선 AD와 DC로 나타난다.

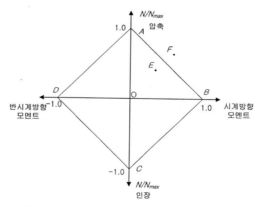

그림 7.2-2 탄성 기둥의 휨－축력 관계도 $|f_{cu}| = |f_{tu}|$

그림 7.2-2는 $f_{tu} = -f_{cu}$인 탄성재료에 대하여 그린 것으로서, 이것을 휨-축력 관계도라고 한다. 이 그림에 나타낸 직선상의 점은 단면의 저항값에 해당하는 N과 M의 합성값이다. 점 E와 같이 휨-축력 관계도 안쪽에 있는 점은 파괴를 일으키지 않는 N과 M의 합성값이다. 점 F와 같이 선 상에 또는 선 밖에 있는 점의 하중조합은 단면의 저항값을 초과하는 것으로 파괴를 일으킬 수 있다. 그림 7.2-3(가)는 f_{cu}의 값이 분명히 있고 $f_{tu} = 0$인 탄성재료에 대한 휨-축력 관계도를 보인 것이며, 그림 7.2-3(나)는 $f_{tu} = -f_{cu}/2$인 재료의 휨-축력 관계도이다. 선분 AB와 AD는 압축으로 지배되는 파괴에 해당하는 하중조합을 나타낸 것이며(f_{cu}에 의해서 지배된다), 선분 BC와 DC는 인장으로 지배되는 파괴를 나타내고 있다. 각각의 경우에서, 그림 7.2-2와 7.2-3의 점 B와 D는 응력이 재료의 인장 및 압축 저항값에 동시에 이르는 **동시파괴** *balanced failures*를 나타낸다.

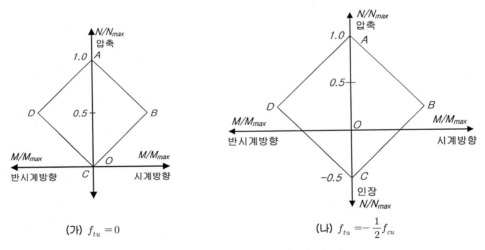

(가) $f_{tu} = 0$ (나) $f_{tu} = -\dfrac{1}{2}f_{cu}$

그림 7.2-3 탄성 기둥의 휨-축력 관계도, $|f_{cu}| \neq |f_{tu}|$

그런데 엄밀하게 말하면 철근콘크리트는 탄성적이지 않으며, 압축강도에 비해 인장강도가 낮은 재료이다. 그렇더라도 부재의 인장면에 배치된 철근에 의해서 적당한 크기의 인장강도를 발휘한다. 이런 까닭에 철근콘크리트에 대한 휨-축력 관계도의 계산은 탄성재료의 경우보다 다소 복잡하다. 여하튼 그 휨-축력 관계도의 일반적인 형상은 그림 7.2-3(나)와 비슷하다.

7.2.2 휨과 축력을 받는 부재의 극한한계상태

일반적으로 구조설계에 적용되는 구조해석은 탄성이론을 근거로 수행되지만, 해석 결과에서 휨과 축력을 받는 부재는 설계안전율을 확보하기 위해서 극한하중조건에서 검토되고 있다.

한계상태설계법의 목표는 구조물의 붕괴가 일어나지 않도록 부재에 대해 충분한 안전율을 확보하는 것이며, 그래서 기둥의 극한강도 평가는 늘 중요한 문제이었고, 많은 실험을 바탕으로 해서, 2축 편심 축력을 받는 기둥의 극한강도의 문제도 이전보다도 더욱 합리적인 토대 위에 놓이게 되었다. 주목해야 할 문제는 기둥이 편심량이 매우 작은 축력(고층 건물의 바닥층 기둥이나 교량의 교각)을 받거나 편심량이 큰 축력(고층 건물의 최상층 기둥)을 받는 경우이다. 전자의 경우, 기둥 전체는 압축상태에 있을 것이며 후자의 경우는 기둥의 일부는 중립축까지 균열이 생길 수도 있다. 실험에 의하면 극한상태에서도 기둥 단면의 평면유지 가정이 유지될 수 있는 것으로 밝혀져서, 변형적합조건을 고려할 수 있다[7.12].

직사각형 단면의 철근콘크리트 기둥은 2변 또는 4변에 철근이 배치된다. 2축 편심 축력을 받는 경우라면, 철근의 일부 또는 전부가 압축상태에 있고, 일부는 인장상태에 있을 수도 있다. 어떤 철근은 항복되었는데, 어떤 철근은 아직 탄성상태에 있을 수도 있다. 기둥을 설계하는 기술자나 컴퓨터 프로그램을 작성하는 사람들은 항상 철근거동의 비연속성에 관한 검토를 염두에 두고 있다. 기둥의 파괴하중을 제대로 계산하려면 이형철근에 대한 응력−변형률 곡선을 정밀하게 정의할 필요가 있으며, 콘크리트에 대한 응력−변형률 곡선도 휨의 경우보다도 더 자세하게 정의할 필요가 있다. 한계변형률이 0.002에 근접한 경우에, 응력−변형률 관계는 아직 포물선 모양이지만, $\epsilon_{cu} = 0.0033$이면, 응력사각형 블록으로 가정해도 된다. 위와 같이 복잡하거나 변화가 있을지라도, 기둥의 휨−축력 상호관계를 합리적으로 잘 이해해야 하며, 철근콘크리트 기둥 설계자는 이러한 여러 상황을 전반적으로 잘 살펴보아야 한다. 1축편심 축력을 받는 기둥의 극한거동을 편심 크기의 변화에 따라 살펴보고 나면 전체 거동을 분명하게 알게 될 것이다.

구조 부재의 파괴하중은 적절한 파괴기준을 적용해야 구할 수 있으며, 설계자는 이러한 점을 명심해야 한다. 휨을 받는 부재에서와 같이, 철근콘크리트 압축부재의 지배적 파괴기준은 최대 변형률의 한계값이다. 순수 휨상태에서는, 연단에서 콘크리트 극한변형률은 0.0035 정도인 것으로 알려지고 있다. 그러나 실험에 의하면, 순수 축방향 하중을 받는 경우에서 콘크리트 한계변형률 ϵ_{cu}는 0.002 정도이다. 그래서 편심량이 아주 작으면 ϵ_{cu} =0.002, 편심량이 매우 크면 ϵ_{cu} = 0.0033까지 한계변형률에 변화를 주어야 한다. 이러한 변형률의 변화 특성은 그림 7.2-4와 같이 시범코드 MC 2010, 유로코드 EC2, 도로교설계기준 2015에 적절히 반영되어 있다[7.1, 7.4, 7.5].

그림 7.2-4에서 C점의 위치는 압축연단에서 $h - (\epsilon_{co}/\epsilon_{cu})h = h - (0.002/0.0033)h = 0.4h$ 되는 곳이다.

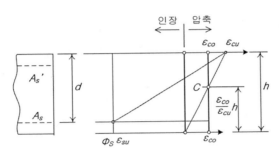

그림 7.2-4 극한한계상태에서 단면 변형률 분포

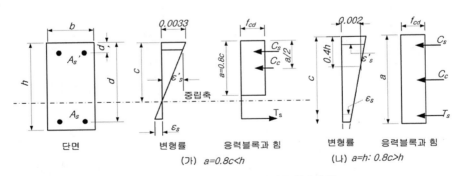

그림 7.2-5 중립축 위치 변화에 따른 휨과 축력

그림 7.2-5는 중립축의 여러 위치에 대해서 각각에 해당하는 변형률 분포와 응력 분포를 보이는 부재의 단면을 나타낸 것이다. 이 단면은 모멘트 M과 축력 N을 받고 있으며, 이 그림에서 모멘트 방향은 단면의 상부에 압축이 생기고 하부에 인장이 생기도록 하였다. 단면에 인장이 생기는 경우에 콘크리트 압축한계변형률 ϵ_{cu}을 0.0033으로 취하고 있으며 이 값은 휨 단면 해

석 및 설계에서 사용하는 값이다(그림 7.2-5(가)). 그러나 단면에 인장이 발생하지 않는 경우(그림 7.2-5(나)), 압축연단의 한계변형률은 연단에서 $0.4h$ 되는 C점을 기준으로 회전하여 구한 값은 ϵ_{c0} =0.002과 ϵ_{cu} =0.0033 사이값 이하로 제한하여야 한다.

여기서, C_c : 콘크리트에 발생한 압축력이며 응력블록의 도심을 지나 작용한다.

C_s : 철근량 $A_s{'}$에 발생한 압축력이며 철근량 도심에 작용한다.

T_s : 철근량 A_s에 발생한 인장력 또는 압축력이며 철근량 도심에 작용한다.

(1) 기본 방정식

여기서는 휨–축력 관계도상의 여러 점들을 산정하는 데에 필요한 관계식을 변형률 적합조건과 역학공식을 이용하여 유도한다. 휨–축력 관계도의 계산에는 휨 설계에서 기술된 간단한 가정과 기본 가정이 포함된다. 편의상 다음 절부터 보일 계산예제와 유도과정은 직사각형 띠철근 기둥으로 국한한다. 이러한 절차를 직사각형 단면이 아닌 단면에 적용하는 것은 나중에 살펴보기로 한다. 계산과정 중에는 응력, 변형률, 힘 그리고 방향에 대한 부호 규약을 꼼꼼하게 잘 지켜야 한다. 여기서는 압축을 (+)값으로 취한다.

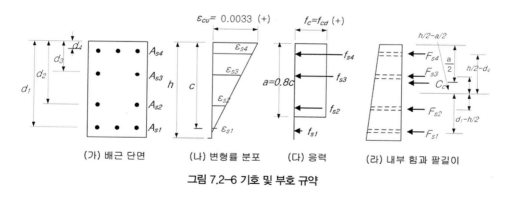

(가) 배근 단면　　(나) 변형률 분포　　(다) 응력　　(라) 내부 힘과 팔길이

그림 7.2-6 기호 및 부호 규약

그림 7.2-6에서 닮은 꼴 삼각형을 고려하면 철근변형률 ϵ_{si}는 다음과 같다.

$$\epsilon_{si} = \left(\frac{c-d_i}{c}\right)\epsilon_{cu} \tag{7.2-4}$$

여기서 ϵ_{si}와 d_i는 각각 i 번째 철근단의 변형률과 그 철근단까지의 거리이다. c와 ϵ_{si}를 알고 있다면, 콘크리트 응력 및 각 철근단의 응력을 계산할 수 있다. 그림 7.2-7에 보인 바와 같이 응력-변형률 관계가 탄-소성인 철근이면 $f_{si} = \epsilon_{si} E_s$이다. 단, $-f_{yd} \leq f_{si} \leq f_{yd}$이다.

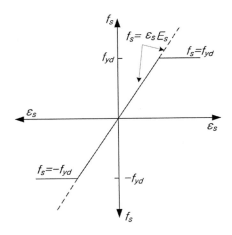

그림 7.2-7 철근응력 계산

작용하는 압축력 N은 단면에 발생한 힘과 평형을 이루어야 한다. 그러므로

$$N = C_c + C_s + T_s \tag{7.2-5}$$

이며, 이 식에서 T_s는 중립축 위치에 따라 A_s가 인장을 받고 있다면 $(-)$값이다. 응력과 면적으로 나타낸 항으로 다시 쓰면 아래와 같다.

$$N = f_{cd} b a + f_s{}' A_s{}' + f_s A_s \tag{7.2-6}$$

여기서 $f_s{}'$는 $A_s{}'$에 생긴 압축응력이며 f_s는 A_s에 생긴 인장 또는 압축응력이다.

설계모멘트 M은 단면 내부에 생긴 힘들의 저항모멘트 크기와 같아야 한다. 그러므로 단면의 중앙 위치에서 모멘트를 취하면, 다음과 같은 식을 얻을 수 있다.

$$M = C_c\left(\frac{h}{2} - \frac{a}{2}\right) + C_s\left(\frac{h}{2} - d'\right) + T_s\left(\frac{h}{2} - d\right) \tag{7.2-7}$$

또는

$$M = f_{cd}\,b\,a\left(\frac{h}{2} - \frac{a}{2}\right) + f_s{'}A_s{'}\left(\frac{h}{2} - d'\right) + f_s A_s\left(\frac{h}{2} - d\right) \tag{7.2-8}$$

중립축의 깊이가 $0.8c \geq h$ 가 된다면, 그림 7.2-6(다)에서 전체 콘크리트 단면은 균등한 압축응력 f_{cd}를 받게 된다. 이 경우, 콘크리트는 저항모멘트에 기여하는 게 없으며 식 (7.2-7)과 (7.2-8)의 우변 첫째항은 사라진다.

(2) 파괴 모드

모멘트 M과 축력 N의 상대적 크기에 따라 단면이 인장파괴가 될 것인지 압축파괴가 될 것인지 결정된다. 유효편심량 $(e = M/N)$이 크면 인장파괴가 일어날 것이고 그 반대인 경우에는 압축파괴가 일어날 것이다. 편심량의 크기에 따라 중립축의 위치, 그리고 철근의 응력 및 변형률이 결정된다. 여기서 $\epsilon_s{'}$를 $A_s{'}$에 발생한 압축변형률, ϵ_s를 A_s에 발생한 인장 또는 압축변형률, ϵ_{yd}를 철근의 설계항복변형률이라고 하면, 단면의 변형률 분포가 선형이므로

$\epsilon_s{'} = 0.0033\left(\dfrac{c - d'}{c}\right)$ 이고 $\epsilon_s = 0.0033\left(\dfrac{d - c}{c}\right)$ 이다.

$c > h$ 이면, 즉, 중립축이 단면 밖에 존재한다면, 철근변형률은 각각 최외단 철근에 대해서 $\epsilon_{s1}{'} = 0.002\left(\dfrac{c - d}{c - 0.4h}\right)$ 그리고 $\epsilon_{s2}{'} = 0.002\left(\dfrac{c - d'}{c - 0.4h}\right)$ 이다.

순수 축방향 압축이라면, $f_y = 400\,\mathrm{MPa}$ 철근을 사용한 경우, 콘크리트 균등 압축변형률을 0.002로 취해도 좋으며, 현실적으로 항복변형률에 근사한 값이다. 그림 7.2-7의 응력 – 변형률 곡선에 따라 응력과 변형률 관계가 결정된다. 중립축의 위치가 단면 하단과 일치하는 경우에서 변형률 분포도는 그림 7.2-5(가)에서 그림 7.2-5(나)처럼 된다.

7.2.3 변형률 적합조건에 의한 해석

(1) 개념 및 가정

모멘트와 축력을 함께 받는 기둥의 강도를 평가할 수 있는 식들을 세울 수는 있지만 이 식들은 사용하기가 번거롭다. 이런 까닭에 일반적으로, 휨 – 축력 관계도상의 한 점에 해당하는 일련의 변형률 분포를 가정하고 그 점에 해당하는 N과 M값을 산정함으로써 기둥의 휨 – 축력

관계도를 작성한다. 어떤 변형률 분포에 대한 계산 과정은 그림 7.2-6에 나타낸 바와 같다. 그림 7.2-6(가)는 단면을 보인 것이며 가정한 변형률 분포도는 그림 7.2-6(나)와 같다. 단면이 파괴에 이르는 최대 압축변형률을 0.0033으로 정한다. 중립축의 위치와 각 철근의 변형률은 변형률 분포도로부터 계산된다. 이러한 값들을 이용해서 그림 7.2-6(다)와 같이 압축응력블록의 크기와 각 철근의 응력을 계산한다. 각 철근 열과 콘크리트가 부담하는 힘은 그림 7.2-6(다)에 보인 바와 같이 각각의 면적에 응력을 곱함으로써 계산된다. 끝으로, 축력 N은 콘크리트와 철근이 부담하는 힘들을 더해줌으로써 얻어지며, 모멘트 M은 단면의 기하학적 도심에 대한 이들 힘의 모멘트를 합해줌으로써 계산된다. M과 N값은 휨-축력 관계도상의 한 점을 나타낸다.

(2) 기둥의 휨-축력 관계도에서 주목점

그림 7.2-8은 대표적인 띠철근 기둥에 대한 일련의 변형률 분포도와 그것에 해당하는 휨-축력 관계도상의 점들을 나타낸 것이다. 휨-축력 관계도의 일반적인 모습처럼, 축력은 세로축에, 모멘트는 가로축에 나타낸다. 휨-축력 관계도에서 몇 개의 점은 콘크리트구조기준 3.3.3의 기둥 및 보 설계에 대한 강도 감소계수, ϕ를 선정하는 데 중요한 점이 되기도 한다.

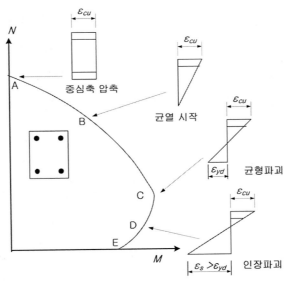

그림 7.2-8 기둥 단면의 휨-축력 관계도와 특정점에서 변형률 분포도

① 점 A : 중심축 하중($e = 0$)

그림 7.2-8의 점 A는 모멘트 없이 균등한 압축력을 나타낸 것으로서 순수 축방향 압축하중이라고도 한다. c가 매우 커서 단면에 균등한 축방향 압축변형이 생기면, 이 단계에서 양측의 철근은 모두 항복할 것이며 대칭 단면인 경우 저항모멘트의 합은 0이 된다. 그러므로 중심축 하중을 받는 기둥의 강도는 다음과 같이 쓸 수 있다.

$$N_0 = f_{cd}(A_g - A_{st}) + f_{yd}(A_s + A_s')$$
$$= f_{cd}A_c + f_{yd}A_{st} = 0.553f_{ck}A_c + 0.9f_y(A_s' + A_s)$$
(7.2-9)

여기서, f_{cd} = 기둥 설계에 사용되는 콘크리트 설계강도($= \phi_c(0.85f_{ck})$)

A_g = 기둥 단면의 전체 단면적

f_{yd} = 철근의 설계항복강도($= \phi_s f_y$)

A_{st} = 단면 내의 철근 전체 단면적

② 점 B : 0 인장 및 균열의 시작

점 B에서 변형률 분포는 단면의 한쪽에서 콘크리트의 압괴가 시작될 즈음에 단면의 다른 쪽에서 콘크리트 변형률이 0에 이르게 되는 모멘트와 축력에 해당된다. 이러한 경우는 기둥의 압축변형이 작은 곳에서 균열이 시작됨을 뜻한다. 한쪽 끝에서 콘크리트의 압축파괴, 다른 쪽에서는 인장(또는 압축)이 0인 점을 나타낸다. 강도 계산에 콘크리트의 인장강도가 무시되기 때문에, 이 휨-축력 관계도에서 이 점보다 낮은 파괴하중에서는 단면이 부분적으로 균열되어 있는 경우를 뜻한다.

③ 구역 A-C : 압축지배 구역

이 경우는 중립축의 위치가 단면 내에 존재하며 인장측에 균열이 발생하며 콘크리트의 기여는 무시된다. 그림 7.2-8의 B점에서 $\epsilon_s' = \epsilon_{yd}$일 때 곡선의 경사각 변화가 생긴다. $c < d$이면, $f_s < f_{yd} = 0.9f_y$이고 인장상태이다. $c = d$이면 $f_s = 0$이고, $c > d$이면 $|f_s| < f_{yd} = 0.9f_y$이며 압축상태이다. 점 A와 C 사이에 있는 휨-축력 관계도상의 윗부분에 속한 축력 N과 모멘트 M을 받는 기둥은 최외단 인장철근이 항복하기 전에 압축 측의 콘크리트 압괴로 파괴된다. 그래서 압축지배 기둥이라고 한다.

④ 점 C : 균형파괴, $\epsilon_s = \epsilon_{yd}$, 압축지배 한계변형률

인장철근의 항복과 콘크리트의 압축파괴가 동시에 일어나는 파괴 유형이다. 압축 측의 콘크리트 압괴와 기둥의 인장면에 가장 가까운 철근의 항복이 동시에 발생하는 경우를 균형파괴라고 정의하고 있다. $\epsilon_s = \epsilon_{yd}$이므로 식으로부터 이때의 중립축 위치 c_b는 다음과 같다.

$$c = c_b = \frac{\epsilon_{cu}}{\epsilon_{cu} + \epsilon_{yd}}d = \frac{0.0033}{0.0033 + \epsilon_{yd}}d \tag{7.2-10}$$

예를 들어, $f_y = 400\,\mathrm{MPa}$이면 $\epsilon_{yd} = \phi_s f_y / E_s = 0.9(400)/200000 = 0.0018$이고, $c_b = 0.647\,d$이고, 단면이 저항할 수 있는 축력의 크기 N_b는 다음과 같다.

$$\begin{aligned} N_b &= C_c + C_s + T_s \\ &= f_{cd}\,b\,(0.8c_b) + f_s{}'A_s{}' + f_{yd}A_s \end{aligned} \tag{7.2-11}$$

이때 단면의 저항모멘트 강도 M_b는 단면의 중앙점에 대해서 다음과 같다.

$$M_b = C_c\left(\frac{h}{2} - \frac{0.8c_b}{2}\right) + C_s\left(\frac{h}{2} - d'\right) + T_s\left(d - \frac{h}{2}\right) \tag{7.2-12}$$

여기서 $f_s{}' \leq 0.9f_y = f_{yd}$이다.

그림 7.2-8의 점 C는 단면의 한쪽에서 최대 압축변형률이 0.0033이고 기둥의 압축연단으로부터 가장 먼 다른 최외단 인장철근의 변형률이 항복변형률인 ϵ_{yd}인 변형률 분포에 해당되는 점이다. 휨-축력 관계도의 가장 오른쪽 점인 점 C는 더 큰 하중인 경우의 압축지배 파괴로부터 더 작은 하중인 경우의 인장지배 파괴로 변하는 점이 된다. 점 C는 휨-축력 관계도에서 오른쪽으로 가장 먼 점이므로, 최대 모멘트 저항강도는 점 C의 변형률 분포일 때 일어난다고 할 수 있다. 단면의 양 연단에서 각각 압축변형률 $\epsilon_{cu} = 0.0033$과 인장변형률 $\epsilon_s = \epsilon_{yd}$는 철근이 항복변형률에 이르기 전에 압축파괴가 일어나는 변형률 분포의 하한으로 정의된다. 그래서 이것을 압축지배 변형률 한계라고도 한다. 그림 7.2-8의 휨-축력 관계도의 C점에서 $N = N_b$, $M = M_b$, $f_s = -0.9f_y$이다. 설계축력 $N_u > N_b$이

면, 단면은 압축파괴가 일어날 것이고, $N_u < N_b$이면 인장철근이 항복되면서 인장파괴가 먼저 일어날 것이다.

⑤ **점 D : 인장지배 한계. 인장파괴 구역, $\epsilon_s > \epsilon_{yd}$**

이런 유형의 파괴는 편심량 e이 크고($e > e_b$), 중립축의 깊이 $c < c_b$일 때 일어난다. 단면 파괴는 철근이 항복되면서 시작하고 철근의 인장변형이 급속히 증가하면서 그 후에 콘크리트 파괴로 이어진다. 그림 7.2-8에서 점 D는 압축변형률 ϵ_{cu}이 0.0033이고 최외단 철근의 인장변형률 ϵ_s이 0.005인 변형률 분포에 해당하는 점이다. 이러한 기둥의 파괴는 항복변형률의 약 2.5배인 파괴상태에서 변형률이므로 연성적일 것이다. 이것을 인장–지배 변형률이라고 한다. 0.005의 변형률 크기는 연성적 거동을 보장하는 항복변형률보다 매우 크게 정해진 것이다. $\epsilon_{cu} = 0.0033$이고 $\epsilon_s = 0.005$이면 $c = \dfrac{0.0033}{0.0033 + 0.005} d = 0.4d$이다. 한편, 압축철근이 항복할 때 중립축의 위치는 압축철근의 위치 d'에 따라 정해진다. $f_y = 400 \, \mathrm{MPa}(f_{yd} = 360 \mathrm{MPa})$일 때 중립축의 위치는 압축연단으로부터 $c = \dfrac{0.0033}{(0.0033 - \epsilon_{yd})} d' = 2.20 \, d'$로 된다. 이 식에서 보듯이 d'/d 값이 커지면 압축면적도 커지면서 압축지배로 될 수도 있으나, 압축철근이 항복하고 인장철근이 충분한 연성을 발휘하는 단면이 되려면, $2.20d' \leq 0.4d$이어야 하므로, $d'/d \leq 0.182$ 또는 $d \geq 5.5d'$로 된다. 다시 말하면, 단면의 유효깊이 d가 d'의 5.5배 이상이면 압축철근도 항복되면서 인장철근도 충분히 연성을 발휘하는 인장지배단면이 된다. 예를 들어 $d' = 60 \, \mathrm{mm}$이고 $f_y = 400 \, \mathrm{MPa}(f_{yd} = 360 \, \mathrm{MPa})$이라고 하면, $c = 132.0 \, \mathrm{mm}$일 때 압축철근이 항복한다. 대략 단면의 깊이 $h = 400 \, \mathrm{mm}$이면, 균형파괴상태에 이른다. $h > 400 \, \mathrm{mm}$이고 $d' \leq 60 \mathrm{mm}$이면, $\epsilon_s' = \epsilon_y$가 될 때, $\epsilon_s > \epsilon_y$가 되어 단면의 파괴는 인장으로 지배를 받게 된다.

(3) 기둥의 안전조건

기둥을 설계할 때에는, 축력 및 모멘트 설계강도는 각각 다음 식을 만족해야 한다.

$$N_d \geq N_u, \quad M_d \geq M_u \tag{7.2-13}$$

여기서, N_u 와 M_u =기둥에 가해지는 계수하중에 의한 축력과 계수모멘트

$\quad\quad N_d$ 와 M_d =기둥 단면의 설계축력강도과 설계모멘트 강도

식 (7.2-9)로 계산되는 최대 축력은, 그림 7.2-8에서 보는 바와 같이 모멘트가 늘 작용하기 때문에, 정상적으로는 구조물에서 얻어질 수 없고, 모멘트 때문에 감소된다. 그러한 모멘트 또는 편심량에 의한 불균형 모멘트는, 층간 기둥열의 어긋남, 콘크리트 단면 내에서 고르지 못한 다짐, 또는 잘못된 철근 배치 때문에 생길 수 있다. 배근이 잘못되어 설계기준의 허용 한계치보다 커지면 이러한 기둥은 허용될 수 없다.

예제 7.1 **비대칭 배근 단면의 휨-축력 관계도**

그림 7.2-9에 보인 바와 같은 단면에 대한 휨-축력 관계도를 작성한다.

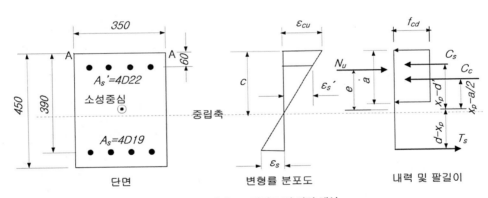

그림 7.2-9 예제 7.1 단면도 및 단면 해석

$f_{ck} = 25\,\mathrm{MPa}$, $f_y = 400\,\mathrm{MPa}$이다. 압축철근 $A_s{}'$에 인접한 면에 휨에 의한 최대 압축이 발생한다. 대칭 배근된 단면이면, $N = N_0$일 때 콘크리트 단면의 중심선에 대한 모멘트의 합 $M = 0$이 되고 철근은 모두 항복응력상태에 있게 된다. 그러나 비대칭배근 단면이면, 철근항복상태에서 $C_{s1} \neq C_{s2}$이므로 더 이상 맞지 않으며 이론적으로 '소성중심'이라고 부르는 축에

대해서 모멘트를 계산해야 한다. 소성중심을 지나서 작용하는 최대 축력 N_o는 단면 전체에 균등한 압축변형을 일으키며 모든 철근도 압축항복상태에 이르게 한다. 그렇게 되면 저항모멘트는 0이 된다. 변형률 분포가 균등하다면, 중립축 깊이 c값은 ∞이다.

소성중심의 위치는 A-A와 같은 단면의 임의의 축에 대해서 다음과 같이 모든 합응력의 모멘트를 취해서 정할 수 있다.

단면의 소성중심 위치를 구한다.

$$x_p = \frac{\Sigma(C_{cc}h/2 + C_{s1}d' + C_{s2}d)}{\Sigma(C_c + C_{s1} + C_{s2})} = \frac{2140(450/2) + 558(60) + 414(390)}{3112.0}$$

$$= 217.0\,\mathrm{mm}$$

A-A 연단에서 217 mm 되는 곳이다.

여기서, $C_{cc} = 0.85(0.65 f_{ck})(b \cdot h - A_{st})$

$\qquad\qquad = 0.85(16.25)(350 \times 450 - (1550 + 1150)) = 2140.0\,\mathrm{kN}$

$\qquad C_{s1} = 0.90 f_y A_s' = 0.90(400)(1550) = 558.0\,\mathrm{kN}$

$\qquad C_{s2} = 0.90 f_y A_s = 0.90(400)(1150) = 414.0\,\mathrm{kN}$

$\qquad N_0 = \Sigma(C_c + C_{s1} + C_{s2}) = 2140 + 558 + 414 = 3112.0\,\mathrm{kN}$

중립축의 깊이 c에 따라 휨-축력 관계도의 여러 점들에 대해 계산해보기로 한다.

(1) 변형률 적합조건(표 7.2-1의 (2)행과 (3)행)

$$\epsilon_s' = 0.0033\left(\frac{c-d'}{c}\right), \quad \epsilon_s = 0.0033\left(\frac{d-c}{c}\right)$$

이거나, 중립축의 깊이가 단면 밖에 있다면($c > h$),

$$\epsilon_s' = 0.002\left(\frac{c-d'}{c-0.4h}\right) \text{이고} \quad \epsilon_s = 0.002\left(\frac{c-d}{c-0.4h}\right) \text{이다.}$$

(2) 철근의 응력 – 변형률(표 7.3-1의 (4)행과 (5)행)

$$\epsilon_s \geq \epsilon_{yd} = 0.00180, \ f_s = 0.90f_y$$

$$\epsilon_s \leq \epsilon_y = 0.00180, \ f_s = \epsilon_s E_s$$

(3) 평형조건(표 7.2-1의 (9)행과 (10)행)

$$N = C_c + C_s - T_s$$

$0.8c < h$ 이면 $\qquad N = 0.85(0.65f_{ck})b(0.8c) + f_s{}'A_s{}' - f_s A_s$

$0.8c \geq h$ 이면 $\qquad N = 0.85(0.65f_{ck})(bh - A_{st}) + f_{sc}A_s{}' + f_s A_s$

소성 중심에 대해 모멘트를 취한다.

$0.8c < h$ 이면 $\qquad M = C_c(x_p - 0.8c/2) + C_s(x_p - d') - T_s(d - x_p)$

$0.8c \geq h$ 이면 $\qquad M = C_c(x_p - h/2) + C_s(x_p - d') - T_s(d - x_p)$

표 7.2–1 예제 7.1 단면 해석 결과

(1)		(2)	(3)	(4)	(5)	(6)	(7)	(8)	(9)	(10)	(11)
		$\epsilon_s{}'$	ϵ_s	$f_s{}'$	f_s	C_c	C_s	T_s	N	M	e
c	mm	‰	‰	MPa	MPa	kN	kN	kN	kN	kN·m	mm
d'	60.0	0.0	−18.15	0.0	−360.0	232.0	0.0	−414.0	−182.0	116.4	–
$2.20d'$	132.0	1.80	−6.45	360.0	−360.0	489.0	558.0	−414.0	633.0	239.5	378.0
c_b	252.0	2.51	−1.80	360.0	−360.0	953.0	558.0	−414.0	1097.0	270.0	246.1
d	390.0	2.79	0.00	360.0	0.0	1486.6	558.0	0.0	2044.6	178.3	87.2
h	450.0	2.86	0.44	360.0	88.0	1701.6	558.0	101.2	2360.5	133.0	56.4
∞		2.00	2.00	360.0	360.0	2136.2	558.0	414.0	3108.2	0.0	0.0

표 7.2-1은 c의 크기에 따라 이 식들을 적용해서 작성된 것이다. 이 값들을 휨–축력 관계도로 나타낸 것이 그림 7.2-10이다. c값을 좀 더 많이 취하면 휨-축력 관계도는 훨씬 더 정교해질 것이다.

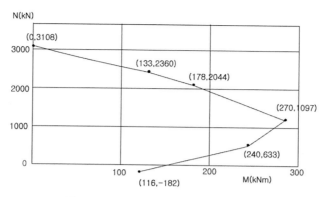

그림 7.2-10 비대칭 배근 단면의 휨-축력 관계도

예제 7.2 비-직사각형 단면에 대한 휨-축력 관계도

그림 7.2-11에 보인 바와 같은 등변삼각형 단면에 대한 휨-축력 관계도를 작성한다. $f_{ck} = 25\,\mathrm{MPa}$, $f_y = 400\,\mathrm{MPa}$이다. 변 A-A와 나란한 축에 대한 휨이 작용하고 이것에 의해 압축철근 A_s'에 인접한 모서리에 최대 압축이 발생한다. 이 정삼각형 단면에 대해서, 소성중심의 위치는 기하학적 중심과 일치한다. 압축철근이 모두 압축항복상태에 있다면 그 축에 대해서 C_s에 의한 모멘트가 T_s에 의한 모멘트의 크기와 같기 때문이다. 변형률 적합조건 및 철근의 응력-변형률 관계에 대한 기본 식들은 앞의 예제에서 보인 바와 같으며 여기서도 다시 적용된다.

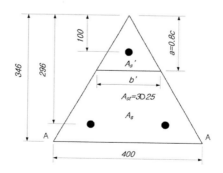

그림 7.2-11 예제 7.2 단면 및 단면 해석

정삼각형 단면에 대한 평형방정식은 다음과 같다.

$$N = C_c + C_s - T_s$$

$0.8c < h$ $\qquad N = (f_{cd})(0.8c)b'/2 + f_s'A_s' - f_sA_s$

$0.8c \geq h$ $\qquad N = (f_{cd})h(400/2) + f_s'A_s' + f_sA_s$

$0.8c < h$ $\qquad M = C_c(h - 0.8c)2/3 + C_s(2h/3 - d') - T_s(d - 2h/3)$

$0.8c \geq h$ $\qquad M = C_s(2h/3 - d') - T_s(d - 2h/3)$

f_s가 인장이면 T_s는 $(-)$의 값이다. 그림 7.2-11에서 깊이 $a = 0.8c$일 때 압축블록 단면의 폭

은 $b' = \dfrac{2}{3}a\sqrt{3}$ 이다. $f_{yd} = 360\,\mathrm{MPa}$이고, $\epsilon_{yd} = 0.0018$이다.

표 7.2-2 예제 7.2의 휨-축력 관계값

(1)		(2)	(3)	(4)	(5)	(6)	(7)	(8)	(9)	(10)	(11)
		ϵ_s'	ϵ_s	f_s'	f_s	C_c	C_s	T_s	N	M	e
c	mm	‰	‰	MPa	MPa	kN	kN	kN	kN	kN·m	mm
d'	100.0	0.00	−6.47	0.0	−360.0	51.0	0.0	−360.0	−309.0	32.6	−
c_b	188.0	1.57	−1.80	314.0	−360.0	173.4	157.0	−360.0	−29.6	66.6	−
	220.0	1.80	−1.14	360.0	−228.0	240.0	180.0	−228.0	192.0	65.6	341.0
d	296.0	2.18	0.00	360.0	0.0	440.3	180.0	0.0	620.3	55.5	89.5
h	346.0	2.34	0.48	360.0	96.0	604.7	180.0	96.0	880.7	45.1	51.2
∞		2.00	2.00	360.0	360.0	935.0	180.0	360.0	1475.0	0.0	0.0

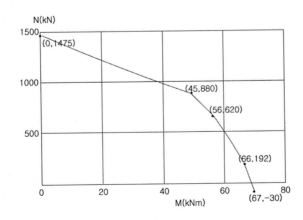

그림 7.2-12 예제 7.2의 휨-축력 관계도

표 7.2-2는 c의 크기에 따라 이 식들을 적용해서 작성된 것이다. 이 값들을 휨-축력 관계도로 나타낸 것이 그림 7.2-12이다. 비-직사각형 단면인 경우, c값을 좀 더 많이 취하면 휨-축력 관계도는 훨씬 더 정교해질 것이다. 폭이 급격히 변하는 날개달린 단면에서도 이와 같은 모양의 휨-축력 관계도를 얻을 수 있을 것이다.

7.2.4 편심량 e값에 따른 단면 저항강도

(1) 편심량이 균형편심량보다 작은 경우($e < e_b$)

설계된 기둥 단면에 계수모멘트 M_u와 계수축력 N_u이 작용할 때, 기둥 단면의 저항강도가 이 값들을 저항할 수 있는지는 편심량 $e = M_u / N_u$에 대해서 기둥의 설계축력강도 N_d와 설계모멘트 강도 M_d를 구하여 각각 N_u와 M_u를 비교해보면 알 수 있다. 기둥 단면의 휨-축력 관계도를 작성해서 N_u, M_u를 휨-축력 관계도에 직접 표시하여 판단할 수도 있으나, 수식으로 계산하여 비교할 수도 있다. 즉, $N_d \geq N_u$, $M_d \geq M_u$ 임을 증명하면 기둥 단면은 안전하게 설계되었다고 볼 수 있다. 여기서는 띠철근 직사각형의 철근콘크리트 기둥 단면을 검토해보기로 한다.

편심량 e의 크기가 균형파괴 편심량 e_b보다 작다면, 이 단면은 콘크리트의 압괴에 의해 파괴되는 압축지배 단면이다. 중립축의 깊이 c는 c_b보다 클 것이고 압축철근은 대개 항복된 상태에 있게 되고($|\epsilon_s'| > \epsilon_{yd}$) 인장철근은 아직 항복이 안 된 상태($\epsilon_s < \epsilon_{yd}$)에 있게 된다. 단면에서 중립축의 깊이 c값을 알게 되면 단면에 작용하는 힘들을 알아낼 수 있다. 이제 각 재료가 부담하는 힘을 c로 나타내본다. 기둥이 부담할 수 있는 설계축력강도 N_d는 다음과 같다.

$$N_d = C_c + C_s + T_s \tag{7.2-14}$$

콘크리트가 부담하는 압축력 $C_c = f_{cd}(b \cdot 0.8c - A_s')$인데, 압축을 받는 콘크리트 면적에서 압축철근의 면적을 공제해서 정리한 것이다. 압축철근이 부담하는 압축력 $C_s = A_s' f_{yd}$이고, 인장철근이 부담하는 인장력 $T_s = f_s A_s = \epsilon_s E_s A_s = \dfrac{c-d}{c}\epsilon_{cu} E_s A_s$ 인데, 인장변형률은 중립축의 위치에 따라 결정된다. 압축력은 (+), 인장력은 (−)의 값을 갖는다. 식 (7.2-14)에 C_c, C_s, T_s를 대입하면 다음과 같다.

$$N_d = f_{cd}(b \cdot 0.8c - A_s') + f_s'A_s' + f_s A_s$$

$$= f_{cd}(b \cdot 0.8c - A_s') + f_{yd}A_s' + \frac{c-d}{c}\epsilon_{cu}E_s A_s \qquad (7.2\text{-}15)$$

식 (7.2-15)에서 $c \leq d$이면 압축 측 콘크리트 면적은 $b \cdot 0.8c - A_s'$으로 된다. 이들 힘으로 소성 중심에 대해 모멘트를 취하면 다음과 같은 식을 얻을 수 있다.

$$M_d = N_d \cdot e = C_c(x_p - 0.8c/2) + C_s(x_p - d') - T_s(d - x_p) \qquad (7.2\text{-}16)$$

식 (7.2-16)에 c로 나타낸 N_d를 대입하면 c에 관한 3차 방정식이 만들어진다. 이 식에서 c를 구하여 C_c와 T_s를 구하면 N_d와 M_d를 알게 된다.

예제 7.3 $e < e_b$일 때 기둥 단면의 설계축력강도 N_d와 설계모멘트 강도 M_d

앞의 예제 7.1의 단면의 $e_b = 246.0\,\mathrm{mm}$이다. 축력의 편심량 $e = 200\,\mathrm{mm}$일 때 기둥 단면의 설계축력강도 N_d와 설계모멘트 강도 M_d를 구한다.

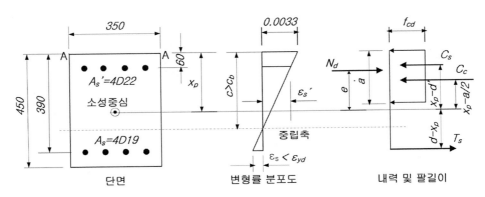

그림 7.2-13 예제 7.3 단면 및 단면 해석

콘크리트 설계압축강도 $f_{cd} = (0.65)(0.85)f_{ck} = 0.5525(25) = 13.8\,\mathrm{MPa}$이고,

철근 설계항복강도 $f_{yd} = 0.9f_y = 0.9(400) = 360\,\mathrm{MPa}$이다.

여기서는 계산의 편의를 고려하여 콘크리트 압축면적에서 철근 면적을 공제하지 않는 대신에 압축철근의 응력에서 콘크리트 부담하는 응력을 공제하여 식을 세운다.

① 콘크리트 부담 압축력

$$C_c = f_{cd}(b \cdot 0.8c) = (13.8)(0.8c)(350) = 3864.0\,c\,/1000 = 3.864c \quad [\text{kN}]$$

② 압축철근 부담 압축력

$$C_s = (f_{yd} - f_{cd})A_s{'} = (360 - 13.8)(1550) = 536610.0/1000 = 536.6 \quad [\text{kN}]$$

③ 인장철근 부담 인장력

$$T_s = \frac{c-d}{c}\epsilon_{cu}E_sA_s = \frac{c-390}{c}(0.0033)(200\times10^3)(1150) = \frac{c-390}{c}(759000)$$

$$= 759.0 - \frac{296010}{c} \quad [\text{kN}]$$

④ 단면의 설계축력강도

$$N_d = 3.867c + 567.6 + \left(759.0 - \frac{296010}{c}\right) \quad [\text{kN}]$$

⑤ 설계축력을 외력으로 간주했을 때 모멘트

$$N_d \cdot e = \left[3.864c + 536.6 - \left(\frac{296010}{c} - 759.0\right)\right](200)$$

$$= 772.8c + 259120 - \frac{59202000}{c}$$

⑥ 단면 설계모멘트 강도

$$M_d = C_c(x_p - 0.8c/2) + C_s(x_p - d') - T_s(d - x_p)$$

$$= 3.864c(217 - 0.8c/2) + 536.6(217 - 60) + \left(\frac{296010}{c} - 759.0\right)(390 - 217)$$

$$= 838.5c - 1.546c^2 + 84246 + \frac{51209730}{c} - 131307$$

$$=-1.546c^2 + 838.5c - 47061 + \frac{51209730}{c}$$

⑦ 소성중심을 모멘트 중심으로 한 모멘트 평형방정식

$$\Sigma M_{x_p} = M_d - N_d \cdot e$$

$$=-1.547c^2 + (838.5 - 772.8)c - (47061 + 259120) + \frac{51209730 + 59202000}{c}$$

$$= 1.546\,c^3 - 65.7\,c^2 + 306181\,c - 110411730 = 0$$

이 방정식을 풀면 $c = 273.0\,\mathrm{mm}$를 얻는다.

e	c	$\epsilon_s{}'$	ϵ_s	$f_s{}'$	f_s	C_c	C_s	T_s	N_d	$N_d \cdot e$
mm	mm	‰	‰	MPa	MPa	kN	kN	kN	kN	kN·m
200	273	2.57	−1.41	360	−282.0	1033.5	558.0	−324.3	1267.2	253.4

단면의 설계모멘트 강도 $M_d = 253.2\,\mathrm{kN \cdot m}$이고, $N_d \cdot e = 253.4\,\mathrm{kN \cdot m}$이므로 이 계산 결과는 정확하다고 볼 수 있다.

(2) 편심량이 균형편심량보다 큰 경우($e > e_b$)

편심량 e의 크기가 균형파괴 편심량 e_b보다 크다면, 이 단면은 인장철근이 먼저 항복되고 나서 콘크리트의 압괴에 이르게 되는 인장지배 단면이다. 중립축의 위치 c는 c_b보다 작을 것이고 압축철근은 대개 항복된 상태에 있을 것이라고($|\epsilon_s{}'| > \epsilon_{yd}$) 가정하고 인장철근은 항복점을 지나 소성상태($\epsilon_s > \epsilon_{yd}$)에 있게 된다. 앞의 경우와 마찬가지로 단면에서 중립축의 위치 c값을 알게 되면 단면에 작용하는 힘들을 알아낼 수 있다. 각 재료가 부담하는 힘을 c로 나타내 본다.

콘크리트 부담 압축력 $C_c = f_{cd}(b \cdot 0.8c)$, 압축철근 부담 압축력 $C_s = A_s{}'(f_{yd} - f_{cd})$로 가정하고 나중에 압축철근의 항복 여부를 검증한다. 인장철근부담 인장력 $T_s = f_s A_s = -f_{yd} A_s$이다. 여기서도 앞의 식 (7.2-15)를 적용한다.

$$N_d = f_{cd}(b \cdot 0.8c) + f_s' A_s' + f_s A_s$$
$$= f_{cd}(b \cdot 0.8c) + (f_{yd} - f_{cd})A_s' - f_{yd}A_s \qquad (7.2\text{-}17)$$

소성 중심에 대해 모멘트를 취하면 다음 식을 얻는다.

$$M_d = N_d \cdot e = C_c(x_p - 0.8c/2) + C_s(x_p - d') - T_s(d - x_p) \qquad (7.2\text{-}18)$$

c로 나타낸 N_d를 대입하면 c에 관한 2차 방정식이 만들어진다. 이 식에서 c를 구하여 C_c를 구하면 N_d와 M_d를 알게 된다. C_s와 T_s는 c값이 정해지지 않더라도 알 수 있다.

예제 7.4 $e > e_b$일 때 기둥 단면의 설계축력강도 N_d와 설계모멘트 강도 M_d

앞의 예제 7.1의 단면에 축력의 편심량 $e = 300\,\mathrm{mm}$일 때 기둥의 기둥 단면의 설계축력강도 N_d와 설계모멘트 강도 M_d를 구한다.

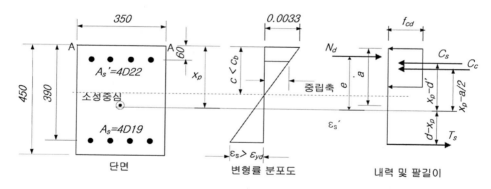

그림 7.2-14 예제 7.4 단면 및 단면 해석

① 콘크리트 부담 압축력

$$C_c = f_{cd}(b \cdot 0.8c) = (13.8)(350)(0.8c) = 3864.0\,c/1000 = 3.864\,c \quad [\mathrm{kN}]$$

② 압축철근 부담 압축력

$$C_s = (f_{yd} - f_{cd})A_s' = (360 - 13.8)(1550)/1000 = 536.6 \quad [\text{kN}]$$

③ 인장철근 부담 인장력

$$T_s = -f_{yd}A_s = -(360)(1150)/1000 = (-)414.0 \quad [\text{kN}]$$

④ 단면의 설계축력강도

$$N_d = 3.864\,c + 536.66 - 414.0 = 3.864\,c + 122.6 \quad [\text{kN}]$$

⑤ 설계축력을 외력으로 간주했을 때 모멘트

$$N_d \cdot e = (3.864c + 122.6)(300) = 1159.2\,c + 36788 \quad [\text{kN} \cdot \text{mm}]$$

⑥ 내력에 의한 설계모멘트 강도

$$M_d = C_c(x_p - 0.8c/2) + C_s(x_p - d') - T_s(d - x_p)$$
$$= 3.864\,c(217 - 0.8c/2) + 536.6(217 - 60) + (414)(390 - 217)$$
$$= 838.5\,c - 1.546\,c^2 + 84246.0 + 71622$$
$$= -1.546\,c^2 + 838.5\,c + 155868.0$$

⑦ 소성중심에 대한 모멘트 합

$$\Sigma M_{x_p} = -1.546\,c^2 + (838.5 - 1159.2)c + (155868 - 36788)$$
$$= 1.546\,c^2 + 321\,c - 119080 = 0$$

이 식을 풀면 $c = 192.5\,\text{mm}$ 를 얻는다. 그러므로 계산 결과는 다음과 같다.

e	c	ϵ_s'	ϵ_s	f_s'	f_s	C_c	C_s	T_s	N_d	$N_d \cdot e$
mm	mm	‰	‰	MPa	MPa	kN	kN	kN	kN	kN·m
300	192.5	2.27	3.38	360.0	360.0	722.4	558.0	−414.0	866.4	260.0

$M_d = 260.0\,\text{kN} \cdot \text{m}$ 이다. $N_d \cdot e - M_d = 260.0 - 260.0 = 0.0\,\text{kN} \cdot \text{m} \simeq 0$ 이므로 이 계산은 정확하다고 볼 수 있다.

7.2.5 원형 단면 기둥의 휨–축력 관계도

앞선 절에서 직사각형 단면 기둥에 대해 상술한 변형률 적합도 해법을 이용해서 원형 단면 기둥에 대한 휨–축력 관계도를 작성할 수 있다. 그림 7.2-15에 보인 바와 같이 중립축의 위치 c는 가정한 변형률 분포도로부터 계산된다. 등가 직사각형 응력블록의 높이 a는 βc이다. 그림 7.2-15에 보인 바와 같이 압축영역의 형상은 깊이가 a인 원의 일부–활꼴–이다. 압축력과 도심에 대한 모멘트를 산정하기 위해서는, 활꼴의 면적과 도심 위치를 알 수 있어야 한다. 이러한 항들은 그림에 보인 바와 같이 각 θ의 함수로 나타낼 수 있다. 활꼴의 면적은 다음과 같다.

$$A = h^2 \left(\frac{\theta - \sin\theta\cos\theta}{4} \right) \tag{7.2-19}$$

여기서 θ는 라디안으로 나타낸 값이다. 기둥 중심에 대한 이 면적의 모멘트는 다음과 같다.

$$A\bar{y} = h^3 \left(\frac{\sin^3\theta}{12} \right) \tag{7.2-20}$$

원형 단면 기둥의 휨–축력 관계도의 형상은 철근 개수와 중립축 방향에 대한 철근들의 방향에 따라 달라진다. 그러므로 $x-x$축에 대한 모멘트 강도는 $y-y$축에 대한 것보다 작다. 설계자가 원형 단면 기둥의 철근 배치에 대해서 관심을 두지 않기 때문에, 가장 취약한 철근 배치에 대해서 휨–축력 관계도를 작성해야 한다. 철근이 8가닥 이상인 원형 단면 기둥인 경우에는, 이러한 문제점이 나타나지 않는다. 철근 배치가 연속적인 고리에 가까워지기 때문이다.

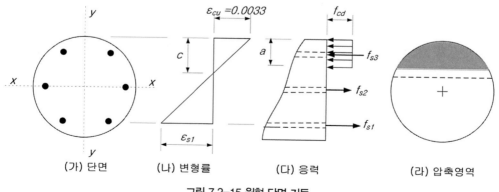

그림 7.2–15 원형 단면 기둥

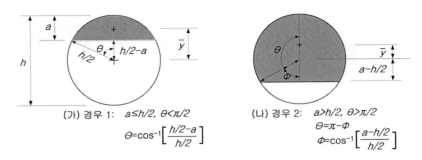

(가) 경우 1: $a \leq h/2$, $\theta < \pi/2$

$$\theta = \cos^{-1}\left[\frac{h/2-a}{h/2}\right]$$

(나) 경우 2: $a > h/2$, $\theta > \pi/2$

$$\theta = \pi - \Phi$$
$$\Phi = \cos^{-1}\left[\frac{a-h/2}{h/2}\right]$$

그림 7.2-16 원형 단면 기둥의 요소

압축으로 지배되는 원형 띠철근기둥과 압축으로 지배되는 나선철근기둥의 단면강도에 관한 휨-축력 관계도는 다음 것을 제외하고는 비교될 만하다.

그림 7.2-17(가)는 원형 단면 기둥의 압축 영역인 활꼴에 대하여 $y-y$축에 관한 단면값을 압축영역의 높이 ηh에 따라 나타낸 것이고, 그림 7.2-17(나)는 활꼴 면적의 도심을 활꼴 면적의 비율로 나타낸 것인데 실무적으로는 근사직선을 사용해도 좋을 것이다[7.16].

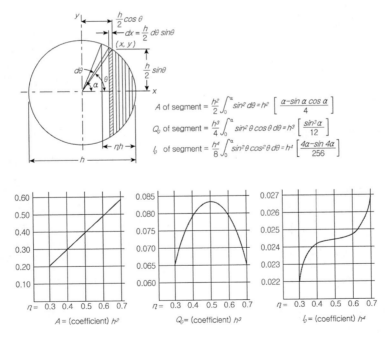

A of segment $= \dfrac{h^2}{2}\displaystyle\int_0^\alpha \sin^2\theta \, d\theta = h^2\left[\dfrac{\alpha - \sin\alpha\cos\alpha}{4}\right]$

Q_0 of segment $= \dfrac{h^3}{4}\displaystyle\int_0^\alpha \sin^2\theta\cos\theta \, d\theta = h^3\left[\dfrac{\sin^3\alpha}{12}\right]$

I_0 of segment $= \dfrac{h^4}{8}\displaystyle\int_0^\alpha \sin^2\theta\cos^2\theta \, d\theta = h^4\left[\dfrac{4\alpha - \sin 4\alpha}{256}\right]$

$A = $ (coefficient) h^2

$Q_0 = $ (coefficient) h^3

$I_0 = $ (coefficient) h^4

그림 7.2-17(가) 활꼴의 단면값

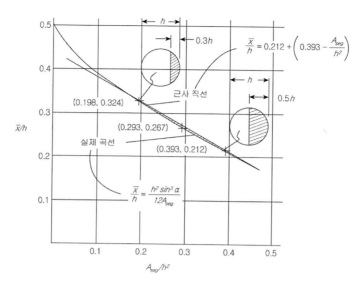

그림 7.2-17(나) 활꼴 단면 도심의 근사값

7.2.6 철근콘크리트 기둥의 휨-축력 관계도 특성

(1) 무차원 휨 - 축력 관계도

기둥의 치수와 관계없이 휨 - 축력 관계도를 작성해두면 쓸모가 있다. 이 곡선은 축방향 하중값 N_u 또는 N_d를 기둥 면적 A_g로 또는 $f_{ck} A_g$로 나누거나 모멘트값 M_u 또는 M_d을 $A_g h$ 또는 $f_{ck} A_g h$로 나눠줌으로써 얻어진다. 그림 7.3-17은 이러한 곡선 무리를 그려놓은 것이다. 유사한 곡선의 묶음을 포함한 이러한 설계보조자료는 설계기준 및 여러 곳에서 발행된 것들이다. 이 장의 후반부에서 몇 개의 예를 들어가며 이 곡선의 사용법을 설명하기로 한다.

(2) 편심량

그림 7.2-18은 편심량 e 만큼으로 기둥에 가해진 축력 N은 도심을 지나는 축력 N에 도심축에 대한 모멘트 $M = N \cdot e$를 더한 것과 같은 값임을 보인 것이다. 휨 - 축력 관계도에서 원점을 지나는 방사선은 기울기가 N/M 또는 $N/(N \cdot e) = 1/e$ 이다. 예를 들면, 예제 7.1에서 계산된 균형 축하중과 모멘트는 편심량이 246 mm이고 이 점을 지나는 방사선의 기울기는 1/246 mm일 것이다. 순수휨모멘트인 경우에는 $N = 0$이므로 편심량 $e = M/N = \infty$ 인 것으로 생각할 수 있다.

그림 7.2-18과 같은 무차원 휨-축력 관계도에서 원점에서 시작한 방사선은 $(N/A_g)/(M/A_gh)$의 기울기를 갖는다. $M = N \cdot e$를 대입하면 그 방사선은 기울기가 h/e 또는 $1/(e/h)$임을 보이며 e/h는 기둥 단면 치수에 대한 편심량의 비율을 나타낸 것이다.

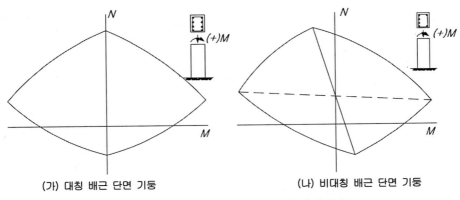

(가) 대칭 배근 단면 기둥   (나) 비대칭 배근 단면 기둥

그림 7.2-18 대칭, 비대칭 기둥 단면의 휨-축력 관계도

(3) 비대칭 단면 기둥

지금까지는 대칭 단면에 대한 휨-축력 관계도만 다루었다. 기둥 단면이 휨 축에 대해서 대칭이라면 휨-축력 관계도는 그림 7.2-18(가)에 보인 바와 같이 $M = 0$인 세로축에 대해서 대칭이다. 비대칭인 경우, 그림 7.2-18(나)에 보인 바와 같이 모멘트를 기하학적 도심에 대해서 취했다면, 휨-축력 관계도는 기울어질 것이다. 그러한 부재에 대한 휨-축력 관계도 계산은 예제에서와 같은 절차를 따른다. 다만, 균등한 변형률 분포인 경우, 비대칭 배근 때문에 도심에 대해 철근의 모멘트를 유발하게 된다. 마찬가지로 단면 전체에 걸쳐 $\epsilon_{c0} = 0.002$의 균등 압축변형률에서는 최대 축하중 강도를 보이며 철근단에 모멘트가 생긴다. 두 단의 철근이 부담하는 힘이 같지 않기 때문이다.

(4) 기둥의 간이 휨-축력 관계도

일반적으로 설계자들은 설계에 사용하기 위해서 휨-축력 관계도를 계산하는 컴퓨터 프로그램 또는 이미 알려진 휨-축력 관계도를 이용한다. 때로는 예를 들면 교량의 속 빈 *hollow* 교각, 승강기 통로, 또는 특이한 모양의 부재를 설계할 때에는 이것이 옳지 않을 수도 있다. 그러한 부재에 대한 휨-축력 관계도는 앞서 제시한 변형률 적합도 해법을 이용해서 작성할 수 있다. 대다수의 경우에서, 다음 다섯 가지 변형률 분포에 해당하는 축하중과 모멘트값을 몇 개의 직선으로 연결하여 휨-축력 관계도를 작성하는 것만으로 충분하다.

① 균등 압축변형률 $\epsilon_{co} = 0.002$, 점 1

② 한쪽의 압축연단 변형률 $\epsilon_{cu} = 0.0033$이고 다른 쪽 변형률 $\epsilon_c = 0$인 균열 발생에 해당하는 변형률 분포, 점 2

③ 균형변형률 분포 및 압축지배 한계 변형률 분포로서, 압축변형률 $\epsilon_{cu} = 0.0033$이고 인장면에 가장 가까운 철근단에서 또는 중립축으로부터 가장 먼 철근단에서 인장철근 도심의 인장변형률 $(-)\epsilon_{yd}$이다. 점 3.

④ 압축변형률 $\epsilon_{cu} = 0.0033$이고 인장지배 한계변형률로서 인장면에 가장 가까운 철근단의 인장변형률 $\epsilon_s = (-)0.005$이다. 점 4.

⑤ 콘크리트 단면이 균열되었고 철근의 변형률이 균등하게 $(-)\epsilon_{yd}$이다. 점 5.

그림 7.2-19는 앞서 언급한 5개의 점을 연결하여 작성한 휨-축력 관계도와 예제 7.1의 휨-축력 관계도를 비교한 것이다.

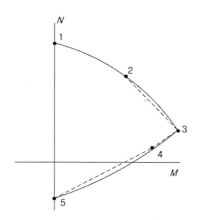

그림 7.2-19 간이 휨-축력 관계도

순수 모멘트의 경우를 직접 계산하기란 쉽지 않다. 대칭 단면에 대해서 이러한 값이 필요하다면, (1) 압축 측의 철근을 무시한 휨강도, 또는 (2) 각 면에 인접한 철근의 변형률을 $5\epsilon_y$로 가정하고 콘크리트를 무시하여 계산한 모멘트 중 큰 값으로 한다.

7.3 휨과 축력을 받는 단주 설계 Design of Short Columns

7.3.1 개 요

앞의 7.2절에서는 휨과 축력을 받는 기둥 단면에 대해 재료의 응력－변형률 관계를 이용하여 편심에 따른 단면의 저항강도를 구하는 해석을 다루었다. 여기서는 기둥의 안정문제를 고려하지 않고, 즉 좌굴 위험성이 없는 휨과 축력을 동시에 받는 짧은 기둥 단면의 크기와 철근량 산정을 다루기로 한다. 수식에서 단면의 크기와 철근량을 직접적으로 구하는 것은 대단히 번거로운 일이고 실용적이지도 않다. 그래서 기둥 단면을 설계하는 흔한 방법은 설계도표나 컴퓨터를 이용하는 것이다. 기둥 설계를 지배하는 상태는 극한한계상태이다. 사용기간 중에 발생하는 처짐이나 균열은 그다지 문제가 되지 않지만, 철근 상세나 콘크리트 피복은 중요한 문제이다. 휨과 축력을 동시에 받는 기둥의 주철근량은 대개 휨－축력 관계도를 작성하거나 설계도표를 이용하거나, 기본 설계 방정식의 해를 구하거나, 근사해법을 이용해서 구한다[7.14].

직사각형 단면이나 원형 단면이면서 철근이 대칭으로 배근되는 기둥 설계에는 흔히 설계도표를 이용하지만, 그렇지 않은 경우에는 휨－축력 관계도를 작성할 수 있다. 비대칭 배근된 단면이 필요하거나 단면이 직사각형이 아니면 기본 방정식 또는 근사해법을 이용할 수 있다.

7.3.2 설계도표와 휨－축력 관계도

휨과 축력을 받는 단면의 설계는 7.3절에서 서술한 원칙을 따라야 한다. 여기서는 실무에서 주로 쓰이는 기준강도 $f_{ck} \leq 40\,\mathrm{MPa}$인 콘크리트를 사용하는 경우에 대해, 그림 7.3-1을 참조하여 각각의 경우에 대하여 서술하고, 설계도표를 작성하는 데 필요한 값을 계산하기로 한다.

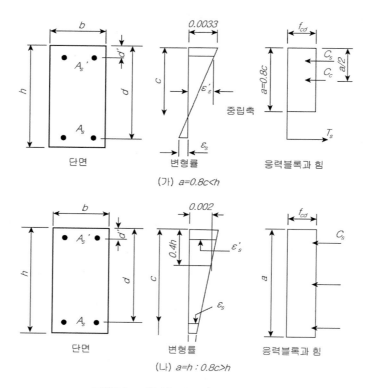

그림 7.3-1 중립축 위치에 따른 휨과 축력

$f_{ck} \leq 40\,\mathrm{MPa}$이면, 강도유효계수 $\alpha_{cc} = 0.85$, 직사각형 응력블록 응력계수 $\eta = 1.0$, 직사각형 응력블록 깊이 계수 $\beta_1 = 0.8$이다. 그러므로 콘크리트 설계압축강도는 다음과 같이 쓴다.

$$f_{cd} = \phi_c \alpha_{cc} f_{ck} = (0.65)(0.85)f_{ck} = 0.5525 f_{ck}$$

(1) 경우 1 : 단면 일부가 압축을 받는 단면 $a = 0.8c \leq h$

이 경우에서는, 한쪽은 콘크리트와 철근이 압축상태에 있고 중립축을 넘어 다른 한쪽은 철근이 인장상태에 있는 경우이다. 그림 7.3-1(가)는 $0.8c \leq h$인 경우를 나타낸 것이다. 이 경우에 기둥 단면의 일부는 압축상태에 있고 다른 한 쪽은 인장상태에 있다. 콘크리트가 부담하는 압축력 C_c는 다음과 같다.

$$C_c = f_{cd}b(0.8c) = 0.5525f_{ck}(b)(0.8c) = 0.442f_{ck}bc \qquad (7.3\text{-}1)$$

양변을 단면적의 크기 bh로 나누면 다음과 같이 응력값으로 표시되는 식을 얻는다.

$$\frac{C_c}{bh} = = 0.442f_{ck}\frac{c}{h} \qquad (7.3\text{-}2)$$

단면의 중앙에 대해서 모멘트를 취하면 압축력 C_c에 의한 모멘트는 다음과 같다.

$$M_c = C_c(h/2 - 0.8c/2) = 0.442f_{ck}bc(h/2 - 0.8c/2)$$
$$= 0.221f_{ck}bh^2\frac{c}{h}\left(1 - \frac{0.8c}{h}\right) \qquad (7.3\text{-}3)$$

양변을 bh^2으로 나누면 다음과 같이 응력 단위로 표시되는 식을 얻는다.

$$\frac{M_c}{bh^2} = 0.221f_{ck}\left(\frac{c}{h}\right)\left(1 - 0.8\left(\frac{c}{h}\right)\right) \qquad (7.3\text{-}4)$$

(2) 경우 2 : 단면 전체가 압축을 받는 경우 $a = 0.8c > h$

중립축이 단면 밖에 존재하여 단면 전체가 압축을 받는 상태이면 철근도 모두 압축을 받는 상태에 있다. 그림 7.3-1(나)에 보인 바와 같이 이 경우에는 $a = 0.8c > h$이다.

콘크리트가 부담하는 압축력 C_c는 다음과 같다.

$$C_c = f_{cd}bh = 0.442f_{ck}bh$$

이고 단면적 크기 bh로 나누면 $\dfrac{C_c}{bh} = 0.442f_{ck}$로 된다.

단면 중앙에 대해서 모멘트를 취하면 압축력에 의한 모멘트는 0이 된다.

$$\frac{M_c}{bh^2} = 0$$

(3) 철근의 응력 및 변형률

어떠한 중립축 위치에 대해서도, 철근의 인장 및 압축변형률은 다음과 같다.

$$\epsilon_s{'} = \epsilon_{cu}\frac{(c-d')}{c} = \epsilon_{cu}\left(1 - \frac{d'}{h}\frac{h}{c}\right) \tag{7.3-5}$$

$$\epsilon_s = \epsilon_{cu}\frac{(c-d)}{c} = \epsilon_{cu}\left(1 - \frac{d}{h}\frac{h}{c}\right) \tag{7.3-6}$$

위의 두 식의 우변 끝항은 $\dfrac{c}{h}$ 로 나타낸 것이다. 단면 깊이에 대한 배근 위치의 상대적 값인 $\dfrac{d'}{h}$ 와 $\dfrac{d}{h}$ 를 설계자가 가정하면 $\dfrac{c}{h}$ 값에 따른 철근의 변형률을 계산할 수 있다. 그러므로 압축 및 인장철근의 응력은 각각 $f_{sc} = E_s\epsilon_{sc} \leq f_{yd}$ 이고 $f_{st} = E_s\epsilon_{st} \leq f_{yd}$ 이다. 이때 $\mid\epsilon_s\mid < \epsilon_y$ 이면 응력을 산정할 때 재료안전계수 ϕ_s 를 적용할 필요는 없다. $c > d$ 이면 ϵ_{st} 는 $(+)$의 값이 며, '인장'철근의 응력이 실제로는 압축임을 의미한다. 압축철근이 부담하는 압축력 C_s 와 인 장철근이 부담하는 인장력 T 는 각각 $C_s = f_{sc}A_s{'}$ 이고 $T = f_{st}A_s$ 이다.

(4) 축력 N과 모멘트 M

내력의 크기 N은 각각의 재료가 부담하는 힘의 합으로 나타낼 수 있다.

$$N = C_c + C_s + T = C_c + f_s{'}A_s{'} + f_s A_s$$

위 식을 단면적 크기 bh 로 나누면

$$\frac{N}{bh} = \frac{C_c}{bh} + f_s{'}\frac{A_s{'}}{bh} + f_s\frac{A_s}{bh} \tag{7.3-7}$$

이고, 단면의 중심선에 대한 내력 모멘트의 합은

$$M = M_c + C_s\left(\frac{h}{2} - d'\right) - T\left(d - \frac{h}{2}\right) \tag{7.3-8}$$

이고, 이 식을 bh^2 으로 나누면

$$\frac{M}{bh^2} = \frac{M_c}{bh^2} + f_s{'}\frac{A_s{'}}{bh}\left(\frac{1}{2} - \frac{d'}{h}\right) - f_s\frac{A_s}{bh}\left(\frac{d}{h} - \frac{1}{2}\right) \tag{7.3-9}$$

로 된다.

위의 식들을 이용해서, 가해진 축력과 모멘트를 부담해주는 단면을 직접적으로 설계할 수는 없다. 초기 단면을 가정한 다음에 위의 식들을 이용해서 작성된 설계도표를 이용하여 필요 철근량을 결정할 수 있다.

(5) 기둥 설계도표 작성 : 응력 단위 휨 – 축력 관계도

가정한 d/h 되는 곳에 대칭으로 배근될 철근비를 가정하고 콘크리트 설계강도와 철근 항복강도를 정한 다음에 설계도표를 그려낼 수 있다. 이 곡선은 중립축 위치 c의 변화에 따라 M/bh^2에 대해 N/bh를 표시함으로써 이루어진다. 연직으로 콘크리트를 타설하는 기둥에 대해서 최소 철근비 0.4%에서 최대 철근비 4%에 이르기까지 철근비에 따라 곡선도 그려낼 수 있다. 재료등급과 철근 위치에 따라 이 한 무리의 곡선들이 설계도표를 형성한다. 단면에서 철근의 위치를 정해주는 d/h값에 따라 같은 등급의 재료에 대해 별도의 도표를 작성해야 한다. 콘크리트와 철근등급의 여러 조합에 대해서도 설계도표가 필요하다. 설계도표를 작성하는 과정은 다음과 같다.

① 재료를 선정한다. 예) 콘크리트 $f_{ck} = 30\,\mathrm{MPa}$, 철근 $f_y = 500\,\mathrm{MPa}$

② 철근 위치를 정한다. 예) $d/h = 0.95$, $d'/h = 0.05$로 선정한다.

③ 철근비를 가정한다. 예) 전체 철근비 $A_{st}/(bh) = 0.04$, 즉 4%로 한다.

철근을 대칭으로 배근하면 $A_s/bh = A_s'/bh = 0.02$이다.

c/h값을 변화시키면서 그 값에 해당하는 N/bh와 M/bh^2을 산정하여 설계도표를 작성한다.

$$\frac{N}{bh} = \frac{C_c}{bh} + f_s' \frac{A_s'}{bh} + f_s \frac{A_s}{bh} = C_c/bh + 0.02(f_s' + f_s) \tag{7.3-10}$$

$$\frac{M}{bh^2} = \frac{M_c}{bh^2} + f_s' \frac{A_s'}{bh}\left(\frac{1}{2} - \frac{d'}{h}\right) - f_s \frac{A_s}{bh}\left(\frac{d}{h} - \frac{1}{2}\right)$$

$$= \frac{M_c}{bh^2} + (0.02)(0.45)(f_s' + f_s) \tag{7.3-11}$$

콘크리트 : $f_{ck} = 30\,\mathrm{MPa}$, $f_{cd} = 0.5525(30) = 16.6\,\mathrm{MPa}$, $\beta_1 = 0.8$, $\epsilon_{cu} = 0.0033$이다.

철근 : $f_y = 500\,\mathrm{MPa}$, $f_{yd} = 0.9(500) = 450\,\mathrm{MPa}$, 탄성계수 $E_s = 200\,\mathrm{GPa}$이다.

C_c/bh와 M_c/bh^2를 산정하기 위해 사용되는 식은 c/h에 따라 계산된다. 다음과 같이 요약할 수 있다.

$a = 0.8\,c \leq h$이면, 응력블록은 단면 안에 있게 된다.

$$\frac{C_c}{bh} = f_{cd}\frac{a}{h} = \alpha_{cc}\,\phi_c f_{ck}\beta_1\frac{c}{h}$$
$$= (0.85)(1.0)(0.65)(30)(0.8)\frac{c}{h} = 13.26\left(\frac{c}{h}\right) \tag{7.3-12}$$

$$\frac{M_c}{bh^2} = \frac{1}{2}\alpha_{cc}\eta\,\phi_c f_{ck}\beta_1\left(\frac{c}{h}\right)\left(1 - \beta_1\left(\frac{c}{h}\right)\right)$$
$$= \frac{1}{2}(0.85)(1.0)(19.5)(0.8)\frac{c}{h}\left(1 - 0.8\frac{c}{h}\right) \tag{7.3-13}$$
$$= 6.63\left(\frac{c}{h}\right)\left(1 - 0.8\frac{c}{h}\right)$$

$a = 0.8\,c > h$이면, 전단면이 압축상태에 있게 되며 편심이 0인 축력으로 간주해도 좋다.

$$\frac{C_c}{bh} = f_{cd} = 16.6\,\mathrm{MPa}, \quad \frac{M_c}{bh^2} = 0$$

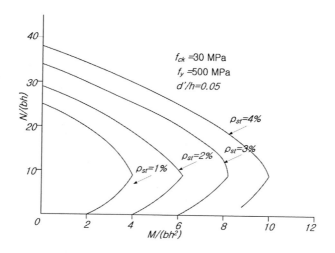

그림 7.3-2 기둥 설계도표 휨 - 축력 관계도 예

예제 7.5 기둥 설계용 휨–축력 관계도 작성

콘크리트: $f_{ck} = 30\,\mathrm{MPa}$, $f_{cd} = 0.5525(30) = 16.6\,\mathrm{MPa}$, $\beta_1 = 0.8$, $\epsilon_{cu} = 0.0033$이다.

철근: $f_y = 500\,\mathrm{MPa}$, $f_{yd} = 0.9(500) = 450\,\mathrm{MPa}$, $E_s = 200\,\mathrm{GPa}$, $\epsilon_{yd} = 2.25‰$이다.

철근비 $\rho_{st} = 0.04$로 가정하고 대칭 배근으로 하면 $\rho = \rho' = 0.02$이다.

압축은 (+)로, 인장은 (−)로 나타낸다.

c/h를 선정하고 그 경우에 해당하는 값 $\dfrac{N}{bh}$와 $\dfrac{M}{bh^2}$을 구한다.

(1) $c/h = 0.2$

$$\frac{C_c}{bh} = 13.26\left(\frac{c}{h}\right) = (13.26)(0.2) = 2.652\,\mathrm{MPa},$$

$$\frac{M_c}{bh^2} = 6.63\left(\frac{c}{h}\right)\left(1 - 0.8\left(\frac{c}{h}\right)\right) = 6.63(0.2)(1 - 0.8(0.2)) = 1.114\,\mathrm{MPa}$$

$$\epsilon_s' = \epsilon_{cu}\frac{(c - d')}{c} = 0.0033\left(1 - 0.05\left(\frac{h}{c}\right)\right) = 0.00248 \geq |\epsilon_{yd}|,\ \ \therefore f_s' = 450\,\mathrm{MPa}$$

$$\epsilon_s = \epsilon_{cu}\frac{(c - d)}{c} = 0.0033\left(1 - 0.95\left(\frac{h}{c}\right)\right) = -0.0124,\ \ |\epsilon_s| > \epsilon_{yd}\ \therefore f_s = -450\,\mathrm{MPa}$$

$$\frac{N}{bh} = \frac{C_c}{bh} + 0.02(f_s' + f_s) = 2.652 + 0.0 = 2.652\,\mathrm{MPa}$$

$$\frac{M}{bh^2} = \frac{M_c}{bh^2} + 0.02(0.45)(f_s' - f_s) = 1.114 + 0.02(0.45)(450 - (-450)) = 9.214\,\mathrm{MPa}$$

(2) $c/h = 0.4$

$$\frac{C_c}{bh} = 13.26\left(\frac{c}{h}\right) = (13.26)(0.4) = 5.304\,\mathrm{MPa},$$

$$\frac{M_c}{bh^2} = 6.63\left(\frac{c}{h}\right)\left(1 - 0.8\frac{c}{h}\right) = 6.63(0.4)(1 - 0.8(0.4)) = 1.803\,\mathrm{MPa}$$

$$\epsilon_s' = \epsilon_{cu}\frac{(c - d')}{c} = 0.0033\left(1 - 0.05\frac{h}{c}\right) = 0.00288 \geq |\epsilon_{yd}|,\ \ \therefore f_s' = 450\,\mathrm{MPa}$$

$$\epsilon_s = \epsilon_{cu}\frac{(c - d)}{c} = 0.0033\left(1 - 0.95\frac{h}{c}\right) = -0.00454,\ \ |\epsilon_s| > \epsilon_{yd}\ \therefore f_s = -450\,\mathrm{MPa}$$

$$\frac{N}{bh} = \frac{C_c}{bh} + 0.02(f_s' + f_s) = 5.304 + 0.0 = 5.304 \text{ MPa}$$

$$\frac{M}{bh^2} = \frac{M_c}{bh^2} + 0.02(0.45)(f_s' - f_s) = 1.803 + 0.02(0.45)(450 - (-450)) = 9.903 \text{ MPa}$$

(3) $c/h = 0.565$(균형파괴 변형률 조건)

$$\frac{C_c}{bh} = 13.26\left(\frac{c}{h}\right) = (13.26)(0.565) = 7.492 \text{ MPa},$$

$$\frac{M_c}{bh^2} = 6.63\left(\frac{c}{h}\right)\left(1 - 0.8\left(\frac{c}{h}\right)\right) = 6.63(0.565)(1 - 0.8(0.565)) = 2.053 \text{ MPa}$$

$$\epsilon_s' = \epsilon_{cu}\frac{(c - d')}{c} = 0.0033\left(1 - 0.05\left(\frac{h}{c}\right)\right) = 0.003 \geq |\epsilon_{yd}|, \quad \therefore f_s' = 450 \text{ MPa}$$

$$\epsilon_s = \epsilon_{cu}\frac{(c - d)}{c} = 0.0033\left(1 - 0.95\left(\frac{h}{c}\right)\right) = -0.00225, \quad |\epsilon_s| = \epsilon_{yd} \quad \therefore f_s = -450 \text{ MPa}$$

$$\frac{N}{bh} = \frac{C_c}{bh} + 0.02(f_s' + f_s) = 7.492 + 0.0 = 7.492 \text{ MPa}$$

$$\frac{M}{bh^2} = \frac{M_c}{bh^2} + 0.02(0.45)(f_s' - f_s) = 2.053 + 0.02(0.45)(450 - (-450)) = 10.153 \text{ MPa}$$

(4) $c/h = 1.0$(전단면이 압축상태에 이르는 경우)

$$\frac{C_c}{bh} = 13.26\left(\frac{c}{h}\right) = (13.26)(1.0) = 13.26 \text{ MPa},$$

$$\frac{M_c}{bh^2} = 6.63\left(\frac{c}{h}\right)\left(1 - 0.8\left(\frac{c}{h}\right)\right) = 6.63(1.0)(1 - 0.8(1.0)) = 1.326 \text{ MPa}$$

$$\epsilon_s' = \epsilon_{cu}\frac{(c - d')}{c} = 0.0033\left(1 - 0.05\left(\frac{h}{c}\right)\right) = 0.003135 \geq |\epsilon_{yd}|, \quad \therefore f_s' = 450 \text{ MPa}$$

$$\epsilon_s = \epsilon_{cu}\frac{(c - d)}{c} = 0.0033\left(1 - 0.95\left(\frac{h}{c}\right)\right) = 0.000165, \quad |\epsilon_s| < \epsilon_{yd} \quad \therefore f_s = 33.0 \text{ MPa}$$

$$\frac{N}{bh} = \frac{C_c}{bh} + 0.02(f_s' + f_s) = 13.26 + 9.66 = 22.92 \text{ MPa}$$

$$\frac{M}{bh^2} = \frac{M_c}{bh^2} + 0.02(0.45)(f_s' - f_s) = 1.326 + 0.02(0.45)(450 - 33.0) = 5.079 \text{ MPa}$$

(5) $c/h = 1.4$(전단면이 압축상태에 있는 경우)

$$C_c = f_{cd}(bh) = 0.553 f_{ck} bh = 16.6 bh$$

$$\frac{C_c}{bh} = 16.6\,\text{MPa}, \quad \frac{M_c}{bh^2} = 0\,\text{MPa}$$

$$\epsilon_s' = \epsilon_{cu}\frac{(c-d')}{c} = 0.0033\left(1 - 0.05\left(\frac{h}{c}\right)\right) = 0.00318 \geq |\epsilon_{yd}|, \quad \therefore f_s' = 450\,\text{MPa}$$

$$\epsilon_s = \epsilon_{cu}\frac{(c-d)}{c} = 0.0033\left(1 - 0.95\left(\frac{h}{c}\right)\right) = 0.00106, \quad |\epsilon_s| < \epsilon_{yd} \quad \therefore f_s = 212.0\,\text{MPa}$$

$$\frac{N}{bh} = \frac{C_c}{bh} + 0.02(f_s' + f_s) = 16.6 + 13.24 = 29.84\,\text{MPa}$$

$$\frac{M}{bh^2} = \frac{M_c}{bh^2} + 0.02(0.45)(f_s' - f_s) = 0.0 + 0.02(0.45)(450 - 212.0) = 2.142\,\text{MPa}$$

(6) $c/h = 2.0$(전단면이 압축상태에 있는 경우, 단면의 도심에서 변형률 $\epsilon_c = 0.002$)

$$C_c = f_{cd}(bh) = 0.553 f_{ck} bh = 16.6 bh$$

$$\frac{C_c}{bh} = 16.6\,\text{MPa}, \quad \frac{M_c}{bh^2} = 0\,\text{MPa}$$

$$\epsilon_s' = \epsilon_{cu}\frac{(c-d')}{c} = 0.0033\left(1 - 0.05\left(\frac{h}{c}\right)\right) = 0.00322 \geq |\epsilon_{yd}|, \quad \therefore f_s' = 450\,\text{MPa}$$

$$\epsilon_s = \epsilon_{cu}\frac{(c-d)}{c} = 0.0033\left(1 - 0.95\left(\frac{h}{c}\right)\right) = 0.00173, \quad |\epsilon_s| < \epsilon_{yd} \quad \therefore f_s = 346.0\,\text{MPa}$$

$$\frac{N}{bh} = \frac{C_c}{bh} + 0.02(f_s' + f_s) = 16.6 + 15.92 = 32.52\,\text{MPa}$$

$$\frac{M}{bh^2} = \frac{M_c}{bh^2} + 0.02(0.45)(f_s' - f_s) = 0.0 + 0.02(0.45)(450 - 346.0) = 0.936\,\text{MPa}$$

c/h	C_c	M_c	ϵ_s'	ϵ_s	f_s'	f_s	N/bh	M/bh^2
−	kN	kN·m	‰	‰	MPa	MPa	MPa	MPa
(1) 0.2	2.652	1.114	2.48	12.400	450.0	(−)450.0	2.652	9.214
(2) 0.4	5.304	1.803	2.90	4.540	450.0	(−)450.0	5.304	9.903
(3) 0.565	7.492	2.053	3.00	2.250	450.0	(−)450.0	7.492	10.153
(4) 1.0	13.260	1.326	3.14	−0.165	450.0	33.0	22.920	5.079
(5) 1.4	16.600	0.000	3.18	−1.060	450.0	212.0	29.840	2.142
(6) 2.0	16.600	0.000	3.21	−1.730	450.0	346.0	32.520	0.936

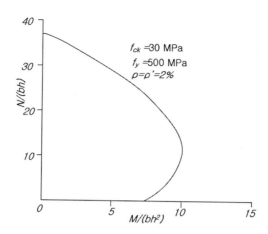

그림 7.3-3 기둥 설계도표 예($f_{ck} = 30\,\text{MPa}$, $f_y = 400\,\text{MPa}$, $\rho_{st} = 0.04$)

7.3.3 압축지배를 받는 띠철근 기둥의 근사해석

앞의 7.3.2절에서 소개한 응력단위 휨–축력 관계도를 이용한 휨–압축부재의 단면 설계는 그 관계도를 작성하고 설계 치수를 결정해야 하는 번거로움이 있다. 그것에 비해 때로는 근사해 법이 더 나을 수도 있는데 특히 단면 크기를 결정하는 데에는 이러한 근사해법이 보조 설계식 으로 쓸 만하다. 철근이 휨 축에 대하여 평행하게 대칭으로 1단 배치되는 경우에 적용될 수도 있는 근사 해법으로서 1942년에 휘트니[Whitney]가 제시한 공식이 있다. 이 식은 $f_y = 350\,\text{MPa}$ 정도인 철근을 사용하는 것으로 가정하고 유도된 것인데 여기서는 $f_{ck} \leq 50\,\text{MPa}$이고 $f_y = 400\,\text{MPa}$인 띠철근기둥 단면을 한계상태설계법 기준에 맞는 근사식을 유도하여 설계에 이용하고자 한다. 이 식을 유도하는 데에는 다음과 같은 가정이 필요하다.

① 기둥은 직사각형 단면이며 철근은 휨 축에 평행하게 대칭으로 1열 배치된다.

② 압축철근은 항복상태에 있다.

③ 압축부 콘크리트 면적에서 철근 면적에 의한 공제는 없다.

④ 압축파괴에 대한 휨–축력 관계도는 축력강도 N_{d0}에서 균형파괴점 N_{db}까지 직선으로 나 타낸다.

⑤ 압축응력블록의 깊이는 $a = \beta_1 c$이다.

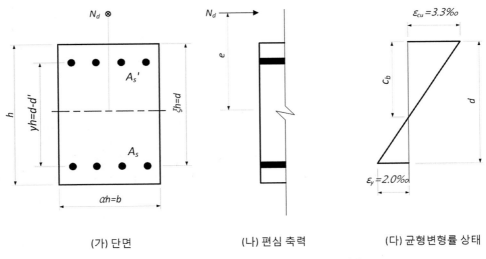

(가) 단면 　　　　　 (나) 편심 축력 　　　　　 (다) 균형변형률 상태

그림 7.3-4 수정 휘트니 근사공식에 필요한 기호 정의

그림 7.3-4는 수정 휘트니 근사공식을 유도하는 데 필요한 기호를 정의한 것이다. 이 그림에서 인장철근을 중심으로 힘의 모멘트를 취하면 다음과 같은 식을 얻을 수 있다.

$$N_d \left(e + \frac{d-d'}{2}\right) = C_c \left(d - \frac{a}{2}\right) + C_s (d-d') \tag{7.3-14}$$

콘크리트의 압축력 C_c를 추정하는데, 직사각형 응력블록의 깊이 a로서 균형변형률조건을 근거로 한 평균값을 사용한다.

그러면 중립축의 깊이 $c = \dfrac{\epsilon_{cu}}{\epsilon_{yd} + \epsilon_{cu}} d = \dfrac{0.0033}{0.002 + 0.0033} d = 0.6226d$ 이고 $f_{ck} \leq 50\,\mathrm{MPa}$ 이므로 응력블록에 대한 높이 비 $\beta_1 = 0.8$ 을 적용하면 $a = \beta_1 c = (0.8)(0.6226)d = 0.498d \simeq 0.5d$ 이다. 그래서 $C_c = f_{cd}\, b\, a = f_{cd}\, b (0.5\, d) = 0.5 f_{cd}\, b\, d$ 이고

$$C_c \left(d - \frac{a}{2}\right) = 0.5 f_{cd}(b\, d)(d - 0.5d/2) = 0.375 f_{cd} b\, d^2 \tag{7.3-15}$$

로 된다.

압축지배이면, 압축연단에서 $\epsilon_{cu} = 0.0033$ 일 때 대개 압축철근은 항복된다. 압축철근에서 공제되는 콘크리트 응력을 무시하면,

$$C_s = f_{yd} A_s'$$ (7.3-16)

식 (7.3-15)와 (7.3-16)을 식 (7.3-14)에 대입하고 양변을 $e + (d - d')/2$로 나누면

$$N_d = \frac{0.375 f_{cd} b d^2}{e + (d - d')/2} + \frac{A_s' f_{yd}(d - d')}{e + (d - d')/2}$$ (7.3-17)

이다. 이것으로부터 우변의 첫 항의 분자와 분모에 각각 h/d^2을 곱해주고 둘째 항의 분자와 분모를 각각 $d - d'$으로 나눠주고 $A_s = A_s'$이므로 분자와 분모에 각각 2를 곱해주면 아래와 같은 식을 얻는다.

$$N_d = \frac{0.375 f_{cd} b h}{\dfrac{e h}{d^2} + \dfrac{h}{d^2} \dfrac{(d - d')}{2}} + \frac{2 A_s' f_{yd}}{\dfrac{2e}{(d - d')} + 1}$$ (7.3-18)

이 관계식의 경계조건 중 하나로서 이 식은 다음의 조건을 만족해야 한다.

$$e = 0 일 때 \qquad N_d = N_{d0}$$

그러므로 콘크리트 면적에 대한 공제를 보정하지 않는다면,

$$N_{d0} = f_{cd} b h + 2 A_s' f_{yd}$$ (7.3-19)

식 (7.3-19)로 나타낸 경계조건을 식 (7.3-18)에 대입하면 다음과 같은 조건이 성립되어야 한다.

$$\frac{h}{d^2} \frac{(d - d')}{2} = 0.375$$ (7.3-20)

그러면 식 (7.3-18)은 다음과 같다.

$$\begin{aligned} N_d \geq N_u &= \frac{0.375 f_{cd} b h}{\dfrac{h e}{d^2} + 0.375} + \frac{A_{st} f_{yd}}{\dfrac{2e}{d - d'} + 1} \\ &= \frac{f_{cd} b h}{\left(\dfrac{8}{3}\right) \dfrac{h e}{d^2} + 1} + \frac{A_{st} f_{yd}}{\dfrac{2e}{d - d'} + 1} \end{aligned}$$ (7.3-21)

이 식은 압축철근 단면적을 무시한 콘크리트 단면적과 대칭 배근을 고려한 경우의 휘트니의 근사공식을 변형한 것이다. 식 (7.3-21)과 같은 근사공식을 사용할 때에, 안전 측으로 되는 것이 바람직하다. 콘크리트 압축응력블록의 실제 깊이 a가 균형변형률 조건의 가정값 $a = 0.5d$ 보다 더 커질 것이기 때문에 작은 편심에 대해서는 안전 측으로 될 것이다. 식 (7.3-21)을 무차원량으로 나타내면 쓸모 있는 식이 된다. 즉, $A_g = bh$. $\xi h = d$, $A_s = A_s{}'$(대칭 배근인 경우), $\rho_g = 2A_s{}'/A_g$, $\gamma h = d - d'$로 나타내면,

$$N_d \geq N_u = A_g \left[\frac{f_{cd}}{\left(\dfrac{8}{3}\right)\left(\dfrac{1}{\xi^2}\right)\left(\dfrac{e}{h}\right) + 1} + \frac{\rho_g f_{yd}}{\left(\dfrac{2}{\gamma}\right)\left(\dfrac{e}{h}\right) + 1} \right] \tag{7.3-22}$$

로 된다.

그림 7.3-5는 수정 휘트니 근사공식과 변형률 적합 관계를 이용해서 작성한 휨-축력 관계도를 비교한 것이다. 이 그림에서 보는 바와 같이 $N_d = 0.6f_{cd}bh$인 점보다 N_d가 작은 경우에는 근사식으로는 과다하게 계산된다.

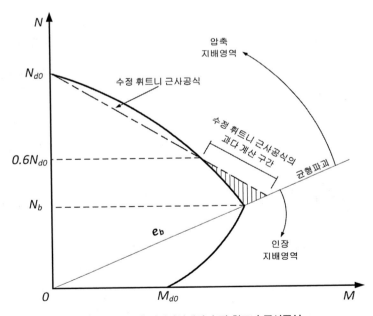

그림 7.3-5 압축지배영역에서 수정 휘트니 근사공식

예제 7.6 수정 휘트니 근사공식을 이용한 N_d 산정

예제 7.1의 그림 7.2-9에 보인 바와 같은 단면에 대해 계산된 균형파괴하중과 균형파괴모멘트는 각각 $N_{db} = 1097.0\,\text{kN}$, $M_{db} = 270.0\,\text{kN·m}$ 이다. 이때 균형파괴편심 $e_b = 246.0\,\text{mm}$ 이다. 수정 휘트니 근사공식 식 (7.3-21)을 이용해서 설계축력강도 N_d를 구해보기로 한다.

$A_s = A_s{'} = 1350\,\text{mm}^2$ 로 가정한다.

먼저 $e_b = 246.0\,\text{mm}$ 일 때 N_d를 구해본다.

$$N_d = \frac{f_{cd}\,b\,h}{\left(\dfrac{8}{3}\right)\dfrac{e\,h}{d^2}+1} + \frac{A_{st}f_{yd}}{\dfrac{2e}{(d-d{'})}+1}$$

$$= \frac{(13.8)(350)(450)}{(8/3)(246)(450)/(390)^2+1} + \frac{(2700)(360)}{2(246)/(330)+1} = 1129.1 \text{ kN}$$

이 값은 변형률 적합 관계식으로 계산한 값 1097 kN보다 9.0% 정도 크게 계산되었는데 공식 유도 과정에서 압축응력블록 깊이에 대한 가정과 비대칭배근을 대칭배근으로 가정한 것이기 때문에 일어난 차이로 볼 수 있다. $N_d < 0.6 f_{cd}\,b\,h = 1304.0\,\text{kN}$ 인 경우에는 식 (7.3-21)로 계산된 값이 안전 측이 아닌 것으로 알려지고 있다. 그러므로 이 식을 이용하여 N_d값을 계산하기보다는 변형률 관계식을 이용하여 구하는 것이 좋다.

$e = 90\,\text{mm}$ 일 때 N_d를 구해본다.

$$N_d = \frac{f_{cd}\,b\,h}{\left(\dfrac{8}{3}\right)\dfrac{e\,h}{d^2}+1} + \frac{A_{st}f_{yd}}{\dfrac{2e}{(d-d{'})}+1}$$

$$= \frac{(13.8)(350)(450)}{(8/3)(90)(450)/(390)^2+1} + \frac{(2700)(360)}{2(90)/(330)+1} = 1900.0 \text{ kN}$$

이 값은 변형률 적합 관계식으로 계산한 값 2044 kN보다 7.0% 정도 작게 계산되었는데 공식 유도과정에서 압축부 면적이 균형파괴인 경우에 대한 것으로 실제보다 작게 가정한 것이기 때문에 일어난 차이로 볼 수 있다. 그림 7.3-5에 나타낸 바와 같이 $N_d > 0.6 f_{cd}\,b\,h = 1304.0\,\text{kN}$

인 경우에는 식 (7.3-21)로 계산된 값이 안전 측인 것으로 알려지고 있다. 이 식은 압축지배로 파괴될 수 있는 기둥 단면 설계에 이용하는 것이 더 좋을 수도 있다.

7.3.4 수정 휘트니 근사공식을 이용한 압축지배인 경우의 기둥 단면 설계

식 (7.3-22)를 이용하여 N_u과 e가 주어진 경우에, 압축으로 지배되는 대칭 배근된 직사각형 단면의 기둥을 설계해보기로 한다. $A_g = bh$이고 $b = \alpha h$로 나타내면 $A_g = \alpha h^2$로 된다. ρ_g, α, ξ, 및 γ를 가정하면 식 (7.3-22)는 h로 나타낼 수 있게 된다. [ ] 안의 분자와 분모에 각각 h를 곱해주면 다음과 같다.

$$N_d \geq N_u = \alpha h^2 \left[\frac{f_{cd} h}{(8/3)(e/(3\xi^2)) + h} + \frac{\rho_g f_{yd} h}{(2/\gamma)(e) + h]} \right] \tag{7.3-23a}$$

$$N_d \geq N_u = \alpha h^3 \left[\frac{f_{cd}[(2/\gamma)(e) + h] + \rho_g f_{yd}[(8/3)(e/\xi^2) + h]}{[(8/3)(e/\xi^2) + h][(2/\gamma)(e) + h]} \right] \tag{7.3-23b}$$

이 식을 h에 관하여 정리하면 다음과 같다.

$$Ah^4 + Bh^3 + Ch^2 + Dh + E = 0$$

여기서, $A = \alpha (f_{cd} + \rho_g f_{yd})$

$B = \alpha [(f_{cd}(2/\gamma)(e) + \rho_g f_{yd}(8/3)(e/\xi^2)]$

$C = -N_d$

$D = -[(8/3)(1/\xi^2) + 2/\gamma]N_d \cdot e$

$E = -(8/3)(1/\xi^2)(e^2)(2/\gamma)N_d$

위의 식을 풀어 h값을 구한 다음에 설계 치수 b와 h를 결정하고 A_s와 $A_s{}'$을 결정한다.

예제 7.7 수정 휘트니 근사공식을 이용한 단면 설계

수정 휘트니 근사공식을 이용하여 단면을 산정한다. 콘크리트 설계기준강도 $f_{ck} = 25\,\mathrm{MPa}$, 철근항복강도 $f_y = 400\,\mathrm{MPa}$이고, 극한축력 $N_u = 1300\,\mathrm{kN}$, 편심량 $e = 200\,\mathrm{mm}$이다. 직사각형 단면에 대칭으로 배근되는 기둥 단면을 설계한다.

단면 치수비율 $\alpha = b/h = 0.77$, 전단면에 대한 철근비 $\rho_g = 0.02$, 유효깊이 비 $\xi = d/h = 0.85$, 단면 깊이에 대한 인장철근과 압축철근간의 거리 비 $\gamma = (d-d')/h = 0.75$로 가정한다.

$$A = \alpha\,(f_{cd} + \rho_g f_{yd})$$
$$= 0.77\,[13.8 + 0.02\,(360)] = 16.17 \ \ [\mathrm{N/mm^2}]$$

$$B = \alpha\,[(f_{cd}(2/\gamma)(e) + \rho_g f_{yd}(8/3)(e/\xi^2)]$$
$$= 0.77\,[(13.8)(2/0.75)(200) + (0.02)(360)(8/3)(200/0.85^2)]$$
$$= 0.77\,[7360 + 5315] = 9760.0 \ \ [\mathrm{N/mm^2 \cdot mm}]$$

$$C = -\,N_u = -\,1300\,000 \ \ [\mathrm{N}]$$

$$D = -\,[(8/3)(1/\xi^2) + 2/\gamma]\,N_u \cdot e$$
$$= -\,[(8/3)(1/0.85^2) + (2/0.75)]\,(1300\,000)(200)$$
$$= -\,165.3 \times 10^7 \ \ [\mathrm{N/mm^2 \cdot mm}]$$

$$E = -\,(8/3)(1/\xi^2)(e^2)(2/\gamma)N_u$$
$$= -\,(8/3)(1/0.85^2)(200^2)(2/0.75)(1300\,000)$$
$$= -\,5.118 \times 10^{11} \ \ [\mathrm{N \cdot mm^2}]$$

$Ah^4 + Bh^3 + Ch^2 + Dh + E = 0$을 풀면

$h = 446.0\,\mathrm{mm}$, $b = 343.0\,\mathrm{mm}$, $A_s = A_s{'} = (0.01)(446)(343) = 1530.0\,\mathrm{mm^2}$를 얻을 수 있다. 이 계산값들을 설계값으로 다음과 같이 정한다.

설계 $h = 450\,\mathrm{mm}$, 설계 $b = 360\,\mathrm{mm}$, 설계 $d = 390.0\,\mathrm{mm}$, $d' = 60.0\,\mathrm{mm}$, 설계 $A_s = A_s' = 4\mathrm{D}22 = 1548.0\,\mathrm{mm}^2$로 하여 그림 7.3-6과 같은 기둥 단면으로 설계한다.

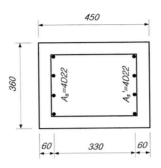

그림 7.3-6 예제 7.7의 설계 단면

	1	2	3	4	5	6	7	8	9	10	11
	c	ϵ_s'	ϵ_s	f_s'	f_s	C_c	C_s	T_s	N	M	e
	mm	‰	‰	MPa	MPa	kN	kN	kN	kN	kN·m	m
d'	60.00	0.00	-18.15	0.00	-360.00	238.90	0.00	-557.28	-318.38	139.97	0.00
$2.20d'$	132.00	1.80	-6.45	360.00	-360.00	525.57	557.28	-557.28	525.57	274.41	522.11
c_b	252.35	2.52	-1.80	360.00	-360.00	1004.77	557.28	-557.28	1004.77	308.55	307.09
d	390.00	2.79	0.00	360.00	-0.00	1552.82	557.28	0.00	2110.10	199.10	94.35
h	450.00	2.60	0.44	360.00	88.00	1791.72	557.28	136.22	2485.22	150.10	60.40
∞	–	2.00	2.00	360.00	360.00	2196.85	557.28	557.28	3311.41	0.00	0.00

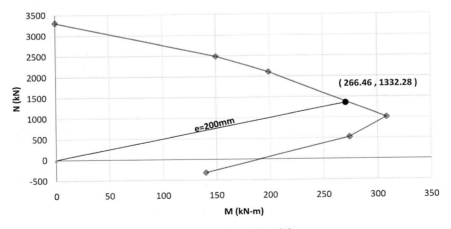

그림 7.3-7 예제 7.7 검토 결과

이 설계값을 이용하여 그림 7.3-7과 같은 휨−축력 관계도를 작성하여 설계된 단면이 $e = 200\,\mathrm{mm}$, $N_u = 1300.0\,\mathrm{kN}$ 을 만족하는지 검토한다. 그림 7.3-7은 검토 결과를 표와 휨−축력 관계도로 나타낸 것이다.

$e = 200\,\mathrm{mm}$ 일 때 변형률 적합조건 식으로 구한 $N_d = 1332.28\,\mathrm{kN} \geq N_u = 1300.0\,\mathrm{kN}$ 이므로 이 단면은 안전하게 설계되었음을 알 수 있다. 설계자는 해석결과를 근거로 하여 단면의 크기와 철근량을 조정할 수 있다.

7.4 세장한 기둥 또는 장주 Slender Columns, Long Columns

7.4.1 장주의 정의

그림 7.4-1은 편심 축력을 받는 양단 핀지지 기둥을 보인 것이다. 기둥의 단부에서 모멘트는

$$M_e = N e \tag{7.4-1}$$

이다. 하중 N이 작용하면 기둥은 그림 7.4-1(가)에 보인 바와 같이 가로로 δ만큼 변위를 일으킨다. 평형상태를 유지하려면 기둥의 중간높이에서 내부 모멘트는 다음과 같아야 한다.

$$M_c = N(e + \delta) \tag{7.4-2}$$

이러한 횡 변위는 모멘트를 증가시키며 설계자는 기둥을 설계할 때 이 모멘트를 고려해야 한다. 여기에 나타낸 바와 같은 대칭 기둥이면, 중간높이에서 최대 모멘트가 발생하며, 횡방향 변위도 최대가 된다.

그림 7.4-2는 철근콘크리트 기둥의 휨−축력 관계도를 보인 것이다. 이 관계도는 매우 짧은 길이의 기둥 또는 기둥 단면에 파괴를 일으키는 데 필요한 축력과 모멘트의 관계를 나타낸 것이다. 파선 O−A는 그림 7.4-1 기둥의 단부모멘트를 표시한 것이다. 이 하중은 일정한 편심량 e를 유지하기 때문에 단부모멘트 M_e는 N의 선형 함수이다. 곡선의 실선 O−B는 기둥의 중간높이에서 모멘트 M_c를 나타낸 것이다. 하중 N일 때, 중간높이에서 모멘트는 단부모멘트 $N e$와 횡방향

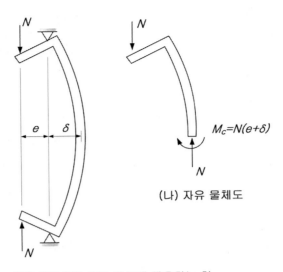

$M_c = N(e+\delta)$

(나) 자유 물체도

(가) 횡변위가 생긴 기둥에 작용하는 힘

그림 7.4-1 횡 변위가 생긴 기둥에 작용하는 힘

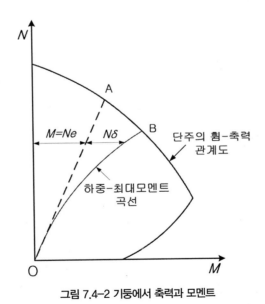

$M=Ne$ $N\delta$

단주의 휨-축력
관계도

하중-최대모멘트
곡선

그림 7.4-2 기둥에서 축력과 모멘트

변위에 의한 모멘트 $N\delta$의 합이다. 파선 O-A는 단부모멘트에 대한 하중- 모멘트 곡선이라고 부르며, 곡선 O-B는 최대 기둥모멘트에 대한 하중- 모멘트 곡선이라고 한다.

최대 모멘트 점에 대한 하중-모멘트 곡선 O-B가 기둥 단면의 휨-축력 관계도와 만나면 파괴가 일어난다. 그러므로 파괴상태일 때 하중과 모멘트는 점 B로 표시된다. 횡방향 변위에 의한 최대 모멘트의 증가 때문에 축력 강도는 점 A에서 점 B로 감소된다. 이러한 축력 강도의 감소는 장주 영향이라고 부르는 현상 때문에 생긴다[7.13].

장주(세장한 기둥)는 기둥의 횡방향 변위 때문에 생기는 모멘트에 의해 기둥의 축력 강도가 심각하게 감소하는 기둥으로 정의된다. '심각하게 감소'는 감소량이 대략 5% 이상인 경우를 말한다.

7.4.2 축력을 받는 탄성 기둥의 좌굴

그림 7.4-3은 세 가지 평형상태를 나타낸 것이다. (가)의 경우에서 공을 옆으로 움직이게 하고 놔두면 공은 원래의 자리로 돌아올 것이다. 이러한 상태를 안정 평형상태라고 한다. 그림 7.4-3(다)의 경우처럼 공을 옆으로 움직이게 하면 공은 밑으로 굴러 떨어진 것이다. 이러한 상태를 불안정 평형상태라고 한다. 안정 평형상태와 불안정 평형상태의 중간적 상태를 중립 평형상태라고 한다. 이런 경우에서는 공은 자리를 이동한 채로 있을 것이다. 축력을 받는 기둥에 대해서도 이와 유사한 평형상태가 존재한다. 기둥 중간높이에서 옆으로 밀고 그대로 두면 기둥이 원래 자리로 돌아온다면 안정 평형상태에 있는 것이다. 다른 경우도 같이 해석할 수 있다[7.13].

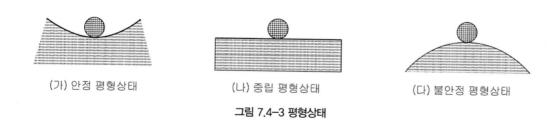

| (가) 안정 평형상태 | (나) 중립 평형상태 | (다) 불안정 평형상태 |

그림 7.4-3 평형상태

그림 7.4-4는 중립 평형상태에 있는 기둥의 일부를 나타낸 것이다. 이 기둥에 대한 미분방정식은 다음과 같다.

$$EI\frac{d^2y}{dx^2} = -Ny \qquad\qquad (7.4\text{-}3)$$

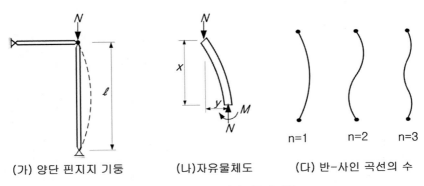

(가) 양단 핀지지 기둥   (나)자유물체도   (다) 반-사인 곡선의 수

그림 7.4-4 양단 핀지지 기둥의 좌굴

1744년에 레오나르드 오일러$^{Leonhard\ Euler}$가 이 식을 유도해서 다음과 같은 답을 구했다.

$$N_B = \frac{n^2\pi^2 EI}{\ell^2} \qquad\qquad (7.4\text{-}4)$$

여기서, EI＝휨강성

ℓ＝기둥의 길이

n＝기둥 길이 내에서 반-사인 곡선의 수

그림 7.4-4(다)는 $n=1$, 2, 3일 때를 나타낸 것이다. $n=1.0$일 때 N_B는 최소값이 된다. 이것이 바로 오일러 좌굴하중이라고 하는 것이다.

$$N_B = \frac{\pi^2 EI}{\ell^2} \qquad\qquad (7.4\text{-}5)$$

이러한 기둥은 그림 7.4-4에 보인 바와 같다. 이 기둥이 중간높이에서 가로로 움직일 수 없다면, $n=2$에서 좌굴이 일어날 것이고 그래서 좌굴하중은 다음과 같이 될 것이다.

$$N_B = \frac{2^2 \pi^2 EI}{\ell^2} \tag{7.4-6}$$

중간높이에 지지대가 없는 같은 기둥의 좌굴하중의 4배이다.

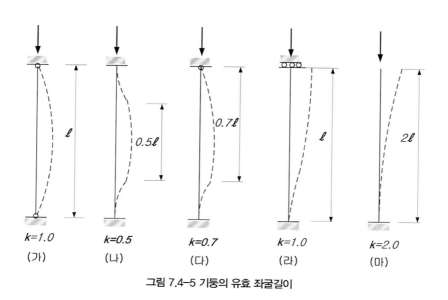

그림 7.4-5 기둥의 유효 좌굴길이

그림 7.4-5는 유효길이 $k\ell$로 나타낸 대표적인 5가지 경우를 나타낸 것이다. 뼈대구조의 기둥은 대부분 가로방향으로 변위가 구속되어 있다. 이러한 뼈대구조는 횡 변위구속 뼈대구조라고 한다. 좌굴이 일어날 때 상단이 하단에 대해 상대적으로 횡 변위를 일으키는 뼈대구조를 횡 변위 비구속 뼈대구조라고 한다. 그림 7.4-5에 보인 기둥들의 좌굴하중의 비율은 $1 : 4 : 2 : 1 : 0.25$ 이다. 그러므로 단부 회전과 단부 횡 변위의 구속상태가 축력을 받는 탄성기둥의 좌굴하중에 주요 영향인자임을 알 수 있다. 실제 구조물에서, 그림 7.4-5에 보인 바와 같은 완전 고정단은 있더라도 드물다. 이 기둥을 보는 다른 관점은 기둥의 유효 길이의 개념에 관한 것이다. 유효 길이는 같은 크기의 좌굴하중을 보이는 핀지지 기둥의 길이이다. 그러므로 그림 7.4-5(가)의 기둥의 좌굴하중은 그림 7.4-5(라)의 기둥의 좌굴하중 크기가 같다. 그림 7.4-5(나)의 기둥에서 기둥의 유효길이는 $\ell/2$이고 $\ell/2$은 그림 7.4-5(나)의 기둥의 변형된 형상에서 반-사인 곡선의 길이에 해당된다. 유효 길이 $k\ell$은 ℓ/n과 같다. 유효길이 계수 $k = 1/n$이다. 식 (7.4-6)를 일반

적으로 다음과 같이 쓰고 있다.

$$N_B = \frac{\pi^2 EI}{(k\ell)^2}$$

(7.4-7)

7.4.3 양단 핀지지 기둥의 거동과 해석

장주의 횡 변위는 그림 7.4-1과 7.4-2에서 알 수 있듯이 기둥모멘트를 증가시킨다. 이 증가된 모멘트는 처짐을 증가시키고 이 처짐은 다시 모멘트를 증가시킨다. 그 결과 그림 7.4-2의 축력-모멘트 곡선은 비선형이 된다. 축하중이 좌굴하중 이하이면 그 과정은 안정된 상태로 수렴하게 되지만 축하중이 좌굴하중 이상이면 수렴하지 않을 것이다. 이 현상은 2차 미분방정식으로 표현된다[7.13].

(1) 재료파괴와 안정 상실 파괴

그림 7.4-6은 단면은 같으나 길이가 다른 3개의 기둥에 대한 하중-모멘트 곡선을 나타낸 것이며 이 기둥들은 모두 그림과 같이 단부에서 같은 크기의 편심량 e 를 갖는 축하중이 작용한다. 비교적 단주인 기둥이라면 하중-모멘트 곡선 O-A는 실질적으로 선 $N \cdot e$ 와 같다. 적당한 길이의 기둥이라면, 곡선 O-B와 같이, 횡 변위는 파괴하중을 감소시키기 때문에 중요한 문제

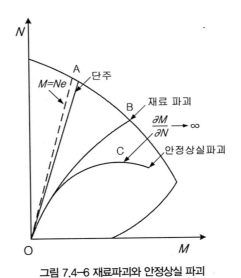

그림 7.4-6 재료파괴와 안정상실 파괴

가 된다. 이 기둥은 하중-모멘트 곡선이 휨-축력 상관도와 만나는 점 B에서 파괴된다. 이를 **재료파괴** *material failure*라고 하며 횡구속된 골조 내의 실제 기둥에서 예상되는 파괴유형이다. 기둥의 세장비가 매우 크다면, 그 기둥은 $\partial M/\partial N$의 값이 무한히 커지거나 (−)가 되는 처짐 Δ에 이를 수 있다. 이 경우, 더 큰 처짐으로 인해 모멘트 강도가 떨어지므로 기둥은 불안정하게 된다. 이러한 파괴유형을 **안정상실 파괴** *stability failure*라고 하며 세장비가 매우 큰 횡구속 기둥이나 비횡구속 골조의 장주에서만 발생한다.

(2) 장주의 휨-축력 관계도

기둥강도에 대한 변수의 영향을 설명할 때, 때때로 장주의 휨-축력 관계 곡선을 이용하는 것이 편리하다. 그림 7.4-7(가)의 선 OB은 세장비 $\ell/h = 30$이고 단부의 편심량이 e_1인 기둥의 하중-최대 모멘트 곡선을 나타낸 것이다. 이 기둥은 하중-모멘트 곡선과 휨-축력 관계도가 만나는 점 B_1에서 파괴된다. 파괴가 일어날 때, 기둥 단부에서 하중과 모멘트는 점 A_1으로 표시된다. 이 과정이 여러 번 반복되면, A_1, A_2 등을 지나며 파선으로 나타내는 장주의 축력-모멘트 관계도를 얻게 된다. 이 곡선은 고려 중인 장주에서 파괴를 일으키는 하중과 최대 단부모멘트를 나타낸 것이다. 그림 7.4-7(나)는 단면 크기는 같지만 세장비가 다른 기둥들에 대한 장주의 휨-축력 관계도를 나타낸 것이다.

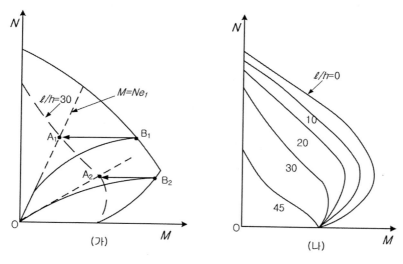

그림 7.4-7 장주의 휨-축력 관계도

(3) 대칭하중이 작용하는 핀지지 기둥에 대한 모멘트 확대계수

그림 7.4-1의 기둥을 그림 7.4-8에 나타내기로 한다. 재단모멘트 M_0가 작용할 때의 횡 변위는 Δ_0이다. 이것을 1차 횡 변위라 한다. 여기에 축하중 N이 작용하면 그 변위는 Δ_a만큼 증가한다. 중앙에서 최종 처짐은 $\Delta = \Delta_0 + \Delta_a$가 된다. 이 전체 변위를 2차 변위라고 한다. 최종 횡 변위의 형상은 반-사인 곡선에 가까워진다고 가정한다. 그림 7.4-8(나)는 초기 모멘트 분포도 M_0를 나타낸 것이며 그림 7.4-8(다)는 2차 모멘트 $N-\Delta$를 나타낸 것이다. 처짐 형상을 사인곡선으로 가정했기 때문에 $N-\Delta$ 모멘트 분포도 또한 사인곡선 형상이다. 모멘트 면적법을 이용하고 횡 변위 형상이 대칭임을 고려하면 횡 변위 Δ_a는 M/EI 분포도에서 그림 7.4-8(다)의 음영부분으로 나타낸 지점과 중앙점 사이의 면적의 지점에 대한 모멘트이다. 그 면적은 다음과 같다.

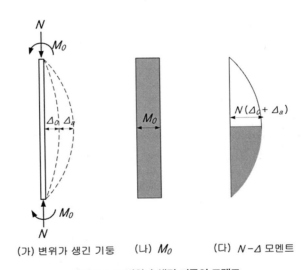

(가) 변위가 생긴 기둥   (나) M_0 (다) $N-\Delta$ 모멘트

그림 7.4-8 변위가 생긴 기둥의 모멘트

$$\text{면적} = \left[\frac{N}{EI}(\Delta_0 + \Delta_a)\right]\frac{\ell}{2} \times \frac{2}{\pi} \qquad (7.4\text{-}8)$$

그 도심은 지점으로부터 ℓ/π이다. $\pi^2 EI/\ell^2$를 N_B로 나타내면 식이 간편해진다.

$$\delta_a = \left[\frac{N}{EI}(\Delta_0 + \Delta_a)\frac{\ell}{2} \times \frac{2}{\pi}\right]\left(\frac{\ell}{\pi}\right) = \frac{N\ell^2}{\pi^2 EI}(\Delta_0 + \Delta_a) \qquad (7.4\text{-}9)$$

여기서 $\pi^2 EI/\ell^2$를 N_B라 하고 이 N_B는 핀지지 기둥의 오일러 좌굴하중이다. 따라서

$$\Delta_a = (\Delta_0 + \Delta_a)\frac{N}{N_B} \tag{7.4-10}$$

로 되고 다시 정리하면 다음과 같다.

$$\Delta_a = \Delta_0\left(\frac{N/N_B}{1 - N/N_B}\right) \tag{7.4-11}$$

최종 횡 변위 Δ는 Δ_0와 Δ_a의 합이다.

$$\Delta = \Delta_0 + \Delta_0\left(\frac{N/N_B}{1 - N/N_B}\right) \ \text{또는} \ \Delta = \frac{\Delta_0}{1 - N/N_B} \tag{7.4-12}$$

이 식은 N/N_B가 증가함에 따라 2차 횡 변위 Δ가 증가하며 $N = N_B$일 때 무한대에 이름을 알 수 있다. 최대 휨모멘트는 중간높이에서 생긴다.

$$M_c = M_0 + N\Delta \tag{7.4-13}$$

여기서 M_c를 2차 모멘트라 하고 M_0를 1차 모멘트라고 한다. 식 (7.4-12)를 대입하면 다음과 같은 식을 얻을 수 있다.

$$M_c = M_0 + \frac{N\Delta_0}{1 - N/N_B} \tag{7.4-14}$$

그림 7.4-8에 나타낸 모멘트 분포도에서 M_0에 의한 횡 변위 Δ_0는 다음과 같다.

$$\Delta_0 = \frac{M_0\ell^2}{8EI} \tag{7.4-15}$$

이것과 $N = (N/N_B)\pi^2 EI/\ell^2$을 식에 대입하면 식 (7.4-14)는 다음과 같다.

$$M_c = \frac{M_0(1 + 0.23N/N_B)}{1 - N/N_B} \tag{7.4-16}$$

계수 0.23은 M_0분포도의 형상에 대한 계수이다. 예를 들면 기둥의 한 단부에서 모멘트가 M_0 이고 다른 단부에서는 모멘트가 0인 삼각형 모멘트 분포도인 경우, 그 값은 -0.38이 된다. 재단모멘트의 크기가 같고 부호가 반대이면 -0.18이다.

계수 0.23은 모멘트 분포도의 함수로서 $N/N_B = 0.25$인 경우에 -0.18까지 변하는데 $(1 + CN/N_B)$값이 1.06에서 0.96까지 변한다. 설계기준에서는 1로 하고 있으며 다음과 같이 쓰고 있다.

$$M_c = \delta M_0 \tag{7.4-17}$$

여기서 δ를 **모멘트 확대계수** *moment magnifier*라고 한다.

$$\delta = \frac{1}{1 - N/N_B} \tag{7.4-18}$$

(4) 재단모멘트가 같지 않을 때 모멘트가 장주의 강도에 미치는 영향

앞에서는 양 단부에서 같은 크기의 재단모멘트를 받는 핀지지 기둥만을 고려했다. 이것은 작용하중 모멘트 Ne가 최대로 되는 단면에서 최대 모멘트 $N\Delta$가 발생하는 매우 특별한 경우이다. 그 결과로 이 값들은 그림 7.4-1과 7.4-2에서 행한 바와 같이 직접 더할 수 있다.

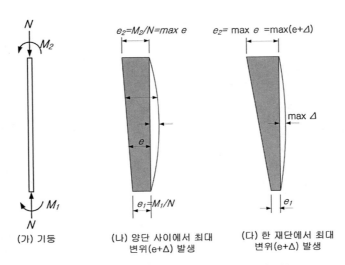

그림 7.4-9 부등 재단모멘트를 받는 기둥의 모멘트 분포

일반적인 경우, 재단 편심 $e_1 = M_1/N$과 $e_2 = M_2/N$는 그림 7.4-9의 작용모멘트 분포도 상의 음영으로 나타낸 것처럼 서로 다르다. e의 최대값이 기둥의 한 재단에서 발생하는 반면에, Δ의 최대값은 기둥의 양단 사이에서 발생한다. 그 결과, e_{max}과 Δ_{max}는 직접 더해질 수 없으며 두 가지의 다른 경우가 존재한다. 작은 재단 편심을 갖는 장주이면, $e + \Delta$의 최대값은 그림 7.4-9(나)에서 볼 수 있는 것처럼 기둥의 양단 사이에서 발생한다. 단주나 큰 재단 편심을 갖는 기둥인 경우에는, $e + \Delta$의 최대값은 그림 7.4-9(다)와 같이 기둥의 한 재단에서 발생할 것이다.

이러한 두 가지 거동의 유형은 그림 7.4-7(나)와 그림 7.4-10의 휨－축력 관계도를 이용하여 설명할 수 있다. $e_1 = e_2$이면, $\ell/h = 20$에 대한 관계도는 전 범위의 편심에 대해서 강도가 감소함을 보이고 있다. 한쪽 재단에만 모멘트가 작용하는 경우($e_1/e_2 = 0$, 그림 7.4-10(가)) $e + \Delta$의 최대값은 작은 편심일 때 기둥의 양단 사이에서 발생하고 큰 편심이면 한쪽 재단에서 발생한다. 후자인 경우, 세장 영향은 없으며 그 기둥을 단주라고 볼 수 있다.

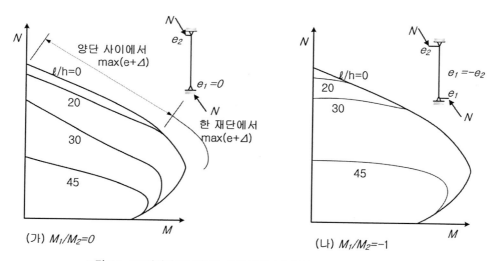

그림 7.4-10 핀지지 장주의 휨－축력 관계도에서 부등 재단모멘트의 영향

$e_1/e_2 = -1$인 **반전 곡률** *reversed curvature*인 경우에 장주의 범위는 더 좁아진다. 반전 곡률을 일으키는 $\ell/h = 20$인 기둥일 때, 그림 7.4-11에서 보인 바와 같이 대부분의 편심에 대해 세장

영향은 없다. 작은 하중에서 이러한 기둥의 변위 형상은 대칭 S형이 된다. 파괴에 가까워짐에 따라 기둥은 초기의 비대칭 변형 형상으로부터 단곡률 형태로 움직이며 풀리는 경향이 있다. 이것은 기둥의 길이에 걸쳐 **균일성 *uniformity***의 부족이 불가피하게 생기기 때문에 발생한다.

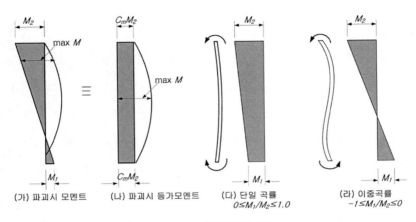

그림 7.4-11 등가모멘트 계수

모멘트 확대계수 설계법에서 그림 7.4-11(가)와 같이 부등 재단모멘트를 받는 기둥은 그림 7.4-11(나)와 같이 양단에 $C_m M_2$의 등가모멘트를 받는 유사한 기둥으로 대체할 수 있다. 모멘트 $C_m M_2$는 두 기둥에서 최대 확대모멘트가 같도록 선정된다. 등가 모멘트계수 C_m이란 표현은 처음에 강재로 된 보-기둥의 설계에 사용되도록 유도된 것이며 콘크리트 설계에 대해서도 그대로 적용되었다.

$$C_m = 0.6 + 0.4 \frac{M_1}{M_2} \geq 0.4 \tag{7.4-19}$$

위 식에서 M_1은 작은 재단모멘트, M_2는 큰 재단모멘트이며, 각각 고전적인 1차 탄성해석을 사용하여 계산된다. M_1/M_2의 비에 대한 부호규약은 그림 7.4-11(다), (라)와 같다. 모멘트 M_1과 M_2가 양단 사이에 변곡점의 발생 없이 단일곡률로 기둥이 휘어지도록 작용한다면, 그림에서 볼 수 있듯이 M_1/M_2는 (+)이다. 모멘트 M_1과 M_2가 양단 사이에 모멘트가 0인 점이 있는 이중곡률로 기둥이 휘어지도록 작용한다면, M_1/M_2는 (−)이다. 식 (7.4-19)는 축력과 재단

모멘트가 작용하는 힌지 기둥이나 횡구속 골조의 기둥에만 적용된다. 지점 사이에 횡하중이 작용하는 기둥과 단부모멘트 없이 집중하중을 받는 기둥을 포함한 다른 모든 경우에 C_m은 1.0이다.

(5) 기둥강성 EI

식 (7.4-7)을 사용한 좌굴하중 N_B의 계산에는 기둥의 휨강성 EI가 이용된다. 정해진 기둥 단면, 축하중 범위, 세장비를 고려하여 선택된 EI값은 파괴유형(재료파괴 또는 안정상실 파괴), 균열, 크리잎 및 파괴 시의 응력-변형률 관계도의 비선형성의 영향을 고려하여 파괴될 때의 기둥의 휨강성 EI에 근접해야 한다. 그림 7.4-12는 일반적인 기둥 단면에 세 개의 다른 하중에 대한 모멘트-곡률 관계를 보인 것이다. 이 관계도에서 직선의 파선은 $M/\phi = EI$의 기울기를 갖는다. EI값은 선택된 특정 직선의 기울기에 따라 달라진다. 재료파괴는 가장 큰 응력을 받는 단면이 파괴될 때 일어난다. 이러한 경우에 직선은 그림 7.4-12의 $N = N_B$인 경우에서 볼 수 있는 바와 같이 모멘트-곡률 관계도의 끝점과 만나야 한다. 반면에 안정상실 파괴는 단면이 파괴되기 전에 파괴가 일어난다. 이것은 그림 7.4-12에서 기울기가 더 가파른 직선이 되며 더 큰 EI가 된다. 그림 7.4-12는 콘크리트 장주에 대해 포괄적인 EI값이 없다는 것을 의미한다.

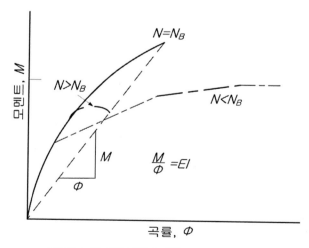

그림 7.4-12 기둥 단면에 대한 모멘트-곡률 관계

철근콘크리트 기둥은 재료가 균질하지 않으며 콘크리트는 본질적으로 비탄성재료이다. 더구나 크리잎, 균열, 기둥 단면의 인장변형이 발생할 경우 이러한 비탄성 영향을 더욱 커지며, 이러한 점들은 모두 철근콘크리트 부재의 유효강성 EI에 영향을 준다. 이러한 유효강성을 정확히 계산하려면 수치해석이 수행되어야 하지만 이러한 해석조차도 여러 조건을 가정해야 하므로 정확하지 않을 수 있기 때문에 콘크리트구조기준 6.5.3에서는 실험과 해석 결과를 토대로 EI값을 다음과 같이 계산하도록 규정하고 있다.

$$EI = \frac{0.2\,E_c I_g + E_s I_{se}}{1 + \beta_d} \tag{7.4-20}$$

또는 간편하게 다음과 같이 취할 수도 있다.

$$EI = \frac{0.4\,E_c I_g}{1 + \beta_d} \tag{7.4-21}$$

여기서, E_c = 콘크리트 탄성계수

E_s = 철근 탄성계수

I_g = 기둥 단면 도심축에 대한 면적 2차 모멘트

I_{se} = 부재 도심축에 대한 철근의 면적 2차 모멘트

β_d = 전체 계수축력에 대한 지속 계수축력의 비

$$\beta_d = \frac{계수\,지속\,축력}{총\,계수\,축력} = \frac{\gamma_D N_D}{\gamma_D N_D + \gamma_L N_L} \tag{7.4-22}$$

β_d는 크리잎의 영향을 나타내는 계수이며, 지속하중이 클수록 크리잎 변형이 증가하는 것을 고려한 것이다. 식에서 알 수 있듯이 일시하중에 비해 지속하중이 크면 기둥의 유효강성은 떨어진다. 콘크리트는 크리잎 영향을 크게 받지만 철근은 일반적으로 그렇지 않다. 크리잎을 고려한 계수 $1 + \beta_d$는 $0.2\,E_c I_g$항에만 고려해야 하지만 지속하중을 받는 기둥에서 철근이 일찍 항복할 수 있다는 가능성 때문에 두 항에 모두 적용하고 있다[7.1].

7.5 2축 편심 축력을 받는 부재 Members in Combined Biaxial Forces and Bending

7.5.1 개 요

지금까지는 편심 축하중이 주축의 한 방향으로 작용할 때 직사각형 기둥에 대한 해석과 설계에 대한 설명이었다. 그러나 기둥 설계에서 압축력과 함께 주축의 두 방향으로 휨모멘트가 작용하는 경우가 발생한다. 예를 들면 건물의 모서리 기둥은 두 방향에서 보가 연결되어 단부 휨모멘트를 전달하여 서로 직교되는 양 방향으로 휨모멘트가 발생하며 기둥의 배열이 불규칙할 때에 내부 기둥에서도 비슷하게 2축 편심 축하중이 작용하는 경우가 발생한다.

한 기둥이 축력과 하나의 축, 예를 들면, X-축에 대한 휨모멘트를 받는다면, 중립축은 X-축과 평행하다. 그러나 기둥이 축력과 두 개의 축에 대해서 휨모멘트를 받는다면, 중립축은 그림 7.5-1에 보인 바와 같이 X-축에 경사진다.

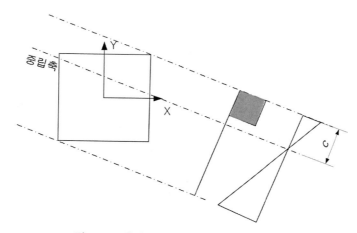

그림 7.5-1 2축 휨을 받는 단면에서 기울어진 중립축

중립축의 위치와 방향이 정해져 있다면 변형률 분포도는 최대 변형률 ϵ_{cu}를 이용해서 그려질 수 있다. 압축철근과 인장철근의 변형률도 알 수 있고 철근의 응력-변형률 관계도에서 해당 응력을 계산할 수 있다. 압축철근과 인장철근이 부담하는 합응력 C_s와 T 그리고 콘크리트가 부담하는 힘 C_c를 계산할 수 있고 그 작용점도 결정할 수 있다. 이 힘의 합은 다음과 같다.

$$N = C_c + C_s - T$$

이들 힘 C_c, C_s, T의 모멘트를 X-축과 Y-축에 대해 취하면 M_x와 M_y를 얻을 수 있다.

그러므로 기둥 단면의 중립축 위치와 방향이 결정되면 그 단면을 해석할 수 있고 단면이 견딜 수 있는 축력과 2축 모멘트를 알아낼 수 있다. 1축에 대한 축력과 휨을 받는 경우처럼, 파괴포락면을 그려낼 수 있다. 그 계산은 당연히 1축에 대해 축력과 휨을 받는 경우보다 훨씬 더 복잡하다[7.15].

7.5.2 모멘트 및 축력에 대한 콘크리트 저항강도

그림 7.5-2는 4가닥의 철근이 배치된 직사각형 단면 $b \times h$의 기둥을 보인 것이다.

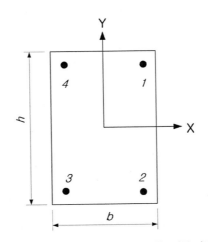

그림 7.5-2 축력과 2축 모멘트를 받는 기둥 단면

기둥 단면의 중심을 좌표의 원점으로 취하고 각 철근의 좌표를 구한다. 중립축의 위치는 두 개의 매개변수 α와 β로 그림 7.5-3과 같이 나타낸다. 최대 압축변형률 ϵ_{cu}는 기둥 단면의 오른쪽 상단에서 생긴다고 가정하면, 단면에 생기는 법선 방향 변형률은 다음과 같이 나타낼 수 있다[7.15].

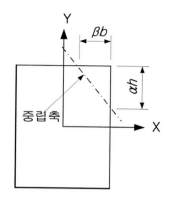

그림 7.5-3 중립축이 X-축에 경사진 기둥 단면

$$\epsilon = \epsilon_{cu}\left[C_1 + C_2(x/b) + C_3(y/h)\right] \qquad (7.5\text{-}1)$$

상수는 경계조건을 고려하여 다음과 같이 계산할 수 있다.

$(x/b = 0.5, \ y/h = 0.5)$에서 $\epsilon = \epsilon_{cu}$

$(x/b = (0.5 - \beta), \ y/h = 0.5)$에서 $\epsilon = 0$

$(x/b = 0.5, \ y/h = (0.5 - \alpha))$에서 $\epsilon = 0$

상수 C_i에 대해서 풀면 각 철근의 변형률을 다음 식으로 계산할 수 있다.

$$C_1 = 1 - 1/(2\beta) - 1/(2\alpha), \ C_2 = 1/\beta, \ C_3 = 1/\alpha$$

$$\epsilon = \epsilon_{cu}\left[1 + \frac{(x/b - 0.5)}{\beta} + \frac{(y/h - 0.5)}{\alpha}\right] \qquad (7.5\text{-}2)$$

철근의 변형률은 철근의 좌표를 대입함으로써 계산할 수 있다. 철근응력 f_s는 $f_s = E\epsilon$로 구할 수 있지만 수치상으로 f_{yd}보다 크지 않다.

균등응력 f_{cd}와 중립축의 깊이 c에 λ를 곱한 깊이로 이루어진 직사각형 응력블록을 가정하고, 중립축의 위치에 따라, 기둥의 압축응력에 의한 압축력과 X-축과 Y-축에 대한 모멘트에 대한 식을 다음과 같이 유도한다.

(1) 경우 1 : $\lambda\beta \le 1.0$ 및 $\lambda\alpha \le 1.0$

그림 7.5-4에 보인 바와 같이 응력블록의 모양은 삼각형이다. 모멘트 강도와 축력강도는 다음과 같이 계산된다.

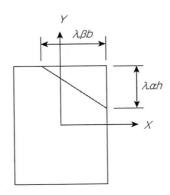

그림 7.5-4 경우 1의 중립축 위치

$$N_c = f_{cd}(0.5 \times \lambda\alpha h \times \lambda\beta b)$$

$$M_{xc} = N_c(0.5h - \lambda\alpha h/3)$$

$$M_{yc} = N_c(0.5b - \lambda\beta b/3)$$

(2) 경우 2 : $\lambda\beta > 1.0$ 및 $\lambda\alpha \le 1.0$

그림 7.5-5에 보인 바와 같이 응력블록의 모양은 사다리꼴이다.

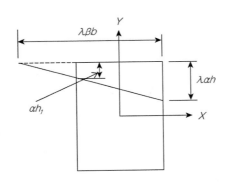

그림 7.5-5 경우 2의 중립축 위치

$$\alpha h_1 = \frac{\alpha h}{\beta b}(\lambda \beta b - b) = \alpha h(\lambda - 1/\beta)$$

$$N_c = f_{cd}(0.5(\alpha h_1 + \lambda \alpha h)b)$$

$$M_{xc} = N_c(0.5h - \overline{y})$$

$$M_{yc} = N_c(0.5h - \overline{x})$$

사다리꼴의 도심의 위치 $(\overline{x}, \ \overline{y})$는 다음과 같다.

$$\overline{x} = \frac{b}{3}\frac{(2h_1 + \lambda h)}{(h_1 + \lambda h)}, \ \overline{y} = \frac{\alpha}{3}\frac{(h_1^2 + \lambda^2 h^2 + \lambda h_1 h)}{(h_1 + \lambda h)}$$

(3) 경우 3 : $\lambda \beta \leq 1.0$ 및 $\lambda \alpha > 1.0$

그림 7.5-6에 보인 바와 같이 응력블록의 모양은 사다리꼴이다.

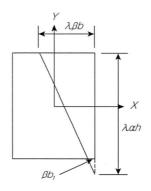

그림 7.5-6 경우 3의 중립축 위치

$$\beta b_1 = \frac{\beta b}{\alpha h}(\lambda \alpha h - h) = \beta b(\lambda - 1/\alpha)$$

$$N_c = f_{cd}(0.5(\beta b_1 + \lambda \beta b)h)$$

$$M_{xc} = N_c(0.5h - \overline{y})$$

$$M_{yc} = N_c(0.5h - \overline{x})$$

사다리꼴의 도심의 위치 $(\overline{x},\ \overline{y})$는 다음과 같다.

$$\overline{x} = \frac{\beta}{3}\frac{(b_1^2 + \lambda^2 b^2 + \lambda b_1 b)}{(b_1 + \lambda b)},\ \overline{y} = \frac{h}{3}\frac{(2b_1 + \lambda b)}{(b_1 + \lambda b)}$$

(4) 경우 4 : $\lambda\beta > 1.0$ 및 $\lambda\alpha > 1.0$

그림 7.5-7에 보인 바와 같이 응력블록의 모양은 5각형이다. 이 그림에서 왼쪽 아래 모서리의 삼각형 구역에서만 인장을 받고 나머지는 압축을 받는 단면으로 고려할 수 있다. 단면 전체에 압축력은 모멘트를 발생시키지 않는다. 모멘트는 삼각형 구역의 인장에 의해서 생길 뿐이다.

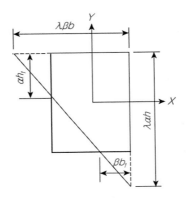

그림 7.5-7 경우 4의 중립축 위치

$$\alpha h_1 = \frac{\alpha h}{\beta b}(\lambda\beta b - b) = \alpha h(\lambda - 1/\beta) \leq h,$$

$$\beta b_1 = \frac{\beta b}{\alpha h}(\lambda\alpha h - h) = \beta b(\lambda - 1/\alpha) \leq b$$

$$N_c = f_{cd}[bh - 0.5(h - \alpha h_1)(b - \beta b_1)]$$

$$M_{xc} = \alpha_{cc}\eta f_{cd}\frac{1}{2}(h - \alpha h_1)(b - \beta b_1)[0.5h - \frac{1}{3}(h - \alpha h_1)]$$

$$M_{yc} = \alpha_{cc}\eta f_{cd}\frac{1}{2}(h - \alpha h_1)(b - \beta b_1)[0.5b - \frac{1}{3}(b - \beta b_1)]$$

예제 7.8   축력 및 2축 모멘트를 받는 기둥 단면의 설계도표

그림 7.5-2에 나타낸 바와 같이 직사각형 $b \times h$ 단면에 4가닥의 철근이 배치된 기둥 단면에 대해 설계도표를 작성한다. 전체 철근비 $\rho_{st} = 2\%$, $f_{ck} = 30\,\mathrm{MPa}$, $f_y = 500\,\mathrm{MPa}$, $b/h = 0.5$로 한다. 철근 위치는 단면의 상단과 하단에서 각각 $0.15h$, 좌단과 우단에서 각각 $0.30b$ 되는 곳에 배치된다. 먼저 철근 위치 좌표$(x/b,\ y/h)$를 구한다.

철근 1 : $(0.2, 0.35)$, 철근 2 : $(0.2, -0.35)$, 철근 3 : $(-0.2, -0.35)$, 철근 4 : $(-0.2, 0.35)$

$f_{ck} = 30\,\mathrm{MPa}$, $\epsilon_{cu} = 0.0033$, $\lambda = 0.8$, $f_{cd} = \phi_c(0.85 f_{ck}) = 0.65(0.85 \cdot 30) = 16.6\,\mathrm{MPa}$

$f_y = 500\,\mathrm{MPa}$, $f_{yd} = \phi_s f_y = 0.9(500) = 450\,\mathrm{MPa}$, $E_s = 200 \times 10^3\,\mathrm{MPa}$

다음과 같이 중립축 위치변화에 따른 $N/(bh)$, $M_x/(bh^2)$, $M_y/(bh^2)$를 계산한다.

(1) 경우 1 : $\alpha = 0.65,\ \beta = 0.95$

① 식 (7.5-2)를 이용하여 철근의 변형률을 계산한다.

$$\epsilon_s = \epsilon_{cu}\left[1 + \frac{(x/b - 0.5)}{\beta} + \frac{(y/b - 0.5)}{\alpha}\right] \tag{7.5-2}$$

4가닥의 철근에 대해 계산된 변형률((+)는 압축)은 각각 다음과 같다.

$\epsilon_{s1} = 1.496 \times 10^{-3}$, $\epsilon_{s2} = -2.057 \times 10^{-3}$, $\epsilon_{s3} = -3.450 \times 10^{-3}$, $\epsilon_{s4} = 0.106 = 10^{-3}$

② 탄성계수 $E_s = 200 \times 10^3\,\mathrm{MPa}$를 곱하면 각 철근의 응력은 다음과 같다.

$f_{s1} = 299\,\mathrm{N/mm^2}$, $f_{s2} = -411\,\mathrm{N/mm^2}$, $f_{s3} = -450\,\mathrm{N/mm^2}$, $f_{s4} = 21\,\mathrm{N/mm^2}$

③ 철근이 부담하는 축력과 모멘트를 계산한다.

$$N_s = (299 - 411 - 450 + 21)(0.02bh/4) = -2.705bh \quad \text{(인장)}$$

$$M_{xs} = (299 + 411 + 450 + 21)(0.02bh/4)0.35h = 2.067bh^2$$

$$M_{ys} = (299 - 411 + 450 - 21)(0.02bh/4)0.2bh = 0.317b^2h$$

④ 콘크리트가 부담하는 축력과 모멘트를 계산한다.

$\alpha = 0.65$, $\beta = 0.95$, $\lambda = 0.8$, $\lambda\alpha = 0.52$, $\lambda\beta = 0.76$ 이다.

그림 7.5-3에 보인 바와 같이 삼각형 응력 분포에서 콘크리트가 부담하는 축력과 모멘트를 계산한다.

$$N_c = f_{cd}(0.52h \times 0.76b)/2 = 3.280\,bh$$

$$M_{xc} = N_c(0.5h - 0.52h/3) = 1.071\,bh^2$$

$$M_{yc} = N_c(0.5b - 0.76b/3) = 0.809\,b^2h$$

⑤ 철근과 콘크리트가 각각 부담하는 몫을 더한다.

$$N/(bh) = 3.280 - 2.705 = 0.575$$

$$M_x/(bh^2) = 1.071 + 2.067 = 3.138$$

$$M_y/(b^2h) = 0.809 + 0.317 = 1.126$$

(2) 경우 2 : $\alpha = 0.65$, $\beta = 1.35$

① 4가닥의 철근에 대해 계산된 변형률((+)는 압축)은 각각 다음과 같다.

$$\epsilon_{s1} = 1.806 \times 10^{-3}, \ \epsilon_{s2} = -1.744 \times 10^{-3}, \ \epsilon_{s3} = -2.725 \times 10^{-3}, \ \epsilon_{s4} = 0.827 \times 10^{-3}$$

② 탄성계수 $E_s = 200 \times 10^3\,\mathrm{MPa}$를 곱하면 각 철근의 응력은 다음과 같다.

$$f_{s1} = 361\,\mathrm{N/mm^2}, \ f_{s2} = -348\,\mathrm{N/mm^2}, \ f_{s3} = -450\,\mathrm{N/mm^2}, \ f_{s4} = 165\,\mathrm{N/mm^2}$$

③ 철근이 부담하는 축력과 모멘트를 계산한다.

$$N_s = (361 - 348 - 450 + 165)(0.02bh/4) = -1.360\,bh \ \ (\text{인장})$$

$$M_{xs} = (361 + 348 + 450 + 165)(0.02bh/4)0.35h = 2.317\,bh^2$$

$$M_{ys} = (361 - 348 + 450 - 165)(0.02bh/4)0.2b = 0.298\,b^2h$$

④ 콘크리트가 부담하는 축력과 모멘트를 계산한다.

$\alpha = 0.65$, $\beta = 1.35$, $\lambda = 0.8$, $\lambda\alpha = 0.52$, $\lambda\beta = 1.08$ 이다.

그림 7.5-5에 보인 바와 같이 사다리꼴 응력 분포에서 콘크리트가 부담하는 축력과 모멘트를 계산한다.

$$\alpha h_1 = \frac{\alpha h}{\beta b}(\lambda\beta b - b) = \alpha h(\lambda - 1/\beta) = 0.65h(0.8 - 1/1.35) = 0.039h, \ h_1/h = 0.06$$

$$N_c = f_{cd}[(\alpha h_1 + \lambda\alpha h)b/2] = f_{cd}[(0.039h + 0.52h)b/2 = 4.64\,bh$$

$$\overline{y} = \frac{\alpha}{3} \frac{(h_1^2 + \lambda^2 h^2 + \lambda h_1 h)}{(h_1 + \lambda h)} = \frac{0.65}{3} \frac{(0.06^2 + 0.8^2 + 0.06 \times 0.8)}{0.06 + 0.8} = 0.174h$$

$$M_{xc} = N_c(0.5h - \overline{y}) = (4.64)(0.5 - 0.174)bh^2 = 1.513\,bh^2$$

$$\overline{x} = \frac{b}{3} \frac{(2h_1 + \lambda h)}{(h_1 + \lambda h)} = \frac{b}{3} \frac{(2(0.06) + 0.8)h}{(0.06 + 0.8)h} = 0.357b$$

$$M_{yc} = N_c(0.5b - \overline{x}) = 4.64bh(0.5b - 0.357b) = 0.664\,b^2 h$$

⑤ 철근과 콘크리트가 각각 부담하는 몫을 더한다.

$$N/(bh) = 4.64 - 1.36 = 3.28$$

$$M_x/(bh^2) = 1.513 + 2.317 = 3.830$$

$$M_y/(b^2 h) = 0.664 + 0.298 = 0.962$$

(3) 경우 3 : $\alpha = 1.2$, $\beta = 0.65$

① 4가닥의 철근에 대해 계산된 변형률((+)는 압축)은 각각 다음과 같다.

$$\epsilon_{s1} = 1.364 \times 10^{-3}, \ \epsilon_{s2} = -0.556 \times 10^{-3}, \ \epsilon_{s3} = -2.593 \times 10^{-3}, \ \epsilon_{s4} = -0.67 \times 10^{-3}$$

② 탄성계수 $E_s = 200 \times 10^3\,\mathrm{MPa}$를 곱하면 각 철근의 응력은 다음과 같다.

$$f_{s1} = 273\,\mathrm{N/mm^2}, \ f_{s2} = -112\,\mathrm{N/mm^2}, \ f_{s3} = -450\,\mathrm{N/mm^2}, \ f_{s4} = -134\,\mathrm{N/mm^2}$$

③ 철근이 부담하는 축력과 모멘트를 계산한다.

$$N_s = (273 - 112 - 450 - 134)(0.02bh/4) = -2.115\,bh \ (인장)$$

$$M_{xs} = (273 + 112 + 450 - 134)(0.02bh/4)0.35h = 1.227\,bh^2$$

$$M_{ys} = (273 - 112 + 450 + 134)(0.02bh/4)0.2b = 0.745\,b^2 h$$

④ 콘크리트가 부담하는 축력과 모멘트를 계산한다.

$\alpha = 1.2$, $\beta = 0.65$, $\lambda = 0.8$, $\lambda\alpha = 0.96$, $\lambda\beta = 0.52$이다.

그림 7.5-6에 보인 바와 같이 사다리꼴 응력 분포에서 콘크리트가 부담하는 축력과 모멘트를 계산한다.

$$\beta b_1 = \frac{\beta b}{\alpha h}(\lambda \alpha h - h) = 0.65b(\lambda - 1/\alpha) = 0.65b(0.8 - 1/1.2) = -0.0216b, \ b_1/b = -0.033$$

$$N_c = f_{cd}[(\beta b_1 + \lambda \beta b)h/2] = f_{cd}[(-0.022b + 0.52b)h/2] = 4.133\,bh$$

$$\overline{y} = \frac{h}{3}\frac{(2b_1 + \lambda b)}{(b_1 + \lambda b)} = \frac{h}{3}\frac{(-0.066 + 0.8)}{(-0.033 + 0.8)} = 0.319\,h$$

$$M_{xc} = N_c(0.5h - \overline{y}) = (4.133)(0.5 - 0.319)bh^2 = 0.748\,bh^2$$

$$\overline{x} = \frac{\beta}{3}\frac{(b_1^2 + \lambda^2 b^2 + \lambda b_1 b)}{(b_1 + \lambda b)} = 0.174\,b$$

$$M_{yc} = N_c(0.5b - \overline{x}) = 1.347\,b^2h$$

⑤ 철근과 콘크리트가 각각 부담하는 몫을 더한다.

$$N/(bh) = 4.133 - 2.115 = 2.018$$

$$M_x/(bh^2) = 0.748 + 1.227 = 2.092$$

$$M_y/(b^2h) = 1.347 + 0.745 = 2.092$$

(4) 경우 4 : $\alpha = 1.3$, $\beta = 1.5$

① 4가닥의 철근에 대해 계산된 변형률((+)는 압축)은 각각 다음과 같다.

$$\epsilon_{s1} = 2.259 \times 10^{-3}, \ \epsilon_{s2} = 0.483 \times 10^{-3}, \ \epsilon_{s3} = -0.396 \times 10^{-3}, \ \epsilon_{s4} = 1.380 \times 10^{-3}$$

② 탄성계수 $E_s = 200 \times 10^3\,\mathrm{MPa}$를 곱하면 각 철근의 응력은 다음과 같다.

$$f_{s1} = 450\,\mathrm{N/mm^2}, \ f_{s2} = 97\,\mathrm{N/mm^2}, \ f_{s3} = -79\,\mathrm{N/mm^2}, \ f_{s4} = 276\,\mathrm{N/mm^2}$$

③ 철근이 부담하는 축력과 모멘트를 계산한다.

$$N_s = (450 + 97 - 79 + 276)(0.02bh/4) = 3.72\,bh$$

$$M_{xs} = (450 - 97 + 79 + 276)(0.02bh/4)0.35h = 1.239\,bh^2$$

$$M_{ys} = (450 + 97 + 79 - 276)(0.02bh/4)0.2b = 0.350\,b^2h$$

④ 콘크리트가 부담하는 축력과 모멘트를 계산한다.

$\alpha = 1.3$, $\beta = 1.5$, $\lambda = 0.8$, $\lambda\alpha = 1.04$, $\lambda\beta = 1.20$이다.

그림 7.5-7에 보인 바와 같이 사다리꼴 응력 분포에서 콘크리트가 부담하는 축력과 모멘트를 계산한다.

$$\alpha h_1 = \frac{\alpha h}{\beta b}(\lambda\beta b - b) = \alpha h(\lambda - 1/\beta) \leq h, \ \alpha h_1 = 0.1733h$$

$$\beta b_1 = \frac{\beta b}{\alpha h}(\lambda\alpha h - h) = \beta b(\lambda - 1/\alpha) \leq b, \ \beta b_1 = 0.046\,b$$

$$N_c = f_{cd}[bh - (h - \alpha h_1)(b - \beta b_1)/2] = 16.6[bh - (0.827h)(0.954b)/2] = 10.05bh$$

$$M_{xc} = f_{cd}(h - \alpha h_1)(b - \beta b_1)/2[h/2 - (h - \alpha h_1)/3]$$

$$= (16.6)(0.827h)(0.954b)/2(0.5h - 0.827h/3) = 1.469\,bh^2$$

$$M_{yc} = f_{cd}(h - \alpha h_1)(b - \beta b_1)/2[b/2 - (b - \beta b_1)/3]$$

$$= (16.6)(0.827h)(0.954b)/2(0.5b - 0.954b/3) = 1.192\,b^2h$$

⑤ 철근과 콘크리트가 각각 부담하는 몫을 더한다.

$$N/(bh) = 10.05 + 3.72 = 13.77$$

$$M_x/(bh^2) = 1.469 + 1.239 = 2.708$$

$$M_y/(b^2h) = 1.192 + 0.350 = 1.542$$

7.5.3 도로교설계기준에 제시된 근사법

앞 절에서 서술한 2축 휨-축력 관계도가 없는 경우에, 도로교설계기준 5.7.1.3에 제시된 근사 설계법을 이용할 수 있다. 설계기준에는 다음과 같은 두 가지 경우가 제시되어 있다[7.1, 7.4].

(1) 경우 1

설계기준 식 (5.7.2)와 (5.7.3)을 만족하는 경우에는 2축 휨을 무시해도 된다.

• 첫 단계로서, 2축 휨을 고려하지 않고 각각의 주 방향에 대해 따로 설계한다. 가장 불리한 영향을 보일 것으로 예상되는 방향에 대해서만 결함을 고려한다.

다음의 두 조건을 만족하는 경우는 검토할 필요가 없다.

• 다음과 같은 세장비를 요구하는 식 (7.5-3)(설계기준 식 (5.7.2))

$$\lambda_y/\lambda_z \leq 2.0 \quad \text{및} \quad \lambda_z/\lambda_y \leq 2.0 \tag{7.5-3}$$

여기서, λ_y와 λ_z는 각각 y-축과 z-축에 관한 세장비이다.

• 상대 편심량 e_y/h와 e_z/b가 다음 조건을 만족한다고 요구하는 식 (7.5-4)(설계기준 식 (5.7.3))

$$(e_y/h_{eq})/(e_z/b_{eq}) \leq 0.2 \ \text{또는} \ (e_z/b_{eq})/(e_y/h_{eq}) \leq 0.2 \tag{7.5-4}$$

이 식에서, 직사각형 단면 : $b_{eq} = b$, $h_{eq} = h$

원형 단면, 직경 d : $b_{eq} = h_{eq} = 0.866\,d$

일반 도형 : $b_{eq} = \sqrt{12 I_{yy}/A}$, $h_{eq} = \sqrt{12 I_{zz}/A}$

여기서, I_{yy}와 I_{zz} : 각각 yy-축과 zz-축에 관한 면적 2차 모멘트

A = 단면적

e_y와 e_z : 각각 y-축과 z-축을 따른 편심량

$e_z = M_{uy}/N_u$, $e_y = M_{uz}/N_u$

M_{uy}, M_{uz}, N_u 등은 각각 y-축에 대한 휨모멘트 설계값, z-축에 대한 휨모멘트 설계값, 축력이다.

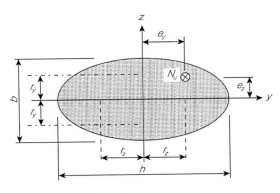

그림 7.5-8 편심의 정의

(2) 경우 2 : 2축 휨 고려

설계기준 식 (5.7.2)와 식 (5.7.3)을 충족하지 않는다면, 각 방향으로 2차 영향을 포함하여 2축 휨을 고려해야 한다. 이것은 다음과 같은 식 (7.5-5)(설계기준 식 (5.7.4))을 이용해서 수행할 수 있다.

$$\left(\frac{M_{uz}}{M_{dz}}\right)^{\alpha} + \left(\frac{M_{uy}}{M_{dy}}\right)^{\alpha} \leq 1.0 \tag{7.5-5}$$

위 식에서 M_{uy}와 M_{uz}는 각각 y-축과 z-축에 관한 휨모멘트의 2차 영향을 포함한 설계값이

다. M_{dy}와 M_{dz}는 각각 y-축과 z-축에 관한 휨모멘트 저항값이다. 원형 단면이거나 타원형 단면이면, 지수 a는 2.0이다. 직사각형 단면이면, 지수 a는 표 7.5-1에 보인 바와 같이 N_u/N_d의 비에 따라 달라진다. N_u는 설계 축력이고, $N_d = A_c f_{cd} + A_s f_{yd}$이다.

표 7.5-1 지수 α의 값

N_u/N_d	0.1	0.7	1.0
α	1.0	1.5	2.0

예제 7.9 도로교설계기준 방법에 의한 축력 및 2축 모멘트를 받는 기둥 단면의 설계 예

그림 7.5-9에 나타낸 기둥 단면의 철근량을 설계한다. 이 기둥 단면은 극한한계상태에서 다음과 같은 단면력을 받는다. $N_u = 950 \text{ kN}$, $M_{uy} = 95 \text{ kN·m}$, $M_{uz} = 65 \text{ kN·m}$이다.

$N_u/(bh) = 7.92$, $M_{uy}/(hb^2) = 1.98$, $M_{uz}/(bh^2) = 1.81$이다.

재료강도는 각각 콘크리트 $f_{ck} = 30 \text{ MPa}$, 철근 $f_y = 500 \text{ MPa}$이다.

콘크리트 피복두께는 25 mm, 띠철근 직경은 8 mm, $A_s/(bh) = 0.27\%$가 되는 주철근 D32로 가정한다.

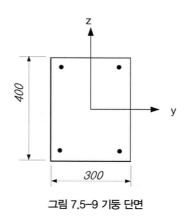

그림 7.5-9 기둥 단면

(1) 기둥의 길이와 기둥의 단부 지지조건에 대한 정보가 없으므로, 식 (7.5-3)을 만족한다고 가정한다.

(2) 식 (7.5-4)를 만족하는지 검토한다.

$e_z = M_{uy}/N_u = 95/950 = 0.10\,\text{m} = 100\,\text{mm}, \; b_{eq} = b = 400\,\text{mm}, \; e_z/b_{eq} = 0.25$

$e_y = M_{uz}/N_u = 65/950 = 0.068\,\text{m} = 68\,\text{mm}, \; h_{eq} = h = 300\,\text{mm}, \; e_y/h_{eq} = 0.23$

$(e_z/b_{eq})/(e_y/h_{eq}) = 0.25/0.23 = 1.09 > 0.2$

$(e_y/h_{eq})/(e_z/b_{eq}) = 0.23/0.25 = 0.92 > 0.2$ 이므로 1축 편심에 대한 설계가 허용될 수 없다.

(3) 식 (7.5-5)를 사용하여 2축 휨에 대해 설계한다.

① 유효깊이

$$b' = 400 - 25 - 8 - 32/2 = 351\,\text{mm}, \; h' = 300 - 25 - 8 - 32/2 = 251\,\text{mm}$$

$$N/(bh) = 950 \times 10^3/(400 \times 300) = 7.92$$

$$M_{uy}/(hb^2) = 95 \times 10^6/(300 \times 400^2) = 1.98$$

$$M_{uz}/(bh^2) = 65 \times 10^6/(400 \times 300^2) = 1.81$$

D32 배근을 가정한다.

$$A_c = 300 \times 400 = 12 \times 10^4\,\text{mm}^2, \; A_s = 4\text{D}32 = 4(800) = 3200\,\text{mm}^2$$

$$f_{cd} = \phi_c(0.85 f_{ck}) = 0.65(0.85 \times 30) = 16.6\,\text{MPa}$$

$$f_{yd} = \phi_s f_y = 0.9(500) = 450\,\text{MPa}$$

$$N_d = A_c f_{cd} + A_s f_{yd} = 12 \times 10^4(16.6) + 3200(450) = 3432\,\text{kN}$$

$$N_u/N_d = 950/3432 = 0.277$$

② M_{dy} 검토

압축철근 효과를 무시한다. 인장철근량 $= 2\text{D}32 = 1600\,\text{mm}^2$. $h = 300\,\text{mm}, \; b' = 351\,\text{mm}$

응력블록의 높이 $a = (1600 \times 450)/(16.6 \times 300) = 144\,\text{mm}$

$$M_{dy} = (1600 \times 450)(351 - 144/2)/10^6 = 200.88 \, \text{kN} \cdot \text{m}$$

$$M_{uy}/M_{dy} = 95/200.88 = 0.473$$

③ M_{dz} 검토

압축철근 효과를 무시한다: 인장철근량 $= 2\text{D}32 = 1600 \, \text{mm}^2$. $b = 400 \, \text{mm}$, $h' = 251 \, \text{mm}$

응력블록의 높이 $a = (1600 \times 450)/(16.6 \times 400) = 108.4 \, \text{mm}$

$$M_{dz} = (1600 \times 450)(251 - 108/2)/10^6 = 141.84 \, \text{kN} \cdot \text{m}$$

$$M_{uz}/M_{dz} = 65/141.84 = 0.458$$

보간법으로 지수 α를 구한다.

$$\alpha = 1.0 + \frac{(1.5 - 1.0)}{(0.7 - 0.1)} \times (0.277 - 0.1) = 1.1475$$

(4) 상호 관계를 검토한다.

$(M_{uz}/M_{dz})^\alpha + (M_{uy}/M_{dy})^\alpha = (0.458)^{1.1475} + (0.473)^{1.1475} = 0.831 < 1.0$ 안전하다.

그림 7.5-10은 설계된 단면의 1축 휨-축력 관계도를 나타낸 것이다. 이 그림은 분명히 (N, M_y) 와 (N, M_z)에 대해 안전함을 보이고 있으나 (N, M_y, M_z) 조합에 대해서 안전하다는 것을 반드시 나타내지는 않는다.

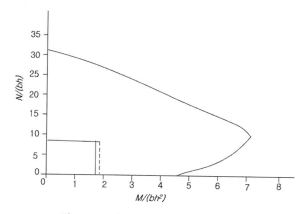

그림 7.5-10 예제 단면의 1축 휨-축력 관계도

2축 모멘트에 대해 정확한 기둥 설계법을 이용할 것으로 작정했다면, 그림에 나타낸 것과 같이 해당 기둥 설계도표를 고려해볼 필요가 있다.

이 결과를 앞에서 제시한 방법으로 검증하기로 한다. $\alpha = 1.3$, $\beta = 1.02$, 그리고 철근 좌표 $(\pm 0.375h, \pm 0.333b)$를 이용한다.

① 4가닥의 철근에 대해 계산된 변형률((+)는 압축)은 각각 다음과 같다.

$$\epsilon_{s1} = 2.444 \times 10^{-3}, \ \epsilon_{s2} = 0.540 \times 10^{-3}, \ \epsilon_{s3} = -1.612 \times 10^{-3}, \ \epsilon_{s4} = 0.288 \times 10{-3}$$

② 탄성계수 $E_s = 200 \times 10^3 \, \mathrm{MPa}$를 곱하면 각 철근의 응력은 다음과 같다.

$$f_{s1} = 450 \, \mathrm{N/mm^2}, \ f_{s2} = 108 \, \mathrm{N/mm^2}, \ f_{s3} = -322 \, \mathrm{N/mm^2}, \ f_{s4} = 58 \, \mathrm{N/mm^2}$$

③ 철근이 부담하는 축력과 모멘트를 계산한다.

$$N_s = (450 + 108 - 322 + 58)(0.016bh/4) = 1.176 \, bh$$

$$M_{xs} = (450 - 108 + 322 + 58)(0.016bh/4)0.375h = 1.083 \, bh^2$$

$$M_{ys} = (450 + 108 + 322 - 58)(0.016bh/4)0.333b = 1.095 \, b^2h$$

④ 콘크리트가 부담하는 축력과 모멘트를 계산한다.

$\alpha = 1.3$, $\beta = 1.02$, $\lambda = 0.8$, $\lambda\alpha = 1.04$, $\lambda\beta = 0.816$ 이다.

그림 7.5-7에 보인 바와 같이 사다리꼴 응력 분포에서 콘크리트가 부담하는 축력과 모멘트를 계산한다.

$$\beta b_1 = \frac{\beta b}{\alpha h}(\lambda \alpha h - h) = \beta b(\lambda - 1/\alpha) = 1.02(0.8 - 1/1.3)b = 0.0314b \leq b,$$

$$b_1 = 0.0314/1.02 = 0.0308b$$

$$N_c = f_{cd}[(\beta b_1 + \lambda \beta b)h/2] = f_{cd}[(0.0314b + 0.816b)h/2] = 7.033 \, bh$$

$$\overline{y} = \frac{h}{3}\frac{(2b_1 + \lambda b)}{(b_1 + \lambda b)} = \frac{h}{3}\frac{(0.0616 + 0.8)}{(0.0308 + 0.8)} = 0.346 \, h$$

$$M_{xc} = N_c(0.5h - \overline{y}) = (7.033)(0.5 - 0.346)bh^2 = 1.083 \, bh^2$$

$$\overline{x} = \frac{\beta}{3}\frac{(b_1^2 + \lambda^2 b^2 + \lambda b_1 b)}{(b_1 + \lambda b)} = 0.272 \, b$$

$$M_{yc} = N_c(0.5b - \overline{x}) = (7.033)(0.5 - 0.272)b^2h = 1.604 \, b^2h$$

⑤ 철근과 콘크리트가 각각 부담하는 몫을 더한다.

$$N/(bh) = 7.033 + 1.176 = 8.209$$

$$M_x/(bh^2) = 1.083 + 1.083 = 2.166$$

$$M_y/(b^2h) = 1.604 + 1.095 = 2.700$$

요구되는 값은 $N = 950\ \text{kN}$, $M_{ux} = 95\ \text{kN·m}$, $M_{uy} = 65\ \text{kN·m}$ 이다. $b = 300\ \text{mm}$ 이고 $h = 400\ \text{mm}$ 이면 $N/(bh) = 7.92 < 8.209$, $M_x/(bh^2) = 1.98 < 2.166$, $M_y/(b^2h) = 1.81 < 2.70$ 이므로 이 단면은 안전하다.

❑ 참고문헌 ❑

7.1 (사)한국교량 및 구조공학회 (2015), 도로교설계기준 (한계상태설계법) 해설 2015.

7.2 한국콘크리트학회 (2012), 콘크리트구조기준 해설.

7.3 한국콘크리트학회 (2012), 콘크리트구조기준 예제집.

7.4 European Committee for Standardization (2004), Eurocode 2: Design of Concrete Structures, Part 1-1: General rules and rules for buildings, BSi.

7.5 CEB-FIP (2013), fib Model Code 2010, 1st Edition, Ernst & Sohn Gmbh &Co. KG., for Comité Euro-International du Beton.

7.6 International Federation for Structural Concrete (2010), Structural Concrete Textbook on behaviour, design and performance, 2nd Edition. vol. 1, fib bulletin 51, fib.

7.7 International Federation for Structural Concrete (2010), Structural Concrete Textbook on behaviour, design and performance, 2nd Edition. vol. 2, fib bulletin 52, fib.

7.8 ACI Committee 318 (2011), Building Code Requirements for Structural Concrete (ACI 318-M11) and Commentary, American Concrete Institute, Detroit, 2011.

7.9 C. R. Hendy and D. A. Smith (2007), Designer's Guide to EN 1992-2 Eurocode 2 : Design of Concrete Structures, Part 2 : Concrete Bridges, Thomas, Telford, London, England.

7.10 A. W. Beeby and R. S. Narayanan (2007), Designer's Guide to EN 1992-2 and EN 1992-1-2, Eurocode 2 : Design of Concrete Structures, General rules and rules for buildings and Structural Fire Design, Thomas, Telford, London, England.

7.11 Eurocode 2 Worked Examples (2008), European Concrete Platform ASBL, Brussels, Belgium.

7.12 Park, R. and Paulay, T. (1975), Reinforced Concrete Structures, Wiley.

7.13 Macgregor, J.G. and Wright, J.K., Reinforced Concrete Mechanics and Design, 4th Edition, Prentice Hall.

7.14 Mosely, B., Bungey, J., Hulse, R. (2012), Reinforced Concrete Design to Eurocode 2, 7th Edition, Palgrave MacMillan.

7.15 Bhatt, P., MacGinley, T. J., Choo, B. S. (2013), Reinforced Concrete Design to Eurocodes-Design Theory and Examples, 4th Edition, CRC Press.

7.16 Wang, C. K. and Salmon, C. G. (1985), Reinforced Concrete Design, 4th Edition, Harper & Row.

08 슬래브
Slabs

콘크리트는 우리가 만든 돌이며, 천연 돌보다 더 아름답고 고상한 돌이다.

－오귀스트 페레 Auguste Perret －

08

슬래브
Slabs

8.1 개 요 Introduction

콘크리트 슬래브는 그 폭이 전체 두께의 5배 이상이고 기본적으로 보에 대한 설계법과 유사한 방법으로 휨 부재처럼 거동을 보이는 부재로 정의되며, 수평하게 놓인 넓은 평판으로 상하면 이 서로 나란하거나 또는 거의 나란한 것을 말한다. 철근콘크리트 슬래브는 건물의 바닥, 지붕 및 벽체, 그리고 교량의 바닥판으로 이용된다. 구조물의 바닥 구조는 현장 타설된 속이 찬 슬래브, 격자 슬래브 또는 사전 제작된 조립제품*precast units* 등과 같은 여러 형태로 이루어진다. 슬래브는 1방향 구조체이거나 2방향 구조체이며 일체로 된 보에 지지되거나, 벽돌 벽체, 콘크리트 벽체, 강재 부재, 또는 기둥에 의해서 직접 지지되거나 또는 지반에 의해 직접 지지되기도 한다.

철근콘크리트 슬래브는 가장 흔한 구조 요소 중의 하나로서 무수히 많이 설계되고 시공되지만, 슬래브의 탄성 및 소성 거동의 상세한 내용은 제대로 평가되지 않고 있으며 적절히 고려되지도 않고 있다. 이러한 일은 부분적으로는 탄성 판 공식의 수학적 복잡성 때문에 생기기도 하고, 특히 다경간 바닥 슬래브 구조에서 지지조건에 대해 복잡성을 현실적으로 근사화하는 데에서 발생한다. 슬래브와 판의 이론적 해석은 보와 같은 구조해석에서 알려진 것보다 훨씬 덜 알려져 있고 실용화되지 못하고 있기 때문에, 설계기준의 규정들은 다른 요소들에 대해서는 단지 기준만 정해놓았을 뿐인데, 일반적으로 슬래브에 대해서는 설계기준 및 해석방법까지 제시하고 있다. 일반적으로 철근콘크리트 구조물에서 슬래브는 이용하기 편리하게 그 표면을 평탄하게 만든다.

8.1.1 콘크리트 슬래브의 유형

철근콘크리트 슬래브 바닥은 그것이 도입된 이래로 여러 가지 형태를 띠면서 개발되어 왔다. 이들 중의 어떤 것들은 강재 보에 지지된 목재 바닥 또는 모두 목재로 된 초기의 바닥 구조를 거의 직접적으로 모방한 것이었다. 나머지 것들은 이전에 전혀 없었던 것으로 완전히 새로 개발되어 재료의 특성 ─철근과 가소성의 콘크리트─ 과 잘 어울리는 것이었다.

시공법의 개발과 경제성, 수요자 요구에 맞는 특별한 슬래브의 적합성, 슬래브 해석법의 발전이 어우러지면서 현행 설계법의 기틀을 마련하게 되었고 이러한 요소들은 분명히 지속적으로 새로 시공되는 슬래브 유형의 변화를 부르고 있다.

슬래브는 크게 두 가지 부류로 구분될 수 있다. 보가 없는 슬래브와 각 패널의 모든 변이 보로 지지된 슬래브이다. 물론 변종 슬래브도 많이 있다. 보가 없는 슬래브에서도 구조물 연단에 있다거나 계단 또는 승강기 통로와 같이 대형 개구부에 맞게 설계된 것들도 있다.

보가 없는 슬래브는 포괄적인 용어로 **플랫 플레이트** 및 **플랫 슬래브**로 불린다. 플랫 플레이트는 그림 8.1-1(라)에 보인 바와 같이 기둥에 직접 지지된 균일 두께의 슬래브로 이루어져, 개념적으로 구조적으로 아주 단순한 구조체이다. 플랫 플레이트는 각 기둥의 주변 슬래브의 두께를 키우거나 **드롭 패널**로 보강하고 기둥의 상단에 기둥 머리를 둔 것으로 특징지어지는 초기의 플랫 슬래브 구조에서 발전된 것이다. 그림 8.1-1(마)는 플랫 슬래브의 기본 형태를 보인 것이다. 가장 흔한 변종 플랫 슬래브는 드롭 패널이 있는 플랫 플레이트와 드롭 패널이 없는 플랫 슬래브이다. 플랫 플레이트와 플랫 슬래브 중 어느 것을 선택할 것인가라는 문제는 설계 하중의 크기와 경간장에 크게 좌우된다. 플랫 플레이트 구조의 강도는 기둥 주변 단면의 뚫림전단강도로 제한되기도 한다. 그래서 주거용이나 사무실용 등 비교적 가벼운 하중을 받는 건물에서 짧은 경간으로 사용된다. 기둥 머리와 드롭 패널을 둠으로써 하중이 크고 경간이 긴 구조에 필요한 전단강도를 키워주며, 그래서 플랫 슬래브는 하중이 큰 산업시설용 건물이나 경간장이 긴 구조에 많이 사용된다.

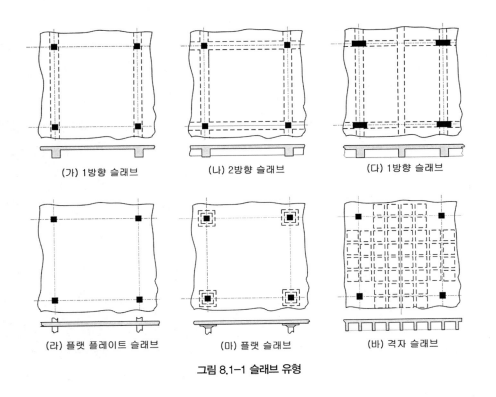

그림 8.1-1 슬래브 유형

각 패널의 연단에 보로 지지되는 슬래브를 흔히 **2방향 슬래브**라고 한다. 이런 시스템은 보-거더 구조에서 발전된 것이다. 보-거더 구조에서 재하점에서 기둥에 이르기까지 하중경로를 상상하기가 아주 쉽다. 슬래브에서 보로, 보에서 거더로, 거더에서 기둥으로 등 이와 같이 상상함으로써 모든 부재 설계에 필요한 실제 모멘트와 전단력을 산정한다. 이러한 시스템은 특히 기둥 간격이 넓을 때, 커다란 목조 구조나 강구조에서 사용되고 있다.

격자 슬래브*waffle slab*는 속이 찬 슬래브의 변종으로서 얇은 상부 슬래브를 촘촘하게 설치된 격자로 지지하는 것으로 생각할 수 있다. 슬래브에 움푹 파인 곳을 만들어줌으로써 중량을 줄일 수 있기 때문에 경간장이 긴 구조에 유효깊이를 크게 유지할 수 있다. 유효깊이가 커짐으로써 강성이 큰 구조체가 된다. **격자 슬래브**는 일반적으로 경간장이 10 m가 넘는 구조에 많이 사용된다. 이 밖에도 격자 슬래브의 변종으로 **속 빈 슬래브**도 있다. 속 빈 슬래브는 중량이 감소되어 경간장을 길게 할 수 있다.

8.1.2 슬래브 구조계의 거동

슬래브 구조계의 휨 및 비틀림 모멘트, 전단력, 처짐 등은 슬래브 요소가 강도 한계에 이르게 될 때, 슬래브 요소의 모멘트−변형 관계, 휨 및 비틀림 모멘트, 전단력 등에 대한 항복기준을 알고 있다면, 하중이 0에서 극한하중에 이르는 어떠한 단계에서도 구조 요소의 제원, 철근량, 재료 특성 등과 함께 정역학적 평형조건과 기하학적 적합조건을 이용해서 해석적으로 알아낼 수 있다. 슬래브 구조계에 대한 전반적인 거동을 해석할 때, 응력이 큰 상태에서는 슬래브 요소의 하중−변형 관계의 비선형성 때문에 어려움이 생기며, 일반적으로 증분에 따라 증가하는 하중에 맞춰 단계별 해석 절차가 필요하다.

하중이 크지 않은 단계에서는 슬래브 요소에 균열이 생기지 않으며 단면력과 변형은 슬래브 요소의 비균열 휨강성을 이용해서 탄성이론으로 계산될 수 있다. 슬래브 요소는 각 하중 증분 단계에서 검토되어 콘크리트의 균열 발생 여부를 확인할 수 있다. 균열모멘트에 이르렀다는 것을 알아내면, 요소의 휨 강성은 균열 단면값을 근거로 다시 산정되며 슬래브의 단면력과 변형도 다시 산정된다. 이러한 절차는 모든 휨강성도값이 정확해질 때까지 같은 크기의 하중 단계에서 반복된다. 하중 증분이 큰 단계에서, 하나 또는 그 이상의 요소에서 응력이 비탄성 단계에 들어가게 되면, 그러한 요소들의 휨강성도는 요소의 모멘트−변형 관계에 관한 특정점에 해당하는 값으로 감소된다. 이러한 일은 각 요소의 휨강성도가 정확해질 때까지 하중 단계에서 계산을 반복해야 가능하다.

분명한 것은 모든 하중 단계에서 슬래브 구조계의 전반적인 거동을 알아낼 수 있는 완전한 해석은 장황하며 대용량 컴퓨터를 사용해야만 성공적으로 이룰 수 있다는 점이다. 그러한 보편적인 컴퓨터 프로그램을 이용하려면 필수적인 입력 정보에는 슬래브 구조계의 형상, 단면 제원, 철근량, 재료 특성, 재하 형태 등이 들어 있어야 한다. 해석 결과에는 사용하중 단계와 극한하중 단계를 포함한 모든 하중 단계에 걸쳐서 어느 하중 단계에서도 휨모멘트, 비틀림 모멘트, 전단력 등의 분포, 처짐량 등이 들어 있어야 한다[8.11, 8.12, 8.13].

8.2 1방향 슬래브 One-way Slabs

8.2.1 개 요

1방향 슬래브의 구조적 거동은 하중이 가해진 면의 변형상태를 이용하여 설명할 수 있다. 그림 8.2-1(가)는 마주 보는 두 긴 변이 단순지지되어 있고 직각으로 놓은 단변은 지지되어 있지 않은 직사각형 슬래브를 보인 것이다. 표면에 등분포하중이 작용할 때 변형된 모양은 그림 8.2-1(나)의 실선처럼 보일 것이다. 곡률과 휨모멘트는 한 방향으로 모두 동일하며, 양쪽에 지지되는 변과 나란한 방향인 긴 변 방향의 띠strip는 곡률이 없으므로 휨모멘트도 생기지 않는다. 따라서 변형된 모양은 원통형이다. 이러한 슬래브는 단위 폭(1 m)만 고려하여 해석과 설계를 수행하며, 그림 8.2-1(가)와 같이 슬래브 두께 h, 받침 보 사이의 거리인 경간 l_a인 직사각형 단면을 갖는 보로 보고 해석하여 휨모멘트를 계산할 수 있다. 이때 슬래브에 작용하는 단위 면적당(1 m²)의 하중을 띠 슬래브의 길이당 하중으로 바꿔줘야 한다. 슬래브 위에 작용하는 하중은 두 개의 받침 보로 모두 전달되어야 하므로 수축이나 온도 균열을 제어하기 위한 수축/온도 철근을 제외하고는 받침 보에 직각으로 철근을 배치하여야 한다. 그러므로 1방향 슬래브는 단면과 나란한 방향인 여러 개의 보로 구성되어 있다고 볼 수 있다[8.11].

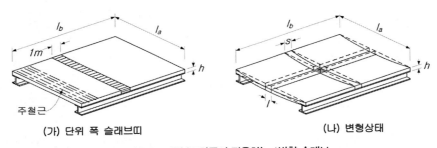

(가) 단위 폭 슬래브띠   (나) 변형상태

그림 8.2-1 등분포하중이 작용하는 1방향 슬래브

8.2.2 설계 편의를 위한 가정

(1) 등분포로 재하된 슬래브

등분포하중을 주로 받는 슬래브가 다음 조건을 만족한다면 1방향 슬래브로 고려해도 된다고
도로교설계기준 5.6.2.1에 정의되어 있다[8.1].

- 두 변은 자유단(지지 안 되어 있음)이고 다른 두 변은 평행하다.
- 장변과 단면의 비율이 2보다 크면서 4변에 지지된 직사각형 슬래브의 중심부

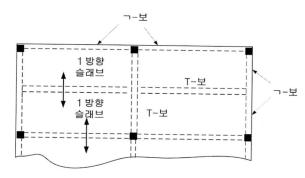

그림 8.2-2 보에 지지된 전형적인 1방향 슬래브 평면

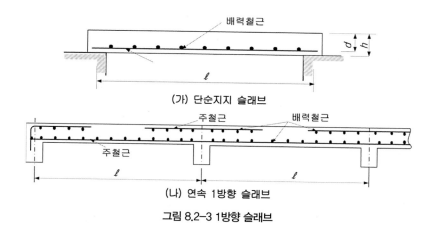

그림 8.2-3 1방향 슬래브

그림 8.2-2는 기둥에 지지된 보와 바닥보로 지지되어 있는 전형적인 1방향 슬래브의 평면을 나
타낸 것이다. 이 보들은 ㅜ-단면일 수도 있고 ㄱ-단면일 수도 있다. ㄱ-단면 보는 슬래브

가장자리에서 생기며 ㅜ-단면은 패널 안쪽에서 생긴다.

주로 등분포하중을 부담하는 1방향 슬래브는 슬래브가 지지 보 또는 벽체를 이어주는 일련의
폭 1m인 직사각형 보로 구성되어 있다는 가정을 근거로 하여 설계된다. 그림 8.2-3(가)는 단순
지지 1방향 슬래브의 단면을 보인 것이고 그림 8.2-3(나)는 연속 1방향 슬래브를 나타낸 것이다.

8.2.3 유효 경간장, 재하 및 해석

(1) 유효 경간장 정의

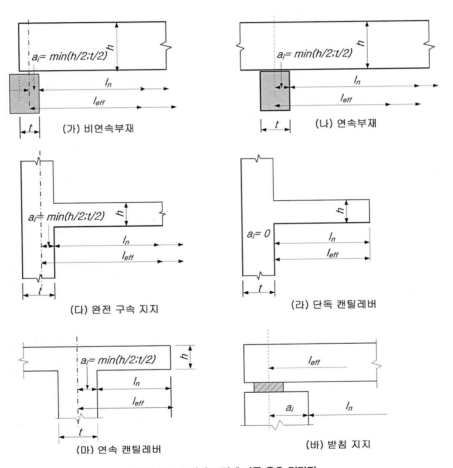

그림 8.2-4 지지 조건에 따른 유효 경간장

도로교설계기준의 5.6.2.2는 유효 경간장 l_{eff}를 산정하는 규칙을 제시한 것이다. 1방향 슬래브의 유효 경간장은 보에 대해 설정한 것과 똑같다. l_n을 순 경간장(받침점 전면부 간의 거리)라고 하면, 유효 경간장 l_{eff}는 다음과 같다[8.1].

$$l_{eff} = l_n + a_1 + a_2 \tag{8.2-1}$$

비연속(단순지지), 연속 및 완전 구속 상태인 경우에 대해 각각 유효 경간장은 그림 8.2-4에 나타낸 바와 같다.

(2) 재하조건

슬래브는 가장 불리한 재하조건을 견딜 수 있도록 설계되어야 한다. 도로설계기준의 5.10.3에서는 건물에 대해 다음과 같은 두 가지 재하조건을 권장하고 있다[8.1].

구조물의 자중에 의해서 생기는 단면력처럼 한 하중에 의한 생기는 모든 고정 단면력의 특성값에는, 전체 하중 작용이 불리한 경우라면 $\gamma_{D,sup}$를 곱하고 전체 재하조건이 유리하게 되는 경우라면 $\gamma_{D,inf}$를 곱해준다.

$$\gamma_{D,sup} = 1.25, \ \gamma_{D,inf} = 0.90, \ \gamma_L = 1.8 \ \text{불리한 경우, 그렇지 않으면 0이다.}$$

① 한 경간씩 걸러 $\gamma_D w_D + \gamma_L w_L$을 재하하고 나머지 경간에는 $\gamma_D w_D$를 재하한다. 경간 중앙에 최대 (+)휨모멘트 발생

② 인접한 두 경간에 $\gamma_D w_D + \gamma_L w_L$을 재하하고 나머지 경간에는 $\gamma_D w_D$를 재하한다. 받침점에 최대 (−)휨모멘트 발생

그림 8.2-5는 연속 보에서 선정한 경간과 선정한 받침점부에서 각각 최대 휨모멘트가 발생하는 재하상태를 보인 것이다. 선정한 경간에서 최대 휨모멘트가 발생하도록 하려면, 선정된 경간과 하나씩 거른 경간에 최대로 재하한다. 나머지 경간에는 최소로 재하한다.

선정한 받침점부에 최대 휨모멘트를 발생시키려면, 선정한 받침점의 인접 경간에 최대로 재하하고 나머지 경간에는 최소로 재하한다.

최대 하중은 $1.25w_D + 1.80w_L$이고 최소 하중은 $1.25w_D$이다.

모든 재하상태에 대하여 해석이 끝나면, 최대 및 최소 모멘트 분포도를 작성하고 슬래브를 설계한다.

그림 8.2-5에서 그림 8.2-8까지는 하나의 경간에 한 번만 등분포하중을 받는 일정한 단면으로 된 연속 보에 대한 휨모멘트도를 나타낸 것이다. 표 8.2-1은 받침점부 단면에서 휨모멘트의 값을 제시한 것이다. (+)값은 솟음*hogging* 모멘트를, (−)값은 처짐*sagging* 모멘트를 나타낸다. 이 표의 값들은 스프레드시트*spread sheet*를 이용해서 받침점부 모멘트를 계산하는 데 아주 적합한 것들이다.

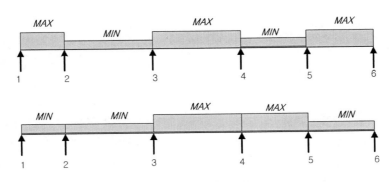

그림 8.2–5 경간 및 받침점부 최대 휨모멘트를 발생시키는 재하조건

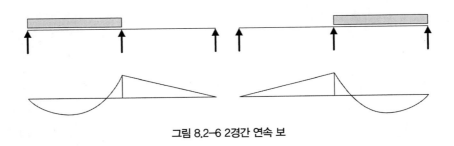

그림 8.2–6 2경간 연속 보

일단 받침점부 모멘트를 알아내면, 따로 떼어낸 경간에서 최대 모멘트는 그림 8.2-9에 보인 바와 같이 계산할 수 있다.

$$V_L = 0.5wL - [M_R - M_L]/L \tag{8.2-2}$$

최대 경간 모멘트는 $x = V_L/w$ 되는 점에서 발생한다.

$$M_{\max} = - M_L + V_L \times x - 0.5wx^2 \qquad (8.2\text{-}3)$$

받침점부에서 모멘트의 부호에 주의한다. M_L은 시계방향일 때 (+)이고, M_R은 반시계방향일 때 (+)이다.

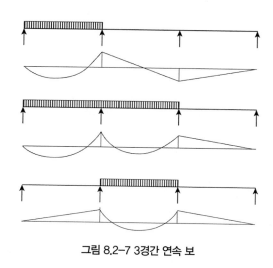

그림 8.2-7 3경간 연속 보

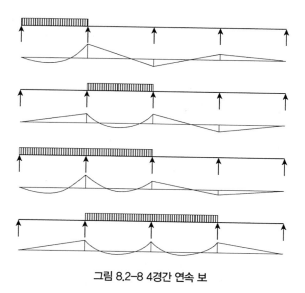

그림 8.2-8 4경간 연속 보

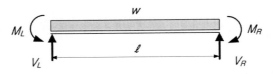

그림 8.2-9 연속 보의 한 경간에서 재하상태

표 8.2-1 받침점 모멘트 계수

경간 수	재하경간	받침점 모멘트 계수			
		받침점 2	받침점 3	받침점 4	받침점 5
2	1-2	6.25			
	2-3	6.25			
3	1-2	6.67	−1.67		
	2-3	5.00	5.00		
	3-4	−1.67	6.67		
4	1-2	6.697	−1.786	0.4463	
	2-3	4.9066	5.3568	−1.3352	
	3-4	−1.3352	5.3568	4.9066	
	4-5	0.4463	−1.7860	6.6970	
5	1-2	6.7003	−1.7945	0.4778	−0.1190
	2-3	4.9023	5.3836	−1.4346	0.3567
	3-4	−1.3157	5.2634	5.2634	−1.3157
	4-5	0.3567	−1.4346	5.3836	4.9023
	5-6	−0.1190	0.4778	−1.7945	6.7003

주: 받침점 모멘트=계수×wL^2/100. w=단위 길이당 하중, L=경간장
부호 규약 : (+)값은 솟음(−) 모멘트를 뜻한다.

8.2.4 단면 설계, 슬래브 철근 절단 및 피복두께

(1) 콘크리트 피복두께

내구성에 필요한 콘크리트 피복두께는 도로교설계기준 5.10.4의 표 5.10.4를 참고하며 화재에 대한 피복두께는 설계기준 5.10.4의 규정에 따른다[8.1].

(2) 최소 인장철근량

주철근은 받침점 사이의 경간과 연속 슬래브의 내부 받침점 위를 지나야 한다. 슬래브 단면은 폭이 1 m인 직사각형 단면으로 설계한다. 주철근의 최소 철근량은 도로교설계기준 5.12.2.1(1)을 준수해야 한다.

$$A_{s,\min} \geq 0.26\frac{f_{ctm}}{f_y}b_t\,d\text{이며} \geq 0.0013 b_t\,d\text{이어야 한다.}$$

여기서, b_t는 인장 측의 폭으로서 1 m이며 d는 유효깊이이다.

(3) 배력 철근

도로교설계기준 5.12.2.1(1)에서는 1방향 슬래브에서 2차 철근은 주철근의 20 % 이상이어야 한다고 규정하고 있다. 연속 슬래브의 받침점과 나란한 상부에도 배력 철근이 필요하다. 주철근은 유효깊이가 최대로 되도록 표면 가까이 배치하여야 한다[8.1].

표 8.2-2 콘크리트구조기준 3.4.1에서 사용하는 휨모멘트 계수와 전단력계수

(+)휨모멘트	
바깥 경간	
불연속 단부가 구속되지 않은 경우	$\frac{1}{11}w_u\ell_n^2$
불연속 단부가 받침부와 일체로 된 경우	$\frac{1}{14}w_u\ell_n^2$
내부 경간	$\frac{1}{16}w_u\ell_n^2$
첫 번째 내부 받침부 외측면 (−)휨모멘트	
2개 경간일 때	$\frac{1}{9}w_u\ell_n^2$
3개 경간 이상일 때	$\frac{1}{10}w_u\ell_n^2$
내부 받침부에서 (−)휨모멘트	$\frac{1}{11}w_u\ell_n^2$
경간 3 m 이하인 슬래브의 받침부 면	$\frac{1}{12}w_u\ell_n^2$
바깥 경간의 바깥 받침부의 (−)휨모멘트	
받침부가 테두리 보인 경우	$\frac{1}{24}w_u\ell_n^2$
받침부가 기둥인 경우	$\frac{1}{16}w_u\ell_n^2$
첫 번째 내부 받침점에서 바깥 경간부재의 전단력	$1.15\dfrac{w_u\ell_n}{2}$
그 외의 받침점에서 부재 전단력	$\dfrac{w_u\ell_n}{2}$

이 계수를 적용하려면 다음과 같은 제약조건을 만족해야 한다.

① 2경간 이상이어야 하고,

② 서로 인접한 보 길이의 차가 짧은 경간의 20 % 이상 되지 않고 거의 동일해야 하며,

③ 등분포하중이 작용하는 경우이어야 하며,

④ 활하중의 크기가 고정하중의 3배 이하이어야 하며,

⑤ 단면의 크기가 일정한 부재이어야 한다.

(4) 균열 제어

도로교설계기준 5.12.3.1에 제시된 철근의 최대 배치간격은 다음과 같다. 슬래브 두께를 h 라고 하면, 최대 배근간격은 다음과 같이 제한되어야 한다.

주철근에 대해서 $3h \leq 400\text{mm}$

배력 철근에 대해서 $3.5h \leq 450\text{mm}$

그러나 최대 모멘트 발생부분에서는 다음과 같이 제한된다.

주철근에 대해서 $2h \leq 250\text{mm}$

배력 철근에 대해서 $3h \leq 400\text{mm}$

(5) 슬래브에서 철근 절단

모멘트 포락선에 맞추어 철근 절단을 시행한다. 그러나 경간 중앙부의 계산 철근량의 반 이상 은 받침점부까지 연장되어야 한다는 규정을 지켜야 한다.

도로교설계기준 5.12.3.1에는 슬래브의 가장자리를 따라 부분적으로 고정단이 형성되지만 고려 되지 않고 있는 일체 시공 중에 상부 철근은 인접 경간의 최대 모멘트의 적어도 25 %를 견딜 수 있어야 하며 이 철근량은 받침점 전면에서 쟀을 때 인접 경간장의 0.2배만큼 연장되어야 한 다. 이와 같은 상황은 단순지지 슬래브 또는 해석에서는 단순지지상태로 다루어지지만 가정한 대로 슬래브의 단부가 자유롭게 회전되지 않도록 테두리 보와 일체로 타설된 연속 슬래브의 외 단 받침점부에서 발생한다. 그러므로 (−)휨모멘트가 생길 수도 있으며 균열이 생길 수도 있다.

(6) 전단

보통의 하중 상태에서 전단응력은 위험한 정도는 아니며 전단보강이 필요하지 않다. 큰 하중을 받는 두꺼운 슬래브에는 전단보강이 필요하지만 두께 200 mm 이하인 슬래브에서는 전단보강을 사용해서는 안 된다.

(7) 처짐

처짐 검토는 슬래브 설계에서 매우 중요한 고려 사항이며 흔히 슬래브 두께를 결정짓는다. 정상적인 경우에 1 m 폭의 슬래브 스트립을 경간장-유효두께 비율에 대해서 검토한다.

예제 8.1 연속 1방향 슬래브 설계 예

(1) 설계조건

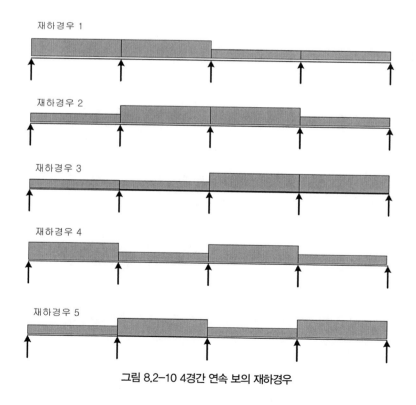

그림 8.2-10 4경간 연속 보의 재하경우

그림 8.2-10에 보인 바와 같은 각 경간장이 4.0 m인 4경간 연속 1방향 슬래브를 설계한다. 슬래브 두께는 160 mm로 가정한다. 하중은 다음과 같다.

자중, 마감, 칸막이, 천정 등을 포함한 고정하중: $w_D = 5.2 \text{ kN/m}^2$, 활하중: $w_L = 3.0 \text{ kN/m}^2$

재료 강도: 콘크리트 $f_{ck} = 25 \text{ MPa}$, $f_{cd} = 0.65(0.85 \times 25) = 13.8 \text{MPa}$

철근 $f_y = 500 \text{ MPa}$, $f_{yd} = 0.9(500) = 450 \text{MPa}$

노출조건: XC1. 화재 저항: 2 시간. 슬래브를 설계하고 단면 배근도를 작성한다.

(2) 설계하중

1 m 폭의 스트립을 고려한다.

설계 최대 극한하중: $w_{\max} = 1.25(5.2) + 1.8(3.0) = 11.9 \text{ kN/m}$

설계 최소 극한하중: $w_{\min} = 1.25(5.2) + 0(3.0) = 6.5 \text{ kN/m}$

표 8.2-3에 보인 바와 같이 5가지 경우에 대해서 해석한다. 표 8.2-1의 모멘트 계수를 이용하여 해석을 수행한다.

표 8.2-3 재하경우   단위 : kN/m

재하경우	최대 모멘트 점	재하경간			
		경간 1–2	경간 2–3	경간 3–4	경간 4–5
경우 1	받침점 2	11.9	11.9	6.5	6.5
경우 2	받침점 3	6.5	11.9	11.9	6.5
경우 3	받침점 4	6.5	6.5	11.9	11.9
경우 4	경간 1–2 & 3–4	11.9	6.5	11.9	6.5
경우 5	경간 2–3 & 4–5	6.5	11.9	6.5	11.9

① 받침점 2에서 최대 모멘트

경우 1을 적용한다.

재하경간	하중	$wL^2/100$	모멘트		
			받침점 2	받침점 3	받침점 4
1–2	11.9	1.904	12.751	−3.400	0.850
2–3	11.9	1.904	9.342	10.199	−2.542
3–4	6.5	1.040	−1.389	5.571	5.103
4–5	6.5	1.040	0.464	−1.857	6.965
합계			21.168	10.513	10.376

주 : 받침점 4에서 최대 모멘트는 받침점 2에서 최대 모멘트의 결과와 같다.
　　받침점 2에서 최대 모멘트=20.38 kN·m

② 받침점 3에서 최대 모멘트

경우 2를 적용한다.

재하경간	하중	$wL^2/100$	모멘트		
			받침점 2	받침점 3	받침점 4
1-2	6.5	1.040	6.965	-1.857	0.464
2-3	11.9	1.904	9.342	10.199	-2.542
3-4	11.9	1.904	-2.542	10.199	9.342
4-5	6.5	1.040	0.464	-1.857	6.965
합계			14.229	16.684	14.229

주 : 받침점 4에서 최대 모멘트는 받침점 2에서 최대 모멘트의 결과와 같다.
　　받침점 3에서 최대 모멘트=16.684 kN·m

③ 경간 1-2 및 3-4에서 최대 모멘트

경우 4를 적용한다.

재하경간	하중	$wL^2/100$	모멘트		
			받침점 2	받침점 3	받침점 4
1-2	11.9	1.904	12.751	-3.400	0.850
2-3	6.5	1.040	5.103	5.571	-1.388
3-4	11.9	1.904	-2.542	10.199	9.342
4-5	6.5	1.040	0.464	-1.857	6.965
합계			15.776	10.513	15.769

• 경간 1-2

$M_2 = 15.776 \, \text{kN} \cdot \text{m},$

왼쪽 받침점의 반력(또는 전단력) $V_l = 11.9 \times 4.0/2 - 15.776/4.0 = 19.856 \, \text{kN}$

경간 최대 모멘트는 받침점 1에서 1.67 m인 곳에

$M_{\max} = 19.856 \times 1.67 - 11.9 \times 1.67^2/2 = 16.565 \, \text{kN} \cdot \text{m}$

최대 모멘트 점의 다른 쪽으로 1.2 m 되는 곳에서 모멘트 크기는 최대값의 반으로 감소된다.

• 경간 3-4

$M_3 = 10.513 \, \text{kN} \cdot \text{m}, \; M_4 = 15.769 \, \text{kN} \cdot \text{m}$이고

경간 3−4의 오른쪽 받침점의 반력(또는 전단력)

$V_R = 11.9 \times 4.0/2 + 15.769 - 10.513/4.0 = 25.114\,\text{kN}$

경간 최대 모멘트는 받침점 4에서 2.12 m인 곳에

$M_{\max} = 11.9 \times 4.0^2/8 - (10.51 + 15.7)/2 = 10.7\,\text{kN}\cdot\text{m}$보다 약간 큰 값이다.

최대 모멘트 점의 다른 쪽으로 0.92 m 되는 곳에서 모멘트 크기는 최대값의 반으로 감소된다.

④ 경간 2−3 및 4−5에서 최대 모멘트

경우 5를 적용한다.

재하경간	하중	$wL^2/100$	모멘트		
			받침점 2	받침점 3	받침점 4
1−2	6.5	1.040	6.965	−1.857	0.464
2−3	11.9	1.904	9.342	10.199	−2.542
3−4	6.5	1.040	−1.388	5.571	5.103
4−5	11.9	1.904	0.850	−3.400	12.751
합계			15.769	10.513	15.776

• 경간 2−3

$M_2 = 15.769\,\text{kN}\cdot\text{m}$이고 $M_3 = 10.513\,\text{kN}\cdot\text{m}$,

왼쪽 받침점의 반력(또는 전단력) $V_l = 11.9 \times 4.0/2 + (15.769 - 10.513)/4.0 = 25.114\,\text{kN}$

경간 최대 모멘트는 받침점 2에서 2.12 m인 곳에

$M_{\max} = 11.9 \times 4.0^2/8 - (10.51 + 15.7)/2 = 10.7\,\text{kN}\cdot\text{m}$보다 약간 큰 값이다.

최대 모멘트 점의 다른 쪽으로 0.92 m 되는 곳에서 모멘트 크기는 최대값의 반으로 감소된다.

• 경간 4−5

$M_4 = 15.776\,\text{kN}\cdot\text{m}$이고

오른쪽 받침점의 반력(또는 전단력) $V_5 = 11.9 \times 4.0/2 - 15.776/4.0 = 19.856\,\text{kN}$

경간 최대 모멘트는 받침점 5에서 1.67 m인 곳에

$$M_{\max} = 19.856 \times 1.67 - 11.9 \times 1.67^2/2 = 16.565 \ \text{kN·m}$$

최대 모멘트 점의 양쪽으로 1.2 m 되는 곳에서 모멘트 크기는 최대값의 반으로 감소된다.

그림 8.2-11은 5개의 재하경우에 대한 최종 휨모멘트 분포도를 나타낸 것이다.

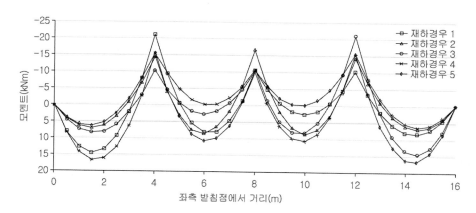

그림 8.2-11 4경간 연속 1방향 슬래브의 휨모멘트 분포도

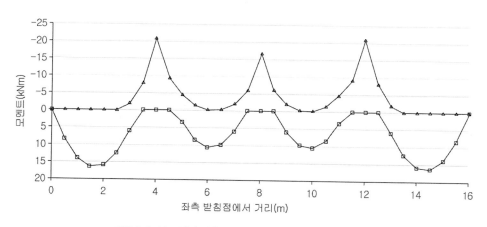

그림 8.2-12 4경간 연속 1방향 슬래브의 휨모멘트 포락선도

그림 8.2-12는 배근 설계용으로 이용될 대칭의 모멘트 포락선을 보인 것으로 철근 절단 결정에도 이용된다.

최대 휨모멘트 결과는 다음과 같다.

① (−)휨모멘트

받침점 2 및 4 : 21.168 kN·m

받침점 3 : 16.684 kN·m

이 두 경우에서, 모멘트는 받침점의 양쪽으로 0.4 m 되는 곳에서 최대값의 반으로 감소된다.

② (+)휨모멘트

경간 1−2 및 4−5 : 16.565 kN·m

경간 최대 모멘트는 단순지반침점에서 1.67 m인 곳에 발생하며 최대 모멘트 점의 양 쪽으로 1.2 m 되는 곳에서 모멘트 크기는 최대값의 반으로 감소된다.

경간 2−3 및 3−4 : 10.7 kN·m

경간 최대 모멘트는 단부모멘트 10.519 kN·m 되는 받침점에서 1.89 m인 곳에 발생하며 최대 모멘트 점의 양 쪽으로 0.92 m 되는 곳에서 모멘트 크기는 최대값의 반으로 감소된다.

(3) 휨철근 설계

화재에서 보호 기준 40 mm와 XC1 노출 조건에 대한 기준 15 mm를 근거로 최소 덮개 두께는 40 mm로 한다. 직경 10 mm 철근을 사용한다고 가정한다.

유효깊이 : $d = 160 - 40 - 10/2 = 115$mm 이고, 폭 $b = 1000$ mm이다.

① (−)휨모멘트

받침점 2 및 4 :

$M_u = 21.68$ kN·m

$m_u = M_u/(bd^2 f_{cd}) = 21.68 \times 10^6/(1000 \times 115^2 \times 13.8) = 0.119$

$z = d[0.5 + \sqrt{0.25 - m_u/2.0}] = 115[0.5 + \sqrt{0.25 - 0.119/2.0}] = 115 \times 0.9366 = 108.0$ mm

$A_s = M_u/(z f_{yd}) = 21.68 \times 10^6/(108.0 \times 450) = 446.1$ mm²/m

설계 $A_s = $ D10@150/m $= 475$ mm²/m

$M_d = 22.925$ kN·m $> M_u$, O.K.

반침점 3 :

$M_u = 16.684 \, \text{kN} \cdot \text{m}$

$m_u = M_u/(bd^2 f_{cd}) = 16.684 \times 10^6/(1000 \times 115^2 \times 13.8) = 0.0914$

$z = d[0.5 + \sqrt{0.25 - m_u/2.0}\,] = 115[0.5 + \sqrt{0.25 - 0.0914/2.0}\,] = 115 \times 0.952 = 109.5 \, \text{mm}$

$A_s = M_u/(z f_{yd}) = 16.684 \times 10^6/(109.5 \times 450) = 338.6 \, \text{mm}^2/\text{m}$

설계 $A_s = \text{D}10@200/\text{m} = 356.5 \, \text{mm}^2/\text{m}$

$\qquad M_d = 17.518 \, \text{kN} \cdot \text{m} > M_u, \text{O.K.}$

② (+)휨모멘트

경간 1-2 및 4-5 :

$M_u = 16.565 \, \text{kN} \cdot \text{m}$

$m_u = M_u/(bd^2 f_{cd}) = 16.565 \times 10^6/(1000 \times 115^2 \times 13.8) = 0.0907$

최대점의 양쪽으로 1.2 m 되는 곳에서 모멘트 크기는 최대 크기의 반으로 감소한다.

$z = d[0.5 + \sqrt{0.25 - m_u/2.0}\,] = 115[0.5 + \sqrt{0.25 - 0.0907/2.0}\,] = 115 \times 0.952 = 109.5 \, \text{mm}$

$A_s = M_u/(z f_{yd}) = 16.565 \times 10^6/(109.5 \times 450) = 336.2 \, \text{mm}^2/\text{m}$

설계 $A_s = \text{D}10@200/\text{m} = 356.5 \, \text{mm}^2/\text{m}$

$\qquad M_d = 17.518 \, \text{kN} \cdot \text{m} > M_u, \text{O.K.}$

경간 2-3 및 3-4 :

$M_u = 10.8 \, \text{kN} \cdot \text{m}$

최대점의 양쪽으로 0.93 m 되는 곳에서 모멘트 크기는 최대 크기의 반으로 감소한다.

$m_u = M_u/(bd^2 f_{cd}) = 10.8 \times 10^6/(1000 \times 115^2 \times 13.8) = 0.0592$

$z = d[0.5 + \sqrt{0.25 - m_u/2.0}\,] = 115[0.5 + \sqrt{0.25 - 0.0592/2.0}\,] = 115 \times 0.967 = 111.5 \, \text{mm}$

$A_s = M_u/(z f_{yd}) = 10.80 \times 10^6/(111.5 \times 450) = 215.2 \, \text{mm}^2/\text{m}$

설계 $A_s = \text{D}10@300/\text{m} = 237.7 \, \text{mm}^2/\text{m}$

$\qquad M_d = 11.89 \, \text{kN} \cdot \text{m} > M_u, \text{O.K.}$

최대 철근 간격과 최소 철근량을 고려하면, 위에서 계산된 철근량을 배근의 편의를 감안하고 시공 중 오차를 줄이기 위해서 개수의 변화가 가장 작게 되도록 조정할 필요가 있다.

(4) 최소 철근량

$$f_{ctm} = 0.30 \left(f_{cm}\right)^{2/3} = 0.30 \times 29^{2/3} = 2.83\,\mathrm{MPa}$$

$$A_{s,\min} = 0.24\left(f_{ctm}/f_y\right)b_t d = 0.24\left(2.83/500\right)1000 \times 115 = 156.0\,\mathrm{mm}^2/\mathrm{m}$$

또는 $A_{s,\min} = 0.0013 \times 1000 \times 115 = 150.0\,\mathrm{mm}^2$ 이므로 $A_{s,\min} = 156.0\,\mathrm{mm}^2$ 이다.

여기서, $h = 160\,\mathrm{mm}$ 이다.

최대 모멘트 구역에서 주철근 간격은 250 mm 이하이어야 한다. 10 mm 직경의 철근을 중심간격 250 mm로 배근하면 철근량은 285 mm²이다. 다른 구역에서는 최대 간격을 400 mm 이하로 한다. 10 mm 직경의 철근을 400 mm 간격으로 배근하면 철근량은 178.5 mm²이다

위의 두 값들은 최소 철근량 156 mm²/m보다 크다.

(5) 배근

① 하부 철근

철근량은 다음과 같이 조정될 수 있다.

경간 2-3 및 3-4에서 계산 철근량은 $A_s = \mathrm{D}10@300/\mathrm{m} = 237.7\,\mathrm{mm}^2/\mathrm{m}$ 이다. 그러나 최대 모멘트 구역에서 철근 간격은 250 mm 이하로 제한된다. 또한 최대 모멘트 구역을 벗어난 곳에서 최대 간격은 400 mm 이하로 제한된다. 그러므로 하부 철근은 모두 200 mm 간격으로 배치하고 철근을 하나 걸러 절단하면 중심간격이 400 mm가 된다.

$f_{ck} = 25\,\mathrm{MPa}$ 이고 $d_b \leq 32\mathrm{mm}$ 이면, 정착길이는 철근 직경의 40배가 되어 400 mm가 된다. 외측 경간에서 (+)휨모멘트는 최대 모멘트 점의 양쪽으로 1.2 m 되는 곳에서 최대값의 반으로 감소된다. 일반적으로 슬래브에는 전단보강 철근이 없으므로, 전단 때문에 생기는 인장응력을 부담하기 위한 모멘트 분포도의 이동량은 유효깊이 크기 d와 같다. 이 길이에 정착길이 400 mm를 더하면 중심간격 200 mm로 배치된 철근의 전체 길이는 $2(1.2 + 0.4 + d) = 3.43\,\mathrm{m}$로 된다. 경간장이 4.0 m인데 철근 절단으로 절약된 길이는 0.57 m이다. 도면을 단순화하기 위해서 슬래브 하부 철근은 중심간격 200 mm로 배치하여 4개의 전

경간에 연장하는 것이 더 낫다.

② **상부 철근**

내측 받침점에서 최대 철근량은 중심간격 150 mm로 일정한 값으로 정할 수 있다. 단부 경간에서 모멘트는 받침점에서 0.4 m 되는 곳에서 최대값의 반으로 감소한다. 정착길이 400 mm와 이동량 115 mm를 더하면 철근 길이는 0.915 m가 된다. (−)휨모멘트는 받침점에서 1.4 m 되는 곳에서 0으로 된다. 정착길이 400 mm와 이동량 115 mm를 더하면 1.915 m가 된다. 다음과 같이 배근할 수 있다.

- 외측 경간 : 중심간격 150 mm로 받침점 위로 배근한다. 받침점에서 0.92 m 되는 곳에서 철근을 하나 걸러 절단한다. 나머지 철근은 받침점에서 1.92 m 되는 곳까지 연장한다.
- 내측 경간 : 중심간격 150 mm로 받침점 위로 배근한다. 받침점에서 0.92 m 되는 곳에서 철근을 하나 걸러 절단한다. 나머지 철근은 전 경간에 연장한다.

③ **배력 철근**

배력 철근은 주철근량의 20 % 이상이어야 한다. 중심간격은 최대 모멘트 발생 구역에서는 $3h \leq 400$ mm이어야 하고 $3.5h \leq 450$ mm 이하이어야 한다.

최소 철근량은 156 mm^2/m이다. 10 mm 직경의 철근을 중심간격 400 mm로 하여 배근하면, $A_s = 178.3$ mm^2/m이다.

그림 8.2-13은 최종 배근 상태를 보인 것이다.

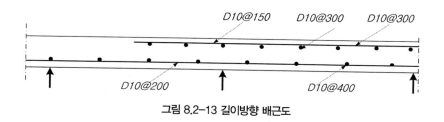

그림 8.2-13 길이방향 배근도

(6) 슬래브의 전단력 분포

그림 8.2-14는 5개의 재하 경우에 대해서 해석한 전단력 분포도이며, 그림 8.2-15는 결과에 따라 그린 전단력 포락선을 보인 것이다. 최대 전단력은 경간 1-2의 받침점 2에서 27.744 kN/m이다.

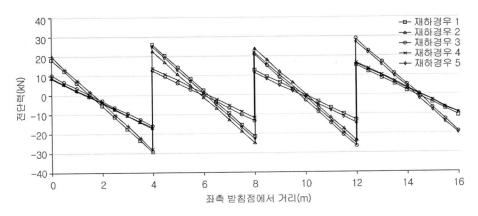

그림 8.2-14 전단력 분포도

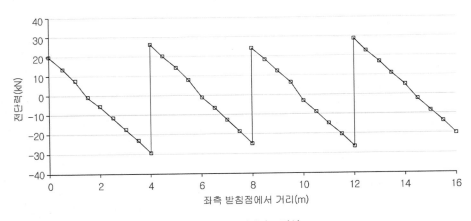

그림 8.2-15 전단력 포락선

(7) 전단저항검토

$$b_w = 1000\,\text{mm}, \quad d = 115\,\text{mm}, \quad A_s = \text{D10@150/mm} = 475\,\text{mm}^2/\text{m}$$

$$\rho = 475/(1000 \times 115) = 0.00413, \quad k = 1 + \sqrt{\frac{200}{115}} = 2.3 > 2.0 \quad \therefore k = 2$$

$$V_{c,\min} = (0.4\phi_c f_{ctk} + 0.15 f_n)b_w d = [(0.4 \times 0.65 \times 0.70(2.83) + 0)](1000 \times 115) = 59.231 \text{ kN/m}$$

$$V_{cd} = [0.85 \times 0.65 \times 2 \times (0.00413 \times 25)^{1/3}](1000 \times 115) = 59.615 \text{ kN/m} > V_u = 27.744 \text{ kN/m}$$

전단보강이 필요하지 않다.

(8) 균열 폭 검토

모든 배근 상태가 최대 배근간격 조건을 충족하므로 슬래브에는 과도한 균열이 발생하지 않을 것이다.

(9) 처짐 검토

도로교설계기준 5.8.4.2의 식 (5.8.9a) 또는 식 (5.8.9b)을 적용한다.

$$\frac{l}{d} = k\left[11 + 1.5\sqrt{f_{ck}}\frac{\rho_o}{\rho} + 3.2\sqrt{f_{ck}}\left(\frac{\rho_o}{\rho} - 1\right)^{1.5}\right]: \quad \rho \leq \rho_o \tag{5.8.9a}$$

$$\frac{l}{d} = k\left[11 + 1.5\sqrt{f_{ck}}\frac{\rho_o}{\rho - \rho'} + \frac{1}{12}\sqrt{f_{ck}}\sqrt{\frac{\rho'}{\rho_o}}\right]: \quad \rho > \rho_o \tag{5.8.9b}$$

여기서, k=부재의 지지조건을 반영하는 계수

ρ_o=기준철근비($= \sqrt{f_{ck}} \times 10^{-3}$)

ρ=경간 중앙의 인장철근비

ρ'=경간 중앙의 압축철근비

f_{ck}=콘크리트 기준압축강도(MPa)

표 8.2-4 축력이 작용하지 않은 철근콘크리트 부재의 기본 경간/유효깊이 비(도로교설계기준 표 5.8.6)

구조계	k	높은 콘크리트 응력 $\rho = 1.5\,\%$	낮은 콘크리트 응력 $\rho = 0.5\,\%$
단순지지 보, 또는 단순지지 슬래브	1.0	14	20
연속 보의 외측경간	1.3	18	26
보와 슬래브에서 내측 경간	1.5	20	30
플랫 슬래브	1.2	17	24
캔틸레버	0.4	6	8

$$\rho_o = 0.1\sqrt{f_{ck}} = 0.1(\sqrt{25}) = 0.5\,\%$$

$$b_w = 1000\,\text{mm}, \ d = 115\,\text{mm}, \ A_s = \text{D10@200/m} = 393\,\text{mm}^2/\text{m}$$

$$\rho = 393/(1000=115) = 0.34\,\%\text{이므로 표 8.2-4에서 } k = 1.3\text{이다.}$$

도로교설계기준 식 (5.8.9a)를 적용하여 슬래브 두께가 적절한가를 검토한다.

$$\frac{L}{d} = 1.3\left[11 + 1.5\sqrt{25}\left(\frac{0.50}{0.34}\right) + 3.2\sqrt{25}\left(\frac{0.50}{0.34} - 1\right)^{1.5}\right] = 35.4$$

실제 $L/d = 4000/115 = 34.8 < 35.4$이므로 권장값보다 약간 크지만 슬래브 처짐량은 $L/250$보다 크지 않을 것이다.

8.3 2방향 슬래브 Two-way Slabs

8.3.1 슬래브 거동, 해석 및 설계

슬래브 자체의 두께만큼 슬래브 내에 보가 설치되어 있다면, 그 형상은 그림 8.3-1에 보인 바와 같을 것이다. 이 경우, 슬래브는 하중을 2방향으로 전달한다. 점 A에 가해진 하중은 띠 모양의 슬래브에 의해 점 A에서 점 B와 C로, 그리고 다른 하나 띠 모양의 슬래브에 의해 점 B에서 점 D와 E로 전달되는 것으로 생각할 수 있다. 이 슬래브는 하중을 2방향으로 전달해주기 때문에, **2방향 슬래브** *two-way slab*라고 부른다.

2방향 슬래브는 주요 구조 재료 중의 하나인 철근콘크리트에는 독특한 공사 형태 중 하나이다. 이것은 효율적이고, 경제적이고 널리 사용되는 구조 시스템이다. 실제로, 2방향 슬래브은 다양한 형태를 띠고 있다. 아파트나 이와 비슷한 건물에서 겪어본 바와 같이, 하중이 비교적 크지 않다면, 플랫 플레이트*flat plates*를 사용한다. 그림 8.1-1(라)에 보인 바와 같이, 그러한 슬래브는 기둥에 지지된 두께가 균일한 슬래브일 뿐이다. 아파트 건물에서는 슬래브의 윗면은 카페트가 깔릴 것이고 바닥 면은 아래층의 천정으로 마감될 것이다. 플랫 플레이트는 경간장이 4.5~6.0 m

일 때 가장 경제적이다.

하중이 큰 공장 건물 슬래브이면, 그림 8.1-1(마)에 보인 바와 같은 플랫 슬래브를 사용할 수도 있다. 이 경우에 기둥으로 하중을 전달하기 위해서는 기둥 근처의 슬래브를 드롭 패널을 두어 두껍게 하거나 기둥의 상단을 확대시켜 기둥 머리를 형성하게 할 필요가 있다. 드롭 패널의 한 변은 대개 경간장의 1/6로 하여 기둥에서 두 방향으로 확대하며 경간 중앙에서 콘크리트의 양을 최소화하는 반면 기둥 부근에서는 추가의 강도를 갖도록 한다. 플랫 슬래브는 경간장이 6.0∼9.0 m이고 하중이 5 kN/m²보다 클 때 사용된다.

경간장이 더 길어지면, 연직하중을 기둥에 전달하는 데 필요한 두께가 휨에 요구되는 두께보다 더 커질 수도 있다. 결과적으로, 패널 중앙부의 콘크리트는 효율적으로 이용되지 못한다. 슬래브를 가볍게 하고, 슬래브 모멘트를 줄여서, 재료 양을 줄이려면, 경간 중앙의 슬래브를 그림 8.1-1(바)에 보인 바와 같이 서로 교차하는 리브로 대체할 수 있다. 기둥 부근에서는 슬래브에서 기둥으로 하중을 전달하기 위해 전체 두께가 유지되어야 한다. 이러한 슬래브를 와플 슬래브 *waffle slab*라고 한다. 대개 경간장이 7.5∼12.0 m인 경우에 사용된다.

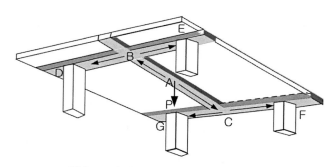

그림 8.3-1 슬래브에 작용하는 하중의 2방향 작용

8.3.2 4변 단순지지 직사각형 슬래브 : 모서리 들림

4변이 지지된 바닥 슬래브에서는 그림 8.3-2에 보이는 바와 같이 2방향 거동이 나타난다. 정사각형 슬래브에서 그 작용은 각 방향으로 동등하다. 길이가 폭의 2배 이상인 직사각형의 길고 좁은 슬래브에서는 1방향 거동을 보인다. 그러나 단부 보는 여하튼 슬래브 하중의 일부를 부담한다. 슬래브는 변의 지지조건에 따라 구분된다. 다음의 구분에서 지지부에 연속되는 경우도 포함된다. 이것들을 다음과 같이 정의할 수 있다.

① 단순지지 단 패널 슬래브: 모서리가 지점에서 들릴 수 있다.

② 단 패널 슬래브: 4변이 일체로 된 보로 구속되어 있다(보의 강성이 슬래브 설계에 영향을 준다).

③ 슬래브의 모든 변이 지지부에 연속되어 있다.

④ 슬래브의 1변, 2변 또는 3변이 지지부에 연속되어 있다. 불연속단은 단순지지되어 있거나 테두리 보에 의해서 들림이 억제될 수 있다.

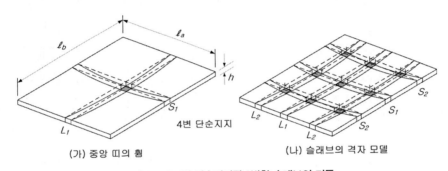

(가) 중앙 띠의 휨

(나) 슬래브의 격자 모델

그림 8.3-2 4변 단순지지된 2방향 슬래브의 거동

직사각형 및 원형 슬래브의 일반적인 경우에 대해 탄성해석 해법은 판 이론 교재에 잘 설명되어 있다. 불규칙한 형태의 슬래브, 개구부가 있는 슬래브, 집중하중이나 불균등 분포하중을 받는 슬래브, 테두리 보가 있는 슬래브는 유한요소 해석을 기초로 한 컴퓨터 프로그램을 이용해서 해석된다.

여기서는 건물에서 흔히 생길 수 있는 슬래브에 대해서 다루기로 한다. 두 직교방향으로 하중이 분포된다는 직관적인 이해를 바탕으로 유도된 전단 및 모멘트 계수를 근거로 설계 단면력을 구한다. 슬래브의 형상은 정사각형 또는 직사각형이며 주로 등분포하중을 부담한다.

하중 분포에 대한 직관적 이해를 바탕으로 한 슬래브의 대표적인 예로서 모서리가 들리는 것을 막아준다거나 모서리에 생기는 비틀림을 저항하는 장치가 충분하지 않은 4변 단순지지 슬래브의 설계를 들 수 있다. 그림 8.3-3은 이러한 상황을 설명하기 위해서 강재 보 또는 벽체로 단순지지된 슬래브를 보인 것이다[8.11].

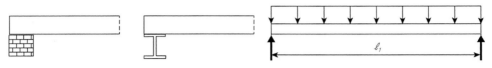

그림 8.3-3 벽체 또는 강재 보에 얹혀 있는 슬래브

하중을 받고 있는 상태에서 모서리 들림이 있다면, 이 슬래브는 모서리에서 안으로 말아 들 것이며 변 전체가 지지되지 않게 된다. 지지부와 접촉이 안 된 슬래브 부분은 슬래브 강성뿐만 아니라 하중에 따라 달라진다. 유한요소 프로그램을 이용해서 해석해보더라도 지지부와 접촉이 안 된 정확한 부분은 시산법으로 반복해야 알 수 있다, 다음의 내용은 충분히 공감할 수 있는 해석법이다. 이 해석법은 원래 랜킨과 그라스호프$^{\text{Rankine \& Grashoff}}$가 제시한 설계 절차를 바탕으로 한 것이며 오랫동안 만족할 만한 설계법으로 이용되고 있다. 단위 길이당 등분포하중 w를 받고 있는 단순지지 탄성 보에서 경간 중앙점의 처짐은 다음과 같다[8.11, 8.15].

$$\Delta = \frac{5}{384EI} wL^4 \tag{8.3-1}$$

여기서, EI는 슬래브 띠의 휨강도이다.

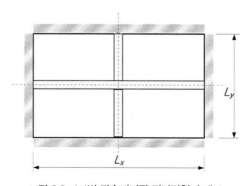

그림 8.3-4 4변 단순지지된 직사각형 슬래브

그림 8.3-4는 단위 면적당 등분포하중 w를 지지하고 있는 직사각형 형태의 단순지지 슬래브를 보인 것이다. 슬래브의 중앙점에서 각각 x방향과 y방향으로 같은 폭의 띠를 정하고 w_x를 x방향으로 전달되는 하중이라 하고 w_y를 y방향으로 전달되는 하중이라 하고, 중앙점에서 처짐의 적합성을 고려한다면,

$$\frac{5}{384EI} w_x L_x^4 = \frac{5}{384EI} w_y L_y^4 \qquad (8.3\text{-}2)$$

이고 $w_y = \alpha^4 w_x$, $\alpha = \dfrac{L_x}{L_y} \geq 1.0$ 라고 가정한다.

전체 하중 $w = w_x + w_y$ 이다. w_x와 w_y에 대해서 풀면 다음과 같다.

$$w_x = w \frac{1}{1+\alpha^4}, \quad w_y = w \frac{\alpha^4}{1+\alpha^4} \qquad (8.3\text{-}3)$$

슬래브 형상이 정사각형이면, $\alpha = 1$이고, $w_x = w_y = 0.5w$이다.

슬래브 형상이 직사각형이면 다음과 같다.

$$\alpha = 1.25, \quad w_x = 0.29w, \quad w_y = 0.71w \qquad (8.3\text{-}4a)$$

$$\alpha = 1.5, \quad w_x = 0.17w, \quad w_y = 0.83w \qquad (8.3\text{-}4b)$$

$$\alpha = 2.0, \quad w_x = 0.06w, \quad w_y = 0.94w \qquad (8.3\text{-}4c)$$

예상한 바와 같이 슬래브의 형상이 긴 직사각형이 되면, 하중의 많은 부분이 짧은 방향 L_y로 전달된다. 변장비 α가 2.0보다 크게 되면, 슬래브는 1방향 슬래브처럼 거동한다.

각 방향대로 최대 모멘트 크기는 다음과 같다.

$$\text{단변 } L_y\text{-방향}: \; w_y = w \frac{\alpha^4}{1+\alpha^4}, \quad m_y = w_y \frac{L_y^2}{8} = q \frac{L_y^2}{8} \frac{\alpha^4}{1+\alpha^4} \qquad (8.3\text{-}5a)$$

$$\text{장변 } L_x\text{-방향}: \; w_x = w \frac{1}{1+\alpha^4}, \quad m_x = w_x \frac{L_x^2}{8} = q \frac{L_x^2}{8} \frac{1}{1+\alpha^4} \qquad (8.3\text{-}5b)$$

위의 모멘트에 대해서 배근 설계를 한다. 경간중간 철근량의 60 %는 지점을 지나 충분히 정착되어야 한다. 나머지 40 %는 지점으로부터 경간장의 0.1배 되는 점에서 절단시킬 수 있다. 그러나 이것은 근사적인 결과이다. 왜냐하면 실제 슬래브 거동은 두 개의 직교하는 띠로 간주하는 거동보다 훨씬 복잡하기 때문이다. 그림 8.3-2(나)는 각 방향으로 3개의 띠로 구성한 슬래브 모델인데 이를 이용하여 2방향 슬래브의 거동을 더 정확하게 이해할 수 있다. 각 방향의 중앙 띠 S_1과 L_1은 그림 8.3-2(가)와 같다. 그러나 외측 띠 s_2와 ℓ_2는 휘어져 있을 뿐만 아니라 비틀어져 있음을 알 수 있다. 예를 들어 S_2와 L_2의 교차점을 생각해보자. 교차점에서 외측 띠의 모서리 ℓ_2는 내측 모서리보다 더 높은 위치에 있으며 반면 양측 모서리 ℓ_2의 단부 가까이는 같은 높이이다. 동시에 이 띠는 비틀어져 있다. 이러한 비틀림에 의해 비틀림 응력과 비틀림 모멘트가 발생하는데, 사각형의 모서리 부분에서 그 영향이 가장 크다. 결과적으로 슬래브의 전체 하중은 단순히 두 방향의 휨모멘트에 의해서만이 아니라 비틀림 모멘트에 의해서도 전달된다는 것을 알 수 있다. 이러한 이유로 탄성 슬래브의 휨모멘트는 불연속 띠의 하중 w_a와 w_b로 계산하는 경우보다 더 작게 된다. 예를 들면, 단순지지된 정사각형 슬래브인 경우, $w_a = w_b = w/2$이다. 휨만 존재한다면, 각 띠에 발생하는 최대 휨모멘트는 다음과 같다.

$$\frac{(w/2)\ell^2}{8} = 0.0625w\,\ell^2$$

탄성 판의 휨이론에 의하면 네 변이 단순지지된 정사각형 판의 최대 휨모멘트는 $0.048w\ell^2$이다. 이런 경우 비틀림 모멘트는 휨모멘트를 약 25 % 정도 줄여주는 것이 된다. 최대 휨모멘트는 곡률이 가장 큰 곳에서 발생한다.

슬래브에서 최대 휨모멘트는 그림 8.3-2(나)의 짧은 띠 s_1의 중앙에서 발생한다. 이 그림의 다른 짧은 띠 s_2의 곡률과 휨모멘트는 띠 s_1의 대응 위치에서 발생되는 값보다 분명히 작다. 즉, 세로 방향 띠의 휨모멘트도의 크기는 가로방향에 따라 변한다. 그림 8.3-5에서 이러한 변화를 보이고 있으며, 그림 8.3-5(나)에 나타낸 단면 1−1에 따라 표시된 모멘트 분포도는 중앙 띠의 휨모멘트도이며, 다른 띠의 최대 휨모멘트값은 이보다 더 작다. 그 크기는 단면 2−2를 따라 나타낸 휨모멘트도는 슬래브 중앙선의 휨모멘트도이며, 다른 단면에서의 최대 휨모멘트는 이보다 작으며, 그림 8.3-5(나)의 단면 1−1을 따라 나타낸 것처럼 변화한다. 이처럼 사각형 슬래브의 가로와 세로 방향에 따른 각 띠의 최대 휨모멘트의 변화는 각 방향의 각 4분 구간에 발생하는 휨모멘트의 평균값에 대해 근사적으로 설계하는 방법이 가장 현실적인 방법이라고 간주되고 있다. 변장비가 2보다 작은 슬래브만을 2방향 슬래브로 취급한다는 것을 알아야 한다. 앞의 식 (8.3-5)에 의해 변장비가 2인 슬래브의 장변 방향 하중 분담량은 단변 방향 하중 분담량의 1/16에 불과하다는 것을 알 수 있다. 이와 같은 슬래브는 거의 마주 보는 두 변만으로 지지되어 있는 것처럼 거동한다. 따라서 변장비가 2 또는 그 이상인 사각형 슬래브 판은 1방향 작용에 대해 보강해야 하는데 장변에 직각인 단면 방향으로 주철근을 배치한다. 물론 수축/온도 철근은 주철근에 직각인 장변 방향으로 배치해야 하며, 균열을 제어하는 배력철근도 장변 방향과 슬래브 모서리에 배치해야 한다.

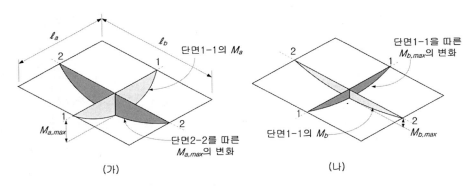

그림 8.3-5 4변이 단순지지된 슬래브의 등분포하중에 의한 휨모멘트와 그 변화

단부가 지지된 2방향 슬래브의 해석 방법과 일관성이 있도록, 2방향 슬래브의 휨철근은 서로 직교하는 형태로 각 변에 평행하고 또 직각이 되게 배치한다. (+)휨모멘트 철근이 서로 직교하여 배치될 때, 직교하는 두 철근 중 위 철근은 아래 철근에 비해 유효깊이가 철근 직경 d_b만큼 작게 된다. 따라서 장변 방향의 휨모멘트가 작기 때문에 장변 방향 철근을 단변 방향 철근의 위쪽에 배치하는 것이 효과적이다. 받침보와 직각으로 배치되는 (−)휨모멘트 철근은 모서리 부분을 제외하고는 철근이 겹쳐지는 문제가 없다.

2방향 슬래브에 직선 또는 굽힘철근을 사용할 수 있으나, 시공성 및 경제성 때문에 일반적으로 직선 철근을 사용한다. 휨철근의 절단점의 위치는 보의 경우와 동일한 방법을 적용하여 정

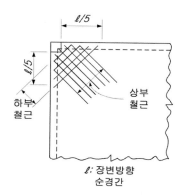

그림 8.3-6 받침보에 의해 지지된 2방향 슬래브의 모서리 보강 철근

할 수 있다. 2방향 슬래브의 휨철근 간격은 슬래브 두께 h의 두 배를 넘지 않아야 한다. 앞에서 언급한 비틀림 모멘트는 2방향 슬래브의 외측 모서리에서 특히 중요하게 되는데, 슬래브 하면에 판의 대각선 방향으로, 상면에 대각선과 직각방향으로 균열이 발생하는 경향이 있기 때문이다. 따라서 슬래브 모서리의 상하면에 장변 방향 순경간의 1/5 범위에 그림 8.3-6과 같이 특별한 보강을 해야 한다. 상면에 배치되는 철근은 대각선에 평행하게 하면에 배치되는 보강 철근은 대각선에 직각으로 배치해야 한다. 다른 방법으로서 철근을 슬래브의 양변에 평행하게 2개의 띠로 배치하는 방법도 있다. 어느 경우에나 (+)휨모멘트나 (−)휨모멘트 철근은 콘크리트구조기준 10.6.1에 따라 단위 폭에 대한 최대 (+)휨모멘트를 견딜 수 있도록 크기와 간격을 정해야 한다[8.11].

예제 8.2　단순지지 2방향 슬래브 설계 예 : 모서리 들림

(1) 설계조건

5m×7.5 m 크기로 단순지지된 사무실용 건물의 슬래브를 설계한다. 모서리 들림을 막아주는 장치나 비틀림을 견디는 장치가 설정되어 있지 않다. 슬래브의 두께는 200 mm로 가정한다. 자중, 마감, 칸막이, 사무실 비품 등을 포함한 고정하중의 크기는 6.2 kN/m²이다. 활하중은 2.5 kN/m² 이다. 고정하중계수 $\gamma_D = 1.25$, 활하중계수 $\gamma_L = 1.8$이다.

재료강도는 콘크리트 $f_{ck} = 25\,\mathrm{MPa}$, 철근 $f_y = 500\,\mathrm{MPa}$이고, 따라서

$f_{cd} = \phi_c(0.85 f_{ck}) = 0.65(0.85 \times 25) = 13.8\,\mathrm{MPa}$, $f_{yd} = \phi_s f_y = 0.9(500) = 450\,\mathrm{MPa}$이다.

(2) 모멘트 저항 철근량 산정

각 방향으로 중앙점을 지나는 폭 $1\,\mathrm{m}$의 띠를 고려한다.

극한설계하중 $w_u = 1.25(6.2) + 1.8(2.5) = 12.25\mathrm{kN/m^2}$

$$\alpha = L_x/L_y = 7.5/5.0 = 1.5$$

콘크리트 덮개 $25\,\mathrm{mm}$와 철근 직경 $13\,\mathrm{mm}$를 감안하면 유효깊이는 다음과 같다.

단변 방향 하층열: $d_y = 200 - 25 - 6.5 = 168.5\mathrm{mm}$

장변 방향 상층열: $d_x = 200 - 25 - 13 - 6.5 = 155.5\mathrm{mm}$

- **최소 철근량**

$$f_{ctm} = 0.30(f_{cm})^{2/3} = 0.30(25+4)^{2/3} = 2.83\,\mathrm{MPa}$$

$$A_{s,\min} = 0.26(f_{ctm}/f_y)b_t d \geq 0.0013 b_t d$$

- **단변 방향**

$$A_{s,\min} = 0.26(2.83/500)(1000)(168.5) = 249.0\,\mathrm{mm^2} \geq 0.0013(1000)(168.5) = 219.05\,\mathrm{mm^2}$$

- **장변 방향**

$$A_{s,\min} = 0.26(2.83/500)(1000)(155.5) = 229.0\,\mathrm{mm^2} \geq 0.0013(1000)(155.5) = 202.15\,\mathrm{mm^2}$$

그러므로 $A_{s,\min} = 249.0\,\mathrm{mm^2}$, 철근 최대 간격 $\leq \min(3h;\,400\,\mathrm{mm})$ 이므로 $400\,\mathrm{mm}$ 이하이다.

- **단경간**

$$w_y = w(\alpha^4/1 + \alpha^4) = 12.25(1.5^4/(1+1.5^4)) = 10.17\,\mathrm{kN/m^2},$$

$$m_{uy} = w_y L_y^2/8 = 10.17(5.0^2/8) = 31.78\,\mathrm{kN \cdot m/m}$$

$$M_u = 31.78\,\mathrm{kN \cdot m/m}$$

$$m_{uy} = M_u/(f_{cd}bd^2) = 31.78 \times 10^6/(13.8 \times 1000 \times 168.5^2) = 0.081$$

$$z = d[0.5 + \sqrt{0.25 - m_u/2.0}] = 168.5[0.5 + \sqrt{0.25 - 0.081/2.0}] = 168.5 \times 0.958 = 161.4\,\mathrm{mm}$$

$$A_s = M_u/(z \cdot f_{yd}) = 31.78 \times 10^6/(161.4 \cdot 450) = 438.0 \, \text{mm}^2/\text{m}$$

설계 $A_s = \text{D}13@250/\text{m} = 127(1000/250) = 508.0 \, \text{mm}^2/\text{m}$

이 철근량의 50 %인 $254 \, \text{mm}^2/\text{m}$는 최소 철근량에 근접한 값이다. 경간 내에서 절단할 수 있으나 철근 간격이 500 mm가 되어 최대 철근허용간격 400 mm보다 크다. 그러므로 경간 내에서 철근 절단 없이 지점부까지 철근을 연장한다.

- 장경간

$$w_x = w(1/1 + \alpha^4) = 12.25(1/(1 + 1.5^4)) = 2.08 \, \text{kN/m}^2,$$

$$m_{ux} = w_x L_x^2/8 = 2.08(7.5^2/8) = 14.63 \, \text{kN} \cdot \text{m/m}$$

$$m_u = M_u/(f_{cd} b d^2) = 14.63 \times 10^6/[(13.8)(1000)(155.5)^2] = 0.0438$$

$$z = d(0.5 + \sqrt{(0.25 - m_u/2.0)}) = 155.5(0.5 + \sqrt{0.25 - 0.0438/2.0}) = 0.978(155.5) = 152.0 \, \text{mm}$$

$$A_s = M_u/(z \cdot f_{yd}) = 14.63 \times 10^6/(152.0 \cdot 450) = 214.0 \, \text{mm}^2/\text{m}$$

설계 $A_s = \text{D}10@250/\text{m} = 71(1000/250) = 284 \, \text{mm}^2/\text{m}$

경간 내에서 철근 절단 없이 받침점까지 철근을 연장한다.

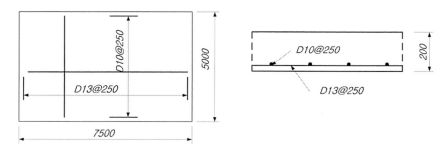

그림 8.3-7 슬래브 배근 평면 및 단면

(3) 전단 저항

휨에 대해 설계할 때에는 전체 하중은 단변 방향 스트립과 장변 방향 스트립으로 전달된다고 가정하지만, 전단력을 계산할 때는 그림 8.3-8에 보인 바와 같이 슬래브 각 부분에 할당된 하중이 지지하고 있는 보로 전달된다고 가정한다. 이것은 단변 방향 스트립에 발생하는 최대 전단력은 1 m 폭의 스트립에 대해서 $wL_y/2$와 거의 같은 크기임을 보인 것이다. 이것은 분명히 실제 전단력보다 크게 평가된 것이지만 안전 측이기 때문에 이러한 오차는 문제되지 않는다.

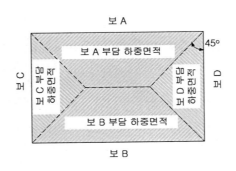

그림 8.3-8 보 부담 하중면적

$$V_u = 12.25 \times 5.0/2 = 30.63 \text{ kN/m}$$

전단보강이 필요한지, $V_u > V_{cd}$인지, 검토한다.

$$V_u = 30.63 \text{ kN/m}, \ b_w = 1000 \text{ mm}, \ d = 168.5 \text{ mm}, \ A_{sy} = 520 \text{ mm}^2/\text{m}$$

$$\rho_l = 520/((1000)(168.5)) = 0.003$$

$$\kappa = 1 + \sqrt{200/168.5} = 2.187 > 2.0, \ \therefore \kappa = 2.0$$

$$V_{cd} = [0.85(0.65)(2.0)(0.0031 \times 25)^{1/3}](1000)(168.5)$$

$$= 79.3 \text{ kN/m} > V_u, \text{O.K.}$$

8.3.3 모서리 들림이 구속된 슬래브

앞의 절에서는 모서리에서 들림이 구속되지 않은 슬래브 설계를 다루었다. 실제로 많은 경우에, 슬래브와 슬래브를 지지하는 보와 일체로 되거나 받침부 위로 연속된다면 슬래브 모서리가 제멋대로 들리지 않는다. 그러한 경우에, 지지 변을 따라 휨모멘트뿐만 아니라 비틀림 모멘트와 전단력을 구속하게 된다. 비틀림 모멘트가 있다는 것은 두 가지 중요한 결과를 의미한다. 먼저, 미소 거리 d_y인 변에 작용하는 비틀림 모멘트 M_{xy}는 d_y만큼 떨어진 두 개의 힘 M_{xy}로 대체될 수 있다. 인접한 점에서도 마찬가지로 비틀림 모멘트는 $M_{xy} + \dfrac{\partial M_{xy}}{\partial y}d_y$로 된다[8.15].

(1) 휨 설계

모서리 들림이 구속된 슬래브는 유한요소 해석으로 얻어진 모멘트를 이용해서 설계될 수 있다. 그러나 일상적인 설계에 대해서 이 방법은 쓸데없이 복잡하다. 여기서는, 영국 설계기준에 기술된 설계 절차를 이용하기로 한다. 앞선 절에서 언급한 바와 같이 이 설계법은 오랫동안 사용되었고 그 결과도 상당히 만족스러운 것이었다. 여기서 제시된 모멘트 계수는 항복선 해석에서 유도된 것들이다. 표 8.3-1은 4변이 지지된 2방향 슬래브의 설계에 필요한 모멘트 계수들을 지지조건에 따라 나타낸 것이다. 모멘트 계수는 받침부 모멘트에 대한 것과 경간 모멘트에 대한 것, 그리고 단변과 장변 모두에 대한 것들이다. 이 방법에서는 모서리 들림이 방지되고 모서리 부근에서 발생하는 비틀림 모멘트를 저항할 수 있도록 되어 있다고 가정한다. 단변 L_y과 장변 L_x에 대해서 각각 단위 폭 스트립의 경간 중앙에서 최대 모멘트는 다음과 같다.

$$m_{sx} = \beta_{sx}wL_x^2 \tag{8.3-6a}$$

$$m_{sy} = \beta_{sy}wL_y^2 \tag{8.3-6b}$$

여기서, L_x=장변 방향 경간장이고 L_y는 단변 방향 경간장이다. w는 단위 면적당 하중이다. 이 식들은 다음 조건을 만족하는 연속 슬래브에 대해서 적용될 수 있다.

① 고정하중 및 활하중은 고려 중인 패널과 이웃한 패널에 거의 같다.
② 공동 지지부 중심선에 직각인 방향으로 인접한 패널의 경간은 그 방향으로 고려 중인 패널의 경간과 큰 차이가 없다.

슬래브 설계 규칙은 다음과 같다.

① 그림 8.3-9에 보인 바와 같이 슬래브는 각 방향으로 중간대와 테두리대로 구분된다.
② 위에서 정의된 최대 모멘트는 중간대에 적용한다.
③ 철근량은 1 m 폭의 슬래브 띠에 대해서 산정한다. 설계 철근량은 도로교설계기준에 제시된 최소 철근량보다 작아서는 안 된다. 철근은 중간대에 균등한 간격으로 배치되어야 한다.

④ 규정된 최소 철근량을 테두리대에 배치해야 한다. 테두리대는 지지부와 나란하게 전체 폭의 1/8을 폭을 차지하는 것으로 본다.

⑤ 그림 8.3-10과 8.3-11에 보인 바와 같이 연속단과 단순지지단에서 각각 슬래브의 철근 절단에 대해 단순 규칙을 적용하여 배근한다. 불연속 단에서는 경간 중앙의 하부 철근량의 1/2인 상부 철근량을 배치하여 균열을 제어하도록 한다.

표 8.3-1 모서리 들림이 방지되고 비틀림 모멘트를 저항하는 4변 지지된 직사각형 패널의 휨모멘트 계수

	단경간장 L_y 계수 : $\beta_{sy} \times 10^3$								장경간장 L_x 계수 : $\beta_{sx} \times 10^3$
	변장비 L_x/L_y								전 변장비
	1.0	1.1	1.2	1.3	1.4	1.5	1.75	2.0	
경우 1 : 내부 패널									
테두리	−31	−37	−42	−46	−50	−53	−59	−60	−32
경간 중앙	24	28	32	35	37	40	44	48	24
경우 2 : 1 단변 불연속									
테두리	−39	−44	−48	−52	−55	−58	−63	−67	−37
경간 중앙	29	33	36	39	41	43	47	50	28
경우 3 : 1 장변 불연속									
테두리	−39	−49	−56	−62	−68	−73	−82	−89	−37
경간 중앙	30	36	42	47	51	55	62	67	28
경우 4 : 인접 2변 불연속									
테두리	−47	−56	−63	−69	−74	−78	−87	−93	−45
경간 중앙	36	42	47	51	55	59	65	70	24
경우 5 : 2 단변 불연속									
테두리	−46	−50	−54	−57	−60	−62	−67	−70	−
경간 중앙	34	38	40	43	45	47	50	53	34
경우 6 : 2 장변 불연속									
테두리	−	−	−	−	−	−	−	−	−45
경간 중앙	34	46	56	65	72	78	91	100	34
경우 7 : 2 단변 및 1 장변 불연속									
테두리	−57	−65	−71	−76	−81	−84	−92	−98	−
경간 중앙	43	48	53	57	60	63	69	74	44
경우 8 : 2 장변 및 1 단변 불연속									
테두리	−	−	−	−	−	−	−	−	−58
경간 중앙	42	54	63	71	78	84	96	105	44
경우 9 : 4변 단순지지									
경간 중앙	55	65	74	81	87	92	103	111	56

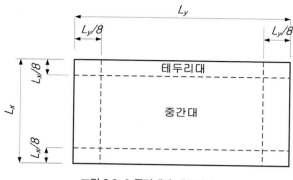

그림 8.3-9 중간대와 테두리대

연속 부재(그림 8.3-10)

- (+)휨모멘트 : 최대 (+)휨모멘트에 대해서 계산된 철근량의 100 %는 유효 경간장의 60 % 이상에 배치되어야 하며 받침점 방향으로 유효 경간장의 20 %에는 최대 철근량의 40 %가 배치되어야 한다.

- (−)휨모멘트 : 최대 (−)휨모멘트에 대해 계산된 철근량의 100 %는 받침점 전면에서 유효 경간장의 15 % 또는 철근 직경의 45배 되는 곳까지 연장되어야 한다. 최대 철근량의 50 % 는 받침점 전면에서 유효 경간장의 30 % 되는 곳까지 연장되어야 한다.

단순지지 단(그림 8.3-11)

- (+)휨모멘트 : 최대 (+)휨모멘트에 대해서 계산된 철근량의 100 %는 단순지지단에서 유효 경간장의 10 % 되는 곳까지 연장되어야 하며 최대 철근량의 40 %는 유효 경간장의 10 %+ 철근 직경의 12배 또는 등가의 정착길이만큼 되는 곳까지 연장되어야 한다.

- 비틀림 모멘트는 슬래브가 모서리에서 만나는 두 변에 단순지지되는 경우에 모서리에서 전달되어야 한다. 그림 8.3-12의 모서리 점 X와 Y에는 비틀림 모멘트 부담 보강철근이 필 요하다. 이 보강철근은 단변 경간의 1/5되는 거리만큼 가장자리에서 연장되고 슬래브의 변 과 평행하게 철근으로 엮은 철근망을 상면과 하면에 배치하는 것으로 한다. 점 X에서 4단 의 철근의 각 단에서 철근량은 경간 중앙의 최대 휨모멘트에 필요한 철근량의 75 %이고 점 Y에서는 점 X에 필요한 철근량의 50 %가 필요하다. 내부 모서리 점 Z에서는 비틀림 모 멘트에 대한 철근이 필요하지 않음을 주목해야 한다.

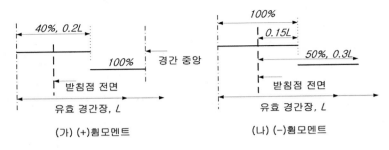

(가) (+)휨모멘트   (나) (-)휨모멘트

그림 8.3-10 연속 단에서 배근

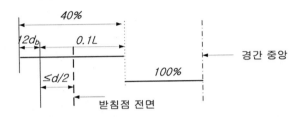

그림 8.3-11 단순지지 단에서 배근

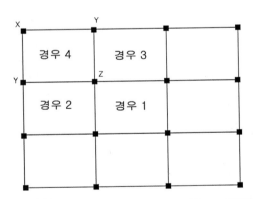

그림 8.3-12 슬래브 배열 평면 경우 1: 내부 패널; 경우 2: 1 단변 불연속; 경우 3: 1 장변 불연속; 경우 4: 인접 2변 불연속

(2) 전단력과 전단 저항

표 8.3-2는 연속 슬래브의 스트립에 대한 받침점에서 전단력 계수 β_{vx}와 β_{vy}를 제시한 것이다. 슬래브 단위 폭당 최대 전단력은 다음과 같이 구한다.

$$V_{sx} = \beta_{vx}\,wL_x \qquad\qquad (8.3\text{-}7)$$

$$V_{sy} = \beta_{vy}\,wL_y \qquad\qquad (8.3\text{-}8)$$

이 값들은 중간 스트립에 대한 단위 길이당 지지하는 보에 작용하는 설계하중과 수치상으로 같은 크기이다. 이 계수들은 항복선 해석을 이용해서 구한 것들이다. 전단 저항은 유로코드 EC2 6.2절에 제시된 방법에 따라 검토한다.

표 8.3-2 모서리 들림이 방지되고 비틀림 모멘트를 저항하는 4변 지지된 직사각형 패널의 전단력 계수

	단경간장 L_y 계수 : $\beta_{sy} \times 10^2$								장경간장 L_x 계수 : $\beta_{sx} \times 10^2$
	변장비 L_x/L_y								전 변장비
	1.0	1.1	1.2	1.3	1.4	1.5	1.75	2.0	
경우 1 : 내부 패널									
연속	33	36	39	41	43	45	48	50	33
경우 2 : 1 단변 불연속									
연속	36	39	42	44	45	47	50	52	36
불연속	–	–	–	–	–	–	–	–	24
경우 3 : 1 장변 불연속									
연속	36	40	44	47	49	51	55	59	36
불연속	24	27	29	31	32	34	36	38	–
경우 4 : 인접 2변 불연속									
연속	40	44	47	50	52	54	57	60	40
불연속	26	29	31	33	34	35	38	40	26
경우 5 : 2 단변 불연속									
연속	40	43	45	47	48	49	52	54	–
불연속	–	–	–	–	–	–	–	–	26
경우 6 : 2 장변 불연속									
연속	–	–	–	–	–	–	–	–	40
불연속	26	30	33	36	38	40	44	47	–
경우 7 : 2 단변 및 1 장변 불연속									
연속	45	48	51	53	55	57	60	63	–
불연속	30	32	34	35	36	37	39	41	29
경우 8 : 2 장변 및 1 단변 불연속									
연속	–	–	–	–	–	–	–	–	45
불연속	29	33	36	38	40	42	45	48	30
경우 9 : 4변 단순지지									
불연속	33	36	39	41	43	45	48	50	33

(1) 설계 조건

그림 8.3-13은 사무실용 건물의 바닥 평면의 일부를 나타낸 것이다. 바닥은 테두리 보와 일체로 시공된 슬래브로 이루어져 있다. 슬래브 두께는 180 mm이고 하중은 다음과 같다.

설계 고정하중 w_D =6.2 kN/m², 설계 활하중 w_L =2.5 kN/m²

콘크리트 f_{ck} =30 MPa, $f_{cd} = \phi_c(0.85 f_{ck}) = 0.5525(30) = 16.6$ MPa

철근 f_y =400 MPa , $f_{yd} = \phi_s f_y = 0.9(400) = 360$ MPa

모서리 패널 슬래브를 설계한다. 배근 개략도를 제시한다.

(2) 슬래브 구분, 모멘트 및 철근량 산정

모서리 슬래브를 그림 8.3-13(나)에 보인 바와 같이 중간대와 테두리대로 구분한다.

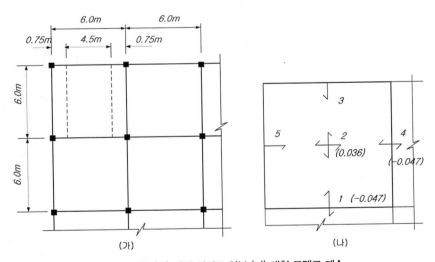

그림 8.3-13 (가) 바닥 평면도 일부 (나) 대칭 모멘트 계수

인접 두 변이 불연속인 정사각형 형태의 슬래브에 대해서 표 8.3-1에서 모멘트 계수를 얻는다. 계수값 및 모멘트 위치는 그림 8.3-13에 보인 바와 같다.

설계 극한하중 $w_u = 1.25 \times 6.2 + 1.8 \times 2.5 = 12.25 \text{ kN/m}^2$

철근 직경을 10 mm로 콘크리트 덮개를 20 mm로 가정하여, 단경간 방향으로 모멘트 설계 계산에 사용될 외단 철근까지의 유효깊이

$$d = 180 - 20 - 10/2 = 155 \text{ mm}$$

장경간 방향으로 모멘트 설계 계산에 사용될 내단 철근까지의 유효깊이

$$d = 180 - 20 - 10 - 10/2 = 145 \text{ mm}$$

중간대에 대한 모멘트와 철근량을 산정한다. 슬래브가 정사각형이므로 한 방향만 고려해도 된다.

① 위치 1 및 4(지점 위) 단변 방향

$d = 155 \text{ mm}$

$m_{sy} = (-)0.047 \times 12.25 \times 6.0^2 = (-)20.73 \text{ kN} \cdot \text{m/m}$

$m_u = 20.73 \times 10^6 / (16.6 \times 1000 \times 155^2) = 0.0520$

$z = 155[0.5 + \sqrt{0.25 - 0.0520/2.0}] = 155(0.973) = 151.0 \text{ mm}$

$A_s = 20.73 \times 10^6 / ((151)(360)) = 381.0 \text{ mm}^2/\text{m}$

설계 철근량 $A_s = \text{D13@500} + \text{D10@500/m} = 396.0 \text{ mm}^2/\text{m}$

② 위치 2(경간 중앙) 단변 방향

더 작은 d값을 쓴다. $d = 145 \text{ mm}$

$m_{sx} = 0.036 \times 12.25 \times 6.0^2 = 15.88 \text{ kN} \cdot \text{m/m}$

$m_u = 15.88 \times 10^6 / (16.6 \times 1000 \times 145^2) = 0.0455$

$z = 145[0.5 + \sqrt{0.25 - 0.0455/2.0}] = 145(0.977) = 142 \text{ mm}$

$A_s = 15.88 \times 10^6 / ((142)(360)) = 310.0 \text{ mm}^2/\text{m}$

설계 철근량 $A_s = \text{D10@250/m} = 314 \text{ mm}^2/\text{m}$

③ 최소 철근량

$$f_{ctm} = 0.30 f_{cm}^{2/3} = 0.30(34)^{2/3} = 3.15\,\text{MPa}$$

$$A_{s,\min} = 0.26(f_{ctm}/f_y)b_t d = 0.26(3.15/400)(1000)(155)$$
$$= 316\,\text{mm}^2/\text{m} > 0.0013(1000)(155) = 202\,\text{mm}^2/\text{m}$$

④ 위치 3 및 5(불연속 단)

경간 중앙부 철근량의 50 %를 상부에 배치한다.

$$A_s = 0.5 \times 314 = 157\,\text{mm}^2/\text{m} < A_{s,\min} = 316\,\text{mm}^2/\text{m}$$

설계 철근량 $A_s = $ D10@250/m=314 mm²/m로 한다.

배근 상세에서, 철근의 50 %를 절단한다면 최소 철근량 이하로 되기 때문에 상부 철근이나 하부 철근을 절단해서는 안 된다. 그림 8.3-14는 배근 상세를 나타낸 것이다.

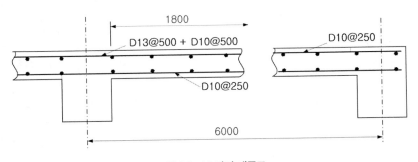

그림 8.3-14 단면 배근도

(3) 전단력 및 전단 저항

① 설계 계산점 1 및 4(연속 단)

$$\beta_{vy} = \beta_{vx} = 0.40$$

$$V_u = V_{sy} = 0.4 \times 12.25 \times 6.0 = 29.4\,\text{kN/m}$$

전단보강이 필요한지 $V_u > V_{cd}$를 검토한다.

$$V_{cd} = [0.85\phi_c \kappa (\rho f_{ck})^{1/3} + 0.15 f_n]b_w d$$에서 다음 값들을 이용해서 전단강도를 구한다.

여기서, ϕ_c =콘크리트 재료계수 0.65

f_{ck} =콘크리트 기준압축강도 [N/mm^2]=30 MPa

κ =크기효과 계수 $1+\sqrt{200/d} \le 2.0$, d[mm]=2.0

ρ =철근비 $A_s/(b_w d)$ =390/((1000)(155))=0.25

A_s =주인장철근량 [mm^2]=390 mm^2

b_w =단면 복부 폭=1000 mm

d =155 mm

V_{cd} =[0.85(0.65)(2.0)(0.0025×30.0)$^{1/3}$](1000)(155)=72.23 kN/m$>$ V_u 이므로 전단보강이 필요 없다.

② 설계 계산 위치 3 및 5(불연속 단)

$\beta_{vy} = \beta_{vx}$ =0.26

$V_u = V_{sy}$ =0.26×12.25×6.0=19.11 kN/m

전단보강이 필요한지 $V_u > V_{cd}$를 검토한다.

$V_{cd} = [0.85\phi_c\kappa(\rho f_{ck})^{1/3} + 0.15f_n]b_w d$에서 다음 값들을 이용해서 전단강도를 구한다.

여기서, ϕ_c =콘크리트 재료계수 0.65

f_{ck} =콘크리트 기준압축강도 [N/mm^2]=30 MPa

κ =크기효과 계수 $1+\sqrt{200/d} \le 2.0$, d[mm]=2.0

ρ =철근비 $A_s/(b_w d)$ =292/((1000)(145))=0.0020

A_s =주인장철근량 [mm^2]=292 mm^2

b_w =단면 복부 폭=1000 mm

d =145 mm

V_{cd} =[0.85(0.65)(2.0)(0.0020×30.0)$^{1/3}$](1000)(145)=62.73 kN/m$>$ V_u 이므로 전단보강이 필요 없다.

8.3.4 연속 2방향 슬래브의 내부 패널

그림 8.3-15(가)에 보인 바와 같이 비교적 얇고 강성이 약한 보에 의해 지지되거나, 그림 8.3-15(나)와 같은 플랫 플레이트 또는 그림 8.1-1(마)와 같은 플랫 슬래브는 또는 격자 슬래브는 고려해야 할 사항이 많다. 그림 8.3-15(가)는 4변이 보로 지지된 직사각형 슬래브로 이루어진 바닥판 구조로서 보는 기둥으로 지지되고 있다. 이 슬래브 판에 등분포하중 w가 작용할 때 이 하중은 앞의 절에서 설명한 바와 같이 가상의 슬래브 띠인 단변 ℓ_a방향과 장변 ℓ_b방향으로 나주어 전달된다. 장변 ℓ_b방향으로 전달된 하중은 단변에 걸쳐 있는 보 B1에 작용한다. 이 하중과 단변 ℓ_a방향으로 전달된 하중을 더하면 슬래브 판에 작용하는 전체 하중과 같게 된다. 물론 단변 ℓ_a방향으로 전달된 하중은 장변에 걸쳐 있는 보 B2에 작용하게 되며, 이 하중과 장변 ℓ_b방향으로 전달된 하중을 더하여도 슬래브 판에 작용하는 전체 하중과 같게 된다. 다시 말하면, 이것은 기둥으로 지지되는 2방향 슬래브 구조에서 각 방향으로 전체하중이 양쪽 방향으로 슬래브와 보에 의해 전달되어야 한다는 것을 뜻한다.

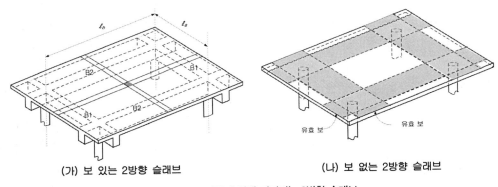

(가) 보 있는 2방향 슬래브   (나) 보 없는 2방향 슬래브

그림 8.3-15 기둥에 의해 지지되는 2방향 슬래브

그림 8.3-15(나)에서 보는 바와 같이 비슷한 현상이 플랫 플레이트의 경우에서도 나타난다. 이 경우는 보가 없으나, 각 방향으로 기둥 중심선을 중심으로 하는 넓은 슬래브 부분이 그림 8.3-15(가)의 보와 같은 역할을 한다. 이 경우에서도, 전체 하중이 각 방향으로 각각 전달되어야 한다. 그림 8.1-1(마)와 같은 지판이나 기둥 머리가 있는 구조의 경우에도 주열대가 교차하는 기둥 상부에서 이러한 요구조건을 만족시켜야만 한다. 즉, 이 영역에서도 2방향 모두에 저

항할 수 있도록 설계되어야 한다. 그림 8.3-16(가)는 받침점 A, B, C, D에서 기둥으로 지지되는 플랫 플레이트 구조이다. 그리고 그림 8.3-16(나)는 경간 ℓ_1방향의 휨모멘트 분포도를 나타내고 있는데, 이 방향의 슬래브는 폭이 ℓ_2인 넓은 보로서 취급될 수 있다. 어떠한 연속 보에서도 양단부의 (−)휨모멘트의 평균값과 보 중앙부의 (+)휨모멘트의 합은 단순지지된 보에서 중앙부의 (+)휨모멘트 크기와 같다. 따라서 슬래브에 대한 힘의 평형조건을 고려하면 다음 식과 같이 나타낼 수 있다[8.11].

$$\frac{1}{2}(M_{ab} + M_{cd}) + M_{ef} = \frac{1}{8}w\ell_2\ell_1^2 \tag{8.3-9a}$$

마찬가지로 직교방향에 대해서도 다음 식으로 나타낼 수 있다.

$$\frac{1}{2}(M_{ac} + M_{bd}) + M_{gh} = \frac{1}{8}w\ell_1\ell_2^2 \tag{8.3-9b}$$

그러나 이 관계식으로부터 단부 휨모멘트와 중앙부 휨모멘트의 크기를 알 수는 없다. 이를 알려면 연속되는 슬래브, 보 및 기둥의 강성을 알고 탄성해석을 수행해야 한다. 또 다른 방법으로는 경험에 의한 근사식으로 구조물과 하중에 대한 조건을 제한한다면 상당한 정확성을 갖는 결과를 얻을 수 있다.

단면 AB 및 EF 등과 같은 위험설계 단면의 전체 구간에서 휨모멘트는 일정하지 않으며, 그림 8.3-16(다)에 보인 바와 같이 그 크기가 변한다. 이러한 변화의 크기는 하중의 분포뿐만 아니라 기둥 사이에 보의 유무, 지판의 유무, 기둥 머리의 유무에 영향을 받는다. 설계를 하기 위해서는 그림 8.3-16(다)에 보인 바와 같이 기둥 중심선 좌우로 슬래브 폭의 1/4에 해당하는, 즉 전체 폭의 1/2에 해당하는 주열대, 주열대 사이의 슬래브로 이루어지는 중간대로 나누는 것이 편리하다. 이렇게 나누어 주열대와 중간대에서 휨모멘트는 각 설계대에서 일정하다고 가정하여 설계한다. 다만 주열대에 보가 있는 경우에는 보에 휨모멘트가 집중된다. 이때 보의 곡률과 보에 연결되어 있는 슬래브의 곡률은 같다고 가정하면, 보의 휨모멘트는 보의 강성에 비례하여 더 증가하게 되어 슬래브 부분이 부담하는 휨모멘트와 그 크기가 더 이상 같지 않게 된다. 그러나 힘의 평형조건에 따라 주열대가 부담해야 할 전체 휨모멘트가 같으므로 슬래브 부분이 부담해야 할 휨모멘트의 크기는 줄어들게 된다.

콘크리트구조기준 2012의 10장에는 2방향 슬래브에 대한 설계법이 제시되어 있다. 그리고 10장의 규정은 보에 의해 지지되는 슬래브뿐만 아니라 플랫 플레이트, 플랫 슬래브 및 2방향 격자 슬래브에 대해서도 적용할 수 있다. 또한 '힘의 평형조건과 적합조건을 만족하는 어떠한 방법'으로도 해석, 설계할 수 있을 뿐만 아니라 '직접설계법' 또는 '등가골조법'에 의해서도, 해석, 설계할 수 있다고 규정하고 있다.

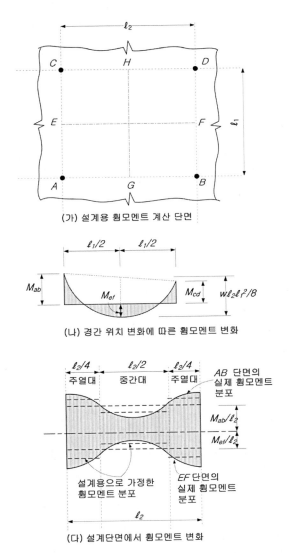

(가) 설계용 휨모멘트 계산 단면

(나) 경간 위치 변화에 따른 휨모멘트 변화

(다) 설계단면에서 휨모멘트 변화

그림 8.3-16 기둥에 의해 지지되는 2방향 슬래브에서 휨모멘트 변화

직접설계법이든 등가골조법이든 슬래브는 주열대와 중간대로 나누어 설계한다. 여기서 주열대는 기둥 중심선 주위의 슬래브의 설계대로서 중심선 양쪽에 슬래브 판의 양변 길이 ℓ_1과 ℓ_2 중 작은 값의 1/4만큼의 폭을 갖는 슬래브 부분이다. 그리고 기둥 중심선을 따라 보가 있다면 이 보 부재도 주열대에 포함된다. 한편 중간대는 2개의 주열대 사이의 슬래브 부분으로서 정의된다. 이때 ℓ_1은 휨모멘트를 계산하고자 하는 방향의 경간이며, ℓ_2는 ℓ_1에 직교하는 방향의 경간이다. 특별한 언급이 없는 한, 경간은 기둥 중심 간 거리이다. 그리고 일체로 타설된 구조물에서는 보는 보 양측으로 내민 슬래브가 포함되는데 내민 슬래브 부분은 보가 상하로 내민 부분 중 큰 값으로 해야 하며, 이때 슬래브 두께의 4배 이하로 해야 한다[8.2].

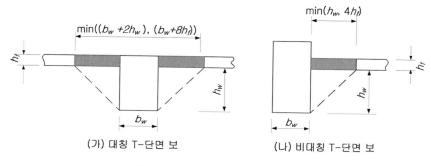

(가) 대칭 T-단면 보   (나) 비대칭 T-단면 보

그림 8.3-17 슬래브와 유효 보의 단면

8.4 플랫 슬래브 Flat Slabs

8.4.1 플랫 슬래브의 해석

플랫 슬래브는 바닥에 보를 두지 않고 기둥 머리가 있건 없건 기둥으로 지지되는 슬래브이다. 기둥과 슬래브가 접합되는 부분에 드롭 패널을 둘 수도 있다. 이 슬래브는 속이 찬 것일 수도 있지만 때로는 바닥 면이 움푹 파인 형태로 **와플 슬래브** *waffle slab*가 되기도 한다. 여기서는 속이 찬 슬래브만 다루기로 한다.

그림 8.4-1에 보인 바와 같은 플랫 슬래브 구조로 된 건물에서 내부에 상단에 드롭 패널*drop panel*을 둔 원형 단면의 기둥이, 가장자리에도 드롭 패널을 둔 정사각형 단면의 기둥이 배치되어 있다. 슬래브 두께는 보로 지지되는 슬래브의 두께보다 두껍지만, 보가 없으므로 정해진 순층고를 만족하면서 층고가 낮아질 수 있고 시공이나 거푸집 공사가 간편해진다[8.15].

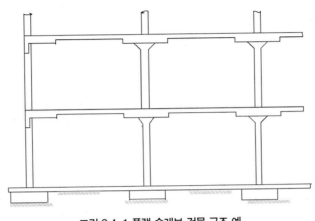

그림 8.4-1 플랫 슬래브 건물 구조 예

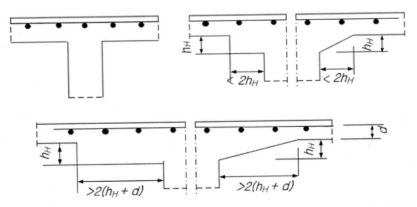

그림 8.4-2 드롭 패널이 없는 슬래브, 사각형 드롭 패널 또는 원뿔형 기둥 머리가 있는 슬래브

그림 8.4-2는 슬래브를 지지하는 여러 형태의 기둥 지지부를 나타낸 것이다. 잘 알 수 있는 바와 같이, 드롭 패널의 전체 폭은 폭넓게 달라질 수 있다. 드롭의 작은 치수가 슬래브 패널의 작은 치수의 1/3과 같다면 드롭 패널이 모멘트 분포에 영향을 줄 수 있다. 작은 크기의 드롭

패널을 두어 뚫림전단을 저항한다. 패널의 두께는 일반적으로 처짐에 의해 결정된다.

플랫 슬래브의 휨모멘트 분포는 아주 복잡하다. 그림 8.4-3은 기둥이 양 방향으로 각각 6.0 m 간격을 두고 있는 30×24 m 크기의 플랫 슬래브의 평면을 나타낸 것이다. 그림 8.4-4는 패널의 중심선 사이에 있는 폭 6.0 m인 슬래브의 일부의 대칭 반쪽을 나타낸 것이다. 슬래브 두께는 300 mm이고 18.75 kN/m²의 등분포하중을 받고 있다. 그림 8.4-5는 기둥열을 따른 휨모멘트 분포를 나타낸 것이다.

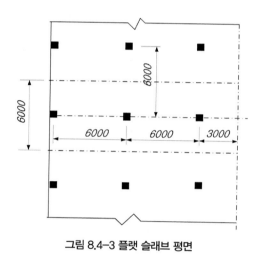

그림 8.4-3 플랫 슬래브 평면

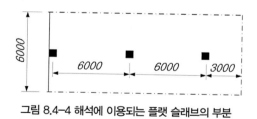

그림 8.4-4 해석에 이용되는 플랫 슬래브의 부분

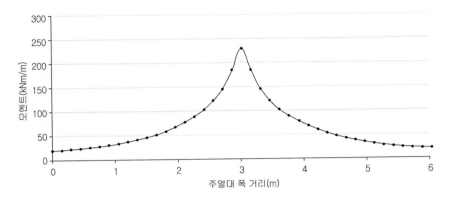

그림 8.4-5 주열대 중심선을 따른 휨모멘트 분포도

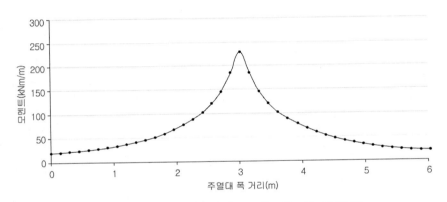

그림 8.4-6 둘째 기둥에서 폭방향으로 휨모멘트 M_{xx}의 분포도

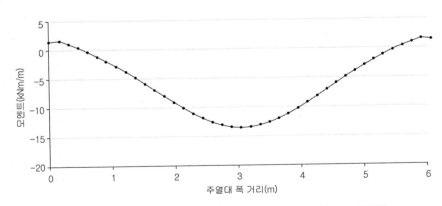

그림 8.4-7 첫째 및 둘째 기둥 사이에서 폭방향으로 휨모멘트 M_{xx}의 변화

그림 8.4-6은 제2기둥이 있는 곳의 단면에 폭 방향으로 휨모멘트 변화를 나타낸 것이다. 그림 8.4-7은 제1기둥과 제2기둥 사이의 중간부 슬래브 단면 방향으로 휨모멘트 변화를 나타낸 것이다. 주목해야 할 점은 (−)휨모멘트는 기둥 열 가까이 좁은 폭에 심하게 집중되지만 (+)휨모멘트는 (−)휨모멘트보다는 집중 정도가 덜 하다.

유한해석 결과에 의하면

- 패널의 중심선 사이에 있는 슬래브 일부를 연속 보로 해석해도 플랫 슬래브의 휨모멘트 분포는 믿을 만한 결과이다.
- 모멘트는 기둥 가까운 일부 폭에 집중되는 경향이 있다.

유로코드 EC2에서 권장하고 있는 플랫 슬래브 해석과 설계 부분에 이러한 내용들이 고려되어 있다.

8.4.2 도로교설계기준 일반 규정

도로교설계기준에서는 두 곳에서 슬래브 설계를 다루고 있다.

- 5.7.4에서는 뚫림전단에 대한 설계 절차를 다루고 있다.
- 5.12.4에서는 플랫 슬래브의 설계에 대해 다루고 있다.

도로교설계기준 5.12.4에서는 다음과 같은 검증된 해석법을 이용하여 설계모멘트를 구할 수 있다고 기술하고 있다[8.1].

(가) 등가 골조 해석

(나) 격자 해석

(다) 유한요소 해석

(라) 항복선 해석

도로교설계기준 5.12.4.2에는 또한 등가 골조 해석법 이용에 관한 지침이 제시되어 있다. 유로코드 EC2에서는 정상적으로 전 경간에 최대 설계하중의 한 가지 경우만 고려해도 충분하다고 기술하고 있다. 다음의 등가 골조 해석법을 이용해서 설계모멘트와 전단력을 구할 수 있다.

8.4.3 등가 골조 해석법

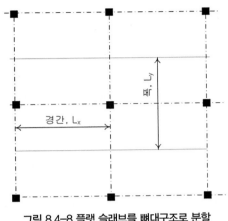

그림 8.4-8 플랫 슬래브를 뼈대구조로 분할

그림 8.4-8에 보인 바와 같이 인접 패널의 중심선 사이에 포함된 슬래브 스트립과 기둥으로 구성된 뼈대로 구조물을 길이방향과 가로방향으로 나눈다. 부재의 강성은 부재의 전단면을 고려하여 계산해도 된다. 연직하중에 대해서, 패널의 전체 폭을 고려한 강성을 사용한다. 수평하중에 대해서는 전 단면값의 40 %을 사용해서 기둥-보 접속부의 유연도와 비교하여 플랫 슬래브 구조물의 기둥-슬래브 접속부의 증가된 유연도를 반영해야 한다.

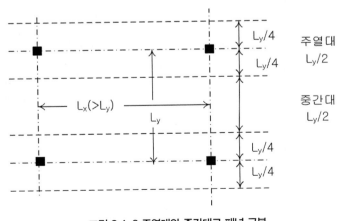

그림 8.4-9 주열대와 중간대로 패널 구분

이 해석으로 구한 전체 휨모멘트는 슬래브의 폭에 분배시켜야 한다. 패널을 그림 8.4-9에 보인 바와 같이 주열대과 중간대으로 구분해야 한다. 표 8.4-1에 제시된 바와 같이 휨모멘트를 각 슬래브 띠에 적절히 분배시켜야 한다.

표 8.4-1 플랫 슬래브의 모멘트 분배

	전체 (−)휨모멘트 또는 (+)휨모멘트의 백분율로 나타낸 주열대과 중간대 간의 분배 비율	
	주열대	중간대
(−)휨모멘트	60~80 %	40~20 %
(+)휨모멘트	50~70 %	50~30 %

도로교설계기준 5.12.4.2에서는 내측 기둥에서 전체 철근량의 50 %를 기둥의 양쪽으로 $L_y/8$ 내에 배치하여 (−)휨모멘트를 부담할 수 있도록 해야 한다고 규정한 것이다.

8.4.4 뚫림전단

콘크리트가 잘린 고깔 모양을 보이며 슬래브 밖으로 억지로 나오려는 작용을 **뚫림***punching*이라고 한다. 이런 현상은 플랫 슬래브나 확대기초의 기둥이 있는 곳에서, 그리고 슬래브에 집중하중이 작용하는 경우에 생긴다. 다음의 내용은 플랫 슬래브의 기둥 주위의 조건을 위주로 기술한 것이지만 일반적으로 다른 경우에도 똑같이 적용될 수 있다.

그림 8.4-10은 내부 기둥 주위에서 플랫 슬래브의 윗면에서 파괴가 일어나기 바로 전에 관찰된 균열 형상을 나타낸 것이다. 기둥 둘레에도 균열이 있고 지배적인 형상으로 슬래브를 기둥에 가까운 축에 대해서 실질적으로 강체로서 회전하는 몇 개의 조각으로 나누는 방사형 균열이 있다. 하중이 더 커지면 몇 가닥의 둘레 균열이 기둥 가까이에 보이기도 하지만 실질적으로 강체 회전 운동에 아무런 영향을 주지 못한다. 하중의 크기가 뚫림 파괴하중의 약 2/3쯤 될 때 기둥에서 약 $0.5d$ 되는 곳에 슬래브의 수직 변형이 급격히 증가하면서, 내부 경사균열이 형성된다.

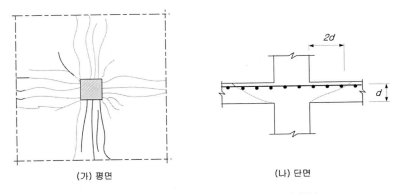

(가) 평면   (나) 단면

그림 8.4-10 플랫 슬래브에 생긴 전형적인 균열 형상

뚫림전단으로 파괴가 일어난다면, 그림 8.4-10에 보인 바와 같이 아마도 표면에서 일어날 것이며 그 형상은 나팔 모양이며 슬래브 바닥 면에서 기둥 면과 기둥에서 $2d$만큼 떨어진 곳에 주철근의 교차점 간에 생긴다. 그 거리는 달라질 수 있고 슬래브 철근량이 크지 않다면 감소되는 경향이 있다. 최대 하중 이후에도 변형이 계속된다면, 주철근 위치에서 파괴면이 수평으로 확장된다.

(1) 뚫림전단 해석

뚫림전단을 저항하는 기본적인 작용은 균열 선단과 슬래브 바닥 사이에서 경사 압축과 경사균열을 가로질러 전달되는 힘들이다. 이 두 가지 작용은 기둥 주위의 상당히 큰 면적에서 주철근의 영향을 크게 받으며 균열의 깊이와 폭에 큰 영향을 준다.

가장 실용적인 설계 방법은 공칭 작용 응력—하중/면적—으로 설명되어 있다. 45°로 가정한 파괴면의 평면 면적은 콘크리트에 매입된 철근의 **뽑아내기** *pull-out* 저항을 검토하는 데 이용되어 왔으며, 이것은 뚫림과 상당히 많이 공통점을 갖는 문제이다. 경사 표면을 이용해서 극한 응력이 파괴시의 면과 움직임 간의 각도와 관련이 있다는 파괴기준과도 관련지을 수 있다. 이 사실로 다른 면에 대해서도 저항이 검증될 수 있으며 작용하중이 파괴면 경사의 함수이면, 즉 토압이 뚫림전단력을 감소시켜주는 확대기초에서, 그리고 전단보강된 슬래브에서도 효과적일 수 있다.

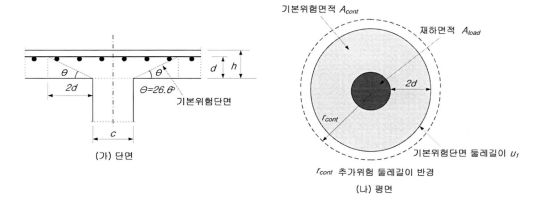

그림 8.4-11 뚫림전단 검증 모델

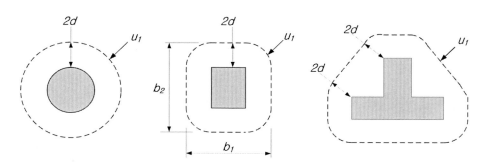

그림 8.4-12 재하면 주변의 기본위험단면 둘레길이

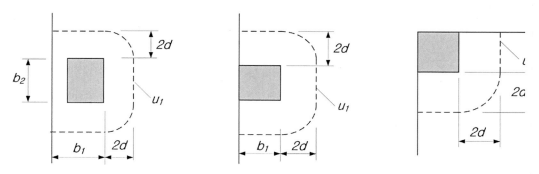

그림 8.4-13 모서리나 가장자리에 인접한 재하면 주변의 기본위험단면 둘레길이

슬래브 또는 기초판에서 비교적 작은 재하면적 A_{load}에 작용하는 집중하중이나 반력에 의해 유발되는 뚫림전단강도는 위험단면에서 검토해야 한다. 그림 8.4-11은 극한한계상태에서 뚫림전단파괴를 검토하기 위한 모델을 나타낸 것이다.

뚫림전단에 대한 기본위험단면의 둘레길이 u_1은 재하면으로부터 $2d$ 거리를 유지하면서 최소가 되도록 취한다(그림 8.4-12). 재하면이 슬래브의 가장자리 또는 모서리 근처에 위치하는 경우, 위험단면 둘레길이는 그림 8.4-13과 같이 취한다. 재하면이 가장자리 또는 모서리의 선상에 위치하거나 d 미만의 거리 내에 위치한 경우, 특수 테두리 철근을 반드시 배치해야 한다 (도로교설계기준 5.9.3.1(4) 참조). 위험단면은 둘레길이가 폭이고 유효깊이 d를 갖는 단면이다. 깊이가 일정한 슬래브의 경우, 위험단면은 슬래브의 중간층면에 수직이다. 깊이가 변하는 슬래브나 확대기초의 경우, 유효깊이는 그림 8.4-12에 보인 바와 같이 재하면 둘레위치의 유효깊이로 가정한다. 위험면 내외의 기타 둘레길이 u_i는 기본위험단면 둘레길이 형상과 같아야 한다[8.1, 8.4, 8.5, 8.6].

이때 슬래브의 두 직교방향 유효깊이가 다를 경우에는 슬래브의 유효깊이는 일정하다고 가정하여 두 직교 단면의 유효깊이의 평균값을 취한다. 옛 설계 규정에서는 그 거리를 대체로 $d/2$로 보았으나, 유로코드 EC2와 같은 최근의 설계기준들을 보면 $2d$나 되는 훨씬 더 큰 거리를 사용하고 있다. 그러한 변화에 대해서 크게 두 가지 이유가 있다. 첫째로 그런 규정을 적용하면 다양한 크기의 기둥에 대해서도 제한적인 전단응력을 훨씬 더 균등하게 해주며, 둘째로 제한된 응력을 슬래브의 다른 형태의 전단에 대해서도 똑같이 되게 한다는 점이다. 설계 규정들은 하중을 슬래브 유효깊이와 기둥 주위로 규정된 거리에 형성된 위험 둘레길이의 곱으로 나눈 값을 공칭전단응력으로 다음과 같이 정의하고 있다.

$$v_{cu} = \frac{V_u}{u_i d} \tag{8.4-1}$$

여기서, V_u는 극한뚫림하중이고, d는 슬래브의 평균 유효깊이로써 $(d_y + d_z)/2$ 값을 취하는데 d_x와 d_y는 각각 위험단면에서 $y-$방향 및 $z-$방향 유효깊이이다. u_i는 그림 8.4-12에 나타낸 바와 같이 검토하는 위험단면의 둘레길이이다.

도로교설계기준 5.7.4.3 전단철근이 없는 슬래브 또는 기초판의 뚫림전단강도에서는 다음과 같이 규정하고 있다.

먼저 슬래브의 설계뚫림전단강도는 다음과 같이 산정한다.

$$v_{cd} = 0.85\phi_c\kappa(100\rho_l f_{ck})^{1/3} + 0.10f_n \geq 0.4\phi_c f_{ctk} + 0.10f_n \tag{8.4-2}$$

여기서, f_{ck}와 f_{ctk}는 각각 MPa 단위의 콘크리트 기준압축강도와 인장강도이고,

$\kappa = 1 + \sqrt{200/d} \leq 2.0$이며, d 는 mm 단위의 값이다.

$\rho_l = \sqrt{\rho_{ly}\rho_{lz}} \leq 0.02$로, ρ_{ly}과 ρ_{lz} 각각 $y-$방향 및 $z-$방향의 인장철근비이다. 이 ρ_{ly}, ρ_{lz}은 각 방향의 슬래브 폭을 (재하폭$+3d$)로 한 평균값으로 계산한다.

$f_n = (f_{ny} + f_{nz})/2$로, $f_{ny} = N_{uy}/A_{cy}$, $f_{nz} = N_{uz}/A_{cz}$로 계산한 위험단면에서 $y-$방향 및 $z-$방향의 콘크리트 직각응력(압축이 +)이며, N_{uy}, N_{uz}는 내부 기둥인 경우 기둥 사이의 전체 거리에 걸친 종방향 힘이고, 가장자리 외측 기둥인 경우 위험단면에 작용하는 계수 종방향력이다. 이 힘은 작용 계수하중 또는 프리스트레스에 의해 유발된다. A_c는 N_u를 결정할 때 사용한 콘크리트 면적이다.

기초판부의 설계뚫림전단강도는 다음과 같이 산정한다.

$$v_{cd} = 0.85\phi_c\kappa(\rho_l f_{ck})^{1/3}\frac{2d}{a} \geq 0.4\phi_c f_{ctk}\frac{2d}{a} \tag{8.4-3}$$

여기서, a는 기둥 면에서부터 검토하는 위험단면까지 거리이다.

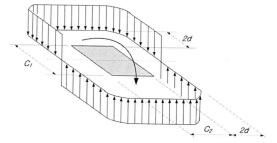

그림 8.4-14 기둥에서 모멘트 전달에 의한 슬래브 내의 전단응력 분포

기둥에 편심하중이 작용하면, 휨, 비틀림, 그리고 부등 전단이 합해져서 모멘트가 전달된다. 탄성해석에 의하면 슬래브와 기둥 사이에 작용하는 모멘트에 의한 전단 분포는 직사각형 형상과 유사하다.

받침점 반력이 위험단면 둘레에 대해 편심으로 작용하는 경우의 계수하중에 의한 최대 전단응력은 식 (8.4-2)의 값에 β를 곱하여야 하며, β의 값은 다음과 같이 구하여야 한다.

① 사각형 기둥의 경우

$$\beta = 1 + k\frac{M_u}{V_u} \cdot \frac{u_1}{W_1}$$

(8.4-4)

여기서, u_1 : 기본위험단면 둘레길이

k : 기둥 치수 c_1과 c_2의 비에 따른 계수이며, 이 값은 비균일 전단 및 휨과 비틀림에 의한 불균형모멘트에 비례하는 함수이다(표 8.4-2 참조).

c_1 : 하중 편심방향과 평행한 방향의 기둥 치수

c_2 : 하중 편심방향에 직각인 방향의 기둥 치수

$W_1 = \dfrac{c_1{}^2}{2} + c_1 c_2 + 4c_2 d + 16d^2 + 2\pi dc$: 그림 8.4-13과 같은 위험단면 둘레 1차 모멘트

② 내부 원형기둥인 경우

$$\beta = 1 + 0.6\pi\frac{e}{D + 4d}$$

(8.4-5)

여기서, $e = M_u/D$: 편심거리, D = 원형 단면 기둥의 지름이다.

기초판의 계수뚫림전단력 V_u는 계수기둥 하중에서 검토하는 위험단면 둘레 내의 순 상향력을 차감한 값으로 해야 하며, 기초판의 계수뚫림전단력 V_u는 토압이 유리하게 작용할 때 감소시킬 수 있다. 위험단면과 교차하는 경사진 프리스트레싱 긴장재의 직각 성분 긴장력 V_p는 유리한 작용으로 취급하여 계산에 고려할 수 있다.

표 8.4-2 재하면이 사각형일 때 k값

c_1/c_2	≤ 0.5	1.0	2.0	≥ 3.0
k	0.45	0.60	0.70	0.80

(2) 뚫림전단보강 설계

뚫림전단설계 절차는 기본위험단면과 유사한 형상을 갖는 일련의 위험단면 둘레에 대한 응력 검토에 기초한다. 위험단면에서 설계뚫림전단강도는 다음과 같이 구분하여 정의한다.

- v_{cd} : 검토하는 위험단면에 뚫림전단철근이 없는 슬래브의 설계뚫림전단강도(응력)
- v_{csd} : 검토하는 위험단면에 뚫림전단철근이 있는 슬래브의 설계뚫림전단강도(응력)
- $v_{d,\max}$: 검토하는 위험단면에서 최대 설계뚫림전단강도(응력)

기둥 둘레 또는 재하면 둘레에서 계수하중효과에 의한 최대 뚫림전단응력 v_u 는 최대 설계뚫림전단강도 $v_{d,\max}$ 보다 작아야 하며, 그 최대 뚫림전단응력 v_u 가 콘크리트 만의 설계뚫림전단강도 v_{cd} 보다 작은 경우에는 뚫림전단철근을 배치할 필요가 없지만, 큰 경우에는 도로교설계기준 5.7.4.4의 규정에 따라 뚫림전단철근을 배치해야 한다. 전단철근이 있는 슬래브 또는 기초판의 뚫림전단강도는 다음과 같이 계산한다.

$$v_{csd} = 0.75v_{cd} + 1.5(d/s_r)A_v\phi_s f_{vy,ef}(1/(u_1 d))\sin\alpha \tag{8.4-6}$$

여기서, A_v : 기둥 주변의 각 위험단면의 전단철근의 면적

$\quad\quad\quad s_r$: 전단철근의 층의 반경방향 간격

$\quad\quad\quad f_{vy,ef}$: 뚫림전단철근의 유효설계강도로서 $\phi_s f_{vy,ef} = 250 + 0.25d \leq \phi_s f_{vy}$ (MPa)

$\quad\quad\quad d$: 슬래브의 평균 유효깊이(mm)

$\quad\quad\quad \alpha$: 전단철근과 슬래브 평면 사이의 각

그림 8.4-15에 나타낸 바와 같은 위험단면 둘레에 발생하는 전단을 저항하기 위해서 전단보강이 필요하다면, 재하면에서 $0.5d$ 이내와 전단보강을 필요로 하지 않은 바깥 둘레길이 안쪽으로 $1.5d$ 사이에 보강철근을 두어야 한다. 이 길이는 $u_{out,ef} = V_u/(v_{cd}d)$ 를 이용하여 재하면으로부터 필요한 길이를 계산할 수 있다. 이 길이가 재하면에서 $3d$ 보다 작으면, 이 면에서

$0.3d$와 $1.5d$ 되는 곳 사이에 보강철근을 두어야 한다.

대개 수직 스터럽으로 전단보강하며 $0.75d$ 이내로 적어도 두 개의 둘레길이를 따라 배치하여야 한다. 재하면 가장자리에서 $2d$ 이내에 있는 둘레길이를 따라 스터럽 간격은 $1.5d$보다 커서는 안 되며, 둘레길이가 더 커진다면 $2.0d$까지 증가시킬 수 있다.

전단철근이 필요하지 않는 위험단면 둘레길이 u_{out}(또는 $u_{out,ef}$, 그림 8.4-15)는 식 (8.4-7)로부터 계산한다.

$$u_{out,ef} = V_u/(v_{cd}d) \qquad (8.4\text{-}7)$$

전단철근의 가장 바깥쪽의 둘레는 u_{out} (또는 $u_{out,ef}$, 그림 8.4-15) 안쪽으로 $1.5d$ 이하의 거리에 위치해야 한다. 폐합된 수직철근, 굽힘철근 또는 철망 이외 형태의 전단철근의 경우, v_{csd}는 실험을 통해 결정한다.

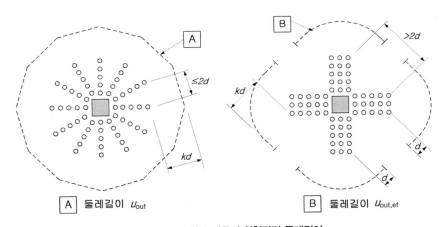

그림 8.4-15 내부 기둥의 위험단면 둘레길이

계산된 전단보강량이 최소 요구량을 만족하는지 반드시 검토해야 한다.

$$A_{v,\min} \geq \frac{0.08\sqrt{f_{ck}}(s_r \cdot s_t)}{1.5 f_y} = \frac{0.053\sqrt{f_{ck}}(s_r \cdot s_t)}{f_y} \qquad (8.4\text{-}8)$$

여기서, s_t는 둘레길이를 따라 스터럽의 간격이며 $A_{v,\min}$은 스터럽 다리 하나의 면적이다.

스터럽 형태의 재래식 전단보강재는 상당히 복잡하고 철근 배근 공정을 더디게 하기 때문에, 하중이 그다지 크지 않은 슬래브에 전단보강재를 두는 것은 그다지 바람직하지 않다. 그러나 미리 제작해둔 전단보강재도 있으며 시공하기에도 아주 간편하다. 이용되고 있는 다른 형태의 전단보강재는 강판에 대못 같은 전단 연결재로 구성된 스터드 레일이 있다.

예제 8.4   뚫림전단에 대한 검토

두께가 175 mm인 슬래브의 평균 유효깊이가 145 mm이고 콘크리트강도 f_{ck} =25 MPa이다. 한쪽으로는 직경 12 mm 철근을 중심간격 150 mm로 배치하였고(A_s =754 mm²/m) 이것에 직교방향으로는 직경 10 mm 철근을 중심간격 200 mm로 배치하였다(A_s =393 mm²/m).
300×400 mm 면적에 견딜 수 있는 극한최대 하중을 구한다.

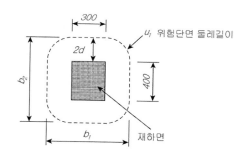

그림 8.4-16 예제 8.4 슬래브 평면과 위험단면 둘레길이

전단보강이 안 된 단면에 대해서 위험단면 둘레길이

$$u_1 = 2a + 2b + 2\pi \times 2d = 2(a+b) + 4\pi d = 2(300+400) + 4\pi = 145 = 3222 \text{ mm}$$

그러므로 식 (8.4-1)에서

$$V_{cd} = v_{cd}(u_1 d) = v_{cd}(3222 \times 145) = 467\,190\,v_{cd}$$

평균 철근비

$$\rho_l = \sqrt{\rho_y \rho_z}, \quad \rho_y = 754/(1000 \times 145) = 0.0052, \quad \rho_z = 393/(1000 \times 145) = 0.0027$$

그러므로

$$\rho_l = \sqrt{(0.0052 \times 0.0037)} = 0.0038 \text{ 이다.}$$

슬래브 두께가 175 mm이므로 $\kappa = 2.0$ 이다. 축방향력이 없으므로 $f_n = 0$ 이다.

식 (8.4-2)에서

$$v_{cd} = 0.85(0.65)(2.0)(0.0038 \times 25)^{1/3} = 0.504 \text{ N/mm}^2 \text{이므로}$$

$$V_{cd} = 0.504 \times 467190 \times 10^{-3} = 235.0 \text{ kN}$$

재하면을 기준으로 최대 허용 전단력은 다음 식으로 계산한다.

$$V_{cd,\max} = 0.5 u\, d\, [0.6(1 - f_{ck}/250)] \phi_c f_{ck}$$

$$= 0.5 \times 2(300 + 400) \times 145 \times [0.6(1 - 25/250)](0.65 \times 25)/1000$$

$$= 891.0 \text{ kN}$$

이 값은 위험단면 둘레길이를 적용한 값보다 분명히 크다. 그러므로 슬래브가 견딜 수 있는 최대 하중은 235.0 kN이다.

예제 8.5 뚫림전단에 대한 보강 설계

$f_{ck} = 25$ MPa인 콘크리트로 된 두께 260 mm인 슬래브에 직교방향으로 각각 중심간격 250 mm로 직경 13 mm 철근으로 보강되어 있다. 이 슬래브는 건조한 환경에 노출되어 있고 한 변의 길이가 300 mm인 정사각형 재하면에 극한집중하중 650 kN을 견딜 수 있어야 한다. $f_y = 500$ MPa인 철근으로 전단보강 철근량을 결정한다.

콘크리트 피복두께를 25 mm로 하여, 스터럽의 직경을 8 mm로 가정하면 유효깊이는 260−(25+8+13)=214 mm이다.

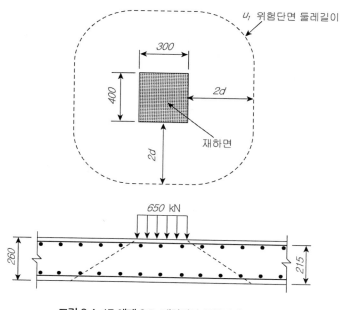

그림 8.4−17 예제 8.5 재하면과 위험단면 둘레길이

① 재하면의 가장자리에서 최대 허용전단력 검토

최대 전단 저항강도:

$$V_{cd,\max} = 0.5u\,d\,[0.6(1-f_{ck}/250)]\phi_c f_{ck}$$

$$= 0.5(4\times300)\times214[0.6(1-25/250)]0.65\times25/1000$$

$$= 1127.0\ \mathrm{kN}\ \ (>\ V_u = 650\ \mathrm{kN})$$

② 재하면에서 $2d$만큼 떨어진 기본위험단면 둘레길이 검토

둘레길이 $u_1 = 2(a+b)+4\pi d = 2(300+300)+4\pi\times214 = 3889.0\ \mathrm{mm}$

그러므로 전단보강이 없는 콘크리트의 전단저항강도는 다음과 같다.

$$V_{cd} = v_{cd}\times3889\times214 = 832\,290\,v_{cd}$$

휨철근비 $\rho_1 = \dfrac{A_s}{bd} = \dfrac{905}{1000 \times 214} = 0.0042 (> 0.4\%)$, $\kappa = 1 + \sqrt{200/214} \approx 2.0$, $f_n = 0$이다.

식 (8.4-2)에서

$$v_{cd} = 0.85(0.65)(2.0)(0.0042 \times 25)^{1/3} = 0.521 \, \text{N}/\text{mm}^2$$

$$V_{cd} = 832\,290\,v_{cd} = 832\,290 \times 0.521/000 = 434.0 \, \text{kN} \ \ (< \ V_u = 650 \, \text{kN})$$

이므로 전단보강이 필요하다.

③ 전단보강이 필요하지 않은 바깥 둘레 위치 검토

$$u_{out,ef} = \frac{V_u}{v_{cd}d} = \frac{650 \times 10^3}{0.521 \times 214} = 5830 \, \text{mm}$$

이 길이는 재하면 가장자리에서 xd만큼 떨어진 곳의 둘레길이이다.

$$5830 = 2(300 + 300) + 2\pi \times 214 \times x \text{에서} \ x = 3.44 \, (> 3.0)$$

④ 전단보강 배근

재하면에서 $(3.4 - 1.5)d = 1.9d$보다 작지 않으며 $0.5d$보다 크지 않은 거리에서 연장된 구역 내에 전단보강을 해야 한다.

$0.75d$만큼 떨어진 둘레에는, $0.4d$, $1.15d$, $1.9d$만큼 떨어진 3줄의 둘레길이에 전단보강만 해도 충분하다. 다시 말해서, 재하면에서 각각 85, 245, 400 mm 되는 위치이다(즉, $s_r \approx 0.75d = 160 \, \text{mm}$).

모든 보강 둘레가 재하면에서 $2d\,(= 428 \, \text{mm})$이내에 있으므로, 스터럽 최대 간격 s_t는 $1.5d\,(= 320 \, \text{mm})$로 제한된다. 그러므로 스터럽 최소 단면적은 다음과 같다.

$$A_{v,\min} = \frac{0.053 \sqrt{f_{ck}}\,(s_r \cdot s_t)}{f_y} = \frac{0.053 \sqrt{25}\,(160 \cdot 320)}{500} = 27.0 \, \text{mm}^2$$

직경 6 mm 철근으로 스터럽을 만들면 $A_v = 28.3 \, \text{mm}^2$이다.

여기서는 가정한 직경 8 mm 철근 스터럽이면 충분할 것이다.

둘레길이당 필요 철근량은 다음 식으로 구한다.

$$A_v \geq \frac{v_{cds} - 0.75 v_{cd}}{1.5 \dfrac{f_{yd,ef}}{s_r u_1}}$$

여기서, 기본위험단면 둘레길이에서 계산해보면

$$v_{cds} = \frac{V_u}{u_1 d} = \frac{650 \times 10^3}{3889 \times 214} = 0.781 \text{ N/mm}^2$$

$$v_{cd} = 0.521 \text{ N/mm}^2$$

$$f_{yd,ef} = 250 + 0.25 \times 214 = 302 \text{ MPa} \ (\leq 0.9 \times 500 = 450 \text{ MPa})$$

$$s_r = 160 \text{ mm}$$

따라서

$$A_v \geq \frac{(0.781 - 0.75(0.521)) \times 160 \times 3889}{1.5(302)} = 531.0 \text{ mm}^2$$

⑤ 스터럽 개수

직경 8 mm 스터럽의 다리 하나 면적은 50.3 mm²이다. 그러므로 바깥 둘레길이에 필요한 스터럽 다리 개수는 530/50.3 = 11이다. 표 8.4-3에 정리한 바와 같이 같은 개수의 스터럽을 3곳의 둘레길이에 배치하는 것이 편리하다.

표 8.4-3은 최대 배치간격과 실제 배근 조건을 고려하면 각각의 배근 둘레길이에 대해서 직경 8 mm 철근의 스터럽의 개수를 나타낸 것이다. 휨철근은 양 방향으로 125 mm 간격으로 배치되어 있으므로 스터럽 간격도 이 간격의 배수로 정하는 것이 좋다.

표 8.4-3 스터럽 배근

재하면에서 거리(mm)	둘레길이(mm)	스터럽 계산간격(mm)	스터럽 설계간격(mm)	스터럽 설계개수
85	1734	158	125	14
245	2740	249	250	11
400	3710	323	250	15

예제 8.6 플랫 슬래브의 내부 패널 설계 예

(1) 설계조건

30 m×24 m 크기의 플랫 슬래브로 건물의 바닥을 설계한다. 기둥 중심 간 거리는 직교방향으로 각각 6.0 m이고 건물은 횡방향에 대해서 전단 벽으로 지지되어 있다. 슬래브 두께는 300 mm이다. 내부 기둥 단면은 450 mm×450 mm이다. 하중은 다음과 같다.

바닥 마감재, 칸막이, 천정 등 고정하중 w_D=2.5 kN/m², 활하중 w_L=3.5 kN/m²

재료강도 : 콘크리트 $f_{ck} = 30\,\mathrm{MPa}$, $f_{cd} = \phi_c(0.85f_{ck}) = 0.65(0.85)(30) = 16.6\,\mathrm{MPa}$

철근 $f_y = 500\,\mathrm{MPa}$, $f_{yd} = \phi_s f_y = 0.9(500) = 450\,\mathrm{MPa}$ 이다.

두 변이 외측에 있는 외측 패널을 설계하고 배근 개략도를 작성한다.

(2) 슬래브 및 기둥 설계 제원

그림 8.4-18은 바닥 평면계획도의 일부를 보인 것이다.

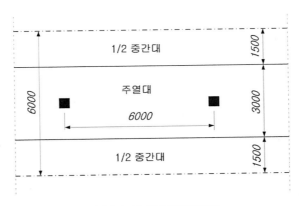

그림 8.4-18 바닥 평면의 일부

(3) 설계하중 및 모멘트

슬래브의 폭이 6.0 m이고 콘크리트 단위 중량을 25 kN/m³으로 취한다.

슬래브 자중 $w_s = 6.0 \times 0.3 \times 25.0 = 45.0\ \mathrm{kN/m}$

부착물 중량 $w_f = 6.0 \times 2.5 = 15 \text{ kN/m}$

$w_D = 45.0 + 15.0 = 60.0 \text{ kN/m}$

활하중 $w_L = 6.0 \times 3.5 = 21.0 \text{ kN/m}$

극한설계하중 $w_u = 1.25(60.0) + 1.8(21.0) = 112.8 \text{ kN/m}$

그림 8.4-19에 보인 바와 같이 등가 골조는 경간장 6.0 m인 5경간 연속 보로 이루어져 있다. 이 연속 보는 적절한 방법을 이용해서 해석될 수 있다.

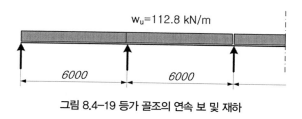

그림 8.4-19 등가 골조의 연속 보 및 재하

최종 해석 결과는 그림 8.4-20에 보인 바와 같다.

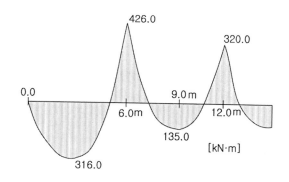

그림 8.4-20 연속 보의 휨모멘트 분포도

주요 해석값은 다음과 같다.

- 각 받침점에서 최대 (−)휨모멘트
  - 받침점 2 및 5에서 모멘트 $M_2 = M_5 = (-)427.51 \text{ kN} \cdot \text{m}$

– 받침점 3 및 4에서 모멘트 $M_3 = M_4 = (-)320.8 \text{ kN} \cdot \text{m}$

- 각 경간에서 최대 (+)휨모멘트
  – 경간 1−2 및 5−6에서 모멘트 $M_{1-2} = M_{5-6} = 316.1 \text{ kN} \cdot \text{m}$
  – 경간 2−3 및 4−5에서 모멘트 $M_{2-3} = M_{4-5} = 134.8 \text{ kN} \cdot \text{m}$

(4) 배근 설계

덮개 두께는 25 mm로 하고 직경 16 mm 철근을 두 방향에 배치하고 직경 8 mm 철근은 띠철근으로 사용한다. 안쪽 철근에 대한 유효깊이 $d = 300 - 25 - 8 - 25 - 16/2 = 234 \text{ mm}$이다.

① 외측 패널 내측 받침점 (−)휨모멘트 $M_u = 427.0 \text{ kN} \cdot \text{m}$

$$m_u = 427.0 \times 10^6 / (13.8 \times 6000 \times 234^2) = 0.0942$$

$$z = (234)[0.5 + \sqrt{0.25 - 0.0942/2}\,] = 222.0 \text{ mm}$$

$$A_s = 427.0 \times 10^6 / (222 \times 450) = 4267 \text{ mm}^2$$

<u>주열대 배근</u>

필요 $A_s = 4267 \text{ mm}^2$의 50 %인 2138 mm²를 폭 $L_y/4 = 1500 \text{ mm}$의 주열대에 배치한다.

설계 $A_s = 11\text{D}16 = 2200 \text{ mm}^2$를 중심간격 150 mm로 배근한다.

필요 A_s의 20 %인 854 mm²를 주열대 나머지 폭 $L_y/4 = 1500 \text{ mm}$ 안에 배근한다.

설계 $A_s = 3\text{D}16 = 600 \text{ mm}^2$를 기둥열의 양쪽에 중심간격 375 mm²로 배근하면 1200 mm²이다.

<u>중간대 배근</u>

나머지 30 %인 1280 mm²을 폭 3000 mm인 중간대에 중심간격 500 mm로 배근한다.

설계 $A_s = 7\text{D}16 = 1400 \text{ mm}^2$이다.

② 외측 패널 경간 (+)휨모멘트 $M_u = 316.0 \text{ kN} \cdot \text{m}$

$$m_u = 316.0 \times 10^6 / (13.8 \times 6000 \times 234^2) = 0.0697$$

$$z = (234)[0.5 + \sqrt{0.25 - 0.0697/2}\,] = 225.0 \text{ mm}$$

$$A_s = 316.0 \times 10^6 / (225 \times 450) = 3121 \text{ mm}^2$$

<u>주열대 배근</u>

필요 A_s =3121 mm²의 60 %인 1872 mm²를 폭 $L_y/2$ =3000 mm의 주열대에 배치한다.

설계 A_s =10D16=2000 mm²를 중심간격 300 mm로 배근한다.

설계 기준에서 내측 기둥에 각 방향으로 적어도 2가닥 이상의 철근을 지나도록 배치하도록 권장하므로 여기서는 이 철근들이 모두 기둥을 지나게 배치한다.

<u>중간대 배근</u>

나머지 40 %인 1250 mm²를 폭 3000 mm인 중간대에 중심간격 500 mm로 배근한다.

설계 A_s =7D16=1400 mm²이다.

(5) 전단 저항

그림 8.4-21은 전단력 분포를 나타낸 것이다. 받침점 2의 반력은 경간 1-2의 우측 반력 410.0 kN과 경간 2-3의 좌측 반력 360.0 kN의 합인 770.0 kN이다.

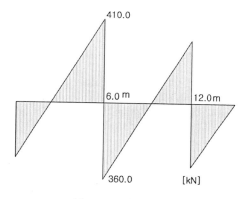

그림 8.4-21 전단력 분포도

① 기둥 전면에서

반력=770.0 kN

내측 기둥: 불균형 모멘트 계수 β =1.11

V_u =770.0×1.11=854.7 kN

기둥 단면 : $450\,\text{mm} \times 450\,\text{mm}$, $u_0 = 4 \times 450 = 1800\,\text{mm}$, $d = 234\,\text{mm}$

$v_u = 854.7 \times 10^3/(1800 \times 234) = 2.03\,\text{MPa}$

$\nu = 0.6\,(1 - f_{ck}/250) = 0.6\,(1 - 30/250) = 0.53$, $f_{cd} = \phi_c f_{ck} = 0.65(30) = 19.5\,\text{MPa}$

$v_{d,\max} = 0.5 \nu f_{cd} = 0.5(0.53)(19.5) = 5.17\,\text{MPa}$, $\therefore v_u < v_{d,\max}$

② 기둥 전면에서 $2d$만큼 떨어진 곳

기본 위험 전단 둘레길이

$u_1 = 4(450) + 2\pi(2d) = 1800 + 2941 = 4741\,\text{mm}$

$v = 854.7 \times 10^3/(4741 \times 234) = 0.77\,\text{N/mm}^2$

(주 : v를 계산할 때 전단 위험 둘레 안에 하향 하중을 빼주는 것이 더 정확하다.)

위험 전단 구역 면적 : $(450^2 + 4(450 \times 2 \times 234) + \pi(2 \times 234)^2)/10^6 = 1.73\,\text{m}^2$

하중 크기 : $112.8/6 = 18.8\,\text{kN/m}^2$

위험 구역 안에 하중 : $1.73 \times 18.8 = 32.52\,\text{kN}$

$v = (854.7 - 32.52) \times 10^3/(4741 \times 234) = 0.74\,\text{MPa}$

보정 효과는 미미하다.

v_{cd}를 산정한다. 기둥 스트립의 중심선에 직경 16 mm 철근이 중심간격 150 mm로 배치되어 철근량은 $1340\,\text{mm}^2/\text{m}$이다.

$\rho_l = 1333/(1000 \times 234) = 0.0057$, $k = 1 + \sqrt{200/d} = 1 + \sqrt{200/234} = 1.93 < 2.0$

$v_{cd} = 0.85 \phi_c k (\rho_l f_{ck})^{1/3} = 0.85 \times 0.65 \times 1.93\,(0.0057 \times 30)^{1/3} = 0.592\,\text{MPa}$

$v_{d,\min} = 0.4 \phi_c f_{ctk} = 0.4 \times 0.65 \times 0.7 \times 0.3 \times (30+4)^{2/3} = 0.573\,\text{MPa}$

$v_u = 0.74\,\text{MPa} > v_{cd} = 0.592\,\text{MPa}$ 따라서 전단보강이 필요하다.

③ 전단응력이 v_{cd}와 같은 둘레길이 u_{out} 산정

그림 8.4-22에 보인 바와 같이 기둥 전면에서 거리 Nd 되는 둘레길이를 구한다.

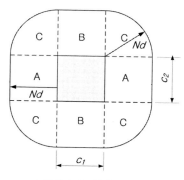

그림 8.4-22 둘레길이 u_{out}

$$u_{out} = 2(450 + 450) + 2\pi \, Nd \; [\text{mm}]$$

둘레길이 안에 작용하는 하중

$$[450^2 + 2(450 + 450) \times Nd + \pi(Nd)^2] \times 18.8 \times 10^{-6} \, \text{kN}$$

$$V_u = 854.7 - \text{둘레길이 내 하중} \; [\text{kN}]$$

$$v_u = V_u / (u_{out} d) = v_{cd} \quad [\text{MPa}] \text{이어야 하므로}$$

시산법으로 계산하면, $N = 2.65$ 이다.

$$u_{out} = 2(450 + 450) + 2\pi \times 2.65 \times 234 = 5696 \, \text{mm}$$

이 둘레에서는 전단보강이 필요 없다.

④ 전단보강이 필요한 최외단 둘레 위치 결정

마지막 전단보강재는 kd 내에 두어야 한다. 여기서, $k = 1.5$ 이며, u_{out} 에서 잰 거리이다.

이 둘레는 기둥 전면에서 $Nd - kd = 2.65d - 1.5d = 1.15d$ 되는 거리이다.

둘레길이 $u_{1.15d} = 2(450 + 450) + 2\pi \times 1.15(234) = 3491 \, \text{mm}$

⑤ 도로교설계기준 설계식 (5.7.48)을 이용해서 전단철근량을 산정한다.

$$v_{csd} = 0.75 v_{cd} + 1.5(d/s_r) A_v \phi_s f_{vy,ef} (1/(u_1 d)) \sin\alpha$$

$$s_r = 0.75d, \; f_{vyd} = 0.95(500) = 475 \, \text{MPa}$$

$$f_{vys,ef} = 250 + 0.25d = 250 + 0.25(234) = 309 \, \text{MPa} < f_{vyd} = 475 \, \text{MPa}$$

$$v_{cd} = 0.592 \, \mathrm{MPa}$$

$$v_{csd} = 0.75 v_{cd} + 1.5 (d/s_r) A_v \phi_s f_{vy,ef} (1/(u_1 d)) \sin\alpha$$

$$= 0.75(0.592) + 1.5(1/0.75) A_v (309) \frac{1}{(4741 \times 234)} = 0.76$$

$$A_v = 557 \, \mathrm{mm}^2$$

⑥ 최소 스터럽 철근량 산정

식 (8.4-8)을 이용하여 스터럽 철근량을 산정한다.

$$A_{v,\min} \times \frac{(1.5\sin\alpha + \cos\alpha)}{s_r s_t} \geq 0.08 \frac{\sqrt{f_{ck}}}{f_y}$$

$$s_r = 0.75d, \ s_t = 2d, \ d = 234 \, \mathrm{mm}, \ f_{ck} = 30 \, \mathrm{MPa}, \ f_{vy} = 500 \, \mathrm{MPa}$$

수직 스터럽 $\sin\alpha = 1$, $A_{v,\min} = 48 \, \mathrm{mm}^2$, 직경 10 mm 스터럽을 사용하면, $A_{v,\min} = 71.3 \, \mathrm{mm}^2$ 로 한다. 수직 스터럽 개수 $= A_v/71.3 = 557/71.3 = 8$

8개 스터럽을 0.75d 둘레 안에 배치한다.

⑦ 스터럽 배치

다음과 같이 둘레를 따라 배치한다.

(i) 첫째 둘레 100 mm에서 $= 0.43d > 0.3d$

둘레길이 $u_{0.43d} = 2(450 + 450) + 2\pi \times 0.43(234) = 2432$mm

스터럽 최대 간격 $\leq 1.5d = 350$mm

스터럽 간격 둘레길이/스터럽 개수 $= 2432/9 = 270 \, \mathrm{mm} < 350 \, \mathrm{mm}$

중심간격 250 mm로 하여 스터럽 10개를 배치한다.

(ii) 둘째 둘레 100 + 0.72d mm에서 $= 269 \, \mathrm{mm} \simeq 1.15d$

둘레길이 $u_{0.43d} = 2(450 + 450) + 2\pi \times 1.15(234) = 3491 \, \mathrm{mm}$

스터럽 최대 간격 $\leq 1.5d = 350 \, \mathrm{mm}$

스터럽 간격 둘레길이/스터럽 개수 $= 3491/10 = 350 \, \mathrm{mm} < 350 \, \mathrm{mm}$

중심간격 350 mm로 하여 스터럽 11개를 배치한다.

❏ 참고문헌 ❏

8.1   (사)한국교량 및 구조공학회 (2015), 도로교설계기준 (한계상태설계법) 해설 2015.

8.2   한국콘크리트학회 (2012), 콘크리트구조기준 해설.

8.3   한국콘크리트학회 (2012), 콘크리트구조기준 예제집.

8.4   European Committee for Standardization(2004), Eurocode 2: Design of Concrete Structures, Part 1-1: General rules and rules for buildings, BSi.

8.5   CEB-FIP (2013), fib Model Code 2010, 1st Edition Ernst & Sohn Gmbh &Co. KG., for Comité Euro-International du Beton.

8.6   International Federation for Structural Concrete (2010), Structural Concrete Textbook on behaviour, design and performance, 2nd Edition. vol. 2, fib bulletin 52, fib.

8.7   ACI Committee 318 (2011), Building Code Requirements for Structural Concrete (ACI 318-M11) and Commentary, American Concrete Institute, Detroit, 2011.

8.8   C. R. Hendy and D. A. Smith (2007), Designer's Guide to EN 1992-2 Eurocode 2 : Design of Concrete Structures, Part 2 : Concrete Bridges, Thomas, Telford, London, England.

8.9   A. W. Beeby and R. S. Narayanan (2007), Designer's Guide to EN 1992-2 and EN 1992-1-2, Eurocode 2 : Design of Concrete Structures, General rules and rules for buildings and Structural Fire Design, Thomas, Telford, London, England.

8.10 Eurocode 2 Worked Examples (2008), European Concrete Platform ASBL, Brussels, Belgium.

8.11 Nilson, A. H., Darwin, D., dolan, C. W. (2003), Design of Concrete Structures, 13 th Edition, McGraw Hill.

8.12 Park, R. and Gamble, W. L. (2000), Reinforced Concrete Slabs, Wiley.

8.13 Macgregor, J.G. and Wright, J. K. (2005), Reinforced Concrete Mechanics and Design, 4th Edition, Prentice Hall.

8.14 Mosely, B., Bungey, J., Hulse, R. (2012), Reinforced Concrete Design to Eurocode 2, 7th Edition, Palgrave MacMillan.

8.15 Bhatt, P., MacGinley, T. J., Choo, B. S. (2013), Reinforced Concrete Design to Eurocodes-Design Theory and Examples, 4th Edition, CRC Press.

09 확대기초
Footings

콘크리트는 물리적인 실체와 완전히 추상적인 수학공식과 화학공식으로
이루어진 이중적 존재이다.

−아드리안 포오티 Adrian Forty −

09 확대기초

Footings

9.1 개 요 **Introduction**

9.1.1 설계 일반

구조물은 일반적으로 지표 위의 상부구조와 지표 아래에 **확대기초***footing*를 형성하는 하부구조로 이루어진다. 확대기초는 구조물의 기둥과 벽체에서 전달되는 하중을 땅속으로 전달하고 확산시킨다. 침하가 일어나면 수도관이나 가스관 같은 공공시설물, 그리고 건물 등 구조물에 손상을 일으키기도 한다. 확대기초가 파괴되면 구조물 전체 안정에 영향을 줄 수 있다.

확대기초 밑에 있는 흙은 구조물의 설계와 시공 과정에서 고려되는 모든 재료 중 가장 변화가 심한 재료이다. 한 조그만 건물 밑에도 지반 상태는 연약한 점토부터 단단한 암반까지 다양하다. 흙의 성질과 물리적 특성은 계절과 기후에 따라 변할 수도 있다. 예를 들면, 이회암*泥灰岩Keuper Marl*은 아주 흔한 흙인데 말라 있을 때에는 바위같이 단단하지만 젖으면 거의 액체 상태로 변할 수 있다.

계획된 구조물 밑에 있는 지반에 대해 조사를 하는 것이 매우 중요하며 지층별 변화와 흙의 성질을 결정할 수 있어야 한다. 천공 또는 시추를 시행하여 관입시험과 같은 현장 시험을 수행하고 채취한 흙 시료를 실험실에서 시험해야 한다. 얻어진 자료로부터 안전한 지지력을 제시할 수 있고 필요한 경우, 구조물의 예상 침하량을 산정할 수도 있다.

확대기초나 옹벽의 구조 설계는 앞서 설명한 일반 원칙을 근거로 수행한다. 그러나 확대기초와 지반이 상호 작용을 일으키는 경우라면, 확대기초의 지반구조 설계에서는 구조물에 전달되는 하중을 견딜 수 있는지 지반의 지지력을 반드시 고려해야 한다.

지반구조 설계는 도로교설계기준 제7장 하부구조 편(BS EN 1997: EC7)을 따라야 한다. 이 설계기준에서는 설계상황을 세 유형으로 구분하고 있다. (1) 범주 1−소형 및 단순 구조물, (2) 범주 2−까다롭지 않은 지반이나 복잡하지 않은 재하조건인 보통의 상태, (3) 범주 3−지반공학적 파괴의 위험성이 큰, 그 외의 모든 형태의 구조물이다. 구조 기술자들은 범주 1 구조물 설계에 책임지며 지반 기술자들은 범주 3에 대해서, 그리고 범주 2에 대해서는 어떤 기술자도 책임질 수 있다. 여기서는 앞의 두 범주에 속하는 확대기초만 다룰 것이다[9.1].

표 9.1−1 확대기초 설계에 고려되는 설계상황

고정 또는 임시 설계상태	고정 작용 DD		주동 활하중 작용 LL		동반 활하중 작용 LS	
	불리	유리	불리	유리	불리	유리
하중조합 1 STR & GEO	1.35	1.00	1.50	0	1.50	0
하중조합 2 STR & GEO	1.00	1.00	1.30	0	1.30	0
정역학적 평형 EQU	1.10	0.90	1.50	0	1.50	0

극한한계상태에서는 두 가지의 하중조합(하중조합 1 및 하중조합 2)을 고려하여 설계해야 한다. 구조적 파괴, STR(구조물의 과도한 변형, 균열 또는 파괴), 지반구조적 파괴, GEO(지지하고 있는 지반의 과도한 변형 또는 파괴) 둘 다를 고려하기 위해서 이 두 가지의 하중조합을 반드시 적용해야 한다.

구조물의 넘어짐과 같은 평형 상실의 가능성을 고려할 때는 제3의 하중조합을 반드시 검토해야 한다. 표 9.1-1은 이들 세 가지 하중조합에 적용되는 부분안전계수를 정리한 것이다.

극한한계상태에서 적용될 설계 작용력을 결정할 때에 부분안전계수를 설계하중에 곱해주어야 한다. 표 9.1-1에서 적절한 부분안전계수를 택할 수 있다. 여러 종류의 하중이 동반된 하중조합을 고려하는 경우에는 계수 ψ_0를 한 번 더 곱해주어야 한다.

표 9.1-1에서 하중조합 1은 확대기초의 구조설계에 관한 것이고, 하중조합 2는 침하가 과도하지 않도록 확대기초의 제원을 결정하는 데 적용되며, 이것은 각기 다른 주변 조건에 따라 결정되어야 한다.

표 9.1-1의 마지막 줄에 나타낸 하중조합 3은 그림 9.1-1에 보인 형상과 같은 구조물 설계와 관련된 것이다. 이러한 구조에서는 측면하중을 받을 때 확대기초에 상향력이 발생할 가능성과 구조물의 안정을 검토할 필요가 있을 수도 있다. 가장 위험한 하중조합은 일반적으로 고정하중이 최소이고 활하중은 없고 측면하중이 최대인 조합, 즉 1.4WS+0.9DC이다. 최소 고정하중은 내부 마감재와 부착물 등이 아직 설치되지 않았을 때 가설 중에 생길 수 있다.

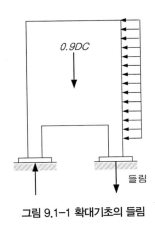

그림 9.1-1 확대기초의 들림

위와 같이 설계단면력이 결정되었을 때와 동시에 설계의 지반구조 부분에 적용된 흙에는, 표 9.1-1에 제시된 바와 같이 고려 중인 하중조합에 적합한 부분안전계수를 곱해준다. 이 계수의 상세한 적용법은 더 이상 여기서 거론하지는 않겠지만 마무리 짓기 위해서 몇 가지 언급하기로 한다.

연속기초와 독립 확대기초와 같은 단순한 확대기초의 설계법에는 다음의 세 가지 방법이 있다 [9.14].

① **직접 설계법** *Direct Method* : 표 9.1-1과 표 9.1-2에서 적절한 부분안전계수를 선택하여 각각의 극한한계에 대해 계산한다.

② **간접 설계법** *Indirect Method* : 극한한계상태와 사용한계상태 절차를 동시에 혼합하여 계산한다.

③ **관행 설계법** *Prescriptive Method* : 가정한 안전 지지력을 적용하여 사용한계상태를 근거로 확대기초의 크기를 결정하고 이어서 극한한계상태를 근거로 세부 구조설계를 수행한다.

관행 설계법에서는 확대기초의 크기를 결정하는 방법으로 기존의 방법을 유지하여 작용력에 대한 사용한계상태와 가정한 안전 측 지지력을 근거로 하여 크기를 결정한다. 이런 식으로 침하를 제어할 수 있으나, 부드러운 점토 위에 놓이는 확대기초에 대해서는 반드시 완전한 침하계산을 수행해야 한다. 확대기초에 연직하중과 수평하중이 동시에 작용한다면 다음과 같은 공식을 적용할 수 있다.

$$\frac{V}{P_v} + \frac{H}{P_h} < 1.0 \tag{9.1-1}$$

여기서, V : 연직하중

H : 수평하중

P_v : 허용 연직하중

P_h : 허용 수평하중

허용 수평하중은 기초의 연직면과 접한 지반의 수동 저항력과 기초 바닥 면의 마찰력과 점착력을 더한 것을 고려한 것일 수도 있다.

표 9.1-2 지반구성 재료 성질에 적용되는 부분안전계수

	전단저항각	유효점착력	비배수전단강도	비구속강도	현장단위질량
	γ_ϕ	γ_c	γ_{cu}	γ_{qu}	γ_γ
하중조합 1	1.0	1.0	1.0	1.0	1.0
하중조합 2	1.25	1.25	1.4	1.4	1.0

확대기초의 내하강도를 결정하기 위해서는, 즉 기초의 두께와 철근량은 극한한계상태에 이미 언급한 바와 같이 하중조합 1 조건이 대개 구조설계를 지배한다 할지라도 단면력을 구하는데 하중조합 1과 2 중 더 나쁜 조합을 고려하고 극한한계상태에 해당하는 지반반력과 하중을 근

거로 계산되어야 한다.

거의 모든 설계에서 확대기초의 바닥에 작용하는 지반반력은 그림 9.2-1에 보인 바와 같이 선형이라고 가정한다. 이러한 가정은 무한강성을 갖는 확대기초와 탄성재료로서 작용하는 흙을 근거로 한 것이다. 실제로는 거의 모든 흙은 약간의 소성 거동을 보일 뿐만 아니라 모든 확대기초의 강성은 유한하며 지반반력 분포는 시간에 따라 변한다. 어느 순간에 지반반력의 실제 분포는 구조물과 기초 바닥의 강성, 그리고 흙의 종류에 따라 그림에 보인 형태를 취하기도 한다. 그러나 확대기초의 거동에는 하중과 지반의 작용에 관해서 여러 가지 불확실성이 내재되어 있기 때문에 지나치게 세밀한 해석을 수행하는 것이 그다지 현실적이지는 않다[9.4, 9.13, 9.15].

확대기초를 설치할 때에는 기초의 바닥 면이 동결심도보다 아래에 있어야 한다. 콘크리트는 노출조건이 더욱 심한 상태에 드러나야 되기 때문에 철근에 대한 피복두께를 충분히 해둘 필요가 있다. 도로교설계기준 5.10.4에 제시한 값들이 있지만 최소 콘크리트 피복두께는 지면에 직접 콘크리트를 타설하는 경우에는 75 mm 이상이어야 하고 **바닥콘크리트** *blinding concrete*에 콘크리트를 타설하는 경우에는 50 mm 이상이어야 한다. 내구성 조건을 충족하기 위해서는 콘크리트 기준강도는 적어도 f_{ck} =30 MPa이어야 하고 철근의 최소 직경은 8 mm이어야 한다.

이 장에서는 하중 및 발생 응력에 대해 철근콘크리트 확대기초가 요구되는 경우를 다루고 있다. 그러나 하중이 그다지 크지 않은 경우에는 무근콘크리트 또는 설계 계산상으로 필요한 최소 철근량보다 더 적은 철근을 배치한 기초를 만들 수도 있다.

무근콘크리트 설계에 대해서는 설계기준에 특별 조항이 마련되어 있다. 독립 확대기초와 줄기초도 다음 조건이 만족되면 무근콘크리트로 만들 수 있다.

$$0.85 \frac{h_f}{a} \geq \sqrt{\frac{9\sigma_{gd}}{f_{ctd}}} \tag{9.1-2}$$

여기서, h_f : 확대기초의 전체 두께

a : 지지되고 있는 기둥이나 벽체의 전면에서 기초의 돌출길이

σ_{gd} : 지반반력 설계값

$$f_{ctd} : \text{콘크리트 설계인장강도 } (= \alpha_{ct}\phi_c(0.7f_{ctm}) = 0.8(0.65)(0.7f_{ctm}) = 0.364f_{ctm})$$

무근콘크리트에 대해서는 α_{cc}와 α_{ct}를 각각 0.6과 0.8로 취하고 있다. α_{cc}=0.85이고 α_{ct}=1.0 인 철근콘크리트에 비해서 무근콘크리트는 덜 연성적이기 때문이다.

위의 규정을 간단히 말하면 줄기초 및 독립 확대기초는 $h_f/a \geq 2$이면 무근콘크리트로 설계 해도 된다.

9.1.2 확대기초의 종류

확대기초란 기둥이나 벽체를 통해 연직하중을 지반에 분산시켜 전달하기 위해 구조 부재의 바 닥 면을 확대시킨 철근콘크리트 구조체이다. 기초는 구조물의 일부인 하부구조로서 대개 지표 아래에 놓여서 하중을 지반이나 암반으로 전달하는 기능을 한다. 흙은 하중을 받으면 상당히 압축되기 때문에 거기에 놓인 구조물은 침하된다. 그러므로 기초를 설계할 때 반드시 검토해 야 할 두 가지 중요한 요건은 **전체 침하량이 허용될 수 있을 정도로 작아야 하며, 한 구조물 내에서 가능하다면 부등침하가 일어나지 않도록 해야 한다는 것이다.** 구조물의 잠재적 손상 관점에서 볼 때, 부등침하를 막는 것이 전체침하량을 제한하는 것보다 훨씬 중요하다.

앞에서 언급한 기초의 침하량을 허용값 이내로 줄이기 위해서는 **(1) 상부구조의 하중을 지지 력이 충분한 지반에 전달하거나, (2) 하중을 지반 위에 넓게 분포시킬 필요가 있다.** 하부 구조 물 아래 지반이 연약하다면, 하중을 더욱 깊은 단단한 토층에 전달하기 위해서 말뚝*pile*이나 케이슨과 같은 **깊은 기초***deep foundation*를 적용해야 한다. 하부구조 바로 밑에 적합한 토층이 있다면 하중을 넓게 분포시키기만 하면 된다. 이러한 하부구조를 **확대기초***spread footing*이라고 한다.

확대기초는 크게 줄기초와 독립 확대기초로 분류할 수 있다. 일반적으로 사용하는 기초판의 평 면은 그림 9.1-2에 보인 바와 같다. **줄기초***wall footing*는 벽체하중을 분포시키기 위해 벽체의 두 께보다 더 넓게 만든 일종의 띠*strip* 형태의 철근콘크리트 기초이다. **독립 확대기초***single-column footing*는 일반적으로 정사각형 또는 직사각형 형태로서 가장 간단하고 경제적인 기초 형식이다. 건물의 외부 기둥에 독립 확대기초를 적용하면 인접 토지를 침범하여 토지 소유권 분쟁 등의 문제를 일으킬 수 있다. 이러한 경우에는 **복합 확대기초***combined footing* 형식을 적용해야 한다. 내부 기둥일지라도 큰 하중을 받는 기둥이 조밀하게 배치되어 있을 때, 독립 확대기초를 사용하면 기초들이 가까이 놓이게 되므로 이런 경우에는 여러 기둥을 하나의 확대기초로 지지하는 전면 기초를 적용한다[9.4, 9.13, 9.15].

방석, 줄 및 전면기초와 같은 확대기초의 지반공학적 설계는 도로교설계기준 7.6(EC7, 1부의 6절)에서 다루고 있다. 이 설계기준에서는 다음과 같이 세 가지 설계법을 제시하고 있다.

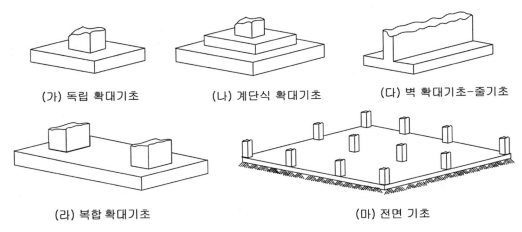

(가) 독립 확대기초　　　(나) 계단식 확대기초　　　(다) 벽 확대기초-줄기초

(라) 복합 확대기초　　　　　　　　　(마) 전면 기초

그림 9.1-2 확대기초의 종류

표 9.1-3 허용 지지력

구분	흙 종류	허용 지지력(kPa)	비고
사질토	촘촘한 자갈 또는 촘촘한 자갈과 모래	>600	폭이 1 m 이상인 기초. 지하수위가 기초 바닥 아래에 있다고 가정한다.
	보통의 자갈 또는 보통의 자갈 및 모래	<200~600	
	느슨한 자갈 또는 느슨한 자갈 및 모래	<200	
	다져진 모래	>300	
	보통 밀도의 모래		
	느슨한 모래	<100	
점성토	아주 단단한 점토	300~600	장기간 압밀 침하가 생길 수 있다.
	단단한 점토	150~300	
	보통의 점토	75~150	
	부드러운 점토 및 실트	<75	
	아주 부드러운 점토 및 실트	적용 불가	

- 해석적 방법 : 수치해석법을 포함한 일반적으로 잘 알려진 해석법

- 반－경험적 방법 : 일반적으로 잘 알려진 반－경험적 방법으로서 측정기계를 사용한 지지력 강도 추정법 등이 있다.

- 추정 지지력을 이용한 관습법 : 추정 지지력을 근거로 하여 일반적으로 잘 알려진 관행법을 적용해야 한다. 이러한 방법을 적용할 때에는 비교할 만한 경험을 기초로 하여 설계를 평가해야 한다.

흔히 사용하는 확대기초에서, 침하는 지배적인 설계기준이 된다. 전통적으로 허용 지지력을 이용하여 침하량을 조정하고 있다. 일반적으로 기초 설계를 위해서는 흙 시료에 대한 현장 재하시험 및 실내 시험을 수행하여 실제 흙의 물리적 성질을 결정해야 한다. 이런 방법이 필요하지 않다고 여겨지는 경우에는, 설계기준에 제시된 여러 종류의 흙과 조건에 대한 적절한 변수에 관련된 값을 인용한다. 표 9.1-3은 그런 예 중의 하나이다.

9.2 하중, 지반반력, 기초의 크기 Loadings, Soil Pressures and Proportioning of Footings

9.2.1 지반반력

일반적으로 벽체 하중이나 기둥 하중은 기초판에 직각으로 작용하며, 지반의 상향 지지력으로 기초판을 지지한다. 하중이 기초판 지압면의 도심에 작용한다면 기초판의 지반반력은 등분포로 작용한다고 가정한다(그림 9.2-1(가)). 이러한 가정은 단지 단순화일 뿐이다. 실제로 사질토 지반 위에 놓인 확대기초 바닥 면의 지반반력은 중심부에서 가장 크고 주변으로 갈수록 작아진다(그림 9.2-1(나)). 이렇게 되는 이유는 흙 속의 입자들이 조금씩 움직일 수 있어서 지반반력이 작은 곳으로 움직이기 때문이다. 반면에 점성토 지반에서는 기초판 모서리에서 전단저항력이 발생하기 때문에 기초판 중심부보다 주변에서 더 큰 지반반력이 생기게 된다(그림 9.2-1(다)). 그러나 이러한 지반반력의 부등 분포는 대개 무시된다. 왜냐하면 (1) 토압의 분포가 토질에 따라 크게 변할 뿐만 아니라 그 불확실성도 크고, (2) 토압의 부등분포가 기초판의 전단력과 모멘트에 미치는 영향이 작기 때문이다.

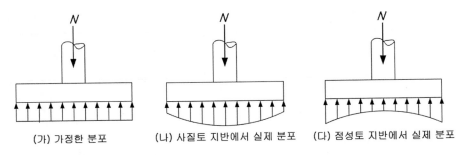

(가) 가정한 분포　　　(나) 사질토 지반에서 실제 분포　　(다) 점성토 지반에서 실제 분포

그림 9.2-1 기초 바닥에 작용하는 지반반력 분포

압축성 지반 위에 놓인 기초판은 편심하중에 의해 기울지 않도록 중심 하중을 받게 해야 한다. 이것은 독립 확대기초나 줄기초의 중심을 기둥이나 벽체의 중심축과 일치시켜야 한다는 뜻이다. 편심하중을 받는 기초는 잘 다져진 지반이나 암반에서 사용되어야 한다.

기초판의 모든 부위의 응력을 정확하게 계산하는 것은 어렵다. 왜냐하면 지반의 상향 반력의 분포에 불확실성이 많이 내포되어 있을 뿐만 아니라 기초판의 구조 자체가 비교적 육중한 두꺼운 슬래브 형태이며 큰 집중하중이 작용하기 때문이다. 이런 까닭에 현재 사용되고 있는 독립 확대기초의 설계방법은 대부분 실험 연구 결과에 바탕을 두고 있으며, 특별히 전단과 사인장에 관해서는 여러 차례에 걸쳐 보완되고 개정되었다. 독립 확대기초와 전면 기초가 결합된 복잡한 기초에서는 유한요소법과 같은 정교한 해석법의 사용이 점차 증가되고 있지만, 아직도 단순해석법을 많이 사용하고 있다.

지반의 허용 지지력은 재하시험과 기타 여러 실험을 바탕으로 한 토질역학의 일반 원리로부터 결정된다. 사용하중상태에서 허용 지지력 q_a는 지반의 극한지지력 q_u을 초과하지 않으면서 침하량이 허용한도 내에 들기 위해서 극한지지력에 대해 대개 안전율 2.5~3.0을 적용한다. 대다수의 구조설계기준에서는 흙의 종류와 토질 조건에 맞추어 허용 지지력을 제시하고 있다[9.4].

9.2.2 하중과 기초 면적 크기 결정

중심축 하중을 받는 기초판의 소요면적은

$$A_{req} = \frac{D+L}{q_a} \qquad (9.2\text{-}1)$$

이다. 여기서 D는 고정하중, L은 활하중, q_a는 허용지지력이다. 구조설계기준에서는 풍하중 W와 지진하중 E를 고려할 때는 허용 지지력을 33 % 증가시키는 것을 허용하고 있다. 이런 경우의 기초판의 소요 면적은

$$A_{req} = \frac{D+L+W}{1.33q_a} \quad \text{또는} \quad A_{req} = \frac{D+L+E}{1.33q_a} \qquad (9.2\text{-}2)$$

이며, 여기서 기초판의 크기를 결정할 때에는 하중계수를 고려하지 않은 사용하중과 지반반력을 사용해야 한다. 이것은 철근콘크리트 구조물의 개별 부재를 하중계수와 강도감소계수를 적용하여 설계하는 것과는 다르다.

설계에서 기초판의 크기는 식 (9.2-1)과 (9.2-2)로 결정한 값 중에서 큰 것으로 해야 한다. 위 식의 분자에 해당하는 하중은 기초판의 바닥 면에서 계산한 값이어야 한다. 이것은 기초판의 자중과 그 상재하중을 포함시켜야 하기 때문이다. 풍하중과 기타 수평하중은 전도에만 영향을 준다. 기초판의 전도를 검토할 때에는 전도를 유발하는 활하중만을 포함시켜야 하고 전도에 저항하는 고정하중은 실제값의 90 %만 취해야 한다. 구조설계기준에서는 전도에 대한 안전율은 최소한 1.5 이상이어야 한다고 규정하고 있다.

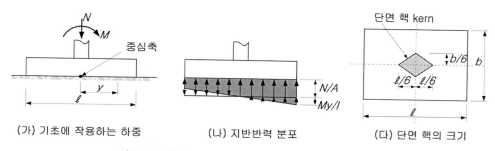

(가) 기초에 작용하는 하중   (나) 지반반력 분포   (다) 단면 핵의 크기

그림 9.2-2 하중이 단면 핵에 작용할 때 기초에 생기는 지반반력

기둥이 기초판의 도심에 있지 않거나 또는 기초판과 기둥의 연결부에 연직 축하중과 모멘트가 동시에 작용하고 있다면 기초판에 편심하중이 작용하게 된다. 이러한 경우에는 기초판 바닥 면에서 하중은 연직하중 N과 모멘트 M으로 나타낼 수 있으며, 지반반력은 선형으로 분포한다고 가정한다. 편심거리 $e = M/N$가 기초면의 단면 핵 kern을 벗어나지 않는다면 보통의 휨 공식을 적용하여 지반반력을 계산한다.

$$q_{\max, \min} = \frac{N}{A} \pm \frac{Mc}{I} \tag{9.2-3}$$

이 식으로 그림 9.2-2와 같이 기초 바닥 면의 가장자리에서 지반반력의 크기를 산정할 수 있다. 이때 기초의 크기는 $q_{\max} \leq q_a$인 조건으로부터 시산법으로 구할 수 있다. 편심거리가 단면핵을 벗어나면 식 (9.2-3)은 기초의 한쪽 단에 부압력-인장-이 계산된다. 실제로는 지반과 기초판 사이의 접촉면에서는 인장력이 전달될 수 없기 때문에 식 (9.2-3)은 더 이상 의미가 없게 되며, 실제 지반반력의 분포는 그림 9.2-3(라)와 같게 된다. 크기 $\ell \times b$인 사각형 기초판에서 최대 지반반력의 크기는 다음과 같다.

$$q_{\max} = \frac{2N}{3bm} \tag{9.2-4}$$

이렇게 계산된 $q_{\max}$는 허용 지지력 q_a보다 커서는 안 된다.

기초판의 크기를 결정한 후에는 작용하중으로 인하여 발생된 모멘트와 전단력에 저항할 수 있도록 기초판을 설계해야 한다. 이렇게 하려면 다른 구조 부재의 설계와 마찬가지로 구조설계기준이 정하는 하중계수를 적용해야 한다. 따라서 한계상태설계를 위해 외력의 영향을 고려하여 기초판을 설계한다.

극한하중은 해당 지반반력과 상반되게 작용하여 평형을 이뤄야 한다. 그러므로 일단 기초판의 크기가 결정되면 극한하중에 의한 지반반력을 다시 계산하여 기초판 구조 부재의 단면력을 계산해야 한다. 이렇게 계산한 가상의 지반반력은 기초판의 소요강도를 결정하는 데만 필요하게 된다. 이 가상의 지반반력과 사용하중에서 실제 지반반력 q와 구분하기 위해서 계수하중 U에 의해 계산된 지반반력을 q_u로 나타낸다[9.4, 9.13, 9.15].

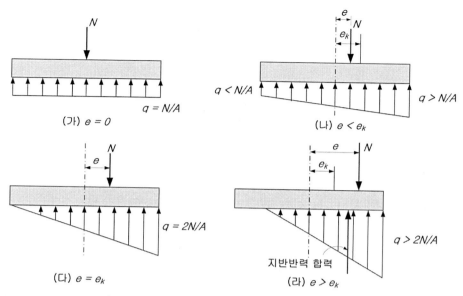

그림 9.2-3 편심하중을 받는 확대기초의 이상화된 지반반력 분포

9.2.3 총 지반반력과 순 지반반력

그림 9.2-4(가)는 중심부에 기둥이 있고 두께가 600 mm, 지표 아래로 600 mm의 지층이 있는 확대기초를 나타낸 것이다. 이 단계에서는 기둥에 하중이 작용하지 않는다. 지층과 기초의 중량에 의한 연직방향 하중은 26.0 k/Nm²이다. 이 하중은 크기가 같고, 방향이 반대인 상향 지반반력과 균형을 이룬다. 결과적으로 콘크리트 기초에 가해지는 순 하중은 0이다. 그러므로 이 상태에서는 기초 구체에 모멘트도 전단력도 없다.

기둥 하중 N_c가 가해지면, 그림 9.2-4(나)에 보인 바와 같이, 기초 바닥에 가해지는 지반반력은 $q_n = N_c/A$만큼 증가한다. 따라서 총 지반반력은 $q = 26.0 + q_n$이다. 이 지반반력을 총 지반반력 *gross soil pressure*이라고 하며 지반의 허용 지지력 q_a보다 커서는 안 된다. 콘크리트 기초 구체에 생기는 모멘트와 전단력을 산정할 때, 26.0 k/Nm² 크기의 상향 반력과 하향 하중은 상쇄되며, 순 지반반력 q_n만 남게 되어, 그림 9.2-4(다)에 보인 바와 같이 기초에 내력을 유발한다.

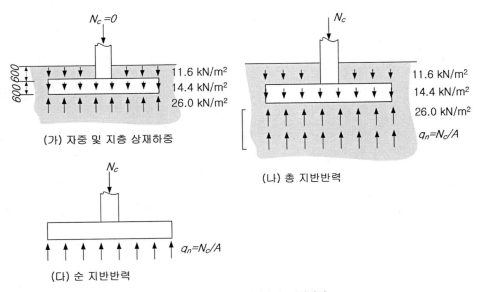

(가) 자중 및 지층 상재하중

(나) 총 지반반력

(다) 순 지반반력

그림 9.2-4 총 지반반력과 순 지반반력

설계에서는 총 지반반력이 허용 지지력보다 커지지 않게 기초의 면적을 정한다. 기초 구체의 휨철근량과 전단강도는 순 지반반력을 이용해서 계산한다. 따라서 기초의 필요 면적은 다음과 같다.

$$A = \frac{D(구조물, 확대기초 구체, 상재하중) + L}{q_a} \tag{9.2-5}$$

여기서 D와 L은 하중계수를 곱하지 않은 각각 사용 고정하중과 활하중이다.

풍하중 W을 포함한 사용하중인 경우에는, 대다수의 설계기준은 q_a를 33%만큼 할증하는 것을 허용하고 있다. 그러한 하중조합에 대해서 소요 기초면적은 다음과 같은 식으로 구한다.

$$A = \frac{D(구조물, 확대기초 구체, 상재하중) + L + W}{1.33\, q_a} \tag{9.2-6}$$

그러나 이 값은 식 (9.2-5)로 구한 값보다 작아서는 안 된다.

기초의 바닥 면적이 정해지면, 확대기초 설계의 나머지 부분은 하중계수가 적용된 극한하중에 의한 지반반력을 근거로 한다[9.4, 9.13, 9.15].

9.3 줄기초 및 확대기초의 구조적 거동
Structural Behaviors of Wall Footings and Spread Footings

기초의 거동에 대한 연구는 여러 시기에 걸쳐 실험적으로 진행되어왔다. 현행 설계 방법은 몇 몇 시험 성과가 결정적으로 반영된 것이다.

기초를 설계할 때는 휨, 철근 정착, 전단 및 기둥이나 벽체에서 기초로 전달되는 하중 등을 충분히 고려해야 한다. 여기서는 이것들 하나하나를 살펴보기로 하고 이어지는 단원에서 예제를 이용해서 확인하고자 한다. 여기서는 등분포 지반반력이 발생하는 축방향 하중을 받는 기초를 살펴보기로 한다[9.13].

9.3.1 휨

그림 9.3-1은 확대기초를 나타낸 것이다. 그림 9.3-1(나)의 확대기초의 빗금 친 부분 아래에 작용하는 지반반력은 기둥의 전면에서 축 $A - A$에 대해 모멘트를 유발한다. 그림 9.3-1(다)에서 이 모멘트의 크기는 다음과 같음을 알 수 있다.

$$M_u = (q_{nu} b f) f/2 \tag{9.3-1}$$

여기서 $q_{nu} bf$는 빗금 친 부분에 작용하는 지반반력의 합력이고 $f/2$는 합력점에서 단면 $A - A$까지의 거리이다. 이 모멘트는 그림 9.3-1(다)에 보인 바와 같이 배치된 철근으로 저항되어야 한다. 최대 모멘트는 기둥 전면에 인접한 단면 $A - A$ 또는 기둥의 다른 쪽에 유사한 단면에 발생한다.

마찬가지 방법으로 그림 9.3-1(나)의 단면 $B - B$ 바깥부분의 지반반력은 기초 바닥에서 단면 $B - B$에 모멘트를 일으킨다. 역시, 이 모멘트도 단면 $B - B$에 직각으로 배치된 휨철근으로 견디어야 하며, 결과적으로 각 방향으로 2단 배근층이 생기게 된다. 모멘트에 대한 위험단면은 다음과 같이 고려한다.

① 정사각형 또는 직사각형 단면의 기둥 또는 벽체를 지지하는 기초인 경우, 기둥이나 벽체의 전면

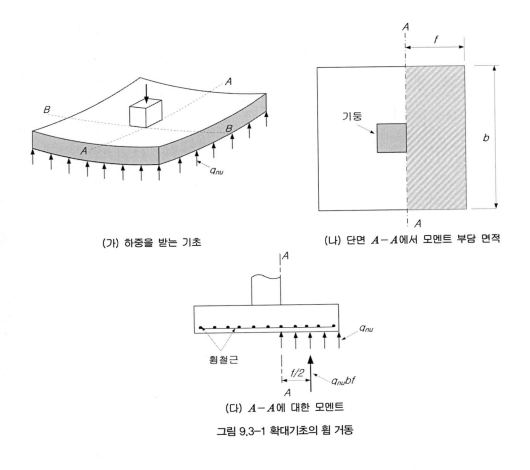

(가) 하중을 받는 기초

(나) 단면 $A-A$에서 모멘트 부담 면적

(다) $A-A$에 대한 모멘트

그림 9.3-1 확대기초의 휨 거동

② 원형 또는 다각형 단면의 기둥을 지지하는 기초인 경우, 등가 면적을 갖는 가상의 정사
각형 단면의 전면

③ 벽돌 벽체를 지지하는 기초인 경우, 벽체의 연단과 중심선 사이

④ 강재 기초판 *steel base plate*을 갖는 기둥을 지지하는 기초인 경우, 기둥 면과 기초판 연단
의 중간

단위 길이당 모멘트는 단면 $A-A$와 $B-B$ 등을 따라 일정하지 않으며, 최대값은 기둥 근처
에서 발생한다. 그러나 배근을 단순화하기 위해서 설계기준에서는 기초의 전체 폭에 고르게
배근하도록 정하고 있다. 설계기준에서는 두께가 일정한 기초에서 최소 철근비는 설계기준의
수축과 온도철근에 의해 요구되는 것과 같도록 규정하고 있다.

기초에 배치된 철근은 기둥 전면에서 최대 모멘트 단면을 따라 철근응력이 f_{yd}에 이른다고 가정한다. 철근은 최대 응력지점의 양 방향으로 이 응력을 부담할 만큼 충분한 길이로 연장되어야 한다. 즉, 철근은 최대 모멘트 점으로부터 l_d 이상 연장하거나 갈고리로 정착되어야 한다. 최대 철근응력은 모멘트에 대한 위험단면에서 발생한다고 가정한다.

9.3.2 전 단

기초는 그림 9.3-2(가)에서 보는 바와 같이 넓은 보로서 전단파괴되거나 그림 9.3-2(나)에서처럼 뚫림에 의해 파괴된다. 이것을 각각 1방향 전단, 2방향 전단이라고 한다.

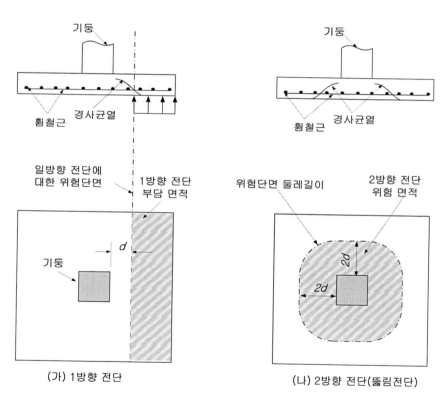

그림 9.3-2 확대기초의 전단 위험단면과 부담면적

(1) 1방향 전단

1방향 전단에 의한 기초의 파괴는 다음 조건을 충족하는 보로 가정하여 설계한다. 복부 철근은 줄기초나 확대기초에 거의 쓰이지 않는다. 배근이 어렵고 전단보강을 위하기보다는 기초의 깊이를 크게 하는 것이 경제적으로 더 유리하기 때문이다. 그림의 경사균열은 기둥 전면으로부터 수평으로 d만큼 떨어진 곳에서 기초 바닥과 만난다. 결과적으로 1방향 전단에 의한 위험단면은 기둥이나 벽체의 전면에서 깊이 d만큼 떨어진 곳이다.

전단을 검토하기 위한 전단력을 보에서와 같이 벽면으로부터 d만큼 떨어진 단면 2−2에서 계산한다. 즉,

$$V_u = q_u \left(\frac{b-a}{2} - d \right) \cdot b \tag{9.3-2}$$

정착길이는 최대 모멘트를 계산하는 단면을 기준으로 계산한다.

(2) 2방향 전단

뚫림전단에 대한 위험단면은 기둥 전면에 있으며 위험하중 면적은 슬래브 관통 부분의 바깥쪽 면적이 된다. 8장의 8.4.5에 서술한 뚫림전단 해석 및 설계 부분을 참고한다.

9.4 독립 확대기초 Isolated Spread Footings

9.4.1 개 요

독립 확대기초는 개별 기둥을 확대하여 만드는데 그 형상은 정사각형 또는 직사각형이다. 이 것들은 기둥에서 전달되는 집중하중을 안전하게 지반으로 확산시키며 하중은 편심을 가지고 작용할 수도 있다(그림 9.4-1, 9.4-3). 기초 바닥 면이 그림 9.4-1에 보인 바와 같이 확산각도 45° 안에 들어 있다면 부담하중이 크지 않은 기초에 무근콘크리트를 사용할 수 있다. 그렇지 않은 경우에는 철근콘크리트 확대기초가 필요하다. 확대기초 설계에 대해서 도로교설계기준 제7장 하부구조 편의 7.6절을 따르는 것이 좋다. 대체로 다음과 같은 절차가 적용되고 있다[9.1, 9.15].

- 중심축 하중을 받는 기초에서는 지반반력이 등분포라고 가정해도 좋다. 실제 반력분포는 흙의 종류에 따라 달라진다. 토질역학 교재를 참고하기 바란다.
- 편심축 하중을 받는 기초에서는 지반반력은 선형으로 변한다고 가정해도 좋다.

9.4.2 중심축 하중을 받는 확대기초

다음과 같은 기호를 사용한다.

N_D = 기둥에서 전달되는 설계 고정하중 [kN]

N_L = 기둥에서 전달되는 설계 활하중 [kN]

W = 기초 자중 [kN]

B, L = 확대기초의 폭과 길이 [m]

q_a = 허용 지반지지력 [kPa 또는 kN/m²]

허용 지반지지력값은 기초의 침하량을 산정하는 데 사용되며 사용성에 관련된 값임을 명심해야 한다. 기초 바닥판의 자중을 포함한 설계하중에서 기초의 바닥 면적을 결정한다.

$$바닥\ 면적\ = (N_D + N_L + W)/q_a = L \times B\, \text{m}^2 \tag{9.4-1}$$

바닥판 설계는 기둥에서 바닥으로 전달되는 극한하중에 대한 것으로서, 설계하중은 $1.25 N_D + 1.8 N_L$ 이다.

(1) 휨

휨에 대해 위험단면은 독립 확대기초의 기둥 면이나 줄기초의 벽체 면이다. 확대기초를 완전히 가로지른 전 단면에 대해 모멘트를 취하고 그 모멘트는 단면의 한쪽에 대해 극한하중에 의한 것이다. 모멘트 재분배는 없다. 그림 9.4-2(가)에서 위험단면은 $X-X$ 및 $Y-Y$ 이다.

(2) 철근 배치

연단 쪽으로보다는 기둥 근처에 휨모멘트가 집중하기 때문에 전통적으로 중심부 근처 좁은 폭에 철근을 집중적으로 배치한다. 기둥 중심선에서 확대기초의 연단까지 거리가 $0.75(c + 3d)$

보다 크다면, 제시된 방향에 대해서 필요 철근량의 2/3를 기둥 면에서 1.5d만큼 떨어진 곳까지 그 부분에 집중적으로 배치한다. 여기서 c는 기둥의 폭이고 d는 기초 바닥판의 유효깊이이다. 그렇지 않은 경우에는 전체 폭에 고르게 철근을 배치해도 된다. 그림 9.4-2(나)는 철근 배치 분포를 보인 것이다.

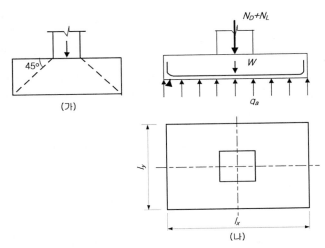

그림 9.4-1 (가) 무근 확대기초와 (나) 철근콘크리트 확대기초

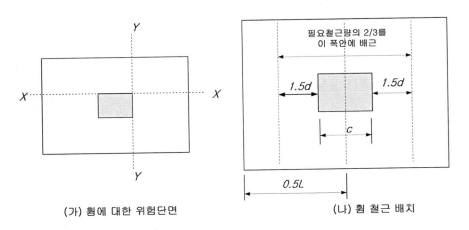

(가) 휨에 대한 위험단면   (나) 휨 철근 배치

그림 9.4-2 확대기초에서 휨에 대한 위험단면

(3) 바닥 전체 폭에 대한 수직 단면에 작용하는 전단

수직 전단력은 고려 중인 단면 밖에서 작용하는 하중의 합이다. 그림 9.4-3에 보인 바와 같이 기둥 면에서 d만큼 떨어진 곳에서 전단응력 v을 검토하며 다음 조건을 만족해야 한다.

$$v = V_u / (\ell\, d) \le v_{cd}$$

여기서, ℓ은 기초의 길이 L 또는 폭 B로 적절하게 취한다.

정상적인 경우라면 기초 바닥판을 충분히 두껍게 설계하여 전단보강이 필요하지 않도록 한다. 기초의 두께는 때로는 전단설계가 지배적인 요소가 되기도 한다. 전단보강이 필요하지 않은 부재에 대한 규정은 도로교설계기준 5.7.2.2에 제시되어 있다. 도로교설계기준의 식 (5.7.7)과 (5.7.8)로부터 다음 조건을 만족해야 한다.

$$V_{cd} = [0.85\phi_c\kappa(\rho f_{ck})^{1/3} + 0.15f_n]b_w d > V_{cd,\min} = (0.4\phi_c f_{ctk} + 0.15f_n)b_w d$$

$$\kappa = 1 + \sqrt{200/d} \le 2.0,\ \rho_l \le 0.02$$

전단응력 검토결과에 따라 전단보강이 필요하다고 드러나면, 전단보강이 필요하지 않는 정도까지 기초판의 두께를 키우는 것이 방법이다.

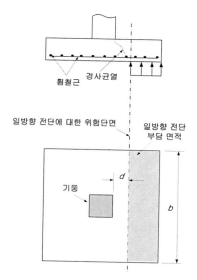

그림 9.4-3 기둥 면에서 d만큼 떨어진 위험단면에서 보 전단 검토

(4) 재하면 주변에서 뚫림전단

뚫림전단강도 검토규정은 도로교설계기준의 5.7.4에 제시되어 있다. 뚫림전단력은 그림 9.4-4에 보인 바와 같이 위험단면 둘레 밖에 작용하는 하중의 합이다. 뚫림전단의 개념 및 설계공식에 관한 상세한 설명은 전단설계부분에서 플랫 슬래브의 전단설계를 참고하면 된다[9.1, 9.15].

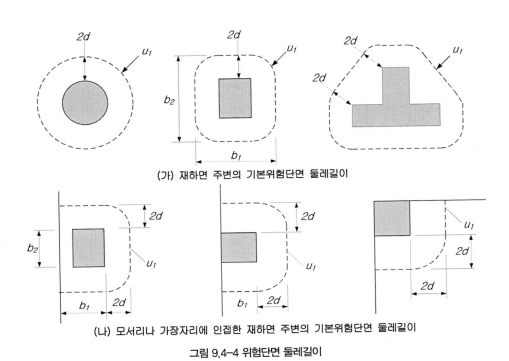

(가) 재하면 주변의 기본위험단면 둘레길이

(나) 모서리나 가장자리에 인접한 재하면 주변의 기본위험단면 둘레길이

그림 9.4-4 위험단면 둘레길이

뚫림전단응력에 관해서는 두 가지 검토사항이 있다.

- 먼저 기둥 둘레길이에서

$$v_u = N_u/(u_o d) < v_{cd,\max} = 0.3(1 - f_{ck}/250)f_{cd}$$

$u_0 = $ 기둥 둘레길이 $= 2(c_1 + c_2)$, c_1과 c_2는 기둥 변의 길이이다.

이 조건을 충족시키지 못한다면, 조건을 충족시키는 한도까지 두께를 키워야 한다.

- 도로교설계기준 식 (5.7.43)을 이용해서 $r = d$에서 기둥 면에서 $2d$되는 둘레길이에서 검토한다.

$$v_u = V_{u,red}/(u\,d) \le v_d = v_{cd} \times 2d/a$$

여기서, V_u =둘레길이 밖에 작용하는 하중의 합

$\qquad$ =기둥 하중$-p \times [2(c_1 + c_2) \times r + \pi r^2 + c_1 c_2]$

$\qquad u = 2(\pi r + c_1 + c_2)$

$\qquad v_{cd} = [0.85\phi_c \kappa (\rho f_{ck})^{1/3}] > v_{cd,\min} = 0.4\phi_c f_{ctk}$

$\qquad \kappa = 1 + \sqrt{200/d} \le 2.0, \ \rho_l \le 0.02$

$\qquad p$ =극한한계상태에서 지반반력=기둥 하중/바닥 면적

$\qquad a$ =기둥 면에서 둘레길이까지 거리 $d \le a \le 2d$

두께가 변하는 기초판의 유효깊이 d는 그림 9.4-5에 나타낸 바와 같이 기둥 전면에서 잰 거리로 한다.

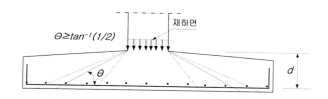

그림 9.4-5 두께가 변하는 기초판에서 유효 d

(5) 기둥 철근의 정착

그림 9.4-6은 배근 상세를 보인 것이다. 바닥판의 배근과는 따로, 기둥 철근은 적어도 정착길이만큼 기둥철근이 접속되는 점까지 연장된다. 흔히 실제로는 기둥의 짧은 변 길이만큼 바닥판에 연장된다. 이것을 키커 _kicker_ 라고도 한다. 이렇게 함으로써 기둥 거푸집 설치가 편해진다. 그러나 어떤 이들은 키커가 공정 속도를 올리는 데 거추장스럽다고 키커를 탐탁지 않게 생각하고 있다.

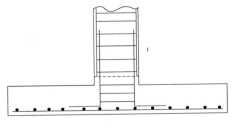

그림 9.4-6 기초 바닥판 배근

(6) 최소 콘크리트강도 및 공칭 콘크리트 피복두께

확대기초에 사용되는 콘크리트의 최소 등급과 철근에 대한 공칭 콘크리트 피복두께는 도로교
설계기준 5.10.4를 따라 시멘트 종류, 토양 속의 염분이나 황산염의 존재와 같은 여러 요소에
따라 결정된다.

예제 9.1 중심축 하중을 받는 기초판 설계

(1) 설계조건

400×400 mm 단면의 기둥이 고정하중 800 kN과 활하중 300 kN을 지지하고 있다. 지반의 허용
지지력은 200 kN/m²이다. 이 하중을 견딜 수 있는 정사각형 확대기초를 설계한다.

$f_{ck} = 30$ MPa이고 $f_y = 500$ MPa이다. 노출 조건은 XC1/XC2이다. 최소 콘크리트 덮개 $c_{\min, dur} =$
25 mm이다. 콘크리트를 잡석층 위에 타설하므로 피복두께를 40 mm로 한다.

(2) 기초 바닥판 크기 결정

자중을 100 kN으로 가정한다.

사용하중의 합 $= 800 + 300 + 100 = 1200$ kN

필요 바닥판 면적 $= 1200/200 = 6.0$ m²이므로 2.5 m×2.5 m로 한다.

(3) 휨철근량 산정

극한하중 $N_u = 1.25(800) + 1.8(300) = 1540$ kN

극한지반반력 $p_u = 1540/6.25 = 246.4 \, \text{kN/m}^2$

(주: 기초판에 대한 설계력을 계산할 때 자중과 그 때문에 생기는 지반반력이 서로 상쇄되기 되므로 기초판의 자중은 포함되지 않는다.)

기둥 면에서 위험단면 $Y-Y$는 그림 9.4-3에 보인 대로이다.

기둥 면에서 연단까지 길이 $= (2.5-0.4)/2 = 1.05 \, \text{m}$

$M_{yy} = 246.4 \times 2.5 \times 1.05^2/2 = 339.6 \, \text{kN} \cdot \text{m}$

기초판의 두께를 650 mm로 하고 직경 16 mm 철근을 두 방향으로 배치하기로 한다.

기초판 자중 $= 2.5^2 \times 0.65 \times 25 = 102 \, \text{kN}$ 설계 계산에서는 100 kN으로 가정한다.

상층 철근에 대한 유효깊이 $d = 650 - 40 - 16 - 16/2 = 586 \, \text{mm}$이다.

$f_y = 500 \, \text{MPa}$이므로, $f_{yd} = 0.9(500) = 450 \, \text{MPa}$이다.

$f_{ck} = 30 \, \text{MPa}$이므로, $f_{cd} = 0.65(0.85 \times 30) = 16.6 \, \text{MPa}$, $\eta = 1$, $\lambda = 0.8$이다.

$$m_u = M_u/(b\,d^2\,f_{cd}) = 339.6 \times 10^6/(2500 \times 586^2 \times 16.6) = 0.0238$$
$$z = d[0.5 + \sqrt{0.25 - m_u/2.0}\,] = 586[0.5 + \sqrt{0.25 - 0.0238/2.0}\,] = 586(0.988) = 579 \, \text{mm}$$
$$A_s = M_u/(f_{yd}\,z) = 339.6 \times 10^6/(579 \times 450) = 1304 \, \text{mm}^2$$

최소 철근량 검토: $A_{s,\min} = 0.26\dfrac{f_{ctm}}{f_{yd}}b\,d \geq 0.0013b\,d$,

$$f_{ctm} = 0.3(f_{cm})^{2/3} = 0.3(30+4)^{2/3} = 3.15 \, \text{MPa},$$
$$A_{s,\min} = 0.26(3.15/450)(2500)(586) = 2663 \, \text{mm}^2 \geq 0.0013(2500)(586) = 1904 \, \text{mm}^2$$

D16 철근을 사용한다. 필요한 철근 개수는 $2663/200 = 13.3 = 14$.

$$\text{설계 } A_s = 14\text{D}16 = 14(200) = 2800 \, \text{mm}^2$$

철근 배치는 다음의 규정을 충족시켜야 한다.

$$3/4(c+3d) = 0.75(400 + 3(586)) = 1619 \, \text{mm} > 0.5L = 2500/2 = 1250 \, \text{mm}$$

중심간격 200 mm로 철근을 배치한다.

정착길이는 기둥 면을 지나도록 한다. 필요 정착길이는 사용 철근 직경의 36배이므로 정착길이＝36×16＝576 mm이다.

(4) 1방향 전단

기둥 면에서 d＝586 mm 떨어진 곳인 위험단면 $Y-Y$에서 전단을 검토한다.

$$V_u =246.4×2.5×(1050-586)/10^3 =285.8 \text{ kN}$$

$$v_u =285.8×10^3/(2500×586)=0.195 \text{ N/mm}^2$$

$$k =1+ \sqrt{200/586} =1.584, \quad \rho_l =2800/(2500×586)=0.00191$$

$$v_{cd} =0.85\phi_c\kappa(\rho_l f_{ck})^{1/3}=0.85(0.65)(1.584)(0.00191×30)^{1/3}=0.337 \text{ MPa}$$

$$v_{cd,\min} =0.4\phi_c f_{ctk} =0.4(0.65)(0.7×3.15)=0.573 \text{ MPa}$$

$$v_u =0.195 \text{ N/mm}^2 < v_{cd} =0.573 \text{ MPa} \quad 따라서, \ 전단보강이 \ 필요하지 \ 않다.$$

(5) 뚫림전단

기둥 둘레에서 전단응력을 검토한다.

위험단면 둘레길이는 그림 9.4-4에 보인 바와 같다.

a ＝기둥 면에서 둘레길이까지의 거리이다. $d \leq a \leq 2d$

$u = 2 \times [(c_1 = 400) + (c_2 = 400)] + 2\pi a$

A ＝둘레길이 안쪽의 면적

$A = \pi a^2 +2[(c_1 =400) +(c_2 =400)]a +[(c_1 =400)×(c_2 =400)] \text{ mm}^2$

p ＝극한하중상태에서 지반반력＝246.4 kN/m²

극한하중상태에서 기둥 하중 N_u ＝1530 kN

$V_{u,red} = N_u - A \times p =1540-246.4A×10^{-6} \text{ kN}$

$v_u = V_{u,red}/(u\,d)$

표 9.4-1은 뚫림전단응력 v_u 의 계산 결과를 보인 것이다. $a = d$에서 최대값은 0.324 N/mm²이다. 이 값은 $v_d =v_{cd}×2d/a =0.76 \text{ MPa}$보다 작다. 그러므로 전단보강이 필요하지 않다.

표 9.4-1 뚫림전단응력 계산

	$a = Nd$	N	A, m²	u, mm	$V_{u,red}$, kN	v_u, N/mm²
1	586.0	1.0	2.18	5281.96	1002.85	0.324
2	644.6	1.1	2.50	5650.15	924.00	0.279
3	703.2	1.2	2.84	6018.35	840.22	0.238
4	761.8	1.3	3.20	6386.54	751.52	0.201
5	820.4	1.4	3.59	6754.74	655.42	0.166
6	879.0	1.5	3.99	7122.93	556.86	0.133
7	937.6	1.6	4.42	7491.13	450.91	0.103
8	996.2	1.7	4.87	7859.32	340.03	0.074
9	1054.8	1.8	5.34	8227.52	224.22	0.047
10	1113.4	1.9	5.84	8595.71	101.02	0.020
11	1172.0	2.0	6.35	8963.91	−24.64	−0.0047

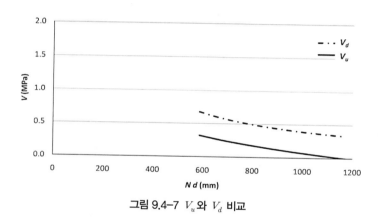

그림 9.4-7 V_u와 V_d 비교

9.5 편심하중을 받는 기초판 Axially Loaded Pad Bases

9.5.1 기초판 바닥에서 지반반력

확대기초가 지반에 비해서 '강성이 있다 *rigid*'라고 전제하고 지반반력이 일정하다고 가정하는 중심축 하중을 받는 기초판의 경우에서처럼, 편심축하중을 받는 기초판에 대해서도 마찬가지로 지반반력은 설계 목적상 기초판을 따라 선형으로 변한다고 가정해도 된다[9.1, 9.4, 9.15].

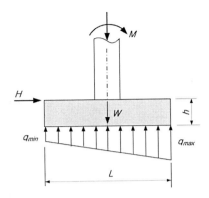

그림 9.5-1 편심하중을 받는 기초판

기초판에 작용하는 설계하중은 축하중 N, 모멘트 M, 그림 9.5-1에 보인 바와 같이 문형 뼈대 구조의 기초에 발생한 수평력 또는 기둥의 어느 한쪽에서 생기는 수평하중 H 등이다. 기초판의 제원은 길이 L, 폭 B, 두께 h 이다.

기초판 바닥 면적 $A = B \times L$

단면 계수 $Z = B \times L^2/6$

전체 연직방향 하중은 $N + W$ 이고 기초판의 아래쪽에 모멘트는 $M + Hh$ 이다. 최대 및 최소 지반반력의 크기는 다음과 같이 구한다.

$$p_{\max} = \frac{N + W}{A} + \frac{M + Hh}{Z} \tag{9.5-1}$$

$$p_{\min} = \frac{N + W}{A} - \frac{M + Hh}{Z} \tag{9.5-2}$$

$p_{\max}$ 은 지반의 허용 지지력보다 커서는 안 된다.

이들 힘에 의해서 생기는 편심거리 e 는 다음과 같다.

$$e = \frac{M + Hh}{N + W} \tag{9.5-3}$$

그림 9.5-1에 보인 바와 같이 $e \leq L/6$ 이면 기초판 전체 면에 지반반력이 생긴다.

그림 9.5-2(가)에 보인 바와 같이 $e > L/6$이면 기초판의 일부만이 지반과 접한다. 이런 경우지반에 과대 반력이 생기거나 기초의 한쪽이 들릴 수도 있기 때문에 이러한 상황은 피해야 한다. 그림 9.5-2(나)와 같이 기둥을 기초판의 중심에서 편심량 e_1만큼 벗어나 세워서 고정하중에 의한 모멘트가 편심 모멘트를 상쇄할 수 있기 때문에 지반반력이 등분포가 될 수도 있다.

$$e_1 = (M + Hh)/N \qquad (9.5\text{-}4)$$

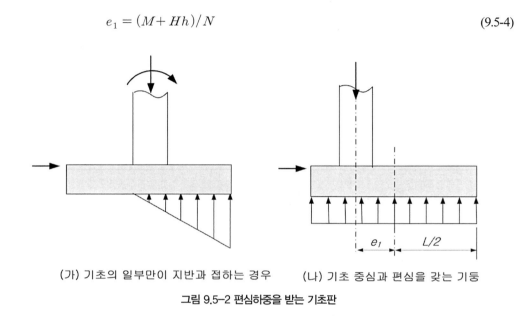

(가) 기초의 일부만이 지반과 접하는 경우   (나) 기초 중심과 편심을 갖는 기둥

그림 9.5-2 편심하중을 받는 기초판

9.5.2 수평하중에 대한 저항

기초판에 가해지는 수평하중은 기초판의 끝부분에 생기는 수동토압, 기초판과 모래와 같은 점착력이 없는 흙에 대해서 지면 간에 생기는 마찰력, 또는 진흙과 같은 점토질의 흙에 대한 점착력 등으로 버틴다. 일반적으로 이 수평하중은 이들 힘의 복합작용으로 견딘다. 지표에 놓인 바닥 슬래브도 수평하중을 부담한다. 그림 9.5-3은 이들 힘을 나타낸 것이다. 저항력을 계산하는 토질역학 공식은 점성토와 비점성토에 대해서 따로따로 적용해야 한다.

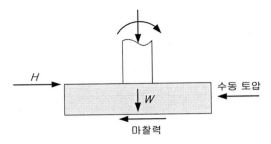

그림 9.5-3 기초판에 작용하는 수평력을 저항하는 힘

9.5.3 구조 설계

극한하중을 받는 기초판의 구조 설계는 기둥에 의해서 기초판으로 전달되는 극한하중과 모멘트를 견딜 수 있어야 한다. 그림 9.5-4는 기둥의 지지상태를 나타낸 것이다.

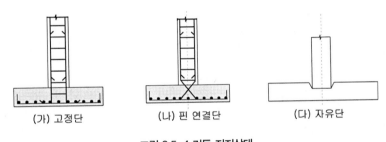

그림 9.5-4 기둥 지지상태

예제 9.2 편심축하중을 받는 기초판 설계

(1) 설계조건

표 9.5-1은 건물 내에 있는 기둥의 확대기초에 대해 설계하중을 나타낸 것이다. 가정한 기둥 단면의 크기는 450 mm×450 mm이고 기초판의 크기는 3600 mm×3000 mm이다. 기초판은 두께 200 mm인 1층 바닥 슬래브도 받치고 있다. 지반 흙은 배수가 잘 안되는 단단한 점토이고 물리적 성질은 다음과 같다.

단위 중량 $\gamma_s = 18\,\text{kN/m}^3$, 허용 지지력 $q_a = 150\,\text{kN/m}^2$, 점성력 $C_s = 60\,\text{kN/m}^2$

기초에 사용되는 재료는 콘크리트 $f_{ck} = 30\,\text{MPa}$이고, 철근 $f_y = 500\,\text{MPa}$이다.

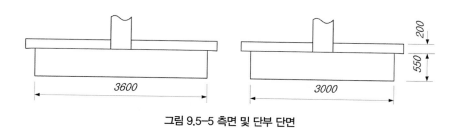

그림 9.5-5 측면 및 단부 단면

표 9.5-1 기둥에서 전달되는 하중 및 모멘트

	연직하중, kN	수평하중, kN	모멘트, kN·m
고정하중	770	35	78
활하중	330	15	34

(2) 기초판에 작용하는 최대 지반반력

최대 지반반력은 사용하중을 적용해서 검토한다.

기초판 자중 + 슬래브 = $(550 + 200)/1000 \times 3.6 \times 3.0 \times 25.0 = 202.5\,\text{kN}$

전체 축하중 = $770 + 330 + 202.5 = 1302.5\,\text{kN}$

전체 모멘트 = $78 + 34 + 0.550 \times (35 + 15) = 139.5\,\text{kN·m}$

기초판 면적 $A = 3.0 \times 3.6 = 10.8\,\text{m}^2$

단면계수 $Z = 3.0 \times 3.6^2/6 = 6.48\,\text{m}^3$

최대 지반반력 $q_{max} = 1302.5/10.8 + 139.5/6.48 = 120.6 + 21.5 = 142.1\,\text{kN/m}^2$

$q_{max} = 142.1\,\text{kN/m}^2 \leq q_a = 150\,\text{kN/m}^2$

(3) 수평하중 저항

바닥 슬래브가 없다고 가정하여 수동토압 저항력을 검토한다.

점착력이 없으므로, $\beta = 0$, $(h_1 = 0,\ p_1 = 0)$, $(h_2 = 0.550,\ p_2 = 18 \times 0.550 = 9.9)$

수동 저항력 = $2\,c\,Bh + 0.5Bh\,(p_1 + p_2) + \beta LB$

$$=[2(60)(3.0)(0.550)]+[0.5(3.0)(0.5)(0+9.9)]+0=198+7.4=205.4 \text{ kN}$$

계수 수평하중$=1.25(35.0)+1.8(15.0)=70.75 \text{ kN} <$ 수동 저항력$=205.4 \text{ kN}$

수평하중에 대한 저항력은 만족할 만하다.

수동토압에 의한 수평 반력에 의한 기초판 바닥 면에서 모멘트 감소는 무시된다.

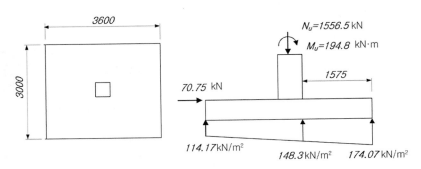

그림 9.5–6 확대기초 기초판 평면도 및 지반반력도

(4) 휨모멘트 철근 설계

기둥에서 전달되는 극한하중에 대해서 설계를 수행한다.

① 장경간 모멘트 철근

축하중 $N=1.25(770)+1.8(330)=1556.5 \text{ kN}$

수평하중 $H=1.25(35)+1.8(15)=70.75 \text{ kN}$

모멘트 $M=1.25(78)+1.8(34)+0.5\times70.75=194.075 \text{ kN·m}$

최대 지반반력 $q_{max}=1556.5/10.8+194.075/6.48=174.07 \text{ kN/m}^2$

최소 지반반력 $q_{min}=1556.5/10.8-194.075/6.48=114.17 \text{ kN/m}^2$

지반반력 분포도는 그림 9.5-6에 보인 바와 같다.

기둥 면에서 지반반력 $q=114.17+(174.07-114.17)\times(3.6-1.575)/3.6=148.3 \text{ kN/m}^2$

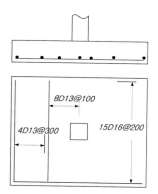

그림 9.5-7 배근도(단변 방향으로 대칭의 반쪽만 보인 것이다.)

기둥 면에서 모멘트

$$M_y = 148.3 \times 3.0 \times 1.575^2/2 + 0.5(174.07 - 148.3) \times 3.0 \times 1.575^2 \times (2/3) = 615.72\,\text{kN}\cdot\text{m}$$

피복두께가 40 mm이고 직경 16 mm 철근을 사용한다면, 하층 철근에 대한 유효깊이는 다음과 같다.

$$d = 550 - 40 - 16/2 = 502\,\text{mm}$$

$$m_u = M/(bd^2 f_{cd}) = 615.72 \times 10^6/(3000 \times 502^2 \times 16.6) = 0.0491$$

$$z = 502\left[0.5 + \sqrt{0.25 - m_u/2.0}\,\right] = 502(0.975) = 489\,\text{mm}$$

$$A_s = 615.72 \times 10^6/(450 \times 489) = 2798\,\text{mm}^2$$

설계기준 식에서 최소 철근량

$$A_{s,\min} = 0.26(f_{ctm}/f_{yd})\,b\,d = 0.26(3.15/450) \times 3000 \times 502 = 2740\,\text{mm}^2$$

$$> 0.0013(3000)(502) = 1958\,\text{mm}^2$$

설계 $A_s = 15\text{D}16 = 3000\,\text{mm}^2$

$$0.75(c + 3d) = 0.75(450 + 3 \times 502) = 1467\,\text{mm}, \quad L/2 = 3000/2 = 1500\,\text{mm}$$

두 길이의 차이가 작으므로 무시할 만하다. 그래서 철근을 균등하게 배치한다. 15가닥의 D16철근을 중심간격 200 mm로 하여 배치하면 철근량은 3,000 mm²이다.

② 단경간 모멘트 철근

축하중 $N = 1.25(770) + 1.8(330) = 1556.5 \text{ kN}$

평균 지반반력 $q_{avg} = 1556.5/10.8 = 144.12 \text{ kN/m}^2$

기둥 면에서 모멘트

$M_x = 144.12 \times 3.6 \times 1.275^2/2 = 421.71 \text{ kN·m}$

피복두께가 40 mm이고 직경 13 mm 철근을 사용한다면, 하층 철근에 대한 유효깊이는 다음과 같다.

$$d = 550 - 40 - 16 - 13/2 = 487.5 \text{ mm}$$

$$m_u = M/(bd^2 f_{cd}) = 421.71 \times 10^6/(3600 \times 487.5^2 \times 16.6) = 0.0300$$

$$z = 487.5[0.5 + \sqrt{0.25 - 0.03/2.0.7}] = 487.5(0.985) = 480.16 \text{ mm}$$

$$A_s = 421.71 \times 10^6/(450 \times 480.16) = 1952 \text{ mm}^2$$

설계기준 식에서 최소 철근량

$$A_{s,\min} = 0.26(f_{ctm}/f_{yd})\,b\,d = 0.26(3.15/450) \times 3600 \times 487.5 = 3194 \text{ mm}^2$$

$$> 0.0013(3600)(487.5) = 2281.5 \text{ mm}^2$$

설계 $A_s = 24\text{D}13 = 3048 \text{ mm}^2$

$0.75(c+3d) = 0.75(450 + 3 \times 487.5) = 1434 \text{ mm}, \quad L/2 = 3600/2 = 1800 \text{ mm}$

전체 철근량의 2/3(16가닥)를 1,450 mm 폭의 중심 부분에 배치한다. 1,500 mm 폭에 중심간격 100 mm로 16가닥을 배치한다. 그 바깥쪽 870 mm 폭에는 중심간격 300 mm로 4가닥을 배치한다.

(5) 수직 전단

장경간 : 수직 전단응력은 기둥 면에서 $d = 502 \text{ mm}$ 되는 곳에서 검토한다.

지반반력 $p_d = 114.17 + (174.07 - 114.17) \times (3.6 - 1.575 + 0.502)/3.6 = 156.21 \text{ kN/m}^2$

기둥 면에서 d만큼 떨어진 곳의 전단

$$V_u = 0.5(156.21 + 174.37) \times 3.0 \times (1.575 - 0.502) = 531.6 \text{ kN}$$

$$v_u = 531.6 \times 10^3/(3000 \times 502) = 0.353 \text{ N/mm}^2$$

$$\kappa = 1 + \sqrt{200/502} = 1.63$$

철근을 위험단면을 지나 d 보다 길게 연장하여 전체 철근량을 철근비 ρ_l 을 계산하는 데 고려한다.

$$A_{sl} = 15D\,16 = 3000 \text{ mm}^2, \ \rho_l = 3000/(3000 \times 502) = 0.002$$

$$v_{cd} = 0.85\phi_c\kappa\,(\rho_l f_{ck})^{1/3} = 0.85(0.65)(1.63)(0.002 \times 30)^{1/3} = 0.352 \text{ MPa}$$

$$< \ v_{cd,\min} = 0.035 \times 1.63^{1.5} \times \sqrt{30} = 0.40 \text{ MPa}$$

$$v_{cd} = 0.40 \text{ MPa} > v_u = 0.352 \text{ N/mm}^2 \text{이므로 전단보강이 필요하지 않다.}$$

<u>단경간</u>

평균 지반반력 $p_{avg} = 1556.5/10.8 = 144.12 \text{ kN/m}^2$

이 평균 지반반력이 전단부담 면적 전체에 작용한다.

$$[(3000 - 450)/2 - 488 = 787 \text{ mm}] \times 3600 \text{ mm}$$

수직 전단응력은 기둥 면에서 $d = 488 \text{ mm}$ 되는 곳에서 검토한다.

기둥 면에서 d 만큼 떨어진 곳의 전단

$$V_u = 144.21 \times 3.6 \times 0.787 = 408.3 \text{ kN}$$

$$v_u = 408.3 \times 10^3/(3600 \times 488) = 0.232 \text{ N/mm}^2$$

$$\kappa = 1 + \sqrt{200/488} = 1.64$$

철근을 위험단면을 지나 d 보다 길게 연장하여 전체 철근량을 철근비 ρ_l 을 계산하는 데 고려한다.

$$A_{sl} = 24D\,13 = 3048 \text{ mm}^2, \ \rho_l = 3048/(3048 \times 488) = 0.00173 < 0.02$$

$$v_{cd} = 0.85\phi_c\kappa\,(\rho_l f_{ck})^{1/3} = 0.85(0.65)(1.64)(0.00173 \times 30)^{1/3} = 0.338 \text{ MPa}$$

$$< \ v_{cd,\min} = 0.035 \times 1.64^{1.5} \times \sqrt{30} = 0.40 \text{ MPa},$$

$$v_{cd} = 0.40 \text{ MPa} > v_u = 0.232 \text{ N/mm}^2 \text{이므로 전단보강이 필요하지 않다.}$$

(6) 뚫림전단과 최대 전단

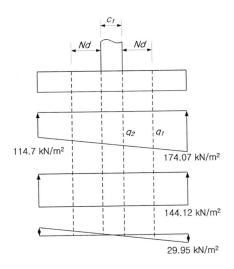

그림 9.5-8 극한한계상태에서 지반반력 분포

기둥 둘레길이를 따라 뚫림전단을 검토한다.

기둥 둘레길이 $u_0 = 2(c_1 + c_2) = 2(450 + 450) = 1800\,\mathrm{mm}$, 유효깊이 $d = 495\,\mathrm{mm}$

기둥 축하중=1556.5 kN

$$v_{d,\max} = 0.3 \times (1 - f_{ck}/250) \times f_{cd} = 0.3(1 - 30/250) \times 19.5 = 5.15\,\mathrm{MPa}$$

기둥 둘레길이를 따른 전단응력 $v_u = 1556.5 \times 10^3 / (1800 \times 495) = 1.747\,\mathrm{MPa}$

슬래브 두께는 충분하다.

기둥 면에서 Nd만큼 떨어진 둘레길이에서 뚫림전단을 검토한다($1 \le N \le 2$).

그림 9.5-9 (가)는 고려 중인 뚫림전단 위험둘레길이를 나타낸 것이다. 기둥의 c_1과 c_2는 하중의 편심에 대하여 각각 평행한 것과 직각인 치수이다.

앞의 값들을 이용하면

평균 $d = (502 + 488)/2 = 495\,\mathrm{mm}$

평균 지반반력 $q_{avg} = (1740.07 + 114.17)/2 = 144.12\,\mathrm{kN/m^2}$

둘레길이 안쪽 면적 $A = c_1 \times c_2 + 2(c_1 + c_2) \times Nd + \pi(Nd)^2$

바닥 지반반력으로 인한 상향력 $= 144.12 \times A$ kN

기둥 면에서 지반반력 $q_2 = 29.95 \times (c_1/L) = 3.744$ kN/m^2 여기서, $c_1 = 450$ mm, $L = 3600$ mm

뚫림전단 위험둘레길이에서 지반반력 $q_1 = 29.95 \times (c_1 + 2Nd)/L$ kN/m^2

둘레길이 $u = 2(c_1 + c_2 + \pi Nd)$

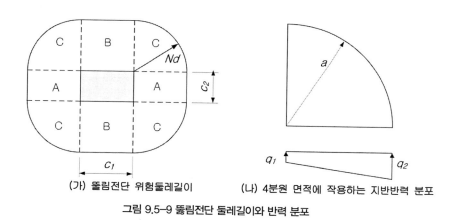

(가) 뚫림전단 위험둘레길이　　　　(나) 4분원 면적에 작용하는 지반반력 분포

그림 9.5-9 뚫림전단 둘레길이와 반력 분포

그림 9.5-9(가)에 보인 바와 같이 세 부분에서 선형 반력 분포에 의한 모멘트 :

구역 $A : M_a = \dfrac{2}{3} q_1 (0.5 c_1 + Nd)^2 \times c_2$

구역 $B : M_b = \dfrac{1}{3} q_2 \times c_1^2 \times Nd$

구역 $C : M_c$를 계산하는 데 필요한 식들은 다음과 같이 만들어질 수 있다.

x-방향으로 지반반력 분포의 선형 변화에 의해서 그림 9.5-9(나)에 나타낸 면적에 작용하는 전체 힘 F는 다음과 같이 구한다.

$$F = \int_{x=0}^{x=a} [q_2 + (q_1 - q_2) \times \frac{x}{a}] dx \int_{y=0}^{y=\sqrt{(a^2 - x^2)}} dy$$

$$F = \frac{a^2}{12} \times [(3\pi - 4) q_2 + 4 q_1]$$

수직축에 대한 모멘트 M_y

$$M_y = \int_{x=0}^{x=a} [q_2 + (q_1 - q_2) \times \frac{x}{a}] x\, dx \int_{y=0}^{y=\sqrt{(a^2 - x^2)}} dy$$

$$M_y = \frac{a^3}{48} \times [(16 - 3\pi)q_2 + 3\pi q_1]$$

$$M_c = 4M_y + 2 \times F \times c_2$$

$V_{u,red} = $ 기둥 축력 $-$ 지반반력에 의한 상향력

$M_{u,red} = $ 기둥에 작용하는 모멘트 $- (M_a + M_b + M_c)$

$$v_u = \beta \frac{V_u}{(u_1 d)}, \quad u_1 = 2(c_1 + c_2 + \pi N d)$$

β는 다음의 설계기준 식 (5.7.44)로 계산한다.

$$\beta = 1 + k \times \left(\frac{M_u}{V_{u,red}} \right) \times \left(\frac{u}{W} \right) \qquad\qquad \text{설계기준 식 (5.7.44)}$$

$c_1/c_2 = 1$에 대해 설계기준 표 5.7.2에서 $k = 0.6$이다.

도로교설계기준 표 5.7.2 직사각형 재하면인 경우 k값

c_1/c_2	≤ 0.5	1.0	2.0	≥ 3.0
k	0.45	0.60	0.70	0.80

기둥 면에서 $2d$ 대신에 a 되는 곳에 둘레길이에 대해 설계기준 식 (5.7.44)를 다시 쓰면

$$W = c_1 c_2 + 2c_2 a + 0.5 c_1^2 + 4a^2 + \pi c_1 a$$

스프레드시트 *spread sheet*를 이용해서 계산할 수 있다. 그 결과는 표 9.5-2에 보인 바와 같다.

표 9.5-2 뚫림전단응력 계산

N	Nd	q_1	A	$N-soil$	$V_{u,red}$	M_a	M_b	M_c	$M-soil$	$M_{u,red}$	W	u_1	v_u
	mm	kN/m²	m²	kN	kN		kN·m		kN·m	kN·m	m²	m	kN/m²
1.0	495	12.0	1.9	269	1288	1.9	0.1	2.6	4.6	189.4	2.4	4.9	0.63
1.1	545	12.8	2.1	305	1252	2.3	0.1	3.5	6.0	188.1	2.7	5.2	0.57
1.2	594	13.6	2.4	343	1213	2.7	0.2	4.7	7.5	186.5	3.1	5.5	0.52
1.3	644	14.5	2.7	384	1173	3.3	0.2	6.0	9.4	184.6	3.4	5.8	0.47
1.4	693	15.3	3.0	426	1130	3.9	0.2	7.6	11.6	182.4	3.8	6.2	0.43
1.5	743	16.1	3.3	471	1085	4.5	0.2	9.5	14.2	179.8	4.2	6.5	0.39
1.6	792	16.9	3.6	519	1038	5.3	0.2	11.8	17.2	176.9	4.6	6.8	0.36
1.7	842	17.7	3.9	568	988	6.1	0.2	14.4	20.6	173.4	5.1	7.1	0.33
1.8	891	18.6	4.3	620	937	6.9	0.2	17.4	24.6	169.5	5.5	7.4	0.30
1.9	941	19.4	4.7	674	883	7.9	0.2	20.9	29.0	165.1	6.0	7.7	0.27
2.0	990	20.2	5.1	730	827	9.0	0.3	24.8	34.0	160.0	6.5	8.0	0.24

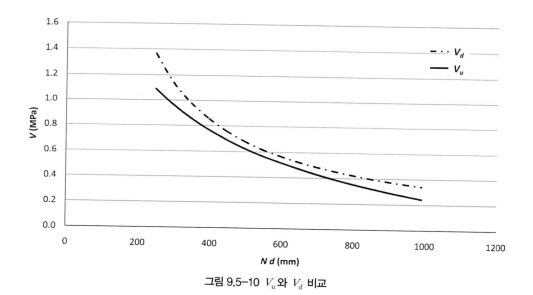

그림 9.5-10 V_u와 V_d 비교

$q_2 = 3.744 \, \text{kN/m}^2$과 $d = 495 \, \text{mm}$를 적용하여 계산을 수행한 것이다.

$$k = 1 + \sqrt{(200/495)} = 1.64, \quad \rho = \sqrt{(0.0020 \times 0.0016)} = 0.0018$$

$$v_{cd} = 0.85(0.65)(1.64)(0.0018 \times 30)^{1/3} = 0.342 \, \text{MPa}$$

$$v_{cd,\min} = 0.035 \times k^{1.5} \times \sqrt{30} = 0.035 \times 1.64^{1.5} \times \sqrt{30} = 0.40 \, \text{MPa}$$

도로교설계기준 식 (5.7.47)에서

$$v_d = v_{cd}(2d/a) = 0.40(2d/a)$$

$a = d$에서

$$v_d = 0.80\,\mathrm{MPa} > 0.62\,\mathrm{MPa}$$

$a = 2d$에서

$$v_d = 0.40\,\mathrm{MPa} > 0.23\,\mathrm{MPa}$$

위 계산에서 지반반력에 의한 모멘트만큼 순 모멘트를 감소시켰음을 주목해야 한다. 기둥 축력이 지반반력에 의한 상향력만큼 감소되었기 때문에 타당하다. 그 차이는 별로 중요하지 않다. 이 예제에서 기둥에서 d만큼 떨어진 둘레길이에 대해서 $M_u = 194.075\,\mathrm{kN \cdot m}$이고 $M_{u,red} = 189.4\,\mathrm{kN \cdot m}$이다. 도로교설계기준 식 (5.7.43)에서는 $M_{u,red}$ 대신에 M_u만을 적용한다.

9.6 벽체, 줄기초 및 복합 기초 Walls, Strip and Combined Footings

9.6.1 벽체 기초

그림 9.6-1(가)와 (나)는 대표적인 벽체 확대기초를 나타낸 것이다. 그림 9.6-1(가)에서 벽체와 확대기초는 일체로 타설된다. 모멘트 위험단면은 벽체 면 $Y_1 - Y_1$ 단면이고 전단 위험단면은 벽체에서 d만큼 떨어진 $Y_2 - Y_2$ 단면이다. 벽체의 단위 길이 1 m를 고려하여 기초판 설계에 적용했던 방법과 비슷하게 설계를 수행한다.

벽체와 기초가 분리된 경우이면, 예를 들면, 벽돌벽체이면, 기초판 최대 모멘트는 중심에서 발생하고 최대 전단은 벽체 면에서 발생한다(그림 9.6-1(나)). 벽체는 단위 길이당 하중 W/t만큼 기초판에 분포시키며 기초판은 단위 길이당 W/b만큼 지반에 분포시킨다. 여기서 W는 벽체 단위 길이당 하중이며, t는 벽체 두께이고 b는 기초판의 폭이다. 벽체 연단에서 최대 전단력은

$$W(b-t)/(2b) \tag{9.6-1}$$

이다. 벽체 중심에서 최대 모멘트는 다음과 같다.

$$\frac{W}{b}\frac{b}{2}\frac{b}{4} - \frac{W}{t}\frac{t}{2}\frac{t}{4} = \frac{W}{8}(b-t) \tag{9.6-2}$$

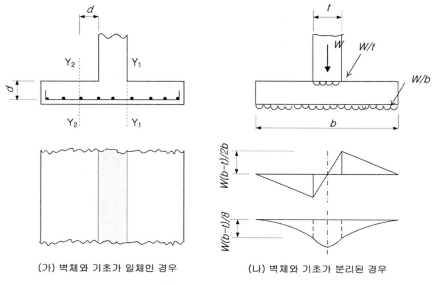

(가) 벽체와 기초가 일체인 경우   (나) 벽체와 기초가 분리된 경우

그림 9.6-1 벽체 기초-줄 기초

9.6.2 전단 벽체 기초

벽체와 기초가 면내 수평력을 부담한다면, 즉 벽체가 전단벽체로 이용되어 건물을 안정시킨다면, 벽체 한쪽 끝에서 최대 지반반력은 선형으로 분포한다고 가정한다(그림 9.6-2). 기초는 평균 지반반력에 대해서 설계되는데, 즉 최대 지반반력을 받는 단에서 0.5 m 되는 곳이다. 다음과 같은 변수들을 정의한다.

$W =$ 기초판에 작용하는 전 하중

$H =$ 벽체 상단에 작용하는 수평하중

$h =$ 벽체 높이

b = 기초판 폭

ℓ = 벽체 및 기초판 길이

기초판 면적 $A = b\,\ell$

단면계수 $Z = b\ell^2/6$

최대 지반반력 $q_{max} = W/A + Hb/Z$

기초가 견고한 지반 위에 있고 충분히 두꺼워서 기초판 아래쪽이 벽체 면에서 45° 확산선 내에 있다면, 철근을 배치할 필요가 없다. 그러나 기초의 상면과 하면에 적어도 최소 철근량 정도만큼 배근해두어서 침하가 발생하는 경우에도 균열을 제어할 수 있도록 해야 한다.

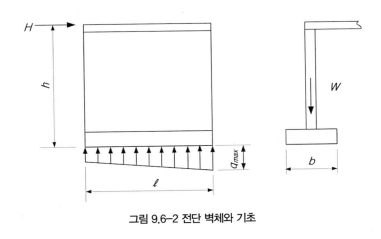

그림 9.6-2 전단 벽체와 기초

9.6.3 연결 기초

개별 확대기초가 아주 가까이 있거나 겹쳐지게 되는 경우, 그림 9.6-3에 보인 바와 같이 기둥이 촘촘하게 설치된 경우에 연속 줄기초를 사용한다. 기초에 중심축 하중이 작용한다면, 지반반력은 균등할 것이다. 기둥 하중이 같지 않거나 간격이 일정하지 않고 기초판이 단단하다고 가정한다면, 하중에 의한 모멘트는 기초판의 중심에 대해서 취하고 지반반력 분포는 선형적으로 변한다고 가정하여 결정한다. 그림 9.6-3은 이러한 경우를 나타낸 것이다.

길이방향으로는 다음과 같은 방법에 의해서 모멘트와 전단에 대해 기초를 해석해도 된다.

- 강성 기초라고 가정한다. 그러면 어떤 단면에서 전단은 단면의 한쪽에서 아래로 작용하는 기둥 축력과 위로 작용하는 지반반력의 대수적 합이며, 그 단면에서 모멘트는 단면의 한쪽에 작용하는 모멘트의 합이다.
- 기초의 유연도와 지반의 탄성 거동을 가정하여 고려하면 좀 더 정밀한 해석을 할 수도 있다. 이 경우 탄성 지반상의 보처럼 해석한다.

횡방향으로는 독립 확대기초판에 대한 것처럼 기초판을 설계해도 된다.

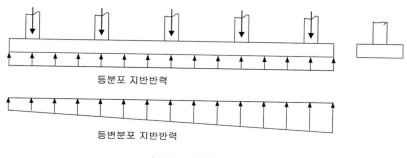

등분포 지반반력

등변분포 지반반력

그림 9.6-3 연속 연결 확대기초

9.6.4 복합 확대기초

두 기둥이 가까이 있고 독립된 확대기초가 겹치게 된다면 그림 9.6-4(가)에 보인 바와 같이 복합기초를 사용할 수 있다. 다시 말하면 한 기둥이 기존 건물 또는 하수시설에 가까이 있다면 독립 확대기초를 설계하기 어렵지만 인접 확대기초와 연결한다면 만족할 만한 방법이 될 수 있다(그림 9.6-4(나)). 가능하다면 기초의 중심선과 하중 작용점을 일치시켜 지반에 균등한 반력이 생기도록 기초판을 정하는 것이 좋다. 편심 하중이 작용하는 경우가 일반적이므로, 기초의 중심에 대하여 모멘트를 취하고 최대 지반반력은 기초 바닥 면에 전체 연직하중과 모멘트로 정해진다. 이 지반반력은 기초판의 길이를 따라 선형으로 변한다고 가정한다.

길이방향으로 설계에 사용될 단면력은 정역학으로 구할 수도 있다. 횡방향으로 위험단면의 모멘트와 전단력은 독립 확대기초에서와 같은 방법으로 구한다. 기둥 면에서 각각 d, $2d$만큼 떨어진 곳에서 반드시 뚫림전단에 대하여 검토해야 한다.

복합기초는 기초판의 도심과 두 기둥 하중의 합력이 일치하도록 설계하는 것이 바람직하다.

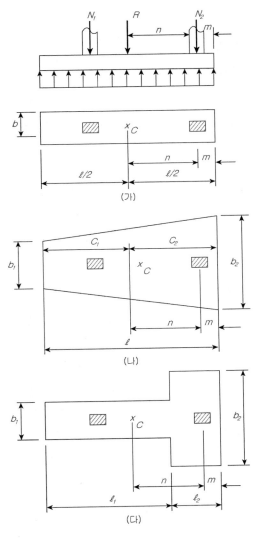

그림 9.6-4 두 기둥 복합기초

이는 기초판이 기울어지는 것을 예방하기 위한 것이다. 이러한 기초판은 일반적으로 사각형, 사다리형, T-형이 대부분으로 그 형상은 도심과 합력점이 일치하도록 하면 된다. 그림 9.6-4에 보인 단순한 관계식을 이용하여 기초판의 형상을 쉽게 결정할 수 있다.

일반적으로 거리 m과 n이 주어지는데, m은 토지 한계선에서 외부 기둥 중심까지의 거리이고 n은 이 기둥에서부터 두 기둥 하중의 합력점까지의 거리이다. 하나의 독립기초판이 외부 기둥과 중심을 일치시킬 수 없을 경우에는, 외부 기둥이 기초판의 도심에서 벗어나도록 하고, 가장 근접한 내부 기둥의 기초판과 보로 연결하는 방법이 있다. 이 연결보는 내부 기둥에 의해 균형을 이루기 때문에 편심 하중을 받는 외부 기둥의 기초판이 기울어지는 것을 방지하고, 지반반력이 고르게 분포되도록 하는 역할을 한다. 이러한 기초를 연결기초판 또는 캔틸레버 기초판이라고 한다.

그림 9.6-4에 보인 확대기초에 대해 허용 지지력 q_a를 적용하여 각각의 치수는 다음과 같이 구한다.

- 경우 (가) : $\ell = 2(m+n),\ b = \dfrac{R}{q_a}$

- 경우 (나) : $\dfrac{b_2}{b_1} = \dfrac{3(n+m)-\ell}{2\ell - 3(n+m)}$, $b_1 + b_2 = \dfrac{2R}{q_a \ell}$, $c_1 = \dfrac{\ell(b_1 + 2b_2)}{3(b_1 + b_2)}$, $c_2 = \dfrac{\ell(2b_1 + b_2)}{3(b_1 + b_2)}$

- 경우 (다) : $\dfrac{R}{q_a} = \ell_1 b_1 + \ell_2 b_2$, $b_1 = \dfrac{R}{\ell_1 q_a} - \left[\dfrac{2(n+m)-\ell_2}{\ell_1(\ell_1 + \ell_2)}\right] b_2 = \dfrac{R}{\ell_2 q_a} - \dfrac{\ell_1 b_1}{\ell_2}$

지반의 지지력이 약해서 넓은 지압면이 필요한 경우에는 보통 한 열에 2개 이상의 기중을 지지할 수 있는 **연속 줄 기초판**continuous strip footing을 적용한다. 일반적으로 그림 9.6-5(가)와 같이 **격자형 기초**grid foundation와 같이 2방향으로 배열한다. 이 격자형 기초판은 독립기초판보다 경제적이면서 효율적이다. 왜냐하면 격자형 기초판은 독립기초판의 캔틸레버 모멘트보다 훨씬 작은 모멘트가 생기는 연속 보와 같은 거동을 하기 때문이다.

위와 같이 복합기초판으로도 지반지지력이 충분하지 않은 경우에는 그림 9.6-5(나)와 같이 **전면 기초**mat foundation로 해야 한다. 이것은 건물 바닥 전체를 철근콘크리트 슬래브로 만드는 것이다. 이 기초는 구조적으로 플랫 슬래브나 플랫 플레이트를 뒤집어 놓은 형상이다. 즉, 상향 지반반력이 하중으로 작용하고 기둥의 하향 집중하중이 반력이 되는 구조이다. 전면 기초는 구조물이 가질 수 있는 최대 지압 면적을 갖는 기초 형식이다. 전면 기초를 적용해도 충분한 지지력을 확보할 수 없을 경우에는 말뚝이나 케이슨과 같은 깊은 기초를 적용해야 한다. 이 깊은 기초는 기초공학에서 다루는 내용이며, 여기서는 다루지 않는다.

복합기초나 전면 기초는 큰 지압 면적을 갖는 장점이 있을 뿐만 아니라 부등침하를 최소화하는 또 다른 장점을 지닌 기초 형식이다. 이러한 이유로 부등침하 가능성이 높은 지반에서는 전면 기초나 복합기초를 많이 쓰고 있다[9.4, 9.13, 9.15].

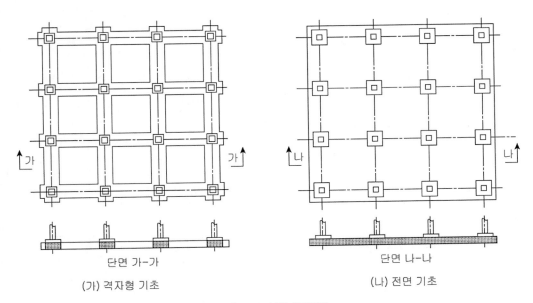

(가) 격자형 기초   (나) 전면 기초

그림 9.6-5 복합 확대기초

예제 9.3 복합 기초 설계 예

(1) 설계조건

다음과 같은 하중을 부담하는 두 개의 기둥을 받치고 있는 직사각형 기초판을 설계한다.

> 기둥 1 : 고정하중=310 kN, 활하중=160 kN
>
> 기둥 2 : 고정하중=430 kN, 활하중=220 kN

기둥의 크기는 350×350 mm 이고 기둥 중심 간 거리는 2.5 m이다. 기초의 폭은 2.0 m 이내로 제한된다. 허용 지반지지력은 160 kN/m²이다. $f_{ck} = 30$ MPa, $f_y = 500$ MPa이다.

(2) 기초판 크기 결정 및 지반반력

기초판의 중량은 130 kN이다. 여러 하중조합을 고려해야 한다. 기둥에 가해지는 활하중은 독립적인 하중이며 따라서 하중계수에 따라 달라진다고 가정한다. 그렇지 않다면, 두 하중에 대해서 하나의 하중계수를 적용해야 한다.

> ① **경우 1** : 두 기둥 모두, 고정하중+활하중. 사용한계상태 적용.
>
> > 축하중 $N = (310 + 160) + (430 + 220) + 130 = 1250$ kN
> >
> > 기초판 필요 면적 $A = 1250/160 = 7.81$ m²
> >
> > 기초판 길이 $L = 7.81/2.0 = 3.91$ m
>
> 4.5 m $\times 2.0$ m $\times 0.6$ m 로 기초판 크기를 가정한다.
>
> 기초판의 중량은 $4.5 \times 2.0 \times 0.6 \times 25.0 = 135.0$ kN ≈ 130 kN 이다.
>
> > 기초판 면적 $A = 4.5 \times 2.0 = 9.0$ m²
> >
> > 단면 계수 $W = 2.0 \times 4.5^2/6 = 6.75$ m²
>
> 기초판의 크기를 조정해서 하중 작용점과 기초판의 중심선을 일치시켜서 지반반력이 고르게 분포하도록 한다. 극한한계상태 하중에 맞춰서 크기를 조정한다.
>
> 극한하중
>
> > 기둥 1 : $N_u = 1.25(310) + 1.8(160) = 678.6$ kN
> >
> > 기둥 2 : $N_u = 1.25(430) + 1.8(220) = 933.5$ kN

기둥 1에서 합력점까지의 거리

$$x = (933.5 \times 2.5)/(678.6 + 933.5) = 1.45 \text{ m}$$

기초판 제원과 형상은 그림 9.6-6에 보인 바와 같다.

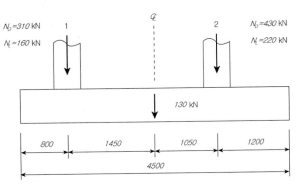

그림 9.6–6 기초판과 기둥 하중

경우 1에서 사용하중에 대한 지반반력 검토

직접 수직하중 $N = 310 + 160 + 430 + 220 + 130 = 1250 \text{ kN}$

하중 합력점과 기초판의 도심이 정확히 일치하지 않기 때문에, 균등하지 않은 최대 반력에 대해서 검토한다. 기초판의 중심선에 대한 모멘트

$$M = (430 + 220) \times 1.05 - (310 + 160) \times 1.45 = 1.0 \text{ kN} \cdot \text{m}$$

모멘트값이 아주 작아서 무시할 수 있다. 지반반력은 실질적으로 균등하다고 본다.

$$q = 1250/9.0 = 138.9 \text{ kN/m}^2 < q_a = 160 \text{ kN/m}^2$$

② **경우 2**: 기둥 1, 고정하중+활하중; 기둥 2, 고정하중. 사용한계상태 적용.

직접 수직하중 $N = (310 + 160) + (430 + 0) + 130 = 1030 \text{ kN}$

기초판의 중심선에 대한 모멘트

$$M = (430 + 0) \times 1.05 - (310 + 160) \times 1.45 = -230.0 \text{ kN} \cdot \text{m}$$

최대 지반반력 $q_{\max} = 1030/9 + 230.0/6.75 = 148.5 \text{ kN/m}^2 < q_a = 160 \text{ kN/m}^2$

최대 지반반력은 기둥 1쪽으로 발생한다.

③ **경우 3** : 기둥 1, 고정하중; 기둥 2, 고정하중+활하중. 사용한계상태 적용.

직접 수직하중 $N = (310 + 0) + (430 + 220) + 130 = 1090 \text{ kN}$

기초판의 중심선에 대한 모멘트

$$M = (430 + 220) \times 1.05 - (310 + 0) \times 1.45 = 233.0 \text{ kN} \cdot \text{m}$$

최대 지반반력 $q_{\max} = 1090/9 + 233.0/6.75 = 155.6 \text{ kN/m}^2 < q_a = 160 \text{ kN/m}^2$

최대 지반반력은 기둥 2쪽으로 발생한다.

기초판은 지반반력에 대해서 충분히 견딜 만하다.

(3) 극한한계상태에서 길이방향 단면력 해석

피복두께는 40 mm, D19 철근을 사용한다. 그러면 유효깊이는 550 mm이다. '매컬리 브라켓 표기법 *Macaulay bracket notation*'을 적용하여 길이방향으로 극한하중에 의한 전단력 V와 모멘트 M을 정역학을 이용해서 구한다. 그림 9.6-7에 나타낸 바와 같이, q_1과 q_2는 각각 왼편과 오른편에서 기초반력이다. N_1과 N_2는 각각 기둥 1과 2의 하중이며 p는 왼쪽 단에서 거리 x 되는 곳에 지반반력이다.

$$q = q_1 + (q_2 - q_1)x/4.5$$

$$V = 2\left[\frac{(q_1 + q_2)}{2}x\right] - N_1\langle x - 0.8\rangle^0 - N_2\langle x - 3.3\rangle^0$$

$$M = 2\left[q_1\frac{x^2}{2} + \frac{(q - q_1)}{2}\frac{x^2}{3}\right] - N_1\langle x - 0.8\rangle - N_2\langle x - 3.3\rangle$$

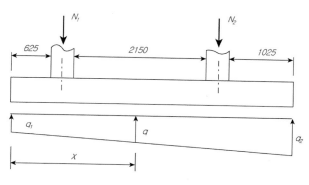

그림 9.6-7 복합 기초

최대 설계모멘트는 기둥 면에서 그리고 기둥 사이에서 발생하며 최대 전단력은 기둥 면에서 d만큼 떨어진 곳에서 발생한다. 기초판 자중에 의한 지반반력과 자중은 서로 상쇄되기 때문에 기초판 자중은 무시한다. 설계기준에 규정된 하중계수를 적용한다.

6가지의 하중 경우에 대해서 상세히 검토하기로 한다.

① **경우 1A : 주요 활하중을 받는 기둥 1과 두 기둥에 작용하는 최대 하중**

N_D를 두 개의 기둥에 불리하게 적용하고 N_L을 주요 활하중 작용력으로 기둥 1에, 기둥 에는 동반 활하중 작용력으로 기둥 2에 적용한다. 그림 9.6-7은 하중상태를 보인 것이다.

$$N_1 = 1.25(310) + 1.8(160) = 675.5 \text{ kN}$$

$$N_2 = 1.25(430) + 1.8 \times 0.7(220) = 814.7 \text{ kN}$$

$$N_1 + N_2 = 675.5 + 814.7 = 1490.2 \text{ kN}$$

$$M = 814.7 \times 1.05 - 675.5 \times 1.45 = -124.04 \text{ kN} \cdot \text{m}$$

$$p_1 = 1490.2/9.0 + 124.04/6.75 = 184.0 \text{ kN/m}^2$$

$$p_2 = 1490.2/9.0 - 124.04/6.75 = 147.2 \text{ kN/m}^2$$

표 9.6−1 경우 1A에서 전단력과 모멘트 계산

x(m)	q(kN/m²)	V(kN)	M(kN·m)	비고
0.075	183.3	27.5	1.0	기둥 1의 좌측면에서 d 되는 곳
0.625	178.8	226.8	71.2	기둥 1의 좌측면
0.975	176.0	−324.6	54.1	기둥 1의 우측면
1.525	171.5	−133.4	−71.6	기둥 1의 우측면에서 d 되는 곳
1.890	168.5	−9.3	−97.6	최대 (−)휨모멘트 점
2.575	162.9	217.7	−25.8	기둥 2의 좌측면에서 d 되는 곳
3.125	158.4	394.5	142.8	기둥 2의 좌측면
3.475	155.6	−310.3	157.6	기둥 2의 우측면
4.025	151.1	−141.7	33.5	기둥 2의 우측면에서 d 되는 곳

표 9.6-1은 계산 결과를 정리한 것이고 그림 9.6-8과 그림 9.6-9는 각각 전단력과 휨모멘트도를 나타낸 것이다. 설계값으로 전단력은 217.7 kN이고 모멘트는 각각 157.6 kN·m와 (−)97.6 kN·m이다.

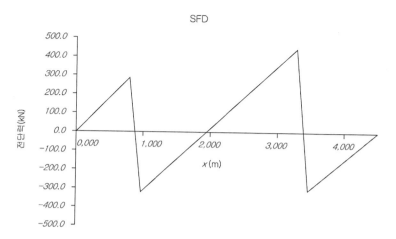

그림 9.6-8 경우 1A에서 전단력 분포도

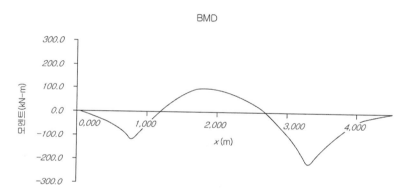

그림 9.6-9 경우 1A에서 휨모멘트 분포도

② **경우 1B : 주요 활하중을 받는 기둥 2와 두 기둥에 작용하는 최대 하중**

N_D를 두 개의 기둥에 불리하게 적용하고 N_L을 주요 활하중 작용력으로 기둥 2에, 기둥
에는 동반 활하중 작용력으로 기둥 1에 적용한다. 그림 9.6-6은 하중 상태를 보인 것이다.

$$N_1 = 1.25(310) + 1.8 \times 0.7(160) = 589.1 \text{ kN}$$

$$N_2 = 1.25(430) + 1.8(220) = 933.5 \text{ kN}$$

$$N_1 + N_2 = 589.1 + 933.5 = 1522.6 \text{ kN}$$

$$M = 933.5 \times 1.05 - 589.1 \times 1.45 = 125.98 \text{ kN} \cdot \text{m}$$

$$q_1 = 1522.6/9.0 - 125.98/6.75 = 150.51 \text{ kN}/\text{m}^2$$

$$q_2 = 1522.6/9.0 + 125.98/6.75 = 187.84 \text{ kN}/\text{m}^2$$

표 9.6-2는 계산 결과를 정리한 것이고 그림 9.6-10과 그림 9.6-11은 각각 전단력과 휨모멘트도를 나타낸 것이다. 설계값으로 전단력은 241.0 kN이고 모멘트는 각각 194.4 kN·m 와 (−)85.8 kN·m이다.

표 9.6-2 경우 1B에서 전단력과 모멘트 계산

x(m)	q(kN/m^2)	V(kN)	M(kN·m)	비고
0.075	151.1	22.6	0.8	기둥 1의 좌측면에서 d 되는 곳
0.625	155.7	191.4	59.5	기둥 1의 좌측면
0.975	158.6	−287.7	42.6	기둥 1의 우측면
1.525	163.2	−110.7	−67.3	기둥 1의 우측면에서 d 되는 곳
1.890	166.2	9.5	−85.8	최대 (−)휨모멘트 점
2.575	171.9	241.0	−0.4	기둥 2의 좌측면에서 d 되는 곳
3.125	176.4	432.6	184.6	기둥 2의 좌측면
3.475	179.3	−376.4	194.4	기둥 2의 우측면
4.025	183.9	−176.6	42.1	기둥 2의 우측면에서 d 되는 곳

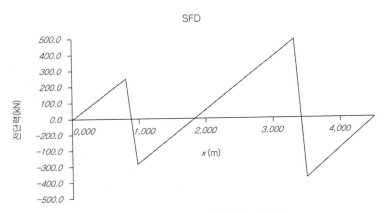

그림 9.6-10 경우 1B에서 전단력 분포도

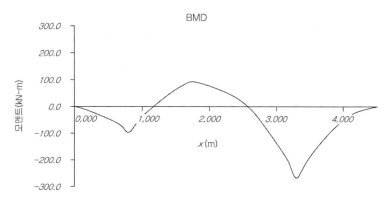

그림 9.6-11 경우 1B에서 휨모멘트 분포도

③ 경우 2A : 주요 활하중을 받는 기둥 1과 함께 기둥 1에 최대 하중을 기둥 2에 최소 하중
이 작용하는 경우

기둥 1에는 불리하게 기둥 2에는 유리하게 고정하중을 부담시키고 기둥 1에 주 활하중
을 기둥 2에는 동반 활하중을 적용한다.

$$N_1 = 1.25(310) + 1.8(160) = 675.5 \text{ kN}$$

$$N_2 = 1.0(430) + 1.8 \times 0.7(220) = 707.2 \text{ kN}$$

$$N_1 + N_2 = 675.5 + 707.2 = 1382.7 \text{ kN}$$

$$M = 707.2 \times 1.05 - 675.5 \times 1.45 = -236.92 \text{ kN} \cdot \text{m}$$

$$q_1 = 1382.7/9.0 + 236.92/6.75 = 188.73 \text{ kN/m}^2$$

$$q_2 = 1382.7/9.0 - 236.92/6.75 = 118.53 \text{ kN/m}^2$$

표 9.6-3은 계산 결과를 정리한 것이고 그림 9.6-12와 그림 9.6-13은 각각 전단력과 휨모멘
트 분포도를 나타낸 것이다. 설계값으로 전단력은 193.0 kN이고 모멘트는 각각 130.1 kN·m
와 (−)97.2 kN·m이다.

표 9.6-3 경우 2A에서 전단력과 모멘트 계산

x(m)	q(kN/m²)	V(kN)	M(kN·m)	비고
0.075	187.6	28.2	1.1	기둥 1의 좌측면에서 d 되는 곳
0.625	179.0	229.8	72.5	기둥 1의 좌측면
0.975	173.5	−322.3	56.4	기둥 1의 우측면
1.525	164.9	−136.1	−69.3	기둥 1의 우측면에서 d 되는 곳
1.89	159.2	−17.8	−97.2	최대 (−)휨모멘트 점
2.575	148.6	193.0	−36.4	기둥 2의 좌측면에서 d 되는 곳
3.125	140.0	351.7	113.9	기둥 2의 좌측면
3.475	134.5	−259.4	130.1	기둥 2의 우측면에서
4.025	125.9	−116.1	27.3	기둥 2의 우측면에서 d 되는 곳

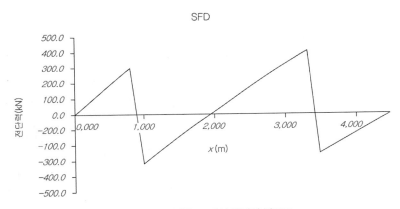

그림 9.6-12 경우 2A에서 전단력 분포도

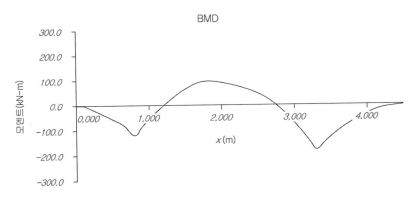

그림 9.6-13 경우 2A에서 휨모멘트 분포도

④ 경우 2B : 주요 활하중을 받는 기둥 2와 기둥 1에 최대 하중 기둥 2에 최소 하중인 경우

기둥 1에는 불리하게 기둥 2에는 유리하게 고정하중을 부담시키고 기둥 1에 주 활하중을 기둥 2에는 동반 활하중을 적용한다.

$$N_1 = 1.25(310) + 1.8 \times 0.7(160) = 589.1 \text{ kN}$$

$$N_2 = 1.0(430) + 1.8(220) = 826.0 \text{ kN}$$

$$N_1 + N_2 = 589.1 + 826.0 = 1415.1 \text{ kN}$$

$$M = 826.1 \times 1.05 - 589.1 \times 1.45 = 13.21 \text{ kN} \cdot \text{m}$$

$$q_1 = 1415.1/9.0 - 13.21/6.75 = 157.23 \text{ kN/m}^2$$

$$q_2 = 1415.1/9.0 + 13.21/6.75 = 159.157 \text{ kN/m}^2$$

표 9.6–4 경우 2B에서 전단력과 모멘트 계산

x(m)	q(kN/m²)	V(kN)	M(kN·m)	비고
0.075	155.4	23.3	0.9	기둥 1의 좌측면에서 d 되는 곳
0.625	155.8	194.5	60.7	기둥 1의 좌측면
0.975	156.1	−285.5	44.8	기둥 1의 우측면
1.525	156.6	−113.5	−64.9	기둥 1의 우측면에서 d 되는 곳
1.890	156.9	1.0	−85.5	최대 (−)휨모멘트 점
2.575	157.5	216.4	−11.1	기둥 2의 좌측면에서 d 되는 곳
3.125	158.0	389.9	155.6	기둥 2의 좌측면
3.475	158.3	−325.4	166.9	기둥 2의 우측면
4.025	158.8	−151.0	35.9	기둥 2의 우측면에서 d 되는 곳

표 9.6-4는 계산 결과를 정리한 것이고 그림 9.6-14와 그림 9.6-15는 각각 전단력과 휨모멘트 분포도를 나타낸 것이다. 설계값으로 전단력은 216.4 kN이고 모멘트는 각각 166.9 kN·m와 (−)85.5 kN·m이다.

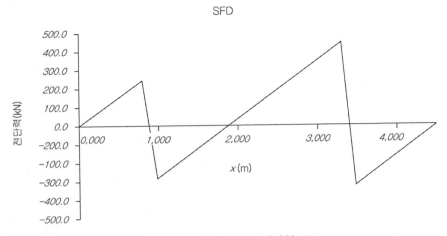

그림 9.6-14 경우 2B에서 전단력 분포도

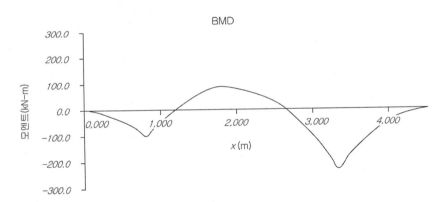

그림 9.6-15 경우 2B에 대한 휨모멘트도

⑤ **경우 3A : 주요 활하중을 받는 기둥 1과 두 기둥에 작용하는 최대 하중**

기둥 1에는 유리하게 기둥 2에는 불리하게 고정하중을 부담시키고 기둥 1에 주 활하중을 기둥 2에는 동반 활하중을 적용한다.

$$N_1 = 1.0(310) + 1.8(160) = 598.0 \text{ kN}$$

$$N_2 = 1.25(430) + 1.8 \times 0.7(220) = 814.7 \text{ kN}$$

$$N_1 + N_2 = 598.0 + 814.7 = 1412.7 \text{ kN}$$

$$M = 814.7 \times 1.05 - 598.0 \times 1.45 = -11.665 \text{ kN} \cdot \text{m}$$

$$q_1 = 1412.7/9.0 + 11.665/6.75 = 158.7 \text{ kN/m}^2$$

$$q_2 = 1412.7/9.0 - 11.665/6.75 = 155.24 \text{ kN/m}^2$$

표 9.6−5 경우 3A에서 전단력과 모멘트 계산

x(m)	q(kN/m^2)	V(kN)	M(kN·m)	비고
0.075	158.6	23.8	0.9	기둥 1의 좌측면에서 d 되는 곳
0.625	158.2	198.1	61.9	기둥 1의 좌측면
0.975	157.9	−289.3	46.0	기둥 1의 우측면
1.525	157.5	−115.8	−65.4	기둥 1의 우측면에서 d 되는 곳
1.89	157.2	−0.9	−86.7	최대 (−)휨모멘트 점
2.575	156.7	214.2	−13.6	기둥 2의 좌측면에서 d 되는 곳
3.125	156.3	386.3	151.6	기둥 2의 좌측면
3.475	156.0	−319.0	163.4	기둥 2의 우측면
4.025	155.6	−147.6	35.1	기둥 2의 우측면에서 d 되는 곳

표 9.6-5는 계산 결과를 정리한 것이고 그림 9.6-16과 그림 9.6-17은 각각 전단력과 휨모멘트도를 나타낸 것이다. 설계값으로 전단력은 214.2 kN이고 모멘트는 각각 163.4 kN·m와 (−)86.7 kN·m이다.

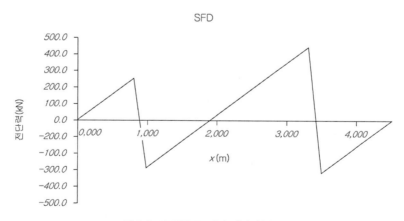

그림 9.6−16 경우 3A에서 전단력 분포도

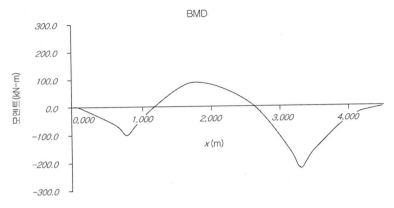

BMD

그림 9.6-17 경우 3A에서 휨모멘트 분포도

⑥ **경우 3B : 주요 활하중을 받는 기둥 2에 최대 하중을, 기둥 1에 최소 하중이 작용하는 경우**

기둥 1에는 유리하게 기둥 2에는 불리하게 고정하중을 부담시키고 기둥 2에 주 활하중을 기둥 1에는 동반 활하중을 적용한다.

$$N_1 = 1.0(310) + 1.8 \times 0.7(160) = 511.6 \text{ kN}$$

$$N_2 = 1.25(430) + 1.8(220) = 933.5 \text{ kN}$$

$$N_1 + N_2 = 511.6 + 933.5 = 1445.1 \text{ kN}$$

$$M = 933.5 \times 1.05 - 511.6 \times 1.45 = 238.355 \text{ kN} \cdot \text{m}$$

$$q_1 = 1445.1/9.0 - 238.355/6.75 = 125.26 \text{ kN/m}^2$$

$$q_2 = 1445.1/9.0 + 238.355/6.75 = 195.88 \text{ kN/m}^2$$

표 9.6-6 경우 3B에서 전단력과 모멘트 계산

x(m)	q(kN/m^2)	V(kN)	M(kN·m)	비고
0.075	126.4	18.9	0.7	기둥 1의 좌측면에서 d 되는 곳
0.625	135.1	162.7	50.2	기둥 1의 좌측면
0.975	140.6	−252.4	34.4	기둥 1의 우측면
1.525	149.2	−93.1	−61.1	기둥 1의 우측면에서 d 되는 곳
1.890	154.9	17.9	−74.9	최대 (−)휨모멘트 점
2.575	165.7	237.5	11.7	기둥 2의 좌측면에서 d 되는 곳
3.125	174.3	424.5	193.4	기둥 2의 좌측면
3.475	179.8	−385.1	200.2	기둥 2의 우측면
4.025	188.4	−182.5	43.6	기둥 2의 우측면에서 d 되는 곳

표 9.6-6은 계산 결과를 정리한 것이고 그림 9.6-18과 그림 9.6-19는 각각 전단력과 휨모멘트도를 나타낸 것이다. 설계값으로 전단력은 237.5 kN이고 모멘트는 200.2 kN·m와 (−)74.9 kN·m이다.

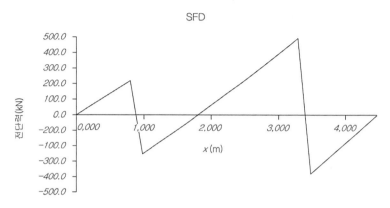

그림 9.6−18 경우 3B에서 전단력 분포도

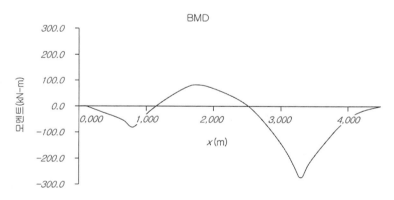

그림 9.6−19 경우 3B에서 휨모멘트 분포도

(4) 길이방향 배근설계

① 하부 철근

최대 모멘트는 경우 3B에서 생긴다(그림 9.6-19) : $M_u = 200.2 \text{ kN} \cdot \text{M}$

$$m_u = M_u/(b\,d^2 f_{cd}) = 202.2 \times 10^6/(2000 \times 550^2 \times 16.6) = 0.0201$$

$$z = d(0.5 + \sqrt{0.25 - m_u/2.0}) = 550(0.5 + \sqrt{0.25 - 0.0201/2.0}) = 550(0.99) = 544.0 \, \text{mm}$$

$$A_s = M_u/(f_{yd}\, z) = 202.2 \times 10^6/(450 \times 544) = 825.4 \, \text{mm}^2$$

최소 철근량 검토

도로교설계기준 식 (5.8.1)을 적용한다.

$$A_{s,\min} = k_c k A_{ct} \frac{f_{ctm}}{f_s} = (0.4)(0.79)(0.6 \times 2000 \times 550)(3.15/270) = 2433 \, \text{mm}^2$$

$$k_c = 0.4, \ k = 1 - 0.35(300/500) = 0.79, \ A_{ct} = 0.5hb \simeq 0.6db$$

$$f_{ctm} = 3.15 \, \text{MPa}, \ f_s = 270 \, \text{MPa}$$

최소 철근량을 배근한다.

$$\text{설계 } A_s = \text{D}16@200 = 10\text{D}16 = 10(200) = 2000 \, \text{mm}^2$$

$$0.75(c + 3d) = 0.75(350 + 3 \times 550) = 1500 \, \text{mm} > \ell_c = 1000 \, \text{mm}$$

기초 폭에 균등 간격으로 배근한다.

② 상부 철근

경우 2A에서 최대 모멘트가 생긴다(그림 9.6-13): $M_u = 97.2 \, \text{kN} \cdot \text{m}$

최소 철근량을 상부 철근처럼 배근한다.

(5) 횡방향 배근 설계

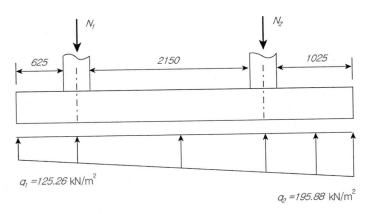

그림 9.6-20 경우 3B에서 기초판 지반반력 분포

극한한계상태에서 기초판의 지반반력은 그림 9.6-20에 나타내었다.

기초판 최대반력은 경우 3B일 때 발생한다. 길이 4.5 m를 따른 휨모멘트는 일정하지 않다. 적절한 모멘트를 산정하기 위해서 기초 길이의 0.5 m의 폭에 평균 지반반력을 산정한다.

끝에서 0.5 m 되는 곳의 지반반력

$$q = 125.26 + (195.88 - 125.26) \times 4.0/4.5 = 188.03 \text{ kN/m}^2$$

반력이 큰 단부에서 0.5 m 길이에 가해지는 평균 지반반력

$$q_{avg} = (195.88 + 188.03)/2 = 191.96 \text{ kN/m}^2$$

$$(2000 - 350)/2 = 825 \text{ mm}, \ d = 550 - 16 = 534 \text{ mm}$$

$$M = 191.96 \times (0.5 \times 0.825) \times 0.825/2 = 32.66 \text{ kN} \cdot \text{m}$$

$$m_u = 32.66 \times 10^6 / (500 \times 534^2 \times 16.6) = 0.0204$$

$$z = 534(0.5 + \sqrt{0.25 - 0.0204/2.0}\,) = 534(0.993) = 530.0 \text{ mm}$$

$$A_s = M_u/(f_{yd}\,z) = 32.66 \times 10^6/(450 \times 530) = 137.0 \text{ mm}^2$$

최소 철근량 검토

도로교설계기준 식 (5.8.1)를 적용한다.

$$A_{s,\min} = k_c k A_{ct} \frac{f_{ctm}}{f_s} = (0.4)(0.79)(0.6 \times 500 \times 534)(3.15/270) = 591 \text{ mm}^2$$

$$k_c = 0.4, \ k = 1 - 0.35(300/500) = 0.79, \ A_{ct} = 0.5hb \simeq 0.6db$$

$$f_{ctm} = 3.15 \text{ MPa}, \ f_s = 270 \text{ MPa}$$

최소 철근량을 배근한다. 전 길이에 필요한 철근량

$$A_s = 486 \times 4500/500 = 4374 \text{ mm}^2$$

설계 $A_s = \text{D}16@200 = 22\text{D}16 = 22(200) = 4400 \text{ mm}^2$

그림 9.6-21은 배근 상태를 보인 것이다. 상부와 하부에 똑같이 배근되어 있음을 주목할 필요가 있다.

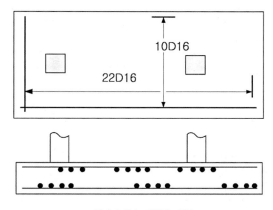

그림 9.6-21 기초판 배근

(6) 수직 전단

최대 전단력은 경우 1B에서 생긴다.

$$V_u = 241.0 \text{ kN}$$

$$v_u = 241.0 \times 10^3 / (2000 \times 550) = 0.21 \text{ N/mm}^2$$

$$\kappa = 1 + \sqrt{200/550} = 1.60$$

$$v_{cd} = 0.85\phi_c\kappa(\rho f_{ck})^{1/3} = 0.85(0.65)(1.60)(0.00165 \times 30)^{1/3} = 0.33 \text{ MPa}$$

$$v_{\min} = 0.035\,\kappa^{1.5}\sqrt{f_{ck}} = 0.035 \times 1.6^{1.5} \times \sqrt{30} = 0.39 \text{ MPa} > v_u = 0.21 \text{N/mm}^2$$

전단보강이 필요하지 않다.

$$v_{\min} = 0.4\phi_c f_{ctk} = 0.4(0.65)(0.7 \times 3.15) = 0.573 \text{ MPa}$$

(7) 뚫림전단

기둥 둘레에서 뚫림전단을 검토한다. 표 9.6-7은 기둥 하중, 기둥 중심에서 지반반력, 그리고 극한 전단력 V_u를 나타낸 것이다.

표 9.6-7 기둥 둘레길이를 따른 뚫림전단하중

재하경우	기둥 1			기둥 2		
	하중	지반반력	전단력	하중	지반반력	전단력
	kN	kN/M²	kN	kN	kN/M²	kN
경우 1A	675.5	177.4	666.0	814.7	157.0	795.5
경우 1B	589.1	157.1	570.0	933.5	177.9	911.7
경우 2A	675.5	176.3	654.0	707.2	137.3	690.4
경우 2B	589.1	156.0	570.0	826.0	158.2	806.6
경우 3A	598.0	157.7	578.7	814.7	156.2	795.6
경우 3B	511.6	137.9	494.7	933.5	177.0	911.8

최대 전단력은 경우 3B의 기둥 2에서 911.8 kN이다.

$$u_0 = 2(350 + 350) = 1400 \,\text{mm}, \ d = 550 \,\text{mm}$$

$$933.5 - 177.05 \times (0.35)^2 = 911.81 \,\text{kN}$$

$$v_u = 911.81 \times 10^3 / (1400 \times 500) = 1.184 \,\text{N/mm}^2$$

$$v_{d,\max} = 0.3 \times (1 - f_{ck}/250) \times f_{cd} = 0.3(1 - 30/250)(19.5) = 5.15 \,\text{MPa}$$

$$v_u = 1.184 \,\text{N/mm}^2$$

기초판의 두께가 충분하다.

기둥 면에서 d에서 $2d$ 되는 곳까지 둘레길이에서 뚫림전단을 검토한다.

기둥 면에서 $d = 550 \,\text{mm}$ 되는 곳에서

둘레길이 $u = 2(350 + 350) + 2\pi(550) = 4856 \,\text{mm}$

둘레길이 내 면적 $A = [4 \times 350 \times (350/2 + 550) + \pi \times 550^2]/10^6 = 1.965 \,\text{m}^2$

기둥 하중 = 933.5 kN, 기둥 중심선에서 지반반력 = 177.05 kN/m²

$$V_{u,red} = 933.5 - 177.05 \times 1.965 = 585.6 \,\text{kN}$$

$$v_{u,red} = 585.6 \times 10^3 / (4856 \times 550) = 0.219 \,\text{N/mm}^2$$

$$\kappa = 1 + \sqrt{200/550} = 1.60$$

$$v_{cd} = 0.85\phi_c \kappa (\rho f_{ck})^{1/3} = 0.85(0.65)(1.60)(0.00165 \times 30)^{1/3} = 0.33 \,\text{MPa}$$

$$v_{\min} = 0.035\,\kappa^{1.5}\,\sqrt{f_{ck}} = 0.035 \times 1.6^{1.5} \times \sqrt{30} = 0.39\,\mathrm{MPa} > v_u = 0.219\,\mathrm{N/mm^2}$$

전단보강이 필요하지 않다.

기둥 면에서 $1.5d$ 되는 곳에서 둘레길이가 폭방향으로 기초판의 연단에 닿는다. 이 경우에 뚫림전단은 수직 전단보다 덜 위험하다. 그러므로 이 기초판은 뚫림전단파괴에 대해서 안전하다.

□ 참고문헌 □

9.1 (사)한국교량 및 구조공학회 (2015), 도로교설계기준(한계상태설계법) 해설 2015.

9.2 한국콘크리트학회 (2012), 콘크리트구조기준 해설.

9.3 한국콘크리트학회 (2012), 콘크리트구조기준 예제집.

9.4 김병일 외 5인 (2013), 기초공학, 문운당.

9.5 European Committee for Standardization (2004), Eurocode 2: Design of Concrete Structures, Part 1-1: General rules and rules for buildings, BSi.

9.6 CEB-FIP (2013), fib Model Code 2010 1st Edition, Ernst & Sohn Gmbh &Co. KG., for Comité Euro-International du Beton.

9.7 ACI Committee 318 (2011), Building Code Requirements for Structural Concrete (ACI 318-M11) and Commentary, American Concrete Institute, Detroit, 2011.

9.8 C. R. Hendy and D. A. Smith (2007), Designer's Guide to EN 1992-2 Eurocode 2 : Design of Concrete Structures, Part 2 : Concrete Bridges, Thomas, Telford, London, England.

9.9 A. W. Beeby and R. S. Narayanan (2007), Designer's Guide to EN 1992-2 and EN 1992-1-2, Eurocode 2 : Design of Concrete Structures, General rules and rules for buildings and Structural Fire Design, Thomas, Telford, London, England.

9.10 Eurocode 2 Worked Examples (2008), European Concrete Platform ASBL, Brussels, Belgium.

9.11 Nilson, A. H., Darwin, D., dolan, C. W. (2003), Design of Concrete Structures, 13th Edition, McGraw Hill.

9.12 Park, R. and Paulay, T. (1975), Reinforced Concrete Structures, Wiley.

9.13 MacGregor, J. G. and Wright, J. K. (2005), Reinforced Concrete Mechanics and Design, 4th Edition, Prentice Hall.

9.14 Mosely, B., Bungey, J., Hulse, R. (2012), Reinforced Concrete Design to Eurocode 2, 7th Edition, Palgrave MacMillan.

9.15 Bhatt, P., MacGinley, T. J., Choo, B. S. (2013), Reinforced Concrete Design to Eurocodes-Design Theory and Examples, 4th Edition, CRC Press.

10 옹 벽
Retaining Walls

콘크리트는 생물 生物이다.

-미상-

10

옹 벽
Retaining Walls

10.1 개 요 Introduction

옹벽은 흙과 같은 느슨한 물질의 붕괴를 방지하기 위해서 만드는 구조물이다. 이러한 구조물이 필요한 곳은 절토, 굴착 또는 성토할 때 토지 소유권 문제, 경제성 등의 이유로 흙의 자연 경사면을 유지하는 데 필요한 토지를 충분히 확보하기 어려운 곳이다. 예를 들면, 철도 또는 도로 공사에서 정해진 도로 폭 안에서 절토나 성토를 해야 할 경우, 또는 건물의 기초 벽체가 해당 토지 내에서 주변 흙을 지지해야 할 경우이다.

10.1.1 옹벽의 종류

옹벽의 종류에는 여러 가지 형태가 있는데 일반적으로 많이 사용하는 형태는 그림 10.1-1에 보인 것들이다. 중력식 옹벽은 전체 뒷채움 흙을 옹벽 자체의 자중에 의해 지지하는 형식이고, 캔틸레버식 옹벽은 연직 벽체와 저판으로 구성되어 뒷채움 흙을 지지하는데 이 형식은 뒷채움 흙의 자중과 벽체의 자중에 의해 안정 安定 stability을 확보한다. 벽체는 캔틸레버의 기능을 하기 때문에 높이가 커지면 벽체의 소요 두께가 급격히 늘어난다. 높이가 매우 높은 경우에는 벽체의 모멘트를 줄이기 위해 부벽을 사용하는데 부벽의 간격은 벽체 높이의 1/2 또는 벽체 높이와 거의 같게 한다. 토지 소유권 문제 또는 다른 제약 때문에 저판의 단부에 벽체를 설치하는 L형 옹벽이 있지만 가능하다면 앞굽이 있는 ⊥ 옹벽이 구조적으로 유리하며 이때 앞굽의 길이는 저판의 1/3에서 1/4일 때 가장 경제적이다. 앞에서 설명한 세 종류의 옹벽은 경제성 등 여러 제약 조건에 맞게 적절하게 선택한다. 일반적으로 중력식 옹벽은 상대적으로 낮은 벽체 높이일 때 경제적인데 보통 3 m 이하까지 가능하며 캔틸레버식 옹벽은 3~7 m 높이에서 경제성이 있고 이보다 더 높은 경우에는 부벽식 옹벽을 사용한다[10.4].

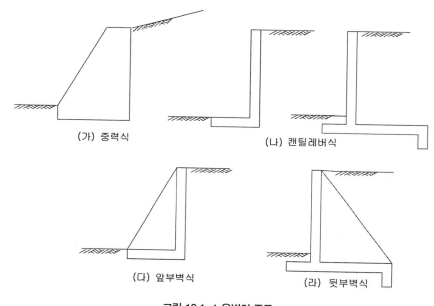

그림 10.1-1 옹벽의 종류

- 중력식 옹벽은 벽체 콘크리트 중량으로 안정을 확보한다(그림 10.1-1(가)).
- 캔틸레버식 옹벽에서 벽체 슬래브는 연직 캔틸레버로 작용한다. 구조물 자중과 저판 안에 작용하는 연직토압으로 안정을 유지한다. 저판이 외부에 노출된 경우에는 구조물 자중으로 안정을 유지해야 한다(그림 10.1-1(나)).
- 앞부벽식과 뒷부벽식 옹벽에서 전면벽체는 앞부벽 또는 뒷부벽, 그리고 기초판으로 3변이 지지된다. 앞부벽식인 경우에는 구조물 자중으로 안정을 유지하며 뒷부벽식인 경우에는 기초판의 안쪽에 작용하는 연직토압과 구조물 자중으로 안정을 유지한다(그림 10.1-1(다), (라)).

10.1.2 옹벽에 작용하는 토압

도로교설계기준 7.9 교대와 재래식 옹벽, 7.11 비중력식 캔틸레버식 벽체 편에서는 옹벽 설계 중 지반공학에 관한 부분을 다루고 있다. 지반공학에 관한 상세한 지식은 관련 교재를 참고하는 것이 좋다[10.4].

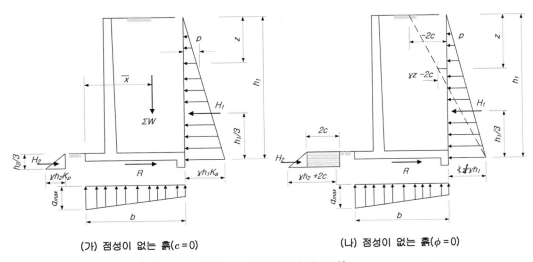

(가) 점성이 없는 흙($c=0$)　　　　(나) 점성이 없는 흙($\phi=0$)

그림 10.1-2 옹벽에 작용하는 토압

(1) 주동토압

주동토압은 모래와 같이 점성이 없는 흙과 점토 같은 점성이 있는 흙 등 두 개의 극단적인 경우에 대해서 다루기로 한다. 일반적인 공식은 중간적인 경우에 대해서 작용할 수 있다. 제시된 공식들은 배수된 지반에 대해서 적용하며 벽체 뒷부분의 수위가 올라가는 경우에는 토질역학에 관한 교재를 참고하여 횡토압을 산정한다. 토압은 뒷채움의 높이에 따라 결정된다. 벽체 뒤의 토층에 $q\,\mathrm{kN/m^2}$의 크기의 상재하중이 작용한다면, $z=q/\gamma$ 크기의 추가 지층 높이로 대체할 수 있다.

• 사질토 $c=0$ (그림 10.1-2(가)) : 깊이 z에서 수평토압은 다음과 같다.

$$p = K_a(\gamma z + q) \tag{10.1-1}$$

$$K_a = \frac{1 - \sin\phi}{1 + \sin\phi} \qquad\qquad (10.1\text{-}2)$$

여기서, γ는 흙의 단위 중량 (kN/m^3)이고, $q =$ 등분포 상재하중(kN/m^2), $\phi =$ 내부 마찰각, $K_a =$ 주동토압계수이다.

벽체 높이 h_1에 작용하는 수평력 H_1은 다음과 같이 구한다.

$$H_1 = 1/2 K_a \gamma h_1^2 + K_a q h_1 \qquad\qquad (10.1\text{-}3)$$

• 점성토 $\phi = 0$(그림 10.1-2(나)) : 깊이 z에서 횡토압은 이론적으로 다음과 같다.

$$p = \gamma z + q - 2c \qquad\qquad (10.1\text{-}4)$$

여기서, c는 연직토압 0일 때 점성력이다. 이 식은 벽체의 상단 부근에서 $(-)$값을 보인다. 실무에서는 지층의 상단에 있는 균열은 물로 채워진다.

10.2 옹벽의 안정 Stability of Retaining Walls

옹벽은 두 가지 형태로 파괴된다.

• 옹벽의 개별 부재의 강도가 취약해서 작용하중에 의해 파괴되는 형태로서, 벽체 또는 저판이 토압에 의해 휨 또는 전단으로 파괴되는 형태이다.
• 옹벽의 전체가 토압에 의해 크게 이동되면서 본래의 기능이 상실되는 형태이다.

첫 번째 형태의 파괴를 방지하기 위해서는 다른 일반적인 콘크리트 부재를 설계하는 것과 같이, 작용모멘트와 전단력에 저항할 수 있도록 단면의 소요 치수와 보강 철근량을 결정해야 한다. 토압의 수평력에 의해 옹벽이 미끄러지거나 넘어지는 것을 방지하기 위해, 즉 **외적 안정** *external stability*을 확보하기 위해서는 특별한 검토가 필요하다. 현행의 지반공학 설계방법과 일관성이 있도록 옹벽의 외적 안정 검토는 하중계수를 적용하지 않은 사용하중과 실제의 토압을 바탕으로 계산해야 한다. 계산한 지반반력을 허용 지지력과 비교하고, 사용하중상태에서 작용하는 최대 하중과 저항력을 비교하여 전체적인 안정을 판별해야 한다.

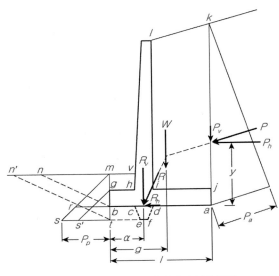

그림 10.2-1 캔틸레버식 옹벽의 외적 안정

그림 10.2-1과 같은 옹벽은 저판 위의 뒷채움 흙 $ijkl$과 함께 ak면에 작용하는 토압 P에 의해 ab면을 따라 수평방향으로 미끄러질 수 있다. 이 활동滑動 $sliding$은 저판과 지반 사이의 마찰력에 의해 저항되며, 활동에 대한 마찰 저항력이 옹벽에 작용하는 수평력의 1.5배 이상이면 일반적으로 충분히 안전하다고 보고 있다. 그림 10.2-1에서 옹벽을 미끄러지게 하는 힘은 전체 토압 P의 수평분력이다. 이 수평분력에 저항하는 힘은 저판 밑면과 지반 사이의 마찰력 fR_v이다. 여기서 f는 콘크리트와 지반 간의 마찰계수이고, R_v는 전체 합력 R의 연직분력으로 $R_v = W + P_v$(W=벽체의 자중과 저판 위에 놓인 흙의 자중, $P_v = P$의 연직분력)이다. 따라서 활동에 대해 안정을 확보하기 위한 조건은 다음과 같다.

$$f(W + P_v) \geq 1.5P_h \tag{10.2-1}$$

실제 옹벽이 앞쪽으로 미끄러지기 시작하면 앞굽 앞의 흙 nmb부분이 밀리면서 수동토압이 발생한다. 이 수동토압은 활동에 저항하기 때문에 식 (10.2-1)의 좌변에 추가시킬 수 있다. 그러나 이 저항력은 상당히 큰 경우에만 추가해야 한다. 즉, 옹벽 뒷면의 뒷채움 흙 $ijkl$을 채우기 전에 앞굽 위의 $ghmv$ 부분을 먼저 성토한 경우이어야 하며, 옹벽 수명동안에 앞굽의 흙을 제거하지 않는 경우에만 해당된다. 이러한 조건을 만족하지 않는다면 앞굽의 수동토압에 의한 활동 저항력은 고려하지 않는다. 저판 마찰력에 의한 활동 저항력이 충분하지 않을 때에는 $cdef$ 와 같은 활동 방지벽 *shear key* 을 설치하여 수평 저항력을 증가시킬 수 있다. 이러한 경우에 활동은 ad 면과 ft 면에서 발생하며, 이때 ef 면과 da 면에서는 마찰계수 f 를 적용하고, te 면의 마찰계수는 표 10.2-1의 값을 사용한다. 또한 앞굽 전면의 흙은 tn' 면을 따라 위로 미끄러지며, 수동토압의 분포는 삼각형 stm 으로 나타난다. 앞굽 위의 채움 흙이 불안전할 때는 수동토압의 분포를 안전하게 삼각형 $s'tg$ 로 간주할 수 있다. 다음으로, 저판 밑면에 발생하는 지반반력은 지반의 허용 지지력보다 작아야 한다. 저판의 앞단에서부터 합력 R 작용점까지의 거리를 a 라 하고 합력의 수직분력을 R_v 라 하면 저판의 저판의 바닥 면 ab 는 1 m당 수직력 R_v 와 중심축에 대한 모멘트 $R_v a$ 를 받는다. 휨과 축력을 동시에 받는 경우의 일반적인 응력 계산식을 적용하여 다음과 같이 지반반력을 구한다.

$$q_{\mathrm{max,min}} = \frac{N}{A} \pm \frac{Mc}{I}$$

(10.2-2)

합력의 작용점이 저판의 중앙 3분구간에 놓일 경우는 ($a > l/3$), 전체 바닥 면에 상향반력이 발생하며, 최대 및 최소 반력은 그림 10.2-2(가)에 정리한 식으로 계산할 수 있다. 합력이 저판의 3분점에 작용한다면 그림 10.2-2(나)와 같이 분포한다. 그러나 합력점이 중앙 3분구간 밖에 놓일 때는 뒷굽, 단부에 하향반력(인장력)이 생기게 된다. 분명한 것은 콘크리트 저판과 지반 흙 사이에는 인장력을 전달할 수 없으며 단지 저판이 지반 위에 놓여 있는 상태이다. 그러므로 이 상태에서 반력 분포는 그림 10.2-2(다)와 같이 삼각형 형태가 되며, 뒷굽이 약간 들리는 상태가 된다. 평형조건에 따라 합력 R_v 는 삼각형 반력 분포도의 도심을 통과해야 하기 때문에 이 사실로부터 최대 지반반력의 크기를 쉽게 계산할 수 있다.

옹벽을 설계할 때 합력의 작용점이 저판의 중앙 3분구간 안에 놓이도록 하는 것이 좋다. 이것은 최대 지반반력의 크기를 작게 할 뿐만 아니라 반력의 심한 불균등 분포를 방지할 수 있기 때문이다. 옹벽의 기초가 점토와 같은 심한 압축성 토질이라면 앞굽이 뒷굽보다 더 많이 침하되기 때문에 반력의 분포는 그림 10.2-2(나), (다)와 같게 나타나므로 합력점은 저판의 중앙에

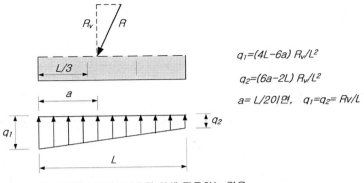

$q_1 = (4L - 6a) \, R_v / L^2$

$q_2 = (6a - 2L) \, R_v / L^2$

$a = L/2$이면,　$q_1 = q_2 = Rv/L$

(가) 합력이 중앙 3분구간 안에 작용하는 경우

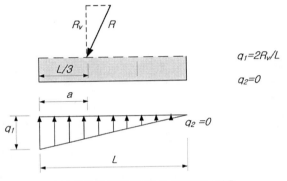

$q_1 = 2R_v / L$

$q_2 = 0$

(나) 합력이 중앙 3분점에 작용하는 경우

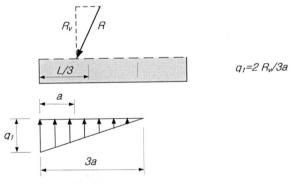

$q_1 = 2 \, R_v / 3a$

(다) 합력이 중앙 3분구간 밖에 작용하는 경우

그림 10.2-2 합력의 작용점 위치에 따른 지반반력의 분포 형태

가깝게 되도록 설계해야 한다. 반면에 기초가 바위 또는 잘 다져진 자갈과 같은 비압축성 지반이라면, 합력의 작용점이 중앙 3분구간 밖에 있어도 된다. 세 번째 파괴 형태는 옹벽 전체가 앞굽의 가장자리 b를 중심으로 넘어지는 것 顚倒 *overturning*이다. 그림 10.2-1에서 점 b에 관한 넘어짐 모멘트 $y P_h$가 저항모멘트 $Wg + P_v l$보다 크면 넘어지게 된다. 이러한 상황은 합력의 작용점이 앞굽 가장자리 b 밖에 있다는 것을 의미한다. 그러므로 대다수의 경우처럼 합력의 작용점이 중앙 3분구간 안에 있다면 넘어짐에 대해 안전하기 때문에 특별히 넘어짐에 대한 검토를 하지 않아도 된다. 반면에 합력의 작용점이 중앙 3분구간 밖에 있다면, 넘어짐에 대한 안전율은 최소 1.5 이상 확보해야 한다. 즉, 저항모멘트가 넘어짐 모멘트보다 최소한 1.5배 이상 큰 값이어야 한다.

표 10.2-1 흙의 단위 중량, 내부 마찰각, 그리고 콘크리트와의 마찰계수

토질	단위 중량 kN/m³	ϕ (degree)	마찰계수
1. 미세입자를 포함하지 않고 투수성이 좋은 모래 또는 자갈	17~19	33~40	0.5~0.6
2. 실트질을 함유한 투수성이 좋지 않은 모래 또는 자갈	19~20	25~35	0.4~0.5
3. 실트질 모래, 양질의 점토를 함유한 모래 또는 자갈	17~19	23~30	0.3~0.4
4. 촘촘한 또는 중간 정도의 점토	16~19	25~35a	0.2~0.4
5. 느슨한 점토, 실트	14~16	20~25a	0.2~0.3

a : 포화된 점토나 실트질의 ϕ는 0에 가깝다.

10.3 캔틸레버식 옹벽 설계 Design of Cantilever Walls

10.3.1 벽체 초기 제원 결정

옹벽을 제대로 설계할 수 있으려면, 상세 설계에서 정확하게 정해질 수 있도록 초기 치수를 가정할 필요가 있다. 때로는 설계자가 이전의 설계 경험을 바탕으로 초기 치수를 가정하기도 한다. 그러나 다음과 같은 근사식들을 이용해서 벽체의 초기 치수를 가정할 수 있다[10.14].

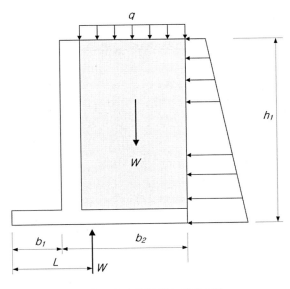

그림 10.3-1 옹벽 치수 결정 모델

흙과 콘크리트의 단위 중량 값의 차이와 폭 b인 앞굽판의 중량을 무시하면, 벽체 단위 길이당 전체 연직하중 W과 전체 수평력 H는 각각 다음과 같이 추정된다.

$$W = \gamma b_2 h_1 + q b_2 \tag{10.3-1}$$

$$H = 0.5 K_a \gamma h_1^2 + K_a q h_1 \tag{10.3-2}$$

여기서 q=상재하중이고, K_a=주동 토압계수이다.

(1) 활동에 대한 저항

불리한 하중조건을 감안하여 수평력 H에 하중계수 $\gamma_Q = 1.5$를 적용하고 수동토압의 기여도를 무시하고 유리한 하중조건을 감안하여 연직 토압 W에 하중계수 $\gamma_{G,\,inf} = 1.0$을 적용하면 활동에 대한 저항은 다음과 같다.

$$\mu W \geq 1.5 H \tag{10.3-3}$$

W와 H에 앞의 식을 대입하면 다음과 같다.

$$\mu\left[\gamma b_2 h_1 + q b_2\right] \geq 1.5\left[0.5 K_a \gamma {h_1}^2 + K_a q h_1\right] \qquad (10.3\text{-}4)$$

이 식을 간단히 정리하면 다음과 같다.

$$\mu \frac{b_2}{h_1}\left[1 + \frac{q}{\gamma h_1}\right] \geq 1.5 K_a\left[0.5 + \frac{q}{\gamma h_1}\right] \qquad (10.3\text{-}5)$$

(2) 지반반력에서 0 인장

벽체 앞굽을 중심으로 모멘트를 취하여 다음과 같은 식에서 L을 결정한다.

$$W(b_1 + b_2/2) - 0.5 K_a \gamma {h_1}^2 (h_1/3) - K_a q h_1 (h_1/2) = WL$$

$$L = b_1 + 0.5 b_2 - b_2 K_a (h_1/b_2)^2 [1/6 + q/(2\gamma h_1)] / [1 + q/(\gamma h_1)] \qquad (10.3\text{-}6)$$

바닥판의 중심에 대해서 연직토압 W의 편심량 e를 다음과 같은 식에서 구할 수 있다.

$$e = 0.5(b_1 + b_2) - L$$

$$e = (1/6) b_2 K_a (h_1/b_2)^2 [1 + 3q/(\gamma h_1)] / [1 + q/(\gamma h_1)] - 0.5 b_1 \qquad (10.3\text{-}7)$$

뒷굽에 인장이 발생하지 않으려면, W는 기초판의 중앙 1/3 안에 작용해야 한다.

$$e \leq (b_1 + b_2)/6 \qquad (10.3\text{-}8)$$

$$\frac{b_1}{b_2} \geq 0.25 K_a \left(\frac{h_1}{b_2}\right)^2 \left[\frac{1 + (3q/\gamma h_1)}{1 + (q/\gamma h_1)}\right] - 0.25 \qquad (10.3\text{-}9)$$

10.3.2 캔틸레버식 옹벽 설계 절차

지지해야 할 지층의 높이에 대해, 캔틸레버 옹벽의 설계 단계는 다음과 같다[10.14].

① 기초판의 폭을 가정한다. 이 값은 10.3.1에 유도된 식들에서 계산될 수 있다. 활동에 대한 저항력을 키우기 위해서 **활동 방지벽** *shear key, nib*이 필요한 경우도 있다.

② 벽체에 가해지는 수평 토압을 계산한다. 모든 작용력들을 고려하여, 전도에 대한 안정 및

벽체 기초판 아래의 지반반력을 검토한다. 활동에 대한 저항력을 계산하고 만족할 만한지 검토한다. 전도와 활동에 대해 수평력에 하중계수 1.5를 적용한다. 최대 지반반력은 사용하중을 적용하여 계산되며 이 값은 안전한 허용 지지력보다 커서는 안 된다.

③ 철근콘크리트 벽체 설계는 적절한 하중계수를 적용하여 극한하중으로 수행한다. 상재하중이 있다면 하중의 성질에 따라 고정하중인지 아니면 활하중인지 구분해야 한다.

그림 10.3-2를 참조하여 다음과 같이 구조설계를 수행한다.

① 캔틸레버 벽체 : 수평토압에 의한 전단력과 모멘트를 계산한다. 벽체의 인장 측(지층쪽) 철근량을 산정하고 전단응력을 검토한다. 최소 배력철근을 주철근 안쪽에 배치하고 전면쪽으로 연직방향과 수평방향으로 최소 철근량을 배치한다.

② 뒷굽판 : 바닥 면에 가해지는 지반반력과 윗면에 가해지는 연직토압에 의한 순 모멘트 때문에 상면에 인장이 생기고 이 부분에 철근을 배치해야 한다.

③ 앞굽판 : 바닥 면에 가해지는 지반반력에 의한 모멘트 때문에 바닥 면에 인장이 생긴다.

주철근 배치는 그림 10.3-2에 보인 바와 같다.

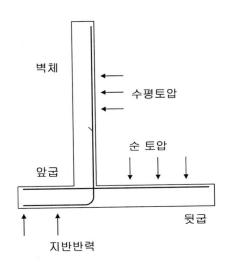

그림 10.3-2 캔틸레버식 옹벽의 세 부분

예제 10.1 캔틸레버식 옹벽 설계 예

(1) 설계조건

높이 3.5 m인 제방을 지지하는 캔틸레버식 옹벽을 설계한다. 벽체 뒤의 상단 표층은 수평이지만 15 kN/m² 크기의 고정 상재하중을 받는다. 벽체 뒤의 흙은 배수가 잘 되는 사질토이며 이 흙의 물성값은 다음과 같다.

$$\text{단위 중량 } \gamma = 18.0 \text{ kN/m}^3$$
$$\text{내부 마찰각 } \phi = 30°$$

벽체 아래 지반의 허용 지지력 $q_a = 100 \text{ kN/m}^2$이다. 저판과 지반 사이의 마찰계수 $\mu = 0.5$이다. 콘크리트 $f_{ck} = 30 \text{ MPa}$, 철근 $f_y = 500 \text{ MPa}$를 사용하여 옹벽을 설계한다.

$$\text{주동 토압계수}: K_a = \frac{1 - \sin\phi}{1 + \sin\phi} = \frac{1 - 0.5}{1 + 0.5} = 0.333$$

(2) 예비 설계 치수 검토

① 벽체 최소 두께 검토

벽체 길이 1 m에 대해서 캔틸레버 저판의 휨모멘트

$$M = 0.5 K_a \gamma h^2 (h/3) + K_a q h (h/2)$$

$K_a = 0.333$, $\gamma = 18.0 \text{ kN/m}^2$, $h = 3.5 \text{ m}$, $q = 15 \text{ kN/m}^2$를 위 식에 대입하면

$$M = 0.5(0.333)(18.0)(3.5^2) \times (3.5/3) + (0.333)(15.0)(3.5) \times 3.5/2$$
$$= 42.88 + 30.62 = 73.50 \text{ kN} \cdot \text{m/m}$$

단철근 단면으로 설계하려면 $M < 0.251 bd^2 f_{cd}$

$b = 1000 \text{ mm}$, $f_{cd} = 0.65(30) = 19.5 \text{ MPa}$로 하면

$$d > \sqrt{\frac{M}{0.1\, b f_{cd}}} = \sqrt{\frac{73.50 \times 10^6}{0.1(1000)(19.5)}} = 194 \text{ mm}$$

필요 철근량을 줄이려면 이 값보다 더 크게 취한다. 그러나 계산철근량이 최소 철근량보다 작아지지 않도록 해야 한다. 여기서는 벽체 두께를 250 mm로 가정한다. 바닥판 두께

도 벽체와 같은 두께로 한다.

② 활동에 대한 저항력 검토

$h_1 = 3.5 + 0.25 = 3.75 \text{ m}, \quad q/(\gamma h_1) = 15.0(18.0 \times 3.75) = 0.222, \quad K_a = 0.333, \quad \mu = 0.5$

앞의 12.2.1에서 유도된 식을 이용해서 저판의 폭 b_2를 계산한다.

$$\mu \frac{b_2}{h_1}\left[1 + \frac{q}{\gamma h_1}\right] = 0.5\frac{b_2}{h_1}[1+0.222] \geq 1.5K_a\left[0.5 + \frac{q}{\gamma h_1}\right] = 1.5 \times 0.333(0.5 + 0.222) = 0.361$$

$$\frac{b_2}{h_1} \geq 0.361/0.611 = 0.590, \quad b_2 \geq 0.59(3.75) = 2.20 \text{ m}, \quad b_2 = 2.20 \text{ m}$$

③ 편심 검토

$b_1 = 2.20 \text{ m}, \quad h_1/b_2 = 3.75/2.2 = 1.705, \quad q/(\gamma h_1) = 15.0(18.0 \times 3.75) = 0.222, \quad K_a = 0.333$

$$\frac{b_1}{b_2} \geq 0.25$$

$$K_a\left(\frac{h_1}{b_2}\right)^2\left[\frac{1+(3q/\gamma h_1)}{1+(q/\gamma h_1)}\right] - 0.25 = 0.25(0.333)(1.705)^2\left[\frac{1+3(0.222)}{1+0.222}\right] - 0.25 = 0.08$$

$b_1 \geq 0.08(2.20) = 176 \text{ mm}, \quad b_1 = 800 \text{ mm}$로 한다.

그림 10.3-3은 가정한 벽체 제원을 나타낸 것이다. 벽체 및 바닥판 두께는 250 mm로 가정한다. 활동 방지용으로 기초판 바닥에 0.6 m 크기의 활동 방지벽을 둔다.

(3) 벽체 안정

벽체 길이 1 m를 고려한다. 상단에서 깊이 z에서 수평토압 H_1

$$H_1 = K_a(\gamma z + 15)$$

바닥판($z = 3.75 \text{ m}$)에서 수평토압 $= 27.5 \text{ kN/m}^2$

상단($z = 0.0 \text{ m}$)에서 수평토압 $= 5.0 \text{ kN/m}^2$

표 10.3-1은 벽체 안정을 검토하기 위해서 벽체, 바닥판, 흙의 중량, 그리고 벽체 앞굽에 대한 각 부분의 모멘트를 계산하여 정리한 것이다. 시계방향 모멘트를 (+)로 취한다.

① 최대 지반반력

바닥판 폭 $b = 2.85$ m, 벽체 길이 1 m에 대해

면적 $A = 2.85$ m^2, 단면계수 $Z = (1.0)(2.85)^2/6 = 1.35$ m^3

앞굽 A점에 대해 모든 힘들의 모멘트를 취하여 기초판 지반반력의 합력점은 점 A에서 거리 L에 있다.

$$L = (333.7 - 87.89)/201.0 = 1.223 \text{ m}$$

편심거리 $e = B/2 - L = 2.85/2 - 1.223 = 0.202$ m $< 2.85/6 = 0.475$ m

그러므로 뒷굽 C에서 인장이 생기지 않는다.

저판에 작용하는 하중

연직하중 $W = 201.0$ kN

모멘트 $M = 201.0 \times e = 40.6$ kN·m

사용하중상태에서 앞굽판 끄트머리에서 최대 지반반력

$$p_{max} = 201.0/2.85 + 40.6/1.35 = 100.6 \text{ kN/m}^2 \approx p_a = 100 \text{ kN/m}^2$$

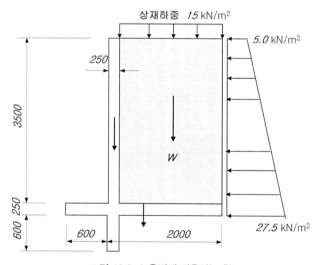

그림 10.3-3 옹벽에 작용하는 힘

② **전도에 대한 안정**

벽체의 앞굽 A점에 대해 연직하중에 의한 안정화 모멘트는 부분안전계수 $\gamma_{G,inf} = 1.0$ 이며 수평력에 의한 전도 모멘트의 부분안전계수 $\gamma_Q = 1.5$이다. 순 안정화 모멘트의 크기는 $323.7 \times 1.0 - 87.89 \times 1.5 = 201.85 \, kN \cdot m > 0$ 이므로 이 벽체는 전도에 대해 안전하다고 볼 수 있다.

③ **활동에 대한 저항**

활동에 저항하는 힘은 저판 아래의 마찰력과 저판의 상단에서 850 mm 깊이에 생기는 수동토압이다. 연직하중은 유리한 하중이지만 수평하중은 불리한 하중이다. 수동토압을 무시하고 벽체가 활동에 안전하려면 $\dfrac{\mu \gamma_{G,inf} W}{\gamma_Q H} = \dfrac{(0.5)(1.0)(201.0)}{(1.5)(60.0)} = 100.5/90.0 > 1$이면 된다.

그러므로 이 벽체는 활동에 대해서도 안전하다. 활동 방지벽 *shear key*이 필요하지 않지만 추가 활동 방지용으로 그대로 두기로 한다. 수동토압은 신뢰할 만하지 않다.

표 10.3-1 옹벽 안정 계산

하중 종류	하중 크기(kN)		A점에서 도심까지 거리 (m)	A점에 대한 모멘트 (kN·m)
수평하중(주동 토압)				
상재	5×3.75	18.75	3.75/2 1.875	−35.16
삼각형	0.5×3.75×(27.5−5.0)	42.19	3.75/3 1.25	−52.73
합		60.94		−87.89
연직하중(중력)				
벽체+방지벽	(3.75+0.6)×0.25×25	27.19	0.6+0.25/2 0.725	19.71
저판	2.85×0.25×25	17.81	2.85/2 1.425	25.38
뒷채움	2.0×3.5×18.0	126.00	0.6+0.25+2.0/2 1.85	233.10
상재하중	1.5×2.0	30.00	0.6+0.25+2.0/2 1.85	55.50
합		201.00		333.70

④ **전체 평가**: 벽체 단면은 충분하다. 저판에 작용하는 최대 지반반력이 설계 지배값이다.

(4) 벽체, 앞굽판 및 뒷굽판의 구조 설계

가. 캔틸레버 벽체 슬래브

① 휨 설계

사용한계상태에서 저판($h = 3.5\,\mathrm{m}$)에 작용하는 수평토압

$$p_{bot} = K_a(\gamma h + q) = 0.333(18.0 \times 3.5 + 15) = 26.0\,\mathrm{kN/m^2}$$

옹벽 상단에서는 $p_{top} = 0.333(15.0) = 5.0\,\mathrm{kN/m^2}$

평균 수평토압 $p_{avg} = (26.0 + 5.0)/2 = 15.50\,\mathrm{kN/m^2}$

극한한계상태에서 $\gamma_Q = 1.5$를 적용하고, 캔틸레버 저판에서 전단력 V와 모멘트 M

$$V = 15.5 \times 3.5 \times (\gamma_Q = 1.5) = 81.38\,\mathrm{kN}$$

$$M = [(26.0 - 5.0) \times 0.5 \times 3.5^2/3 + 5.0 \times 3.5^2/2] \times 1.5 = 110.25\,\mathrm{kN \cdot m/m}$$

콘크리트 덮개가 40 mm이고 사용철근의 직경이 16 mm라고 가정하면, 유효깊이 d는

$$d = 250 - 40 - 16/2 = 202\,\mathrm{mm}$$

$$m_u = M_u/(b\,d^2\,f_{cd}) = 110.25 \times 10^6/(1000 \times 202^2 \times 16.6) = 0.163$$

$$z = d(0.5 + \sqrt{0.25 - m_u/2.0}) = 202(0.5 + \sqrt{0.25 - 0.163/2.0}) = 202(0.910) = 184\,\mathrm{mm}$$

$$A_s = 110.25 \times 10^6/(184 \times 450) = 1331\,\mathrm{mm^2}$$

설계 $A_s = \mathrm{D}16@125/\mathrm{m} = (200)(1000/125)/\mathrm{m} = 1600\,\mathrm{mm^2}$

설계 $M_d = 129.8\,\mathrm{kN \cdot m}$

최소 철근량 검토 : 식 (3.3-2) 적용

$$f_{ctm} = 0.3(30 + 4)^{2/3} = 3.15\,\mathrm{MPa},\ f_{yd} = 0.9(500) = 450\,\mathrm{MPa}$$

$$A_{s,\min} = 0.26(3.15/450)(1000 \times 202) = 368.0\,\mathrm{mm^2}$$

배근철근량은 최소 철근량보다 크다.

사용한계상태 모멘트＝극한한계상태 모멘트/1.5＝110.25/1.5＝73.5 kN·m

사용한계상태에서 철근응력

$$f_s = (M_{SLS}/M_{ULS})(A_{s,rqd}/A_{s,prvd})f_{yd} = (1/1.5)(1331/11600)(450) = 250.0\,\mathrm{N/mm^2}$$

D16 철근을 중심간격 125 mm로 배근하면 균열 폭 0.3 mm 이하의 균열 제어 조건을 만족한다.

② 휨철근 절단

D16 철근의 간격이 250 mm로 2배가 될 수 있는 위치(상단에서 h)를 결정한다. 배근간격이 2배가 되면 철근량이 $A_s = 1600/2 = 800 \text{ mm}^2/\text{m}$이 되고 단면의 저항모멘트값도 반 정도로 줄어든다. $M_{Rd} = (800)(450)(202 - 21.7/2) = 68.81 \text{ kN} \cdot \text{m}$

벽체 상단에서 h 되는 위치에서 위와 같은 모멘트가 발생한다면

$1.5 K_a (\gamma h^3/6 + 15 \times h^2/2) = M_{Rd}$에서 $K_a = 0.3333$, $\gamma = 18.0 \, KN/m^3$를 대입하여 풀면 $h = 2.91 \text{ m}$이다. 절단 가능한 점에서 사용 철근 직경의 36배(=36×16=576 mm)만큼 더 연장하면 절단되는 위치는 벽체 상단에서 2910−576=2334 mm 되는 곳이다. 저판에서 잰 거리는 3500−2334=1166 mm이므로, 철근 길이를 1200 mm로 하면 충분하다.

③ 전단 검토

사용한계상태에서 저판에서 d만큼 되는 곳의 수평토압

$p = K_a (\gamma h + q) = 0.333 [18.0 (3.5 - 0.202) + 15] = 24.80 \text{ kN/m}^2$

상단에서 $p = 5.0 \text{ kN/m}^2$

평균 토압 $p_{avg} = (24.80 + 5.0)/2 = 14.90 \text{ kN/m}^2$

극한한계상태에서 $\gamma_Q = 1.5$를 적용하면 캔틸레버 저판에서 d 되는 곳의 전단력

$V_u = 14.90 \times (3.5 - 0.202) \times 1.5 = 73.71 \text{ kN/m}^2$

$v_u = 73.71 \times 10^3 / (1000 \times 202) = 0.37 \text{ N/mm}^2$

$\rho = 1600 / (1000 \times 202) = 0.00792$, $k = 1 + \sqrt{200/202} = 1.995$

$v_{cd} = 0.85 (0.65)(1.995)(0.00792 \times 30)^{1/3} = 0.683 \text{ MPa}$

$v_{\min} = 0.4 (0.65)(0.3 \times 0.7 \times (30 + 4)^{2/3}) = 0.573 \text{ MPa}$, $v_{cd} > v_u$이므로 벽체 두께는 충분하다.

④ 배력 철근

도로교설계기준 5.10.3.1에 따르면 슬래브에서 배력 철근량은 주철근량의 20 % 이상이어야 하고 그 간격은 $3.5h$ 또는 400 mm 이하이어야 한다. 여기서는 주철근량이 1600 mm²/m 이므로 20 %는 320 mm²/m이다. D13 철근을 중심간격 300 mm로 배근하면,

$A_s = \mathrm{D}13@300/\mathrm{m} = 127 \times 1000/300 = 423\ \mathrm{mm}^2/\mathrm{m}$ 이다. 바깥쪽의 균열 제어를 위해서 같은 철근량을 배치한다. 시공의 편의를 위해서 용접강선망을 사용하는 것도 좋다.

나. 뒷굽판

적용될 적절한 하중계수를 결정하기 위해서 뒷굽판에 생기는 휨모멘트에 연직하중과 토압의 영향을 고려할 필요가 있다. 표 10.3-1에서

연직하중 $W = 201.0\ \mathrm{kN/m}$

앞굽판 점 A에 대한 모멘트 $M = 331.7\ \mathrm{kN \cdot m/m}$

앞굽판 점 A에서 연직하중만에 의한 저판 지반반력의 도심까지의 거리 L.

$L = 333.7/201.0 = 1.66\ \mathrm{m}$, 편심거리 $e = 2.85/2 - 1.66 = -0.235\ \mathrm{m}$

저판에 작용하는 하중

연직하중 $W = 201.0\ \mathrm{kN/m}$, 모멘트 $M = 201.0 \times 0.235 = 47.24\ \mathrm{kN \cdot m}$ (시계방향)

$W/A = 201.0/2.85 = 70.52\ \mathrm{kN/m}^2$, $M/Z = 47.24/1.35 = 35.0\ \mathrm{kN/m}^2$

뒷굽판 상단에 상재하중 15 kN/m²이 작용하고 3.5 m 높이의 흙 중량과 두께 250 mm의 슬래브 자중이 작용한다. 전체 하향 하중의 크기는 $15 + 3.5 \times 18 + 0.25 \times 25 = 84.25\ \mathrm{kN/m}^2$이다.

수평토압에 의한 저판에 가해지는 모멘트 $M = 87.89\ \mathrm{kN \cdot m}$ (반시계방향)

$M/Z = 87.89/1.35 = 65.10\ \mathrm{kN/m}^2$

그림 10.3-4는 연직하중과 수평토압에 의한 반력 상태를 나타낸 것이다.

연직하중 만에 의한 영향은 슬래브 바닥에 인장을 유발하지만, 수평하중에 의한 저판의 지반반력은 슬래브 상단에 인장을 유발한다. 그러므로 연직하중은 유리하게 작용하므로 하중계수 $\gamma_{G,inf} = 1.0$로 취하고 토압은 불리하게 작용하므로 하중계수 $\gamma_Q = 1.5$를 적용한다. 이 하중계수를 적용하여 저판 슬래브의 좌우 양단에서 반력 크기를 계산한다.

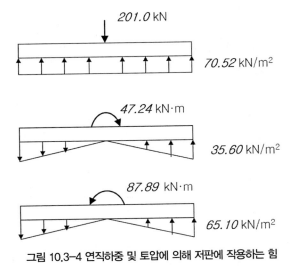

그림 10.3-4 연직하중 및 토압에 의해 저판에 작용하는 힘

좌측 단 $p_{left} = 70.52 - 35.6 + 65.10 \times 1.5 = 132.57 \text{ kN/m}^2$

우측 단 $p_{right} = 70.52 + 35.6 - 65.10 \times 1.5 = 8.47 \text{ kN/m}^2$

뒷굽판과 캔틸레버의 교차점에서 저판의 지반반력

$p = 8.47 + (132.57 - 8.47) \times 2.0/2.85 = 95.56 \text{ kN/m}^2$

그림 10.3-5는 극한한계상태에서 뒷굽판에 작용하는 힘을 나타낸 것이다.

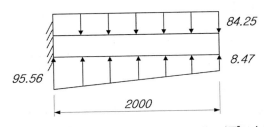

그림 10.3-5 극한한계상태에서 뒷굽판에 작용하는 하중[kN/m²]

① 휨 설계

그림 10.3-5를 참조하여, 벽체 면에서 모멘트 M_u를 구한다.

$$M_u = (84.25 - 8.47) \times 2.0^2/2 - (95.56 - 8.47) \times 2.0^2/6 = 104.53 \text{ kN/m}^2$$

$$m_u = 104.53 \times 10^6/(1000 \times 202^2 \times 16.6) = 0.154$$

$$z = 202(0.5 + \sqrt{0.25 - 0.154/2.0}) = 202(0.916) = 185.0 \text{ mm}$$

$$A_s = 104.53 \times 10^6/(185 \times 450) = 1255 \text{ mm}^2/\text{m}$$

$$\text{설계 } A_s = \text{D13@100/ m} = 127 \times 1000/100 = 1270 \text{ mm}^2/\text{m} > A_{s,\min} = 368 \text{ mm}^2$$

사용한계상태에서 모멘트-하중계수를 모두 1로 취한다.

$$\text{좌측 단 } p_{left} = 70.52 - 35.6 + 65.10 = 100.02 \text{ kN/m}^2$$

$$\text{우측 단 } p_{right} = 70.52 + 35.6 - 65.10 = 41.02 \text{ kN/m}^2$$

<u>뒷굽판과 줄기벽의 교차점에서 저판의 지반반력</u>

$$p = 41.02 + (100.02 - 41.02) \times 2.0/2.85 = 86.62 \text{ kN/m}^2$$

그림 10.3-6은 사용한계상태에서 뒷굽판에 작용하는 힘을 나타낸 것이다.

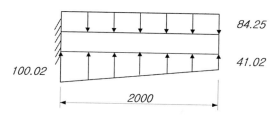

그림 10.3-6 사용한계상태에서 작용하는 하중 [kN/m²]

그림 10.3-6을 참조하여, 벽체 면에서 모멘트 M_u를 구한다.

$$M_u = (84.25 - 45.22) \times 2.0^2/2 - (100.02 - 41.02) \times 2.0^2/6 = 38.73 \text{ kN/m}^2$$

<u>사용한계상태에서 철근응력</u>

$$f_s = (38.73/104.53)(1255/1270)(450) = 164.8 \text{ N/mm}^2$$

철근 직경 및 배근간격은 만족할 만하다.

최대 균열 폭 0.3 mm이고 철근응력 165 N/mm²일 때 최대 허용간격은 250 mm이고 허용 최대 철근 직경은 25 mm이다.

② 전단 검토

<u>뒷굽판과 줄기벽의 교차점에서 d만큼 떨어진 곳의 지반반력</u>

$$p = 8.47 + (132.57 - 8.47) \times (2.0 - 0.202)/2.85 = 86.76 \, \text{kN}/\text{m}^2$$

그림 10.3-5를 참조하여 저판-벽체 접점에서 d만큼 떨어진 곳의 전단력

$$V_u = [(84.25 - 8.47) - (86.76 - 8.47)/2] \times (2.0 - 0.202) = 70.38 \, \text{kN}/\text{m}$$

$$v_u = 70.38 \times 10^3/(1000 \times 202) = 0.348 \, \text{N}/\text{mm}^2$$

$$\rho = 1270/(1000 \times 202) = 0.0063, \quad k = 1 + \sqrt{200/202} = 1.995$$

$$v_{cd} = 0.85(0.65)(1.995)(0.0063 \times 30)^{1/3} = 0.632 \, \text{MPa} \; > \; v_u = 0.348 \, \text{N}/\text{mm}^2$$

$$v_{min} = 0.4(0.65)(0.3 \times 0.7 \times (30 + 4)^{2/3}) = 0.573 \, \text{MPa}, \; v_{cd} > v_u \text{이므로 벽체 두께는}$$

충분하다.

③ 배력 철근

도로교설계기준 5.10.3.1에 따르면 슬래브에서 배력 철근량은 주철근량의 20 % 이상이어야 하고 그 간격은 $3.5h$ 또는 400 mm 이하이어야 한다. 여기서는 주철근량이 1270 mm²/m이 므로 20 %는 254 mm²/m이다. D13 철근을 중심간격 300 mm로 배근하면,

$$A_s = \text{D}13@300/\text{m} = 127 \times 1000/300 = 423 \, \text{mm}^2/\text{m} \text{이다. 바깥쪽의 균열 제어를 위}$$

해서 같은 철근량을 배치한다. 시공의 편의를 위해서 용접강선망을 사용하는 것도 좋다.

다. 앞굽판

그림 10.3-4에 보인 바와 같이 저판에 작용하는 연직하중과 수평하중은 슬래브 아래쪽에 인 장을 일으킨다. 그러므로 두 하중은 불리하게 작용하여 하중계수를 각각 $\gamma_{G,sup} = 1.35$ 그 리고 $\gamma_Q = 1.5$로 취한다. 유리한 작용하중은 자중뿐이다. 이 하중계수를 적용하여 저판의 양단에서 지반반력을 구한다.

$$\text{좌측 단 } p_{left} = (70.52 - 35.6) \times 1.35 + 65.10 \times 1.5 = 144.79 \text{ kN/m}^2$$

$$\text{우측 단 } p_{right} = (70.52 + 35.6) \times 1.35 - 65.10 \times 1.5 = 45.61 \text{ kN/m}^2$$

앞굽판과 줄기벽의 교차점에서 저판의 지반반력

$$p = 45.61 + (144.79 - 45.61) \times (2.85 - 0.60)/2.85 = 123.91 \text{ kN/m}^2$$

$$\text{자중 } W = 0.25 \times 25 = 6.25 \text{ kN/m}^2$$

그림 10.3-7은 앞굽판에 작용하는 힘을 나타낸 것이다.

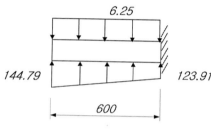

그림 10.3-7 앞굽판에 작용하는 하중 [kN/m²]

벽체 면에서 모멘트

$$M_u = (123.91 - 6.25) \times 0.6^2/2 + (144.79 - 123.91)/2 \times 0.6^2 \times (2.3) = 23.68 \text{ kN/m}^2$$

벽체에서 앞굽판으로 정착시키는 철근량으로 충분하다.

전단응력 : 앞굽판과 줄기벽의 교차점에서 d만큼 떨어진 곳의 지반반력

$$p = 8.47 + (132.57 - 8.47) \times (2.0 - 0.202)/2.85 = 86.76 \text{ kN/m}^2$$

$$V_u = [(130.27 - 6.25) + (144.79 - 130.27)/2] \times (0.6 - 0.202) = 36.58 \text{ kN}$$

휨철근 및 앞굽판 치수는 73.71 kN의 전단력에 대해서 안전한 벽체 두께와 같으므로 충분히 안전하다. 배력철근은 D13 철근을 중심간격 300 mm로 배치한다.

라. 활동 방지턱

수동토압계수 $K_p = 1/K_a = 3.0$

방지턱의 상단과 하단에서 횡토압

상단 : $K_p \gamma z = 3.0 \times 18.0 \times 0.25 = 13.5 \, \text{kN/m}^2$

하단 : $K_p \gamma z = 3.0 \times 18.0 \times 0.85 = 45.90 \, \text{kN/m}^2$

그림 10.3-3을 참조하여 하중계수 $\gamma_G = 1.5$를 적용하여 방지턱에 생기는 전단력과 모멘트는 다음과 같다.

$V_u = 1.5(13.5 + 45.9)0.6/2 = 26.73 \, \text{kN}$

$M_u = 1.5[(13.5)(0.6^2/2) + (45.9 - 13.5)(0.5)(0.6)(2/3)(0.6)] = 9.48 \, \text{kN} \cdot \text{m/m}$

전단력이나 모멘트 크기가 아주 작기 때문에 최소 철근량만큼 배근하면 된다. D13 철근을 중심간격 300 mm로 배치한다. 벽체 주철근과 겹치게 한다.

벽체 철근 개략도

앞에서 설계된 배근 개략도는 그림 10.3-8에 보인 바와 같다.

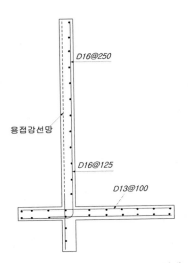

그림 10.3-8 캔틸레버식 옹벽 배근 상세

10.4 배수 및 기타 상세 Drainages and Details

옹벽이 파괴 또는 손상되는 주요 원인은 대다수의 경우 다음과 같다. 즉, 뒷채움 흙이 지나치게 무거워 넘어지거나 배수가 제대로 안 되기 때문이다. 후자인 경우, 폭우 때 간극수의 포화로 정수압에 의한 수평력이 급격하게 증가하거나 겨울철에 배수가 되지 않은 뒷채움 흙 속에 간극수가 얼어서 압력이 크게 증가하기도 한다.

지반의 허용 지지력은 신중하게 결정해야 하며, 이렇게 하기 위해서 저판 밑의 토질뿐만 아니라 더 깊은 지층의 토질을 파악해야 할 필요가 있다. 신뢰할 만한 자료가 없다면, 옹벽의 높이에 해당하는 깊이만큼 시추 시험을 수행해야 한다. 물론 기초판은 동결에 의한 저면 토질의 부실을 방지하기 위해서 동결심도 아래에 놓여야 한다[10.1].

배수는 여러 가지 방법이 있다. 대표적으로 직경이 150~200 mm인 관을 약 1.5~3 m 간격으로 벽체에 묻어두어 배수공을 설치하여 배수구멍으로 물이 잘 모이도록 두께 300 mm 이상의 자갈층을 옹벽 뒷면에 설치하는 방법이 있다. 이때 뒷채움 흙이 배수구를 막지 않도록 특별한 주의가 필요하다. 이런 일을 방지하기 위해서 벽체 배수공 대신에 깬 돌이나 자갈로 벽체 배면에 한 개 이상의 길이방향 배수층을 설치하는 방법이 있다. 이 길이방향 배수층은 옹벽의 끝이나 중간 지점에 유출구를 설치하여야 한다. 가장 효과적인 배수 방법은 옹벽 배면 전체에 자갈로 구성된 배수층을 설치하는 것이다.

옹벽이 긴 경우에도 온도변화와 건조수축에 의한 손상을 방지하는 대책을 마련해야 한다. 콘크리트구조기준 13.4에는 설계할 때 수화열, 온도변화, 건조수축 등 부피 변화에 대한 별도의 구조해석이 없는 경우에는 신축이음을 설치해야 하며 부피변화에 대한 구조해석을 수행한 경우에는 신축이음을 두지 않고 길이방향 철근을 연속으로 배치할 수 있다고 정하고 있다. 도로교설계기준에 의하면, 신축이음은 수축과 팽창을 조절할 수 있는 곳에 두어야 한다고 규정하고 있다(신축이음은 30 m 이하의 간격으로 설치해야 하며, 균열 유발 줄눈은 10 m 이하의 간격으로 설치하도록 규정하고 있다)[10.1, 10.2].

10.5 부벽식 옹벽 Counterfort Retaining Walls

부벽식 옹벽의 외적 안정은 앞 절의 예제에서와 같은 방법으로 검토한다. 벽체의 하단 전면에 설치되는 앞굽 슬래브는 캔틸레버식 옹벽에서와 같이 상향 지반반력을 부담한다. 부벽식 옹벽의 일반적인 철근 배치는 그림 10.5-1에 나타낸 바와 같다. 두 부벽 사이의 수직 벽체는 수평토압이 작용하는 곳으로서, 세 가장자리 두 부벽과 저판으로 지지되고, 상단은 자유단이다. 수평토압은 상단으로부터의 거리가 클수록 증가한다. 이러한 슬래브의 모멘트와 전달력을 산정하는 것은 상당히 어렵기 때문에 일반적으로 저판에 의한 지지를 무시하고 부벽에 의해 지지된 연속 슬래브로 간주하여 해석하고 있다. 간략한 모델로 구한 모멘트는 실제 지지조건을 고려하여 구한 값보다 크기 때문에 이러한 설계는 안전 측에 해당하며, 정확한 해석을 이용하면 더 경제적인 설계가 될 수 있다.

수평토압에 의한 하중이 부벽식 옹벽의 벽체에서 전달되는 방향은 캔틸레버식 옹벽과는 다르다. 캔틸레버식 옹벽 벽체의 주철근은 연직방향인데, 부벽식 옹벽의 주철근은 수평방향이 된다. 따라서 벽체의 모멘트는 수평방향으로 몇 개의 단위 폭을 가는 띠로 분할하여 해석한다. 각 띠에 작용하는 수평토압의 크기는 띠의 심도에 따라 달라지며 식으로 계산한다. 그러나 이때 맨 하단에 단위 폭 모멘트는 저판의 구속효과를 반영하여 감소시킬 수 있다. 즉, 감소 전 모멘트에 저항할 수 있는 철근량을 사용하기 위하여 그림 10.5-1에 나타낸 철근은 소요 모멘트의 크기에 따라 간격을 증가시키거나 또는 직경을 감소시킬 수 있다. 부벽 위치에서는 굽힘철근이나 직선철근을 배치하여 (−)휨모멘트를 부담하도록 해야 한다. 뒷굽판도 벽체 슬래브와 동일하게 지지되어 있다. 즉, 두 부벽과 수직 벽체에 의해 세 변이 지지되어 있다. 이 슬래브에는 뒷채움 흙의 자중, 슬래브 자중, 그리고 상재하중에 의한 하향 하중이 작용하고 있으며, 밑면의 지반반력이 반대 방향으로 작용하고 있다. 이러한 뒷굽판의 모멘트와 전단력을 결정하는 해석 방법은 수직 벽체의 해석 방법과 동일하다. 벽체에 평행한 방향의 단위 폭 띠를 부벽으로 지지되어 있는 연속 슬래브로 간주하여 해석한다. 뒷채움 흙의 상면이 수평이라면 앞굽판의 상면 전체에는 하향 등분포하중이 작용하며, 하면에서 지반반력에 의한 상향하중은 보통 뒷굽판에서는 매우 작고 앞굽판에서 크다. 따라서 단위 폭 띠의 각 경간 중앙부에는 (+)의 휨모멘트가 일어나고 부벽에 의한 지점에는 (−)의 휨모멘트가 발생한다. 벽체 부근의 단위 폭 띠에는 상향 지반반력이 하향 자중을 초과하는 경우가 종종 있다. 이와 같이 모멘트 방향이 반대가 될 경우에는 이에 맞게 철근을 배치해야 한다. 철근 c는 (+) 및 (−)휨모멘트가 모두 발생할 수 있는 곳에 배근된 형태이다.

부벽은 쐐기 형태의 캔틸레버로 저판과 일체로 연결되어서 벽체를 지지하고 있기 때문에, 벽체에 작용하는 수평토압이 면내 방향으로 작용하고 있다. 그러므로 벽체는 플랜지가 되고 부벽은 복부가 되는 T−형 보처럼 거동하게 된다. 최대 휨모멘트는 벽체의 하단에서 취한 수평

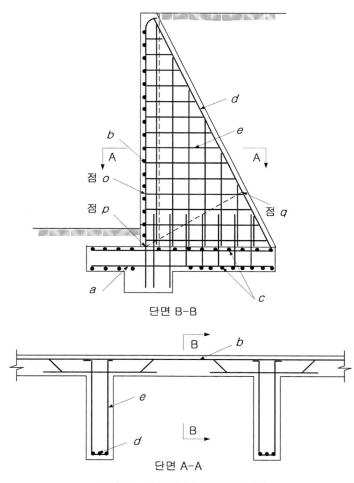

그림 10.5−1 부벽식 옹벽의 철근 배치

토압에 의한 것이다. 철근 d는 이 휨모멘트에 저항하기 위한 것이며, 이때의 유효깊이는 철근 d의 중심 q에서 수직 벽체의 중심까지의 수직거리 pq가 된다. 위로 올라갈수록 외력에 의한 발생 휨모멘트는 급격하게 줄어들기 때문에 철근 d를 절단할 수 있다. 부벽의 전단은 저판에서 a거리만큼 떨어진 수평단면 oq에서 검토하면 충분한 것으로 간주한다.

보통 부벽의 콘크리트 자체만으로도 전단력에 충분히 저항한다. 추가 전단력이 있다면 철근 e가 스터럽 역할을 하여 저항한다. 철근 e를 배근하는 주목적은 부벽이 벽체 슬래브와 분리되는 것을 방지하기 위한 것이다. 그림 10.5-1에 보인 그 밖의 철근은 건조수축에 저항하는 역할을 한다. 벽체와 뒷굽 슬래브는 실제로 세 변이 지지되어 있는데도 해석에서는 단지 부벽에 의한 지지만 고려했다. 그러나 슬래브가 만나는 모든 우각부에는 휨모멘트가 발생되므로 이러한 휨모멘트에 대한 보강철근을 적절하게 배치해야 한다.

❑ 참고문헌 ❑

10.1 (사)한국교량 및 구조공학회 (2015), 도로교설계기준 (한계상태설계법) 해설 2015.

10.2 한국콘크리트학회 (2012), 콘크리트구조기준 해설.

10.3 한국콘크리트학회 (2012), 콘크리트구조기준 예제집.

10.4 김병일 외 5인 (2013), 기초공학, 문운당.

10.5 European Committee for Standardization (2004), Eurocode2: Design of Concrete Structures, Part 1-1: General rules and rules for buildings, BSi.

10.6 CEB-FIP (2013), fib Model Code 2010, 1st Edition, Ernst & Sohn Gmbh &Co. KG., for Comité Euro-International du Beton.

10.7 ACI Committee 318 (2011), Building Code Requirements for Structural Concrete (ACI 318-M11) and Commentary, American Concrete Institute, Detroit, 2011.

10.8 C. R. Hendy and D. A. Smith (2007), Designer's Guide to EN 1992-2 Eurocode 2 : Design of Concrete Structures, Part 2 : Concrete Bridges, Thomas, Telford, London, England.

10.9 A. W. Beeby and R. S. Narayanan (2007), Designer's Guide to EN 1992-2 and EN 1992-1-2, Eurocode 2 : Design of Concrete Structures, General rules and rules for buildings and Structural Fire Design, Thomas, Telford, London, England.

10.10 Nilson, A. H., Darwin, D., dolan, C. W. (2003), Design of Concrete Structures, 13th Edition, McGraw Hill,

10.11 Park, R. and Paulay, T. (1975), Reinforced Concrete Structures, Wiley

10.12 Macgregor, J. G. and Wright, J. K. (2005), Reinforced Concrete Mechanics and Design, 4th Edition, Prentice Hall.

10.13 Mosely, B., Bungey, J., Hulse, R. (2012), Reinforced Concrete Design to Eurocode 2, 7th Edition, Palgrave MacMillan.

10.14 Bhatt, P., MacGinley, T. J., Choo, B. S. (2013), Reinforced Concrete Design to Eurocodes-Design Theory and Examples, 4th Edition, CRC Press.

11 부정정 구조물
Indeterminate Structures

콘크리트가 없었다면 '자연'은 정말로 황폐해졌을 것이다.

－아드리안 포오티 Adrian Forty －

11 부정정 구조물
Indeterminate Structures

11.1 개 요 Introduction

극한한계상태 설계는 안전과 관련된 것이며 이것은 구조물에 가해지는 극한하중은 적어도 설계 극한하중과 같은 크기라는 것을 보장한다는 뜻이다. 극한한계상태에서 설계에 적용되는 이론적 원칙은 무한 연성을 지닌 강 구조물의 설계를 위해서 개발된 고전 소성이론을 토대로 한 것이다. 설계에 이용될 수도 있는 휨모멘트, 전단력, 축력 등의 가능한 분포를 결정짓기 위해서는 극한하중상태에서 철근콘크리트 골조의 거동을 반드시 살펴야 한다. 위험단면이 충분한 연성을 유지하고 있어서 극한하중에 이르게 될 때 단면력의 재분배가 일어날 수 있다면 선형 탄성 구조해석으로 얻어진 결과와는 다른 모멘트와 힘의 분포를 이용하는 것이 가능하다. 또한 지진을 겪는 나라에서는, 더욱 중요한 설계 요건은 지진 유형의 하중을 받을 때 구조물이 발휘할 수 있는 연성도이다. 현행 지진 설계 개념은 큰 지진이 발생할 때 비탄성 변형에 의해 소산되는 에너지에 주목하고 있다[11.6, 11.14, 11.16].

그림 11.1-1은 구조용 형강의 모멘트 – 곡률 관계를 나타낸 것이다. 그림에서 알 수 있듯이, 극한모멘트 또는 소성모멘트에 이르면, 곡률 변화가 심해지고 더불어 변형까지 증가한다. 그래도, 압축 플랜지가 좌굴되지 않는다면 모멘트 저항강도는 유지된다.

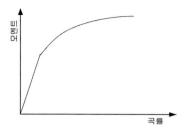

그림 11.1-1 형강의 모멘트-곡률 관계

연성이 제한 없이 발휘될 수 있다고 가정하여, 소성이론을 따르면, 극한하중에서 응력상태는 다음의 세 가지 조건을 만족해야 한다.

(1) 평형조건

응력상태는 극한하중에서도 평형상태에 있어야 한다. 외적 하중과 평형상태에 있는 응력을 구하는 한 가지 편리한 방법은 극한하중과 같은 하중에서 구조물을 탄성해석을 수행하는 것이다. 이것은 설계된 구조물이 극한하중이 가해진 상태에서도 탄성적 거동을 보인다는 것을 의미하는 것은 결코 아니다. 이론적으로 응력과 외적 하중이 평형상태를 유지하는 한 탄성해석 또는 비슷한 어떤 해석을 사용하는 것이 허용될 수 있다. 철근콘크리트 구조에 대한 이와 같은 서술의 의미는 나중에 다루기로 한다.

도로교설계기준 5.6절에서는 극한한계상태 설계에서 가해진 하중과 평형상태에 있는 휨모멘트 및 비틀림 모멘트, 축력, 전단력과 같은 합응력 또는 '응력' 산정을 위해서 세 가지 해석법을 허용하고 있다[11.1].

① 선형 탄성해석 : 도로교설계기준의 5.6절에서는 사용한계상태뿐만 아니라 극한한계상태에서도 응력산정을 위해서는 선형 탄성해석을 적용할 수도 있다고 기술하고 있다. 탄성계수의 평균값을 사용하여 선형 응력-변형률 관계를 적용한 비균열 단면을 가정하여 해석을 수행할 수도 있다.

② 제한적 재분배를 허용하는 선형 탄성해석 : 도로교설계기준의 5.6.3절에서는 이 방법은 극한한계상태 설계에만 제한적으로 적용된다.

③ 소성해석 : 도로교설계기준의 5.6.4절에서는 위험단면에서 예상된 **붕괴 미캐니즘**을 형성

할 만큼 연성이 충분한 경우에 한해서 극한한계상태 설계에 제한적으로 적용된다.

(2) 항복조건

응력상태는 재료의 항복조건을 충족해야 한다. 예를 들면 이것은 휨모멘트와 축력이 함께 작용하는 어떤 경우에 대해서도 기둥의 저항강도는 기둥 설계도표에 정의된 대로 한계를 넘어서는 안 된다는 것을 의미한다. 1차적으로 휨모멘트와 전단력을 받는 골조 구조물의 부재에 철근을 충분히 배치하여 단면의 모멘트 강도 및 전단강도가 적어도 그 단면의 설계 단면력과 같아지도록 해야 한다.

(3) 기구조건

충분한 항복구역이 형성되어서 구조물이 더 이상 하중을 견딜 여력이 없는 상태인 붕괴기구로 전환되어야 한다. 골조구조물인 경우에 충분한 소성힌지가 형성되어야 하고 판구조물인 경우에서는 충분한 '항복선'이 형성되어 구조물이 붕괴기구로 전환되어야 한다.

구조용 콘크리트로 구조물을 설계하는 데 고전소성이론을 기반으로 하는 방법을 적용할 때, 강재와는 달리, 철근콘크리트는 매우 제한적인 연성을 지닌 재료라는 사실을 인식하는 것이 중요하다. 그림 11.1-2의 파선은 철근콘크리트 단면의 모멘트-곡률 관계를 나타낸 것이다. 최대 모멘트 강도에 이른 후에, 최대 강도에서 곡률을 넘어 곡률이 제한된 증가량에 이르기까지 모멘트 강도가 유지된다. 이 값을 벗어난 곡률에 대해서 모멘트 강도는 감소한다. 그러므로 어떠한 단면에서도 구조물이 붕괴되기 전에 곡률이 커져서 모멘트 강도가 현격하게 감소하지 않다는 것이 보장될 필요가 있다. 사용성 거동뿐만 아니라 극한강도에 관한 연성과 그 영향에 주의를 기울일 필요가 있다는 것은 11.2.3절과 11.2.4절에서 서술한 두 가지 예로 설명된다.

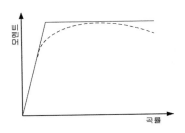

그림 11.1-2 이상적인 모멘트-곡률 관계와 실제적인 관계

11.2 부정정 보의 소성해석 및 설계 Plastic Analysis and Design of Indeterminate Beams

11.2.1 소성해석

(1) 일반사항

구조물에 발생하는 실제의 휨모멘트는 하중의 크기가 작은 초기에는 선형 탄성해석 결과와 유사하게 나타나지만, 하중의 크기가 점점 커져서 콘크리트에 균열이 발생하고 철근이 항복되면 선형 탄성해석의 결과와는 다르게 나타나므로 비교적 하중의 크기가 작은 사용한계상태의 검증을 하는 경우에는 선형 탄성해석 결과를 그대로 사용하는 것이 좋다.

선형 탄성해석을 통해 계산된 휨모멘트를 재분배할 수 있고 분배된 후의 모멘트는 외적 하중과 평형조건을 유지해야 한다. 설계전단력은 재분배되기 전의 값과 분배된 후의 값 중에서 큰 값을 취하는 것이 좋다. 전단파괴 미캐니즘은 모멘트의 재분배를 허용할 만큼 충분한 연성을 갖지 못하기 때문에 어떠한 경우에도 전단파괴를 일으키지 않도록 설계해야 하기 때문이다.

소성해석에 기초한 방법은 극한한계상태에서만 적용해야 하며, 위험단면의 연성은 예상된 붕괴 미캐니즘에 이를 수 있을 만큼 충분히 커야 한다. 소성해석은 **하한계해**나 **상한계해**를 기초로 해야 한다. 하한계법은 **한계해석** *limit analysis*에서 평형조건만을 만족하는 경우의 해를 구하는 방법이며, 상한계법은 한계해석에서 운동학적 적합조건만을 만족하는 경우의 해를 구하는 방법이다. 하중은 점진적으로 증가하는 단조증가 하중으로 가정할 수 있다.

하한계해는 슬래브에 대한 스트립 방법과 깊은 보, 내민 받침, 정착구, 벽, 면내력을 받는 판 등에 대한 스트럿-타이 모델을 적용하여 구한다. 상한계해는 보, 골조, 1방향 슬래브 등에 대한 소성힌지 방법과 슬래브에 대한 항복선 이론을 사용하여 구할 수 있다. 상한계해를 적용할 때에는 최소 내하력을 결정하기 위해서 다양한 미캐니즘에 대해 검토해야 한다. 일반적으로 하중이력의 영향은 무시할 수 있으며, 단조증가 하중으로 가정할 수 있다[11.12, 11.13, 11.16].

(2) 보와 골조 및 슬래브에 대한 소성해석

소성해석을 극한한계상태에 적용하기 위해서는 도로교설계기준 5.6.4.3에서 요구하고 있는 소성힌지의 회전능력 요구조건을 만족하여야 한다. 그러나 다음의 조건을 만족하면 회전능력 요구 조건을 검토하지 않아도 소성해석을 극한한계상태에 적용할 수 있다[11.1, 11.4, 11.6].

① 인장철근량이 부재의 어느 단면에서나 아래의 조건을 만족한다.

$$c/d \leq 0.15 \qquad (f_{ck} \leq 40\,\mathrm{MPa})$$

$$c/d \leq 0.10 \qquad (f_{ck} > 40\,\mathrm{MPa})$$

② 받침부의 (−)모멘트에 대한 경간 중앙의 (+)모멘트 비가 0.5와 2.0 사이에 있다.

기둥은 연결부재에 의하여 전달될 수 있는 최대 소성모멘트에 대하여 검토하여야 한다. 플랫슬래브에 연결된 경우에는 최대 소성모멘트를 뚫림전단 계산에 포함하여야 한다. 슬래브에 대해 소성해석을 할 때에는 균일하지 않게 배치된 철근, 우각부의 하향력, 그리고, 자유단의 비틀림 등을 고려해야 하며, 리브 슬래브, 속 빈 슬래브, 와플 슬래브 등의 거동이 특히 비틀림 효과에 관해서 속 찬 슬래브와 비슷한 거동을 보인다면 소성해석법을 이들 슬래브에까지 적용할 수 있다.

(3) 회전 능력

극한한계상태에서의 소성회전 조건을 충족하기 위해서는 다음의 조건을 만족하여야 한다.

① 소성힌지영역에서 인장철근량은 아래의 조건을 만족한다.

$$c/d \leq 0.30 \qquad (f_{ck} \leq 40\,\mathrm{MPa})$$

$$c/d \leq 0.23 \qquad (f_{ck} > 40\,\mathrm{MPa})$$

② 소성힌지영역에서 계산된 회전각(θ_s)이 허용 소성회전각($\theta_{pl,d}$) 이하이다.

여기서, 허용 소성회전각($\theta_{pl,d}$)은 다음 식에 의해 계산할 수 있다.

$$\theta_{pl,d} = k_\lambda \theta_{pl} \tag{11.2-1}$$

여기서, k_λ = 전단지간비에 따른 보정계수($= \sqrt{\lambda/3}$)

$\qquad \lambda$ = 전단경간비($= M_u / (V_u d)$)

$\qquad \theta_{pl}$ = 그림 11.2-1의 기준 소성회전각으로서 40 MPa에서 80 MPa 범위의 콘크리트 압축

$\qquad\quad$ 강도에 상응하는 값은 보간하여 구한다.

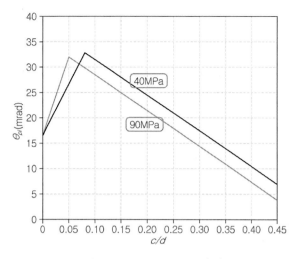

그림 11.2-1 기준 소성회전각(θ_{pl})

보 구조물과 연속된 1방향 슬래브의 회전능력에 대한 단순화 방법은 보 또는 슬래브 단면 깊이의 약 1.2배 길이의 회전 가능영역을 가진다는 것을 기초로 하고 있다(그림 11.2-2 참조).

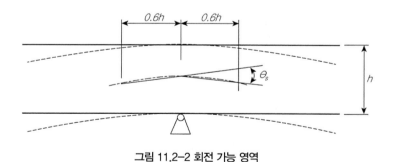

그림 11.2-2 회전 가능 영역

이들 영역은 회전과 관계된 거동의 조합 하에서 소성변형(소성힌지의 형성)을 일으킨다. 소성힌지영역에서 계산된 회전각 θ_s는 하중과 재료에 대한 설계값과, 계산 당시의 프리스트레스 힘의 평균값을 기초로 하여 산정하여야 한다. 단순화된 방법에서 허용 소성회전값은 허용 회전의 기본값에 전단경간비에 따른 보정계수 k_λ를 곱함으로써 산정할 수 있다. 40 MPa 이하인 콘크리트 압축강도와 90 MPa 이상인 콘크리트 압축강도에 대해 적용된 회전의 기본값은 그림

11.2-1과 같다. 40 MPa에서 90 MPa 범위의 콘크리트 압축강도에 해당되는 값은 적절하게 보간하여 구해도 좋다. 그림 11.2-1의 값들은 전단경간-깊이비 $\lambda = 3.0$에 대하여 적용된다. 다른 전단경간-깊이비를 가진 보에 대한 회전값 $\theta_{pl,d}$는 다음의 k_λ를 곱하여야 한다.

$$k_\lambda = \sqrt{\lambda/3}$$ (11.2-2)

여기서, λ는 휨모멘트 재분배 이후 최대 휨모멘트 점과 영 휨모멘트 점 사이의 거리에 대한 단면의 유효깊이 d의 비율을 의미한다. λ는 다음과 같은 단순 식에 의하여 휨모멘트와 전단력의 값으로부터 계산할 수 있다.

$$\lambda = M_u / (V_u d)$$ (11.2-3)

극한한계상태에서 중립축의 깊이가 식 (11.2-4)으로 결정되는 최대 중립축 깊이 이하가 되도록 인장철근 단면적 또는 긴장재 단면적을 제한하거나 압축철근 단면적을 증가시켜야 한다.

$$c_{\max} = \left(\frac{\delta \epsilon_{cu}}{0.0033} - 0.6 \right) d$$ (11.2-4)

여기서, $c_{\max}$ = 극한한계상태에서 최대 중립축 깊이

δ = 모멘트 재분배 후 계수휨모멘트/탄성 휨모멘트 비율이며, 모멘트를 재분배하지 않는 경우에는 1이다.

d = 단면의 유효깊이

ϵ_{cu} = 콘크리트 극한변형률

극한한계상태에서 중립축의 깊이를 식의 최대 중립축 깊이 이하로 제한하는 하는 것은 휨부재의 연성파괴를 보장하기 위한 것이다. 단면적이 작은 부재로 큰 계수휨모멘트에 저항하려면 인장철근량을 증가시켜야 하는데, 너무 많은 양의 인장철근을 배치하면 콘크리트 압축연단이 극한변형률에 이르렀을 때, 철근이 항복하지 않거나 항복하더라도 충분한 변형률을 나타내지 못하여 연성이 확보되지 않는다. 따라서 이러한 경우에는 콘크리트 단면적을 증가시켜야 한다. 콘크리트 단면적을 증가시키지 않고 단면적을 유지하고자 할 때에는 압축철근을 배치해야 한다. 압축철근이 추가되면 단면의 연성이 증가되므로 최대 인장철근 단면적을 배치하여도 휨강

도를 만족하지 못하는 경우에는, 압축철근을 추가하고 압축철근과 동일한 단면적을 인장철근에 추가하여 연성과 휨강도를 확보할 수 있다. 이때 압축철근은 도로교설계기준의 5.12.2.6(9)의 규정에 따라 압축철근 지름의 15배 이하의 간격을 갖는 전단철근으로 둘러싸인 경우에만 휨강도 해석에 포함된다. 식 (11.2-4)의 최대 중립축 깊이는 도로교설계기준 5.6.3(3)의 휨모멘트 재분배 비율을 규정하는 식 (5.6.3)에서 $\delta = 1$로 하여 식을 변환시킨 것이다. 즉, 극한한계상태에서 중립축의 깊이가 식 (11.2-4)의 최대 중립축 깊이와 같을 때에는 휨모멘트 재분배를 할 수 없다는 뜻이다. 따라서 휨모멘트 재분배 비율을 규정하는 도로교설계기준 5.6.3(3)이 실질적으로 최대 인장철근 단면적을 규정하는 역할을 하므로 5.12.2.1(3)의 이 규정이 반드시 필요한 것은 아니지만, 강도설계법의 설계기준에서 최대 인장철근비나 철근의 순 인장변형률 제한 규정에 익숙했던 현실을 반영하여 이 규정이 추가되었다. 이 규정에 따른 최대 인장철근비는 강도설계법의 콘크리트구조기준이나 도로교설계기준의 최대 인장철근비에 비해 작은 값이다[11.1].

11.2.2 휨모멘트 재분배

모멘트 재분배를 하기 위해서는 위험단면의 회전능력을 평가하여야 하는데 설계단계에서 이를 정확히 평가하는 것은 어렵기 때문에 회전능력의 평가 없이도 모멘트 재분배를 할 수 있는 적용 범위의 설정과 재분배 모멘트의 양을 정한 것이다. 여기서 정한 적용 범위를 벗어난 경우에는 소성해석을 통하여 좀 더 경제적인 설계를 꾀할 수 있다. 한편 이 규정과 관련된 규정으로서 도로교설계기준 5.12.2.1(3)은 모멘트 재분배 후의 계수휨모멘트/탄성휨모멘트 비율인 δ에 따라 최대 중립축 깊이를 결정하고, 극한한계상태에서 중립축의 깊이가 최대 중립축 깊이 이하가 되도록 인장철근 단면적을 제한하거나 압축철근 단면적을 증가시키도록 규정하고 있다. 이것은 부재 단면의 연성을 보장하기 위한 부재 상세 기준으로, 모멘트 재분배 비율에 따른 위험단면의 회전능력을 보장하기 위한 것이다.

연속 보 또는 슬래브에 대하여 회전능력에 대한 명확한 검토가 없어도 다음의 조건을 만족할 경우에는 식 (11.2-5)의 비율로 휨모멘트를 재분배할 수 있다(도로교설계기준 식 (5.6.3)).

- 휨이 지배적이며
- 인접한 부재와의 지간의 비가 0.5와 2의 범위에 있을 때

$$\eta \le 1 - \frac{0.0033}{\epsilon_{cu}}\left(0.6 + \frac{c}{d}\right) \le 0.15 \qquad (11.2\text{-}5)$$

여기서, η =탄성으로 구한 휨모멘트에서 재분배할 수 있는 휨모멘트의 비율

$\qquad$ ($\eta = 1 - \delta$, 5.12.2.1(3) 참조)

$\qquad$ c =극한한계상태에서의 중립축 깊이

$\qquad$ d =단면의 유효깊이

$\qquad$ ϵ_{cu} =단면의 극한한계변형률

11.2.3 지지된 외팔보 설계

그림 11.2-3의 경간장 ℓ = 6 m 인 지지된 외팔보*propped cantilever*를 설계하기로 한다. 이 보의 경간 중앙에 극한하중 $W = 100$ kN 이 작용한다. 다음과 같이 몇 가지 방법으로 이 보를 설계할 수 있다[11.16].

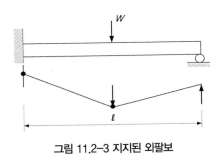

그림 11.2-3 지지된 외팔보

(1) 탄성 휨모멘트 분포에 따른 설계 1

그림 11.2-3과 같이 경간장 ℓ 이고 경간 중앙에 집중하중 W 를 받는 보를 탄성해석하면, 고정단과 경간 중앙에서 휨모멘트의 크기는 각각 $3W\ell/16$ 과 $5W\ell/32$ 이다. $W = 100$ kN 이고 $\ell =$ 6.0 m이면, 이들 값은 각각 112.5 kN·m과 93.75 kN·m이다. 이 보를 이 값들로 설계할 때, 편의상 모멘트-곡률 관계가 그림 11.1-2의 실선으로 나타낸 탄성-완전 소성으로 나타날 것이라고 가정하면, 고정단 단면과 경간 중앙 단면에서 소성힌지가 동시에 형성되어 보가 붕괴될 것

이다. 붕괴하중에 이르기까지 고정단에서는 회전이 생기지 않으면 보는 파괴되기 직전까지 탄성 구조체처럼 거동한다. 물론 거의 재하 시작점부터 균열 및 기타 비선형 거동이 시작하고 모멘트－곡률 관계는 그림 11.1-2의 파선처럼 나타나기 때문에, 이것은 재하실험에서 실제로 일어나는 현상을 근사적으로 보인 아주 단순화한 형상이다. 그렇다 하더라도 모멘트－곡률 관계에 대한 단순화한 탄성－완전소성이라고 가정해도 여기서는 충분하다.

(2) 보정 탄성 휨모멘트 분포에 따른 설계 2

보를 설계하는 데 탄성 모멘트 분포를 이용하지 말고, 탄성해석 모멘트 112.5 kN·m의 80 %인 90 kN·m의 크기의 지점모멘트에 대해서 보를 설계하기로 한다. 극한하중에서도 평형을 고려하면 경간 중앙의 모멘트 $M_{mid}=W\ell/4-$ 지점모멘트$/2=100\times6/4-90/2=105$ kN·m로 되어 설계 1의 경간 중앙에서 모멘트값의 112 %로 된다.

탄성상태에서는 지점에서 최대 휨모멘트가 발생한다. 지점의 설계모멘트가 극한하중 100 kN에서 발생하는 모멘트의 80 %인 90 kN·m이기 때문에, 첫 소성힌지는 80 kN 크기의 하중일 때 고정단 받침점에서 형성된다. 첫 소성힌지가 형성되는 하중 단계에 이르기까지 이 보는 탄성 거동을 보이며 고정단에서 회전각은 0이다.

이때 경간 중앙점에서 모멘트 $M_{mid}=5(80)(6.0)/32=75$ kN·m이며 이 값은 그 단면의 모멘트 저항강도 105 kN·m보다 작다. 하중이 80 kN보다 더 커지더라도 소성힌지가 지점에 이미 형성되었기 때문에, 받침점 모멘트는 더 이상 증가하지 않지만 경간 중앙점의 모멘트는 두 번째 소성힌지가 형성되기까지 증가하여 보가 붕괴될 수 있다. 그러므로 하중이 80 kN에서 100 kN으로 증가하면, 이 보는 마치 받침점 모멘트가 90 kN·m이고 경간 중앙에 집중하중을 받는 것처럼 거동을 보인다. 하중이 80 kN 보다 더 커질 때 보에 추가로 나타나는 거동은 보를 단순보처럼 취급하여 계산하면 된다. 이 단계에서는 지점 단면은 회전을 계속 일으켜야 한다. 경간 중앙에 하중 W가 작용하고 휨 강성이 EI인 단순지지 보에서 지점의 탄성 회전각은 $\theta=W\ell^2/(16EI)$이다. $W=100-80=20$ kN, $\ell=6.0$ m를 대입하면 $EI\theta=45$ kN·m²이다.

이 단계에서 경간 중앙점의 모멘트는 그 단면의 모멘트 저항강도 105 kN·m이고 보는 받침점과 경간 중앙에서 소성힌지가 형성되어 붕괴된다.

위의 두 설계를 비교해보면, 두 경우에서 보는 소성힌지가 지점과 경간 중앙에 형성되어 붕괴된다. 그러나 설계 1에서는, 두 곳의 소성 활절이 동시에 형성되고 붕괴에 이르기 바로 전까지 고정단에서 회전량이 전혀 없다. 설계 2에서는 설계 1에서 사용된 탄성값의 경우 80 % 정도의 모멘트 강도를 가졌음에도, 받침점 단면은 첫 소성힌지가 형성되는 80 kN의 하중에서 붕괴하중인 100 kN에 이르기까지 회전을 일으켜야 하며 받침점 모멘트 강도는 90 kN·m로 유지되어야 한다. 다시 말해서, 단면은 80 kN에서 극한하중 100 kN에 이르기까지 모멘트 강도가 감소하지 않고 충분한 연성을 지녀야 한다.

(3) 설계 2보다 보정량이 큰 탄성 휨모멘트 분포에 따른 설계 3

이 경우에서는 고정단 받침점 모멘트 강도가 탄성해석값인 112.5 kN·m의 60 %인 67.5 kN·m인 경우를 설계하기로 한다. 극한하중상태에서 평형을 유지하려면 경간 중앙점의 모멘트는 $100 \times 6.0/4 - 67.5/2 = 116.25$ kN·m이다. 설계 2에 대해서 했던 것처럼 계산을 수행하면 첫 소성힌지는 60 kN 크기의 하중에서 형성된다. 첫 소성힌지가 형성되기 바로 전 단계까지 보는 지지된 외팔보의 거동을 보이며 지점에서 회전각은 0이다. 경간 중앙에서 모멘트는 $5 \times 60 \times 6.0/32 = 56.25$ kN·m이며 이 값은 단면의 모멘트 저항강도 116.25 kN·m보다 작다. 첫 소성힌지가 고정단 받침점에서 60 kN의 하중으로 형성되었기 때문에 모멘트는 더 이상 증가할 수 없다. 그러나 지지해야 할 극한하중이 100 kN이기 때문에, 하중이 60 kN에서 100 kN에 이르는 단계에서 이 보는 마치 지점 모멘트가 67.5 kN·m이고 경간 중앙에 집중하중을 받는 것처럼 거동을 보인다. $W = 100 - 60 = 40$ kN, ℓ를 대입하면 $EI\theta = 90$ kN·m²이다. 이 단계에서 경간 중앙의 모멘트는 단면의 모멘트 강도인 116.25 kN·m에 이르게 되며 지점과 경간 중앙에 소성힌지가 형성되어 보는 붕괴된다.

세 가지 설계를 비교해보면, 세 개의 보 모두 지점과 재하점인 경간 중앙에서 소성힌지가 형성되어 붕괴된다. 그러나 보에 극한하중이 가해지는 단계에서 고려 중인 세 경우에 대해 고정단 받침점의 회전각은 각각 $EI\theta = 0, 45, 90$ kN·m²이다. 그러므로 받침점 모멘트의 설계저항강도가 탄성해석 결과와 비교해서 작을수록, 지점에서 회전각은 더 커진다. 그림 11.2-4는 이 관계를 나타낸 것이다.

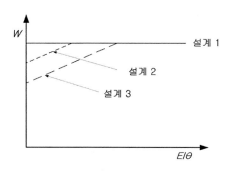

그림 11.2-4 하중-고정단 받침점 회전각 관계

첫 소성힌지 형성에서 극한하중에 이르기까지 지점이 회전하는 동안에 지점의 모멘트는 설계값에 변하지 않은 채 머물러야 한다. 하중 범위가 커질수록, 회전각은 더 커져야 하고 단면의 연성에 대한 요구도 커진다. 재하이력의 초기 단계에서 항복되는 단면은 곡률 증가에 따라 모멘트 저항강도가 감소할 가능성이 있는 단면들이다. 첫 소성힌지가 형성되는 하중과 극한하중 간의 차이가 클수록, 소성 활절의 회전각도 더 크게 되어야 한다. 그러므로 극한하중과 첫 항복 단면이 형성되는 하중 간의 차이는 될 수 있으면 작게 하는 것이 중요하다.

위의 예에서 밝혀진 것은 연성이 충분하다고 보장된다면 탄성해석 모멘트 분포와 상당히 다른 휨모멘트 분포를 이용해서 구조물을 설계할 수도 있을 것이다. 그렇지 않고 소성힌지가 회전하는 동안 모멘트가 일정하게 유지된다고 가정하면 안전하지 못한 설계로 잘못 이끌릴 수도 있다. 그러므로 설계하는 동안에 설계에 적용되는 응력 분포는 탄성 응력 분포와 될 수 있으면 작게 차이가 나도록 하는 것이 바람직하다.

11.2.4 양단 고정인 보 설계

극한한계상태 기준을 충족시키는 설계일지라도 다음의 예를 보면 사용한계상태 관점에서는 받아들이지 못할 수도 있다는 생각이 들 수도 있다. 등분포하중 q를 받는 벽체에 양단 고정된 경간장 ℓ인 보를 설계해 보기로 한다. 그림 11.2-5에는 세 가지 휨모멘트 분포도가 그려져 있는데 모두 다 등분포하중 q와 평형을 이루고 있다. 극한한계상태 관점에서 보면, 세 개의 휨모멘트 분포도 중 하나를 선택해서 보를 설계할 수 있다[11.16].

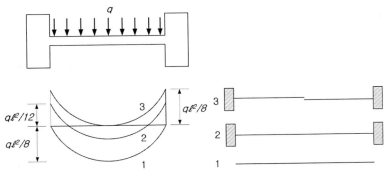

그림 11.2-5 양단 고정인 보 설계

- **설계 1** : 보가 단순지지 보처럼 거동을 보인다고 가정한다. 경간 중앙에서 휨모멘트는 $q\ell^2/8$ 이다. 이 경우에는 분명히 단면의 아래쪽에만 철근이 필요하다. 받침점에서 모멘트 저항강도는 0이고 지점에서 첫 소성힌지는 당연히 0 하중에서 형성되며 극한하중에서는 경간 중앙에서 소성힌지가 형성된다. 받침점의 활절은 재하 초기단계에서 회전하기 시작하고 그곳에서 균열이 크게 발생하게 된다. 극한한계상태 관점에서 보면 이 설계는 만족하지만, 사용한계상태 관점에서 보면 분명히 만족스럽지 못한 설계이다.

- **설계 2** : 보가 양단 고정된 보로 거동한다고 가정한다. 탄성해석 결과로부터, 벽체와 접한 점에서 휨모멘트는 $q\ell^2/12$이고 경간 중앙에서는 $q\ell^2/24$이다. 양단 받침점 및 경간 중앙에서 소성힌지가 동시에 형성된다. 이 설계는 극한한계상태나 사용한계상태 관점에서 모두 다 만족할 만하다. 이 설계는 적절한 경계조건을 고려한 보의 거동에 들어맞기 때문이다.

- **설계 3** : 보가 한 쌍의 외팔보처럼 거동한다고 가정한다. 벽체와 접한 곳에서 휨모멘트는 $q\ell^2/8$이다. 이 경우에 분명히 단면의 상부에만 철근이 필요하다. 경간 중앙의 모멘트 저항강도는 0이고 경간 중앙점에서 첫 소성힌지는 당연히 0 하중이고 받침점에서 소성힌지는 극한하중에서 형성된다. 경간 중앙의 활절은 재하 시작부터 곧바로 회전하기 시작하여 큰 균열로 이어진다. 이 설계는 극한한계상태 관점에서 보면 만족스럽지만, 사용한계상태 관점에서 보면 분명히 만족스럽지 않은 것이다.

그림 11.2-5에 보인 바와 같이, 설계 2의 휨모멘트 분포는 탄성해석 분포이며 단면의 위쪽과 아

래쪽에 철근이 필요하다. 설계 1에 사용된 휨모멘트 분포로는 하부 철근만 필요하고 설계 3에서는 상부 철근만 필요하다. 이것들은 탄성모멘트 분포의 극단적인 변형이다. 이 예에서는 극한한계상태 및 사용한계상태 관점에 특별히 주목할 필요가 있음을 알 수 있으며 철근콘크리트 단면인 경우에 제한적 연성만이 가용하다는 점을 명심해야 한다. 다시 한 번 이 사례에서 탄성모멘트 분포를 적용하면 극한한계상태나 사용한계상태 관점에서 만족할 만한 설계를 할 수 있음이 드러났다.

11.2.5 설계에서 탄성해석 결과 외에 다른 값을 사용하는 이유

자연스럽게 야기되는 한 가지 의문은 왜 탄성해석 모멘트를 그냥 적용하지도 않고 연성에 관련된 문제들을 피하지 않느냐는 것이다. 탄성해석 결과 이외의 모멘트값을 사용하는 이유는 순전히 편의상의 문제이다. 일반적으로 뼈대 구조물, 플랫 슬래브, 그리고 그러한 구조물의 받침부 단면에는 두 방향으로 휨철근이 보 또는 슬래브의 상/하면에 필요하기 때문에 철근이 상당히 촘촘하게 몰려 있다. 게다가 그 복잡한 부분에 기둥 주철근, 전단보강 스터럽 등도 필요하게 된다. 그러므로 이 부분에서 철근량을 줄이는 것은 구조상세 관점에서 보면 굉장한 이점이 된다. 탄성해석 결과보다 더 작은 받침점 모멘트값을 사용하면 문제 완화에 도움이 된다. 탄성응력장은 때로는 응력집중 영역을 포함하기도 하며 이 응력 분포를 완화된 응력 분포의 관점에서 수정하는 것이 쓸모가 있으며 이로써 좀 더 편리한 철근상세를 이끌어낼 수 있다.

11.2.6 재분배된 탄성해석 결과를 적용할 때 사용성 검토

- 극한한계상태에서 탄성해석 휨모멘트 : 그림 11.2-6은 등분포하중을 받는 양단 고정된 보에서 탄성해석 휨모멘트 분포를 보인 것이다. 극한설계하중을 q라고 하면, 탄성해석 결과에 따라 모멘트값은 각각 지점부에서는 $q\ell^2/12$이고, 경간 중앙에서는 $q\ell^2/24$이다. 변곡점은 고정단에서 0.211ℓ 되는 점이다.

- 사용한계상태에서 탄성해석 휨모멘트 : 극한한계상태에서 고정하중과 활하중에 대한 하중계수는 각각 1.25와 1.8이고 평균적으로 약 1.5이다. 사용한계상태에서 하중은 $q/1.5 \simeq 0.65\,q$이다. 사용한계상태에서는 보가 훨씬 더 탄성적으로 거동하게 되므로, 사용한계상태에서 휨

모멘트는 극한한계상태에서 탄성해석한 결과에 0.65배 한 것이다.

- 극한한계상태에서 재분배된 휨모멘트 : SD400 또는 SD500인 철근을 사용해서 받침점 (−)
  모멘트를 30 % 감소한다면, 극한한계상태에서 재분배 후 지점 및 경간 중앙에서 휨모멘트
  는 각각 $0.7q\ell^2/12$과 $q\ell^2/8 - 0.65q\ell^2/12 = 1.7q\ell^2/24$이다. 휨모멘트 분포가 이렇게 되
  는 경우에, 변곡점은 고정단에서 $0.135\,\ell$ 되는 점이다.

그림 11.2-6은 사용한계상태 휨모멘트 분포와 극한한계상태에서 재분배된 휨모멘트 분포를 나
타낸 것이다. 변곡점 위치가 이동했기 때문에, 보의 어떤 단면에서는 사용한계상태 휨모멘트
가 극한한계상태 휨모멘트보다 더 크다. 설계 중에는 반드시 저항모멘트값이 사용한계상태 모
멘트값과 재분배된 극한한계상태 모멘트 중 더 큰 값과 같다는 것이 보장되어야 한다. 유로코
드 2는 재분배 모멘트를 적용할 때 사용한계상태 설계에 대하여 어떠한 언급도 하지 않지만,
어떠한 단면이든 모멘트저항강도는 설계극한하중에 대한 적절한 모든 조합을 망라하는 탄성
해석 최대 모멘트도에서 구한 그 단면에서 모멘트의 적어도 70 %이어야 한다는 것이 바람직
하다.

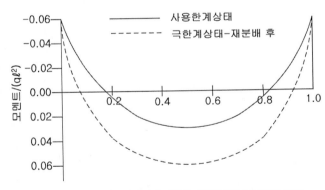

그림 11.2-6 극한한계상태와 사용한계상태에서 휨모멘트 분포

11.3 연속 보 Continuous Beams

11.3.1 현장 타설 콘크리트 바닥구조에서 연속 보

현장 타설 건설 공사에서 연속 보는 흔한 구조요소이다. 그림 11.3-1은 고층 건물의 철근콘크리트 바닥 구조의 평면을 보인 것이다. 하중을 지지하는 바닥의 작용은 다음과 같다.

- 1방향 슬래브는 가장자리 보, 중간 T-단면 보 및 중심 뼈대 등으로 지지된다. 건물의 횡방향으로 하중을 전달한다.
- A-A 선을 지나는 중간 T-단면 보는 바닥 슬래브를 지지하는 내측 뼈대와 외측 연단 간을 경간으로 한다.
- 연단 뼈대 D-D와 내측 뼈대 E-E의 경간은 건물을 가로지르며 하중을 중간 T-단면 보와 길이방향 뼈대로 전달한다.
- 길이방향 연단 뼈대 C-C와 내측 뼈대 B-B는 바닥 슬래브를 지지한다.

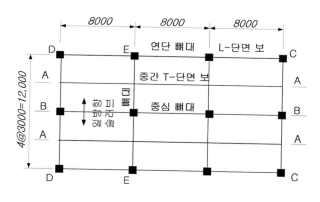

그림 11.3-1 다층 건물의 바닥 구조

컴퓨터 프로그램을 쉽게 쓸 수 없었던 시절에는, 강절 뼈대구조해석하는 몇 가지 방법이 개발되었다. 이제는 더 이상 이런 방법에 의존할 필요는 없다. 연속 보의 설계 절차는 3장에서 서술한 단순보에 대한 것과 같으나, 재분배 모멘트 량에 따라 중립축의 깊이에 제한이 있다[11.1, 11.4, 11.5, 11.16].

11.3.2 연속 보 재하방법

(1) 최대 모멘트 발생을 위한 재하방법

보의 길이를 따라 임의의 단면에서 가장 불리한 조건을 조성하도록 연속 보에 적용되는 재하방법은 뮐러-브레슬로 Muller-Breslau 원리를 이용해서 구한 정성적 영향선을 이용해서 알아낼 수 있다. 어떠한 연속 보에서도 다음과 같은 두 가지 기본 재하방법을 검토할 필요가 있다.

- 보의 경간에서 최대 모멘트는 그 경간과 하나씩 걸러 경간에 $\gamma_G G_k + \gamma_Q Q_k$를 재하하고 나머지 경간에는 $1.0 G_k$를 재하할 때 발생한다.
- 보의 받침점에서 최대 모멘트는 받침점의 양쪽 경간과 하나씩 걸러 경간에 $\gamma_G G_k + \gamma_Q Q_k$를 재하하고 나머지 경간에는 $1.0 G_k$를 재하할 때 발생한다.

(2) 위험 재하의 예

T-단면 보의 연결재, 마감재, 칸막이, 천정 및 시설물 등을 포함하여 그림 11.3-1의 바닥에 작용하는 전체 고정하중은 $6.6 \, kN/m^2$이고 활하중은 $3 \, kN/m^2$이다. 고정하중을 계산하고 A-A선과 B-B선의 연속 보에 재하를 결정한다.

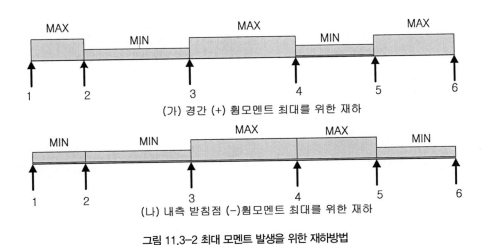

(가) 경간 (+) 휨모멘트 최대를 위한 재하

(나) 내측 받침점 (−)휨모멘트 최대를 위한 재하

그림 11.3-2 최대 모멘트 발생을 위한 재하방법

$$G_k = (3.0)(6.6) = 19.8 \; kN/m$$

$$Q_k = (3.0)(3.0) = 9.0 \; kN/m$$

$$\gamma_G G_k + \gamma_Q Q_k = 1.25(19.8) + 1.8(9.0) = 40.95 \text{ kN/m}$$

$$\gamma_G G_k = 1.25(19.8) = 24.75 \text{ kN/m}$$

그림 11.3-3은 4개 경간 중 3개 경간을 고려한 재하영향선을 이용해서 재하경우를 나타낸 것이다.

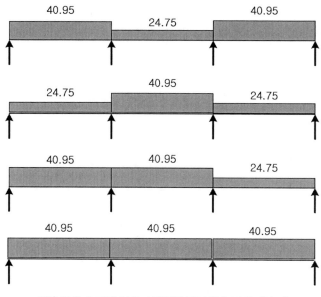

그림 11.3-3 그림 11.3-1의 바닥 구조 연속 보의 재하 예

11.3.3 연속 보 탄성해석 예

11.3.2의 연속재하 방법에 따라 그림 11.3-3과 같이 4가지의 재하경우를 고려하여 3경간 연속 보를 해석하였다. 그림 11.3-4는 그 결과를 나타낸 것이다. 표 11.3-1, 2, 3은 해석 결과를 정리한 것이다.

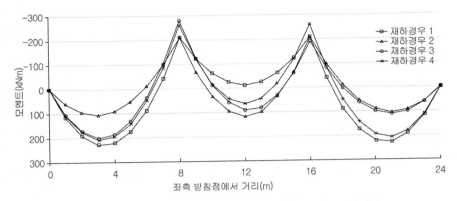

그림 11.3-4 (가) 그림 11.3-3의 재하 경우에 대한 모멘트 해석 결과

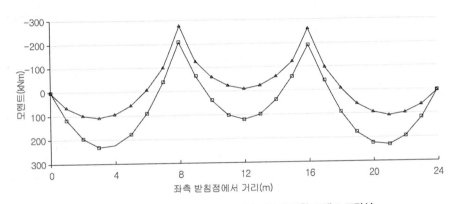

그림 11.3-4 (나) 그림 11.3-3의 재하 경우에 대한 모멘트 포락선

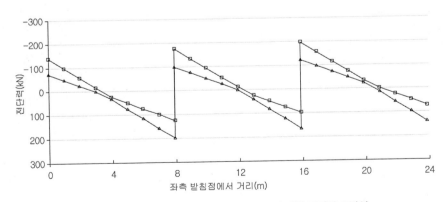

그림 11.3-4 (다) 그림 11.3-3의 재하 경우에 대한 전단력 포락선

표 11.3-1 탄성해석 결과 요약   단위 : kN, kN·m, m

재하경우		경간 1				경간 2			
		1	2	3	4	1	2	3	4
반력	좌측	−138	−73	−129	−131	−99	−164	−175	−164
	우측	190	125	199	197	99	164	153	164
받침점 모멘트	좌측	0	0	0	0	−210	−210	−279	−262
	우측	−210	−210	−279	−262	−210	−210	−193	−262
경간 최대 모멘트		228	107	202	209	−124	117	−125	−119
최대 모멘트 점		3.33	3.00	3.16	3.07	1.00	4.00	1.00	1.00

표 11.3-2 경간 1에서 모멘트 및 전단력

거리 x(m)	모멘트(kN·m)						전단력(kN)	
	재하경우 1	재하경우 2	재하경우 3	재하경우 4	최대	최소	최대	최소
0	0	0	0	0	0	0	−73	−138
1	117	60	108	111	117	60	−48	−97
2	193	96	176	180	193	96	−23	−56
3	228	107	202	209	228	107	2	−15
4	223	93	188	197	223	93	35	26
5	176	54	133	143	176	54	76	51
6	88	−9	36	49	88	−9	117	76
7	−41	−97	−101	−86	−41	−101	158	101
8	−210	−210	−279	−262	−210	−279	199	125

표 11.3-3 경간 2에서의 모멘트 및 전단력

거리 x(m)	모멘트(kN·m)						전단력(kN)	
	재하경우 1	재하경우 2	재하경우 3	재하경우 4	최대	최소	최대	최소
0	−210	−210	−279	−262	−210	−279	−99	−175
1	−124	−67	−125	−119	−67	−125	−74	−134
2	−62	36	−12	−16	36	−62	−50	−93
3	−25	97	60	45	97	−25	−25	−52
4	−12	117	92	66	117	−12	0	−11
5	−25	97	82	45	97	−25	41	25
6	−62	36	31	−16	36	−62	82	50
7	−124	−67	−60	−119	−60	−124	123	74
8	−210	−210	−193	−262	−193	−262	164	99

11.3.4 연속 보 모멘트 재분배 예

앞의 11.2.3에서 설명한 바와 같이 모멘트 재분배를 시행하면 배근이 고르게 되어 받침점에서 철근 집중을 완화시킬 수 있다. 또한 필요 철근량을 절감하는 효과도 얻을 수 있을 것이다. 앞의 11.2.5에서 다루었던 3경간 연속 보를 참조하여 내측 받침점에서 최대 (−)모멘트를 감소시킨 후 모멘트를 재분배한다. 최대 전단력 분포도와 휨모멘트 분포도를 작성한다.

(1) 모멘트 재분배

영향선을 고려한 그림 11.3-3의 재하경우에서, 경우 3의 받침점 2에서 또는 경우 4의 받침점 3에서 탄성 최대 (−)모멘트는 279.0 kN·m이다. 이것을 30 %만큼 감소시킨다면, 받침점 위의 (−)모멘트는 0.7(271.84)=195.3 kN·m이다. (−)모멘트를 줄이면 그만큼 경간 내 (+)모멘트가 증가한다. 표 11.3-1은 그 결과를 정리한 것이고 경간 1과 경간 2에 대한 상세한 계산 결과는 각각 표 11.3-2와 11.3-3에 나타내었다. 그림 11.3-5(가), 11.3-5(나) 등은 각각 재분배를 하고 난 후 휨모멘트 분포도, 전단력 분포도를 나타낸 것이다.

그림 11.3-4(가)와 11.3-5(가)를 비교해보면, 탄성 휨모멘트 포락선에서 최대 (−)모멘트는 모멘트 재분배에 의해서 감소되었음을 알 수 있다. 그러나 탄성 휨모멘트 포락선에서 최대 (+)모멘트는 모멘트 재분배를 통해 증가되었다. 이것은 (−)모멘트가 감소하면 그 양의 반만큼 경간 중앙에서 (+)모멘트가 증가하게 된다. 앞서 서술한 바와 같이, 모멘트 재분배의 목적은 받침점에서 철근의 집중화를 완화시키는 것이다.

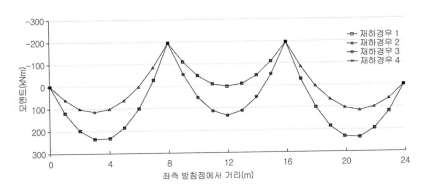

그림 11.3-5(가) 모멘트 재분배 후 모멘트 분포도

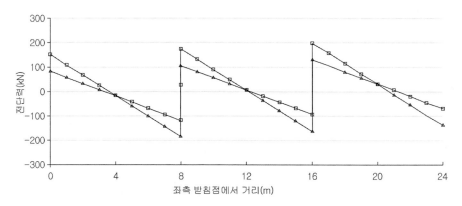

그림 11.3-5(나) 모멘트 재분배 후 전단력 분포도

표 11.3-4 모멘트 재분배 후 해석 결과

재하경우		경간 1				경간 2			
		1	2	3	4	1	2	3	4
반력 (kN)	좌측	141	76	141	141	99	99	164	164
	우측	187	122	187	187	99	99	164	164
받침점 모멘트 (kN·m)	좌측	0	0	0	0	−195	−195	−195	−195
	우측	−195	−195	−195	−195	−195	−195	−195	−195
경간 최대 모멘트		243	113	243	243	3	3	133	133
최대 모멘트 점		3.33	2.98	3.33	3.33	4.00	4.00	4.00	4.00

표 11.3-5 경간 1에서 모멘트 재분배 후 해석 결과

거리 x(m)	모멘트(kN·m)						전단력(kN)	
	재하경우 1	재하경우 2	재하경우 3	재하경우 4	최대	최소	최대	최소
0	0	0	0	0	0	0	141	76
1	119	62	119	119	119	62	100	51
2	197	100	197	197	197	100	59	26
3	234	113	234	234	234	113	18	1
4	231	101	230	231	231	101	−23	−23
5	185	63	186	185	186	63	−48	−64
6	99	2.25	99	99	99	2.25	−73	−105
7	−28	−84	−28	−27	−27	−84	−98	−146
8	−195	−195	−195	−195	−195	−195	−122	−187

표 11.3-6 모멘트 재분배 후 해석 결과 경간 2에서의 모멘트 및 전단력

거리	모멘트(kN·m)						전단력(kN)	
x(m)	재하경우 1	재하경우 2	재하경우 3	재하경우 4	최대	최소	최대	최소
0	−195	−195	−195	−195	−195	−195	164	99
1	−109	−109	−52	−52	−52	−109	123	74
2	−47	−47	51	51	51	−47	82	50
3	−10	−10	112	112	112	−10	41	25
4	3	3	133	133	133	3	0	0
5	−10	−10	112	112	112	−10	−25	−41
6	−47	−47	51	51	51	−47	−50	−82
7	−109	−109	−51	−51	−51	−109	−74	−123
8	−195	−195	−195	−195	−195	−195	−99	−164

(2) 설계 전단력

모멘트를 재분배하면 전단력 분포도 달라진다. 발생하지 않는 재분배 가능성에 대해 보호하기 위해서는 설계목적으로 어떠한 단면에서도 탄성해석 및 재분배 해석 전단력 중 큰 값을 취해야 한다. 그림 11.3-5(나)는 해당 전단력 한계값을 나타낸 것이다.

11.3.5 연속 보 외측 경간 설계 예

(1) 규정

앞에서 해석한 연속 보의 외측 경간을 설계한다. 탄성해석 결과에서 30 %를 재분배한 후 얻어진 모멘트와 전단력에 대해 설계를 수행한다. 그림 11.3-5는 재분배 후의 모멘트 분포도와 전단력 분포도를 나타낸 것이다. 사용재료로서 $f_{ck} = 30\,\mathrm{MPa}$, $f_y = 500\,\mathrm{MPa}$이다.

콘크리트 설계압축강도 $f_{cd} = \phi_c(0.85 f_{ck}) = 0.65(0.85(30)) = 16.6\,\mathrm{MPa}$

철근 설계항복강도 $f_{yd} = \phi_s f_y = 0.9(500) = 450\,\mathrm{MPa}$

콘크리트 평균 인장강도 $f_{ctm} = 0.30(f_{cm})^{2/3} = 0.30(30+4)^{2/3} = 3.15\,\mathrm{MPa}$

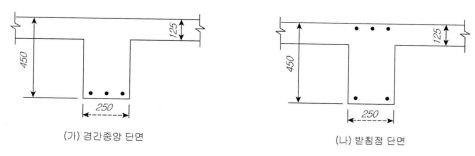

(가) 경간중앙 단면   (나) 받침점 단면

그림 11.3-6 경간 중앙 단면과 받침점 단면

(2) 인장철근 설계

그림 11.3-6(가)와 그림 11.3-6(나)는 각각 경간 중앙 및 내측 받침점 위에서 가정한 보 단면을 나타낸 것이다. 노출등급에 따라 콘크리트 피복두께는 25 mm이다.

① 경간 중앙 단면

표 11.3-6에서 $M_u =235.0\,\mathrm{kN \cdot m}$이다. 도로교설계기준 4.6.7에 따라 플랜지 유효폭 b_e을 결정한다.

보의 중심간격 $b = 3.0\,\mathrm{m}$, 순 경간장 $\ell_1 = 8.0\,\mathrm{m}$

유효 경간장 $\ell_0 = 0.8\ell_1 = 0.8(8.0) = 6.4\,\mathrm{m}$ 이므로 $b_e = \ell_0/4 = 1600\,\mathrm{mm}$

플랜지 두께 $t_f = 125\,\mathrm{mm}$, $b_w = 250\,\mathrm{mm}$ 이므로

$b_e = 12t_f + b_w = 12(125) + 250 = 1750\,\mathrm{mm}$

이 중 작은 값인 $b_e = 1600\,\mathrm{mm}$로 한다.

유효깊이 d=450−25(피복두께)−10(스터럽 직경)−25/2=402.5 mm≈400 mm로 한다.

플랜지 전체 단면이 압축을 받는 경우의 저항모멘트

$M_{fl} = f_{cd}\,b_e\,t_f(d - t_f/2) = (16.6)(1600)(125)(400 - 125/2)/10^6 = 1120.5\,\mathrm{kN \cdot m}$이므로 중립축은 플랜지 안에 있게 된다. 내측 받침점 위에서 모멘트의 30 %가 재분배되지만, 경간 중앙에서는 모멘트가 증가한다. 그러므로 소성 활절의 회전능력에는 문제가 없다.

$m_u = 235 \times 10^6 / ((16.6)(1600)(400^2)) = 0.0553$

팔길이 $z = d[0.5 + \sqrt{0.25 - m_u/2}\,] = 400[0.5 + \sqrt{0.25 - 0.0553/2}\,] = 389.0\,\mathrm{mm}$

필요 $A_s = M_u / f_{yd} z = 235 \times 10^6 / ((450)(389)) = 1342 \text{ mm}^2$ 이므로

설계 $A_s = 3\text{D}25 = 3(500) = 1500 \text{ mm}^2$ 로 한다.

최소 철근량 $A_{s,min} = \dfrac{0.26 f_{ctm} b_w d}{f_{yd}} = (0.26(3.15)(250)(400)) / (450) = 182 \text{ mm}^2$ 이다.

한 가닥의 D25를 절단한 후의 모멘트 저항강도는 $A_s = 2\text{D}25 = 1000 \text{ mm}^2$ 이므로

$a = (1000)(450) / ((16.6)(1600)) = 17.0 \text{ mm}, \quad z = 400 - 17.0 / 2 = 391.5 \text{ mm}$

$M_d = (450)(1000)(391.5) / 10^6 = 176.2 \text{ kN} \cdot \text{m}$ 이다.

모멘트 포락선에서 $M = 176.2 \text{ kN} \cdot \text{m}$ 이면, 그 위치는 $x = 1.71 \text{ m}$ 또는 5.02 m 이다. 전단에 의한 인장력을 허용하려면 모멘트 분포도를 a_1 만큼 수평이동한다.

$a_1 = 0.5 z \cot\theta$ 에서 $z = 390 \text{ mm}, \cot\theta = 2.5$ 로 하면 $a_1 = 490 \text{ mm}$ 이다.

$l_{bd} = 36 d_b = 36(25) = 900 \text{ mm}$ 로 하면 절단점 위치는

단부에서 $1.71 - 0.5 - 0.9 = 0.31 \text{ m}$ 되는 곳과 $8.0 - 5.02 - 0.5 - 0.9 = 1.58 \text{ m}$ 되는 곳이다.

전단으로 발생된 경사균열에 의해 주철근에 생기는 추가 인장력은 다음과 같다.

$\Delta T_u = 0.5 V_u \cot\theta$

$V_u \approx$ 반력 - 이론적 절단점까지의 하중으로 취하면,

좌측 단부에서 $V_u = 138.0 - (40.95)(1.7) = 68.4 \text{ kN}, \quad \cot\theta \approx 2.5$

우측 단부에서 $V_u = 138.0 - (40.95)(5.0) = -66.8 \text{ kN}, \quad \cot\theta \approx 2.5$

$\Delta T_u = 0.5 V_u \cot\theta = 0.5(68.0)(2.5) = 85.0 \text{ kN}$

설계부착강도 $f_{bd} = 3.0 \text{ MPa}$ 로 하면, 2D25에 대한 필요 정착길이 $l_{bd,rqd}$ 는 다음과 같이 계산할 수 있다.

$85 \times 10^3 = 2\pi d_b \times l_{bd} \times f_{bd}$ 에서 필요 정착길이 $l_{bd,rqd} = 180 \text{ mm}$ 이다.

이것은 좌측단에서는 철근 끝에 갈고리를 두면 되고 우측단에서는 다음 경간까지 철근을 연장한다.

② 내측 받침점 단면

받침점 위에서는 직사각형 단면 보로 본다. 받침점에서 모멘트가 30 %만큼 감소되었으므로, $\delta = 0.7$ 이고 $c_{\max} = 0.208d = 83$ mm 이다.

압축철근 없이 저항할 수 있는 모멘트 강도

$$M_d = f_{cd}ab(d - a/2) = f_{cd}(0.8)(0.208d)(b)(d - 0.166d/2) = 0.1526 f_{cd}bd^2$$

설계 계수모멘트 $M_u = 195.0$ kN·m 일 때,

$$m_u = 195.0 \times 10^6 / (16.6 \times 250 \times 400^2) = 0.294 > 0.1526$$ 이므로 압축철근이 필요하다.

단철근 보의 강도 $M_d = 0.1526(16.6)(250)(400^2)/10^6 = 101.3$ kN·m

$$M_{comp.steel} = 195.0 - 101.0 = 94.0 \text{ kN·m}$$

압축철근의 항복 여부 검토 :

$$c = 0.208d = 83 \text{ mm}$$

$$d' = 30 + 10 + 25/2 = 52.5 \text{ mm}$$

$$\epsilon_s' = \epsilon_{cu} \frac{c - d'}{c} = 0.0033 \frac{(83 - 52.5)}{83} = 0.00121$$

$$f_s' = 0.00121 \times 200000 = 242 \text{ N/mm}^2$$

$$A_s' = (M - M_{sr})/(f_s'(d - d')) = 94.0 \times 10^6 / ((242)(347)) = 1120 \text{ mm}^2$$

설계 $A_s' = 3D25 = 3(500) = 1500$ mm² 로 한다. 그러면

$$M_{sr} = (1500)(242)(400 - 52.5)/10^6 = 126.0 \text{ kN·m}$$

$$M - M_{sr} = 195.0 - 126.0 = 69.0 \text{ kN·m}$$

$$m_u = 69.0 \times 10^6 / ((16.6)(250)(400^2)) = 0.104$$

$$z = 400[0.5 + \sqrt{0.25 - 0.104/2}] = 378 \text{ mm}$$

$$A_{s1} = 69.0 \times 10^6 / (450 \times 378) = 406 \text{ mm}^2$$

$$A_s = 406 + 1120 = 1526 \text{ mm}^2$$

설계 $A_s = 3D25 = 1500$ mm²

압축철근은 배근의 편리를 고려하여 2D25 대신에 경간 중앙의 3D25를 받침점까지 연

장하기로 한다. 인장철근은 3D 25로 한다.

상부 3가닥 인장철근 중의 한 가닥의 절단점을 결정한다. 2D 25로 저항할 수 있는 모멘트 강도를 계산한다. 인장철근이 항복한다고 가정한다.

인장력 $T = (1000)(450)/1000 = 450$ kN

중립축 깊이 $c = 450000/(16.6)(250)(0.8) = 136.0$ mm

$c/d = 0.302 > 0.208$이다.

철근이 항복하지 않고 $c/d = 0.208$이라고 하면

$$C = f_{cd}ab = (16.6)(0.8)(0.208)(400)(250)/1000 = 276.0 \text{ kN}$$

$$f_s = 276000/1000 = 276 \text{ N/mm}^2$$

팔길이 $z = 400(1 - 0.4c/d) = 400(1 - 0.4(0.208)) = 367.0$ mm 이다.

저항모멘트 $M_{Rd} = (276)(367)/1000 = 101.3$ kN·m

$M = -195.0 + 190.0x - 41.0x^2/2$에서

$x = 0.45$ m 모멘트 분포도를 $a_1 = 0.5$ m 만큼 수평이동하고 $l_{bd} = 36d_b = 900$ mm 이므로 철근을 받침점에서 $0.45 + 0.5 + 0.9 = 1.85$ m 만큼 연장한다.

$V_u = 190.0 - 41.0 \times 0.88 = 154.0$ kN

$\Delta T_u = 0.5 V_u \cot\theta = 0.5(154.0)(2.5) = 192.5$ kN

부착강도 $f_{bd} = 3.0$ MPa로 하면

필요 정착길이 $l_{bd} = 192.5 \times 10^3 / ((2\pi(25))(3.0)) = 410$ mm

철근을 단부까지 연장하면 정착길이는 충분하다.

(3) 전단보강 설계

① 단순지지단 :

최대 전단력은 표 11.3-5에서 $V_u = 141.0$ kN 이다.

도로교설계기준 식 (5.7.17)을 적용한다. $\nu = 0.6(1 - 30/250) = 0.528$, $z = 367$ mm

$$V_{d,\max} = \frac{\nu\phi_c f_{ck} b_w z}{\cot\theta + \tan\theta} = \frac{(0.528)(0.65)(30)(250)(400)/1000}{\cot\theta + \tan\theta} = 1030/(\cot\theta + \tan\theta) \text{ kN}$$

$V_u = V_{d,\max}$으로 놓고 θ를 구한다.

$\cot\theta + \tan\theta = 1030/141 = 7.305$에서 $\cot\theta = 0.143$, 7.165이므로 범위 밖이다. $\cot\theta = 2.5$를 취하여 가장 작은 값을 택한다.

$V_{d,\max} = 1030/(2.5 + 1/2.5) = 355.0\text{ kN}$ 이므로 단면은 충분하므로 전단보강을 설계한다.

받침점에서 d만큼 떨어진 곳의 전단력

$V = 141.0 - 41.0 \times 0.4 = 125.0\text{ kN}$

도로교설계기준 식 (5.7.7)을 적용한다. $\kappa = 1 + \sqrt{200/360} = 1.74$, $\rho_l = 0.015$이므로

$V_{cd} = [0.85\phi_c\kappa(\rho_l f_{ck})^{1/3} + 0.15f_n]b_w d$

$\quad = [0.85(0.65)(1.74)(0.015 \times 30)^{1/3}](250 \times 400)/1000 = 74.0\text{ kN} < V_u(=125.0\text{ kN})$

전단보강이 필요하다. 도로교설계기준 식 (5.7.16)을 적용한다.

$V_{sd} = \dfrac{\phi_s f_{vy} A_v z}{s}\cot\theta$ 에서 $A_v = 2\text{D}10 = 150\text{ mm}^2$, $\cot\theta = 2.5$, $z = 360\text{ mm}$ 로 하면,

$s = \dfrac{(0.9 \times 500 \times 150 \times 360 \times 2.5)}{125000} = 488.0\text{ mm}$

최대 간격 $s = 0.75d = 0.75(400) = 300\text{ mm}$ 이므로 $s = 300\text{ mm}$ 로 한다.

$V_{sd} = (0.9 \times 500 \times 150 \times 3 \times 2.5)/300/1000 = 202.0\text{ kN} > V_u(=125.0\text{ kN})$이므로 만족한다.

② 내측 받침점에서 : $V_u = 199.0\text{ kN}$ 이므로 단순지지단과 같이 전단보강을 한다.

(4) 처짐 검토

경간/유효깊이 비의 허용값을 설계기준 식 (5.8.9a) 또는 식 (5.8.9b)를 이용해서 계산한다[11.1].

$$\frac{l}{d} = k\left[11 + 1.5\sqrt{f_{ck}}\frac{\rho_0}{\rho - \rho'} + \frac{1}{12}\sqrt{f_{ck}}\sqrt{\frac{\rho'}{\rho_o}}\right] : \rho > \rho_0$$

여기서, $\rho_0 = \sqrt{30}/1000 = 0.00548$, $\rho = 0.015$, $\rho' = 0.010$, $\rho > \rho_0$이다.

표 6.4-3에서 $k = 1.3$이고, $\rho_0/\rho = 0.37$, $\sqrt{\rho'/\rho} = 0.82$, $A_s/A_{s,rqd} = 1500/1500 = 1.0$이다. $b/b_w = 1600/250 = 6.4 > 3.0$이므로 계산된 값에 0.8을 곱한다.

$l/d = 1.3[11 + 1.5 \times 5.48 \times 5.48/(15-10) + 5.48 \times 0.82/12] \times 1.0 \times 0.8 = 21.2$ 이다.

실제 경간장/유효 높이 비= 8000/400 = 20.0이므로 처짐은 만족할 만하다.

(5) 균열 검토

사용하중상태에서 한계 균열 폭 0.3 mm에 대해 최대 철근 간격은 100 mm이다.

실제 배근간격은 $[250 - 2 \times (25 + 10 + 25/2)]/2 = 78$ mm이므로 균열에 대해서도 만족한다.

(6) 배근도

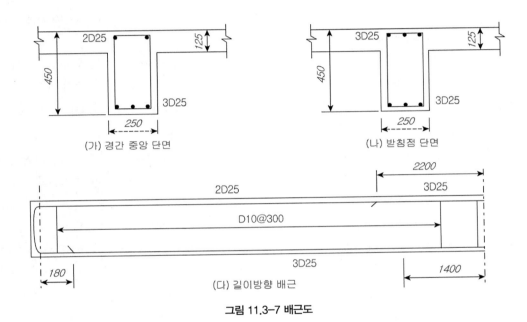

(가) 경간 중앙 단면

(나) 받침점 단면

(다) 길이방향 배근

그림 11.3-7 배근도

❑ 참고문헌 ❑

11.1 (사)한국교량 및 구조공학회 (2015), 도로교설계기준(한계상태설계법) 해설 2015.

11.2 한국콘크리트학회 (2012), 콘크리트구조기준 해설.

11.3 한국콘크리트학회 (2012), 콘크리트구조기준 예제집.

11.4 European Committee for Standardization (2004), Eurocode 2: Design of Concrete Structures, Part 1-1: General rules and rules for buildings, BSi.

11.5 CEB-FIP (2013), fib Model Code 2010, 1st Edition, Ernst & Sohn Gmbh &Co. KG., for Comité Euro-International du Beton.

11.6 International Federation for Structural Concrete (2010), Structural Concrete Textbook on behaviour, design and performance, 2nd Edition. vol. 2, fib bulletin 52, fib.

11.7 C. R. Hendy and D. A. Smith (2007), Designer's Guide to EN 1992-2 Eurocode 2 : Design of Concrete Structures, Part 2 : Concrete Bridges, Thomas, Telford, London, England.

11.8 A. W. Beeby and R. S. Narayanan (2007), Designer's Guide to EN 1992-2 and EN 1992-1-2, Eurocode 2 : Design of Concrete Structures, General rules and rules for buildings and Structural Fire Design, Thomas, Telford, London, England.

11.9 Eurocode 2 Worked Examples (2008), European Concrete Platform ASBL, Brussels, Belgium.

11.10 ACI Committee 318 (2011), Building Code Requirements for Structural Concrete (ACI 318-M11) and Commentary, American Concrete Institute, Detroit, 2011.

11.11 American Association of State Highway and Transportation Officials (2004), AASHTO LRFD Bridge Design Specifications, 3rd Edition.

11.12 Stuart S. J. Moy (1981), Plastic Methods for Steel and Concrete Structures, the MacMillan Press Ltd.

11.13 Park, R. and Paulay, T. (1975), Reinforced Concrete Structures, Wiley.

11.14 MacGregor, J. G. and Wright, J. K. (2005), Reinforced Concrete Mechanics and Design, 4th Edition, Prentice Hall.

11.15 Mosely, B., Bungey, J., Hulse, R. (2012), Reinforced Concrete Design to Eurocode 2, 7th Edition, Palgrave MacMillan.

11.16 Bhatt, P., MacGinley, T. J., Choo, B. S. (2013), Reinforced Concrete Design to Eurocodes-Design Theory and Examples, 4th Edition, CRC Press.

12 불연속 영역과 깊은 보

Discontinuity Regions and Deep Beams

콘크리트는 인간의 노력과 구성 재료들이 함께 어우러질 때 완성된다.

- 시릴 시모네 Cyrille Simonnet -

12

불연속 영역과 깊은 보
Discontinuity Regions and Deep Beams

12.1 불연속 영역 Discontinuity Regions

12.1.1 개 요

구조 부재를 부분적으로 나눠 보면 선형 변형률 등과 같은 것들을 포함하여 보 이론이 적용되는 **B-영역**과 그렇지 않은 영역으로서 불연속 또는 교란영역에 인접하여 보 이론을 적용할 수 없는 **D-영역**이 있다. **D-영역**은 단면의 급격한 변화가 있거나 방향의 변화, 개구부에 인접하여 기하학적 불연속점일 수도 있고, 집중하중 또는 반력이 작용하는 근처의 영역인 정역학적 불연속점일 수도 있다. **내민 받침** *Corbel*, **ㄱ-형 단부** *Dapped End*, 부재연결 부위 등은 정역학적으로 그리고 기하학적으로 불연속성의 영향을 받는다.

부재 단면에서 변형률 분포가 선형이라는 베르누이의 가정은 보, 기둥, 및 슬래브에 대한 표준 설계방법의 기본이다. 그러나 베르누이 가정이 일반적으로 깊은 보에 대해서는 들어맞지 않다. 그림 12.1-1은 깊은 보의 선형해석 결과를 예로 보인 것이다. 이 가정이 잘 들어맞는 경간/깊이 비는 기하학적 경계조건(캔틸레버, 단경간 또는 연속 보)과 재하형태(분포 또는 집중하중)에 따라 결정된다.

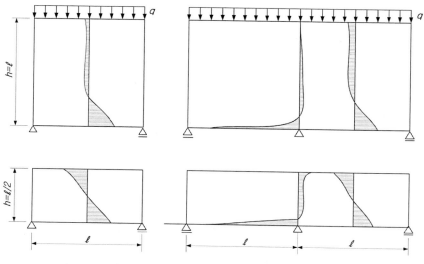

그림 12.1-1 l/h와 경계조건에 따라 변하는 깊은 보의 비선형 변형률 분포

안타깝게도 경간장에 비해서 부재 깊이가 작은 부재인 경우에 정상적으로 알아낼 수 있는 응력상태를, 경간/깊이 비가 작은 부재에서는 단면력 M, N, V로부터 응력상태를 경간 내 어떠한 단면에서도 쉽게 알아낼 수 없다. 이와 같은 응력상태는 부재의 형상이나 집중하중에 의한 불연속성 때문에 정상적인 선형변형률 분포가 교란되는 보 및 기타 부재의 불연속 영역에도 적용된다. 기하학적 불연속은 그림 12.1.2에 나타낸 바와 같이 인접 부재 간의 오목한 가장자리 또는 모든 형태의 오목한 모서리, 개구부, 보-기둥 접합부 등, 오목한 부분에서 나타날 수 있다. 정역학적 불연속은 예를 들면 집중하중, 받침부 반력 및 긴장재 정착력 등에 의해서 생긴다(그림 12.1-2(나)).

편의상 그리고 일반적인 역학적 거동을 인지하고 있다면, D-영역은 **깊은 보** *Deep beams*와 **불연속-영역** *Discontinuity-regions*을 가리킬 때 쓰인다. 'D'는 또한 **교란영역** *Disturbed regions*과 **상세** *Details*에도 쓰이며 실무에서는 흔히 불연속 영역을 가리킨다. 다른 한편 **B-영역(베르누이** *Bernoulli*, **보** *Beam*, **휨** *Bending*에서) 휨 이론 및 표준설계방법이 적용되는 영역이다. 오래 전부터, D-영역 설계도 경험식이나 간편식으로 잘 처리되어 왔다. 그런데 독일의 쉬투트가르트 Stuttgart 대학교의 쉴라이 Schlaich 교수가 아주 중요한 세 편의 논문을 발표하고 나서부터 이런 것들이 바뀌고 있다. 여기서는 D-영역 설계에 관한 것을 다루고자 한다[12.6, 12.8, 12.9, 12.10, 12.11, 12.12, 12.13, 12.14].

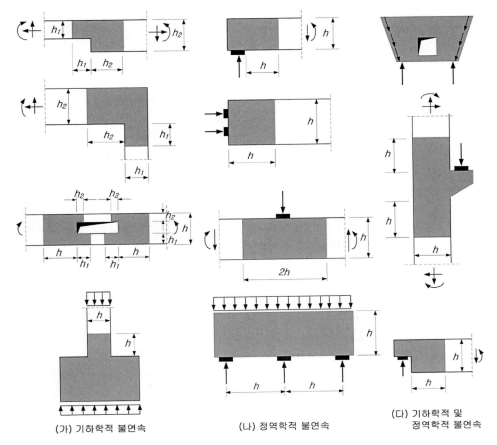

(가) 기하학적 불연속   (나) 정역학적 불연속   (다) 기하학적 및
정역학적 불연속

그림 12.1-2 비선형 변형률 분포를 보이는 D-영역(음영부분)

12.1.2 상 배낭의 원리와 D-영역의 범위

상 배낭 St. Venant의 원리에 따르면 교란상태의 국부적 영향은 그 점에서 부재 깊이만큼 떨어진 곳에서 사라진다고 한다. 이것을 근거로 하면, D-영역은 불연속점으로부터 양쪽으로 각각 부재 깊이만큼 연장된다고 가정할 수 있다. 이러한 원리는 개념적일 뿐 정밀한 것은 아니다. 그렇지만 D-영역의 크기를 결정하는 데에는 정량적인 지표 구실을 하고 있다.

그림 12.1-2는 구조물의 한 부재에서 D-영역이 있는 것과 두 개의 D-영역 사이에 B-영역이 있는 것을 보인 것이다. 그림 12.1-2의 음영부분은 D-영역의 예를 나타낸 것이다. 그림 12.1-2

(나)와 (다)에 보인 D－영역은 상 배낭의 원리대로 불연속점으로부터 부재 폭만큼 연장된 것이다. 때로는 D－영역은 한 절점에서 만나는 두 부재의 겹치는 영역을 채워주는 것으로 가정할 수 있다. 이러한 정의는 절점영역에 대한 고전적인 정의에서도 사용된다.

12.1.3 D－영역 설계에 관한 개요

정상적으로 D－영역은 **면내 응력** *in-plane stress*을 받는 판으로 검토된다. D－영역에서 힘의 흐름은 실제로 3차원이지만, 2차원 구조체로서 직교하는 단면 안의 구체 *body*를 검토하는 것이 편리하다. 그러나 다른 평면에 있는 모델 간의 관계는 상호작용하는 힘 또는 응력을 이용하여 고려되어야 하며, 콘크리트에 대해서는 3차원 내하강도가 적용된다.

때때로 국부적인 세부 모델을 이용하여 구조물의 특정 부위를 상세히 검토하는 것이 필요할 수도 있다. 이러한 목적을 위해서, 전체 모델에서 설정한 경계조건을 적용하여 주목받고 있는 특정 영역을 정교하게 구성한 모델을 이용할 수 있다.

D－영역이 비균열상태로 있다면, 유한요소 프로그램 같은 도구를 이용하여 선형 탄성해석법으로 미리 해석할 수 있다. 균열이 형성된 후에는, 인장력은 구조물의 가장자리를 따라 평행하게 그리고 직교방향으로 배치된 철근으로 전달된다. 흔히 큰 인장력은 철근 층에 집중된다. 그래서 내력의 흐름이 상당히 바뀌며 선형 탄성해석이 더 이상 맞지 않는다. 비선형영향을 현실적으로 고려해야 한다면, 전산해석은 비경제적인 것이며 그 결과도 사용자의 숙련도와 필요한 입력 변수에 대한 사용자의 선택에 따라 상당히 달라질 수 있다.

‘과거의 경험’ 또는 ‘양호한 성과’에 따르면 D－영역의 재래식 처리 방법은 현실과는 아주 동떨어진 경계조건을 적용하게 되어 일반적으로 만족스러울 수 없다. 실제로 이러한 점이 철근콘크리트 부재의 불량한 성능과 파괴에 대한 주요 이유 중의 하나이었다. 균열상태에 있는 D－영역의 체계적 설계를 위해서 하중에 의한 내력(또는 응력), 긴장력, 그리고 강제 변형 등을 결정하고 콘크리트와 철근의 내하강도에 대해서 각각 검토해야 한다.

실무에서는 내력을 해석하는 데 두 가지 방법을 쓰고 있다. 선형 **유한요소 해석 FEM** 또는 **스트럿－타이 모델 STM**이다. 이 두 가지 방법은 장점과 단점이 있으며 경우에 따라서 선정한다.

간단히 말하자면, 유한요소 해석을 기초로 한 설계는 복잡한 깊은 보에도 적용하기가 쉽지만, 집중력에 대한 문제가 있으며, 반면에 스트럿－타이 모델은 일반적인 깊은 보뿐만 아니라 보, 기둥 및 확대기초의 모든 D－영역에 대해서 더 낫다. 스트럿－타이 모델 해석은 철근 정착 설계에도 유리한 점이 있다. 다행히도 이 두 방법은 상호 보완적이며, 종종 D－영역 설계에 이 두 방법을 혼용하는 것이 타당할 수 있다[12.6].

12.1.4 유한요소법을 이용한 D－영역의 설계

유한요소망의 응력은, 구조물과 하중이 결정된 후에, 선형재료거동을 기초로 하여 자동적으로 해석된다. 경우에 따라서는 유한요소망에 관한 입력자료가 필요할 수도 있다. 상업용 컴퓨터 프로그램을 이용하면 해석 결과를 활용해서 선정된 요소망에 대해 직교방향으로 주응력과 철근량을 산정하기도 한다.

두 개의 상이한 요소망 크기에 대한 결과가 상당히 다르다면, 요소망을 세밀하게 조정해야 한다. 그러나 특이점(집중하중점 또는 오목한 모서리 등) 부근에서는 응력의 이론적 값이 무한대로 발산하면서 수렴값을 얻어낼 수 없다. 높은 압력을 받는 콘크리트의 소성거동과 철근 간격을 고려하면, 그 한계 이하로 유한요소망을 조정해도 현실적으로 설계를 더 낮게 할 것 같지는 않으며 실용적이지도 않다. 요소망 크기의 상한을 일반적으로 특정할 수 없다. 그 크기는 실제 구조적 문제, 프로그램에 사용되는 유한요소의 유형, 배근 상황, 그리고 고려 중인 응력의 중요도에 따라 결정되기 때문이다.

유한요소 해석을 위한 실제 경계조건(받침점)을 단순화하는 방법에 관하여 의문이 생길 수도 있다. 반력점을 점형 받침, 또는 짧은 선형 받침, 서너 개의 촘촘한 점형 받침으로 나타내는지 아니면 작은 받침 요소가 구조물에 추가되어 구조물 자체의 결과를 순화시킨다면, 그 결과는 반력점 영역 부근에서 상당히 달라질 수도 있다. 다시 말하면 특이점을 이 해석방법으로는 처리하기 어렵다는 것과 그러한 부분에 대한 유한요소 해석 결과는 균열된 철근콘크리트에는 적용할 수 없다는 점이 유한요소 해석의 필연적인 단점 중의 하나이다.

극한한계상태에 대해서 설계강도 f_{yd}를 이용해서 철근량을 산정한다. 그러나 그 경우의 철근

변형률은 구조해석에서 구한 탄성인장변형률과는 맞지 않는다. 게다가 콘크리트는 인장응력이 커지면 균열이 생긴다. 그러한 결과로 인해 비교적 순하게 균열된 구조체에서 내력의 재분배가 일어난다. 물론 내력이 선형 유한요소 해석 결과와는 다소 다를지라도 소성의 하한 이론과 충분한 경험으로 정당화되기 때문에 그렇게 설계된 구조물은 안전하다.

응력이 재분배되려면 연성 제한은 필수적이다. 그러므로 연성에 관한 요구조건은 균열 분포효과 말고도 최소 철근량을 콘크리트 구조물의 모든 표면에 배치해야 할 이유가 된다. 특히 깊은 보에서 그렇다. 유한요소법을 이용한 D-영역 설계 방법은 아직까지는 매우 편리하다. 구조물 어느 곳이든 필요한 철근량을 산정할 수 있게끔 다소 자동적으로 유일하고 안전한 계산 결과를 보이기 때문이다. 이 방법의 중대한 문제는 해석 결과를 어떻게 이해하는가와 실제로 철근을 어떻게 배치할 것인가를 맞춰가는 것이다.

구조체가 큰 깊은 보이면, 유한요소 해석에서 구한 필요 철근량의 설계값을 일정 폭에 균등하게 철근을 배치할 수 있다. 그러나 일반적으로 구조체의 가장자리에 철근을 집중시키는 것이 더 좋으며, 이 철근은 균열 제어에, 곡절판이나 다른 영향에 대해서 필요하지만 해석된 것은 아니다. 그러한 철근 배치가 정역학적으로도 훨씬 효율적이다(탄성해석으로 구한 팔길이 $2/3\,h$와 표준 보 설계법의 팔길이 z와 비교). 그렇지만 유한요소 해석과 너무나 동떨어진 철근 배치는 피해야 한다. 그 결과를 판단하기가 어렵기 때문이다. 배근방향 결정에 관한 논의도 선형 탄성 거동에서 적용한다.

유한요소 해석 결과와 일치하는 실제 철근 배치를 찾는다는 것은 D-영역의 크기가 감소하면 더 어려워진다. 선형부재와 슬래브의 D-영역에서 예를 들면, 보-기둥 접속부에서 정상적으로는 구조체의 깊이에 걸쳐 배근량을 다르게 한다는 것은 타당하지도 않으며 그럴 필요도 없다. 이러한 경우에 스트럿-타이 모델이 다른 이유도 있지만, 유한요소 해석보다 분명히 더 낫다. 유한요소 해석에서 철근에 대해서는 모델 구성을 할 수 없기 때문에 철근 정착에 대해서 아무런 지침도 보여줄 수 없다는 것이 또 다른 문제점이다. 선형 유한요소 해석에서 받침점 또는 불연속점 근처에 필요한 철근량과 정착력을 구한다는 것이 어쩌면 위험할 수도 있다. 예를 들면, 깊은 보의 경간에 인장 현재의 힘은 받침점 위에 있는 절점으로 지나는 철근에 의해서 지지되지만, 유한요소 해석에서는 절점영역 앞의 비교적 넓은 인장역에 철근을 고르게 배치시키게 한다. 그러므로 깊은 보의 경간에 전 단면에 배치된 철근들을 모두 받침부 절점으로 연장하고 그 힘을 견딜 만큼 철근들을 정착시킬 필요가 있다[12.6].

12.2 스트럿-타이 모델 Strut-Tie Model

12.2.1 개요

콘크리트에 균열이 생기기 전에는, 탄성응력장이 존재하고, 이것은 유한요소법과 같은 탄성해석으로 응력 크기를 알아낼 수 있다. 균열이 생기면 이 응력장은 깨져버리고 내력의 방향이 바뀌게 된다. 균열이 생긴 후에는, **콘크리트 압축스트럿** *strut*, **철근 인장타이** *tie* 그리고 **절점영역**이라고 하는 **절점** *node*으로 이루어진 **스트럿-타이 모델** *strut-tie model*, **STM**을 이용해서 내력을 나타낼 수 있다. 압축스트럿의 양단이 중앙 단면보다 좁아진다면, 스트럿에는 길이방향으로 균열이 생긴다. 보강이 안 된 스트럿이라면 파괴에 이를 것이다. 다른 한편 균열을 억제하는 횡방향으로 보강된 스트럿이라면 하중을 더 견뎌낼 수 있고 나중에는 압괴가 일어나 파괴될 것이며, 인장타이가 항복하거나 철근의 정착이 깨지거나 절점영역이 망가짐으로써 파괴가 일어날 수도 있다. 늘 그렇듯이, 인장철근의 항복으로 시작되는 파괴는 훨씬 더 연성적이고 바람직한 것이다.

그림 12.2-1은 깊은 보의 스트럿-타이 모델을 나타낸 것이다. 이것은 두 개의 콘크리트 압축스트럿과 인장타이 구실을 하는 길이방향 철근, 그리고 절점이라고 하는 연결부로 이루어져 있다. 한 절점 주위의 콘크리트를 절점영역이라고 한다. 절점영역은 경사 스트럿에서 다른 스트럿, 인장타이, 그리고 반력점 등으로 힘을 전달한다. 도로교설계기준 5.7.5에서는 스트럿-타이 모델을 사용하여 D-영역을 설계하도록 정하고 있다. 스트럿-타이 모델은 다음 사항을 만족하는 구조물의 일부를 나타낸 것이다[12.1, 12.6, 12.15].

(가) 정해진 하중과 평형상태에 있는 역계를 형상화한 것이다.

(나) 스트럿, 타이, 절점영역 등의 각 단면에서 계수–부재력(극한 부재력)이 그 부재 단면의 해당 극한강도를 넘지 않아야 한다. 소성의 하한정리는 조건 (가)과 (나)를 만족하는 작용력, 받침점, 일련의 부재 능력이 구조물 저항강도의 하한치임을 뜻한다. 하한정리가 적용되려면, 구조물은 반드시 다음 조건에 적합해야 한다.

(다) 구조물은 충분한 연성을 지니고 있어서 탄성 거동에서 충분한 소성 거동으로 변할 수 있어야 하고 (가)항과 (나)항을 만족하는 역계를 이루도록 계수–내력의 재분배가 가능해야 한다.

구조물에 작용하는 계수하중의 조합과 계수내력의 분배를 구조물 강도의 하한이라고 하며 이 경우 어떠한 요소도 부재의 능력보다 큰 하중을 받지 않는다. 이런 까닭에 스트럿–타이 모델은 스트럿, 타이, 절점영역의 내력이 탄성적 분배와 내력의 완전한 소성계 사이에 있도록 정해져야 한다.

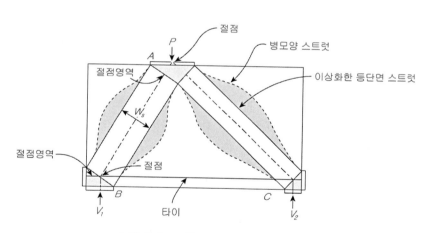

그림 12.2-1 깊은 보의 스트럿–타이모델 예

12.2.2 스트럿–타이 모델 구성 원칙

구조물의 응력이나 내력은 궤적선 형상으로 가시화할 수 있다. 구조물에서 '힘의 흐름'을 그대로 그려낼 수는 없지만 유체의 흐름선과 판에서 힘의 성분 간의 역학적 유사성을 이용해서 비슷하게는 나타낼 수 있다. 하중을 받는 연단에서 구조체를 거쳐 받침점으로 흘러가는 힘의 흐름선이나 궤적선 형상은 검토 중인 구조체의 하중-반력 성능을 정확히 이해하기 위해서 아주 유용한 도구들이며 설계자들에게도 큰 도움이 된다.

그렇지만 일반적으로 이러한 패턴은 상당히 복잡하며, 기껏해야 선형-탄성재료 거동에 대해서만 쓸모가 있을 뿐이다. 응력궤적선이나 개별적 압축응력장의 흐름선을 응축시키고 직선화하여 트러스 모델의 스트럿을 형성시킬 수 있다면, 좀 더 실용적인 구조체 모델을 얻을 수 있다. 따라서 평행하게 배치된 철근단의 힘을 이상화하여 트러스 모델의 타이를 형성시킬 수 있고, 이 모델은 때때로 아주 적은 수의 부재로 형성되기 때문에, 이 모델을 스트럿-타이 모델이라고 부르기를 더 좋아한다.

스트럿-타이 모델을 구성하고 난 다음에 스트럿과 타이가 부담하는 힘을 결정한다. 그것을 바탕으로 스트럿, 타이, 그리고 절점을 검토하고 산정된 힘에 대해서 단면을 설정하고 철근 상세와 정착 등을 설계한다. 구조물의 합리적인 연성거동을 보장하기 위한 철근량 또는 균열 제어를 위한 철근을 배치하여 설계를 완성한다.

응력장 또는 스트럿-타이 모델을 이용해서 설계된 구조물의 안전은 소성이론의 하한정리를 근거로 하고 있다. 정상적으로 스트럿-타이 모델에 대해서 변형적합조건을 해석적으로 검토하지 않는다. 전반적인 변형 불일치를 피하고 구조물 실제 거동에 스트럿-타이 모델을 합리적으로 적용하기 위해서, 모델의 스트럿과 타이를 탄성응력 패턴에 맞춰 놓아야 한다. 스트럿-타이 모델의 절점 크기를 결정할 때 구조물의 특이점은 별도로 처리되기 때문에 모델의 구성을 위한 탄성응력패턴은 비교적 성근 요소망으로 된 간단한 선형 유한요소 해석으로 구할 수 있다.

파괴에 이르기 전에, 구조물의 내력은 그 구조물 설계에 채택된 모델에 맞게 분포될 것이다. 그렇지만 이러한 과정은 모델구성 성격에 따라 달라지는 소성변형과 관련이 있다. 보강 철근은 강도 손실 없이 상당한 크기의 소성변형을 감당할 수 있지만, 콘크리트의 연성은 아주 제한적이다. 또한 강선망 같은 보강재는 비교적 낮은 연성을 보인다.

모델이 탄성 거동에 잘 맞춰져 있다면 응력 재분배에 필요한 소성변형은 재료에 따라 쉽게 부담될 수 있다. 이 경우에, 소성변형은 선형 유한요소법으로 설계된 경우처럼 비슷한 크기이다. 그러나 불량한 모델을 기초로 설계되면 구조물 내력이 모델에 완전히 부합되기도 전에 구조물의 일부가 미리 파괴될 수 있다. 더구나 탄성 거동에 맞지 않게 구성된 모델은 사용한계상태에서 균열 폭이 커질 우려가 있다.

고려 중인 D-영역에 대해 적합한 모델을 구성하는 것은 대단히 유익하지만, 여타 공학적 능력과 마찬가지로 그 방법에 연습과 경험이 필요하다. 다음에는 모델구성절차를 위한 지침을 제시하고 있으며 또한 자주 범하는 실수를 경고하는 내용도 들어 있다. 서둘러 그려진 모델은 적합조건은 말할 것도 없고 평형조건도 만족하기가 쉽지 않다.

세 가지 모델 구성 방법을 설명하고자 한다. 이 방법들은 서로 혼용되기도 한다. 가장 유익한 방법은 다음 항목에서 기술한 **하중경로법** *load path method*이다. 하지만 이 방법이 모든 경우에 타당하지는 않다. 이 방법은 깊은 보와 같이, 하중과 받침점 반력이 본래 수직방향인 경우에 아주 잘 들어맞는다. 선형 탄성응력 패턴으로부터 모델을 형성하는 방법은 항상 적용 가능하고 어느 정도 필요한 일이다. 가장 신속한 방법은 잘 알려진 대표 모델을 특별한 경우에도 적용하는 것이다.

모델을 구성하기 전에, 구조체의 B-영역과 D-영역을 설정하고 그 영역들 간에 구획선을 정하는 것이 좋다. 구조체에 B-영역이 있다면, 이 구조체의 단면력인 M, N, V는 적절한 구조계, 예를 들면, 골조 구조, 연속 보 등을 이용해서 보통의 방법으로 결정된다. 그렇게 함으로써 구조계의 부재 축선은 곧바로 D-영역, 예를 들면, 보-기둥 접속부 또는 개구부가 있는 영역을 지난다. 단면력은 선형 부재나 슬래브 설계를 위한 설계기준을 따라서 B-영역을 설계하는 데 이용된다.

선정된 경계선 안의 B-영역에서 구한 단면력은 D-영역의 하중으로 필요하다. 이 방법에 의하면 구조체에서 D-영역을 분리해서 따로 검토할 수 있다.

일반적으로 보의 트러스 모델에서 알려진 바와 같이 B-영역과 D-영역 사이에 있는 단면에는 세 가지 힘이 작용할 수도 있다. 두 개의 현재력으로 압축력 F_c와 인장력 F_t, 그리고 경사 방향 압축력 F_θ이다.

$$F_c = M/z + 0.5\,V\cot\theta$$

$$F_s = M/z - 0.5\,V\cot\theta$$

$$F_\theta = V/\sin\theta$$

현재력에 대한 전단력 V의 기여는 평형조건을 위해서 당연히 필요하다. D-영역에 작용하는 압축 현재력에 그 힘을 고려하지 않는다면(물론 B-영역에 대해서도 고려된다), 모델 내에서 힘의 평형조건에 문제가 생길 수 있다. 추가로, 사방향 응력장을 같은 효과를 갖는 두 개의 평행한 힘으로 나타내는 것이 유리하다.

B-영역에서 구한 힘과 D-영역에 직접 작용하는 나머지 모든 힘들을 결정한 후에(반력을 포함해서) 분리된 D-영역의 평형상태를 검토해야 한다. 모델 구성에서 자주 발생하는 문제의 원인은 반력을 모르거나 잘못 구하는 것이다. D-영역 내에 작용하는 자중과 같은 분포하중은 편의상 연단에 작용하는 선 하중으로 대체해도 된다[12.6, 12.11].

12.2.3 모델 구성을 위한 일반 규칙과 기법

다음은 앞의 절에서 서술한 내용을 바탕으로 모델 구성을 위한 일반적인 규칙과 지침을 정리한 것이다[12.6].

① 적은 수의 스트럿과 타이로 구성된 오히려 단순한 모델을 모색하는 것이 바람직하다. 필요하다면, 나중에 고칠 수도 있다.

② 탄성 거동에 모델을 맞추는 것이 탄성 거동을 완벽하게 재현한다는 의미가 아니고, 오히려 힘의 주요 흐름을 탄성 거동에 맞춘다는 것을 의미한다. 특히 주요 힘들에 대한 스트럿의 위치와 방향은 주응력 흐름에 맞춰야 한다. 응력강도가 낮은 응력장이 더 편하게 그려질 수 있다.

③ 모델의 타이는 시공의 편의와 배근의 효율적 이용이라는 관점에서 실제 배근이 이루어지도록 설정되어야 한다. 실무적으로 부재의 연단에 나란하거나 직교방향으로 배치된 직선철근을 선호하는 편이다. 구조물의 연단과 표면에 균열 제어 목적으로 표피 철근을 두어야 한다. 인장응력장에 배치한 몇 가닥의 평행한 철근은 그 철근량의 도심 위치에 단순

한 직선으로 나타낼 수 있다. 최종 배근상태는 설계에 이용된 모델과 일치해야 한다.

④ 절점에서 스트럿과 타이가 이루는 각 θ는 가능하다면, 적어도 45°보다 커야 한다. 경사 압축스트럿이 서로 직각인 두 개의 타이와 만나는 흔한 경우에는 이 규칙과 맞지 않은 예외가 허용되어야 한다. 그러한 경우에는 절점영역에 대해 압축강도를 더 낮은 설계값 $f_{cd,\max}$로 감소시켜야 한다. 30°보다 작은 각은 비현실적이며 변형률 적합조건을 맞추기가 어렵다.

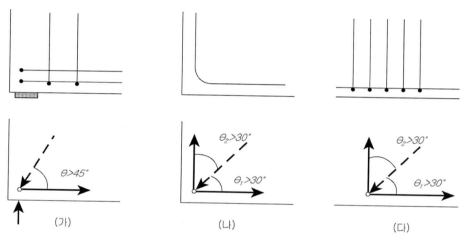

그림 12.2-2 C-T 절점에서 스트럿 각도 및 관련 배근

⑤ 점 하중과 같은 집중력, 받침점 반력 또는 정착력 등은 부재의 연단이나 모서리에 작용하는데 부재 내로 확산되려 하며 그림 12.2-3(가)와 (나)에 보인 바와 같이 나타낼 수도 있다. 모서리에 또는 모서리에서 멀리 떨어진 집중하중에 대해서 탄성이론으로 구한 각도 편차는 다음과 같다.

δ =32.5°이며, 스트럿 경사각 θ =62.5°에 해당한다. 이 각은 집중하중 기원점 부근의 스트럿의 이상적 방향을 정하는 데 도움이 되며 모델에서 주요 스트럿의 방향을 결정하는 데 단서로 쓰일 수 있다.

⑥ 전체 D-영역의 경계조건과 형상에 따라서, 단순한 모델을 얻어내기까지 이상적인 스트럿의 방향과 약간 벗어나는 것은 불가피하며 감당할 수 있다. 예를 들면, 그림 12.2-3(다)

에 보인 깊은 보에서, 편차각 δ는 45°까지 선정할 수 있으며, 받침부 절점에서 스트럿 경사각 $\theta > 45°$인 경우이다. 경간/깊이 비가 더 커지면, 부정정 수직 타이가 있는 그림 12.2-3(라)의 모델은 스트럿 경사각에 대해 여유가 있다. 두 모델은 또한 그림 12.2-3(마)와 같이 혼성될 수 있다. 이것은 많은 경우에 대해서, 예를 들면 보-기둥 접속부와 내민 받침에 대해서 또는 보의 받침점 근처에 작용하는 집중하중에 대해서 적절한 표준 모델이다. 예를 들면 그림에 보인 공식을 이용하여, 부정정 타이가 부담하는 힘 F_w를 적절히 선정할 수 있다. 이 공식은 $a < z/2$인 경우일 때 $F_w = 0$이고 $a > 2z$이면 $F_w = F$로 해서 보간법으로 값을 구한다. 이 식은 그림에 나타나지 않은 법선력 N_{sd}를 고려한 것이다. 받침점 절점을 설계하기 위해서 최종 스트럿의 경사각 θ를 이용할 수 있다.

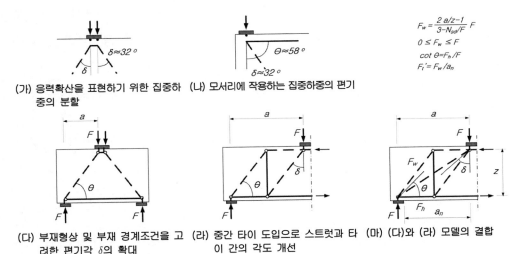

$$F_w = \frac{2\,a/z - 1}{3 - N_{sd}/F} F$$
$$0 \leq F_w \leq F$$
$$cot\,\theta = F_h/F$$
$$F_t' = F_w/a_n$$

(가) 응력확산을 표현하기 위한 집중하중의 분할   (나) 모서리에 작용하는 집중하중의 편기

(다) 부재형상 및 부재 경계조건을 고려한 편기각 δ의 확대   (라) 중간 타이 도입으로 스트럿과 타이 간의 각도 개선   (마) (다)와 (라) 모델의 결합

그림 12.2-3 하중경로 방향 변화

⑦ 압축스트럿은 상당한 폭을 지닌 압축장을 나타낸 것이다. 그러므로 연단에서 적절한 거리가 확보되어야 한다. 고르게 배치된 철근을 나타내는 모델의 타이에 대해서도 마찬가지로 적절한 거리가 확보되어야 한다. 게다가 모델의 절점은 부재 연단으로부터 모델의 타이까지 최소한 거리가 요구된다.

⑧ 스트럿-타이 모델은 흔히 운동학적 역계를 그려낸다. 그렇지만 이것이 구조체가 안정성이 결여되어 있다는 것을 의미하지는 않는다. 왜냐하면 4변형 트러스 패널이 조금만

이동해도 구조체를 안정시키기 위해 곧바로 콘크리트에 경사압축력을 유발하기 때문이다. 설계자는 모델을 정정상태로 만들기 위해서 필요한 만큼 경사 부재를 모델에 추가해도 된다. 이러한 이른바 '0' 부재는 운동학적 모델이 고려 중인 힘에 대한 평형조건을 만족한다면, 아무런 힘도 부담하지 않을 것이며 힘의 흐름에도 영향을 주지 않을 것이다.

⑨ 역학적 모델은 하나의 특정 하중 경우에만 적용될 수 있다. 그러므로 역학적 모델의 형상은 특정 하중 경우에 부합하도록 조정되어야 한다. 몇 개의 스트럿과 타이를 선정한 후에 절점에 대한 평형조건이 모델의 형상을 구성하는 데 도움이 되기 때문에, 모델링 과정에서 이미 역학적 모델의 힘을 결정하는 것이 바람직하다. 철근 배치는 여러 하중 경우를 감당할 수 있도록 이상적으로 설계되어야 한다.

⑩ 운동학적 모델과는 대조적으로 하나의 모델이 여러 가지 하중 경우에 대해서 다양한 힘의 흐름을 똑같이 완벽하게 나타낼 수는 없다는 것이 자명할지라도 정정 스트럿–타이 모델은 여러 가지 상이한 하중 경우를 감당할 수 있다.

⑪ 실제 응력 흐름을 좀 더 좋게 나타내기 위해서는 때때로 두 가지 단순한 모델을 중첩하는 것이 적절하다. 이렇게 하면 각각의 모델은 독자적으로 작용하중의 일부와 평형상태를 유지할 수 있어야 한다. 강성 조건 및 균열 폭 제한에 몇 가지 고려할 사항이 있더라도, 개별 모델에 하중을 할당하기에는 충분한 여유가 있다. 관련 단면의 응력 분포는 부정정력을 선정하는 좋은 지침이 될 수도 있다.

⑫ 복잡한 부정정 모델은 최적화되는 경우에만 좋다. 그런 경우의 해석에서 스트럿과 타이에 강성값을 할당해야 하며 특별한 비선형 컴퓨터 프로그램이 필요하다.

12.2.4 하중경로법을 이용한 D–영역의 모델 구성

하중경로법은 모델을 구성하기 위해서 응력 흐름과 유체 흐름 간의 유사성을 이용한 것이다. 하중경로는 힘 또는 힘의 성분이 재하점에서 받침점까지 구조체를 통해서 전달되는 선을 나타낸 것이다. 흐름선 간에서는 유체의 연속성 법칙을 따르지만, 응력 궤적선 간에서는 구조체 힘과는 반대로 하중경로와 연관된 힘의 성분은 구조체를 통하는 중에도 일정한 상태로 있다. 다음의 두 예를 들어 일반적인 절차를 설명하는 것이 좋을 것이다[12.6].

그림 12.2-4에 보인 D-영역은 인접한 B-영역으로부터 비대칭 선형응력 q를 받고 있다. 응력 분포도는 구조체의 상단에 합응력 하중이 반대쪽에도 등가의 대응 역계를 구성하는 방식으로 세분된다. 반대 방향 힘을 연결해주는 선을 그릴 때 조성되는 패턴이 이른바 하중경로이다(그림 12.2-4(나)). 분명히 하중경로는 서로 교차하지 않는다. 하중경로는 관련 응력 분포도의 도심에서 시작에서 거기서 끝나며, 가해진 하중방향 또는 반력방향과 같아진다. 이들 힘은 이들 사이에서 가장 짧은 흐름선을 따르려 한다. 집중된 힘은 구조체에서 될 수 있으면 빠르게 확산되려 한다는 점을 고려하면, 그로 인해 생기는 하중경로는 받침점에서 시작하여 받침점 부근에서 최대 곡률을 보이며 안쪽으로 전파되는 형상을 보이게 될 것이다.

지금까지 평형문제는 가해진 하중의 방향대로만 고려되고 있다. 그러나 하중경로의 방향이 바뀌게 되면, 편의상 수평으로 표시된 편향력 F_c와 F_t가 발생한다. 검토 중인 구조체는 수평력을 받고 있지 않다는 점을 고려하면, 두 개의 하중경로에 발생한 편향력은 서로 균형을 이루어야 한다고 말할 수 있다.

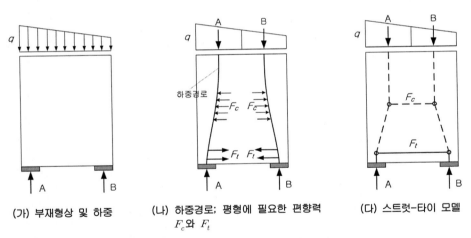

(가) 부재형상 및 하중   (나) 하중경로; 평형에 필요한 편향력   (다) 스트럿-타이 모델
F_c와 F_t

그림 12.2-4 대표적 D-영역 모델 구성을 위한 하중경로법 적용

다음으로 수평 편향력은 스트럿 힘 F_c와 타이 힘 F_t로 대체된다. 끝으로 하중경로는 사다리꼴로 대체되며, 편향력의 합력점이 교차하는 굴곡점이 생긴다(그림 12.2-4(다)).

이렇게 구성된 모델은 힘의 주요 경로를 반영하여 구조체의 내하거동을 나타낸 것이다. 인장 및 압축부재는 중심선 방향으로 응력의 주류로 구성되어 구부러진 2차원 및 3차원 응력장을 나타낸 것이다. 물론 부재의 절점들은 실제 활절이 아니지만 내부 힘(응력)이 갈라지거나 정착되는 전체 영역이다.

두 번째 예는 B-영역 위에 지지되고 한쪽 모서리에 집중하중 F를 받고 있는 D-영역을 나타낸 것이다(그림 12.2-5). 위에서 기술한 대로 진행하면, D-영역의 아래 부분에 작용하는 응력의 일부를 하중 F와 수직방향 평형을 이루도록 분리한다. 그 다음에 F와 분리된 응력의 합력 사이에 하중경로를 그린다.

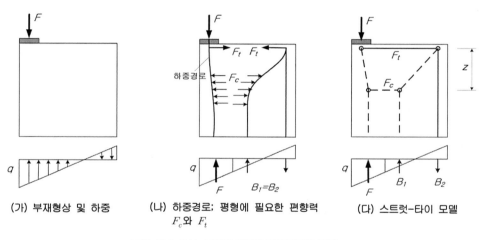

(가) 부재형상 및 하중   (나) 하중경로; 평형에 필요한 편향력   (다) 스트럿-타이 모델
F_c와 F_t

그림 12.2-5 U-선회를 이용한 하중경로법 적용

그래도 구조체의 하부에 작용하는 합력 B_1과 B_2로 나타내는 두 개의 응력 영역이 남게 된다. 이 힘들은 크기가 같고 방향이 반대이다. 이들의 하중경로는 B_1에서 D-영역으로 진입하여 B_2로 나오는 U-선회 모양을 이룬다. 이러한 U-선회 모양의 하중경로와 이에 따른 편향력은 D-영역을 지나면서 실제 하중 F의 편향력과 평형을 이루어야 한다. 파선으로 나타낸 하중경로를 편향력을 이용하여 이 힘들을 연결하고 사다리꼴로 대체함으로써 구조체를 지나는 힘의 흐름을 나타내는 스트럿-타이 모델을 얻게 된다.

그림 12.2-5에서 U-선회는 먼 쪽에서 급격히 꺾이어 V-자와 같은 모양이라는 것을 알아차릴

수도 있을 것이다. 하중경로는 스트럿이나 타이의 길이방향으로을 힘을 전달한다고 정의되어 있으므로(전단력도 모멘트도 없다) 이들 힘은 여기서 그려진 수직력에 직각방향으로 결코 작용할 수 없다. 모델에서 하중경로를 대체하는 스트럿은 앞의 12.2.3의 (4)항에 따르면 60°보다 작은 각도로 편향되어야 한다. 경사철근과 굽힘철근을 배치하지 않기 위해서 U-턴 인장타이를 직선으로 선택하는 것이 좋다.

D-영역에 수평하중이 작용한다면, 수평성분에 대한 하중경로를 설정해야 할 것이며 모델을 구성하기 위한 추가의 지침이 필요하다.

12.2.5 스트럿-타이 모델의 정확도와 최적화

모델 구성 과정의 결과가 유일한 해답은 아니다. 이 사실은 스트럿-타이 방법의 큰 약점으로서 지적되고 있다. 이러한 유일하지 않음에 대한 이유는 먼저 내재적 속성과 구조용 콘크리트 자체의 특성에서 찾을 수 있다. 이러한 구조체의 내하거동은 상당한 정도로 선정된 배근상태에 영향을 받는다. 고려 중인 경우의 특정 요구조건에 구조물을 부합시키기 위해서 이러한 기회를 긍정적으로 활용해야 한다(예를 들면, 절대 치수, 조립, 효율성 등).

두 번째 이유는 이 방법이 근사적인 것이라는 특성에 있다. 복잡한 형상에도 적용될 수 있을 일반화된 절차가 하나의 특정 문제에 들어맞도록 다듬어지고 보와 판 구조의 설계처럼 충분한 실험적 결과평가로부터 조정되는 방법으로서는 '정확하지' 않다고 예상하는 것이 합리적일 것이다.

그러나 기본적인 내하거동을 일관되게 다룰 수 있다면 개략적인 설계방법일지라도 D-영역에 다소 임의로 배근하는 것보다는 분명히 더 유익하고 안전할 것이다. 때때로 단순하게 스트럿-타이 모델을 구성해도 구조체의 약점을 들어내고, 예를 들면 구조체에서 드러나지 않은 채로 있을 수도 있었던, 고려 중인 부위에 안전하게 배근의 필요성을 확인하는 것을 허용함으로써, 실질적으로 세부 설계를 개선시킬 수 있을 만큼 충분할 것이다.

스트럿-타이 방법은 아주 분명하고 직관적이라는 장점을 가진, 반쯤은 도식적인 것이다. 이 방법은 컴퓨터 해석보다 훨씬 더 많은 설계자의 참여를 요구하며 대단히 교육적이다. 이 모든 절차는 큰 실수를 막아주어서 본질적으로 구조물의 안전에 큰 도움이 된다. 어쨌든 구조용 콘크리트의 복잡성을 고려한다면, 설계자가 어떠한 경우에 대해서도 최적의 해답을 보여줄 수 없지만, 대체로, 충분히 좋은 것이라는 설계에 만족해야 할 것이다. 이것이 스트럿-타이 모델 구성에 경험이 있는 기술자가 모델의 타당성을 입증할 만한 명확한 (수치적인) 기준 없이도 쉽게 이룰 수 있는 목표이다. 특별한 경우이거나 컴퓨터 프로그램을 이용하여 모델을 구성한다면, 모델을 최적화하기 위해서는 다음과 같은 기준을 활용하는 것이 좋다.

내력과 변형이 최소가 되게 하여, 구조체가 가능한 한 효율적으로 하중을 전달하도록 해야 한다. 타이는 콘크리트 압축장보다 훨씬 더 많이 변형을 일으키기 때문에, 가장 짧은 타이와 가장 적은 타이 힘으로 이루어진 모델이 가장 효과적인 것이다. 길이 l_i와 힘 F_u의 곱을 다음과 같은 단순화된 기준으로 적용될 수 있다.

$$\Sigma F_{ti} \cdot l_i = minimum$$

이 기준은 불필요한 모델을 제거하는 데에도 도움이 된다.

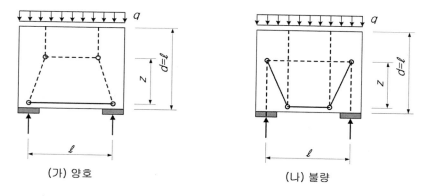

그림 12.2-6 동일 구조체에서 상이한 스트럿-타이 모델. (가)의 모델이 (나)의 모델보다 타이 길이가 더 짧다.

스트럿이 전체 길이에(집중된 절점뿐만 아니라) 아주 큰 응력을 부담해야 하고 그래서 타이 부재의 변형률과 비슷한 크기의 변형을 일으킬 우려가 있는 예외적인 경우이면, 기준을 최적화하는 데에도 이 기준을 도입해야 한다.

$$\Sigma F_i \cdot l_i \cdot \epsilon_{mi} = minimum$$

여기서, F_i=스트럿 또는 타이 부재 i의 힘

l_i=부재 i의 길이

ϵ_{mi}=부재 i의 평균 변형률

이 방식은 또한 거의 균열이 없거나 비균열 콘크리트에서 개별 타이의 작은 변형을 고려하는 데에도 사용될 수 있을 것이다. 위의 식은 선형-탄성 거동에서 최소 변형 에너지 원리와 상당히 유사하지만, 균열된 철근콘크리트에 대해서 보정된 것이다.

12.3 스트럿, 타이, 절점 Struts, Ties, Nodes

12.3.1 길이방향 균열에 의한 스트럿 파괴

스트럿-타이 모델에서, 스트럿은 콘크리트 압축응력장을 스트럿과 나란하게 작용하는 압축응력으로 나타낸다. 이 스트럿들은 그림 12.3-1(가)에 보인 바와 같이, 흔히 불변 단면 또는 일정 변단면 부재로 단순하게 나타내지만, 그림 12.3-1(나)와 (다)에서처럼 일반적으로 길이를 따라 단면이 변한다. 이것은 콘크리트 응력장이 단부에서보다는 중앙부에서 더 넓어지기 때문이다. 길이를 따라 폭이 변하는 스트럿을 병모양으로 나타내기도 하고 국부적인 스트럿-타이 모델을 이용하여 나타내기도 한다(그림 12.3-1(나)와 (다)). 압축력이 확산되면 스트럿에 가로방향 인장이 생기며 이 때문에 길이쪽으로 균열이 생길 수 있다(그림 12.3-2). 가로쪽 보강이 안 된 스트럿은 이러한 균열이 생기면 파괴될 수도 있다. 가로쪽 보강을 충분히 해둔다면, 스트럿의 강도는 콘크리트 압괴로 결정될 것이다.

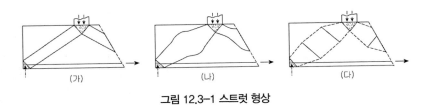

그림 12.3-1 스트럿 형상

그림 12.3-2(가)는 병모양 스트럿을 나타낸 것이다. 지압 면적의 폭은 a이고 두께는 t이다. 중앙부에서 스트럿의 유효폭은 b_{ef}이다. 스트럿의 한쪽 끝에서 병모양 영역은 스트럿의 끝으로부터 거의 $1.5b_{ef}$의 크기이다. 예제에서는 a보다 작지 않은 $b_{ef} = \ell/3$을 사용한다. 여기서 ℓ은 절점의 면과 면을 잇는 스트럿의 길이이다. 스트럿이 짧다면, a보다 작지 않은 b_{ef} 한계가 지배값이 된다. 양단에 병모양 영역이 있는 스트럿에서 유효폭은 다음과 같다고 가정한다.

$$b_{ef} = a + \ell/6 \tag{12.3-1}$$

다만, 가용한 폭보다 크지 않아야 한다.

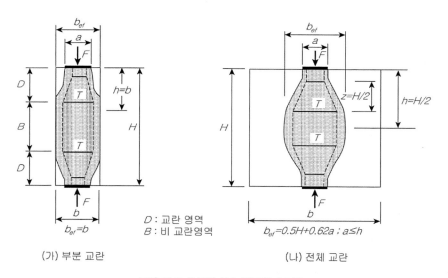

D : 교란 영역
B : 비 교란영역

$b_{ef}=0.5H+0.62a \; ; \; a \leq h$

(가) 부분 교란　　　　　　　(나) 전체 교란

그림 12.3-2 독립 요소 병모양 스트럿

그림 12.3-3(가)와 12.3-3(나)는 병모양 영역에 대한 스트럿-타이 모델을 나타낸 것이다. 경사 스트럿의 길이쪽 투사 길이가 $b_{ef}/2$와 같다는 것은 상 배낭의 가정을 근거로 한 것이다. 스트럿의 한쪽에서 가로쪽 인장력 T는 다음과 같다.

$$T = \frac{C}{2}\left(\frac{b_{ef}/4 - a/4}{b_{ef}/2}\right) \;\; \text{또는} \;\; T = \frac{C}{4}\left(1 - \frac{a}{b_{ef}}\right) \tag{12.3-2}$$

인장력 T는 콘크리트에 가로쪽 인장응력을 생기게 하여 균열을 일으킬 수도 있다. 가로쪽 인장응력은 그림 12.3-3(다)에 곡선으로 나타낸 바와 같이 분포된다.

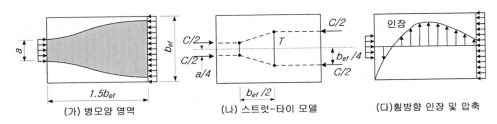

그림 12.3-3 스트럿의 응력 확산 및 횡방향 인장

아델바 Adebar와 주우 Zhou의 해석에 따르면 스트럿의 양단에서 ℓ/a가 약 3.5보다 크면 인장응력 분포는 완전히 분리되어 있고 ℓ/a가 1.5와 2 사이 값이면 완전히 겹쳐진다고 한다. 길이가 $2b_{ef}$인 스트럿에서 $1.6b_{ef}$의 길이에 걸쳐 가로쪽 인장응력이 포물선꼴로 분포된다고 가정하고 인장력 $2T$와 평형을 이루게 하면, 균열이 발생할 때 최소 하중 C은 $a/b_{ef} = 1/2$인 스트럿에 대해서 $0.51 \sim 0.57a\, tf_{cd}$임을 뜻한다. 스트럿의 양단에서 지압력이 다음 값보다 크다면 스트럿의 길이쪽 균열이 문제가 될 수 있다.

그림 12.3-1(다)와 12.3-3(나)에서 이 스트럿의 경사는 1/2로 가정했다. 작용하중 C의 1/2만큼 그림 12.3-1(다)와 12.3-3(나)에 나타낸 하중-확산 스트럿-타이 모델의 각 가지가 분담한다면 인장타이가 부담하는 힘은 $C/4$로 된다. 다른 한편 경사가 1/1이면 인장타이가 부담하는 힘은 $C/2$로 되어 2배가 된다.

가장자리에 면내 하중을 받는 폭 b인 탄성판의 탄성해석 결과에 따르면 하중 확산각은 일차적으로 하중이 가해지는 판의 폭 a와 하중을 받는 판의 폭 b의 비율의 함수임을 알 수 있다. 하중과 경사 스트럿 간의 각 θ는 집중하중이면 $a/b = 0.10$일 때 28°이고 $a/b = 0.2$일 때 19°로 변한다. $a/b = 0.5$이면 약 12°로 작아진다. 결과적으로 그림 12.3-3(나)의 가로 타이는 스트럿의 경사가 $a/b = 0.1$일 때 1.9:1.0, $a/b = 0.2$일 때 2.9:1.0으로, $a/b = 0.5$일 때 4.7:1.0으로 된다. 판의 한 변 가까이에 작용하는 집중하중과 같이 하중분산의 다른 경우에서도 비슷한 결과를 얻을 수 있다. 2:1 경사의 스트럿은 많은 경우에 대해서 안전 측이다. 비슷한 경우라면 2:1 경사로 가정한다.

그림 12.1-3의 깊은 보와 같이 벽과 같은 부재에서 보강 안 된 스트럿의 최대 하중은 스트럿의 콘크리트 균열이 지배값이 된다면 식 (12.3-2)로 결정된다. 이것은 압축력은 한쪽으로만 확산 된다고 가정한 것이다. 지압 면적이 부재의 전체 두께쪽으로 뻗어 있지 않다면, 스트럿의 두께 쪽으로 가로쪽 인장응력이 생길 것이며 이것은 그림 12.3-4에 보인 바와 같이 두께쪽으로 보강 이 필요하게 된다. 이렇게 되면 지점부를 다시 해석하여 그림 12.3-4(가)의 가로쪽 타이를 설계 해야 한다[12.1, 12.4, 12.5, 12.6, 12.11].

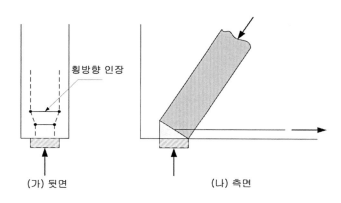

그림 12.3-4 스트럿 두께쪽으로 확산되는 힘

12.3.2 스트럿의 압축파괴

스트럿의 콘크리트 **압괴강도** *crushing strength*를 **유효강도** *effective strength*라고 하며 다음과 같이 정한다.

$$f_{cd,\max} = \nu \phi_c f_{ck}$$

(12.3-3)

여기서 ν는 0과 1 사이의 값을 갖는 유효계수 *efficiency factor*이다. $f_{cd,\max}$를 유효설계강도라고 도 한다. 유효설계강도에 영향을 주는 인자들은 다음과 같다.

① **콘크리트강도.** 콘크리트강도가 커질수록 점점 더 취성적으로 되어 ν값도 작아진다.

② **하중지속영향.** 콘크리트 보와 기둥의 강도는 공시체강도 평균강도 f_{cm} 보다 작은 경향이 있다. 이렇게 강도가 낮아지는 데는 여러 가지 까닭이 있는데, 그중에는 지속하중상태에서 압축강도의 저하, 콘크리트타설 도중에 생기는 수분의 상향이동에 의한 부재 상부쪽의 콘크리트강도 저하, 압축부의 실제 형상과 공시체의 형상이 다른 점 등이다. 스트럿에 대해서는, $f_{cd,\max} = 0.85\phi_c f_{ck}$로 나타냄으로써 하중지속 영향을 고려하고 있다.

③ **스트럿 가로쪽 인장 변형.** 이것은 균열을 가로지르는 철근인장력에 의한 것이다. 균등하게 변형이 일어난 콘크리트 패널 시험에서 이러한 변형은 패널의 압축강도를 떨어뜨리는 것으로 드러났다.

④ **균열된 스트럿.** 스트럿의 축에 경사진 균열과 교차되는 스트럿은 균열 때문에 약해진다.

도로교설계기준 5.7.5.2에서는 균열이 발생한 압축 영역의 가상의 콘크리트 스트럿의 설계강도는 횡방향 인장철근에 따라 다음과 같이 정하고 있다(그림 12.3-5 참조).

① 횡방향 인장철근이 0.4% 이하인 압축영역

$$f_{cd,\max} = 0.6(1 - f_{ck}/250)\phi_c f_{ck} \tag{12.3-4}$$

② 횡방향 철근이 0.4% 이상인 압축영역

$$\theta \geq 75° \text{일 때}: f_{cd,\max} = 0.85(1 - f_{ck}/250)\phi_c f_{ck} \tag{12.3-5}$$

$$75° \geq \theta \geq 60° \text{일 때}: f_{cd,\max} = 0.70(1 - f_{ck}/250)\phi_c f_{ck} \tag{12.3-6}$$

$$\theta \leq 60° \text{일 때}: f_{cd,\max} = 0.60(1 - f_{ck}/250)\phi_c f_{ck} \tag{12.3-7}$$

여기서, θ는 철근이 1방향으로만 배치된 경우에서 스트럿과 횡방향 철근 사이의 각도이다. 철근이 2방향 이상 배치되면 스트럿에 의해 발생하는 횡방향 응력을 저항하기 위해 철근이 배치되었는지의 여부를 고려하여 각도를 정한다[12.1, 12.4, 12.5].

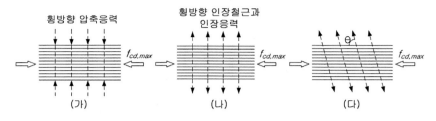

그림 12.3-5 콘크리트 스트럿의 종류

12.3.3 타이의 형성

타이는 강재의 인장력 합력선을 연결한 것으로 1차원 부재로 볼 수 있다. 그림 12.3-5에서 보는 바와 같이 선형 탄성해석에 의해 발생하는 인장주응력의 합력을 연결한 콘크리트 인장타이와 철근과 콘크리트의 인장증강효과를 고려한 합성타이도 이론적으로 가능하다. 타이의 철근을 둘러싸고 있는 콘크리트는 **인장증강** *tension stiffening* 효과로 타이의 축방향 강성을 증가시킨다. 인장증강효과는 사용성 해석에서 타이의 축방향 강성을 모델링하는 데에 이용될 수도 있다. 그러나 설계기준에서는 응력교란영역의 극한상태 거동 모델로 스트럿-타이 모델을 사용하므로 콘크리트에 발생하는 인장력을 철근이 부담한다고 가정하여 타이는 철근 또는 강선의 인장응력의 합력 위치에 있는 것으로 규정하고 있다. 타이는 철근 또는 강선으로 구성되며 각각의 설계강도까지 사용할 수 있다. 타이는 설계의 단위철근, 철근다발 또는 강선으로 구성되며, 나란히 배치된 철근 및 강선의 조합으로 구성될 수도 있다. 어느 경우나 충분한 정착이 전제되어야 한다. 타이는 단부 정착이 부실하면 망가질 수도 있다. 절점영역에서 타이의 정착은 스트럿-타이 모델을 사용한 D-영역 설계의 주요 부분이다. 스트럿-타이 모델에서 타이는 실선으로 표시된다. 타이가 나란히 배치된 철근을 대표한다면 실제로 배치되는 철근은 인장응력이 작용하는 위치에 고루 분포되어야 한다. 즉, 그림 12.3-6의 타이는 대략 $0.6b$의 폭에 고르게 배치되어야 한다.

타이 철근의 위치를 결정하기 위하여 스트럿-타이 모델을 사용하는 경우에 인장 주응력의 합력의 위치를 결정하기 위해 선형 탄성해석을 사용하는 것은 간편하기는 하나, 실제와 차이가 있다는 점은 유의할 필요가 있다. 그러나 비선형 해석을 설계과정에서 포함하기는 어렵다. 그 이유는 철근을 배근한 후에는 응력의 재분배가 발생하여 인장 주응력의 위치와 크기가 본래의 비선형 결과와 다르기 때문이며, 또 배근하는 철근의 강성에 좌우되어 배근이 결정되지 않은 상태의 비선형 해석 결과가 반드시 정확한 것은 아니기 때문이다. 따라서 정밀한 비선형 해석에 의하지 않는 경우에는 선형 탄성해석 결과로부터 강재의 위치를 결정하는 것이 안전 측이며, 많은 경우에 실제와 근사함을 경험으로 알고 있다[12.1, 12.4, 12.5].

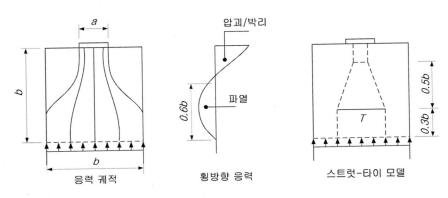

그림 12.3-6 집중하중을 받는 D-영역에서 타이 모델

12.3.4 타이의 인장강도

타이는 한 단의 철근 또는 같은 방향으로 배치된 여러 단의 철근으로 이루어진다. 설계는 다음 식을 근거로 한다[12.1, 12.4, 12.5].

$$F_{td} \geq F_{tu} \tag{12.3-8}$$

여기서, 첨자 t는 타이를 뜻하며 F_{td}는 타이의 설계강도이며, F_{tu}는 타이의 필요극한강도이다.

$$F_{td} = \phi_s f_y A_{st} + \phi_s f_{py} A_p \tag{12.3-9}$$

여기서, A_{st}는 철근의 단면적, f_y는 철근의 기준항복강도, A_p는 프리스트레싱 강재의 면적, f_{py}는 긴장 강재의 기준항복강도이다. ϕ_s는 재료계수로서 정상설계상황이면 0.9로, 지진과 같은 극단설계상황이면 1.0으로 한다.

타이에 속한 콘크리트는 타이와 연결되는 절점영역 면들의 폭을 형성하게 된다. 그러나 타이의 콘크리트는 아무런 힘을 부담하지 않는다. 다만 하중을 스트럿에서 타이로 또는 철근과 부착되어 지압 면적까지 전달하는 데에 도움이 된다.

스트럿-타이 모델을 구성하는 데에서, 타이는 철근과 철근을 중심으로 둘러싸고 있는 콘크리트 각주로 구성된다. 타이를 둘러싸고 있는 콘크리트 각주의 폭을 타이의 유효폭 w_t 라고 한다. 하한은 타이 철근의 도심과 콘크리트 표면까지의 거리의 2배인 $w_{t,\min} = d_b + 2c$ 이다. 정수압형 $C-C-T$절점영역에서는, 절점영역의 모든 면에 작용하는 응력은 같아야 한다. 결과적으로, 타이 유효폭의 상한은 다음과 같다.

$$w_{t,\max} = \frac{F_{td}}{b\,f_{cd,\max}} \tag{12.3-10}$$

12.3.5 절점과 절점영역

(1) 개요

스트럿-타이의 내력이 스트럿-타이 모델에서 만나는 점을 절점 *nodes*이라고 한다. 개념적으로, 이 절점들은 이상적인 핀 연결로 본다. 절점 안과 주변의 콘크리트를 절점영역 *nodal zone*이라고 한다. 평면 구조에서는 그림 12.3-7에서 보는 바와 같이, 2개 또는 그 이상의 힘이 한 절점에서 만나고 그 절점은 평형상태에 있어야 한다. 바로 다음의 조건을 만족해야 한다.

$$\Sigma F_x = 0, \ \Sigma F_y = 0, \ \Sigma M = 0 \tag{12.3-11}$$

$\Sigma M = 0$의 조건은 힘의 작용선은 반드시 하나의 공통점을 지나야 한다거나, 공통점을 지나는 힘들로 분해될 수 있어야 한다는 것을 뜻한다. 그림 12.3-7(가)에서 두 개의 압축력이 각을 이루고 만나지만, 그림 12.3-7(나)나 (다)에서처럼, 제3의 힘이 작용하지 않는다면 평형상태에 있는 것은 아니다. 절점영역은 그림 12.3-7(나)와 같이 3개의 압축력이 만나면 $C-C-C$로 구분되며, 그림 12.3-7(다)와 같이 하나의 인장력이 작용한다면, $C-C-T$로 구분된다. $C-T-T$나 $T-T-T$도 생길 수 있다[12.6, 12.11].

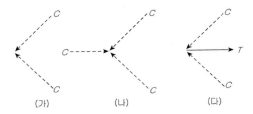

그림 12.3-7 절점에 작용하는 힘

(2) 정수압형 절점영역

그림 12.3-8과 12.3-9는 절점영역을 구성하는 두 가지 일반적인 방법을 보인 것이다. 그림 12.3-1(가)와 12.3-2(가)의 일정 단면 압축스트럿은 일축 압축응력을 받는다고 가정한다. 스트럿의 축에 직각인 단면은 오직 압축응력만을 받고, 직각이 아닌 단면은 압축응력과 전단응력을 받는다. 절점영역을 구성하는 한 가지 방법은 그림 12.3-8과 같이 절점의 각 변을 그 절점에서 만나는 스트럿 또는 타이의 축과 직각을 이루도록 하여 절점의 각 변에 같은 크기의 지압응력이 생기도록 하는 것이다. $C-C-C$ 절점에 대해서 이 방식을 적용했다면, 절점의 각 변의 길이의 비 $w_1:w_2:w_3$는 그림 12.3-8(가)와 같이 절점에서 만나는 세 부재의 내력의 비율인 $C_1:C_2:C_3$와 같다. 이런 식으로 구성한 절점영역을 흔히 **정수압형 절점영역** *hydrostatic nodal zone*이라고 한다. 이러한 경우에, 면내응력에 대한 모어 Mohr의 원은 한 점으로 된다. 힘들 중의 하나가 인장력이라면, 절점의 그 쪽 변의 폭은 타이의 끝에 정수압형 지압판에서 계산되며, 이것은 그림 12.3-8(나)에 보인 바와 같이 그 절점에서 스트럿의 압축응력과 같은 크기의 지압응력이 절점에 가해지는 것으로 가정한다.

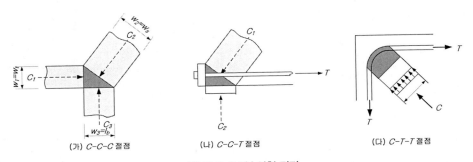

그림 12.3-8 정수압형 절점

(3) 정수압형 절점영역의 형상

정수압형 절점영역의 세 면에 작용하는 응력은 같거나 거의 같기 때문에 절점영역의 각 변에 힘과 절점영역의 각 변의 길이를 관련지어 식을 유도할 수 있다. 그림 12.3-8(가)는 정수압형 $C-C-C$ 절점을 보인 것이다. 직각 모서리가 있는 절점영역에 대해서 그림에 보인 바와 같이 지압 면적의 수평 폭은 $w_3 = l_b$이다. 절점영역의 연직방향 높이는 $w_1 = w_t$이다. θ는 경사 스트럿과 수평 스트럿 축이 이루는 각이다. 스트럿의 나머지 한 변의 폭인 $w_2 = w_s$는 다음과 같이 계산할 수 있다.

$$w_s = w_t\cos\theta + l_b\sin\theta \tag{12.3-12}$$

이 식은 그림 12.3-8(나)와 같이 $C-C-T$ 절점에 적용할 수 있다. 식 (12.3-4)를 이용하여 스트럿의 내력으로부터 계산한 스트럿의 폭 w_s가 식 (12.3-12)로 구한 값보다 크다면, w_t 또는 l_b 아니면 둘 다 키워서 식 (12.3-12)로 구한 폭이 스트럿 내력으로부터 구한 폭보다 같아지거나 커지게 해야 한다.

(4) 확장 절점영역

정수압형 절점을 사용하면 $C-C-C$ 절점에 대해서 가능한 경우를 제외하고는 설계가 지루해질 수 있다. 최근에는 절점영역을 그림 12.3-8에 보인 바와 같은 절점에서 만나는 부재의 범위 안에 있는 콘크리트를 감안하여 절점영역의 설계를 단순하게 하고 있다. 예를 들면, 이것은 스트럿의 응력과 지압판의 응력이 다를 수 있도록 허용하는 것이다. 그림 12.3-9에는 두 가지 예가 있는데 그림 12.3-9(가)는 $C-C-T$ 절점을 나타낸 것이다. 철근은 반드시 절점영역 내에서 또는 점 A의 왼편에 정착되어야 한다. 이것은 타이를 이루는 철근의 도심을 확장된 절점영역에 두기 위한 것이다. 타이의 철근들은 정착길이 l_{bd}만큼 확보되어야 한다. 절점의 연직면은 타이의 인장력 T를 연직면의 면적으로 나눈 값과 같은 크기의 응력을 받는다. 다음 조건을 만족한다면, 절점의 세 면에 작용하는 응력은 각기 다를 수 있다.

① 세 힘의 합력점은 일치한다.
② 응력은 도로교설계기준 5.7.5에 제시된 한계값보다 작아야 한다.
③ 어떠한 면에서도 응력은 등분포이어야 한다.

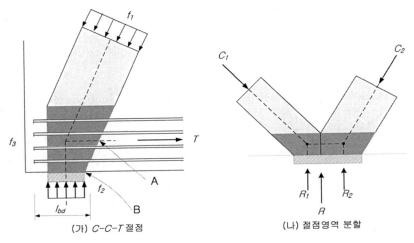

(가) C-C-T 절점

(나) 절점영역 분할

그림 12.3-9 확장 절점영역

확장 절점영역은 절점 자체에다 스트럿의 연장부분의 콘크리트, 한 절점에서 만나는 타이, 지압면 등으로 이루어진다. 그림 12.3-9(가)에서 짙게 나타낸 부분은 절점영역이 이 절점에서 만나는 스트럿과 타이가 점유하는 면적으로 확장됨을 나타낸 것이다. 이러한 절점영역의 구성은 반력점 위에 압축상태에 있는 콘크리트의 많은 부분을 포함하고 있다. 그림 12.3-9(나)는 쉽게 사용할 수 있도록 구성된 절점영역으로서, 그 절점에서 만나는 타이, 지압면, 스트럿에 따로 점유하고 있는 콘크리트가 전혀 포함되지 않기 때문에 가정한 절점영역은 이 절점에 대해서는 가장 작은 크기이다. 그림 12.3-9(가)와 (나)에 나타낸 절점의 장점은 도로교설계기준 5.11.4에서 철근 정착에 가용한 길이를 지압면의 연단점인 점 B보다는 오히려 그림 12.3-8(가)의 점 A를 벗어나 타이 철근을 정착하도록 한 것이다.

(5) 절점영역의 강도

절점영역은 콘크리트 압괴로 부서진다고 가정한다. 인장타이의 정착은 설계 고려사항 중의 하나이다. 인장타이를 절점영역에 정착시킨다면 철근의 인장변형률과 절점 내의 콘크리트 압축변형률 간에 변형률 불일치가 생긴다. 이렇게 되면 절점영역이 약해진다. 도로교설계기준 5.7.5에서는 절점영역에 대해서 콘크리트의 설계유효압축강도를 제한하고 있다. 절점영역 내의 압축응력의 최대 설계유효압축강도값은 다음과 같이 정할 수 있다.

① 타이가 정착되지 않은 압축 절점($C-C-C$ 절점, 그림 12.3-8(가) 참조)

$$f_{cd,\max} = (1 - f_{ck}/250)\phi_c f_{ck} \tag{12.3-13}$$

여기서, $f_{cd,\max}$는 $f_{c1} = C_1/w_1 t$, $f_{c2} = C_2/w_2 t$, $f_{c3} = C_3/w_3 t$ 중 큰 값이다.

② 한쪽에 정착 타이가 있는 압축-인장 절점($C-C-T$ 절점, 그림 12.3-8(나) 참조)

$$f_{cd,\max} = 0.85(1 - f_{ck}/250)\phi_c f_{ck} \tag{12.3-14}$$

여기서, $f_{cd,\max}$는 f_{c1}, f_{c2} 중 큰 값이다.

③ 두 방향으로 정착 타이가 있는 압축-인장 절점($C-T-T$ 절점, 그림 12.3-8(다) 참조)

$$f_{cd,\max} = 0.75(1 - f_{ck}/250)\phi_c f_{ck} \tag{12.3-15}$$

다음과 같은 조건 중에서 적어도 1개의 조건이 적용된다면 앞에서 제시된 설계압축강도를 10 %까지 증가할 수 있다.

① 3축 압축 상태
② 스트럿과 타이 사이의 모든 사이각이 $\geq 55°$
③ 지점과 집중하중에 작용하는 하중은 등분포이며 절점은 스터럽으로 구속될 때
④ 철근이 여러 층 배치된 경우
⑤ 절점이 지압 또는 마찰에 의해 충분히 구속되었을 때

3축 압축절점영역은 3방향 스트럿 모두에 대해 힘의 분배를 안다면 도로교설계기준 식 (5.5.43)과 식 (5.5.44)에 따라 $f_{cd,\max} \leq 3(1 - f_{ck}/250)\phi_c f_{ck}$값 이하로 하여 검토할 수 있다.

(6) 절점영역에 작용하는 분력(힘의 분해)

평면 스트럿-타이 모델에서 3개 이상의 힘이 하나의 절점영역에 작용하는 경우에, 때로는 몇 개의 스트럿이나 타이를 분해해서 3개의 힘으로 되도록 하는 것이 유리하다. 그림 12.3-10은 4

개의 스트럿 힘이 평형상태에 있는 정수압형 절점영역을 나타낸 것이다. 변 $A-E$와 $E-C$
에 작용하는 힘은 변 $A-C$에 작용하는 하나의 스트럿 힘으로 대체될 수 있다. 이것은 작은
절점영역 $A-C-E-A$를 포함한 것과 등가이다. 절점영역이 평형상태에 있으려면, 최종 절
점영역 $A-B-C-A$에 작용하는 힘은 2번째 절점영역 $A-C-E-A$에 작용하는 힘과
마찬가지로 하나의 점을 지나야 한다.

그림 12.3-10(나)는 다른 예를 보인 것이다. 이것은 두 개의 세부 절점으로 나눠질 수 있다. 두
개의 세부 절점을 나누고 있는 수직선에 작용하는 응력, 지압판에 작용하는 응력, 절점으로 들
어가는 부재의 응력이 표 12.3-1에 제시된 한계 내에 있도록 해야 한다.

표 12.3-1 절점영역과 압축스트럿의 유효압축강도[12.1]

부재요소	β_n 또는 β_s
(1) 절점영역 $f_{cd,\max} = \beta_n \nu \phi_o f_{ck}$ 여기서 $\nu = (1-f_{ck}/250)$	
① 압축스트럿과 지압판으로 둘러싸인 절점 ($C-C-C$)	1.0
② 한 개의 인장타이가 정착되어 있는 절점 ($C-C-T$)	0.85
③ 한 개 이상의 인장타이가 정착되어 있는 절점 ($C-T-T$)	0.75
(2) 압축스트럿 $f_{cd,\max} = \beta_s \nu \phi_o f_{ck}$ 여기서 $\nu = (1-f_{ck}/250)$	
① 균열이 가지 않은 1방향 압축스트럿 또는 압축장 $f_{cd,\max} = 0.85\phi_o f_{ck}$	–
② 횡방향 철근비 0.4% 이상인 균열 발생 스트럿 $\theta > 75°$	0.85
③ 횡방향 철근비 0.4% 이상인 균열 발생 스트럿 $60° < \theta \le 75°$	0.75
④ 횡방향 철근비 0.4% 이상인 균열 발생 스트럿 $\theta \le 60°$	0.60
⑤ 횡방향 철근비 0.4% 미만인 균열 발생 스트럿 $\theta < 75°$	0.60

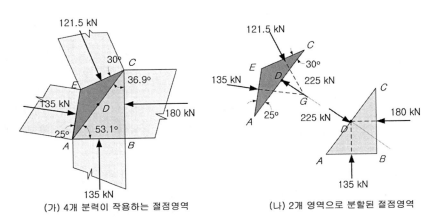

(가) 4개 분력이 작용하는 절점영역　　　　(나) 2개 영역으로 분할된 절점영역

그림 12.3-10 절점영역에 작용하는 힘들의 분력

(7) 절점영역에서 인장타이의 정착

스트럿-타이 모델을 이용한 설계에서 중요한 점은 스트럿-타이 모델의 단부에서 또는 연단에서 절점영역에 있는 타이 작용력을 정착시키는 일이다. 이 문제는 설계에 사용된 해석의 형태와는 무관하며, 구조물에서 탄성해석이거나 스트럿-타이 모델이거나 똑같이 일어난다. 실제로, 스트럿-타이 모델의 장점 중의 하나는 스트럿-타이 모델은 타이의 정착에 달려 있다는 고려사항에서 생긴 것이다. 절점영역에 하나의 타이를 정착시키기 위해서는 타이를 부착으로, 갈고리로, 아니면 철근의 자유단과 타이 철근량의 도심이 절점영역의 압축부에 있게 하는 점 사이에 기계적 정착장치로 정착시켜야 한다. 이것은 그림 12.3-10(가)의 점 A 에 해당한다. 철근을 갈고리로 정착시킨다면, 이 갈고리들은 될 수 있다면 지지 기둥으로부터 부재로 연장되는 철근 내에서 구속되어야 한다. 점 B에서 정착길이의 끝의 일반적인 위치는 확장 절점영역의 근사적인 크기와 구속을 감안해볼 때, 너무 짧은 것으로 여겨진다.

유럽의 규정에서는 타이철근과 수평으로 놓인 U-형 철근 간에 겹침이음을 이용하고 있다. 대표적으로 2단의 U-형 철근을 이용해서 한 단의 타이철근을 정착시키고 있다. U-형 철근의 각 층은 전체 철근 힘의 1/3을 정착하도록 설계되고 나머지 1/3은 타이 철근의 부착응력으로 정착하도록 하고 있다.

(8) 굽힘철근이 정착된 절점영역

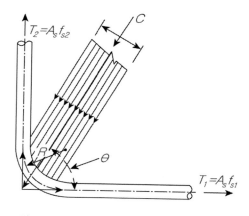

그림 12.3-11 굽힘철근으로 정착된 $C-T-T$ 절점

때로는 그림 12.3-11처럼 $C-T-T$에서 두 개의 인장타이를 직각으로 꺾은 철근으로 둘 수도 있다. 스트럿의 압축력은 지압과 스트럿에서 굽힘철근으로 전달되는 전단응력으로 정착될 수 있다. 그림 12.3-11은 철근 직경의 3배의 내부 반지름으로 90°로 꺾은 철근 내의 힘을 나타낸 것이다. 이 그림과 같은 실험에서 철근응력의 반 이상은 절곡 부분의 시점과 종점 사이에서 분산되는 것으로 나타났다. 이러한 철근 상세는 정역학 법칙과 굽힘철근 안쪽으로 콘크리트에 작용하는 지압응력에 대한 제한을 만족시켜야 한다.

12.3.6 지압부 설계

부분 영역에 큰 압축력이 작용하는 지압부에서는 콘크리트의 국부적 압축파괴와 횡방향 파열 인장 한계를 검증해야 한다. 등분포하중이 면적 A_{c0}에 작용하는 경우의 설계지압강도 F_d는 식 (12.3-16)으로 산정할 수 있다(그림 12.3-12).

$$F_d = \phi_c(0.85f_{ck})A_{c0}\sqrt{A_{c1}/A_{c0}} \leq 3.0\phi_c(0.85f_{ck})A_{c0} \qquad (12.3\text{-}16)$$

여기서, $A_{c0} =$ 지압력 재하면적

A_{c1}은 A_{c0}와 같은 형상을 갖는 최대 설계분포 면적으로 다음 조건을 만족해야 한다.

① 하중 작용방향의 분포 높이는 그림 12.3-12에 보인 조건을 만족해야 한다.
② 분포 면적 A_{c1}의 중심은 재하면적 A_{c0}의 중심을 지나는 작용선 상에 있어야 한다.
③ 콘크리트 표면에 두 개 이상의 압축력이 작용할 때 분포 면적 A_{c1}은 겹칠 수 없다.

또한 설계지압강도 F_d는 하중이 재하면에 균등하게 재하되지 않거나 높은 전단력이 작용하는 경우 감소시켜야 한다[12.1, 12.4, 12.6].

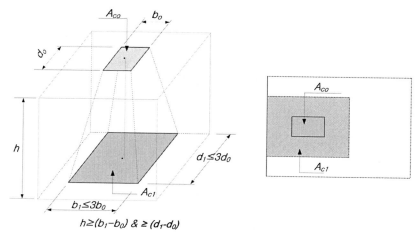

그림 12.3-12 부분 재하영역의 설계 분포 면적

예제 12.1 벽체의 D-영역 설계

이 예제는 기둥으로 지지된 내력벽의 설계를 다룬 것이며, 여기서는 스트럿-타이 모델의 선택과 사용방법을 설명하고, D-영역의 선정방법을 제시하고 몇 가지 가정을 위한 이유를 설명하기로 한다. 그림 12.3-13(가)에 보인 구조물은 B-영역과 5개의 D-영역으로 이루어져 있다. D2-영역과 D3-역의 철근량을 계산하고 배근한다. 벽체 두께는 350 mm이고 바닥 슬래브에 의한 구속으로 평면바깥 방향으로 좌굴이 발생하지 않는다. f_{ck} =30 MPa, f_y =400 MPa이다.

(1) D2-영역

① D-영역을 분리시킨다. 그림 12.3-13(가)를 참조한다.

② 그 영역의 경계면에 작용하는 내부 힘을 계산한다. 각 경계면에서의 응력을 $f = P/A$로 구할 수 있다고 가정한다. 벽체 상단에 작용하는 계수하중 P_u =2000 kN이다. 여기에 벽체의 중량은 240 kN이며, 이는 벽체의 중간높이 지점에 작용한다고 가정한다.

③ 경계면을 세분하고 힘의 합력을 계산한다. 상단 경계면은 기둥의 중앙에 하나의 힘이 작용하며, 하단 경계면은 2개로 등분해 각 1000 kN의 합력을 지지하는 것으로 본다.

④ 트러스를 그린다. 그림 12.3-13을 참조한다. 압축스트럿은 항상 점선으로, 인장타이는 실선

으로 표시된다. 이 트러스를 그릴 때 각 θ를 정해야 하는데, 후에 논의하겠지만, 이 값은 그림 12.3-5와 같은 응력궤적 곡선에서 얻거나 그냥 직접 가정하여 계산할 수도 있다. 대부분의 경우에 D-영역 안에 포함될 수만 있다면 2:1경사도를 가정한다(그림 12.3-13(다)).

$$\theta = \arctan 2 = 63.4°$$

⑤ 트러스 부재에 걸리는 응력을 검토한다.

- 인장타이 BC: $F_u = 1000\tan\theta = 500\,\text{kN}$이고, $A_s = \dfrac{F_u}{\phi_s f_y} = 500\times10^3/(0.9)(400) = 1390\,\text{mm}^2$

  이다.

  위의 면적을 가진 횡방향의 철근을 벽체의 폭만큼 배근하는데, 인장타이 BC의 위치에서 위아래로 각각 $0.3d$만큼 걸쳐 띠를 이루도록 한다(그림 12.3-13(라) 참조). 8개의 D16철근을 중심간격 300 mm로 하여 양면에 절반씩 배치하고 각 단부를 갈고리로 한다. 그러면 $A_s = 1600\,\text{mm}^2$가 된다. 상단철근은 벽체의 상단으로부터 760 mm 아래에 위치하게 된다.

- 절점 A: 콘크리트 압축스트럿이 퍼져나가는 형태를 하고 있으므로 가장 응력을 많이 받는 부분은 절점 A이다. 절점은 모든 면에서 압축력을 받고 있으므로, $C-C-C$ 절점이며 식 (12.3-13)을 적용하면 $f_{cd,\max} = (1 - f_{ck}/250)\phi_c f_{ck} = (1 - 30/250)(0.65)(30) = 17.16\,\text{MPa}$이 된다.

$$P_u = 2000\,\text{kN},\quad f_{c,\max} = \frac{2000\times10^3}{350\times350} = 16.32\,\text{MPa} < f_{cd,\max}\ \text{이므로 만족한다.}$$

(2) D3-영역

그림 12.3-13(가)와 (다)를 보면 D3-영역과 그 경계면에 작용하는 힘의 합력, 스트럿-타이 모델을 알 수 있다. 벽체의 자중은 계수하중 200 kN이 벽체의 중간높이에서 작용한다고 본다. 이 하중의 절반씩이 2개의 수직 압축스트럿에 작용한다. 여기서도 $\tan\theta$의 값을 2로 한다.

① 인장타이 FG: $T_u = 1100/\tan\theta = 550\,\text{kN}$, $A_s = 550\times10^3/(0.9)(400) = 1528\,\text{mm}^2$이다.

90°갈고리를 가진 4개의 D22철근($A_s = 4(387) = 1548\,\text{mm}^2$)을 한 단으로 배근하고, 기둥철근을 내부로 연장한다.

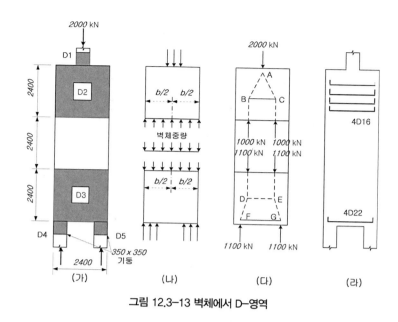

그림 12.3-13 벽체에서 D-영역

② 절점 F와 G : 이들 절점은 각각 인장타이를 고정시키고 있으므로 절점 A에서보다 더 낮은
유효압축강도를 사용하기로 한다. 이 절점은 $C-C-T$ 절점이므로 식 (12.3-14)를 적용
한다. 따라서 $f_{cd,\max} = 0.85(1-f_{ck}/250)\phi_c f_{ck} = 0.85(1-30/250)(0.65)(30) = 14.60\,\mathrm{MPa}$이다.

$$f_c = 1100 \times 10^3/((350)(350)) = 9.00\,\mathrm{MPa} < f_{cd,\max} \quad 만족한다.$$

그림 12.3-13(라)의 철근 외에도 도로교설계기준 5.12.8에 따라 벽체의 최소 철근을 배근
하고, 기둥의 철근을 압축정착길이만큼 벽체 내부로 연장하여야 한다.

예제 12.2 U-선회를 고려한 스트럿-타이 모델

그림 12.3-14(가)는 한 쪽 모서리에서 단면의 한 변이 300 mm인 정사각형 기둥을 지지하고 있
는 300 mm×2400 mm 크기의 벽체를 나타낸 것이다. 기둥에 가해지는 계수하중은 900 kN이다.
이 하중을 지지할 수 있는 스트럿-타이 모델을 작성한다. 콘크리트강도 $f_{ck} = 30\,\mathrm{MPa}$이고 철
근항복강도 $f_y = 400\,\mathrm{MPa}$이다.

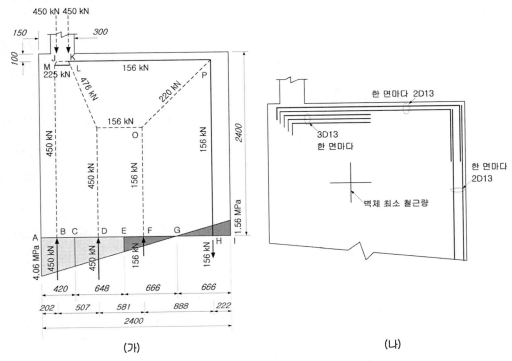

그림 12.3-14 벽체로 지지되는 기둥의 (가) 스트럿-타이 모델과 (나) 배근

(1) D-영역을 분리시킨다. D-영역을 수직방향으로 벽 폭만큼의 크기에 걸쳐 있다고 가정한다.

(2) 각 D-영역 경계면에서의 내부 힘을 계산한다. $f = P/A + My/I$를 이용해 D-영역의 하부 경계(단면 A−I)에서 응력을 구하면 각각 A에서 $f_{c,A}$ =4.06 MPa, I에서 $f_{c,B}$ =1.56 MPa이다.

(3) 경계면을 세분한 후, 그 세부 경계면에 작용하는 힘의 합력을 계산한다. 기둥에 가해지는 힘은 그림 12.3-14에서 볼 수 있듯이 2개로 양분되어 기둥의 양쪽 1/4 지점에 450 kN씩 작용한다. D-영역의 G-I부분에 작용하는 인장력은 다음과 같이 구해질 수 있다.

$$T = 1.56 \times 300 \times 666/2 = 156.0 \text{ kN}$$

위의 156 kN의 인장력에 대응하는 같은 크기의 압축력으로, 나머지 부분에서 기둥에서 전달되는 450 kN의 힘과 평형을 이루도록 경계면 A-G를 나누면 그림 12.3-14에 보인 것처럼 힘의 크기와 위치가 결정된다.

(4) 한쪽 경계면에서 다른 쪽 경계면으로 힘을 전달할 수 있도록 스트럿-타이 모델을 그린다. 압축스트럿은 점선으로, 인장타이는 실선으로 나타낸다. F와 H에 작용하는 힘들은 서로 상쇄된다. 이것은 부재 F-O, O-P, P-H를 따라서 이루어진다. 이러한 현상을 응력선회 또는 U-선회라고 한다. 부재 O-P의 경사각은 45°가 되도록 해서 점 P에서 부재 K-P에 수평방향의 인장력 156 kN이 생기게 된다. 이와 마찬가지로 점 O에서도 수평방향의 압축력 156 kN이 필요하다. 점 J에서 기둥 힘을 벽체의 가장자리로부터 225 mm만큼 떨어져 있다. 그러나 점 B에서의 압축력은 벽체의 가장자리로부터 202 mm만큼 떨어져 있다. 여기에서 생기는 위치의 변화는 2:1의 경사도를 가지고 있는 부재 J-L에 의해서 보완될 수 있다. 이 때문에 부재 J-K와 L-M에 각각 225 kN의 압축력과 인장력이 발생한다. 다른 부재들에 대해서도 차례로 평형조건을 적용하다 보면 그림 12.3-14의 부재력들이 구해진다.

(5) 트러스의 개별 부재가 부담하는 응력을 검토한다.

① 압축스트럿 : 그림 12.3-15는 절점 J, K, L, M을 확장시킨 모습이다. 이곳은 문제의 스트럿-타이 모델에서 여러 요소들이 가장 밀집되어 있는 D-영역으로서, 이 D-영역에서의 응력이 만족스러운 수준이라면 다른 곳에서도 모두 가능하다고 할 수 있다. 표 12.3-1에 제시되어 있는 절점과 압축스트럿의 유효압축강도를 이용해서 절점과 스트럿의 안전을 검토한다. 그림 12.3-15에서 압축스트럿은 연한 음영으로, 절점을 진한 음영으로 나타내었다. 이 그림에서 알 수 있듯이 어느 압축스트럿이나 절점도 서로 겹치지 않으므로 콘크리트에 가해지는 응력이 만족스럽다고 할 수 있다.

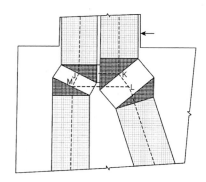

그림 12.3-15 기둥 하단부의 스트럿과 절점

벽체의 최소 철근은 D13을 450 mm 간격으로 세로방향으로 배근하고, 가로방향으로는 D13철근을 400 mm 간격으로 배근한다.

② 부재 P-H: 필요 $A_s = 156 \times 10^3 / (0.9)(400) = 433 \, mm^2$

벽체의 각 면에 2개의 D13철근을 수직으로 100 mm 간격으로 배근하되, 첫 번째 철근은 연단으로부터 50 mm 간격을 둔다.

③ 부재 K-P: 필요 $A_s = 433 \, mm^2$

P-H의 경우와 같이 배근을 한다. 이때 철근을 점 J 이상으로 이끌어내 정착시키며, 다른 끝은 구부려 P-H의 철근에 겹침이음한다.

④ 부재 L-M: 필요 $A_s = 225 \times 10^3 / (0.9)(400) = 625 \, mm^2$

벽체의 각 면에 3개의 D13철근을 수평으로 배근하며, 절점 L에서 정착시키고 절점 M을 지나쳐서 l_{bd} 만큼 연장시킨다. 최종 배근형태는 그림 12.3-14(나)와 같다.

12.4 깊은 보 Deep Beams

12.4.1 깊은 보의 해석과 거동

균열되지 않은 상태에서 깊은 보에 대한 탄성해석은 균열 발생 이전에만 의미가 있다. 깊은 보에서, 균열은 극한하중의 1/3 내지 1/2 정도에서 발생한다. 균열이 발생한 후에, 균열을 가로질러 인장응력이 생길 수 없기 때문에 응력의 재분배는 필연적이다. 탄성해석 결과는 균열 발생 이후 힘의 흐름과 균열의 방향에 따라 균열을 유발하고 그래서 지표가 되는 응력의 분배를 보여주기 때문에 중요하다. 그림 12.4-1(가), 12.4-2(가), 12.4-3(가)에서 점선은 주 압축응력의 방향과 나란하게 그려진 압축응력 궤적선이고, 실선은 주인장응력과 나란한 인장응력 궤적선이다. 균열이 생긴다면 실선에 직각방향으로 생길 것이다. 하중의 종류에 따라 발생하는 균열의 형상은 그림 12.4-4와 같다.

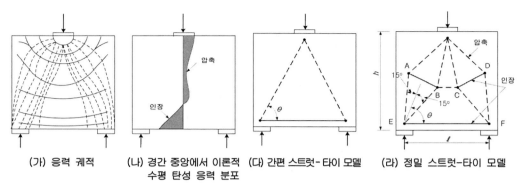

(가) 응력 궤적 　(나) 경간 중앙에서 이론적 　(다) 간편 스트럿-타이 모델 　(라) 정밀 스트럿-타이 모델
　　　　　　　　　　수평 탄성 응력 분포

그림 12.4-1 보 상단에 집중하중을 받는 단경간 깊은 보

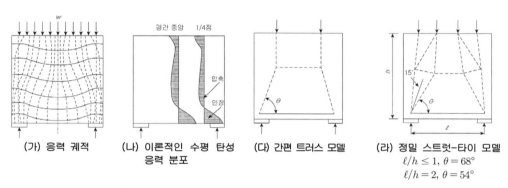

(가) 응력 궤적 　(나) 이론적인 수평 탄성 　(다) 간편 트러스 모델 　(라) 정밀 스트럿-타이 모델
　　　　　　　　　　응력 분포 　　　　　　　　　　　　　　　　　　$\ell/h \leq 1,\ \theta = 68°$
　　　　　　　　　　　　　　　　　　　　　　　　　　　　　$\ell/h = 2,\ \theta = 54°$

그림 12.4-2 보 상단에 분포하중을 받는 단경간 깊은 보

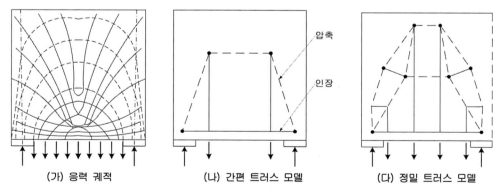

(가) 응력 궤적 　　　(나) 간편 트러스 모델 　　　(다) 정밀 트러스 모델

그림 12.4-3 하단에 분포하중을 받는 단경간 깊은 보

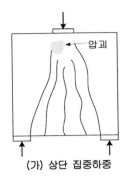 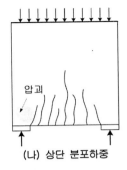 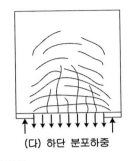

(가) 상단 집중하중　　　　(나) 상단 분포하중　　　　(다) 하단 분포하중

그림 12.4-4 단경간 깊은 보에서 하중 종류에 따른 균열 형상

경간 중앙에 집중하중을 지지하는 단경간 깊은 보에서 주 압축응력은 하중과 받침점을 잇는 점선과 거의 나란하게 작용하며 가장 큰 주인장응력은 보의 하단과 나란하게 작용한다. 경간 중앙의 수직면에 작용하는 수평 인장응력과 압축응력은 그림 12.4-1(나)에 보인 바와 같다. 보의 형상비가 대략 1.0이면 압축합력은 예상되는 직선 응력 분포보다는 인장타이에 더 가깝다. 그림에서는 알 수 없지만, 하단에서 휨응력은 경간 전체에 걸쳐 일정하다는 것을 주목할 필요가 있다. 그림 12.4-1(가)의 응력 궤적은 그림 12.4-1(라)에 나타낸 형상처럼 단순하게 될 수 있다. 다시 말하면 점선은 압축스트럿을 나타내며 실선은 인장타이를 나타낸다. 사잇각 θ는 $\ell/d = 0.80$이거나 작을 때 $\theta = 68°$ (2.5:1 경사)에서 $\ell/d = 1.8$일 때 $\theta = 40°$(0.85:1 경사)로 거의 직선적으로 달라진다. 이러한 보를 시험한다면, 그림 12.4-4(가)와 같은 균형 형상이 나타날 것이다. 그림 12.4-1(라)의 3개의 타이에는 각각 균열이 발생된다. 파괴에 이르면, 음영부분이 압괴되거나, 정착부에서 파괴가 일어날 것이다. 그림 12.4-1(다)의 스트럿-타이 모델은 그림 12.4-1(라)에 비해서 단순하게 나타낸 것이다. 이 모델로는 경사균열의 형성을 나타내지 못한다.

그림 12.4-2(가)는 보 상단에 분포하중을 받는 단경간 비균열, 탄성 보의 응력 궤적을 나타낸 것이고, 그림 12.4-2(나)는 경간 중앙과 1/4점의 수직면에 발생하는 수평응력 분포를 나타낸 것이다. 이 응력 궤적은 단순한 트러스로 나타낼 수 있으며 그림 12.4-2(라)처럼 조금 더 복잡하게 그려볼 수도 있다. 그림 12.4-2(다)의 경우에 분포하중은 두 부분으로 나뉜다. 각 부분은 그 합력을 나타낸다. 그림 12.4-2(라)의 경우에 분포하중은 네 부분으로 나뉜다. 사잇각 θ는 $\ell/d = 1.0$이거나 작을 때 대략 68°에서 $\ell/d = 2.0$일 때 54°로 달라진다. 그림 12.4-4(나)는 이

깊은 보에서 발생하는 균열 형상을 나타낸 것이다.

그림 12.4-3(가)는 보의 하단 턱에 등분포하중이 작용하는 깊은 보의 응력 궤적을 나타낸 것이다. 압축응력 궤적은 아아치를 형성한다. 균열형상은 하중이 철근에 의해서 상향으로 전달되고 있음을 보이고 있으며 지점에 하중이 전달될 때까지 압축 아아치로 작용한다.

그림 12.4-2(나)의 휨응력 분포와 그림 12.4-1, 2, 3의 스트럿-타이 모델에서 길이방향 인장타이의 힘은 깊은 보의 길이에 따라 일정하다는 것을 알 수 있다. 이것은 이 힘은 반력점 위로 절점에 정착되어야 한다는 것을 의미한다. 그렇게 하지 못하면 깊은 보가 파손될 수 있다[12.6].

12.4.2 깊은 보의 배근 설계

도로교설계기준의 5.6.2.1(1)항에 정의되어 있는 바와 같이 깊은 보는 전체 단면 깊이에 비해서 경간이 깊이의 4배 이하인 보이다. 많은 경우의 깊은 보에 대해 대표적인 스트럿-타이 모델을 직접 적용해서 극한하중조건에 필요한 배근 단면과 적절한 배치를 결정할 수 있다.

철근량을 산정하려면, 도로교설계기준의 5.12.9에 따라 직교방향으로 각각 콘크리트 단면의 0.2 % 인 '추가 철근량'으로 시작하는 것이 좋다. 비교적 가는 철근으로 구성된 이 철근량은 0.1 %씩 양면에 배치하고 수평철근은 정상적으로 수직철근 안쪽으로 배치한다. 이 직선 철근들은 연단 가까이에서 루프 모양의 철근과 중첩시키거나, 스터럽 형상의 철근을 배치해야 한다. 표피철근은 극한하중조건에도 유리하며, 특히 연단을 따라 형성된 현재인 경우에 주요 타이의 단면력에도 국부적으로 도움이 된다. 인장응력이 상당히 큰 곳에서는 하중 또는 구속 상태 또는 둘 다에 의해서 균열형성이 예상되며 균열의 고른 분포를 위해서 도로교설계기준의 5.8.3에서 기술한 바에 따라 배근을 설계해야 한다.

곡절판 작용이나 구속상태 또는 부등침하처럼 해석에서 고려되지 않은 다른 이유 때문에 깊은 보의 모든 연단을 따라 적어도 두 가닥의 굵은 철근을 배치해야 한다. 연단쪽의 주요 타이 철근은 몇 단으로 배치하여 받침부 위로 절점영역의 깊이 u를 키워야 하며 거기서 철근 정착을 용이하게 해야 한다. 실무에서는 단경간 깊은 보의 철근에 대해서 $0.12h$ 또는 0.12ℓ 크기의 깊이 중 작은 값을 권장하고 있다. 같은 이유로 단부 받침부에는 타이 철근 위로 추가의 수평

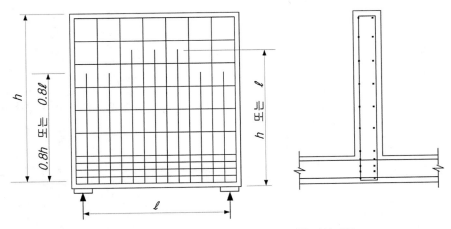

그림 12.4-5 보 하단 슬래브에 하중을 받는 깊은 보의 배근

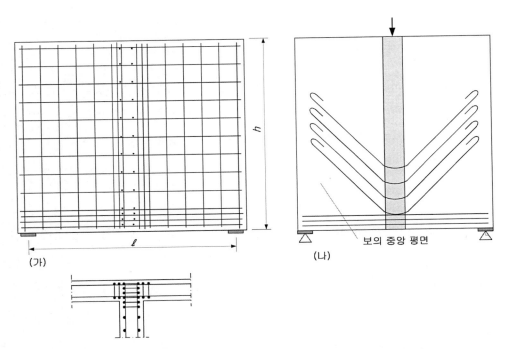

(가)

(나)

보의 중앙 평면

그림 12.4-6 인접 깊은 보의 간접 받침부가 되는 경우 걸개 철근으로 보강된 깊은 보

루우프 철근을 배치하는 것이 좋다. 깊은 보의 받침부 영역은 정상적으로는 구조체에서 가장 위험한 영역이다. 이 부분에 대해서 12.2.3에 제시한 규칙에 따라 상세하게 설계하고 세심하게

검증되어야 한다.

예를 들면 연속 깊은 보에서 (−)휨모멘트를 부담하는 타이 철근처럼, 연단에서 약간의 거리를 둔 모델의 타이는 넓은 인장응력장을 나타낸 것이며 그러므로 $0.6h$ 또는 $\ell < h$인 경우 0.6ℓ 에 해당하는 깊이에 철근이 고르게 배치되어야 한다. 단순한 선형 유한요소 해석에서 얻은 응력 분포를 이용하면 그러한 철근의 적절한 높이와 분포를 결정하는 데 도움이 된다.

깊은 보의 하단과 일체로 된 슬래브에서 매달린 하중이 작용하면 바닥판이 걸려 있는 아치교의 현수재처럼 압축스트럿에 하중을 걸기 위해서 스터럽 형상의 배근이 추가로 필요하다. 집중 매달린 하중도, 하중이 크고 꺾음 철근을 배치한다면, 같은 방식으로 처리될 수 있다. 이런 방식으로 배근하면 촘촘한 배근을 피하고 타이의 인장력을 줄이는 데 도움이 된다.

매달린 집중하중은 예를 들면 주 거더(간접 받침)에 지지된 가로보 때문에 생긴다. 이 하중은 세 가지 다른 방식으로 전달될 수 있을 것이라고 생각하는 게 좋다[12.6].

(1) 정상적으로 가로보는 마치 그곳에 받침으로 지지되어 있는 것처럼 하중을 하단 모서리로 전달한다고 가정한다. 가로보에서 전달되는 받침부 반력은 주 거더에 매달린 하중으로 작용한다. 매달린 하중에 대한 수직 보강철근은 두 개의 교차하는 보의 공통부분에 또는 인접한 곳에 배치하는 것이 좋다. 그렇게 하지 않으면, 평형을 이루기 위해서 상당한 양의 추가 수평 철근이 필요하게 된다.

(2) 모서리에 집중 절점을 피하는 다른 방법으로서 두 보 간의 전단력 전달은 보의 일정 깊이에 고르게 분포한다고 가정할 수 있다. 수직전단력은 실제로 경사 콘크리트 압축응력으로 저항되기 때문에 가장자리 어느 곳이든 수평방향 평형(또는 대각방향)을 이루기 위한 철근이 필요하다(그림 12.4-7(가)). 보의 깊이 방향으로 가정한 전단력 분포에 맞춰 보강철근이 필요하며, 이들 철근은 루우프를 두어 두 보가 만나는 영역에서 정착되어야 한다. 이 철근들은 (1)의 방법과 비교하면 받침부 근처에 위로 이동한 보의 인장타이의 일부를 구성한다.

그림 12.4-7(가)를 90°로 회전하면, 경사 압축대와 스터럽이 있는 보의 인장타이와 유사성이 분명해진다. 이것은 모든 철근콘크리트 구조물의 연단에서 아주 전형적인 상황이다.

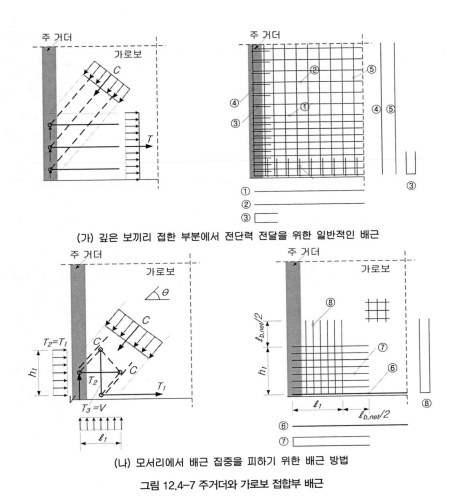

(가) 깊은 보끼리 접한 부분에서 전단력 전달을 위한 일반적인 배근

(나) 모서리에서 배근 집중을 피하기 위한 배근 방법

그림 12.4–7 주거더와 가로보 접합부 배근

(3) 반침부 근처의 힘의 분포를 더 좋게 하는 또 하나의 방법은 그림 12.4-7(나)에 보인 바와 같다. 경간 내에서 타이 힘의 내부 팔길이는 표준적인 경우 (1)에 대한 것과 같은 크기이다. 모서리 영역에 사방향 콘크리트 응력은 스트럿의 (확대)단면으로 나눈 스트럿 부담력 F_c의 두 배에 이른다는 것을 주목해야 한다. 인장력 F_{t2}와 F_{t3}에 대해 직교방향으로 추가의 철근이 배치되어야 하며, 이 힘들은 주인장타이 부담력 F_{t1}과 반침부 힘 V와 각각 같다. 모델의 절점은 철근 정착길이의 중앙점에 위치하며 따라서 철근은 적어도 정착길이의 반만큼 절점을 지나야 한다는 것을 명심해야 한다.

가장 대표적인 것으로 깊은 보는 단일 지간이던 연속지간이던 전달 거더 *transfer girder*로써 구실을 한다. 전달 거더는 하나 또는 그 이상의 기둥 하중을 부담하여 그 하중을 다른 기둥으로 전달한다. 깊은 보 작용은 벽체에서 그리고 파일 두부에서 발생하기도 한다. 그러한 부재들이 드문 것은 아닐지라도, 만족할 만한 설계방법이 최근에 개발되고 있다[12.6].

예제 12.3 깊은 보

그림 12.4-8과 같이 계수하중이 각각 1,000 kN인 두 개의 집중하중을 받는 순경간 4,200 mm인 단순지지된 철근콘크리트 깊은 보를 스트럿–타이 모델을 이용해서 설계하고자 한다. 보의 폭은 350 mm, 깊이는 1,400 mm, 집중하중이 작용하는 재하판의 길이는 400 mm, 폭은 350 mm이다. 콘크리트 기준압축강도 f_{ck} =30 MPa이고, 철근항복강도 f_y =400 MPa이다. 보의 자중은 무시한다.

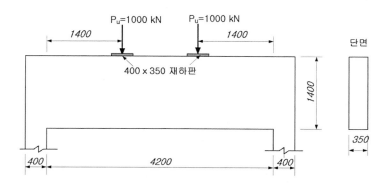

그림 12.4-8 철근콘크리트 깊은 보의 제원 및 설계하중

(1) 스트럿–타이 모델의 선정

그림 12.4-9는 깊은 보의 설계를 위해 선정한 스트럿–타이 모델은 나타낸 것이다. 수평 스트럿의 위치를 결정하기 위하여 휨 설계를 통해 콘크리트의 등가직사각형 응력블록의 깊이를 계산한다. 이때 D25 철근을 2단으로 배치한다고 가정한다. 철근의 중심에서 압축연단까지의 유효깊이 d는 다음과 같이 구할 수 있다.

$$d = h - 콘크리트\ 피복두께 - D16\ 스터럽\ 직경 - 인장타이\ 철근량\ 도심$$
$$= 1,400 - 40 - 16 - 25 - 15 \approx 1,300\ mm$$

여기서, 인장타이의 철근 연직방향간격은 30 mm이다. 유효깊이 d가 1,300 mm로 결정되므로, 하단 수평 철근타이의 중심선은 인장연단에서 100 mm 위쪽에 위치한다. 등가 직사각형 응력 블록의 깊이 $a = 248$ mm로 계산되고, 따라서 수평 스트럿의 깊이는 250 mm로 된다.

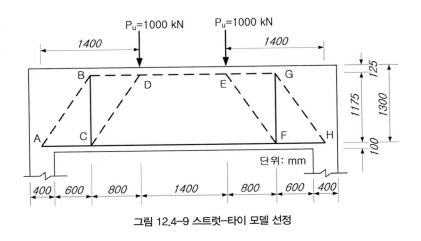

그림 12.4-9 스트럿-타이 모델 선정

(2) 스트럿과 타이의 단면력 산정

선정한 스트럿-타이 모델은 정정 트러스 구조이므로 절점의 힘 평형조건을 이용하여 그림 12.4-10과 같이 스트럿과 타이의 단면력을 구할 수 있다.

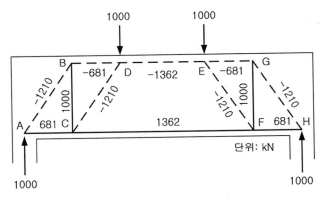

그림 12.4-10 스트럿-타이 모델의 스트럿과 타이의 단면력

(3) 배근

① 휨철근량 산정

깊은 보의 하부에는 타이 AC(FH)와 CF가 있다. 각 타이의 필요 철근량을 계산하면 다음과 같다.

타이 AC : $A_{st} = F_u/\phi f_y = 681 \times 10^3/(0.9(400)) = 1,892\,\text{mm}^2$

타이 CF : $A_{st} = F_u/\phi f_y = 1,362 \times 10^3/(0.9(400)) = 3,783\,\text{mm}^2$

타이 AC에는 필요 철근량(A_{st} =1,892 mm²)을 만족하도록 4D25(A_{st} =2,207 mm²)를 배근한다. 타이 CF에는 타이 AC에서 연장한 4D25로는 부족하므로 D25철근 4가닥을 추가로 배치하여 필요 철근량을 만족하도록 한다.

② 전단철근량 산정

전단력을 전달하기 위해 타이 BC에는 1,000 kN의 단면력을 전달하는 데 필요한 철근을 배치하여야 한다. 전단력을 전달하는 타이는 타이의 최대 유효폭 내에 넓게 분포된 스터럽의 배근형태를 보인다. 폐합형 D16 스터럽을 사용하여 타이에 필요한 스터럽 개수(n)를 구하면 다음과 같다.

스터럽 1개 인장력 : $A_v f_{yd}$ =2(200)(360)=144 kN

스터럽 필요 개수 : $1000/144 = 6.99 \approx 7$

타이 BC : 1,600/7=229 mm

그러므로 타이 BC에는 받침점에서 재하점까지 1,600 mm 구간에 폐합형 D16 스터럽을 200 mm 간격으로 배치한다.

(4) 스트럿과 절점영역의 강도 검토

스트럿과 절점영역의 강도검토는 1) 스트럿이 유효강도와 스트럿이 만나는 절점영역의 유효강도를 비교하여 그중 작은 유효강도값을 스트럿의 유효강도로 결정하고, 2) 이를 이용하여 결정한 스트럿의 필요 유효폭과 타이의 유효폭을 이용하여 차원화한 스트럿-타이 모델을 결정한 후, 3) 이 모델이 설계대상 구조물의 외부 기하학적 형상을 벗어나는지 또는 스트럿의 단면적의 중첩 발생 여부의 검토를 통해 수행한다. 이 예제에서는 적용한 스트럿-타이 모델 설계기준에서 제시하고 있는 스트럿과 절점영역 각각의 유효강도 규정을 만족시킬 수 있는 장점을 가지고 있다. 스트럿의 필요 유효폭 w_{req}은 스트럿의 단면력 F_u을 앞서 계산된 스트럿의 유효강도값 $f_{cd,\max}$와 폭 b로 나누어 계산한다. 여기서, $f_{cd,\max} = (\beta_n \text{ or } \beta_s)\nu\phi_c f_{ck}$이고, $\nu = (1 - f_{ck}/250,\ \phi_c = 0.65$이다. 그러므로 $\nu\phi_c f_{ck} = (0.88)(0.65)(30) = 17.16\,\text{MPa}$이다.

$$w_{req} = \frac{F_u}{f_{cd,\max}\,b}$$

위 식을 이용하여 스트럿 AB의 필요 유효폭을 계산하면 다음과 같다.

$$w_{req} = \frac{F_u}{f_{cd,\max}\,b} = \frac{1,210 \times 10^3}{0.75\,(0.88)(0.65 \cdot 30)(350)} = 269\,\text{mm}$$

여기서, 스트럿 AB의 유효압축강도계수 β_s는 0.75로 하였다. 표 12.4-1은 스트럿의 유효강도계수와 필요 유효폭을 보인 것이다. 스트럿-타이 모델의 절점영역 형상 결정은 일반적으로 4개 이상의 요소가 만나는 절점의 경우 유사한 방향의 스트럿 또는 타이의 합력을 위하여 스트럿-타이 모델 설계기준에서 제시하고 있는 $C-C-C$, $C-C-T$, $C-T-T$, $T-T-T$ 등 절점영역(3개의 요소가 만나는 절점영역)으로 변환하여 절점영역 형상을 결정하는 방법과 확장 절점영역을 절점영역으로 간주하여 결정하는 방법, 즉 절점영역을 구성하는 스트럿과 타이의 유효폭의 교차점을 연결하는 방법에 따라 결정된다. 이 예제에서는 앞서 소개한 방법 중 후자의 방법을 이용하여 절점영역의 형상을 결정하였다.

그림 12.4-11은 표 12.4-1의 스트럿의 필요 유효폭을 이용하여 차원화시킨 스트럿-타이 모델을 보인 것이다. 그림에서 재하판 및 지지판의 폭은 스트럿과 달리 최대 유효폭(하중판 및 지판의 크기)을 사용하였다. 타이 BC와 같이 넓게 분포되어 배근되는 전단철근의 경우에는 절점영역 형상을 결정하는 요소에서 제외하였다.

그림 12.4-11에서 타이 AC의 필요 유효폭은 타이의 단면력을 타이를 구성하는 절점 A와 C 영역의 유효강도 중 작은 값을 이용하여 결정한다. 타이 CF의 단면력 중 일부는 타이 AC에서 연장한 철근에 의해 전달되므로 타이 CF의 필요 유효폭은 타이 CF의 단면력에서 타이 AC의 단면력을 제외한 단면력에 대해서 타이 AC의 필요 유효폭 계산방법과 동일하게 적용하여 결정한다.

표 12.4-1 스트럿의 유효강도 및 필요 유효폭

요소기호	요소종류	β_s 또는 β_n	지배값	$f_{cd,\max}$	F_u(kN)	w_{req}(mm)
AB	스트럿 AB	0.75	0.75	12.87	1,210	269
	NZ A – CCT	0.85				
	NZ B – CCT	0.85				
BD	스트럿 BD	1.00	0.85	14.59	681	133
	NZ B – CCT	0.85				
	NZ D – CCC	1.00				
CD	스트럿 CD	0.75	0.75	12.87	1,210	269
	NZ C – CTT	0.75				
	NZ D – CCC	1.00				
DE	스트럿 DE	1.00	1.00	17.16	1,362	227
	NZ D – CCC	1.00				
	NZ E – CCC	1.00				

※ NZ : 절점영역 nodal zone

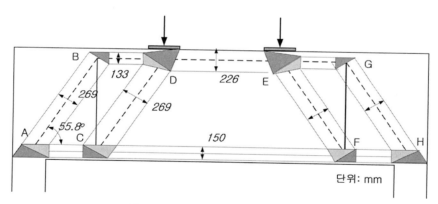

그림 12.4-11 치수로 나타낸 스트럿-타이 모델

(5) 균열 제어를 위한 최소 철근량 배근 및 철근 정착

① 최소 철근량 배근

스트럿 AB와 CD의 강도를 검토할 때 스트럿의 유효강도계수 β_s를 0.75로 결정하였으므로, 콘크리트구조기준 부록 I.3.3(2) 만족하도록 최소 철근량을 배치하여야 한다.

$$\Sigma \frac{A_{si}}{b\,s_i}\sin\gamma_i \geq 0.004$$

여기서, A_{si}는 콘크리트 스트럿 중심선과 이루는 각 γ_i로 배치된 철근의 전체 면적이다. 스트럿 AB와 CD를 가로지르는 철근량은 수직방향으로 D16의 폐쇄형 스터럽이 타이 BC 의 배근영역에 200 mm 간격으로 배근되어 있다. 따라서 수평방향으로 2D10 철근이 전 영역에 걸쳐 250 mm 간격으로 배근하는 것으로 가정하여 각 스트럿에 대해 최소 철근량 설계기준을 만족하는지 검토한다.

$$\text{AB, CD} : \Sigma \frac{A_{si}}{b\,s_i}\sin\gamma_i = \frac{198.7 \times 2}{350 \times 200}\sin 34.2 +° \frac{71.3 \times 2}{350 \times 250}\sin 55.8° = 0.0045 \geq 0.004$$

또한 배근간격은 도로교설계기준 5.12.9절의 깊은 보의 최소 철근량 배근규정을 만족하 여야 한다. 모든 스트럿이 최소 철근량 규정을 만족하므로 수직방향은 D16 폐쇄형 스터 럽을 200 mm 간격으로, 수평 방향은 2D10 철근을 250 mm 간격으로 배근한다.

② 철근 정착

설계기준 4.3절에서는 타이의 정착을 기계적 장치, 포스트텐션 정착장치, 표준갈고리, 또 는 철근의 연장에 의해 이뤄져야 한다고 규정하고 있다. 타이 AC의 정착을 위해 90° 표 준갈고리를 사용하면 정착길이 l_{bd}는 도로교설계기준 5.11.4절에 따라 다음과 같이 구할 수 있다.

$$f_{bd} = 2.25\eta_1\eta_2 f_{ctd} = 2.25(1.0)(1.0)(0.65)(0.7 \times 0.3 f_{cm}^{2/3})) = 3.22\,\text{MPa}$$

직각방향 압력 $p = 1000 \times 10^3/(400 \times 350) = 7.14\,\text{N/mm}^2$

$$l_b = (d_b/4)(f_{yd}/f_{bd}) = (25/4)(360/3.22) = 700\,\text{mm}$$

$\alpha_1 = 1.0,\ \alpha_2 = 1.0,\ \alpha_5 = 1 - 0.04(7.14) = 0.714,\ \alpha_6 = 0.7(90°\ \text{표준갈고리}).$

그러므로 $l_{bd} = \alpha_1\alpha_2\alpha_5\alpha_6 l_b = (1.0)(1.0)(0.7)(0.714)(700) = 350\,\text{mm}$ 이다.

타이 AC를 설계영역의 단부까지 연장하여 표준갈고리를 이용하여 정착시키면 유용한 정착길이는 그림 12.4-12와 같이 다음과 같다.

$408.0[=400+100/\tan55.8°-50(\text{피복두께})-10(\text{수평전단철근 직경})]\,\text{mm}$

따라서 필요한 정착길이보다 배근된 정착길이가 크므로 타이 AC는 정착조건을 만족한다.

타이 CF의 4D25 철근량은 타이 AC로 연장되므로 정착이 필요 없으나 추가로 배근되는 4D25 철근량을 철근의 연장에 의해 정착시키면 타이의 정착길이 $l_{bd} = 700 \text{ mm}$ 로 한다.

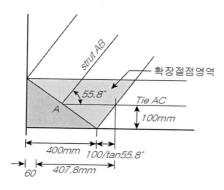

그림 12.4-12 타이 AC의 정착길이

타이 CF를 보의 단부까지 연장하여 정착시키면 유용한 정착길이는 1,208($=1,200+100/\tan55.8° - 50$(피복두께) -10(수평전단철근 직경)) mm이다. 따라서 필요한 정착길이보다 배근된 정착길이가 크므로 타이 CF는 정착조건을 만족한다.

(6) 배근 상세

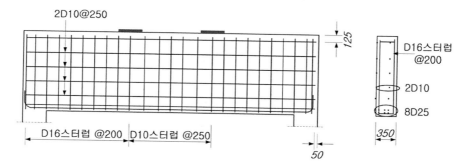

그림 12.4-13 철근콘크리트 깊은 보의 배근 상세

12.5 내민 받침 Corbels

내민 받침은 하중을 받기 위해 기둥이나 벽체로부터 캔틸레버식으로 돌출한 짧은 부재를 말한다. 내민 받침은 기둥이나 벽체와 일체식으로 시공된다. '내민 받침'이라는 용어는 일반적으로 전단 경간과 부재 깊이의 길이비 a/d가 1 이하인 캔틸레버에 국한해서 사용한다.

12.5.1 구조적 거동

내민 받침의 위와 아래 부분을 통해 기둥에 유발된 전단력은 기둥의 띠철근에 생기는 인장력과 띠철근 사이의 압축스트럿에 발생하는 압축력으로 지지된다. 실험을 통해 밝혀진 내민 받침의 파괴양상은 여러 가지가 있지만 그중 가장 흔한 것으로는 인장타이의 항복, 하중을 받는 점이나 기둥 내에서의 인장타이의 정착파괴, 압축스트럿이 압축으로 파괴되거나 전단에 의한 파괴, 지압판 하부에서의 국부파괴 등이 있다. 그림 12.5-1(가)처럼 인장철근을 아래 방향으로 갈고리 처리하는 경우에는 철근 바깥 부분의 콘크리트가 떨어져나가면서 파괴가 일어날 수 있다. 인장철근은 그것을 가로지르는 철근이나 강판에 용접하여 정착시켜야 한다. 내민 받침 바깥면 쪽에서 인장타이를 수평 고리 모양으로 구부리는 것도 하나의 방법이 될 수 있지만, 시공이 힘들고 피복두께를 증가시켜야 하는 단점이 있다. 그림 12.5-1(나)에서 볼 수 있는 것과 같이 내민 받침의 바깥쪽 두께가 너무 얇은 경우에는 균열이 내민 받침 전체를 관통해 생길 수 있는 위험이 있다. 이러한 이유로 콘크리트구조기준 12.9.2에서는 지압판 바깥쪽에서 내민 받침의 깊이가 $0.5d$ 이상이 되도록 하고 있다[12.11, 12.15].

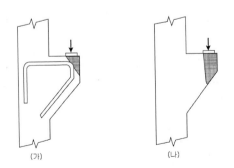

그림 12.5-1 잘못된 상세 설계로 인한 내민 받침의 파괴

12.5.2 내민 받침의 설계

서로 밀접한 관계에 있는 2가지 설계방법을 소개하도록 한다. 하나는 스트럿-타이 모델을 이용한 방법이고, 다른 하나는 콘크리트구조기준 12.9에 따른 설계방법이다. 스트럿-타이 모델을 이용한 방법이 더 융통성이 있다고 할 수 있지만, 콘크리트구조기준의 적용범위에서는 두 방법이 본질적으로 같은 결과를 제시한다.

예제 12.4 단일 내민 받침

설계 대상 구조물은 350 mm×350 mm 크기의 정사각형 기둥에서 돌출된 단일 내민 받침이다. 설계하고자 하는 내민 받침은 프리캐스트 보의 반력을 지지하고 있고 기둥 면으로부터 125 mm 떨어진 위치에 V_u =250 kN의 계수전단력이 작용하고 있으며 크리프와 수축변형에 의하여 계수전단력의 20 %인 수평방향 인장력 N_u =50 kN이 작용하는 것으로 가정한다. 그림 12.5-2는 설계 대상 구조물의 제원, 형상 및 하중조건을 보인 것이다. 콘크리트 기준압축강도 f_{ck} =30 MPa이고 철근항복강도 f_y =400 MPa이다. 내민 받침은 그림 12.5-2에 보인 바와 같은 지압판을 포함하고 있으며 전단경간비(a/d)는 0.24이다. 설계기준을 만족시키기 위해 그림 12.5-3과 같은 스트럿-타이 모델을 선정하였다.

(1) 지압판 치수의 결정

지압판 하부의 절점역역은 $C-C-T$절점이며 유효압축강도는 다음과 같다.

$$f_{cd,\max} = \beta_n \nu \phi_c f_{ck} = 0.85(1-30/250)(0.65)(30) = 14.60 \text{ MPa}$$

지압판의 치수를 300 mm×150 mm로 선택하면 지압판의 면적은 350×150=45,000 mm²이므로 지압응력은 250 kN/45,000 mm²=5.56 MPa이고, 이것은 최대 지압응력 $f_{cd,\max}$ =14.60 MPa보다 작으므로 선택한 지압판의 치수는 적절하다.

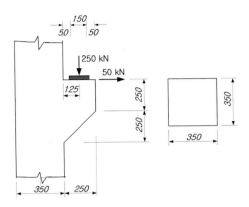

그림 12.5-2 내민 받침의 제원, 형상 및 설계하중

(2) 내민 받침 치수의 선택

설계기준은 전단경간에 대한 깊이의 비 a/d가 1.0 이하이며 지압면의 외측단 깊이는 적어도 0.5d 이상으로 할 것을 요구하고 있다. 설계기준을 만족시키기 위하여 그림 12.5-2와 같이 내민 받침의 치수를 선택하였다.

(3) 스트럿-타이 모델의 선정

그림 12.5-3과 같은 간단한 스트럿-타이 모델을 선택한다. 인장타이 CB의 중심선은 내민 받침 상부면에서 50 mm 떨어진 위치로 가정하면 $d=500-50=450$ mm이다. 수평타이 DA는 내민 받침의 경사면과 기둥이 만나는 점과 수평을 이루는 것으로 가정한다.

스트럿 DD'의 중심선은 스트럿의 유효폭를 w_s 계산하여 결정하며 절점 A에 대한 휨모멘트를 절단법에 의해 계산하면 다음과 같다.

$$\Sigma M_{atA} = 250(300 + 125) + 50(500) = F_{u,DD}\left(300 - \frac{w_s}{2}\right)$$

여기서, $F_{u,DD} = f_{cd,\max}\, b\, w_s$이고 지압판 하부의 절점 C와 절점 D 역시 $C-C-T$ 절점이므로 $f_{cd,\max} = 14.60$ MPa로 제한된다. 따라서 $F_{u,DD} = f_{cd,\max} b w_s = 14.6(350)w_s\, /1,000 = 5.0 w_s$가 된다. 위의 식에 대입하여 정리하면, $w_s = 104$ mm, $F_{u,DD} = 525$ kN이다.

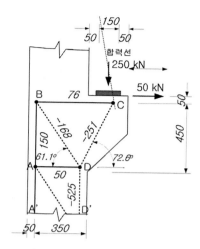

그림 12.5-3 선정한 스트럿–타이 모델

(4) 스트럿과 타이의 단면력 산정

선정한 스트럿–타이 모델은 정정 트러스 구조이므로 절점의 힘 평형조건을 이용하여 그림 12.5-3과 같이 스트럿과 타이의 계수단면력을 구할 수 있다.

표 12.5-1 스트럿과 타이의 단면력

부재	CD	CB	BD	BA	DA	DD'
단면력(kN)	−251	+76	−168	+150	+50	−525

(5) 철근의 배치

타이 CB에 요구되는 철근량은 다음과 같다.

$$A_s = F_{u, CB} / \phi f_y = 76{,}000/0.9\,(400) = 211 \text{ mm}^2$$

4D10을 선택하면 $A_s = 4\,(71.3) = 285.2 \text{ mm}^2$

타이 DA에 요구되는 철근량은 다음과 같다.

$$A_s = F_{u, DA} / \phi f_y = 50{,}000/0.9\,(400) = 140 \text{ mm}^2$$

2D13을 선택하면 $A_s = 2\,(126.7) = 253.4 \text{ mm}^2$ 이며 상하로 50 mm의 간격의 후프로 배치한다.

(6) 절점영역의 설계

(3)에서 선택한 절점영역 D의 유효폭 w_s는 절점영역에서의 응력제한을 만족하므로 절점영역 C에 대한 검토가 필요하다. 절점영역 C의 응력제한을 만족시키기 위한 유효폭 w_t는 다음과 같다.

$$w_t = F_{u,CB} = \phi f_{ce} b = 76{,}000/14.60(350) = 15.0\ \mathrm{mm}$$

단계 3에서 타이 CB의 중심선을 코벨 상단으로부터 50 mm로 가정하였으므로 타이의 폭은 2(50)=100 mm이다. 따라서 유효폭 w_t는 타이 CB의 절점영역 C의 응력제한을 만족한다. 인장 타이 CB에 사용된 4-D10 철근은 정착을 위하여 형강(L-100×100×10)에 용접하며 그 설계상 세는 그림 12.5-4와 같다.

(7) 스트럿의 강도 검토

내민 받침 외면에 면한 스트럿 CD는 절점영역 C와 D에 의해 결정되는 치수에 근거하여 강도를 검토한다. 나머지 스트럿은 스트럿의 유효폭을 계산하여 사용가능한 공간에 배치될 수 있는지 여부를 검토한다. 스트럿 CD의 강도는 다음과 같다.

$$F_{us} = f_{cd,\max} A_c$$

여기서, $f_{cd,\max} = \beta_s \nu \phi_c f_{ck} = (0.75)(0.88)(0.65)(30) = 12.87\ \mathrm{MPa}$이다.

A_c는 스트럿 양단의 면적 중 작은 값이며, 그림 12.5-4에서 보인 바와 같이 $A_c =350(94)=$ 32,900 mm²이다. 따라서 $F_{us} =12.87×32{,}900/1{,}000=423.0$ kN이다. 표 12.5-1에서 스트럿 CD의 단면력은 −251 kN이며 이 값은 $F_{us} =423.0$ kN보다 작으므로 스트럿 CD는 적절하다. 스트럿 BD의 유효압축강도는 $f_{cd,\max} =12.87$ MPa로 제한되기 때문에 스트럿 BD에 요구되는 폭은 $F_{u,BD}/(f_{cd,\max} b) =168(1{,}000)/12.87=37.3$ mm이다. 스트럿 DD′에 요구되는 폭은 단계 3에서 결정된 106 mm로 한다. 그림 12.5-4에 보인 바와 같이 모든 스트럿의 폭이 내민 받침의 외곽선 내에 위치하므로 적절한 설계이다.

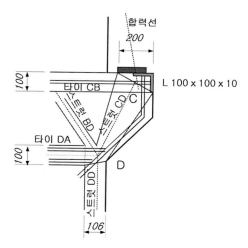

합력선
200

타이 CB
L 100 x 100 x 10
100
스트럿 BD
스트럿 CD
C
타이 DA
100
D
스트럿 DD
106

그림 12.5-4 스트럿-타이 모델 구성요소의 치수

(8) 균열 제어를 위한 최소 철근량의 배근

설계기준에 따르면 단면적 A_s의 주인장철근인 인장타이 CB에 평행한 폐쇄 스터럽이나 띠철근은 전체 단면적 A_h가 $0.5(A_s - A_n)$ 이상이어야 하고, A_s에 인접한 유효깊이의 2/3 내에 균등하게 배치되어야 한다.

$$A_h = 0.5(A_s - A_n) = 0.5(A_s - N_u/\phi f_y) = 0.5(211 - 50(1{,}000)/0.9(400)) = 36 \text{ mm}^2$$

유효깊이는 450 mm이므로 300 mm 내에 세 개의 폐합 스터럽(D10)을 배치하면 $A_h = 3(2)(71.3) =$ 427.8 mm²이므로 요구철근량 36 mm²를 만족한다.

스트럿의 유효압축강도계수 β_s는 0.75로 결정하여 강도검토를 수행하였으므로 콘크리트구조기준 부록 I.3.3(2)을 만족하도록 최소 철근량을 배근하여야 한다.

$$\Sigma \frac{A_{si}}{bs_i} \sin\gamma_i \geq 0.004$$

여기서, A_{si}는 콘크리트 스트럿 중심선과 이루는 각 γ_i로 배치된 철근의 전체 면적이다. 각 스트럿에 대해 최소 철근량 설계규정 만족 여부를 검토하면 아래와 같다.

$$\text{스트럿 BD}: \Sigma \frac{A_{si}}{bs_i}\sin\gamma_i = \frac{3(71.3)}{350 \times 100}\sin 61.1 = 0.00535 \geq 0.003$$

$$\text{스트럿 CD}: \Sigma \frac{A_{si}}{bs_i}\sin\gamma_i = \frac{3(71.3)}{350 \times 100}\sin 72.6 = 0.0058 \geq 0.003$$

모든 스트럿에 대해 최소 철근량 규정을 만족하므로 D10의 폐쇄 스터럽을 100 mm 간격으로 배근한다.

(9) 철근 배근 상세

상단 주철근 4D10의 갈고리 정착길이가 검토되어야 한다.

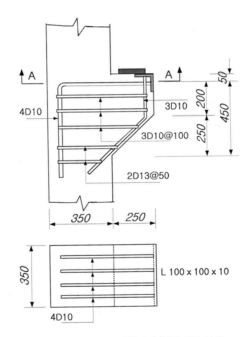

그림 12.5–5 내민 받침부의 철근 배근 상세

12.6 ㄱ-형 단부 Dapped Ends

프리캐스트 보의 단부는 그림 12.6-1에서 보는 바와 같이 높이를 줄여 돌출시킨 단부에 지지되기도 하는데, 이를 ㄱ-형 단부 *dapped ends*라고 한다. 이에 대한 여러 설계절차가 있지만, 가장 좋은 방법은 역시 스트럿-타이 모델을 이용하는 것이다[12.11, 12.15].

12.6.1 모델의 구성

그림 12.6-1은 실험에서 나타난 균열 형상과 비교하여 ㄱ-형 단부에 대한 4가지 일반적인 스트럿-타이 모델을 보인 것이다. 균열은 그림 12.6-1(가)의 오목한 모서리 부분인 점 A에서 시작한다. 그림 12.6-1(나)~(라)까지의 모든 스트럿-타이 모델은 모두 단면의 감소가 시작되는 부분에 인장타이 BC와 반력의 상부에 경사진 압축스트럿 AB를 포함하고 있다. 실험 결과에 의하면, 인장타이 BC에 해당하는 수직 스터럽을 배근할 때, 보의 상단에서 주철근 주위에 135°갈고리를 가진 폐합형 스터럽이 개방형 스터럽보다 더 나은 저항력을 보였다. 스트럿 AB에 가해지는 압축력의 수평성분은 타이 AD에 걸리는 인장력과 평형을 이룬다. 그림 12.6-1의 세 가지 스트럿-타이 모델은 수평 타이를 점 D에 정착시키는 방법에서 서로 차이가 난다. 그림 12.6-1의 모델은 타이 CE에 걸리는 힘이 그림 12.6-1(나) 모델의 타이 CF에서의 해당 힘보다 작아서 정착시키기가 더 쉽다는 이점이 있다. 그림 12.6-1(라)에서는 타이 AD가 스트럿 CE에 의해서 고정되는데, 그림 12.6-1(가)의 균열이 이 스트럿을 가로지르고 있어서 결국 불가능한 모델이라고 할 수밖에 없다. 그림 12.6-1(마)의 스트럿-타이 모델은 경사진 타이 BC와 반력지점의 상부에 수직 스트럿이 있다. 여기서는 타이 BC를 인장쪽 상단에 정착시키는 데 주의를 기울여야 한다. 점 A에 수평방향의 타이를 보강하여 프리캐스트 보의 구속된 수축 때문에 발생하는 인장력에 대비하는 것이 일반적이다.

ㄱ-형 단부를 설계할 때는 돌출부분의 깊이를 보 전체 높이의 절반 이상으로 하는 것이 좋다. 모델에서는 돌출부분에 들어갈 스트럿 AB의 경사도가 45°보다 작지 않도록 충분한 높이를 가지도록 해야 한다. 그렇지 않으면 받침점에서 만나는 스트럿과 타이에 가해지는 힘이 너무 커져서 단순한 방법으로는 처리하기가 어려워진다. 또한 모서리 근처에서 철근을 정착시킬 때

에도 상당한 주의가 필요하다.

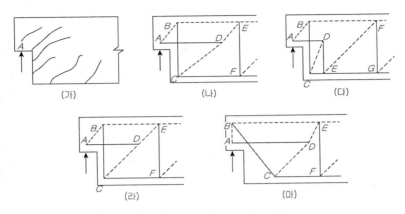

그림 12.6-1 ㄱ-형 단부의 스트럿-타이 모델

예제 12.5 ㄱ-형 단부가 있는 T-단면 보

받침점의 하중을 보로 전달하는 ㄱ-형 단부는 D-영역으로서 스트럿-타이 모델은 이러한 영역의 설계에 효과적인 설계방법이다. ㄱ-형 단부는 주차장 구조물과 같은 곳에 ⊥-형 보와 연결된 형태로 많이 사용되고 있다. ⊥-형 보 위에 ㄱ-형 보의 하중이 가해진 각 받침점에서 D-영역이 형성된다. 스트럿-타이 모델을 이용한 설계를 위해 선정한 ㄱ-형 보는 그림 12.6-2와 같이 ⊥-형 보에 의해 지지되며, 이 보의 복부 폭은 300 mm이고 단면 깊이는 550 mm이다.

⊥-형 보의 받침폭은 200 mm이다. 경간이 10 m인 ㄱ-형 단부 T형 보는 ⊥-형 보를 따라 3,200 mm 간격으로 배치되어 있다. ㄱ-형 단부 T형 보에는 활하중 5 kN/m²와 고정하중 4 kN/m²가 작용한다. 따라서 보에 가해지는 활하중은 16.0 kN/m(=5×3.2)이고 고정하중은 13.2 kN/m이며, 하중조합 1.25D+1.8L에 의해 전체 계수하중은 45.5 kN/m이고, 계수휨모멘트 M_u =(45.5)(10.0²)/8 =569.0 kN·m, 계수전단력 V_u =227.7 kN이다. 받침점에서의 수평력 N_{uc} =44.5 kN으로 가정한다.

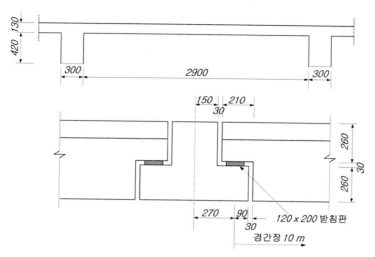

그림 12.6-2 ㄱ-형 단부 T 단면 보와 받침부 단면

콘크리트기준압축강도 f_{ck} =40 MPa이고 철근항복강도 f_y =400 MPa이다.

(1) 스트럿-타이 모델의 선정

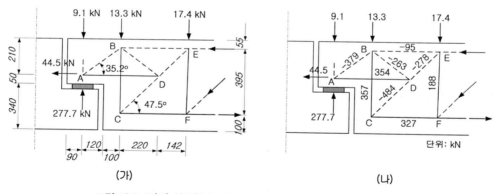

그림 12.6-3 (가) 선정한 스트럿-타이 모델과 계수하중 및 (나) 단면력

ㄱ-형 단부 T형 보의 설계를 위해 선정한 스트럿-타이 모델은 그림 12.6-3과 같다. 타이 CF 는 주인장철근의 중심에 위치하는 것으로 가정하여 유효깊이 d에 위치한다. 전단철근을 D10 으로, 주인장철근을 2단의 D29로 배근한다고 가정하면 철근의 중심에서 압축연단까지의 유효

깊이 d는 다음과 같이 구할 수 있다.

$$d = h - 피복두께 - 스터럽 \ 직경 - 주철근 \ 직경 - 주철근 \ 중심거리$$
$$= 550 - 40 - 10 - 29 - 20 \fallingdotseq 450(mm)$$

스트럿 BE는 전체 깊이 h의 10 %와 같은 깊이에 위치하는 것으로 가정한다. 타이 AD의 위치는 지지판의 콘크리트 피복두께를 고려하여 결정하였으며, 타이 BC는 여러 개의 수직 스터럽을 나타내므로 부재의 단부에서 100 mm 떨어진 위치에 배치한다. 스트럿 BC, CD는 절점 A에서 타이 BC까지의 수평거리가 절점 D에서 타이 BC까지의 수평거리가 같도록 하며, 스트럿 DE는 스트럿 CD와 기울기가 같도록 결정한다. 분포하중은 가장 가까운 스트럿-타이 모델의 상부 절점에 분배하여 작용한다.

(2) 스트럿과 타이의 단면력 산정
선정한 스트럿-타이 모델은 정정 트러스 구조이므로 절점의 힘 평형조건을 이용하여 그림 12.6-3(나)와 같이 스트럿과 타이의 단면력을 구할 수 있다.

(3) 철근의 배치
① 휨철근의 산정

ㄱ-형 단부 T형 보에서는 지지점과 연결된 타이 AD와 보 하부의 타이 CF를 휨철근으로 볼 수 있다. 각 타이의 필요 철근량을 계산하면 다음과 같다.

타이 AD : $A_{st} = F_u / \phi f_y = 354 \times 10^3 / 0.9 \ (400) = 983 \ mm^2$

타이 CF : $A_{st} = F_u / \phi f_y = 327 \times 10^3 / 0.9(400) = 908 \ mm^2$

타이 AD 위치에는 필요 철근량에 맞게 3D22($A_{st} = 1{,}161 \ mm^2$) 철근을 배치한다. 타이 CF 위치에는 필요 철근량을 맞게 2D29($A_{st} = 1{,}285 \ mm^2$)을 배근하면 되지만, 시공의 효율성을 고려하여 ㄱ-형 단부 T형 보의 휨설계를 통해 결정한 6D29를 배근한다.

$(A_{st} = 3{,}584 \ mm^2 \geq A_s = M_u / \phi f_y (d - a/2) = 569 \times 10^3 / (0.9 \times 400 \times (450 - 20/2)) = 3{,}592 \ mm^2)$

② 전단철근의 산정

전단력을 전달하기 위해 BC와 EF 타이 위치에는 357 kN과 188 kN의 단면력을 전달하는 데 필요한 철근을 배근하여야 한다. 전단력을 전달하는 타이는 타이의 최대 유효폭 내에 넓게 분포된 스터럽의 배근형태를 가진다. 타이 BC는 D19 폐합형 스터럽, 타이 EF는 D13 폐합형 스터럽을 사용하여 타이에 필요한 스터럽의 수(n)를 구하면 다음과 같다.

타이 BC : $n = F_u / A_{st}\phi f_y = 357 \times 10^3 / (2 \times (287)(0.9)(400)) = 1.73 ≒ 2$

타이 EF : $n = F_u / (A_s\phi f_y) = 188 \times 10^3 / (2 \times (127)(0.9)(400)) = 2.10 ≒ 3$

결정한 스터럽의 수를 이용하여 타이의 최대 유효폭은 타이 BC : 200 mm=100×2, 타이 EF : 362 mm=0.5×362×2 내에서의 필요 배근간격 s를 구하면 다음과 같다.

타이 BC : $200/2 = 100$ mm

타이 EF : $362/3 = 121$ mm

따라서 타이 BC 위치에는 D19의 폐합형 스터럽을 100 mm 간격으로 배근하고, 타이 EF 위치에는 D13의 폐합형 스터럽을 120 mm 간격으로 배근한다.

(4) 스트럿과 절점영역의 강도 검토

스트럿과 절점영역의 강도 검토는 1) 스트럿의 유효강도와 스트럿이 만나는 절점영역의 유효강도를 비교하여 그중 작은 유효강도값을 스트럿의 유효강도로 결정하고, 2) 이를 이용하여 결정한 스트럿의 필요 유효폭과 타이의 유효폭을 이용하여 차원화된 스트럿-타이 모델을 결정한 후, 3) 이 모델이 설계 대상 구조물의 외부 기하학적 형상을 벗어나는지 또는 스트럿 단면적의 중첩 발생 여부의 검토를 통해 수행한다. 이 예제에서 적용한 이러한 스트럿과 절점영역의 강도 검토 방법은 한번의 강도 검토 절차를 통해 스트럿-타이 모델 설계기준에서 제시하고 있는 스트럿과 절점영역 각각의 유효강도 규정을 만족시킬 수 있는 장점을 가지고 있다. 스트럿의 필요 유효폭 w_{req}은 스트럿의 단면력 F_u을 앞서 계산된 스트럿의 유효강도값 $f_{cd,\max}$과 두께 b로 나누어 계산한다.

$$w_{req} = \frac{F_u}{f_{cd,\max}\, b}$$

위 식을 이용하여 스트럿 AB의 필요 유효폭을 계산하면 다음과 같다.

$$w_{req} = 379 \times 10^3 / (0.60(0.84)(0.65)(40) \times 300) = 96 \text{ mm}$$

여기서, 스트럿 AB의 유효압축강도계수 β_s는 도로교설계기준 5.7.5.2의 규정을 만족하지 않는 것으로 가정하여 0.60으로 결정하였다. 표 12.6-1은 스트럿의 유효강도계수와 필요 유효폭에 대한 계산 결과를 정리한 것이다.

표 12.6-1 스트럿의 유효강도와 필요 유효폭

요소번호	요소종류	β_s or β_n	$\beta_{s,mod}$	$f_{cd.\max}$	F_u (kN)	w_{req} (mm)
	스트럿 AB	0.60				
AB	NZ[*] A-CCT	0.85	0.60	13.10	379	96
	NZ B-CCT	0.85				
	스트럿 BD	0.60				
BD	NZ B-CCT	0.85	0.60	13.10	263	67
	NZ D-CCT	0.85				
	스트럿 BE	1.00				
BE	NZ B-CCT	0.85	0.85	18.56	95	17
	NZ E-CCT	0.85				
	스트럿 CD	0.60				
CD	NZ C-CCT	0.85	0.60	13.10	484	123
	NZ D-CCT	0.85				
	스트럿 DE	0.60				
DE	NZ D-CCT	0.85	0.60	13.10	278	71
	NZ E-CCT	0.85				

※ NZ = 절점영역

(5) 균열 제어를 위한 최소 철근량의 배근 및 철근 정착

① 최소 철근량의 배근

스트럿 AB, BD, CD, 그리고 DE의 강도를 검토할 때, 스트럿의 유효강도계수 β_s는 설계기준 5.7.5.2를 만족하지 않는 것으로 가정하였으므로 최소 철근량 설계기준을 검토할 필요가 없다.

② 철근의 정착

도로교설계기준 5.7.5.3절에서는 타이의 정착을 기계적 장치, 포스트텐션 정착장치, 표준 갈고리, 또는 철근의 연장에 의해 이루어져야 한다고 규정하고 있다. 타이 AD, CF의 정착은 정착길이가 매우 짧기 때문에 정착판을 이용한다. 타이 AD는 100 mm×200 mm 정착판, 타이 CF는 125 mm×220 mm 정착판을 사용하는 것으로 가정한다. 타이의 정착을 위해 정착판을 사용할 경우에는 지압강도에 대한 검토를 수행하여야 한다. 사용한 정착판에 대한 지압강도($=\beta_n\nu\phi_c f_{ck} A_{plate}$)는 다음과 같이 계산할 수 있다.

타이 AD 정착판＝$(0.85)(0.84)(0.65)(40)(100×220)/1,000=408 kN \geq 354 kN$ 만족

타이 CF 정착판＝$(0.85)(0.84)(0.65)(40)(125×220)/1000=510 kN \geq 327 kN$ 만족

사용한 정착판은 타이 AD와 CF의 단면력에 대해 충분한 지압성능을 가지고 있으므로 타이의 장착조건을 만족한다.

(6) 배근 상세

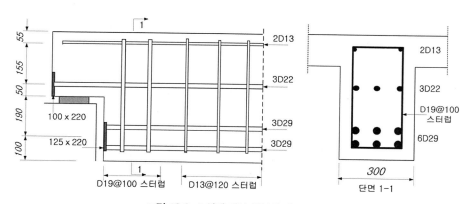

그림 12.6-4 설계 대상 영역의 배근 상세

□ 참고문헌 □

12.1 (사)한국교량 및 구조공학회 (2015), 도로교설계기준 (한계상태설계법) 해설 2015.

12.2 한국콘크리트학회 (2012), 콘크리트구조기준 해설.

12.3 한국콘크리트학회 (2007), 콘크리트 구조 부재의 스트럿-타이 모델 설계 예제집.

12.4 European Committee for Standardization (2004), Eurocode 2: Design of Concrete Structures, Part 1-1: General rules and rules for buildings, BSi.

12.5 CEB-FIP (2013), fib Model Code 2010, 1st Edition, Ernst & Sohn Gmbh &Co. KG., for Comité Euro-International du Beton.

12.6 International Federation for Structural Concrete (2010), Structural Concrete Textbook on behaviour, design and performance, 2nd Edition. vol. 3, fib bulletin 53, fib.

12.7 ACI Committee 318 (2011), Building Code Requirements for Structural Concrete (ACI 318-M11) and Commentary, American Concrete Institute, Detroit, 2011.

12.8 Examples for the Design of Structural Concrete with Strut-and-Tie Models, SP-208, ACI.

12.9 FIP Commission 3, FIP Recommendations (1996) Practical Design of Structural Concrete, FIP Congress Amsterdam 1996, FIP, Lausanne.

12.10 Marti, P. (1985), Truss Models in Detailing, Concrete International, ACI, Dec, 1985.

12.11 Macgregor, J.G. and Wright, J.K. (2005), Reinforced Concrete Mechanics and Design, 4th Edition, Prentice Hall.

12.13 Schlaich, J. and Weischede, D. (1982), Ein Praktisches Verfahren zum Methodischen Bemessen und Konstruieren in Stahlbetonbau, CEB Bulletin D'Information No. 150.

12.14 Schlaich, J., Scafe. K., Jennenwein, M. (1987), oward a Consistent Design of Structural Concrete, PCI Journal, V.32, No.3, May-June.

12.15 MacGregor, J. G. (2002), Derivation of Strut-and-Tie Models for the 2002 ACI Code, ACI Publications, SP-208, ACI.

12.16 Cook, W.D. and Mitchell, D. (1988), Studies of Disturbed Regions near Discontinuities in Reinforced Concrete Members, ACI Structural Jounal, Vol. 85, No.2, Mar-Apr.

12.17 ACI (2002), Examples for the Design of Structural Concrete with Strut-and-Tie Models, ACI SP 208, ACI, Farmington Hills, MI.

12.18 C. R. Hendy and D. A. Smith (2007), Designer's Guide to EN 1992-2 Eurocode 2 : Design of Concrete Structures, Part 2 : Concrete Bridges, Thomas, Telford, London, England.

12.19 A. W. Beeby and R. S. Narayanan (2007), Designer's Guide to EN 1992-2 and EN 1992-1-2, Eurocode 2 : Design of Concrete Structures, General rules and rules for buildings and Structural Fire Design, Thomas, Telford, London, England.

12.20 Eurocode 2 Worked Examples (2008), European Concrete Platform ASBL, Brussels, Belgium.

□ 찾아보기 □

[ㄱ]

갈고리	291
강도	7
강도감소계수	125
강도설계법	125
강선	7
강성	14
강제변형	104
건조수축	15
겔	14
격자 슬래브	507
결합재	13
겹침이음	328
경간	7
경간/유효깊이 비	418
경량 콘크리트	76
경사 인장력	239
경화	14
계수하중	106
계수하중영향	131
계수휨모멘트	685
고강도 콘크리트	15
고정하중	65
곡률	161
골재	5
공시체	25
공칭 지름	94
공칭값	91
공칭강도	111
공칭휨강도	179
관행 설계법	586
교각	9

교란영역	711
굳맨(Goodman) 도표	85
굵은 골재	11
굽힘점	315
굽힘철근	264
균열 간격	293
균열 단면	171
균열 안정화 단계	349
균열 형성 단계	349
균열모멘트	168
균형파괴	182
극단상황한계상태	102
극단설계상황	131
극한한계변형률	88
극한한계상태	70
기둥	8
기본위험단면	563
기본정착길이	302
기준값	48
기준강도	91
기준압축강도	30
기준인장강도	82
기준항복강도	95
기초판	132
깊은 보	145

[ㄴ]

나선철근	334
내구성	11, 15
내민 받침	232
냉간성형 강재	89
네킹 현상	88

[ㄷ]

다발철근	333
다월 작용	235
다짐	24
단위 질량	26
단주	426
단철근 단면	186
대표값	136
도로교설계기준	69
동결융해	20
동적하중	106
뒷굽판	659
드롭 패널	508
등가 직사각형 응력블록	193
등가골조법	553
등가지름	333
뚫림전단	100
띠철근	118

[ㄹ]

레미콘	28

[ㅁ]

매스 콘크리트(mass concrete)	63
모멘트 팔길이	221
모멘트 확대계수	479
모서리 들림	538
무근콘크리트	31
미세균열	79

[ㅂ]

받침점	112
방청제	22
배력철근	332

배합강도	30
배합설계	23
배합수	17
법선응력	233
벽체	4
변각 경사 스트럿 설계법	247
변곡점	35
변동계수	35
변동하중	104
변형경화	88
변형적합조건	369
병모양 스트럿	730
보	8
보 작용	237
보통 시멘트	14
보통 콘크리트	19
복부	83
복부 철근	249
복철근 단면	206
복합 확대기초	589
복합재료	13
봉강	94
부벽	649
부벽식 옹벽	650
부분 프리스트레스트 콘크리트	12
부분안전계수	119
부분안전계수 설계법	125
부재	8
부재계수	125
부착	8
부착응력	292
분배계수	405
불리한 영향	123
불연속 영역	354
불확실성	119

블리딩	20
비균열 단면	80
비선형 해석	143
비틀림 모멘트	274
뽑힘 시험	296
뽑힘파괴	300

[ㅅ]

사용성	99
사용응력	66
사용하중	72
사용한계상태	101
사인장파괴	239
상 배낭의 원리	713
상대습도	24
상부 구조	145
상부 플랜지	215
상위 기준값	110
상자형 거더	276
상재하중	592
석회석	6
선형 탄성해석	680
설계 균열 폭	137
설계 기본 변수	102
설계값	112
설계강도	91
설계겹침이음길이	329
설계법	125
설계부착강도	302
설계상황	128
설계압축강도	122
설계인장강도	82
설계전단강도	251
설계정착길이	301
설계지압강도	743

설계하중	91
설계항복강도	91
설계항복변형률	189
설계휨강도	179
소성 변형	92
소성 해석	92
소성붕괴기구	100
소성중심	439
소성힌지	100
수동토압	610
수화열	14
수화작용	14
순경간	221
순수 비틀림	275
스터럽	148
스트럿	219
스트럿-타이 모델	331
스트럿의 경사각	250
슬래브	3
슬럼프	20
시멘트	5, 11
시방배합	46
신뢰도지수	114
실시 설계	139

[ㅇ]

안전 영역	115
안전계수	119
안전성	9
안전율	112
압축강도	17
압축스트럿	251
압축응력블록	158
압축철근	208
압축파괴	176

앞굽판	657	인장강도	8
양생	24	인장강화효과	352
엇갈림 배근	331	인장지배 단면	184
연결기초판	626	인장철근비	419
연성	9	인장타이	156
연속 보	91	1방향 슬래브	511
연행공기	12	1방향 전단	598
열전도	364		
열팽창계수	8	[ㅈ]	
옹벽	132	자유물체도	149
옾셋응력	87	잔골재	11
외적 안정	132	장기 처짐	205
용접철망	308	장주	426
워커빌리티	20	장주 영향	474
위험단면 둘레길이	563	재령	32
유한요소법	591	재료계수	82, 121
유효 경간장	143	재분배	91
유효 면적 2차 모멘트	417	재하 경우	143
유효 인장면적	369	재하면	563
유효 인장변형률	77	재하실험	166
유효 좌굴길이	476	저항강도	103
유효 탄성계수	376	저항계수	125
유효 플랜지 폭	216	적합비틀림	272
유효강도	732	적합조건	156
유효계수	83	전단 연결재	568
유효깊이	194	전단경간	238
유효압축강도	250	전단균열	168
응결	14	전단류	274
응력장	719	전단응력	55
2방향 전단	598	전단파괴	166
2차 영향	100	절단점	261
2차 해석	144	절점영역	717
이음	291	점토	6
이형철근	85	접선계수	67
인장 현재	716	정상 설계상황	131

정수압형 절점영역	737
정적하중	85
정점변형률	108
정착길이	258
정착부착	258
조강시멘트	14
조합값	107
좌굴	100
좌굴하중	475
주동토압계수	652
주열대	551
준고정값	131
중력식 옹벽	649
중립축	70
즉시 처짐	412
지반반력	586
지속하중	72
지압강도	776
지압판	737
지지력	583
직접 설계법	585
진동	69
짝힘	103
쪼갬 균열	298
쪼갬 인장강도	80
쪼갬파괴	299

[ㅊ]

처짐	69
철근	8
철근비	74
철근콘크리트	7
최대 설계전단강도	251
최대 철근량	175
최빈 하중조합	347

최빈값	107
최소 설계전단강도	244
최소 전단철근량	256
최소 철근량	110
최소 콘크리트강도	605
축력	100
축방향력	102
취성	117

[ㅋ]

캔틸레버	219
캔틸레버식 옹벽	649
코오벨	232
콘크리트구조기준	50
크기효과	243
크리잎	9
크리잎계수	73
클링커	14

[ㅌ]

타설	17
타이	718
탄성계수	8
탄성계수비	169
투수성	27
트러스 모델	92
트러스 유사법	246
특성값	55

[ㅍ]

파괴계수	170
파괴확률	114
편심	160
평가기간	107

평균강도 35
평면 요소 246
평형비틀림 272
평형조건 99
폐합스터럽 334
포물선-직사각형 응력블록 178
포아송 비 121
포틀랜드 6
포틀랜드 시멘트 6
폴리머 콘크리트 13
표준갈고리 302
표준양생 58
표피철근 752
풍하중 103
프리스트레스트 콘크리트 9
프리캐스트 3
플랜지 214
플랫 슬래브 508
플랫 플레이트 508
플랫슬래브 683
피로 100
피로강도 84
피로하중 84
피복 179
피복두께 10

합성단면 153
항복강도 88
항복변형률 88
항복점 88
해석모델 145
허용응력 102
허용응력 설계법 127
헌치 147
현 계수 66
현장배합 47
혼화재 18
혼화재료 17
혼화제 15
확대기초 149
확률 변수 111
확률밀도함수 112
확률분포함수 112
확장절점영역 759
환산단면 169
환산단면적 169
활동 653
활동 방지벽 654
활하중 65
회전능력 93
횡 변위 472
횡방향 배력철근 332
휨-축력 관계도 427
휨-전단균열 239
휨강도 17
휨강성 169
휨모멘트 81
휨모멘트 재분배 685
휨모멘트도 316
휨인장강도 79

[ㅎ]

하위 기준값 110
하중경로법 720
하중계수 118
하중영향 100
하중조합 107
한계상태 99
한계상태설계법 126
할선계수 66

[기타]

(+)휨모멘트	221
(−)휨모멘트	223
D-영역	712
L형	650
T-단면	214
U-선회	726
U형 스터럽	284

□ 저자 소개 □

박홍용

서울대학교에서 학위를 받고, 명지대학교 토목환경공학과에서 30년 넘게 콘크리트를 강의하고 있다.
역서로 『콘크리트와 문화』(씨아이알)가 있다.

hypark@mju.ac.kr, mjconlab@naver.com

콘크리트구조설계
한계상태설계법(제2판)

초 판 발 행 2016년 02월 15일
2 판 1 쇄 2017년 02월 24일

저　　　자 박홍용
펴 낸 이 김성배
펴 낸 곳 도서출판 씨아이알

책 임 편 집 박영지, 서보경
디 자 인 윤지환, 윤미경
제 작 책 임 이헌상

등 록 번 호 제2-3285호
등 록 일 2001년 3월 19일
주　　　소 (04626) 서울특별시 중구 필동로8길 43(예장동 1-151)
전 화 번 호 02-2275-8603(대표)
팩 스 번 호 02-2275-8604
홈 페 이 지 www.circom.co.kr

I S B N 979-11-5610-294-6 93530
정　　　가 40,000원